BIBLIOTHECA

SCRIPTORVM GRAECORVM ET ROMANORVM

TEVBNERIANA

MICHAELIS PSELLI POEMATA

RECENSVIT

L. G. WESTERINK

STVTGARDIAE ET LIPSIAE
IN AEDIBVS B. G. TEVBNERI MCMXCII

Gedruckt mit Unterstützung der Förderungs- und Beihilfefonds Wissenschaft der VG WORT GmbH, Goethestraße 49, 8000 München

CIP-Titelaufnahme der Deutschen Bibliothek

Michael ⟨Psellus⟩:
[Poemata]
Michaelis Pselli poemata / rec. L. G. Westerink. –
Stutgardiae ; Lipsiae : Teubner, 1992
(Bibliotheca Scriptorum Graecorum et Romanorum Teubneriana)
ISBN 3-8154-1662-0
NE: Westerink, Leendert G. [Hrsg.]

Printed in Germany
Satz und Druck: INTERDRUCK Leipzig GmbH

HOC VOLVMINE CONTINENTVR

PRAEFATIO

1. DE TRADITIONE POEMATVM IN VNIVERSVM

Secus quam Pselli opera prosa oratione conscripta (panegyrici, laudationes funebres, epistulae, tractatus), quorum magna pars ipso vivo aut non multo post in varia corpora collecta ad nos pervenit (per codices Parisinum gr. 1182, Laurentianum 57, 40, Vaticanum gr. 672, Barberinum gr. 240, Baroccianum gr. 131), poemata eiusdem plerumque passim et variis casibus servata sunt, pauca cum ipsius orationibus et tractatibus, plura inter aliorum scriptorum opera. scimus sane Psellum imperante Constantino X Duca (1059–1067) consilium cepisse ut ad usum filii eius Michaelis (VII) omnes scientias in formam versuum politicorum breviter redigeret. id docent inscriptiones in Paris. gr. 1182 et Laur. 57, 26 versibus de grammatica praefixae; in Laurentiano tamen nonnisi ars grammatica sequitur (ff. 71^r–77^r), in Parisino grammatica et rhetorica (ff. 184^v–188^v), tertia parte ultimi folii vacua relicta, ex quo efficitur etiam exemplar Parisini nihil nisi haec duo opuscula habuisse. carmen de grammatica (una cum lexico) iampridem a Psello conscriptum et Constantino IX Monomacho (1042–1055) dedicatum erat; versus de rhetorica utrum Michaeli statim ab initio destinati fuerint an hos quoque Monomacho prius inscripserit, dici non potest. constat tamen etiam aliorum poematum didacticorum hoc volumine comprehensorum inscriptiones mutatas fuisse: Poem. 1, De inscriptionibus Psalmorum (Monomacho, deinde M. Ducae); Poem. 2, In Canticum (Monomacho, tum M. Ducae, postremo Botaniatae); Poem. 3, De fide (Monomacho secundum unum testem, Ducae secundum plures); Poem. 4, De conciliis (Monomacho, M. Ducae). Poemata 5, De nomocanone, et 8, Synopsin legum, soli M. Ducae nostri quidem codices inscribunt, quamquam ea quoque iam ante composita esse plane negari non potest.[1]) aliqua horum corpori addere fortasse voluit Psellus, fortasse et addidit, sed nihil habemus quod indicet inceptum ultra ea quae praebet Parisinus processisse.

---

1) Vide argumentum Poem. 5.

Habent tamen nonnulla horum carminum in unum collata codices complures, scilicet:

p Parisinus gr. 2875, s. XIII: Poem. 53 (ff. 1^{r}–2^{v}); 5 (ff. 3^{r-v}); 4 (ff. 3^{v}–5^{v}); 2 (ff. 5^{v}–11^{v}); 3 (ff. 11^{v}–12^{v}); separatim 24 (ff. 140^{v}–143^{v}).

v Vaticanus Palatinus gr. 383, s. XIII: Poem. 53 (ff. 71^{r}–83^{v}); 10 (f. 84^{r}); 3 (ff. 84^{r}–85^{v}); 4 (ff. 85^{v}–87^{r}); 1 (ff. 87^{r}–91^{v}).

Huius apographon erat Taurin. gr. 331 (c. II. 34), s. XVI, ff. 26–46, qui a. 1904 incendio absumptus est.

s Vaticanus gr. 1409, s. XIII ex.: Poem. 1 (ff. 44^{r}–45^{v}); 53 (ff. 45^{v}–50^{r}); 3 (ff. 50^{r}–51^{r}); 5 (f. 51^{r-v}); 4 (f. 51^{v}); 8 (ff. 52^{r}–62^{r}).

Apographa sunt Barocc. gr. 25, s. XIV, ff. 211^{r}–232^{v} (1, 53, 3, 5, 4, 8) et Vindob. theol. gr. 213, s. XVI, ff. 1^{r}–29^{v} (1, 53, 3, 5, 4).

In unoquoque horum poemata seorsum collecta esse indicant carmina inter se differentia et ordo diversus, confirmat varietas lectionis. Pselli iussu congesta esse non possunt, cum Poem. 53 genuinum non sit.

Inter ceterorum poematum codices hi sunt notandi:

a Vaticanus gr. 1276[2]), s. XIV, qui cum aliis versibus byzantinis et italico-byzantinis et opusculis pedestribus (inter quae et Pselli) haec poemata Pselli complectitur: Poem. 24 finem (ff. 51^{v}–52^{r}); 19 (ff. 52^{r}–54^{r}); 17 (ff. 54^{r}–60^{r}); 16 (f. 60^{r-v}); 57 (ff. 146^{r}–149^{v}); 4 (ff. 149^{v}–150^{v}); 22 (ff. 175^{r}–178^{v}).

h Havniensis 1899, s. XIV, ff. 1^{r}–3^{v}, collecta habet haec epigrammata variorum, nominibus saepe temere impositis: 1–9: Geometrae et Styliani convicia mutua; 10: [Pselli] Poem. 90 (anon.); 11: Christophori Mitylenaei 16 Kurtz, Nicolao metropolitae Corcyrae attributum; 12: eiusdem 13, eidem metropolitae attributum; 13: anon. (inc. *Ὡς ἔστι τερπνὸν καὶ καλὸν καὶ συμφέρον*); 14: Christophori 15, eidem, i. e. metropolitae Corcyrae, ascriptum; 15: Ioannis Mauropodis Euchaitorum metropolitae 30 Lagarde (anon.); 16: anon. ad Virginem (inc. *Ἐκ μητρικῶν μου τῶν σπλάγχνων, ὦ παρθένε*); 17: Ad Prodromum (inc. *Σὺ καὶ προφήτης εὑρέθης πρὸ τοῦ τόκου*); 18–20: De inventione capitis Prodromi (inc. I *Τὴν εὕρεσιν σῆς παμφαεστάτης κάρας*, II *Τὴν εὕρεσίν σου τῆς τρισολβίας κάρας*, III *Στάμνος κάραν φέρουσα τὴν τοῦ Προδρόμου*); 21: Pselli Poem. 33; 22–23: [Pselli]

2) Descripserunt Acconcia Longo – Jacob (infra p. XLIII).

82–83 (anon.); 24: [Pselli] Poem. 84 (eiusdem aut metropolitae Corcyrae); 25: Pselli Poem. 20; 26: Pselli Poem. 31; 27: Christophori 14; 28: eiusdem 11 (anon.).

Parisinus suppl. gr. 690[3]), s. XI ex., inter multa et varia nostri p^e
voluminis hos versus habet: Poem. 17 (ff. 70^r–73^v); 10 (f. 73^v); 91(f. 73^v, anon.); 62 (ff. 112^v–113^r, Michaelis).

Perpauca horum carminum cum Pselli operibus pedestribus commixta extant: in Parisino gr. 1182 Poem. 6 et 7 (v. supra p. VII), **P**
13, 24 (partim); tum in Vaticano gr. 672 Poem. 10, 25, 26, 29, mi- **V**
nora omnia; et in Matritensi gr. 51 [4681], qui Pselliana quaedam **D**
et ps.-Pselliana cum scriptis Ioannis Mauropodis et aliorum miscet, Poem. 1, 3, 4, 13. pleraque vero e variis codicibus omne genus conquirenda sunt, et uniuscuiusque traditio manuscripta persequenda.

2. DE TRADITIONE SINGVLORVM POEMATVM GENVINORVM

Poema 1, In inscriptiones Psalmorum. ad constituendum textum hi codices usui fuerunt:

Vaticanus gr. 1409, s. XIII ex., ff. 44^r–45^v (v. supra p. VIII). co- **s**
dex multa cum cura exaratus, quem in edendo textu praecipue secutus sum.

Laurentianus Conv. soppr. 627, s. XIII, ff. 93^v–95^r. huic pro- i^m
xime accedunt Neapol. II.C.34, s. XV, ff. 92^v–100^r; Paris. Coisl. gr. 12, s. XI, ff. 4^v–8^r; Ambr. M 15 sup., s. XIII, ff. 1^r–5^r (vss. 1–31 desunt).

Marcianus gr. 498, s. XIV, ff. 340^v–345^v. i^n

New Haven, Yale 249, s. XIV, ff. 1^r–7^r. i^o

Matritensis gr. 51 [4681], s. XIV, ff. 120^r–124^v (v. supra). desunt **D**
vss. 168–259, duobus foliis amissis.

In tribus codicibus desiderantur vss. 292–302; sunt hi:

Vaticanus Palatinus gr. 383, s. XIII, ff. 87^r–91^v (v. supra p. VIII). **v**

Atheniensis 799, s. XIV, ff. 2^r–5^r. j^x

Mosquensis gr. 388 [53 Vlad.], s. XV, ff. 12^r–13^v. j^y

Accedit porro:

Bostoniensis Houghton gr. 3, s. XIII, ff. 1^r–7^v. j^z

3) Descripsit Rochefort (infra p. XLIII).

Apographon huius est Vat. Ottob. gr. 153, s. XVI, ff. 26ᵛ–33ᵛ, nam in utroque vss. 71, 123, 263, 298 in mg. suppleti sunt.

Relinquuntur pauci, quos propter diversas causas in apparatum non recepi: Ambr. M 15 sup., s. XIII, ff. 1ʳ–5ʳ (v. infra p. XXVIII), qui inc. mutilus a vs. 33, lacer et fuscatus; quae distingui possunt maximam partem cum lectionibus cod. **i**^{m} congruunt. neglexi et Paris. gr. 1277, s. XIII, ff. 244ʳ–247ʳ, in quo atramentum ita diffluxit ut in charta maculata permulta evanuerint; tum duo fragmenta, Vat. gr. 1898, f. 233ᵛ, et 2057, f. 173ʳ. duos Athoos, Dionysii 65, s. XIV, pp. 1–20, et Laurae I 99, s. XVIII, ff. 211–226, inspicere non potui.

Singularis est Marc. gr. 578, a. 1346, in cuius ff. 2ʳ–5ʳ Poemata 1 et 53 in unum conflata sunt; nam praecedunt Poem. 1, 1–5; 53, 391–392; 1, 6–12; sequitur Poematis 53 versio decurtata; subiunguntur cetera Poematis 1 (vss. 14–15; 13; 16–300); textus Poem. 1 codici **i**^{o} proximus est.

Poema 1 primus edidit Ruelle 609–614, lacunosum sane quippe ex cod. Paris. gr. 1277, deinde integrum Lambros-Dyobouniotes 352–361 e Vindob. theol. gr. 213 (supra p. VIII); eius editionis ignari Kurtz-Drexl[1] 389–400 textum Ruellianum ope codicis **v** emendaverunt.

Poema 2, In Canticum. inter testes huius commentarii primum locum obtinet, eo quod ceterorum codicum complures lacunas communes complet, vitia communia plurima tollit

c Athous Panteleimonis 548, s. XV, ff. 293ʳ–319ᵛ. recensionem exhibet priorem, Constantino IX Monomacho inscriptam; in locum tamen tituli successerunt tres versus iambici parum elegantes. inscriptionem veram servavit

c^{f} Athous Iberorum 329, s. XVI, ff. 175ᵛ–176ʳ, eodem stirpe ortus, qui vero post vs. 92 mutilus desinit.

Hanc recensionem ut potui restitui, ita ut etiam ceteris paribus huius lectiones praetulerim reliquis; ipse tamen codex **c** tot vitiis laborat (partim eo quod singulorum versuum non prima solum littera, sed nonnumquam complures rubricatori supplendae relictae erant, partim gravioribus causis), ut passim ceterorum ope emendandus sit.

Recensionis deterioris hi codices adhibentur:

p Parisinus gr. 2875 (de quo supra p. VIII), ff. 5ᵛ–11ᵛ. hic quoque codex, quamquam Monomacho carmen inscribit, deterioribus adnumerandus est. desunt vss. 649–1201; nimirum scribam, cum dimidium fere poema descripsisset, laboris piguit, quamobrem reliquis omissis ad epilogum transiit.

In duobus libris Michael Ducas in locum Monomachi succedit; sunt hi:

m Vaticanus gr. 1802, s. XIV, ff. 312ʳ–321ʳ.

Laurentianus S. Marci 693, s. XIV, ff. 293^{r}–321^{r}. **m^{a}**

Denique post Michaelis abdicationem iterum mutata inscriptione idem opus Nicephoro Botaniatae (1078–1081) dedicatum est. eius facti testis est

Vaticanus gr. 1266, s. XIII, ff. 154^{v}–165^{r}. **n**

Huius codicis complura apographa extant: Bernensis gr. 92, manu Nicolai Chumni scriptus, ff. 1–40; Monac. gr. 293, a. 1579 ab Andrea Darmario Matriti scriptus; Mutin. gr. 236 [*a*. H. 6. 30], et ipse manu Darmarii, ff. 1^{r}–22^{v} (vss. 1–579). eodem pertinent duo codices s. XVIII, Constantinop. Metoch. 175, ff. 126–160, et Zagorensis 11, quem non vidi.

Artius inter se cohaerent tres, in quibus nullum nomen imperatoris apparet:

Parisinus gr. 2087, s. XIV, ff. 222^{r}–239^{v}. continet praeterea **R**
Pselli Omnif. doctr. sequentibus quattuor tractatibus (ff. 71^{r}–122^{v}).

Athous Annes 11[4]), s. XIV, ff. 308^{r}–327^{v}. **r**

Monacensis gr. 384, s. XIV, ff. 8^{r}–12^{r}. habet hic quoque Pselli **N**
Omnif. doctr. (ff. 32^{r}–44^{v}) secundum eandem recensionem et cum eisdem additamentis quibus **R**.

Supersunt sex codices recentiores quos aut totos aut partim collatos in apparatum criticum non recepi, cum ad textum constituendum nihil novi contribuant. quorum quattuor, Vat. Pal. gr. 364, s. XV, ff. 267^{v}–286^{r}, Monac. gr. 189, s. XVI, ff. 1^{r}–25^{v}, Hieros. Sep. 442, s. XVI (scripsit, tum adhuc novicius, Laurentius, qui postea, 1593–1617, archiepiscopus Montis Sina fuit), ff. 85^{r}–122^{v}, Monac. gr. 107, s. XVI, ff. 341^{r}–365^{r}, soli cum codice **w** (de quo infra) vs. 184 praebent, sensui et syntaxi necessarium quidem, sed ut puto propter hoc ipsum in his recentioribus libris interpolatum. denique gemini Darmariani, Vindob. theol. 125 (a. 1566), ff. 1^{r}–37^{v}, et 258, ff. 35^{r}–68^{r} (quibuscum Marc. App. gr. III 15, s. XVIII, arto affinitatis vinculo coniunctus est) ex exemplari plane diverso a Mutin. gr. 236 et Monac. gr. 293 (vide supra) descripti, nihilominus in titulo ferunt nomen Botaniatae, quod nimirum Darmarius in familia **n** se invenisse meminerat.

Praeter codices iam recensitos Pselli commentarium servavit etiam Catena in Canticum (B^{2} Faulhaber)[5]) confecta ex Theodoreto et Catena Trium Patrum (h. e. Gregorio Nysseno, Nilo Ancyrano, Maximo Confessore), quibus ultimus (in B^{2}) Psellus subiunctus est. habemus huius catenae quindecim codices (octo recenset Faulhaber); in apparatu critico nostro comparet solus

Vindob. theol. gr. 314, chart. partis prioris s. XIV, ff. III + 197. **w**
incipit commentarius Theodoreti f. 1^{r}, III Patrum f. 13^{v}, Pselli f. 14^{r}

---

4) Codicis depingendi benigne potestatem dedit bibliothecarius scetes R. P. Onuphrius.

5) M. Faulhaber, Hohelied-, Proverbien- und Prediger-Catenen, Wien 1902, 6–15.

(des. f. 154^r).[6]) est hic archetypus omnium codicum catenae B^2; nihil inveni quod indicet eundem etiam autographum esse compilatoris, h. e., eius qui commentariis Theodoreti et III Patrum subiecit Pselli poema.

E Vindobonensi orti sunt Vat. Ross. 625, s. XV, Vat. gr. 620, s. XVI (cuius apographon est Vat. gr. 621, s. XVII), Oxon. Bodl. Auct. T. 1. 22, s. XVI, ff. 41^r–64^r (fragm.); tum Vat. Regin. gr. 7, s. XV, cuius tria apographa ab Andrea Darmario confecta habemus: Mutin. gr. 171 [*a*. S. 8. 7] (a. 1560 Venetiis scriptus; ex hoc codice scriba Athoi Batopedii 9, s. XVI, ff. 251^v–264^v versus Pselli solos excerpsit, quorum originem tamen prodit frustulum catenae III Patrum insertum per errorem post vs. 54); Vat. Barb. gr. 567, a. 1561; Monac. gr. 64, anno ignoto, ff. 327^r–461^v [334^r–433^r Psellus] (cuius apographum est Monac. gr. 559, s. XVI). cum Reginensi coniuncti sunt duo alii libri Hispani, Matrit. Arch. hist. 164–6 [4863], s. XVI, ff. 1^r–136^r, ex quo Scorial. Ψ. I. 4, a. 1575, scr. Nicolaus Turrianus, ff. 232^r–370^r.

Defuerunt mihi Matrit. [olim?] Palatii gr. 20, manu Darmarii, ff. 49–80, qui ubi nunc sit, nescio, et Berol. gr. 9 [Phill. 1413], s. XVI, qui lucis ope depingi non poterat. Matritensis quin indidem unde et cetera apographa Darmariana huius catenae provenerit dubitari vix potest; Berolinensem reliquis haud vetustiorem quicquam novi afferre non facile credideris.

Pselli poema ex apographo codicis **n** edidit J. Meursius 113–168, catenam F. Ducaeus, iteravit Migne, PG 122, 537–686.

Poema 3, De dogmate. hoc poema saepe in codicibus, ut et in editione principe, una cum proximo (De conciliis) comparet; rarius Poema 5 (De nomocanone) aut alterutri aut ambobus adiungitur. versuum De dogmate distinguenda est recensio longior, quam duo tantummodo codices exhibent, a breviore, in qua vss. 22 et 24–25 desiderantur. quomodo hoc factum sit, difficile dictu est; longiorem priorem et genuinam esse in argumento poematis demonstrandum erit.

Ad priorem recensionem pertinent hi codices:

t Vindobonensis med. gr. 38, s. XIV: Poem. 3 (ff. 27^r–28^v); 5 (ff. 28^v–30^r); 4 (ff. 30^r–31^v); primum poema et alterum Monomacho imp. inscripta sunt.

D Matritensis gr. 51 [4681], s. XIV: Poem. 1 (ff. 120^r–124^v); 3 (ff. 124^v–126^v); 4 (f. 127^{r-v}); 13 (f. 164^v).

Laur. 59,28, qui ff. 7^r–22^v Poem. 3–4 habet, totus e **D** descriptus est.

Alterius recensionis codices memorabiliores, quorum varietatem lectionis et in apparatum criticum recepi, hi sunt:

---

6) Descriptionem codicis hucusque ineditam qua est liberalitate misit mihi H. Hunger.

Vaticanus gr. 1409, s. XIII ex. (supra p. VIII): Poem. 3 (ff. 50^{r}– **s**
51^{r}); 5 (f. 51^{r-v}); 4 (f. 51^{v}).

Athous Laurae *B* 43, s. XII: 3 (ff. 63^{v}–65^{r}); 5 (ff. 76^{v}–77^{v}); 4 **l**
(ff. 77^{v}–78^{v}). cum hoc ut plurimum faciunt duo qui sequuntur:

Bodleianus Holkham 11, a. 1301: Poem. 3 (ff. 6^{v}–7^{v}). **l^{l}**

Parisinus gr. 396, s. XIII: Poem. 3 (p. 282); quem sequitur Vat. **f^{f}**
Barb. gr. 508, s. XIV, ff. 223^{r}–224^{r}.

Vaticanus Palatinus gr. 383, s. XIII (supra p. VIII): Poem. 3 **v**
(ff. 84^{r}–85^{v}); Poem. 4 (ff. 85^{v}–87^{r}).

Parisinus gr. 2875, s. XIII (supra p. VIII): Poem. 5 (f. 3^{r-v}); 4 **p**
(f. 3^{v}–5^{v}); 3 (ff. 11^{v}–12^{v}): desiderantur in hoc codice vss. 65–82, id quod casu factum esse non potest, cf. quod supra dictum est de magna parte Poem. 2 consulto praetermissa.

Versus eosdem omittunt Athous Laurae *E* 169, s. XV, f. 344^{r-v}, et Paris. suppl. gr. 58, s. XVI, ff. 76^{r}–77^{r} (qui post vs. 86 deficit).

Eiusdem stirpis sunt, non tamen ex **p** pendent, quippe qui vss. 65–82 exhibeant:

Parisinus gr. 1782, s. XIV: Poem. 4 (ff. 71^{v}–73^{r}); Poem. 3 **z**
(ff. 73^{r}–74^{v}); Poem. 90 (f. 74^{v}).

Apographon est Vat. gr. 2248, s. XVII, ff. 198^{v}–199^{v} (3, 1–47 tantum).

Angelicus gr. 28, s. XIV–XV: Poem. 4 (ff. 210^{r}–211^{r}); anon., inc. **f^{q}**
Τί σῶτερ (ff. 211^{v}–212^{r}); Poem. 3 (ff. 212^{r}–213^{v}). in **z** et **f^{q}** ante 3, 53 insertus est novus titulus *Περὶ θεολογίας*.

Inter se cohaerent tres alii, qui Poem. 3 et 4, idque hoc ordine, continent:

Parisinus gr. 902, s. XIV: Poem. 3 (ff. 87^{r}–88^{r}); 4 (ff. 88^{r-v}). **f^{a}**

Marcianus gr. 499, s. XIV: Poem. 3 (ff. 162^{r}–163^{v}); 4 (ff. 163^{v}– **f^{b}**
165^{r}).

Athous Batopedii 416, s. XIV: Poem. 3 (ff. 233^{v}–234^{r}); 4 **f^{c}**
(f. 234^{r-v}).

Versus De dogmate post Nomocanonem solus habet

Parisinus gr. 1371, s. XIII: Poem. 5 (ff. 115^{r}–118^{r}); 3 (ff. 118^{v}– **n^{p}**
123^{r}).

Exemplar editionis principis videtur fuisse

Berolinensis gr. 97 [Phill. 1501], s. XV: Poem. 3 (f. 3^{r-v}); 4 **b^{c}**
(ff. 3^{v}–4^{v}). in fine notarum quas editioni principi Poematis 8 (Synopsis legum) subiecit dicit Bosquetus se textum duorum poematum Pselli, h. e. carminis De dogmate una cum versibus De conciliis et carminis De nomocanone, accepisse a R. P. Iacobo Sirmondo, illo

ipso videlicet qui Bibliothecae Claromontanae (unde Phillippici) condendae auctor fuit. de tota re vide infra p. XV.

Tuto neglegi possunt Monac. gr. 277, s. XV, ff. 333^{r}–334^{r} cum eius apographo Vindob. phil. gr. 6, s. XVI, f. 96^{r-v}; Athen. 2429, s. XV, ff. 75^{r}–77^{v}; Neapol. II B 15, f. 3^{r-v}, qui desinit mutilus in vs. 28.

Ad Athoum Pantocratoris 234, s. XIII, f. 254^{r}, qui initio poematis picturam Pselli Michaelem Ducam docentis exhibet[7]), aditus non patuit; neque vidi Hieros. Sabae 415, s. XIV, f. 43^{r}.

Edidit Bosquet 129–132; inde Meerman 75–76; iteravit Migne, PG 122, 811–816.

Poema 4, De conciliis. huius poematis extat versio longior (vss. 89) et brevior (vss. 70). longior, quam in hac editione sequimur, a breviore eo praesertim differt, quod numerus episcoporum, nomina imperatorum et patriarcharum plenius indicantur. duobus tantum nititur codicibus, qui sunt

D Matritensis gr. 51 [4681], s. XIV, f. 127^{r-v}, cum eius apographo Laur. 59, 28, de quibus supra p. XII. notandum est **D** in hoc poemate cum **t** non concordare, ut in Poem. 3.

d^{d} Athous Iberorum 190, s. XIII, ff. 16^{v}–17^{r}.

Apographon Athoi est Vat. gr. 1276 (**a**, de quo supra p. VIII), ff. 149^{v}–150^{v}; huius vicissim, ut videtur, Athous Laurae *K* 34, a. 1571, ff. 231^{v}–232^{v}.

Alterius recensionis codices praecipuos, **t**, **s**, **l**, **p**, **z**, **f**^{q}, **v**, **f**^{a}, **f**^{b}, **f**^{c}, **b**^{c}, iam supra (pp. XII–XIII) enumeravi.

Ex **l** pendet Oxon. Christ Church 47, a. 1646, ff. 148^{v}–150^{r}, fine mut.; ex **f**^{q} Vat. gr. 2248, s. XVI, ff. 197^{r}–198^{v} (cf. supra p. XIII).

t^{a} Monacensis gr. 201, s. XIII, f. 91^{r}, qui cum **p** artius cohaeret; eiusdem stirpis, sed minus accurate scriptus, est Marc. App. gr. II 123, a. 1353, ff. 47^{r}–49^{r}.

f^{r} Parisinus 1712, s. XIV (ff. 1–5 s. XV), codex celeberrimus historicorum Byzantinorum, praemisso Pselli Poem. 4 (ff. 4^{v}–5^{r}), in quo plerumque cum **f**^{q} facit (ut etiam Ambr. B 33 sup., s. XV ex., ff. 149^{r}–150^{r}, init. mut.); subditur tamen appendix ad concilia Lugdunense, Constantinopolitanum a. 1275, Florentinum pertinens (f. 5^{r-v}).

a^{a} Alexandrinus Patr. 71, ff. 150^{r}–151^{r}, quocum plerumque consentit

a^{b} Athous Batopedii 10, s. XIV, f. 173^{r-v}.

---

7) I. Spatharakis, The Portrait in Byzantine Illuminated Manuscripts, Leiden 1976, 230–232 et fig. 174.

Ad eandem classem pertinet etiam Vat. Barb. gr. 551, ff. 19^{v}–20^{v}.

Berolinensis gr. 99 [Phill. 1503], s. XV: Poem. 4 (f. 51^{r-v}); 5 **b**^{n} (ff. 51^{v}–52^{r}); prope finem Poematis 4 (80–84) ordinem longioris versionis (**D**, **d**^{d}) sequitur (80–81 post 84 trp. cett.), omittit tamen vs. 82 cum ceteris codicibus.

Relinquuntur complures codices, quos contuli quidem, sed in apparatum iam nimis amplum non recepi, cum nullam varietatem alicuius momenti afferrent: Vindob. phil. gr. 149, s. XIV, ff. 8^{v}–9^{r}, et huius affinis Paris. suppl. gr. 1254, s. XVI, ff. 48^{r}–49^{v}; Paris. gr. 2661, a. 1365, ff. 206^{v}–208^{r}, eiusdemque saeculi raroque differens Athous Karakallou 155, ff. 169^{v}–170^{v}; Paris. gr. 1277, s. XIII, f. 196^{r}; Vat. gr. 725, s. XIII–XIV, f. 6^{r} (praecedunt f. 5^{v} eiusdem poematis vss. impares tantum); Marc. App. gr. XI 6, a. 1321, f. 273^{v}; Athen. 2429, s. XV, ff. 78^{r}–79^{v} (in novo quaternione et alia manu post Poem. 3, ff. 75^{r}–77^{v}); Athous Laurae *E* 169, s. XV, ff. 343^{v}–344^{r}, et *I* 93, s. XV, ff. 1^{r}–4^{v}; Neapol. II. B. 15, s. XIII, ff. 4^{r-v}, inc. mut. in vs. 53. in Vat. gr. 342, s. XIII, ff. 284^{r}–285^{v}, initium cum Poem. 5 conflatum est: 5, 1–5; 4, 1–3; 5, 6–9; 4, 4 ss.

Non vidi Paris. suppl. gr. 1238, s. XV, f. 40^{r-v} (des. in vs. 34, additis 3 vss. interpolatis, de quibus cf. Astruc in catalogo); Athoum Laurae *K* 41, s. XVIII, f. 160^{v}–161^{r}. ex ed. Basileensi a. 1536 (PG 122, 908–909) ortos esse dixerim duos eiusdem saeculi Athoos, Pauli 9 et Laurae *Ω* 34, f. 195, quippe qui inter carmina Prodromi hoc poema cum praeviis epigrammatis Ioanni Psello assignent (v. infra p. XXXIV); eadem fere, sed sine Ioannis praenomine habet Laurae *Λ* 62.

Editiones: Guntius ff. μ^{v}–$\mu 3^{r}$; Bosquet 132–134; Meerman 76–77; Migne, PG 122, 815–818; Simonides 219–221; appendicem ed. Dvornik 97–98 (Anglice 100–101).

Poema 5, De nomocanone. codices pauciores sunt quam versuum De dogmate et De conciliis; quorum plerosque iam citavimus, scil. **t**, **s**, **l** (Poem. 3, 5, 4); **p** (Poem. 5, 4, …, 3); **n**^{p} (Poem. 5, 3); **b**^{n} (Poem. 4, 5).

Athous *K* 34 in Nomocanone, secus quam in vss. De conciliis (supra p. XIV), ex codice **l** pendet, cui Oxon. Christ Church 47, ff. 146^{r}–148^{v}, proxime accedit.

Addendus est in hoc poemate solus:

Vaticanus gr. 1182, s. XVI, ff. 245^{r}–246^{v}, qui plerumque codi- **n**^{q} cem **n**^{p} sequitur.

Ex codice **b**^{n} (tunc Claromontano), vel potius ex antigrapho eius a Sirmondo confecto, provenit Bosqueti editio, ex qua ceterae: Meerman 77–78; Migne, PG 122, 919–924.

Poema 6, Grammatica. huius quoque poematis habemus duas recensiones, alteram paulo longiorem (490 vss.), Michaeli Ducae inscriptam, alteram breviorem (481/483 vss.), Constantino Monomacho

dedicatam, quam tamen posteriorem esse in argumento conabor demonstrare.

Constat utraque e duabus sectionibus, arte grammatica et lexico vocum rariorum, quod in priore editione tres partes habet: I litteras *Α–Ω* (276–394); II litteras *Ζ–Ν* (395–439); III voces medicinales, de alimentis, deinde de partibus corporis, postremo de morbis quibusdam (440–488). in altera recensione totum lexicon secundum ordinem litterarum refectum est, Pselli iussu, ut mihi videtur, a scriba quodam, qui tamen id munus tam neglegenter peregit, ut nonnulli versus exciderint, plures loco non suo relicti sint.

Priorem recensionem repraesentant

P Parisinus gr. 1182, Psellianorum scriptorum thesaurus omnium maximus, ff. 184^{v}–186^{v}, v. supra p. VII.

p^{p} Laurentianus 57, 26, s. XIV, ff. 71^{r}–77^{r}, v. ibidem. simillimam inscriptionem habet eundemque ordinem versuum, sed permultis in lexico praetermissis.

Ex **p**^{p} proveniunt, sed separatim, Vat. Ottob. gr. 338, s. XVI, ff. 14^{r}–19^{r}, et Paris. suppl. gr. 58, s. XVI, ff. 70^{r}–75^{r} (des. vs. 312 [308]).

p^{q} Patmensis 110, s. XIII, ff. 188^{r}–192^{v}. in fine passim tum singuli tum plures versus praetermittuntur (46 in summa), ut in apparatu critico indicatur. titulum non cum **P p**^{p}, sed cum vulgata communem habet.

Praeterea passim obvia fit series 13 versuum, quos ex hac recensione excerptos esse testatur idem ordo servatus (342. 373. 424. 426. 441. 442. 453. 462. 464. 465. 461. 474. 476). hos cum multis aliis codicibus habent: Paris. gr. 2408, 2551, 2599, suppl. gr. 662, Mosq. Arch. Publ. [olim Dresd.] Da 37, Vat. gr. 9.

Ceteri omnes recensionem vulgatam praebent et, quod in his poematis raro fit, etiam in titulis haud magnopere inter se differunt. unus vero, etsi quod ad ordinem versuum attinet recensionem posteriorem sequitur, tamen in varietate lectionis saepe cum **P** et **p**^{p} consentit, scilicet:

p^{r} Alexandrinus Patr. 181, ff. 34^{v}–39^{v}, des. in vs. 441 [481].

Huius apographum est Vat. gr. 1751, s. XV–XVI, ff. 105^{r}–114^{r}.

Inter reliquos eo concinunt **g**^{a} **g**^{b} **g**^{c} **g**^{p} **H** quod versu 394 [480] concluduntur; vs. 441 [481] add. **g**^{k} (ut **p**^{r}, itemque teste catalogo Hieros. Sabae 379, s. XV, ff. 1–10, quem non vidi); vs. 442 [482] ex excerptis

supra descriptis adiunxit Boissonade, in cuius editione vs. 483 [443] e Paris. 2551 (Boiss. B) accessit.

Vaticanus gr. 10, s. XIII, ff. 1^{r}–5^{v}. post litt. *B* 8 vss., post *Γ* 10 vss., post *Δ* 7 vss., post *Z* 14 vss., post *H* 15 vss., post *Θ* 14 vss., post *I* 8 vss., post *Φ* 3 vss., post *X* 3 vss., post *Ψ* 5 vss., post *Ω* 9 vss. alia manus interpolavit, praeeunte scriba, qui eis locis spatia vacua, satis arta sane, reliquerat, ut etiam post *Λ, M, N, Ξ, O, Π, P, T, Y,* ubi tamen interpolator nihil supplevit. versus additicii prosae orationis modo scripti sunt. **g**^{a}

Parisinus suppl. gr. 662, s. XIV, ff. 252^{r}–257^{v}, bonus codex et praecedenti proximus. **g**^{b}

Apographon huius est Paris. gr. 2551, s. XV–XVI, ff. 124^{r}–132^{v} (Boiss. B).

Vaticanus gr. 875, s. XV, ff. 316^{r}–321^{r}, eiusdem stirpis cuius **g**^{a} et **g**^{b}. **g**^{c}

Parisinus gr. 2408, s. XIII, ff. 207^{v}–210^{r} (Boiss. A). **g**^{p}

Bernensis gr. 102, s. XIII, ff. 273^{r}–278^{r}, in lexico saepius cum **p**^{r} congruens. **g**^{k}

Apographon eius est Paris. gr. 2620, s. XV, ff. 208^{v}–209^{v} et 226^{r}–228^{v}, des. mut. post 312 [308] (Boiss. C).

Heidelbergensis gr. 356, s. XIV, ff. 134^{r}–137^{r}. **H**

Habemus praeterea Vat. gr. 1584, s. XV, ff. 112^{r}–121^{r}, ex quo videntur fluxisse Vat. gr. 889, s. XV med., ff. 169^{r}–173^{r} (grammatica sola, om. vss. 126–176 [123–172]), Ambr. M 80 sup., s. XIV ex., ff. 221^{r}–225^{r}. Bernensi **g**^{k} simile est exemplar Vaticanum.

Neglegi possunt recentiores Paris. suppl. gr. 270, s. XVII, ff. 449 sqq. (Bigot) et suppl. gr. 1242, s. XVII, ff. 14^{r}–26^{v} (des. in vs. 481 [467]), et fragmenta quaedam, qualia inveniuntur in Leidensi Voss. gr. Q 52, Barocc. gr. 68, f. 75^{v}. in Marc. gr. X 19 nihil nisi titulus legitur.

Edidit Boissonade^{2} 200–228 e Parisinis gr. 2408 (A = **g**^{p}), 2551 (B), 2620 (C). recensio longior nunc primum prodit.

Poema 7, Rhetorica. codices huius operis non ita multi sunt, lectiones omnium ita inter se permixti ut in stemma redigi non possint. quos in apparatum recepi hi sunt:

Mutinensis gr. 59 [*a*. U. 9. 10], s. XV, ff. 176^{r}–181^{r}, quocum arte coniuncti sunt duo codices mutili: Hieros. Sep. 106, s. XIII, ff. 190^{r}–193^{r} (vss. 129–545), et Vallic. B 28, s. XIV in., f. 281^{r-v} (vs. 1–80), quorum neuter ex **r**^{m} descriptus est, nihil tamen alicuius pretii afferunt. **r**^{m}

Marcianus gr. 266, s. XV, ff. 194^{r}–203^{v}, modo cum **r**^{m} facit, modo cum **W**. in variis lectionibus saepe contra metrum peccat. **r**^{v}

Parisinus gr. 1182, s. XIII, ff. 186^{v}–188^{v} (v. supra p. XVI). **P**

W Vindobonensis phil. gr. 300, s. XIV, ff. 111^{v}–132^{v}, cum glossis et scholiis partim prima, partim alia manu adscriptis.

Berolinensem gr. 411 [Ham. 555], s. XV, ff. 10^{r}–26^{v}, conferre non potui.

Poema e Vindobonensi edidit Walz III 687–703.

Poema 8, Synopsis legum. codicum stemma ante omnia alia nititur versibus 96–105, qui olim a Psello in margine iambis dodecasyllabis ut scholium adscripti, in classe I servato metro in textum inserti sunt, in classe II in versus politicos commutati, in classe III praetermissi. notandum tamen est iam in classe I versum 96 praefixo pronomine *οἵτινες* in versum politicum mutatum esse, quo facto sensus totius loci funditus perturbatus est.

Ad classem I pertinent hi codices:

c^{s} Parisinus suppl. gr. 627, s. XIV, ff. 196^{r}–213^{r}, qui solus veterem formam huius classis servavit, aut certe proxime ei accedit.

Apographon Parisini est Marc. App. gr. XI 26, s. XVI, ff. 143^{r}–157^{r}; nam versus quos om. **c**^{s} ad unum omnes etiam in Marciano desunt, scil. 199. 299. 315. 499. 639. 928. 929; versum 1123 mg. suppl. alia manus in Marc.

Athous Iberorum 320, s. XIII, ff. 140^{r}–159^{v}, vss. 96–105 habet ut **c**^{s}, sed post vs. 712 mutilus deficit, dimidia parte poematis amissa; litterae initiales saepe perperam suppletae; cum porro fere nihil ex eo percipiatur nisi quod etiam in **c**^{s} legimus, ab apparatu exclusi.

f^{s} Marcianus gr. 266, s. XV, ff. 165^{r}–192^{v}, ad hanc classem pertinere demonstratur varietate lectionis et eo quod vss. 96 et 96^{a} hic quoque exhibet, quamquam vss. 97–105 praetermissi sunt, consulto fortasse, ne expositionis ordo interrumperetur. in propriis lectionibus saepe metro peccat.

Nec classis II frequentiores sunt codices; quorum princeps est

g^{s} Vaticanus Palatinus gr. 19, s. XV, ff. 267^{r}–274^{v} et 316^{r}–331^{r}. omittuntur vss. 786. 928. 929. 1060 (nec plures).

Ex eo descriptus est Laur. 80, 6, s. XV, ff. 453^{r}–477^{r}, qui eosdem versus omittit.

w^{s} Sinaiticus 517 [2089], s. XVI, manu Maximi Margunii, ff. 189^{r}–218^{r}. interdum familiam suam deserens ad codicem **e**^{s} accedit; identidem Margunius, quippe qui Latine bene sciret, pro *κέρτος* scribit *τζέρτος* (vs. 136) et similia. vss. 96–96^{a} per homoeoteleuton exciderunt.

Ex **w**^{s} provenit Paris. gr. 2749, s. XVI, ff. 1–44, quo F. Bosquet ad editionem principem conficiendam usus est.

Huic classi proprium est, ut iam dixi, quod versus iambicos 96–105 in politicos convertit una alterave voce inserta; sed excidit vs. 100^a, locum inter se mutaverunt 102 et 103. animadvertendum est in codicibus versum 104 intactum relictum esse *(γράμμασι λοιπὸν κατακρατεῖται μόνοις)*, ex quo in editione Teucheri, praeeunte Latina interpretatione Bosqueti, *τὸ χρέος γράμμασι λοιπὸν κ. μ.* factum est, in editionibus Migne et Weiss *γράμμασι, δέσποτα, λοιπὸν κ. μ.*

Ceteri omnes codices classem III efficiunt, in qua vss. 96–105 omittuntur. vetustissimus huius classis, sed etiam ceteris dissimillimus est

Vaticanus gr. 845, s. XII, ff. 116^r–139^r. multa neglegenter transcripta, orthographia mendosa; complura vocabula Latina litteris Latinis reddita a scriba eius linguae non omnino imperito; varietas lectionis mixta, modo ad **f**^{s}, modo ad **e**^{s} inclinans. **a**^{s}

Vaticanus gr. 1409, s. XIII ex., ff. 52^r–62^r (v. supra p. VIII) totius classis communem speciem distinctius exprimit. **s**

Apographon huius, ut et ceteroquin, est Barocc. gr. 25, s. XIV, ff. 221^v–232^v.

Parisinus gr. 478, s. XV, ff. 235^r–261^r, etsi eiusdem stirpis est cuius tres insequentes (**m**^{s} **p**^{s} **v**^{s}), tamen haud raro discrepat, quaedam suo marte emendavit. finem (vss. 1369–1424) alia manus supplevit, ex alio fonte fortasse, nam ita facillime intellegitur, cur solus omnium subiungat appendicem (vss. 1411–1424), quam genuinum Pselli additamentum esse putaverim. **e**^{s}

Vindobonensis iurid. gr. 13, s. XVI, ff. 1^r–34^r. in exemplari ordo foliorum turbatus erat, in hoc ipso codice ordo versuum, qui ita se excipiunt: 1–150; 1101–1258; 940–1100; 308–945; 151–307; 1259–1410. **m**^{s}

Constantinopolitanus Metochii 410, s. XIII, ff. 20^r–28^r, cuius geminus est **p**^{s}

Bodleianus Holkham 71, s. XIII–XIV, ff. 233^r–263^v. **v**^{s}

In apparatu conficiendo reliquos neglexi, scil. Vat. gr. 847, s. XV, ff. 3^r–25^r (**d**^{s}), qui stirpi **e**^{s} **m**^{s} **p**^{s} **v**^{s} proximus est, sed ex exemplari gravia damna passo et ad arbitrium scribae refecto originem ducit. interdum cum hoc concinit, interdum toto caelo differt Scorialensis X.II.6, a. 1571, ff. 1–29. accedunt Vat. gr. 1823, s. XIV ex., f. 130^r, vss. 1–29 tantum continens, et Kozanensis 48, quem ex ed. Bosqueti transcriptum esse ostendit Weiss (153). **d**^{s}

In fine poematis adieci tria genera scholiorum, quae suppeditaverunt hi codices:

Scorialensis T. III. 13, s. XIII ex., ff. 122^r–129^r. continet Synopsis vss. 1–333, quorum 1–29 commentario verbosissimo instructi **n**^{s}

sunt; de Nicephoro Porphyrogenneto, cui titulo teste Synopsis inscripta erat, vide argumentum. poematis vss. 1–8 exarati sunt scriptura cryptographica, quam ipse scriba effinxit, litteris vulgatis obliquatis et lineola adiecta. commentarii magna pars evanida est et
r^s lectu difficilis. eadem scholia habebat codex Iacobi Sirmondi nunc deperditus (olim fortasse Claromontanus), ex quo Bosquet quasdam varias lectiones et scholia selecta ad calcem editionis suae servavit (= PG 122, 1005–1008).

o^s Vaticanus Pii II gr. 39, ff. 2^r–8^r (s. XV) breves explicationes habet ad singulos versus, quorum primus est 35, ultimus 953.

d^s Vaticanus gr. 847 (de quo supra) unum scholium ad vs. 1368 adscriptum habet.

Editiones ante hanc nostram septem paruerunt: Bosquet 1–128 et ex eo pendentes Meerman (43–75) Teucher Kuinöl Migne Zepos. nuper tamen Günther Weiss textum critice edidit et adnotavit, collatis paene omnibus codicibus. quo fit ut ab illius editione haec nostra non tantopere differat, nam libri quos Weiss aut ignoravit aut sero cognovit (**w^s**, **s** cum apographo Barocc. gr. 25, **v^s**) nihil afferunt quod non et aliunde notum sit. nihilominus res bene acta denuo agenda erat, ne quid huic volumini deesset, praeterea ut vocabula potiora in indice nostro reperiri possent.

Poema 9, De medicina, duobus tantum codicibus, iisque geminis, nititur; sunt hi:

Q Parisinus gr. 1630, s. XIV, ff. 32^r–42^v. praeterea insunt hi tractatus prosa oratione scripti: Quaestionum medicarum solutiones (f. 196^{r-v}); Ep. de urinis (ff. 196^v–197^v); Ep. de pulsibus (ff. 198^r–199^r); Ep. de febribus (ff. 199^r–200^r); Tract. de corp. part., Sathas *νβ'–νγ'* (f. 209^{r-v}); De novis aegritudinum nomin., Boiss.[1] 233–241 (ff. 210^r–211^v); Expl. litterarum aspir. tenuium mediarum (ff. 223^r–224^r); De lap. virt., Duffy 34 (ff. 224^r–226^r); De paradox. lect., Duffy 32 (ff. 226^r–228^v); De gener. hom. (ff. 228^v–230^r); De tab. geogr., Lasserre (ff. 230^r–232^r); Gautier, Theol. 112 (ff. 232^r–234^r); Hom. in annunt., Kurtz-Drexl 82–93 (ff. 240^r–244^v); De paradiso, Kurtz-Drexl 415–416 (ff. 244^v–245^r); De rebus georg., Boiss.[1] 242–247 (ff. 245^r–246^v).

Ex **Q** descriptus est Berol. gr. 162 [Phill. 1566], ff. 38^r–52^r.

u Urbana (Illinois) 4, s. XIV, ff. 15^v–37^v. suppeditat hic codex vss. 252–253 rubricatori relictos in **Q**, ut multi alii, et ab eo praetermissos.

Ed. Boissonade[1] 175–232 (ex **Q**); iteravit Ideler[1] 203–243.

Poema 10, In parabolam fermenti. extant hi versiculi in vigintiduo codicibus, quos quidem novi; contuli plerosque, septem in apparatum admisi, quorum quinque vss. 11–12 addunt, duo omittunt. habent hi:

Vaticanus gr. 672, s. XIV, f. 160^{v}. collectio Pselliana amplissima. **V**

Laurentianus 32,52, s. XIV, f. 124^{r} Poemata 86–87; 10; f. 124^{v} 18 et 62. **G**

Athous Iberorum 190, s. XIII, f. 70^{r}. cf. supra p. XIV. **d**^{d}

Athous Iberorum 329, s. XVI, f. 147^{v} et f. 236^{v} (bis ex eodem exemplari). **i**^{d}

Athous Dionysii 274, s. XVI, ff. 14^{v}–15^{r}. **d**^{f}

Eodem pertinent Scor. R. III. 17, f. 10^{v} (ex **V** fortasse), Vat. Barb. gr. 551, f. 21^{v}, Vindob. phil. gr. 321, f. 309^{r} (qui ab **i**^{d} vix differt), Marc. App. Gr. XI 24, f. 190^{r}; Berol. gr. 97, f. 5^{r} (v. supra p. XIII).

Post vs. 10 deficiunt hi:

Vaticanus Palatinus gr. 383, s. XIII, f. 84^{r} (v. supra p. VIII). **v**

Ex hoc descriptus est Barber. gr. 74, f. 8^{r-v}

Parisinus suppl. gr. 690, s. XI ex., f. 73^{v} (v. supra p. IX). **p**^{e}

Quibus adde Vat. gr. 103, f. 208^{v}; 840, f. 7^{r}; Vat. Regin. gr. 18, f. 2^{v}.

Complures non vidi: Bruxell. 4476–78, f. 32; Barocc. gr. 76, f. 385; Athoum Dionysii 280, f. 70; Ambr. A 45 sup., f. 117^{r}; Vat. gr. 805, f. 1^{v}; Vat. Barb. 74, f. 8^{r-v}; Meteororum Metam. 91, f. 17.

Ediderunt Miller 49; Krumbacher, Sprichw. 266; Sternbach[2] 318; Garzya[1] 243; id.[2] 23.

Poema 11, De seleniasmo. post poemata 10 et 24, 186–205 (De modo communicationis proprietatum) habet

Athous Iberorum 329, s. XVI, f. 236^{v} **i**^{d}

itemque Vindob. phil. gr. 321, f. 309^{v} (v. supra).

Versibus de fermento adiungit etiam Athous Iberorum 190, s. XIII, f. 70^{r}. **d**^{d}

His accedunt Heidelbergensis gr. 356, f. 143^{r-v} **H**

Huius apographon est Barber. gr. 74, f. 8^{v}.

et Athous Dionysii 280, s. XVI, f. 118^{v}. **d**^{g}

Ed. Garzya[1] 246; id.[2] 26–27.

Poema 12, De matrimonio prohibito. ad textum constituendum sufficit

w^{h} Vindobonensis hist. gr. 24, s. XVI, f. 319^{r}.

Ceteri quos contuli, Paris. gr. 1281, f. 172^{v}, Barocc. gr. 158, f. 219^{v}, Vindob. hist. gr. 58, f. 412^{r}, Marc. App. gr. III 4, f. 287^{v}, Athous Panteleimonis 141, f. 128^{v} (anon.), excepto Athoo omnes, quamquam variant inscriptiones, Psello tribuunt; itemque quos inspicere non potui, Lesbius Leimonos 23, a. 1421, f. 208^{v}, Hieros. Crucis 27, s. XVI, f. 356^{v}, Sinait. 508 [976], s. XVI–XVII, f. 466^{r}. multas alias praeterea collectiones canonicas hos versus continere verisimile est.

Edidit Papadopulos-Kerameus 23.

Poema 13, De motibus caeli cum anima comparatis. codices adsunt hi:

P Parisinus gr. 1182, s. XIII, f. 151^{v}, v. supra p. IX.

Apographon est Athous Iberorum 388, f. 43^{v}.

D Matrit. gr. 51 [4681], s. XIV, f. 164^{v}, des. mut. post vs. 18.

d^{l} Leidensis Voss. gr. Q 54, s. XV–XVI, f. 461^{r-v}, e **D** etiamtum integro descriptus.

o^{m} Oxoniensis Magd. gr. 10, s. XIV ex., f. 155^{r-v}.

p^{z} Parisinus gr. 3058, s. XVI, manu Arsenii Apostolii, ff. 35^{v}–36^{r}.

Laur. 71, 2, s. XIV, f. 320, vss. 1–5 tantummodo habet.

Edidit Boissonade^{3} 56–57.

Poema 14, De metro iambico. Psello tribuunt tres codices etiam alioquin inter se simillimi:

j^{p} Baroccianus gr. 125, s. XVI in., f. 81^{v}, a quo non magnopere differunt Ambr. A 110 sup., s. XV–XVI, f. 56^{r}, et Vindob. theol. gr. 287, s. XVI, f. 25^{r-v}.

Sine nomine auctoris tradunt

j^{a} Laurentianus Conv. soppr. 20, a. 1341, f. 73^{v}

j^{b} Vindobonensis phil. gr. 279, s. XV, f. 86^{r}

quibus accedit Ambr. E 26 sup., s. XVI, ff. 160^{v}–161^{r}.

Ioannicio cuidam monacho assignat, sed alia manu,

j^{i} Ambrosianus H 22 sup., s. XV, f. 299.

Lesbium Leimonis 267, cuius f. 2 ceteris recentius habebat hos versus, Psello attributos, deperditum esse dicit M. Richard, Répertoire 140.

Edd. Nauck 492; Studemund 198.

Poema 15, De regimine. unicus codex est

d^{d} Athous Iberorum 190, f. 17^{r}, de quo v. supra p. XIV, XXI.

Ineditum.

Poema 16, Ad Michaelem IV.
Vaticanus gr. 1276, s. XIV, f. 60^{r-v}. de codice supra p. VIII. **a**

Allatii apographon habemus in cod. Barber. gr. 74, ff. 22^{v}–23^{r}.

Ed. Kurtz-Drexl^{1} 49.

Poema 17, In obitum Scleraenae. tres sunt codices quibus nititur textus:

Parisinus suppl. gr. 690, s. XI ex., f. 70^{r}–73^{v} (v. supra p. IX). **p**^{e}

Apographon huius est Hieros. Sep. 111, a. 1588–1591, ff. 1^{v}–4^{v}; nam menda codicis **p**^{e} in vss. 27; 205; 332, quae non sequitur Hieros., facile in scribendo corrigi poterant.

Vaticanus gr. 1276, s. XIV, ff. 54^{v}–60^{r} (vss. 1–80; 220–319; 371–448). **a**
Laurentianus Conv. soppr. 627, s. XIII, ff. 17^{r}–19^{r}. v. supra p. IX. **i**^{m}
Ed. Sternbach^{1}; Kurtz-Drexl^{1} 190–205.

Poema 18, Ad Comnenum de kalendis.
Barberinianus gr. 240, s. XIII ex., ff. 166^{v}–167^{r}. **B**

Apographon eius est Barb. gr. 74, ff. 2^{v}–3^{v}.

Laurentianus 32, 52, s. XIV, f. 124^{v} (supra p. XXI). **G**
Constantinopolitanus, Kamariotissa 61, s. XIII, f. 164^{r}. **i**^{k}
Ed. Guglielmino 122–124.

Poema 19, Ad Comnenum superstitem. servavit solus
Vaticanus gr. 1276, ff. 52^{r}–54^{r}. v. supra p. VIII. **a**
Ed. Kurtz-Drexl^{1} 45–48.

Poema 20. In Comneni sepulcrum. unicus codex est
Havniensis 1899, f. 3^{r-v} (v. supra pp. VIII–IX). **h**
Ineditum.

Poema 21, In Sabbaitam. carmen probrosum tradiderunt tres codices:

Laurentianus 72, 26, s. XIII, ff. 82^{r}–83^{r}, in quo omittuntur vss. 194–262; 266–276; 290–297. hos in **s**^{l} excidisse, non econtra in ceteris libris inserta esse, ostendunt praeter alia vss. 264–266 uno tenore e Demosthenis loco Or. 18, 121 deprompti. **s**^{l}
Vaticanus Palatinus gr. 386, s. XV, ff. 119^{v}–121^{v}. **s**^{p}
Vaticanus Urbinas gr. 141, s. XIV, ff. 76^{r}–77^{v}, 73^{r}. **s**^{u}
Ed. Sternbach^{4}, Kurtz-Drexl^{1} 220–231.

Poema 22, In Iacobum monachum. huius satirae duos codices habemus tam saepe et tantopere inter se differentes ut manifestum sit Psellum data opera suos versus retractasse.

a Vaticanus gr. 1276, s. XIV, ff. 175^{r}–178^{v} (supra p. VIII). haec folia sunt lacera passim cum aliquanta iactura textus.

a^{m} Marcianus gr. 408, s. XIV, ff. 148^{r}–150^{r}.

Ex cod. **a**^{m} ed. Sathas 177–181. eundem propter damna alterius et nos plerumque secuti sumus; accedit quod, nisi fallor, hic liber textum recognitum praebet.

Poema 23, Officium Metaphrastae. codex unicus, sed optimus est

v^{m} Vaticanus gr. 567, s. XIV, ff. 210^{r}–214^{v}.

Ed. Allatius[2] 236–244, ex quo PG 114, 199–208; Kurtz-Drexl[1] 108–119.

Emendationes quas fecit Kurtz in vss. 181 et 191, ut numerum syllabarum exaequaret, minus necessariae mihi videntur, quandoquidem in hac re licentia quadam poetae utebantur.

Poema 24, Canon in magnam quintam feriam. est haec paraphrasis iambica canonis Cosmae melodi in eandem feriam. totum carmen continent hi codices:

c^{v} Vaticanus gr. 1701, s. XVI, ff. 1^{r}–7^{r}.

p Parisinus gr. 2875, s. XIII, ff. 140^{v}–143^{v} (supra p. VIII).

r^{t} Bucurestiensis gr. 193 [608], s. XVI–XVII, ff. 136^{v}–148^{r} (ex collatione T. Maniatae, neglectis rebus orthographicis et crebris interpolationibus).

Finem poematis separatim tradunt complures alii:

n Vaticanus gr. 1266, s. XIII, ff. 123^{v}–124^{r} (supra p. XI): vss. 179–205.

P Parisinus gr. 1182, f. 268^{r} (supra p. XVI): vss. 186–205.

i^{d} Athous Iberorum 329, s. XVI, f. 147^{v} et f. 236^{v} (supra p. XXI): vss. 186–205.

Eosdem versus exhibent etiam Vindob. phil. gr. 321, f. 309^{r-v}, Oxon. Christ Church 47, f. III^{v}, Vat. gr. 1276, ff. 51^{v}–52^{r} (supra p. VIII), qui in var. lect. cum **c**^{v} facit; Athous Iberorum 388 nonnisi vss. 186–197 habet.

Ed. Maniate 216–236 una cum Cosmae canone.

Poemata 25–26, Epigrammata in Romanum senem et Basilium.

V Vaticanus gr. 672, s. XIV, f. 272^{v} (supra p. IX).

Ed. Allat.[1] 58–59; PG 122, 531 A–B.

Poema 27, In flammulam Monomachi.
Heidelbergensis gr. 356, s. XIV, f. 51^{v}. **H**
Ed. Allat.[1] 59; PG 122, 531 B.

Poema 28, In protosyncellum.
Heidelbergensis gr. 356, f. 51^{v} **H**
Ed. Allat.[1] 47; PG 122, 520 A.

Poema 29, Ad amicos unanimos.
Vaticanus gr. 672, s. XIV, f. 264^{r-v}. **V**

Huius apographon est Barber. gr. 74, f. 30^{v}.

Ed. Garzya[1] 245–246; id.[2] 25–26.

Poema 30, In maledicum insensatum.
Vaticanus gr. 672, s. XIV, f. 160^{v}. **V**
Marcianus gr. 524, s. XIV, f. 1^{v}. **M**
Ambrosianus G 32 sup., s. XIII, f. 56^{v}, hoc epigramma habet sine nomine auctoris subsequente Christophori Mitylenaei Poemate 141. cf. Ambr. L 73 sup., s. XIII, f. VII^{v}, ubi eadem ordine inverso leguntur. **m^{m}**

Non vidi Ambr. E 34 sup., f. 85.

Ed. Allat.[1] 59; PG 122, 531 C.

Poema 31, In s. Georgium.
Havniensis 1899, f. 3^{v} (v. supra pp. VIII–IX). **h**
Ineditum.

Poema 32, In Photium.
Parisinus gr. 1228, s. XI, inter codices Photii Amphilochiorum et librorum Contra Manichaeos praestantissimus. epigramma p. 764 margine adiecit manus posterior, quae etiam 15 vss. Theophylacti Achridensis in laudem librorum Contra Manichaeos ibidem adscripsit. **t^{h}**
Ineditum.

Poema 33, In matrem dei lactantem.
Havniensis 1899, f. 3^{r}. **h**
Ineditum.

Poema 34, In poculum.

M Marcianus gr. 524, s. XIV, f. 182^{r}. sunt quinque epigrammata ad eandem rem pertinentia, quorum secundum distichum, cetera monosticha.

Ed. Lambros 180.

Poemata 35–52, Aenigmata.

Parva haec collectio aenigmatum, quae Pselli nomen prae se fert, saeculo XV haud antiquior videtur; nihil nisi Poemata 35–37 Pselli esse primo obtutu apparet, de qua re vide argumentum.

Ad textum constituendum duo codices suffecerunt:

a^{e} Parisinus gr. 968, s. XV, ff. 207^{r}–208^{r}: Poemata 35–52.

Eadem, sed et tria alia aliunde addita habet Athous Dionysii 347, s. XVI, ff. 194^{r}–195^{v}, hoc ordine: 35–38; I *Ἔστι τις φύσις θήλεια φωνήεσσα καὶ λάλος;* 39–52; II *Μήτηρ με γεννᾷ μητρικῆς ἐκ νηδύος*; III *Εἰ θλάσεις τὴν κεφαλήν μου μηνὶ μαΐῳ τρίτῃ.* sua additicia habet Vatic. gr. 1584, s. XV, ff. 94^{v}–95^{r} et 147^{r}–148^{v}: 35; aliud; 36–39; aliud; 40–41; aliud; 42–52. in Paris. suppl. gr. 1249, s. XIX, ff. 6^{v}–7^{r}, leguntur Poemata 48–49; 52; 45.

a^{f} Utinensis gr. 4, s. XV, ff. 149^{v}–150^{v}: Poemata 35–48; 50–52.

Ut in **a**^{f}, desideratur Poema 49 et in his: Paris. suppl. gr. 541, s. XV, ff. 52^{r}–53^{r}; Barocc. gr. 111, s. XV, ff. 62^{r}–63^{v} (cuius apographon est Barocc. gr. 71, s. XV, ff. 134^{r}–135^{v}); Marc. App. gr. II 93, s. XVI, ff. 124–133; Vatic. Barber. gr. 41, s. XVII, ff. 104^{r}–105^{v} (exemplar editionis causa ut videtur paratum); ordinem permutat, multa adicit Leidensis Vulc. 64, s. XVI, ff. 40^{r}–45^{r}: Poem. 45–47; 50–52; quinque alia; 48; 44; 43; 42; 41; septem alia; 36; 38; tria alia; 35; 37; 39; 40; quattuor alia. sola 35–41 habet Monac. gr. 107, s. XVI, f. 365^{r-v}; 35–37 Havn. Univ. 49 (olim Fabricii, qui hinc ed. Bibl. Gr. XI 699); solum 41 Cremonensis 160, f. 84^{v}; 44 tantum Paris. gr. 1630, f. 138^{v}.

Codices **a**^{e} et **a**^{f} inscriptionum loco solutiones suas praefigunt, inter se saepe non concinentes; praeter Athoum Dionysii 347, in quo paucae solutiones litterarum cryptographicarum ope occultae apparent, nullus codicum supra recensitorum solutiones addit.

Ed. Boissonade^{2} 429–436 (ex **a**^{e}).

3. DE POEMATIS SPVRIIS

Cur horum carminum unumquidque Psello abiudicandum sit, in singulorum argumentis ratio reddenda erit; hic de traditione manuscripta tantummodo agitur.

Poema 53, Introductio in Psalmos. codices quos adhibui sunt hi:
Vaticanus gr. 1409, s. XIII ex. (supra p. VIII), ff. 45^{v}–50^{r}. **s**

Ex eo pendent Barocc. gr. 25, ff. 213^{r}–219^{v} et Vindob. theol. gr. 213, ff. 7^{r}–24^{r}.

Vaticanus Palatinus gr. 383, s. XIII (ibid.), ff. 71^{r}–83^{v} **v** (vss. 1–29 perierunt).

Apographon Taurinense (Gr. 331 = c. II. 34) nunc non extat.

Parisinus gr. 2875, s. XIII (ibid.), ff. 1^{r}–2^{v} (vss. 513–694 tan- **p** tum).

Recensio decurtata Marciani gr. 578, ff. 2^{r}–5^{v}, de qua vide supra p. X, ad textum constituendum nihil confert.

Edd. Lambros-Dyobouniotes 361–384.

Poema 54, Commentarius in Psalmos. constat e duabus partibus, quarum prior est Programma Cosmae (vss. 1–146), h. e. paraphrasis metrica introductionis in Psalterium prosa oratione conscriptae, quae passim in Psalteriis fertur sub nomine Cosmae Indicopleustae, ex cuius Topographia Christiana initium desumptum est; altera pars est brevis commentarius in singulos Psalmos, qui fere totus e Theodoreto excerptus est (vss. 147–1323).

Habemus tria genera codicum, quorum primo hi adnumerandi sunt:

Vaticanus Ottobonianus gr. 294, s. XIV, ff. 16^{v}–256^{v}. post **k** Programma Cosmae (vss. 1–146) sequuntur singulorum Psalmorum (1) argumentum Eusebianum; (2) commentariolum plerumque brevissimum Nicephori [Blemmydae ut videtur] nomine insignitum; (3) versus politici Cosmae ascripti; (4) textus Psalmi secundum LXX.

Vindobonensis theol. gr. 53, a. 1565 ab Andrea Darmario **k**^{a} scriptus, ff. 1^{r}–40^{r} habet eadem fere quae **k**, nisi quod Nicephori notulae iam ab initio curtatae et nomine auctoris carentes post Ps. 38 deficiunt, textus Psalmorum omittitur.

Vindobonensis theol. gr. 249, s. XVI, ff. 55^{r}–78^{v}: continet Ps. **k**^{b} 2–151 (vss. 158–1323) sine ulla inscriptione; manifeste scriptus ad complendum alium librum in Ps. 1 desinentem (ut **k**^{c}).

Athous Stauronikitae 57, s. XIII, ff. 1^{r}–3^{v}, nonnisi Pro- **k**^{c} gramma Cosmae cum Ps. 1 (= vss. 1–157) praebet.

Accedunt Mosq. gr. 194 Savva [48 Vlad.], s. XI, f. 7^{v} col. II (col. I vacat), qui finem Programmatis cum Ps. 1 exhibet (vss. 132–157), et Paris. gr. 3079, s. XVII (Emeric Bigot), qui ff. 1^{r}–3^{r} Programma solum exhibet. ex eo quod in passu 93–98 (quem habet

hoc ordine: 93; 94; 96; 95; 97; 98) versus alterni 94; 95; 98 fine mutili transcripti sunt, efficitur exemplar deperditum (vel saltem nondum inventum) binis columnis exaratum fuisse.

In altera classe argumenta Eusebiana, quae in **k** et $\mathbf{k}^{a}$ prosa oratione addita erant, in disticha anacreontea conversa apparent, quae iam ante separatim confecta fuisse a Marco quodam monacho docet Barber. gr. 74, ff. 11^{r}-13^{v}. idem scriba qui haec anacreontea suprascripsit etiam ad Ps. 1 titulum metricum apposuit et ante Ps. 77 decem senarios inseruit, ut dimidio opere absoluto deo gratias ageret.

Tres codices huius familiae mihi noti sunt:

$\mathbf{c}^{a}$ Athous Batopedii 9, s. XV, ff. 70^{r}–88^{v}

$\mathbf{c}^{b}$ Vallicellianus C 4 [Gr. 30], s. XVI, ff. 434^{r}–443^{v}

$\mathbf{c}^{c}$ Constantinopolitanus Metochii 773, s. XVI ex., manu M. Margunii, ff. 43^{r}–64^{r}.

Eiusdem classis videtur esse Mosq. gr. 426 [439 Vlad.], ff. 57^{v}–60^{r} Programma Cosmae tantum continens, quem examinare non potui.

Huc pertinet etiam Hieros. Sep. 78, s. XV ex., f. 9^{r}, ubi seorsum Ps. 1 legitur.

Tertiae classis codices duo mihi praesto erant:

i Ambrosianus M 15 sup., s. XIII, ff. 7^{r}–27^{v}. recensionem a ceteris passim divergentem, saepe in melius, offert; quamobrem in textu constituendo primum locum obtinere debebat, nisi prohiberent damna gravia quae sustinuit hic codex. in fine paraphrasis iambica Psalmi idiographi omittitur.

$\mathbf{i}^{a}$ Vaticanus gr. 711, s. XIV ex., ff. 196^{r-v}, 252^{r}–256^{v}, *Κοσμᾶ ἰνδικοπλεύστου τοῦ βαστίτορος πρόγραμμα εἰς τοὺς ψαλμούς* (vss. 1–131 tantum).

Programma Cosmae ed. De Magistris 452–457, commentarius ineditus. textum classis **k** plerumque secutus, tamen, ne quid deesset, anacreontea et cetera additamenta classis $\mathbf{c}^{a}\mathbf{c}^{b}\mathbf{c}^{c}$ inserui.

Poema 55, In hexaemeron. huius unus extat testis

$\mathbf{m}^{h}$ Messanensis 149, s. XIV in., ff. 109^{v}–115^{v}, neglegenter scriptus, male conservatus, difficilis lectu, hic illic prorsus evanidus, fine mutilus.

Ed. Ph. Matranga, cuius textum vitiosum codice non inspecto compluribus locis emendaverunt Kurtz-Drexl[1] 401–410; multa aut ex codice ipso aut ex coniectura correxit F. Rizzo Nervo (infra p. XLIII).

Poema 56, In liturgiam. huius poematis novam editionem parat Paul Moore. interim ne in hoc volumine desideraretur textum proposui qualem exhibet codicum optimus

Ambrosianus E 18 sup., s. XIII ex., ff. 123^{r}–160^{r}, **l**^{a}
vitiis quibusdam sublatis ope Mutinensis gr. 2, ff. 119^{v}–126^{v}. **l**^{e}

Primus ed. P. Joannou 1–9 e codice Bodl. Holkham. gr. 48, ff. 125^{r}–126^{v}, codicis **l**^{a} apographo. de ceteris testibus rettulit A. Jacob in commentatione infra (p. XLIII) citata.

Poema 57, Contra Latinos. solus habet
Vaticanus gr. 1276, s. XIV, ff. 146^{r}–149^{v}, de quo supra p. VIII. **a**
Ineditum.

Poema 58, De agrimensura. unus codex tradit:
Baroccianus gr. 76, s. XV, ff. 412^{r}–419^{r}. **g**
Ed. Schilbach 116–125.

Poema 59, Nomina ventorum. duo sunt codices quos adhibui:
Vaticanus gr. 1411, s. XV, ff. 151^{v}–152^{r} (anon.). **v**^{p}
Parisinus suppl. gr. 1254, s. XVI (Pselli; sequitur Poema 4) **v**^{q}

His accedit Mosq. gr. 238 [462 Vlad.], s. XVII, f. 105^{r-v} (ex **v**^{p} descriptus), et fortasse alii quidam anonymi, quos ob id ipsum non inveni.

Edidit L. Weigl, Johannes Kamateros, Leipzig–Berlin 1908, 138–139.

Poema 60, De balneo. septem codices mihi noti sunt, quorum soli **b** et **b**^{b} Psello tribuunt, ceteri nomine auctoris carent. numerus et ordo versuum in singulis libris variat.

Monacensis gr. 306, s. XVI (manu Darmarii), ff. 60^{r}–61^{r} (vss. 1–18). **b**

Athous Iberorum 92, s. XVI, f. 349 (vss. 1–15; 15^{a}; 16–18). **b**^{b}

Laurentianus 71, 32, s. XIV, f. 36^{v} (vss. 1–8; 5^{a}; 9). **b**^{d}

Vindobonensis hist. gr. 130, s. XIV, f. 181^{v} (vss. 1; 3; 4; 6–8; 5^{a}; 5; 16; 17; 11; 13–15). **b**^{h}

Vindobonensis med. gr. 44, s. XV, f. 232^{v} (1; 3–5; 5^{a}; 6; 7; 17; 11; 16). **b**^{m}

Berolinensis gr. 304 (Qu. 5), s. XV–XVI, f. 63^{v} (1; 3–5; 5^{a}; 6; 7; 17; 11; 16). **b**^{o}

Parisinus gr. 2257, s. XVI, f. 230^{v} (vss. 1; 3–5; 5^{a}; 6; 7; 11; 16). **b**^{p}

b^{o} et **b**^{p} ex collatione Sternbach.
Ed. Jacobs 853; Cougny 317; Ideler^{2} 193; Sternbach^{2} 317.

Poema 61, De partibus corporis. duo mihi praesto erant codices, quorum neuter auctoris nomen indicat:
Vaticanus Palatinus gr. 386, s. XV, f. 122^{r}. **p**^{a}
Parisinus suppl. gr. 1192, s. XV, ff. 18^{r}–19^{v}. **p**^{b}
Ineditum.

Poema 62, In scabiem. duo codices, quod sciam, extant:

p^{e} Parisinus suppl. gr. 690, s. XI ex. (supra p. IX), ff. 112^{v}–113^{r} (anon.).

G Laurentianus 32, 52, s. XIV (supra p. XXI), f. 124^{v} (*τοῦ αὐτοῦ*, i. e. Pselli, cuius Poema 18 praemittitur).

Ed. Sternbach^{2} 314–316 (e Laur.).

Poemata 63–66, De anima sua, Vir apud sepulcrum uxoris, De oratione, Ad amicum cum aegrotaret. haec carmina, excepto 65 aliunde non nota, Psello attribuit

w^{v} Vindobonensis phil. gr. 150, s. XIV, ff. III^{v}–IV^{r} Poema 63 (Pselli); f. IV^{r-v} Poema 64 (eiusdem); f. IV^{v} Poema 65 (anon.); Poem. 66 (eiusdem).

Poematis 65 De oratione accedunt duo codices:

w^{w} Vindobonensis theol. gr. 242, s. XV, ff. 59^{v}–60^{r} (eiusdem, i. e. Pselli, sed de fide codicis vide argumentum Poematum 67–68).

w^{x} Constantinopolitanus Metochii 303, s. XIV–XV, f. 152^{v} (Pselli).

Inedita.

Poemata 67–68, Ad monachum superbum. duo carmina versibus politicis conscripta servavit

w^{w} Vindobonensis theol. gr. 242, s. XV, qui haec pseudo-Pselliana continet: ff. 42^{r}–55^{v} Poema 67; ff. 55^{v}–59^{r} Poema 68; f. 59^{r-v} eiusdem carmen ad amicum qui sibi uvas miserat (revera Christophori Mitylenaei Poema 87 Kurtz); ff. 59^{v}–60^{r} eiusdem (i. e. Pselli) Poema 65.

Neglegenter et festinanter descriptus, ideoque saepe lectu difficilis, ex codice et ipso festinanter et parum clare scripto, ita ut scriba interdum longos passus sine gravioribus erroribus transcripserit, interdum, cum sensum exemplaris assequi non posset, temere verba sensu carentia proponere contentus fuerit.

Inedita.

Poemata 69–82, Tetrasticha in festa dominica. codex unicus est

b^{e} Bononiensis Univ. 2911, s. XVI, ff. 79^{v}–81^{v}: tetrasticha XIV Psello attributa. praecedunt tetrasticha Theodori Prodromi, sequuntur VII disticha in s. crucem Theodori Studitae (ed. Speck, Berolini 1968, 60; 48; 50; 52; 57; 49; 58, 2 et 5; 56), in unum poema continuum contracta et 'eidem', scil. Psello, adscripta.

Inedita, quod sciam.

Poemata 83–85, In annuntiationem, In vestem virginis, Oratio ad Christum et evangelistas. solus habet

Havniensis 1899, s. XIV (supra pp. VIII–IX), f. 3^r, antecedente Pselli Poemate 33; duo priora anonyma sunt, tertium 'eiusdem aut Nicolai metropolitae Corcyrae', de qua re vide argumentum. **h**

Inedita.

Poema 86, De iniuria illata. Psello attribuunt

Vallicellianus E 55, s. XIII, f. 130^r, **g^v**

Laurentianus 32, 52, s. XIV (supra p. XXI), f. 124^r, **G**

Barberinianus gr. 74, s. XVII (scr. Allatius), f. 8^r. **b^a**

In Havniensi 1899, f. 1^{r-v}, anonymum comparet post Geometrae et Styliani epigrammata. **h**

Inter poemata Gregorii Nazianzeni exhibent Paris. gr. 1220, s. XIV (ff. 51–212); Paris. suppl. gr. 1148, s. XVI, f. 134^v; Vatic. gr. 1702, s. XIII, f. 89^v.[8])

Edd. PG 37, 790 (Greg. Naz. I 2, 23); Garzya[1] 244; id.[2] 24.

Poema 87, De desiderio amici.

Vallicellianus E 55, s. XIII, f. 130^v, **g^v**

Laurentianus 32, 52, s. XIV, f. 124^r. **G**

Initium epigrammati Greg. Naz. I 2, 20 simile est, sed reliqua differunt.

Ineditum.

Poemata 88 et 89, In prophetas Amos et Michaeam.

Scorialensis Ψ. II. 1, s. XVI, f. 1^v. duo epigrammata commentariis Cyrilli praefixa, manu Nicolai Turriani. Psello tribuere vetat versificatio inscita. **e^p**

Edidit (e Matrit. 4603) E. Miller, Bibliothèque royale de Madrid. Catalogue des manuscrits grecs (supplément au catalogue d'Iriarte), in: Notices et extraits des manuscrits de la Bibliothèque Nationale et autres bibliothèques 31, 2, 1886, 10.

Poema 90, In XII apostolos. sunt singuli versus de mortibus apostolorum, teste codice **l** descripti ex exopylo (quidquid id est) Ecclesiae Apostolorum. eo quod tres homines diversis temporibus ex ipso pa-

8) De codicibus Gregorii certiorem fecit M. Sicherl; nec multos nec magna auctoritate esse libros, qui carmina I 2, 20–23 tradunt, docet catalogus H. M. Werhahn (apud W. Höllger, Die handschriftliche Überlieferung der Gedichte Gregors von Nazianz, 1. Die Gedichtgruppen XX und XI, Paderborn 1985, 18).

riete hos versus vario ordine transcripserunt, tres classes codicum habemus. ad primam (vss. 1–12) pertinent:

w^x Constantinopolitanus Metochii 303, s. XIV–XV, f. 152ʳ (Pselli).

x^a Laurentianus 75, 6, s. XIV, f. 272ᵛ (Pselli).

g^v Vallicellianus E 55, s. XIII, f. 131ᵛ (anon.).

x^c Baroccianus gr. 197, s. XIV, f. 581ʳ (anon.)

Eiusdem classis sunt Paris. gr. 3058, s. XVI, f. I^A (anon.); Mosq. gr. 426 [439 Vlad.], s. XVI, f. 52ᵛ (Nicetae Serrensis); Athous Laurae *Θ* 214, s. XVIII, f. 20 (anon.). quodammodo cognati (vss. 1; 2; 4; 5; 3; 6–8; 11; 10; 12; 9) sunt Scorial. y. III. 9, s. XVI, f. 6ʳ, et Paris. gr. 1310, s. XV, f. 34ʳ.

Secundam classem (5; 4; 2; 12; 9; 10; 1; 6; 3; 7; 11; 8) efficit solus

l Athous Laurae *B* 43, s. XII, f. 68ᵛ, anon., inter Geometrae poemata, cum inscriptione iam supra citata. de tota re vide argumentum.

Tertiae classis (2; 1; 7; 11; 12; 8; 9; 10; 6; 3; 4; 5) princeps est

z Parisinus gr. 1782, s. XIV, f. 75ᵛ (anon.).

Cum hoc faciunt etiam Angelic. gr. 28, s. XIV–XV (supra p. XIII), f. 217ʳ (anon.); Vatic. gr. 341, s. XIII, f. 316ᵛ (sine titulo, neglegenter scriptum); Ambr. B 33 sup., s. XV ex., f. 148ᵛ (anon., fine mut.).

Edd. Bustus; PG 120, 1196 A; Pitra 496; Sternbach[3] 68–69.

Poema 91, De versificando.

p^e Parisinus suppl. gr. 690, s. XI ex. (supra p. IX), f. 73ᵛ (anon., sed post Pselli Poemata 17 et 10).

Apographon huius est Hieros. Sep. 111, f. 4ᵛ.

Ed. Sternbach[2] 318–319, propter Pselliana praecedentia Psello tribuens.

Poema 92, De Ulixis erroribus.

H Heidelbergensis gr. 356, s. XIV, f. 143ᵛ (anon., post Pselli Poema 11).

Ed. Allatius[1] 59 (= PG 122, 531 B–C) ut Pselli, sed metro peccant vss. 4 et 6.

4. DE POEMATIS SPVRIIS IN HANC EDITIONEM NON RECEPTIS

Carmina quae in altera parte huius voluminis aut primus aut iterum edidi praesertim ea sunt quae sub nomine solius Pselli feruntur aut partim Pselli partim ignoti auctoris esse perhibentur. exclusi contra ea quorum verus auctor aliunde notus est; nam plurima sunt poemata aliorum quae scribae nunc per errorem, nunc per neglegentiam Pselli nomine insigniverunt. veros poetas hic recensebo.

Nicephori *Blemmydae* 274 versus politici ad Romanum discipulum qui eum calumniatus erat (inc. *Ἤιδειν καὶ πρότερον καλῶς, ἐκ τῶν πραγμάτων ἤδειν*) in cod. Havn. 1985, ff. 228ᵛ–234ʳ, Psello tribuuntur, cuius Omnifaria doctrina et Quaestiones physicae praemittuntur, subsequuntur versus ad Romanum (*τοῦ αὐτοῦ*), denique Blemmydae ep. ad imperialem grammaticum Macrotum (*τοῦ αὐτοῦ ἐπιστολαί*). post Blemmydae Curriculum vitae ed. A. Heisenberg, Lipsiae 1896, 100–109, e Leidensi Vulc. gr. 56.

Christophori Mitylenaei quattuor epigrammata inter Pselliana devenerunt (necnon complura aenigmata, quae vide infra, Poem. 45; 49; 52). in Vindob. theol. gr. 242, s. XV, post Poemata 67 et 68 Psello tributa legitur f. 59ʳ⁻ᵛ Christophori Poema 87 Kurtz (*Σὺ μέν με καρποῖς δεξιοῖς τῆς ἀμπέλου*) eidem Psello inscriptum. quod autem magis mirum est, in ipsum illum celeberrimum codicem Psellianum, Paris. gr. 1182, f. 151ᵛ, irrepsit epigramma in aereum equum in Hippodromo (PG 122, 1161–1162, Cougny 334, Nº 267, inc. *Ἔμπνους ὁ χαλκοῦς ἵππος οὗτος, ὃν βλέπεις*), quod Christophori esse spondet corpus poematum eius in codice Cryptensi Z. *a.* XXIX (Poema 50 Kurtz). cum Pselli Poemate 30 coniungitur, quamquam non diserte ei ascribitur, Christophori Poema 141 (inc. *Ναὶ μαργαρῖται χειλέων σου οἱ λόγοι*) in duobus codicibus Ambrosianis (supra p. XXV); similiter distichon in nativitatem (inc. *Θεὸς τὸ τεχθέν, ἡ δὲ μήτηρ παρθένος*), quod inter Philae carmina edidit Miller, vol. I p. 5, Nº 5, Christophoro vero dat codex Scorial. X. IV. 20 (Sternbach, Eos 6, 1900, 72; deest apud Kurtz), in Scorial. R. III. 17, s. XIV, f. 10ᵛ, apparet post Pselli Poema 10 et duo epigrammata anonyma, quibuscum edidit Miller, Catal. 49.

Michaelem *Glycam* auctorem esse commentarii in proverbia popularia versibus politicis 401 conscripti argumentis haud spernendis ostendit K. Sathas, qui primus edidit (544–560) ex cod. Paris. gr. 3058, ff. 39ʳ–45ᵛ, cuius scriba Arsenius Apostolius aut Psello aut

Ptochoprodromo attribuit (ut in Barb. gr. 240, ff. 68r–70v, qui exemplar fuisse mihi videtur), seipsum tamen Prodromo favere. inc. *Κλέπτης ὁμοῦ καὶ ἰσχυρός, λέγει δημώδης λόγος.*

Etiam *Gregorii Nazianzeni* epigrammata quaedam (nisi praestat dicere epigrammata in corpus Gregorianum recepta) sub Pselli nomine feruntur. iam primum Athous Laurae *I* 93, s. XV, f. 4r, Psello attribuit versus de miraculis Eliae et Elisei (Greg. I 1, 16, inc. *Τοσαῦτα θαύματ' Ἠλιοῦ τοῦ Θεσβίτου*). accedunt Poemata 86 et 87, de quibus vide supra p. XXXI et infra argumentum.

Leonis Choerosphactae magistri et proconsulis, qui temporibus Leonis VI floruit, extat in solo Vat. gr. 1257 poema ineditum inscriptum *Χιλιόστιχος θεολογία* (prol. et 40 capitula). capituli I vss. 14–19 (inc. *Θεὸς τὸ διττὸν οὐκ ἔχων τῶν πνευμάτων*) passim separatim feruntur; in uno codice Barocc. gr. 76, f. 381r, cum nomine Leonis et titulo operis, adicitur tamen Leonem sub Michaele (III) imperatore et Barda caesare hoc opus composuisse, quod si esset verum, saeculum vivendo paene complesset; plerumque vero anonyma, ut in codicibus Paris. gr. 887, f. 1v, Paris. gr. 1295, f. 8v, Vat. gr. 573, ff. 27r et 86r, Vat. gr. 790, ff. 178v–181v, Laur. 87, 10, f. 1r; Psello tribuunt Oxon. Coll. Linc. gr. 33, f. 2 (cuius apographon est Cantabr. Univ. Ll. V. 4, p. 211), Bucurestiensis gr. 615, f. 106, Callipolitanus gr. 6 (nunc non invenitur); Blemmydae dat Paris. gr. 3058, f. 34r; Manueli Philae ex coniectura ascribebat E. Miller, qui hos versus cum commentariolo (quod in Paris. gr. 1295 et Vat. gr. 790 extat, brevius in Barocc. gr. 76) editioni suae Philae inseruit (II 313).

Ioannis *Mauropodis* Euchaitorum metropolitae, Pselli amici et magistri, sex epigrammata in III hierarchas (Chysostomum, Gregorium Nazianzenum, Basilium) sub nomine Ioannis Pselli prodierunt in editione principe (cum operibus Prodromi, Basileae 1536, f. *λ* 8r–*μ* = PG 122, 908 C–909 C). incipiunt I *Σῖγα, θεατά, καὶ βραχὺν μεῖνον χρόνον,* II *Ἧ γλῶσσαν εὑρὼν πῦρ πνέουσαν, ζωγράφε,* III *Τί σοι τὸ σύννουν βλέμμα βούλεται, πάτερ,* IV *Ἐπιπρέπει τις σεμνοποιὸς ὠχρότης,* V *Τριὰς μὲν εὗρεν ἰσαρίθμους συμμάχους* (= Lagarde Poem. 13–17); in ultimo Mauropus se Ioannem appellat, ex quo ille ficticius Ioannes Psellus explicatur.[9]) sequitur in editione principe et in PG VI *Ὁ χρυσοῦς οὗτος ἥλιος τῶν δογμάτων,* in PG additur VII *Τὸν ἥλιον χραίνουσι πλασμάτων σπίλοι,* quod edidit Allatius, Excerpta

9) Vide Sternbach[5] (infra p. XLII).

(1641) 400 = PG 122, 910 C–D. praecedunt in ed. Basil., ff. *λ* 7^{v}–8^{r} (ut et in Athoo Laurae *Ι* 93, s. XV, ff. 4^{v}–5^{r}) 30 versus inscripti *Τοῦ ῥήτορος εἰς τὴν ἀνάγνωσιν τοῦ βίου τοῦ Χρυσοστόμου* (inc. *Μοναδικῶς μὲν οὐρανὸς τὸν φωσφόρον*) qui etiam in Athoo Laurae *Λ* 62, f. 237, occurrunt. cf. supra p. XV. carmen IV habet etiam Athous Dionysii 347, f. 198^{r}. in Laur. 59, 28, qui liber totus, quantum video, e Matr. gr. 51 [4681] etiamtum integro excerptus est, ff. 23^{r}–36^{r} Mauropodis canon in III hierarchas (PG 29, CCCLV–CCCLXV) comparet post Pselli poemata 3 et 4, sed sine auctoris nomine. in fine eiusdem, f. 48^{v}, invenimus, hos quoque anonymos, sex versus anacreonteos quibus concluditur Mauropodis liturgia III hierarcharum (inc. *Χρυσοπλοκώτατε πύργε,* PG 29, CCCLXVI).[10])

In codice Laur. 57, 26 (**p**^{p}) Pselli Grammaticam (Poem. 6) sequitur tractatus anonymus *Περὶ τῶν συστελλοφυλασσόντων τὸ ω ἐπὶ τῆς γενικῆς,* deinde praecedente ubique *τοῦ αὐτοῦ* sex poemata *Nicetae Heracleensis* (cf. Hunger II 15), quae incipiunt: I *Καιρὸς μὲν ὕπνου καὶ καθεύδειν ἦν δέον,* II *Πεδὸν τιθηνὸν ἀκριβοῦ, πεφιλμένε,* III *Ἔρον σμίκρυνε, τὸν γέλων μέγα γράφε,* IV *Φέρε μικρόν τι παίξωμεν πολιτικοῖς ἐν στίχοις,* V *Ἔφης, ὦ φίλε Μιχαήλ, μόνον με τῶν ἁπάντων,* VI *Τί δὲ περὶ συντάξεως; μῶν ταύτην παροπτέον*; quorum poemata IV, VI, V, I, anonyma habet Laur. 57, 24, Psello poema I diserte tribuit Barocc. gr. 131, f. 62^{v}.

Paniotae cuidam Krumbacher (441, cf. 444) auctore Laur. S. Marci 318 (s. XIV, f. 1^{r}) tribuit triginta disticha iambica in virtutes et vitia (inc. *Ἔγωγε πηγὴ καὶ περιρρέω κύκλῳ*), quae Prodromo adiudicat Laur. Conv. soppr. 48, s. XIV, f. 292, anonyma habet Ambr. H 22 sup., s. XV, f. 93^{v}, Pselli esse dicit Paris. gr. 3058, ff. 36^{r}–37^{v}, qui codex est autographum exemplar Violarii Arsenii Apostolii, unde typis expressa sunt haec epigrammata in ed. Romana (1505) Apopthegmatum Apostolii, deinde ad calcem ed. Basileensis Heraclidis Pontici, quam curavit Conradus Gesnerus. ex editionibus fluxerunt plerique aut omnes codices recentiores et recentissimi qui Psellum auctorem esse indicant: Vindob. theol. gr. 249, s. XVI, ff. 51^{v}–52^{v}; Athous Iberorum 765, s. XVI, ff. 102^{r}–104^{r}; Lugdun. gr. 52, s. XVI–XVII, ff. 15–17; Athen. 1264, s. XVII; Athous Iberorum 509, s. XVII; Athous Karakallou 79, s. XVII; Lesb. Leimonos 219, s. XVII, ff. 40–43; Athen. 1183, s. XVIII; Athous Pantel. 683, s. XVIII; Hieros. Sabae 462, s. XVIII,

10) Epigramma poetae contemplantis picturam virginis (ut Poem. 33) potius quam hymnum liturgicum esse dixeris.

ff. 32–36; Patmensis 407, s. XIX in.; itemque Bucur. gr. 646, pp. 1071–1079 (eadem neograece versa a Daponte).

Theodori *Prodromi* est epigramma in Gregorium Nazianzenum distichis elegiacis scriptum, cuius versionem Latinam editores Maurini sub Pselli nomine operibus Gregorii praefixerunt (= PG 35, 309 B–310 B; inc. *Divinae sophiae decus immortale canamus*). exemplar Graecum hanc inscriptionem habens non inveni: Prodromo tribuunt Paris. gr. 554, ff. 1^v–2^r et Guntii ed., ff. λ 5^{r-v} (inc. *Θευλογίης μέγα κάρτος ἀείσομαι ἁγνὸν ἰρῆα*).

Tria epigrammata Nicephori *Prosuch* in Mariam Aegyptiacam, quae Treu (46) cum ceteris poematis eiusdem auctoris edidit e Vat. gr. 1126, Barb. I 74 et alio codice olim a Creuzer adhibito (inc. I *Ἔχει πάχος τι καὶ τὸ χρῶμα, ζωγράφε,* II *Ὁ νοῦς τὸ σῶμα πρὸς πόλον βιάζεται,* III *Τί δῆτα θάπτεις, Ζωσιμᾶ, τῆς Μαρίας;*), alibi Psello attribuuntur (II et I in Mutin. gr. 59, f. 181^r, III in Vat. gr. 573, f. 72^r et Barber. gr. 74, f. 2^v). anonyma sunt in Laur. 32, 19, f. 289^r (II III I continenter scripta), Paris. gr. 1630, f. 133^r (II), Paris. gr. 2991 A, f. 372^r (I), metropolitae Athenarum (Michaeli Choniatae) epigramma I ascribit Mosq. 458 [437 Vlad.], s. XV, f. 185^v, ex quo ediderunt Lambros-Dyobouniotes 344.

Ignoti auctoris est poema iambicum quod inscribitur *Ὑγιεινὰ παραγγέλματα* aut *Ὑγιεινὰ παραγγέλματα σύντομα* (inc. *Εὐεξίας τράπεζαν, εἰ θέλεις, μάθε*); brevem recensionem 21 vss. edidit Ideler I 202 ex codice Monac. gr. 336, ff. 206^r–208^r; postea Bussemaker 132–134 textum multo longiorem e Vaticano, duobus Laurentianis, Ottoboniano. *Ἀσκληπιαδῶν* (h. e., ut videtur, medicorum) esse haec praecepta dicit Monacensis; *Ἀσκληπιάδης* inscribit Lesbius Leimonos 268, ff. 418^r–419^v; *Ἀσκληπιάδος* Vat. Ottob. gr. 441, ff. 476^r–479^v; *Ἀσκληπιάδος καὶ Διοσκορίδους* Taurin. B. VII. 22, ff. 13^r–16^r; *Ἀσκληπιάδου καὶ Διοσκορίδου* Athen. Bibl. Curiae 68; *Ὀριβασίου* Mosq. gr. 292 [260 Vlad.], f. 254^v; anonymum est in Athen. Curiae 84, ff. 38^v–41^r, Darmstad. 2773, f. 216^r, Laur. 57, 50, f. 577^v, 59, 17, f. 74^{r-v}, 87, 16, ff. 14^r–15^r, Meteor. Metam. 91, Vat. gr. 1343, Vindob. hist. gr. 94, ff. 61^v–62^r, phil. gr. 301, ff. 39^v–40^v; Psello tribuunt soli Marc. App. gr. V 16, ff. 160^v–161^r, et Bucur. 674 (184), ff. 187^v–188^v.

Poemata 91 et 92, quae in nullo codice Psello ascribuntur, sed Pselliana genuina excipiunt, ob nihil aliud recepi quam quod iam ante sub nomine Pselli edita erant. id non cadit in versus de incarnatione (inc. *Τί σῶτερ εἰς γῆν οὐρανοὺς κλίνας ἔβης;*), quos servavit Angelic. gr. 28, f. 211^v (supra p. XIII); quamobrem hos excludendos duxi.

Carmen '*Michaelis* [Pselli] in honorem beati Raoul', quod H. Omont in Paris. gr. 2635, f. 250^v, legi indicat, revera est carmen anonymi in honorem cuiusdam Michaelis Raoul (*Στίχοι εἰς τὴν στήλην τοῦ μακαρίτου Ῥαοὺλ κυροῦ Μιχαήλ*, inc. *Ὁρᾷς, θεατά, τὴν παροῦσαν εἰκόνα*).

Epigrammata tria in Plutarchum nomine *Michaelis* signata habent Marc. App. gr. IV 55, s. XII, ff. 293^v–294^r (inc. I *Ὦ φρὴν μία, πόσων φρενῶν φρένας φέρεις,* II *Ἡ σὴ βίβλος πάρεστι τοῖς αἱρουμένοις,* III *Σειρὴν λόγων σῶν θελκτικωτάτη λίαν,* mg. *τοῦ μιχαήλ,* sequitur Agathiae epigramma in statuam Plutarchi, Anth. Plan. 331) et Laur. 69, 6, s. XIV (hoc ordine: Agathias, I, III, II). hinc edidit Bandini in Catalogo, II 626–627, iteravit Cougny 275–276. recte adnotat Cougny: 'Quinam sit Michael iste plane ignotum'; si Psellus esset, *τοῦ ψελλοῦ* utique adscriptum fuisset.

Canones liturgicos Psello hic illic attributos exceptis Poem. 23 et 24 omnes praetermisi. de canone Mauropodis in III hierarchas supra (p. XXXV) iam egimus. duos alios teste acrosticho scimus a *Michaele* quodam compositos esse: alter est *Κανὼν ἐξαγορευτικὸς ὁμοῦ καὶ παρακλητικός* ad Christum (inc. *Ἀδεῶς, σωτήρ μου, ἐκ βρέφους ὁ τάλας*) in Vindob. theol. gr. 78, s. XIV, ff. 365^v–366^v servatus; alter, In honorem omnium sanctorum (inc. *Ἀνευφημῆσαι τῶν ἁγίων*) in Paris. gr. 478, ff. 269^r–274^r extat, sed non est cur hunc Michaelem monachum et hymnographum Psellum esse putemus. in eodem codice Vindob. theol. gr. 78, ff. 77^v–80^v, necnon in Vat. gr. 1952, s. XVI, ff. 132^v–140^r, et Mosq. gr. 418 [310 Vlad.], ff. 153–159, occurrit alius canon *παρακλητικὸς ἅμα καὶ κατανυκτικός* ad Christum sine acrosticho vel nomine auctoris (inc. *Οἴμοι τί κλαύσω, τί θρηνήσω πρότερον;*); in Vindob. cathisma Nicephoro Blemmydae tribuitur, canonem Pselli esse dicunt Hieros. Sabae 434, s. XVI, f. 193^r, et tres Athoi recentissimi, Iberorum 538, Laurae *I* 4, Xeropotamou 256. Lesbius Leimonos 205, s. XVI (Thecarae Theotocarion), Psello ascribit unum canonem paracleticum ad matrem dei.

Restant pauca carmina minora quae viri docti nihil asseverantes Pselli forsitan esse coniecerunt, imprimis quae G. Sola edidit e Vat. gr. 753, ff. 3^r–5^v; quorum ad Zoen pertinet II (inc. *Τὴν εὐπρέπειαν ὡς ποθοῦσα σοῦ δόμου*), ad Michaelem Calaphaten et Zoen VI (inc. *Ὡς οἶκον εἰδότες σε τερπνὸν {τοῦ} κυρίου*), ad Mariam (Helenen) sebasten, uxorem Romani Argyri ante Zoen, VIII (inc. *Τάφος τὸ σῶμα, πνεῦμα κολποῦται πόλῳ*). ut auctorem epigrammatis II Sola proponebat Psellum, sed una cum Christophoro Mitylenaeo et Mauropode.

denique hexametros in Constantinum X Ducam (Vindob. phil. gr. 305, f. 154r, inc. *Κῦδος ὀπάζοις ἐσθλὸν ἀπ' Οὐλύμποιο, μέγιστε*) Hunger in catalogo Pselli fortasse esse dicit; Psellus vero, quantum scimus, hexametro non est usus.

5. DE RE METRICA

In re metrica Psellum parum sibi consistere nemo non animadvertet paucis horum poematum perlectis. nihilominus, ut magis clarescat, quid admitti possit, quid non, consuetudinem ipsius et scriptorum pseudo-Psellianorum in maioribus carminibus observatam ut potui examinavi et computavi. numeros ex toto exactos esse non assero, huic tamen proposito sufficere credo.

In versibus politicis nihil fere persequendum habemus nisi hiatus tolerantiam. de tota re praefandum est hiatum semper (h. e. etiam in senariis iambicis) licitum esse post breves vocales quae elisionem non patiuntur (*πρό, περί, τί, τι, ὅτι*) et post diphthongos *αυ* et *ευ* (praesertim in vocabulis *αὖ, εὖ, φεῦ, ἄνευ*), quippe qui medio aevo non revera diphthongi, sed vocales cum consonanti fuerint.

Subicio numerum hiatuum proportionaliter computatum quem in centenis versibus singulorum poematum inveni:

1. In inscr. Psalmorum (302 vss.)	11,9
2. In Cant. (1226 vss.)	1,6
3. De dogmate (99 vss.)	46,5
4. De conciliis (89 vss.)	19,1
5. De nomoc. (77 vss.)	11,7
6. Gramm. (269 vss.)	24,5
– Lexicon (221 vss.)	47,5
7. Rhet. (545 vss.)	14,5
8. Synopsis legum (1357 vss. pol.)	29,3
35–37. Aenigmata genuina (21 vss.)	0,0

Ex his apparet Psellum in versibus De dogmate scribendis hiatum non curasse, in versibus In Cant. studiose, sed non plane ubique, vitasse, in ceteris ad arbitrium suum, sed praesertim pro difficultate materiae (sicut in Lexico et Synopsi legum) magis minusve sibi indulsisse. notandum est in Rhetorica paene dimidiam partem post caesuram cadere, in Synopsi legum paulo plus quarta parte, ceteroquin nihil interesse.

Scriptores pseudo-Pselliani etiam latius inter se distant:

53. Introd. in Psalmos (780 vss.)	0,0
54. Comm. in Psalmos, Cosmae Programma (146 vss.)	0,0
– – – Psalmi (1171 vss.)	7,6
55. In hexaem. (246 vss.)	86,6
56. In liturgiam (263 vss.)	15,6
58. De agrimensura (285 vss.)	35,1
59. Nomina vent. (39 vss.)	43,6
61. De part. corp. (38 vss.)	113,2
67. Ad monachum superbum (466 vss.)	1,9
68. Ad eundem (113 vss.)	2,6

Exempla Poematum 53 et 54 demonstrant hanc supputationem, ceteris quoque rationibus adhibitis, ad constituendam originem cuiusque poematis usui esse posse. in commentario in Psalmos hiatus plerumque ibi spissius obvii fiunt, ubi poeta textui ipsi Psalmorum adhaeret.

Versus anomali, hypermetri plerumque, maxime inveniuntur in carminibus lingua vulgari conscriptis, 56 et 58. talia saepe facile tolli possunt pronuntiando cum synaloephe, ut hodie fit.

Iambis dodecasyllabis Psellus raro utitur in poematis didacticis maioribus, non enim nisi in parva parte Synopsis legum (vss. 96–105 et 1073–1129) et in poemate De medicina (1374 vss.); semper vero in didacticis minoribus (Poem. 12–15), in poematis demonstrativis (Poem. 16–21, itemque in canone iambico Poem. 24), in epigrammatis (Poem. 25–34). hiatum in his diligenter evitat, exceptis vocabulis supra indicatis; legibus quas fert Poema 14 de iambis pangendis oboedit, ita tamen ut dichrona *α, ι, υ* ad libitum pro longis vel brevibus usurpentur. animadvertenda sunt duo carmina: Poema 16 ad Michaelem IV, in quo regulae veterum stricte observantur, quod in tam brevi poemate (17 vss.) fortuito factum esse potest, magis autem crediderim Psellum, cum inter notarios imperiales locum peteret, summa diligentia in versificando usum esse; at ex contrario in Poem. 9 De medicina, cogente fortasse materia difficiliore, maior licentia adhibetur. nam in 1374 vss. occurrunt 11 hiatus, 49 vocales longae pro brevibus (vel e converso), 6 syllabae positione longae pro brevibus (quarum quattuor in paenultima), 13 accentus circumflexi in paenultima; nota tamen Psellum fortasse *-μν-* (9, 394.490.497) et *-πτ-* (9, 143) pro muta cum liquida accepisse, nam idem semel fit in carmine de Scleraena (17, 195 *-μν-*). ceterum ne sedulissimi quidem poetae eiusdem saeculi, Christophorus Mitylenaeus et Mauropus, similia omnino evitare potuerunt, praesertim usum brevium vocalium

pro longis in nominibus propriis vel vocibus difficilioribus, nam manifestum est voces quales sunt *Θεόδωρος, θεολόγος, φιλόσοφος,* secundum strictam regulam nullo modo recipi posse in senarium Byzantinum, quippe qui duas syllabas breves contiguas non admittat.

Excepto Poem. 27 (disticho) omnes iambi desinunt in paroxytonum, raro in properispomenon; si quando accentus circumflexus vocalem longam proderet, acutus pro circumflexo scribi solet.

In poematis longioribus hae caesurae inveniuntur (5^5, 5^4 ... = caesura post quintam syllabam cum accentu in quinta, quarta, etc.; neglegitur caesura post tertium pedem, quae rarissima est):

Poem. 10 (69 vss.)	5^5 24,5 %	5^4 30,7 %	5^3 8,7 %		7^6 4,3 %	7^5 30,7 %
Poem. 11 (1374 vss.)	5^5 17,9 %	5^4 31,3 %	5^3 14,0 %	7^7 0,3 %	7^6 2,6 %	7^5 32,9 %
Poem. 19 (448 vss.)	5^5 22,3 %	5^4 34,8 %	5^3 6,0 %		7^6 4,7 %	7^5 32,1 %
Poem. 23 (321 vss.)	5^5 25,2 %	5^4 31,5 %	5^3 7,8 %		7^6 1,9 %	7^5 33,6 %

Praevalent ergo ubique penthemimeres cum paroxytonesi (deinde proparoxytonesi) et hephthemimeres cum proparoxytonesi.

Pseudepigrapha magnopere inter se differre nemo mirabitur. notabile est Poem. 57, cuius auctor dodecasyllabos rhythmicos ex proposito scribit, syllabarum longarum aut brevium nulla ratione habita.

Restat officium gratissimum, ut omnibus qui in hac editione paranda mihi adfuerunt, gratias sinceras agam: imprimis bibliothecarum praefectis, qui ducentos fere codices aut totos aut partim lucis ope depingendos curaverunt; in qua re haud parvum auxilium praestitit praesertim Institutum Patriarchicum Studiis Patristicis Colendis, quod Thessalonicae in Monasterio Vlatadon constitutum est. nullus tamen in hoc volumen tantum contulit quantum Paul Moore, cuius copiae Psellianae ditissimae semper mihi praesto fuerunt.

Buffalone in Civitate Neo-Eburacensi m. Maio a. 1989

L. G. Westerink †

CONSPECTVS LIBRORVM

EDITIONES

L. Allatius[1], Diatriba de Psellis, Romae 1634 [= Migne, PG 122, 477–536] (*25–28, 30, 92*)

–[2], De Symeonum scriptis diatriba, Parisiis 1664, 236–244 [= Migne, PG 114, 199–208] (*23*)

J. F. Boissonade[1], Anecdota Graeca I, Parisiis 1829 [Hildesheim 1962] (*9*)

–[2], item III, Parisiis 1831 [Hildesheim 1962] (*6, 35–52*)

–[3], Michael Psellus, De operatione daemonum, Norimbergae 1838 [Amsterdam 1964] (*15*)

F. Bosquet, Michaelis Pselli Synopsis legum, Parisiis 1632 (*3–5, 8*)

U. Bussemaker, Poetarum de re physica et medica reliquiae (in Poetis bucolicis, ed. Ameis), Parisiis 1851 [1862] (Praef. p. XXXVI)

M. Bustus, Ioannis Mauropi Epigrammata ..., Etonae 1610 (*90*)

E. Cougny, Anthologia Graeca, III, Appendix, Parisiis 1890 (*60*)

F. Ducaeus, Bibliotheca veterum patrum Graecorum et Latinorum, II, Parisiis 1624 (*2*)

F. Dvornik, Greek Uniats and the Number of Oecumenical Councils, Mélanges Eugène Tisserant II (Studi e Testi 232), 1964 [= Photian and Byzantine Ecclesiastical Studies, London 1974, XVIII], 93–101 (*4*)

A. Garzya[1], Versi inediti di Michele Psello, Le Parole e le Idee 6, 1964, 243–248 (*10, 11, 29, 86*)

–[2], Versi e un opusculo inediti di Michele Psello, Quaderni di Le Parole e le Idee IV, 1966 (*10, 11, 29, 86*)

A. M. Guglielmino, Versi di Michele Psello all'imperatore, signore Isacco Comneno, sulle calende, le none e le idi, Sicul. Gymn. N. S. 27, 1974, 121–133 (*18*)

(H. Guntius,) Cyri Theodori Prodromi Opera, Basileae 1536 (*4*; Praef. p. XXXVI)

J.L. Ideler[1], Physici et medici Graeci minores, I, Berolini 1841 [Amsterdam 1963] (*9*)

–[2], item II, Berolini 1842 [Amsterdam 1963] (*60*)

F. Jacobs, Anthologia Graeca, II, Lipsiae 1814 (*60*)

P. Joannou, Aus den unedierten Schriften des Psellos, Byz. Zeitschr. 51, 1968, 1–14 (*56*)

K. Krumbacher, Mittelgriechische Sprichwörter, Sitzungsber. Bayer. Akad. 1893, II 1–272 [Hildesheim 1969] (*12*)

C. G. Kuinöl, Auctores Graeci minores, II, Lipsiae 1796 (*8*)

E. Kurtz – F. Drexl[1], Michaelis Pselli Scripta minora, I, Milano 1936 (*1, 16, 17, 19, 21, 23, 55*)

–[2], item II, Milano 1941 (*28* Argum.)

S. Lambros, *Ὁ Μαρκιανὸς κῶδιξ* 524, *Νέος Ἑλληνομνήμων* 8, 1911, 3–59; 123–192 (*34*)

S. Lambros – K. Dyobouniotes, *Τὸ ὑπ' ἀριθμὸν ςγ' κατάλοιπον, Νέος Ἑλληνομνήμων* 16, 1922, 349–392 (*1, 53*; Praef. p. XXXVI)

S. de Magistris, Daniel secundum Septuaginta, Romae 1772 (*54*)
T. Maniate, *Ἀνέκδοτο ἔργο τοῦ Μιχαὴλ τοῦ Ψελλοῦ, Δίπτυχα* 1, 1979, 194–238 (*24*)
F. Matranga, Versi politici di Michele Psello il maggiore Constantinopolitano, Messina 1881 (*55*)
G. Meerman, Novus thesaurus juris civilis et canonici, I, Hagae Comitum 1751 (*3–5, 8*)
J. Meursius, Eusebii Polychronii Pselli in Canticum canticorum expositiones, Lugd. Bat. 1617 (*2*)
J. P. Migne, PG 37 (*86*); 114 (*23*); 120 (*90*); 122 (*2, 5–7, 10, 27–30, 32, 92*)
E. Miller, Catalogue des manuscrits grecs de la bibliothèque de l'Escurial, Paris 1848 [Amsterdam 1966] (*10*)
A. Nauck, Mélanges gréco-romains, II, S. Peterburg 1866 (*14*)
A. Papadopulos-Kerameus, *Μαυρογορδάτειος Βιβλιοθήκη*, I, Constantinop. 1884 (*12*)
J. Pitra, Spicilegium Solesmense, IV, Parisiis 1858 (*90*)
C. E. Ruelle, *Ψελλὸς ἀνέκδοτος, Ἑλλην. Φιλολ. Σύλλ.* 18, Appendix, 1888, 591–614 (*1*)
K. N. Sathas, *Μεσαιωνικὴ Βιβλιοθήκη*, V, Parisiis 1876 [Athenis 1972] (*22*)
Th. Schermann, Propheten- und Apostellegenden, Leipzig 1907 (*90*)
E. Schilbach, Byzantinische metrologische Quellen, Düsseldorf 1970 (*58*)
K. Simonides, *Ὀρθοδόξων Ἑλλήνων θεολογικαὶ γραφαὶ τέσσαρες*, Londinii 1865 (*4*)
L. Sternbach[1], [Constantini] Pselli carmen in Sclerinam, Rozprawy i sprawozdania z posiedzeń wydziału filologicznego Akademii umiejętności 15, 1891, 374–392 (*17*)
–[2], Analecta Byzantina, České Museum Filologické 6, 1900, 291–302 (*10, 60, 62, 91*)
–[3], Appendix Christophorea, Eos 6, 1900, 53–74 (*90*)
–[4], Ein Schmähgedicht des Michael Psellos, Wiener Stud. 25, 1903, 10–39 (*21*)
–[5], De Ioanne Psello, Eos 9, 1903, 5–10 (Praef. p. XXXV)
G. Studemund, Anecdota varia Gr. et Lat., Berol. 1886 (*14*)
L. H. Teucher, Michaelis Pselli Synopsis legum, Lipsiae 1789 [1796] (*8*)
M. Treu, Eustathii Macrembolitae aenigmata, Vratislavae 1893 (Praef. p. XXXVI)
C. Walz, Rhetores Graeci, III, Stuttgartiae 1834 [Osnabrück 1968] (*7*)
G. Weiss, Die »Synopsis legum« des Michael Psellos (Fontes minores, ed. D. Simon, II), Frankfurt am Main 1977, 147–214 (*8*)
J. Zepos – P. Zepos, Jus Graecoromanum, VII, Athenis 1931 [Aalen 1962] (*8*)

ALIA PSELLI SCRIPTA

Brev. div. Nov. = Brevis divisio Novellarum: G. E. Heimbach, Anecdota II, Lipsiae 1840, 234–237
Charact. Greg. = Characteres Gregorii Theologi Magni Basilii, Chrysostomi et Gregorii Nysseni: Boissonade[3] 124–131
De act. div. = De actionum divisione: G. Weiss, Oström. Beamte im Spiegel der Schriften des Michael Psellos, München 1973, 288–291
De init. iurisprud. = De initiis iurisprudentiae: Weiss 284–287
De rec. leg. nom. = De recentibus legum nominibus: Boissonade[3] 110–116
De var. leg. = De variis legibus: Weiss 299–302
Digest. div. = De Digestorum divisione: Weiss 296–298

Diss. de Ps. = De Psalmis ad imp. M. Ducam et de inscriptionibus eorum et ceteris: Kurtz-Drexl[1] 372–385
Diss. de inscr. Ps. = In inscriptiones CXLV Psalmorum: Kurtz-Drexl[1] 386–388
Encom. Metaphr(astae): Kurtz-Drexl[1] 94–107
Febr. = Ep. de febribus: Paris. gr. 1630, ff. 199^r–200^r
Omnif(aria) doctr(ina): ed. Westerink, Nijmegen 1948
Puls. = Ep. de pulsibus, Paris. gr. 1630, ff. 198^r–199^r
Theologica I, ed. P. Gautier, Lipsiae 1989
Tract. de nomoc.: Heimbach 299–304
Ur. = Ep. de urinis, Paris. 1630, ff. 199^r–200^r
Voc. medic. = De novis nominibus in morbis: Boissonade[1] 233–241

LIBRI ET COMMENTATIONES

A. Acconcia Longo – A. Jacob, Une anthologie salentine du XIVe siècle: le Vaticanus Gr. 1276, Rivista di Studi biz. e neoell. N. S. 17–19 (XXVII–XXIX), 1980–1982, 149–228
Anon. Mercati: G. Mercati, Osservazioni 70–73
H. G. Beck, Kirche und theologische Literatur im byzantinischen Reich, München 1959 [1977], 538–542
J. Darrouzès, Nicolas d'Andida et les azymes, Rev. Et. Byz. 32, 1974, 199–210
H. Hunger, Die hochsprachliche profane Literatur der Byzantiner, II, München 1978
A. Jacob, Un opuscule didactique otrantais sur la liturgie eucharistique, l'adaptation en vers faussement attribuée à Psellos de la Protheoria de Nicolas d'Andida, Riv. di Studi biz. e neoell. N. S. 14–16 (XXIV–XXVI), 1977–1979, 161–178
R. Janin, Le siège de Constantinople et le patriarcat oecuménique, t. III, Les églises et les monastères, [2]Paris 1969
–, Les églises et les monastères des grands centres byzantins, Paris 1975
K. Krumbacher, Geschichte der byzantinischen Litteratur, München [2]1897 [New York 1958], 78–79 (A. Ehrhard), 433–444
E. Kurtz, Die Gedichte des Christophoros Mitylenaios, Leipzig 1903
P. de Lagarde, Iohannis Euchaitorum metropolitae quae in Cod. Vat. Gr. 676 supersunt, Göttingen 1882 [Amsterdam 1979]
P. Maas, Der byzantinische Zwölfsilber, Byz. Zeitschr. 12, 1903, 278–323
G. Mercati, Il Niceforo della catena di Daniele Barbaro e il suo commento del Salterio, Biblica 26, 1945, 153–181
–, Osservazioni a proemi del salterio, Studi e Testi 142, Roma 1948
P. Moraux, Anecdota Graeca minora, II, Über die Winde, Zeitschr. f. Papyrol. u. Epigraphik 41, 1981, 43–58
F. Rizzo Nervo, Appunti per una nuova edizione di una poesia religiosa attribuita a Michele Psello, Sic. Gymn. 32, 1979, 593–607
G. Rochefort, Une anthologie grecque du XIe siècle: Le Parisinus suppl. gr. 690, Scriptorium 4, 1950, 3–17
M. D. Spadaro, Per una nuova edizione dell'elogio funebre per Sclerena di Michele Psello, Sic. Gymn. 27, 1974, 134–151
–, Note su Sclerena, ibid. 28, 1975, 351–372
G. Weiss, Oströmische Beamte im Spiegel der Schriften des Michael Psellos, München 1973.

SIGLA

B	Barber. gr. 240 (*18*)
D	Matrit. gr. 51 (*1, 3, 4, 13*)
G	Laur. 32,52 (*10, 18, 62, 86, 87*)
H	Heidelb. gr. 356 (*6, 11, 27, 28, 92*)
M	Marc. gr. 524 (*30, 34*)
N	Monac. gr. 384 (*2*)
P	Paris. gr. 1182 (*6, 7, 13, 24*)
Q	Paris. gr. 1630 (*9*)
R	Paris. gr. 2087 (*2*)
V	Vat. gr. 672 (*10, 25, 26, 29, 30*)
W	Vindob. phil. gr. 300 (*7*)
a	Vat. gr. 1276 (*16, 17, 19, 22, 57*)
$\mathbf{a}^{\mathrm{a}}$	Alexandr. gr. 71 (*4*)
$\mathbf{a}^{\mathrm{b}}$	Athous Batop. 10 (*4*)
$\mathbf{a}^{\mathrm{e}}$	Paris. gr. 968 (*35–52*)
$\mathbf{a}^{\mathrm{f}}$	Utin. gr. 4 (*35–52*)
$\mathbf{a}^{\mathrm{m}}$	Marc. gr. 408 (*22*)
$\mathbf{a}^{\mathrm{s}}$	Vat. gr. 845 (*8*)
b	Monac. gr. 306 (*60*)
$\mathbf{b}^{\mathrm{a}}$	Barber. gr. 74 (*86*)
$\mathbf{b}^{\mathrm{b}}$	Athous Iber. 92 (*60*)
$\mathbf{b}^{\mathrm{c}}$	Berol. gr. 97 (*3, 4*)
$\mathbf{b}^{\mathrm{d}}$	Laur. 71,32 (*60*)
$\mathbf{b}^{\mathrm{e}}$	Bonon. 2911 (*69–82*)
$\mathbf{b}^{\mathrm{h}}$	Vindob. hist. gr. 130 (*60*)
$\mathbf{b}^{\mathrm{m}}$	Vindob. med. gr. 44 (*60*)
$\mathbf{b}^{\mathrm{n}}$	Berol. gr. 99 (*4, 5*)
$\mathbf{b}^{\mathrm{o}}$	Berol. gr. 304 (*60*)
$\mathbf{b}^{\mathrm{p}}$	Paris. gr. 2257 (*60*)
c	Athous Pantel. 548 (*2*)
$\mathbf{c}^{\mathrm{a}}$	Athous Batop. 9 (*54*)
$\mathbf{c}^{\mathrm{b}}$	Vallicell. C 4 (*54*)
$\mathbf{c}^{\mathrm{c}}$	Constantinop. Metoch. 773 (*54*)
$\mathbf{c}^{\mathrm{f}}$	Athous Iber. 329 (*2*)
$\mathbf{c}^{\mathrm{s}}$	Paris. suppl. gr. 627 (*8*)
$\mathbf{c}^{\mathrm{v}}$	Vat. gr. 1701 (*24*)
$\mathbf{d}^{\mathrm{d}}$	Athous Iber. 190 (*4, 10, 11, 15*)
$\mathbf{d}^{\mathrm{f}}$	Athous Dionysii 274 (*10*)
$\mathbf{d}^{\mathrm{g}}$	Athous Dionysii 280 (*11*)
$\mathbf{d}^{\mathrm{l}}$	Leid. Voss. Q 54 (*13*)
$\mathbf{d}^{\mathrm{s}}$	Vat. gr. 847 (*8*)
$\mathbf{e}^{\mathrm{p}}$	Scorial. Ψ.II.1 (*88–89*)
$\mathbf{e}^{\mathrm{s}}$	Paris. gr. 478 (*8*)
$\mathbf{f}^{\mathrm{a}}$	Paris. gr. 902 (*3, 4*)
$\mathbf{f}^{\mathrm{b}}$	Marc. gr. 499 (*3, 4*)
$\mathbf{f}^{\mathrm{c}}$	Athous Batop. 416 (*3, 4*)
$\mathbf{f}^{\mathrm{f}}$	Paris. gr. 396 (*3*)
$\mathbf{f}^{\mathrm{q}}$	Angel. gr. 28 (*3*)
$\mathbf{f}^{\mathrm{r}}$	Paris. gr. 1712 (*4*)
$\mathbf{f}^{\mathrm{s}}$	Marc. gr. 266 (*8*)
g	Barocc. gr. 76 (*58*)
$\mathbf{g}^{\mathrm{a}}$	Vat. gr. 10 (*6*)
$\mathbf{g}^{\mathrm{b}}$	Paris. suppl. gr. 662 (*6*)
$\mathbf{g}^{\mathrm{c}}$	Vat. gr. 875 (*6*)
$\mathbf{g}^{\mathrm{k}}$	Bern. gr. 102 (*6*)
$\mathbf{g}^{\mathrm{p}}$	Paris. gr. 2408 (*6*)
$\mathbf{g}^{\mathrm{s}}$	Vat. Pal. gr. 19 (*8*)
$\mathbf{g}^{\mathrm{v}}$	Vallicell. E 55 (*86, 87, 90*)
h	Havn. 1899 (*20, 31, 33, 83–86*)
i	Ambr. M 15 sup. (*54*)
$\mathbf{i}^{\mathrm{a}}$	Vat. gr. 711 (*54*)
$\mathbf{i}^{\mathrm{d}}$	Athous Iber. 329 (*10, 11, 24*)
$\mathbf{i}^{\mathrm{k}}$	Constantinop. Kamariotissa 61 (*18*)
$\mathbf{i}^{\mathrm{m}}$	Laur. Conv. Soppr. 627 (*1, 17*)
$\mathbf{i}^{\mathrm{n}}$	Marc. gr. 498 (*1*)
$\mathbf{i}^{\mathrm{o}}$	Yale 249 (*1*)
$\mathbf{j}^{\mathrm{a}}$	Laur. Conv. Soppr. 20 (*14*)
$\mathbf{j}^{\mathrm{b}}$	Vindob. phil. gr. 279 (*14*)
$\mathbf{j}^{\mathrm{i}}$	Ambr. H 22 sup. (*14*)
$\mathbf{j}^{\mathrm{p}}$	Barocc. gr. 125 (*14*)
$\mathbf{j}^{\mathrm{x}}$	Athen. 799 (*1*)
$\mathbf{j}^{\mathrm{y}}$	Mosq. gr. 388 [53 Vlad.] (*1*)
$\mathbf{j}^{\mathrm{z}}$	Boston. Houghton gr. 3 (*1*)
k	Vat. Ottob. gr. 294 (*54*)
$\mathbf{k}^{\mathrm{a}}$	Vindob. theol. gr. 53 (*54*)
$\mathbf{k}^{\mathrm{b}}$	Vindob. theol. gr. 249 (*54*)
$\mathbf{k}^{\mathrm{c}}$	Athous Stauronikitae 57 (*54*)

l	Athous Laurae *B* 43 (*3–5, 90*)
l[a]	Ambr. E 18 sup. (*56*)
l[e]	Mutin. gr. 2 (*56*)
l[l]	Bodl. Holkham 11 (*3*)
m	Vat. gr. 1802 (*2*)
m[a]	Laur. S. Marci 693 (*2*)
m[h]	Messan. 149 (*55*)
m[m]	Ambr. G 32 sup. (*30*)
m[s]	Vindob. iurid. gr. 13 (*8*)
n	Vat. gr. 1266 (*2, 24*)
n[p]	Paris. gr. 1371 (*3, 5*)
n[q]	Vat. gr. 1182 (*5*)
n[s]	Scorial. T. III. 13 (*8*)
o[m]	Oxon. Magd. gr. 10 (*13*)
o[s]	Vat. Pii II gr. 39 (*8*)
p	Paris. gr. 2875 (*2–5, 24, 53*)
p[a]	Vat. Pal. gr. 386 (*61*)
p[b]	Paris. suppl. gr. 1192 (*61*)
p[e]	Paris. suppl. gr. 690 (*10, 17, 62, 91*)
p[p]	Laur. 57,26 (*6*)
p[q]	Patm. 110 (*6*)
p[r]	Alexandr. gr. 181 (*6*)
p[s]	Constantinop. Metoch. 410 (*8*)
p[z]	Paris. gr. 3058 (*13*)
r	Athous Annes 11 (*2*)
r[m]	Mutin. gr. 59 (*7*)
r[s]	Sirmondianus (deperd.) (*8*)
r[t]	Bucur. gr. 193 (*24*)
r[v]	Marc. gr. 266 (*7*)
s	Vat. gr. 1409 (*1, 3–5, 8, 53*)
s[l]	Laur. 72,26 (*21*)
s[p]	Vat. Pal. gr. 386 (*21*)
s[u]	Vat. Urb. gr. 141 (*21*)
t	Vindob. med. gr. 38 (*3–5*)
t[a]	Monac. gr. 201 (*4*)
t[h]	Paris. gr. 1228 (*32*)
u	Urbana 4 (*9*)
v	Vat. Pal. gr. 383 (*1, 3, 4, 10, 53*)
v[m]	Vat. gr. 567 (*23*)
v[p]	Vat. gr. 1411 (*59*)
v[q]	Paris. suppl. gr. 1254 (*59*)
v[s]	Bodl. Holkham 71 (*8*)
w	Vindob. theol. gr. 314 (*2*)
w[h]	Vindob. hist. gr. 24 (*12*)
w[s]	Sinait. 517 [2089] (*8*)
w[v]	Vindob. phil. gr. 150 (*63–66*)
w[w]	Vindob. theol. gr. 242 (*65, 67–68*)
w[x]	Constantinop. Metoch. 303 (*65, 90*)
x[a]	Laur. 75,6 (*90*)
x[c]	Barocc. gr. 197 (*90*)
z	Paris. gr. 1782 (*3, 4, 90*)

〈 〉	addenda
{ }	delenda
[ ]	supplenda in codice damnum passo
( )	compendia soluta

Poema 1. De inscriptionibus Psalmorum

Extant duo opuscula Pselli de eadem re pedestri sermone conscripta. quorum prius, De Psalmis ad imp. Michaelem Ducam et de inscriptionibus eorum et ceteris (372–385 Kurtz-Drexl = Diss. de Psalmis) a. 1054/55 ad Constantinum IX Monomachum e monte Olympo misit, deinde mutato titulo Michaeli VII Ducae dedicavit. alterum (386–388 Kurtz-Drexl = Diss. de inscr. CXLV Ps.) e brevissimis excerptis confectum est. praeterea G. Mercati introductionem anonymam ad Psalmos a se editam Psello tribuit; loci tamen utrobique similes id tantum ostendunt, Psellum hac introductione aut simili usum esse (anon. Mercati, v. supra p. XLIII).

Eodem fere tempore quo Diss. de Psalmis etiam hoc poema Monomacho obtulisse putandus est Psellus, postea simili modo titulum eius commutasse. in codicibus **j**^{x} **j**^{y} textus ita mutatus est, ut in locum imperatoris lector quilibet succedat (vss. 1, 17, 37 et al.), itemque in codice **j**^{z}, sed aliis verbis.

Τοῦ ὑπερτίμου κυροῦ Μιχαὴλ τοῦ Ψελλοῦ πρὸς τὸν βασιλέα Μονομάχον

Οὐκ ἔστι τὸ ψαλτήριον, δέσποτά μου, βιβλίον,
ὡς οἱ πολλοὶ νομίζουσι πάντως ἐξ ἀγνωσίας,
ἀλλ' ἦν τὸ πρὶν δεκάχορδον ὄργανον, ὡς κιθάρα,
ψαλτήριον καλούμενον ἐξ ἐτυμολογίας
ἀπὸ τοῦ τὰ ψαλλόμενα τηρεῖν τοὺς μελῳδοῦντας·

1 1-5 Euthym. In Ps., PG 128, 53 B 3–8 ‖ 3 cf. Poem. 54, 133

1 **s** 44^r–45^v **i**^{m} 93^v–95^r **i**^{n} 340^v–345^v **i**^{o} 1^r–7^r **D** 120^r–124^v (vss. 1–167; 260–302) **v** 87^r–91^v (vss. 1–291) **j**^{x} 2^r–5^r (vss. 1–291) **j**^{y} 12^r–13^v (vss. 1–291) **j**^{z} 1^r–7^v (codicum **j**^{x} et **j**^{y} consensus tantum indicatur) ‖ edd. Ruelle 609–614; Lambros-Dyobouniotes 352–361; Kurtz-Drexl[1] 389–400 ‖ tit. sec. **s**: *τοῦ ψελλοῦ πρὸς τὸν βασιλέα τὸν δοῦκα αἱ ἐπιγραφαὶ τῶν ψαλμῶν καὶ ἡ ὅλη ὑπόθεσις τῶν ψαλμῶν διὰ στίχων* **i**^{m} *στίχοι πολιτικοὶ τοῦ ψελοῦ πρὸς τὸν βασιλέα κῦριν μιχαὴλ τὸν δοῦκαν* **i**^{n} *ἰωάννου τοῦ ψελλοῦ ἐξ ἐπιταγῆς τοῦ αὐτοκράτορος μιχαὴλ υἱοῦ τοῦ δούκα* **i**^{o} *τοῦ αὐτοῦ, εἰς τὰς ἐπιγραφὰς τῶν ψαλμῶν πρὸς τὸν βασιλέα τὸν δούκαν κῦριν μιχαήλ* **D** *τοῦ αὐτοῦ εἰς τὰς ἐπιγραφὰς τῶν ψαλμῶν καὶ τὰ διαψάλματα* **v** *ἐπίγραμμα εἰς τοὺς ψαλμούς, μιχαὴλ ὑπερτίμου τοῦ ψελλοῦ· διὰ πολιτικῶν στίχων* **j**^{x} *στίχοι εὔρυθμοι πολιτικοὶ τοῦ ψελλοῦ· εἰς τὸ ψαλτήριον καὶ τὰς τῶν ψαλμῶν ἐπιγραφάς· καὶ εἰς τὸ διάψαλμα* **j**^{y} *στίχοι πολιτικοὶ τοῦ μακαριωτάτου ὑπερτίμου τοῦ ψελλοῦ· ἑφερμηνευτικοὶ τῶν ἐπιγραμμάτων τῶν ψαλμῶν* **j**^{z} ‖ 1 *δέσποτά μου*] *ἀγαπητέ* **j**^{z} *φιλόλογοι* **j**^{x} **j**^{y} ‖ 2 *πάντως*] *ἴσως* **j**^{x} **j**^{y} | *ἀμαθείας* **j**^{x} *ἀθυμίας* **j**^{y} ‖ 3 *ὡς*] *καὶ* **v** ‖ 4 *ἑτοιμολογίας* **i**^{n} **i**^{o} **D** **v**, **j**^{z} a. c.

πρὸς τοῦτο τὸ ψαλτήριον οἱ ψαλμοὶ τοῦ προφήτου
ἐμελῳδοῦντο σύμπαντες ἐμμέτρως γεγραμμένοι.
ὕστερον δὲ τὸ σύνταγμα τῶν ψαλμῶν συντεθέντων
ψαλτήριον ὠνόμασται ὡς ἐκ μετωνυμίας.
ἔχει δὲ τὸ ψαλτήριον ψαλμούς, αἴνους καὶ μέλη.
ἔχουσι δ' ἐπιγράμματα τοὺς σκοποὺς προδηλοῦντα
δύσκολα καὶ δυσνόητα· τούτων τὴν γνῶσιν μάθε.
Τὰ πλείω δ' ἀνεπίγραφα τυγχάνει παρ' Ἑβραίοις·
εὐθὺς ὁ πρῶτος τῶν ψαλμῶν ἐπιγραφὴν οὐκ ἔχει,
οὕτω μοι καὶ τὸν δεύτερον ἀνεπίγραφον ἔχε·
σὺ δέ μοι μόνους μάνθανε τοὺς ἐπιγεγραμμένους.
Τοῦ τρίτου τὴν ἐπιγραφὴν οὕτως εὑρήσεις, ἄναξ·
'ψαλμὸς Δαυίδ, ὅτ' ἔφευγεν Ἀβεσαλὼμ τὸν παῖδα.'
ὁ γὰρ υἱὸς Ἀβεσαλὼμ ἀσύνετος τυγχάνων
ὤδινεν ἐπανάστασιν κατὰ πατρὸς ἀθρόαν·
ὃν ὁ Δαυὶδ καταπλαγεὶς ἀπέδραμεν εὐθέως
καὶ φεύγων καὶ θλιβόμενος ᾄδει θεῷ τὸν θρῆνον.
Ἐπιγραφὴν ὁ τέταρτος 'εἰς τέλος' ἔχει μόνον,
νενικηκὼς γὰρ τὸν ἐχθρὸν ἐν τέλει τοῦ τροπαίου
ψαλμὸν ποιεῖται τῷ θεῷ μετ' ᾠδῆς μελιρρύτου,
'ἐν θλίψει' γὰρ 'ἐπλάτυνας', φησίν, 'εἰσήκουσάς μου'·
ἢ πάλιν τέλος νόησον ἔξοδον τὴν ἐντεῦθεν.
Ὁ πέμπτος 'εἰς τὸ τέλος' δὲ 'ὑπὲρ κληρονομούσης'·
κληρονομοῦσα δέ ἐστι τοῦ θεοσδότου κλήρου
ἡ σύμπασα τῆς ἐθνικῆς μερίδος ἐκκλησία,
ἡ κληρονόμος αὕτη γὰρ ἐν τέλει τῶν αἰώνων.

26 = Poem. 54,192; Ps. 4,2 ‖ **29–30** Psell. Diss. de inscr. Ps. 386,2–3 ‖ **31** cf. Poem. 54,197; Psell. Diss. de inscr. Ps. 386,7–9

6 *τούτοις* **i**^{m} **i**^{n} ‖ **8** *σύγγραμμα* **v** ‖ **9** *ὠνόμαστο* **D** ‖ **10** *μέλος* **v** *μέλους* **D** ‖ post **10** *ὕμνους ᾠδὰς καὶ προσευχάς, στήλας εὐχαριστείας* **j**^{x} **j**^{y} ‖ **11** *τοὺς ψαλμοὺς* **v** ‖ **12** *δυσκίνητα* **s** ‖ **13** *τυγχάνουν* **D** ‖ **15** *ἔχε*] *νόει* **i**^{n} ‖ **16** *μόνον* **s j**^{z} *μόνος* **v** ‖ **17** *οὕτως εὑρήσεις οὖσαν* **v j**^{x} **j**^{y} *οὑτωσί πως εὑρήσεις* **j**^{z} ‖ **18** *ἔφυγεν* **i**^{m} **i**^{n} ‖ **19** *ἀσύνθετος* **s** a. c. ‖ **21** om. **i**^{o} | *ἀπέδραμεν* **s**: *ἀπέδρασεν* **i**^{m} **i**^{n} **j**^{z} *ἀπέφυγεν* **v j**^{x} **j**^{y} *ἀπέφευγεν* **D** | *εὐθέως*] *αὐτίκα* **v j**^{x} **j**^{y} *ἀθρόον* **i**^{n} ‖ **22** *φεύγει* **j**^{x} **j**^{y} | *θρῆνον*] *αἶνον* **D** ‖ **24** *ἐχθρὸν* **s**: *υἱὸν* cett. | *τῶν τροπαίων* **v** ‖ **26** *ἐπλάτυνε … εἰσήκουσε* **s i**^{o} | *οἰκτείρησον φησί με* **j**^{z} ‖ **27** *τέλος*] *σύ μοι* **v** | *τῶν ἐνταῦθα* **D** ‖ **28** *ὑπὲρ τῆς* **i**^{o} ‖ **30** *τῆς ἐθνικῆς μερίδος* **s**: *τῶν -ῶν -ων* cett. ‖ **31** *ἡ*] *ὁ* **D** *καὶ* **j**^{z} | *κληρονομία* **i**^{n} | *αὕτη γὰρ* **s j**^{x} **j**^{z}: *γὰρ αὐτὴ* **i**^{m} **i**^{n} **i**^{o} **v** *γὰρ αὕτη* **j**^{y} *γὰρ αὐτῆς* **D** ‖ post **31** *ταύτη κλῆρον παρέσχετο θείας κληρονομίας* add. **D**

Ὁ ἕκτος ἐπιγέγραπται μόνον ‘ὑπὲρ ὀγδόης’,
ἤτοι τῆς ἀναστάσεως τοῦ μέλλοντος αἰῶνος·
ἕβδομος γὰρ ὁ νῦν καιρός, ὄγδοος δ’ αὖ ὁ μέλλων.
‘μὴ τῷ θυμῷ σου’ γάρ φησιν ‘ἐλέγξῃς με, Χριστέ μου’·
ὁρᾷς ὀδύνης ῥήματα φοβεροῦ κριτηρίου;
Ὁ ἕβδομος ἐπιγραφὴν ἔχει τοιαύτην, ἄναξ·
‘ὃν ᾖσεν ὑπὲρ τοῦ Χουσὶ Ἰεμενεῖ κυρίῳ.’
τοῦ γὰρ παιδός, ὡς εἴρηται, Ἀβεσαλὼμ μανέντος
καὶ τοῦ προφήτου τοῦ Δαυὶδ τὸ τάχος ἀποδράντος,
εἷς ὢν τῶν φίλων ὁ Χουσὶ τοῦ θαυμαστοῦ προφήτου
τρέχει πρὸς τὸν Ἀβεσαλὼμ φυγὼν ἐν ὑποκρίσει
καὶ πείθει παραστρατηγῶν τὸν τύραννον ἐκεῖνον
μὴ κατὰ πόδας ἕπεσθαι τῷ πατρὶ πεφευγότι,
ἀλλὰ συντάττειν πόλεμον καὶ στρατὸν συναθροίζειν·
κἀντεῦθεν ἀναπνεύσαντα τὸν Δαυὶδ ἱστορεῖται
συστῆσαι πόλεμον αὐτῷ καὶ καθελεῖν εἰς τέλος.
ποιεῖται γοῦν ὑπὲρ Χουσὶ ψαλμὸν εὐχαριστίας.
‘Ὑπὲρ ληνῶν’ ἐπίγραμμα ψαλμὸς ὄγδοος ἔχει·
ληνοὶ γὰρ θεοπάτητοι τῶν ἐθνῶν ἐκκλησίαι,
τὸ γλεῦκος ἀποστάζοντες τὸ τῶν εὐαγγελίων.
Ὁ δ’ ἔνατος ἀπόρρητος· ‘ὑπὲρ’ γὰρ ‘τῶν κρυφίων
τῶν τοῦ υἱοῦ’ τὴν θαυμαστὴν ἐπιγραφὴν λαμβάνει.
υἱοῦ δὲ τίνα κρύφια; ἡ κένωσις τοῦ λόγου·
κρυφίως.γὰρ ταπείνωσιν τὴν κατάβασιν λέγει.
‘ἴδε’ γὰρ ‘τὴν ταπείνωσιν’, φησὶ πρὸς τὸν πατέρα,
‘ὁ τοῦ θανάτου τῶν πυλῶν ὑψῶν με παραδόξως.’
οἱ δ’ ‘εἰς τὸ τέλος’ σύμπαντες ἐπιγραφὴν λαβόντες

32–34 Psell. Diss. de Ps. 380, 21–23 ‖ **33** Psell. Diss. de inscr. Ps. 386, 3–4 ‖ **35** = Poem. 54,206; Ps. 6,2 ‖ **36** cf. Poem. 54,207 ‖ **42** cf. Poem. 54,213 ‖ **44** cf. Poem. 54,215 ‖ **48** = Poem. 54, 220 ‖ **50–51** = Poem. 54, 232–233; 923–924; Psell. Diss. de Ps. 380, 19–21; Diss. de inscr. Ps. 386, 5 ‖ **54–57** = Poem. 54, 237–240 ‖ **56–57** Ps. 9, 14

32 *ὁ δ’* $\mathbf{j}^{z}$ | *μόνος* $\mathbf{i}^{m}$ $\mathbf{j}^{z}$ ‖ **35** *σ(ωτ)ὴρ μου* $\mathbf{i}^{o}$ ‖ **36** *ὀδύνας* $\mathbf{i}^{o}$ ‖ **37** *τοιαύτην ἄναξ ἔχει* $\mathbf{i}^{m}$ *ἄναξ τοιαύτην ἔχει* **D** *καθ’ ἱστορίαν ἔχει* $\mathbf{j}^{x}$ $\mathbf{j}^{y}$ *τοιαύτην ψαλμὸς ἔχει* $\mathbf{j}^{z}$ ‖ **38** *ἰεμενὶ* $\mathbf{i}^{o}$ **D v** ‖ **39** *ἀβεσαλὼμ* ante *ὡς* trp. $\mathbf{i}^{n}$ **v** $\mathbf{j}^{x}$ $\mathbf{j}^{y}$ | *εἴρηκα* $\mathbf{i}^{n}$ $\mathbf{i}^{o}$ **v** $\mathbf{j}^{x}$ $\mathbf{j}^{y}$ ‖ **40** om. **D** | *τοῦ*[2]] *δὲ* $\mathbf{j}^{x}$ $\mathbf{j}^{y}$ | *τὸ*] *ὡς* $\mathbf{i}^{n}$ ‖ **41** *ὁ*] *καὶ* $\mathbf{j}^{x}$ $\mathbf{j}^{y}$ | *χουσὶς* $\mathbf{i}^{o}$ *-σῆς* $\mathbf{i}^{n}$ ‖ **42** *τρέχει*] *φεύγει* $\mathbf{i}^{o}$ **v** $\mathbf{j}^{x}$ $\mathbf{j}^{y}$ | *φυγὼν* **s** $\mathbf{i}^{n}$: *φυγὰς* cett. ‖ **45** *συνάπτειν* $\mathbf{j}^{x}$ $\mathbf{j}^{y}$ | *συναθροῖσαι* **s** ‖ **47** *συστεῖλαι* **v** ‖ **48** *ψαλμοὺς* **s** $\mathbf{i}^{m}$ ‖ **51** *ἀποστάζοντες* **s**: *-ζουσαι* cett. | *τοῦ εὐαγγελίου* **v** ‖ **52** *ἀπόκρυφος* $\mathbf{i}^{m}$ $\mathbf{i}^{n}$ **D** $\mathbf{j}^{z}$ ‖ **53** *ἐπιγραφὴν*] *κατάβασιν* **s** ‖ **54** *τινα* $\mathbf{i}^{n}$ *τοίνυν* **D** | *ἢ κένωσιν νοήσεις* **v** ‖ **55** *κρυφίαν* **D** ‖ **55–56** *τὴν – ταπείνωσιν* om. $\mathbf{i}^{o}$ ‖ **56** *πρὸς τὸν πατέρα λέγει* $\mathbf{j}^{z}$ ‖ **58** *ἅπαντες* $\mathbf{i}^{m}$ $\mathbf{i}^{n}$ $\mathbf{j}^{z}$ | *ἐπίγραμμα* $\mathbf{i}^{n}$ $\mathbf{j}^{z}$

ἢ τὸ ἐν τέλει τρόπαιον δηλοῦσι παραδόξως
ἢ τὸ κοινὸν καὶ γνώριμον τέλος τὸ τοῦ θανάτου.
Ὁ δὲ πεντεκαιδέκατος ἔχει ‘στηλογραφίαν’,
ὅπερ ἐστὶ τὸ τρόπαιον, τῶν πράξεων ἡ στήλη.
Τῷ μετ’ αὐτὸν ἐπιγραφὴ ἡ ‘προσευχὴ’ τυγχάνει.
ψαλμὸς οὗτος ἀρρύθμιστος, ἐν θλίψει γεγραμμένος·
‘εἰσάκουσόν μου, κύριε, καὶ πρόσσχες τῇ δεήσει.’
Τὸν δ’ αὖ ἑπτακαιδέκατον μελῳδεῖ τῷ δεσπότῃ,
ὅταν ἐρρύσθη τῶν ἐχθρῶν καὶ τοῦ Σαοὺλ ἐκείνου·
οὕτως γὰρ ἐπιγέγραπται σαφῶς καὶ πολυστίχως.
Τὸν δ’ εἰκοστόπρωτον ψαλμὸν αὐτὸς ὁ λόγος ᾄδει,
κρυφίως δ’ ἐπιγέγραπται καὶ συγκεκαλυμμένως
‘ὑπὲρ τῆς ἀντιλήψεως ἐν τέλει τῆς πρωΐας’.
ἑωθινὴ δ’ ἀντίληψις ἡ κένωσις τοῦ λόγου,
ὡς ὄρθρος ἐπιλάμψασα πᾶσι τοῖς ἐν τῷ σκότει·
‘ὤρυξαν’ γάρ φησι σαφῶς ‘καὶ χεῖράς μου καὶ πόδας.’
Ὁ δ’ εἰκοστότριτος ψαλμὸς ‘τῆς μιᾶς τῶν σαββάτων’
ἤτοι τῆς ἀναπαύσεως τῆς μιᾶς τῶν σαββάτων.
ἅπαξ γὰρ καταβεβηκὼς ἀνέπαυσε τὴν κτίσιν,
πολλῶν γὰρ ἀναπαύσεων αὕτη τιμιωτέρα.
Ὁ δ’ ἕκτος πρὸς τοῖς εἴκοσι ψαλμὸς ‘πρὸ τοῦ χρισθῆναι’,
πρὸ τοῦ χρισθῆναι γάρ φησι χρίσματι βασιλείας.
χρίσεις δὲ τρεῖς γινώσκομεν τοῦ θαυμαστοῦ προφήτου·
ἐν Βηθλεὲμ ἐκ Σαμουήλ, ἐν Χεβρὼν ἐξ ὀλίγων,

61–62 cf. Psell. Diss. de inscr. Ps. 386,5–7 ‖ **65** Ps. 16,1 ‖ **66–67** cf. Poem. 54,320–321; Psell. Diss. de Ps. 381, 1–3; Ps. 17,1 ‖ **72–73** cf. Poem. 54,385–387; Psell. Diss. de inscr. Ps. 386,9–13 ‖ **74** = Poem. 54,388; Ps. 21,17 ‖ **80–81** = Poem. 54,416–417 ‖ **80–85** cf. Psell. Diss. de inscr. Ps. 387,4–8 ‖ **82–83** cf. Poem. 54,418–421 ‖ **82** 1 Regn. 16,12–13 | 2 Regn. 2,4

59 *τὸ*] *τῶν* $\mathbf{i}^{n}$ | *δηλοῦσι τοῦ δεσπότου* $\mathbf{i}^{m}$ a. c., $\mathbf{j}^{z}$ ‖ **60** *τὸ*^{1}] *τὸν* $\mathbf{i}^{n}$ | *καινὸν* **D** ‖ **63** *ὁ μετ’ αὐτὸν τὴν προσευχὴν ἐπιγραφὴν λαμβάνει* **D** | *τῷ*] *τῶν* $\mathbf{i}^{m}$ **v** *τοῦ* $\mathbf{i}^{n}$ *τὸν* $\mathbf{i}^{o}$ | *ἐπιγραφὴ ἡ προσευχὴ* **s**: *ἡ* (*δὲ* $\mathbf{i}^{n}$) *προσευχὴ ἐπιγραφὴ* cett. ‖ **64** *ἀρρύθμιστος* $\mathbf{j}^{x}$ (*ἀρυθ-*) $\mathbf{j}^{y}$ $\mathbf{j}^{z}$ $\mathbf{i}^{o}$ **D** (*ἀρύθμηστος*) **v**: *ἀρίθμιτος* $\mathbf{i}^{n}$ *εὐρύθμιστος* $\mathbf{i}^{m}$ *ἐρύθμισται* **s** ‖ **65** *μου* **s** $\mathbf{i}^{o}$ **v j**: *γὰρ* $\mathbf{i}^{m}$ $\mathbf{i}^{n}$ **D** $\mathbf{j}^{x}$ $\mathbf{j}^{z}$ ‖ post **65** *καὶ ἐκ προσώπου σου φησὶ τὸ κρίμα μου ἐξέλθοι* add. **D** ‖ **66** *ἂν* $\mathbf{i}^{n}$ ‖ **67** *ἐκεῖνος* **s** ‖ **68** *οὗτος* $\mathbf{i}^{n}$ ‖ **69** *δ’* om. **v** $\mathbf{j}^{x}$ $\mathbf{j}^{y}$ | *αὔξει* $\mathbf{i}^{n}$ ‖ **70** *δ’* om. **v** $\mathbf{j}^{x}$ $\mathbf{j}^{y}$ ‖ **72** *δ’* om. $\mathbf{i}^{o}$ ‖ **74** *πόδας … χεῖρας* trp. **D** ‖ **75** *τῇ μιᾷ* $\mathbf{i}^{n}$ ‖ **76** om. **s** $\mathbf{i}^{o}$ $\mathbf{j}^{x}$ | *τῆς μιᾶς τῶν σαββάτων* $\mathbf{i}^{n}$ *τῆς διὰ τοῦ θανάτου* $\mathbf{i}^{m}$ $\mathbf{j}^{z}$ *τῆς διὰ τοῦ σαββάτου* $\mathbf{j}^{y}$ *τῆς χριστοῦ παρουσίας* **D** ‖ **77** *τῆς πρώτης λέγω καὶ μιᾶς ἐπιδημίας τούτου· καθ’ ἣν ἐλθὼν μετὰ σαρκὸς ἀνέπαυσε τὴν κτίσιν* **D** ‖ **79** *δ’* om. $\mathbf{j}^{z}$ ‖ **80** *γάρ*] *δὲ* **D** ‖ **81** *δὲ*] *γὰρ* **D v** ‖ **82** *τὴν πρώτην ὑπὸ σαμουὴλ ἐν βηθλεὲμ τῇ πόλει· τὴν δὲ δευτέραν ἐν χεβρὼν ὑπὸ φυλῶν τῶν δύο* **D** | *ἐκ* **s** $\mathbf{i}^{m}$ $\mathbf{j}^{z}$: *τῶ* $\mathbf{i}^{n}$ **v** $\mathbf{j}^{x}$ $\mathbf{j}^{y}$ *τοῦ* $\mathbf{i}^{o}$ | *ἐξ ὀλίγων* **s** $\mathbf{j}^{z}$: *πλὴν ὀλίγοις* cett.

τὴν τρίτην ὑπὸ ξυμπασῶν τῶν φυλῶν γενομένην·
πρὸ τοῦ χρισθῆναι τοιγαροῦν τὴν τρίτην ἴσως χρῖσιν
ὁ μελουργὸς ἐξέθετο Δαυὶδ τὸ ῥηθὲν μέλος.
Τὸν δ' εἰκοστόγδοον ψαλμὸν 'ἐξόδου σκηνῆς' γράφει,
ἡ δὲ 'σκηνὴ καὶ ἔξοδος' (ἀμφότερα γὰρ κεῖται)·
δηλοῖ δ' ἑκάστη τῶν γραφῶν τοῦ σώματος τὴν λύσιν,
ἐξόδιος σκηνὴ καὶ γὰρ ὁ θάνατος τυγχάνει.
Τὸν δέ γε μετ' αὐτὸν ψαλμὸν 'ἀνοικισμὸν οἰκίας',
τοῦτ' ἔστιν ἀνοικοδομὴν τῆς νέας ἐκκλησίας.
Ὁ δ' ἐφεξῆς 'ἐκστάσεως' ἐπιγραφὴν λαμβάνει·
τῆς ἐκκλησίας γάρ, φησι, τῆς θείας καινισθείσης
ἐξέστημεν θαυμάσαντες τὰ τῆς οἰκονομίας.
Ὁ δὲ τριακοστόπρωτος 'συνέσεως' τυγχάνει·
συνῆκε γὰρ προφητικοῖς ὄμμασιν ὁ προφήτης
τὴν ἄρρητον κατάβασιν τοῦ θείου μυστηρίου.
Ὁ δὲ τριακοστότριτος πολύστιχος τυγχάνει·
'ψαλμὸς' γὰρ 'τῷ Δαυίδ' φησιν, 'ὁπόταν δι' ἀνάγκην
τὸ πρόσωπον ἠλλοίωσεν ἐπὶ τοῦ Ἀβιμέλεχ,
ὁ δὲ πεισθεὶς ἀπέλυσε φεύγοντα τὸν προφήτην.'
φεύγων γὰρ οὗτος τὸν Σαοὺλ ἦλθεν εἰς Ἀβιμέλεχ
ἱερουργὸν τυγχάνοντα τότε τῶν κατὰ νόμον·
εἶτα καὶ ψεῦδος εἴρηκεν ὡς φοβηθεὶς ἁλῶναι,
μὴ γὰρ φυγεῖν, ἀλλ' ἐπελθεῖν κελεύσματι δεσπότου.
τὴν γοῦν ὑπόκρισιν αὐτὴν ἀλλοίωσιν εἰρήκει.

83 2 Regn. 5, 3 ‖ **87–88** Psell. Diss. de inscr. Ps. 387, 9–10 ‖ **96–97** cf. ibid. 387, 14 ‖ **103–104** = Poem. 54, 480–481 ‖ **105** cf. Poem. 54, 482 ‖ **106** = Poem. 54, 483

83 *δ' ὑπὸ* **D** ‖ **84** om. **v** | *ἴσως*] *εἴση* $\mathbf{j}^{z}$ | *χρῖσιν*] *χάριν* **s** ‖ **85** hab. **s**: om. cett. ‖ **86** *ὁ δ' εἰκοστόγδοος ψαλμὸς* **v** $\mathbf{j}^{x}$ $\mathbf{j}^{y}$ | *ἐξὄδους* $\mathbf{i}^{o}$ | *σκηνὴν* $\mathbf{j}^{z}$ | *γράφε* **D** ‖ **87** *ἡ δὲ σκηνὴ καὶ ἔξοδος* **s**: *ἢ καὶ σκηνῆς τίς ἔξοδος* **D** *ἢ καὶ σκηνὴ τῆς ἐξόδου* $\mathbf{i}^{n}$ *ἢ σκηνὴ τίς ἐξόδιος* $\mathbf{i}^{m}$ $\mathbf{i}^{o}$ $\mathbf{j}^{z}$ *ἡ* (*ἢ* $\mathbf{j}^{y}$) *σκηνὴ τῆς ἐξόδου πῶς* $\mathbf{j}^{x}$ $\mathbf{j}^{y}$ *ἡ σκηνὴ τῆς ἐξόδου γὰρ* **v** | *πῶς ἀμφοτέροις κεῖται* **v** | *κεῖνται* **D** ‖ **89** *ἐξόδιος σκηνὴ καὶ γὰρ* **s**: *ἐξόδιος καὶ γὰρ σκηνὴ* $\mathbf{i}^{m}$ *ἐξόδιος γὰρ καὶ σκηνὴ* $\mathbf{i}^{o}$ *ἔξοδος γὰρ καὶ σκηνὴ* $\mathbf{i}^{n}$ *ἔξοδος γὰρ καὶ ἡ σκηνὴ* **v** *ἐξόδου γὰρ καὶ ἡ σκηνὴ* $\mathbf{j}^{x}$ $\mathbf{j}^{y}$ *ἡ ἔξοδος καὶ γὰρ σκηνῆς* **D** *σκηνὴ καὶ γὰρ ἐξόδιος* $\mathbf{j}^{z}$ ‖ **90** *ὁ … ψαλμὸς* $\mathbf{i}^{o}$ **v** $\mathbf{j}^{x}$ $\mathbf{j}^{y}$ | *ἐγκαινισμὸς* $\mathbf{i}^{o}$ ‖ **91** *ἀνοικοδομεῖν* **D v** *-ῆ* $\mathbf{i}^{o}$ *-ὴ* $\mathbf{j}^{x}$ ‖ **92** *ἐπιγραφὴν* **s** $\mathbf{i}^{o}$ **v**: *ἐπίγραμμα* cett. | *λαμβάνων* $\mathbf{i}^{o}$ ‖ **93** *θείας*] *νέας* **D v** $\mathbf{j}^{x}$ $\mathbf{j}^{y}$ $\mathbf{j}^{z}$ ‖ **94** *θαυμάσατε* $\mathbf{i}^{o}$ ‖ **99** *φησὶ γὰρ τῶ δ.* trp. $\mathbf{i}^{n}$ $\mathbf{i}^{o}$ **D** $\mathbf{j}^{z}$ *γάρ φησι τῶ δ.* trp. $\mathbf{i}^{m}$ **v** | *ὁπόταν* **s**: *ἡνίκα* cett. ‖ **100** *ἐπὶ τοῦ*] *ἔναντι* **D** ‖ **101**] vs. 103 hic, tum denuo suo loco habet **D** ‖ **102** *οὕτως* $\mathbf{i}^{o}$ ‖ **103** *τὸν* $\mathbf{i}^{o}$ | *νόμων* **v** ‖ **104** *εἰρηκὼς* **s** | *φωραθεὶς* **s** ‖ **105** *ἀπελθεῖν* **v** | *σκεδάσματι* **v** *κελεύσει τοῦ* (?) $\mathbf{i}^{n}$ ‖ **106** *γὰρ* $\mathbf{i}^{n}$ | *αὐτὸς* $\mathbf{j}^{x}$ $\mathbf{j}^{y}$

Ὁ δὲ τριακοσθέβδομος ʻἀνάμνησιν σαββάτουʼ
ἤτοι τῆς ἀναπαύσεως ἀνάμνησιν τῆς θείας.
Τὸ δʼ ʻεἰς τὸ τέλος, Ἰδιθούμ, ᾠδὴ Δαυίδʼ σὺ νόει,
ὡς χοροψάλτης οὗτος ἦν Ἰδιθοὺμ κεκλημένος,
ᾧ τὸν ψαλμὸν ἀνέθετο μελῳδεῖν ὁ προφήτης.
Τοῦτο καὶ ʻτοῖς υἱοῖς Κορὲ εἰς σύνεσινʼ τυγχάνει·
ἐχοροψάλτουν ἄμφω γὰρ τοὺς ψαλμοὺς μελῳδοῦντες,
οἷς ὁ ψαλμὸς ἐκδέδοται πρὸς γνῶσιν ἀπορρήτων.
Τὸ δʼ ʻὑπὲρ ἀλλοιώσεως τῆς μελλούσης ἐν τέλει
υἱοῖς Κορὲ εἰς σύνεσιν, ᾠδὴ τοῦ ποθουμένουʼ
ἐγκύψας εἰς τὰ κρύφια οὕτως ἐφερμηνεύσεις·
ᾠδὴ τοῦ λόγου καὶ θεοῦ Δαυὶδ τοῦ νοουμένου
ὑπὲρ τῆς ἀλλοιώσεως τῶν παρηνομηκότων
δοθεῖσα τοῖς υἱοῖς Κορὲ εἰς σύνεσιν τοῦ λόγου.
Τὸ δὲ ʻψαλμὸς υἱοῖς Κορὲ δευτέρας τῶν σαββάτωνʼ
εἰς σάββατον ἀνάπαυσις πνευματικὴ τυγχάνει.
βαθμός τίς ἐστιν ἀρετῆς ἡμέρα τοῦ σαββάτου·
πρώτη γάρ ἐστιν ἀρετὴ δευτέρα τε καὶ τρίτη,
ἡ πρακτικὴ καὶ φυσικὴ καὶ ἡ τῆς θεωρίας·
ἡ φυσικὴ γοῦν ἀρετὴ δευτέρα τῶν σαββάτων,
καθʼ ἣν τοὺς λόγους ἔγνωμεν τῶν ἁπάντων κτισμάτων.
Ὁ δὲ πεντηκοστὸς ψαλμὸς δῆλος ἐξ ἱστορίας·
βραχὺ γὰρ ῥαθυμήσαντος τοῦ θαυμαστοῦ προφήτου
καὶ φθείραντος Βηρσαβεέ, γυναῖκα τοῦ Οὐρίου,
εἰσῆλθε Νάθαν πρὸς αὐτὸν ἐλέγχων παρρησίᾳ.
Ὁ δὲ πεντηκοστόπρωτος μέμνηται ἱστορίας·
ὁ Ἰδουμαῖος γὰρ Δωὴκ μισοδαυὶδ τυγχάνων,

107–108 cf. Psell. Diss. de inscr. Ps. 387, 15–17 ‖ **109** Ps. 38, 1 ‖ **109–111** = Poem. 54,523–525; cf. Psell. Diss. de inscr. Ps. 388,3–5 ‖ **112** Ps. 41,1; 43,1 ‖ **115–116** Ps. 44,1 ‖ **121** Ps. 47,1 ‖ **122–127** = Poem. 54,583–588; Psell. Diss. de Ps. 380,24–25; Diss. de inscr. Ps. 387,23–25 ‖ **128–131** = Poem. 54,613–615; 617 ‖ **132–136** = 1 Regn. 22,9–10 ‖ **133–136** cf. Poem. 54,643–646

107 *ἀνάμνησις* $\mathbf{j}^{z}$ *ὑπόμνησιν* **D** *-σις* $\mathbf{i}^{n}$ ‖ **108** om. **s** ‖ **109** *τὸ*^{2} om. $\mathbf{j}^{z}$ | *ᾠδὴν* **v** | *Δαυίδ, σὺ*] *τῶ δα(υὶ)δ* $\mathbf{j}^{z}$ ‖ **110** *οὕτως* $\mathbf{i}^{o}$ ‖ **111** *ἀντέθετο* $\mathbf{i}^{n}$ | *μελωδῶν* $\mathbf{i}^{o}$ ‖ **112** *τυγχάνων* $\mathbf{j}^{x}$ $\mathbf{j}^{y}$ ‖ **113** *ἐχοροψάλτουν* **s**: *ἐχειροψάλτουν* $\mathbf{j}^{z}$ *ἐχοροστάτουν* cett. ‖ **114** *ἐκδίδοται* $\mathbf{i}^{m}$ $\mathbf{i}^{n}$ **D** *ἐκδέδοτο* $\mathbf{i}^{o}$ $\mathbf{j}^{z}$ | *ἀπορρήτως* $\mathbf{i}^{m}$ $\mathbf{i}^{n}$ ‖ **115** *τὸ*] *ὁ* $\mathbf{i}^{n}$ | *εἰς τέλος* $\mathbf{i}^{o}$ ‖ **117–118** om. $\mathbf{i}^{n}$ ‖ **117–120** om. **v** ‖ **117**] vs. 119 hic, tum denuo suo loco habet **D** ‖ **118** *καὶ*] *τοῦ* **D** ‖ **121** *δευτέρας* **s**: *-ρα* cett. ‖ **122–123** om. $\mathbf{i}^{o}$ ‖ **122** *ἀνάπαυσιν πν(ευματ)ικὴν* **D** ‖ **123** *ἀρετῶν* **v** ‖ **126** *ἡ*] *καὶ* **v** | *γὰρ* $\mathbf{j}^{z}$ ‖ **127** *ἁπάντων τῶν* trp. $\mathbf{i}^{m}$ $\mathbf{i}^{n}$ $\mathbf{j}^{z}$ ‖ **130** *τοῦ*] *τὴν* $\mathbf{i}^{n}$ $\mathbf{i}^{o}$ ‖ **133** *οἰδούμενος γὰρ ὁ* **v** | *δοὴκ* $\mathbf{i}^{m}$ $\mathbf{i}^{n}$ | *μισόδα(υι)δ* $\mathbf{i}^{n}$ **D v**

ἐπιτηρήσας φεύγοντα καὶ πρὸς τὸν Ἀβιμέλεχ
ἐλθόντα καὶ παραψυχῆς τινος ἀξιωθέντα,
προσήγγειλε τὸ γεγονὸς τῷ Σαοὺλ ὡς δεσπότῃ.
ἔστι δ' ἴσως καὶ πρόρρησις ἀληθὴς εἰς Ἰούδαν
προδόντα τὸν διδάσκαλον, Δαυὶδ ὄντως τὸν νέον.
'εἰς τέλος' γὰρ 'συνέσεως' ἐστὶ τὸ γεγραμμένον·
συνῆκε γὰρ προφητικῶς τὴν ἐν τῷ τέλει πρᾶξιν.
Ὁ πεντηκοστοδεύτερος ἔχει τι καὶ ξενίζον·
'ὑπὲρ' γὰρ 'μααλέθ' φησι 'συνέσεως ἐν τέλει.'
ἔστι δ' ἡ λέξις Ἑβραΐς, σημαίνει δὲ χορείαν.
ὑπὲρ χορείας τοιγαροῦν τῶν θείων ἀποστόλων,
ὅπερ συνῆκεν ὁ Δαυὶδ πρὸ τοῦ τέλους ἐν τέλει.
Ὁ δὲ πεντηκοστότριτος ἱστορεῖ τι συντόμως·
φυγόντα γάρ ποτε Δαυὶδ εἰς πόλιν τῶν Ζιφαίων
καὶ παρ' αὐτοῖς κρυπτόμενον ὡς φαινομένοις φίλοις,
τοῦτον οἱ πονηρότατοι τῷ Σαοὺλ προδιδοῦσι.
Καὶ ὁ πεντηκοστόπεμπτος μέμνηται ἱστορίας.
τοῦ γὰρ Σαοὺλ βασκαίνοντος δυσμενῶς τῷ προφήτῃ
πολλάκις ἀπεδίδρασκεν οὗτος τὸν τυραννοῦντα·
ὅθεν ποτὲ καὶ πεφευγὼς εἰς πόλιν ἀλλοφύλων,
ἥτις Γὲθ ἐπωνόμαστο, καὶ φοβηθεὶς ἁλῶναι
μανίαν ὑποκρίνεται καὶ διέδρα πανσόφως.
ταύτην οὖν ἀνεστήλωσε τὴν πρᾶξιν τῷ δεσπότῃ
καὶ στήλην ἐπεγράψατο καὶ κοινὸν ᾄδει μέλος
'ὑπὲρ λαοῦ τοῦ δυστυχοῦς καὶ θεοῦ μακρυνθέντος'.
'ἐλέησόν με' γάρ φησιν, 'ὁ θεός, φιλανθρώπως,
ὅτι με κατεπάτησεν ἄνθρωπος ἀναξίως.'
Καὶ ὁ πεντηκοστόεκτος ἱστορεῖ τι λανθάνον.

142–144 Psell. Diss. de Ps. 381, 3–6; Diss. de inscr. Ps. 388, 1–3 ‖ **142** Ps. 52, 1 ‖ **146–149** = Poem. 54, 659–662 ‖ **147–149** 1 Regn. 23, 14–24 ‖ **153–155** 1 Regn. 21, 12–16 ‖ **158** Ps. 55, 1 ‖ **159–160** = Poem. 54, 681–682; Ps. 55, 2–3

134 *ἐπετήρησε* **D** ‖ **135** *τινος*] *μικρᾶς* **j**^{z} | *ἀξιωθέντος* **i**^{o} ‖ **137** *δ' ἴσως*] *δέ σοι* **i**^{m} | *ἀληθῶς* **v** ‖ **138** *ὄντα* **i**^{m} **v** ‖ **139** *προγεγραμμένος* **j**^{z} ‖ **141** *ξενίζων* **i**^{o} **v j**^{x} **j**^{y} ‖ **142** *σύνεσις ἐν τῶ* **v j**^{x} **j**^{y} ‖ **143** *δ' ἡ*] *δὲ* **i**^{o} **j**^{x} **j**^{y} | *χορείας* **i**^{o} ‖ **144** *χορείαν* **i**^{n} ‖ **145** *ὥσπερ* **i**^{o} | *πρὸ τέλους ἐν τῶ* **D** ‖ **146** *ἱστορεῖται* **s** ‖ **147** *φεύγοντα* **D** ‖ **148** *αὐτῶν* **i**^{o} (compend. **s**) | *κρυπτόμεν°* **v** | *φαινόμενος φίλος* **v** ‖ **152** *οὕτως* **i**^{o} | *τῶν τυραννούντων* **s** ‖ **153** *πέφευγεν* **i**^{m} **i**^{n} **i**^{o} **D j**^{z} ‖ **154** om. **s i**^{o} **j**^{x} **j**^{y} | *γὲτθ* **v** | *ὠνομάζετο* **i**^{n} ‖ **155** *ὑποκρίνεται* **s D**: *ὑπεκρίνετο* **i**^{m} **i**^{o} **j**^{x} *-ατο* **i**^{n} **v j**^{y} **j**^{z} ‖ **156** *ταῦτα* **i**^{o} ‖ **157** *ἀνεγράψατο* **i**^{o} **j**^{x} **j**^{y} ‖ **158** *λαοῦ*] *σαοὺλ* **v** ‖ **161** *λανθάνων* **i**^{n} **i**^{o} **v**

ὁ γὰρ Δαυὶδ κρυπτόμενος τὸν Σαοὺλ μεμηνότα,
δεινῶς καταδιώκοντα φεύγοντα τὸν προφήτην,
ὑπό τι σπήλαιον βαθὺ κρύπτεται λανθανόντως.
'στηλογραφίαν' οὖν αὐτὴν τὴν πρᾶξιν ὀνομάζει,
ἀλλ' 'εἰς τὸ τέλος' ἔφησε 'μηδαμῶς διαφθείρῃς',
ὅπερ ἐστὶ παράγγελμα τοῖς ἀγωνιζομένοις
μὴ ἐκκακεῖν ταῖς θλίψεσι μήτε μὴν πρὸς τῷ τέλει
πίπτειν πρὸς τὴν ἀπόγνωσιν καὶ φθείρειν τοὺς ἀγῶνας.
Καὶ ὁ πεντηκοστόγδοος τὴν αὐτὴν γραφὴν ἔχει,
ᾄδει δὲ τοῦτον τῷ θεῷ ἐν συνοχῇ καρδίας,
ὁπηνίκα κατέφυγεν εἰς τὸν πατρῷον οἶκον
καὶ γνοὺς Σαοὺλ διέλαβε κύκλωθεν τὴν οἰκίαν,
ὁ δὲ λαθὼν ἀπέδρασε τὰς τυραννούσας χεῖρας.
Ὁ δὲ πεντηκοστένατος ἐστὶ παρ' ἱστορίαν·
'ὁπότε' γὰρ 'ἐνέπρησε τὴν Μεσοποταμίαν
καὶ τὴν Συρίαν τὴν Σωβὰλ καὶ τὸν Ἐδὼμ ἀνεῖλε
διὰ χειρὸς τοῦ Ἰωάβ, δώδεκα χιλιάδας,
εἰς τῶν ἁλῶν τὴν φάραγγα'· πρόσκειται δ' 'εἰς τὸ τέλος,
ὑπὲρ τῆς ἀλλοιώσεως, ὡς πρὸς στηλογραφίαν'.
οὐδὲν δὲ τούτων γέγραπται ἐν Τετραβασιλείῳ,
ἀλληγορίας τοιγαροῦν ὁ λόγος ἀξιούσθω.
σωματική ἐστι ζωὴ ἡ Μεσοποταμία,
τοῖς ἐμπαθέσι ποταμοῖς, φεῦ, περικλυζομένη,
ἣν ἐνεπύρισε Χριστὸς ὁ δι' ἡμᾶς πτωχεύσας,
καὶ τὴν Συρίαν τὴν Σωβάλ, τοὺς δουλωθέντας βίῳ.
τὸ γὰρ σωβὰλ ἑπτά ἐστι, καὶ πᾶς θεῷ δουλεύων
ὡς Ἰωὰβ ὑπήκοον τὴν φύσιν προσλαμβάνει·

164 = Poem. 54,691 ‖ **175–192** cf. Psell. Diss. de Ps. 381, 13–384,8 ‖ **176–178** = Poem. 54,730–732; Ps. 59,2 ‖ **181** = Poem. 54,733; v. tamen 2 Regn. 8,2–14

162 *φοβούμενος* **i**^{m} **j**^{z} ‖ **163** *καταδιώκοντος* **i**^{m} ‖ **164** *λεληθότως* **i**^{m} **j**^{z} ‖ **165** *οὖν αὐτὴν* **s**: *τοιγαροῦν* cett. ‖ **166** *ἀλλ' εἰς*] *ἀλλὰ* **D** | *μηδαμῶς*] *τῶ δα(υὶ)δ μὴ* **v** ‖ **168–261** perierunt in **D** ‖ **168** *ταῖς*] *ἐν* **v** | *μήτε μὴν*] *μηδ' ὅλως* **i**^{n} | *πρὸς*] *ἐν* **v** | *τὸ τέλος* **i**^{o} ‖ **169** *πρὸς*] *εἰς* **i**^{m} **i**^{n} **i**^{o} **j**^{x} **j**^{y} **j**^{z} | *φθείρειν*] *φεύγειν* **v** ‖ **172** *κατέφευγεν* **i**^{m} **i**^{n} ‖ **173** *διέλαβ' ἐκύκλωσε* **i**^{n} | *κυκλόσε* **i**^{m} **j**^{z} *κυκλῶσε* **i**^{o} *κυκλῶσαι* **v** **j**^{x} **j**^{y} ‖ **174** *τὰς τοῦ τυράννου* **i**^{m} **i**^{n} **i**^{o} **j**^{x} **j**^{y} ‖ **175** *ὁ δὲ*] *καὶ ὁ* **v** ‖ **177** *τὴν*^{2} **s**: *τὸν* **i**^{m} **i**^{o} *τοῦ* cett. | *σοβὰλ* **i**^{n} **i**^{o}, **j**^{z} var. l. ‖ **179** *φάλαγγα* **v** | *πρόκειται* **v** **j**^{z} ‖ **180** *ὥσπερ* **i**^{o} *πρὸς τὴν* **j**^{x} **j**^{y} ‖ **181** *τετραβασιλείοις* **i**^{o} **j**^{x} **j**^{y} **j**^{z} ‖ **182** *ἀλληγορίαν* **i**^{n} ‖ **183** *ἐστι* **s**: *τοίνυν* cett. ‖ **184** *λογισμοῖς* **i**^{n} | *παρακλυζομένη* **i**^{o} ‖ **186** *τὴν*^{2} **s**: *τῶ* **i**^{o} *τοῦ* cett. | *σοβὰλ* **i**^{n} **i**^{o}, **j**^{z} var. l. (item vs. 187) | *τοῦ δουλωθέντος βίου* **i**^{m} *τοῦ δηλοθέντος βίου* **i**^{n} *τῶ δουλωθέντι βίω* **i**^{o} ‖ **187** *ἑπτά*] *ἐλπὶς* **i**^{o}

ἀλῶν γὰρ φάραγξ πέφυκεν ἡ τῶν παθῶν κοιλότης,
καὶ χιλιάδες δώδεκα φύσις ἐστὶ καὶ χρόνος,
ὁ χρόνος ἑβδοματικός, πενταδικὴ δ' ἡ φύσις,
ταῖς πέντε γὰρ αἰσθήσεσιν ἡ φύσις διοικεῖται.
Ὁ δ' ἑξηκοστοδεύτερος τὴν φυγὴν ἀναγράφει,
ὁπόταν καταπέφευγεν εἰς χώραν Ἰδουμαίων.
Ὁ δ' ἑξηκοστοτέταρτος ἐσόμενα προγράφει,
ὑπὲρ Ἱερεμίου γὰρ καὶ τοῦ λοιποῦ προφήτου,
ὃς Ἰεζεκιήλ ἐστι, καὶ τῶν τῆς παροικίας,
ὁπότε δορυάλωτοι ἤγοντο πρὸς Περσίδα,
ὅπερ ἐσχάτως γέγονε, κρατοῦντος Σεδεκίου·
ἀλλ' ὁ Δαυὶδ προφητικοῖς ὄμμασι προκατεῖδε
τὸν πόλεμον, τὴν ἅλωσιν καὶ τὰ τῆς παροικίας.
Ὁ δέ γ' ἑξηκοστόπεμπτος σαφῶς οὑτωσὶ λέγει·
'ᾠδὴ τῆς ἀναστάσεως' ἤτοι τῆς τοῦ κυρίου·
καὶ δῆλον, 'ἀλαλάξατε, πᾶσα' γάρ φησι 'κτίσις'.
Ὁ δέ γε 'εἰς ἀνάμνησιν τοῦ σῶσαί με' προλέγει,
ἔστι δ' ἑξηκοστένατος, ὥσπερ δ' ἀναμιμνήσκει
τὸ τοῦ θεοῦ φιλάνθρωπον τῆς κοινῆς σωτηρίας.
Ὁ δὲ Ἰωναδὰβ υἱὸς ἐστί τις χοροψάλτης,
ὃς δὴ τὸν ἑβδομήκοστον ᾖσε ψαλμὸν τῷ λόγῳ.
'ὑπὲρ τῶν πρώτων' δέ φησι 'συναιχμαλωτισθέντων'·
ὁ Ναβουχοδονόσορ γὰρ ὁ Περσῶν αὐτοκράτωρ
τρισσάκις ᾐχμαλώτισε τὴν πόλιν Ἰουδαίων,
ὁ δὲ ψαλμὸς προϊστορεῖ τὴν ἅλωσιν τὴν πρώτην.
Ὁ δ' ἑβδομηκοστόπρωτος 'ὑπὲρ τοῦ Σολομῶντος',
οἶμαι τοῦ καθ' ἡμᾶς, Χριστοῦ τοῦ εἰρηνικωτάτου.
Ἐν δ' ἑβδομηκοστῷ ψαλμῷ φημὶ δὴ καὶ δευτέρῳ

208–213 = Poem. 54, 811–816 ‖ **214–215** = Poem. 54, 817–818

189 *γὰρ*] *δὲ* **i**^{m} **i**^{n} **j**^{z} | *κοινότης* **i**^{o} ‖ **190** *χιλιάδα* **i**^{m} ‖ **191** om. **s** ‖ **193** *διαγράφει* **v** ‖ **194–195** om. **s v** ‖ **194** *ἰδουμαῖαν* **i**^{n} *-αίαν* **i**^{o} ‖ **196** *ὑπὸ* **i**^{o} ‖ **197** *ὃς*] *ὡς* **i**^{n} | *τὸν* **v** ‖ **198** *ὁπόταν* **i**^{n} | *περσίαν* **v** ‖ **200** *προφητικῶς* **i**^{n} ‖ **201** *ποταμὸν* **s** ‖ **202** *οὕτω σοι* **i**^{o} ‖ **204** *γάρ φησι*] *φησὶν ἡ* **i**^{m} | *κτίσις*] *φύσις* **i**^{o} **v j**^{x} **j**^{y} ‖ **205** *προλέγει* **s**: *-ων* cett. ‖ **206** *ἔστι δ'* **s**: *ἔστιν* cett. | *ὅσπερ* **i**^{m} **i**^{n} | *δ'* **s**: om. cett. | *ἀναμιμνήσκειν* **s** *-ων* **i**^{o} ‖ **208** *δὲ* **i**^{m} **i**^{n} **i**^{o} **j**^{z}: *δ'* **s** *δέ γ'* **v j**^{x} **j**^{y} | *ἰωναδὰμ* **i**^{m} **i**^{n} **i**^{o} **j**^{z} | *υἱὸς ἰωναδὰμ* trp. **i**^{o} ‖ **210** *πρώτως* **s** ‖ **212** *ἠχμαλώτευσε* **i**^{m} **i**^{n} **i**^{o} **j**^{x} **j**^{y} | *τὴν πόλιν*] *πόλιν τῶν* **v** | *ἰουδαίαν* **i**^{n} **j**^{z} *-ας* **i**^{m} ‖ **213** *ὁ δὲ παρὼν οὕτως ψαλμὸς προϊστορεῖ τὴν πρώτην* **i**^{o} ‖ **214** *δ'* **s i**^{m} **i**^{n} **j**^{z}: om. cett. | *ἑβδομοκοστότριτος* **v** | *ὑπὸ* **v** ‖ **216** *δ'* **s**: om. cett. | *φησὶ* **i**^{n} | *δὴ*] *δὲ* **i**^{o} *τὲ* **i**^{m} **i**^{n} | *καὶ*] *τῶ* **j**^{z}

ἐπίγραμμα ‘ἐξέλιπον οἱ ὕμνοι τοῦ προφήτου,
ψαλμὸς Ἀσάφ’, ὅπερ ἐστίν, ὡς μέχρι τούτων ᾄσας
οἰκείῳ στόματι Δαυὶδ τὰ γεγραμμένα μέλη
ὕστερον γράφων ἔλεγε ταῦτα τοῖς χοροψάλταις,
τῷ Ἰδιθούμ, Ἀσάφ, Αἰμάν, τοῖς ἐπιγεγραμμένοις,
νῦν μὲν ‘εἰς τὸν Ἀσσύριον’, τὸν Ναβουχοδονόσορ,
νῦν δ’ ‘ὑπὲρ ἀλλοιώσεως’, ὑπὲρ ἧς προειρήκει,
στρέφων τὸν λόγον εὐφυῶς καὶ μέλεσι ποικίλλων·
περιττὸν οὖν πολυλογεῖν τὰ προηρμηνευμένα.
Πλὴν ὅπου κεῖται ‘προσευχή’, δηλοῖ τὸ δίχα μέλους·
ὅπου δὲ πρόσκειται ‘Μωσεῖ’, μέμνηταί τινος πάντως
ἐπὶ τῷ κατ’ αὐτὸν καιρῷ ἀνθρώπου σεβασμίου.
Τὰ σάββατα δ’ ἡρμήνευσεν ἐν ψαλμοῖς διαφόροις·
ὅπου δὲ μέμνηται ψαλμὸς ‘σαββάτου τοῦ προτέρου,
ὅταν ἡ γῆ κατῴκιστο’, τὴν πρώτην παρουσίαν
προγράφει τὴν δεσποτικήν, ὅταν πᾶν κατῳκίσθη.
Ψαλμὸς δ’ ‘ἐξομολόγησιν’ ἔχων προγεγραμμένην
εὐχαριστίας δήλωσιν ἔχει καὶ θυμηδίας·
τῆς ἐξομολογήσεως διττὴ γὰρ σημασία.
Ὁ δ’ ἔχων ‘προσευχὴν πτωχοῦ, ὅταν ἀκηδιάσῃ
καὶ τοῦ θεοῦ κατέναντι τὴν δέησιν ἐκχέῃ’
λέγει μέν τι καὶ πρόδηλον, λέγει καὶ κεκρυμμένον·
πτωχὸν γὰρ κατωνόμασε τὸν πλούσιον δεσπότην,
τὸν δι’ ἡμᾶς πτωχεύσαντα μέχρι καὶ τῶν ἐσχάτων,
ὃς ἄνθρωπος γενόμενος πολλάκις ἠκηδία
καὶ τῷ πατρὶ τὴν δέησιν ὡς ἄνθρωπος προσῆγεν.

219 = Poem. 54,824 ‖ **220** cf. Poem. 54,826 ‖ **221** Ps. 38,1; 61,1; 76,1 | Ps. 49,1; 72,1; 73,1; 74,1; 75,1; 76,1; 77,1; 78,1; 79,1; 80,1; 81,1; 82,1 | Ps. 87,1 ‖ **222** Ps. 75,1; 79,1 ‖ **223** Ps. 79,1 ‖ **226** Ps. 85,1 ‖ **227** Ps. 89,1 ‖ **230–231** Ps. 92,1 ‖ **231** cf. Poem. 54,978 ‖ **233** Ps. 99,1 ‖ **236–237** Ps. 101,1 ‖ **240** 2 Cor. 8,9

217 *ἐπίγραμμα δ’* $\mathbf{i}^{m}$ $\mathbf{i}^{n}$ **v** | *τῶ προφήτη* $\mathbf{i}^{m}$ $\mathbf{i}^{n}$ $\mathbf{i}^{o}$ **v** ‖ **220** *δ’ ἔλεγε* $\mathbf{i}^{n}$ *ἔνειμε* $\mathbf{i}^{m}$ $\mathbf{j}^{z}$ ‖ **221** *Αἰμάν*] *ὁμέχ* **v** ‖ **222** *ἀσύριον* plerique ‖ **223** *νῦν δὲ περὶ* **s** | *προειρήκειν* $\mathbf{i}^{m}$ $\mathbf{i}^{o}$ *-ην* $\mathbf{i}^{n}$ ‖ **224** habet **s**: om. cett. (vs. spurius? cf. vs. 119) ‖ **225** *παλλιλογεῖν* **v** $\mathbf{j}^{z}$ *παλιλογεῖν* $\mathbf{i}^{n}$ | *νῦν τὰ προειρημένα* $\mathbf{j}^{z}$ ‖ **226** *δηλοῖ*] *διχῆ* **s** | *δίχα*] *ἄνευ* $\mathbf{i}^{o}$ | *μέλλον* **s** ‖ **227** *πρόκειται* $\mathbf{i}^{m}$ $\mathbf{i}^{n}$ $\mathbf{i}^{o}$ $\mathbf{j}^{z}$ | *τινος*] *τοίνυν* **s** ‖ **228** *τῶ … καιρῶ* **s**: *τοῦ … καιροῦ* cett. | *καὐτὸν* **s** ‖ **229** *ἡρμήνευσα* $\mathbf{j}^{z}$ | *ψαλμοῖς*] *καιροῖς* $\mathbf{i}^{o}$ **v** $\mathbf{j}^{x}$ $\mathbf{j}^{y}$ ‖ **230** om. $\mathbf{i}^{m}$ $\mathbf{i}^{n}$ $\mathbf{j}^{z}$ ‖ **231** *παρουσίαν*] *κατοικίαν* **s** ‖ **232** *ὅταν* **s** $\mathbf{i}^{o}$: *ὅτε* cett. ‖ **233** *ψαλμὸν* $\mathbf{i}^{o}$ | *προσγεγραμμένην* $\mathbf{i}^{o}$ ‖ **235** *ἧς* $\mathbf{i}^{o}$ ‖ **236** *ὁ δ’ ἔχων πρόρρησιν ψαλμὸς ἐξομολογουμένων* $\mathbf{j}^{z}$ | *πτωχῶ* $\mathbf{i}^{n}$ **v** $\mathbf{j}^{x}$ $\mathbf{j}^{y}$ *ϑ(ε)ῶ* $\mathbf{i}^{m}$ ‖ **237** *τὴν δέησιν κατέναντι* trp. $\mathbf{i}^{o}$ | *ἐκχέη* **s** $\mathbf{i}^{m}$ **v**: *-ει* $\mathbf{i}^{n}$ $\mathbf{i}^{o}$ *-ων* $\mathbf{j}^{z}$ ‖ **238** *μέντοι* $\mathbf{i}^{m}$ $\mathbf{i}^{n}$ $\mathbf{i}^{o}$ **v** ‖ **240** *ἡμᾶς* **s**: *ἐμὲ* cett. ‖ **242** *ὡς ἄνθρωπος* **s**: *ὀδυνηρῶς* cett.

Οἱ δὲ τὸ ‘ἀλληλούια’ μόνον προγεγραμμένοι
δηλοῦσιν ὡς τὴν αἴνεσιν τῷ θεῷ προσακτέον·
τὸ μὲν γὰρ ‘ἴα’ τὸν θεὸν Ἑβραϊκῶς σημαίνει,
τὸ δ’ ‘ἀλληλοὺ’ τὴν αἴνεσιν δηλοῖ τὴν τοῦ δεσπότου.
Οἱ δέ γε ‘τῶν ἀναβαθμῶν’ ψαλμοὶ τὴν ἐκ Περσίδος
δηλοῦσιν ἐπανάβασιν τῶν αἰχμαλωτισθέντων
ἐπὶ τοῦ Κύρου πρότερον, εἶτ’ ἐπὶ τοῦ Δαρείου,
καὶ τέλος ὅτε προὔπεμψε βασιλεὺς Ἀρταξέρξης
εἰς Ἰουδαίαν σύμπαντας τοὺς αἰχμαλωτισθέντας.
ἀναβαθμοὺς ὠνόμασε ταύτας τὰς ἐπανόδους
ὁ ψαλμῳδὸς ὁ πάνσοφος, ὁ θαυμαστὸς προφήτης·
ἀναβαθμοὺς δὲ νόησον πνευματικὰς καρδίας
καὶ τὰς ἐν λόγῳ προκοπὰς τῶν ἀπὸ τῆς κακίας
βαινόντων εἰς τὴν ἀρετὴν ὥσπερ ἐκ πολεμίων.
Ὅπου δὲ κεῖται ‘Γολιὰθ’ εἰς προγραφήν, σὺ νόει
τὸν ἀντικείμενον ἐχθρόν, ὃν καθεῖλεν ὁ λόγος.
Ψαλμὸς δ’ ἔχων ἐπιγραφὴν ‘Ἀγγαίου, Ζαχαρίου’
τῶν κατ’ ἐκεῖνο τοῦ καιροῦ προφητῶν μνημονεύει,
ὑπὲρ ὧν καὶ συνέθετο τὸν ψαλμὸν ὁ προφήτης.
Ὁ μέντοι γε ‘ψαλμὸς Δαυὶδ’ γενικῶς εἰρημένος,
ἐν ἄλλοις δὲ ‘ψαλμὸς Δαυὶδ’ δοτικῶς λελεγμένος,
ἔχει τινὰ διαστολήν, ἣν ἐφερμηνευτέον.
ὅπου μὲν γὰρ ‘ψαλμὸς Δαυὶδ’ γενικῶς προεγράφη,
αὐτὸς ἐκεῖνος ὁ Δαυὶδ συγγραφεὺς παρεισῆκται·
ὅπου δὲ κεῖται δοτικῶς, ἄλλος μὲν ὁ συγγράψας,
ἀνήνεκται δὲ τῷ Δαυὶδ ὥσπερ ἀνάθημά τι.

243–246 cf. Poem. 53,385–390; Psell. Diss. de Ps. 377,1–16 ‖ **243** Ps. 104,1; 105,1; 106,1; 110,1; 111,1; 112,1; 113,1; 114,1; 115,1; 116,1; 117,1; 118,1; 134,1; 149,1; 150,1 ‖ **245–246** = Poem. 54,1039–1040 ‖ **247** Ps. 119–133 ‖ **247–248** Psell. Diss. de inscr. Ps. 388,11–13 ‖ **254–256** cf. ibid. 13–14 ‖ **257** Ps. 143,1 ‖ **259** Ps. 140,1; 145,1–148,1 ‖ **262–268** Psell. Diss. de Ps. 378,22–379,9

243 *προσγεγραμμένον* **i**^{o} **v** ‖ **244** *δηλοῦσι πῶς* **v** ‖ **250** *προύπεμπε* **j**^{z} ‖ **252** *δ’ ὠνόμασε* **i**^{m} **i**^{n} **j**^{z} ‖ **253** *δ*^{3}] *καὶ* **i**^{m} **i**^{n} **v j**^{z} ‖ **254** *πνευματικῶς* **s** ‖ **255** *τῶν*] *τὰς* **v** ‖ **256** om. **s** | *τὰς ἀρετὰς* **v j**^{x} **j**^{y} ‖ **257** *γολιὰδ* **i**^{o} | *πρόγραμμα* **i**^{o} ‖ **258** *ἀνεῖλεν* **i**^{m} (var. l.), **j**^{z} ‖ **259** *ἐπίγραμμα* **v j**^{x} **j**^{y} | *ἀγγαὶ καὶ* **i**^{m} ‖ **260** hinc denuo **D** | *τῶν*] *τὸν* **v** *τοῦ* **i**^{o} | *ἐκεῖνον* **i**^{m} **j**^{z} *-ων*, sscr. *ου*, **i**^{n} | *τῶν καιροῦ* **i**^{n} *τὸν καιρὸν* **j**^{z} | *προφητῶν* **s**: *προσφόρως* cett. (*προσφέροις* **i**^{n}) ‖ **262** *ὁ* **s**: *τὸ* cett. | *μέντοι γε*] *μὲν δὴ οὖν* **v j**^{x} **j**^{y} *μέντοι* **i**^{o} | *ψαλμοῦ* **i**^{o} | *εἰρημένος* **s**: *-ον* **i**^{n} **i**^{o} **D v j**^{x} **j**^{y} *λελεγμένον* **i**^{m} **j**^{z} ‖ **263** *ψαλμῶ* **i**^{o} | *Δαυὶδ* om. **i**^{n} **i**^{o} **v** | *λελεγμένος* **s**: *-ον* **i**^{m} **i**^{o} **D j**^{x} **j**^{y} **j**^{z} *εἰρημένον* **i**^{n} **v** ‖ **265** *ψαλμοῦ* **i**^{o} | *προσεγράφη* **i**^{m} **D** *-ει* **i**^{o} **v** ‖ **266** *συγγραφὴν* **i**^{o} *γενικῶς* **j**^{z} ‖ **267** *δοτικὴ* **v** | *συγγράφων* **i**^{o} ‖ **268** *ἀνήνεγκε* **i**^{m} *κἂν λέγεται* **v**

Πρὸς τούτοις μάθε τί δηλοῖ ἡ τῶν διαψαλμάτων
φωνὴ κειμένη τῶν ψαλμῶν ἐν ἐνίοις πολλάκις.
ἔστι γοῦν τὸ διάψαλμα μεταβολὴ τοῦ μέλους·
ἐν γὰρ ὀργάνοις μουσικοῖς τῶν ψαλμῶν λεγομένων
πολλάκις μετεβάλλοντο εἰς ῥυθμοὺς διαφόρους,
ὡς ἐν χορδαῖς, ὡς ἐν φωναῖς, αἱ τῶν μελῶν συνθέσεις.
ἢ νόησον διάψαλμα μεταβολὴν προσώπου·
μελῳδουμένου γὰρ ψαλμοῦ πρός τινος χοροψάλτου
ἕτερος ὑπεδέχετο τούτου τὴν ἁρμονίαν,
διάψαλμα δ' ὠνόμασται τὸ διάλειμμα τάχα.
Γρηγόριος δ' ὁ Νυσσαεὺς ἄλλην αἰτίαν λέγει,
ὡς ἄνωθεν τοῦ πνεύματος ἀεὶ χορηγουμένου
τοῖς τοὺς ψαλμοὺς συγγράψασι, ὧς δὲ καὶ μελῳδοῦσιν,
ἐγίνετό τις ἔλλαμψις κρείττων καὶ θειοτέρα,
πρὸς ἣν ὁ μύστης ἵστατο ὥσπερ ἐκπεπληγμένος.
τὴν τοίνυν μεταξὺ τομὴν τῶν μεμουσουργημένων
ὁ λόγος κατωνόμασε διάψαλμα πανσόφως,
ἤτοι τομήν, διάλειμμα, τοῦ μέλους ἡσυχίαν.
οἱ δὲ 'σὲλ' ἐπιγράφουσιν ἀντὶ διαψαλμάτων·
Ἑβραϊκὴ δ' ἡ συλλαβή, δηλοῖ δ' ἀειλογίαν,
δηλοῖ καὶ τὰς τοῦ πνεύματος ἀειρρύτους ἐλλάμψεις.
κἂν γὰρ μικρὸν ἐπαύσατο τῷ ψαλμῳδῷ τὸ μέλος,
ἀλλ' ἡ πνευματικὴ φωνὴ ἦν ἀεὶ φωνουμένη.
Ταῦτ' εἰσαγωγικώτερον, ἄναξ, σοὶ συνοψίσας
δῶρόν σοι προσαγήοχα οἰκεῖον, στεφηφόρε,

269–291 cf. Poem. 53, 412–420; 54, 53–56; Psell. Diss. de Ps. 375, 12–376, 30 ‖ **279–286** Greg. Nyss. In inscr. Ps. II 10 p. 108, 8–109, 11 McDonough

270 *ἐνικῶς* **v** ‖ **271** *ἔστιν οὖν* **v** $\mathbf{j}^{x}$ $\mathbf{j}^{y}$ | *τοῦ] τις* **v** $\mathbf{j}^{x}$ $\mathbf{j}^{y}$ ‖ **272** *ἀδομένων* **D** ‖ **273** *μετεβάλοντο* **v** *διαβάλλονται* $\mathbf{i}^{o}$ ‖ **274** *φωναῖς … χορδαῖς* trp. $\mathbf{i}^{m}$ $\mathbf{i}^{n}$ **D** | *χορδῇ* $\mathbf{i}^{o}$ **v** $\mathbf{j}^{x}$ $\mathbf{j}^{y}$ | *φωνῇ* $\mathbf{i}^{o}$ **v** $\mathbf{j}^{x}$ $\mathbf{j}^{y}$ $\mathbf{j}^{z}$ | *αἱ τῶν μελῶν* **s**: *τῶν μελῶν αἱ* trp. cett. | *συνθῆκαι* $\mathbf{i}^{o}$ *παρηχούντων* (om. *αἱ*) **v** ‖ **275** *τὸ διάψαλμα* **D** | *προσώπου* $\mathbf{i}^{m}$ **v** ‖ **277** *ψαλμωδίαν* $\mathbf{i}^{n}$ ‖ **278** *ἢ διάψαλμ'* **v** $\mathbf{j}^{x}$ $\mathbf{j}^{y}$ | *διάλαγμα* **s** ‖ **281** *ὡς* **s**: *πρὸς* cett. | *μελωδῆσαι* $\mathbf{i}^{o}$ ‖ **282** *ἐγίνετο* **s**: *ἐγένετο* cett. | *κρεῖττον* $\mathbf{i}^{o}$ **D** **v** ‖ **283** *ἵσταται* **D** ‖ **284** *τὴν τοίνυν μεταξὺ τομὴν* **s** $\mathbf{i}^{m}$ $\mathbf{j}^{z}$: *τί τοίνυν ἀνὰ μεταξὺ* $\mathbf{i}^{n}$ *τὴν τοίνυν στάσιν μεταξὺ* $\mathbf{i}^{o}$ *τὰ τοίνυν τούτων μεταξὺ* **D** *ταύτην τοίνυν τὴν μεταξὺ* **v** $\mathbf{j}^{x}$ $\mathbf{j}^{y}$ | *μελισουργημάτων* $\mathbf{i}^{o}$ ‖ **286–285** trp. **v** $\mathbf{j}^{x}$ $\mathbf{j}^{y}$ ‖ **286** *ἤτοι τὸ μὲν* $\mathbf{i}^{n}$ **D** *ἢ τὸ μὲν ἢ* **v** | *τοῦ] ἢ* **v** $\mathbf{j}^{x}$ $\mathbf{j}^{y}$ ‖ **287** *διαψαλμάτου* $\mathbf{i}^{o}$ ‖ **288** *εἰλογίαν* $\mathbf{i}^{n}$ *ἀεὶ ὁ λόγος* $\mathbf{i}^{m}$ ‖ **289** *καὶ* **s**: *δὲ* cett. ‖ **290** *μικρὸν ἐπαύσατο* **s**: *μικρὸν ἐπέπαυτο* $\mathbf{i}^{m}$ $\mathbf{i}^{n}$ $\mathbf{i}^{o}$ **D** **v** $\mathbf{j}^{x}$ $\mathbf{j}^{y}$ *ἐπέπαυτο ποτὲ* $\mathbf{j}^{z}$ | *τῶν ψαλμωδῶν* **D** *τῶν ψαλμῶν* $\mathbf{i}^{n}$ *τῶν μελωδῶν* $\mathbf{j}^{z}$ ‖ **291** *φθογγὴ* $\mathbf{i}^{m}$ $\mathbf{i}^{o}$ **D** | *κινουμένη* $\mathbf{j}^{z}$ ‖ **292–302** om. **v** $\mathbf{j}^{x}$ $\mathbf{j}^{y}$ ‖ **292** *ταῦτα συνεκτικώτερον* $\mathbf{i}^{n}$ | *ἄναξ] ἄρτι* $\mathbf{j}^{z}$ | *συνοπτίσας* **D** ‖ **293** *σοὶ συναγήοχα* $\mathbf{i}^{m}$ | *οἰκεῖον, στεφηφόρε] μάλα πεποθημένον* $\mathbf{j}^{z}$ | *στεφηφόρω* $\mathbf{i}^{n}$

ζήτημα μὲν βαθύτερον οὐδὲν ἀνακαλύψας –
οὐδὲν γὰρ ἕτερον Δαυὶδ ἢ θεὸς ὁ πρὸ πάντων,
καὶ πᾶς ψαλμὸς θεοῦ φωνή, καὶ πᾶσα μελῳδία
ψυχῆς ἐστι κατάστασις – ἀλλὰ ταῦτα σιγήσας,
τὰ σύντομα καὶ πρόχειρα τοῖς πολλοῖς συναθροίσας
συντόμῳ πάντα καὶ σαφεῖ ἐξηγησάμην λόγῳ.
εἰ δέ γε τοὺς ἀναβαθμοὺς ψάλλεις ἐν τῇ καρδίᾳ,
κἀγὼ συναναβήσομαι πρὸς τὰς σὰς ἐπανόδους
καὶ γράψω σοι τὴν ἄρρητον τῶν ψαλμῶν θεωρίαν.

Poema 2. In Canticum

Psellum hos versus primo Constantino IX Monomacho (1042–1055), deinde Michaeli VII Ducae (aut imperanti cum patre, ca. 1060–1067, aut soli, 1071–1078), postremo Nicephoro Botaniatae (1078–1081) obtulisse in Praefatione (pp. X–XI) iam dictum est. paucis exceptis nihil est nisi paraphrasis commentarii Gregorii Nysseni, cui tam arte adhaeret ut, ubi ille desinit, et Psellus finem faciat (Cant. 6, 9). sane et initium cantici (1, 1–4) sine commentario relinquitur, fortasse quia in codice Gregorii quo Psellus utebatur primus eius sermo deerat.

Ἑρμηνεία τοῦ Ἄισματος τῶν ᾀσμάτων διὰ στίχων πολιτικῶν γενομένη
παρὰ τοῦ Ψελλοῦ, πρὸς τὸν βασιλέα Μονομάχον

Ἐπείπερ τὸ φιλομαθὲς τὸ σόν, ὦ στεφηφόρε,
ἑρμηνευθῆναι γλίχεται τὴν ξένην καὶ ποικίλην

294 *μὲν*] *ἐν* **i**^{o} | *βαθύτατον* **i**^{o} ‖ **295** *οὐδεὶς γὰρ ἕτερος* **D** | *οὐδὲ* **i**^{m} | *προπάτωρ* **i**^{m} ‖ **297** *εὐχῆς* **s** ‖ **298** *τοῖς πολλοῖς* **s**: *καὶ πολλὰ* cett.

2 c 293^{r}–319^{v} (vss. 1–198; 222–1226) **c**^{f} 175^{v}–176^{r} (vss. 1–92) **p** 5^{v}–11^{v} (vss. 1–648; 1202–1226) **m** 312^{r}–321^{r} **m**^{a} 293^{r}–321^{r} **n** 154^{v}–165^{r} **R** 222^{r}–239^{v} **r** 308^{r}–327^{v} **N** 8^{r}–12^{r} **w** 14^{r}–154^{r}; codicum **c**^{f} **R r N** lectiones propriae non afferuntur; in lemmatis libros principales secutus varias lectiones non citavi ‖ edd. Meursius 113–168 = Ducaeus = PG 122, 539–662 ‖ tit. sec. **c**^{f} (ubi *στοίχων*): *ἆσμα πέφυκε τοῦ σοφοῦ σολομῶντος· λίαν εὔλυθὲν παρὰ ψελλοῦ πανσόφως· εἰς τὸν κράτιστον ἄνακτα μονομάχον* **c** *στίχοι τοῦ μακαριωτάτου ὑπερτίμου τοῦ ψελοῦ κυρ(οῦ) κων(σταν)τ(ί)ν(ου) πρὸς τὸν βασιλέα κ(ύ)ριν κωνσταντ(ῖ)ν(ον) τὸν μονομάχον εἰς τὸ ἆσμα τῶν ἀσμάτων δηλοποιοῦντες διὰ τούτων τῶν πολιτικῶν λέξεων τὴν τούτου ἐξήασιν* **p** *πρόλογος εἰς τὸν βασιλέα κύρ(ιν) μιχαὴλ τὸν δούκα: τοῦ ὑπερτίμου κυρ(οῦ) μιχαὴλ τοῦ ψελλοῦ, ἐξήγησις διὰ στίχων πολιτικῶν εἰς τὸ ἆσμα τῶν ἀσμάτων* **m** *τοῦ ὑπερτίμου μιχαὴλ τοῦ ψελλοῦ ἐξήγησις διὰ στίχων πολιτικῶν, εἰς τὸ ἆσμα τῶν ἀσμάτων. πρόλογος πρὸς τὸν βασιλέα κύρ(ιν)*

τοῦ τῶν ᾀσμάτων Ἄισματος ἐξήγησιν καὶ γνῶσιν,
ἰδού σοι τῷ θεσπίσματι πεισθέντες, αὐτοκράτωρ,
καὶ τὰς ἐλπίδας θέμενοι πρὸς τὸν δεσπότην πάντων,
δηλοῦμεν τὴν ἐξήγησιν πᾶσάν σοι τῶν Ἀισμάτων
ἐν ἁπλουστάταις λέξεσι καὶ κατημαξευμέναις.
Ὁ γὰρ προφήτης Σολομῶν, ὁ πάνσοφος ἐκεῖνος,
ὁ παῖς τυγχάνων τοῦ Δαυίδ, ἀλλ' ἐκ τῆς τοῦ Οὐρίου,
τρεῖς συνεγράψατό τινας ἐν βίῳ πραγματείας.
ἡ μὲν καλεῖται νουνεχῶς τοῖς πᾶσι Παροιμίαι,
ἔχουσα παίδευσιν ἠθῶν, παθῶν ἐπανορθώσεις
καὶ τῶν πρακτέων συνεχεῖς καὶ θείας ὑποθήκας·
ἡ δέ πως Ἐκκλησιαστὴς κέκληται τοῖς ἀνθρώποις,
τὸ μάταιον διδάσκουσα τὸ τοῦ παρόντος βίου·
ἡ δέ γε τρίτη συνεχῶς ἐκείνου πραγματεία
αὕτη τυγχάνει, δέσποτα, τὸ τῶν ᾀσμάτων Ἆισμα,
τὸν τρόπον καταγγέλλουσα ποικιλοτρόπως ἄγαν
τῆς τελειώσεως αὐτῆς ψυχῶν τῶν τῶν ἀνθρώπων,
ἀλλ' ὡς ἐν σχήματί τινι σεμνῷ νυμφοστολίας.
σοφῶς γὰρ ὑποτίθησι τὸν μὲν Χριστὸν νυμφίον,
νύμφην δὲ πάλιν τὴν ψυχὴν ἐρῶσαν τοῦ νυμφίου
καὶ πτερουμένην ἔρωτι τῷ τούτου κατὰ κράτος

3 = infra vs. 1218 ‖ **9** 2 Regn. 12, 24

μιχαὴλ τὸν δούκα **m**[a] *ἑρμηνεία τοῦ σοφωτ(ά)τ(ου) καὶ ὑπερτίμου ψελλοῦ εἰς τὸ ἆσμα τῶν ἀσμάτων, διὰ στίχων πολιτικῶν, πρὸς τὸν βασιλέα κύρ(ιν) νικηφόρον τὸν βοτανιάτην* **n** *στίχοι τοῦ ψελλοῦ,* (*καὶ* add. **r**) *ἑρμην(εία) εἰς τὸ ἆσμα τῶν ἀσμάτων* **R r** *τοῦ σοφωτ(ά)τ(ου) ψελλοῦ ἑρμηνεία εἰς τὸ ἆσμα τῶν ἀσμάτων, διὰ στίχων πολιτικῶν* **N** *ἑτέρα ἐξήγησις εἰς τὸ ἆσμα τῶν ἀσμάτων ἐξηγηθὲν παρὰ τοῦ ψελλοῦ διὰ στίχων πολιτικῶν* **w** ‖ **3** *τοῦ*] *τὴν* **m m**[a] **n** ‖ **4** *αὐτοκράτορ* **c**[f] **m**[a] **R r w** (compend. **N**) ‖ **6** *σοι*] *τὴν* **n** ‖ **7** *ἁπλουστάταις* **c c**[f]: *-τέραις* **m m**[a] *-τέροις* cett. | *κατημαξευμέναις* **c** (sim. **c**[f]) **m n**: *-νοις* **p m**[a] **N w** *καθημαξευμένοις* **R r** ‖ **9** *συρίου* **p** ‖ **11** *παροιμία* **c**[f] **p n w** ‖ **12** *ἠθῶν, παθῶν*] *παθῶν τινῶν* **c c**[f] ‖ **13** *πραγμάτων* **R r N** | *συνεχῶς* **p R r N** | *καὶ*[2]] *τὰς* **R r N** | *ἀποθήκας* **p R N** ‖ **14** *δ' ἤπερ* (?) **p** *δέ πως οὖν* **c** ‖ **15** *τοῦ παρόντος*] *τῶν ἀν(θρώπ)ων* **c** (*παρατως* **c**[f]) ‖ **16** *δέ*] *δ' αὖ* **m m**[a] | *γε*] *τε* **p** | *νουνεχῶς* **n** | *ἐκείνω* **c** ‖ **17** *τῶν ἀσμάτων ἆσμα* **c c**[f]: *ἆσμα τῶν ἀσμάτων* trp. cett. ‖ **18** *καταγγέλλει σοι* **w** | *ἆμα* **c** *ἅμα* **c**[f] ‖ **19** *ψυχῶν τῶν* (*τὴν* **c**[f]) *τῶν ἀνθρώπων* **c c**[f]: *ψυχῶν τῶν ἀν(θρωπ)ίνων* **p R r N w** *ψυχῆς τῆς ἀν(θρωπ)ίνης* **m m**[a] **n** ‖ **20** *ἄλλως* **n** | *τινι*] *νεὸς* **R** *νηὸς* **r** *τινὸς* **N** | *σεμνῷ νυμφοστολίας* **c p**: *σεμνονυμφοστολίας* cett. ‖ **21** *σαφῶς* **n r** [*παν*]*σόφως* (om. *γὰρ*) **c** (*σοφῶς γὰρ* **c**[f]) | *γὰρ*] *μὲν* **m m**[a] ‖ **23** *πτερωμένην* **c** | *τῶ τούτου κατὰ κράτος* **c c**[f]: *δῆθεν τῶ τοῦ νυμφίου* cett.

καὶ πρὸς ἐκείνου τὰς μονὰς ἀνιπταμένην τάχα.
ἔχει δ᾽ ἐμφάσεις καί τινας περὶ τῆς ἐκκλησίας.
Ἀλλ᾽ ἀπαρξώμεθα λοιπὸν σύν γε θεῷ τῶν λόγων.
φησὶν ἡ νύμφη παρευθὺς πρὸς τοὺς ἀγγέλους τάδε,
οὓς θυγατέρας τῆς Σιὼν ἐκάλεσεν ὁ λόγος·

μέλαινά εἰμι καὶ καλή, θυγατέρες Ἱερουσαλήμ, ὡς σκηνώματα Κηδάρ, ὡς δέρρεις Σολομῶντος [1, 5].

Ταῦθ᾽ ὁμιλεῖ τὸ πρώτιστον ἡ νύμφη τοῖς ἀγγέλοις·
χρὴ γὰρ αὐτὰ τὰ ῥήματα τῆς νύμφης προτιθέναι
καὶ μηδαμῶς στιχοπλοκεῖν ταῦτα καὶ μεταλλάττειν.
Ἀκούσατέ μου τῆς φωνῆς, φησίν, ὦ θυγατέρες
τῆς ἄνω Ἱερουσαλὴμ τῆς σεβασμιωτάτης.
ὁμοῦ γὰρ ἔγωγε καλὴ καὶ μέλαινα τυγχάνω·
μέλαινα μὲν ὡς τοῦ Κηδὰρ σκήνωμα πρὶν φανεῖσα,
φημὶ δ᾽ ἐκ παραβάσεως τῆς ἐντολῆς τῆς πρώτης
(ὁ γὰρ Κηδὰρ ὁ ζοφερὸς λέγεται καὶ σκοτώδης),
καλὴ δὲ πάλιν πέφυκα νυνὶ τῇ μετανοίᾳ,
συννεκρωθεῖσα τῷ Χριστῷ τῷ εἰρηνικωτάτῳ
(εἰρηνικὸς γὰρ λέγεται πᾶς Σολομῶν ἀξίως).
Σὺ δὲ μηδ᾽ ὅλως ἐκπλαγῇς ἅπερ ἡ νύμφη λέγει,
ὡς ἐν ταὐτῷ καὶ μέλαινα καὶ καλὴ νῦν τυγχάνει.
πᾶσα γὰρ μέλλουσα ψυχὴ πρὸς ἀρετὰς προκόπτειν
καὶ πρὸς τὸ φῶς ἀνάγεσθαι καὶ φεύγειν ἐκ τοῦ σκότους
οὐ παρευθὺς ὁλόφωτος καὶ καθαρὰ τυγχάνει,
ἀλλ᾽ ὅσον πρὸς τὴν ἀρετὴν προκόπτει μετὰ πόνου,
τοσοῦτον ἀπαλλάττεται τοῦ σκότους τῆς ἀπάτης
καὶ λαμπροτέρα γίνεται πάντως καὶ φαιδροτέρα.

Εἶτά φησι πρὸς τὰς αὐτὰς ἡ νύμφη θυγατέρας·

25 = Poem. 54, 922 ‖ **37** Greg. Nyss. In Cant. Or. 2 p. 47, 9; 15–16 Langerbeck ‖ **39–40** = Poem. 54, 818–819 ‖ **40** Greg. 48, 1–2

24 *ἐκεῖνον* **m m**ᵃ **n** | *τὰς μονὰς* **c c**ᶠ: *χάριτας* cett. | *ἀνιπταμένη* **r N** | *τάχος* **c** ‖ **25** *δὲ φάσεις* **p R r N w** | *παρὰ* **p** ‖ **26** *ἐπαρξώμεθα* **m m**ᵃ **n** | *τὸν λόγον* **p m m**ᵃ **R** *τῶν ὅλων* **r** ‖ **28** om. **p** ‖ **29** *ἀνθομιλεῖ* **c** | *τοὺς ἀγγέλους* **R w** *τὸν νυμφίον* **p** ‖ **31** *μεταπλάττειν* **R r** ‖ **34** *ὁμοῦ*] *ἐγὼ* **c** ‖ **35** *πρὶν φανεῖσα* **c c**ᶠ: *προσφανεῖσα* **p R N** *προφανεῖσα* cett. ‖ **36** *δ᾽ ἐκ*] *δὲ* **m m**ᵃ **n** ‖ **37** *ὁ*¹] *καὶ* **p m m**ᵃ | *ὁ*²] *ὡς* **c** | *ζοφερὸς*] *σκοτεινὸς* **c**ᶠ, **N** (mg. correctum), *-ὸν* **c** ‖ **39** *ὡς νεκρωθεῖσα* **c** | *τῷ*² om. **c** ‖ **41** *ἐκπλαγεὶς* **c c**ᶠ **p R** ‖ **42** *ὡς* om. **c** | *αὐτῷ* **p n R r N** | *τυγχάνει* **c c**ᶠ **m m**ᵃ: *-ω* cett. ‖ **43** *μέλαινα* **m m**ᵃ **n** | *προκόπτειν*] *ἐκκλίνειν* **c c**ᶠ ‖ **45** *καθαρὸς* **p** ‖ **46** *προκόπτειν* **c**ᶠ **N** | *πόνον* **p** ‖ **47** *ἀπαλλάσσεται* **c** ‖ **48** *παντὸς* **c** ‖ **49** om. **c m m**ᵃ

μὴ βλέψετέ με ὅτι ἐγὼ μεμελανωμένη, ὅτι παρέβλεψέ με ὁ ἥλιος [1, 6^1].

Μὴ γοῦν νομίσητε, φησίν, οὕτως ἐμὲ πλασθῆναι,
καὶ σκοτεινὴν καὶ ζοφερὰν καὶ μεμελανωμένην·
ἐπλάσθην γὰρ ὁλόφωτος παρὰ τοῦ πλαστουργοῦ μου,
ἀλλ' ὁ φλογώδης ἥλιος, τῶν πειρασμῶν ἡ ζέσις,
δεινῶς με παρεβλέψατο καὶ μεμελάνωκέ με.

υἱοὶ μητρός μου ἐμαχέσαντο ἐμοί [1, 6^2].

Ἐμὲ γὰρ ἐπολέμησαν, φησὶν ἡ νύμφη πάλιν,
καὶ παραβάτην ἔδειξαν δαίμονες ἀποστάται.
τούτους γὰρ εἴρηκε μητρὸς υἱοὺς αὐτῆς τυγχάνειν
ὡς δὴ καὶ τούτους ἐκ θεοῦ κτισθέντας μετὰ πάντων·
ἐπείπερ ὅσα κτίσματα τυγχάνομεν ἐν βίῳ,
κἂν ἄγγελοι, κἂν ἄνθρωποι, κἂν δαίμονες, κἂν λίθοι,
ὡς ἀδελφοὶ τυγχάνομεν εἰς λόγον πλαστουργίας·
σύμπαντες γὰρ ἐπλάσθημεν ἐκ θεοῦ παντεργάτου.
Εἶτα καὶ λέγει πρὸς αὐτοὺς τὸν τρόπον τοῦ πολέμου·

ἔθεντό με φυλάκισσαν ἐν ἀμπελῶνι· ἀμπελῶνα ἐμὸν οὐκ ἐφύλαξα [1, 6^3].

Ἐν παραδείσῳ γάρ, φησί, πλασθεῖσα καὶ τεθεῖσα
ὥστε φυλάσσειν ἐντολὴν τοῦ μὴ φαγεῖν ἀκαίρως,
τὸν νόμον οὐκ ἐφύλαξα, τὴν ἐντολὴν παρέβην.
Καὶ ταῦτα μὲν ὀδύρεται δῆθεν πρὸς τοὺς ἀγγέλους.
ἀλλὰ προκόψασα μικρὸν ὥσπερ ἐν μετανοίᾳ
φωνεῖ μεγάλως καὶ ζητεῖ τὸν λόγον καὶ νυμφίον.
φησὶ γὰρ οὕτω πρὸς αὐτόν, ὥσπερ ἐρῶσα τούτου·

50–52 cf. Greg. 50, 9–12 ‖ **53** cf. Greg. 51, 13–14 ‖ **55–62** cf. Greg. 54, 12–56, 14 ‖ **64–66** cf. Greg. 58, 6–13

50 *οὖν* **c** ‖ **51** *καὶ ζοφερὰν* (*ἐζοφερὰν*, om. *καὶ*, **w**) *καὶ σκοτεινὴν* trp. **p m m**^{a} **n R r N w** ‖ **54** *παρεβλάψατο* **m** ‖ **56** *ἀποστάντες* **c** ‖ **57** *μητρὸς υἱοὺς* **c c**^{f}: *υἱοὺς μητρὸς* trp. cett. ‖ **59** *τυγχάνωμεν* **n**, **r** a. c. ‖ **61** *τυγχάνωμεν* **c n r** | *εἰς λόγον πλαστουργίας* **c c**^{f} **p**: *εἰς λόγους πλαστουργίας* **R N w** *εἰς λόγου πλαστουργίαν* **n r** *τῶ πλαστουργίας* (*-γοῦ* **m**) *λόγω* **m m**^{a} ‖ **63** *αὐτοὺς* **c c**^{f} **m m**^{a} **r**: *-ὸν* **p** *-ὴν* **n** *-ὰς* **R N** ‖ **65** *τὸ* **c N** ‖ **67** *ὀδύρεται* **c c**^{f}: *ὠδύρετο* cett. | *δῆθεν πρὸς τοὺς ἀγγέλους* **c c**^{f}: *πρὸς τοὺς ἀγγέλους δῆθεν* trp. cett. ‖ **68** *ἡ νύμφη οὖν προκόψασα μικρὸν ἐν μετανοία* **w** | *μικρὸν*] *λοιπὸν* **m m**^{a} **n** ‖ **69** *φωνῇ* **m**^{a} **n** *-ῶ* **R r N** | *μεγάλη* **m**^{a} **n** *-α* **w** (compend. **p**) | *καὶ ζητῶ* **R r N** *ἐκζητεῖ* **n** | *λόγον*] *φίλον* **n** ‖ **70** om. **m m**^{a} **n** | *ὥσπερ*] *ὥ* **p** | *τούτου* **c N**: *τοῦτον* **c**^{f} **R r w** *τοῦτο* **p**

ἀπάγγειλόν μοι, ὃν ἠγάπησεν ἡ ψυχή μου, ποῦ μένεις, ποῦ κοιτάζεις ἐν μεσημβρίᾳ; [1, 7^{1}].

Φησίν, ἐν τάχει λέγε μοι, ποῦ μένεις, ποῦ κοιτάζεις,
ὁ λόγος ὃν ἠγάπησα ψυχῆς αὐτῆς ἐκ μέσης.
ἐν μεσημβρίᾳ μήποτε κοιτάζεις, ὦ νυμφίε;
πέπεισμαι γάρ σε καθαρῶς ἐν μεσημβρίᾳ μένειν,
ἤγουν εἰς φῶς ἀπρόσιτον σκιὰν μηδ' ὅλως ἔχον.
ἔνθα τὰ πρόβατα τὰ σὰ ποιμαίνεις, θεοῦ λόγε,
καὶ κατατάττεις ἀληθῶς φωτὶ τοῦ σοῦ προσώπου,
ἂν ἐν ἐκείνῳ φθάσωσι ταῦτά σοι καθυπνῶσαι.
Εἶτα τὴν πλάνην τρέμουσα τῆς πρὸς ἐκεῖνον τρίβου
φησὶ καὶ τοῦτο πρὸς αὐτόν, τοῦτ' ἔστι τὸν νυμφίον·

μήποτε γένωμαι ὡς περιπλανωμένη ἐπ' ἀγέλαις ἑτέρων σου [1, 7^{2}].

Τὴν τῶν προβάτων σου νομήν, φησίν, ἀπάγγειλόν μοι·
δέδοικα γὰρ μὴ πλανηθῶ δραμοῦσα παρ' ἐλπίδα
πρὸς τὰς ἀγέλας καὶ νομὰς ἴσως τὰς τῶν ἐρίφων,
κἀντεῦθεν ἐλαθήσομαι μακρὰν τῶν σῶν προβάτων
καὶ τῶν ἐρίφων κερδανῶ τὰς εὐωνύμους μοίρας,
ὅταν καθίσῃς ὡς κριτὴς τοῦ γένους τῶν ἀνθρώπων.
ταῦτα μὲν οὖν ἐφθέγξατο πάντως πρὸς τὸν νυμφίον
ἡ παρθενεύουσα ψυχὴ καὶ νυμφοστοληθεῖσα
καὶ βουλομένη τῷ Χριστῷ τάχα συννεκρωθῆναι·
σὺ δέ μοι νύμφην νόησον ὥσπερ ἐν ὑποθέσει
τὴν παρθενεύουσαν ψυχὴν τὴν τοῦ μεγάλου Παύλου
τοῦ πρὸς τοὺς τρίτους οὐρανοὺς ἀρθέντος ἀπορρήτως.
Ἀλλ' ἴδωμεν καὶ τί φασιν οἱ φίλοι τοῦ νυμφίου

73–76 cf. Greg. 62,7–12 ‖ **77** Ps. 4,7; 88,16 ‖ **84–86** Matth. 25,31–33 ‖ **92** 2 Cor. 12,2

71 *ἐν τάχα* **p** ‖ **72** *ἠγάπησας* **c** ‖ **73** *ὡς νυμφίος* **c** *-ίω* **c**^{f} ‖ **75** *μηδόλως σκιὰν* trp. **p m m**^{a} **n R r N w** | *ἔχων* **c c**^{f} **r N** ‖ **76** *ποιμ(αί)νην* **p** ‖ **77** *καταλάμπεις* **m**, **m**^{a} var.l. ‖ **78** *ἂν*] *ἵν'* **c** | *ἐν*] *γὰρ* **R r** | *ἐκείνω*] *εἰρήνη* **c c**^{f} | *φθάσω σοι* **m m**^{a} **R** *φθάσω σε* **n** | *καθυπνώσω* **m R** *καθυπνῶσιν* **w** ‖ **79** *τρέμουσαν* **p** | *τὴν … τρίβον* **R r** | *ἐκείνου* **p** ‖ **81** *ἀνάγγειλόν* **p** *ἀπόστειλόν* **m m**^{a} **n** ‖ **87** *πάντα* **c** ‖ **88** *νυμφοστοληθεῖσα* **c c**^{f} **p**: *-ιθεῖσα* **n** *-ισθεῖσα* **m m**^{a} **R r N w** ‖ **90** *νύμφη* **p** ‖ **92** *τοῦ πρὸς τοὺς* **p n**, **N** a.c., **r w**: *τὴν πρὸς τοὺς* **R**, **N** p.c. *τοῦ καὶ* **c**, **c**^{f} (*καὶ* mg. add.) *αὐτοῦ πρὸς* **m m**^{a} | *ἀρθεῖσαν* **R** mg., **N** p.c. ‖ post **92** vs. 96 habent cett., om. **c**, **c**^{f} (qui hic deficit) ‖ **93** *οἴδαμεν* **c**

καὶ πῶς διδάσκουσιν αὐτὴν τὴν κοίτην τοῦ νυμφίου,
οὓς κατ' ἀρχὰς εἰρήκαμεν τοῦ λόγου θυγατέρας
τῆς ἄνω Ἰερουσαλήμ, τοῦτ' ἔστι τοὺς ἀγγέλους.

φασὶ γὰρ οὕτω πρὸς αὐτὴν τὴν καθαρὰν παρθένον·

ἐὰν μὴ γνῷς σεαυτήν, ἡ καλὴ ἐν γυναιξίν, ἔξελθε σὺ ἐν πτέρναις τῶν ποιμνίων, καὶ ποίμαινε τὰς ἐρίφους ἐπὶ σκηνώμασι τῶν ποιμνίων [1, 8].

Ὦ παρθενεύουσα ψυχή, φασί, καὶ σεβασμία,
εἴπερ ποθεῖς καταλαβεῖν ἀγέλας τῶν προβάτων,
γνῶθι σαυτὴν τίς πέφυκας, τὸ πρὶν μηδ' ὅλως οὖσα,
καὶ πῶς εἰκὼν τετίμησαι τυγχάνειν τοῦ δεσπότου,
καὶ πάσης μετανάστευσον τῆς κοσμικῆς ἀπάτης
καὶ δεῦρο κατασκόπευσον ἴχνη τὰ τῶν ποιμνίων.
καὶ τὰ μὲν ὄντα πρὸς ὁδὸν μεγάλην καὶ πλατεῖαν
βδελύχθητι καὶ μίσησον, εἰσὶ γὰρ τῶν ἐρίφων·
τὰ δὲ πρὸς τρίβον κείμενα στενὴν καὶ τεθλιμμένην
ἀγάπησον καὶ κράτησον, εἰσὶ γὰρ τῶν προβάτων.
πρόσεχε γοῦν μὴ πλανηθῇς ἐν πτέρναις τῶν ἐρίφων.
Ἀλλ' ἀκουσώμεθα λοιπὸν καὶ τοῦ καλοῦ νυμφίου·
ἤδη γὰρ πρώτως ὁμιλεῖ τῇ νύμφῃ λέγων τάδε·

τῇ ἵππῳ μου ἐν ἅρμασι Φαραὼ ὡμοίωσά σε, ἡ πλησίον μου [1, 9].

Βλέπων αὐτὴν σφαδᾴζουσαν ἐξ ἐρωτοληψίας
καὶ πρὸς ἐκεῖνον σπεύδουσαν δραμεῖν καὶ καταπαῦσαι,
ἵππῳ παρείκασεν αὐτὴν αἰθεροπτηνοδρόμῳ.
οὕτως γὰρ θραύσεις τοὺς ἐχθρούς, φησὶ πρὸς τὴν παρθένον,
ὥσπερ κατέθραυσέ ποτε καὶ τοὺς Φαραωνίτας

104 Matth. 7,13 ‖ **106** Matth. 7,14

94–95 om. **c** ‖ **94** *αὐτῇ* **r N** *-οὶ* **R** *-ὸ* **p** ‖ **95** *οὓς* **m m**[a] **n**: *ἃς* cett. ‖ **96** huc reposui: om. **c**, post **92** exhibent cett. | *τῆς*] *εἰς* **m m**[a] ‖ **97** *φησὶ* **n** ‖ **98** *ὢ* **r**: om. **N** *ὡς* cett. | *φασὶ* Vindob. theol. 125: *φησὶ* cett. ‖ **99** *ποθεῖ* **p** ‖ **100** *τὸ* om. **m** | *μηδόλως* **c**: *οὐδόλως* cett. ‖ **101** *τυγχάνων* **c** ‖ **102** *ἀπάτης*] *φροντίδος* **p** ‖ **103** *κατασκόπευσον* **c w**: *-ησον* **p m**[a] **n R r N** *κατακόσμησον* **m** | *ποιμένων* ‖ **104** *καὶ τὰ μὲν*] *τὰ μὲν οὖν* **w** | *ὁδῶν μεγάλων καὶ πλατείων* **R r** ‖ **106–108** om. **m** ‖ **108** *οὖν* **m**[a] **w** | *πτέρνοις* **c** ‖ **109** *ἀκουσόμεθα* **c p r** ‖ **110** *πρῶτος* **c R r** | *τὴν νύμφην* **c n** *τὴν νύμφη* **m** ‖ **113** *αἰθεροπτιδρόμω* **c** ‖ **114** *οὗτος* **R r** | *θραύσει* **R r N** *-σῃ* **w**

ἡ δύναμις τῆς ἵππου μου τῆς ἄνω τεταγμένης,
τοῦτ' ἔστι τῆς ἀγγελικῆς ταγματοστρατιαρχίας.
Τίνος δὲ χάριν, ἐρωτᾷς, τὴν τῶν ἀγγέλων τάξιν
ἵππῳ παρείκασεν αὐτὴν ὁ λόγος καὶ νυμφίος;
πᾶς τις τοξότης πόλεμον συνάπτων ἀντιπάλῳ
τόξον λαμβάνει καὶ νευράν, οὐ κράνος οὐδὲ δόρυ·
πεζὸς πεζῷ γὰρ πολεμεῖ, ῥαβδοῦχος πρὸς ῥαβδοῦχον.
ἐπεὶ γοῦν ἡ παράταξις τότε τῶν Αἰγυπτίων
τὸ κράτιστον ἐκέκτητο τῆς μάχης ἐκ τῶν ἵππων,
τούτου δὴ χάριν εἴρηκεν ἵππον ἐξ ἴσου λόγου
τὴν ἀντιστᾶσαν δύναμιν ἀγγελικὴν ἐκείνοις.
Ἵνα μὴ δόξῃς δὲ λοιπὸν ὑβρίζεσθαι τὴν νύμφην
ἐξισουμένην ἐμφανῶς ἵππῳ παρὰ τοῦ λόγου,
ἄκουσον τί φησιν ἑξῆς πρὸς ταύτην ὁ νυμφίος·

τί ὡραιώθησαν αἱ σιαγόνες σου ὡς τρυγόνος, τράχηλοί σου ὡς ὁρμίσκοι [1, 10].

Κἂν ἵππῳ σε παρείκασα, φησί, δρομικωτάτῳ,
ἀλλ' οὔκουν χρῄζεις χαλινοὺς ἐν σιαγόνι φέρειν.
αἱ σαὶ γὰρ ὡραιώθησαν ἐξόχως σιαγόνες,
τὴν ἔμφυτον ὡς χαλινὸν ἔχουσαι σωφροσύνην
δίκην τρυγόνος σώφρονος, τρυγόνος φιλερήμου.
καὶ τράχηλοί σου θαυμαστοὶ καὶ κεκαλλωπισμένοι,
τὸν χρύσεον βαστάζοντες κλοιὸν τῆς Παροιμίας·
ὁρμίσκον γάρ μοι νόησον ὃν ἔφην κλοιὸν ὧδε.
Οἱ μέντοι φίλοι βλέποντες τούτων τὰς ὁμιλίας

118–126 cf. Greg. Or. 3 p. 73, 19–74, 5 ‖ **127–128** cf. Greg. 78, 5–6 ‖ **130–134** cf. Greg. 78, 13–79, 8 ‖ **135–137** cf. Greg. 79, 12–16 ‖ **136** Prov. 1, 9

116 ut lemma scribunt **R r** | *τῆς*[1]] *τοῦ* **c n** | *τῆς ἄνω τεταγμένης* **m m**[a]: *τῆς ἀνατεταγμένης* **p n w** *παρὰ τῆς ἀνατεταγμένης* **R n** *παρὰ τῆς τεταγμένης* **N** *τοῖς ἀντιτεταγμένοις* **c** ‖ **118** *δὲ*] *γὰρ* **n** ‖ **119** *αὐτὴν* **c**: *ἁπλῶς* cett. ‖ **120** om. **c** ‖ **121** *νευράν*] *δορὰν* **p** | *οὐ … οὐδὲ* **c**: *καὶ … τε καὶ* cett. | *κράτος* **p** ‖ **122** *πεζῷ* om. **n** | *πόλεμον* **p** | *πρὸς ῥαβδοῦχον* **c**: *τε* (*δὲ* **m**) *ῥαβδούχω* cett. ‖ **123** *γοῦν*] *γὰρ* **m m**[a] **n** ‖ **124** *τούτο* **p R** ‖ **125** *δὴ*] *δὲ* **n R r N** *καὶ* **m m**[a] | *λόγου* **c**: *λόγος* cett. (compend. **p**) ‖ **126** *ἐκείνην* **R r N** ‖ **127** *δόξῃς δὲ*] *δείξῃς δὲ* **R r** *δείξῃ δὲ* **N** *δεῖξησθαι* **p** ‖ **128** *ἐξισουμένην* **c w**: *ἐξηγουμένην* cett. | *ἐμφανῶς*] *νυμφικῶς* **c** ‖ **129** *ἐξ ἧς* **p** | *ταῦτα* **R N** ‖ **130** *παρείκασε(ν)* **p R** | *δραμικωτάτω* **c** ‖ **131** *οὐκοῦν* **p** | *χαλινὸν* **p** | *φέρων* **p** ‖ **132** *σιαγόναι* **p n** ‖ **133** *ἔχουσαν* **c** *-σα* **p n** ‖ **135** *κεκαλλωπισμέναι* **R N** ‖ **136** *βαστάζοντα* **p** ‖ **137** *ἔφη* **m m**[a]

καὶ τὸ τῆς νύμφης ζώπυρον πολὺ πρὸς τὸν νυμφίον,
πρὸς δὲ τὴν συγκατάβασιν ἐκείνου πρὸς τὴν νύμφην,
κἀκ τούτων ἐπιγνώσαντες τοῦ πράγματος τὸ τέλος,
ὡς ἄρα καταβήσεται πρὸς αὐτὴν ὁ νυμφίος
ἐπανακλιθησόμενος βασιλικῶς ἐν ταύτῃ,
τὴν νύμφην εὐτρεπίζουσι, δῆθεν καταχρυσοῦντες,
ἵν' ἐπειδὰν ὁ βασιλεὺς ἐπιδημήσῃ ταύτῃ,
εὑρήσει πρὸς ἀνάπαυσιν ταύτην ἑτοιμοτάτην.
φασὶ γὰρ οὕτω πρὸς αὐτὴν οἱ φίλοι τοῦ νυμφίου·

ὁμοιώματα χρυσοῦ ποιήσομέν σοι μετὰ στιγμάτων τοῦ ἀργυρίου, ἕως οὗ ὁ βασιλεὺς ἐν ἀνακλίσει αὐτοῦ [1, 11–12[1]].

Ἐπεί, φασίν, ὁ βασιλεὺς ἀνακλιθῆναι μέλλει
ἐν σοὶ τῇ τοῦτον καθαρῶς ζητούσῃ καὶ φιλούσῃ,
δεῦρο λοιπὸν καὶ παρ' ἡμῶν καλῶς ἑτοιμασθήσῃ.
κἂν γὰρ οὐ λάμπῃς ὡς χρυσὸς ταῖς ἀρεταῖς, ὦ νύμφη
(ἀκμὴν γὰρ ἀργυρολαμπεῖς ἀπὸ τῆς σκοτομήνης),
ἀλλ' ὅμως χρυσαυγήσομεν καὶ παρεικάσομέν σε
χερουβικῷ καὶ φλογερῷ καὶ σεβασμίῳ θρόνῳ·
ὁ βασιλεὺς γὰρ κατελθὼν ἀνακλιθήσεταί σοι.
Τὴν γοῦν ῥηθεῖσαν ἅπασαν ὧδε δραματουργίαν,
τὴν θαυμαστὴν ἀλλοίωσιν τῆς νύμφης καὶ παρθένου,
τὴν ἐξ ἀργύρου πρὸς χρυσόν φημι γεγενημένην,
παρὰ τῶν φίλων δηλαδὴ τοῦ λόγου καὶ νυμφίου,
ὡς ἀρωγήν μοι νόησον καὶ χάριν πρὸς τὴν νύμφην
ἐκ τῶν ἀγγέλων τοῦ θεοῦ δοθεῖσαν ἐπαξίως.
τοῦτο γὰρ ἔθος πέφυκε τοῖς φίλοις τοῦ νυμφίου,

154–155 cf. Greg. 87, 14–17

139 *πρὸς τὸν νυμφίον πάλιν* (om. *πολὺ*) **m m**^{a} **n** ‖ **140** *τὴν*[1]] *καὶ* **m m**^{a} ‖ **141** *τούτου δ'* **m m**^{a} *τούτου* **n** | *ἐπιγνώσεται* **n** ‖ **142** *αὐτὴν* **c**: *ταύτην* cett. ‖ **143** *ἐπανακληθησόμενος* **c n R r N** ‖ **144** *εὐτρεπίζοντες* **p** | *καταχρυσοῦνται* **m m**^{a}**n** ‖ **145** *ἵν'*] *ἀλλ'* **c** | *ἐπιδημήσῃ* **m m**^{a} **n r R**: *-ήσει* **c p N** *-ῆσαι* **w** | *ταύτῃ*] *θέλῃ* **w** ‖ **146** *ἀνάκλησιν* **p n R N** ‖ **148** *φασίν* **w**: *φησὶν* cett. ‖ **149** *τούτω* **c** *τούτων* **p** | *καθαρὰ* **p R** *-ᾶ* **N w** | *ζητούσῃ καὶ φιλούσῃ* **c m R**: *φιλούσῃ καὶ ζητούσῃ* trp. cett. ‖ **150** *ἡμῖν* **p** | *ἑτοιμασθήσ( )* **p**: *ἑτοιμασθείσῃ* **c** *ἑτοιμασθεῖσα* **n R r N w** *ἑτοιμασθῆναι* **m m**^{a} ‖ **151** *κἂν*] *καὶ* **p** | *λάμπεις* **m m**^{a} **R w** | *ὦ* **p m m**^{a} **r w**: *ὡς* **c n R N** ‖ **152** *ἀργυρολαμπὴς* **c r** | *τὴν σκοτομῆνιν* **R** *-ήνην* **r** ‖ **153** *χρυσαυγήσωμεν* **N** *-ίσωμεν* **p m**^{a} *-ίσω μὲν* **m** | *παρεικάσωμεν* **p m**^{a} **r** | *σοι* **c m m**^{a} **N w** ‖ **154** *φοβερῷ* **R r N** ‖ **155** *ἀνακληθήσεται* **p R N**, **r** a. c. ‖ **156** *γὰρ* **w** ‖ **158** *χρυσὴν* **p R r N** ‖ **159** *τῶν φίλων* **c w**: *τοῦ φίλου* cett. ‖ **162** *νυμφίου* **c p**: *δεσπότου* cett.

ἵν᾽ ἐπειδὰν ἀθρήσωσι ψυχήν τινα παρθένον
ἐπειγομένην πρὸς Χριστὸν καλῶς ἐπαναλῦσαι,
κύκλωθεν παρεμβάλλουσιν ὡς φύλακες ἐκείνης,
ἀρήγοντες, ἐγείροντες πρὸς ἐναρέτους τρόπους,
μέχρις ἂν δείξωσιν αὐτὴν ἀξίαν τοῦ δεσπότου.
Ἀλλ᾽ ἤδη προχωρήσωμεν τοῦ λόγου περαιτέρω
καὶ τὴν προκόψασαν ψυχὴν ταῖς χάρισι τῶν φίλων
ἴδωμεν τί φησιν εὐθὺς ὡς πρὸς τοὺς φίλους τάχα.
φησὶ δ᾽ αὐταῖς ταῖς λέξεσιν οὕτω πρὸς τοὺς ἀγγέλους·

νάρδος μου ἔδωκεν ὀσμὴν αὐτοῦ [1, 12²].

Βλέπε καρπὸν τῆς προκοπῆς ψυχῆς τῆς ἐναρέτου.
ἰδοὺ γὰρ ἡ προκόψασα πρὸς ἀρετὰς παρθένος,
ὥσπερ καὶ προσεγγίσασα τῷ ποθουμένῳ λόγῳ,
ἐπεγνωκέναι μαρτυρεῖ τὸ κάλλος τοῦ νυμφίου,
πλὴν δι᾽ αἰσθήσεώς τινος ὀσφραντικῆς καὶ μόνης.
Τίνος δὲ χάριν, ἐρωτᾷς, οὐ λέγει μύρον ἄλλο,
ἀλλὰ τοῦ νάρδου μέμνηται μυρίζειν τὸν δεσπότην;
τὸ μὲν ὅτι καὶ πρώτιστον τῶν ἄλλων πάντων μύρον,
τὸ δ᾽ αὖ ὅτι καὶ πέφυκεν ἐμφάσεις ἔχειν θείας.
ὥσπερ γὰρ εἴ τις ἄνθρωπος ἐκ τοῦ παρόντος βίου,
κἂν πάσας φέρων κατορθοῖ τὰς ἀρετὰς ἐμπόνως,
ἂν μὴ Χριστὸν ἐνδέδυται βαπτίσματι τῷ θείῳ,
οὐδὲν ὄντως ὀνίνησι ταῖς ἀρεταῖς ἁπάσαις,
τοῦτον τὸν τρόπον ἴδῃ τις ἀρρήτως ἐν τῷ νάρδῳ

172–176 cf. Greg. 88,10–15

163 *ἵν᾽*] *ἕν* **p** *ἣν* **R** *ἀλλ᾽* **c** | *ἀθροίσωσιν* **p** ‖ **165** *παρεμβάλλουσιν* **m m**ᵃ **n w**: *παραβάλλουσιν* **c p R r N** | *ἐκείνης* **m m**ᵃ **w**: *ἐκείν( )* **p** *-ην* **n R r N** *ἐκεῖνοι* **c** ‖ **166** *ἀρ(ρ)ήγοντες* **c n r N**: *ἀρρήγουντες* **p** *ἀγείροντες* **R** *ἀνοίγοντες* **m m**ᵃ | *τρόπους*] *πράξεις* **m m**ᵃ **n** ‖ **167** *αὐτῇ* **n** | *ἀξίαν* **c**: *δεξιὰν* cett. | *τῷ δεσπότῃ* **p R r N w** ‖ **168** om. **p** | *προχωρήσωμεν* **p R N w**: *-σομεν* **c** *-σαντες* **m**ᵃ **n** *-σασαν* ex *-σαν* **m** *-σασα* **r** | *τοῦ λόγου* **c**: *τῷ λόγῳ* **p R r N w** *τῷ θρόνῳ* **m m**ᵃ **n** ‖ **170** *εὐθὺς* om. **p** | *τάχα* **c**: *αὕτη* **p R r N**, post *φησιν* **w** *δῆθεν* (post *ὡς*) **m m**ᵃ **n** ‖ **172** *βλέπε* **c**: *-ω* **p** *-εις* cett. | *καρποὺς* **c** ‖ **173** *ἡ*] *δὴ* **m m**ᵃ **n** | *παρθένους* **c** ‖ **174** *ὥσπερ καὶ*] *ὡσπερεὶ* **m m**ᵃ ‖ **175** *ἐπιγνωκέναι* **p** *ἐπεγνωσμένως* **c** | *μαρτυρεῖ* **c**: *μὲν ἐρεῖ* cett. | *τῷ κάλλει* **m m**ᵃ **n** ‖ **177** *τοῦ λέγειν* **c** *οὐ λέγεις* **R**, **N** a. c. ‖ **178** *τοῦ δεσπότου* **c R** ‖ **179** *καὶ* om. **n** | *τῶν – μύρον* **c**: *ἐστὶ τῶν ἄλλων μύρον* cett. ‖ **180** *θείας ἔχειν* trp. **m** | *ἔχειν* **c m m**ᵃ: *-ων* **p N**, **r** a. c. *-ον* cett. ‖ **181** *ἥτις* **p** ‖ **182** *κἂν*] *καὶ* **c** ‖ **184** habet **w**: om. cett. ‖ **185** *ἴδοι* **p m n r N** | *τῷ νάρδῳ*] *τῷ νάρδει* **p** *καρδίᾳ* **w**

παρά τινος τῶν μυρεψῶν κατασκευαζομένῳ·
οἱ γὰρ βουλόμενοί ποτε κατασκευάσαι νάρδον,
κἂν εἴδη βάλλωσι πολλὰ μυρεψικὰ πρὸς τοῦτο,
εἰ μὴ καὶ νάρδον βάλλωσιν, ἥτις ἐστὶ βοτάνη,
εἰς μάτην πεπονήκασιν οἱ ναρδεργάται τάχα.
Ἄλλως τε δὲ καὶ προκληθεὶς Χριστὸς ὁ καὶ νυμφίος
εἰς δεῖπνον Σίμωνος λεπροῦ καταπεπονημένου
τοῦτο τὸ μύρον ἤλειπται μαχλάδος αὐτὸς πόρνης·
ὁ λόγος τοίνυν μέμνηται τοῦ νάρδου προσηκόντως.
Ἀλλ᾽ ἀκουσώμεθα λοιπὸν καὶ τῶν ἑξῆς λογίων.
ἡ νύμφη γὰρ ταῖς προκοπαῖς ὡς ἔνθους γενομένη
ἔτι συνείρειν ἀγαπᾷ τὸν λόγον πρὸς τοὺς φίλους.
φησὶ γὰρ τάδε πρὸς αὐτοὺς μετὰ τὴν ναρδοσμίαν·

ἀπόδεσμος στακτῆς ἀδελφιδός μου ἐμοί, ἀνὰ μέσον τῶν μαστῶν μου αὐλισθήσεται [1, 13].

Ἔθος ἐστίν, ὡς λέγουσι, κόραις ταῖς φιλοκόσμοις
μὴ μόνον ἔξωθεν αὐτὰς ἐξόχως καλλωπίζειν,
ὡς ἐφελκύσωσιν αὐτῶν τὸν ἐραστὴν ἐν τάχει,
ἀλλὰ καὶ μᾶλλον ἔσωθεν αὐτῶν τῶν ἱματίων
κατασκευὰς τιθέασιν ἀπὸ τῶν μυριπνόων.
ἐπεὶ γοῦν γεγυναίκισται τῷ λόγῳ τῶν Ἀισμάτων
ἡ παρθενεύουσα ψυχὴ καὶ τρόποις ἀρρενόφρων
καὶ νυμφικῶς συνέσταλται πρὸς γάμους ὑπηγμένη,
λόγους τινὰς γυναικικοὺς εἰκός ἐστι καὶ λέγειν,
κἂν ἔχωσιν ἀπόρρητον τὸν λογισμὸν ἐν βάθει.

187–190 cf. Greg. 89, 8–15 ‖ **191–193** cf. Greg. 92, 8–16; Matth. 26, 6–7; Marc. 14, 3; Luc. 7, 36–40; Ioann. 12, 3 ‖ **199–203** cf. Greg. 93, 16–94, 5

186 *κατασκευαζομένω* **c**: *-ου* cett. ‖ **188** *κἂν*] *ἐὰν* **c** ‖ **188–189** *βάλλωσι – νάρδον* om. **c** ‖ **188** *βάλωσι* **m w** | *τοῦτο* **R N w**: *τούτω* **m m**ᵃ *τοῦτον* **p n** ‖ **189** *βάλωσιν* **w** | *εἴτις* **p m** *ἣ γῆς* **R r N** ‖ **190** *πεποιήκασιν* **c** | *τάχα* **c**: *ὄντως* (ante *οἱ*) cett. ‖ **191** *προκληθεὶς* **c w**: *προσκληθεὶς* cett. ‖ **192** *καταπεπονημένον* **p** ‖ **193** *τούτω τῶ μύρω* **m** *τούτω τὸ μύρον* **m**ᵃ | *ἤλειπτο* **c R r N** *εἴληπται* **n** | *μαχλάδος αὐτὸς πόρνης* **c**: *παρὰ τῆς μοιχαλίδος* cett. ‖ **194** *νάρδου*] *λόγου* **c** ‖ **195** *ἀκουσόμεθα* **c p r** | *ἐξ ἧς* **p** ‖ **196** *γενομένη* **c p r**: *γινομένη* cett. ‖ **198** *γὰρ* **c**: *γοῦν* cett. | *τὴν ναρδοσμίαν* **c**: *τὸν* (*τοῦ* **m**) *νάρδου* (*-ον* **n r w**) *λόγον* cett. ‖ **199** *κόραις*] *κόσμος* (?) **R** *κόσμοις* **N** ‖ **199–224** lemma *ἀνὰ – ἐμοὶ* om. **c** ‖ **200** *αὑτὰς* codd. | *ἐξόχων* **p** ‖ **201** *ἐφελκύσουσιν* **p n** ‖ **206** *γάμον* **m** | *ὑπηγμένη* **m m**ᵃ **n**: *ἐπειγμένη* **p r N w** *ἐπηγμένη* **R** (et **p** a. c.?) ‖ **208** *ἔχουσιν* **m**ᵃ **R**

τοῦτο γοῦν λέγει προφανῶς ὥσπερ ἀκκιζομένη,
ὅτι κἂν φέρωσί τινες γυναῖκες ἄλλα μύρα
πρὸς ἔρωτα θερμότερον ἔνδον τῶν ἱματίων,
ἀλλ' ἔγωγε μυρίσματος ἀντὶ παντὸς εὐώδους
αὐτὸν ἐκεῖνον κτήσομαι τὸν κάλλιστον νυμφίον,
ὥσπερ ἀπόδεσμόν τινα μύρων εὐωδεστάτων
καλῶς ἐπαιωρήσασα περὶ τὸν τράχηλόν μου.
μᾶλλον δὲ τοῦτο καθαρῶς αἰνίττεται τῷ λόγῳ,
ὅτι κἂν ἄλλαι τῶν ψυχῶν τῷ βίῳ πεφυρμέναι
ἄλλας φροντίδας ἔχωσι τῶν κοσμικῶν πραγμάτων,
ἐγὼ δ' ἀλλὰ τὴν ἡδονὴν γνοῦσά μου τοῦ νυμφίου
αὐτὸν χαράξω ταῖς πλαξὶ ταῖς τῆς ἐμῆς καρδίας.
μαστῶν γὰρ μέσον πέφυκεν ὁ τόπος τῆς καρδίας.
Ἔχομεν δέ τι λείψανον τῶν ἐκ τῆς νύμφης λόγων,
ὅπερ ὡς ἔστιν ἐφικτὸν τὰ νῦν ἑρμηνευτέον.
λέγει γὰρ οὕτω πρὸς αὐτοὺς ἡ νύμφη τοὺς ἀγγέλους·

βότρυς τις κυπρίζων ἀδελφιδοῦς μου ἐμοὶ ἐν ἀμπελῶνι ἐν Γάδδει [1, 14].

Ὢ τῆς καλῆς ἐναλλαγῆς καὶ προκοπῆς τῆς νύμφης.
ἡ πρὸ μικροῦ γὰρ τῷ λόγῳ ἵππῳ παρεικασθεῖσα,
ἄρτι προκόψασα καλῶς ταῖς χάρισι τῶν φίλων
ὡς βοτρυφόρον ἄμπελον αὐτὴν ἐπιγινώσκει.
ψυχὴ γὰρ πᾶσα καθαρῶς ζητοῦσα τὸν δεσπότην
πάντοτε πάντα γίνεται τῇ προκοπῇ τῶν ἔργων,
νυνὶ μὲν θρόνος χερουβὶμ καὶ κλίνη βασιλέως,
νῦν δ' ἄμπελος κατάκαρπος ἐν ταῖς αὐλαῖς κυρίου.
ὅπερ οὖν λέγει καθαρῶς ἡ νύμφη, τοῦτο λέγει,

209–221 cf. Greg. 94, 7–13 ‖ **220** 2 Cor. 3, 3

209 *τούτου* **p** | *γὰρ* **m m**[a] | *ἀκιζομένη* **n R r N** *ἀκιζομένους* (?) **p** *αἰκιζομένη* **m m**[a] **w** ‖ **212** *μυρίσματι* **m m**[a] *-τα* **n** | *ἀντὶ*] *παντὶ* **m m**[a] ‖ **215** *ἀπηωρήσασα* **w** | *παρὰ* **m m**[a] | *σου* **p n** ‖ **216** *τούτω* **m m**[a] **n N** | *αἰνίσσεται* **p R r N** ‖ **217** *τῷ*] *ἐν* **m m**[a] **n** ‖ **218** *ἀλλ' ὡς* **p** | *ἔχουσι* **n R** ‖ **221** om. **R r N** | *μαθὼν* **p** ‖ **222** *ἔχωμεν* **p r** | *δέ*] *γε* **w** ‖ **223** *ὅπερ*] *ὥσπερ* **n r** | *ἐστὶν ὡς* trp. **p** ‖ **224** lemma *ἐν*[1]] hinc denuo **c** ‖ **225** *ἡ τῆς καλῆς ἐναλλαγὴ* **c** | *καὶ*] *τῆς* **c w** ‖ **226** *γὰρ* om. **c** | *τῶ λόγω* **c**: om. **R** *φαραὼ* **r** *ἄνωθεν* **N** *ἐμφανῶς* cett. | *ἵππῳ* om. **p** | *μὲν προπαραπεικασθεῖσα* **R** ‖ **227** *προκόψασα καλῶς* **c**: *λαμπρῶς προκόψασα* cett. ‖ **228** *αὐτὴν* codd. ‖ **229** *καθαρῶς* **c p**: *-ὰ* cett. | *ζητοῦσα* **c**: *ποθοῦσα* cett. ‖ **231** *μὲν*] *δὲ* **c** | *θρόνοι* **w** | *κλίνη* **c**: *θρόνος* cett.

ὡς ἔγνω τὸν ἀδελφιδοῦν, τοῦτ᾽ ἔστι τὸν νυμφίον,
ὅστις ἐπέσταξεν ἡμῖν γλεῦκος ἀθανασίας·
οὐκ ἔστι πάσαις ὥριμος ψυχαῖς ταῖς ἐναρέτοις,
ἀλλ᾽ ἐξαλλάσσει τὸ τερπνὸν εἶδος αὐτοῦ πολλάκις,
κατὰ τὸ μέτρον δηλαδὴ τῶν ἀρετῶν ἑκάστης,
ἀνθεῖ γὰρ ἄλλαις τῶν ψυχῶν, ἐν ἄλλαις δὲ κυπρίζει,
ἐν ἄλλαις δ᾽ ὥριμός ἐστιν, ἐν ἄλλαις δὲ περκάζει.
ἡ νύμφη τοίνυν φέρουσα κυπρίζοντα τὸν βότρυν
δείκνυσιν ὅτι προκοπὴν οὐκ ἔφθασε τελείαν.
Εἶθ᾽ ὥσπερ ἐπαυξάνουσα τοῦ κυπρισμοῦ τὸ κάλλος,
οὕτω, φησί, κυπρίζει μοι Χριστὸς ὁ καὶ νυμφίος,
ὥσπερ κυπρίζουσι τερπνῶς ἐν τόπῳ τῷ τοῦ Γάδδει
οἱ τῶν ἀμπέλων βότρυες εὐώδεις πεφυκότες.
ἡ γῆ γάρ, ὥς φασι, τοῦ Γὰδ ἀμπελοτρόφος οὖσα
γῆν πᾶσαν ὑπερήλασεν εἰς τὴν ἡδυβοτρίαν.
Τῆς γοῦν ἁγνῆς καὶ καθαρᾶς ψυχῆς εἰπούσης τάδε
ὁ λόγος ἀποκρίνεται λέγων τῇ νύμφῃ τάδε·

ἰδοὺ εἶ καλή, ἡ πλησίον μου, ἰδοὺ εἶ καλή· οἱ ὀφθαλμοί σου περιστεράς [1, 15].

Ὥσπερ οἱ χρυσογνώμονες, οὓς φασι χρυσοχόους,
ἂν τὸν χρυσὸν θελήσωσι τὸν κεκιβδηλωμένον
λαμπρότερον ἐργάσασθαι καὶ καθαρὸν ἐξόχως,
πολλάκις βάλλουσιν αὐτὸν ἐν τοῖς χωνευτηρίοις,
τοῦτον τὸν τρόπον δείκνυσιν ὁ λόγος πρὸς τὴν νύμφην,
ὁ τῶν ψυχῶν θεραπευτὴς τῶν μεμελανωμένων.

236–240 cf. Greg. 96,13–97,2 ‖ **245–248** 97,6–13 ‖ **251–254** cf. Greg. Or. 4 p. 100,5–13

234 *ἔγνων* **p r N w** *ἔγνον* **R** ‖ **235** *ἐπέσταξεν* **c**: *ἀπέσταξεν* cett. ‖ **236** *ἔτι* **R r**, **N** p. c. | *πᾶσιν* (?) **p** | *ἐναρέταις* **p w** ‖ **237** *αὐτῶν* **c** *-ῆς* **R r N** ‖ **238** *ἑκάστης* **c N**: *-ου* **m m**^{a} **n R r N** *ἐχόντων* **p** ‖ **239** *ταῖς ψυχαῖς* **n** *ἐν ψυχαῖς* **m m**^{a} | *κυπρίζειν* **p** ‖ **240** om. **c** | *δ᾽ ὥριμός* **m m**^{a} **w**: *δόκιμός* cett. ‖ **241** *κυπρίζουσα* **m m**^{a} ‖ **242** *οὐκ ἔφθασε* **c w**: *οὐ πέφθακε* cett. ‖ **244** *μου* **R r N** ‖ **245** *τόπω τῶ τοῦ γάδδει* **c**: *τόποις τοῦ γάδ* **p** *τόπω τούτω γάδδα* **n** *τῶ τόπω* (*τό-* ex *κυ-*) *τοῦ ἀγᾶδ* **R** *κήπω τοῦ ἀγάδ* **r** *ἰαδᾶ τῶ τόπω* **N** *τοῦ γαδδᾶ τῶ τόπω* **m m**^{a} *τῶ γαδδὶ τῶ τόπω* ‖ **247** *ἡ* om. **w** | *φασι* **m m**^{a} **n**: *φησι* cett. | *τοῦ γὰδ* **p R r N**: *γαδδᾶ* **m m**^{a} **n** *γαδδὶ* **w** *δα(υὶ)δ* **c** ‖ **248** *ἡδυβοτρύαν* **p m**^{a} *ἡδὺ βοτάνην* **R r N** ‖ **249** *γοῦν*] *γὰρ* **R r N** | *ἐπούσης* **p** ‖ **250** om. cum lac. **R** | *ἀπεκρίνατο* **r N** | *τὴν νύμφην* **n** | *τάδε*] *ταῦτα* **w** ‖ **252** *ἂν τὸν* **R N**: *αὐτὸν* cett. ‖ **254** *ἐν τῇ χωνία* **c** ‖ **255** *ὁ λόγος πρὸς τὴν νύμφην* **c**: *τὴν νύμφην* (*τῇ νύμφῃ* **p r**) *νῦν ὁ λόγος* cett.

ἵππῳ γὰρ ταύτην πρότερον τῷ λόγῳ παρεικάσας
καὶ δείξας ἔτι χαμερπῆ τυγχάνειν τὴν παρθένον,
πρὸς ἀρετὴν ἠρέθισε ταύτην ὑψηλοτέραν.
ἡ δὲ προκόψασα τρανῶς ταῖς χάρισι τῶν φίλων
γίνεται θρόνος πύρινος τοῦ πάντων βασιλέως.
ἀλλ' ἔτι πάλιν φθάσασα ταῖς ἀρεταῖς εἰς ὕψος
καὶ πάλιν προσεγγίσασα τῷ καθαρῷ νυμφίῳ,
λαμπρῶς ἐγκωμιάζεται καὶ παρὰ τοῦ νυμφίου.
ἰδοὺ γὰρ εἶ, φησί, καλὴ καὶ πλήρης μου, πλησίον.
εἶτα διπλοῦν τὸν ἔπαινον τοῦ κάλλους ἐπιφέρων,
πάλιν, ἰδού, φησί, καλὴ τυγχάνεις, ὦ παρθένε·
ἔχεις γὰρ ὄμματα τερπνὰ περιστερᾶς παρθένου,
ὁπόταν σου τοὺς ὀφθαλμοὺς ἀπέστρεψας ἐκ πλάνης
καὶ πρὸς ἐμὲ τὸν πλαστουργὸν τὸν σὸν ἐνατενίζεις.
περιστερᾶς δὲ μέμνηται νῦν ὀφθαλμοὺς ὁ λόγος,
τὸ καθαρὸν τοῦ βλέμματος σημαίνων τῆς παρθένου.
καὶ γὰρ τοιοῦτον καθαρὸν ἔσχεν ἐκείνη βλέμμα,
ὥστε κατεῖδε καθαρῶς τὸν κάλλιστον νυμφίον.
Αὐτὴν γὰρ ἐπαινέσαντος τοῦ καθαροῦ νυμφίου
ἀνταποκρίνεται λοιπὸν κἀκείνη τῷ νυμφίῳ·

ἰδοὺ καλὸς ὁ ἀδελφιδοῦς μου καί γε ὡραῖος [1, 16[1]].

Ἰδοὺ καὶ σύ, φησί, καλὸς τυγχάνεις, ὦ νυμφίε.
ὥσπερ δ' ἐκεῖνος εἴρηκε διπλοῦς ἐπαίνους ταύτῃ,
οὕτω διπλοῦς ἀντείρηκεν ἐκείνη τοὺς ἐπαίνους,
καλός, εἰποῦσα, πέφυκας, νυμφίε, καὶ ὡραῖος.
ἀδελφιδοῦν δ' ὠνόμασεν ἡ νύμφη τὸν δεσπότην,
τὴν ἀπὸ τῆς σαρκώσεως αὐτῆς πρὸς τὸν δεσπότην

257–259 cf. 101, 14–16 ‖ **266–267** 104, 16–105, 2 ‖ **271–274** 106, 5–7 ‖ **281–284** 107, 5–8

257 *ὁ λόγος* **m m**[a] **n** ‖ **258** *ἔτι*] *ὅτι* **c m**[a] **n** *ὥσπερ* **m** | *τυγχάνει* **c** ‖ **260** *καλῶς* **R r N** ‖ **262** *φθάσασα* **c**: *φθάνουσα* cett. | *τῶν ἀρετῶν τὸ ὕψος* **c** ‖ **264** om. **c** ‖ **265** *εἶ φησὶ καλὴ* **m m**[a]: *ἡ, φασὶ καλὴ* **c** *φησιν εἶ καλὴ* **n R r N** *φησιν ἡ καλὴ* **p** *εἶ καλὴ φησὶ* **w** ‖ **266** *ἐπιφαίνειν* **R** *-ει* **r** *ἐπιφέρει* **N** ‖ **267** *καλὴ* om. **c** ‖ **268** om. **c** | *παρθένε* **n R N** ‖ **269** *ἐκ*] *τῆς* **w** ‖ **271** *ὀφθαλμῶν* **p R r N** ‖ **272** om. **c** ‖ **273** *τοιοῦτον* **c**: *τοσοῦτον* cett. | *ἐκείνου* **p** ‖ **275** om. **c** | *αὐτῇ γὰρ* **p R N** *τὴν νύμφην* **w** ‖ **276** *ἀνταπεκρίνατο* **R r N** | *τὸν νυμφίον* **R r w** ‖ **277** *καὶ σὺ φησὶ καλὸς* **c**: *φησὶ καὶ σὺ καλὸς* trp. **n** *καλὸς φησὶ καὶ σὺ* trp. **p w**, **N** p. c. *καλὸς καὶ σὺ φησὶ* trp. **m m**[a] **R r**, **N** a. c. ‖ **278** *δ'* **c p w**: om. cett. | *ἐπαίνους ταύτῃ* **c**: *αὐτὴν* (*-ῇ* **n** p. c.) *ἐπαίνους* cett. ‖ **279** om. **r** | *ἐκείνη τοὺς* om. **p** ‖ **282** *αὐτῆς πρὸς τὸν δεσπότην* **c**: *αὐτοῦ πρὸς τοὺς ἀνθρώπους* cett.

αἰνιττομένη προφανῶς συγγενικὴν μερίδα,
ἣν μάλιστα πλατύτερον κάτωθεν διδαχθήσῃ.
Ἀντεπαινέσασα καὶ γὰρ ἡ νύμφη τὸν νυμφίον
φησὶ καὶ ταῦτα πρὸς αὐτὸν καθεξῆς τὸν νυμφίον·

πρὸς κλίνην ἡμῶν σύσκιος [1, 16²].

Ἦλθες, φησί, πρὸς τὴν ἡμῶν ἀσθενεστάτην κλίνην,
τὴν ἀστραπὴν τὴν θεϊκὴν ἐντέχνως συσκιάσας.
εἰ μὴ γὰρ ἔκρυψας αὐτὴν οἷς οἶδας τρόποις μόνος,
τάχ' ἂν κατηθαλώθημεν ἐξ ἀστραπῆς τῆς θείας.
ἄλλο δὲ τοῦτο πέφυκε τοῦ λόγου τὸ κρυψίνουν·
ἐπεὶ γὰρ οἱ νυμφαγωγοὶ καὶ φίλοι τοῦ νυμφίου,
ὡς ἄνωθεν εἰρήκαμεν τοῦ λόγου περὶ τούτου,
ὑπαργυρίζουσαν αὐτὴν ἐχρύσωσαν τοῖς τρόποις
καὶ κλίνην ἀπειργάσαντο βασιλικὴν πορφύραν,
ἐπανεκλίθη τοιγαροῦν ὁ βασιλεὺς ἐν ταύτῃ.
λοιπὸν ἡ νύμφη πρὸς αὐτὸν ἐκθαμβουμένη λέγει·
πρὸς κλίνην ἦλθες σύσκιος ἡμῶν ὡς ἠβουλήθης.
Ἀλλ' ἀκουσώμεθα λοιπὸν καὶ τῶν ἑξῆς ᾀσμάτων.
φησὶ γὰρ ἔτι πρὸς αὐτὸν ἡ νύμφη τὸν νυμφίον·

δοκοὶ ἡμῶν κέδροι, φατνώματα ἡμῶν κυπάρισσοι [1, 17].

Ἐπεὶ λοιπὸν ἐλήλυθας ὡς πρὸς ἡμᾶς, νυμφίε,
οὐκέτι δεδιττόμεθα βροχάς τινας ῥαγδαίους,
οὐκ ἐπικλύσεις ποταμῶν, τῶν πονηρῶν ῥευμάτων,
ἀλλ' οὐδὲ πνεύσεις τοῦ βορρᾶ, πνευμάτων ἐναντίων·
ἐμὲ γάρ, ἣν ηὐδόκησας εἶναί σου κατοικίαν,
καλῶς ἐπῳκοδόμησας ἐν σεαυτῷ, νυμφίε,

287–289 107, 9–108, 10 ‖ **295–296** cf. 108, 10–109, 1 ‖ **302–304** cf. Matth. 7, 27

284 *ἧν* **p** | *διδαχθήσῃ* ed.: *-θείσῃ* **c w** *-θείης* **m m**ᵃ **n** *-θείη* **p R r N** ‖ **285** *τῷ νυμφίῳ* **c** ‖ **286** om. **R r N** | *πρὸς – τὸν* **c**: *παρευθὺς πρὸς τὸν αὐτὸν* cett. ‖ **287** lemma: *πρὸς κλίνην ἡμῶν σύσκιος ἦλθες, ὡς ἠβουλήθ(ης)* (cf. vs. 298) **c** ‖ **287** lemmati addunt **p R r** ‖ **289** *μόνοις* **c p** ‖ **290** *τάχ' ἂν*] *τάχα* **c** | *κατηναλώθημεν* **R r N w** ‖ **291** *ἄλλο* **c**: *ὅλον* cett. ‖ **293** *τοῦ λόγου* **c**: *τὸν λόγον* cett. | *περὶ τούτου*] *οἱ τιούτοι* **p** | *τούτων* **m m**ᵃ ‖ **294** *ἐπαργυρίζουσαν* **c** | *ἐχρύσωσε* **c** ‖ **295** *κλίνης ἀπειργάσατο βασιλικῶς* **c** ‖ **296** *ἐπανεκλήθη* **p n R r** ‖ **297** *ἐκθαυβουμ(έν)ην* (?) **p** ‖ **299** *ἀκουσόμεθα* **c p r** | *ἐξ ἧς* **p** ‖ **300** om. **m**ᵃ ‖ **301** *λοιπὸν* **c**: *φησὶν* cett. | *ὡς*] *νῦν* **w** ‖ **302** *δεδοιττόμεθα* **c n w** | *ῥαγδαίους* **c m R r**: *-ας* cett. ‖ **303** *οὐκ ἐπικλύσεις*] *οὔτε κινήσεις* **w** ‖ **304** *πνευμάτων ἐναντίων* **c**: *πνεύματος ἐναντίου* cett. ‖ **305** *ἣν*] *νῦν* **c** | *εὐδόκησας* **p n r w**

ὁ λίθος ὄντως ὁ τερπνὸς καὶ τῆς ζωῆς ἡ πέτρα.
ὅθεν δοκοῦμεν τοὺς δοκοὺς ἡμῶν κεδρίνους εἶναι
καὶ πάλιν τὰ φατνώματα δένδρων ἐκ κυπαρίττων.
ἐπεὶ γὰρ ἐμνημόνευσεν ἐνθάδε κατοικίας,
καὶ φατνωμάτων καὶ δοκῶν οὐκ εἴασε μνησθῆναι.
σὺ δέ μοι τὰ φατνώματα καὶ τοὺς δοκοὺς ἀκούων,
τὰς ἀρετὰς ἐννόησον πάντα τυγχάνειν τάδε,
ἐν αἷς ἐλθὼν ἐστέγασεν αὐτὴν ὁ θεῖος λόγος
καὶ πειρασμῶν ἀνένδεκτον εἰργάσατο τελείως.
ἀνέμους γὰρ ἢ καὶ βροχὰς ἢ ποταμοὺς ἀκούων,
δαιμόνων ταῦτα πειρασμοὺς γίνωσκε πεφυκέναι.
Καιρὸς λοιπὸν καὶ τῶν ἑξῆς ἀκοῦσαι ταύτης λόγων.
φησὶ γὰρ οὕτω πρὸς αὐτὸν ὥσπερ ἐγκαυχωμένη·

ἐγὼ δὲ ἄνθος τοῦ πεδίου, κρίνον τῶν κοιλάδων [2, 1].

Ὑπέρευγε τῆς προκοπῆς τῆς καθαρᾶς παρθένου.
ἰδοὺ γὰρ ἔγνω ἑαυτὴν τοῦ ξύμπαντος πεδίου
τῆς ἀνθρωπίνης φύσεως ἄνθος ἐκλελεγμένον,
εἶτα καὶ κρίνον καθεξῆς ἐκ τῶν κοιλάδων θεῖον·
μυρίζει γὰρ ὡς ἀληθῶς πᾶσα ψυχὴ τοῖς τρόποις,
ταῖς ἀρεταῖς ἀνθήσασα καὶ καθωραϊσθεῖσα
καὶ μὴ μερίμναις κοσμικαῖς ὅλως ἀποπνιγεῖσα.
Καὶ μάρτυς τούτων πέφυκεν ὁ Χριστὸς καὶ νυμφίος
προσμαρτυρῶν ὡς ἀληθῶς τῷ λόγῳ τῷ τῆς νύμφης.
φησὶ γὰρ οὕτω πρὸς αὐτήν, ὡς καθεξῆς εὑρήσεις·

ὡς κρίνον ἐν μέσῳ τῶν ἀκανθῶν, οὕτως ἀδελφή μου ἀνὰ μέσον τῶν θυγατέρων [2, 2].

Ὀρθῶς, φησί, λελάληκας περὶ σαυτῆς, ὦ νύμφη·
ὄντως γὰρ μέσον τῶν ψυχῶν, τῶν δῆθεν θυγατέρων,

312–313 cf. Greg. 109, 22–110, 3 ‖ **316–317** cf. 109, 16–17 ‖ **321–322** cf. 113, 13–21 ‖ **326** cf. 114, 9 ‖ **331–332** cf. 114, 18–20

307 *ὁ*[2]] *ὡς* **p** ‖ **308** *ὅθεν*] *τότε* **c** | *δοκῶμεν* **p m**[a] **n R r w** ‖ **309–312** *δένδρων – φατνώματα* om. **c** ‖ **310** *γοῦν* **w** | *κατοικίαν* **p** a. c., **n** ‖ **313–316** om. **R** ‖ **313** *ἐννόμισον* **w** | *πάντα – τάδε* **c**: *τυγχάνειν ταῦτα πάντα* cett. ‖ **314** *αὐτῶν* **p** ‖ **315** *ἀνένδοτα* **p** ‖ **316** *γὰρ ἢ* **c**: *τοίνυν* cett. | *ποταμῶν* **p** ‖ **318** *ταῦτα* **c R r** ‖ **321** *ἔγνων* **c p r N** *-ον* **R** | *ἑαυτῇ* **R** *ἐμαυτὴν* **r** | *σύμπαντας* **m m**[a] **n** ‖ **324** *τοῖς τρόποις ψυχὴ πάλιν* (om. *πᾶσα*) **c** ‖ **325** *τῶν ἀρετῶν* **n** ‖ **327** *τούτων* **c**: *-ου* cett. | *ὁ χριστὸς* **c**: *χριστὸς ὁ* trp. cett. ‖ **328** om. **c** ‖ **329** om. **R** | *αὐτὸν* **n** | *καθεξῆς* **c**: *καθ' εἱρμὸν* cett. ‖ **330** *περὶ σαυτῆς*] *αὐτοῖς* **c** | *σαυτὴν* **p R** ‖ **331** *οὕτως* **p w**

τῶν ταῖς μερίμναις πάντοτε συγκαταπνιγομένων
σὺ μόνη νῦν ἐξήνθησας ὥσπερ ἡδύπνουν ῥόδον.
καλεῖ δὲ ταύτην ἀδελφὴν ὁ λόγος καὶ νυμφίος
ὡς ἐκπληρώσασαν καλῶς τὸ θέλημα τὸ θεῖον.
ὁ λέγων γὰρ αὐτός ἐστιν ἐν τοῖς εὐαγγελίοις
ἐκείνους ἔχειν ἀδελφοὺς καὶ συγγενεῖς καὶ φίλους,
τοὺς πληρωτὰς τῶν πατρικῶν ἐκείνου κελευσμάτων.
Τούτων δ' ὡς ἤκουσε λοιπὸν ἡ νύμφη τῶν ἐπαίνων,
ἀντιτεχνάζεταί τινας ἐπαίνους τῷ νυμφίῳ.
λέγει γὰρ λέξεσιν αὐταῖς πρὸς τὸν δεσπότην τάδε·

ὡς μῆλον ἐν τοῖς ξύλοις τοῦ δρυμοῦ, οὕτως ἀδελφιδοῦς μου ἀνὰ μέσον τῶν υἱῶν [2, 3[1]].

Ὥσπερ, φησίν, ἐν ταῖς ψυχαῖς ἁπάσαις τῶν ἀνθρώπων,
ἃς θυγατέρας εἴρηκας, ὦ λόγε καὶ νυμφίε,
ἔγωγε μόνη πέφυκα κρίνον ὥσπερ ἐκφῦσα,
οὕτως καὶ σὺ τοὺς οὐρανοὺς ἀρρητοτρόπως κλίνας
καὶ κατελθὼν ἐπὶ τῆς γῆς εἰς τὸν ὑλώδη βίον
καὶ σαρκωθεὶς τὸ καθ' ἡμᾶς ἐν τῷδε τῷ δρυμῶνι,
ὤφθης ἐν μέσῳ τῶν υἱῶν, τοῦτ' ἔστι τῶν ἀνθρώπων,
ὡς μῆλον εὐωδέστατον καὶ γεῦσιν καθηδῦνον.
Τίνος δὲ χάριν, ἐρωτᾷς, τὸν λόγον λέγει μῆλον;
ὅτι τοι χάριτας πολλὰς ἔχει καρπὸς τὸ μῆλον·
καὶ γὰρ ἀποθλιβόμενον παρά τινος, ὡς θέμις,
τὴν ῥύσιν αἱματόμικτον τὴν ὑδαρώδη πέμπει
κἀντεῦθεν ὑπαινίττεται κρουνοὺς τῆς σωτηρίας
τοὺς πρὶν πλευρόθεν βλύσαντας τοῦ λόγου καὶ σωτῆρος.
Ὡς ἄγαμαι τὴν φρόνησιν τῆς καθαρᾶς παρθένου·

334–338 cf. 115, 7–10 ‖ **336–338** Matth. 12, 50 ‖ **345** Ps. 17, 10 ‖ **346** cf. Greg. 116, 5–6

332 *ταῖς* **c**: *ἐν* cett. ‖ **338** *ἐκείνων* **p R r** ‖ **339** *δ' ὡς* **c m**: *ὡς δ'* trp. cett. ‖ **340** *τινας*] *αὐτὴν* **m** *καὐτὴ* **m**[a] *λοιπὸν* **n**, sscr. **m**[a] ‖ **341** *πρὸς τὸν δεσπότην τάδε* **c**: *τάδε πρὸς τὸν δεσπότην* trp. cett. ‖ **344** *ἐκφῦσα* **c**: *ἐν φύσει* **p m m**[a] **n** *ἐν φύει* **R** *ἐν φύη* **r N w** ‖ **347** *τὸ*] *τῶ* **p n r** | *δρυμῶνι* **c m m**[a] **w**: *δραμόντι* **p n** *δραμάτ()* **R** *δράμάτι* **r** *δραγμάτ()* **N** ‖ **348** *τουτέστι τῶν* **c m m**[a]: *τούτι τῶν τῶν* **p** *τουτὶ τῶν τῶν* **n** *τοῦτο τῶν τῶν* **R N** *τούτων τῶν τῶν* **r** *τουτῆδε τῶν* **w** ‖ **349** *γεύσει* **c** ‖ **350** *λέγει* **c p N**: *λέγειν* **m m**[a] **n w** *λόγε* **R** *λέγε* **r** ‖ **351** *τοι* **c**: *καὶ* cett. | *καρπῶν* **R r** *-ὸν* **N** ‖ **352** *ἀποθλιβόμενος* **R r N w** ‖ **353** *ὑδατόμικτον* **p** | *τὴν*[2]] *καὶ* **m m**[a] | *ὑδατώδη* **m m**[a] ‖ **354** *τῆς σ(ωτη)ρίας* **c p**: *τοὺς σ(ωτη)ρίους* cett. ‖ **355** *πλευρίθεν* **n** | *λόγου*] *χ(ριστο)ῦ* **p**

σοφῶς γὰρ εἴρηκεν αὐτὸν τυγχάνειν ὄντως μῆλον.
πᾶσα μὲν γὰρ ὡς ἀληθῶς ψυχή τις ἀνθρωπίνη,
κἂν ἀρεταῖς οὐρανωθῇ καὶ πρὸς ἀγγέλους φθάσῃ,
ἄνθος καὶ μόνον γίνεται καὶ κρίνον ἐκ κοιλάδων,
τὸν γεωργὸν οὐ τρέφουσα (βοτάνη γὰρ οὐ τρέφει),
ἀλλ' ἑαυτὴν λαμπρύνουσα τῷ κάλλει τῆς ἰδέας.
οὐδὲν γὰρ χρῄζει παρ' ἡμῶν ὁ γεωργὸς κερδαίνειν,
ὅπου φησὶν ὁ ψαλμῳδὸς πρὸς τὸν αὐτὸν νυμφίον·
τῶν ἀγαθῶν σὺ τῶν ἐμῶν οὐδ' ὅλως ἔχεις χρείαν.
ἀλλ' ὁ Χριστός, ὁ γεωργὸς ἡμῶν καὶ ὁ νυμφίος,
ὁ μῆλον ὄντως γεγονὼς ἀπὸ τοῦ σαρκωθῆναι,
τὰς τρεῖς καὶ πρώτας ἐν ἡμῖν αἰσθήσεις ἐπευφραίνει,
τὴν ὅρασιν, τὴν ὄσφρησιν, καὶ μάλιστα τὴν γεῦσιν.
ὡραῖος γὰρ εἰς ὅρασιν ὡς ἀληθῶς τυγχάνει
ὁ πάντων ὡραιότερος τῶν γηγενῶν δεσπότης,
καὶ τοὺς ὁρῶντας πρὸς αὐτὸν ἐργάζεται φωστῆρας·
ἡδύς τε πρὸς τὴν ὄσφρησιν ὑπάρχει μύρου πλέον,
τὸ μέχρι γὰρ τοῦ πώγωνος πρὶν καταβαῖνον μύρον
τοῦ Ἀαρὼν αὐτός ἐστιν ὁ θαυμαστὸς νυμφίος·
γλυκύτατος γὰρ πέφυκε καὶ μάλιστα πρὸς γεῦσιν
ὡς τὴν ζωὴν τὴν ἄληκτον διδοὺς τοῖς γευσαμένοις,
ὁ τρώγων γάρ, φησὶν αὐτός, σῶμα τοὐμὸν ἀξίως,
οὗτος κερδήσει τὴν ζωὴν τὴν ὄντως αἰωνίαν.
Ἀρκοῦσι ταῦτα τῷ σκοπῷ καὶ λόγῳ τῷ τοῦ μήλου,

359–365 cf. 117, 14–18 ‖ **364–365** Ps. 15, 2 ‖ **366–379** Greg. 117, 5–14 ‖ **371** Ps. 44, 3 ‖ **374–375** Ps. 132, 2 ‖ **378–379** Ioann. 6, 51; 54

357 *αὐτῇ* **c** ‖ **358** *πᾶσι* **p R** *-η* **r** | *ψυχῆς* (*-ὴ* **N**) *τῆς ἀν(θρωπ)ίνης* **p R N** *-ῇ τῇ -η* **r** *-ὴ ἡ -η* **w** ‖ **359** *κἂν*] *ἂν* **c** | *οὐρανωθῇ* **c**: *ὑπερανθ(ῇ)* **p** *ὑπεραρθῇ* cett. | *καὶ* **c**: *κἂν* cett. | *πρὸς*] *εἰς* **n** | *φθάσει* **p r** ‖ **360** *μόνον*] *ῥόδον* **c** | *κρίνεται* **w** ‖ **361** *τὸν*] *τὴν* **p R r N w** | *βοτάνη γὰρ*] *βοτάνην οὔτε* **R r** *βοτάνην* et spat. 4 litt. **N** ‖ **363** om. **r** | *οὐδὲ* **m m**[a] **n w** ‖ **364** *ὅπου* **c m m**[a]: *ὥσπερ* cett. | *ὁ ὀφθαλμωδὸς* **c** ‖ **365** *τῶν*[1] **c**: *ὡς* cett. | *σε* **p R r N w** | *ἔχεις χρείαν* **c**: *χρείαν ἔχεις* trp. cett. ‖ **365–366** om. **m m**[a] **n** ‖ **366** *καὶ ὁ* **c**: *ὁ καὶ* trp. cett. ‖ **367** *ὁ*] *ὡς* **c** | *μήλου* **p** | *οὗτος* **c** | *γεγονὸς* **c** ‖ **368** *ἐπευφραίνει* **R r** (compend. **N**) **w**: *-αίνων* **m m**[a] *-αίνου* **n** *-άνας* **p** *-άνθη* **c** ‖ **369** *κάλιστα* **m** ‖ **370** *ὡς ἀληθῶς εἰς ὅρασιν* trp. **p** ‖ **371** *ὡραιότερος* **c**: *-τατος* cett. ‖ **372** *πρὸς* **c**: *εἰς* cett. ‖ **373** *ὑπάρχει* **c R r N**: *-ων* cett. ‖ **374** *τὸ*] *τοῦ* **c p** | *γὰρ*] *καὶ* **c** | *προσκαταβαῖνον* **R** *πρὸσκαταβαίνων, πρὶν* ex *πρὸς,* **r** ‖ **375** *ἀβραὰμ* **n** | *θαυμαστὸς* **c**: *καθαρὸς* cett. ‖ **378** *σῶμα μέν μου ἀξίως* **c** *τὸ σῶμά μου ἀξίως* **N** *ἀξίως μου τὸ σῶμα* **R r** ‖ **379** *οὗτος* **c**: *αὐτὸς* cett. | *ὄντως τὴν* trp. **m m**[a] **n**

τὸ τῶν Ἀισμάτων δὲ λοιπὸν ὅλον ἑρμηνευτέον.
φησὶν ἡ νύμφη καθεξῆς περὶ τοῦ μήλου λόγου·

ὑπὸ τὴν σκιὰν αὐτοῦ ἐπεθύμησα καὶ ἐκάθισα, καὶ ὁ καρπὸς αὐτοῦ γλυκὺς ἐν τῷ λάρυγγί μου [2, 3[2]].

Τούτου, φησί, τοῦ θαυμαστοῦ καὶ ζωηφόρου μήλου
πολλάκις ἐπεθύμησα ποῦ τὴν σκιὰν προσβλέψαι,
ὅταν ἡ φλὸξ τῶν πειρασμῶν σφόδρα κατέφλεγέ με.
ἀλλ' ἰδοὺ νῦν ἐκάθισα καὶ τέρπομαι καὶ χαίρω,
καὶ τὸν φλογμὸν ἐξέφυγα τὸν τῶν πειρατηρίων
καὶ μελετῶ τὰς ἐντολὰς ἁπάσας τοῦ κυρίου,
ὁπόταν ὁ γλυκύτατος καὶ λόγος καὶ νυμφίος
κατασκιάσῃ μὲν αὐτοῦ ταῖς πτέρυξι ταῖς θείαις,
ἀποτειχίσῃ δὲ μακρὰν τοῦ πειρασμοῦ τὴν φλόγα.
Ταῦτα μὲν οὕτως εἴρηκεν ὥσπερ ἐγκαυχωμένη·
παρακαλεῖ δὲ καθεξῆς τοὺς φίλους τοῦ νυμφίου
ἔτι προκόψαι καὶ δραμεῖν πρὸς τὸν καλὸν νυμφίον.
φησὶ γὰρ οὕτω πρὸς αὐτούς – ἀλλά μοι σκοπητέον·

εἰσαγάγατέ με εἰς οἶκον τοῦ οἴνου, τάξατε ἐπ' ἐμὲ ἀγάπην [2, 4].

Φησί· διψῶ τὴν προκοπὴν τὴν ὡς πρὸς τὸν νυμφίον,
τὸν βότρυν λέγω τῆς ζωῆς, τὸν πέπειρον, τὸν θεῖον,
τὸν γλεῦκος ἀποστάξαντα τῷ σταυρικῷ θανάτῳ.
καὶ τοίνυν εἰσαγάγετε κἀμὲ πρὸς οἶκον τούτου,
ὡς ἂν ἰδοῦσα καθαρῶς τὸ κάλλος τοῦ νυμφίου
τὸ ζώπυρον αὐξήσω μου τῆς πρὸς αὐτὸν ἀγάπης.

384–385 Greg. 118, 18–119, 3 ‖ **386–387** 119, 6–10 ‖ **388** Ps. 118, 47 ‖ **390** Ps. 56, 2

381–382 om. **m m**[a] **n** ‖ **381** *τὸ*] *καὶ* **c** | *ὅλον* **c**: *καλὸν* **p R r N** *-ῶς* **w** ‖ **382** *μήλου*] *θείου* **w** ‖ **383** *ζωοφόρου* **n** | *μύρου* **m m**[a] **n** ‖ **384** *ποῦ*] *τοῦ* **p** | *προβλέψαι* **c R r** ‖ **385** *καταφλέγῃ* **c** *κατέφλεξέ* **w** ‖ **386** *ἐκάθησα* **c** ‖ **387** *ἐξέφυγον* **p m** | *τὸν*[2]] *τῶν* **p** ‖ **388** *μελετᾶν* **c** ‖ **389** *καὶ*[1] **c**: *ὁ* cett. ‖ **390** *κατασκιάσει* **p n R r N** | *αὐτὴν* **c p n w** ‖ **391** *ἀποτειχίσει* **c n R r** | *μακρὸν* **n** ‖ **392** *ταῦτα μὲν οὕτως εἴρηκεν* **c R r N w**: *τῷ μὲν οὕτως εἴρηκεν* **p** *καὶ ταῦτα μὲν οὖν εἴρηκεν* **m m**[a] *ταῦτα μὲν εἴρηκεν οὕτως* **n** | *ὥσπερ*] *οὕτως* **p** om. **n** ‖ **393** *παρακαλῶ* **n R r N** ‖ **394** om. **N** *τὸ ζώπυρον αὐξήσομεν τῆς πρὸς αὐτὸν ἀγάπης. ἔτι δὲ πάλιν δυσωπεῖ τυχεῖν τῶν μειζοτέρων* (= 401–402) **c** ‖ **395** *οὕτω*] *τῷ* **c** | *προσρητέον* **p** ‖ **396** *ὡς* om. **c** ‖ **398** om. **m** | *ἀποστάξαντα* **c**: *-ζοντα* cett. | *θανάτῳ*] *καὶ θ[είῳ?]* **c** *νυμφίῳ* **R r** (*τὸν σταυρικὸν νυμφίον* **N**) ‖ **399** *προσαγάγατε* **R r** | *οἶκον*] *ἔρον* **R N** ‖ **401** *ζύπυρον* **p** | *αὐξήσω μου* **m w**: *αὐξήσει μου* **R r N** *αὐξήσωμαι* **c** *-σομαι* **m**[a] **n** *-σωμεν* **p**

Ἔτι δὲ πάλιν δυσωπεῖ τυχεῖν τῶν μειζοτέρων·
τάδε γὰρ λέγει πρὸς αὐτούς, τοῦτ' ἔστι τοὺς ἀγγέλους·

στηρίξατέ με ἐν μύροις, στοιβάσατέ με ἐν μήλοις [2, 5[1]].

Ἐπεί, φησίν, ἠγάπησεν ἐμὲ τὴν ἀπωσμένην
ὁ θαυμαστὸς καὶ φοβερὸς καὶ κάλλιστος νυμφίος,
στηρίξατέ με τὸ λοιπὸν ὑμεῖς οἱ τούτου φίλοι
πρὸς τὴν ἀγάπην τὴν αὐτοῦ τοῦ λόγου καὶ νυμφίου,
ὥσπερ μοι πρότερον χρυσόν, ἄρτι διδόντες μύρα
τὰ πάσης ἀποτρεπτικὰ δυσώδους ἁμαρτίας,
ὡς ἂν μηκέτι πλανηθῶ καὶ παρεκκλίνω πάλιν.
σὺ δ' ἀρετὰς ἐννόησον τὰ μύρα τὰ τῶν φίλων.
Ἀλλ' ἔτι πάλιν λιπαρεῖ τοῖς μήλοις στοιβασθῆναι.
ποτὲ μὲν γὰρ προσομιλεῖ τοῖς φίλοις ὥσπερ νύμφη
ἡ παρθενεύουσα ψυχὴ καὶ νυμφοστολουμένη,
ποτὲ δ' ὡς κλίνη χρυσαυγής, ποτὲ δ' ὡς θεῖος θρόνος.
καὶ γὰρ ὡς ὄντως ἐν μιᾷ ψυχῇ καθαρωτάτῃ
νυνὶ μὲν ἀνακλίνεται Χριστὸς ὁ καὶ νυμφίος,
νυνὶ δὲ καὶ περιπατεῖ, καὶ κάθηται πολλάκις·
ἅπαν δὲ τοῦτο πέφυκεν ὁ στοιβασμὸς τῶν μήλων.
ποθεῖ καὶ φλέγεται καλῶς ἡ νύμφη τῷ νυμφίῳ,
ὅστις καὶ μῆλον λέγεται φανὲν ἐκ τοῦ δρυμῶνος,
καὶ θέλει τοῦτον γίνεσθαι πάντοτε ταῦτα πάντα,
τροφὴ τρυφή τε καὶ σκιὰ καὶ στοιβασμὸς τῆς στέγης,
ὥσπερ κἀκείνη γίνεται ξύμπαντα πρὸς ἐκεῖνον,
νύμφη καὶ θρόνος καὶ στρωμνὴ καὶ πάλιν κατοικία.
Εἶτά φησι πρὸς τοὺς αὐτοὺς ἀγγέλους τὴν αἰτίαν
τῆς παρακλήσεως αὐτῆς τῆς συνεχοῦς πρὸς τούτους·

ὅτι τετρωμένη ἀγάπης ἐγώ [2, 5[2]].

408–411 Greg. 124,3–6 ‖ **422–423** 124,12–14

402 *δὲ – τυχεῖν*] *δυσωπ( ) τυχεῖν κάλλει* **p** | *δυσωπεῖ* **c**: *-ῶ* cett. ‖ **403** *λέγω* **n** (compend. **p**) ‖ **405** *καὶ*[1,2] **c**: *ὁ* cett. ‖ **406** *φίλοι τούτου* trp. **p** ‖ **408** *μοι*] *μὴ* **m**[a] | *ἀντιδιδόντες* **R N w** *-ντι* **r** | *μύρον* **c** ‖ **411** *τὰ*[1]] *καὶ* **n** ‖ **413** *ποτὲ μὲν γὰρ* **c**: *τὸ μὲν ὅτι* cett. | *ὥσπερ*] *εἶπε* **c** ‖ **415** om. **c** | *θρόνος θεῖος* trp. **p** ‖ **416** *ὡς*] *καὶ* **m**[a] | *ψυχῇ μιᾷ* trp. **n** ‖ **417** om. **c** ‖ **417–418** *ἀνακλίνεται – δὲ* om. **m m**[a] ‖ **418** *καὶ*[1] om. **c r** ‖ **419** *ἐπὰν* **c** | *δὴ* **p** | *τούτων* **p n r N** | *στοιβασμὸς* **c m**[a]: *στυβ-* **r** *στοβ-* **R**, **N** a. c. *στιβ-* cett. ‖ **421** *ἥτις* **c** ‖ **422** *τοῦτο* **c** *τούτου* **m m**[a] | *πάντοταύτην* **c** | *ταῦτα πάντα*] *πάντα πάλιν* **m m**[a] ‖ **423** *τροφὴ*] *τρυφὴ* **R r** | *στοιβασμὸς* **c m m**[a]: *στυβ-* **r** *στιβ-* cett. ‖ **424** *ξύμπαντος* **c R** ‖ **426** om. **c** ‖ **427** *αὐτοῦ* **n** (compend. **p**) | *τῆς*] *τοῦ* **p** | *συνεχῶς* **c p** | *τοῦτον* **n**

Ἐγώ, φησίν, ἐκδυσωπῶ τὴν ὑμετέραν χάριν
τὴν στέγην ὅλην μου καλῶς ἐν μήλοις στοιβασθῆναι,
ὅτι τὸ βέλος ἔτρωσεν ἐμὲ τὸ τῆς ἀγάπης.
ἀγάπην τοίνυν νόησον τὸν ἄναρχον πατέρα
καὶ βέλος ὄντως ἐκλεκτὸν τὸν λόγον καὶ νυμφίον·
τοῦτον γὰρ πέμπειν εἴωθεν ἐπὶ τοὺς σῳζομένους.
Ἀλλὰ προστίθησί τινας ἡ νύμφη πάλιν λόγους,
λέγουσα τάδε πρὸς αὐτούς, ὡς καθ' εἱρμὸν εὑρήσεις·

εὐώνυμος αὐτοῦ ὑπὸ τὴν κεφαλήν μου, καὶ ἡ δεξιὰ αὐτοῦ περιλήψεταί με [2, 6].

Ἡ τῶν ᾀσμάτων δύναμις τούτων τῶν λεγομένων·
ἰδοὺ γὰρ βέλος γίνεται χερσὶ ταῖς τοῦ τοξότου
ἡ πρὸ μικροῦ τῷ θαυμαστῷ κατατρωθεῖσα βέλει,
ὥσπερ ταὐτόν τι καὶ ψυχὴ πέπονθεν ἡ τοῦ Παύλου.
κἀκεῖνος γὰρ γενόμενος πιστὸς ἐξ ἀπιστίας
καὶ ζωγρευθεὶς παρὰ Χριστοῦ τοῦ λόγου καὶ σωτῆρος
εὐθὺς πρὸς ἔθνη τὰ μακρὰν καὶ πλάνῃ βεβυσμένα
παρὰ τοῦ θείου πνεύματος πάντως ἐξαπεστάλη,
ὥστε ζωγρεύειν τὰς ψυχὰς τῶν ἐκπεπλανημένων
τῷ λόγῳ τοῦ κηρύγματος καὶ τῆς διδασκαλίας.
Ταῦτα μὲν οὕτως ἔχουσιν, ὡς οἶμαι, στεφηφόρε·
σὺ δὲ μηδ' ὅλως ἐκπλαγῇς ἅπερ ἡ νύμφη λέγει,
ὡς ἄρα χεὶρ εὐώνυμος αὐτοῦ τῇ κεφαλῇ μου,
ἡ τούτου δ' αὖθις δεξιὰ καὶ περιλήψεταί με.
τρόπον γὰρ βέλους κοσμικοῦ καὶ πετομένου λέγων
ὁ λόγος ἐσχημάτισεν αὐτὴν ἐξαποστεῖλαι.
Ἀλλὰ καιρὸς καὶ τῶν ἑξῆς ᾀσμάτων ἐπακοῦσαι.
ἀντιβολεῖ γὰρ καθεξῆς καὶ πάλιν τοὺς ἀγγέλους·

430–433 127, 7–13 ‖ **437–438** 128, 9–15

429 *στοιβασθῆναι* **c m**[a]: *στυβ-* **r**: *στιβ-* cett. ‖ **430** *ὅτι – ἀγάπης* **c**: *ὅτι τῷ βέλει τέτρωμαι τῷ τῆς ἀγάπης τούτου* cett. ‖ **432** *οὕτως* **p** | *ἔκλυτον* **p n R N** *ἔκκλητον* **w** ‖ **433** *τοῦτον* **c w**: *τοῦτο* **m m**[a] **R r N** (compend. **p**) *τούτω* **n** | *γὰρ*] *καὶ* **c** | *αὐξομένους* **c** ‖ **435** *λέγουσα πάλιν πρὸς αὐτὸν οὓς καὶ εὑρήσεις τάδε* **c** | *ὡς*] *καὶ* **R N** ‖ **436** om. **m** | *τῶν λεγομένων* **c**: *καταθαμίζει* **w** *καταθαμβεῖ με* cett. ‖ **437** *ταῖς τοῦ*] *τοῖς* **c** ‖ **438** *κατατρωθεῖσα* **m m**[a] **n r w**: *κατορθωθεῖσα* **c p R N** ‖ **439** *ὥσπερ – παύλου* **c**: *ὡς ἡ τοῦ παύλου πέπονθε ψυχὴ καλῶς τρωθεῖσα* cett. ‖ **441** *ζωγρηθεὶς* **m r** | *Χριστοῦ*] *θ(εο)ῦ* **p** ‖ **442** *μακρὰ* **c N** ‖ **443** *πάντως* **c**: *οὗτος* cett. ‖ **444** *ὥστε* **c**: *εἰς τὸ* cett. | *τῶν πεπλανημένων* **c**: *τὰς ἐκπεπλανημένας* cett. ‖ **446** *ἔχουσι καὶ* **m**[a] ‖ **447** *ἐκπλαγεὶς* **c p N** ‖ **448** *αὐτῇ* **p** ‖ **449** *μου* **m m**[a] **n N** ‖ **450** *λέγων* **m m**[a] **r**: *-ω* **p n N w** *-ειν* **R** (**c** evan.) ‖ **453** *ἀντιβολῶ* **p n N**

ὥρκισα ὑμᾶς, θυγατέρες Ἱερουσαλήμ, ἐν ταῖς δυνάμεσι καὶ ἐν ταῖς ἰσχύσεσι τοῦ ἀγροῦ, ἐὰν ἐγείρητε καὶ ἐξεγείρητε τὴν ἀγάπην, ἕως οὗ θελήσῃ [2, 7].

Ἀγρὸν τὸν κόσμον νόησον, ἰσχὺν δὲ τούτου πάλιν
τὴν τοῦ δεσπότου δύναμιν τοῦ λόγου καὶ νυμφίου.
φησὶ γάρ· ὦ νυμφαγωγοὶ καὶ φίλοι τοῦ νυμφίου,
ἐκείνας καταλείψασα τὰς συνεχεῖς αἰτήσεις
μεθ᾽ ὅρκου φέρω δέησιν ὑμῖν ἀπὸ καρδίας,
μηδέποτε παυθήσεσθαι λαμπρύνοντές με πλέον
καὶ τὴν ἐμὴν αὐξάνοντες ἀγάπην πρὸς τὸν λόγον,
μέχρις ἂν ὅλην με καλὴν ἐργάσησθε τοῖς τρόποις
καὶ μέχρις ἂν ἐκπληρωθῇ θέλημα τοῦ νυμφίου.
τοῦτο δ᾽ ἐστὶ τὸ θέλημα καὶ μόνον τοῦ νυμφίου
τοῦ θέλοντος τὸ σῴζεσθαι πάντας ἀνθρώπους ὄντως,
τὸ καθαράν με παντελῶς καὶ θεαυγῆ φανῆναι.
Ἀλλ᾽ αὖθις θεωρήσωμεν τὰ καθ᾽ εἱρμὸν τοῦ λόγου.

φωνὴ τοῦ ἀδελφιδοῦ μου [2, 8[1]].

Τοσοῦτον ἀκατάληπτον ὄντως ἐστὶ τὸ θεῖον,
ὅτι κἂν πάσας ἀρετάς τις κατορθώσῃ πόνοις,
κἂν ὑψωθῇ πρὸς οὐρανοὺς τοῖς ἐναρέτοις τρόποις
κἀντεῦθεν σύνεγγυς θεοῦ νομίσῃ καθεστάναι,
ἔξω τυγχάνει πόρρωθεν τῆς θεϊκῆς οὐσίας.
ἰδοὺ γὰρ ἡ προκόψασα καὶ φθάσασα πρὸς ὕψος
καὶ προσδοκῶσα σύνεγγυς ἑστάναι τοῦ νυμφίου,
ἐπάρασα τοὺς ὀφθαλμοὺς ὥστε καὶ τοῦτον βλέψαι

454–455 133, 7–11 ‖ **454** 132, 10 ‖ **458–464** 129, 20–130, 3 ‖ **467–477** Greg. Or. 5 p. 137, 8–139, 9

454 *τὸν*] *δὲ* **c** | *τοῦτον* **c** *τοῦτ*( ) **R** ‖ **456** om. **R** | *ὦ νυμφαγωγοὶ* **c N w**: *οἱ νυμφαγωγοὶ* **p** *ὦ νυμφαγωγὲ* **r** *ἡ νυμφαγωγὸς* **m m**[a] *ὁ νυμφαγωγὸς* **n** | *φίλοι* **c p N w**: *φίλος* **m m**[a] *φίλε* **n r** ‖ **457** *καταλήψατε* **c** ‖ **458** *ἡμῖν* **n R** ‖ **459** *παυθήσεσθε* **c m m**[a] **N w** | *λαμπρύνοντές* **c w**: *-οντάς* **p** *-ατέ* **m m**[a] **n R N** *-εταί* **r** ‖ **460–461** *καὶ τὴν ἀγάπην τὴν ἐμὴν ἐργάσεσθαι τοῖς τρόποις* **c** ‖ **460** *αὐξήσατε* **m**, **m**[a] (sscr. *νοντες*) *αὐξάνουσαι* **N** ‖ **461** om. **p** | *ἐργάσασθε* **n** ‖ **463** om. **c N** ‖ **464** *τὸ* **N w**: *τῶ* **c** *τοῦ* cett. | *ὄντας* **p** ‖ **465** *καθαρόν* **p R** *καθορᾶν* **c n** ‖ **466** *θεωρήσομεν* **c p** ‖ **467** *ἐστὶν ὄντως* trp. **p** ‖ **468** *κατορθῶσι* **p** *-ώσι* **m** *-ώσει* **r N** | *πόνοις*] *μόνος* **m m**[a] **n** ‖ **470** *νομίσει* **p m**[a] **r** *νομίζει* **c** | *καθεσθῆναι* **c** ‖ **471** *ἔξω τυγχάνει* **c**: *ἴστω* (*ἴτω* **p m** *ἔστω* [?] **n**) *τυγχάνειν* cett. ‖ **472** *προκύψασα* **c** ‖ **473** *προσδοκοῦσα* **m m**[a] **n** ‖ **474–475** *ἐπάρασα – νυμφίου* **c**: *μακράν που φαίνεται φωνῆς ἀκηκοέναι τοῦδε* **R** *φωνὴν μόνην ἀκήκοεν τοῦ λόγου καὶ νυμφίου* **r** *οὐσίαν τῆς θεότητος οὐδόλως ἐπεγνώκει* **w** om. cum lac. unius vs. **m m**[a] om. sine lac. **p n N**

φωνὴν καὶ μόνην ἤκουσε μακρόθεν τοῦ νυμφίου.
φωνὴν δὲ τούτου νόησον τῶν προφητῶν τὰς ῥήσεις
τὰς τὴν τοῦ λόγου σάρκωσιν ἀρρήτως προδηλούσας.
Εἶτα καὶ τί φησιν ἑξῆς ἐκείνη σκοπητέον.

ἰδοὺ οὗτος ἥκει πηδῶν ἐπὶ τὰ ὄρη, διαλλόμενος ἐπὶ τοὺς βουνούς [2, 8²].

Εἰποῦσα πρῶτον τῆς φωνῆς ἀκοῦσαι τοῦ νυμφίου,
φησὶ νῦν, οὗτος ἔρχεται πηδῶν ἐπὶ τὰ ὄρη.
καλῶς ἐφιλοσόφησεν ἡ καθαρὰ παρθένος.
ὁ γάρ τοι λόγος καὶ θεὸς πρὸ τῆς εἰς γῆν καθόδου
προφήτας ἐξαπέστειλε προλέγοντας ἐκείνου
τὴν πρὸς ἀνθρώπους κάθοδον καὶ σάρκωσιν τὴν θείαν,
καὶ μετ' ἐκείνους ἔφθασε κἀκεῖνος οὐρανόθεν.
ὁ δὲ παρὼν αἰνίττεται λόγος ὁ τῶν Ἀισμάτων
τὰ τῆς ἐνανθρωπήσεως τοῦ θεανθρώπου λόγου,
δι' ἧς ἑλκύσατο ψυχὰς ἐν ᾅδῃ τεθαμμένας
δαίμονας ὅλους καθελὼν καὶ μόνῃ τῇ κελεύσει·
τούτους γὰρ ὄρη κέκληκε καὶ πάλιν βουνοὺς λέγει.
θαυματουργῶν γὰρ ὁ Χριστὸς καὶ δαίμονας ἐκβάλλων
τῷ λόγῳ μόνῳ ξύμπαντας ἐπ' ἴσης ἐταρτάρου,
ἐλάττονας καὶ μείζονας ἢ μᾶλλον λεγεῶνας.
Καὶ μετὰ ταῦτα τί φησιν ἡ νύμφη σκοπητέον·

ὅμοιός ἐστιν ἀδελφιδοῦς μου δορκάδι ἢ νεβρῷ ἐλάφων ἐπὶ τὰ ὄρη Βεθήλ [2, 9¹].

Σχεδὸν ταὐτόν τι πέφυκε τοῦτο τοῖς προρρηθεῖσι·
κἀνταῦθα γὰρ δεδήλωκε τὸν λόγον καὶ νυμφίον

479–485 140,8–12 ‖ **487–490** 141,10–16 ‖ **491–493** 143,1–4 ‖ **493** cf. Marc. 5,9; Luc. 8,30

478 *ἐκείνη* **m mª** *ἐκεῖνο* **n R r w** *ἐκεῖνος* **p**, **R** a. c. (?), **N** *κἀκεῖνος* **c** ‖ **479** *ἀποῦσα* **p** | *τὴν φωνὴν* **R r N** ‖ **480** *φησὶ νῦν οὗτος* **c**: *οὗτος φησὶ νῦν* trp. cett. ‖ **482** *ὁ*] *καὶ* **m mª n** | *καὶ θεὸς* **c**: *τοῦ θ(εο)ῦ* cett. | *πρὸς* **p n** ‖ **483** *προλέγειν τὰς* **R w** ‖ **484** *σάρκωσιν καὶ κάθοδον* trp. **p** | *τὴν θείαν*] *τοῦ λόγου* **R r N** ‖ **485** *καὶ μετ' ἐκείνους* **c**: *μετὰ δὲ τούτους* cett. ‖ **486** *δὲ*] *γὰρ* **c** ‖ **487** *τὰ*] *τὸ* **w** *καὶ* **c** | *ἐναν(θρωπ)ίσεως* **p n R** ‖ **488** *ἑλκύσατο* **c n**: *εἱλκύσατο* **p m mª w** *ἐρρύσατο* **R r N** | *ᾅδει* **c** *σκότει* cett. | *τεθαμμένας* **c**: *καθημένας* cett. ‖ **489** *ὅλως* **n R** | *μόνος* **n** ‖ **491** *ἐκβάλλων*] *ἐλαύνων* **m mª n** ‖ **492** *ἐταρτάρου* **p mª n r w**: *ἐκταρτάρου* **R N** *ἐταράττου* **c** *ἑκατέρου* **m** ‖ **493** *ἢ* **c**: *καὶ* cett. ‖ **494** *καὶ μετὰ ταῦτα τί φασιν* **c** *ἔπειτα τί φησιν ἑξῆς* (*ἐξ ἧς* **p** *εὐθὺς* **w**) cett. ‖ **496** *κἀντεῦθεν* **w**

τοὺς δαίμονας ἐλαύνοντα καὶ καταταρταροῦντα.
νεβρῷ δ' αὐτὸν παρείκασεν ἐλάφων ἡ παρθένος
ὡς δῆθεν ἀναλίσκοντα τὴν φύσιν τῶν δαιμόνων,
ὥσπερ τοὺς ὄφεις ἡ νεβρός, ἀλλ' ἡ νεβρὸς ἐκείνη,
ἥτις ἐπ' ὄρους τοῦ Βεθὴλ ἔχει τὴν κατοικίαν.
ὄρη δὲ γίνωσκε Βεθὴλ τὴν ἄνω κατοικίαν·
ἡ δὲ δορκάς σοι τροπικῶς τὸν βλέποντα σημαίνει,
οὗτος γὰρ βλέπειν πέφυκε τῶν πάντων τὰς καρδίας.
Ἀλλ' ἴδωμεν καὶ τί φησι τοῦ λόγου περαιτέρω.

ἰδοὺ οὗτος ἕστηκεν ὀπίσω τοῦ τοίχου ἡμῶν, παρακύπτων διὰ τῶν θυρίδων, ἐκκύπτων διὰ τῶν δικτύων [2, 9[2]].

Ἰδού, φησίν, ἐλήλυθεν ὁ λόγος καὶ νυμφίος,
ὁ κατελθὼν ἀπὸ Βεθήλ, τῆς ἄνω κατοικίας.
οὐδέπω δ' εἰσελήλυθεν ἐντὸς τῶν περιβόλων,
ἀλλ' ἔξωθεν ἱστάμενος ὀπίσω τε τοῦ τοίχου
διὰ θυρίδων ἔσωθεν ἐθέλει παρακύπτειν.
σὺ δέ μοι τοῖχον γίνωσκε τὸν νόμον τὸν ἀρχαῖον
τὸν ἐμποιοῦντα τὴν σκιὰν καὶ πλάνην τῶν ἀνθρώπων,
θυρίδας δὲ καὶ δίκτυα τῶν προφητῶν τοὺς λόγους·
καὶ γὰρ πρὸ τῆς σαρκώσεως τοῦ θεανθρώπου λόγου
πολυμερῶς λελάληκε καὶ πάνυ πολυτρόπως
ἐν τοῖς πατράσιν ὁ θεὸς διὰ προφητῶν καὶ νόμων.
Ἀλλ' ὅπερ λέγει καθ' εἱρμὸν ἡ νύμφη σκοπητέον.

ἀποκρίνεται ὁ ἀδελφιδοῦς μου καὶ λέγει μοι· ἀνάστα, ἐλθέ, ἡ πλησίον μου, καλή μου, περιστερά μου [2, 10].

498–500 Greg. 142, 3–7 ‖ **502** 143, 13–15 ‖ **503–504** 141, 5–10 ‖ **506–510** 144, 9–17 ‖ **511–514** 144, 17–145, 6 ‖ **515–516** Hebr. 1, 1

498 *νευρὸν* **r w** | *αὐτὴν* **c** ‖ **499** *ὡς*] *καὶ* **m m**[a] | *ἀναλίσκεται* **p w** ‖ **500** *ἡ*[1]] *ὁ* **c** | *νεβρός*[1]] *-ὼ* **m m**[a] | *νεβρὸς*[2]] *-ως* **m**[a] ‖ **501** *βεθὴλ* **c p R N**: *βαιθὴλ* cett. (et item 502, 507) ‖ **502** *ὄρη* **c**: *ὄρος* cett. ‖ **504** *οὗτος* **c m m**[a]: *οὕτω* cett. | *βλέπειν* **c m m**[a] **n**: *-ων* cett. | *τῶν πάντων* **c**: *ἁπάντων* cett. ‖ **505** om. **w** | *φησιν ὁ λόγος* **m** ‖ **507** *κατελθὼν* **c r**: *κατοικῶν* cett. | *ἀπὸ*] *ἐπὶ* **m m**[a] ‖ **508** *τῶν περιβόλων* **c**: *τοῦ περιβόλου* cett. ‖ **509** *ὀπίσω τε* **c**: *ἐξόπισθεν* cett. | *τοίχου* **c w**: *τείχους* cett. ‖ **510** *διὰ τῶν* **c p r** | *καὶ παρακύπτειν θέλει* **c** | *ἐθέλει* **N w**: *καὶ θέλει* **p R r** *καὶ θέλων* **m m**[a] **n** ‖ **511** *τεῖχον* **p**, **R** a. c., **N** *τεῖχος* **m m**[a] ‖ **512** *ἐμποιοῦντα* **c m m**[a] *ἐμπνεοῦντα* **n** *ἐμπνοοῦντα* **p R r N w** ‖ **515** *λελάληκε* **c**: *ἐλάλησε* **p m m**[a] **n w** *ἐλάλησαν* **R r N** ‖ **516** habet **c**: om. cett.; legas fere *ὁ θεὸς διὰ προφητῶν καὶ νόμων τοῖς πατράσιν*

Ἐπεί, φησίν, ἐλήλυθεν ὁ λόγος καὶ νυμφίος,
ὁ τοῖς προφήταις χρώμενος ὥσπερ τισὶ θυρίσι,
τοῦτό μοι πρῶτον εἴρηκεν ἔσωθεν παρακύπτων·
ἀνάστηθι τοῦ πτώματος, τῆς πλάνης καὶ τοῦ σκότους,
καὶ πρόσελθέ μοι καθαρῶς καὶ γίνου μοι πλησίον.
Εἶτα, φησίν, ἐξεῖπέ μοι καὶ τάδε πρὸς ἐκείνοις·

ἰδοὺ ὁ χειμὼν παρῆλθεν, ὁ ὑετὸς ἀπῆλθεν, ἐπορεύθη ἑαυτῷ· τὰ ἄνθη ὤφθη ἐν τῇ γῇ, καιρὸς τῆς τομῆς ἔφθασεν [2, 11–12[1]].

Ὅτι, φησί, κατήργησα τὴν φύσιν τῶν δαιμόνων
τὴν ἀποκρυσταλλώσασαν τὴν φύσιν τῶν ἀνθρώπων
καὶ δείξασαν ἀναίσθητον πρὸς τὸ καλὸν τελείως,
κἀντεῦθεν ἀπελήλαται χειμὼν ὁ τῆς ἀπάτης
καὶ πᾶς δεινός τις ὑετὸς ἀπῆλθεν, ἀπερρύη,
καὶ τὸ τερπνὸν ἀνέτειλε τῆς ἀληθείας ἔαρ,
ἡ γῆ δ' ἀνθεῖν ἀπήρξατο, φύσις ἡ τῶν ἀνθρώπων,
καιρὸς δὲ πέφθακε λοιπὸν τομῆς τῆς τῶν ἀνθέων,
εἰ βούλει, κατασκεύασον στεφάνους ἐξ ἀνθέων.
Ἡ τῶν ἀνθρώπων φύσις γάρ, ἣν γῆν ὁ λόγος εἶπεν,
εἰδώλοις ὑποκλίνασα καὶ πλάνῃ τὸν αὐχένα,
εἶδος οὐκ εἶχεν ἀρετῆς (τοῦτο γὰρ ἄνθος νόει),
τῷ δριμυτάτῳ καὶ σφοδρῷ χειμῶνι τῷ τῆς πλάνης
κρυσταλλωθεῖσα καὶ σχεδὸν ἐναπολιθωθεῖσα.
τίς γὰρ ἠπίστατό ποτε τῆς πλάνης σκοτιζούσης
τηρεῖν ἐξομολόγησιν, φυλάττειν σωφροσύνην,
ἐγκράτειαν ἀσπάζεσθαι, φιλεῖν δικαιοσύνην;
ἀλλ' ἤδη πάντως ἤνθησεν ἡ γῆ. λοιπὸν ἀνάστα
καὶ σπούδασον ἐξ ἀρετῆς στεφάνους σοι πλακῆναι.
Καὶ μάρτυς ἀπαράγραπτος ὑπάρχει τῶν ἀνθέων

521 Greg. 149, 1–4 ‖ **522** 150, 1–2 ‖ **524–527** 147, 15–19 ‖ **530** 153, 13–15 ‖ **531–532** 154, 4–6 ‖ **543–548** 154, 8–15

519 *τοῖς*] *γὰρ* **c** | *θυρίδι* **p** ‖ **520** *μοι* om. **w** ‖ **523** *ἐκείνοις* **c**: *τοῖς ἄλλοις* cett. ‖ **524** *κατήργησα* **c**: *-σε* cett. ‖ **526** *τελέως* **p** ‖ **527** *ἐντεῦθεν* **m m**[a] **n** | *ἀπελήλατο* **n R r N** | *ἀγάπης* **R r N** ‖ **528** *ἀπερρύει* **c n r** ‖ **530** om. **R r N** ‖ **531** *πέφυκε* **R r N** | *ἀν(θρώπ)ων* **c R r N** ‖ **532** om. **c** | *ἐξακάνθων* **p** ‖ **533** *ἦν* **n R** | *εἶπε γῆν ὁ λόγος* trp. **m m**[a] ‖ **534** *πλάνη* **m m**[a] **N w**: *-ης* **c p n r** *-ην* **R** ‖ **535** *ἀρετῆς* **c**: *-ῶν* cett. ‖ **537** *κρυσταλωθείσης* **m m**[a] **n** *-θέντι* **R r** *-θέντα* **N** | *ἐναπολιθωθείσης* **m m**[a] **n** *-θέντι* **R** *-θέντα* **r N** *ἐναπολιωθεῖσα* **w** ‖ **538** *ἐπίσταται* **c** *ἠπίσταται* **p** | *ποτε* om. **c** ‖ **540** om. **R** ‖ **541** *πάντας* **w** ‖ **543** *καὶ μάρτυς*] *μάρτυς γὰρ* **m m**[a] **n**

ὁ πρόδρομος τῆς χάριτος, λέγων· μετανοεῖτε.
ὅστις πολλοὺς ἐβάπτισε τοῦ γένους τῶν Ἑβραίων
ἰδὼν αὐτοὺς ἀνθήσαντας ἐν ἐξομολογήσει.
τούτου γὰρ χάριν εἴρηκεν ὁ λόγος τῶν Ἀισμάτων·

φωνὴ τῆς τρυγόνος ἠκούσθη ἐν γῇ ἡμῶν [2, 12^2].

Ὁ πρόδρομος τῆς χάριτος ὄντως φωνὴ τρυγόνος.
ἀλλὰ προσβῶμεν καὶ μικρὸν τοῖς προσωτέρω λόγοις.

ἡ συκῆ ἐξήνεγκε τοὺς ὀλύνθους αὐτῆς, αἱ ἄμπελοι κυπρίζουσιν, ἔδωκαν ὀσμήν [2, 13^1].

Τοῦτο ταὐτόν τι πέφυκε τάχα τοῖς προρρηθεῖσι.
συκῆν γάρ σύ μοι νόησον τὴν φύσιν τῶν ἀνθρώπων,
ὀλύνθους δὲ τῶν ἀρετῶν τὰς ὑποδεεστέρας·
ἀμπέλους πάλιν, δέσποτα, γίνωσκε κυπριζούσας
ψυχὰς προκόπτειν εἰς καλὸν ἐναρξαμένας ἤδη.

ἀνάστα, ἐλθέ, ἡ πλησίον μου, καλή μου, περιστερά μου [2, 13^2].

Τούτου πολλάκις εἴπομεν τοῦ λόγου τὰς ἐμφάσεις·
λόγους λοιπὸν τοὺς ἐφεξῆς προσεφερμηνευτέον.

δεῦρο σεαυτὴν ἐν σκέπῃ τῆς πέτρας ἐχόμενα τοῦ προτειχίσματος [2, 14^1].

Ὦ παρθενεύουσα ψυχή, φησί, καθαρωτάτη,
ἀνάστηθι τοῦ πτώματος, καὶ δεῦρο, πλὴν προθύμως,
οὐκ ἐξ ἀνάγκης δή τινος, ἀλλ' ἑκουσίᾳ γνώμῃ·
φησὶ γάρ, δεῦρο σεαυτήν, τοῦτ' ἔστιν ἑκουσίως.

552 155, 18–156, 1 ‖ **553–554** 156, 14–18 ‖ **555** supra 518–522 ‖ **559–560** 160, 15–17

544 *μετανοεῖται* **c r** ‖ **546** *αὐτοὺς – ἐν*] *προστρέχοντας αὐτοὺς τῇ* **c** ‖ **547** *τούτου – εἴρηκεν*] *τοῦτο γὰρ εἴρηκε σαφῶς* **m** $\mathbf{m^a}$ **n** ‖ **548** *ὁ – τρυγόνος* **c**: *ὁ* (om. **R**) *πρόδρομος γὰρ πέφυκεν οὗτος φωνὴ βοῶντος* **p R r N** *πρόδρομος οὗτος πέφυκε φωνὴ ἡ τοῦ βοῶντος* **m** $\mathbf{m^a}$ **n** *φωνὴ βοῶντος πέφυκεν ὁ πρόδρομος γὰρ οὗτος* **w** ‖ post **548** *στρουθῷ τρυγόνι* (*-νος* **R r**) *δεξιῶς* (*-ῶν* **n**) *παρεικασθεὶς τῷ λόγῳ* cett.: om. **c** ‖ **549** om. **w** | *προσβῶμεν καὶ* **c**: *προβέβηκε* cett. ‖ **551** *σύ μοι* **c**: *αὖθις* cett. ‖ **552** *δὲ* om. **c** ‖ **553** *ἄμπελον* **R**, **N** a. c. *ἀμπέλου* **r** | *γίνωσκε δέσποτα* trp. **w** | *κυπριζούσης* **R r** ‖ **554** *εὐχὰς* **c** ‖ **555** *τοῦτο* **c m r w** ‖ **557** *ὦ*] *ἡ* **c p N** | *ψυχὴ φησὶ* **c**: *φησὶ ψυχὴ* trp. **w** *ψυχή, ψυχὴ* cett. ‖ **559** *δή* **c**: *δέ* cett. | *ἀκουσία* **p** ‖ **560** om. **R** | *φησὶ* **c m**: *φημὶ* cett. | *σεαυτὴν* **p m** $\mathbf{m^a}$: *-ὴ* **n** *-ῇ* **N r w** *πρὸς σαυτὴν* ex *πρὸς αὐτὴν* **c**

Οὕτως δὲ πάντως εἰς ἐμέ, τὴν πέτραν, φησί, φθάσεις,
ἤγουν τὴν πέτραν τῆς ζωῆς τὴν ὄντως αἰωνίαν,
ἀπὸ τοῦ προτειχίσματος τοῦ παλαιτάτου νόμου
τοῦ σύνεγγυς τυγχάνοντος τῆς πέτρας μεταβᾶσα.
ἔχεται γοῦν ὡς ἀληθῶς, τοῦτ' ἔστι προσεγγίζει,
τῆς πέτρας τὸ προτείχισμα, καὶ μάθε καὶ τὸν τρόπον·
προτείχισμα μὲν λέγεται δῆθεν ὁ πάλαι νόμος,
πέτρα δὲ πάλιν ἀρραγὴς ἡ νέα διαθήκη.
κἂν γὰρ δοκῶσιν ἔξωθεν ἀλλήλων ἐφεστάναι
ὁ νόμος ὁ Μωσαϊκὸς καὶ τῶν εὐαγγελίων,
ἀλλ' ὅμως κατὰ δύναμιν ἀλλήλων ἔχονταί πως.
τί γάρ ἐστιν ἐγγύτερον τῶνδε τῶν κελευσμάτων;
ὁ παλαιὸς νομοθετεῖ νόμος τὸ μὴ μοιχεύειν,
ἀλλ' ὁ παρὼν καὶ καθ' ἡμᾶς, ὁ τῶν εὐαγγελίων,
καὶ πᾶσαν ἐγκελεύεται τέμνειν ἐπιθυμίαν·
ἐκεῖνος δ' αὖ ἀπέχεσθαι νομοθετεῖ τοῦ φόνου,
ὁ δὲ μηδ' ὅλως πρὸς ὀργὴν κινεῖσθαι δογματίζει.
ἂν δὲ ζητῇς καὶ πρόβατον καὶ σάββατον καὶ πάσχα,
τὰς φανερὰς καὶ σαρκικὰς ἐκείνου διατάξεις,
καὶ ταῦθ' εὑρήσεις ἐνταυθοῖ πνευματικῶς ἐγκύπτων·
ἡ πέτρα γὰρ πνευματικὴ καὶ χοϊκὸς ὁ τοῖχος.
Ἀλλ' ἀκουσώμεθα λοιπὸν καὶ τῶν ἑξῆς ῥημάτων·
ἀπόκρισιν γὰρ δίδωσιν ἡ νύμφη τῷ νυμφίῳ.

δεῖξόν μοι τὴν ὄψιν σου καὶ ἀκούτισόν με τὴν φωνήν σου, ὅτι ἡ φωνή σου ἡδεῖα καὶ ἡ ὄψις σου ὡραία [2, 14[2]].

564–566 162, 2–4 ‖ **569–577** 162, 5–8 ‖ **574–577** Matth. 5, 21–22; 27–28 ‖ **578–581** Greg. 162, 12–15

561 *εἰς* **c**: *πρὸς* cett. | *πέτραν – φθάσεις*] *φύσιν φθάσεις τάχει* **m m**[a], **n** (*-σης*) ‖ **562** *τῆς – αἰωνίαν* **c**: *τὸν χ(ριστὸ)ν ζωῆς τῆς αἰωνίου* cett. ‖ **563** *πάλαι τὰ τοῦ* **c** ‖ **565** *ἔχεται* scripsi: *ἔρχεται* codd. | *γοῦν* **c**: *γὰρ* cett. | *προσεγγίζῃ* **p** ‖ **566** *τῆς*] *καὶ* **m m**[a] | *μάθε*] *βάθος* **R r N** | *καὶ*[2]] *δὴ* **m m**[a] ‖ **567** *μὲν* **c**: *δὲ* cett. ‖ **569** *κἂν γὰρ* **c**: *κἂν γοῦν* **R r N w** *καὶ γοῦν* **p n** *εἰ καὶ* **m m**[a] | *ἀφεστάναι* **w** ‖ **571** *ἀλλήλων ἔχονταί πως* **c**: *ἀλλήλοις συνενοῦνται* (*-αιν-*) cett. ‖ **572** *ἐνδότ(ε)ρ(ον)* **p** | *χαρισμάτων* **c** ‖ **573** *τὸ*] *τοῦ* **m m**[a] **n** ‖ **574** *ὁ*[2]] *καὶ* **m m**[a] **n** ‖ **575** *πᾶσαν* **c**: *πάλιν* cett. | *τέμειν* **c** ‖ **576** *ἀν* **c** | *ἀπέχεσθαι* **c**: *ἀπέχειν τε* cett. ‖ **577** *μὴ* **c** | *δογματίζον* **p** ‖ **578** *ἂν*] *εἰ* **w** | *ζητεῖς* **p R r w** | *πρόβατα* **p w** | *σάββατα* **w** ‖ **579** *ἐκείνας* **R r** *-οις* **N** ‖ **580** *καὶ ταῦθ'* **c R w**: *κἀνταῦθ'* cett. (*κἀντεῦθ'* **p**) | *εὑρίσκεις* **m m**[a] *-ης* **n** | *ἐνταυθοῖ* **c**: *ἐν αὐτῷ* **R r N w** *-ῇ* **m m**[a] **n** (compend. **p**) ‖ **581** *ὁ*] *καὶ* **c** | *τεῖχος* **c R** ‖ **582** *καὶ τῶν ἑξῆς* **c**: *τῶν ἐφεξῆς* (*ἐξ ἧς* **p**) cett.

Εἰ καί τί μοι προσομιλεῖς, φησί, καλὲ νυμφίε,
διά τινων προφητικῶν καὶ νομικῶν βιβλίων,
ἀλλ' ὡς ἐξόν μοι βλέψαι σε καὶ σῆς φωνῆς ἀκοῦσαι,
ἀκούτισόν με τὴν φωνὴν καὶ δεῖξόν μοι τὴν θέαν.
ὡς γὰρ ἡδεῖα πέφυκεν, οὕτω καὶ γλυκυτάτη
ἡ σὴ φωνὴ προφητικῶς ἡμῖν ἐνηχουμένη,
κἀντεῦθεν ἥν σου βλέπομεν ὄψιν ὡς ἐν κατόπτρῳ
ὡραιοτάτη πέφυκε καὶ πανευειδεστάτη,
τοιοῦτόν τι καθέστηκε τὸ κάλλος τῆς σῆς θέας
καὶ τῆς φωνῆς ὁ γλυκασμὸς ἀμέσως δεδειγμένος.
Ἤκουσε τὴν παράκλησιν τῆς νύμφης ὁ νυμφίος,
καὶ μέλλων ὥσπερ ἑαυτὸν εἰς τοὐμφανὲς δεικνύειν
πρῶτον εἰς ἄγραν παρορμᾷ τοὺς θηρευτάς, καὶ λέγει·

πιάσατε ἡμῖν ἀλώπεκας μικροὺς ἀφανίζοντας ἀμπελῶνας, καὶ αἱ ἄμπελοι ἡμῶν κυπρίζουσιν [2, 15].

Ὦ τῆς φρικτῆς καὶ φοβερᾶς τοῦ λόγου δυναστείας,
ὢ παναλκοῦς δυνάμεως, ὢ κράτους ἀπορρήτου.
κελεύει γὰρ τοῖς θηρευταῖς, τοῦτ' ἔστι τοῖς ἀγγέλοις,
ὥσπερ ἀλώπεκάς τινας μικρὰς δυστηνοτάτας
θηρεῦσαι καὶ συναγαγεῖν, κρατῆσαι καὶ δεσμεῦσαι
τὴν πᾶσαν ἀποστατικὴν δύναμιν τῶν δαιμόνων.
τὸν δράκοντα τὸν μέγιστον, τὴν ἀποστάτιν φύσιν,
ὃς ἐνεδρεύει καθ' ἡμῶν ὡς λέων ἐν τῇ μάνδρᾳ,
τὸν κοσμοκράτορα σατᾶν, τοῦ σκότους τὸν προστάτην,

584–593 163,16–164,2 ‖ **594–596** 164,16–19 ‖ **597–618** 165,3–166,10 ‖ **599** 166,10–16 ‖ **603** Ezech. 29,3; Iob 26,13 ‖ **604** Ps. 9,30 ‖ **605** Ephes. 6,12

584 *εἰ καί τι* **c**: *μηκέτι* cett. | *προσομιλῇς* **w**, **N** p.c. (compend. **p**, dub. **n**) ‖ **585** *διά*] *οἷα* **c** | *τινων*] *τε τῶν* **R N** *τι τῶν* **r** ‖ **586** *ἐξῶν* **p R r** | *μοι βλέψαι*] *προσβλέψαι* **m m**[a] **n** | *σῆς*] *τῆς* **m m**[a] **n R** ‖ **587** om. **c** | *με* **p w**: *μοι* cett. | *μοι*] *με* **p** ‖ **588** *ὡς* **c m m**[a]: *ἡ* **p n** *ἢ* **N** *εἰ* **R r w** | *ἡδυῖα* **c** *ἡδεῖς* **m** ‖ **589** *προφητικὴ* **p n** | *ἡμῶν* **p R r N w** ‖ **590** *ἥν* **R r N w**: *ἣν* **p** *νῦν* **c n** *οὖν* **m m**[a] ‖ **591** *ὡραιότατος πέφυκας* **n** ‖ **592** *τοιοῦτόν τι* **c**: *ὁποδαπὸν* cett. (*ὁποταπὸν* **w**) ‖ **593** *ἡ μέσως* **R N** | *δεδειγμένη* **R N** *-ον* **r** ‖ **594** om. **c** ‖ **595** *καὶ* **c**: *ὡς* cett. | *μᾶλλον* **w** | *ὅπερ* **n** p.c. | *δεικνύων* **p** *-ει* **w** (**c** evan.) ‖ **596** *παρορμῶ* **R** *-ῶν* **N** | *λέγω* **R** *-ων* **r N** ‖ **599** *τοὺς θηρευτὰς* **m**[a] **R** | *τοὺς ἀγγέλους* **R w** ‖ **600** *μικράς τινας* trp. **m m**[a] **n r** ‖ **601** *θηρᾶσαι* **R r N** | *δεσμεῦσαι καὶ κρατῆσαι* trp. **m m**[a] **n** | *δεσμῆσαι* **p n** ‖ **603** *τὸν ἀποστάτην φύσει* **w** | *ἀποστάτιν* **c R**: *-ην* **N** (**w**) *-ου* **p m m**[a] **n** *ἀπόστατον* **r** ‖ **604** *ὅς*] *ὡς* **p n R w** | *ὡς*] *ὁ* **R w** | *ταῖς μάνδρ(αις)* **m** ‖ **605** *τοῦ κοσμοκράτορος σατᾶν* **p n** *τοῦ κοσμοκρατορεύσαντος* **R r N** | *σκότους*] *κόσμου* **c**

τὸν ᾅδην τὸν πλατύνοντα τὸ στόμα τὸ ζοφῶδες,
τὸν ἔχοντα καὶ φέροντα τὸ κράτος τοῦ θανάτου,
τὸν ἐγκαυχώμενον λαβεῖν ὡς νοσσιὰν στρουθίου
τὴν οἰκουμένην ξύμπασαν καὶ ταύτην ἀφανίσαι
ὥσπερ ᾠά τινα σαθρὰ καταπεφρονημένα,
τὸν ἐξαλείφειν θέλοντα τοὺς ὅρους τῆς θαλάσσης,
τὸν ἐν νεφέλαις λέγοντα τὸν θρόνον καθιδρῦσαι,
οὗπερ χαλκαῖ μὲν αἱ πλευραὶ καὶ σιδηρᾶ δ' ἡ ῥάχις,
ἔγκατα δ' ὥς φασιν αὐτοῦ σμυρίτης ἄλλος λίθος,
αὐτὸν τὸν ὄφιν τὸν δεινόν, τὸν γέροντα, τὸν μέγαν,
καὶ πᾶσαν ἄλλην δύναμιν δαιμόνων ἐναντίαν
ἡ δύναμις ὠνόμασε τῆς ὄντως δυναστείας
ὡς ἀλωπέκια μικρὰ καὶ δολερὰ τῇ φύσει.
τοὺς γοῦν μικροὺς ἀλώπεκας, φησί, κρατήσατέ μοι
ὡς βλαπτικοὺς τυγχάνοντας ψυχῶν τῶν ἀνθρωπίνων·
ἀμπέλους γὰρ ὡς ἀληθῶς ταύτας ἐννόει μόνας.
Ἀλλ' ἴδωμεν καὶ τί φησιν ἡ νύμφη καὶ παρθένος.

ἀδελφιδοῦς μου ἐν ἐμοὶ κἀγὼ ἐν αὐτῷ [2, 16^1].

Ἰδού, φησίν, ἐβλέψαμεν ἀλλήλους οἱ ποθοῦντες.
ἀλλ' ἐφεξῆς ἐκδυσωπεῖ λέγουσα τῷ νυμφίῳ·

ὁ ποιμαίνων ἐν τοῖς κρίνοις, ἕως οὗ διαπνεύσῃ ἡμέρα καὶ κινηθῶσιν αἱ σκιαί. ἀπόστρεψον, ὁμοιώθητι, ἀδελφιδέ μου, τῇ δορκάδι ἢ νεβρῷ ἐλάφων ἐπὶ τὰ ὄρη τῶν κοιλωμάτων [2, 16^2–17].

Ὦ καλλιστότατε ποιμὴν τῶν λογικῶν θρεμμάτων,
φησὶν ἡ νύμφη πρὸς αὐτὸν τὸν λόγον καὶ νυμφίον,

606 Isai. 5,14 ‖ **607** Hebr. 2,14 ‖ **608–611** Isai. 10,13–14 ‖ **611** cf. Iob 38,10–11 ‖ **612** Isai. 14, 13 ‖ **613** Iob 40, 18 ‖ **614** Iob 41, 7 ‖ **615** Apoc. 12, 9 ‖ **617** Greg. 167, 18–19 ‖ **619–621** 168,1–2 ‖ **623** 168,15–16

606 om. **p** | *τοῦ ἅδου* **m m**[a] | *πλατύναντα* **m m**[a] **n** ‖ **609** *σύμπασαν* **m R r N** | *ἀφανίσαι* **c**: *ἀφαρπάσαι* cett. ‖ **610** *τινα σαθρὰ* **c**: *σαθρότατα* cett. ‖ **611** *θέλοντα* **c**: *φήσαντα* **m m**[a] *φάσκοντα* cett. | *τοὺς ὅρους τῆς* **c**: *γῆς ὅρους καὶ* cett. ‖ **612** *νεφέλῃ* **w** ‖ **613** *ὥσπερ* **c** | *χαλκοὶ* (?) **p** | *ῥάχις*] *κνήμη* **c** ‖ **614** *φησιν* **R r N w** | *μυρίτ( )* **p** | *λίθου* **p** ‖ **615** *μέγα* **p n** ‖ **616** *δαιμόνων* **c**: *αὐτοῦ τὴν* cett. ‖ **617** *ἣν δύναμιν* **m m**[a] ‖ **619** *τὰς … μικρὰς* **c n** | *μοι* **c N**: *με* cett. (compend. **p**) ‖ **620** *βλαπτικὰς* **p n R r N** | *φύσεως ἀν(θρωπ)ίνης* **m m**[a] **n** ‖ **621** *ἀμπέλους*] *δαίμονας* **c** ‖ **623** om. **w** | *ἀλλήλοις* **c** ‖ **624** *ἐκδυσωπῶ* **p m m**[a] **n** ‖ **625** *κάλλιστε* **c** | *θρεμμάτων* **c**: *προβάτων* cett. ‖ **626** om. **c**

ὃς τρέφεις σου τὰ πρόβατα ταῖς ἀρεταῖς ὡς κρίνοις,
καὶ πάλιν φάνηθι δορκὰς ἢ καὶ νεβρὸς ἐλάφων,
καὶ πάλιν νῦν ἐκζήτησον, ὥσπερ ἀνθυποστρέψας,
ἅπερ ἐπήδας πρὸ μικροῦ τῶν κοιλωμάτων ὄρη·
καὶ πᾶσαν ἐξαφάνισον δύναμιν ἐναντίαν
καὶ καθομάλισον βουνοὺς τοὺς ἄγαν ἐπηρμένους.
οὕτω γὰρ πληρωθήσεται σοῖς δρόμοις πᾶσα φάραγξ
καὶ πᾶς ταπεινωθήσεται βουνὸς ὁ τῆς κακίας
καὶ πᾶσαι κινηθήσονται σκιαὶ τῆς ἀθεΐας
καὶ διαπνεύσειε βροτοῖς ἡμέρα σωτηρίας.

ἐπὶ τὴν κοίτην μου ἐν νυξὶν ἐζήτησα ὃν ἠγάπησεν ἡ ψυχή μου· ἐζήτησα αὐτὸν καὶ οὐχ εὗρον αὐτόν, ἐκάλεσα αὐτὸν καὶ οὐχ ὑπήκουσέ μου [3, 1].

Ὡς ὄντως ἀκατάληπτος ἡ σή, Χριστέ μου, φύσις.
ἐπὶ τὴν κοίτην μου, φησί, τὴν ἄγαν προκοπήν μου,
ἐν ᾗ καὶ φθάσασα λοιπὸν ἤλπισα καταπαῦσαι
ὡς ἤδη τὴν ἀκρότητα πάντων καταλαβοῦσα,
ὅταν πρὸς νύκτα πέφθακα τῶν θείων μυστηρίων,
θερμῶς ἀναζητήσασα τὸν λόγον καὶ νυμφίον
οὐχ εὗρον τοῦτον οὐδαμῶς ἐκεῖσε πεφυκότα·
καὶ πάλιν τοῦτον κέκληκα, πλὴν οὐχ ὑπήκουσέ μου.
ὡς ἀληθῶς ἐκτραγῳδεῖ τοὺς λόγους ἡ παρθένος.
ψυχὴ γὰρ πᾶσα καθαρά, κἂν πρὸς ἀγγέλους φθάσῃ
καὶ τῶν ἀδύτων ἔσωθεν εἰσέλθῃ τῶν ἀρρήτων,
μὴ νομιζέτω κατιδεῖν τὴν θεϊκὴν οὐσίαν.
Ἐπεὶ γοῦν ὡς ἐζήτησεν οὐχ εὗρε τὸν νυμφίον,
ἀκούσωμεν τί βούλεται. φησὶ γὰρ οὕτω πάλιν·

627 168,18–169,1 ‖ **631** 170,15–16 ‖ **632–633** Isai. 40,4 ‖ **633** Greg. 171,2 ‖ **633–644** Greg. Or. 6 p. 181,10–182,4

627 *ὃς*] *ὡς* **m m**^{a} **n r** | *ὡς*] *ἐν* **m m**^{a} | *κρίνα* **c** *-ον* **p** ‖ **629** *νῦν ἐκζήτησον* **c**: *ἀναζήτησον* cett. (*-σιν* **p**) ‖ **630** *ὥσπερ* **c** | *ἐπήδησας* **m** *ἐπεῖδας* **R r N** | *πρὸ*] *ἀπὸ* **c** ‖ **632** *τοὺς*] *τῶν* **n** ‖ **633** *τοῖς* **p** ‖ **636** om. **c** ‖ **638** *ἐπὶ* om. **c** ‖ **640** *τὸ ἀκρότατον* **w** | *καταλαβοῦσαι* **p** ‖ **641** *ὅταν*] *ὅπερ* **m m**^{a} *ὅτι* **n** | *πρὸς*] *ἡ* **m m**^{a} | *νύξ τε* **m** | *πέφυκα* **n** *-κε* **m m**^{a} ‖ **643** *οὐδαμῶς*] *προφανῶς* **R r N** | *πεφυκότα* **c**: *πεφηνότα* cett. ‖ **644** *τοῦτο* **p** ‖ **645** *ἐκτραγωδοῖ* **R N** *-ῇ* **r** *ἐτραγωδεῖ* **m**^{a} ‖ **646** *φθάσει* **p R N** ‖ **649–1201** om. **p** ‖ **650** *ἀκούσομεν* **c** | *οὕτως ἴσως* **c** (scr. *οὑτωσί πως*?)

ἀναστήσομαι δὴ καὶ κυκλώσω ἐν τῇ πόλει, ἐν ἀγοραῖς καὶ ἐν ταῖς πλατείαις, καὶ ζητήσω ὃν ἠγάπησεν ἡ ψυχή μου. ἐζήτησα αὐτὸν καὶ οὐχ εὗρον αὐτόν [3, 2].

Ἐξαναστήσομαι, φησί, καὶ ψηλαφήσω τοῦτον
καὶ πᾶσαν ὑπερκόσμιον περικυκλώσω φύσιν,
ἣν πόλιν ἐπωνόμασεν ὁ λόγος τῶν Ἀισμάτων,
καθώσπερ εἶπεν ἀγορὰν τὰς ἄνω πανηγύρεις.
ὡς γοῦν ἀνέστην δή, φησίν, εἰς ζήτησιν ἐκείνου
καὶ τῷ σκοπῷ καὶ λογισμῷ τὰς τῶν ἀγγέλων φύσεις
ἁπάσας ἐξηρεύνησα μετὰ πολλοῦ τοῦ πόνου,
ἐλπίζουσα καταλαβεῖν αὐτὸν ἐν τοῖς ἀγγέλοις –
ὡς ἐψηλάφουν τοιγαροῦν αὐτὸν ἐν τοῖς ἀγγέλοις,
ὅπως ἂν μάθω τίς ἐστι καὶ ποδαπὸς τυγχάνει
καὶ πόθεν ἔχει τὴν ἀρχὴν καὶ τίνι καταλήγει,
οἱ φύλακες τῆς πόλεως, Σιὼν τῆς ἀνωτάτω,
περινοστοῦσαν εἶδόν με τὴν πόλιν καὶ ζητοῦσαν.
Φησὶ γὰρ οὕτω καθεξῆς ὥσπερ ἀφηγουμένη·

εὕροσαν με οἱ τηροῦντες, οἱ κυκλοῦντες ἐν τῇ πόλει [3, 3^1].

Εἶτα, φησίν, ἠρώτησα πρὸς τοὺς ἀγγέλους τάδε·

μὴ ὃν ἠγάπησεν ἡ ψυχή μου εἴδετε; [3, 3^2].

Ἤλπιζον γὰρ ὡς ἀληθῶς κἂν τοῖς ἀγγέλοις εἶναι
καταληπτὸν καὶ προσιτὸν τὸν λόγον καὶ νυμφίον·
ἐπεὶ δὲ τούτους ἔγνωκα μηδὲν ἐπισταμένους,
παρῆλθον αὖθις ἀπ' αὐτῶν, φησίν, ἐξαποροῦσα.

ὡς μικρὸν ὅτε παρῆλθον ἀπ' αὐτῶν, ἕως οὗ εὗρον ὃν ἠγάπησεν ἡ ψυχή μου [3, 4^1].

Ὡς γοῦν παρῆλθον δή, φησί, μικρὸν ἐκ τῶν ἀγγέλων,
πιστεύσασα τῷ λογισμῷ τὴν ἀκαταληψίαν

651–663 182, 4–14 ‖ **665** 182, 14–15 ‖ **668–669** 182, 15–17 ‖ **670–675** 183, 1–5

654 *καθώσπερ*] *ὥσπερ ἂν* **c** ‖ **655** *ἀνέστην* $\mathbf{m}^{a}$ **w**: *-η* cett. | *εἰς* **c**: *πρὸς* cett. ‖ **656** *σκοπῷ καὶ*] *σκιώδει* **m** *σκιῶδες* $\mathbf{m}^{a}$ ‖ **657** *ἐξερεύνησα* **m** $\mathbf{m}^{a}$ *ἐξερευνήσει* **c** | *πόθου* **m** $\mathbf{m}^{a}$ **n** ‖ **658** *αὐτὴν* **c** ‖ **659** habent **r N w**: om. **c m** $\mathbf{m}^{a}$ **n R** ‖ **660** *μάθοι* **R N** | *ποταπὸς* **m** $\mathbf{m}^{a}$ **w** ‖ **661** om. $\mathbf{m}^{a}$ ‖ **662** *ἀνωτάτης* **r N w** ‖ **663** *περινοστοῦσαν*] *καὶ ζητοῦσαν* **m** | *εἶδόν με*] *πανδημὶ* **c** | *καὶ ζητοῦσαν* om. **m** ‖ **664** *οὕτως ἐφεξῆς* **m** ‖ **665** om. **R r N** | *ἠρώτησαν* **c** ‖ **669** *παρῆλθεν* **n** | *ἐξ ἀπορίας* **c** ‖ **670** *οὖν* **m** $\mathbf{m}^{a}$ | *δή* **c**: *γὰρ* cett. | *φημι* **c** ‖ **671** *πιστεύουσα* **R r N**

τοῦ παντοκράτορος Χριστοῦ καὶ θεανθρώπου λόγου,
εὗρον αὐτὸν ὡς ἀληθῶς ἐν τοῖς ἀκαταλήπτοις.
ἡ φύσις γὰρ ἡ θεϊκὴ τοῦ λόγου καὶ νυμφίου
τῷ μὴ καταλαμβάνεσθαι καταληπτὴ τυγχάνει.

ἐκράτησα αὐτὸν καὶ οὐκ ἀφῆκα αὐτόν, ἕως οὗ εἰσήγαγον αὐτὸν εἰς οἶκον μητρός μου καὶ εἰς ταμεῖον τῆς συλλαβούσης με [3, 4[2]].

Ἐπείπερ ἀκατάληπτον, φησίν, αὐτὸν ἐφεῦρον,
ἔνδον αὐτὸν ἐκράτησα καὶ μέσον τῆς καρδίας
καὶ τῷ πατρὶ συνάναρχον ἐγνώρισα τυγχάνειν.
ἡμεῖς γὰρ οἶκοι καὶ ναοὶ καὶ μάλιστα ταμεῖα
τοῦ πνεύματος τυγχάνομεν, κατὰ τὸν μέγαν Παῦλον,
τοῦ καὶ γεννήσαντος ἡμᾶς καὶ τρέφοντος ὡς οἶδεν.
Ἀλλὰ τὴν κρείττω προκοπὴν ἡ νύμφη ψηλαφῶσα
πάλιν αὐτοὺς ἐκδυσωπεῖ, φησὶ γὰρ τούτοις τάδε·

ὥρκισα ὑμᾶς, θυγατέρες Ἰερουσαλήμ, ἐν ταῖς δυνάμεσι καὶ ἐν ταῖς ἰσχύσεσι τοῦ ἀγροῦ, ἐὰν ἐγείρητε καὶ ἐξεγείρητε τὴν ἀγάπην, ἕως οὗ θελήσῃ [3, 5].

Τοῦ λόγου τούτου φθάσαντες εἴπομεν τὰς ἐμφάσεις·
λόγους λοιπὸν ὡς δυνατὸν τοὺς ἐφεξῆς σκεπτέον.

τίς αὕτη ἡ ἀναβαίνουσα ἀπὸ τῆς ἐρήμου ὡς στελέχη καπνοῦ τεθυμιαμένου σμύρναν καὶ λίβανον ἀπὸ πάντων κονιορτῶν μυρεψοῦ; [3, 6].

Ταῦτα μὲν λέγουσιν ἁπλῶς οἱ φίλοι πρὸς τοὺς φίλους,
ὁ τῶν ῥημάτων δὲ σκοπὸς οὗτός ἐστιν, ὡς οἶμαι.
ἡ νύμφη μὲν καὶ πρότερον ταῖς ἀρεταῖς ὑψώθη,
τῇ πίστει, τῇ πραότητι καὶ τῇ δικαιοσύνῃ·
ἐπεὶ δὲ καὶ πρὸς ἀρετῆς ἄλλο μετέβη σχῆμα,

676–679 183, 5–11 ‖ **679–680** 1 Cor. 3, 16 ‖ **684** supra 454–462; Greg. 184, 16–185, 3 ‖ **690–703** 188, 7–189, 10

672 *Χριστοῦ*] *θ(εο)ῦ* **m m**[a] ‖ **675** *τῶ* **m m**[a] **w**: *τὸ* cett. | *καταληπτὴν* **R N** *-ὸς* **n** | *τυγχάνειν* **R N** ‖ **676** *ἐπεὶ γὰρ* **R r N** | *αὐτὸν φησὶν* trp. **n R r N w** ‖ **679** *οἶκοι καὶ ναοὶ*] *οἴκημά ἐσμεν* **m m**[a] | *ταμεῖον* **m m**[a] ‖ **680** *μέγα* **m**[a] **n** ‖ **681** *καὶ*[1] om. **m** | *εἶδον* **m R r** ‖ **682** *ψηλαφῶσα* **c**: *-οῦσα* cett. (*-ῆσα* **m**) ‖ **683** *αὐτοὺς ἐκδυσωπεῖ* **c**: *τοὺς φίλους δυσωπεῖ* cett. | *τούτους* **m R r N** ‖ **684** *φθάσαντος* **n** | *εἴπωμεν* **c n r** ‖ **685** *ὡς δυνατὸν τοὺς ἐφεξῆς* **c**: *τοὺς ἐφεξῆς ὡς δυνατὸν* trp. cett. ‖ **686** *μὲν λέγουσιν ἁπλῶς* **c**: *τοιγάρτοι λέγουσιν* cett. | *οἱ*] *ὡς* **m m**[a] | *τοὺς φίλους* **c**: *ἀλλήλους* cett. ‖ **688** *μὲν* **c**: *γὰρ* cett. | *ὑψώθη*] *ὡς οἶμαι* **m m**[a] ‖ **689** *τῇ*[2]] *καὶ* **c** | *τῇ*[3] om. **c**

νηστείας ἀγρυπνίας τε καὶ προσευχῆς παννύχου,
καὶ τὴν μορφὴν ἠλλάξατο ταῖς ἄγαν χαμευνίαις,
οἱ φίλοι κατεπλάγησαν τῆς προκοπῆς τῆς νύμφης
καί πως ὑποκρινόμενοι δῆθεν ὡς ἀγνοοῦντες,
περὶ τῆς νύμφης θέλουσιν ἐπερωτᾶν ἀλλήλους,
τίς αὕτη, λέγοντες, ἐστίν, ἥτις ἐκ τῆς ἐρήμου
πρὸς οὐρανοὺς ἀνέδραμεν ὥσπερ καπνοῦ στελέχη,
σμύρνης ὀσμὴν ἐκπέμπουσα καὶ θαυμαστοῦ λιβάνου;
ψυχὴ γὰρ πᾶσα θέλουσα λίβανον τελεσθῆναι,
ἤγουν τερπνὸν θυμίαμα τῷ βασιλεῖ τῶν ὅλων,
ἂν μὴ νεκρώσῃ πρότερον πάντα τὰ μέλη ταύτης
καὶ σμύρνα δῆθεν γένηται Χριστῷ συννεκρωθεῖσα,
οὐκ ἄλλως γίνεταί ποτε λίβανον τῷ κυρίῳ.

ἰδοὺ ἡ κλίνη Σολομῶντος, ἑξήκοντα δυνατοὶ κύκλῳ αὐτῆς ἀπὸ δυνατῶν Ἰσραήλ, πάντες κατέχοντες ῥομφαίαν, δεδιδαγμένοι πόλεμον· ἀνὴρ ῥομφαίαν ἐπὶ τὸν μηρὸν αὐτοῦ ἀπὸ θάμβους ἐν νυξίν [3, 7–8].

Οἱ φίλοι ταῦτα λέγουσι δῆθεν πρὸς τὴν παρθένον
τὸ κάλλος ἀφηγούμενοι τῆς κλίνης τοῦ νυμφίου,
ὡς μᾶλλον ὑπανάψωσι τὸν πόθον τὸν τῆς νύμφης.
Σὺ δέ μοι σφόδρα πρόσεχε τῇ τούτων ἐξηγήσει.
κλίνη τυγχάνει Σολομῶν ὁ τῶν σωθέντων τόπος,
ἑξήκοντα δὲ δυνατοὶ περικυκλοῦντες ταύτην
ὄντως αὐτοὶ πεφύκασιν οἱ πάνυ σεσωσμένοι.
ἑξήκοντα δὲ λέγονται τῷ λόγῳ τῶν Ἀισμάτων
ὡς δεκαπλασιάσαντες ἐν ἀγαθοεργίαις
τὴν δεδομένην πρὸς αὐτοὺς ἑξάδα τῶν ταλάντων.
οἵτινες ὄντες δυνατοὶ τῇ χάριτι τῇ θείᾳ
θάμβους ἐνέπλησαν πολλοῦ τὰ στίφη τῶν δαιμόνων

704–706 189, 16–190, 3 ‖ **711–713** cf. Greg. Or. 15 pp. 462, 18–463, 9 ‖ **713** =infra vs. 1186 ‖ **715** cf. Poem. 54, 1293

691 *προσευχὰς παννύχους* **R r N** ‖ **692** *τῆς … χαμευν(ε)ίας* **R r N** ‖ **694** *ὡς ἀγνοοῦντες* **c**: *τὸν ἀγνοοῦντα* **n R r N w** *τοὺς ἀγνοοῦντας* **m m**[a] ‖ **696** *ἐστὶν ἥτις ἐστὶν* **c** ‖ **697** *στελέγχη* **R N w** *-ει* (?) **c** ‖ **698** *σμύρναν* **n** a. c., **R r N** *-ας* **n** p. c. ‖ **699** *πᾶσα ψυχὴ γὰρ* trp. **m m**[a] **n** ‖ **701** *ταύτης μέλη* trp. **m m**[a] ‖ **702** *Χριστῷ*] *δῆθεν* (iterum) **c** ‖ **706** *ὑπανάψουσι* **R r N w** ‖ **707** *ἐξήγησιν τὴν τούτων* **R r N** ‖ **709** *ταύτη* **m** ‖ **710** *πάνυ* om. **c** ‖ **712–713** habet **c**: om. cett. ‖ **714** *ὄντως* **R w** ‖ **715** *βαθμοὺς* **n** | *ἐνέπλησε* **R r N** | *πολλοὺς* **n R r N** | *στίφη*] *πλήθη* **m m**[a] **n**

τῶν ἐν νυξὶ τὸν πόλεμον ἐχόντων κατ' ἀνθρώπων,
ὥσπερ ἐκπλήττει τις ἀνὴρ ῥομφαίαν μηρῷ φέρων
τοὺς μὴ πρὸς πόλεμον καλῶς ἐκδεδοκιμασμένους.
ἐκεῖνοι γὰρ σπασάμενοι τὸ τοῦ σταυροῦ σημεῖον
ὥσπερ ῥομφαίαν δίστομον ἠκονημένην λίαν
πρὸς τὰς ἀρχὰς ἀντέστησαν καὶ πρὸς τὰς ἐξουσίας
τοῦ κοσμοκράτορος σατᾶν, τοῦ σκότους τοὺς προστάτας.
Ταῦτα μὲν οὕτω παρ' ἡμῶν ὡς δυνατὸν ἐλέχθη·
εἰ δ' ἴσως κατὰ σύνταξιν ὁ λόγος οὐ προβαίνει,
μὴ τὸ θαυμάσῃς, δέσποτα, μηδὲ δυσαρεστήσῃς,
οὕτως γὰρ ἔχει τὰ πολλὰ τῶν προφητικωτέρων.
Φέρε λοιπὸν ἁψώμεθα τῶν ἐφεξῆς ᾀσμάτων.

φορεῖον ἐποίησεν ἑαυτῷ ὁ βασιλεὺς Σολομῶν ἀπὸ ξύλου τοῦ Λιβάνου. στύλους αὐτοῦ ἐποίησεν ἀργυροῦς καὶ τὸ ἀνάκλιτον αὐτοῦ χρυσίον, ἐπίβασιν αὐτοῦ πορφυρᾶν, ἐντὸς αὐτοῦ λιθόστρωτον, ἀγάπην ἀπὸ θυγατέρων Ἰερουσαλήμ [3, 9–10].

Ὁ λόγος ὁ προκείμενος τοῦ μέλους τῶν Ἀισμάτων
τὴν ἐξ ἐθνῶν αἰνίττεται πανσόφως ἐκκλησίαν.
ὁ βασιλεὺς γὰρ Σολομῶν, τοῦτ' ἔστιν ὁ νυμφίος,
ἐν ταύτῃ κλίνει κεφαλὴν ὡς ἔν τινι φορείῳ·
ἥντινα κατεσκεύασεν ἐκ ξύλων τοῦ Λιβάνου,
τοῦτ' ἔστιν ἀπὸ τῶν ἐθνῶν τῶν ἀπωσμένων πάλαι.
ἔστι μὲν γὰρ καὶ Λίβανος σεπτός, ἡγιασμένος,
οὗτινος μέμνηται Δαυὶδ ὁ ψαλμογράφος λέγων·
ὡς φοῖνιξ ἐξανθήσεται δίκαιος ἐν κυρίῳ
καὶ πληθυνθήσεται καλῶς ὡς κέδρος ἐν Λιβάνῳ.
ἔστι δὲ πάλιν Λίβανος ἀπόβλητος ἐν πᾶσιν,

719–720 cf. Poem. 54, 1292 ‖ **724–725** cf. Greg. Or. 2 p. 53, 13–15 ‖ **734–739** Greg. Or. 14 pp. 422, 10–423, 2 ‖ **734–737** Ps. 91, 13 ‖ **738–739** Ps. 28, 5; Greg. Or. 7 p. 209, 3–6

717 *μηρῶ* **c r** *-ὸν* **m**[a] **n R w** *-ὶ* **N** *καλῶς* **m** ‖ **719** *ἐκεῖνος … σπασάμενος* **m m**[a] **n** ‖ **721** *ἀνθέστηκε* **m** *ἀντ-* **m**[a] | *πρὸς*[2] om. **c** ‖ **722** *τοὺς προστάτας* **c**: *τὸν προστάτην* **m m**[a] **n** *τοῦ προστάτου* **R r N w** ‖ **723** *οὕτω* **c w**: *οὖν γε* **m m**[a] *ὄντα* cett. | *ἡμῖν* **n** | *ἠλέγχθη* ex *ἠλέχθη* (?) **n** *ἐλέγχθη* **m**[a] **w** ‖ **724** *σύντασιν* **w** ‖ **725** *μὴδὲ* **c**: *μὴ τὸ* cett. ‖ **726** om. **c w** | *προφητικωτάτων* **c** ‖ **728** *μέλους* **n w** *τέλους* **m m**[a] *λόγου* **c R r N** ‖ **730** *γὰρ*] *δὲ* **m m**[a] ‖ **731–732** habet **c**: om. cett. ‖ **733** *τοῦτ'* **c**: *ὃς* cett. | *πάλιν* **m m**[a] **n** ‖ **734** *ἔστι μὲν*] *ἕστηκε* **c** ‖ **735** *λόγων* **c** ‖ **736** *ἐξανθήσεται* **m m**[a] **n R r N**: *-σειε* **w** *-σει ὁ* **c** | *δικαίως* **w** | *ἐν*] *τῷ* **m** ‖ **737** *τοῦ λιβάνου* **m m**[a] **n** ‖ **738** *λίβανον ἀπόβλητον* **R r N**

οὗπερ ἐπεύχεται Δαυὶδ τὰς κέδρους συντριβῆναι.
στύλους δὲ σύ μοι νόησον καὶ βάσεις τοῦ φορείου
τοὺς ἀποστόλους ἀληθῶς καὶ τοὺς προφήτας ὅλους,
οἵτινες ὑπεστήριξαν Χριστοῦ τὴν ἐκκλησίαν
καὶ τὴν ἀγάπην ηὔξησαν, ἤγουν τὴν σωτηρίαν,
τῶν ἀνθρωπίνων δηλαδὴ ψυχῶν τῶν ἀπωσμένων.
Ταῦτα μὲν οὖν λελάληκεν ὑπὲρ αὐτῆς ἡ νύμφη·
εἶτα προτρέπεται ψυχαῖς ἁπάσαις τῶν ἀνθρώπων
ὑπεξελθεῖν τῶν κοσμικῶν σκανδάλων καὶ θορύβων
καὶ τὸν νυμφίον κατιδεῖν αὐταῖς συνηνωμένον.
φησὶ γὰρ οὕτω πρὸς αὐτὰς ὑφ' ἡδονῆς ἡ νύμφη·

ἐξέλθετε καὶ ἴδετε, θυγατέρες Σιών, ἐν τῷ βασιλεῖ Σολομῶν, ἐν τῷ στεφάνῳ ᾧ ἐστεφάνωσεν αὐτὸν ἡ μήτηρ αὐτοῦ ἐν ἡμέρᾳ νυμφεύσεως καὶ ἐν ἡμέρᾳ εὐφροσύνης καρδίας αὐτοῦ [3, 11].

Ὦ θυγατέρες τῆς Σιών, φησὶν ἡ νύμφη πάλιν,
ἐπείπερ ἔγωγε, τὸ πρὶν οὖσα μεμισημένη,
γέγονα νῦν τερπνότατον φορεῖον τοῦ νυμφίου,
θέλω καὶ πάσας ἐκφυγεῖν ὑμᾶς ἀπὸ τοῦ βίου
καὶ καθαροῖς ἐν ὄμμασι προσβλέψαι τῷ νυμφίῳ
περικειμένῳ στέφανον ἐκ λίθων σεβασμίων,
ἐν ᾧπερ ἐστεφάνωσεν αὐτὸν ἡ μήτηρ τούτου
σήμερον μνηστευόμενον ἐμὲ τὴν ἐκκλησίαν.
μήτηρ δὲ τούτου πέφυκεν ἡ τοῦ πατρὸς ἀγάπη.
Τούτων ὡς ἤκουσεν αὐτῆς τῶν λόγων ὁ νυμφίος,
πρὸς ἔπαινον ἐγείρεται τοῦ κάλλους αὐτῆς λέγων·

ἰδοὺ εἶ καλή, ἡ πλησίον μου, ἰδοὺ εἶ καλή [4, 1¹].

Καλὴ γὰρ ὄντως πέφυκας, φησί, κἀμοῦ πλησίον,
πάσας σωθῆναι θέλουσα τὰς ψυχὰς τῶν ἀνθρώπων.

740–741 Greg. 210, 16–17; 211, 11–13 ‖ **746–748** 211, 19–212, 10 ‖ **752** 212, 6 ‖ **753–756** 212, 8–12 ‖ **758** 212, 14–213, 2; 214, 7–9 ‖ **759–762** 214, 19–215, 3

739 *οὗπερ* **c m m**[a] *ὅπερ* **n R r N** *ὅνπερ* **w** ‖ **741** *ὅλως* **n** ‖ **746** *εἶτα*] *ἥτις* **R r N** | *ψυχὰς ἁπάσας* **R r N** ‖ **747** *καὶ*] *ὡς* **m m**[a] ‖ **748** *αὐτῶ συνηνωμμένω* **c** ‖ **750** *ὦ*] *αἱ* **c** ‖ **752** *νῦν*] *γοῦν* **c** | *χωρίον* **c** ‖ **753** *πάντας* **R r N** | *ἡμᾶς* **R N** ‖ **754** *προσβλέψαι* **c**: *προσβλέπειν* cett. (*προ-* **R**) | *τῶ νυμφίω* **c**: *τὸν νυμφίον* cett. ‖ **757** *ἐμοὶ τῆ ἐκκλησία* **c** ‖ **758** *πατρὸς*] *πν(εύματο)ς* **c** ‖ **759** *τοῦτον … τὸν λόγον* **m** ‖ **761** *οὕτως* **R**, **r** (-*ω*), **N** a. c.

Εἶτ' ἐπαινέσαι βουληθεὶς αὐτὴν καὶ κατὰ μέρος
φησί πως οὕτω πρὸς αὐτήν, ἤγουν τὴν ἐκκλησίαν·

ὀφθαλμοί σου περιστερᾶς [4, 1[2]].

Ὥσπερ ἐν σώματι βροτοῦ πολλὰ τυγχάνει μέλη,
πόδες καὶ χεῖρες καὶ μασθοὶ καὶ στῆθος καὶ κοιλία,
οὕτω καὶ σῶμα πάνσεπτον τῆς θείας ἐκκλησίας,
οὗπερ τυγχάνει κεφαλὴ Χριστὸς ὁ καὶ νυμφίος,
καὶ χεῖρας ἔχει τροπικῶς καὶ πόδας καὶ κοιλίαν
ὄμματά τε καὶ τράχηλον ὀδόντας τε καὶ τρίχας.
τούτων γοῦν πάντων τῶν μερῶν καὶ τῶν μελῶν τὸ κάλλος
τῆς νύμφης θέλων ἐπαινεῖν Χριστὸς ὁ καὶ νυμφίος
ἐξ ὀφθαλμῶν ἀπήρξατο τὸν ἔπαινον συμπλέκειν.
σὺ δ' ὀφθαλμοὺς ἐννόησον τῆς θείας ἐκκλησίας
τὸ σύνταγμα τῶν προφητῶν τῶν ὀξυδερκεστάτων.
Θέλων δὲ ταύτης ἐπαινεῖν τοὺς ὀφθαλμοὺς τοὺς ἔνδον
φησὶ καὶ τοῦτο πρὸς αὐτήν, ὡς καθ' εἱρμὸν εὑρήσεις·

ἐκτὸς τῆς σιωπήσεώς σου [4, 1[3]].

Τοὺς ὀφθαλμούς σου γάρ, φησιν, ἐπῄνεσα τοὺς ἔξω,
οἱ γὰρ ἐντὸς ὑπέρτεροι τυγχάνουσιν ἐπαίνων.

τριχώματά σου ὡς ἀγέλαι τῶν αἰγῶν αἱ ἀποκαλυφθεῖσαι ἀπὸ τοῦ Γαλαάδ [4, 1[4]].

Ταῦτα μὲν οὖν ὡς γυναικὶ προσομιλεῖ τῇ νύμφῃ·
εἰ δ' ἀναγωγικώτερον ἐξερευνῆσαι θέλεις,
τριχώματα πεφύκασι τῆς νύμφης καὶ παρθένου,
ἤγουν ἐγκαλλωπίσματα τῆς θείας ἐκκλησίας,
τὸ πλῆθος ὄντως τοῦ λαοῦ τῆς ἐξ ἐθνῶν ἀγέλης.

765–770 216, 3–13 ‖ **771–773** 218, 10–12 ‖ **774–775** 217, 7–13 ‖ **776–779** 219, 10–19 ‖ **782–784** 222, 9–11

765 *βροτοῦ* **c w**: *-ῶν* cett. | *μέλη* **c**: *μέρη* cett. ‖ **766** *καὶ μασθοὶ* **c n R**: *-στ-* **N w** *-ζ-* **r** *τράχηλοι* **m m**[a] | *στήθη* **R N** ‖ **767** *πάνσεπτον* **c**: *σὺ σεπτὸν* **m m**[a] *τὸ σεπτὸν* cett. ‖ **769** *ἔχον καὶ χεῖρας* **m m**[a] | *τροπικὰς* **n** ‖ **769–772** om. **w** ‖ **770** *τε καὶ*[2]] *καὶ τὰς* **R r N** ‖ **771** *γοῦν* **c**: *γὰρ* cett. | *μελῶν*] *μερῶν* (iterum) **r N** ‖ **772** *τῆς νύμφης θέλων* **c**: *θέλων τῆς νύμφης* trp. cett. ‖ **773** *ἔπαινον*] *στέφανον* **w** ‖ **774** *ὀφθαλμὸν* **R r N w** ‖ **777** *τοῦτο* **c**: *ταῦτα* cett. ‖ **778–779** om. **c** (coniunctis lemmatis) ‖ **779** *ἐπαίνων* **R r N**: *-ου* **n** sscr., **w** *τῶν ὅλων* **m m**[a] **n**

ὀδόντες σου ὡς ἀγέλαι τῶν κεκαρμένων αἱ ἀναβαίνουσαι ἀπὸ τοῦ λουτροῦ, αἱ πᾶσαι διδυμεύουσαι, καὶ ἀτεκνοῦσα οὐκ ἔστιν ἐν αὐταῖς [4, 2].

Ὀδόντας δέ μοι γίνωσκε τοὺς θείους διδασκάλους
τοὺς σαφηνίζοντας ἡμῖν γραφὴν τὴν σεβασμίαν,
τοὺς τὰς φροντίδας τῆς σαρκὸς ἐναποκειραμένους
καὶ τῷ τῆς συνειδήσεως λουτρῷ κεκαθαρμένους.
διδυμοτόκους πάλιν δὲ τούτους ὁ λόγος εἶπεν
ὡς καὶ ψυχὰς καὶ σώματα καλῶς καθηγνισμένους.

ὡς σπαρτίον κόκκινον χείλη σου, καὶ ἡ λαλιά σου ὡραία [4, 3^{1}].

Ἐν τούτοις πάλιν ἐπαινεῖ τὰ χείλη τὰ τῆς νύμφης.
σὺ δὲ σπαρτίον γίνωσκε τῆς σιωπῆς τὸ μέτρον,
τὴν δ' αὖ ὡραίαν λαλιὰν τὸ κήρυγμα τὸ θεῖον.
φησὶ γάρ· σὺ κατώρθωσας τῆς σιωπῆς τὴν χάριν
μηδὲν λαλοῦσα περιττὸν μηδὲ πεπλανημένον·
εἰ γὰρ θελήσεις πώποτε λαλῆσαι καὶ φωνῆσαι,
τὸ κήρυγμα τῆς πίστεως κηρύττεις καὶ διδάσκεις.

ὡς λέπυρον ῥοᾶς μῆλόν σου ἐκτὸς τῆς σιωπήσεώς σου [4, 3^{2}].

Διπλοῦν κἀνταῦθα δέδωκε τὸν ἔπαινον τοῦ κάλλους.
τὸ τοῦ προσώπου γὰρ αὐτῆς νῦν ἐπαινέσας μῆλον
ὡς πλῆρες ἐρυθήματος καὶ σωφροσύνης γέμον,
ἐπῄνεσε καὶ τῆς ψυχῆς τὸ κάλλος λέγων οὕτως·
ἐκτὸς τῆς σιωπήσεως, τοῦ κάλλους τῆς ψυχῆς σου.
ταῦτα μὲν οὖν ἐρωτικὴν ἔξωθεν ἔχει θέαν,
ἀλλ' ἔνδον μεγαλοπρεπεῖς τὰς ἀναβάσεις φέρει.

ὡς πύργος Δαυὶδ τράχηλός σου ὁ οἰκοδομημένος ἐν Θαλπιώθ· χίλιοι θυρεοὶ κρέμανται ἐπ' αὐτόν, πᾶσαι βολίδες δυνατῶν [4, 4].

785–786 224, 7–11 ‖ **787–788** 227, 12–14 ‖ **789–790** 228, 1–3 ‖ **796–797** 229, 11–14 ‖ **798** 230, 11–18 ‖ **799–800** 229, 22–230, 5 ‖ **801–802** 230, 17–231, 4

786 *σαφηνίζοντας* **c**: *-σαντας* cett. ‖ **787** om. **c** ‖ **788** om. **m m**^{a} **n** ‖ **789** *πάλιν δὲ τούτους* **c**: *τούτους δὲ πάλιν* trp. cett. | *λόγος εἶπεν*] *τόκος θέλγει* **c** ‖ **790** *ψυχῆς καὶ σώματος* **n N w** *-ῆ … -τι* **R r** ‖ **791** *ἐπαινῶ* **R** *-ῶν* **r N** | *τὰ*^{2} **c**: *μὲν* cett. ‖ **792** *μέτρον* **c**: *μέρος* cett. ‖ **793** *ἡ δ' αὖ ὡραῖα λαλιᾶ* **c** ‖ **795** *λαλοῦσι* **R N** ‖ **799** *αὐτοῦ* **n** ‖ **800** *ἐρυθίσματος* **n, N** p. c. *ἐρεθίσματος* **R** ‖ **801** *ἐπήνεσαι* **c** *-σα* **R, N** a. c. ‖ **803** *ἐρωτικὴν οὖν* trp. **m** ‖ **804** *ἀλλ' ἔνδον*] *ἀλλά γε* **N** *ἀλλὰ οὖν* **r** | *φέρ(ει)* **c**: *ἔχει* cett.

Καὶ ταῦτα γυναικοπρεπῶς προσομιλεῖ τῇ νύμφῃ·
θέλων γὰρ ταύτης ἐπαινεῖν τὸν τράχηλον ἐξόχως
πύργῳ παρείκασεν αὐτὸν ὑψηλοτάτῳ πάνυ
τῷ δομηθέντι πρότερον παρὰ Δαυὶδ τοῦ θείου
ἐν Θαλπιὼθ πρὸς τήρησιν ἁπάντων τῶν ἁρμάτων
τῶν τροπουμένων παρ' αὐτοῦ πολλάκις ἀλλοφύλων.
Σὺ δέ μοι τράχηλον αὐτῆς τῆς θείας ἐκκλησίας
τὸν μέγαν Παῦλον γίνωσκε, δέσποτα στεφηφόρε,
τὸν τὸν Χριστὸν βαστάσαντα, τὴν κεφαλὴν τῶν ὅλων,
καὶ κατ' ἐκεῖνον εἴ τινας ἑτέρους διδαχθήσῃ.
τούτων καὶ γὰρ ἐξήρτηνται τάξεις τῶν ἀσωμάτων,
οὕσπερ ὁ λόγος θυρεοὺς ἐκάλεσε χιλίους.
μὴ μέντοι λόγον ἀπαιτῇς, δέσποτα, τῶν χιλίων,
ἔθος γάρ ἐστι τῇ γραφῇ πολλάκις ταῦτα λέγειν,
ὥς που φησίν, ὁ νόμος σου τοῦ στόματος τυγχάνει
ὑπὲρ ἀργύρου καὶ χρυσοῦ, δέσποτα, χιλιάδας·
καὶ χιλιάδας ἀλλαχοῦ τῶν εὐθηνούντων λέγει.

δύο μασθοί σου ὡς δύο νεβροὶ δίδυμοι δορκάδος οἱ νεμόμενοι ἐν τοῖς κρίνοις [4, 5].

Καὶ τοῦτο γυναικοπρεπῶς ἔξωθεν λελεγμένον
ἔσωθεν ἔχει θαυμαστὴν ἐξήγησιν καὶ χάριν.
μασθοὺς γὰρ γίνωσκε διττοὺς τῆς θείας ἐκκλησίας
αἷμα καὶ ὕδωρ τὸ σεπτὸν τοῦ λόγου καὶ σωτῆρος,
δι' ὧν ἀρδεύονται ψυχαὶ πιστῶν εἰς σωτηρίαν.

ἕως οὗ διαπνεύσῃ ἡμέρα καὶ κινηθῶσιν αἱ σκιαί, πορεύσομαι ἐμαυτῷ πρὸς τὸ ὄρος τῆς σμύρνης καὶ πρὸς τὸν βουνὸν τοῦ λιβάνου [4, 6].

806–810 232, 10–233, 4 ‖ **811–814** 235, 13–17 ‖ **813** cf. Act. 9, 15 ‖ **815–816** Greg. 236, 16–237, 1 ‖ **817–821** 237, 7–12 ‖ **820** Ps. 118, 72 ‖ **821** Ps. 67, 18 ‖ **825** Ioann. 19, 34

805 *μεγαλοπρεπῶς* **c** ‖ **807** *πύργω* **c m w** *-ον* cett. | *αὐτῶν* **c** a. c. | *ὑψηλοτάτω* **c w**: *-ότατον* cett. ‖ **808** *τῶ δομηθέντι* **c w**: *τὸν δομηθέντα* cett. ‖ **809** *θαλπιὼθ* **c**: *θαλφειὼθ* **w** *σαλπιὼθ* **n R r N** *σαλπιὼβ* **m m**^{a} | *ἁρμάτων* codd. ‖ **810** *τρεπομένων* **r N** *τερπομένων* **R** | *πολλάκις*] *πολέμων* **w** ‖ **811** *αὐτοῦ* **R r** ‖ **812** *μέγα* **n** ‖ **814** *εἴ*] *αἵ* **n** ‖ **815** *γὰρ*] *νῦν* **m m**^{a} **n** ‖ **816** *ἅσπερ* **n w** *ὥσπερ* **R** ‖ **817** *μὴ*] *εἰ* **c** | *ἀπαιτῇς* **N**: *ἀπατῇς* **n** *ἀπαιτεῖς* cett. ‖ **818** *τῇ γραφῇ* **c N**: *τῆς γραφῆς* cett. | *πολλάκις ταῦτα* **c**: *τοῦτο πολλάκις* cett. ‖ **819** *ὥς που* **c**: *ὥσπερ* cett. | *τυγχάνειν* **c** ‖ **821** *εὐθηνούντων* **m N w**, **R** a. c.: *-θυν-* cett. ‖ **822** *τούτου … λελεγμένου* **m m**^{a} ‖ **823** *ἔξωθεν* **c** | *θαυμαστὴν* **c**: *φοβερὰν* cett. ‖ **824** *μαστοὺς* **m m**^{a} **w** ‖ **826** *ἀρύονται* **m m**^{a} | *εἰς σωτηρίαν* **c**: *τῆς σ(ωτη)ρίας* **R N** *τὴν -αν* cett.

Ἐν τούτοις ὑπαινίττεται τὸ πάθος τοῦ σωτῆρος.
σμύρνης γὰρ ὄρος γίνωσκε τὰ πάθη τοῦ σωτῆρος,
λιβάνου πάλιν δὲ βουνὸν ἴσθι τὴν δόξαν τούτου,
ἥνπερ ἐδόξασεν αὐτὸν πατὴρ ἄνωθεν μόνος.
τοῦτο γοῦν ὅλον πέφυκεν ὃ λέγει τῇ παρθένῳ·
δεῦρό μοι συσταυρώθητι πρὸς πάθος ἠπειγμένῳ,
ἵνα μεγάλως σὺν ἐμοὶ πατρόθεν δοξασθήσῃ.
αὐτομολεῖν γὰρ ἔγωγε βούλομαι πρὸς τὸ πάθος,
ὅπως αὐγάσω τοῖς πιστοῖς ἡμέραν σωτηρίας
καὶ κινηθῶσιν αἱ σκιαὶ πᾶσαι τῆς ἀθεΐας·
πλὴν ἐμαυτῷ πορεύσομαι, τοῦτ' ἔστιν ἑκουσίως.
Ταῦτα μὲν οὖν λελάληκεν ὁ κάλλιστος νυμφίος.
ἐπεὶ δὲ ταύτην ἔγνωκε τούτῳ συσταυρωθεῖσαν
καὶ πᾶσαν ἐκπληρώσασαν τὴν ἐντολὴν ἐκείνου,
πάλιν ἐπῄνεσεν αὐτήν. φησὶ γὰρ οὕτω τάδε·

καλὴ εἶ, πλησίον μου, καὶ μῶμος οὐκ ἔστιν ἐν σοί [4, 7].

Εἶτα πρὸς μείζονα καλεῖ ταύτην ἀρθῆναι δόξαν·

δεῦρο ἀπὸ Λιβάνου, νύμφη, δεῦρο ἀπὸ Λιβάνου ἐλεύσῃ καὶ διελεύσῃ ἀπ' ἀρχῆς πίστεως, ἀπὸ κεφαλῆς Σανὴρ καὶ Ἑρμών, ἀπὸ μανδρῶν λεόντων, ἀπὸ ὀρέων παρδάλεως [4, 8].

Ἐπεί, φησίν, ἐλήλυθας εἰς ὄρος τὸ τῆς σμύρνης
καὶ συνανέβης ἔμοιγε βουνὸν τὸν τοῦ λιβάνου,
ἤγουν ἐμοὶ συνέπαθες, εἶτα συνεδοξάσθης,
δεῦρο λοιπὸν ἀνάβηθι τάχος ἐκ τοῦ Λιβάνου
πρὸς ὑψηλότερά τινα τῆς προκοπῆς χωρία,
καὶ μὴ παυθήσῃ πώποτε συναναβαίνουσά μοι
καὶ φεύγουσα παρδάλεων μάνδρας καὶ τῶν λεόντων.

827–830 Greg. 242,16–243,3 ‖ **831–833** 243,13–19 ‖ **834–835** 243,7–10 ‖ **835–836** cf. supra vss. 635–636 ‖ **843–848** Greg. 249,11–18 ‖ **849** 250,18–19

828 om. **m m**[a] | *σμῦρναν* **R r N** | *τὸ πάθος τοῦ κ(υρίο)υ* **n** ‖ **829** *λιβάνου πάλιν δὲ βουνὸν* **c**: *βουνὸν λιβάνου πάλιν δὲ* trp. cett. | *ἴσθι* **c**: *γνῶθι* cett. | *δόξαν τούτου* **c**: *τούτου δόξαν* trp. cett. ‖ **830** *ἥνπερ – μόνος* **c**: *ἣν ἄνωθεν ἐδόξασε π(ατ)ὴρ αὐτὸν καὶ μόνον* cett. ‖ **832** *πρὸς*] *τὸ* **w** | *ἠπειγμένω* **c**: *ἐπειγμένω* **w** *ἐπηγμένω* **n R r N** *ὑπηγμένω* **m m**[a] ‖ **836** *νικηθῶσιν* **c m**[a] ‖ **837** *ἐμαυτῶ* **c n w**: *-ὴν* **m m**[a] *-οῦ* **R r** (compend. **N**) ‖ **839** *ἔγνωκε τούτω* **c**: *ἔγνωκεν αὐτῶ* cett. ‖ **841** *οὕτως* **R r** *οὗτος* **N w** ‖ **843** *ὄρος τὸ τῆς σμύρνης* **c**: *τὸ τῆς σμύρνης ὄρος* trp. cett. ‖ **844** *ἔμοιγε βουνὸν* **c**: *μοι βουνὸν αὐτὸν* cett. ‖ **845–846** om. **m** ‖ **845** *εἶτα* **c**: *ἤτοι* **m**[a] **n w** *ἤγουν* **R r N** ‖ **849** *παρδάλεων* **c m**: *-ως* cett.

Ἐπεὶ δ' ὁ λόγος γέγονεν ἔργον ἐκ τῶν πραγμάτων,
καὶ συνυψώθη τῷ Χριστῷ, τῷ καθαρῷ νυμφίῳ,
οἱ φίλοι κατεπλάγησαν τὴν προκοπὴν τῆς νύμφης
καὶ πρὸς αὐτὴν θαυμαστικῶς ἐξεῖπον τὴν παρθένον·

ἐκαρδίωσας ἡμᾶς, ἀδελφὴ ἡμῶν νύμφη, ἐκαρδίωσας ἡμᾶς ἑνὶ ἀπὸ τῶν ὀφθαλμῶν σου, ἐν μιᾷ ἐνθέματι τραχήλου σου [4, 9].

Ἐδίδαξας ἡμᾶς, φασί, περὶ θεοῦ τι πλέον
ὁρῶντάς σου τὸν ὀφθαλμὸν τὸν τῆς ψυχῆς, ὦ νύμφη,
ἐνατενίζοντα θερμῶς τῷ λόγῳ καὶ νυμφίῳ
καὶ τῆς ψυχῆς τὸν τράχηλον τῆς σῆς ὑποκλιθέντα
καὶ τοῦ Χριστοῦ τὸν ἐλαφρὸν ζυγὸν ἀναλαβόντα.
ὡς ὄντως ἐκαρδίωσας ἡμᾶς, φασίν, ὦ νύμφη·
ὡς ἀπὸ σοῦ γὰρ ἔγνωμεν τὴν σάρκωσιν τοῦ λόγου.
Οὕτω μὲν οὖν ἐπῄνεσαν οἱ φίλοι τὴν παρθένον·
ἀλλ' ἀκουσώμεθα λοιπὸν καὶ πάλιν τοῦ νυμφίου.

τί ἐκαλλιώθησαν μασθοί σου, ἀδελφή μου νύμφη· τί ἐκαλλιώθησαν μασθοί σου ἀπὸ οἴνου [4, 10[1]].

Ἐνταῦθα πάλιν ἐπαινεῖ τῆς θείας ἐκκλησίας
τὴν τῶν μασθῶν ἀλλοίωσιν, ἤγουν τῶν διδαγμάτων.
αὐξήσασα τὰ τέκνα γάρ, ὥσπερ γυνὴ φιλόπαις,
τὸν ἐξ ἐθνῶν φημι λαόν, καὶ τοῦτον καθορῶσα
πρὸς μέτρον φθάσαντα στερρὸν τῆς θείας ἡλικίας
καὶ μὴ ψελλίζοντα ποσῶς τὴν πίστιν τὴν ἁγίαν,
οἶνον ἀντὶ τοῦ γάλακτος προχέει καθ' ἡμέραν,
τοῦτ' ἔστιν ὑψηλότερα δόγματα τούτοις νέμει.
τὸ πρὶν μὲν γὰρ ἐδίδασκεν αὐτοῖς ὡς νεωτέροις

850–853 253, 8–254, 1 ‖ **854–856** 257, 11–258, 4 ‖ **857–858** 260, 2–3 ‖ **858** Matth. 11,29–30 ‖ **863–869** Greg. 263,17–264,2 ‖ **867** Ephes. 4,13 ‖ **870–873** Greg. 265,12

853 *δαυιτικῶς* **c** *ἀσματικῶς* **w** ‖ **854** lemmati add. **m m**[a] **n** | *φασί* ed.: om. **m m**[a] **n** *φησὶ* cett. ‖ **855** *ὁρῶντες* **c** | *τῶν ὀφθαλμῶν τῶν* **c** ‖ **856** *ἐνατενίζοντα θερμῶς* **c**: *θερμῶς ἐνατενίζοντα* trp. cett. ‖ **857** *τὸν σὸν* **n** ‖ **859** *φασίν* **w**: om. **c** *φησὶν* cett. | *ὦ* **c n N**: *ἡ* cett. ‖ **861** *οὖν* om. **c** ‖ **862** om. **w** ‖ **863** *τὴν θείαν ἐκκλησίαν* **m m**[a] **n** ‖ **864** *μαστῶν* **m m**[a] **w** *παθῶν* **c** | *ἀλλοίωσιν* **c**: *ἐπίγνωσιν* **m m**[a] **n R** *ἀπόγνωσιν* **r N** *ἐπίδοσιν* **w** (scr. *καλλίωσιν*?) | *ἤγουν* **c R**: *ἤδη* **n** *ἤτοι* cett. ‖ **866** *τῶν* **c** ‖ **867** *στερρῶς* **c** | *ἡλικίας*] *ἐκκλησίας* **m m**[a] **n** ‖ **868** *τὴν – ἁγίαν* **c**: *εἰς τὴν ἁγίαν πίστιν* cett. ‖ **869** *οἷον* **R w** | *τοῦ* om. **c** ‖ **870** *ὑψηλότερον* **R N** *-οτέρων* **r** | *δογμάτων* **c r N** ‖ **871** *αὐτοῖς ὡς νεωτέροις* **c**: *τούτους ὡς νεωτέρους* cett.

πατέρα σέβειν καὶ υἱὸν καὶ πνεῦμα, θεὸν ἕνα,
ὅπερ ὡς γάλα πέφυκε δῆθεν διδασκαλίας,
νῦν δὲ διδάσκει σωφρονεῖν, φυλάττειν παρθενίαν,
ἐγκράτειαν ἀσπάζεσθαι, τηρεῖν δικαιοσύνην,
ἅπερ ὡς οἶνος λέγεται διδασκαλίας εἶναι.

καὶ ὀσμὴ ἱματίων σου ὑπὲρ πάντα τὰ ἀρώματα [4, 10^{2}].

Ἣν δ' ἀπὸ σοῦ περιβολὴν τῶν ἱματίων ἔχω
ἐκ τῶν προσαγομένων μοι, φησί, θυμιαμάτων,
κρείττονα πάντων ἥγημαι τῶν ἀρωμάτων μόνην.

κηρίον ἀποστάζουσι τὰ χείλη σου, νύμφη [4, 11^{1}].

Ἣν γάρ, φησί, τοῖς τέκνοις σου νέμεις διδασκαλίαν,
ὑπὲρ κηρίον πέφυκε γλυκάζουσα καὶ μέλι.

μέλι καὶ γάλα ὑπὸ τὴν γλῶσσάν σου [4, 11^{2}].

Οὐ γάρ, φησί, μονοειδῆ τὸν λόγον νέμεις πᾶσιν,
ἀλλὰ κατάλληλον παντὶ καὶ πᾶσι κατ' ἀξίαν·
τοὺς μὲν γὰρ γαλακτοτροφεῖς, τοὺς νηπιωδεστέρους,
τοὺς δ' αὖ γε μελιτοτροφεῖς, τοῦτ' ἔστι τοὺς τελείους.

καὶ ὀσμὴ ἱματίων σου ὀσμὴ λιβάνου [4, 11^{3}].

Κἂν ὑπερτέραν ἄνωθεν πάντων τῶν ἀρωμάτων
τῶν ἱματίων τὴν ὀσμὴν εἶπε τῆς ἐκκλησίας,
ἀλλ' ἴσην ἀπεφήνατο νῦν εἶναι τῷ λιβάνῳ,
ἤγουν ἁπάντων κρείττονα τῶν ἀρωμάτων εἶναι.

873 cf. 1 Cor. 3,2 ‖ **878** Greg. 266,13–267,4 ‖ **880–881** 269,11–14 ‖ **882–885** 270,11–17 ‖ **886–889** 272,6–12

872 *καὶ πνεῦμα* om. **m** ‖ **874** *νῦν δὲ*] *καὶ νῦν* **m m**[a] **n** ‖ **875** *τηρεῖν* **c**: *φιλεῖν* cett. | *διδασκαλίαν* **c** ‖ **876** om. **c** | *ὅπερ* **m m**[a] **n** | *λέλεκται* **w** ‖ **877** *ἂν* **c** | *ἔχω* **c**: *φέρω* cett. ‖ **878** *σοι* **R r N w** ‖ **880** lemma *κηρίον – νύμφη* **c w**: om. **R r N**, proximum lemma *μέλι – σου* huic subiungunt **m m**[a] **n**. sequitur versus *κηρίον ἀποστάζουσι τὰ χείλη σου νυμφίε* (*ὦ νύμφη* **m m**[a]) **m m**[a] **n R r N** ‖ **880** *ἂν* **c** | *νέμης* **c** *-οις* **n** *νόμος* **R** *-οι* **r** *-οις* **N** | *διδασκαλίας* **R r N** ‖ **882** *μονοειδῆ* **m m**[a] **n** *-ῶς* **R r N** *-ὲς* **w** *μόνον ἡδὺ* **c** | *νέμοις* **n N** ‖ **884** *τοὺς νηπιοδεστέρους* **c** *τοὺς δὲ* (*τε* **w**) *νηπιεστέρους* **R r w** *τοὺς δὲ νηπιοτέρους* **N** *νηπιεστέρους ὄντας* **m m**[a] **n** ‖ **885** *μελιττοτροφεῖς* **c m m**[a] ‖ **886** *κἂν*] *καὶ* **c** | *ὑπερτέρως* **r N** ‖ **888** *εἶναι* **c**: *ἤδη* cett. ‖ **889** *ἤγουν*] *εἴγε* **w** | *εἶναι* **c**: *οὗτος* **w** *οὕτως* **m m**[a] **n** *ὄντως* **R r N**

κῆπος κεκλεισμένος ἀδελφή μου νύμφη, κῆπος κεκλεισμένος, πηγὴ ἐσφραγισμένη [4, 12].

Ποικιλοτρόπως ἐπαινεῖ τὴν νύμφην ὁ νυμφίος.
κῆπος γὰρ πέφυκας, φησίν, ὦ νύμφη, κεκλεισμένος,
ἔχουσα πάντων τῶν καλῶν ἐν ἑαυτῇ τὴν ὥραν,
ἐλαίαν τὴν κατάκαρπον συκῆν τε τὴν γλυκεῖαν·
πηγὴ δὲ πάλιν πέφυκας καλῶς ἐσφραγισμένη,
καθ' ὅσον μάτην οὐδαμῶς τὸ νᾶμά σου προχέεις,
ἀλλὰ ποτίζεις τοὺς πιστοὺς διψῶντας σωτηρίαν.

ἀποστολαί σου παράδεισος ῥοῶν μετὰ καρπῶν ἀκροδρύων, κύπροι μετὰ νάρδων, νάρδος καὶ κρόκος, κάλαμος καὶ κινάμωμον μετὰ πάντων ξύλων τοῦ Λιβάνου, σμύρνα ἀλόη μετὰ πάντων πρώτων μύρων [4, 13–14].

Ἐν τούτοις ὑπαινίττεται ξύμπασιν ὁ νυμφίος
τοῦ δόγματος τῆς πίστεως ἡμῶν τῆς ἀμωμήτου
τὸ φοβερὸν καὶ κάλλιστον εὐῶδές τε καὶ θεῖον,
ἥνπερ πρεσβεύει πάντοτε στόμα τῆς ἐκκλησίας.
ἀποστολαί σου, γάρ φησιν, ἤγουν αἱ διδαχαί σου,
παράδεισος πεφύκασι ῥοῶν ἠγλαϊσμένος
καὶ πάσης χάριτος μεσταὶ τυγχάνουσιν, ὦ νύμφη.

πηγὴ κήπων [4, 15[1]].

Οὐ γὰρ εἰς μάτην σου, φησί, τὰ νάματα προχέεις,
ἀλλὰ ποτίζεις τοὺς πιστούς, ἤγουν φυτὰ τὰ θεῖα.

φρέαρ ὕδατος ζῶντος καὶ ῥοιζοῦντος ἀπὸ τοῦ Λιβάνου [4, 15[2]].

Τοσοῦτον γάρ, φησί, καλῶς πρὸς ἀρετὰς ὑψώθης,
ὡς καὶ τῆς κλήσεως αὐτῆς ἔμοιγε συμμετέχεις.
ἐγὼ γὰρ ζῶντος ὕδατος ὄντως τυγχάνω φρέαρ,
ὁ κατελθὼν ἐξ οὐρανοῦ ὡς ὑετὸς εἰς πόκον,
ὥσπερ ἐξ ὄρους ὑψηλοῦ τοῦ θαυμαστοῦ Λιβάνου.

891–893 273, 2–7 ‖ **898** 282, 4–5 ‖ **906–910** 292, 7–293, 3 ‖ **909** Ps. 71, 6

892 *ἑαυτῇ* **c**: *σεαυτῇ* **m m[a] w** *-ῷ* **n R r N** ‖ **893** *τὴν*[1]] *τε τὴν* **n** ‖ **894** *καλῶς* **c**: *φησὶν* cett. | *ἐσφραγισμένην* **m** ‖ **897** *ξύμπασαν* **c** *ξύμπαντα* **w** ‖ **900** *ὅπερ* **c** *ἣν* **m** ‖ **901** *ἀπόστολός* **n R r N** ‖ **902** *ἠγλαϊσμένων* **R r w** ‖ **903** *μεσταὶ* **c**: *-οὶ* cett. ‖ **905** *φυτὰ*] *φησὶ* **c** ‖ **906** *ἀρετὴν* **R r N** ‖ **907** *συμμετέχεις* **c R**: *-ειν* cett.

ἐξεγέρθητι, βορρᾶ, καὶ ἔρχου, νότε, διάπνευσον κῆπόν μου καὶ πνευσάτωσαν ἀρώματά μου [4, 16].

Ἐπείπερ ἐπελάβετο πάντων τῆς ἐξουσίας
ἡ ἐκκλησία τοῦ θεοῦ, κῆπος ὀνομασθεῖσα
ἔχων ἁπάντων τῶν φυτῶν ἐν ἑαυτῷ τὴν ὥραν,
τοῦ μὲν βορρᾶ τὴν κάκιστον ἔμπνευσιν ἀφορίζει
τὴν ἀποκρυσταλλώσασαν τὸ κάλλος τῶν ἀνθέων,
τὸν νότον δὲ τὸν κάλλιστον καλεῖ προσεπιπνεῦσαι,
ὃς ἐπιπνεύσας ἐν Σιὼν τοῖς ἀποστόλοις πάλαι
ῥεύματα λόγου δέδωκε τοῖς ἀγραμμάτοις χέειν.
ἐκεῖνο τὸ πανάγιον τοίνυν ἡ νύμφη πνεῦμα
καλεῖ πρὸς κῆπον τὸν αὐτῆς πνεῦσαι τὴν σωτηρίαν,
ὡς ἂν καρποφορήσωσι πάντα τὰ τέκνα ταύτης
καὶ τὸν Χριστὸν εὐφράνωσι τὸν λόγον καὶ νυμφίον.
Ἐπεὶ γοῦν ὃ κεκέλευκεν εἰς ἔργον ἐγεγόνει
καὶ τὸν βορρᾶν σιγήσαντα κατεῖδεν ἡ παρθένος
καὶ πνεύσαντα τὸν κάλλιστον ὄντως καὶ θεῖον νότον
καὶ καρποφόρα δείξαντα πάντα τὰ τέκνα ταύτης,
ἐπεύχεται τὸ κατελθεῖν τὸν θαυμαστὸν νυμφίον
εἰς τὸν καρποφορήσαντα κῆπον αὐτῆς ἐν τάχει,
ὡς ἂν τρυγήσῃ τοὺς καρποὺς αὐτῆς τῶν ἀκροδρύων,
τοῦτ' ἔστιν ὅπως εὐφρανθῇ τοῖς καρποφόροις τέκνοις.
εἰ μὴ γὰρ οὕτως πρὸς ἡμᾶς τοὺς ταπεινοὺς κατέλθῃ,
ἀναλαμβάνων τοὺς πραεῖς κατὰ τὸν ψαλμογράφον,
οὐκ ἔστιν ἄλλως πως ἡμᾶς εἰς οὐρανοὺς ἀρθῆναι.
Ταῦτα μὲν λελιπάρηκεν ἡ νύμφη τὸν νυμφίον·
ὁ δὲ πληρῶν τὰ σύμπαντα καὶ πανταχοῦ τυγχάνων,

911–916 Greg. Or. 10 p. 296, 5–15 ‖ **917–918** Act. 2, 2 | Act. 4, 13 ‖ **931–933** Greg. 304, 17–19 ‖ **932** Ps. 146, 6 ‖ **935–940** Greg. 305, 2–9

911 *πάντως* **w** ‖ **912** *ὠνομασθῆναι* **n** ‖ **913** *ἔχων*] *ὑπὲρ* **R r N** | *ἑαυτῷ* **m m**[a] **n**: *-ῇ* cett. ‖ **914** *ἔμπευσιν* **m** | *ἀφορίζει* **c**: *ἀφορίσας* **m m**[a] **n** *ἀφορῆσαι* **w** *ἀφιεῖσα* **R r N** ‖ **916** *καλεῖ* **c**: *καλῶς* cett. ‖ **917** *ὃς*] *ὡς* **c n** | *ἐπιπνεύσεις* **c** | *πάλιν* **n R N** ‖ **918** *πν(εύμ)ατα* **c** | *λόγων* **R r N** | *ἀγραμμάτοις* **c**: *ἀποστόλοις* cett. ‖ **919** *τοίνυν*] *πάλιν* **R r N** ‖ **920** *τὸν αὐτὸν* **n** *ἑαυτῆς* **w** ‖ **921** *πάντως* **c** ‖ **922** *εὐφραίνωσι* **N** *-ουσι* **R** | *λόγον καὶ* **c w**: *λογικὸν* **n R r N** *νοητὸν* **m m**[a] ‖ **925** *πνεύσαντα δὲ* **m m**[a] ‖ **927** *τὸ* **c R r N**: *τοῦ* cett. | *κατιδεῖν* **m m**[a] **n** ‖ **929** *τρυγήσει* **R r** | *τὸν καρπὸν* **m m**[a] **n** | *αὐτοῦ* **w** ‖ **930** *εὐφρανεῖ* **m m**[a] **n** ‖ **931** *εἰ μὴ*] *ἐπεὶ* **c** | *οὗτος* **m m**[a] **N** | *κατῆλθε τοὺς ταπεινοὺς* **c** ‖ **932** *ἀναλαμβάνων* **c**: *ἀναλαβὼν καὶ* **m m**[a] **n w** *ἀναλαβεῖν καὶ* **R r N** ‖ **934** *τὸν νυμφίον* **c**: *τῷ νυμφίῳ* cett.

ὁ λέγων 'ἰδοὺ πάρειμι' τοῖς ἐπικαλουμένοις,
πρὶν πληρωθῆναι τὴν εὐχὴν τῆς νύμφης ἐπακούσας
εἰς κῆπον κατελήλυθεν αὐτῆς ὡς ἠβουλήθη
καὶ τοὺς καρποὺς ἐτρύγησε ταύτης τῶν ἀκροδρύων.
φησὶ γὰρ οὕτω πρὸς αὐτήν, ὡς καθ' εἱρμὸν εὑρήσεις·

εἰσῆλθον εἰς κῆπόν σου, ἀδελφή μου νύμφη, ἐτρύγησα σμύρναν μου μετὰ ἀρωμάτων, ἔφαγον ἄρτον μου μετὰ μέλιτος, ἔπιον οἶνόν μου μετὰ γάλακτος [5, 1^1].

Κατῆλθον ἔγωγε, φησί, πρὸς κῆπόν σου, παρθένε,
καὶ τῶν καρπῶν ἀπήλαυσα τῶν σῶν φυτῶν εἰς κόρον,
καὶ τῇ θερμῇ τῶν τέκνων σου πίστει καὶ μετανοίᾳ
μεγάλην ἔσχηκα χαράν, μεγάλην εὐφροσύνην.
τοῦτο γὰρ ὅλον πέφυκεν ὁ τρυγητὸς τῆς σμύρνης
ἡ βρῶσίς τε τοῦ μέλιτος, τοῦ γάλακτος ἡ πόσις.
Ταῦτα τὴν νύμφην προσειπὼν Χριστὸς ὁ καὶ νυμφίος
ὥσπερ ἀντίχαρίν τινα τῆς μελιτοτροφίας
τὸ σῶμα δίδωσιν αὐτοῦ τοῖς τέκνοις τῆς παρθένου.
φησὶ γὰρ οὕτω πρὸς αὐτούς, πλὴν μόνους τοὺς ἀξίους,
οὓς καὶ πλησίον εἴρηκεν ὄντως αὐτοῦ τυγχάνειν·

φάγετε, οἱ πλησίον μου, πίετε καὶ μεθύσθητε, ἀδελφοί μου [5, 1^2].

Ὅσοι πεφύκατε, φησί, τοῖς ἔργοις ἀδελφοί μου,
τὸ σῶμα μέν μου φάγετε, τὸ δ' αἷμα πίετέ μου.
εἶτα μεθύσθητε, φησίν, ἀπὸ τῆς εὐφροσύνης
καὶ πάντων λήθην λάβετε τῶν κοσμικῶν φροντίδων,
ὡς ἐν ἐκστάσει δήπουθεν γενόμενοι τῇ μέθῃ.
Εἶτα δεικνὺς ὁ καθαρὸς δεσπότης καὶ νυμφίος
ὡς ἑκουσίως θάνατον ὑπὲρ ἡμῶν ὑπέστη

949 308, 8–11 ‖ **950–953** 311, 1–5 ‖ **956** 308, 16–17

937 *πρὶν* **m** $\mathbf{m}^a$ **n**: *πλὴν* cett. ‖ **942** *τὸν καρπὸν* $\mathbf{m}^a$ **R N** *τῶν καλῶν* **w** | *φυτῶν* **c m**: *καλῶν* **n** *καρπῶν* cett. ‖ **943** *θέρμη* **c** | *τέκνων*] *ἔργων* **c** ‖ **945** *τοῦτο γὰρ ὅλον* **c**: *ὅλον δὲ τοῦτο* cett. | *τρυγητὴς* **n** ‖ **946** *τε*] *ἡ* **m** $\mathbf{m}^a$ *τῆς* **R r N** | *μέλιτος τοῦ* (*καὶ* **w**) *γάλακτος* **c w**: *γάλακτος καὶ μέλιτος* cett. ‖ **947** *τὴν νύμφην* **c N**: *τῇ νύμφῃ* cett. ‖ **948** *αἰτεῖ χάριν* **c** | *μελιττοτροφίας* **c** ‖ **949** *αὐτοῖς* **n** p. c., **w** | *τῇ παρθένῳ* **n** ‖ **950** *αὐτὴν* **c** | *μόνοις τοῖς ἀξίοις* **c R r N w** ‖ **951** *οὕτως* **w** | *αὐτῆς* **m** $\mathbf{m}^a$ **n** ‖ **952–954** *τοῖς – φησίν* om. **c** ‖ **953** *μου μὲν* trp. **m** $\mathbf{m}^a$ | *μου πίετε* trp. **m** ‖ **954** *ὑπὸ* **R r N** ‖ **955** *πάντως* **c** ‖ **956** *ὡς*] *καὶ* **m** $\mathbf{m}^a$ ‖ **958** *ὡς*] *ὅς* **c m** $\mathbf{m}^a$ **r**

ἡ σάρξ τε πέπονθεν αὐτοῦ, πάντως οὐχ ἡ θεότης,
φησὶ καὶ τοῦτο πρὸς αὐτούς, οὓς εἴρηκε πλησίον·

ἐγὼ καθεύδω καὶ ἡ καρδία μου ἀγρυπνεῖ [5, 2[1]].

Ἐγώ, φησί, κἂν τέθνηκα σαρκὶ τῇ προσληφθείσῃ,
ἀλλ' ἡ θεότης ἀπαθὴς ὅλως μεμένηκέ μου.
Ἀλλ' αὖθις ἀκουσώμεθα τῆς νύμφης τῶν Ἀισμάτων.

φωνὴ τοῦ ἀδελφιδοῦ μου, κρούει ἐπὶ τὴν θύραν μου· ἄνοιξόν μοι, ἀδελφή μου, πλησίον μου, περιστερά μου, τελεία μου, ὅτι ἡ κεφαλή μου ἐπλήσθη δρόσου καὶ οἱ βόστρυχοί μου ψεκάδος νυκτός [5, 2[2]].

Φησίν· ἐν μέσῳ τῆς νυκτὸς ὡς ἦλθεν ὁ νυμφίος,
τὰς θύρας ἀναπέτασον, εἰπέ μοι, τῆς καρδίας,
ὡς ἂν ἐν σοὶ ποιήσωμαι μονὴν σὺν τῷ πατρί μου.
ταῖς ἀρεταῖς γὰρ πέφυκας ὄντως ἐμοῦ πλησίον.
εἰ γοῦν ἀνοίξεις μοι, φησί, δώσω σοι δῶρον μέγα,
τὴν δρόσον μου τῆς κεφαλῆς, ψεκάδας τῶν βοστρύχων,
ἤγουν, ἰάσεις ἐκτελεῖν δώσω σοι πρὸς ἀνθρώπους·
ἴαμα γὰρ ἡ δρόσος μου τυγχάνει τοῖς ἀνθρώποις.
Ταῦτα μὲν οὖν θυροκρουστῶν, φησίν, ἐκεῖνος εἶπεν,
ἐγὼ δ' ἐξεῖπον πρὸς αὐτόν, τοῦτ' ἔστι τὸν νυμφίον·

ἐξεδυσάμην τὸν χιτῶνά μου, πῶς ἐνδύσομαι αὐτόν; ἐνιψάμην τοὺς πόδας μου, πῶς μολυνῶ αὐτούς; [5, 3].

Ἐγώ, φησί, καὶ πρόπαλαι τὰς θύρας ἤνοιξά σοι·
τὸ γὰρ τῆς παραβάσεως ἐξεδυσάμην πάχος,
ὅπερ οὐκ ἐπενδύσομαι πώποτε μεταγνοῦσα,
καὶ μολυσμὸν ἀπέρριψα τῆς γῆς ἐκ τῶν ποδῶν μου
καὶ τούτους παρεσκεύασα πρὸς τρίβους σωτηρίας,
οὕσπερ οὐκέτι μολυνῶ στραφεῖσα πρὸς τοὐπίσω.

965–967 Greg. 325,2–7 ‖ **966** Ioann. 14,23 ‖ **968–971** 325,14–20 ‖ **971** Isai. 26,19 ‖ **972** cf. Greg. 324,18 ‖ **974–977** 327,9–16

959 *ἡ*[1]] *ὡς* **m m**[a] | *αὐτὴ* **m**, **m**[a] a. c., **r** | *πάντως*] *-α* **w** om. **c** ‖ **961** *κἂν*] *καὶ* **c** ‖ **965** *τὴν θύραν* **w** | *μου* **w** ‖ **966** *ποιήσομαι* **R r** *-σωμεν* **n N** ‖ **968** *δώσωσι* **m** ‖ **969** *τῆς δρόσου* **R r** | *ψεκάδας* **c N**: *-ος* cett. | *τῶν* **c**: *τοὺς* **R r** *τε* cett. | *βοστρύχους* **m m**[a] **R r** ‖ **971** om. **m m**[a] **n** ‖ **972–973** om. **w** ‖ **972** *θυροκρουστῶν* **c**: *θυροκροτῶν* **n R r N** *θυροκοπῶν* **m m**[a] | *φησίν, ἐκεῖνος*] *ὡς πρὸς ἐκείνην* **R r N** ‖ **973** *δὲ εἶπα* **c** ‖ **974** *πρὸ πολλοῦ* **R r N** ‖ **978** *παρεσκεύασα* **c w**: *παρεκάλεσα* cett. ‖ **979** *ἅπερ* **R r**

Τούτων αὐτῆς ὡς ἤκουσε τῶν λόγων ὁ νυμφίος,
ἔνδον ἠθέλησεν αὐτῆς ὥσπερ κατασκηνῶσαι,
ἀλλ' οὔκουν τὸν ἀχώρητον ἦν ὅλως χωρηθῆναι·
ταύτην καὶ γὰρ ἐπλήρωσεν ἡ χεὶρ αὐτοῦ καὶ μόνη,
ὡς ἀπ' αὐτῶν μαθεῖν ἐστι τῆς νύμφης τῶν ᾀσμάτων.
φησὶ γὰρ οὕτω καθεξῆς ἡ νύμφη καὶ παρθένος·

ἀδελφιδός μου ἀπέστειλε χεῖρα αὐτοῦ ἀπὸ τῆς ὀπῆς, καὶ ἡ κοιλία μου ἐθροήθη ἐπ' αὐτόν [5, 4].

Ἐγώ, φησί, κἂν ἤνοιξα πᾶσαν ἐμοῦ τὴν θύραν,
ὡς ὑποδέξασθαι Χριστόν, τὸν λόγον καὶ νυμφίον,
πλὴν μόλις εἰσελήλυθεν ἡ χεὶρ αὐτοῦ καὶ μόνη·
ὅθεν τὸ μέγεθος αὐτοῦ μεγάλως κατεπλάγην.
καλῶς ἐφιλοσόφησεν ἡ καθαρὰ παρθένος.
ἡ τῶν ἀνθρώπων φύσις γάρ, ἡ βραχυτάτη πάνυ
ὅσον πρὸς φύσιν θεϊκήν, τοῦ θαυμαστοῦ νυμφίου
ὅλην οὐ δύναται χωρεῖν τὴν θειοτάτην φύσιν,
ὅσον ἐν ὑπολήψεσι καὶ ταῖς θεολογίαις.

ἀνέστην ἐγὼ ἀνοῖξαι τῷ ἀδελφιδῷ μου· χεῖρές μου ἔσταξαν σμύρναν, οἱ δάκτυλοί μου σμύρναν πλήρη ἐπὶ χεῖρας τοῦ κλείθρου [5, 5].

Ἐγώ, φησίν, ὡς ἤνοιξα δέξασθαι τὸν νυμφίον,
κἀκεῖνος ἦν ἀχώρητος ἐν τοῖς ἐμοῖς ἐγκάτοις,
ἀνέστην πρὸς ἐπίπονον καὶ σκληροτέραν πρᾶξιν,
ὅπως τοῖς πόνοις τοῖς πολλοῖς σαρκός τε τῇ νεκρώσει
πλατύτερον ἀνοίξω μου τοῦ λογισμοῦ τὰς θύρας
καὶ τὸν ἀχώρητον τὸ πρὶν εἰσδέξομαι νυμφίον.
ὅθεν αἱ χεῖρές μου, φησί, μετὰ καὶ τῶν δακτύλων
τοῖς πόνοις σμύρναν ἔσταξαν μέχρις αὐτῶν τῶν κλείθρων,
τοῦτ' ἔστιν, ἀπενέκρωσα τὰ μέλη τῆς σαρκός μου,

982–989 333, 4–7 ‖ **991–993** 337, 1–2 ‖ **1001–1006** Greg. Or. 12 p. 343, 7–13

980 *ὡς ἤκουσεν αὐτῆς* trp. **w** | *τὸν λόγον* **m** ‖ **983** *ταύτην* **c m m**[a] **r**: *ταῦτα* cett. | *πεπλάνηκεν* **c** ‖ **984** *ὡς*] *καὶ* **c** | *αὐτῶν* **c**: *-ῆς* cett. ‖ **985** om. **w** ‖ **987** *ὡς* **c**: *ὥσθ'* **r N w** *ὥστ'* **m m**[a] **n** *ὡς δ'* **R** ‖ **989** *κατεπλάγη* **c** ‖ **991** *βραχυτάτη πάνυ* **c**: *πάνυ βραχυτάτη* trp. cett. ‖ **993** om. **r** | *ὅλην*] *ἔχειν* **n** | *χωρεῖν* **c**: *φησὶ* cett. ‖ **994** *ὅσην* **m m**[a] **n** ‖ **997** *σκηροτέραν* **m** *θειοτέραν* **w** | *πρᾶξιν* **c**: *τάξιν* **R r N w** *τάσιν* **m m**[a] **n** ‖ **998** *τε*] *ἐν* **m m**[a] ‖ **999** *τὰς θύρας* **c**: *τὴν θύραν* cett. ‖ **1000** *εἰσδέξασθαι* **m m**[a] **n** ‖ **1002** *ἐνέσταξαν* **c** | *αὐτῶν τῶν κλείθρων* **c**: *αὐτοῦ τοῦ κλείθρου* cett. ‖ **1003** *ἀπενέκρωσαν* **c**

μέχρις τὰ κλεῖθρα ξύμπαντα καὶ θύρας ἤνοιξά μου
καὶ πάσας ἀνεπέτασα τὰς τῆς ψυχῆς αἰσθήσεις.

ἤνοιξα ἐγὼ τῷ ἀδελφιδῷ μου, ἀδελφιδός μου παρῆλθε [5, 6[1]].

Ἀλλὰ κἂν ἤνοιξα, φησίν, ἁπάσας μου τὰς θύρας,
οὐδ' οὕτως ἦν μοι χωρητὸς ὁ λόγος καὶ νυμφίος.

ἡ ψυχή μου ἐξῆλθεν ἐν τῷ λόγῳ αὐτοῦ [5, 6[2]].

Εἶτα, φησίν, ἀνύψωσα τὸν νοῦν πρὸς τὸν αἰθέρα
ποθοῦσα δήπουθεν μαθεῖν σαφές τι περὶ τούτου,
ἀλλ' ὅμως ὑψηλότερος καὶ τῶν φρενῶν ὑπῆρχε.
Φησὶ γὰρ οὕτω καθεξῆς ἡ νύμφη καὶ παρθένος·

ἐζήτησα αὐτὸν καὶ οὐχ εὗρον αὐτόν, ἐκάλεσα αὐτὸν καὶ οὐχ ὑπήκουσέ μου [5, 6[3]].

Καὶ πῶς γὰρ εὑρεθήσεται καὶ κρατηθήσεταί που,
ὅστις οὐδέν τι πέφυκεν ἐκ τῶν γινωσκομένων,
οὐκ εἶδος, οὐ χρωματισμός, οὐ τόπος, οὐ ποσότης;

εὕροσάν με οἱ φύλακες οἱ κυκλοῦντες ἐν τῇ πόλει, ἐπάταξάν με, ἐτραυμάτισάν με [5, 7[1]].

Ὢ τῆς καλλίστης προκοπῆς τῆς νύμφης καὶ παρθένου.
ἰδοὺ γὰρ ἀνελήλυθε καὶ μέχρι τῶν ἀγγέλων·
οὗτοι γὰρ φύλακές εἰσι τῆς πόλεως τῆς ἄνω.
εὕροσαν τοίνυν με, φησί, τὸν λόγον ψηλαφῶσαν,
καὶ λόγοις ἐτραυμάτισαν καὶ κατεπλήγωσάν με·
τοῦτο καὶ γὰρ ἐξεῖπόν μοι τῶν ἄγαν ἀδυνάτων,
τὸ τὴν κατάληψιν ζητεῖν τῆς ἀκαταληψίας.

ἦραν τὸ θέριστρον ἀπ' ἐμοῦ οἱ φύλακες τῶν τειχέων [5, 7[2]].

1012–1014 357, 10–13 ‖ **1015** 360,4–5 ‖ **1016–1017** 363,13–364,7 ‖ **1018–1021** 369,14–21

1004 *μέχρις* **c n R r**: *-ι* cett. | *τὰ*] *ἂν* **c** | *σύμπαντα* **m m**[a] | *καὶ* **c**: *τῆς* cett. | *θύρας*] *κλίνης* **R r N** | *ἤνοιξε* **R r** ‖ **1006** *κἂν*] *καὶ* **c** ‖ **1008** *εἶπα* **m m**[a] | *πρὸς τὸν*] *μου πρὸς* **m m**[a] **n** ‖ **1009** *ποθοῦ* ex *πόθου* **c** | *τι*] *τὸ* **c** | *τοῦτον* **c** ‖ **1010** *ὑψηλότερον* **c** *-α* **m m**[a] **n** | *νεφῶν*] *φρενῶν* **c** ‖ **1011** *οὕτω*] *εἶτα* **R r N w** | *ἡ*] *ὡς* **c** ‖ **1012** *γὰρ* om. **m** | *μου* **c** ‖ **1014** *σχηματισμός* **w** | *οὐ*[3]] *καὶ* **n** ‖ **1016** *καὶ μέχρι* **c**: *μέχρι καὶ* trp. cett. ‖ **1018** *ψηλαφόντα* **c** ‖ **1020** *καὶ* om. **c** | *ἐξεῖπε* **R r**

Ἦραν τὸ περικάλυμμα, φησί, τῶν ὀφθαλμῶν μου,
ὥστε με καθαρώτερον γνωρίσαι τὸν νυμφίον
τοῖς πᾶσιν ἀκατάληπτον εἶναι, καὶ τοῖς ἀγγέλοις.
Ὅθεν ἐπαπορήσασα πάντοθεν ἡ παρθένος
τοὺς φύλακας ἐκδυσωπεῖ, τοῦτ' ἔστι τοὺς ἀγγέλους,
τὸν πόθον ταύτης τὸν πολὺν μηνῦσαι τῷ νυμφίῳ.
φησὶ γὰρ οὕτω πρὸς αὐτοὺς ἐξ ὅλης τῆς καρδίας·

ὥρκισα ὑμᾶς, θυγατέρες Ἱερουσαλήμ, ἐν ταῖς δυνάμεσι καὶ ἐν ταῖς ἰσχύσεσι τοῦ ἀγροῦ, ἐὰν εὕρητε τὸν ἀδελφιδόν μου, ἀπαγγείλατε αὐτῷ ὅτι τετρωμένη ἀγάπης εἰμὶ ἐγώ [5, 8].

Ὁρκίζω δή, φησίν, ὑμᾶς τῇ τοῦ ἀγροῦ δυνάμει,
τοῦτ' ἔστιν ἐν τῇ χάριτι τῆς θείας δυναστείας,
ἵνα τὸν πόθον τὸν ἐμὸν εἴπητε τῷ νυμφίῳ.
Ταῦτα μὲν λελιπάρηκεν ἡ νύμφη τοὺς ἀγγέλους·
ἀμηχανοῦντες δὲ λοιπὸν τὴν εὕρεσιν ἐκείνου
καὶ τῶν ἀγγέλων οἱ χοροί, φασὶ πρὸς τὴν παρθένον·

τί ἀδελφιδὸς ἀπὸ ἀδελφιδοῦ, ἡ καλὴ ἐν γυναιξί; τί ἀδελφιδός σου ἀπὸ ἀδελφιδοῦ, ὅτι οὕτως ὥρκισας ἡμᾶς; [5, 9].

Ὁποδαπός τις πέφυκε, φασίν, ἀδελφιδοῦς σου;
ἐν τίσι δὲ σχηματισμοῖς χαρακτηρίζεταί σοι;
δίδαξον ἅπαντα καλῶς ἡμῖν ὡς ἀγνοοῦσιν.

ἀδελφιδός μου λευκὸς καὶ πυρρός, ἐκλελοχισμένος ἀπὸ μυριάδων [5, 10].

Ἐκεῖνος πέφυκε, φησίν, ὄντως ἀδελφιδοῦς μου,
ὃς ἐν σταυρῷ τὴν ἄχραντον πλευρὰν λελογχισμένος
αἷμα καὶ ὕδωρ ἔβλυσεν ἀνθρώποις παραδόξως·
ὃς ἀπὸ πάντων τῶν βροτῶν μόνος ἐκ τῆς παρθένου
ἄνευ λοχείας προελθὼν ἄνθρωπος ἐγνωρίσθη.

1022–1024 369, 22–370, 6 ‖ **1041–1042** 388, 3–4

1023 *καθαρώτατα* **m** *-ον* **m**[a] | *τῶ νυμφίω* **m**[a] ‖ **1024** *εἶναι* **c**: *ὄντα* cett. ‖ **1027** *ταύτης* om. **c** | post *πολὺν*] *τις* (sscr. ν) **c** | *μηνύσει* **c** *ἀκοῦσαι* **R r N** ‖ **1028** om. **w** ‖ **1031** *εἴποιτε* **m n w** ‖ **1033** *ἀμηχανοῦντες* **c w**: *-οῦσα* cett. ‖ **1034** post 1031 trp. **R N**, post 1032 **r** ‖ **1035** *ὁποταπός* **w** | *τις*] *σοι* **R r N** | *φασὶν* **w**: *φησὶν* cett. | *ἀδελφιδοῦ* **m** *-ῶ* **R r** *-ός* **N w** | *μου* **c** ‖ **1036** *τί σοι* **n** | *δὲ* **c m**: *γὰρ* cett. ‖ **1037** *ἡμᾶς ὡς ἀγνοοῦντας* **w** ‖ **1038** *τοίνυν πέφυκεν* **m**[a] | *φησίν* om. **m m**[a] **n** ‖ **1039** *ὁ* **c** | *λελογχισμένος* **c**: *λελογχευμένος* cett. ‖ **1041** *ὅς*] *ὡς* **c w** | *μόνον* **w** ‖ **1042** *λογχίας* **c** | *ἀν(θρώπ)οις* **n R r**, **N** p.c., **w** | *ἐγνωρίσθη* **c**: *ἐλογίσθη* cett.

κεφαλὴ αὐτοῦ χρυσίον Ὀφάζ [5, 11[1]].

Ὅστις τυγχάνει καθαρός, φησίν, ἐξ ἁμαρτίας.

βόστρυχοι αὐτοῦ ἐλατοί, μέλανες ὡσεὶ κόρακες [5, 11[2]].

Οὗτινος πέφυκε, φησί, κόσμος βοστρύχων δίκην
Πέτρος καὶ Παῦλος οἱ τὸ πρὶν ὄντες ζεζοφωμένοι
καὶ πᾶς ἐξ ἔθνους βαπτισθεὶς καὶ προσελθὼν ἐκείνῳ.

ὀφθαλμοὶ αὐτοῦ ὡς περιστεραὶ ἐπὶ πληρώματος ὑδάτων λελουμέναι, ἐν γάλακτι καθήμεναι ἐπὶ πληρώματα [5, 12].

Οὗτινος πάλιν ὀφθαλμοὶ τυγχάνουσι προφῆται,
ἀκέραιοι τὴν φρόνησιν καὶ θαυμαστοὶ τοῖς τρόποις,
ἐπὶ πληρώματος, φησίν, ὑδάτων λελουμένοι,
ἤγουν ἐν πάσαις ἀρεταῖς ὄντες ἠγλαϊσμένοι.
ἐν γάλακτι καθήμενοι πληρώματος ὑδάτων·
οὐκ ἐπιδεικτικῶς, φησί, τὴν ἀρετὴν αὐχοῦντες,
ἀλλὰ καὶ πάνυ γαληνῶς αὐτὴν ἐπιτελοῦντες.

σιαγόνες αὐτοῦ ὡς φιάλαι τῶν ἀρωμάτων φύουσαι τὰ μυρεψικά, χείλη αὐτοῦ κρίνα στάζοντα σμύρναν πλήρη [5, 13].

Τὸν πάγχρυσον αἰνίττεται Χρυσόστομον ὁ λόγος
καὶ τοὺς αὐτῷ τυγχάνοντας ἴσους καὶ διδασκάλους,
τὸν μέγιστον Βασίλειον, Γρηγόριον τὸν πάνυ,
τοὺς ἐκ χειλέων στάζοντας λόγους διδασκαλίας
καὶ μέλι τὸ ἡδύτερον, οὗπερ οἱ γεγευσμένοι
σμύρνης ἐμπίπλανται πολλῆς τοῦ λόγου τῇ δυνάμει,
ἤγουν νεκροῦσι τὰ τῆς γῆς αὐτῶν ἐν πόνοις μέλη
καὶ συσταυροῦνται τῷ Χριστῷ καὶ συνυψοῦνται τούτῳ.

1043 390, 11–14 ‖ **1044–1046** 392, 7–10 ‖ **1047** 394, 14 ‖ **1048–1051** 395, 12–16; 396, 4–7 ‖ **1052–1053** cf. 396, 12–397, 3 ‖ **1057** 403, 23–404, 1 ‖ **1059–1060** 404, 8–14

1043 *καθαρὰ* **R r**, **N** a. c. ‖ **1045** *πέτρος καὶ παῦλος* **c r**: *παῦλος καὶ πέτρος* trp. cett. | *ζεζοφωμένοι* **c w**: *ἐζ-* cett. ‖ **1046** *ἐκείνοις* **c m** *λεκάνη* **R r** *-ην* **N** ‖ **1047** *προφήτου* **n R r N** ‖ **1051** *πλήρωμα τῶν* **w** *ἐπὶ πλήρωμα τῶν* **r** *ἐπὶ πληρωμάτων* **N** ‖ **1052** *ἐπιδείκτως γὰρ* **m m**[a] **n** | *αὐχέντες* (?) **m** *ἀρχοῦντες* **n** ‖ **1053** om. **c** | *πάνυ*] *πάλιν* **n** | *ἐπιτελοῦσι(ν)* **m m**[a] **n** ‖ **1055** *αὐτοῦ* **n** | *ἴσως* **c n** | *καὶ*[2] om. **c** ‖ **1057** *λόγον* Monac. gr. 107, recte, si *μέλιτος* legas ‖ **1058** *μέλι τὸ* **c**: *μέλιτος* cett. | *ὧνπερ* **m m**[a] | *οἱ* om. **c** | *γεγευσμένοι* **m**, **m**[a] p. c. *γευσαμένοι* **n** *γευσάμενοι* **c** ‖ **1059** *σμύρνης* **c w**: *-αν* **m m**[a] **n** *-ας* **R r N** | *πολλῆς* **c w** *-ὴν* **m m**[a] *-ῶ* **n** *-οὺς* **R** *-οῦ* **r N** ‖ **1060** *τῆς γῆς* om. **m** *τῆς σαρκὸς* (om. *τὰ*) **m**[a] | *ἑαυτῶν* **m** | *ἐμπόνως* **m n** *ἐμπόνως πάντα* **m**[a]

χεῖρες αὐτοῦ τορνευταὶ χρυσαῖ πεπληρωμέναι θαρσείς, κοιλία αὐτοῦ πυξίον ἐλεφάντινον ἐπὶ λίθου σαπφείρου, κνῆμαι αὐτοῦ στῦλοι μαρμάρινοι τεθεμελιωμένοι ἐπὶ πτώσεις χρυσᾶς [5, 14–15[1]].

Ταῦτα μὲν οὖν ἡ καθαρὰ παρθένος τε καὶ νύμφη
τοῖς φύλαξιν ὡμίλησε, τοῦτ' ἔστι τοῖς ἀγγέλοις,
τὸ κάλλος ὑπεμφαίνουσα δῆθεν τὸ τοῦ νυμφίου.
σὺ δέ μοι πάντων τροπικῶς τὰς ἐξηγήσεις δέχου.
ἐπεὶ γὰρ πάντων κεφαλὴ Χριστὸς τυγχάνει μόνος,
σῶμα δὲ τούτου πέφυκεν ἡ θεία ἐκκλησία
καὶ μέλη τούτου λέγομεν καὶ μέρη τοὺς ἁγίους,
τὸν μὲν ἐκείνου τράχηλον, τὸν δ' αὖ ἐκείνου πόδας,
λοιπὸν καὶ χεῖρας γίνωσκε τούτου τετορνευμένας
τοὺς ἀποστόλους τοὺς σεπτούς, τοὺς θείους ἱεράρχας,
τοὺς οἰκονόμους τοὺς πιστοὺς τῆς χάριτος τῆς θείας,
οἵτινες κατετόρνευσαν αὐτοὺς εὐεπηβόλως,
ἅπασαν ἀποξύσαντες ἀφ' ἑαυτῶν κακίαν,
ὅθεν ἐλπίδων ἀγαθῶν εἰσὶν ἐμπεπλησμένοι.
τούτου δὲ πάλιν γίνωσκε κοιλίαν ὡς πυξίον
τῶν ἐναρέτων τὰς ψυχὰς πάντων καὶ τὰς καρδίας,
ἐν αἷς ὁ νόμος τοῦ θεοῦ ἐστὶν ἐγγεγραμμένος.
οἵτινες ἔχουσιν αὐτῶν τὸν νοῦν καὶ τὰς αἰσθήσεις
τῷ βασιλεῖ τῶν οὐρανῶν ἐπαναπαυομένας·
ὁ λίθος γὰρ ὁ σάπφειρος τοῦτο σημαίνειν θέλει,
ἔστι γὰρ οὐρανοειδὴς μόνος ὁ λίθος οὗτος.
κνήμας δὲ τούτου γίνωσκε Πέτρον τὸν κορυφαῖον,
ἐν τούτῳ γὰρ ὁ κύριος αὐτοῦ τὴν ἐκκλησίαν
οἰκοδομεῖν ὑπέσχετο κἀν τοῖς εὐαγγελίοις.

εἶδος αὐτοῦ ὡς Λίβανος ἐκλεκτός [5, 15[2]].

1066 407,1–2 ‖ **1070–1074** 407,12–408,2 ‖ **1072** Luc. 12,42; 1 Petr. 4,10 ‖ **1076–1078** Greg. 411,17–412,11 ‖ **1081–1082** 415,4–7 ‖ **1083** 416,10–15 ‖ **1083–1085** Matth. 16,18

1064 *ὑπερφαίνουσα* **c** ‖ **1065–1066** *τροπικῶς – πάντων* om. **c** ‖ **1065** *πάσας* **w** ‖ **1068** *μέρος* **w** ‖ **1069** *ἐκείνου*[2]] *ἑκάστου* **R** *-ων* **r N** | *πόδας* **c r N**: *-α* cett. ‖ **1070** om. **c** | *τετορνωμένας* **n** *τετορευμένας* **w** ‖ **1071** *τοὺς*[3] **c**: *καὶ* cett. ‖ **1072** *πιστοὺς*] *σεπτοὺς* **c R** | *τῆς θείας*] *ἐνθέους* **m m**[a] **n** ‖ **1073** *αὐτοὺς* codd. | *εὐεπιβόλως* **m**[a] **n R r w** ‖ **1075** *ἐλπίδος* **n N w** ‖ **1076** *ὡς*] *καὶ* **R w** ‖ **1078** *λόγος* **w** ‖ **1079** *αὐτοῦ* **c** ‖ **1080** *ἐπαναπαυομένας* **c n**: *ἐπαναπεπαυμένας* **m m**[a] **R** *ἐπαναπεμπομένας* **r N w** ‖ **1081** *τοῦτον* **R r N** ‖ **1082** *μόνος ὁ λίθος οὗτος* **c**: *ὁ λίθος οὗτος μόνος* trp. cett. ‖ **1085** *κἂν* **c R r**

Εἶδος αὐτοῦ δὲ γίνωσκε, τοῦτ᾽ ἔστι τοῦ νυμφίου,
μέγιστον ὄντως καὶ φρικτὸν καὶ πυραυγὲς καὶ θεῖον·
ταῦτα γὰρ εἶδος ἐκλεκτὸν σημαίνει τοῦ νυμφίου.

φάρυγξ αὐτοῦ γλυκασμὸς καὶ ὅλος ἐπιθυμία [5, 16].

Φάρυγξ αὐτοῦ δὲ πέφυκεν ὁ πρόδρομος ὁ θεῖος,
φωνὴ γὰρ οὗτος λέγεται τοῦ λόγου καὶ νυμφίου.
Ταῦτα μὲν οὖν λελάληκε τοῖς φύλαξιν ἡ νύμφη,
κἀκεῖνοι δ᾽ ἀκριβέστερον αὖθις ἐπερωτῶσιν·

ποῦ ἀπῆλθεν ὁ ἀδελφιδός σου, ἡ καλὴ ἐν γυναιξί; ποῦ ἀπέβλεψεν ὁ ἀδελφιδός σου; καὶ ζητήσομεν αὐτὸν μετὰ σοῦ [6, 1].

Ὁποδαπὸς ἦν πρότερον οὗτος μεμαθηκότες,
νῦν ἐκζητοῦσι τοῦ μαθεῖν καὶ ποῦ ποτε μετέβη·
οὐδέπω γὰρ ἐπέγνωσαν τὴν σάρκωσιν τοῦ λόγου,
ἣν κατελθὼν ἐξ οὐρανοῦ ἀρρήτως ἐσαρκώθη.
ὅτι δ᾽ οὐ πᾶσιν ἔγνωστο, δέσποτα, τοῖς ἀγγέλοις
τὸ τῆς ἐνανθρωπήσεως μυστήριον τοῦ λόγου
μέχρι τῆς ἀναλήψεως αὐτοῦ πρὸς τὸν πατέρα,
ἄκουσον τί φησι Δαυὶδ ἡ προφητῶν ἀκρότης.
τῶν λειτουργούντων τότε γὰρ ταγμάτων τῷ σωτῆρι
πρὸς τὴν ἀνάληψιν αὐτοῦ μεγάλως κεκραγότων
'ἄρατε πύλας, ἄρατε, ταγμάτων ἀρχηγέται,
ὡς εἰσελεύσεται Χριστὸς ὁ βασιλεὺς τῆς δόξης',
οἱ μὴ γινώσκοντες, φησί, τὰ τῆς οἰκονομίας
ἀντικεκράγασιν αὐτοῖς ὥσπερ ἐπαποροῦντες,
'τίς ἐστιν οὗτος' λέγοντες 'ὁ βασιλεὺς τῆς δόξης;'
Ἀλλ᾽ οὕτω μὲν εἰρήκασιν οἱ φύλακες τῇ νύμφῃ,
ἡ δ᾽ ἀπεκρίθη πρὸς αὐτοὺς λέγουσα τοὺς ἀγγέλους·

1089–1090 Greg. 425, 6–8 ‖ **1097–1107** cf. Psell. Theologica I, Op. 28, 71–78 Gautier ‖ **1100–1104** Ps. 23, 7–11 ‖ **1103** = Poem. 54, 397

1087 *πυραυγὲς* **c**: *θαυμαστὸν* cett. ‖ **1088** *ἐκλεκτὸν*] *ἀληθῶς* **w** ‖ **1089** *αὐτοῦ δὲ* **c R**: *δὲ τούτου* cett. ‖ **1090** *οὗτος* **c m m**ᵃ: *ὄντως* cett. ‖ **1092** *κἀκεῖνοι* **c**: *ἐκεῖνοι* cett. (*ἐκείνοις* **R** *ἐκείνου* **r**) | *ἐπερωτῶσα* **n** ‖ **1093** *ἦν*] *σοι* **c** | *οὕτως* **n** *ὄντως* **m m**ᵃ | *μεμαθηκότων* **m m**ᵃ ‖ **1094** *ἐκζητῶσι* **r N** | *τοῦ* **c m m**ᵃ: *καὶ* cett. | *πότε* **w** ‖ **1095** *γὰρ*] *γοῦν* **m m**ᵃ **n** ‖ **1096** *ἐξ οὐρανοῦ* **c**: *ἐπὶ τῆς γῆς* cett. ‖ **1097** *δ᾽ οὐ*] *μὴ* **c** ‖ **1098** *ἐναν(θρωπ)ίσεως* **n R** ‖ **1100** *ἡ*] *τῶν* **R r N w** ‖ **1102** *μεγαλικετευόντων* **w** ‖ **1104** *ὡς*] *καὶ* **c m m**ᵃ ‖ **1106** *ἀντακεκράγασιν* **c** ‖ **1108** *εἰρήκασιν*] *ἠρώτησαν* **c**

ἀδελφιδός μου κατέβη εἰς κῆπον αὐτοῦ εἰς φιάλας τοῦ ἀρώματος, τοῦ ποιμαίνειν ἐν κήποις καὶ συλλέγειν κρίνα [6, 2].

Ἐκεῖνος κατελήλυθε, φησίν, ἀρρητοτρόπως,
ὡς ἐπὶ πόκον ὑετός, ὡς ἐπὶ χλόην δρόσος,
ἐν τῇ γαστρὶ τῆς καθαρᾶς καὶ παναμώμου κόρης
ὡς εἰς φιάλην καθαρὰν τῶν θείων ἀρωμάτων,
ἐξ ἧς ἀρρήτως προελθών, μόνος αὐτὸς ὡς οἶδεν,
εἰς τὰς ψυχὰς τῶν καθαρῶν ἀνθρώπων μετερρύη.
ταύτας γὰρ ἴσθι, δέσποτα, φιάλας ἀρωμάτων,
ὥσπερ καὶ κῆπον γίνωσκε τοῦτον τὸν κόσμον, ἄναξ,
ἐν ᾧ κατῆλθεν ὁ Χριστός, καὶ τοὺς πεπιστευκότας
ἐποίμανεν ὡς ἀληθῶς τοῖς σεβασμίοις λόγοις·
κρίνα γὰρ ταῦτα λέγονται, τὰ λόγια τὰ θεῖα.

ἐγὼ τῷ ἀδελφιδῷ μου καὶ ὁ ἀδελφιδός μου ἐμοί [6, 3].

Ἀλλ' ἵνα τι, φησίν, ὑμᾶς σαφέστερον διδάξω,
ἐκεῖνος ὅμοιος ἐμοὶ τυγχάνει κατὰ πάντα·
ἔπλασε γάρ με πρότερον ἐκείνου κατ' εἰκόνα
καὶ πάλιν ἀνεκαίνισε δεινῶς με συντριβεῖσαν
ὡς τὴν ἐμὴν ἀνειληφὼς μορφὴν ἐκ τῆς παρθένου.
Ταῦτα μὲν οὖν λελάληκεν ἡ νύμφη τοῖς ἀγγέλοις.
ἀλλ' ὁ φιλανθρωπότατος δεσπότης καὶ νυμφίος,
ἰδὼν τυρβάζουσαν αὐτὴν καὶ κατατρυχομένην
καὶ μεριμνῶσαν περιττὰ καὶ ψηλαφῶσαν τοῦτον,
πάλιν ἐπῄνεσεν αὐτὴν φωνήσας ἀοράτως·

καλὴ εἶ, πλησίον μου, ὡς εὐδοκία, ὡραία ὡς Ἱερουσαλήμ, θάμβος ὡς τεταγμέναι [6, 4].

Καλή, φησί, γεγένησαι καὶ μῶμον οὔκουν ἔχεις,
τῇ εὐδοκίᾳ τῇ ἐμῇ καλῶς ὁμοιωθεῖσα·

1111 Poem. 54, 822; Ps. 71, 6; Prov. 19, 12 ‖ **1115–1116** Greg. Or. 15 p. 437, 11–15 ‖ **1117** 438, 4–10 ‖ **1120** 438, 10–11 ‖ **1121–1125** 439, 11–20

1110 om. **m m**[a], **n** a. c. ‖ **1112** om. **R** ‖ **1113** *φιάλας καθαρὰς* **R r N** ‖ **1114** *ἀρρήτως*] mg. *ἀσπόρως* **n** | *κατελθὼν* **m m**[a], **n** (?) ‖ **1117** *τοῦτον*] *τον, δέ* sscr., **c** ‖ **1120** *λέγονται* **c m m**[a]: *-εται* cett. ‖ **1121** *σαφέστερον φησὶν ὑμᾶς* trp. **n** ‖ **1126** *τοὺς ἀγγέλους* **n R r N** ‖ **1128** *τε βάζουσαν* **n w** ‖ **1129** *περιττῶς* **R r N** | *ψηλαφῶσαν τοῦτον*] *καταψηλαφῶσαν* **c** ‖ **1130** *ἐπ-ένεσεν*, sscr. *αι*, **c** | *φανεὶς* **c** ‖ **1131** *καλῶς* **R N w** | *οὐκ ἐνέχεις* **R r N** *οὐκ ἔχεις* **c** ‖ **1132** *ἀλλοιωθεῖσα* **m m**[a] **n**

καὶ σὺ γὰρ θέλεις ἅπαντας σωθῆναι τοὺς ἀνθρώπους.
καὶ πάλιν Ἱερουσαλὴμ καλῶς ἐξωμοιώθης,
ἐν ᾗπερ ἀναπέπαυμαι μετὰ καὶ τοῦ πατρός μου·
ὅθεν καὶ θάμβος κέκτησαι καὶ φοβερὰ τυγχάνεις,
ὥσπερ αἱ τεταγμέναι μου δυνάμεις τῶν ἀγγέλων.

ἀπόστρεψον τοὺς ὀφθαλμούς σου ἀπεναντίον μου, ὅτι αὐτοὶ ἀνεπτέρωσάν με [6, 5[1]].

Ἐμοί, φησί, λελάληκεν, ἐμοὶ σεπτὸς νυμφίος.
λοιπὸν καὶ πρόσσχες· ἐπ' ἐμὲ τοὺς ὀφθαλμούς σου στρέψον,
τὸ φῶς γὰρ ἀνεπτέρωσεν ἐμὲ τῶν ὀφθαλμῶν σου
καὶ πάντων κατεφρόνησα τῶν ἐπὶ γῆς πραγμάτων.
Ἀλλ' ὁ πληρῶν τὸ θέλημα τῶν φοβουμένων τοῦτον
εὐθὺς ἐπέβαλεν αὐτῇ τοὺς ὀφθαλμοὺς τοὺς θείους,
ἰδὼν δὲ ταύτην ἀρεταῖς κατακεκοσμημένην
ἤρξατο ταύτην ἐπαινεῖν, φησὶ γὰρ οὕτω τάδε·

τριχώματά σου ὡς ἀγέλαι τῶν αἰγῶν αἳ ἀνεφάνησαν ἀπὸ τοῦ Γαλαάδ. ὀδόντες σου ὡς ἀγέλαι τῶν κεκαρμένων αἱ ἀναβαίνουσαι ἀπὸ τοῦ λουτροῦ, αἱ πᾶσαι διδυμεύουσαι, καὶ ἀτεκνοῦσα οὐκ ἔστιν ἐν αὐταῖς. ὡς σπαρτίον κόκκινον χείλη σου, καὶ ἡ λαλιά σου ὡραία. λέπυρον ῥοᾶς μῆλόν σου ἐκτὸς τῆς σιωπήσεώς σου [6, 5[2]–7].

Οὕτω μὲν οὖν ἐπῄνεσε τὴν νύμφην ὁ νυμφίος,
γυναικικῶς, ἐρωτικῶς καὶ νυμφοπρεπεστάτως.
σὺ δ' ἀλλὰ τούτους ξύμπαντας τῆς νύμφης τοὺς ἐπαίνους,
ὡς ἡρμηνεύθης ἄνωθεν, γίνωσκε, στεφηφόρε·
ταύτην τὴν ῥῆσιν γὰρ ἡμεῖς ἄνωθεν εὑρηκότες
ἅπασαν ἡρμηνεύσαμεν ὡς δυνατὸν ἦν ὅλως.
Ἀλλ' ἀκουσώμεθα λοιπὸν τοῦ τέλους τῶν Ἀισμάτων.

1133 1 Tim. 2, 4 ‖ **1136–1137** Greg. 445, 10–446, 10 ‖ **1140** 449, 19–20 ‖ **1148–1151** supra vss. 780–804; Greg. 450, 22–451, 1

1134 *ἐξωμοιώθην* **R n** *-θη* **N** ‖ **1138** om. **c** ‖ **1139** *καὶ*] *δὲ* **w** | *ἐμὲ* **c**: *ἐμοὶ* cett. | *στρέψον* **c R r N**: *-ας* **m m**[a] *-αι* **n** *λέγων* **w** ‖ **1140** *ἐνεπτέρωσεν* **R**, **N** a. c. ‖ **1141** *ἐπὶ γῆς* **c**: *κοσμικῶν* cett. ‖ **1142** *φοβουμένων* **c**: *ἀγαπώντων* cett. | *τούτων* **m** ‖ **1143** *ἐπέβαλεν* **n r N w**: *ἐπέβαλλεν* **c** *ἀπέβαλεν* **R** *ὑπέβαλεν* **m m**[a] | *αὐτῇ*] *αὐτοὺς* **m** *εὐθὺς* (iterum) **m**[a] **n** ‖ **1144** *δὲ*] *γὰρ* **m m**[a] **n** | *ἀρετῇ* **R N** *-ὴν* **r** ‖ **1145** *φασὶ* **c** ‖ **1150** *γὰρ τὴν ῥῆσιν* trp. **c** ‖ **1151** *ἅπασαν* **c**: *ἐντεῦθεν* **w** *ἄνωθεν* cett.

ἑξήκοντά εἰσι βασίλισσαι καὶ ὀγδοήκοντα παλλακαί, καὶ νεανίδες ὧν οὐκ ἔστιν ἀριθμός· μία ἐστὶ περιστερά μου τελεία. εἴδοσαν αὐτὴν πᾶσαι θυγατέρες καὶ μακαριοῦσιν αὐτήν [6, 8–9].

Ὁ Σολομῶν ὁ πάνσοφος, ὁ θαυμαστὸς προφήτης,
προφητικοῖς ἐν ὄμμασιν εἶδεν ὡς ἐν κατόπτρῳ
τοὺς τρόπους καὶ τὰς ἀφορμὰς ψυχῶν τῶν σεσωσμένων,
μᾶλλον δ' εἰπεῖν ὡς ἀληθῶς τὰς τάξεις καὶ τὰς βάσεις.
τρεῖς γάρ εἰσιν, ὡς πέπεισμαι, τῶν σεσωσμένων τάξεις,
υἱότης μισθαρνία τε καὶ μετ' αὐτὴν δουλότης.
οἱ μὲν γὰρ ἀγαπήσαντες ἐξ ὅλης τῆς καρδίας
τὸν εὐεργέτην τοῦ παντὸς ἐξ ἁπαλῶν ὀνύχων
καὶ τῆς ἀγάπης ἕνεκα τούτου καὶ τῆς φιλίας
τὸν κόσμον βδελυξάμενοι καὶ τὰ περὶ τὸν κόσμον,
προσκολληθέντες τῷ Χριστῷ, τῷ λόγῳ καὶ νυμφίῳ,
εἰς τάξιν ἔφθασαν υἱοῦ τῇ χάριτι τῇ θείᾳ.
οἱ δὲ γλιχόμενοι τυχεῖν τῆς ἀκηράτου δόξης
καὶ ταύτης χάριν ἔσπευσαν Χριστῷ δεδουλευκότες
εἰς τάξιν ἔφθασαν αὐτοὶ καὶ τόπον τῶν μισθίων.
οἱ δέ γε πλημμελήσαντες, ὥσπερ ἐγὼ ὁ τάλας,
καὶ πᾶσαν ἐκτελέσαντες ἄτοπον ἁμαρτίαν
καὶ φοβηθέντες τὰς πολλὰς βασάνους καὶ κολάσεις
καὶ τούτου χάριν φθάσαντες εἰς τρόπους μετανοίας
(ὡς εἴθε τούτους φθάσαιμι κἀγώ, Χριστέ μου λόγε)
εἰς τάξιν ἐληλύθασι δούλων, πλὴν σεσωσμένων.
Ταύτας τὰς τάξεις κατιδὼν ὁ Σολομῶν ἐκεῖνος,
προκατιδὼν δὲ μάλιστα τῷ πνεύματι τῷ θείῳ
καὶ τὴν τοῦ λόγου σάρκωσιν, τοῦ καθαροῦ νυμφίου,
καὶ τὴν γεννήσασαν αὐτὸν ἀσπόρως θεοτόκον,
τὴν ὄντως παναμώμητον καὶ καθαρὰν Μαρίαν,

1157–1173 cf. Greg. 460, 2–462, 16

1155 *ἀφορμὰς*] *ἀρετὰς* **w** ‖ **1157** *ὡς*] *καὶ* **c** | *τῶν σεσωσμένων τάξεις* **c**: *τάξεις τῶν σεσωσμένων* trp. **w** *τάξεις τῶν σωζομένων* cett. ‖ **1158** *μισθαρνία* **c**: *μισθαρνότης* cett. | *αὐτῶν* **c** ‖ **1161** *τούτου* post *φιλίας* additum **c** ‖ **1162** *περὶ τοῦ κόσμου* **n** ‖ **1163** *τῷ*[1]] *δὲ* **m m**[a] **n** | *τῷ*[2] om. **c** ‖ **1165** *ἀκηράτου δόξης* **c**: *ἄνω βασιλείας* cett. ‖ **1166** *τούτου* **m m**[a] | *ἔπνευσαν* **c** | *δεδουλευκέναι* **m m**[a] ‖ **1167** *αὐτὴν* **c** | *τόπον*] *πόνον* **c** *τάξιν* (iterum) **m**[a] ‖ **1170** *πολλὰς* **c**: *πικρὰς* cett. ‖ **1171** *τρόπους* **c**: *τόπον* cett. ‖ **1172** *ὡς*] *καὶ* **R r N** | *εἴθε*] *εἴγε* **m** | *τούτους – λόγε*] *φθάσαιμι κἀγὼ χ(ριστ)έ μου λόγε τοῦτον* **m m**[a] **n** | *τούτοις* **w** ‖ **1173** *δούλων* om. **c** ‖ **1178** *καὶ*] *τὴν* **R r N** | *Μαρίαν*] *παρθένον* **R r N**

ἥντινα μακαρίζουσι φωναῖς ἀκαταπαύστοις
αἱ γενεαὶ τῶν γενεῶν ἁπάντων τῶν ἀνθρώπων
ὅτι σωτῆρα τέτοκε τῆς ὅλης οἰκουμένης,
ταύτην ἐξεῖπε τὴν ᾠδὴν προσώπῳ τοῦ νυμφίου.
Σὺ δέ μοι τὰς ἑξήκοντα βασιλίσσας ἀκούων
ἐκείνους εἶναι γίνωσκε, δέσποτα στεφηφόρε,
τοὺς δεκαπλασιάσαντας ἐν ἀγαθοεργίαις
τὴν δεδομένην πρὸς αὐτοὺς ἑξάδα τῶν ταλάντων
καὶ τόπον φθάσαντας υἱῶν τῇ χάριτι τῇ θείᾳ.
καὶ παλλακὰς ὡς ἀληθῶς ἐκείνους εἶναι νόει,
τοὺς ὀκταπλασιάσαντας ἐν κόποις σωτηρίας
τὸ δεδομένον τάλαντον αὐτοῖς ἐκ τοῦ δεσπότου
καὶ γεγονότας μισθωτοὺς τοῦ λόγου καὶ νυμφίου.
ἀκούων δὲ νεανίδας πολλὰς ἀναριθμήτους
γίνωσκε ταύτας ἀληθῶς ἁμαρτωλοὺς ἀνθρώπους,
οἵτινες τὸ μὲν τάλαντον λαβόντες τοῦ δεσπότου
εἰς γῆν αὐτὸ κατέχωσαν ἐξ ἄκρας ῥαθυμίας,
καὶ δοῦλοι μὲν γεγόνασιν, ἀλλ' ὅμως σεσωσμένοι.
Τῶν σεσωσμένων γοῦν ψυχῶν τοσούτων πεφυκότων,
ἁπάντων ὑπερέχουσα τῶν ἐπὶ γῆς ἀνθρώπων
ὡς ἐκλεκτὴ περιστερὰ τυγχάνει μόνη μία,
ἡ χερουβὶμ καὶ σεραφὶμ ὄντως καθαρωτέρα,
ἡ τὸν Χριστὸν γεννήσασα παρθενομήτωρ κόρη.

Ἔχεις τὸ σὸν ἐπίταγμα πεπληρωμένον, ἄναξ·
ἰδοὺ γὰρ τέλος εἴληφε τὸ τῶν ᾀσμάτων Ἆισμα.
ἀλλ' ἐρωτᾷς, ὦ κράτιστε, καὶ πλέον φιλολόγε,
καὶ τί τὸ συναγόμενον ἐν καθαρῷ τυγχάνει
ἐκ ταύτης τῆς προφητικῆς ᾀσματογράφου βίβλου;
ἅπαν τὸ συναγόμενον τοῦτο τυγχάνει μόνον,

1179–1180 Luc. 1,48 ‖ **1183–1186** Greg. 462,16–463,18 ‖ **1185** cf. Luc. 9,16 ‖ **1186** cf. supra vs. 713 ‖ **1187–1191** Greg. 463,19–465,21 ‖ **1194–1195** Matth. 25,18

post **1180** mut. def. **r** ‖ **1182** *προσώπου* **n** ‖ **1186** *ἑξάδα* **c w**: *ἐξ ἄλλων* **R** spat. vac. **N** *ἐξ ὕλης* **n** *ὕλην τὴν* **m**ª *ὅλην τὴν* **m** ‖ **1187** *τόπον*] *πόθω* **c** | *υἱῶν*] *σιὼν* **m m**ª ‖ **1197** *γοῦν* **c**: *οὖν* cett. | *πεφυκότων* **c**: *πεφηνότων* cett. ‖ **1198** *ὑπερέχουσαν* **c** *-σαι* **R N** ‖ **1199** *μόνη μία* **c**: *μία μόνη* trp. cett. ‖ **1200–1201** **c**: **1201–1200** trp. cett. ‖ **1201** *παρθενομῆτορ* **c w** ‖ **1202** hinc denuo **p** ‖ **1203** *ἔλαβε* **m m**ª ‖ **1205** *ἐγκαθαρῷ* **m** *ἐν καθαρᾷ* **w** ‖ **1206** *προφητικῆς* **p R N w**: *πν(ευματ)ικῆς* **m m**ª **n** *σοφῆς* **c**

ὅτι τὴν φύσιν τῶν βροτῶν τὴν ἐκπεσοῦσαν πάλαι
ὁ λόγος ἀνεζήτησεν ὁ ταύτην πλαστουργήσας·
εὑρὼν δὲ ταύτην καὶ λαβὼν ἐπ' ὤμων ὁ δεσπότης
εἰς οὐρανοὺς ἀνήγαγε καὶ τῷ πατρὶ παρέσχε
καὶ τῶν ἀγγέλων ἔδειξε ταύτην ὑψηλοτέραν.
ὅπερ προγνοὺς ὁ Σολομῶν πνεύματι προφητείας
ποικίλως συνεγράψατο καὶ πολυπλόκως τάδε.
Ἡμεῖς μὲν οὖν τοὐπίταγμα τὸ σόν, ὦ στεφηφόρε,
ἀποπληρῶσαι θέλοντες ὡς δοῦλοι τοῦ σοῦ κράτους,
ὡς δυνατὸν ἐγράψαμεν πολιτικοῖς ἐν στίχοις
τὴν τῶν Ἀισμάτων δύναμιν, ἐξήγησιν καὶ γνῶσιν.
εἰ δ' ἴσως παρεσφάλημεν καί τι τῆς ἀληθείας,
οὐ ξένον οὐδὲ θαυμαστὸν οὐδὲ καινὸν τυγχάνει.
ἐχρῆν μὲν γὰρ μηδὲ ποσῶς ἡμᾶς ἐπιχειρῆσαι
τὴν βίβλον τὴν πνευματικὴν ταύτην ἑρμηνεῦσαι·
τοῦτο γὰρ τοῖς πνευματικοῖς εἰκός ἐστι καὶ μόνοις,
τὸ τὰ τοῦ πνεύματος λαλεῖν καὶ φράζειν καὶ διδάσκειν·
ἐπεὶ δὲ τοῦτο γέγονε καὶ παρ' ἡμῶν ἐκ τόλμης,
ὁ παντοκράτωρ μου Χριστὸς ἵλεως γένοιτό μοι.

Poema 3. De dogmate

Poemata 3–5, quae in compluribus codicibus simul traduntur, eo concinunt quod uniuscuiusque primus versus, qui tituli instar est (unde etiam varietas in titulis postea additis explicatur), forma imperandi conceptus est; differunt vero re metrica et ordine poematum. colligas Psellum non eodem tempore haec composuisse, coniunctim tamen tradi voluisse.

Quod ad carmen de dogmate sive de fide attinet, eodem modo quo in Poem. 1 factum esse vidimus, de hac re et prosa oratione et versibus scripsit Psellus. nam de dogmate egit in Omnifariae doctrinae cap. 1–14, quae Solutionibus quaestionum natura-

1210 Luc. 15,5 ‖ **1218** = supra vs. 3 ‖ **1223** cf. 1 Cor. 2,15

1208 *τῶν βροτῶν*] *τὴν ἐμὴν* **R N** | *πάλιν* **p** ‖ **1210** *ὦμον* **w** ‖ **1213** *ἅπερ* **m m**[a] ‖ **1214** *πολυτρόπως* **m m**[a] | *τόδε* **p R N** ‖ **1215** *μὲν οὖν τοὐπίταγμα*] *δὲ τὸ ἐπίταγμα* **w** ‖ **1217** *ὡς – στίχοις* **c**: *πολιτικοῖς ἐφράσαμεν* (*ἐφθάσαμεν* **R N**) *ὡς δυνατὸν ἐν στίχοις* cett. ‖ **1219** *παρεσφάλη* **p** *παρεσφάλομεν* **m**[a] **n** *παρεσφάλλοιμεν* **w** ‖ **1220** *οὐδὲ*[1]] *οὐ* **c** | *θαυστὸν* **m** | *οὐδὲ*[2]] *οὐ* **m** ‖ **1221** *μὲν γὰρ*] *γὰρ δὲ* **p** *γὰρ* **n** *μὲν οὖν* **m** | *μηδὲ ποσῶς* **c**: *μηδ' ὁπωσοῦν* cett. | *ἡμᾶς ἐπιχειρῆσαι* **c**: *ἐπιχειρῆσαι τοῦτο* (*τούτου* **p w**) cett. ‖ **1222–1224** om. **p** ‖ **1222** *ταύτην* **c**: *ὅλως* cett. ‖ **1223–1226** om. **c** ‖ **1225** *εὐτόλμως* **m m**[a]

lium (= Omnif. doctr. rec. I) primum subiunxit (= rec. II), deinde praefixit (= rec. III et IV); Monomacho rec. I inscripta erat, Michaeli Ducae rec. III–IV. praeterea inter tractatus theologicos Parisini gr. 1182 (Pselli Theologica I, ed. Gautier, Opusc. 111) legitur brevis commentatio de fide, quae, ut Omnif. doctr. et hoc ipsum poema, e Maximo Confessore et Ioanne Damasceno hausta est.

Textus qualem praebent codices **t** (Monomacho dicatum) et **D** tribus versibus auctior est (22 et 24–25). hos ad sensum necessarios esse atque ob eam causam non interpolatos esse in **t D,** sed in ceteris excidisse facile apparebit.

Τοῦ ὑπερτίμου Ψελλοῦ περὶ δόγματος πρὸς τὸν βασιλέα τὸν Μονομάχον

Δέχου καὶ τὸν θεμέλιον τῶν καθ' ἡμᾶς δογμάτων,
σύντομον καὶ συνοπτικὸν καὶ περιγεγραμμένον.
Θεὸν δεσπότην γίνωσκε σωμάτων, ἀσωμάτων,
ἄχρονον, ἀτελεύτητον, τῶν ὅλων ὑποστάτην,
ἀσώματον, ἀόρατον, ἀσχημάτιστον φύσει·
τὴν μὲν οὐσίαν ἄληπτον, ληπτὸν ταῖς ἐνεργείαις·
ἕνα καὶ τρία κατ' αὐτό, ἕνα μὲν τῇ οὐσίᾳ,
τρία ταῖς ὑποστάσεσιν, εἰ βούλει, καὶ προσώποις.
Ἑνὰς γὰρ τρισυπόστατος ὁ θεὸς χρηματίζει·
πατήρ, υἱὸς καὶ ἅγιον ὁμοούσιον πνεῦμα.
μόνος πατὴρ καὶ ἄναρχος ὁ πατήρ, στεφηφόρε,

3 **3–5** cf. Io. Damasc. Expos. fid. 2, 10–15 ‖ **6** cf. ibid. 13, 73 ‖ **7–10** 2, 15–17 ‖ **11–17** 8, 274–279

3 **t** 27^{r}–28^{v} **D** 124^{v}–126^{v} **s** 50^{r}–51^{r} **l** 63^{v}–65^{r} **l**^{l} 6^{v}–7^{v} **f**^{f} 282 **v** 84^{r}–85^{v} **p** 11^{v}–12^{v} (vss. 1–64; 83–99) **z** 73^{r}–74^{v} **f**^{q} 212^{r}–213^{v} **f**^{a} 87^{r}–88^{r} **f**^{b} 162^{r}–163^{v} **f**^{c} 233^{v}–234^{r} **n**^{p} 118^{v}–123^{r} **b**^{c} 3^{r-v} ‖ edd. Bosquet 129–132 = Meerman 75–76 = PG 122, 811–816 ‖ tit. sec. **t**: *τοῦ αὐτοῦ πρὸς τὸν αὐτὸν* (= Michaelem Ducam) *περὶ δόγματος* **D** *τοῦ πανυπερτάτου φιλοσόφου κυ(ροῦ) μιχαὴλ τοῦ ψελλοῦ στίχοι πολιτικοὶ πρὸς τὸν βασιλ(έα) κῦρ(ιν)* (spat. 16 litt.) *περὶ δόγματος* **b**^{c} *τοῦ σοφωτ(ά)τ(ου) ὑπερτίμου τοῦ ψελλοῦ πρὸς τὸν βασιλέα κῦρ(ιν) μιχ(αὴ)λ τὸν δούκαν* **l p** *δόγμα ἐν συνόψει περὶ τῆς ἁγίας τριάδος, τοῦ ψελοῦ πρὸς τὸν βασιλ(έα) διὰ στοίχ(ων)* **l**^{l} *τοῦ φιλοσόφου ψελλοῦ θεμέλιος πίστεως* **f**^{f} *τοῦ αὐτοῦ πρὸς τὸν αὐτὸν πε(ρὶ) πίστ(ε)ως* **z** *περὶ πίστεως τοῦ σοφωτάτου ψελλοῦ* **f**^{q} *τοῦ αὐτοῦ εἰς τὸν ὅρον τῆς πίστεως* **v** *τοῦ ὑπερτίμου ψελοῦ περὶ ὅρου τῆς πίστεως* **f**^{a} **f**^{b} *τοῦ μακαρίου ὑπερτίμου τοῦ ψελλ(οῦ) περὶ ὅρου τῆς πίστεως* **f**^{c} *στίχ(οι) τοῦ αὐτοῦ πε(ρὶ) τοῦ συμβόλ(ου) τῆς ὀρθοδόξου πίστ(εως)* **n**^{p} *τοῦ αὐτοῦ* **s** ‖ **1** *ἡμῶν* **l l**^{l} | *πραγμάτων* **v**, **s** (sscr. *δογ*) ‖ **2** *εὐσύνοπτον* **z f**^{q} | *παραγεγραμμένον* **z**, **f**^{q} a. c. ‖ **3** *δέσποτα* **z f**^{q} **f**^{c}, (post *γίνωσκε*) **b**^{c} ‖ **4** *σύγχρονον* **b**^{c} | *ὑποστάτων* **b**^{c} ‖ **5** *ἀόρατον* **t D s v f**^{a} **f**^{b} **f**^{c}: *ἀόριστον* **l l**^{l} **f**^{f} **p z f**^{q} **n**^{p} **b**^{c} | *φύσιν* **D** ‖ **6** *τῇ … οὐσίᾳ* **t D n**^{p} | *τὴν*] *ἄδεττον* **b**^{c} ‖ **7** *αὐτὸν* **t D**, **s** p. c., **l**^{l} **f**^{q} **f**^{a} **f**^{b} **f**^{c} **b**^{c} | *ἕνα*^{2}] *τρία* **p** ‖ **8** *εἰ*] *καὶ* **p** ‖ **9** *μονὰς* **b**^{c} | *χρηματίζων* **v** ‖ **11** *μόνον* **l l**^{l} **f**^{f} **p b**^{c} | *στεφηφόρος* **b**^{c} *δέσποτά μου* **n**^{p}

μόνος υἱός, οὐκ ἄναρχος, ὁ υἱός, δέσποτά μου,
ἀρχὴ γὰρ τούτου ὁ πατήρ· εἰ δὲ τὴν ἀπὸ χρόνου
ἀρχὴν λαμβάνειν βούλοιο, καὶ ἄναρχος τυγχάνει·
πνεῦμα τὸ πνεῦμα ἅγιον καὶ θεὸς κατ' οὐσίαν,
ἐκ τοῦ πατρὸς τὴν πρόοδον ἐσχηκὸς ὑπὲρ φύσιν,
ἐκπορευτήν, οὐχ υἱικήν, κἂν ἄγνωστος ὁ τρόπος.
ὑπόστασις μὲν ἕκαστον, εἷς δὲ θεὸς τὰ τρία.
Μόνος δ' υἱὸς σεσάρκωται ἐν τέλει τῶν αἰώνων
καὶ φύσιν ἀνελάβετο τὴν ἡμῶν ἐκ παρθένου,
οὐσιωδῶς, οὐ σχετικῶς, φύσει, οὐ φαντασίᾳ,
σάρκα λαβὼν ὡς ἤθελεν ἔννουν, ἐμψυχωμένην,
ἐκ τῶν αἱμάτων τῶν σεπτῶν τῆς πανάγνου παρθένου,
καὶ ταύτῃ καθ' ὑπόστασιν ἑνωθεὶς ἀσυγχύτως
ἄνθρωπος γέγονεν αὐτός, θεὸς ὢν κατ' οὐσίαν.
Ἄλλο δ' ἐστὶν ὑπόστασις καὶ ἕτερον οὐσία.
ἡ μὲν οὐσία τὸ κοινὸν ὑποστάσεως εἶδος,
ἡ δὲ ὑπόστασίς ἐστιν ἓν πρόσωπον καὶ μόνον·
τὸ μὲν γὰρ τῆς θεότητος τῆς ἀνθρωπότητός τε
δηλωτικὸν τῶν φύσεων καὶ οὐσιῶν τυγχάνει,
ὁ δὲ πατὴρ καὶ ὁ υἱὸς καὶ τὸ ἅγιον πνεῦμα
καὶ πρόσωπα πεφύκασι, ναὶ μὴν καὶ ὑποστάσεις.
Ὁ σαρκωθεὶς τοίνυν υἱὸς ἀτρέπτως, ἀσυγχύτως,
οὐ σχετικῶς, ὡς εἴπομεν, οὔτε μὴν κατ' ἀξίαν,
ὡς ὁ δεινὸς Νεστόριος δυσσεβῶς παρελήρει,
ἀλλὰ καθὼς ηὐδόκησε δι' ἡμᾶς τοὺς ἀνθρώπους,
ἡνώθη καθ' ὑπόστασιν τῇ προσληφθείσῃ φύσει,
μία μείνας ὑπόστασις θεία τε καὶ τελεία,

22–23 46,28–30 ‖ **33–46** cf. 47,55–69

12 *μόνον* **l l**^{l}, **f**^{f} p. c., **p b**^{c} | *καὶ οὐκ* **b**^{c} | *ὁ – μου*] *τῇ σαρκὶ αὐτοῦ πέλει* **b**^{c} | *ὁ*] *ὡς* **s** ‖ **13** *γὰρ*] *δὲ* **b**^{c} | *εἰ δὲ*] *οἶδε* **p** | *χρόνων* **p b**^{c} *-ον* **D** ‖ **14** *ἄναρχον* **v** | *τυγχάνειν* **p v** ‖ **15** *πνεῦμα τὸ*] *μόνον τὸ* **l l**^{l} **f**^{f} *ὑπάρχ(ει)* **p** | *πνεῦμα ἅγιον*] *ὑπεράγιον* **t D** | *καὶ*] *ὁ* **v** ‖ **16** *ἐσχηκὼς* (*-ῶς*) **t l**^{l} **f**^{f} **p z f**^{q} **f**^{a} **f**^{b} **f**^{c} **b**^{c} | *ὑπὲρ*] *κατὰ* **s v** ‖ **17** *υἱκὴν* **s l v p f**^{q} **b**^{c} ‖ **18** *ἕκαστος* **t** *-α* **f**^{q} **n**^{p} ‖ **19** *μόνον* (?) **p** ‖ **21** *φύσιν* **p** ‖ **22** habent **t D**: om. cett. | *ἐψυχωμένην* **t** p. c. *ἐμψυχομένην* **D** ‖ **23** *ἀσμάτων* **p** ‖ **24–25** habent **t D**: om. cett. ‖ **26** *ἄλλη* **D b**^{c} *ἄλλου* **p** | *ἑτέρα* **f**^{q} | *τῇ οὐσίᾳ* **p** ‖ **27** *ὑποστάσεων* **l**^{l} **z f**^{q} **f**^{a} **f**^{b} **f**^{c} **n**^{p} ‖ **30** *δηλότερον* **f**^{q}, **z** a. c. | *τῆς φύσεως* **b**^{c} ‖ **34** *συσχετικῶς* **b**^{c} | *κατ' ἀξίαν*] *κατ' οὐσίαν* **D** *κατὰ φύσιν* **b**^{c} *φαντασίᾳ* **t p n**^{p} ‖ **36** habent **t D**: om. cett. ‖ **37** *ἑνώθη* **f**^{a} **f**^{b} | *προληφθείσῃ* **z f**^{q} **f**^{b} **f**^{c} *προσλαβούσῃ* **p** ‖ **38** *μονὰς* **f**^{f} | *θεία τε* **t D**: *τῇ θείᾳ* cett.

ἐν δύο δὲ ταῖς φύσεσιν οὐσιωδῶς τυγχάνων.
οὕτω δὴ καὶ πρεσβεύομεν, οὕτω δὴ καὶ τιμῶμεν,
οὕτω δὴ καὶ σεβόμεθα, οὕτως ὁμολογοῦμεν,
τὰς δύο φύσεις ἀληθῶς, θείαν καὶ ἀνθρωπίνην,
ἀλλήλαις καθ' ὑπόστασιν ἀτρέπτως ἑνωθείσας,
ἑκάστην ἀναλλοίωτον μένειν ἐν τῇ ἑνώσει,
ἐκ δὲ τῶν δύο φύσεων μίαν ἀποτελεῖσθαι
σύνθετον τὴν ὑπόστασιν· οὗτος πίστεως ὅρος.
Ὁμολογοῦμεν τοιγαροῦν τοῦ πατρὸς υἱὸν ἕνα
μετὰ τὴν ἐνανθρώπησιν τὴν ἄρρητον τοῦ λόγου,
καὶ τὸν αὐτὸν υἱὸν σαφῶς ἀνθρώπου πεφυκέναι,
ἕνα Χριστὸν καὶ κύριον, τὸν μονογενῆ λόγον,
ὅλον θεὸν καὶ ἄνθρωπον τῇ μιᾷ ὑποστάσει.
ἥνωνται γοῦν αἱ τοῦ Χριστοῦ φύσεις, ἀλλ' ἀσυγχύτως·
ἥνωνται καθ' ὑπόστασιν, διῄρηνται δὲ πάλιν
τῷ τρόπῳ τῆς διαφορᾶς, ἄλλη γὰρ θεοῦ φύσις
καὶ ἄλλη ἀνθρωπότητος, εἷς δ' ἐν ἀμφοῖν ὁ λόγος.
εἷς τοίνυν ἐστὶν ὁ Χριστός, ὁ δὲ αὐτὸς καὶ δύο·
εἷς μὲν γὰρ τὴν ὑπόστασιν, ἀλλὰ διπλοῦς τὴν φύσιν.
Ὡς οὖν πρεσβεύομεν καλῶς τοῦ Χριστοῦ δύο φύσεις,
οὕτω καὶ δύο λέγομεν φυσικὰς ἐνεργείας
καὶ δύο τὰ θελήματα φυσικῶς ἐνεργοῦντα.
Οὐσία μὲν οὖν καὶ μορφὴ καὶ φύσις ἓν τῷ λόγῳ,
ἄτομον δὲ καὶ πρόσωπον ἓν σὺν τῇ ὑποστάσει.
τὴν σάρκα δὲ τὴν τοῦ θεοῦ ὑπόστασιν μὴ λέγε,
λέγε δὲ ἐνυπόστατον, ἀκριβὲς γὰρ τὸ δόγμα.

58–60 36,117–120 ‖ **59** cf. 37,6–7 ‖ **61–62** Io. Damasc. Inst. elem. *α'* 2–3 ‖ **63–64** Psell. Omnif. doctr. 4,14–15; Io. Damasc. Dial. fus. *με'* 18–20

39 *τυγχάνει* **f**^{a} **f**^{b} **f**^{c} ‖ **40–42** om. **D**, post vs. 44 trp. **t** ‖ **40–41** *οὕτω*^{2} – *σεβόμεθα* **t p**: om. cett. ‖ **42** *καὶ*] *τε* **p** ‖ **43** *ἀλλήλας* **f**^{f} | *ἑνωθείσαις* **t** ‖ **44–45** om. **f**^{a} **f**^{b} **f**^{c} ‖ **44** *μένων* **p** | *ἑνώσει*] *οὐσία* **n**^{p} ‖ **46** *οὗτος*] *τοῦτο* **s p z f**^{q} **n**^{p} *οὕτω* **b**^{c} ‖ **47** *τοῦ πατρὸς τοιγαροῦν* trp. **p** ‖ **48** *ἐναν(θρώπ)ισιν* **D** ‖ **49** *ἄνθρωπον* **l l**^{l} **f**^{f}, **z** a.c., **f**^{q} **n**^{p} **b**^{c} ‖ **50–51** om. **f**^{a} **f**^{b} **f**^{c} ‖ **50** *μονογενῆ τὸν* trp. **s** *μονογενῆ καὶ* **b**^{c} *τὸν μονογενῆ αὐτοῦ* **v** ‖ **51** *τῇ*] *καὶ* **p** ‖ **52** *ἑνῶνται* **f**^{a} **f**^{b} (item 53) | *γοῦν*] *γὰρ* **s f**^{a} **f**^{b} **f**^{c} *οὖν* **f**^{f} ‖ **54** *τοῦ τρόπου* **n**^{p} ‖ **55** om. **f**^{a} **f**^{b} **f**^{c} | *δ' ἐν*] *δετ'* (?) **p** ‖ **56** *ὁ χριστός ἐστιν* trp. **v f**^{f} | *ὁ δὲ καὶ* **f**^{a} **f**^{c} ‖ **58** *ὡς*] *εἰ* **f**^{q} | *γοῦν* **p** | *καλεῖν* **D** ‖ **61** *οὖν*] *ἦν* **z f**^{q} **v f**^{a} **f**^{b} **f**^{c} | *φύσεις* **D** | *ἓν* **s l l**^{l} **f**^{c} **n**^{p} **b**^{c}: *ἐν* **t D p v z f**^{q} **f**^{a} **f**^{b} ‖ **62** *ἄτομοι* **D** *ἄτοπον* **f**^{a} **f**^{b} | *δὲ*] *τὲ* **v** ‖ **63** *σάρκα δὲ τὴν*] *σάρκωσιν δὲ* **z** a.c., **f**^{q} | *θεοῦ*] *χ(ριστο)ῦ* **t**, **v** p.c. | *λέγειν* **t D** ‖ **64** *λέγειν* **t D** *-ει* **p** | *δὲ*] *γὰρ* **p f**^{b} **b**^{c} | *ἀκριβοῖς* **f**^{a} **f**^{b} **f**^{c} **n**^{p} *-ὴς* **z** a. c. *ἀκυρεῖς* **p**

Τὸ δέ γε ἐνυπόστατον πολυσήμαντον, ἄναξ.
ἔστι γὰρ ἐνυπόστατον τὸ ἀληθῶς ὑπάρχον·
καὶ αὖθις ἐνυπόστατον τὸ κοινὸν τῆς οὐσίας,
ἤγουν τὸ εἶδος τὸ κοινὸν τὸ ἐπὶ τοῖς ἀτόμοις
πραγματικῶς ὑφεστηκός, οὐ ψιλῇ ἐπινοίᾳ·
ἔστι δὲ ἐνυπόστατον οὗ πλέον φροντιστέον,
ὅπερ ἐστὶ συγκείμενον μετ' ἄλλου διαφόρου
κατὰ οὐσίαν, δέσποτα, εἰς σύστασιν προσώπου
ἑνὸς καὶ ὑποστάσεως μιᾶς γένεσιν, ἄναξ.
Τὸ μὲν οὖν ἐνυπόστατον τοιοῦτον ἔσχεν ὅρον·
ὑπόστασις δὲ πέφυκε κυριολογουμένη
πρᾶγμα ἰδιοσύστατον, ἓν μᾶλλον πρόσωπόν τι.
Ἐνούσιον δὲ πέφυκε τὸ κοινὸν τῆς οὐσίας.
Ἐνέργεια ποιά ἐστι κίνησις τῆς οὐσίας.
Ἕξις ποιότης ἔμμονος καὶ δυσμετάβλητός πως.
ἕξεως ἄλλος ὁρισμός· ἑκάστου κατὰ φύσιν
ὁλόκληρος ἐνέργεια ἐν ψυχῇ σώματί τε,
ἕξις δὲ ἡ ἐνέργεια τοῦ κοινοῦ πέφυκέ πως.
Πρὸς τούτοις πᾶσι γίνωσκε ὡς ὁ σαρκωθεὶς λόγος
τὴν ἡμετέραν προσλαβὼν ἐν τῷ σαρκοῦσθαι σάρκα
κατάρα ἐχρημάτισε, τυγχάνων εὐλογία,
καὶ τέθνηκεν ὡς ἄνθρωπος, ἀθάνατος ὢν φύσει,
ἐπὶ σταυροῦ τὴν νέκρωσιν ὑποστὰς ἑκουσίως·
ἀνέστη δὲ τριήμερος τὸν ᾅδην καταλύσας,
εἶτα καὶ ἀνελήλυθεν εἰς οὐρανοὺς ἐνδόξως,
καὶ αὖθις ἥξει σὺν πατρὶ καὶ πνεύματι ἁγίῳ
κρῖναι δικαίως ἅπαντας ὁμοῦ καὶ φιλανθρώπως.

66 Psell. Omnif. doctr. 3,3–5; Dam. Dial. fus. *με'* 2–5 ‖ **67–69** Max. Var. def., PG 91, 149 B 7–C 1 ‖ **70–73** ibid. C 2–5; Damasc. Dial. fus. *με'* 10–12 ‖ **75–76** Damasc. 15–16 ‖ **77** Max. Var. def. 152 A 5–8 ‖ **78** Damasc. Expos. 37,3–4 ‖ **79** cf. Damasc. Dial. fus. *νβ'* 22 ‖ **85** Gal. 3,13 ‖ **87–91** symbolum Nicaenoconst.

65–82 om. **p** ‖ **66** *γὰρ] δὲ* **v n**^{p} | *ἀληθὲς* **t D**, **f**^{c} a. c., **b**^{c} ‖ **68** *τὸ κοινὸν* **t D**, sscr. **v**: om. **s f**^{a} **f**^{b} **f**^{c} *δέσποτα* cett. (mg. **s**) | *ἀτόμοις] αὐτομάτοις* **s f**^{a} **f**^{b} **f**^{c}, **v** a. c. ‖ **69** *πραγματικὸς* **z f**^{q} | *ὑφεστηκὼς (-ῶς)* **t f**^{f} **v f**^{a} **f**^{b} **f**^{c} ‖ **70** *δὲ] γὰρ* **t D** | *οὐ* **l**^{l} **z f**^{q} **f**^{a} **f**^{b} **f**^{c} **b**^{c} ‖ **72** *εἰς] καὶ* **z f**^{q} | *προσώπων* **z f**^{q} ‖ **74** *οὖν] γὰρ* **b**^{c} ‖ **76** *πρᾶγμα] ἡ πρὸς* **n**^{p} | *ἓν] ἢ* in ras. **s** *ἢ ἓν* **z f**^{q} | *τι] τε* **b**^{c} ‖ **78** om. **f**^{f} **n**^{p} | *ποιᾶς* **s** ‖ **79** *πως] τε* **f**^{a} **f**^{b} ‖ **80** *ἄλλως* **b**^{c} *-ου* **t D** | *ὁρισμός* **s l l**^{l} **f**^{f} **z f**^{q}: *ἀριθμὸς* **t D f**^{a} **f**^{b} **f**^{c} **n**^{p} **b**^{c} ‖ **81** *ὁλόκληρον ἐνέργειαν* **n**^{p} | *ὁλόκληρος*, sscr. *ψυχος*, **s** | *σωματίου* **n**^{p} ‖ **83** hinc denuo **p** | *γνώριζε* **f**^{f} | *ὡς ὁ σαρκωθεὶς] ὁ σαρκωθεὶς γὰρ* **b**^{c} | *θ(εὸ)ς λόγος* **f**^{a} **f**^{b} ‖ **87** *τὴν] τὲ* **v** ‖ **88** *δὲ] τὲ* **s** | *καταργήσας* **p** ‖ **89** *ἐνδόξως* **t D p**: *ἐν δόξῃ* cett. ‖ **91–92** om. **f**^{a} **f**^{b} **f**^{c}

Τοῦτο συγκεφαλαίωσις τῶν θεολογουμένων
καὶ λεγομένων, δέσποτα, εἰς τὴν οἰκονομίαν.
πολὺς γὰρ καὶ δυσνόητος ὁ λόγος τῶν δογμάτων,
ἀλλ' ἐγὼ τὰ σαφέστατα συλλέξας σοι προσφόρως
καὶ πληρεστάτως εἴρηκα, ὁμοῦ δὲ καὶ συντόμως.
Δεῖ γὰρ τὸν βασιλεύοντα καὶ τἆλλα μὲν εἰδέναι,
τὸ ἀληθὲς δὲ μάλιστα τῶν καθ' ἡμᾶς δογμάτων·
ἀρχὴ γὰρ τοῦτο καὶ κρηπὶς τυγχάνει βασιλείας.

Poema 4. De conciliis

Liquido distinguuntur recensio longior (**D** et **d**^{d}, vss. 89) et brevior (vss. 70). longiorem imprimendam curavi, lectorum commoditatis causa potius quam quod meliorem aut vetustiorem esse mihi persuasum sit. sed non est cur non ambae ad Psellum referendae sint.

Tractatuum de VII conciliis vis ingens ferebatur et fertur (inter quos primum locum obtinet Photii Ep. 1 pars prior); vide quae congessit Dvornik (supra p. XLI).

Subieci appendicem Parisini gr. 1712 (**f**^{r}) ad concilia Lugdunense a. 1274, Constantinopolitanum a. 1275 (quod cum Constantinopolitano a. 869–870 confunditur), Florentinum a. 1438–39 pertinentem (vss. 90–128); scripsit Graecus quidam unionis amicus post excidium Constantinopolis, cuius causam in schisma confert (vs. 128).

Τοῦ αὐτοῦ πρὸς τὸν αὐτὸν περὶ τῶν ἑπτὰ συνόδων

Γίνωσκε καὶ τὸν ἀριθμὸν τῶν ἱερῶν συνόδων,
ὁπόσαι κατὰ δυσσεβῶν ἐκροτήθησαν, ἄναξ.

92 *τούτω* **p** ‖ **93** *καὶ*] *πολλῶν* **f**^{a} **f**^{b} ‖ **95** *τὰ*] *τοὺς* **z** var. l., **f**^{q} | *σαφέστερα* **p b**^{c} | *συνέλεξα* (om. *σοι*) **p** | *προσφέρω* **n**^{p} ‖ **96** *δὲ*] *τε* **s** p. c., **b**^{c} ‖ **98** *τὸ δ' ἀληθὲς ὡς* **b**^{c} ‖ **99** *τυγχάνει*] *ὑπάρχει* **l**^{l} **p b**^{c}

4 D 127^{r-v} **d**^{d} 16^{v}–17^{r} **t** 30^{r}–31^{v} **s** 51^{v} **l** 77^{v}–78^{v} **p** 3^{v}–5^{v} **t**^{a} 91^{r} **z** 71^{v}–73^{r} **f**^{q} 210^{r}–211^{r} **f**^{r} 4^{v}–5^{v} **v** 85^{v}–87^{r} **a**^{a} 150^{r}–151^{r} **a**^{b} 173^{r-v} **f**^{a} 88^{r-v} **f**^{b} 163^{v}–165^{r} **f**^{c} 234^{r-v} **b**^{n} 51^{r-v} **b**^{c} 3^{v}–4^{v} ‖ edd. Guntius μ^{v}–$\mu 3^{r}$; Bosquet 132–134 = Meerman 76–77 = PG 122, 815–818; Simonides 219–221; Dvornik (vss. 90–128) ‖ tit. sec. **D** (*τὸν αὐτὸν* = Michaelem Ducam): *στίχ(οι) τοῦ ψελοῦ* **d**^{d} *τοῦ ψελλοῦ κυρ(οῦ) μιχ(αὴλ) περὶ τῶν ἁγίων καὶ οἰκουμενικῶν ἑπτὰ συνόδων πρὸς τὸν βασιλέα τὸν μονομάχον* **t** *στίχ(οι) πολιτικοὶ τοῦ ψελλοῦ κυροῦ μιχ(αὴλ) πρὸς τὸν βασιλ(έα) κῦριν κων(σταν)τῖνον τὸν μονομάχον, πε(ρὶ) τῶν ἑπτὰ οἰκουμενικῶν ἁγίων συνόδων* **t**^{a} *τοῦ σοφωτάτου ψελλοῦ στίχ(οι) περὶ τῶν ἱερῶν οἰκουμενικῶν συνόδων πρὸς τὸν αὐτοκράτορα κῦρ(ιν) μιχαὴλ τὸν δοῦκα* (*πρὸς* – *δοῦκα* om. **f**^{q}) **z f**^{q} *τοῦ σοφωτάτου ὑπερτίμου κυροῦ μιχαὴλ τοῦ ψελλοῦ* (*στίχοι* add. **a**^{b}?) *περὶ τῶν ἑπτὰ συνόδων* (*στίχοι πολιτικοί* add. **a**^{a}) **a**^{a} **a**^{b} *τοῦ ὑπερτίμου μιχαὴλ τοῦ ψελλοῦ πρὸς τὸν βασιλέα κῦριν μιχαὴλ τὸν δοῦκα· περὶ τῶν ζ' οἰκουμενικῶν συνόδων* **b**^{n} om. **s l p f**^{r} **v f**^{a}**f**^{b} **f**^{c} **b**^{c} ‖ **1** *γίνωσκε καὶ*] *εἰ θέλεις γνῶναι* **d**^{d} | *καὶ*] *σὺ* **p t**^{a} *δὲ καὶ* **f**^{a} **f**^{b} ‖ **2** *ἐκροτίσθησαν* **d**^{d} | *ἄναξ*] *πάλαι* **z f**^{q} **f**^{r}

Ἑπτὰ πᾶσαι πεφύκασι· πρώτη δ' ἡ ἐν Νικαίᾳ,
τοῦ θείου βασιλεύοντος δεσπότου Κωνσταντίνου
καὶ ἀρχιερατεύοντος ἐν Κωνσταντινουπόλει
τοῦ πανσεβάστου καὶ ψυχὴν καὶ λόγον Μητροφάνους.
δεκαοκτὼ δ' ἠθροίσθησαν πρὸς τοῖς τριακοσίοις
πατέρες θεῖοι καὶ σεπτοὶ ἐν ταύτῃ τῇ συνόδῳ.
οἳ καὶ τὴν γλῶτταν ἔτεμον τοῦ μανέντος Ἀρείου,
τὴν ὁμοουσιότητα τέμνοντος τῆς τριάδος
καὶ κτίσμα τὸν δημιουργὸν δυσσεβοῦντος ἀθλίως
ἐλάττονά τε τοῦ πατρὸς τὸν ἰσότιμον φύσει.
Ἡ δὲ δευτέρα γέγονε τῶν ἱερῶν συνόδων,
ὡς ἱστοροῦσιν ἅπαντες, ἐν Κωνσταντινουπόλει·
ἧς ὁ μὲν Θεοδόσιος ἦρχε καλῶς ὁ μέγας,
Νεκτάριος δ' ἀρχιερεὺς ἐτύγχανεν ὁ θεῖος.
πεντήκοντα δ' ἠθροίσθησαν καὶ ἑκατὸν πατέρες,
τὸν θεολόγον ἔχοντες Γρηγόριον κρηπῖδα
καὶ πρόμαχον καὶ κορυφὴν ἐν ταύτῃ τῇ συνόδῳ.
αὕτη τὸν Μακεδόνιον ἀνέσπασε ῥιζόθεν,
τὸ πνεῦμα τὸ πανάγιον ἀλλοτριοῦντα μάτην
τῆς ὑψηλῆς θεότητος καὶ κτίσμα βλασφημοῦντα.
Ἡ δέ γε τρίτη σύνοδος γέγονεν ἐν Ἐφέσῳ,
Θεοδοσίου τοῦ μικροῦ δεσπόζοντος ἀξίως
καὶ ἀρχιερατεύοντος τότε Ἀλεξανδρείας
καὶ δόγμασιν ἐκλάμποντος Κυρίλλου τοῦ πανσόφου.
ἑκατὸν ἑβδομήκοντα δ' ἠθροίσθησαν πατέρες
κατὰ τοῦ ματαιόφρονος καὶ δεινοῦ Νεστορίου,
τὴν τοῦ θεοῦ μὲν σάρκωσιν οὐδ' ὅλως δεχομένου,
ἀλλὰ ψιλὸν μὲν ἄνθρωπον τὸν Χριστὸν βλασφημοῦντος

3 *δέκα* **f**^{r} | *ἡ*] *ὁ* **p** ‖ **4** *μεγάλου* **f**^{r} *δέσποτα* **b**^{c} ‖ **5** *καὶ ἀρχιερεύοντος ἐν ῥώμῃ τοῦ σιλβέστρ(ου)· ἐν κωνσταντινουπόλ(ει) δὲ τοῦ θείου μ(ητ)ροφάνους* **f**^{r} ‖ **6** *καὶ ψυχὴν*] *σεβαστοῦ* **a**^{b} | *ψυχῇ καὶ λόγω* **D b**^{c} *ψυχολόγ( )* **d**^{d} *ψυχῇ καὶ λόγον* (*-ων* **f**^{c}) **f**^{a} **f**^{b} **f**^{c} **b**^{n} *ψυχὴν καὶ λόγω* **t z f**^{q} | *μητροφάνου* **d**^{d} *καὶ σοφία* **f**^{r} ‖ **7–8** habent **D d**^{d}: om. cett. ‖ **9** *οἳ – ἔτεμον* **D d**^{d}: *αὕτη* (*ἣ καὶ* **b**^{n}) *τὴν γλῶτταν ἔτεμε* cett. | *μανέντος* **D z a**^{a} **a**^{b} **f**^{a} **f**^{b} ‖ **10** *τεμόντος* **D**, **d**^{d} a. c. *-ες* **d**^{d} p. c. ‖ **11** *δυσσεβοῦντος ἀθλίως*] *κακῶς παραληροῦντος* **s** *δυσσεβῶς βλασφημ(')τ( )* **b**^{n} | *δυσσεβοῦντα* **z f**^{q} ‖ **13** *ἡ* om. **p f**^{r} ‖ **16** *ὁ θεῖος* **D d**^{d}: *τοῖς τότε* **z f**^{q} **f**^{r} *τῷ τότε* cett. ‖ **17–19** habent **D d**^{d}: om. cett. ‖ **22** om. **f**^{a} **f**^{b} **f**^{c} | *βλασφημοῦντος* **d**^{d} **t z f**^{q} **f**^{r} **v** (compend. **b**^{n}) *βλασφημίας* **a**^{a} ‖ **25–27** habent **D d**^{d}: om. cett. ‖ **29** *μὲν*] *δὲ* **v** *μου* **z f**^{q} **f**^{r} **b**^{c} | *μηδ'* **f**^{b}, var. l. **a**^{b} ‖ **30** *βλασφημοῦντος* **D d**^{d} **p f**^{r} **b**^{n} **b**^{c}: *-ντα* **z f**^{q} *ληρωδοῦντος* **s v a**^{b} **f**^{a} **f**^{b} **f**^{c} *λοιδοροῦντος* **l**

καὶ σχετικὴν τὴν ἕνωσιν τοῦ θεοῦ ληρωδοῦντος
καὶ Χριστοτόκον λέγοντος, ἀλλ᾽ οὐχὶ θεοτόκον
τὴν θεοτόκον δέσποιναν καὶ παρθένον Μαρίαν.
Ἡ δὲ τετάρτη σύνοδος ἔστιν ἐν Χαλκηδόνι,
Ῥωμαίων βασιλεύοντος Μαρκιανοῦ δεσπότου,
Ἀνατολίου δ᾽ ἔχοντος τὸν θρόνον Νέας Ῥώμης.
ὁ δ᾽ ἀριθμὸς τῶν ἱερῶν καὶ σεβαστῶν πατέρων
τριάκοντα συνέστησαν πρὸς τοῖς ἑξακοσίοις
κατ᾽ Εὐτυχοῦς τοῦ δυσσεβοῦς καὶ κατὰ Διοσκόρου,
τὸ σῶμα τὸ δεσποτικὸν δυσσεβῶς φαντασάντων
καὶ παντελῶς ἀλλότριον φύσεως ἀνθρωπίνης
ὡς κατελθὸν ἐξ οὐρανοῦ ἀθέως ληρησάντων.
Ἡ δέ γε πέμπτη γέγονεν ἐν Κωνσταντινουπόλει,
κρατοῦντος καὶ ἰθύνοντος τὰ σκῆπτρα τῶν Ῥωμαίων
θείου Ἰουστινιανοῦ καὶ νέου νομοθέτου
καὶ Εὐτυχίου τοῦ σοφοῦ τότε πατριαρχοῦντος.
πέντε δὲ πρὸς ἑξήκοντα καὶ ἑκατὸν πατέρες
ἐν ταύτῃ συνηθροίσθησαν, καὶ τὴν ἐν Χαλκηδόνι
σύνοδον συνεκρότησαν ὡς πανευσεβεστάτην.
ἀπήλασάν τε εὐσεβῶς τῶν θείων περιβόλων
Εὐάγριον καὶ Δίδυμον μετὰ τοῦ Ὠριγένους,
ἄνδρας προτελευτήσαντας, ἀλλὰ συγγραψαμένους
νόθα καὶ ξένα δόγματα τῆς θείας ἐκκλησίας·
σωμάτων μὲν ἀνάστασιν νῦν μὲν ἀνεῖλον ὅλως,
νῦν δὲ παρεδογμάτισαν ἔγερσιν ἀλλοτρίων,

31 om. $\mathbf{b}^{n}$ $\mathbf{b}^{c}$ | *ληρωδοῦντος* **D** $\mathbf{d}^{d}$: *φλυαροῦντος* **l** *-ντα* $\mathbf{a}^{a}$ *βλασφημοῦντος* cett. ‖ **32** *λέγοντες* **p** *-ντα* **z** $\mathbf{f}^{q}$ ‖ **33** *δέσποιναν*] *ἀληθῶς* $\mathbf{b}^{n}$ | *καὶ παρθένον μαρίαν* **D** $\mathbf{d}^{d}$: *καὶ μαρίαν παρθένον* trp. **p** **z** $\mathbf{f}^{q}$ **v** $\mathbf{f}^{a}$ $\mathbf{f}^{b}$ $\mathbf{f}^{c}$ $\mathbf{b}^{c}$ *μαρίαν τὴν παρθένον* $\mathbf{f}^{r}$ *μαρίαν καὶ παρθένον* cett. ‖ **34** *ἔστιν*] *ἔστη* $\mathbf{b}^{c}$ *γέγον᾽* $\mathbf{d}^{d}$ | *καλχηδόνι* **D** ‖ **35** *ῥωμαίων βασιλεύοντος* **D**: *τότε γὰρ βασιλεύοντος* $\mathbf{d}^{d}$ *τὰ σκῆπτρα δὲ κατέχοντος* $\mathbf{f}^{r}$ *ῥώμης τὰ* (*ῥωμαίων* $\mathbf{b}^{n}$) *σκῆπτρα φέροντος* cett. | *δεσπότου*] *τοῦ θείου* **s** ‖ **36** habent **D** $\mathbf{d}^{d}$: om. cett. ‖ **37** *σεβαστῶν καὶ ἱερῶν* trp. **v** ‖ **38** *συνέστηκε* $\mathbf{f}^{r}$ | *τριακοσίοις* **p** *διακοσίοις* $\mathbf{b}^{c}$ ‖ **39** *κατὰ*] *δεινοῦ* $\mathbf{d}^{d}$ | *διοσκόρους* **z** ‖ **40** *δυσσεβῶς φαντασάντων* **D** $\mathbf{d}^{d}$ **z** $\mathbf{f}^{q}$ $\mathbf{f}^{r}$ **v** $\mathbf{a}^{a}$, (*-οῦς*) $\mathbf{b}^{c}$: *ἀσεβῶς φαντασάντων* $\mathbf{f}^{a}$ $\mathbf{f}^{b}$ $\mathbf{f}^{c}$ *δυσσεβῶς βλασφημούντων* **t** **p** $\mathbf{t}^{a}$ *κακῶς φανταζομένων* **s** ‖ **41–42** habent **D** $\mathbf{d}^{d}$: om. cett. ‖ **44–46** habent **D** $\mathbf{d}^{d}$: *ἰουστινιανοῦ τοῦ θαυμαστοῦ δεσπόζοντος τωτότε* **s** om. cett. ‖ **47** *δὲ πρὸς*] *τὲ πρὸς* $\mathbf{f}^{q}$ *πρὸς τοῖς* **z** *πρὸς τοὺς* $\mathbf{f}^{r}$ ‖ **48–47** trp. $\mathbf{d}^{d}$ ‖ **48** *ταύτῃ*] *δὲ* add. $\mathbf{d}^{d}$ | *καλχηδόνι* **D** ‖ **49** *ἐκρότησαν* $\mathbf{b}^{c}$ *ἐπεκύρωσαν* **s** ‖ **50** *ἀπήλασέ* **t** **l** **p** $\mathbf{t}^{a}$ **z** $\mathbf{f}^{q}$ $\mathbf{f}^{r}$ ‖ **52** *συγγραψομένους* $\mathbf{b}^{c}$ ‖ **53** *δόγματα*] *δέσποτα* **t** | *θ(εο)ῦ* **p** ‖ **54** *μὲν*^{1}] *γὰρ* **t** **z** $\mathbf{f}^{q}$ $\mathbf{f}^{r}$ **v** $\mathbf{a}^{a}$ $\mathbf{a}^{b}$ $\mathbf{f}^{a}$ $\mathbf{f}^{b}$ $\mathbf{f}^{c}$ *τὴν* $\mathbf{b}^{n}$ | *νῦν – ὅλως*] *παντελῶς ἀθετούντων* **s** | *ἀνείλων* **D** *ἀνεῖλεν* **l** **v** *ἀνεῖχον* **z** $\mathbf{f}^{q}$ *ἐστιν οὐδ᾽* $\mathbf{f}^{r}$ ‖ **55** *νῦν δὲ παρεδογμάτισαν*] *καὶ πάλιν δοξαζόντων δὲ* **s** | *παρεδογμάτισεν* **v** *παρεδειγμάτισαν* **t** **z** $\mathbf{f}^{q}$ $\mathbf{f}^{r}$

Ἀδάμ τε καὶ παράδεισον ἐξεῖπον ἀσωμάτους,
καὶ τέλος συνεπέραναν τὴν κόλασιν ἐν χρόνῳ
καὶ τῶν δαιμόνων ἔγραψαν (φεῦ) ἀποκαταστάσεις.
ἀνεῖλον καὶ Θεόδωρον τὸν τῆς Μοψουεστίας
μυσταγωγὸν τυγχάνοντα τοῦ δεινοῦ Νεστορίου
καὶ τὴν πρὸς Μάριν πρότερον ἐπιστολὴν τοῦ Ἴβα
ὅσα τε συνεγράψατο κατὰ Κυρίλλου πάλαι
ὁ Κύρου Θεοδώρητος, ἴσως ἐν ὑποκρίσει.
Ἡ δ' ἕκτη πάλιν σύνοδος ἐν Κωνσταντινουπόλει
συνέστη βασιλεύοντος τοῦ νέου Κωνσταντίνου
καὶ Γεωργίου ἔχοντος τὸν θρόνον Νέας Ῥώμης,
ἑκατὸν ἑβδομήκοντα πατέρων ἀθροισθέντων
κατὰ τῶν μίαν θέλησιν ἀφρόνως δοξαζόντων,
ὧν οἱ προστάται λόγιοι καὶ πολλοὶ καὶ μεγάλοι,
ὁ τῆς Φαρὰν Θεόδωρος, Ὀνώριος ὁ Ῥώμης
Κῦρος Ἀλεξανδρείας τε Σέργιός τε καὶ Πύρρος
καὶ Παῦλος ὁ Σαμοσατεύς, πρὸς τούτοις δὲ καὶ Πέτρος,
Μακάριος ὁ ἄθλιος καὶ Στέφανος πρὸς τούτοις,
οὐ δύο φύσεις λέγοντες τοῦ σαρκωθέντος λόγου,
μίαν δέ τινα σύνθετον ἐνέργειάν τε μίαν.
σὺν τούτοις Πολυχρόνιον ἀπέκτειναν τελείως
καὶ δύο ἐδογμάτισαν τοῦ σαρκωθέντος λόγου
τὰς φύσεις ὡς πανευσεβεῖς, ὧς δὲ καὶ τὰς θελήσεις.
Ἡ δὲ ἑβδόμη γέγονεν ἐσχάτως ἐν Νικαίᾳ,
Εἰρήνης τῆς δεσπότιδος τότε βασιλευούσης

56 *τε*] *δὲ* **p v b**^{n} | *ἐξεῖπαν* **v** *ἐξείπων* **D** | *ἀσωμάτως* **l b**^{c} ‖ **57** *καὶ συνεπέραναν αὐτοὶ* **b**^{n} ‖ **58** *ἔγραφαν* **p** ‖ **59** *τῆς*] *τοῦ* **t**^{a} | *μομψουεστίας* **s z f**^{q} **f**^{r} **v a**^{a} **a**^{b} **b**^{n} **b**^{c} ‖ **61** *μάρην* **D d**^{d} **p t**^{a} **a**^{a} **f**^{b} | *ὕστερον* **p** | *ἴβαν* **z** ‖ **62** *συνεγράψαντο* **p** | *πάλιν* **D** ‖ **63** *τύρου* **s p t**^{a} **b**^{c} | *θεοδώριτος* **D t s a**^{a} **a**^{b} **f**^{a} | *ἶσος* **p t**^{a} **z f**^{q} **b**^{n} **b**^{c} (fort. recte) | *ἐν*] *τε* **z f**^{q} **f**^{r} *ὢν* **b**^{c} | *ὑποκρίσου* **d**^{d} *ἀποκρίσει* **p** (sscr. *ὑ*), **t**^{a} ‖ **64** *πάλαι* **d**^{d} ‖ **65–68** **D d**^{d}: *συνέστη καὶ διέρρηξε δόγματα* (*στόματα* **p** *δογμάτων* **f**^{c}) *θεομάχων* (*-α* **a**^{b}) cett.; *τοῦ πωγωνάτου δέσποτα κρατοῦντος κωνσταντίνου* add. **s** ‖ **69** *μεγάλοι* **D d**^{d} **p t**^{a}: *ποικίλοι* cett. ‖ **70** *φαρᾶν* **D l p** | *Ῥώμης*] *νέος* **f**^{r} ‖ **71** om. **a**^{a} **a**^{b} | *σέργιοί τε* **z f**^{q} **f**^{r} *καὶ σέργιος* **t**^{a} | *πύρος* **v f**^{c} ‖ **72** *πρὸς*] *σὺν* **t** | *τούτων* **d**^{d} | *δὲ*] *τε* **t** ‖ **73** *πανάθλιος* (om. *ὁ*) **d**^{d} | *καὶ Στέφανος*] *σὺν τούτοις καὶ* **t** | *πρὸς τούτοις* **d**^{d} **t s l f**^{q} **f**^{r}: *-ω* **v f**^{a} **f**^{b} **b**^{c} *-ων* **z** *πρὸς τοῦτο* **b**^{n} *πρὸς τοῦ* **p** *πρὸ τούτου* **D**, **f**^{c} a. c. *-ω* **f**^{c} p.c. *σὺν τούτω* **a**^{a} **a**^{b} ‖ **74** *οὐ*] *οἱ* **p** | *λέγοντας* **D d**^{d} *-ος* **a**^{a} **f**^{b} ‖ **77** *ἐδογμάτιζον* **f**^{q} ‖ **78** *πανευσεβῶς* **d**^{d} (*εῖς* sscr.), **t z f**^{q} **f**^{r} **b**^{n} | *ὧς*] *πρὸς* **v a**^{a} **a**^{b} **f**^{a} **f**^{b} **f**^{c} ‖ **79** *ἐσχάτη* **l f**^{a} **f**^{b} **f**^{c} *ἔσχατον* **b**^{n} (compend. **p**) *καὶ αὔτ(η)* **f**^{r} ‖ **80–81** hic habent **D d**^{d} **b**^{n}: post 84 trp. cett. ‖ **80** *δεσποίνιδος* **p** | *ποτὲ* **f**^{q}

σὺν Κωνσταντίνῳ τῷ υἱῷ καὶ νέῳ στεφηφόρῳ
καὶ Ταρασίου τοῦ σοφοῦ πατριαρχοῦντος θείως.
πεντήκοντα συνῆλθον γὰρ πρὸς τοῖς τριακοσίοις
λογὰς ἐν ταύτῃ εὐσεβῶν πατέρων θεοφόρων,
καὶ τὰς εἰκόνας τὰς σεπτὰς ἐθέσπισαν τιμᾶσθαι,
καλῶς δ' ἀνεθεμάτισαν τοὺς δυσσεβοῦντας τότε,
Βασίλειον ἐπίσκοπον ὄντα τῆς Πισιδίας,
Ἐφέσου Θεοδόσιον, Σισίννιον τὸν Πέργης,
ἄλλους τε πλείστους τὰς σεπτὰς εἰκόνας μὴ τιμῶντας.

Ἡ δὲ ὀγδόη γέγονε σύνοδος ἐν Λουγδούνῳ,
Ῥώμης πρωτεύοντος σεπτῶς τοῦ θείου Ἰωάννου,
μετὰ Νικόλαον λαμπρῶς τὰς κλεῖς ἐκδεξαμένου,
κατὰ Φωτίου πρώτου τε τοῦ σχίσματος αἰτίου,
ὃς ἀναιδῶς συνέγραψε κατὰ τῆς ἐκκλησίας,
τῆς πρεσβυτέρας δηλαδὴ Ῥωμαϊκῆς τῆς θείας,
καὶ πρῶτος ἐξηρεύξατο λέγειν κατὰ Λατίνων
ὡς οὐκ εἰσὶν ὀρθόδοξοι, ψάλλοντες ἐν συμβόλῳ
καὶ τὴν προσθήκην, ὥς φασί, τὸ ἐκ πατρὸς υἱοῦ τε,
ἥτις σαφήνειά ἐστι μᾶλλον καὶ οὐ προσθήκη.
αὕτη οὖν κατεδίκασε τὴν ἀναίδειαν τούτου
καὶ ἐξ υἱοῦ ἐδίδαξε τὸ πνεῦμα ὀρθοδόξως.
⟨Ἡ⟩ δὲ ἐννάτη γέγονεν ἐν Κωνσταντινουπόλει,
Ῥώμης ἱερατεύοντος τοῦ θείου Γρηγορίου
δεκάτου τε ὑπάρχοντος τὸν ἀριθμὸν ἐκείνου.
ταύτης δ' ἐξῆρχεν ἱερῶς καὶ εὐσεβῶς ὁ θεῖος
Βέκκος ὁ τρισμακάριος, ὁ θαυμαστὸς ἐκεῖνος,
ἀρχιεπίσκοπος αὐτῆς ὑπάρχων Βυζαντίδος·
ᾗ τὴν αὐτὴν ἐδίδαξε πίστιν τε καὶ λατρείαν
ὡς ἡ λαμπρὰ καὶ πάνσεμνος σύνοδος ἐν Λουγδούνῳ.
⟨Ἡ⟩ δὲ δεκάτη γέγονεν ἐν Φλωρεντίᾳ πόλει,
Ῥώμης ἱερατεύοντος τοῦ θείου Εὐγενίου,
τὰ σκῆπτρα δὲ κατέχοντος τῆς βασιλείας τότε
Παλαιολόγου τοῦ χρηστοῦ μεγάλου Ἰωάννου
καὶ Ἰωσὴφ τοῦ θαυμαστοῦ καὶ θείου πατριάρχου.
ὑπῆρχον δὲ τὸν ἀριθμὸν οἱ ἱεροὶ πατέρες
ἑπτάκις καὶ τριάκοντα πρὸς τοῖς ὀκτακοσίοις.
αὕτη γὰρ κατεδίκασε τοὺς ἀμαθῶς ληροῦντας
τὸ πνεῦμα τὸ πανάγιον ἐκ τοῦ υἱοῦ μὴ εἶναι,

81 *καὶ*] *τῶ* **f**[a] **f**[b] **f**[c] | *στεφηφόρω νέω* trp. **a**[a] **a**[b] ‖ **82** habent **D d**[d]: om. cett. | *ταρασίω* (sscr. *ου*) *τοῦ* (sscr. *ω*) *σοφοῦ* (sscr. *ῶ*) **d**[d] | *θείως* **D**, mg. *γρ.* **d**[d]: *τότε* **d**[d] ‖ **85** *ἐθέσπισε* **f**[a] **f**[b] **f**[c] ‖ **86** *ἀναθεματίσαν* **d**[d] **l b**[n] *ἐνεμάθισαν* **p** ‖ **87** *ὄντα τῆς*] *τὸν ὄντα* **z f**[q] **f**[r] **b**[c] ‖ **88** *σισίννιον* **D d**[d] **s l f**[q] **b**[c]: *σισίνιον* cett. | *τὸν*] *τῆς* **a**[b] | *πέρσις* **f**[q] ‖ **89** *τε*] *δὲ* **z f**[q] om. **d**[d] | *πλείους* **p** *πλεῖον* **d**[d] | *τιμόντων* **t** ‖ **90–128** solus habet **f**[r] ‖ **102** *θ̄η* **f**[r] ‖ **110** *ῑ* **f**[r] ‖ **116** scr. *ἑπτά τε*? | *λ'* **f**[r]

ἀλλὰ ἐκ μόνου τοῦ πατρός, ὢ φεῦ τῆς ἀμαθίας.
εἰ γὰρ τῶν πάντων ἀγαθῶν φυσικῶν τοῦ πατρός τε
ὑπάρχων ⟨.....⟩ κοινωνὸς ἀληθῶς ὁ Χριστός μου,
ἔχει ⟨...⟩ καὶ τὸ πνεῦμα οὖν κατὰ τοῦτον τὸν τρόπον
καθ' ὃν ⟨ἔχειν⟩ καὶ ὁ πατὴρ νοεῖται, καὶ οὐκ ἄλλως,
τοῦ ἐκπορεύειν ὁ υἱός, ὥσπερ καὶ τὸν πατέρα
Κύριλλος ἐν τοῖς Θησαυροῖς ὁ θεῖος ἐκδιδάσκει
καὶ ἄλλοι πλεῖστοι πανταχοῦ τῶν ἱερῶν βιβλίων
ἐκήρυξαν, ἐδίδαξαν, ἐτράνωσαν ὡσαύτως.
ὃ μὴ καταδεξάμενοι ἐφθάρημεν μετ' ἤχου.

Poema 5. De nomocanone

Cum poematis 3 et 4 plerumque traditur, sed minus frequentes sunt codices. dedicatum est imperatori cuidam (vs. 1 et alibi), quem Michaelem Ducam esse dicit codex **l**. tamen, si inscriptio codicis **n**^q^ (in qua Psellus Constantini, non Michaelis praenomine appellatur) genuina est, sequitur hos quoque versus imperante Monomacho conscriptos esse eique primitus dedicatos fuisse.

Enumerantur primum synodi et patres quorum canones ecclesia recepit (6–54), deinde explicatur ratio Nomocanonis, qui regulas ad eandem rem pertinentes sub unum titulum colligit (55–71). adduntur pauci versus de poenarum gradibus (72–77).

Pselli Tractatum de Nomocanone, in quo eadem paulo plenius exponuntur, ex codice Parisino 1182 edidit Heimbach (supra p. XLII).

Τοῦ αὐτοῦ ὑπερτίμου Ψελλοῦ περὶ νομοκανόνου καὶ τῶν τοπικῶν συνόλων

Ἔχε μοι γνῶσιν, δέσποτα, καὶ τοῦ νομοκανόνου.
Σύνθετος βίβλος πέφυκε νόμων τε καὶ κανόνων,
κανόνων μὲν συνοδικῶν καὶ νόμων διαφόρων,
τῶν Νεαρῶν δὲ μάλιστα πανσόφων θεσπισμάτων,
συνηγορούντων κάλλιστα τοῖς γραφεῖσι κανόσιν.
Ἔστι δὲ πρώτη σύνοδος τῇ τιμῇ καὶ τῇ δόξῃ

4 125 cf. Cyrill. Thes. PG 75, 380 D 1–12 ‖ **128** Ps. 9, 7

5 t 28^{v}–30^{r} **s** 51^{r-v} **l** 76^{v}–77^{v} **p** 3^{r-v} **n**^{p} 115^{r}–118^{r} **n**^{q} 245^{r}–246^{v} **b**^{n} 51^{v}–52^{r} (codd. **n**^{p} **n**^{q} **b**^{n} plerumque assensus tantum indicatur) ‖ edd. Bosquet 134–136 = Meerman 77–78 = PG 122, 919–924 ‖ tit. sec. **t**: *τοῦ μακαριωτ(ά)τ(ου) ψελλοῦ πρὸς τὸν βασιλ(έα) κῦρ(ιν) μιχ(αὴλ)* **l** *στίχ(οι) πολ(ι)τ(ι)κ(οὶ) τοῦ σοφωτάτου μιχ(αὴλ) τοῦ ψελλοῦ· σύνοψις τοῦ νομοκανόνου* **n**^{p} *κωνσταντίνου προέδρου καὶ ὑπάτου τῶν φιλοσόφων τοῦ ψελλοῦ εἰς τὴν νομοκανόνου ὑπόθεσιν* **n**^{q} *τοῦ αὐτοῦ* **s b**^{n} om. **p** ‖ **1** *ἔχει* **t** ‖ **4** *πανσόφως* **t** ‖ **5** *συνηγοροῦντα* **l b**^{n} | *μάλιστα* **n**^{q}

τῶν συνελθόντων εὐσεβῶν εἰς Νίκαιαν πατέρων
ἐπὶ τοῦ αὐτοκράτορος καὶ πιστοῦ Κωνσταντίνου,
ὃς Μέγας ὡς ἐξαίρετος καλῶς ἐπωνομάσθη·
ὧν ὀκτωκαίδεκ' ἀριθμὸς πρὸς τοῖς τριακοσίοις.
Δευτέρα ταύτης πέφυκε, τῷ χρόνῳ δὲ προτέρα,
τῶν ἐλθόντων εἰς Ἄγκυραν πατέρων μακαρίων,
οἳ τέσσαρας πρὸς εἴκοσιν ἐξέθεντο κανόνας,
οἱ δ' ἐν Νικαίᾳ εἴκοσιν ἐξέθεντο καὶ μόνους.
Τρίτη σύνοδος γέγονεν ἐν Νεοκαισαρείᾳ·
αὕτη μὲν πρώτη πέφυκε καὶ τῆς ἐν τῇ Νικαίᾳ,
τρίτην δὲ τάξιν εἴληχεν ὡς τῶν δυοῖν ἐλάττων,
τῆς μὲν τῇ ἁγιότητι, τῆς δὲ χρόνου πρεσβείοις.
κανόνες δεκατέσσαρες καὶ ταύτης τῆς συνόδου.
Τετάρτη τῶν ἐν Σαρδικῇ μετὰ τοὺς ἐν Νικαίᾳ·
κανόνες εἷς καὶ εἴκοσι καὶ ταύτης τῆς συνόδου.
Ἡ πέμπτη τῶν ἐν Γάγγραις δὲ πατέρων συνελθόντων,
ὧν οἱ κανόνες εἴκοσι τυγχάνουσι καὶ μόνοι.
Ἕκτη τῶν εἰς Θεούπολιν κοινῇ δεδραμηκότων
(οὕτω γὰρ ὀνομάζουσι τὴν Ἀντιόχου πόλιν),
ὧν πέντε πρὸς τοῖς εἴκοσι τυγχάνουσι κανόνες.
Ἑβδόμη τούτων πέφυκε τῶν ἐν Λαοδικείᾳ,
ὑφ' ὧν ἐξεφωνήθησαν δογματικοὶ κανόνες
ἐννέα πρὸς πεντήκοντα πίστεως ὅλοι πλήρεις.
Τῶν δ' εἰς Κωνσταντινούπολιν πατέρων συνελθόντων,
ὀγδόη τούτων σύνοδος· ὧν ἑπτὰ οἱ κανόνες.
Ἡ δέ γ' ἐννάτη σύνοδος γέγονεν ἐν Ἐφέσῳ,
ὑφ' ὧν ἐξεφωνήθησαν ἐννέα κανόνες μόνοι.
Δεκάτη δὲ τὸν ἀριθμὸν τῶν ἐν τῇ Χαλκηδόνι,
παρ' ὧν ἑπτὰ πρὸς εἴκοσιν ἐτέθησαν κανόνες.

5 **7–48** cf. Nomoc. XIV tit. I 2 (PG 104, 449 B 2–452 A 4) = Can. Trull. 2; Psell. Tract. de nomoc. 299, 9–300, 34

7 *εὐσεβῶς* **n**^p^ **n**^q^ ‖ **9** *ὃς*] *ὡς* **t l** | *ὡς*] *ὧν* **n**^p^ **n**^q^ ‖ **11** *ταύτη* **t** ‖ **13** *ἐξέθεντο πρὸς εἴκοσι* trp. **s** | *πρὸς τοῖς* **p** ‖ **15** *σύνοδος*] *δὲ πάλιν* **t** ‖ **17** *εἴληχεν* **s n**^p^ **n**^q^: *-φεν* **t l p b**^n^ | *τοῖν* **s** | *ἐλάττω* **t b**^n^ (compend. **l**) ‖ **18** *καὶ τῆς μὲν* (om. *τῇ*) **t** | *τῆς ἁγιότητος* **l** (**b**^n^) | *πρεσβεία* **t b**^n^ *-αν* **n**^p^ ‖ **20–21** om. **n**^q^ *ἡ σαρδικὴ δὲ σύνοδος· τετάρτη πάντως οὖσα· κανόνας πρὸς τοῖς εἴκοσι· καὶ ἕνα περιέχει* **n**^p^ ‖ **20** *τῶν* **s**: *τῆς* **l** *τοῖς* **b**^n^ *δ' ἡ* **t p** | *μετὰ – Νικαίᾳ*] *ἤγουν τῇ τριαδίτζῃ* **s** | *τοὺς* **l b**^n^: *τὴν* **t p** ‖ **21** om. **s** ‖ **32–35** om. **n**^p^ **n**^q^ ‖ **32–33** habent **t l b**^n^: om. **s p** ‖ **33** *μόνοι κανόνες* trp. **l** ‖ **34** *δεκάτη* **t l b**^n^: *ἐννάτη* **s** *νάτη* **p**

Ὁ μέγας δὲ Βασίλειος, ἡ βάσις τῶν δογμάτων,
ὀκτὼ πρὸς τοῖς ἑξήκοντα ἐθέσπισε κανόνας.
Εἰς δὲ Κωνσταντινούπολιν καὶ δὶς καὶ τρὶς ἠθροίσθη
λογὰς πατέρων εὐσεβῶν, ὧν οἱ κανόνες δῆλοι.
Ἄλλοι τε πλεῖστοι τῶν πιστῶν ἀνδρῶν καὶ σεβασμίων
κανόνας ἐκτεθείκασι κρατύναντες τὴν πίστιν·
ὥσπερ ὁ Διονύσιος ὁ τῆς Ἀλεξανδρείας,
Γρηγόριος ἐπίσκοπος τῆς Νεοκαισαρείας,
Τιμόθεος ὁ εὐσεβὴς καὶ Κύριλλος ὁ πάνυ,
Γεννάδιος ὁ θαυμαστὸς θεσπίσας ἐγκυκλίως.
πρὸ τούτων διὰ Κλήμεντος ἐγράφησαν κανόνες
τῶν σεβασμίων καὶ σεπτῶν καὶ θείων ἀποστόλων,
πέντε πρὸς ὀγδοήκοντα σεβάσμιοι κανόνες.
Οὐ πάντες δὲ θεσπίζουσι περὶ θεολογίας,
ἀλλ᾿ οἱ μὲν τὰ τῆς πίστεως κρατύνουσιν εὐλόγως,
οἱ δὲ τοῖς ἁμαρτάνουσι μέτρα τῆς μετανοίας
εὐθέτως κανονίζουσιν ἐν ζυγοῖς ἀκριβέσιν,
οἱ δέ γε δοκιμάζουσι τοὺς χειροτονουμένους·
πάντες δὲ λυσιτέλειαν εἰσάγουσι τῷ βίῳ.
Ὁ κανονίσας δ᾿ ἅπαντας ἐντέχνως τοὺς κανόνας
ὅσους ἐφεῦρε, δέσποτα, κανόνας τῶν πατέρων
πρὸς τὴν αὐτὴν ὑπόθεσιν εὐκαίρως γεγραμμένους,
πάντας εἰς ἓν συνήγαγεν ὥσπερ ὑποτιτλώσας.
ἀλλ᾿ ἔν γε παραδείγματι τοῦτο σαφηνιστέον.
τῶν κληρουμένων, δέσποτα, πολλοὶ διά τι πταῖσμα
ἄδεκτοι καθεστήκασιν εἰς ὃν ἄγονται κλῆρον.
πολλοὶ γοῦν ἐκανόνισαν τὰ περὶ τῶν ἀδέκτων,
ἥ τε λογὰς τῶν σεβαστῶν καὶ θείων ἀποστόλων,
οἱ ἐν Νικαίᾳ, δέσποτα, καὶ Νεοκαισαρείᾳ,
οἵ τε μὴν ἐν τῇ Σαρδικῇ καὶ οἱ ἐν Χαλκηδόνι,
ὁ μέγας τε Βασίλειος ἔγραψε περὶ τούτων.

62–66 exemplum temere confectum

41 *κρατύναντας* **s** *-νοντας* $\mathbf{n}^{q}$ ‖ **42** *ὥσπερ ὁ*] *ἐν οἷσπερ* **t p** ‖ **43** *τῆς*] *ὁ* **s** $\mathbf{b}^{n}$ ‖ **46** *πρὸς τούτοις* **p** $\mathbf{n}^{p}$ $\mathbf{n}^{q}$ ‖ **47–48** om. **p** ‖ **48** *σεβάσμιοι κανόνες*] *πανέντιμοι καὶ θεῖοι* **s** ‖ **49** *ἅπαντες* **s** ‖ **50** *ἄλλοι* **s** | *τὰ τῆς*] *περὶ* **p** ‖ **51** *μέτρω* **s** ‖ **52** *εὐθέως* **l** $\mathbf{b}^{n}$ ‖ **52–53** *ἐν – δοκιμάζουσι* om. $\mathbf{b}^{n}$ ‖ **52** *ζυγαῖς* **l** ‖ **53** *γε* **t l p**: *καὶ* **s** ‖ **53–54** om. $\mathbf{n}^{p}$ $\mathbf{n}^{q}$ ‖ **56** *τῶν πατρικῶν κανόνων* **s** ‖ **57** *ἐγκαίρως* **s** ‖ **59** *ἔν γε*] *ὡς ἐν* **t** ‖ **60** *τοι*, sscr. *ι*, **l** ‖ **64–65** om. $\mathbf{b}^{n}$ ‖ **64** om. $\mathbf{n}^{q}$ | *οἱ*] *ἡ* **l** | *καὶ*] *καὶ οἱ ἐν* **p** ‖ **65** *οἵ τε μὴν*] *ἥ τε μὴν ἡ* **t** | *τῇ* om. **t p** | *οἱ*] *ἡ* **t** | *ἐν*^{2}] *ἐν τῇ* **p** ‖ **66** *τε*] *δὲ* **t** $\mathbf{n}^{q}$

ἵν' οὖν μὴ δυσχεραίνῃ τις ἐρευνῶν τοὺς κανόνας,
ὁ συναθροίσας ἅπαντας εἰς ἓν πυκτίον, ἄναξ,
τέχνην ἐδημιούργησεν ἐν τούτῳ θαυμασίαν·
πρὸς τὴν ὑποκειμένην γὰρ καὶ ζητουμένην φύσιν
κανόνας τοὺς προσήκοντας συνήθροισεν ἐντέχνως.
Ἔστι δὲ τάξις, δέσποτα, καὶ βαθμὸς τῶν κανόνων,
τοῖς διαφόροις πάθεσι ταχθέντων διαφόρων.
οἱ μὲν γὰρ ἀπελαύνουσι τῆς θείας ἐκκλησίας,
οἱ δὲ μόνον καθαίρουσι τοὺς χειροτονηθέντας,
οἱ δὲ προστίμοις ἄγχουσι τῆς ἀκοινωνησίας,
οἱ δέ εἰσι σωφρονισταὶ ἐν τοῖς ἐπιτιμίοις.
Δίδαξις αὕτη σύντομος τῶν ἱερῶν κανόνων.

Poema 6. Grammatica

Constat e duabus partibus, quarum prior (vss. 1–269) e Dionysii Thracis Arte cum scholiis excerpta est, altera (vss. 270–490) voces rariores interpretatur. huius lexici recensionem vetustiorem secundum codices **P p**^p **p**^q nunc primum edimus, in qua manifestum fit, ex quibus fontibus et quo ordine compilatum sit: vss. 271–394 e lexico integro (*A–Ω*) proveniunt, quod Synagogen Seguerianam cum Hesychio commiscebat; vss. 395–439 ex alio utrimque mutilo (*Z–N*), priori non dissimili, sed quod ordine alphabetico strictiore utebatur; cetera e vocabulario medicinali (aut uno aut pluribus) deprompsit: vss. 440–461 de alimentis, vss. 462–475 de partibus corporis, vss. 479–488 de morbis. recensio vulgata, quam iampridem ediderat Boissonade, ipsa quoque Pselli iussu confecta est, qui (ut puto) scribae cuidam commisit munus totius lexici in ordinem alphabeticum redigendi; plurimi versus tamen loco non suo relicti sunt, nonnulli omissi, pauci bis recepti, alii in fine suppleti post formulam perorandi (vss. 489–490). nec mirandum est, cum in vulgata recensione opus Constantino Monomacho inscribatur, editionem posteriorem Michaeli Ducae inscriptam textum veterem exhibere; nimirum Psellus, ut discipulo suo Michaeli opus ante conscriptum offerret, ad primum exemplar, quod etiamtum penes se habebat, revertit.

67 *δυσχεραίνει* **t** *-ων* **s** ‖ **68** *πυκτίον, ἄναξ*] *ἅμα πυξίον* **s** | *πυξίον* **n**^p ‖ **69** *ἐνταῦθα* **p** *ἐκ τούτων* **n**^p *ἔντεχνον* **s** | *θαυμασίαν*] *κατὰ πάντα* **s** ‖ **70** *γὰρ*] *δὲ* **p** ‖ **71** *προσήκοντα* **p** | *ἐντέχνως*] *αὐτίκα* **s** ‖ **73** *διαφόρως* **t n**^p **n**^q ‖ **74** *ὑπελαύνουσι* **p** ‖ **75** om. **n**^p ‖ **77** *εἰσὶ σωφρονικοὶ* **p** *καὶ σωφρονίζουσιν* **s**

6 P 184^v–186^v **p**^p 71^r–77^r **p**^q 188^r–192^v **p**^r 34^v–39^v **g**^a 1^r–5^v **g**^b 252^r–257^v **g**^c 316^r–321^r **g**^k 273^r–278^r **g**^p 207^v–210^r **H** 134^r–137^r ‖ ed. Boissonade[2] 200–228

Τοῦ αὐτοῦ Ψελλοῦ Σύνοψις διὰ στίχων σαφῶν καὶ πολιτικῶν περὶ πασῶν τῶν ἐπιστημῶν γενομένη πρὸς τὸν εὐσεβέστατον βασιλέα κῦριν Μιχαὴλ τὸν Δούκαν ἐκ προστάξεως τοῦ πατρὸς αὐτοῦ καὶ βασιλέως, ὥστε διὰ τῆς εὐκολίας καὶ ἡδύτητος ἐνεχθῆναι τοῦτον εἰς τὴν μάθησιν τῶν ἐπιστημῶν

Μελέτω σοι γραμματικῆς καὶ τῆς ὀρθογραφίας·
πρῶτος αὕτη θεμέλιος καὶ βάσις μαθημάτων.
Οὐκ ἔστι δὲ μονότροπος οὐδὲ κοινὴ καὶ μία,
ἀλλ' ἔχει γλώσσας καὶ φωνὰς καὶ πέντε διαλέκτους,
Αἰολικήν, Ἰωνικήν, Ἀτθίδα καὶ Δωρίδα
καὶ τὴν συνήθη καὶ κοινὴν καὶ κατημαξευμένην·
ἑκάστη δὲ διάλεκτος ἔχει φωνὰς ἰδίας.
ἡ δὲ κοινή, κἂν πέφυκεν ἄθροισμα τῶν τεσσάρων,
ἀλλ' ἔστι καὶ μονότροπος, ἄλλη παρὰ τὰς ἄλλας.
Ἀλλ' ὡς ἐν παραδείγματι δεικτέον σοι τὰς πέντε.
τὸ μὲν γὰρ 'Πέρσης Πέρσεω' τυγχάνει τῆς Ἰάδος
(ἣν εἶπον γὰρ Ἰωνικὴν καλῶ σοι νῦν Ἰάδα,
Ἰὰς γὰρ ἀπὸ Ἴωνος· διώνυμος ἡ κλῆσις).
ὢς δὲ τὸ 'Δημοσθένεος' γενικῶς τῆς Ἰάδος
καὶ τὸ 'Περσέων' γενικῶς, ὢς δὲ καὶ τὸ 'νυμφέων'·
εἰ δέ τις μεταλλάξειε καὶ λέξειε 'νυμφάων',
Αἰολικὴν διάλεκτον εἶπεν, οὐ τὴν Ἰάδα.
εἰ δέ τις εἴποι 'θάλατταν' ἢ 'τεῦτλον', Ἀττικίζει.
εἰ δέ τις ὀνομάσειε τὰς Μούσας 'Μώσας' πάλιν,
ὑποδωρίσας εἴρηκε Δωρίδι διαλέκτῳ.

6 **4–6** schol. Dion. Thrac. 14,14–17; 303,2–3 ‖ **11** cf. 467,14–15 ‖ **14** 467,15–16 ‖ **15** 467,23–24 ‖ **16–17** 466,24–25 ‖ **18** 495,14 ‖ **19–20** 467,2

tit. sec. **P**: *τοῦ σοφωτάτου μιχαὴλ τοῦ ψελλοῦ, σύνοψις διὰ στίχων γραφεῖσα πολιτικῶν πασῶν τῶν ἐπιστημῶν. γενομένη πρὸς τὸν εὐσεβέστατον κύ(ριν) μιχ(αὴλ) τὸν δοῦκα ἐκ προστασίας τοῦ π(ατ)ρ(ὸ)ς αὐτοῦ καὶ βασιλέως ὥστε διὰ τῆς εὐκολίας καὶ τῆς ἡδύτητος ἐνεχθῆναι τοῦτον εἰς τὴν μάθησιν τῶν ἐπιστημῶν* **p**^{p} *τοῦ μακαριωτάτου* (*μακαρίτου* **p**^{q} **p**^{r}) *ὑπερτίμου* (*καὶ* add. **p**^{q} **p**^{r}) *προέδρου τῶν φιλοσόφων κυροῦ μιχαὴλ τοῦ ψελλοῦ· στίχοι πολιτικοὶ πρὸς τὸν βασιλέα κῦριν* (vel *κῦρ, κῦρον, κύριον*) *κωνσταντῖνον τὸν μονομάχον περὶ τῆς γραμματικῆς* cett. ‖ **2** *πρώτ(η)* **g**^{k} | *αὐτὴ* **H** ‖ **6** *κοινὴ* **p**^{r} ‖ **9** *περὶ* **p**^{r} ‖ **10** *ἀλλ' ὡς ἐν* **P p**^{p} **p**^{r}, **p**^{q} mg.: *ἀλλ' ὡς ἐπὶ* **p**^{q} **g**^{b} **g**^{c}, **g**^{k} a. c., **g**^{p} **H** *ἀλλ' ἐπὶ* **g**^{a}, **g**^{k} p. c. | *παράδειγμα* **H** | *δεκτέον* **g**^{b} **g**^{c} *λεκτέον* **g**^{k} | *πέντε*] *ἄλλας* **P** ‖ **11** *πέρσεως* **p**^{p} ‖ **12** *ἣν*] *ἂν* **p**^{p} | *καλοῦσι* **P** ‖ **13** *κλίσις* **p**^{r} **g**^{a} **g**^{k} ‖ **14** *ὡς* codd. | *γενικῶς* **P p**^{p}: *-ὴ* cett. ‖ **15** *καὶ*^{1}] *ὡς* **H** | *ὡς* codd. | *τὸ*^{2}] *τὸν* **g**^{k} ‖ **18** *εἴπη* **P p**^{r}

ἡ δ' Αἰολὶς διάλεκτος τῷ ῥῶ βῆτα προσνέμει,
'βράκος' τὸ ῥάκος λέγουσα, 'βρυτῆρα' τὸν ῥυτῆρα.
εἰ δέ τις εἴποι 'θάλασσαν' καὶ 'ῥάκος' καὶ 'ῥυτῆρα',
κοινὴν εἶπε διάλεκτον ἤτοι συνηθεστάτην. Boiss
ταύτην μοι μόνην δίωκε, τῶν δ' ἄλλων καταφρόνει. 25
Τῶν μέτρων μέντοι φρόντιζε, τῶν τομῶν καταφρόνει· -
ἡρώιζε, ἰάμβιζε, ἐλεγεῖά μοι γράφε, 26
μάθε τὴν Ἀνακρέοντος ἡδυεπῆ κιθάραν
καὶ τὴν Θηβαίαν μάλιστα τοῦ μελῳδοῦ Πινδάρου,
τὴν δὲ βουκόλου σύριγγα τοῦ Θεοκρίτου μέθες.
Τῶν ὀνομάτων μάθε μοι καὶ κλίσεις καὶ κανόνας, 30
ἀρρενικῶν καὶ θηλυκῶν, πρὸς δὲ τῶν οὐδετέρων.
Τί μὲν ὀρθοτονούμενον ἐν μέρεσι τοῦ λόγου,
τί δ' ἐστὶν ἐγκλινόμενον, ἀκριβέστερον μάθε.
τὸ μὲν γὰρ 'ἄνθρωποι τινὲς' ὀρθότονον τυγχάνει,
εἰ δ' εἴπῃς 'ἄνθρωποί τινες' τὸν τόνον ἀνασύρας, 35
ἐγκλίνας οὕτως εἴρηκας, τὸν τόνον μεταστήσας.
πρόθεσις οὐκ ἐγκλίνεται, οὐ μετοχή, οὐκ ἄρθρον.
Ἐγκλίσεις πέντε γίνωσκε τὰς διωνομασμένας,
ὁριστικήν, προστακτικήν, εὐκτικὴν καὶ πρὸς ταύταις
τὴν ὑποτακτικὴν φωνὴν καὶ τὴν ἀπαρεμφάτων. 40
τί δ' ἐστὶν ἀπαρέμφατον καὶ πόθεν ὠνομάσθη; 41
οὐ παρεμφαίνει βούλησιν τὸ 'τύπτειν' καὶ τὸ 'τύψαι', -
ἔγκλισις γὰρ ἡ βούλησις τεχνικῶς ὠνομάσθη. -
Τῶν πέντε γὰρ ἐγκλίσεων τρεῖς εἰσι διαθέσεις 42
αἱ γνώριμοι, ἐνέργεια καὶ πάθος καὶ μεσότης.
τὸ 'τύπτω' μὲν ἐνέργεια, τὸ 'τύπτομαι' δὲ πάθος,
τούτοις δ' ἐπενεμήθησαν οἱ μέσοι μέσον χρόνοι. 45

22 466, 23–24 ‖ **26** cf. Dion. Thr. 2 p. 6, 8–10 ‖ **28–29** cf. schol. Dion. 21, 18–19 ‖ **30** ibid. 11, 26–12, 2 ‖ **39–41** Dion. Thr. 13 p. 47, 3–4 ‖ **42–43** schol. Dion. 72, 27–29; 245, 19–20 ‖ **45–47** Dion. Thr. 13 pp. 48, 1–49, 3

21 *αἰολικὴ* **H** | *τὸ* **g**^{a}, **g**^{c} a. c. | *προνέμει* **g**^{c} ‖ **22** *τὸ*] *καὶ τὸ* **g**^{b} | *βουτῆρα* **p**^{p} | *τὸν*] *τὴν* **p**^{r} ‖ **23** *εἴπῃ* **P p**^{r} | *θάλασσα* **p**^{r} ‖ **25** *δ'* om. **p**^{r} ‖ **26** habent **p**^{p} mg., **p**^{r}: om. cett. | *τῶν τομῶν* **p**^{p}: *κανόνων* **p**^{r} ‖ **28** *ἡ δ' ἔπη καὶ* **g**^{k} ‖ **29** *τοῦ θηβαίου* **P** ‖ **30** *βουκόλον* **p**^{p} | *μέθες* **P p**^{p}: *μάθης* **p**^{r} *μάθες* cett. ‖ **32** *ἀρσενικῶν* **p**^{r} | *τῶν* **P p**^{p} **p**^{q} **p**^{r}: *καὶ* cett. ‖ **34** *ἀκριβέστατον* **p**^{r} ‖ **35** *ἄν(θρωπ)οί τινες* **p**^{p} ‖ **36** *εἴποις* **p**^{p} **p**^{q}, **g**^{k} a. c., **H** *εἴπερ* **p**^{r} | *ἄν(θρωπ)οι τινὲς* **g**^{a} **g**^{c} **g**^{k} ‖ **40** *εὐκτικὴν καὶ* **P p**^{p} **p**^{q} **p**^{r}: *καὶ εὐκτικὴν* trp. cett. | *ταύτας* **p**^{r} *τούτοις* (?) **p**^{p} ‖ **41** *τῶν ὑποτακτικῶν φωνῶν* **P p**^{p} | *τὴν*^{2}] *τῶν* **P p**^{p} ‖ **43–44** habet **p**^{p}: om. cett. ‖ **48** *συνεπενεμήθησαν* (om. *δ'*) **g**^{k} *ἐπενοήθησαν* **p**^{r} | *μέσων χρόνων* **H** | *χρόνοι* **P p**^{p}: *-ον* cett.

μέσος γὰρ καὶ τὸ ‘τέτυπα’, πρὸς δὲ τὸ ‘ἐτυψάμην’,
ἐκεῖνο ἐνεργητικόν, παθητικὸν δὲ τοῦτο,
τοῦτο μὲν παρακείμενος, ἀόριστος δ’ ἐκεῖνο.
Ὀνόματος καὶ ῥήματος ἡ μετοχὴ μεσότης
ἀμφοῖν ἐστι μετέχουσα κοινῶν ἰδιωμάτων.
ἔχει πτῶσιν ὡς ὄνομα, πρὸς τούτοις δὲ καὶ γένη
(‘ὁ τύπτων’, ‘τὸ τυπτόμενον’, ‘ἡ τύπτουσα’ τὰ γένη),
τοῦ ῥήματος διάθεσιν, χρόνους καὶ συζυγίας.
τὸ ῥῆμα γὰρ ὡς ἄπτωτον οὐ δύναται κλιθῆναι·
γέγονεν οὖν ἡ μετοχή, ἵνα κλιθῇ τὸ ῥῆμα.
‘Τύπτω’ καὶ ‘πλέκω’ ‘πείθω’ τε καὶ ‘φράζω’ καὶ τὸ ‘σπείρω’
καὶ τὸ ‘ἀκούω’, δέσποτα, βαρύτονα τυγχάνει·
τὸ δὲ ‘ποιῶ’ καὶ τὸ ‘βοῶ’ καὶ τὸ ‘χρυσῶ’, τὰ τρία,
γίνωσκε περισπώμενα, καὶ γὰρ καὶ περισπᾶται·
τῶν δὲ εἰς μι τὸ ‘τίθημι’, ‘ἵστημι’ ‘δίδωμί’ τε
καὶ ‘πήγνυμι’ τὸ τέταρτον ὡς ἀπὸ τοῦ ‘πηγνύω’.
Μάθε μοι καὶ τὴν δύναμιν τῶν λεγομένων χρόνων.
ὁ ἐνεστὼς ὡς ἑστηκώς, ὡς σήμερον τυγχάνων·
ὁ δέ γε παρατατικὸς ὡς παρατεταμένος
(‘ἔτυπτον’ γὰρ ἀπέραντον ἔχει τὴν σημασίαν)·
ὁ δ’ αὖ γε παρακείμενος οὐ κείμενος τελείως,
ἀλλ’ ἔστι παρακείμενος ὡς μὴ πεπληρωμένος,
ὁ ἐνεστὼς συντελικός, οὕτω γὰρ ὠνομάσθη·
ἀόριστος ὡς ἄδηλος, οὐχ ὡρισμένος χρόνος·
ὁ μέλλων ὡς οὐκ ἐνεστώς, ἀλλ’ αὐτὸ τοῦτο μέλλων.
Καὶ τοῦτο δέ μοι γίνωσκε καὶ μή σε λανθανέτω·
χρόνοι πολλοὶ λελοίπασιν ἔν τισι τῶν ῥημάτων

49 schol. Dion. 249,21 ‖ **51** ibid. ‖ **52–53** Dion. Thr. 15 p. 60, 2–3 ‖ **54–56** schol. Dion. 255, 1–3 ‖ **59–64** Dion. Thr. 14 pp. 53, 6–59, 10 ‖ **65–73** 13 p. 52, 1–4; schol. 248, 18–249, 26 ‖ **74–91** cf. infra 210–256

49 *γὰρ*] *δὲ* **p**^{r} | *καὶ* om. **H** | *δὲ*] *δὲ καὶ* **P** | post **49** vss. 71–72 trp. **g**^{k} ‖ **51** *ἀορίστου* **g**^{k} | *ἐκεῖνος* **p**^{r} ‖ post **52** vss. 71–72 habet **p**^{r} (deinde iterum suo loco) ‖ **53** *μετέχουσαι* **p**^{r} | *κοινῶς* Boiss. ‖ **54** *παῦσιν* **P** ‖ **55** *ὁ τύπτων καὶ ἡ τύπτουσα οὐδέτερον τὸ τύπτον* **p**^{p} ‖ **57** *κληθῆναι* **p**^{q}**p**^{r} ‖ **58** *γέγονε καὶ* **p**^{r} | *κληθῇ* **p**^{q}**p**^{r} ‖ **59** *σπέρω* **H** ‖ **60** *βαρύτονον* **p**^{r}**g**^{a}**g**^{k} ‖ **61** *δὲ* om. **g**^{k} ‖ **62** *περισπῶνται* **p**^{p}**p**^{r} ‖ **65** *λεγχομένων* **p**^{r} ‖ **66** *ἑστηκώς* **P p**^{p}: *ἐνεστὼς* cett. | *τυγχάνει* **p**^{p} -*ον* **g**^{a} ‖ **68–70** om. **p**^{p} ‖ **68** *γὰρ*] *δὲ* **p**^{r} | *ἀπέρατον* **p**^{r} ‖ **71–72** post vs. 49 trp. **g**^{k} ‖ **71** *οὕτως ἐπωνομάσθη* (om. *γὰρ*) **H** ‖ **72** *ἀόριστον* **p**^{r} | *ἄδηλον* **p**^{r} | *ὡρισμένοις χρόνοις* **H** | *χρόνῳ* **P p**^{p} ‖ **73** *ὡς* om. **g**^{b}

καὶ πρόσωπα πληθυντικὰ τῆς κοινῆς διαλέκτου,
ἀλλ' ἀντανεπληρώθησαν ἐξ ἄλλων διαλέκτων.
αὐτίκα γὰρ τοῦ 'τέτυμμαι', πρὸς δὲ τοῦ 'ἐτετύμμην',
παρακειμένου πάσχοντος καὶ ὑπερσυντελίκου,
τὰ τρίτα τῶν πληθυντικῶν κοινὴν οὐκ ἔχει φράσιν,
ἀλλ' ἀντανεπληρώθησαν τεχνικῶς ἐξ ἑτέρων.
καθόλου πρῶτα πρόσωπα προστακτικῶν οὐκ ἔστιν.
εὐκτικὸς παρακείμενος ἐκλέλοιπε τελείως.
χρόνος ὑπερσυντέλικος, σὺν τῷ παρακειμένῳ,
οὐκ ἔστιν ὑποτακτικὸς παθητικὸς οὐδ' ὅλως.
τὸν μέσον παρακείμενον τοῦ 'τίθημι' μὴ ζήτει,
καὶ δεύτερος παθητικὸς ἀόριστος οὐκ ἔνι.
πρῶτος πάλιν ἀόριστος ἐν τοῖς ἀπαρεμφάτοις
οὐχ εὕρηται τοῦ 'τίθημι', καὶ ζήτει τὴν αἰτίαν.
ἐν μετοχαῖς ἀόριστον τοῦ 'τίθημι' μὴ ζήτει,
πλὴν ἐν τοῖς ἐνεργητικοῖς, παθητικὸς γὰρ ἔνι.
Μάθε τοὺς πόδας ἅπαντας, τοὺς ἁπλοῦς, τοὺς συνθέτους.
μάθε μοι τοὺς δακτυλικούς, σπονδείους καὶ τροχαίους·
ἡρωϊκοῦ τυγχάνουσιν οὗτοι μάλιστα μέτρου.
χορεῖον καὶ πυρρίχιον ὡς ἀσθενεῖς ἐκτρέπου,
ἀλλὰ μηδὲ τοὺς ἴωνας ἐκτόπως ἀγαπήσῃς.
ἀγάπησον, εἰ βούλοιο, καὶ ζήλωσον γενναίως
τοὺς μολοσσούς, τοὺς παίονας, πρὸς δὲ τοὺς ἐπιτρίτους.
ἄσπασαι καὶ τὸν ἴαμβον, ἀλλὰ σπονδείαζέ μοι·
καὶ πρώτιστα ἰάμβιζε, ὕστερον δ' ἡρωίσεις.
Ὁ τεχνικὸς μὲν τίθησι ψιλά τε καὶ δασέα
καὶ μέσον τούτων, δέσποτα, τὰ μέσα κεκλημένα·
ψιλὰ μὲν κάππα, πῖ καὶ ταῦ, δασέα φῖ, χῖ, θῆτα,

92–100 cf. Dion. Thr. Suppl. III pp. 117,5–122,12 ‖ **101–107** Dion. Thr. 6 p. 12,5–13,3

77–81 *ἐξ – ἀντανεπληρώθησαν* om. $\mathbf{p}^{p}$ ‖ **78** *αὐτίγὰρ* $\mathbf{g}^{b}$ | *τοῦ*^{1,2} $\mathbf{P}\mathbf{p}^{q}\mathbf{p}^{r}$: *τὸ* cett. (deest $\mathbf{p}^{p}$) | *δὲ καὶ τὸ τετύμμην* **H** ‖ **79** om. **P** (deest $\mathbf{p}^{p}$) ‖ **80** *τρίτα* $\mathbf{P}\mathbf{p}^{q}\mathbf{H}$ (deest $\mathbf{p}^{p}$): *τρία* cett. ‖ **83** *ἀττικὸς* **P** | *παρατατικὸς* $\mathbf{g}^{k}$ ‖ **84–85** *σὺν – ὑποτακτικὸς* om. $\mathbf{p}^{p}$ ‖ **87** *δεύτερον παθητικὸν* $\mathbf{p}^{q}$ | *ἔνι*] *ἔστιν* $\mathbf{p}^{r}$ ‖ **89** *οὐκ ἔχρηται* $\mathbf{p}^{r}$ ‖ **91** *ἐν* om. **H** | *παθητικοῖς* **H** | *γὰρ*] *μὲν* $\mathbf{p}^{p}$ ‖ **92** *τοὺς*^{1}] *τοῦ* $\mathbf{g}^{k}$ | *τοὺς*^{3}] *καὶ* $\mathbf{p}^{p}$ ‖ **95** *ἀσθενὴς* $\mathbf{g}^{b}\mathbf{g}^{c}\mathbf{g}^{k}$ ‖ **96** *μηδὲ*] *δὲ μὴ* **H** | *ἐκτόπως*] *τοὺς ἄλλους* **H** | *ἀγαπήσεις* $\mathbf{P}\mathbf{p}^{r}\mathbf{g}^{b}\mathbf{g}^{c}$ ‖ **97** *βούλοις γὰρ* $\mathbf{g}^{k}$ ‖ **99** *ἄσπασαι* $\mathbf{P}\mathbf{p}^{p}$: *ἄσπαζε* cett. | *σπονδείαζέ* **P** $\mathbf{p}^{p}$: *καὶ σπόνδιζέ* cett. ‖ **101** *τίθησι* $\mathbf{P}\mathbf{p}^{p}$: *δείκνυσι* cett. ‖ **102** *μέσον*] *μέσων* $\mathbf{g}^{k}$ ‖ **103** litterae abhinc saepius quam nomina in codd. | *καὶ* om. $\mathbf{p}^{q}\mathbf{g}^{a}\mathbf{g}^{b}\mathbf{g}^{c}\mathbf{g}^{k}\mathbf{g}^{p}$ | *καὶ χ̄ καὶ* **H**

μέσα δὲ τούτων ἐκφωνεῖ βῆτα, γάμμα καὶ δέλτα.
καὶ τὸ μὲν βῆτα τίθησι τοῦ φῖ καὶ πῖ πως μέσον,
τὸ γάμμα μέσον τίθησι τοῦ χῖ τε καὶ τοῦ κάππα,
τοῦ ταῦ δὲ μέσον τίθησι τὸ δέλτα καὶ τοῦ θῆτα.
σὺ δέ μοι τούτων μάνθανε τοὺς λόγους τῆς αἰτίας.
δασέα μὲν τυγχάνουσιν ὅσα μετὰ δασέος
ἐκφέρεται τοῦ πνεύματος· ἐκ γὰρ ῥήματος ‘σεύω’
καὶ τοῦ ‘δα’ ἐπιτατικοῦ τὴν σύνθεσιν λαμβάνει,
ἤτοι τὰ ἄγαν τρέχοντα, ‘σεύω’ γὰρ ἦν τὸ τρέχω.
ἡ προφορὰ γὰρ κάτωθεν στοιχείων τῶν δασέων·
τῶν δὲ ψιλῶν ἐκφώνησις ὡς ἀπεψιλωμένη,
ἐξ ἄκρων γὰρ προφέρεται τὰ τρία τῶν χειλέων·
τὰ μέσα μέσον πνεύματος τὴν ὁρμὴν προσλαμβάνει.
Αὕτη ἐξήγησις κοινὴ καὶ καθωμιλημένη,
μάνθανε δὲ τὴν κρείττονα καὶ πολλοῖς κεκρυμμένην.
ἄτρεπτα μὲν τυγχάνουσιν ἐν λόγῳ τὰ δασέα,
οὐ γὰρ τραπείη τὸ δασὺ δασείας συναφθείσης.
‘ὄρνυσθ’ ἱππόδαμοι’, φησίν, ‘ἀμφ’ ἅλα ἕλσαι νῆας’,
‘σὺ δ’ ἔχ’ ἡνία, κράτιστε’, ἐπικῶς εἰρημένα·
ἄτρεπτα γὰρ μεμένηκε τὰ τρία σοι δασέα.
τὰ δὲ ψιλά, οἷα ψιλά, τρέπεται τῇ δασείᾳ·
‘ὣς ἔφαθ’, οἱ δ’ ἄρ’ ἅπαντες’· ‘αὐτίχ’ ὁ μὲν χιτῶνα’·
‘σὺ δέ μοι εἴφ’ ὅπῃ τὴν ναῦν’· ὁρᾷς πῶς καὶ τὰ τρία
ψιλά σοι παρετράπησαν δασείας συναφθείσης;

109–112 schol. Dion. 336,27–32 ‖ **113–116** 336,32–337,3 ‖ **119–126** 337,3–12 ‖ **121** Hom. Il. 4,509; 12,440 | 1,409 ‖ **122** Il. 5,230 ‖ **125** Il. 3,95 | Od. 5,229 ‖ **126** Od. 9,279

105 *μὲν* om. $\mathbf{p}^{r}$ | *πῖ καὶ φῖ* trp. **P** ‖ post **106** *τὸ δέ γε δ̄ τίθησι τοῦ τ̄ καὶ θ̄ μέσον* (i. e. vs. 107 ex coniectura correctus) $\mathbf{g}^{a}\mathbf{g}^{k}$ ‖ **107** *τοῦ ταῦ*] *τούτων* $\mathbf{g}^{a}\mathbf{g}^{k}\mathbf{g}^{b}\mathbf{g}^{c}\mathbf{g}^{p}$**H** *τὸ ταῦ* **P** | *δὲ*] *τε* $\mathbf{p}^{r}$ | *μέσα* $\mathbf{g}^{k}$ | *τὸ*] *τοῦ* **P** | *τοῦ*[2]] *τὸ* $\mathbf{g}^{a}\mathbf{g}^{k}\mathbf{g}^{p}$**H** ‖ **108** *του λόγ( ) τ αἰτί* **P** ‖ **110** *σέβω* $\mathbf{p}^{r}$ *σέβυς* $\mathbf{g}^{k}$ ‖ **112** *τοῦ ἄγαν τρέχειν με* **P** | *σέβω* $\mathbf{p}^{r}\mathbf{g}^{k}$ | *ἦν* **P**$\mathbf{p}^{p}$: *ἢ* $\mathbf{p}^{r}$ *ἦ* cett. | *τὸ* om. $\mathbf{p}^{r}$ ‖ **114** *ὡς*] *καὶ* **H** ‖ **116** *μέσον*] *μέσου* $\mathbf{p}^{r}$ (recte? an *μέσην*?) ‖ **117** *αὕτη ἐξήγησις κοινὴ* **P**$\mathbf{p}^{p}$: *ἐξήγησις ἔστιν* (? fort. ex signo critico ortum) *αὕτη* $\mathbf{p}^{q}$ *ἐξήγησις ἔστιν αὐτὴ* $\mathbf{p}^{r}$ *αὕτη κοινὴ ἐξήγησις* cett. | *καὶ καθωμιλημένη*] *καθολική τε* $\mathbf{p}^{r}$ ‖ **121** *ὄρνιθι πτόδαμοί* $\mathbf{p}^{r}$ | *ὄρνυσθ’* **P**$\mathbf{p}^{p}$: *ὄρνυθ’* cett. (*ὄννυθ’* **H**) | *φασιν* $\mathbf{p}^{r}$ | *ἅλα*] *ἀλαι* $\mathbf{p}^{r}$ | *ἕλσαι*] *ἔλσε* **P** *ἕλσε* $\mathbf{p}^{p}$ *άλαι* $\mathbf{p}^{r}$ | *νῆας* **P**$\mathbf{p}^{p}\mathbf{p}^{q}\mathbf{p}^{r}$**H**: *νήων* cett. ‖ **122** *ἐπικῶς* (*ἐπτικῶς* $\mathbf{p}^{r}$) *εἰρημένα* (*-νον* **P**) **P**$\mathbf{p}^{p}\mathbf{p}^{q}\mathbf{p}^{r}$: *ἐπιεικῶς ἠρμένα* cett. ‖ **124** *δασέα* $\mathbf{p}^{p}$ ‖ **125** *ὡς* $\mathbf{p}^{r}$ | *οἵδ’* **P**$\mathbf{p}^{q}\mathbf{p}^{r}$ | *ἄρ’ ἅπαντες* Boiss. metri causa: *ἄρα πάντες* codd., Hom. | *χιτῶνα* **P**$\mathbf{p}^{p}$: *χλαῖναν* cett. ‖ **126** *δή* $\mathbf{p}^{q}\mathbf{p}^{r}\mathbf{g}^{b}\mathbf{g}^{c}\mathbf{g}^{p}$**H** | *ναῦ* $\mathbf{p}^{p}\mathbf{g}^{a}$ | *ὁρᾷς* **P**: *ὁραῖς* $\mathbf{p}^{p}$ *καλεῖν* $\mathbf{p}^{r}$ om. cett. | *πῶς* om. $\mathbf{g}^{b}$

βλέπε καὶ τὴν μεσότητα τῶν ἑτέρων στοιχείων,
πῶς ἔχουσι δασύτητος ψιλότητος ἐν μέσῳ.
ἐπικρατέστερα καὶ γὰρ τῶν ψιλῶν πέφυκέ πως,
μηδὲν παρατρε[illegible]ενα δασείας ἐπηγμένης,
ὥσπερ 'οὐδ' [illegible] γ' ὡρμήθησαν' καὶ 'λάβ' ἡνία', πάλιν
'ὅ γ' ὣς εἰπών'· καὶ μένουσιν ἄτρεπτα τὰ στοιχεῖα.
ἐντεῦθεν ἰσχυρότερα τῶν ψιλῶν σοι τὰ μέσα·
ὅρα πῶς ἀσθενέστερα τυγχάνει τῶν δασέων.
τὰ μὲν δασέα, δέσποτα, τὰ πρὸ αὐτῶν ψιλοῦσιν
ὡς εὐσθενῆ καὶ δυνατά, 'Ὀθρύς', 'ὀφρῦς' καὶ 'Ὦχος'·
τὰ μέσα δὲ οὐ δύναται ὡς ἐλαττότερά πως,
'Ἄδωνις', 'ἥβη', 'ἡγεμὼν' πάντα δασύνεταί πως.
Πῶς δ' ἕκαστον ἀφώρισται μέσον τούτων δεικτέον.
τοῦ πῖ καὶ φῖ καὶ γάρ ἐστι τὸ βῆτα μέσον, ἄναξ,
συγγένεια καὶ γάρ ἐστι τοῦ βῆτα πρὸς ἐκεῖνα.
ὅσα γὰρ ἔχουσι τὸ πῖ καὶ τὸ φῖ καὶ τὸ βῆτα
ἐν ῥήμασι λεγόμενα, 'λείβω', 'τέρπω' καὶ 'γράφω',
εἰς ψῖ γράφει τὸν μέλλοντα, 'λείψω', 'τέρψω' καὶ 'γράψω'·
τῶν ὀνομάτων δὲ εἰς ψῖ ὁπόσα λήγει πάλιν
τούτων ἑνὶ τὴν γενικήν, δέσποτα, σχηματίζει·
'ὁ Πέλοψ' γάρ, 'τοῦ Πέλοπος', 'τοῦ Κίνυφος', 'ὁ Κίνυψ',
καὶ 'τοῦ λιβὸς' 'ὁ λίψ' ἐστιν· εὔλογος ἡ μεσότης.
οὕτως εἰσὶ καὶ τὰ λοιπὰ τῶν ἀπηριθμημένων.
τοῦ γάμμα καὶ τοῦ κάππα γὰρ καὶ τοῦ χῖ ἓν τὸ γένος,
τοῦ 'λέγω' καὶ τοῦ 'πλέκω' γὰρ τὸ ῥῆμα καὶ τοῦ 'τρέχω'
εἰς ξῖ ποιεῖ τὸν μέλλοντα, 'λέξω', 'πλέξω' καὶ 'θρέξω'· -
εἰς ξῖ δὲ λῆγον ὄνομα τὴν γενικὴν ποιεῖται,

130–135 schol. Dion. 337, 29–33 ‖ **132** Od. 10, 214 | Il. 5, 328 ‖ **133** Il. 1, 68 et al. ‖ **136–139** schol. Dion. 337, 33–37 ‖ **142–165** 338, 12–36

131 *παρατρεπόμενα* **Pp**^{p}**p**^{q}**p**^{r}: *περιτρεπόμενα* cett. ‖ **132** *ενία* **p**^{p} ‖ **133** *ὅ γ'* **Pp**^{p}: *ὅδ'* cett. | *ὡς* **p**^{q}**H** | *τὰ* om. **g**^{b}**g**^{p} ‖ **135** *πῶς δ'* **H** ‖ **136** *τὰ*^{2}] *τῶν* **g**^{p} ‖ **137** *ὀθρῦς* **g**^{a}**g**^{b}**g**^{c}**g**^{p} *ὀρθῦς* **p**^{r} | *ὀφρῦς* **g**^{a}**g**^{b}**g**^{c}**g**^{p} *ὀφρoῦς* **p**^{r} | *ὦχρος* **g**^{c} ‖ **138** *μέσα*] *μὲν δασεα* **g**^{b} | *δύνανται* **p**^{r} **g**^{b}**g**^{c}**g**^{p} ‖ **139** om. **p**^{r} | *ἅδης γὰρ* **p**^{q} ‖ **141** *τοῦ*] *τὸ* **p**^{r} ‖ **141–142** *τὸ – ἐστι* om. **p**^{p} ‖ **142** *τοῦ* **Pp**^{p}: *τῶ* **p**^{q} *τὸ* cett. | *πρὸ* **g**^{b}**g**^{c}**g**^{k} ‖ **143** *καὶ τὸ φῖ*] *τὸ φ̄ τε* **g**^{k} ‖ **144** *τύπτω λείβω* **p**^{r} ‖ **145** *λείβω* **g**^{b}, **g**^{p} p. c. | *τύψω καὶ λείψω γράψω* **p**^{r} ‖ **147** *σχηματίζει* **p**^{q}**p**^{r}: *πλεονάζει* **P** *χρηματίζει* cett. (*-ειν* **H**) ‖ **148** *πέλωψ* **p**^{r}**H** | *πέλωπος* **p**^{r} | *κίνυφος … κίνυψ* **Pp**^{p}**H**: *-νν-* cett. (*κύκλωπος … κύκλωψ* **p**^{r}) ‖ **149** *βιλὸς* **g**^{k} | *εὐλόγως* **H** *εὔλαλος* **p**^{r} | *μεσότης*] scr. *ταὐτότης* (ut 157)? ‖ **152** *τοῦ*^{2}] *τὸ* **p**^{p} ‖ **153** habent **Pp**^{p}**p**^{q}**p**^{r}: om. cett.

ὥσπερ καὶ πρὶν εἰρήκαμεν, ἑνὶ τῶν εἰρημένων,
‘ὁ τέττιξ’ γάρ, ‘τοῦ τέττιγος’, ‘τοῦ πέρδικος’, ‘ὁ πέρδιξ’,
‘ὁ ὄνυξ’ δέ, ‘τοῦ ὄνυχος’· ἐν τοῖς τρισὶ ταὐτότης.
οὕτω τὸ δέλτα πέφυκε μέσον τοῦ ταῦ καὶ θῆτα,
πᾶν ῥῆμα γὰρ λεγόμενον δι’ ἑνὸς τούτων, ἄναξ,
εἰς σῖγμα δρᾷ τὸν μέλλοντα, ‘ᾄδω’, ‘πλήθω’, ‘ἀνύτω’,
ὁ μέλλων ‘ᾄσω’ γάρ ἐστιν ‘ἀνύσω’ τε καὶ ‘πλήσω’·
εἰς σῖγμα δέ γε τελευτῶν ὄνομα κατ’ εὐθεῖαν
τὴν γενικὴν τούτων ἑνὶ δείκνυσι τελουμένην,
‘Ἄδωνις’ γὰρ ‘Ἀδώνιδος’, ‘ὄρνις ὄρνιθος’ γράφεις,
‘ἔρως’ τε πάλιν ‘ἔρωτος’· ἴδε τὴν συμφωνίαν.
Οὐ πάντων ἡ γραμματικὴ πέφυκεν ἐμπειρία·
τῶν πολιτευομένων γὰρ λέξεων ἐπιστήμη,
οὐ τῶν ἐν παραβύστῳ δὲ τισὶ συμπεπλασμένων.
τὰς γὰρ ἐν τῷ Λυκόφρονι ‘εὐῶπας κόρας’, κώπας,
καὶ τὸν παρὰ τῇ Σύριγγι ‘ἀντίπετρον’ οὐκ οἶδεν·
ἀλλ’ οὔτε τὸ ‘βαλάντιον’ ὡς ἀκόντιον ἔχει
οὔτ’ ἔριον τὸ ‘σκέπαρνον’ ἐκ τοῦ τὸν ἄρνα σκέπειν
οὔτε φησὶ ‘ποτήριον’ ἔνδυμα ἐξ ἐρίων·
‘ἑλκύδριον’ οὐ τίθησιν οὐδέποτε τὸν κάδον.
Τὸν τόνον ὁ γραμματικὸς τίθεται προσῳδίαν·
πρὸς τόνον γὰρ τὸ μελῳδεῖν, πρὸς τόνον ἁρμονία.
Τέσσαρες πρὸς τοῖς εἴκοσι τῶν ποιήσεων τρόποι·
παραβολή, ὑπερβολὴ καὶ ἀντωνομασία,
ἄλλοι τε προφανέστατοι καὶ γνώριμοι τοῖς πᾶσι.
τρόποι δ’ ἐπωνομάσθησαν ὡς τρέποντες τὴν φράσιν.
Τὸ τρίτον τῆς γραμματικῆς τοῦτο τυγχάνει μέρος,

166–167 Dion. Thr. 1 p. 5, 2–3 ‖ **166–174** schol. Dion. 452, 17–25 ‖ **169** Lycophr. 23 ‖ **170** Theocr. Syrinx 2 ‖ **171** Dionys. Syrac. fr. 12 N. (Athenaeus III 98 d; Hellad. ap. Phot. Bibl. 532 b 27) ‖ **172** ibid. (Hellad. 532 b 28) ‖ **174** ibid. (Hellad. 532 b 27–28) ‖ **175–176** Dion. Thr. 1 p. 5, 4–5; schol. Dion. 13, 11–18; 454, 8–13 ‖ **177–179** 457, 1–13 ‖ **181–182** Dion. Thr. 1 p. 6, 1

157 *ἐν* **P p**^{p}**p**^{q}**p**^{r}: *ὡς* cett. | *τοῖς* om. **p**^{r} ‖ **159** *ῥῆμα γὰρ* **P p**^{p}**p**^{q}**p**^{r}: *γὰρ ῥῆμα* cett. ‖ **160** *ἀνύτω* **p**^{p}**g**^{a}**g**^{k}**H**: *-ττ-* cett. ‖ **161** *ὁ δέ γε* (om. *ἐστιν*) **p**^{r} | *πλήσω … ἀνύσω* trp. **p**^{p} ‖ **164** *ἄδωνις* **P p**^{p}**p**^{q}**g**^{k}**H** *-νος* **p**^{r}: *ἄδ.* cett. | *ἀδώνιδος* **P p**^{q}**p**^{r}**H**: *ἀδ.* cett. | *ὄρνιθος γράφεις ὄρνις* trp. **P** | *γράφοις* **g**^{p} ‖ **165** *τε* **P p**^{p}: *δὲ* cett. ‖ **168** *οὐ*] *τοῦ* **g**^{p} | *δὲ*] *τε* **p**^{p} ‖ **169** *τὰς*] *καὶ* **p**^{r} | *εὐώπας* **P p**^{p}**p**^{r}**H** ‖ **170** *τῶν* **g**^{c} | *ἀντίπτερον* (mg. corr.) **H** | *οἶδα* **p**^{r} ‖ **171** *τὸ*] *γὰρ* **p**^{r} | *ἀκίνοντιν* **p**^{r} ‖ **172** *σκέρπανον* **g**^{b}**g**^{p} ‖ **174** *κλάδον* **P** ‖ **176** *ἁρμοδία* **g**^{k} ‖ **177** *τέτταρες* **g**^{b} | *τῶν ποιήσεων πρὸς εἴκοσι οἱ* **p**^{r} ‖ **178** *ὑποβολὴ* **H** ‖ **180** *πρέποντες* **g**^{k}

ἱστοριῶν ἀπόδοσις καὶ γλωσσῶν πολυτρόπων.
ἑκάστη γὰρ διάλεκτος παμπόλλους ἔχει γλώσσας.
ἡ γὰρ Δωρὶς διάλεκτος ἔχει τοιάσδε γλώσσας,
Ἀργείων Κορινθίων τε καὶ τῶν Συρακουσίων·
ἡ δ' Αἰολὶς τῶν Βοιωτῶν, πρὸς δὲ καὶ τῶν Λεσβίων.
ὀφείλει δ' ὁ γραμματικὸς εἰδέναι καὶ τὰς γλώσσας·
Ἰάδος γὰρ τὸ 'πίσυρες', ἀλλὰ Συρακουσίων.
  Πέμπτον δὲ μέρος, δέσποτα, γραμματικῆς τυγχάνει
ἐκλογισμῶν ἀκρίβεια τῶν τῆς ἀναλογίας,
τουτέστι παραθέσεως πρὸς ὅμοιον ὁμοίου.
τὸ 'Δημοφῶν' γάρ, δέσποτα, καὶ 'Ξενοφῶν' κατ' ἴσον
ὁμοίου τις παράθεσις κατὰ ἀναλογίαν.
  Ἔστι καὶ κρίσις ἀκριβὴς αὕτη τῶν ποιημάτων.
οὐ κρίνει δ' εἰ συγγέγραπται κρειττόνως ἢ χειρόνως,
ἀλλὰ τίνα νενόθευται, τίνα γνησίως ἔχει.
πολλὰ γὰρ ἀμφιβάλλεται τῶν προσυγγεγραμμένων,
Ὁμήρου μὲν τὰ Κύπρια, πρὸς δὲ καὶ ὁ Μαργίτης,
Ἀράτου δὲ τὰ Θυτικὰ καὶ τὰ Περὶ ὀρνέων.
κρίνεται δὲ ποιήματα χρόνῳ καὶ ἱστορίᾳ,
οἰκονομίᾳ λέξει τε, πλάσματι καὶ συνθέσει.
  Βιωτικὴ δ' ἀνάγνωσις ἐστὶν ἡ κωμῳδία,
οὐκ εὔτονος, οὐκ εὔφωνος, ἀλλ' ὥσπερ ὑφειμένη,
συνήθους καὶ βιωτικῆς εἰκών τις ὁμιλίας.
τὰ γάρ τοι τραγικώτερα ἄλλου τυγχάνει τύπου·
ἡρωϊκὴ γὰρ μέστωσις ἐστὶν ἡ τραγῳδία.
εὐτόνως προοιστέον δὲ τὸ ἔπος, στεφηφόρε·
ἔπος δ' ὁ τόνος πέφυκεν, ἡ τάσις τῶν ἡρώων.

183–188 schol. Dion. 469,29–470,3 ‖ **189–190** Dion. Thr. 1 p. 6,2 ‖ **189–193** schol. Dion. 303, 20–24 ‖ **194** Dion. Thr. 1 p. 6, 2 ‖ **194–199** schol. Dion. 471, 34–472, 2 ‖ **200–201** 304,4–5 ‖ **202–208** Dion. Thr. 2 p. 6, 8–10

183 *γὰρ*] *δὲ* $\mathbf{p}^{r}$ | *ἔχει* hic $\mathbf{P}\mathbf{p}^{p}\mathbf{p}^{q}\mathbf{p}^{r}$: post *διάλεκτος* cett. | *παμπόλλους* **P**: *παμπολοὺς* $\mathbf{p}^{p}$ *πάμπολ(λ)ας* $\mathbf{p}^{r}\mathbf{g}^{a}\mathbf{g}^{b}\mathbf{H}$ *παμπόλ(λ)ας* cett. ‖ **185** *συρακοσίων* $\mathbf{p}^{r}$ ‖ **186** *τῶν*[1]] *τὴν* $\mathbf{p}^{q}$ | *πρὸ* $\mathbf{p}^{p}$ | *τῶν*[2]] *τὴν* $\mathbf{p}^{q}\mathbf{p}^{r}$ ‖ **190** *ἀκρίβειαν* $\mathbf{g}^{a}$ ‖ **193** *ὁμοίως* $\mathbf{p}^{r}$ ‖ **196** *τινα* ([1]) $\mathbf{g}^{b}\mathbf{H}$ | *νενόθευνται* $\mathbf{p}^{r}$ | *κρειττόνως*, sscr. *γνησίως*, $\mathbf{p}^{r}$ ‖ **197** *προέγγεγραμμένων* $\mathbf{p}^{p}$ ‖ **198** *μὲν*] *δὲ* $\mathbf{g}^{a}$ | *μαργίτης* **P** $\mathbf{p}^{p}\mathbf{p}^{q}\mathbf{p}^{r}$: *μαργαρίτης* cett. ‖ **199** *θηλυκὰ* $\mathbf{g}^{k}$ | *περὶ τῶν* $\mathbf{g}^{p}$ ‖ **200** *χρόνων* **H** ‖ **201** *πλάσμασι* $\mathbf{p}^{p}$ ‖ **202** *βοιωτικὴ* $\mathbf{P}\mathbf{p}^{r}$, $\mathbf{g}^{k}$ a. c. ‖ **203** om. **H** | *ἔντονος* (?) $\mathbf{g}^{a}$ ‖ **204** *καὶ* om. $\mathbf{g}^{b}$ | *βοιωτικῆς* **P** $\mathbf{p}^{p}\mathbf{p}^{r}$, $\mathbf{g}^{k}$ a. c. | *τις*] *τῆς* $\mathbf{g}^{b}\mathbf{g}^{k}$ | *ὁμιλία* $\mathbf{p}^{r}$ ‖ **205** *τὰ*] *τὸ* $\mathbf{p}^{r}$ | *τοι*] *τι* $\mathbf{g}^{k}$, **H** a. c. | *ἄλλα* $\mathbf{p}^{r}$ | *τρόπου* $\mathbf{p}^{r}$ ‖ **206** om. $\mathbf{p}^{p}$ | *ἡρωϊκὴ* **P**, *ἡρωϊκ*[`] mg. $\mathbf{p}^{p}$: *-ῶν* cett. ‖ **207** *προοιστέον* $\mathbf{P}\mathbf{p}^{q}$: *προϊστέον* $\mathbf{p}^{p}\mathbf{p}^{r}$ *προσοιστέον* cett. (*ι* sscr. $\mathbf{g}^{k}$) ‖ **208** *τάσις*] spat. vac. 5 litt. $\mathbf{p}^{r}$

Τὰ δίχρονα δὲ δίσημα οἱ ῥυθμικοὶ καλοῦσιν.
Ἄνω δ' ἀποφηνάμενοι πολλοὺς τῶν χρόνων λείπειν
αἰτίας οὐ δεδώκαμεν· νῦν δὲ καὶ ταύτας δέχου.
'τέτυμμαι'· καὶ τὸ εὐκτικὸν ἀποίητον τυγχάνει,
διότι παραλήγεται οὗτος ὁ χρόνος, ἄναξ,
ἄλλῳ συμφώνῳ πρὸ τοῦ μῦ, οὐ πέφυκεν ἐντεῦθεν
γίνεσθαι παρακείμενος εὐκτικὸς πάθος ἔχων·
ἀλλ' οὐδὲ ὑποτακτικός, κοινὴ γὰρ ἡ αἰτία.
'τέθεικα' παρακείμενος, ἀπέλιπε δ' ὁ μέσος·
καὶ γὰρ ὅταν ὁ δεύτερος ἀόριστος τοῦ πρώτου
μιᾷ ἐνδεῖ τῇ συλλαβῇ, ὡς παραδείξομέν σοι,
ὁ μέσος παρακείμενος καθ' ὁμοιότητά πως
μιᾷ τοῦ ἐνεργητικοῦ συλλαβῇ ἐλαττοῦται.
ὁ πρῶτος γὰρ ἀόριστος 'ἐλήκησα' τυγχάνων,
'ἔλακον' ἐκληρώσατο τὸν δεύτερον εἰκότως·
'λελήκηκα' καὶ 'λέληκα' ὁμοίως προελέχθη.
μέσος δὲ παρακείμενος ἀρχὴν σύμφωνον ἔχων
οὐδέποτε δισύλλαβος κανονικῶς τυγχάνει·
ἐπεὶ δ' ἐστὶ τρισύλλαβον τὸ 'τέθεικα' τῇ μέσῃ,
πῶς ἂν ὁ μέσος γένοιτο; τοῦτο παρὰ κανόνα,
ὀφείλει γὰρ δισύλλαβος παρὰ τὸν λόγον εἶναι.
καὶ δεύτερος ἀόριστος ἐν τοῖς εἰς μι οὐκ ἔστι
(φημὶ δὲ τοῖς παθητικοῖς· τοῦτο γὰρ προσθετέον),
διότι προϋφήρπασαν τὴν κατάληξιν τούτου
οἱ δεύτεροι ἀόριστοι τῆς ἐνεργείας, ἄναξ.
τοῦ 'τίθημι' ἀόριστος ἐν τοῖς ἀπαρεμφάτοις

209 ibid. 6 p. 10, 2; schol. Dion. 38, 18; 328, 36–37 ‖ **210–211** supra vss. 74–91 ‖ **210–216** Theodos. Can. 70, 20–71, 2 ‖ **217–229** ibid. 85, 2–8 ‖ **230–233** 88, 9–10 ‖ **234–242** 90, 2–6

209 *ῥυθμικοὶ* **P p**^{p} **p**^{r} *ῥυμ^θ^θ κοὶ* **p**^{q}: *ἀριθμητικοὶ* **g**^{b} **g**^{c} **g**^{p} **H** *ἀριθμοὶ* **g**^{a} **g**^{k} ‖ **211** *ταύτας*] *τάσδε* **p**^{r} ‖ **212** *ἀποίη* et spat. 3 litt. **g**^{k} ‖ **214** *πέφυκεν* **P p**^{p} **p**^{r}: *πέφυκε δ'* cett. | *ἐνταῦθα* **p**^{p} ‖ **216** *ὑποτακτική* **p**^{r} ‖ **217** *ἀπέλειπε* **p**^{p} **p**^{r} **g**^{a} ‖ **218** *τοῦ πρώτου* **P p**^{p} **p**^{q} **p**^{r}: *τῆς πρώτης* cett. ‖ **219** *μιᾶς … συλλαβῆς* **H** p. c. | *μία* **p**^{p} **g**^{k} | *ἐνδῆ* **p**^{p} *ἐνδεῖται* (om. *τῇ*) **p**^{r} **H** a. c. (*-ῆται* p. c.) | *παραδείξομέν* **P p**^{p}: *-μαί* cett. ‖ **221** om. **p**^{r} ‖ **222** *ἐλήκησα* **p**^{q} **g**^{a} **g**^{b} **g**^{c} **g**^{p}: *ἐλάκισα* **P p**^{p} *ἐλήλυθει* **p**^{r} *ἐλήλυκα* **H** ‖ **223** *τὸ* **H** | *ἐκτόπως* **P** (txt. **p**^{p}) ‖ **224** *λελάληκα* **P p**^{p} ‖ **225** *σύμφωνον* **P p**^{p} **p**^{q} **p**^{r}: *συμφώνων* cett. ‖ **226** *κανονικῶς* **PH**: *-ὸς* cett. ‖ **227** *τρισύλλαβος* **H** | *τέθεικα* **P p**^{p}, (*-η-*) **p**^{r}: *-κε* cett. ‖ **228** *γένηται* **P** ‖ **229** *περὶ* **p**^{r} ‖ **231** *δὲ* **P p**^{p}: *δ' ἐν* cett. | *τοῦ παθητικοῦ* **p**^{p} ‖ **232** *κατάληψιν* **p**^{r}

πρῶτος οὐκ ἔστι, δέσποτα· καὶ γὰρ οὐδέ τις κλίσις
ὑστέρα τῶν ὁριστικῶν· εἰ δέ τις λέγειν θέλει,
ἡμάρτηται τὸ ‘ἔθηκα’, ‘ἔδωκα’ καὶ τὸ ‘ἧκα’.
ἄλλως τε οὐδὲ δέχονται μετοχὴν τὰ τοιαῦτα,
μὴ ἔχοντα δὲ μετοχὴν ἐστέρηνται τῶν ἄλλων, 235
προστακτικῶν καὶ εὐκτικῶν καὶ τῶν ἀπαρεμφάτων.
τὸ ‘ἔστησα’ δὲ γράφομεν καὶ τὸ ‘ἔφησα’, ἄναξ,
τούτων γὰρ ἀπαρέμφατα ‘στῆσαι’ καὶ ‘φῆσαι’ γράφε.
τοῦ ‘τίθημι’ ἀόριστος προστακτικὸς καὶ μέλλων
οὐκ ἔστιν ἐνεργητικός, καὶ σαφὴς ἡ αἰτία· 240
τοῦ ‘ἔθηκα’ καὶ γάρ, φημί, ἐκλέλοιπεν ἡ κλίσις.
τοῦ ‘τίθημι’ ἀόριστος πρῶτος οὐκ ἔστιν, ἄναξ,
ἐνεργῶν ἐν τῇ μετοχῇ (τοῦτο γὰρ προσθετέον)·
εἰ γὰρ καὶ ἔδει γράφεσθαι ‘θήκας’, ἀλλ’ ἐσιγήθη· 244
παθητικὸς δὲ πέφυκε, ‘τεθεὶς’ γὰρ πᾶς τις γράφει. 246
τὰ πρῶτα τῶν προστακτικῶν ἐκλέλοιπε τελείως, 247
οὐδεὶς γὰρ πάντων ἑαυτῷ προστάσσει, στεφηφόρε. 245
τὰ τρίτα δ’ ἐκλελοίπασι πληθυντικά πως, ἄναξ, 248
τοῦ ‘τέτυμμαι’ παθητικοῦ καὶ ὑπερσυντελίκου·
πᾶν τρίτον γὰρ καὶ ἑνικὸν συμφώνῳ παραλῆγον, 250
μὴ σθένον πρὸ τοῦ ταῦ τὸ νῦ δέξασθαι, στεφηφόρε,
πληθυντικὸν οὐ πέφυκε πρόσωπον ποιεῖν τρίτον.
Ὡς πρός τι τὰ ἡμίφωνα τυγχάνει τῶν γραμμάτων·
πρὸς γὰρ τὴν φύσιν λέγεται, φημί, τῶν φωνηέντων,
βραχὺ γὰρ ἀπολέλοιπε τούτων τῆς εὐφωνίας. 255
καὶ δῆλον ἐκ τοῦ συριγμόν, μυγμὸν καὶ ῥοῖζον ἔχειν·
τὸ μὲν γὰρ ζῆτα καὶ τὸ ξῖ τὸ ψῖ τε καὶ τὸ σῖγμα

243–244 91, 26–27 ‖ **245** 85, 14–16 ‖ **246–248** 98, 6–7 ‖ **249** 98, 29 ‖ **250–251** 63, 24–26 ‖ **252–256** 57, 7–9; 58, 7–9 ‖ **257–260** Dion. Thr. 6 p. 11, 4–12, 2 ‖ **261–263** schol. Dion. 201, 14–21; 334, 35–37

236 *δέ*] *γε* **P** $\mathbf{p}^{p}$ | *θέλει λέγειν* trp. $\mathbf{p}^{p}$ ‖ **237** *ἔθηκα ἔδωκα* **P** $\mathbf{p}^{p}\mathbf{p}^{q}\mathbf{p}^{r}$: *ἔδωκα ἔθηκα* cett. ‖ **239** *ὑστέρηνται* $\mathbf{p}^{r}$ ‖ **241** *γράφομεν* **P** $\mathbf{p}^{p}$, $\mathbf{p}^{r}$ p. c.: *-μαι* cett. | *καὶ τὸ ἔφησα*] *τὸ ἔφησα ὦ* $\mathbf{p}^{r}$ | *ἔφησα*] *φήσαιμι* suppl. al. m. $\mathbf{g}^{k}$ ‖ **242** *ἀπαρέμφατα* **P** $\mathbf{p}^{p}\mathbf{p}^{q}\mathbf{p}^{r}$: *-ον* cett. | *γράφε* $\mathbf{p}^{p}$: *γράψαι* cett. ‖ **245** *ἔθηκα* **P** $\mathbf{p}^{p}\mathbf{p}^{q}\mathbf{p}^{r}$: *ἔθηζα* cett. ‖ **247** *ἐνεργῶν ἐν τῇ μετοχῇ*] *μετοχῆ ἐνεργητικά* $\mathbf{p}^{r}$ | *ἐνεργητ(ικ)ῶν* $\mathbf{p}^{q}$ ‖ **248** *ἐστιγήθη* $\mathbf{g}^{k}$ ‖ **249** *δὲ*] *γὰρ* $\mathbf{p}^{r}\mathbf{g}^{c}$ | *τοῦ θεὶς* $\mathbf{g}^{k}$ | *παῖ* (?) $\mathbf{g}^{k}$ ‖ **251** hic habent **P** $\mathbf{p}^{p}$, $\mathbf{p}^{q}$ p. c.: post 248 trp. cett. ‖ **252** *τρία* $\mathbf{p}^{r}\mathbf{g}^{k}$**H** | *δ’* **P** $\mathbf{p}^{p}\mathbf{p}^{q}\mathbf{p}^{r}$: *τ’* cett. | *πλυνθητικά* **H** ‖ **253** *παθητικῶν* $\mathbf{p}^{p}$ | *καὶ*] *καὶ τοῦ* **P** $\mathbf{p}^{r}$ ‖ **254** *ἑνικῶν* $\mathbf{g}^{a}$ | *προελῆγον* $\mathbf{p}^{p}$ ‖ **255** *τὸ*] *τοῦ* $\mathbf{p}^{p}$ ‖ **258** *γράφεται* **P** $\mathbf{p}^{p}$ | *φημί*] *ημι* Boiss. ‖ **259** *τραχὺ* $\mathbf{g}^{k}$ ‖ **260** *σμυγμὸν* $\mathbf{g}^{k}$ ‖ **261** *γὰρ* om. $\mathbf{p}^{p}$

τὸν συριγμὸν ἐργάζονται, τὸ ῥῶ δὲ μόνον ῥοῖζον,
μυγμὸς δὲ πάλιν γίνεται τῷ μῦ καὶ τῷ νῦ, ἄναξ.
Ὁ τεχνικὸς μὲν εἴρηκε τῶν ὑγρῶν τὴν αἰτίαν·
εἰσὶ γὰρ δυσμετάθετα καὶ δυσεξάλειπτά πως,
ὑγροτάτης ποιότητος, κολλητικῆς τὴν φύσιν.
σὺ δὲ καὶ ταύτην μάνθανε, τάχα μουσικωτέραν·
ὑγρὰ γὰρ κατωνόμασται τῆς προφορᾶς τῷ λείῳ,
ὑγρὰ γὰρ ὡς εὐόλισθα, τῇ ἀκοῇ δὲ πλέον.

Μάθε καὶ χρῆσιν, δέσποτα, σπανίων ὀνομάτων.
Ἄγγαρος μὲν ὁ ἄγγελος. ἀγῆλαι τὸ σεμνῦναι.
ἀγχέμαχος ὁ πολεμῶν ἐγγύθεν, στεφηφόρε.
ἀγχώμαλον ἰσόπεδον. ἀγωγεὺς τὸ σχοινίον.
ἀγχομολῶν ὁ πολεμῶν συστάδην καὶ πλησίον.
ἀκκισμὸς ἡ προσποίησις. ἀλέντες συγκλεισθέντες.
ἀλίπεδον τὸ ὁμαλόν. ἀλίσας ὁ κονίσας.
ἀλίζειν τὸ ἀλείφεσθαι, ἢ ἅλας ἐπιπάσσειν.
ἡ λαμπηδὼν δ' ἀμάρυγμα. ἄμβη ὀφρῦς τῆς πέτρας.
ἄμοτόν τε τὸ ἄπληστον. ἀμόργη ἡ τρυγία.
ἀμφιρεφὲς ὃ πέφυκεν ἐγκατεστεγασμένον.
ἀνασοβεῖ ἀνακινεῖ. ἀνασειράζω ἄγχω.
ἀναζυγὴ ἀνάλυσις τῶν στρατοπεδευμάτων.

271 Suda *α* 164 | cf. Synag. 11,18; Phot. *α* 164; Suda *α* 217 ‖ **272** Synag. 17,6; Phot. *α* 288; Suda *α* 400 ‖ **273** Synag. 17,29–30 | cf. Synag. 18,3; 26,24; Suda *α* 319 ‖ **275** Synag. 54,12; cf. Suda *α* 878 | Hes. *α* 2862 ‖ **276** Synag. 67,5 = Suda *α* 1240 | Hes. *α* 3038 ‖ **277** Hes. *α* 2696 ‖ **278** Synag. 78,25 = Suda *α* 1503 | cf. Phot. *α* 1173 ‖ **279** Suda *α* 1631; Hes. *α* 3761 | Suda *α* 1624; cf. Phot. *α* 1224 ‖ **280** Synag. 80,24 = Suda *α* 1696 ‖ **281** Hes. *α* 4587 | Hes. *α* 4572 ‖ **282** Hes. *α* 4293; cf. Synag. 82,26 = Suda *α* 1868

262 *τὸ*] *τῶ* **p**^{p} | *ῥῶ δὲ* **P p**^{p} **p**^{q}: *ῥῶ καὶ* **p**^{r} *β̄* **g**^{d} **H** *βῆμα* cett. | *μόνω ῥοίζω* **p**^{p} ‖ **263** *μυγμὸς* **P p**^{p} **p**^{q} **p**^{r}: *-οῖς* cett. | *τῶ*^{1} **P p**^{p} **p**^{q} **p**^{r}: *τὸ* cett. | *καὶ* **P p**^{p} **g**^{k}: *τε καὶ* cett. | *τῶ*^{2} **P p**^{p}: *τὸ* **g**^{k} om. cett. ‖ **265** *γὰρ*] *δὲ* **H** | *δυσμετάθετα* **P p**^{p} **p**^{q} **p**^{r}: *δυσμαθέστατα* cett. ‖ **266** *ὑγρότητος* **P p**^{p} **p**^{r} ‖ **267** *τάχα*] *ταύτην* **p**^{r} | *μουσικωτέραν* **P p**^{p} **p**^{r}: *-ως* cett. ‖ **268** *γὰρ* om. **P** | *προσφορᾶς* **g**^{k} | *τὸ λεῖον* **P**^{p} *τῶ λόγω* **p**^{r} ‖ **269** *γὰρ*] *μὲν* **P** ‖ **270** *σπανίων*] *παντοίων* **g**^{a} **g**^{k} ‖ **271–283** om. **p**^{p} ‖ **271** *μὲν* **P**: *γὰρ* cett. ‖ **272** *ἀγχίμαχος* **p**^{r} ‖ **273** *ἀγωγὰς* **H** ‖ **274** *ἀγχομολῶν* **P**: *ἀγχωμαχῶν* **p**^{q} **p**^{r} *ἀγχεμαχῶν* cett.; scr. *ἀγχωμαλῶν*? ‖ **275** *συγκλειθέντες* **p**^{r} ‖ **276** *ἀλείπεδον* **p**^{q} **p**^{r} | *ἁλίσας* **p**^{q} **g**^{a} **g**^{b} **g**^{p} **H** | *ὁ* **P**: *τὸ* cett. ‖ **277** *ἀλείζειν* **p**^{r} | *ἅλας*] *ἄλλως* **g**^{a} | *ἐπιπάσσειν* **P p**^{r}: *-ττ-* cett. ‖ **278** *ἀμάρυγμα ἡ λαμπηδών* trp. **p**^{r} | *δ'* **P**: om. cett. | *ἄμβη* scripsi: *ἄμμη* **P** *ἄμβρων* **p**^{r} **g**^{k} *ἄμβων* cett. | *τῆς* om. **g**^{c} ‖ **279** *ἀμοργὴ* **p**^{r} *ἀμούργη* **H** ‖ **280** *ἀμφιρεφὲς* **P** *ἀμφιρεπὲς* **p**^{q} **H** *-φη-* cett. | *πέφυκες* **p**^{r} ‖ **281** *ἀνασοβεῖν* **g**^{p} | *ἀνασυράζω* **p**^{r} **g**^{k}

ἀναρριχᾶσθαι δέ ἐστι τὸ τῆς σκαλοβασίας.
ἄρσις ἐστὶ τὸ βάσταγμα. ἀπρὶξ ὅλῃ δυνάμει.
αὐθέκαστος ὁ αὐστηρός. αἱ φάραγγες αὐλῶνες.
αὐτόπρεμνον αὐτόρριζον. αὐτόχθων ὁ πολίτης.
ἡ δέ γε ἀφοσίωσις ποίησις τῆς ὁσίας·
ὁσίαν δ' ὀνομάζουσι, δέσποτα, τὴν κηδείαν.
ἄορτο τὸ ἐκρέματο. καὶ ἄωτον τὸ ἄνθος.
ἀλίπεδα τὰ νεύοντα πρὸς θάλασσαν πεδία.
ἀνάγωγος ὁ ὑβριστής. ἀστεμφῶς ἀκινήτως.
ἀποσκυθίσαι δέ ἐστι τὸ τεμεῖν δέρμα κάρας.
ὁ δέ γε ἀνεψιαδὸς υἱὸς ὁ ἀνεψίου.
ἄγγονες τὰ δοράτια. ἀκρήβης ὁ ἀκμάζων.
ἀμαλλεῖον δεσμὸς μαλλῶν. αἰγίλωψ κόρης πάθος.
ἀληθερὲς τὸ χλιαρόν. αἴητον τὸ πυρρῶδες.
ἀναισιμῶσαι δέ ἐστιν, ἄναξ, τὸ ἀναλῶσαι.
τὸ δέ γε ἀπεμύλαινε τὸ κατηυτέλιζέ πως.
αὔθαιμοι οἱ αὐτάδελφοι. ἀχαίνειν δὲ τὸ παίζειν.
ἀνδράχνη χοιροβότανον. ἀναιρεῖν τὸ μαντεύειν.
ἀχὼρ ἀποπιθύρισμα. ἄγγρος δὲ ἡ ὀδύνη.

283 cf. Phot. *α* 1641 = Suda *α* 2049 ‖ **284** Synag. 146, 10 = Suda *α* 4017 | Synag. 138, 16 = Suda *α* 3688 ‖ **285** Synag. 163, 15 = Suda *α* 4425 | Synag. 164, 18 = Suda *α* 4447 ‖ **286** Synag. 166, 30 = Suda *α* 4516 | Synag. 167, 11 = Suda *α* 4536 ‖ **287–288** Synag. 172, 21–22 = Suda *α* 4639 ‖ **289** Synag. 177, 15 = Suda *α* 2858 | Synag. 177, 28 = Suda *α* 2860 ‖ **290** cf. Synag. 67,5 = Suda *α* 1240 ‖ **291** Hes. *α* 4253 | Synag. 155,5 = Suda *α* 4229; cf. Phot. *α* 3007; Hes. *α* 7833 ‖ **292** Synag. 133, 6–7 = Suda *α* 3533; Phot. *α* 2658 ‖ **293** Hes. *α* 5022 ‖ **294** Suda *α* 329 | cf. Suda *α* 977 ‖ **295** cf. Phot. *α* 1110; Hes. *α* 3416 | Hes. *α* 1717 ‖ **296** cf. Hes. *ε* 1840 | Hes. *α* 1840 ‖ **297** cf. Suda *α* 2203; Hes. *α* 4339 ‖ **298** Synag. 116, 33 = Phot. *α* 2335 ‖ **299** Suda *α* 4423 | Hes. *α* 8812 ‖ **301** cf. Synag. 176, 1; Suda *α* 4711; Hes. *α* 8935 | cf. Hes. *α* 402

283 *καλοβασίας* $\mathbf{p}^{r}\mathbf{g}^{k}\mathbf{g}^{c}\mathbf{H}$ ‖ **285** *φάλαγγες* $\mathbf{g}^{k}$ | *αὐχῶνες* $\mathbf{p}^{r}$ ‖ **287** *εἰσποίησις* (om. *τῆς*) $\mathbf{p}^{q}$ $\mathbf{p}^{r}$ | *ὁσίας* $\mathbf{P}\mathbf{p}^{p}$: *οὐσίας* cett. ‖ **288** *ὁσίαν* $\mathbf{P}\mathbf{p}^{p}\mathbf{g}^{c}\mathbf{g}^{p}$ *ὁσείαν* (ex *-ί-*) $\mathbf{p}^{q}$: *οὐσίαν* cett. ‖ **289–292** om. $\mathbf{p}^{p}$ ‖ **289** *ἄορτο* $\mathbf{P}\mathbf{p}^{r}$: *ἄορτον* $\mathbf{g}^{b}$ *ἄωρτο* cett. | *αὔωτον* $\mathbf{g}^{c}$ ‖ **291** *ἀστεμφῶν* $\mathbf{p}^{r}$ ‖ **292** *ἀποσκυθῆσαι* $\mathbf{p}^{q}\mathbf{p}^{r}\mathbf{H}$ ‖ **293** *υἱοῦ* $\mathbf{p}^{r}$ | *ὁ*] *τοῦ* $\mathbf{p}^{r}$ | *ἀνεψίου* $\mathbf{P}\mathbf{p}^{p}\mathbf{g}^{a}\mathbf{g}^{k}$: *ἀνεψιοῦ* cett. ‖ **294–305** om. $\mathbf{p}^{p}$ ‖ **294** *ἀγγόνες* $\mathbf{p}^{r}$ *ἄγκωνες* $\mathbf{g}^{a}$ ‖ **295** *ἀμαλλεῖον*] *ἀμαλεῖον* $\mathbf{p}^{q}$ *ἀμελεῖον* $\mathbf{p}^{r}$ *ἀμελειων* $\mathbf{P}$ | *μαλῶν* $\mathbf{p}^{q}$ *καλῶν* $\mathbf{p}^{r}$ | *αἰγίλοψ* codd. ‖ **296** *ἀληθερὲς*] *εἰ* supra *ἀ-* $\mathbf{g}^{a}\mathbf{g}^{b}\mathbf{g}^{c}\mathbf{g}^{p}$ *ἀειληθερὲς* $\mathbf{g}^{k}$ | *αἴητον* $\mathbf{P}\mathbf{p}^{q}$: *ἄητον* $\mathbf{g}^{a}\mathbf{g}^{b}\mathbf{g}^{c}\mathbf{g}^{p}$ *ἄηττον* $\mathbf{H}$ *ἀΰτον* $\mathbf{g}^{k}$ *ἄρειτον* $\mathbf{p}^{r}$ | *πυρῶδες* $\mathbf{p}^{q}\mathbf{p}^{r}\mathbf{g}^{k}\mathbf{H}$ ‖ **297** *ἀναισιμῶσαν* $\mathbf{g}^{k}$ *αἰναισιμῶσαι* $\mathbf{g}^{k}$ | *ἄναξ*] *δέσποτα* $\mathbf{P}$ (hab. *τὸ*) ‖ **298** *ἀπεμύλαινε* $\mathbf{P}$: *ἀπεμύλινε* $\mathbf{p}^{q}$ *ἀπεκύλινε* $\mathbf{p}^{r}$ *ἀπεμύλιζε* cett. | *κατευτέλιζέ* $\mathbf{p}^{q}\mathbf{p}^{r}\mathbf{g}^{a}$ ‖ **299** *αὔφεμοι* $\mathbf{p}^{r}$ | *ἀχαίνει* $\mathbf{p}^{r}$ ‖ **300** *χοιδοβότανον* $\mathbf{H}$ | *ἀνερεῖν* $\mathbf{P}$ ‖ **301** *ἄγγρος* $\mathbf{P}$: *ἄγγρης* $\mathbf{p}^{q}$ *ἄγγρες* $\mathbf{p}^{r}$ *ἄγρις* cett.

ἄγγουρος τὸ μελίπηκτον. ἀλδαίνειν μεμηνέναι.
ἀλυσθαίνειν ἀδημονεῖν. τὸ κλαίειν ἀλυκταίνειν.
Βάκηλος ὁ ἀνόητος. βαλβὶς ἀφετηρία.
λιμὸς ὁ μέγας βούλιμος. βούπαις νέος ἀφῆλιξ.
βοσὸρ ἐσθής τις κόκκινος. βριμάζω τὸ βρυχῶμαι.
βέτων ὁ πάνυ εὐτελής. βλῆτον εἶδος λαχάνου.
ὁ προβατώδης βέκηλος. τὸ δὲ στριγᾶν βλεμαίνειν.
βριμαίνειν τὸ ὀργίζεσθαι. βουκάπη βοῶν φάτνη.
Γνωσιμαχεῖν ἐπίστασθαι τὴν πρὸς κρείττονας μάχην.
γαισσὸς μὲν τὸ δοράτιον. γρυνὸς τραχεῖα ῥάβδος.
γεώρας ὁ ἀλλότριος. γέρδιος ὁ ὑφάντης.
γράσσων μωρὸς ἀνούστατος. γλαγγάζει δὲ τὸ κρῴζει.
Δάπιδες ὑποστρώματα. δέλιθες τὰ σφηκία.
δαίσιμον τὸ ἐδώδιμον. δρύφακτοι δ' αἱ κιγκλίδες.
δυσβάρκανος ὁ δύσληπτος. οἱ δασεῖς δασυλίδες.
δικτάτωρ ὁ δισύπατος. διπλοῒς διπλῆ χλαῖνα.
διχόμηνος σελήνη δὲ πεντεκαιδεκαταία.

302 cf. Hes. *α* 401 | cf. Synag. 74, 4; Hes. *α* 2807 || **303** Synag. 77, 30; Phot. *α* 1059; Hes. *α* 3302 | Synag. 77, 12 = Phot. *α* 1055 = Suda *α* 1431 = Hes. *α* 3291 || **304** Synag. 178, 10 = Suda *β* 46 = Hes. *β* 106 | Synag. 178, 17 = Suda *β* 69 = Hes. *β* 136 || **305** Synag. 181, 8 = Suda *β* 441 = Hes. *β* 934 | Synag. 181, 13 = Suda *β* 453 = Hes. *β* 947 || **306** Suda *β* 400 | Synag. 182, 6 =Phot. *β* 279 = Suda *β* 543 = Hes. *β* 1158 || **307** cf. Phot. *β* 173; Hes. *β* 749 | Hes. *β* 753 || **308** Hes. *β* 78 | Hes. *β* 693 || **309** Hes. *β* 1160; Et.M. 213, 44 | Hes. *β* 897; Et.M. 207, 21 || **310** Hes. *γ* 751; Et.M. 237, 11; cf. Suda *γ* 356 || **311** Synag. 183, 11 = Suda *γ* 87 = Phot. *γ* 8 | Et. M. 242, 1–2 || **312** Hes. *γ* 82 | Synag. 184, 26 = Phot. *γ* 85 = Suda *γ* 190 = Hes. *γ* 420 || **313** cf. Hes. *γ* 905 | Hes. *γ* 583 || **314** Phot. *δ* 54; cf. Suda *δ* 66; Hes. *δ* 250 | Hes. *δ* 596 || **315** Hes. *δ* 106 | Phot. *δ* 776; Suda *δ* 1554; cf. Hes. *δ* 2345 || **316** Suda *δ* 1602; cf. Hes. *δ* 2539 | cf. Phot. *δ* 63; Et. M. 248, 55 || **317** Synag. 199, 9–10 = Phot. *δ* 610; Suda *δ* 1111 | Hes. *δ* 1946 || **318** Synag 200, 14–15 = Phot. *δ* 678 = Suda *δ* 1302; Hes. *δ* 2018

302 *ἄγγυρος* $\mathbf{p}^{r}$ | *μεμηκέναι* $\mathbf{p}^{r}$ || **303** *τὸ ἀδημονεῖν* $\mathbf{g}^{k}$ | *ἀλυκταίνειν* $\mathbf{P}\mathbf{p}^{q}\mathbf{p}^{r}$: *ἀλεκταίνειν* cett. || **305** *λιμὸς*] *βλιμὸς* $\mathbf{p}^{r}\mathbf{g}^{a}\mathbf{g}^{k}$ || **306** *βοσὼρ* $\mathbf{p}^{p}\mathbf{p}^{q}$ | *τὸ κόκκινον* **H** | *βωρμάζω* $\mathbf{p}^{r}$ *βρυμάζω* $\mathbf{g}^{a}$ || **307–311** om. $\mathbf{p}^{p}$ || **307** *βλέπων* $\mathbf{p}^{r}$; scr. *βλίτων*? (cf. Hes.) | *βλῆτον* $\mathbf{P}\mathbf{p}^{q}\mathbf{p}^{r}$: *βλίτον* cett. (*-ττ-* $\mathbf{g}^{k}$) || **308** *ὁ* om. $\mathbf{p}^{r}$ | *βέκυλος* $\mathbf{p}^{q}\mathbf{p}^{r}$ (*βαίκυλος* Hes.) | *δὲ* om. $\mathbf{p}^{r}$ | *τριγᾶν* **H**; scr. *σφριγᾶν* | *βλεμαίνειν* **P**: *βλιμαίνειν* cett. || **309** *βλιμαίνειν* $\mathbf{p}^{r}$ | *βουκάπεις* (?) **H** || **310** *ἐπίστασο* **P** *ἐνίστασθαι* **H** p. c. | *κρείττονας* $\mathbf{P}\mathbf{p}^{q}\mathbf{p}^{r}$: *-να* cett. || **311** *γεισσὸς* $\mathbf{p}^{q}$ *γεσσὸς* $\mathbf{p}^{r}$ | *μὲν*] *δὲ* $\mathbf{g}^{p}$ | *γρυβὸς* **P** || **312** *γεώρας* **P** *γειώρας* $\mathbf{p}^{p}\mathbf{g}^{a}$ *γηώρας* $\mathbf{g}^{b}\mathbf{g}^{c}\mathbf{g}^{k}\mathbf{g}^{p}\mathbf{H}$ *γηώνας* $\mathbf{p}^{q}$ *γηόνας* $\mathbf{p}^{r}$ | *καὶ γέρδος* $\mathbf{P}\mathbf{p}^{p}$ *καὶ γῆρδος* $\mathbf{p}^{q}\mathbf{p}^{r}$ || **313** *γράσσων* $\mathbf{P}\mathbf{p}^{p}$: *γλάσσων* cett. (*γλώσσων* **H**) | *γλαγγάζει* $\mathbf{P}\mathbf{p}^{p}$: *-ειν* $\mathbf{p}^{q}\mathbf{p}^{r}\mathbf{g}^{a}$ *γλαγκάζειν* cett. (*γλακ-* $\mathbf{g}^{k}$) | *κρώζει* **P**: *-ειν* $\mathbf{p}^{p}$ *κράζειν* cett. || **314** *τάπητες* $\mathbf{p}^{p}$ *δάπητες* $\mathbf{p}^{q}\mathbf{p}^{r}$ | *σφηκία* $\mathbf{P}\mathbf{p}^{p}\mathbf{g}^{k}$: *σφικία* cett. (*φισκία* $\mathbf{g}^{b}$) || **315–317** om. $\mathbf{p}^{p}$ || **315** *δρύφακτος* $\mathbf{p}^{r}$ | *κικλίδαι* $\mathbf{p}^{r}$ *κιγκίδες* $\mathbf{g}^{a}\mathbf{g}^{k}$ || **316** om. $\mathbf{p}^{r}$ | *δυσβάρκανος* **P**: *δυσβάρκωνος* cett. (*δυσβράκονος* $\mathbf{g}^{a}$) || **317** *διάκτωρ* $\mathbf{p}^{r}$ *δικτάτων* $\mathbf{g}^{d}$ || **318** *δὲ* om. $\mathbf{p}^{r}$

Ἐγκρὶς ἐλαίου γλύκασμα εὔχυτον ὑδαρῶδες.
ὁ δ' ἐγκρυφίας ἄρτος τις σποδιασθεὶς ἐν μέρει.
ἐγκίσσωσις ἡ ὄχευσις, ἡ σύλληψις δὲ πλέον.
ἐξήνιοι ἀλλότριοι καὶ πόρρω τῶν ἡνίων.
ἐπαρυστρὶς δὲ τρύβλιον τυγχάνει τοῦ λυχνάπτου.
ἐπιφυλλὶς βραχύτατον βοτρύδιον ἀμπέλου.
ἐχῖνος πολυώνυμον· ζῷον καὶ εἶδος χύτρας
ὅ τε μὴν ἀκανθόχοιρος καὶ ἡ γαστὴρ καὶ πόλις.
κορύμβοις ἐνδιάζεσθαι τὸ σκιάζεσθαι φύλλοις.
εὐναῖος δὲ ὁ λαγωός. ἔνναιον ὕδωρ βλύζον.
ἐπαίκλια τραγήματα. ἐλεὸν τράπεζά τις.
εἰρεσιώνη πλέγμα τι ἐρίων προβατείων.
ἐπώμαιος ὁ τράχηλος. ἔρσεον τὸ δροσῶδες.
ἐγκιλικίζειν δέ ἐστι τὸ πονηρεύεσθαί τι.
ἐννεός τε ὁ ἄφωνος. εὐέδρως τὸ βεβαίως.
ἑδώλια αἱ ναυτικαὶ τυγχάνουσι καθέδραι.
τὸ δὲ θυμιατήριον ἐσχάριόν μοι κάλει.
καὶ πάλιν τὸ ἀσύμφωνον ἑτερόστοιχον λέγε.
ἐντεριώνη τὸ ἐντός. ἐνώπια εὐθέα.
ἐξεστακέναι δέ ἐστι θαυμάσαι, καταπλῆξαι.
ἔπαυλις μάνδρα τῶν βοῶν, πρὸς δὲ καὶ τῶν προβάτων.

319 Synag. 205,12 = Suda *ε* 128 ‖ **320** Suda *ε* 131; Hes. *ε* 267; cf. Synag. 205,17 ‖ **321** cf. Synag. 205,10 = Suda *ε* 98; Hes. *ε* 231 ‖ **322** Synag. 224,26 = Suda *ε* 1739; Hes. *ε* 3864 ‖ **323** Synag. 226,23 = Suda *ε* 1984 ‖ **324** Synag. 233,24 = Suda *ε* 2758 = Hes. *ε* 5406 ‖ **325–326** cf. Et.M. 404,44–52 ‖ **328** Hes. *ε* 7003 | – ‖ **329** – | Hes. *ε* 2006 ‖ **330** Suda *ει* 184 (pp. 532,29–533,1; 533,4) ‖ **331** – | Suda *ε* 3080; Hes. *ε* 55–56 ‖ **332** Suda *ε* 97; Hes. *ε* 225 ‖ **333** Synag. 221,15; Suda *ε* 1238; Hes. *ε* 2905; *ε* 3181 | Phot. I 224,2; Suda *ε* 3434; Hes. *ε* 6769 ‖ **334** cf. Suda *ε* 255; Hes. *ε* 547 ‖ **335** Phot. I 218,10 = Hes. *ε* 6450 ‖ **336** Hes. *ε* 6575 | cf. Phot. I 220,9 ‖ **337** Hes. *ε* 3348 | Synag. 223,7; Suda *ε* 1414; Hes. *ε* 3469 ‖ **338** cf. Hes. *ε* 3912 ‖ **339** Synag. 226,27 = Suda *ε* 1993; cf. Hes. *ε* 4260

319 om. **p**^{p} | *εὔχυτον* **P**: *εὔτυχον* cett. ‖ **320** *σπονδιασθεὶς* **p**^{p} | *ἐν μέρει*] *ἐκ* **g**^{a} *ἐν μέσω* **g**^{k} ‖ **321–322** om. **p**^{p} **g**^{k} ‖ **322** *ἀξήνιοι* **g**^{b} ‖ **323** *δὲ τρύβλιον* **P**, (*-ίον*) **p**^{p}, **p**^{q} a. c.: *τρυβλίον δὲ* cett. (**p**^{q} p. c.) | *λυχνάπου* **g**^{k} ‖ **325** *πολυώνυμος* **g**^{b} ‖ **326** *τε*] *γε* **P** | *καὶ*^{2}] *καὶ ἡ* **P** ‖ **327** om. **p**^{p} | *ἐνδιάεσθαι* **P** *ἐνδιάζεται* **p**^{r} | *σκίζεσθαι εἰς* (sscr. *ἐν*) **p**^{r} ‖ **328** *εὐναῖος*] *ἐνναῖος* **p**^{q}**p**^{r} *ἐναῖος* **g**^{b}**g**^{k}**g**^{p}**H** *ἐνέος* **g**^{a} | *δὲ*] *γὰρ* **g**^{k} | *ἔνναιον* **P p**^{p}**p**^{q}: *ἔννεον* **p**^{r} *ἔνναον* cett. ‖ **329–332** om. **p**^{p} ‖ **329** *ἐπαίκλια* **P**: *ἐπαύκλιά* cett. (*ἐπαύκλα τὰ* **H**) | *τραπεζίτην* **H** *δραπετά τις* **p**^{r} ‖ **331** *ἐπώμεον* **P** ‖ **334–338** om. **p**^{p} ‖ **334** *ἐδώλια* **p**^{q}**p**^{r}**g**^{a}**g**^{k}**H** ‖ **335** *ἐσχάρα μοι ἐκάλει* **p**^{r} ‖ **336** *πόλιν* **p**^{r} | *ἑτερότοιχον* **P** *ἑτερόστιχον* **p**^{r}**g**^{c} ‖ **337** *ἐντεριόνη* **P** | *ἐντός* **P**: *εὐθές* cett. ‖ **339** *προβάτων*] *ἐρίφων* **p**^{r}

417 ξυρός ἐστιν ὁ κίνδυνος. ἐρικτὰ τὰ σχιστὰ δέ.
336 ἐρίπνη μέρος ὑψηλόν. ἑρσήεντα δροσώδη.
337 Εὔιος ὁ Διόνυσος. ἔφεδρος ὁ κυβεύων.
338 ἐχέγγυος ὁ ἀσφαλής. Ἡ λόγχη δὲ ζιβύνη.
\- κορωνὶς τὸ κεφάλαιον. Ἠλαίνω τὸ μωραίνω.
349 ἡμίοπος μικρὸς αὐλός. ἦτρον ὀμφαλοῦ μέρος.
350 ἠρδαλωμένος ὁ λεπρός. ἤνυστρον δὲ τὸ κῶλον·
351 ἐχῖνος γὰρ καὶ ἤνυστρον καὶ κεκρύφαλος μέρη
352 ὁμοῦ γαστρὸς πεφύκασι, ταῦτα δὴ τρία μόνα.
367 Θώμιγξ σπάρτος καννάβινος. θηβάνης ἄνεμός τις.
368 θυμάλωπες οἱ ἄνθρακες. θίβη κιβώτιόν τι.
369 θρῖα τὰ φύλλα τῆς συκῆς. Ἱμάντωσις ἡ δέσις.
384 κεραία δὲ τὸ πλάγιον πρὸς τὸ ἱστίον ξύλον.
385 ἴκταρ ἐστὶ τὸ σύντομον. ἵππερος ἵππων ἔρως.
Κάμασον τὸ πικούτζουλον. κέπφος εἶδος ὀρνέου.
κηκὰς ἀλώπηξ πέφυκε. καὶ κυφὼν ἡ κυνάγχη.
κίμβιξ ὁ φιλοχρήματος. κνημὸς ὁ τραχὺς τόπος.

340 Synag. 231, 5 = Suda ε 2498 = Hes. ε 5023 ‖ **341** Suda ε 3004; cf. Hes. 5885–5886; Phot. I 210, 12 | Synag. 236, 14 = Suda ε 3084; cf. Hes. ε 6060–6061 ‖ **342** – | Phot. I 234, 19; Suda ε 3850 = Hes. ε 7368 ‖ **343** Synag. 245, 16 = Phot. I 239, 6 = Suda ε 3981 = Hes. ε 7589 | Synag. 247, 3; Suda ζ 97; Hes. ζ 153 ‖ **344** Synag. 282, 5–6 = Suda κ 2108 | Hes. η 306 ‖ **345** Phot. I 261,12 = Hes. η 512 | cf. Synag. 253, 8 = Phot. I 270, 7 = Suda η 636; Hes. η 955 ‖ **346** Synag. 252, 5 = Suda η 485; Hes. η 744 | Hes. η 635; cf. Synag. 251, 16 = Phot. I 264, 9 = Suda η 404 ‖ **347–348** Synag. 251, 17–18 = Suda η 404 = Phot. I 264, 9–10 ‖ **349** Hes. ϑ 1000 | Hes. ϑ 450 ‖ **350** Phot. I 285, 6–7; Suda ϑ 546; Hes. ϑ 861 | Synag. 256, 27; cf. Suda ϑ 382; Hes. ϑ 577 (v. Exod. 2, 3) ‖ **351** Phot. I 283, 6; Suda ϑ 489; Hes. ϑ 741 | Synag. 262, 5 = Suda ι 333 ‖ **352** Suda κ 1393 ‖ **353** Hes. ι 505 | Phot. I 296, 1; Hes. ι 792; cf. Suda ι 528 ‖ **354** – | Synag. 275, 22 = Phot. I 334, 8 = Suda κ 1347 = Hes. κ 2242 ‖ **355** Nicand. Alex. 185; cf. Suda κ 1499; Hes. κ 2482 | Hes. κ 4754 ‖ **356** cf. Synag. 278, 11–12; Phot. I 342, 16–17; Suda κ 1616; Hes. κ 2700 | Hes. κ 3113

340–342 om. **p**^{p} ‖ **340** hic habent **Pp**^{q}**p**^{r}, post vs. 439 cett. (et denuo **p**^{r}) | *ευρός* **P** | *ἐρρικτὰ* **P** *ἐρυκτὰ* **g**^{k} ‖ **341** *μέλος* **P** | *ἐρσήεντα* **p**^{q} ‖ **342** *εὔι* **H** | *Διόνυσος*] *ἀίδιος* **P** | *ἔφεδρος* **P**: *ἔφυδρος* cett. ‖ **344** habent **Pp**^{p}**p**^{q}: om. cett. (alt. pars = 401 b) ‖ **345–346** om. **p**^{p} ‖ **345** *ἡμίοπος* **P**: *ἡμίοτος* cett. (*ἡμίοστος* **p**^{r}) ‖ **346** *ἠρδαλωμένος* **Pg**^{a}: *ἠρδανωμένος* cett. ‖ **347–348** om. **g**^{a} ‖ **347** *κεκρύφαλος*] *κρύφαλος τὰ* **p**^{r} *κρύφαλος* et spat. 2 litt. **g**^{k} ‖ **348** *ταῦτα μόνα τὰ τρία* **p**^{r}**g**^{k} ‖ **349** *θώμιγξ* **Pp**^{p}: *-ιξ* cett. | *κανάβιος* **p**^{r} | *θηβάνης* **Pp**^{p}**g**^{a}: *θήβανις* **p**^{r}**g**^{k} *θηβάνις* cett. ‖ **350** *θυμάλωπες* **Pp**^{p}: *θαμάλωπες* cett. (et ita infra vs. 413 omnes) | *θήβη* **p**^{p}**p**^{q}**g**^{a} ‖ **353–359** om. **p**^{p} ‖ **353** *σύντονον* **p**^{r}**g**^{k} | *ἵππερον* **P**: *ἵππερως* cett. | *ἔρως*] *δρόμος* **p**^{q} ‖ **354** *καμάσον* **H** | *κουπίτζουλον* **p**^{r} | *κέπφος* **Pp**^{r}, **p**^{q} p. c.: *κέμφος* cett. (*κένφος* **g**^{k}) ‖ **355** *κηκὰς* **P**: *κηλὰς* cett. ‖ **356** *κίμμιξ* **p**^{q} *κίμβλιξ* **p**^{r} | *κνιμὸς* **P** *κνησμὸς* **p**^{q} *κνυσμὸς* **p**^{r}

καλχαίνειν τὸ ταράττεσθαι. κωμαίνειν τὸ νυστάζειν.
κυρίβια ἐρείγματα τὰ ἀπὸ τῶν κυάμων. 390
κυνοῦχος τὸ βαλάντιον. κύρβεις ἄξονες νόμων.
κορκορυγὴ ὁ θόρυβος. ὁ δόλιος δὲ κέρκωψ.
κλάρια δὲ τὰ ψέλια. κιχλισμὸς λεπτὸς γέλως.
κρητίζει μὲν τὸ ψεύδεται. κόβαλος δ' ὁ πανοῦργος.
κορδακισμὸς ἡ ὄρχησις. κωμάζει κῶμον ᾄδει. 395
Λάγανον τὸ καπύριον. λορδὸν συγκεκαμμένον. 403
λυκάβας ὁ ἐνιαυτός. ἡ ἅμαξα λαπίνη. 404
Μαγὰς σανὶς τετράγωνος. μαιμάσσειν δὲ τὸ σφύζειν. 409
μύρτα μυρρίνης ὁ καρπός. ὁ δὲ ποιμὴν μηλάτης. 410
μήρυμα νῆμα, κάταγμα. φωλεὸς μυωξία. 411
μονόζωνος ὁ μάχιμος. μαμωνᾶς δὲ ὁ πλοῦτος. 412
Κουρεῖς οἱ τῶν προβάτων δὲ νακοτιλταὶ καλοῦνται. 347
Ξυστὶς τὸ περιβόλαιον. Ὁ ληστὴς ὁδοιδόκος. 418

357 Hes. *κ* 550; cf. Phot. I 309,13 | Hes. *κ* 4829 ‖ **358** Phot. I 360,14; Suda *κ* 2753 ‖ **359** Phot. I 359,11 = Hes. *κ* 4618 | Phot. I 360,1; Suda *κ* 2744; Hes. *κ* 4664 ‖ **360** Synag. 281,24; Suda *κ* 2095; Hes. *κ* 3639 | Synag. 276,22; Phot. I 336,6; Suda *κ* 1410; Hes. *κ* 2340 ‖ **361** Hes. *κ* 2863; cf. Hes. *κ* 2871 | Synag. 278,20; Phot. I 344,2; Suda *κ* 1695 ‖ **362** Synag. 283,17; Phot. I 351,22; Suda *κ* 2407; Hes. *κ* 4086 | Synag. 280,7 = Phot. I 349,14 = Suda *κ* 1897 = Hes. *κ* 3177 ‖ **363** Suda *κ* 2071; cf. Synag. 281,17; Hes. *κ* 3593 | Synag. 286,18 = Phot. I 365,7 = Suda *κ* 2252 = Hes. *κ* 4827 ‖ **364** Synag. 287,8; Phot. I 368,18 = Suda *λ* 12 = Hes. *λ* 36 | Synag. 292,17 = Phot. I 394,5 = Suda *λ* 679 = Hes. *λ* 1267 ‖ **365** Synag. 293,7; Suda *λ* 793; Hes. *λ* 1365 ‖ **366** Synag. 294,1; Phot. I 401,1; Suda *μ* 6; Hes. *μ* 8 | Synag. 294,12 = Suda *μ* 325; Hes. *μ* 78 ‖ **367** Synag. 304,27 = Phot. I 432,20 = Suda *μ* 1457 = Hes. *μ* 1921 | Hes. *μ* 1183 ‖ **368** Synag. 301,11 = Phot. I 422,8 = Suda *μ* 981 | Synag. 305,12–13 = Phot. I 435,5 = Suda *μ* 1427; cf. Hes. *μ* 2014 ‖ **369** Synag. 303,8 = Suda *μ* 1225; Hes. *μ* 1618 | Synag. 295,9 = Suda *μ* 128 ‖ **370** Synag. 306,4 = Phot. I 436,19 = Suda *ν* 22 ‖ **371** Phot. I 457,20 = Suda *ξ* 167; cf. Synag. 311,24–25; Hes. *ξ* 196 | Synag. 312,19 = Phot. II 3,5 = Suda *ο* 54 = Hes. *ο* 102

357 *κοχλαίνειν* $\mathbf{p}^{r}$ | *κυμαίνειν* $\mathbf{p}^{q}$ ‖ **358** *κηρίβια* $\mathbf{p}^{q}$ | *ἐρρήγματα* **P** *ἐρήγματα* $\mathbf{p}^{q}$ *ἐρίγματα* $\mathbf{p}^{r}\mathbf{g}^{k}$ ‖ **359** *κυνοῦχος* **P**: *κενοῦχος* cett. ‖ **360** *κορκορυγὸς* **H** | *κέκροψ* $\mathbf{p}^{p}\mathbf{p}^{r}\mathbf{g}^{k}$ ‖ **361** *κλαρία* $\mathbf{p}^{p}$ | *δὲ* om. $\mathbf{p}^{q}$ | *ψέλια* $\mathbf{p}^{r}$: *-λλ-* cett. | *κικλισμὸς* **H** | *λεπτὸς* $\mathbf{P}\mathbf{p}^{q}$: *λεπὸς* $\mathbf{p}^{p}$ *μικρὸς* cett. ‖ **362–366** om. $\mathbf{p}^{p}$ ‖ **362** *κρητίζει* **P**: *-ειν* cett. | *μὲν τὸ*] *τὸ μὴ* **H** | *ψεύδεται* **P**: *-σθαι* cett. | *κόλαβος* $\mathbf{p}^{r}\mathbf{g}^{k}\mathbf{g}^{a}$ | *δ' ὁ*] *δὲ* $\mathbf{p}^{r}$ ‖ **363** *κωμάζειν … ᾄδειν* **H** ‖ **364** *λάγονον* $\mathbf{g}^{b}$ | *λορδὸν* $\mathbf{P}\mathbf{p}^{q}$: *λοργὸν* cett. | *συγκεκαμμένον* **P**: *συγκεκαυμένον* cett. ‖ **365** *ἡ* $\mathbf{P}\mathbf{p}^{q}$: *ἡ δ'* cett. | *λαπίνη* **P**: *δ' ἀπήνη* $\mathbf{p}^{q}$: *ἀπήνη* cett. ‖ **366** *τὸν* $\mathbf{g}^{a}$ ‖ **367** *μυρρίνης* **P**: *-ρ-* cett. ‖ **368** om. $\mathbf{p}^{p}$ | *μήρυγμα* **H** ‖ **369** *μονύζωνος* $\mathbf{p}^{r}$ ‖ **370** hic habent $\mathbf{P}\mathbf{p}^{p}\mathbf{p}^{q}$: post 398 cett. | *ναυκουτιλταὶ* $\mathbf{g}^{b}\mathbf{g}^{c}\mathbf{g}^{p}\mathbf{H}$ *μακουλτισταὶ* $\mathbf{g}^{a}$ ‖ **371** *ξυστὴς* $\mathbf{g}^{a}$ | *ληστὴς* $\mathbf{P}\mathbf{p}^{p}$: *ληστὴς δ'* cett. | *ὁδηδόκος* $\mathbf{p}^{r}$

419 *οἰσυπηρὸς ὁ ῥυπαρός, οἰσύπη γὰρ ὁ ῥύπος.*
420 *οἴδακες τὰ μὴ πέπειρα ἀκρόδρυα τῶν δένδρων.*
421 *γυναῖκα δὲ τὴν φίλοινον οἰνοκάχλαιναν λέγε.*
423 *Πλούμβατον τὸ μολίβδιον. τὸ σήπομαι πλαδόω.*
424 *τὰ τῶν ποδῶν εἰλήματα ὀνόμαζε ποδεῖα.*
425 *πρυτανεῖον τὸ νόμισμα, ὁ τόπος δὲ πολλάκις.*
ποταίνιον τὸ πρόσφατον. πυρὴν ὀστοῦν ἐλαίας.
προύνικος ὁ εὐκίνητος. πέριλος τὸ αἰδοῖον.
ὁ κύριος τοῦ ἅρματος καλεῖται παραιβάτης.
περίτταινος ὁ περιττῶς αἰνούμενος εἰς κάλλος.
430 *Ῥαικὸς ὁ Ἕλλην λέγεται. ῥῶπος ποικίλος φόρτος.*
431 *ῥάδαμνος κλάδος καὶ βλαστός. Σκυτόμος λωροτόμος.*
456 *στόρθυξ ἡ ἐπιδορατίς. σχαδόνες τὰ κηρία.*
σκυτάλη τὸ φραγγέλιον. στίβη ψῦχος καὶ πάχνη.
στραγγαλίδες τὰ δύσλυτα. Τορεύειν δὲ τὸ γλύφειν.
τηλαύγημα λέπρας ἀρχή. τευτάζειν τὸ πλανᾶσθαι.

372 Synag. 315, 14 = Phot. II 9, 6 = Suda *οι* 186; cf. Hes. *ο* 421 | Synag. 315, 13 = Phot. II 9, 5 = Suda *οι* 185 ‖ **373** Suda *οι* 23 ‖ **374** cf. Theopomp. Com. fr. 78 Kock ‖ **375** cf. Suda *π* 1792 | – ‖ **376** Phot. II 95, 8 = Hes. *π* 2667 ‖ **377** cf. Suda *π* 2997; 2999; Hes. *π* 4127–4128 ‖ **378** Phot. II 101, 6 = Hes. *π* 3116 | Hes. *π* 4417 ‖ **379** Synag. 353, 1 = Phot. II 116, 5 = Suda *π* 2904; cf. Hes. *π* 4034 | cf. Hes. *π* 1763 ‖ **380** Hes. *π* 512 ‖ **382** Hes. *ρ* 58; cf. Suda *ρ* 76 | Synag. 360, 17–20 = Phot. II 138, 8–9 = Suda *ρ* 261; Hes. *ρ* 584 ‖ **383** Synag. 357, 18; Suda *ρ* 14; Hes. *ρ* 16 | Synag. 367, 17 = Phot. II 167, 19 = Suda *σ* 727 = Hes. *σ* 1203 ‖ **384** Synag. 371, 15 = Suda *σ* 1144; cf. Phot. II 178, 23 = Hes. *σ* 1934 | Synag. 378, 9–11 = Suda *σ* 1765 = Hes. *σ* 2949 ‖ **385** Synag. 366, 32 = Suda *σ* 717; cf. Phot. II 193, 19 = Hes. *σ* 1190 | Hes. *σ* 1846; cf. Suda *σ* 1099 ‖ **386** Phot. II 179, 4 = Suda *σ* 1157 | Synag. 389, 9; Phot. II 220, 13 = Suda *τ* 789; cf. Hes. *τ* 1168 ‖ **387** Synag. 386, 23 = Suda *τ* 482 = Hes. *τ* 754 | Hes. *τ* 703

372–374 om. **p**^{p} ‖ **372** *ὑσήπυρος* **P** *ὑσοίπηρος* **p**^{q} *οἰσηπηρὸς* **g**^{a} *οἰσυτηρὸς* **H** | *ὑσοίπη* **Pp**^{q} ‖ **374** *οἰνοκάχλαιναν* **Pp**^{q}**H**: *οἰνοκάγχαιναν* **p**^{r} *οἰνοκάγχλαιναν* cett. ‖ **375** *πλούμβατον* **Pp**^{p}: *πλούμιτον* **p**^{q} *πλούμματον* cett. (*-μ-* **H**) | *μολύβδιον* **p**^{p}**p**^{r}**g**^{k}: *μολίβιον* **p**^{q} *μολιβίδιον* **H** | *σήπεσθαι* **p**^{q} | *πλαδίω* **P** ‖ **376–384** om. **p**^{p} ‖ **376** *εἰλήμματα* **p**^{r}**g**^{k} *οἰδήματα* **p**^{q} | *ποδία* **p**^{r}**g**^{k} ‖ **377** *πρυτάνιον* **P** ‖ **378** *ποτένιον* **P** *ποταίνειον* **p**^{q} | *πυρρὴν* **P** ‖ **379** *προύνιτος* **p**^{q} | *ἀκίνητος* **p**^{q} | *πειρὴν δὲ* **p**^{q} (cf. 473) ‖ **381** *περίτατος* **p**^{q} *περίπταινος* **p**^{r} | *περιττὸς* **p**^{r} ‖ **382** *ῥεκὸς* **p**^{q} ‖ **384** *στόρθυξ* **p**^{q}: *-ηξ* **Pp**^{r}**g**^{k} *-ηρ* **g**^{a}**g**^{c}**g**^{p}**H** *-η* **g**^{b}, Hes. | *σχαδόνες* **P**: *χάδονες* **p**^{q} *σχάδονος* **p**^{r} *σχάδονες* cett. ‖ **385** *φραγγέλιον* **Pp**^{r}**H**: *φραγέλλιον* **p**^{p} *φραγέλιον* **p**^{q} *φραγγέλλιον* cett. | *στύβη* **Pp**^{p} | *πλάνη* **H** ‖ **386** *στραγγαλίδες* **p**^{p}**g**^{b}**g**^{c}**g**^{p}: *στρογγαλίδες* **P** *σταγγαλίδες* **p**^{q} a. c. *στραγγάλιδες* **p**^{r}**g**^{k}**g**^{a} *στραγγαλώδη* (*-η* p. c.) **H** | *δύσλυτα* **p**^{p}**p**^{q} (Phot., Suda): *δύσληπτα* cett. ‖ **387–423** om. **p**^{p} ‖ **387** *τηλαύγησμα* **H** | *στευτάζειν* **H**

τυπὰς ἡ σφύρα πέφυκε. τυμβὰς ἡ φαρμακὶς δέ. 460
τετύφωται τὸ μέμηνε. τριγχὸς δὲ τὸ τειχίον. 461
Ὑπερμαζᾶν δὲ τὸ πλουτεῖν. ὑδατίδες σταγόνες. 462
Φάτνωμα τὸ σανίδωμα. φοίδερα αἱ συνθῆκαι. 468
Χελιδωνὶς τὸ πάτημα τὸ κάτω τῆς εἰσόδου. 478
Ψαίρειν τὸ ψαύειν, τὸ κινεῖν. ψεφαῖον τὸ σκοτῶδες. 479
Ὁ δὲ ἀγκὼν ὠλέκρανον. ὡραῖος ὁ ἀκμαῖος. 480
Ζάγκλον ἐστὶ τὸ δρέπανον. ζάκορος νεωκόρος. 343
ζατρεύειν τὸ ἐν μύλωνι κυρίως βασανίζειν· 344
τὸ δὲ βασανιστήριον ὀνόμαζε ζητρεῖον. 345
ζευγίσιον τὸ τέλεσμα τυγχάνει τοῦ ζευγίτου. 346
Ἡγητορία πέφυκε τῶν σύκων ἡ παλάθη. 353
καὶ ἧια τὰ βρώματα. ἠίθεος ὁ νέος. 354
ἥκιστος ὁ μικρότατος. ἠλαίνω τὸ μωραίνω. 355
ἠλέματος ὁ μάταιος. Ἠλέκτραι Θηβῶν πύλαι.
τὴν ἐκ πολλῶν συναγωγὴν καλοῦσιν ἡλιαίαν.
ἠλίβατον τὸ ὑψηλόν. ἠλύγη ἡ σκοτία.
τὸ καθ' ἑκάστην ἀριθμεῖν ἡμερόλεκτον κάλει.
τὸ δὲ ἡμιδιπλοίδιον ἔσθημα γυναικεῖον. 360

388 Hes. *τ* 1650 | Hes. *τ* 1631 ‖ **389** Synag. 385,29 = Phot. II 209,13 = Suda *τ* 421 = Hes. *τ* 680 | Synag. 390,3 = Phot. II 224,11 = Suda *τ* 966 = Hes. *τ* 1371 ‖ **390** Synag. 396,8 = Phot. II 242,10 = Suda *υ* 321 | Synag. 393,10 = Phot. II 236,15 = Suda *υ* 39 = Hes. *υ* 55 ‖ **391** Synag. 404,12 = Phot. II 258,4 = Suda *φ* 133 = Hes. *φ* 226 | – ‖ **392** cf. Hes. *χ* 345 ‖ **393** cf. Suda *ψ* 34; Hes. *ψ* 24 | cf. Hes. *ψ* 136–137 ‖ **394** Synag. 421,9 = Suda *ω* 63 = Hes. *ω* 150 | Hes. *ω* 284 ‖ **395** cf. Hes. *ζ* 7 | Phot. I 244,1 = Suda *ζ* 9; cf. Hes. *ζ* 27 ‖ **397** cf. Phot. I 248,2 = Suda *ζ* 94; Hes. *ζ* 150 ‖ **398** Phot. I 246,3; Suda *ζ* 32; Hes. *ζ* 120 ‖ **399** Phot. I 253,7; Hes. *η* 68 ‖ **400** Phot. I 256,7–8; Hes. *η* 247 | Hes. *η* 252 ‖ **401** Suda *η* 175; Hes. *η* 298 | Hes. *η* 306 ‖ **402** Suda *η* 203; Hes. *η* 338 | cf. Suda *η* 198 ‖ **403** cf. Phot. I 258,6; Suda *η* 218–219; Hes. *η* 350 ‖ **404** Synag. 250,8 = Phot. I 258,8; Hes. *η* 52–53 | Phot. I 259,2; Suda *η* 270; Hes. *η* 390 ‖ **405** cf. Phot. I 260,13; Suda *η* 308 ‖ **406** Phot. I 260,17; Suda *η* 325; Hes. *η* 491

388 *δέ* **Pp**^{q}, **g**^{k}: *τε* cett. (sscr. **g**^{k}) ‖ **389** *μέμονε* **p**^{r}**g**^{k} | *τριγχὸς* **P**: *τριγκὸς* **g**^{a} *θριγκὴς* **H** *θριγμὸς* **p**^{r} *θριγκὸς* cett. ‖ **390** *ὑπερμαζᾶ … πλουτεῖ* **p**^{q} ‖ **391** post 485 trp. **p**^{r} | *φοίδερα* **p**^{q}: *φύδερα* **P** *φόδερα* cett. ‖ **392** *χελιδωΐς* **p**^{r} (?) **g**^{k} (leg. *χελωνὶς δὲ*) ‖ **393** *τὸ*^{2} **Pp**^{q}**g**^{a}**g**^{b}**g**^{p}**H**: *καὶ* cett. | *ψεφεὸν* **p**^{q} ‖ **395** *ζάγκλον* **P**: *ζάκλον* cett. ‖ **396** *ζατρεύει* **p**^{r} *λατρεύειν* **p**^{q} ‖ **398** *ζευγίσιον* **P**: *-ήσιον* cett. ‖ **399** *ἡγητορεία* **P** *ἡγηπορία* **p**^{q} | *συκῶν* **p**^{r} ‖ **400** *καὶ ἧια*] *ἦιά τε* **p**^{r} | *ἠίσθεος* **g**^{p} ‖ **401–402** om. **p**^{q} ‖ **402** *ἡλαίματος* **Pp**^{r}**g**^{k} | *ἡλέτραι* **p**^{r} ‖ **403** *πολλοῦ* **p**^{r} ‖ **404** *ἠλύγη* **PH**: *ἠλυγὴ* cett. ‖ **406** *ἡμιδιπλοίδιον* **g**^{p} p. c.: *ἡμιδιπλοΐδιον* **P** *ἡμιδιπλόδιον* **p**^{q} *ἡμιδιπλίδιον* **g**^{b}**g**^{c}**g**^{p} a. c. *ἡμιδιπαίδιον* **g**^{a} *ἡμιλιπλίδιον* **p**^{r}**g**^{k}

τὸ δίκροσσον ἐξύφασμα ἡμιτύβιον λέγε.
ἡμιδαὴς ἡμίφλεκτος. ἡνία δὲ τὰ λῶρα.
ἦνις ὁ ἐνιαύσιος. ἀνδρεία ἠνορέα.
Ἤπυτον ὄρος Θρᾳκικόν. ἠπύτης ὁ κεκράκτης.
365 *ἦτρον τὸ ὑπομφάλιον. ἤτριον ἔνδυμά τι.*
370 *Θαιροὺς δὲ κατονόμαζε τῶν θυρῶν τοὺς στροφέας.*
θαμάλωπες ἡμίφλεκτοι. θεόφιν θεοῖς ἴσος.
τὸ ὑπὸ σκώληκος βρωθὲν θριπηδέστατον λέγε.
θωμοὶ σπερμάτων οἱ σωροί. θωμίζω τὸ κεντρίζω.
Ἴακχος ὁ Διόνυσος. ἰάλεμος ὁ θρῆνος.
375 *ἴθματα τὰ βαδίσματα. ἴθρις ὁ ἐκτομίας.*
ἰλλόμενος δεσμούμενος. ἰλίζειν διανεύειν.
ἱμαῖος ἐπιμύλιος ᾠδή πως καλουμένη.
ἴξαλος ὁ ὁρμητικός. ἶνις υἱὸς ὁ νέος.
ἶπος ἡ τῶν μυῶν παγίς. Ἴσμαρος Θρᾴκης πόλις.
380 *ἰωκὴ μὲν ἡ δίωξις. ἰωχμὸς δὲ ὁ κλόνος.*
401 *Καλλύντρω τὸ φιλοκαλῶ. ὁ πάσσαλος δὲ κάμαξ.*
381 *καρβάν ἐστιν ὁ βάρβαρος. ἡ μάκτρα δὲ καρδόπη.*

407 Phot. I 261, 13 = Suda *η* 353; Hes. *η* 527 ‖ **408** Synag. 251, 1; Suda *η* 323; Hes. *η* 487 | Synag. 251, 15 = Phot. I 264, 4 = Suda *η* 387; Hes. *η* 594 ‖ **409** Suda *η* 394; Hes. *η* 608 | Hes. *η* 613 ‖ **411** Synag. 253, 8 = Phot. I 270, 7 = Suda *η* 636 = Hes. *η* 955 | Phot. I 270, 3; Suda *η* 634; Hes. *η* 956 ‖ **412** Synag. 253, 19; Suda *ϑ* 77; cf. Hes. *ϑ* 12 ‖ **413** Phot. I 285, 6–7 = Suda *ϑ* 547; cf. Hes. *ϑ* 861–862 | Suda *ϑ* 319 ‖ **414** Suda *ϑ* 503; cf. Phot. I 284, 2; Hes. *ϑ* 765 ‖ **415** Phot. I 287, 1; cf. Suda *ϑ* 429; Hes. *ϑ* 1005 | Phot. I 287, 2; Suda *ϑ* 427; Hes. *ϑ* 1002 ‖ **416** Synag. 259, 13; Phot. I 288, 1; Suda *ι* 16; Hes. *ι* 23 | Synag. 259, 15; Phot. I 287, 14; Suda *ι* 17; Hes. *ι* 30 ‖ **417** Synag. 260, 32 = Suda *ι* 240; Hes. *ι* 396 | Suda *ι* 242; Hes. *ι* 400 ‖ **418** Suda *ι* 322 | Suda *ι* 319 ‖ **419** Phot. I 293, 13 = Suda *ι* 344; Hes. *ι* 600 ‖ **420** Synag. 262, 18; Phot. I 294, 12 = Suda *ι* 387; Hes. *ι* 706 | Suda *ι* 379; Hes. *ι* 681 ‖ **421** Hes. *ι* 75 | Hes. *ι* 944; cf. Suda *ι* 645 ‖ **422** Synag. 265, 5; Suda *ι* 481; Hes. *ι* 1187 | cf. Suda *ι* 512; Hes. *ι* 1208 ‖ **423** – | Synag. 267, 15 = Phot. I 310, 4 = Suda *κ* 274 ‖ **424** cf. Phot. I 312, 11 = Hes. *κ* 80–81; Hes. *κ* 83 | Synag. 267, 30 = Phot. I 313, 8 = Suda *κ* 372; cf. Hes. *κ* 803

407 *δίκροσον* $\mathbf{p}^{q}$ | *ἡμιτύμβιον* $\mathbf{g}^{a}\mathbf{g}^{k}$ *ἡμιτίμβιον* $\mathbf{p}^{r}$ ‖ **409–413** om. $\mathbf{p}^{q}$ ‖ **409** *ἀνδρεῖον* $\mathbf{g}^{a}\mathbf{g}^{b}\mathbf{g}^{c}\mathbf{g}^{p}$ ‖ **410** *ἤπιτον* $\mathbf{p}^{r}\mathbf{g}^{a}\mathbf{g}^{k}$ | *κεκράτης* $\mathbf{g}^{k}$ *κεράτης* $\mathbf{p}^{r}$ *κεκράκτη* $\mathbf{g}^{c}$ ‖ **411** om. $\mathbf{p}^{r}$ ‖ **413** *θυμάλωπες* Phot. Suda Hes. (cf. supra vs. 350) | *ἴσως* **P** ‖ **414** om. **P** ‖ **415** *θωμαί* $\mathbf{p}^{r}$ ‖ **416** *ἴακχος* **P**: *ἴαγχος* $\mathbf{p}^{r}\mathbf{g}^{b}\mathbf{g}^{c}\mathbf{g}^{k}\mathbf{g}^{p}$**H** *ἴαχος* $\mathbf{p}^{q}\mathbf{g}^{a}$ ‖ **417** *ἴσθματα* **P**$\mathbf{p}^{r}\mathbf{g}^{k}$ | *ἴθρης* **P** ‖ **418** *ἰλλόμενος* **P**$\mathbf{p}^{q}$: *ἰλλήμενος* cett. | *ἰλίζειν* **P**: *ἰλλ-* cett. | *διανεύειν* et Suda: *τὸ δινεύειν* **P** ‖ **419–422** om. $\mathbf{p}^{q}$ ‖ **419** *ὡδ᾽ ὅπως* $\mathbf{p}^{r}$ *ὡδί πως* $\mathbf{g}^{b}\mathbf{g}^{c}\mathbf{g}^{p}$**H**, (*ᾠ-*) $\mathbf{g}^{k}$ ‖ **420** *ἴνης* **P** ‖ **421** *ἰ-* **P**: *ἵππος* cett. ‖ **422** *καὶ ἰοχμὸς* $\mathbf{g}^{a}$ (om. *δὲ*) | *ἰοχμὸς* **P**$\mathbf{p}^{r}\mathbf{g}^{a}\mathbf{g}^{k}$ | *κρόνος* (?) $\mathbf{p}^{r}$ ‖ **423** *καλλύντρω* $\mathbf{g}^{a}$: *-λ-* cett. ‖ **424** om. $\mathbf{p}^{q}$ | *κροβάν* $\mathbf{p}^{r}$ | *ἡμακτρὰ* $\mathbf{p}^{p}$ *ἰμάκτρα* **P** | *καρβώπη* $\mathbf{p}^{p}$

κάσσας καὶ κασσωρίδας δὲ ὀνόμαζε τὰς πόρνας. –
καταῖτυξ περικεφαλαία δὲ μὴ ἔχουσα τὸν λόφον. 483
κεγχρίνης εἶδος ὄφεως. κέραιρε δὲ τὸ κίρνα. 382
κοάλεμος μὲν ὁ μωρός. κόβαλος ὁ ληστεύων. 383
κνώδαλα τὰ θαλάσσια ὀνομάζονται ζῷα. 396
κολλούριον ἄρτος μικρός. κομψὸς δὲ ὁ πανοῦργος. 397
κυρηβάσει μαχήσεται. Κύρητα ἡ Δημήτηρ. 398
  Λευρὸν τὸ λεῖον καὶ πλατύ. λήδιον ἔσθημά τι. 405
λειρόφθαλμος, εἰ δίφθογγον, τὸν προσηνῆ σημαίνει, 406
εἰ δὲ ἰῶτα γράφουσι, τὸν ἀναίσχυντον κάλει. 407
λέπεδνα ἱμαντόδετα. τὰ χέρνιβα δὲ λέβης. 408
  Μαζονομεῖον ἄγγος τι ἐν ᾧ φυρᾶται μᾶζα. 413
μαργίτης ὁ ἀνόητος. μακοᾶν τὸ μωραίνειν. 414
τὸ μεταξὺ δὲ τῶν μαζῶν μεταμάζιον κάλει. 415
  Νάκος δέρμα τὸ αἴγειον. νασμὸς ὁ μέγας ὄμβρος. 416
  Οἶνος δὲ Βίβλινός ἐστιν ὁ βλύζων ἐκ τῆς Θρᾴκης. 422
ἄλφιτα δὲ προκώνια τὰ ἐκ κριθῶν ἀφρύκτων, 481
ἄλφιτα δὲ προταίνια τὰ πρόσφατα τὴν φύσιν. 482
ἔτνος δὲ ῥόφημά ἐστιν ἐξ ἀλεύρων παντοίων. 339
ἱππάκη τυρὸς ἵππειος, τρύφαλος τυροῦ τμῆμα. –

425 cf. Suda *κ* 459; Hes. *κ* 1002 ‖ **426** Synag. 269,23 = Suda *κ* 901; cf. Hes. *κ* 1139 ‖ **427** Suda *κ* 1223 | Suda *κ* 1394; Hes. *κ* 2256 ‖ **428** Suda *κ* 1894; Hes. *κ* 3168 | Suda *κ* 1897; cf. Synag. 280,7; Hes. *κ* 3177 ‖ **429** Synag. 279,29–30 = Phot. I 348,17; Suda *κ* 1881; Hes. *κ* 3156 ‖ **430** cf. Suda *κ* 1954; Hes. *κ* 3345 | Synag. 281,10; Suda *κ* 2025; Hes. *κ* 3483 ‖ **431** Suda *κ* 2751; cf. Phot. I 360,11 = 361,3 | – ‖ **432** cf. Hes. *λ* 748 | Synag. 290,1 = Phot. I 384,1 = Suda *λ* 408; Hes. *λ* 803; 821 ‖ **433–434** Suda *λ* 396; 596 ‖ **435** Synag. 289,16 = Suda *λ* 282; cf. Hes. *λ* 658 | cf. Hes. *λ* 484 ‖ **436** Phot. I 402,2; Suda *μ* 38 ‖ **437** Suda *μ* 185; Hes. *μ* 267; 269; 271 | Phot. I 402,19 = Hes. *μ* 125; cf. Suda *μ* 68 ‖ **438** Hes. *μ* 1017 ‖ **439** Synag. 306,3 = Phot. I 436,18 = Suda *ν* 17; cf. Hes. *ν* 44 | cf. Hes. *ν* 99,101 ‖ **440** Psell. Voc. med. 241,11 ‖ **441** ibid. 238,14–15 (Phot. II 108,18–19) ‖ **444** 241,12 (cf. Phot. I 295,6)

425 habent **Pp**^{q}: om. cett. ‖ **426–428** om. **p**^{p}**p**^{q} ‖ **426** habet **P**: om. cett.; metro peccat, sed ita Synag., Suda ‖ **427** *κιγχρίνης* **P** | *κέραινε* **p**^{r} ‖ **428** *κόμαλος* **P** | *ὁ*^{2} **P**: *δ' ὁ* cett. ‖ **430–436** om. **p**^{p} ‖ **430–432** om. **p**^{q} ‖ **430** *κουλλούριον* **g**^{a} ‖ **431** *κυρυβάσει* **p**^{r} *κυρηβάσεις* **g**^{c} *-σε* **H** ‖ **432** *λεβρὸν* **P** | *λύδιον* **p**^{r} ‖ **433** *λειρόφθαλμος*] *ι* sscr. **p**^{q}**g**^{b}**g**^{k}**g**^{p}, **g**^{c} (qui *-ον*) *λιρ-* **H** | *ἡδύφθογγος* **p**^{r} ‖ **434** *δ'* **p**^{q} | *γράφωσι* **p**^{r} p. c., **g**^{k} *γράφεις* **p**^{q} ‖ **435–438** om. **p**^{q} ‖ **435** *λέπεδα* **H** (scr. *λέπαδνα*) | *ἱμαντόδεκτα* **p**^{r} ‖ **436** *τί* **p**^{r}**g**^{k}: *τὲ* **g**^{a}**g**^{b}**g**^{c}**g**^{p}**H** *δε* **P** ‖ **437** *μακκοᾶν* **P** *μακωᾶν* **p**^{r} *-ὰν* **p**^{p} ‖ **438** om. **p**^{p} ‖ **440** *βύβλινος* **p**^{r} ‖ **441–444** om. **p**^{p} ‖ **441** habent **Pp**^{r}**g**^{k} | *δὲ*] *τὰ* **p**^{r} | *πρωκόνια* **g**^{k} *προκόμια* **p**^{r} ‖ **442** solus habet **P** ‖ **443** om. **p**^{p} ‖ **444–461** om. **p**^{q} ‖ **444–448** solus habet **P** (445 etiam **p**^{p})

- ὀρρὸς τὸ γάλα πέφυκε, τάμισσος ἡ πιτύα.
- ὁ μυττωτὸς ὑπότριμμα ἐκ τυροῦ καὶ σκορόδων.
- τὰ ὄστρεα δὲ τήθεα. φιρήνη δὲ τὸ δέρμα.
399 κογχύλια τὰ ὄστρεα. ὦχρος εἶδος ὀσπρίου,
400 ὡσαύτως δὲ καὶ βέλεκος, ἐοικὼς τοῖς λαθύροις.
402 ἀτέρεμνα ἀνέψητα, οἷα τὰ κερασβόλα.
432 Διὸς βαλάνους λέγουσι τὰ κάρυα οἱ πλείους·
433 καὶ πιτύινα πέφυκεν ὁ καρπὸς τῆς πιτύας.
434 κόκαλον δὲ ὁ στρόβιλος· τὸ δὲ κρόμμυον γῆθυ.
435 αἱ τῶν σκορόδων κεφαλαὶ μώλυζαι γέλγιθές τε.
366 ἡ μίνθη τὸ ἡδύοσμον· ἄρινον δὲ τὸ νάπυ.
348 ἡ σίδη τὸ ῥοΐδιον· συκάμινα δὲ μόρα.
436 ὁ πέπων δέ γε σικυός· ὁ δὲ βρυτὸς πόμά τι.
ἡ φύστη εἶδος πέφυκε μάζης ὑδατουμένης.
ὑπότριμμα βαρβαρικὸν κάλει τὴν ἀβυρτάκην·
καὶ σίραιον τὸ ἕψημα· πικαίριον τὴν ῥίζαν.
440 τὸ δὲ μαλάξαι λέγουσι πολλάκις ἀνοργάσαι.
Σκύταν καλεῖ τὴν κεφαλὴν πολλάκις Ἱπποκράτης·
στροφέα δέ γε σπόνδυλον φησί που τὸν ὀδόντα·
καὶ ἀετοὺς ὠνόμασε τὰς φλέβας τῶν κροτάφων·
τὰς δ᾽ ἀρτηρίας εἴρηκεν αὐτὸς οὗτος ἀόρτας·
445 καὶ κέβλην μὲν τὴν κεφαλήν, κύβιτον τὸν ἀγκῶνα,
τὸν θώρακα δὲ κίθαρον, κραντῆρας τοὺς ὀδόντας·

445 cf. Phot. II 199, 18 ‖ **446** Psell. Voc. med. 238, 16–17 (cf. Phot. I 434, 17) ‖ **450** cf. Phot. I 335, 6 ‖ **451** cf. Phot. *δ* 654 ‖ **453** – | Psell. Voc. med. 241, 13 ‖ **454** 241, 14 | 241, 15 (Phot. *γ* 56) ‖ **455** Psell. Voc. med. 238, 19 | 238, 18 (Phot. I 424, 18) ‖ **456** 239, 1 | 239, 2 (Phot. II 183, 15) ‖ **457** – | 239, 3 (Phot. *β* 295) ‖ **459** cf. Phot. *α* 66 ‖ **460** Psell. Voc. med. 239, 4 (cf. Phot. II 156, 12) ‖ **462** 239, 5 ‖ **464** 239, 7 ‖ **465** 239, 7 ‖ **466** 239, 8 | 239, 9 (Phot. I 355, 14) ‖ **467** 239, 10 | 239, 12 (Phot. I 341, 13)

445 *ὀρὸς* **p**^{p} | *τάμισος* **p**^{p} ‖ **448** *κογχύλη τε* **P** | *ὄστρεια* **P** | *ὀσπρέου* **p**^{r} ‖ **449** om. **p**^{p} ‖ **450** *ἀτέρεμνα* **P**: *ἀτέρημνα* **p**^{p} *ἀτέραμνα* cett. ‖ **451–488** om. **p**^{p} ‖ **451** *δρυὸς* **P** | *βαλάνου* **p**^{r} ‖ **452** *πιτυΐνα* **P** ‖ **453** *στρόβηλος* codd. | *τὸ δὲ* **P**: *καὶ τὸ* cett. ‖ **454** *μώλιζαι* **g**^{b} *μόλιζαι* **p**^{r}**g**^{k} *μάλιζαι* **H** | *γέλγιθές* **p**^{r}**g**^{k}: *ἐκλιθές* **P** *γέγλιθές* cett. ‖ **455** *ἤρινον* **p**^{r} *ἄρνιον* **g**^{a}**g**^{b}**g**^{c}**g**^{p} *ἄνιον* **H** | *τὸν ἄπυ* **H** *τὸν ἄνυ* **g**^{a} ‖ **456** *ῥηΐδιον* **p**^{r} ‖ **457** *πέτων* **p**^{r} | *σικυιὸς* **p**^{r}**g**^{a}**g**^{b}**g**^{c}**g**^{p} *συκυιὸς* **H** | *βροτὺς* **P** ‖ **458** *ὑφύστη* **p**^{r} | *ὑδατουμένη* **g**^{a}**g**^{b}**g**^{c}**g**^{p} ‖ **459** *ἀβυρτάκην* **p**^{r}**g**^{k}: *ἀβυρτίκην* **g**^{b}**g**^{c}**H** *ἀβυρτ(΄)κιν* **g**^{a} *ἀβρυτάλην* **P** ‖ **460** om. **g**^{a} | *σίρεον* **p**^{r}**g**^{k} ‖ **461** *ἀνοργάσον* **g**^{k} ‖ **462** *σκύτα* **P p**^{q} ‖ **463** *γε*] *που* **p**^{q} | *που*] *τοῦ* **H** | *ἀδόντα* **p**^{q} ‖ **464** *ὀνόμασαι* **p**^{r} ‖ **465** *ἀόρτας* **p**^{q}**p**^{r}**H**: *ἀόρτρας* **g**^{a}**g**^{b}**g**^{c}**g**^{k}**g**^{p} *ἀορτ* **P** ‖ **466** *κύβιστον* **p**^{r}**g**^{k} | *ἀγώνα* **p**^{r} ‖ **467** *κίνθαρον* **P** *κύθαρον* **p**^{r} | *κρατῆρας* **g**^{a}

τὸ κῶλον δὲ τὸ ἔντερον ἐσχάτην που γαστέρα,
ἔστι δ' ὅπου τὸν τράχηλον στόμαχον τῆς ὑστέρας·
τοῦ δὲ ἐντέρου τὸ λεπτὸν κατονομάζει δέρτρον.
τίτιδας φλέβας λέγουσι τὰς περὶ τὴν καρδίαν· 450
ποτιπτερνίδας δέ φασι τὰς οὔσας ἐν ταῖς πτέρναις·
τὸ δὲ ἀνδρῷον μόριον πειρῆνά που καλοῦσι·
κορώνην δὲ τὸ κόρωνον λέγουσι τοῦ ἀγκῶνος·
ἦτρον τὸν ὑπομφάλιον ὀνομάζουσι τόπον,
ἐπίσιον ἐφήβαιον, θαλάμας δὲ τὰ κοῖλα. 455
ὕπαφρον μὲν τὸ κρύφιον· πέζας τὰ πρὸς τοὺς πόδας· 463
τὰς ἀρτηρίας ἴριγγας· τὰ δὲ ὀστᾶ ῥοώδη. 464
ὑπόξυρον τὸ ἄποξυ. σφάκελος τὸ φλεγμαίνειν 465
καὶ τὴν φθορὰν καὶ νέκρωσιν καὶ κάκωσιν παντοίαν. 466
φωΐδες τὰ φλογίσματα· καταφορὰ δὲ κῶμα. 467
χρόνια δὲ ἀλγήματα τὰ κέδματα τυγχάνει. 471
φλογμός ἐστιν ἡ φλεγμονή· χελύσσειν δὲ τὸ βήσσειν· 469
τινὲς δὲ καὶ τὴν πύρωσιν ὀνομάζουσι φλέγμα. 470
σπάδωνα δὲ τὰ σπάσματα· πάθος δέ τι χυόνην· 472
ἐκχύμωμα παρέκχυσιν· τὴν ἐφελκίδα μύκην. 473
ὑπέρινος κατάξηρος· βληστρισμὸς ἀπορία·
ἔκφυμα τὸ ἐξάνθημα· τὸ βλάπτεσθαι γυιοῦσθαι. 475
Ἄλλα τε πλεῖστα πέφυκεν ὀνόματα σκοταῖα,
ἀλλ' ἀποχρῶντα πέφυκε καὶ ταῦτα, στεφηφόρε.

468 239,13 ‖ **469** cf. 239,16 ‖ **471** cf. 239,18 ‖ **475** 239,21 ‖ **476** 240,1 | 240,2 ‖ **478** 240,4 ‖ **479** 240,5 | 236,8 ‖ **480** 236,8 ‖ **481** – | 240,14 ‖ **482** 241,10 ‖ **483** 240,16 | 240,15 ‖ **484** cf. 240,16 ‖ **485** 240,20 ‖ **486** 240,19 ‖ **487** 241,20 | 241,2 ‖ **488** 241,1

468 *ἔσχατον* $\mathbf{g}^{a}$ | *γαστέραν* **H** ‖ **469** *γαστέρας* $\mathbf{g}^{a}$ ‖ **470** om. $\mathbf{p}^{q}$ | *δέντρον* **H** ‖ **471** *τίτιδας* **P** $\mathbf{g}^{p}$: *τιτίδας* $\mathbf{p}^{q}$ *ἴτιδας* cett. (*δρακοντίδες φλέβες* Psell. Voc. med. 239, 18) | *φλέγας* $\mathbf{p}^{r}$ ‖ **472** *οὔσαις* **H** ‖ **473** *ἀνδρῷον* **P**: *ἀνδρεῖον* cett. | *πειρῆνα* $\mathbf{p}^{q}$: *πιρινά* $\mathbf{p}^{r}\mathbf{g}^{k}$ *πίρινά* cett. ‖ **475** *ἴτρον* **P** | *τὸ* $\mathbf{p}^{r}$ ‖ **476** *ἐφήβαιον* **P**: *τὸ* (*μὲν τὸ* $\mathbf{g}^{k}$) *αἰδοῖον* cett. (*αἰδοῖον μὲν ἐπίσιον* $\mathbf{p}^{r}$) | *τὰ* om. **H** ‖ **477** *πέζαν* $\mathbf{p}^{q}$ | *τὰς* $\mathbf{p}^{r}$ ‖ **478** *εἴριγγας* $\mathbf{p}^{q}$ *ἴρηγγας* $\mathbf{g}^{k}$ ‖ **479** *ὑπόξηρον* $\mathbf{g}^{a}$ *ἀπόξυρον* $\mathbf{p}^{r}$ | *σφάκελον* $\mathbf{p}^{q}\mathbf{p}^{r}$ | *φλεγμαῖνον* $\mathbf{p}^{q}$ ‖ **481** om. $\mathbf{p}^{q}$ | *φωΐδες* **P**: *-ας* cett. | *φλουγίσματα* **H** | *καταφθορὰ* **P** | *κόμα* **P** ‖ **483** *φλουγμὸς* **H** | *ἐστιν*] *δὲ* **H** | *χελύσσειν* $\mathbf{p}^{q}$: *-σ-* cett. | *βήσσειν* Boiss.: *δήσειν* codd. ‖ **484** *φέγμα* $\mathbf{g}^{p}$ ‖ **485** *σπάδονα* $\mathbf{p}^{q}\mathbf{g}^{a}$ | *δέστι* **H** | *χυόνως* $\mathbf{p}^{r}$ ‖ **486** *ἐκχύμωνα* $\mathbf{p}^{q}$ | *ἐφολκίδα* $\mathbf{p}^{q}$ | *μάκην* **P** ‖ **487** *βριτρισμὸς* **P** *βληστρισμὸν* $\mathbf{g}^{b}$ *βλοστρισμὸν* $\mathbf{g}^{c}\mathbf{g}^{p}$ *βλοστρησμὸν* $\mathbf{p}^{q}\mathbf{p}^{r}$ *βλωστρισμὸν* $\mathbf{g}^{a}$ *βλοιστροισμὸν* $\mathbf{g}^{k}$ *βλοστριμὸν* **H** | *ἀπορία* **P**: *-αν* cett. ‖ **488** om. $\mathbf{p}^{q}$ | *ἔκθημα* **P** | *γυοῦσθαι* **P** *ἰοῦσθαι* **H** ‖ **489** *σκοταῖα* **P**$\mathbf{p}^{p}$: *σκυταῖα* cett.

Poema 7. Rhetorica

Michaeli Ducae cum patre regnanti (ca. 1060–1067) inscribit (simul cum Grammatica, quae praecedit) codex **P**; sine dedicatione ceteri.

Est epitome corporis Hermogenei: de statibus (vss. 4–79), de inventione (vss. 80–352), de ideis (vss. 353–217), de methodo (vss. 518–540); ipsum Hermogenem passim sequitur, interpretibus contemporaneis hic illic ut videtur usus, praesertim ubi exempla e Patribus afferuntur (114–121; 167–174; 182–183; 189–197), sed cf. etiam 363–370. Ioannis Siceliotae opus rhetoricum haud ita multo sua aetate anterius vituperat semel et iterum in Theologicis I, Op. 47, 80–89 et 102, 19–23 Gautier.

Τοῦ αὐτοῦ σύνοψις τῆς ῥητορικῆς διὰ στίχων ὁμοίων πρὸς τὸν αὐτὸν βασιλέα

Εἰ μάθοις τῆς ῥητορικῆς τὴν τέχνην, στεφηφόρε,
ἕξεις καὶ λόγου δύναμιν, ἕξεις καὶ γλώττης χάριν,
ἕξεις καὶ πιθανότητα τῶν ἐπιχειρημάτων.
Πολιτικῶν καὶ γάρ ἐστι θεωρὸς ζητημάτων,
πολιτικὸν δὲ ζήτημα κατὰ τὸν τεχνογράφον
ἀμφιβολία λογικὴ καὶ μερικὴ τυγχάνει
ἐκ τῶν παρὰ ταῖς πόλεσιν ἐθῶν καὶ νόμων πλέον
περὶ δικαίων καὶ καλῶν καὶ περὶ συμφερόντων.
εἴδη γὰρ τῆς ῥητορικῆς ταῦτα τὰ τρία μόνα,
δικανικὸν καὶ συμβουλή, καὶ πανήγυρις τρίτον·
καὶ τέλος μὲν δικανικοῦ τὸ δίκαιον τυγχάνει,
τὸ καλὸν πανηγυρικοῦ, συμβουλῆς τὸ συμφέρον.
Τὸ λογικὸν δὲ ζήτημα, δέσποτά μου, τῆς τέχνης
οὐκ ἔστι περατούμενον (τοῦτο γὰρ τὸ τῶν νόμων),
ἀλλ' ἕστηκε ζητούμενον εἰς ἅπαντα τὸν χρόνον.
Οὐκ ἔστι δ' ἰσοδύναμος φύσις τῶν ζητημάτων·
πρόσωπα γὰρ καὶ πράγματα κρείττω καὶ χείρω φέρει.
πολλάκις δ' ἐστὶν ἄχρηστον ἓν ἐκ τῶν δύο τούτων·

7 **5–8** Hermog. De stat. 1 pp. 28, 15–29, 4 ‖ **9–10** Aristot. Rhet. I 3, 1358 b 6–8 ‖ **11–12** ibid. b 20–29 ‖ **16–21** cf. Hermog. De stat. 1 pp. 29, 12–13; 30, 7–9; 17–18

7 **r**^{m} 176^{r}–181^{r} **r**^{v} 194^{r}–203^{v} **P** 186^{v}–188^{v} **W** 111^{v}–132^{v} ‖ ed. Walz 687–703 ‖ tit. sec. **P**: *Τοῦ ψελλ(οῦ) σύνοψις τῆς ῥητορικῆς διὰ στίχων πολιτικῶν: αἱ στάσεις* **r**^{m} *Τοῦ ψελλοῦ σύνοψις τῆς ῥητορικῆς διὰ πολιτικῶν στίχων* **r**^{v} *Περὶ ῥητορικῆς τοῦ ψελλοῦ* **W** ‖ **1** *εἰ* om. **P** | *μάθης* **P** ‖ **2** *λόγων* **r**^{v} | *γλώττης* **r**^{m}**r**^{v}: *λόγου* **PW** ‖ **5** *δὲ*] *τε* **r**^{m} ‖ **8** *περὶ* **r**^{m}**P** ‖ **9** *τὰ τρία ταῦτα* trp. **r**^{m} ‖ **10** *σύμβουλον* **r**^{m} | *πανήγυρις τὸ* (om. *καὶ*) **W** ‖ **12** *συμβούλου* **r**^{m} ‖ **14** *παραιτούμενον* **r**^{v} ‖ **18** *δ'* om. **r**^{v}

καὶ τηνικαῦτα φαίνεται τοῦ ῥήτορος τὸ κράτος,
ὅταν λαμβάνων ζήτημα χαῦνον ἐξ ἑκατέρων
ταῖς λογικαῖς δυνάμεσιν αἴρῃ τε καὶ κρατύνῃ.
εἰσὶ δὲ καὶ κακόπλαστα πολλὰ τῶν προβλημάτων,
ὧν φύσις ἑτερορρεπής, πρὸς δὲ προειλημμένη·
τὰ δὲ καὶ πάντῃ πέφυκεν ἀσύστατα τὴν φύσιν
ὡς ἑτερομερέστατα, ὡς ἄπορα τελείως.
ἐκεῖνα δὲ συνέστηκε, κρίνεται, μελετᾶται,
ὧν κρίσιν καὶ τὸ πρόσωπον λαμβάνει καὶ τὸ πρᾶγμα,
φύεται δ' ἑκατέρωθεν τῶν λόγων πιθανότης.
Εἰσὶ δὲ ταῦτα σύμπαντα, δέσποτα, δεκατρία,
στάσεις ὀνομαζόμενα παρὰ τὸ στασιάζειν
τοὺς ῥήτορας τῷ πιθανῷ τῶν ἐπιχειρημάτων.
Ὧν στοχασμὸς τὸ πρότερον· ὑπάρχει δ' οὗτος, ἄναξ,
ἔλεγχος οὐσιοποιὸς ἐκ φανεροῦ σημείου
ἢ τῆς περὶ τὸ πρόσωπον ἀκριβοῦς ὑποψίας.
Ὅρος ἐστὶ τὸ δεύτερον οὕτως ὠνομασμένος,
ὀνόματός τις ζήτησις πράγματός τινος χάριν.
Τὸ τρίτον δὲ πραγματική, ζητοῦσα τὸ πρακτέον·
ἐντεῦθεν γὰρ ἐδέξατο τὴν κλῆσιν, στεφηφόρε.
Τὸ τέταρτον ἀντίληψις δοκοῦντος ἀνευθύνου
ὡς ὑπευθύνου πράγματος δεινὴ κατηγορία.
Τὸ πέμπτον δ' αὖ ἀντίστασις, ὁ φεύγων γὰρ ἐν ταύτῃ
ὁμολογῶν τὸ ἔγκλημα τὸ προσενηνεγμένον
ἀνθίστησιν εὐτύχημα αὐτόθεν πεπραγμένον.
Εἰ δέ τις φόνον δεδρακὼς ὁμολογῶν τὸν φόνον
ἄξιον φόνου δείκνυσιν αὐτὸν τὸν πεπονθότα,
ἀντέγκλημα συνίστησιν ἀντεγκαλῶν δικαίως.
Εἰ δ' ἄλλῳ περιτίθησιν εὐφυῶς τὴν αἰτίαν,

22 ibid. p. 34, 2 ‖ **23** pp. 33, 28–34, 2 | p. 34, 8–9 ‖ **24–25** p. 32, 10 ‖ **25** p. 33, 3–4 ‖ **26–28** p. 32, 2–8 ‖ **30** p. 35, 17–19 ‖ **32–34** 2 p. 36, 9–12 ‖ **35–36** p. 37, 5–6 ‖ **37–38** p. 38, 4–5 ‖ **39–40** p. 38, 13–15 ‖ **41–43** pp. 38, 21–39, 1 ‖ **44–46** p. 39, 3–5 ‖ **47–49** p. 39, 6–11

20 *λαμβάνω* **r**^{m} | *φαῦλον* **r**^{m} ‖ **21** *αἴρει* **r**^{m}**W** | *κρατύνει* **r**^{m} a. c., **W** ‖ **22** *πολλὰ* **r**^{m}**P**: *τινὰ* **r**^{v}**W** ‖ **23** *ἑτερορεπὴς* **P** ‖ **24** *πάντα* **r**^{m} ‖ **25** *ἑτερομερέστερα* **P** | *τελείως*] *τὴν λύσιν* **P** ‖ **27** *κρίσιν* **r**^{v}**P**: *-ις* **r**^{m} *-εις* **W** ‖ **28** *τῶ λόγω* **r**^{m} ‖ **30** *στάσις* **r**^{m} | *ὀνομαζόμεναι* **W** ‖ **33** *φανερῶν σημείων* **r**^{m} ‖ **34** om. **r**^{v}**W** | *ἀκριβῆς* **r**^{m} ‖ **35** *ὠνομασμένον* **P** ‖ **37** *τὸ*^{2}] *τι* **r**^{v} ‖ **38** *γὰρ*] *δὲ* **r**^{m} ‖ **40** *δεινὴ*] *τινὸς* **W** ‖ **41** *ἐνταῦθ(α)* **P** ‖ **43** *ἀνθίστασις* **r**^{m} ‖ **44** *ὁμολογεῖ* **r**^{m}**r**^{v} ‖ **47** *ἄλλην* **W** | *παρατίθησιν* **r**^{m} | *ἀφυῶς* **r**^{m}

εἰ μέν τι κολαζόμενον, μετάστασις τυγχάνει·
εἰ δ' ἐστὶν ἀτιμώρητον, τὸ ζήτημα συγγνώμη.
Εἰ δὲ συμβάντος πράγματος νόμῳ κολαζομένου
ὁ μὲν τοῦ νόμου τὸ ῥητὸν προβάλλεται δικαίως,
ὁ δὲ τὸν νόμον ἀναιρεῖ σοφῶς ταῖς διανοίαις,
ῥητόν τε καὶ διάνοια τὸ ζήτημα τυγχάνει.
Εἰ δέ τις πρᾶγμα τῷ ῥητῷ προσφυῶς ἀντιξέει,
συλλογισμὸν ἐργάζεται ῥητορικὸν ἐνταῦθα·
παράθεσις οὗτός ἐστι πρὸς ἔγγραφον ἀγράφου.
Εἰ δ' ἔστιν ἀμφισβήτησις νόμων δυοῖν ἢ πλέον
κἂν μὴ πολλῶν τὸ ζήτημα, ἑνὸς δὲ τεμνομένου,
ἀντινομία πέφυκεν ἡ ζήτησις εἰκότως.
Ἀμφιβολία δέ ἐστι ζήτησις προχωροῦσα
ἐκ προσῳδίας τονικῆς ἢ μερισμοῦ ῥημάτων.
Εἰ δ' ἔστιν ἀμφισβήτησις εἰ δεῖ γενέσθαι κρίσιν,
μετάληψις τὸ ζήτημα, ἣν οὕτω διαιρήσεις·
τὸ μὲν γὰρ ταύτης ἔγγραφον, τὸ δ' ἄγραφον τυγχάνει.
παραγραφὴν τὸ ἔγγραφον ὀνόμαζε τελείαν,
ἐκ νόμων ἔχον τὴν ἰσχὺν τοῦ λόγου καὶ τὸ κράτος,
τὸ δ' ἄγραφον οὐ νομικόν, οὐ γὰρ προβάλλει νόμον,
ἀλλ' ἔστι λογικώτερον· καὶ γὰρ αἱ δύο στάσεις,
πραγματική, μετάληψις, ὥσπερ ἡ τέχνη λέγει,
τῶν λογικῶν καὶ νομικῶν μέσαι τυγχάνουσί πως,
οὐχ ὅλαι, τοῖς δὲ μέρεσι πρὸς ἄμφω τεταγμέναι.
Ἑκάστη δὲ τῶν στάσεων τῶν ἀπηριθμημένων
καὶ ἰδικοῖς ὀνόμασι καὶ γενικοῖς καλεῖται·
καὶ κεφαλαίοις ἰδικοῖς καὶ κοινοῖς τέμνεταί πως,
ὧν τὰ μὲν τοῦ διώκοντος τυγχάνουσιν ἰδίως,
τὰ δέ εἰσι τοῦ φεύγοντος, τὰ δὲ κοινὰ τῶν δύο.
Πάλιν κατ' ἄλλον μερισμὸν τὰ μὲν τῶν ζητημάτων
ὡς λόγον γένους ἔχοντα τέμνεταί πως εἰς εἴδη,
τὰ δ' εἰσὶ μερικώτατα, τομὴν μὴ δεδεγμένα.

50–53 p. 40, 8–11 ‖ **54–56** p. 40, 13–18 ‖ **57–59** p. 41, 2–4 ‖ **60–61** p. 41, 14–15 ‖ **62–65** p. 42, 5–13 ‖ **72–79** cf. 3–12 pp. 43, 15–92, 11

48 *μέντοι* **r**^{v} ‖ **49** *ἀτιμώρητος* **r**^{m}**r**^{v} ‖ **52** *ὁ* om. **r**^{v} | *σαφῶς* **r**^{m}**W** | *τῇ διανοίᾳ* **P** ‖ **54** *τι* **P** | *ἀντιλέξει* **P** ‖ **57** *νομοῖν* **W** ‖ **59** *καὶ* **W** ‖ **61** *ἢ*] *ἐκ* **W** ‖ **65** *ἄγραφον* **P** ‖ **66** *ἔχον ἐκ νόμου* **PW** | *ἔχων* **r**^{m} | *καὶ τὸ*] *κατὰ* **P** ‖ **67** *νόμος* **r**^{v} ‖ **70** *μέσα* **r**^{m} ‖ **73** *γενικοῖς*] *νομικοῖς* **r**^{v} ‖ **78** *λόγου* **r**^{m} ‖ **79** *μερικώτερα* **P**

Οὗτος ὁ λόγος πέφυκε τῶν ζητημάτων, ἄναξ·
ἐντεῦθεν δὲ λεκτέον σοι καὶ περὶ προοιμίων
καὶ τῶν λοιπῶν εὑρέσεων τοῦ λόγου καὶ σχημάτων.
Ὁ κατὰ τέχνην, δέσποτα, συντεθειμένος λόγος
ἔχει καὶ σῶμα καὶ ψυχὴν καὶ κεφαλὴν καὶ πόδας.
ψυχὴ μὲν ἡ διάνοια, σῶμα δ' ἐστὶν ἡ λέξις,
κεφαλὴ τὰ προοίμια, ἐπίλογος οἱ πόδες.
Καὶ πλεῖστοι μὲν τυγχάνουσι τόποι τῶν προοιμίων,
ὁ δ' Ἑρμογένης τέσσαρας τεχνογραφεῖ καὶ μόνους.
Τὸν ἐκ τῆς ὑπολήψεως προσώπων καὶ πραγμάτων·
δεῖ γὰρ πρὸς τὴν ὑπόληψιν τῶν ἀπηριθμημένων
συντάττειν τὰ προοίμια καὶ χαίρειν ἢ λυπεῖσθαι.
Τὸν ἐκ τῆς διαιρέσεως· οὗτος δ' ἐστὶ τοιοῦτος,
ὅταν πραχθέντων, δέσποτα, δυοῖν ἀδικημάτων,
ὧν ἕκαστον καὶ κρίνεται, πρὸς δὲ καὶ τιμωρεῖται,
μερίζοντες ποιήσωμεν προοίμιον τοιοῦτον·
εἰ καὶ δι' ἓν ἀδίκημα οὗτος τιμωρητέος,
πόσῳ γε δι' ἀμφότερα τυγχάνει κολαστέος.
τοιοῦτον καὶ τὸ δεύτερον, τοιοῦτον καὶ τὸ τρίτον
εἶδος τυγχάνει, δέσποτα, τοῦδε τοῦ προοιμίου,
τὸ μὲν ἐξ ὑπολήψεως, τὸ τρίτον ἐκ τοῦ χρόνου.
Καὶ τρίτον πάλιν τίθησι τῶν προοιμίων τόπον,
ὃν οὕτως κατωνόμασεν ὡς ἐκ περιουσίας,
ὥσπερ ὅταν κατηγορῶν φόνου τινὸς προσθήσω
ὡς ἠδυνάμην γράψασθαι καὶ ἱεροσυλίας,
μείζονος ἀδικήματος καὶ χείρονος τοῦ πρώτου.
Ἐκ τοῦ καιροῦ δ' ὁ τέταρτος τόπος τῶν προοιμίων,
ὅταν ἀξίωσιν ποιῶν γράφῃς ὡς πεπραγμένον
τυγχάνει τὸ ζητούμενον ὅσον τοῖς πεπραγμένοις.
Ἔστι δὲ πᾶν προοίμιον ἐκ τούτων τῶν τεσσάρων·

89 Hermog. De inv. I 1 p. 93, 5–8 ‖ **92–97** I 2 p. 101, 10–20 ‖ **98–100** p. 102, 7–10; 103, 5–6 ‖ **101–105** I 3 p. 104, 1–9 ‖ **106–108** I 4 p. 105, 10–15 ‖ **109–111** I 5 p. 106, 15–19

85 *ἡ ψυχὴ μέν ἐστιν ἡ* $\mathbf{r}^{v}$ ‖ **88** *τεχνολογεῖ* **P** ‖ **89** om. $\mathbf{r}^{v}$**W** | *τῶν* $\mathbf{r}^{m}$ ‖ **92** *τῶν* **W** | *οὗτος δ'*] *τόπος* **W** ‖ **93** *δύο* **W** | *ἐκδικημάτων* $\mathbf{r}^{m}$ ‖ **94** *προκρίνεται* (om. *καὶ*^{1}) $\mathbf{r}^{m}$ ‖ **95** *ποιήσομεν* $\mathbf{r}^{m}\mathbf{r}^{v}$ ‖ **99** *δέσποτα*] *δεύτερον* $\mathbf{r}^{m}$ | *τούτου* $\mathbf{r}^{v}$ ‖ **100** *ὑπολήψεων* **W** | *τρίτον ἐκ τοῦ*] *δεύτερον ἐκ* **W** ‖ **103** om. $\mathbf{r}^{v}$**W** | *ὥσπερ* scripsi: *εἴπερ* $\mathbf{r}^{m}$ [...]*περ* **P** | *προσθείη* $\mathbf{r}^{m}$ ‖ **105** *τοῦ* om. $\mathbf{r}^{v}$ ‖ **107** *γράψῃς* **W** | *πεπραγμένων* $\mathbf{r}^{m}$ ‖ **108** om. $\mathbf{r}^{v}$**W**

πϱοτάσεως, κατασκευῆς, ἀξιώσεως τϱίτης,
καὶ τοῦ τετάϱτου βάσεως, ὃ τέλος πϱοοιμίου.
Αὐτάϱκης δὲ πεϱιβολὴ τυγχάνει πϱοοιμίου
διπλασιάσαι ὄνομα, διπλασιάσαι κῶλον.
Ὡς δ' ἐπὶ παϱαδείγματος τὰ τέσσαϱα δεικτέον·
'μαϱτύϱων μνήμης τίς ἂν ᾖ φιλομάϱτυϱι κόϱος;'
τοῦτο τοῦ λόγου πϱότασις, εἶτα καὶ τἆλλα σκόπει·
'ἡ γὰϱ τοῦ μάϱτυϱος τιμὴ εὔνοια πϱὸς δεσπότην'·
κατασκευὴ πϱοτάσεως τοῦτο σαφὴς τυγχάνει.
'τῷ λόγῳ τοίνυν τίμησον τὸν μεμαϱτυϱηκότα'·
τοῦτο σαφὴς ἀξίωσις. εἶτα τὴν βάσιν βλέπε·
'ὅπως ἂν μάϱτυς γένοιο καὶ σὺ τῇ πϱοαιϱέσει'·
βάσις γὰϱ ἐπωνόμασται ὡς ἔσχατόν τι μέϱος,
ἐν ᾧ καὶ βαίνειν ἔοικε τὸ πϱοοίμιον ὅλον,
ἐπεὶ τῆς ἀξιώσεως κατασκευὴ καὶ τοῦτο,
ὃ δϱῶμεν ἐπιφώνημα τολμᾶν εἰσβεβηκότες,
πεϱὶ οὗ σε διδάξομεν τοῦ λόγου πϱοϊόντος.
Καὶ τέχνη μέν σοι σύντομος αὕτη τῶν πϱοοιμίων·
μέλλων δ' εἰς τὴν διήγησιν τὸν λόγον παϱεισάγειν
ζήτει τὴν πϱοκατάστασιν, ὁπόθεν ταύτην λάβῃς.
ἔστι δὲ τὸ πϱεσβύτεϱον διηγήσεως μέϱος,
οἷόν τις πϱοδιήγησις τῶν ἀπ' ἀϱχῆς εἰς τέλος.
ἄτεχνον γὰϱ ὡς ἀληθῶς εἰ μὴ πϱοκαταστήσας
αὐτῆς τῆς διηγήσεως ἄϱξαιο παϱαυτίκα.
ἡ μετοικία τοιγαϱοῦν ἔχει πϱοκαταστάσεις
αἵ τε τῶν νόμων εἰσφοϱαὶ καὶ λύσεις καὶ τὰ πλείω
μέϱη τῶν ὑποθέσεων πϱοκαταστάσεις ἔχει.
εἰς οἷαν γὰϱ διήγησιν πϱεσβύτεϱόν τι λάβῃς,
τοῦτό σοι πϱοκατάστασις ἔστω συντεταγμένη.

112–113 p. 107, 10–11 ‖ **115** Basil. Hom. 19, 1, PG 31, 508 B 1–2 ‖ **117** B 2–4 ‖ **119** B 6–7 ‖ **121** B 7 ‖ **125** Hermog. De inv. I 5 p. 108, 15–16 ‖ **128–129** II 1 p. 109, 3–5 ‖ **130–133** p. 109, 8–14 ‖ **134** II 2 p. 109, 21–22 ‖ **135** II 3 p. 112, 13–16 ‖ **135–138** II 4 p. 114, 11–12; II 5 p. 117, 2–4; II 6 p. 118, 21–22

110 *τϱίτον* $\mathbf{r}^{v}$ *-ου* **P** ‖ **111** *τέλος* om. $\mathbf{r}^{m}$ ‖ **112** om. **P** | *πϱοοιμίων* **W** ‖ **115** *μνήμη* $\mathbf{r}^{v}$ *μνήμ( )* $\mathbf{r}^{m}$ | *ἂν ᾖ*] *ἐστι* **P** ‖ **119** *γοῦν τιμήσωμεν* $\mathbf{r}^{m}$ ‖ **120** *σαφὴς* om. $\mathbf{r}^{m}$ | *βλέπε*] *ὅϱα* $\mathbf{r}^{v}$ ‖ **123** *ᾗ* **P** ‖ **124** *ἐπὶ* **W** ‖ **125** *τόλμαν* **P** | *εἰσβεβηκότος* $\mathbf{r}^{m}$ *εἰσβεβληκότες* **P** ‖ **126** om. **P** | *τῶ λόγω πϱοϊόντες* $\mathbf{r}^{m}$ ‖ **127** *τῶν* om. $\mathbf{r}^{v}$ ‖ **128** *ἐξήγησιν* **W** ‖ **129** *ὁπόταν* **W** ‖ **132** *πϱοκαταστάσεις* **W** ‖ **134** *πϱοκαταστάσεις ἔχει* trp. **W** ‖ **135** *καὶ*^{1}] *αἱ* $\mathbf{r}^{m}$ ‖ **136** *πϱοκαταστήσας ἔχε* **P** ‖ **137** *λάβεις* $\mathbf{r}^{v}$ ‖ **138** *συντετμένη* **P**

Προκαταστήσας τοιγαροῦν τὴν διήγησιν λέγε.
ἡ δὲ πλατεῖά τέ ἐστι τῇ φράσει καὶ ποικίλη·
οὐ γὰρ ἐστενοχώρηται μέτρῳ ῥητῷ τοῦ λόγου,
ἀλλὰ πλατύνεται πολλοῖς κώλοις καὶ διανοίαις.
εἰ βούλει δὲ καὶ τὴν αὐτὴν ἔννοιαν μεταπλάσαι
ἐν διαφόροις λέξεσιν, ὀνόμασι ποικίλοις,
ποικίλλων καὶ μετατιθεὶς πρῶτον μὲν τὸ πρακτέον,
εἶτα τὸ τούτου αἴτιον, εἶτα τὸ παρειμένον,
εἶτα τὸ τούτου αἴτιον, τέσσαρα ταῦτα μέρη.
Τρόποι δὲ διηγήσεως τρεῖς οἵδε, στεφηφόρε·
ἁπλοῦς, καὶ ἐγκατάσκευος, ἐνδιάσκευος τρίτος.
ὅταν μὲν ᾖ τὰ πράγματα πολλά τε καὶ ποικίλα,
ἰσχὺν αὐτόθεν ἔχοντα καὶ δίχα περινοίας,
μηδὲν ποικίλλῃς, δέσποτα, ἁπλῇ χρῶ διηγήσει.
ὁποῖον τὸ παράδειγμα τοῦ Δημοσθένους ἔνι·
'ἐξήλθομεν ἐς Πάνακτον ἔτος δὴ τοῦτο τρίτον
καὶ μεθ' ἡμῶν ἐσκήνωσαν Ἀρίστωνος οἱ παῖδες,
εἶτα δὴ καὶ κατέπαιζον ἐπ' ὄψεσι τῶν πάντων,
ὑβρίζοντες καὶ τύπτοντες, ῥηγνύντες τὰς ἀμίδας.'
εἰ δ' ἐστὶν ἡ διήγησις σύντομος δεινοτέρα,
ἐγκατασκεύως διηγοῦ πλατύνων ταῖς αἰτίαις.
εἰ δὲ καὶ σύντομός ἐστιν ὁμοῦ καὶ φαιδροτέρα,
θαρρούντως διασκεύαζε ἐνδιασκεύοις τρόποις.
τί δ' ἐστὶν ἐνδιάσκευον; ποικιλλόμενος τρόπος.
καὶ πρῶτόν σοι παράδειγμα ποιητικὸν ῥητέον·
'αὖ εἴρυσαν τὸ πρότερον, ἔσφαξαν ἔδειράν τε,
εἶτα μηροὺς ἐξέταμον, ἐκάλυψαν τῇ κνίσῃ,

139–141 II 7 pp. 119,21–120,5 ‖ **142** cf. p. 120,16–17; 121,3 ‖ **145–147** p. 122,10–14 ‖ **148–152** p. 122,18–21 ‖ **153–157** p. 123,12–16; Dem. Or. 54,3–4 ‖ **158–159** Hermog. De inv. II 7 p. 123,1–3 ‖ **160–161** p. 123,5–7 ‖ **164–166** Hom. Il. 1,459–460; 466; 2,422–423; 429; etc.

140 *τέ*] *τίς* **r**^{v} ‖ **141** *ἐστένωται* **r**^{v} ‖ **143** *εἰ* om. **r**^{v} | *δὲ* om **r**^{v} ‖ **145** *ποικίλλων* **r**^{v}**P**: *-ον* **r**^{m} *ποίκιλον* **W** | *καὶ* om. **r**^{m} | *μετατεθεὶς* **r**^{v} *ἀντιτιθεὶς* **r**^{m} ‖ **146** *τούτων* **r**^{m}**P** ‖ **147** *τούτων* **r**^{m} | *ταῦτα τέσσαρα μόνα* **P** ‖ **148** *δὲ διηγήσεων* **W** *καὶ διηγήσεις δὲ* **P** ‖ **152** *ποικίλης* **r**^{v} **W** | *δέσποτα – χρῶ*] *ἀλλ' ἁπλῇ κέχρησο* **P** ‖ **154** *Πάνακτον* Demosth. Hermog.: *πάνακτα* **P** *ναύπακτον* cett. ‖ **156** *ἐπόψεσι* **W** *ὑπ' ὄψεσι* **P** ‖ **157** *ἀβμίδας* **r**^{v} ‖ **159** *τὰς αἰτίας* **P** ‖ **161** *τρόποις ἐνδιασκεύοις* trp. **P** ‖ **162** *τί*] *εἰ* **r**^{v} | *ἐνδιάσκευος* **r**^{m} | *τρόποις* **W** ‖ **163** *ὁμηρικὸν* **P** ‖ **164** *πρωτον* ut vid. **W** ‖ **165** *τῇ*] *τε* **P** | *κνίση* **r**^{v}

ἐπιμελῶς ἐξώπτησαν εἰρύσαντό τε πάντα.'
ῥητέον δὲ καὶ δεύτερον ἄλλο παράδειγμά σοι
τοῦ θεολόγου πάνσοφον ἐκ τοῦ Ἐπιταφίου·
'πηδῶσι γὰρ βοῶσί τε, πέμπουσιν ἄνω κόνιν,
καθήμενοί τ' ἐλαύνουσι, παίουσι τὸν ἀέρα,
ζευγνύουσι καὶ σύντομον μεταζευγνύουσί πως.'
ἄνω δ' εἰπὼν ὁ πάνσοφος τὴν σοφιστομανίαν,
εἶτα προσθεὶς τὸ αἴτιον, ὅτι πλῆθος καὶ νέοι,
ἔκθεσιν ἐγκατάσκευον εἴρηκέ σοι συντόμως.
  Ἡ δέ γε προκατασκευή (καὶ τοῦτο γὰρ ῥητέον)
πρεσβύτερον κατασκευῆς τυγχάνει φερωνύμως·
ὅπερ σοι παραδείγματι καὶ πάλιν διδακτέον,
οὐχὶ τῷ Δημοσθενικῷ, τῷ δὲ τοῦ θεολόγου.
οὗτος καὶ γὰρ ὁ πάνσοφος φιλόσοφος καὶ ῥήτωρ
κατασκευάζειν ὁρμηθεὶς τὴν θείαν μοναρχίαν
προτίθησι κεφάλαια πάντα τοῦ λόγου τρία·
'περὶ θεοῦ' γὰρ ἔφησεν 'ἄνωθεν τρεῖς αἱ δόξαι,
ἄναρχον, τὸ πολύαρχον, καὶ τρίτον μοναρχία.'
ἡ τοίνυν τούτων ἔκθεσις τῶν τριῶν κεφαλαίων
τυγχάνει προκατασκευὴ τεχνικῶς προκειμένη.
  Ἔστι καὶ εἶδος λύσεως βίαιον κεκλημένον,
ὅταν λαβόντες τὸν δεινὸν λόγον τῶν ἀντιδίκων
εἰς τούτους ἀντιστρέψωμεν ὡς κατ' αὐτῶν δεικνύντες,
ὡς εἶπεν ὁ Χρυσόστομος ἐν τῷ Φιλογονίῳ.
τὸν λόγον γὰρ εἰσάγοντος τὸν περὶ μυστηρίων
καὶ κλείοντος τὴν πρόσοδον τοῖς ἀκολαστοτέροις,
ὥσπερ τινὲς ἀντέφησαν ὡς οὐχὶ καθ' ἡμέραν
τολμῶσι τὴν μετάληψιν, μόνον δ' ἅπαξ τοῦ χρόνου,
'αὐτὸ γοῦν τοῦτο χαλεπόν', ἀντείρηκε βιαίως

167–171 Greg. Naz. Or. 43,15, PG 36,516 A 2–5 ‖ **173** 15,513 D 6–7 ‖ **175–176** Hermog. De inv. III 2 p.126,17–18 ‖ **182–183** Greg. Naz. Or. 29,2, PG 36, 76 A 6–7 ‖ **186–188** Hermog. De inv. III 3 p.138,15–19 ‖ **189–197** Chrysost. In beat. Philog., PG 48,755,21–23

166 *ἐξώπτυσαν* **r**^{m} *τ' ἐξώπτησαν* **P** | *εἰργάσαντο* **r**^{m} ‖ **167** *δεύτερον*] *σύντομον* **W** ‖ **171** *ἀντιζευγνύουσί πως* **P** ‖ **175** *προδιασκευὴ* **P** ‖ **176** *πρεσβύτερόν τι τῆς* **r**^{v} | *ὑπάρχει* **r**^{m} ‖ **180** *κατασκευάζων* **r**^{m} ‖ **181** *παντὸς* **P** | *τὰ τοῦ* **r**^{v} ‖ **183** *τὸ*] *τε* **W** ‖ **188** *ἀντιστρέψω μὲν* **W** | *δεικνύων* **W** ‖ **190** *γὰρ*] *μὲν* **r**^{m} | *εἰσάγοντες* **r**^{m} ‖ **191** *πρόοδον* **r**^{m}**r**^{v}**P** ‖ **192** *τινος* **r**^{v} ‖ **193** *τολμῶμεν* **r**^{m} *τολμῶσι μὲν* **r**^{v} | *δ'* om. **W** ‖ **194** *αὐτὸ*] *ἀντὶ* **r**^{v} | *γὰρ* **W**

ὁ πάνσοφος διδάσκαλος, ἡ χρυσώνυμος γλῶττα,
'ὅτι μηδ' ἅπαξ κοινωνῶν τῶν θείων μυστηρίων
ἁγνίζῃ καὶ πρὸς κάθαρσιν ἀκριβῆ προσλαμβάνεις.'
Τὸ δὲ τῆς ὑποθέσεως κεφάλαιον ἐν λόγῳ
ἢ παρ' ἡμῶν εἰσάγεται ἢ τῶν ἀντιλεγόντων·
ὃ δεῖται πάντως λύσεως τεχνικῆς καὶ ποικίλης.
εἰσάγεται δὲ τεχνικῶς ἐν κόσμῳ τετρακύκλῳ,
προτάσεσιν, ὑποφοραῖς ἀντιπροτάσεσί τε
καὶ τῶν ἀντιπροτάσεων λύσεσιν ἀντιθέτοις.
πρότασις μὲν ὑποφορᾶς ἐστὶν ἐπαγγελία,
ὁ λόγος δ' ὁ ἀντίθετος ὑποφορὰ τελεία,
καὶ πάλιν ἀντιπρότασις ὑπόσχεσις τοῦ λύειν,
μεθ' ἣν ἡ λύσις γίνεται ἐξ ἐπιχειρημάτων.
Τὸ μὲν γὰρ ἐπιχείρημα κατασκευάζει λύσιν,
ἡ δ' ἐργασία δύναμις τῶν ἐπιχειρημάτων,
ὥσπερ δὴ τὸ ἐνθύμημα πάλιν τῆς ἐργασίας,
τὰ δὲ ἐπενθυμήματα τῶν προενθυμημάτων.
εὑρίσκεται δ' ἡ δύναμις τῶν ἐπιχειρημάτων
τόπῳ, προσώπῳ χρόνῳ τε καὶ τρόπῳ σὺν αἰτίᾳ·
πρῶτον δ' αὐτῷ τῷ πράγματι, ἡ ὕλη γὰρ ἐν τούτοις.
ἡ δ' ἐργασία σφίγγουσα τὰς προεπιχειρήσεις
κρατύνεται παραβολαῖς καὶ παραδείγμασί πως,
ἐλάττοσι, τοῖς μείζοσιν, ἴσοις, τοῖς ἐναντίοις.
ἡ φύσις δ' ἐπεισάγεται ἡ τῶν ἐνθυμημάτων
ἐκ πάσης περιστάσεως συγκριτικώτερόν πως·
τὸ δ' ἐπενθύμημα διπλοῦν ἐνθύμημα τυγχάνει.
Ἐνστάσει δὲ χρηστέον σοι καὶ ἀντιπαραστάσει
ἐν πᾶσι τοῖς ζητήμασιν· εὔχρηστοι γὰρ τῷ τρόπῳ.
ἀλλ' ἡ μὲν ἔνστασίς ἐστιν ὡς τυραννικωτέρα,

198–200 Hermog. De inv. III 4 p. 132, 10–12 ‖ **201–207** pp. 133, 25–134, 6 ‖ **209–210** cf. III 8 p. 151, 9–13 ‖ **212–214** III 5 pp. 140, 15–141, 1 ‖ **215–219** III 7 pp. 148, 21–149, 2 ‖ **220** III 9 p. 152, 10–11 ‖ **221–222** III 6 p. 137, 6–10

195 *διδάσκαλος*] *χρυσόστομος* **W** ‖ **196** *μὴ* **r**^m ‖ **197** *καὶ* **r**^m**r**^v: *δὴ* **P** *τ' ἢ* **W** | *προκάθαρσιν* **W** | *προσλαμβάν( )* **r**^m *-νει* **r**^v *-νων* **P** *προλαμβάνεις* **W** ‖ **198** *τῶν λόγων* **P** ‖ **199** *ἢ*[1]] *ὃ* **P** | *ἡμῖν* **r**^m ‖ **201** *δὲ* om. **r**^v | *κυκλικῶς* **r**^m ‖ **204** *ἐστιν ὑποφορᾶς* trp. **r**^v, **r**^m a. c. ‖ **206** *ὑπόθεσις* **r**^v ‖ **209** *ἐστι τῶν* **r**^v ‖ **212** om. **PW** ‖ **213** *τόπω … τρόπω* trp. **W** *τόπω· τρόπω· προσώπω καὶ χρόνω τε* trp. **r**^v ‖ **214** *πρώτω* **r**^v | *τούτω* **W** ‖ **216** *παραβολῇ* **PW** | *παραδείγματί* **W** ‖ **219** *συγκριτικώτερά* **r**^v *συγκρατικώτ(ε)ρον* **r**^m ‖ **221** *μοι* **W** ‖ **222** *εὔχρηστον* **r**^m**r**^v ‖ **223** *ὡς*] *ἡ* **r**^v

ἀναίρεσιν εἰσάγουσα τοῦ πράγματος καὶ λύσιν,
ἡ δὲ ἀντιπαράστασις τυγχάνει λειοτέρα.
εἰ μὲν γὰρ οὕτω τις ἐρεῖ, ‘οὐκ ἔδει σε φονεῦσαι’,
ἀντίστασιν εἰσήνεγκε τὴν πρᾶξιν ἀναιροῦσαν·
εἰ δ’ εἴποι τις, ‘κἂν ἔδει σε, ἀλλ’ οὐ τοιοῦτον τρόπον’,
εἶπεν ἀντιπαράστασιν, λύσιν ὁμαλωτέραν.
ποῖον δ’ εἰσάγειν πρότερον τοῖς ζητήμασι δέον,
οὐκ ἔστιν ἀποφήνασθαι, σταθμῶ δὲ σὺ τῷ λόγῳ.
πλὴν ἡ ἀντιπαράστασις ὥσπερ ὁδός τις λεία.
Τὰ δ’ ἀπ’ ἀρχῆς λεγόμενα μέχρις αὐτοῦ τοῦ τέλους
ἔστι συνεκτικώτατον κεφάλαιον τῶν ἄλλων,
ὅπερ κατασκευάζεται ἰδιάζουσι τρόποις.
οὐ γὰρ ταῖς περιστάσεσιν, ἀλλὰ τομαῖς ποικίλαις,
ἀποταθεῖσι πνεύμασι, σφιγχθείσαις περιόδοις.
ἑκάστη δ’ ὑποδιαίρεσις δρᾷ προσωποποιίαν.
ἐπὶ τῷ τέλει καὶ πλαστῷ χρήσῃ τεχνικωτάτως.
ἐπὶ δὲ τῆς πραγματικῆς δυσχερῆ λύσιν ἔχει
τὰ ἀπ’ ἀρχῆς λεγόμενα μέχρις αὐτοῦ τοῦ τέλους·
χρῶ δὲ τοῖς μεταληπτικοῖς μᾶλλον τῶν ἄλλων πλέον.
Ἡ δέ γε τάξις, δέσποτα, τῶν ἐπιχειρημάτων
διπλῆ τις, ἀποδεικτική, πανηγυρικωτέρα.
ἡ μέν ἐστι δικανική, φράσεως δεομένη
ἐναγωνίου μάλιστα τῆς πολιτικωτέρας,
ἡ δὲ φαιδρὰ καὶ πάγκαλος, χρωννύουσα τὸν λόγον.
εἰ τοίνυν λόγος πέφυκεν ἐκ δυοῖν τεθειμένος,
φυλάξεις τὰ φαιδρότερα τῷ τελευταίῳ μέρει.
Ὅρος δὲ σὺν ἀνθορισμῷ, συλλογισμὸς καὶ λύσις

230–231 cf. III 6 p. 138, 9–13 ‖ **233–236** III 10 p. 154, 10–15 ‖ **237** p. 155, 9–13 ‖ **238** p. 155, 25–26 ‖ **239** III 11 p. 158, 19–20 ‖ **240–241** III 12 p. 161, 19–20 ‖ **242** p. 162, 7–9 ‖ **243–249** III 13 pp. 162, 19–163, 7 ‖ **250–257** III 14 pp. 164, 11–165, 1

226 *γὰρ*] *οὖν* **r**^{m} ‖ **227** *ἀντίστασιν*] *τὴν ἔνστασιν* **P** | *ἀναιροῦσα* **r**^{m}**W** ‖ **228** *εἴπη* **P**, (sscr. *οι*) **r**^{m} | *τοιούτω τρόπω* **Pr**^{v} ‖ **231** *σὺν* **W** ‖ **233** *αὐτῶν* **W** ‖ **234** *συνεκτικώτατα* **r**^{v} *-τερον* **P** | *κεφάλαια* **r**^{v} ‖ **235** *ἰδιάζοντι τρόπω* **r**^{m}**r**^{v} ‖ **237** *ἀποταθεῖσι* **r**^{v} p. c., **W**: *ἀποταχθεῖσι* **r**^{v} a. c. *-σα* **r**^{m} *ἀποτμηθεῖσι* **P** | *σφιγχθεῖσα* **r**^{m} *σφιγχθείσαις* **r**^{v} ‖ **238** *δ’ ὑποδιαίρεσις* **W** (invito metro), Hermog.: *δὲ προδιαίρεσις* **r**^{v} *δὲ προαίρεσις* **r**^{m}**P** ‖ **239** *πλαστῶν* **P** | *χρήσει* **P** *χρῆσθαι* **r**^{v} | *τεχνικωτάτως* **W**: *-ω* **r**^{v} *-η* **Pr**^{m} ‖ **240** *τῆς πρακτικῆς* **r**^{v} ‖ **241** *τὰ δ’* **P** | *αὐτῶν* **W** ‖ **242** *μᾶλλον τῶν ἄλλων* **PW**: *πολλῶ τῶν ἄλλων* **r**^{v} *τῶν ἄλλων πολλῶ* **r**^{m} ‖ **246** *τῆς πολιτικωτάτης* **r**^{m} *τοῖς -οις* **P**

ὀνόματα μὲν τέσσαρα, τῇ δὲ δυνάμει δύο·
τοῖς γὰρ αὐτοῖς κρατύνονται συλλογισμὸς καὶ ὅρος,
ὥσπερ πάλιν ἀνθορισμὸς συλλογισμοῦ τε λύσις.
ἐν μέσῳ δὲ τοῦ πράγματος τῷ λόγῳ προκειμένου
ὁ μὲν συλλογισμὸς αὐτὸς ἥ τε δὴ τούτου λύσις
ἑπόμενα τῷ πράγματι καὶ δεύτερα τυγχάνει,
ὅρος δὲ σὺν ἀνθορισμῷ πρότερα προσηκόντως.
Πρὸς τούτοις τὴν διασκευὴν τοῦ προβλήματος μάθε·
λεπτὴ γὰρ διατύπωσις τοῦ πράγματος τυγχάνει,
ὡς προλαβόντες εἴπομεν ἔν γε τῇ διηγήσει.
ἐν ταύτῃ δεῖ τὸν ῥήτορα τολμᾶν τι τῶν εἰκότων.
κἂν μὲν ἐμπίπτειν πέφυκε δὶς αὕτη καὶ πολλάκις,
μὴ χρήσῃ ταύτῃ πανταχοῦ, ἀλλ' οἰκονομητέον,
ἵνα μὴ δόξῃς φορτικὸς τοῖς αὐτοῖς κεχρημένος.
εἰ δ' ἐπεισάγειν βούλοιο τῷ λόγῳ τι χωρίον,
ἀφ' ἑνός που ὀνόματος πρόφασιν ἕξεις λόγων·
οἷον γὰρ εἴποις 'ἀριθμὸν σύλλεγέ μοι τοσοῦτον',
ἐξ ἱστορίας, δέσποτα, τῷ λόγῳ προσηκούσης.
Λόγου δὲ σχῆμα πέφυκεν ἀντίθετον τὸ πρῶτον,
τὸν νοῦν τὸν ὑποκείμενον διπλοῦν σοι παρεισάγον.
τοῦ κατὰ φύσιν γὰρ αὐτοῦ πράγματος ζητουμένου
λαμβάνει τὴν ἀντίθετον ἔννοιαν ἐν τῷ τέλει,
οἷον, 'ἡμέρα πέφυκεν, εἰ μὴ γὰρ ἦν ἡμέρα, –'
'ἐπεὶ δ' ἡμέρα πέφυκε'· τοῦτ' ἀντίθετον σχῆμα.
Περίοδος δὲ πέφυκε κλεὶς ἐπιχειρημάτων,
συνάγουσα καὶ σχήματα καὶ νοήματα πλέον,
τούτων τὴν ὅλην ἔννοιαν ἐντέχνως, εὐθυβόλως.
ποιοῦσι δὲ περίοδον αἱ πολύτροποι πτώσεις.
ἡ κλητικὴ δὲ πνεύματος, οὐ περιόδου τόπος·

259 III 15 p. 166, 20–21 ‖ **261** p. 167, 11 ‖ **263** p. 168, 3 ‖ **265–268** p. 170, 4–8 ‖ **269–274** IV 2 p. 173, 2–9 ‖ **275–277** IV 3 p. 176, 17–21 ‖ **278** p. 177, 5–6 ‖ **279–280** p. 177, 18–20

252 *κρατύνεται* $\mathbf{r}^{m}$ ‖ **253** *ἀνθορισμῶ* $\mathbf{r}^{m}$ a. c. | *συλλογισμοῦ* **P**: *-ῶ* $\mathbf{r}^{m}$**W** *-ὸς* $\mathbf{r}^{v}$ | *τε λύσις* **PW**: *τε λόγω* $\mathbf{r}^{m}$ *τῆς λύσεως* $\mathbf{r}^{v}$ ‖ **254–255** om. **P** ‖ **254** *προκειμένω* $\mathbf{r}^{v}$ ‖ **257** *πρότερον* $\mathbf{r}^{v}$ | *προσήκοντα* $\mathbf{r}^{m}$ ‖ **258** *μάθε*] *βλέπε* **P** ‖ **261** *δεῖ*] *δὲ* $\mathbf{r}^{m}$**P** | *τολμῶν* $\mathbf{r}^{v}$ ‖ **262** *αὐτῇ* **P** *-ὰ* $\mathbf{r}^{m}$ ‖ **264** *κεχρημένοις* $\mathbf{r}^{m}$ ‖ **265** *ἐπεὶ δ' εἰσάγειν* **P** ‖ **266** *λέγων* **W** ‖ **270** *παρεισάγων* **W** ‖ **271** *γὰρ αὐτοῦ*] *τεχνικῶς* **P** ‖ **272** *λάμβανε* $\mathbf{r}^{m}\mathbf{r}^{v}$ ‖ **273** *μὲν* $\mathbf{r}^{m}$ ‖ **277** *εὐθυβόλως· εὐτέχνως* $\mathbf{r}^{m}$ *ἐν τέχνη εὐθυβόλω* **W** ‖ **278** *αἱ περίπτωτοι φύσεις* **P** ‖ **279** *τόπον* $\mathbf{r}^{v}$ *τρόπος* $\mathbf{r}^{m}$**P**

‘ὦ – τί γὰρ ἂν εἰπών σέ τις ὀρθῶς πάντως προσείποι;’
οὐκ ἔσφιγξεν, ἐπλάτυνεν, οὐ περίοδος ἄρα.
εἴδη δὲ πλεῖστα πέφυκε τῶν περιόδων, ἄναξ.
ἔστι δ’ ἡ μὲν μονόκωλος, ἡ δὲ καὶ διπλασίων,
ἄλλη δ’ ἐστὶ καὶ τρίκωλος, ἡ δὲ τοῦτο τετράκις·
ἡ δέ τις καὶ χιάζεται, ἡ δ’ ἀναστρέφεταί πως.
σαφῆ τὰ παραδείγματα πάντων τούτων τυγχάνει.
σὺ δ’ ἔχε μοι τὴν σύνοψιν, εἶτ’ ἐρώτα θαρρούντως,
κἀγώ σοι τὴν διάλυσιν λέξω τοῦ ζητουμένου.
εἶτ’ οὐ θαυμάζεις, δέσποτα, τοῦ γράφοντος τὴν τέχνην,
ἂν ἔχῃς εἰλητάριον βραχὺ τῆς ὅλης τέχνης;
Ἔστι καὶ σχῆμα πνεύματος ῥητορικοῦ τοιοῦτον·
σύνθεσις λόγου πέφυκε νοῦν ὅλον ἀπαρτίζον
ἐν κώλοις τε καὶ κόμμασι τῶν κώλων μικροτέροις.
τὸ μὲν γὰρ ἑξασύλλαβον καὶ βραχύτερον μᾶλλον
κόμμα ἐστὶ μετρούμενον ἐπῳδῷ ἴσον μέτρῳ·
τὸ δ’ αὖ ὑπὲρ τὸ τρίμετρον ἡρωϊκοῦ πλησίον
κῶλον κατονομάζεται ὀρθὸν καὶ τεταμένον.
Εἴδη δὲ δύο πέφυκε τῶν τεχνικῶν πνευμάτων.
ἢ γὰρ ἓν νόημα λαβὼν ποικίλως μεταλλάξεις
ἐν κώλοις τε καὶ κόμμασιν, ἢ πολλὰ καὶ ποικίλα
ἕκαστον ἐξεργάσαιο ἐν κόμμασι καὶ κώλοις.
Ἀκμὴ μὲν λόγου πέφυκε (δεῖ γὰρ μαθεῖν καὶ τοῦτο)
μεταβολή τις σύντομος σχημάτων κατὰ πνεῦμα·
ἀκμὴ δὲ πάλιν πέφυκεν ἄλλη τῶν νοημάτων,
ὅταν πληρώσας νόημα πνεύματι τεταμένον
εἰς ἄλλο λάθῃς μετελθὼν κἀκεῖθεν αὖ εἰς ἄλλο.
Τὸ δὲ διλήμματόν ἐστι σχῆμα δριμύ τι λόγου,

280 Dem. Or. 18,22 ‖ **283–284** Hermog. De inv. IV 3 p. 180, 4–6 ‖ **285** p. 181, 10–15 ‖ **291–293** IV 4 p. 183, 13–14 ‖ **294–297** pp. 183, 20–184, 3 ‖ **298–301** p. 185, 6–8; 18–19 ‖ **302–306** p. 189, 15–18 ‖ **307–311** IV 6 p. 192, 6–11

280 *ἂν* om. **r**^{m} | *τις σε* trp. **P** | *προσείποι πάντα* **P** | *πάντα* **r**^{m}**P** | *προσείπει* **W** ‖ **283** *διπλασία* **r**^{m} ‖ **285** *ἡ*^{1}] *εἰ* **P** | *ἡ δ’*] *εἶτ’* **W** ‖ **287** *ἔχεις* **r**^{v} ‖ **288** *διάλεξιν* **P** ‖ **289** *γράψαντος* **r**^{m} ‖ **290** *εἰλιτάριον* **r**^{m}**r**^{v} ‖ **291** *ἔτι* **W** ‖ **292** *ἀπαρτίζον ὅλον* trp. **P** ‖ **293** *τε* om. **r**^{v} | *τῶν μικροτέρων κώλων* **r**^{m} ‖ **295** *κόμμα ἐστὶ*] *κόμμασι* **r**^{v} | *ἴσον μέτρω* **P**: *ἰσομέτρω* cett. ‖ **296** *ὑπὸ* **P** ‖ **299** *ἢ*] *εἰ* **W** | *μεταλλάξης* **r**^{v} ‖ **300** *ἢ*] *ὧν* **r**^{m}**r**^{v} ‖ **301** *ἐργάσαιο* **r**^{m} ‖ **302** *μὲν* om. **r**^{m} ‖ **304** om. **P** | *δ’ ἄλλη πέφυκεν πάλιν* trp. **r**^{m} ‖ **305** *πνεύματι νόημα* **r**^{m} a. c. | *πνεύμασι* **P** ‖ **306** *λάβης* **W** *λύσεις* **r**^{v} | *μετελθὸν* **W** | *ἂν* **W** ‖ **307** *δριμύτητι* **r**^{m}

ὅταν ἐρώτημα τεμὼν εἰς τμήματά πως δύο,
ὧν ἕκαστον ἀμφίκρημνον, ἐχθρῶν τινων πυνθάνῃ·
ἢ γὰρ ἐπιστομίσειας λέγειν μὴ δυναμένους
ἢ καὶ τολμήσαντας εἰπεῖν ἔχεις νενικημένους.
Παρήχησις κάλλος ἐστὶν ὁμοίων ὀνομάτων
ταὐτὸν ἠχούντων, δέσποτα, ἐν διαφόρῳ γνώμῃ,
ὡς εἴρηκεν ὁ Ξενοφῶν τὸ 'πείθει τὸν Πειθίαν'.
Ὁ κύκλος δὲ τορνεύεται, εἴ τις ἀρχὴν καὶ τέλος
ἀντωνυμίαν τὴν αὐτὴν ἢ μέρος ἄλλο θήσει.
Τοῦ δέ γ' ἐπιφωνήματος μέρη τυγχάνει δύο.
τὸ μὲν γάρ ἐστιν ἔξωθεν λόγος ἐμβεβλημένος,
ἐφ' ᾧ δὴ λάβοις πράγματι προσκείμενος ἀπᾴδων,
τετολμημένος ἀσφαλῶς, ἐπιπεφωνημένος.
λεκτέον δὲ παράδειγμα Ὁμηρικὸν συντόμως·
'σὺν δ' εὖρος νότος τ' ὄρωρεν ἀθρόως ἐπαΐξας
ὁ δυσαής τε ζέφυρος, βορρᾶς αἰθρηγενέτης,
ἐκάλυψε δὲ νέφεσι γαῖαν ὁμοῦ καὶ πόντον,
ὄρωρε δ' οὐρανόθεν νύξ.' τοῦτο τὸ τελευταῖον
πέφυκεν ἐπιφώνημα ἔξωθεν εἰσηγμένον,
ἀλλότριον καὶ γνήσιον, ὡς ἂν λαβεῖν ἐθέλοις,
τετόλμηται δ' ἐξ οὐρανοῦ τὴν νύκτα παρελκύον.
δεύτερον ἐπιφώνημα τισὶν εἰσδεδεγμένον,
ὅταν ταθέντος πνεύματος ἐν κώλοις διαφόροις
ἓν κῶλον τέλος προστεθῇ πάντων συνδεδραγμένον,
ὡς Ὅμηρος τὸν Αἴαντα ποικίλως διαγράψας
αὖθις ἐπαλιλλόγησεν ἑνὶ τὰ πάντα κώλῳ,
'ἄλλο δ' ἐπ' ἄλλῳ τι κακὸν ἦν ἐπεστηριγμένον.'

312–314 IV 7 p. 194, 4–8 ‖ **314** Xen. Hell. VII 1, 41 ‖ **315–316** Hermog. De inv. IV 8 p. 195, 6–12 ‖ **318–320** IV 9 p. 196, 11–16 ‖ **321–325** Hom. Od. 5, 295–296; 293–294 ‖ **321–328** p. 197, 3–13 ‖ **329–331** Hermog. De inv. IV 9 p. 198, 1–7 ‖ **334** Hom. Il. 16, 111

310 *δυναμένων* $\mathbf{r}^{v}$ ‖ **311** *τολμήσαντες* $\mathbf{r}^{v}$ | *ἔχεις* **P**$\mathbf{r}^{m}$: *-ειν* $\mathbf{r}^{v}$**W** ‖ **312** *νοημάτων* **P** ‖ **313** *διαφόροις* $\mathbf{r}^{v}$ | *γνώσει* $\mathbf{r}^{m}\mathbf{r}^{v}$ ‖ **315** *εἴ τις*] *ὅταν* **P** *ὅτ' εἰς* **W** | *ἀρχὴ* $\mathbf{r}^{v}$ ‖ **316** *ἢ*] *καὶ* **P** | *θήσεις* $\mathbf{r}^{v}$**W** ‖ **317** *τυγχάνῃ* $\mathbf{r}^{m}$ ‖ **318** *γὰρ* om. $\mathbf{r}^{m}$ ‖ **319** *λάβῃς* **P** | *προκείμενον* **P** | *ἀπᾶδον* **P** *ἐπάδων* **W** ‖ **320** *τετολμημένος* $\mathbf{r}^{m}$: *-ον* cett. | *ἐπιπεφωνημένος* $\mathbf{r}^{m}$: *-ον* cett. ‖ **321** *δὲ παράδειγμα*] *δ' ἔπος* $\mathbf{r}^{v}$ ‖ **322** *τε νότος τ' ὄρωρ'* $\mathbf{r}^{m}$, (*ὤρ-*) **P** | *τ'* om. $\mathbf{r}^{v}$ ‖ **323** *τε*] *που* **W** | *αἰθριγενέτης* **W** ‖ **324** *νεφέεσι* (om. *δὲ*) $\mathbf{r}^{v}$ *νέφεα* $\mathbf{r}^{m}$ ‖ **325** *ὄρωρ'* (om. *δ'*) $\mathbf{r}^{m}$ | *τοῦτο δὲ τὸ* $\mathbf{r}^{m}$ ‖ **327** *ἐθέλῃς* **P** ‖ **328** *τετόλμηκε* **P** | *δ'* om. $\mathbf{r}^{m}$ ‖ **331** *τέλος* om. **P** | *προσθῇ ὅλων πάντων εἰσδεδραγμένον* $\mathbf{r}^{v}$ ‖ **332** *συνδιαγράψας* $\mathbf{r}^{v}$ ‖ **333** *κῶλα* $\mathbf{r}^{v}$ ‖ **334** *ἄλλω* **P**$\mathbf{r}^{v}$, $\mathbf{r}^{m}$ sscr.: *-ο* $\mathbf{r}^{m}$**W** | *ἦ* **W**

καὶ τρίτον ἐπιφώνημα φθόνος οὐδεὶς εἰ λέγοις
τὰ τῶν τροπῶν ὀνόματα τῷ προκειμένῳ λόγῳ
οἰκείως προσφερόμενα καὶ καταλλήλῳ τρόπῳ.
Τροπὴ γὰρ ὀνομάζεται ὀνόματος κοινότης
τοῦ προτεθέντος πράγματος καὶ τοῦ παρεισηγμένου.
Σεμνὸς δὲ λόγος ὄνομα ὀνόματι καλλύνων·
εἰ γὰρ τὴν πόρνην φήσειας ἑταῖραν μεταλλάξας,
τὴν κλῆσιν ἀπεσέμνυνας τεχνικῶς μεταφράσας.
Πᾶν δ' εἴ τις λόγος ἄτεχνος μὴ προεξειργασμένος
κακόζηλον ὀνόμαζε γενικωτάτῳ λόγῳ.
Ἔστι δέ τι καὶ πρόβλημα τῶν ἐσχηματισμένων,
κατ' ἔμφασιν καὶ πλάγιον, τρίτον κατ' ἐναντίον·
καὶ μᾶλλον τὸ κατ' ἔμφασιν ῥητορικώτερόν πως.
Προβλήματα συγκριτικὰ πανταχοῦ σοι γραπτέον,
ἐν στοχασμῷ δὲ ῥᾴδιον βουλήσει καὶ δυνάμει·
τὸ γὰρ 'ἐγὼ' πρὸς βούλησιν καὶ τὸ 'σὺ' τεθειμένα
τὴν σύγκρισιν ἐργάσαιντο ῥᾷστά σοι, στεφηφόρε.
τοῦτο καὶ τῶν εὑρέσεων τυγχάνει σοι τὸ τέλος.
Ἔστι καὶ τρίτον μάθημα τῆς πυριπνόου τέχνης,
ὅπερ ἰδέας λέγουσιν ἤτοι μορφὰς τοῦ λόγου,
ἐξ ὧν χαρακτηρίζονται οἱ λόγοι τῶν ῥητόρων.
ἑκάστη δὲ τῶν ἰδεῶν ὀκταμερὴς τυγχάνει.
καὶ πρῶτον μέρος ἔννοια· ἡ λέξις μετὰ ταύτην·
εἶτα δὴ τρίτον πέφυκε τῆς λέξεως τὸ σχῆμα·
ἡ μέθοδος δὲ τέταρτον τυγχάνει τῆς ἐννοίας·
μεθ' ἣν τὰ κῶλα πέφυκεν, εἶτα λοιπὰ τὰ τρία,
ἀνάπαυσις καὶ σύνθεσις καὶ ῥυθμὸς τελευταῖος.
τούτοις ἑκάστη τέμνεται τοῖς μέρεσιν ἰδέα.

335–337 Hermog. De inv. IV 9 p. 198, 14–18 ‖ **338–339** IV 10 p. 199, 4–7 ‖ **340–342** cf. IV 11 p. 201, 1–4 ‖ **343–344** cf. IV 12 p. 202, 16–17 ‖ **345–346** IV 13 p. 204, 17–18 ‖ **348–351** IV 14 pp. 210, 20–211, 4 ‖ **356–362** Hermog. De id. I 1 p. 218, 18–23

335 *λέγεις* **W** ‖ **338** *γὰρ*] *δὲ* **W** ‖ **339** *παρεισαγομένου* **r**^{v} ‖ **340** *δὲ*] *ἐστὶ* **r**^{v} ‖ **343** *πᾶν δ' εἴ τις* **W**: *πᾶς δ' εἴ τις* **r**^{m} *πᾶν δ' εἴ τι* **r**^{v} *πάντα δὲ* **P** | *λόγον* **P** *-οις* **r**^{v} | *ἄτεχνον* **Pr**^{v} | *προεξειργασμένον* **Pr**^{v} ‖ **344** *γενικωτάτω* **r**^{m}: *-τέρω* **r**^{v}**W** *τεχνικωτάτω* **P** ‖ **346** *ἐναντίαν* **r**^{m} ‖ **347** *τὰ … ῥητορικώτερά* **r**^{m} ‖ **348** *συγκριτικὰ*] *ῥητορικὰ* **r**^{v} | *γραπτέα* **W** ‖ **349** *δὲ*] *καὶ* **W** ‖ **350** *συντεθειμένον* **r**^{m} *σὺ τεθειμένον* **r**^{v} ‖ **352** *καὶ τοῦτο* trp. **W** | *τὸ τέλος*] *βιβλίον* **P** ‖ **355–356** habet **r**^{m}: om. cett. ‖ **357** *πρῶτον μέρος*] *πρώτη μὲν ἡ* **r**^{m} ‖ **358** *τῶν λέξεων* **P** ‖ **361** *ῥυθμοὶ τελευταῖον* **W**

Εἰσὶ δὲ τρεῖς αἱ γενικῶς τεμνόμεναι εἰς εἴδη,
σαφήνεια καὶ μέγεθος καὶ κάλλος εἰρημέναι.
καὶ τοῦ σαφοῦς μὲν ἀσαφὲς ἀντίθετον τυγχάνει,
τὸ μέγεθος δ' εὐτέλειαν ὑπεναντίαν ἔχει,
τὸ δ' ἀμελὲς ἀντίρροπον τοῦ κεκαλλωπισμένου.
τέσσαρες δὲ τυγχάνουσιν ἰδικαὶ τεταγμέναι,
γοργότης, ἧς ἀντίθετον ἐστὶν ἡ ὑπτιότης,
ἦθος καὶ ἐνδιάθετον, καὶ τέταρτον δεινότης.
Τέμνεται δ' ἡ σαφήνεια εἰς δύο ταῦτα μέρη,
εἰς καθαρότητά φημι καὶ εἰς εὐκρίνειάν γε·
τῇ πρώτῃ μὲν ἀντίθετον περιβολὴ τυγχάνει
καὶ τῇ δευτέρᾳ σύγχυσις, κακία τις τοῦ λόγου.
τὸ μέγεθος δὲ τέμνεται εἰς ἓξ ταύτας ἰδέας,
σεμνότητα, τραχύτητα, λαμπρότητα τὴν τρίτην,
ἀκμήν τε καὶ σφοδρότητα, περιβολὴν τὴν ἕκτην.
τοῦ ἤθους δ' εἰσὶ τέσσαρες ἰδέαι τεμνομένου,
ἐπιεικές, ἀφέλεια, ἀλήθεια, βαρύτης,
ἥτις αὐτὴ μὲν καθ' αὑτὴν οὐδαμῶς θεωρεῖται,
συνίσταται δ' ἐξ ἀφελοῦς καὶ τῆς ἐπιεικείας.
τῆς δ' ἀφελείας πέφυκε δριμύτης καὶ γλυκύτης.
Ἔννοια καθαρότητος ἡ κοινὴ καὶ συνήθης.
μέθοδος ἡ προσβάλλουσα τοῖς πράγμασιν αὐτόθεν.
λέξις σαφής, μὴ τροπική, ἀλλ' ἡ συνηθεστάτη.
σχῆμα τὸ κατ' ὀρθότητα πτώσεως τεταγμένον.
κῶλα μικρὰ εἰς ἔννοιαν καθ' ἓν ἀπηρτισμένα.
συνθήκη μὴ φροντίζουσα συγκρούσεως στοιχείων.
ἀνάπαυσις ἰαμβική, κατάληξις τοιαύτη.

363–365 217, 23–218, 1; 225, 9–10; cf. I 12 p. 296, 5–7 ‖ **371–372** I 2 p. 226, 14–15 ‖ **373** p. 226, 19–20 ‖ **383** I 3 p. 227, 2–3 ‖ **384** p. 228, 3–6 ‖ **385** p. 229, 8–9 ‖ **386** p. 229, 19; 230, 12 ‖ **387** p. 232, 6 ‖ **388** p. 232, 8–9 ‖ **389** p. 233, 15–18

363 *τρεῖς* om. **W** | *γενικαὶ* **r**^{v} | *εἰς εἴδη τετμημέναι* **P** ‖ **364** *κάλλος εἰρημέναι* **P**: *-νον* **r**^{m} **r**^{v} *κεκαλλωπισμένον* **W** ‖ **366** *εὐτέλεια* **r**^{v} | *ὑπεναντίαν* **r**^{m}: *τὴν ἐναντίαν* **P** *ἀπεναντίας* **W** *ὡς ἐναντίως* **r**^{v} ‖ **367** *ἀκαλλὲς* **W** | *ἀντίθετον* **P** ‖ **368** *τέσσαρα* **W** | *εἰδικαὶ* **r**^{v} *ἰδικῶς* **W** | *τεταγμένα* **W** *τετμημέναι* **P** ‖ **370** *καὶ*^{1}] *τε* **P** | *καὶ τέταρτον*] *ἀλήθεια* **W** ‖ **371** *μέρη ταῦτα* trp. **r**^{m} | *ταύτην* **W** ‖ **372** *γε* **P**: *τε* cett. ‖ **373** *ἀντίρροπον* **PW** | *περιβολῇ* **r**^{m} *μεταβολὴ* **r**^{v} ‖ **374** *σύγχυσιν* **W** | *τόπου* **P** ‖ **375** *δὲ*] *τε* **r**^{m} ‖ **377** *παραβολὴν* **r**^{v} ‖ **378** *ἰδέαι*] *αἰτίαι* **W** ‖ **379** *ἐπιεικὴς* **r**^{m}**r**^{v} (deest **P**) | *ἀλήθεια ἀφέλεια* trp. **P** ‖ **384** om. **W** | *μέθοδος δ'* **r**^{v} | *προβάλλουσα* **r**^{v} | *αὐτόθι* **r**^{m}**r**^{v} ‖ **385** *ἢ* **r**^{m} ‖ **388** *σύγκρουσιν* **r**^{v}

Τῆς δ' εὐκρινείας ἔννοιαι ἐν κεφαλαίοις δύο·
αἱ καταστατικώτεραι καὶ εἰς ἀρχὴν τὸν λόγον
ἀνάγουσαι καὶ σφίγγουσαι καὶ πάλιν κατωτέρω
διατυποῦσαι κάλλιστα τὴν τάξιν τῶν μελλόντων.
μέθοδος ἡ τὰ πράγματα τιθεῖσα κατὰ φύσιν,
τὰς ἀντιθέσεις πρότερον καὶ δεύτερον τὰς λύσεις.
σχῆμα δὲ τὸ κατ' ἄθροισιν, ὁ μερισμός, ἡ τάξις.
λέξεις καὶ κῶλα καὶ ῥυθμός, ἀνάπαυσις, συνθήκη,
οἷα καὶ καθαρότητος τῆς ἀδελφῆς ἰδέας.
Ἔννοιαι δὲ σεμνότητος περὶ θεῶν καὶ θείων.
μέθοδοι ἀποφαντικῶς εἰπεῖν καὶ πεποιθότως
καὶ μᾶλλον ἀλληγορικαὶ μέχρι παντὸς ἀρκοῦσαι.
λέξις πλατεῖα καὶ καλή, τὸ στόμα διογκοῦσα.
σχῆμα τὸ κατ' ὀρθότητα. κῶλα συντετμημένα.
συνθήκη μίξιν ἔχουσα παντοίων φωνηέντων,
δακτυλική, σπονδειακὴ καὶ ἡ δι' ἀναπαίστων.
ἀνάπαυσις ἡ λήγουσα σπονδείοις καὶ δακτύλοις,
ἐξ ὧν οἰκεῖος ὁ ῥυθμὸς καὶ γνώριμος τυγχάνει.
Ἔννοια δὲ τραχύτητος ἡ κατὰ τῶν μειζόνων
προσώπων ἐπιτίμησιν ἔχουσα παραδόξως.
μέθοδος μὴ λεαίνουσα τὴν ἀκοὴν τῇ τέχνῃ,
ἀλλ' ἡ ἀπαρακάλυπτος καὶ μὴ συμπεπλεγμένη.
λέξις σκληρὰ καθ' ἑαυτήν, πρὸς δὲ καὶ τετραμμένη.
σχήματα τὰ προστακτικά, ἐλεγκτικὰ δὲ πλέον.
καὶ κῶλα δὲ βραχύτερα καὶ ἄρρυθμος συνθήκη.
Ἔννοιαι δὲ σφοδρότητος ἔλεγχος τῶν χειρόνων.

390–392 I 4 p. 236, 16–17 ‖ **393** p. 236, 21 ‖ **394** p. 237, 20–22 ‖ **395** p. 238, 6–7 ‖ **396** p. 238, 17; 21–22 ‖ **397–398** p. 238, 16; 240, 16–17 ‖ **399** I 6 p. 242, 22–23 ‖ **400** p. 242, 10–11 ‖ **401** p. 246, 16–17 ‖ **402** p. 247, 12–13 ‖ **403** p. 250, 6–7; 251, 14–15 ‖ **404–405** p. 251, 21–24 ‖ **406** p. 253, 11–13 ‖ **407** p. 254, 9–10 ‖ **408–409** I 7 p. 255, 25–27 ‖ **410–411** p. 258, 1–4 ‖ **412** p. 258, 7–8 ‖ **413** p. 258, 19–21 ‖ **414** p. 259, 13; 259, 23–24 ‖ **415** I 8 p. 260, 17–21

390 *κεφαλαίω* **P** ‖ **391** *καὶ εἰς*] *εἰς τὴν* **P** ‖ **392** *ἀνάγουσα καὶ σφίγγουσα* $\mathbf{r}^{m}\mathbf{r}^{v}$ ‖ **393** *διατυποῦσα* $\mathbf{r}^{m}$ | *μάλιστα* **P** ‖ **394** *δ' ἡ* $\mathbf{r}^{m}$ | *δηλοῦσα* $\mathbf{r}^{m}$ ‖ **396** *δὲ* om. **WP** | *κατὰ* **WP**$\mathbf{r}^{v}$ ‖ **397** *λέξις* $\mathbf{r}^{v}$ | *ῥυθμοὶ* **P** ‖ **399** *ἔννοια* **P** | *θ(εο)ῦ* **P** ‖ **400** *μέθοδος* $\mathbf{r}^{m}\mathbf{r}^{v}$ *μέθοδοι δ'* **P** | *ἀποφαντικαὶ* **W** ‖ **401** *ἀλληγορικαὶ* (?) … *ἀρκοῦσα* $\mathbf{r}^{m}$ ‖ **404** *φωνημ(ά)των* $\mathbf{r}^{m}$ ‖ **405** om. **W** ‖ **406** *λέγουσα* $\mathbf{r}^{v}$ ‖ **408** *μετὰ* $\mathbf{r}^{v}$ ‖ **411** *ἢ* **WP** | *συγκεκρυμμένη* $\mathbf{r}^{v}$ ‖ **412** *μεθεαυτὴν* **W** ‖ **413** *τὰ*] *μὴ* **P** | *πλέον*] *μᾶλλον* **P** ‖ **414** *ἄρυθμος* $\mathbf{r}^{m}\mathbf{r}^{v}$**W** *ἀριθμοῦ* **P** ‖ **415** *ἔννοια* **P** | *ἔλεγχοι* **P** | *κρειττόνων*, sscr. *χειρό*, $\mathbf{r}^{m}$

μέθοδος ἀνενδοίαστος. λέξις ἡ καινοτέρα.
σχῆμα τὸ κατ' ἀποστροφήν. κῶλα τρισύλλαβά πως.
συνθήκη τὰ φωνήεντα συγκρούουσα πολλάκις.
καὶ τἆλλ' ὡς ἐν τραχύτητι, οὐδὲν γὰρ διαφέρει.
Ἔννοιαι δὲ λαμπρότητος λαμπραὶ πάντως τὴν φύσιν,
αἱ μετὰ πεποιθήσεως, αἱ μετὰ παρρησίας.
λέξεις αἱ τῆς σεμνότητος, αἱ διεξωγκωμέναι.
σχῆμα τὸ κατ' ἀναίρεσιν τό τε τοῦ ἀσυνδέτου,
πλαγιασμός, ἀπόστασις ἥ γε τεχνικωτέρα.
ἀνάπαυσις δὲ καὶ ῥυθμὸς σεμνὰ σὺν τῇ συνθήκῃ.
Ἔννοιαι δὲ καὶ μέθοδοι τῆς ἀκμῆς ἰσοτίμως
ὅσαι καὶ τῆς τραχύτητος καὶ τῆς σφοδρᾶς ἰδέας.
σχήματα τῆς λαμπρότητος. σφοδρότητος τὰ κῶλα.
ἀνάπαυσις δὲ καὶ ῥυθμός, πρὸς τούτοις καὶ συνθήκη,
ὅσα καὶ τῆς λαμπρότητος τυγχάνει τῆς ἰδέας.
Λέξεις οὐδεὶς περιβολῆς εἴρηκε τῶν ῥητόρων,
εἰ μή τις δογματίσειε τὰς ἰσοδυναμούσας.
σχήματα δὲ τὰ τίκτοντα ἐννοίας διαφόρους,
πλαγιασμὸς καὶ μερισμὸς καὶ τὸ κατὰ τὴν κρίσιν,
πρὸς δὲ τὸ καθ' ὑπόθεσιν, εἶτα τὸ ἐπιτρέχον.
τἆλλα δ' οὐκ ἔστιν ἴδια περιβολῆς ἰδέας.
Κάλλους οὐκ ἔστιν ἔννοια, οὐ μέθοδος οἰκεία,
σχήματα δὲ παμποίκιλα καὶ πολλὰ τῆς ἰδέας·
αἱ παρισώσεις ἅπασαι τῶν ἄνω καὶ τῶν κάτω,
αἱ κατὰ κῶλ' ἐπάνοδοι, ἀλλὰ μὴ κατὰ κόμμα,
ἀντιστροφαὶ καὶ κλίμακες, ὑπερβατὰ πρὸς τούτοις,

416 cf. p. 262, 3–7; 262, 9–10 ‖ **417** p. 262, 15; cf. p. 263, 15–17 ‖ **418–419** p. 263, 18–22 ‖ **420–421** I 9 p. 265, 1 ‖ **422** p. 267, 7 ‖ **423** p. 267, 8–9; 12–13 ‖ **424** p. 267, 18–21 ‖ **425** pp. 268, 24–269, 4 ‖ **426–427** I 10 p. 270, 1–2 ‖ **428** p. 270, 13–14 | aliter Hermog. p. 272, 12 (v. app. crit.) ‖ **429–430** Hermog. p. 272, 12–13 ‖ **431–432** I 11 p. 284, 22–285, 1 ‖ **433** pp. 286, 24–287, 1 ‖ **434** p. 288, 13; 21; 287, 26; 291, 21 (?) ‖ **435** p. 287, 25; p. 290, 13 ‖ **437** I 12 p. 298, 14–15 ‖ **439** p. 302, 2–3 (?) ‖ **440** p. 302, 10; 303, 1–3 ‖ **441** p. 303, 6–7; 304, 16; 305, 16

419 *βραχύτητι* $\mathbf{r}^{v}$ | *οὐδὲ* $\mathbf{r}^{v}$ ‖ **420** *δὲ* om. **W** | *αἱ λαμπραὶ* $\mathbf{r}^{v}$ | *πάντ( )* $\mathbf{r}^{m}$ ‖ **423** *τε*] *γε* $\mathbf{r}^{v}$ ‖ **425** *ἀνάπαυσις*] *ἐν ἅπασι* $\mathbf{r}^{v}$ | *σεμνὸς ὁ τῆς συνθήκης* $\mathbf{r}^{v}$ ‖ **427** *ὅσα* $\mathbf{r}^{v}$ ‖ **428** *σφοδρότητος*] *ὡσαύτως* sscr. pr. m. $\mathbf{r}^{m}$ ‖ **429** *τούτοι* $\mathbf{r}^{v}$ ‖ **430** *ὅσαι δὲ* $\mathbf{r}^{m}$ ‖ **431** *περιβολὰς* $\mathbf{r}^{m}$ *παραβολῆς* $\mathbf{r}^{v}$ ‖ **432** om. **P** ‖ **434** *μερισμὸς* **PW**, Hermog.: *στοχασμὸς* $\mathbf{r}^{m}\mathbf{r}^{v}$ ‖ **435** *περιέχον* $\mathbf{r}^{m}$ ‖ **436** *δ'* om. **W** | *περιβολῇ* $\mathbf{r}^{m}$ ‖ **439** *ἡ παρισότης ἅπασα* **P** ‖ **441** *ὑπερβαταὶ* **W**

καινοπρεπῆ, πολύπτωτα, εὐειδεῖς ἀναιρέσεις.
κῶλα δὲ τὰ μακρότερα, ἀσύγκρουστος συνθήκη.
Ἀλλ' οὐδὲ τῆς γοργότητος ἔννοιάν τις εὑρήσει.
κυρίως δ' ἔχει μέθοδον οὐδὲν ὁμοίαν ἄλλαις,
χρῆσθαι ταῖς ἀπαντήσεσιν ἀθρόαις καὶ ταχείαις.
σχήματα τῆς γοργότητος ἐστὶ τὸ ἐπιτρέχον,
ἀσύνδετον κομματικόν, ἐξαλλαγαὶ ταχεῖαι,
ἀναστροφαί, ἐπιστροφαὶ καὶ συμπλοκαὶ ταχεῖαι.
συνθήκη μὴ συγκρούουσα φύσιν τῶν φωνηέντων.
ἀνάπαυσις τροχαϊκὴ μηδαμῶς βεβηκυῖα.
Τῆς ἀφελείας ἔννοιαι αἱ πρόχειροι τελείως,
αἱ πάντῃ ἀπερίεργοι καὶ οἷον νηπιώδεις.
μέθοδοι πλεονάζουσαι μᾶλλον τοῖς κατὰ μέρος.
λέξεις αἱ ἰδιότροποι, οἷον τὸ ἀδελφίζειν.
κῶλα τῆς καθαρότητος. συνθήκη λελυμένη.
ἀνάπαυσις ἡ βαίνουσα. ῥυθμὸς τούτων οἰκεῖος.
Ἔννοιαι τῆς γλυκύτητος αἱ μυθικαὶ τὸ πλέον
ἢ μύθοις παραπλήσιαι προσφυῶς διηγήσεις,
τὰ σαίνοντα τὴν αἴσθησιν, τὰ τοῖς ἀπροαιρέτοις
προαίρεσιν προσπλάττοντα, γλυκὺ γὰρ τοῦτο πάντως.
μέθοδος καθαρότητος. λέξεις τῆς ἀφελείας.
σχήματα καθαρότητος, ὡσαύτως καὶ τοῦ κάλλους.
συνθήκη δ' ἡ ἀσύγκρουστος ἐγγίζουσα καὶ μέτρῳ.
ἀνάπαυσις σεμνότητος. ῥυθμὸς τῆς ἀφελείας.
Ἔννοιαι δὲ δριμύτητος ἐπιπολῆς βαθεῖαι.
μέθοδος μὴ περίνοιαν εἰσάγειν ἐν τῷ λόγῳ,

442 p. 306, 4; 306, 13; 306, 8–12 ‖ **443** p. 306, 23–24; 306, 24–307, 1 ‖ **444** II 1 p. 312, 10–11; 19 ‖ **445–446** p. 313, 5–6 ‖ **447** p. 314, 23 ‖ **448** p. 316, 2, 316, 5–6 ‖ **449** p. 316, 13 (?); 316, 14–15 ‖ **450** p. 319, 16–17 ‖ **451** p. 320, 11–12 ‖ **452–453** cf. II 3 p. 322, 5–9; 13 ‖ **455** p. 328, 16–18 | Isocr. Or. 19, 30 ‖ **456** Hermog. De id. II 3 p. 329, 5–7 ‖ **457** p. 329, 14; 329, 17–18 ‖ **458** II 4, p. 330, 2–3 ‖ **459** p. 330, 24 ‖ **460–461** p. 333, 14–16 ‖ **462** p. 335, 24–25; 336, 1 ‖ **463** cf. p. 339, 3–5 ‖ **464** p. 339, 6–7 ‖ **465** p. 339, 11–13 ‖ **466** II 5 p. 339, 17–20 ‖ **467–468** p. 339, 20–22

443 *μικροτέρα* **PW** | *ἀσύγκρουστα* **r**^{m} *ἀσύγκρυτος* **r**^{v} ‖ **445** *οὐδὲ* **r**^{m}**r**^{v} | *ἄλλοις* **r**^{v} ‖ **447** *σχῆμα τὸ* **r**^{v} ‖ **449** mg. suppl. **W** ‖ **450** *συνθῆκαι μὴ συγκρούουσαι* **r**^{v} | *συγκρίνουσα* **r**^{m} | *φύσεις* **Pr**^{v} ‖ **453** *πάντ( )τ( ) περίεργοι* **r**^{m} ‖ **454** *μέθοδος πλεονάζουσα* **P** | *μᾶλλον*] *πλέον* **P** ‖ **456** *τῆς*] *τὰ* **W** | *λελειμμένη* **r**^{m} ‖ **457** *μένουσα* ex *βένουσα* **W** ‖ **459** *παραπλήσιοι* **W** ‖ **462** *μέθοδοι* **PW** | *λέξις* **r**^{v} ‖ **464** *ἀσύγκρουστος* **P**: *ἀσύγκριτος* **r**^{m}**r**^{v} *εὐσύνθετος* **W** ‖ **466** *βαρεῖαι* **r**^{m} ‖ **467** *μὴ*] *καὶ* **r**^{v} | *περίνοια* **r**^{m} *παρέννοιαν* **W**

τὰ δὲ ποικίλα καὶ δεινὰ ἁπλούστερον συγγράφειν.
δεύτερον εἶδος πέφυκε δριμύτητος ἐν λέξει,
ἥτις κυρία μέν ἐστι, κυρίως δ' οὐ κυρία.
κυρίως γὰρ φιλάνθρωποι τυγχάνουσιν οἱ κύνες
(φιλοῦσι γὰρ τὸν ἄνθρωπον), κυρίως δ' οὐ κυρίως,
ἄλλην γὰρ ἔχει ἔννοιαν τὸ τῆς φιλανθρωπίας·
καὶ τὸ καθ' ὁμοιότητα λέξεως εἰρημένον
δριμύ πως, εἰ καὶ μὴ δριμὺ δοκεῖ τῷ τεχνογράφῳ.
εἶδος ἄλλο δριμύτητος ἡ παρονομασία.
καὶ πάλιν ἄλλο πέφυκε τὸ κατ' ἀκολουθίαν,
τροπῆς μὲν πάνυ τι σκληρᾶς εἰσάγον σκληροτέραν.
Ἐπιεικείας δ' ἔννοια μειονεκτεῖν ἑκόντα
καὶ τῷ ἐχθρῷ χαρίζεσθαι καὶ πλέον τι διδόναι
δεικνύειν τε ὡς εἴσεισι τὴν δίκην κατ' ἀνάγκην.
μέθοδός τε ὑφίεσθαι τῶν ἑαυτοῦ δικαίων
καὶ μὴ σφοδρῶς προσφέρεσθαι κατὰ τῶν ἀντιδίκων.
ἡ λέξις δὲ καὶ τὰ λοιπὰ οἷα τῆς ἀφελείας.
Τοῦ ἀληθοῦς δὲ ἔννοιαι καὶ τοῦ ἐνδιαθέτου
αἱ ἀφελεῖς, ἐπιεικεῖς καὶ σχετλιάζουσαί πως.
μέθοδος ἡ σχετλίασις εἰς ἔννοιαν τοιαύτην,
ἐν ᾗ μὴ σχετλιάσεως χρεία τῆς εἰρημένης,
τὸ χρῆσθαί τε τοῖς πάθεσιν, ὅρκῳ, φόβῳ καὶ λύπῃ,
εὐχῇ, ὀργῇ καὶ θαύματι μηδὲν προειρηκότι
καὶ τὸ τῶν ἀντιθέσεων μὴ συνδεσμεῖν τὰς λύσεις
καὶ χωρὶς καταστάσεως ἐπάγειν τὰς ἐννοίας
ἀκολουθίαν τε εἱρμῶν ἐν ταῖς ὁρμαῖς μὴ σῴζειν.

469 cf. pp. 339, 25–340, 3 ‖ **470–473** pp. 340, 15–341, 5 ‖ **474–475** p. 340, 5–6 ‖ **476** p. 342, 19 ‖ **477–478** p. 343, 14–19 ‖ **479** II 6 p. 345, 6 ‖ **480** p. 345, 24–25 ‖ **481** p. 346, 18–21 ‖ **482** p. 347, 11–14 ‖ **483** p. 349, 3–4 ‖ **484** p. 352, 10 ‖ **485–486** II 7 p. 352, 16–23 ‖ **487–488** p. 353, 11–13 ‖ **489–490** p. 355, 23–25; cf. 354, 21–23 ‖ **491** p. 356, 19–21; 357, 19–21 ‖ **492** p. 357, 5–7 ‖ **493** p. 357, 25–26

468 *συνάγειν*, sscr. *γγράφειν*, **r**^{v} ‖ **469** *δριμύτατον* **r**^{m} ‖ **470** *κυρίως* **P r**^{v}: *-ου* **r**^{m} *-α* **W** ‖ **472** *κυρίως δ' οὐ κυρίως*] *ἐκτάπως συνηθεία* **P** ‖ **474** *λέξεων* **r**^{m}**r**^{v} ‖ **476** *δριμύτ(α)τον* **r**^{m} ‖ **477** *τὰ* **P** ‖ **478** *τι*] *τῆς* **P** | *σκληρότερον* **r**^{v} (compend. **r**^{m}) ‖ **480** *πλέον τι*] *παρόντι* **P** ‖ **481** *ὡς* **r**^{v}: *οἷς* **PW** *οἷον* **r**^{m} ‖ **482** *τε*] *τὸ* **r**^{m}**r**^{v} ‖ **483** *προφέρεσθαι* **r**^{m} | *ἐναν[τίων]* **P** ‖ **485** *ἔννοιαι* **P**: *-α* cett. ‖ **486** *αἳ* **r**^{m} | *ἀφελεῖς* **r**^{m}**r**^{v}: *ἀληθεῖς* **W** *-ῶς* **P** | *σχετλιάζουσί* **r**^{m} ‖ **487** *εἰς σχετλίασιν* **P** | *ἔννοιαν*] *μέθοδον* **P** ‖ **488** *τοῖς εἰρημένοις* **W** ‖ **489** *καὶ φόβῳ* trp. **P** ‖ **490** *προειρηκότα* **W** ‖ **491** *συνδεσμῶν* **W** ‖ **493** *ἀκολουθίαν τε εἱρμῶν* **W**, (*-ὸν*) **P**: *ἀκολουθίας τε εἷρμῶ* **r**^{m} *ἀκόλουθόν τε τὸν εἱρμὸν* **r**^{v} | *ἐν* **r**^{v}: *καὶ* cett. | *ὀργαῖς* **r**^{v} (*λοιδορίαις* Hermog.)

λέξις ἡ τῆς τραχύτητος ἐλεεινολογοῦντι,
ἡ καθαρὰ καὶ ἀφελὴς καὶ πλέον ἡ γλυκεῖα.
σχήματα ταῖς ἐπιφοραῖς τὰ τῆς σφοδρᾶς ἰδέας,
ἀποστροφαί, τὸ δεικτικόν, διαπορεῖν ἐντέχνως,
ἐνδοιασμός, ἐπίκρισις ἐπιδιόρθωσίς τε.
κῶλά τε καὶ ἀνάπαυσις καὶ ῥυθμὸς καὶ συνθήκη
πάντα τὰ τῆς σφοδρότητος καὶ τὰ τῆς ἀφελείας.
Ἔννοιαι δὲ βαρύτητος, εἴ τις ἀγανακτοίη,
εὐεργεσίας ἀριθμῶν καὶ τυχὸν τιμωρίας,
αἵ τε κατονειδίζουσι τοῖς ἠγνωμονηκόσι
μᾶλλον ἐκ παραθέσεως τῶν τυχόντων κρειττόνων.
αἱ εἰρωνείας μέθοδοι αἱ πρὸς ἐχθρὸν ἐλάττους.
οὐδὲν ἄλλο βαρύτητος ἴδιον πλὴν τῶν δύο.
Ἔννοιαι δὲ δεινότητος παράδοξοι, βαθεῖαι.
λέξις ἀξιωματική, μᾶλλον δ' ἡ τετραμμένη.
σχήματα, κῶλα καὶ ῥυθμοί, ἀνάπαυσις, συνθήκη,
οἷα καὶ τῆς σεμνότητος καὶ τῆς ἀκμῆς τυγχάνει,
λαμπρότητος, περιβολῆς, τῶν ἀπηριθμημένων.
Ὁ λόγος δ' ὁ πολιτικὸς πᾶσι μὲν κεκοσμήσθω,
τάσδε δὲ κατ' ἐξαίρετον ἐχέτω τὰς ἰδέας.
τὸ ἠθικόν, τὸ ἀληθές, τὸ περιβεβλημένον,
γοργότητα, σαφήνειαν, τὸ τραχύ, τὸ ἀκμαῖον,
σεμνότητα, λαμπρότητα, δεινότητα μεθόδου,
ἃς δή σοι συνοψίσομεν ὥσπερ ἐν κεφαλαίῳ.
Λέξις ἧς ἐστιν ἄγνοια τρεῖς ἔχει τὰς μεθόδους
εὑρέσεως νοήσεως τῆς ἀποκεκρυμμένης·

494 p. 359, 16; 360, 1–2 ‖ **495** p. 360, 3–4 ‖ **496** p. 360, 13–14 ‖ **497** p. 360, 14; 361, 2–3; 361, 4–5 ‖ **498** p. 361, 20–21; 361, 17–362, 2; 362, 2–4 ‖ **499–500** p. 363, 17–22 ‖ **501–504** II 8 p. 364, 2–8 ‖ **505** p. 366, 8–11 ‖ **506** p. 368, 17–18 ‖ **507** II 9 p. 373, 24–25 ‖ **508** p. 375, 8–12 ‖ **509–511** p. 375, 14–18 ‖ **512** II 10 p. 380, 12–13 ‖ **513–516** 381, 6–16 ‖ **516–517** cf. p. 383, 13–14 ‖ **518–520** Hermog. De meth. 2 p. 415, 5–7

495 *ἀσφαλὴς* **r**[m] ‖ **497** *ἀποστροφὴν τὴν δεικτικὴν διεύπορεῖν ἐν τέχνη* **r**[m] | *ἀποφοραὶ* **P** ‖ **499** *τε*] *δὲ* **r**[v] | *καὶ* om. **P** | *ἀνάπαιστα* **P** ‖ **500** *ἀσφαλείας* **PW** ‖ **501** *δ' αἱ* **r**[m] ‖ **502** *τυχὼν* **r**[m] **r**[v] **W** ‖ **503** *αἵ*] *ἄν* **r**[m] **r**[v] | *κατονειδίζουσαι* **W** (**P** incert.) | *συγγνωμονηκόσι* **W** ‖ **504** *παραθέσεων* **r**[m] **r**[v] | *τὴν τύχην τῶν* **P** ‖ **505** *εἰρωνείας* **P**: *-εῖαι* cett. | *ἐχθρῶν* **W** (deest **P**) ‖ **506** *βαρύτατον* **r**[m] **r**[v] ‖ **506–507** *ἴδιον – δεινότητος* om. **W** ‖ **510** *οἷαι* **r**[m] ‖ **511** *περιβολαὶ* **W** ‖ **512** *δ'* om. **r**[m] ‖ **513** *τὰς δέ γε* **W** *ἰδίας δέ τε* **r**[m] ‖ **515** *ταχὺ* **r**[m] ‖ **516** *μεθόδους* **r**[m] **P** ‖ **517** *ἃς*] *ὃν* **r**[v] | *συνοψίσομεν* **P** ‖ **518** om. **r**[m] **r**[v] ‖ **519** *εὕρε( )* **r**[m]

ἢ ἐθνικὴ καὶ γάρ ἐστιν ἢ τέχνης ἢ καὶ νόμου.
λέξεως ἁμαρτήματα φθορὰ καὶ ἀκυρία.
ταὐτότητι χρησόμεθα τῶν ὀνομάτων τότε,
ὅταν ἓν ᾗ τὸ ὄνομα τοῦ πράγματος οἰκεῖον.
ἡ περιττότης πέφυκε καὶ λέξεως καὶ γνώμης,
ἡ μὲν κατὰ διατριβήν, ἡ δὲ κατ' ἐνθυμήσεις.
τῶν αὐθαδῶν καὶ τολμηρῶν ἐν λόγῳ νοημάτων
δύο τὰ θεραπεύματα καὶ τὰ παραμυθοῦντα,
τῆς τόλμης ὁμολόγημα βραχεῖά τε προσθήκη.
παράλειψιν ἐργάσαιο τεχνικὴν ἐν τῷ λόγῳ
μείζονα τὴν ὑπόνοιαν δηλῶν τῶν σιγηθέντων.
τὸ περιπλέκειν ἐν καιρῷ οὐκ ἔστιν ἀτεχνίας.
γνῶθι τὴν ἐπανάληψιν διδασκαλίας χάριν
τοῦ πράγματος τυγχάνουσαν ἢ τοῦ βεβαίου τρόπου.
τὸ σχῆμα τὸ τῆς πεύσεως ἀντίρρησιν οὐκ ἔχει.
τὰ ἴσα, τὰ ὑπερβατά, προσποίησις σχεδίου,
αὔξησις εἶτ' ἀπόδειξις, τὸ λέγειν ἐναντία,
τὸ ἐγκωμίων ἑαυτὸν ἀξιοῦν ἐν τῷ λόγῳ,
τὸ χρῆσθαί τε τοῖς ἔπεσι κολλήσει, παρῳδίᾳ,
τὸ τραγικῶς ἐν τῷ πεζῷ λέγειν κατὰ τὴν τέχνην,
ἅπαντα ταῦτα μέθοδοι δεινότητος ἰδέας.
Ἔστω γοῦν σοι τεχνύδριον ἡ σύνοψις τῆς τέχνης,
εὐσύνοπτόν τι μάθημα, σύντομον, τετμημένον,
γλυκύτητος ἀνάμεστον, χάριτος πεπλησμένον,
ἡδυεπές, ἡδύφθογγον, ἡδυμελὲς ἐκτόπως,
ὡς ἂν καὶ παίζων λογικῶς κερδαίνῃς τι τοῦ λόγου.

521 3 p. 415, 19–20 ‖ **522–523** 4 p. 416, 8–10 ‖ **524–525** 5 pp. 417, 17–418, 2 ‖ **526–528** 6 p. 419, 3–5 ‖ **529–530** 7 p. 419, 17–420, 1 ‖ **531** 8 p. 421, 21–23 ‖ **532–533** 9 p. 423, 14–16 ‖ **534** 10 p. 425, 11 ‖ **535** 13 p. 428, 8 | 14 p. 429, 20 | 17 p. 433, 5 ‖ **536** 18 p. 434, 7–8 | 22 p. 437, 8 ‖ **537** 25 p. 441, 16 ‖ **538** 30 p. 447, 5–6 ‖ **539** 33 p. 450, 2–3

520 *ἐθνικὸν* **r**[v] | *νόμων* **W** *-ω* **P** ‖ **521** *τάξεως* **r**[v] | *φθορὰ ἡ ἀκαιρία* **W** *παραφθορὰ κυρία* **r**[v] ‖ **522** *νοημάτων* **r**[m] ‖ **523** *τῆς πράξεως* **r**[m] ‖ **524** *καὶ περιττόν τι* **r**[v] ‖ **525** *ευθυμήσεις* **r**[m] ‖ **527** *θεραπεύοντα* **P** ‖ **528** *ὁμολόγημα*] spat. vac. **r**[m] ‖ **529** *περίληψιν* **r**[m] **r**[v] | *τεχνικῶς* **r**[m] ‖ **530** *δηλῶν*] *δηλοῦται* (om. *τῶν*) **r**[m] *δοὺς* **r**[v] ‖ **533** *ἢ τοῦ βεβαίου τρόπου* **r**[v]: *ἢ τῶ βεβαίω τρόπω* **r**[m] *η βεβαιω τε τρόπω* **P** *βεβαιοτέρω τρόπω* **W** ‖ **535** *τὰ*[1]] *τὸ* **r**[v] | *προσποίησιν* **r**[m] ‖ **536** *εἴτ'* **P** | *ἀπόδειξις*] *ἐπαύξησις* **P** ‖ **538** *τε*] *δὲ* **P** | *κωλισαι* **P** ‖ **540** *μέθοδον* **r**[m] | *δεινοτάτης* **P** ‖ **541** *τεχνίδριον* **W** *-ήδριον* **r**[v] | *τῆς τέχνης*] *τοῦ λόγου* **P** ‖ **542** *σύντονον* **r**[m] ‖ **543** om. **r**[m] **W**

Poema 8. Synopsis legum

Farraginem legalem, quae hac Synopsi continetur, iam digessit Günther Weiss (cuius peritiae et quidquid in nostro apparatu fontium legitur debemus); sunt haec: praefatio (1–7); fontes iuris (8–65); divisio legum (66–90); de actionibus (91–198); regulae iuris (de regulis generatim, 199–205; regulae ex Theophilo, 206–331; regulae ex Basilicis, 332–365; regulae e breviario Theodori et Novellis Iustiniani, 366–436); de utilitate Novellarum (437–458); summarium alphabeticum actionum (459–635); leges secundum alphabetum (636–666); de momentis (667–774); de actionibus (ex Theophilo?) (775–838); e Leonis VI Novellis (839–872); de actionibus ex Theophilo (873–889); e tractatu de creditis (890–920); de testibus e Basilicis (921–1043); de testamentis ex Theophilo (1044–1072); regulae iuris e Basilicis (versibus iambicis, 1073–1129); excerpta e Basilicis (1130–1352); Leonis liber ultimus et schema cognationum (1353–1359); lex Romani I (1360–1378); lex Basilii II (1379–1404); epilogus (1405–1410). accedunt in codice **e**^{s} versus de lege Constantini VII Porphyrogenneti (1411–1424).

Teste titulo, qualem praebent codices **g**^{s} **w**^{s} **c**^{s} **f**^{s}, hoc poema oblatum est Michaeli Ducae imperanti una cum patre Constantino Duca (ca. 1060–1067); at contra codices **e**^{s} **m**^{s} iussu Michaelis iam ipsius rerum potiti (1071–1078) scriptum esse indicant. postea, si qua fides est scholiastae codicis **n**^{s}, Psellus mutata inscriptione Nicephoro cuidam Porphyrogenneto opusculum obtulit. quod testimonium non temere ut hominis recentioris aevi figmentum abiciendum est; nam erat revera Michaeli frater ex matre nomine Nicephorus, qui revera erat porphyrogennetus, h. e. in palatio natus. fuit hic Nicephorus Diogenes, filius minor Romani IV Diogenis et Eudociae, natus a. 1070/71, saepe memoratus apud Annam Comnenam in Alexiade (IV 5,3; VII 2,3–4; 3,5–11); m. Iunio a. 1092 Alexii iussu propter seditionem oculis privatus est (IX 5–10). putare possis Psellum, cum Michael a Botaniate imperio demotus esset, huic puero octavum vel nonum annum agenti Synopsin inscripsisse; obstant tamen nomina imperialia passim obvia *(ἄναξ, δέσποτα, στεφηφόρε)*, quae ad Nicephorum nullo modo, quod sciamus, pertinebant. accedit quod titulus codicis **n**^{s} sermonem scholiastae potius quam Pselli redolet (cf. schol. I 13). ceterum animadvertendum est Nicephori nomen in ipsa quoque Synopsi semel inveniri (vss. 1314–1315: 'si ipse annorum quinquaginta moriar, Nicephorus mihi heres esto'); cum id nomen nusquam in exemplis legalibus ad significandum hominem quemcumque usurpetur (sicut Primus et Titius, vss. 254–255), credideris Psellum per iocum fratrem Michaelis infantem heredem eius instituisse. quod si rectum sit, sequatur Synopsin (aut saltem textum eius, qualem nunc habemus) anno 1071 non vetustiorem esse, cui opinioni obloquuntur codices praecipui.

De scholiis vide quae dixi in Praef. pp. XIX–XX. cum codex **n**^{s} passim madore corruptus sit, me omnia recte legisse non spondeo.

8 **c**^{s} 196^{r}–213^{r} **f**^{s} 165^{r}–192^{v} **g**^{s} 267^{r}–274^{v}; 316^{r}–331^{r} **w**^{s} 198^{r}–218^{r} **s** 52^{r}–62^{r} **a**^{s} 116^{r}–139^{r} **e**^{s} 235^{r}–262^{v} **m**^{s} 1^{r}–34^{r} **p**^{s} 20^{r}–28^{r} **v**^{s} 233^{r}–263^{v} (**d**^{s} 3^{r}–25^{r}) (codd. **m**^{s}**p**^{s}**v**^{s} lectiones propriae negleguntur) ‖ edd. Bosquet; Meerman; Kuinöl; PG 122, 923–1008; Zepos 379–407; Weiss

Τοῦ σοφωτάτου Μιχαὴλ τοῦ Ψελλοῦ καὶ ὑπερτίμου Σύνοψις τῶν νόμων διὰ στίχων ἰάμβων καὶ πολιτικῶν πρὸς τὸν βασιλέα κῦριν Μιχαὴλ τὸν Δούκαν ἐκ προστάξεως τοῦ πατρὸς αὐτοῦ καὶ βασιλέως

Πολὺ καὶ δυσθεώρητον τὸ μάθημα τοῦ νόμου,
ἐν πλάτει δυσπερίβλεπτον, ἀσαφὲς ἐν συνόψει,
ἐν λόγῳ δυσερμήνευτον, ἀλλ' ὅμως ἀναγκαῖον·
καὶ δεῖ τὸν αὐτοκράτορα τούτου μᾶλλον φροντίζειν,
δικαίως γὰρ τὸ δίκαιον ἐν δίκαις φυλακτέον.
ὅθεν ἐγώ σοι τὰ πολλὰ τοῦ λόγου συνοψίσας
εὐθήρατόν τι σύνταγμα πεποίηκα τῶν νόμων.
Πρῶτον δ' ἑρμηνευτέον σοι πόσα τοῦ νόμου μέρη.
τὸ μὲν γὰρ τούτου Κώδικες οὕτως ὠνομασμένον,
πτυχίον δωδεκάβιβλον, ὅ φασι Διατάξεις·
ἔχει δὲ τοῦτο, δέσποτα, δόγματα βασιλέων
ἀντιγραφάς τε νομικὰς καὶ δικῶν ἀποφάσεις.
Τὸ δὲ καλοῦσι Δίγεστα, Ῥωμαϊκὴ δ' ἡ κλῆσις,
ὑπάρχει δὲ τὸ Δίγεστα Ἑλληνικῶς Πανδέκτης,
ὅτι καὶ νόμων πέφυκε παντοδαπῶν δοχεῖον
καὶ πλεῖστοι συνεγράψαντο τοὺς νόμους τοῦ Πανδέκτου.
τῶν δὲ Διγέστων, δέσποτα, παντοδαπὰ τὰ μέρη.
τὰ μὲν γὰρ πρῶτα λέγουσι περὶ συναλλαγμάτων,
τετράβιβλος δ' ἡ σύνταξις, κλῆσις πρῶτα τῶν πρώτων.
τὸ μετὰ ταῦτα πέφυκεν ἑπτάβιβλον πτυχίον,
Ῥωμαϊκῶς λεγόμενον οὕτω, διουδικίης,

8 9–10 Psell. Digest. divis. p.296,5–7 Weiss ‖ 13–15 p.296,7–11 ‖ 18–27 p.296,14–22

tit. sec. $\mathbf{g}^{s}\mathbf{w}^{s}$ (*ψελλοῦ καὶ* om. $\mathbf{g}^{s}$ | *κύριον* $\mathbf{w}^{s}$): *Σύνοψις τοῦ πανυπερτίμου* (*μιχα(ὴλ)* *τοῦ* add. $\mathbf{c}^{s}$) *ψελλοῦ εἰς τὰς τῶν νόμων ἀγωγάς* (*πρὸς τὸν βασιλ(έα) κῦρ μιχ(αὴλ) τὸν δοῦκαν ἐκ προστάξεως τοῦ π(ατ)ρ(ὸ)ς αὐτοῦ καὶ βασ(ι)λ(έ)ως* mg. sup. ead. m. add. $\mathbf{c}^{s}$) $\mathbf{c}^{s}\mathbf{f}^{s}$ *τοῦ πανυπερτίμου ψελλοῦ κυροῦ μιχαήλ· σύνοψις ἐπίτομος τῶν νομικῶν κεφαλαίων· πρὸς τὸν βασιλέα κῦρ μιχ(αὴλ) τὸν δοῦκα* $\mathbf{a}^{s}$ *Τοῦ ὑπερτίμου κυρ(οῦ) μιχαὴλ τοῦ ψελλοῦ* (*τ. ψ.* om. $\mathbf{m}^{s}$ a. c.) *σύνοψις ἐπίτομος τῶν νομικῶν κεφαλαίων* (*κα(νόν)ων* $\mathbf{e}^{s}$) *γεγονυῖα ἐξ ἐπιτάγματος τοῦ ἀ(οιδ)ίμου* ($\mathbf{e}^{s}$? *ἁγίου* $\mathbf{m}^{s}$) *βασιλέως κὺρ* (*κυροῦ* $\mathbf{m}^{s}$) *μιχαὴλ τοῦ δοῦκα* $\mathbf{e}^{s}\mathbf{m}^{s}$ *Μιχαὴλ τοῦ σοφωτ(ά)τ(ου) καὶ προέδρου τῶν φιλοσόφων τοῦ ψελλοῦ σύνοψις ἐν ἐπιτόμω* (*ἐπιτομῇ* $\mathbf{v}^{s}$) *τῶν νομικῶν κεφαλαίων* $\mathbf{p}^{s}\mathbf{v}^{s}$ *τοῦ αὐτοῦ* **s** ‖ 1 *τῶν νόμων* $\mathbf{f}^{s}$**s** ‖ 2 *δυσπερίβλεπτον* $\mathbf{c}^{s}\mathbf{f}^{s}$**s**$\mathbf{a}^{s}$: *δυσπερίληπτον* cett. ‖ 3 *ἐν*] *καὶ* $\mathbf{w}^{s}$ | *λόγοις* **s** ‖ 4 *τοῦτο* $\mathbf{a}^{s}$ | *μάλα* $\mathbf{f}^{s}$ ‖ 6 *τοῦ λόγου*] *τῶν νόμων* $\mathbf{f}^{s}$ ‖ 7 *τὸν νόμον* $\mathbf{a}^{s}$ ‖ 8 *τοῖς νόμοις* $\mathbf{c}^{s}$ ‖ 11 *τοῦτον* $\mathbf{a}^{s}$ | *δόγματα δέσποτα* trp. $\mathbf{g}^{s}\mathbf{w}^{s}$ ‖ 13–14 *Ῥωμαϊκὴ – Δίγεστα* om. $\mathbf{a}^{s}$ ‖ 14 *τὰ* $\mathbf{p}^{s}\mathbf{v}^{s}$ ‖ 15 *τοῦ νόμου* $\mathbf{m}^{s}\mathbf{p}^{s}\mathbf{v}^{s}$ ‖ 17 *δὲ* om. $\mathbf{f}^{s}$ ‖ 18 *λέγονται* $\mathbf{c}^{s}$ ‖ 19 *τῶν πρώτων πρῶτα* trp. $\mathbf{e}^{s}$, (*πρώτη*) $\mathbf{w}^{s}$ | *πρώτη* $\mathbf{g}^{s}$**s** ‖ 21 *διουδικίοις* $\mathbf{c}^{s}\mathbf{f}^{s}$**s** *-ους* $\mathbf{e}^{s}\mathbf{m}^{s}$ *δεγουδικίης* $\mathbf{a}^{s}$

ἤτοι τῶν περὶ κρίσεων, εἴ τις ἐξελληνίζει.
τὸ τρίτον δὲ συνάθροισμα, καλεῖται δὲ δε ῥέβους,
ὀκτάβιβλόν τι σύνταγμα χωρητικὸν πραγμάτων.
τέταρτος τόπος πέφυκε τῶν νομικῶν Διγέστων
καθαπερεί τις ὀμφαλὸς τῶν ὅλων συνταγμάτων,
ὀκτάβιβλον τὸν ἀριθμόν, νόμων πολλῶν δοχεῖον.
τὸ πέμπτον δ' ἐννεάβιβλον, ἐκ μέρους δ' ὠνομάσθη
περὶ διαθηκῶν, φησίν, ἔχει δ' ἄλλα μυρία.
τὸ δ' ἕκτον ἔχει, δέσποτα, δύο βιβλία μόνα·
σοφῶς δὲ διαλέγεται περὶ βαθμῶν ποικίλων,
διαλαμβάνει τε σαφῶς περὶ κληρονομίας,
τῶν Ὀρφιτίου μέμνηται καὶ Τερτουλίου νόμων,
ἄλλην τε πλείστην σύνταξιν τῶν νόμων περιέχει.
τὸ δ' ἕβδομον καὶ ὕστατον νόμιμον τῶν Διγέστων
περὶ ἐπερωτήσεων ἀσφαλεστάτων λέγει,
καὶ συμπληροῖ τὸ σύνταγμα δύο βιβλία μόνα·
καὶ μετὰ τοῦτο πέφυκε δύο φρικτὰ βιβλία
τὴν αὐστηρίαν ἔχοντα τῶν ποινῶν ἐγκειμένην.
μετὰ δὲ τὴν ἑπτάτομον ταύτην τομὴν τῶν νόμων
σύνταξις ἄλλη πέφυκε νομίμων διαφόρων
πληροῦσα τὰ πεντήκοντα βιβλία τῶν Διγέστων.
Πρὸς τούτοις μέρος πέφυκεν αἱ Νεαραὶ συντάξεις.
Εἶτα συνοπτικώτατον τοῦ Λέοντος βιβλίον,
τὸ πᾶν ἑξηκοντάβιβλον, πάντας τοὺς νόμους ἔχον,
τοὺς Κώδικας, τὰ Δίγεστα, τὰς Νεαρὰς συντόμως,
τὰ σύμφυλα καὶ σύμπνοα τῶν διαφόρων νόμων
διευκρινοῦν, ὑποτιτλοῦν οἰκείως καὶ γνησίως·
ἀλλ' ἔστι δυσερμήνευτον, ἀλλ' ἀσαφὲς ἐσχάτως.

28–32 p. 296, 25–30 ‖ **35–36** p. 296, 33–34 ‖ **38–39** p. 297, 36–37 ‖ **41–42** p. 297, 38–39

22 *κρίσεων* $\mathbf{g}^{s}$ (sscr.), $\mathbf{w}^{s}\mathbf{e}^{s}\mathbf{m}^{s}$: *-εως* cett. | *ἥτις* $\mathbf{c}^{s}$ | *ἐξελληνίζοι* $\mathbf{c}^{s}\mathbf{g}^{s}\mathbf{s}\,\mathbf{p}^{s}$, $\mathbf{v}^{s}$ (sscr.), ‖ **23** *συνάθροισις* $\mathbf{s}\,\mathbf{m}^{s}\mathbf{p}^{s}\mathbf{v}^{s}$ *θησαύρισμα* $\mathbf{c}^{s}$ ‖ **24** *χωρητικῶν* $\mathbf{s}\,\mathbf{e}^{s}\mathbf{v}^{s}$ *-ιτικῶν* $\mathbf{c}^{s}\mathbf{f}^{s}\mathbf{m}^{s}\mathbf{p}^{s}$ ‖ **25** *τέταρτον* $\mathbf{s}\,\mathbf{e}^{s}\mathbf{m}^{s}$ | *τόμος* $\mathbf{e}^{s}$ ‖ **26** *ὀμφαλὸς* $\mathbf{g}^{s}\mathbf{s}\,\mathbf{a}^{s}$: *ὀμαλὸς* $\mathbf{f}^{s}$ *ὀφθαλμὸς* cett. ($\mathbf{g}^{s}$ sscr.) ‖ **28** *πέμπον* $\mathbf{e}^{s}$ *πρῶτον* $\mathbf{f}^{s}$ | *δ'*^{2} om. $\mathbf{e}^{s}$ ‖ **29** *φασιν* $\mathbf{w}^{s}$ | *τἄλλα* $\mathbf{s}$ ‖ **30** *μόνα δύο βιβλία* trp. $\mathbf{w}^{s}$ *δύο μόνα βιβλία* $\mathbf{e}^{s}\mathbf{m}^{s}\mathbf{p}^{s}\mathbf{v}^{s}$ ‖ **31** *σαφῶς* $\mathbf{g}^{s}$ (sscr.), $\mathbf{a}^{s}$ | *δὲ* om. $\mathbf{f}^{s}$ ‖ **33** *τερτυλίου* $\mathbf{m}^{s}\mathbf{p}^{s}\mathbf{v}^{s}$ *τετυρλίου* $\mathbf{w}^{s}$ *τερτιλίου* $\mathbf{g}^{s}$ ‖ **38** *τούτων* $\mathbf{c}^{s}$ | *πέφυκαν* $\mathbf{c}^{s}$ ‖ **40** *ὀκτάτομον* $\mathbf{f}^{s}$ ‖ **41** *σύναξις* $\mathbf{e}^{s}$ | *νομίμοις διαφόροις* $\mathbf{g}^{s}\mathbf{s}\,\mathbf{a}^{s}\mathbf{p}^{s}\mathbf{v}^{s}$ ‖ **44** *συνοπτικώτερον* $\mathbf{p}^{s}\mathbf{v}^{s}$ *συναπτικώτατον* $\mathbf{c}^{s}$ ‖ **45** *ἑξηκοντάτιτλον* $\mathbf{g}^{s}\mathbf{a}^{s}$ ‖ **46** *συντόμοις* $\mathbf{p}^{s}\mathbf{v}^{s}$ *-ους* $\mathbf{m}^{s}$ *συντάξεις* $\mathbf{f}^{s}$ ‖ **47** *καὶ*] *τὰ* $\mathbf{w}^{s}$ ‖ **49** *ἀλλὰ σαφὲς* $\mathbf{c}^{s}$, $\mathbf{g}^{s}$ a. c., $\mathbf{a}^{s}$

Ἔστι καὶ μέρος ἕτερον, οἷον πυλὶς τῶν νόμων,
ὡς εἰσαγωγικώτερον τῶν ἄλλων δεδειγμένον,
τῶν νόμων ἔχον ἅπασαν τὴν γενεαλογίαν,
ἢ μᾶλλον οὕτως εἴποιμι, τὴν ἀρχαιογονίαν·
ἡ κλῆσις Ἰνστιτούτια τούτῳ δὴ τῷ βιβλίῳ.
Πολλοὶ δὲ συλλεξάμενοι τὰς ἀγωγὰς ἰδίᾳ
σύνταγμα συνετάξαντο ἄξιον εὐφημίας.
τὴν φύσιν γὰρ τῶν ἀγωγῶν ἑκάστης ἑρμηνεύει
καὶ πάντα τὰ ζητήματα καὶ πάσας ὑποθέσεις
εἰς τὴν οἰκείαν ἀγωγὴν πανσόφως ἀναφέρει.
τοῦτο καὶ μόνον πέφυκε φιλόσοφον τῶν νόμων,
κἂν εἴ τις ἀκριβώσαιτο τοῦτο δὴ τὸ βιβλίον,
οὗτος ὁ νομικώτατος νομομαθὴς τυγχάνει.
Ἕτεροι πάλιν, δέσποτα, τὰς ῥοπὰς καὶ τοὺς χρόνους
τοὺς νομικοὺς συνέταξαν εἰς βραχύ τι βιβλίον·
Ῥοπὰς δ' ἐκ μέρους λέγουσιν, ἔχει γὰρ καὶ τοὺς χρόνους.
Ὁ δέ γε περιεκτικὸς τούτων ἁπάντων νόμος
κοινὴ συνθήκη πέφυκε πάσης τῆς πολιτείας,
πλημμελημάτων κώλυσις τῶν κατὰ γνῶσιν πλέον,
δικαιοσύνης χορηγός, δόγμα συνετωτέρων.
δικαιοσύνη δέ ἐστι σταθηροτάτη γνώμη
τοῖς πᾶσι διανέμουσα τὸ κατ' ἀξίαν μέτρον.
τὸ νόμιμον δὲ πέφυκε δικαιοσύνης μέρος·
αὕτη γὰρ καὶ τὸ φυσικὸν ἄλλο τι μέρος ἔχει,
τὸ κατὰ τὴν συνείδησιν κρειττόνων καὶ χειρόνων·
τὸ γὰρ λοιπὸν τὸ φυσικὸν τρίτον τοῦ νόμου μέρος.
τὸ μὲν γὰρ τούτων φυσικόν, τὸ δ' ἐθνικὸν τυγχάνει,
τὸ δὲ πολιτικώτερον καὶ μερικώτερόν πως.
τὸ μὲν γὰρ περὶ φυσικῶν πραγμάτων δογματίζον,
συλλήψεως, γεννήσεως, σχέσεως, συναφείας,
αὐτοῦ ψιλοῦ τοῦ πράγματος, οὐ τοῦδε καὶ τοιοῦδε,

66–69 Basilic. 2, 1, 13 ‖ **70–71** 2, 1, 10 ‖ **72–81** cf. 2, 1, 1

51 *δεδειγμένον* $\mathbf{c}^{s}\mathbf{e}^{s}\mathbf{m}^{s}\mathbf{p}^{s}\mathbf{v}^{s}$: *-ων* $\mathbf{f}^{s}$ *-η* cett. ‖ **53** *ὄντως* $\mathbf{f}^{s}$ ‖ **54** *τῷ δὲ βιβλίω τούτω δὴ ἡ κλῆσις ἰνστιτοῦτα* (*-ού-* $\mathbf{e}^{s}$) $\mathbf{w}^{s}\mathbf{e}^{s}$ | *ἰνστιντούτια* **s** | *τὸ βιβλίον* $\mathbf{f}^{s}$ ‖ **57** *ἕκαστος* $\mathbf{a}^{s}$ *ἑκάστην* $\mathbf{e}^{s}$ ‖ **61** *κἂν*] *ὡς* $\mathbf{c}^{s}$ p. c. ‖ **62** *νομικώτατα* $\mathbf{c}^{s}$ ‖ **63** *ἕτεροι δὲ* $\mathbf{w}^{s}$ ‖ **64** *συνέγραψαν* $\mathbf{c}^{s}$ ‖ **65** *γὰρ*] *δὲ* $\mathbf{w}^{s}$ ‖ **66** *καὶ πάντων* $\mathbf{p}^{s}\mathbf{v}^{s}$ ‖ **68** *κόλασις* **s** ‖ **70** *δικαιοσύνη* **s** | *σταθηροτέρα* $\mathbf{p}^{s}\mathbf{v}^{s}$ ‖ **75** *μέρους* $\mathbf{a}^{s}$ ‖ **77** *τόδε καὶ μερικόν πως* $\mathbf{g}^{s}$ ‖ **80** *αὐτοῦ*] *οὐ τοῦ* $\mathbf{f}^{s}$ | *οὐ*] *τοῦ* $\mathbf{w}^{s}$

νόμιμον γενικῶς ἐστι, φυσικὸν δ' ἐπὶ μέρους.
τὸ βλέπον δ' εἰς συμβόλαια, φύσεις συναλλαγμάτων,
πάντων εἰπεῖν τῶν καθ' ἡμᾶς κοινῶν πολιτευμάτων,
νόμιμον ἐθνικόν ἐστιν· οὐχὶ τὸ βαρβαρῶδες,
τὸ γὰρ τοῦ ἔθνους ὄνομα νομικῶς εἰρημένον
γενῶν συλληπτικόν ἐστι νόμοις ὑποκειμένων.
πολιτικὸν δὲ νόμιμον τοπικὸν καὶ χρειῶδες·
ὃ πάλιν τριμερές ἐστι, τούτου γὰρ τοῦ νομίμου
ἔστιν ὁ δωδεκάδελτος τῶν δώδεκα λογίων,
τὰ βασιλέων δόγματα, οἱ νόμοι τῶν πραιτώρων.
Περὶ δ' ἃ πραγματεύεται τὸ νόμιμον ῥητέον·
εἰσὶ δὲ ταῦτα πρόσωπα, ἀγωγαὶ πράγματά τε.
πολλῶν δ' οὐσῶν τῶν ἀγωγῶν τέσσαρες αἱ μητέρες,
ἃς ἐνοχὰς ὠνόμασαν, δεσμοί τινες δικαίου,
ἡ ῥέ, βέρβις καὶ λίτερις, τέταρτον ἡ κονσέσο.
{αἵτινες} τέσσαρές εἰσι τῶν ἀγωγῶν μητέρες·
ἡ βέρβις, ἡ ῥέ, λίτερις καὶ κονσέσο. 96a
ἡ γοῦν ῥὲ γεννᾷ πραγματικὰς καὶ μόνας,
μήτηρ δὲ βέρβις ἐστὶν ἐξ στιπουλάτο,
ἡ κονσέσο πλάττει δὲ τὰς συναινέσεις,
ἡ λίτερις γράμματα γυμνὰ πραγμάτων.

82–84 2, 1, 5 ‖ **87–90** 2, 1, 6–9 ‖ **93–94** Psell. De init. iurisprud. p. 284, 3–4 Weiss ‖ **94** schol. de oblig. (Zepos V 276) 1–2; cf. Theophil. Inst. 3, 13 ‖ **95** Psell. p. 284, 8–11 ‖ **96–96a** schol. de oblig. 3–6; Theoph. 3, 13 ‖ **100–105** cf. Theoph. 3, 21

81 *γενικόν* $\mathbf{p}^{s}\mathbf{v}^{s}$ ‖ **82** *βλέπειν* $\mathbf{e}^{s}$ | *φύσις* $\mathbf{w}^{s}$ ‖ **83** *πάντων δ'* $\mathbf{c}^{s}\mathbf{f}^{s}$ ‖ **86** *νόμοις ὑποκειμένων*] *τούτου γὰρ τοῦ νομίμου* $\mathbf{c}^{s}$ (cf. 88) ‖ **87** *τὸ πικρὸν* $\mathbf{c}^{s}$ ‖ **88** *τὸ*] *ὃ* $\mathbf{m}^{s}\mathbf{p}^{s}$, $\mathbf{v}^{s}$ mg. | *πάλαι* $\mathbf{w}^{s}\mathbf{e}^{s}\mathbf{m}^{s}\mathbf{p}^{s}$, (mg. *ὃ πάλιν*) $\mathbf{v}^{s}$ | *τούτου γὰρ τοῦ νομίμου*] *νόμοις ὑποκειμένων* $\mathbf{c}^{s}$ (cf. 86) ‖ **89** *δωδέκατος* $\mathbf{c}^{s}$ ‖ **90** *τὰ*] *τῶν* $\mathbf{f}^{s}$ *πῶν* $\mathbf{c}^{s}$ | *πραιτόρων* $\mathbf{c}^{s}\mathbf{w}^{s}\mathbf{s}\,\mathbf{a}^{s}$ *πατρῴων* $\mathbf{f}^{s}$ ‖ **91** *δ'* om. $\mathbf{p}^{s}\mathbf{v}^{s}$ | *ἃ*] *ὧν* $\mathbf{f}^{s}\mathbf{p}^{s}\mathbf{v}^{s}$ | *τὰ νόμιμα* $\mathbf{f}^{s}$ ‖ **92** *πράγματα ἀγωγαί τε* trp. $\mathbf{w}^{s}\mathbf{e}^{s}$ ‖ **94** *δεσμούς τινας* $\mathbf{w}^{s}\mathbf{e}^{s}$ *δεσμίτιδες* $\mathbf{f}^{s}$ | *δικαίους* $\mathbf{w}^{s}$ ‖ **95** *βέρβις καὶ*] *ἡ βέρβις* $\mathbf{w}^{s}$ | *βέρβερις* $\mathbf{f}^{s}$ | *λίττερις* $\mathbf{e}^{s}$ | *τετάρτη* $\mathbf{w}^{s}\mathbf{a}^{s}\mathbf{e}^{s}\mathbf{m}^{s}\mathbf{p}^{s}\mathbf{v}^{s}$ | *κονσέσου* $\mathbf{w}^{s}$ *κοσένσο* $\mathbf{e}^{s}$ ‖ **96–105** scholium marginale de obligationibus in textum inseruerunt $\mathbf{c}^{s}(\mathbf{f}^{s})\,\mathbf{g}^{s}\mathbf{w}^{s}$; versibus iambicis ut supra habet $\mathbf{c}^{s}$, vss. 96–96a etiam $\mathbf{f}^{s}$ (**96** *αἵτινες* additum ut versus politicus efficeretur ‖ **96a** *βέρβερις* $\mathbf{f}^{s}$ ‖ **98** *στιπουλάτω* $\mathbf{c}^{s}$); versibus politicis habent $\mathbf{g}^{s}$ et $\mathbf{w}^{s}$ (in quo 96–96a per homoeoteleuton exciderunt), ita:

αἵτινες τέσσαρές εἰσι τῶν ἀγωγῶν μητέρες· 96
ἡ ῥέ, ἡ βέρβις, λίτερις, τέταρτον ἡ κονσέσο. 96a
ἡ ῥὲ γεννᾷ πραγματικὰς ἀγωγὰς γοῦν καὶ μόνας, 97
μήτηρ δὲ βέρβις πέφυκε {ἡ} περὶ ἐξ στιπουλάτο, 98
πλάττει καὶ ἡ κονσέσο δὲ τὰς συναινέσεις ἅμα, 99
ἡ λίτερις τὰ γράμματα γυμνὰ πραγμάτων τεύχει. 100

καὶ ταῦτα τυγχάνουσιν ἀναργυρία·
εἰ γάρ τις ἀνάργυρον ἐγγράψῃ χρέος
καὶ διετὴς ῥεύσειεν ἐν μέσῳ χρόνος
καὶ μὴ προσθήσει μέμψιν ἀναργυρίας,
γράμμασι λοιπὸν κατακρατεῖται μόνοις
τὴν λίτεριν πλάττουσιν ἐξ ἡσυχίας.
ἡ ῥὲ σημαίνει πράγματα, ἡ βέρβις ψιλοὺς λόγους,
ἡ λίτερις τὰ γράμματα, κονσέσο συναινέσεις.
Ἑκάστη δὲ τῶν ἐνοχῶν ἀγωγὰς πολλὰς τίκτει.
ἐπεὶ δέ τις ἐνέχεται πλημμελῶν ἢ συμβάλλων,
ἢ φανερώτερον εἰπεῖν, πρός τινας συναλλάσσων,
ἀπὸ τοῦ πλημμελήματος ἀγωγὰς εὕροις ταύτας·
τὴν φούρτην, τὴν περὶ κλοπῆς, βι βονόρουμ ῥαπτόρουμ,
ἥτις βιαίαν ἁρπαγὴν πραγμάτων ἑρμηνεύει,
τὴν ἰνιουριάρουμ τε, ἥτις ὕβριν σημαίνει,
τόν τε μὴν Ἀκουίλιον, τὸν περὶ τῆς ζημίας.
ἐξ ὧν πάλιν ὡς ποταμῶν ῥευμάτων τε δευτέρων
κρουνοὺς εὑρήσεις ἀγωγῶν προσφόρως ἐκχυθέντας.
Ὅρος δὲ συναλλάγματος, ὡς ἤρεσε τοῖς πλείστοις,
συναίνεσις καὶ σύννευσις πλειόνων θελημάτων,
ἢ δύο τὸ ἐλάχιστον, εἰς ταὐτὸ συνδραμόντων,
ὥστ' ἐνοχῆς ποιήσασθαι δύναμιν παραυτίκα.
Εἰς χάριν δὲ ῥητέον σοι τῶν ἐνοχῶν ἑκάστης
τὰς φυομένας ἀγωγάς, ἵν' ἔχῃς ἀσυγχύτως
καὶ τὰς μητέρας ἀκριβῶς, πρὸς δὲ τὰς θυγατέρας.

106–108 Psell. p. 284, 8–11 ‖ **109–110** Psell. p. 284, 5–6 (cf. Theoph. 3, 13) ‖ **111–117** 284,12–17 (schol. de oblig. 7–11) ‖ **118–121** 284,18–20 (schol. de oblig. 11–14)

εἰ γάρ τις χρέος γράψειεν ἀνάργυρον ἐν τούτοις 101
καὶ μὴ προσθήσει, δέσποτα, μέμψιν ἀναργυρίας 103
καὶ διετὴς ἐκρεύσειε χρόνος ἐν μέσῳ πάλιν, 102
γράμμασι λοιπὸν κατακρατεῖται μόνοις, 104
τὴν λίτεριν δὲ πλάττουσιν ἐξ ἡσυχίας μόνης. 105

(**99** *κονσέσου* **w**^{s} ‖ **100**[a] omittitur ‖ **104** vs. iambicus non conversus: *τὸ χρέος γράμμασι* ed. Teucheri [et interpretatio Bosqueti], *γράμμασι, δέσποτα* ed. Meerman, PG, Weiss) ‖ **103** scr. vid. *προθήσει* ‖ **106** *βέρβερις* **f**^{s} ‖ **107** *λίττερις* **a**^{s}**e**^{s} | *γράμματα*] *πρόσωπα* **e**^{s}**m**^{s}**p**^{s}**v**^{s} | *κοσένσο* **e**^{s} ‖ **108** *ἐνοχῶν*] *ἀγωγῶν* **w**^{s} *ἀγῶν* **c**^{s} ‖ **110** *ἢ*] *ὃ* **f**^{s} | *τοὐμφανώτερον* **s** ‖ **111** *ἁμαρτήματος* **c**^{s}**f**^{s} | *εὕρῃς* **e**^{s}**m**^{s} | *ταύτας εὕροις* trp. **f**^{s} ‖ **112** *κλοπὴν* **f**^{s} | *ῥαμπτόρουμ* **e**^{s} ‖ **113** *ἤτοι* **a**^{s} | *βιαίων* **c**^{s}**g**^{s}**w**^{s}**a**^{s}**e**^{s}**m**^{s} ‖ **114** *ἰννιουριάρουμ* **e**^{s}**p**^{s}**v**^{s}, (*-ουν*) **m**^{s} ‖ **116** *ὡς*] *καὶ* **m**^{s}**p**^{s}**v**^{s} | *ποταμὸν* **c**^{s}**f**^{s} ‖ **117** *προσφόρους* **f**^{s} ‖ **118** *ὡς*] *ὃς* **a**^{s} | *πλείστοις*] *νόμοις* **w**^{s} ‖ **119** *σύνεσις* **a**^{s} ‖ **120** *δύο*] *διὰ* **p**^{s}**v**^{s} | *αὐτὸ* **g**^{s}**a**^{s} ‖ **122** *ἀγωγῶν* **c**^{s}**f**^{s}, sscr. **g**^{s} ‖ **123** *ἔχοις* **c**^{s}**g**^{s}**m**^{s}**p**^{s}**v**^{s} ‖ **124** *τὰς*[2]] *καὶ* **e**^{s}

Τῆς ῥέ, τῆς ἐν τοῖς πράγμασιν, ἔστιν ἡ δεποσίτης,
Ἑλληνιστὶ δὲ πέφυκεν ἡ παρακαταθήκη,
ἡ κομμοδάτη δεύτερον χρῆσις τῶν δεδομένων,
ἡ πιγνερατικία τε, ἡ περὶ ἐνεχύρων,
ἡ περὶ ἀπαιτήσεως κληρονομίας ἄλλη,
ἣν νερεδάτης λέγουσι πετίτιο Λατῖνοι,
πρὸς δὲ ἡ ἀδεξιβενδοὺμ Λατίνως εἰρημένη,
ἡ περὶ παραστάσεως πραγμάτων κεκρυμμένων.
τῆς ῥὲ ὁ κονδικτίκιος, ἡ ἰν ῥὲμ ἡ καθόλου·
πρὸς τούτοις τὰ ἰντέρδικτα ἤτοι παραγγελίαι.
Τῆς βέρβις δὲ τῆς ἐνοχῆς τις ἡ ἐξ στιπουλάτο,
ἀφ' ἧς ὁ κέρτος πέφυκε κονδικτίκιος τρέχειν·
πρὸς τούτοις καὶ ὁ ἴνκερτος, ἀγωγαὶ δ' οὗτοι δύο.
ἐξ στιπουλάτο δέ ἐστιν ἐπερώτησις, ἄναξ,
πᾶσα δέ γ' ἐπερώτησις ἢ δήλων ἢ κρυφίων,
ἐφ' οἷς ὁ κονδικτίκιος ἢ κέρτων ἢ ἰνκέρτων.
ἔστι δὲ κονδικτίκιος ἀπαιτήσεως φύσις,
ἢ κέρτος ἤτοι φανερός, ἴνκερτος κεκρυμμένος.
τῆς βέρβις ἐνοχῆς ἐστιν ἀεστιματορία,
ὅταν διατιμήσωμαι πρᾶγμα καί σοι παρέξω

125–134 285, 57–64 (cf. Theoph. 3, 14) ‖ **135–154** 285, 66–286, 81 (cf. Theoph. 3, 15)

125 *τῆς*[2]] *τοῖς* $\mathbf{f}^{s}$ | *δεποσίτις* $\mathbf{e}^{s}$ *depositis* $\mathbf{a}^{s}$ *δεποσότις* $\mathbf{m}^{s}$ *δεποσέτ( )* $\mathbf{p}^{s}$ *δεποσέτης* $\mathbf{v}^{s}$ *δεποσίτα* **s** *δεσποσίτις* $\mathbf{f}^{s}$ *δεσποτεία* $\mathbf{c}^{s}$ ‖ **126** *ἢ* $\mathbf{a}^{s}$ ‖ **127** *κομμοδάτη* $\mathbf{f}^{s}\mathbf{m}^{s}$: *κομμοδάτης* $\mathbf{c}^{s}\mathbf{p}^{s}$ *-ις* $\mathbf{v}^{s}$ *κομοδάτι* **s** *-η* $\mathbf{g}^{s}\mathbf{w}^{s}\mathbf{a}^{s}$ *κομαδάτη* $\mathbf{e}^{s}$ | *δεδομένων* $\mathbf{c}^{s}\mathbf{f}^{s}\mathbf{w}^{s}$: *διδομένων* cett. ‖ **128** *πηγνερατικία* $\mathbf{m}^{s}\mathbf{p}^{s}\mathbf{v}^{s}$ ‖ post **129** *ἣν ἰταλῶς πετίτζιο φη(σὶν) ἐρεδιτάτης* add. $\mathbf{a}^{s}$ ‖ **130** *νερεδάτης* $\mathbf{f}^{s}\mathbf{p}^{s}$: *-ις* $\mathbf{g}^{s}\mathbf{s}\mathbf{a}^{s}\mathbf{v}^{s}$ *νεραδάτις* $\mathbf{c}^{s}$ *ἐρεδάτης* $\mathbf{e}^{s}$ *ῥεδάτις* $\mathbf{m}^{s}$ *ἐρεδιτάτης* $\mathbf{w}^{s}$ | *πετίτιο Λατῖνοι*] *παῖδες οἱ τῶν λατίνων* $\mathbf{p}^{s}\mathbf{v}^{s}$ | *ποτίτιο* $\mathbf{c}^{s}$ *πετίτζιο* $\mathbf{w}^{s}\mathbf{e}^{s}$ *πετίτις οἱ* $\mathbf{m}^{s}$ ‖ **131** *ἀδεξιβενδοὺμ* $\mathbf{e}^{s}\mathbf{p}^{s}\mathbf{v}^{s}$: *ἀδεξιβεδοὺμ* $\mathbf{m}^{s}$ *-οῦν* **s** *ἀβεξιβεδοὺμ* $\mathbf{c}^{s}$ *ἀδεξιβενδὰμ* $\mathbf{f}^{s}$ *ἀδεξιβελδοῦμ* $\mathbf{a}^{s}$ *ἀδεξιβένδουμ* $\mathbf{w}^{s}$ *ἀδεξιβένδουμ τε* $\mathbf{g}^{s}$ | *λατίνους* $\mathbf{c}^{s}$ ‖ **132** *κεκρυμμένη* $\mathbf{w}^{s}$ ‖ **133** *ἡ ἰν ῥὲμ*] *ἢ ἰν ῥὲμ* $\mathbf{e}^{s}$ *ἠϊρὲμ* $\mathbf{a}^{s}$ *ἡυρὲμ δὲ* $\mathbf{g}^{s}$ *ἰνερὲμ δὲ* $\mathbf{w}^{s}$ *ἰν ρὲμ δὲ* **s** ‖ **135** *βέρβης* $\mathbf{c}^{s}\mathbf{f}^{s}\mathbf{e}^{s}\mathbf{m}^{s}$ | *δὲ* om. $\mathbf{a}^{s}$ | *τίς η* $\mathbf{f}^{s}\mathbf{s}\mathbf{m}^{s}$ *τίς. ἡ* $\mathbf{v}^{s}$ *τίς; ἡ* $\mathbf{p}^{s}$ *ἔστιν* $\mathbf{c}^{s}$ *ἐστιν* $\mathbf{e}^{s}$ *ἐστιν ἡ* $\mathbf{g}^{s}\mathbf{w}^{s}$ *ἐστιν ἣ* $\mathbf{a}^{s}$ | *στιπουλάτω* **s** *στιπουλάτα* $\mathbf{f}^{s}$ ‖ **136** *ἐφ'* $\mathbf{e}^{s}$ | *ὁ*] *ἡ* $\mathbf{f}^{s}$ | *τζέρτος* $\mathbf{w}^{s}$ | *κονδίκτιος* $\mathbf{f}^{s}$ ‖ **137** *τούτω* $\mathbf{f}^{s}\mathbf{g}^{s}\mathbf{e}^{s}\mathbf{m}^{s}$ | *ἴγκερτος* $\mathbf{g}^{s}\mathbf{e}^{s}\mathbf{m}^{s}\mathbf{p}^{s}\mathbf{v}^{s}$ *ἴσκερτος* $\mathbf{f}^{s}$ *ἰντζερτος* $\mathbf{w}^{s}$ | *αὗται* $\mathbf{g}^{s}\mathbf{w}^{s}\mathbf{s}$ ‖ **138** *στιπουλάτω* **s** *-άτος* $\mathbf{p}^{s}\mathbf{v}^{s}$ *τιπουλάτο* $\mathbf{f}^{s}$ ‖ **139** *δόλων* $\mathbf{f}^{s}$ ‖ **140** *κονδοκτίκιος* $\mathbf{a}^{s}$ | *τζέρτων* $\mathbf{w}^{s}$ | *ἰγκέρτων* $\mathbf{g}^{s}\mathbf{e}^{s}\mathbf{m}^{s}\mathbf{p}^{s}\mathbf{v}^{s}$ *ἰντζέρτων* $\mathbf{w}^{s}$ ‖ **140–141** *ἢ*[1] – *κονδικτίκιος* om. $\mathbf{c}^{s}\mathbf{f}^{s}$ ‖ **142** *ἢ*] *ἡ* $\mathbf{f}^{s}\mathbf{a}^{s}$ *ὁ* $\mathbf{e}^{s}$ | *ἤτοι*] *ἥ τε* $\mathbf{a}^{s}$ | *φανερῶς* $\mathbf{f}^{s}$ | *ἴγκερτος* $\mathbf{c}^{s}\mathbf{g}^{s}\mathbf{e}^{s}\mathbf{m}^{s}\mathbf{p}^{s}\mathbf{v}^{s}$ *ἴντζερτος* $\mathbf{w}^{s}$ | *κεκρυμμένως* $\mathbf{f}^{s}$ ‖ **143** *βέρβης* $\mathbf{c}^{s}\mathbf{f}^{s}\mathbf{e}^{s}\mathbf{m}^{s}$ | *ἐνοχή* $\mathbf{a}^{s}$ | *ἡ ἐξστιματορία* $\mathbf{w}^{s}\mathbf{e}^{s}$ ‖ **144** *διατιμήσομαι* $\mathbf{g}^{s}$ | *σοὶ* $\mathbf{e}^{s}$

εἰπὼν ὡς πράσας, ‘κόμισον νομίσματά μοι τόσα,
εἰ δὲ μὴ τόσα δοίη τις, δίδου τὸ δεδομένον.’
τῆς βέρβις αὖθις ἐνοχῆς ἥ γε δάμνι ἰμφέκτι,
ἥτις κινεῖται πίπτοντος γείτονος δωματίου.
τῆς βέρβις πάλιν πέφυκεν ἰντερρογατορία,
ἣ τὸν κληρονομήσαντα εὐλόγως καὶ προσφόρως
ἐκ πόσου μέρους ἐρωτᾷ ζητεῖ κληρονομίαν.
ἡ λεγατόρουμ ἄλλη τις ἀσφάλεια λεγάτου
ἥ τε μὴν πεκουνίαε κονστιτούταε ταύτης,
ἥτις τὴν ἀντιφώνησιν καὶ τὴν ἐγγύην ἔχει.
Τῆς δ’ ἐνοχῆς τῆς λίτερις ἀγωγὴ νοβατίο,
τὸ χρέος μεταφέρουσα τὸ παλαιὸν εἰς νέον.
ταύτης ἡ δε λεγάτιο ἤτοι περὶ λεγάτου.
Τῆς δὲ κονσέσο ἐνοχῆς ἔστιν ἡ ἐξ βενδίτο,
ἣν οὕτως ἑρμηνεύουσι, περὶ ἀγορασίας,
ἐξέμπτο, περὶ πράσεως, λοκάτι, μίσθωσίς τις,
κονδούκτι, ἡ ἐκμίσθωσις, ἐντολή, ἡ μανδάτι.
ἡ προ σοκίο δέ ἐστιν ἡ περὶ κοινωνίας·
ἥ τε περὶ μνηστεύσεως καὶ δωρεῶν καὶ γάμων
καί τινων ἄλλων ἀγωγῶν καὶ τριῶν ἰντερδίκτων,
σύμπασαι αὗται ἀγωγαὶ ἐνοχῆς τῆς κονσέσο.

155–157 286, 82–85 (cf. Theoph. 3, 21) ‖ **158–165** 286, 86–93 (cf. Theoph. 3, 22)

145 *ἀπὼν* **a**^{s} ‖ **145–146** *νομίσματα – τις* om. **c**^{s} ‖ **146** *διδομένον* **c**^{s} ‖ **147** *βέρβης* **c**^{s}**f**^{s}**e**^{s}**m**^{s} | *δ’ αὖθις* **f**^{s} *δ’ αὖ τῆς* **c**^{s} *αὖ τῆς* **p**^{s}**v**^{s} | *ἡ δάμνη ἡ* **e**^{s} | *ἤ γε* **c**^{s} | *δαμνὶ* **p**^{s}**v**^{s} *δαμνι* **g**^{s}**s** *δεμνί* **m**^{s} | *ἰμφέκτι* **f**^{s}**p**^{s}**v**^{s}: *ἰφέκτι* **c**^{s} *ιφάκτι* **g**^{s}**s** *ἰνφάκτι* **w**^{s} *ἰφάκτη* **a**^{s} *ἰνφάκτη* **e**^{s} *ιφίκτι* **m**^{s} ‖ **148** *κρινεῖται* **c**^{s} | *γείτονος πίπτοντος* trp. **m**^{s}**p**^{s}**v**^{s} ‖ **149** *βέρβης* **c**^{s}**f**^{s}**e**^{s}**m**^{s} | *ἰντεμπρογατορία* **d**^{s} *ἥ γε προγατορία* cett. (*πρεγ-* **w**^{s}**e**^{s}) ‖ **150** *ἣ* **p**^{s}**v**^{s} *ὁ* **f**^{s} ‖ **151** *ζητεῖν* **w**^{s}**e**^{s}**p**^{s}**v**^{s} ‖ **152** *λεγατάρουμ* **c**^{s} *νεγατόρουμ* **m**^{s}**p**^{s}**v**^{s} ‖ **153** *κονστιντούταε* **f**^{s} *κονστιτούαε* **e**^{s}**m**^{s} *κονστιτουτία* **p**^{s}**v**^{s} | *ταύτης*] *αὖθις* **w**^{s}**e**^{s} | *ἔχει* **f**^{s}: *λέγει* cett. ‖ **155** *ἐνοχῆς*] *ἀγωγῆς* **c**^{s}**f**^{s} | *λίττερις* **a**^{s}**e**^{s} | *ἀγῶνα* **c**^{s} | *νοβατίον* **c**^{s} *-ίων* **f**^{s}**s** *νοματίο* **e**^{s} *νιβατίο* **w**^{s} ‖ **157** *δὲ λεγατίο* **c**^{s} *δὲ λεγάτζιο* **f**^{s} *δελεγάτζιο* **e**^{s} | *ἤτοι περὶ λεγάτου*] *ἐναλλαγὴ προσώπων* **c**^{s} ‖ **158** *τῆς*] *τὴν* **c**^{s} | *κοσένσο* **a**^{s}**e**^{s} | *ἡ* **c**^{s} | *βενδίτω* **f**^{s} *-του* **s** *-τα* **a**^{s} *-της* **e**^{s}**m**^{s} *-τουμ* **p**^{s}**v**^{s} ‖ post **158**] *τῇ* (lege *ἡ*) *δὲ ἐμτίο πέφυκεν· ἐνοχῆς τῆς κοσένσο* add. **a**^{s} (= 158 emendatus) ‖ **159** *ἀγορασίας*] *πράσεως ἅναξ* **w**^{s}**e**^{s} ‖ **160** *ἐξέμπο* **f**^{s} | *πράσεως*] *ἀγορᾶς* **f**^{s}**w**^{s}**e**^{s} | *λοκάτ* **c**^{s} *λοκάτο* **f**^{s} *λογάτη* **e**^{s} *κολάτι* **g**^{s}**s** **a**^{s}**m**^{s}**p**^{s}**v**^{s} ‖ post **160**] *λοκάτζιο ἡ μίσθωσις· βενδίτζιο ἡ πράσις* add. **a**^{s} (= 160 emendatus) ‖ **161** *κονδόκτι* **w**^{s} *κουνδίκτι* **s** *κονδούκτη* **e**^{s} | *μανδάτη* **c**^{s}**e**^{s} *-τ( )* **s** *-τις* **m**^{s} *-κτη* **e**^{s} ‖ **162** *προσοτζίο* **f**^{s} ‖ **163** *εἴτε* **c**^{s} *ἥτις* **f**^{s} ‖ **164** *ἀγωγαὶ* **e**^{s}**m**^{s} *-γὴ* **p**^{s}**v**^{s} ‖ **165** *αὗται*] *ἄλλαι* **m**^{s}**p**^{s}**v**^{s} | *ἐνοχαὶ* **c**^{s} | *κονσέσου* **w**^{s} *κοσένσο* **a**^{s} *κονσένσο* **e**^{s}

Ἡ περὶ προστασίας δὲ πραγμάτων ἀλλοτρίων,
τουτέστι μὴ γινώσκοντος μηδ' ὅλως τοῦ δεσπότου
(νεγοτιόρουμ λέγουσι ταύτην τινὲς γεστόρουμ),
ἔοικε συναλλάγματι συνάλλαγμα τυγχάνον.
ὁμοίως ἡ τουτέλαε, ἡ κατὰ ἐπιτρόπων,
ἡ περὶ διαιρέσεως πραγμάτων ἐπικοίνων,
ἡ περὶ πεκουλίου τε ἤ τε ἐκ διαθήκης
ἤ ἰνστιτουτορία τε ἤ τ' ἐξκερκιτορία,
ἡ κατὰ τοῦ προστήσαντος τινὰ ἐργαστηρίου
καὶ κατὰ τοῦ προστήσαντος τινὰ ἐπὶ θαλάσσης,
τὸ κούοδ λεγατόρουμ τε, ἰντέρδικτον τυγχάνον,
ὁ οὖσος, ὁ οὐσούφρουκτος, ἄλλαι τ' ἀγωγαὶ πλεῖσται
τῶν ὡσανεὶ τυγχάνουσι πᾶσαι συναλλαγμάτων.
Αἱ δ' ἀγωγαὶ τῶν ὡσανεὶ πάλιν ἁμαρτημάτων,
ἡ κατὰ τοῦ δικάσαντος καὶ παρηνομηκότος,
ἡ κατὰ τοῦ συρρήξαντος ἔδικτον ἀναισχύντως,
ἄλλαι τέ τινες ἀγωγαὶ καί τινες τῶν ἰν φάκτουμ.
Δέχου πάλιν διαίρεσιν τῶν ἀγωγῶν ποικίλην.
τῶν ἀγωγῶν αἱ μέν εἰσιν ἀπὸ συναλλαγμάτων,
αἱ δὲ πάλιν κατάγονται ἀπὸ ἁμαρτημάτων·
αἱ μέν εἰσι πραγματικαί, αἱ δὲ κατὰ προσώπων·
αἱ μέν εἰσι πίστει καλῇ, αἱ δέ εἰσί πως στρίκται·
αἱ μὲν πρᾶγμα εἰσπράττουσιν, αἱ δὲ ποινήν, αἱ δ' ἄμφω·
αἱ μὲν κινοῦνται εἰς τὸ πᾶν, αἱ δὲ εἰς μέρος μόνον·
αἱ μὲν ἁπλοῦν εἰσπράττουσιν, αἱ δὲ διπλοῦν τριπλοῦν τε,

166–176 286, 99–108 (cf. Theoph. 3, 27) ‖ **177** 287, 119 ‖ **179–182** 287, 121–124 ‖ **183–198** Psell. De act. div. p. 288, 5–17; 21–23 (cf. Theoph. 4, 6)

166 *ἡ* **s e**^{s}**m**^{s}**p**^{s}**v**^{s}: *τὴν* cett. | *δὲ*] *τε* **e**^{s} ‖ **167** *γινώσκοντες* **c**^{s} ‖ **168** *νογατιόρουμ* **e**^{s}**m**^{s} *λεγοτζόρουμ* **f**^{s} | *νεστόρουμ* **s a**^{s}**e**^{s}**m**^{s} ‖ **169** *συναλλάγματος* **c**^{s}**g**^{s}**w**^{s} *-τα* **a**^{s} ‖ **170** *τουτέλεα* **s** ‖ **172** *εἴτε* **c**^{s} ‖ **173** *ἰνστιτουρία* **a**^{s} *ἰνστουτιτουρία* **p**^{s}**v**^{s} | *εἴτ'* **c**^{s} | *ἐξκερτωρία* **a**^{s} ‖ **174–175** *τινὰ – προστήσαντος* om. **a**^{s} ‖ **176** *κούοδ* **g**^{s}**s a**^{s}**m**^{s}: *κουοδ* **v**^{s} *κουοθ* **e**^{s} *κοῦοδι* **p**^{s} *κούο* **c**^{s} *κωθ* **f**^{s} *κουόρουμ* **w**^{s} | *λεγατάρουμ* **c**^{s} | *τυγχάνει* **c**^{s}**f**^{s}**p**^{s}**v**^{s} ‖ **177** *οὐσόφρουκτος* **s a**^{s}**e**^{s} | *ἀγωγαὶ τ' ἄλλαι* trp. **e**^{s} ‖ **178** *τυγχανουσῶν* **p**^{s}**v**^{s} | *πᾶσι* **p**^{s}**v**^{s} ‖ **179** *πάλιν τῶν ὡσανεὶ* trp. **f**^{s} ‖ **180** *παρηνομηκότων* **f**^{s} ‖ **181** *ἢ* **p**^{s}**v**^{s} | *ἔκδικτον* **a**^{s} a. c., **p**^{s}**v**^{s} ‖ **182–187**] 186, 182–185, 186^{I}/189^{II} (deinde 188, 189) trp. **f**^{s} 186, 182–183, 186–187, 184–185 trp. **a**^{s} ‖ **182** *τέ*] *τι* **a**^{s} | *τινὲς τε ἄλλαι* trp. **f**^{s} | *ἰν φάκτουμ* **c**^{s}**s e**^{s}**m**^{s}: *ἰμφάκτουμ* cett. ‖ **186** *πραγματευτικαὶ* **f**^{s} ‖ **188** *αἱ μὲν πράγματα εἰσπράττουσιν· αἱ δὲ εἰς μέρος μόνον* (= 188^{I}/189^{II}) **f**^{s} | *καλαὶ* **c**^{s} | *ποῖ* **a**^{s} | *ἐκπράττουσιν* **c**^{s} *εἰσάγουσιν* **p**^{s}**v**^{s} ‖ **189** *κινοῦσαι* **m**^{s} *κινοῦσιν* **p**^{s}**v**^{s} ‖ **190** *εἰσπράττουσαι* **e**^{s} | *τριπλά* **f**^{s}

αἱ δὲ καὶ τετραπλάσιον, αἱ δὲ καὶ πλέον τούτου,
αἱ τούτων δὲ βαρύτεραι πρὸς τούτοις ἀτιμοῦσιν·
αἱ μέν εἰσιν ἐπίκαιροι, τινὲς δὲ τῶν χρονίων,
αἱ δὲ περιορίζονται τεσσαράκοντα χρόνοις,
τινὲς δὲ διαβαίνουσι καὶ κατὰ κληρονόμων·
αἱ μέν εἰσιν, ὡς λέγουσι, τούτων ἀρβιτραρίαι,
ὁπότε τῆς δικαστικῆς ἤρτηνται μεσιτείας,
ταῖς δὲ τῆς ὑπολήψεως τοῦ κρίνοντος οὐ μέλει.
ἄλλη τε πλείστη πέφυκε διαίρεσις τῶν νόμων.
Καὶ τοῦτο δέ μοι πρόσλαβε, τυγχάνον ἀναγκαῖον,
ὡς οἱ κανόνες ἅπαντες τῶν νόμων, στεφηφόρε,
ὑπόσαθροι τυγχάνουσι, ψεύδονται γὰρ ἐν μέρει.
κανὼν δ' ἐστὶ τοῦ πράγματος συντετμημένος λόγος
ὅπερ ὡς ὑποκείμενον τυγχάνει τῷ κανόνι·
σφαλεὶς δ' ἐκπίπτει, δέσποτα, καὶ τοῦ ὑποκειμένου.
τοὺς νόμους δὲ βουλόμενος πάντας σοι συνοψίζειν
ὁριστικοῖς προσχρήσομαι ῥήμασι καὶ συντόμοις.
δικαιοσύνη πέφυκε νέμησις τοῦ δικαίου.
δίκαιον φυσικόν ἐστι κοινὸν πᾶσι τοῖς ζῴοις.
τῶν νόμων ὁ μὲν ἔγγραφος, ὁ δ' ἄγραφος ὡς ἔθος.
ἐλευθερία πέφυκεν ἄδεια φυσική τις,
δουλεία δὲ ὑποταγὴ τυγχάνει δεσποτείας,
ἥτις ὡς ἀδιάφορος ἄτομόν τι τυγχάνει.
ἡ συμφορὰ δὲ τῆς μητρός, τουτέστιν ἡ πορνεία,
οὐ βλάπτει τὸν ἐν τῇ γαστρί, στεροῦσα τῶν πατρῴων.
οὐ σθένει τις ἐλευθεροῦν δανειστὰς περιγράφων.
μετὰ τὴν ἥβην γράφειν τις δύναται διαθήκην·
ἐλευθεροῦν δὲ δύναται ἑπτακαιδεκαέτης.

201–202 Basilic. 2, 3, 202 ‖ **203–205** ibid. 2, 3, 1 ‖ **208** 2, 1, 10; Theoph. 1, 1 ‖ **209** Basilic. 2, 1, 1; Theoph. 1, 2 pr. ‖ **210** Theoph. 1, 2, 10 ‖ **211** 1, 3, 1 ‖ **212–213** 1, 3, 5 ‖ **214–215** 1, 4 pr.; Regul. Inst. p. 170 §§ 1–2 Zachariae ‖ **216** Theoph. 1, 6 pr. ‖ **217–218** 1, 6, 7

191 *δὲ*^{1}] *μὲν* **g**^{s}**w**^{s}**s** | *τετραπλάσιον*] *τὴν ἀπάπλασιν* **c**^{s} | *πλεῖον* **c**^{s}**s** | *τούτου πλέον* trp. **p**^{s}**v**^{s} | *τούτων* **s** ‖ **192** *δὲ τούτων* trp. **e**^{s}**m**^{s} ‖ **194** *περιορίζεται* **c**^{s} ‖ **195** *κληρονόμους* **e**^{s}**m**^{s} ‖ **196** *ἀρβιταρίαι* **c**^{s}**f**^{s}**m**^{s} *καρβιταρίαι* **s** ‖ **197** *ὁπόσαι* **e**^{s}**m**^{s}**p**^{s}**v**^{s} ‖ **198** *ταῖς*] *αἱ* **g**^{s} | *τοῦ*] *οὐ* **c**^{s} | *οὐ*] *εἰ* **g**^{s}**w**^{s} | *μέλει* **c**^{s}**s p**^{s}, **v**^{s} p. c.: *μέλλει* cett. ‖ **199** om. **c**^{s} ‖ **200** *πρόλαβε* **c**^{s}**f**^{s}**a**^{s}**e**^{s}**m**^{s} ‖ **202** *ὁπόσαθροι* **e**^{s} ‖ **203** *δ'* om. **s** | *συντεθημένος* **c**^{s} ‖ **204** *ὥσπερ ὡς* **s** | *ὡς*] *εἰς* **c**^{s} ‖ **206** *σοι* om. **f**^{s} ‖ **207** *συντόμως* **a**^{s} ‖ **208** *νέμεσις* **c**^{s}**f**^{s}**e**^{s}**m**^{s} *ἔμεσις* **a**^{s} ‖ **213** *ἀδιάφθορος* **f**^{s} ‖ **214** *ἡ*^{1}] *καὶ* **c**^{s} ‖ **215** *τῇ* om. **f**^{s} | *πρωτείων* **c**^{s} ‖ **217** *γράφει* **w**^{s}**m**^{s} | *τις*] *τε* **c**^{s} ‖ **218** *ὁ ἑπτακαιδεκαέτης* **p**^{s} *-κέτης* **g**^{s}**w**^{s}**v**^{s} *-κάτης* **s a**^{s}

τῶν παίδων ὑπεξούσιοι οἱ ἐκ νομίμων γάμων,
οὗτοι γὰρ μόνοι νομικῶς ὑπείκουσι πατράσιν.
εἴ τις ἐκ φίσκου λάβοι τι δωροῦντος βασιλέως
ἢ συναλλάττων πρὸς αὐτόν, εὐθὺς τούτου δεσπόζει,
ἐκεῖνος δὲ ἐνάγεται μέχρι τετραετίας.
ἡ μόρτις καῦσα δωρεὰ ἔοικε τῷ λεγάτῳ.
τὰ τῆς προικὸς ἀκίνητα οὐχ ὑποτίθησί τις
οὐδὲ πιπράσκειν δύναται οὐδ' ἐκποιεῖν οὐδ' ὅλως.
ἐκποίησιν ὁ πούπιλος πραγμάτων οὐ ποιεῖται,
οὐδέ τι πράττειν δύναται χωρὶς τῶν ἐπιτρόπων.
καὶ υἱὸς ὑπεξούσιος καὶ δοῦλος προσπορίζει,
ὁ μέν γε τῷ δεσπόζοντι, ὁ δὲ τῷ φυτοσπόρῳ,
κἂν μὴ τυγχάνωσιν αὐτοὶ τὴν πρᾶξιν ἐγνωκότες·
υἱὸς δὲ δίχα τοῦ πατρὸς ἢ δοῦλος τοῦ δεσπότου
οὐ δύναται κληρονομεῖν, ἀλλ' οὐδὲ ἀδιτεύειν.
κἂν τις οὐσουφρουκτάριος ἡμῖν ἐστιν οἰκέτης,
εἰσάγει τὸν προσπορισμόν, ὥσπερ ὁ βοναφίδε.
ὁ φιδικομισάριος σὺν τῷ λεγαταρίῳ
ὁλόκληρον διαδοχὴν οὐκ ἔχουσι δικαίου·
ὁ κληρονόμος μόνος γὰρ τὸ δίκαιον τοῦτ' ἔχει.
ἀγράφως διατίθεσθαι οὐκ εἴργουσιν οἱ νόμοι·
οἰκειακοὺς δὲ μάρτυρας ἀθετοῦσιν εἰκότως.
εἴ τις διάθοιτο τυχὸν τῶν ἐξεστρατευμένων,
ἡ διαθήκη ἔρρωται εἰς ὁλόκληρον χρόνον
καὶ μετὰ τὴν ἀθέτησιν τῆς προτέρας στρατείας·
ὁ δ' ὑπεξούσιος υἱὸς οὐ ποιεῖ διαθήκας,
κἂν ὁ πατὴρ κελεύσειε, χωρὶς τῶν καστρεσίων.

219–220 1, 9 pr. ‖ **221–223** 2, 6, 14 ‖ **224** 2, 7, 1 ‖ **225–226** 2, 8 pr. ‖ **227–228** 2, 8, 2 ‖ **229–233** 2,9,3 ‖ **234–235** 2,9,4 ‖ **236–238** 2,10,11 ‖ **239** 2,10,14 ‖ **240** 2,10,10 ‖ **241–243** 2,11,3 ‖ **244–245** 2,12 pr.

220 *εἴκουσι τοῖς* **e**^{s}**m**^{s}**p**^{s}**v**^{s} ‖ **221** *εἴ*] *ἄν* **a**^{s} | *λάβη* **p**^{s}**v**^{s} | *τι* om. **a**^{s} ‖ **224** *μόρτης* **c**^{s} ‖ **226** *οὐδὲ – δύναται*] post *ὅλως* trp. **s** | *οὐδ'*[1] – *ὅλως*] *χωρὶς τῶν ἐπιτρόπων* (= 228) **a**^{s} ‖ **227** *πούπλιος* **f**^{s} | *πραγμάτων*] *οὐδ' ὅλως* **c**^{s} ‖ **228** *τι πράττειν*] *πιπράσκειν* **e**^{s} ‖ **231** om. **f**^{s} | *τυγχάνουσιν* **c**^{s} ‖ **232** *ἢ*] *καὶ* **f**^{s}**s** ‖ **234** *ἐάν* **f**^{s} | *ὀσουφρουκτάριος* **f**^{s} ‖ **235** *εἰσάγη* **f**^{s} | *προσποριστὴν* **c**^{s} ‖ **236** *φειδικομισσάριος* **f**^{s}**a**^{s}, (-*σ*-) **e**^{s}, (-*μμ*-) **m**^{s} *φιδικομμισάριος* **p**^{s}, (-*μυ*-) **v**^{s} | *λιγαταρίω* **w**^{s} *λεγατωρίω* **a**^{s} ‖ **237** *οὐκ ἔχουσι δίκαιον ὁλοκλήρου διαδοχῆς* **f**^{s} | *διαδοχῆς* **c**^{s} ‖ **238** *ἔσχεν* **p**^{s}**v**^{s} ‖ **239** *ἐγγράφως* **c**^{s}**m**^{s} ‖ **240** *εἰκότως ἀθετοῦσιν* trp. **g**^{s}**w**^{s}**s** ‖ **241** *τυχεῖν* **c**^{s} | *ἐξστρατευομένων* **c**^{s} *ἐκστρατευομένων* **w**^{s}**e**^{s}**m**^{s}**p**^{s}**v**^{s} ‖ **244** *ὁ δ'*] *οὐδ'* **c**^{s} ‖ **245** *ἐὰν* **c**^{s}**f**^{s} | *καστρησίων* **c**^{s}, (-*ρι*-) **f**^{s} *καστρεσίων* **m**^{s}**v**^{s} *πεκουλίων* **s**, **g**^{s} mg.

οὐκ ἀνατρέπει ἔκστασις προβᾶσαν διαθήκην.
εἰ δέ τις ἐμμαγκίπατος, κόντρα ταβούλλας ἔχει.
καὶ δοῦλον, εἴ τις βούλοιτο, ἐνιστᾷ κληρονόμον.
οὐγκιασμοὶ δὲ δώδεκα μέτρον κληρονομίας.
ὡς ὁ τεστάτωρ, δύναται οἰκέτης κληρονόμος.
οὐδεὶς διατιθέμενος, εἰ μὴ ᾖ στρατιώτης,
μέρει μὲν διατίθεται, μέρει δ' οὔ, τῆς οὐσίας.
ἔστιν ὑποκατάστασις, οὕτω δὴ τυπουμένη·
'κληρονομείτω Τίτιος τῶν ἐμαυτοῦ πραγμάτων·
εἰ δ' οὗτος οὐ βεβούληται, Πρίμος κληρονομείτω.'
ἀθεμιτογαμήσας τις καὶ δεινῶς τιμωρεῖται
καὶ τῶν τεχθέντων ἐξ αὐτοῦ οὐ κατεξουσιάζει.
εἰ δέ τις παῖδας ἔτεκεν ἐξ παλλακῆς προτέρας,
νομίμους ἀπεργάσεται προικῴοις ἐν συμφώνοις.
τέταρτον μέρος χρεωστεῖ τῷ υἱοθετηθέντι
υἱοθετήσας τίς τινα τῶν ἑαυτοῦ πραγμάτων.
ἀτελὴς συγγινώσκεται μήτηρ μὴ ἀπαιτοῦσα
τοῦ ἀνδρὸς τελευτήσαντος ἐπίτροπον τοῖς τέκνοις.
ἐπιτροπὴ δὲ πέφυκε νομικὴ ἐξουσία
κατ' ἐλευθέρας κεφαλῆς εἰς βοήθειαν ταύτης.
ἐπίτροπος δὲ διοικεῖ μέχρι τῆς ἥβης μόνον,
ἐντεῦθεν δὲ ἀνθέξονται κουράτορες τοῦ νέου.
ἀδνάτους μὲν ὀνόμαζε τοὺς ἐξ ἀρρένων τόκους,
κογνάτους δ' ἐπονόμαζε τοὺς ἐκ θηλυγονίας.
ἔφηβος γίνεται ὁ παῖς ἐτῶν δεκατεσσάρων,
ἔφηβος δέ γ' ἡ θήλεια οὖσα δωδεκαέτις.
τῷ ἔχοντι ἐπίτροπον κουράτωρ δίδοταί τις.

246 2,12,1 ‖ **247** 2,13,3 ‖ **248** 2,14,2 ‖ **249** 2,14,5 ‖ **250** cf. vs. 248 ‖ **251–252** Theoph. 2,14,5 ‖ **253–255** 2,15,1 ‖ **256–257** 1,10,12 ‖ **258–259** 1,10,13 ‖ **260–261** 1,11,3 ‖ **262–263** Basilic. 10,17,2 ‖ **264–265** Theoph. 1,13,1 ‖ **266–267** 1,23,2 ‖ **268–269** 1,15,1 ‖ **270–271** 1,22 pr. ‖ **272** 1,23,5 (cf. vs. 360)

246 *οὐδ'* $\mathbf{c}^{s}$ ‖ **247** *ἐμαγκίπατος* $\mathbf{e}^{s}$ *ἐμμακίπατος* $\mathbf{a}^{s}\mathbf{m}^{s}$ *ἐμμακιπᾶτος* **s** | *ταβούλας* $\mathbf{c}^{s}$ $\mathbf{s}\,\mathbf{m}^{s}$ | *ἔχοι* $\mathbf{c}^{s}$ ‖ **248** *ἐνιστᾶν* $\mathbf{f}^{s}$ ‖ **249** *οὐγκίας μοι* $\mathbf{w}^{s}$ *οὐγγιασμοὶ* $\mathbf{c}^{s}$ (*οὐγγίας μὴ* p. c.), $\mathbf{s}\,\mathbf{m}^{s}$ $\mathbf{p}^{s}\mathbf{v}^{s}$ *οὐγγιασμὸς* $\mathbf{f}^{s}$ ‖ **250** om. $\mathbf{m}^{s}$ | *κληρονομεῖν* $\mathbf{p}^{s}\mathbf{v}^{s}$ ‖ **251** *δὲ διατίθεται* $\mathbf{c}^{s}\mathbf{f}^{s}$ ‖ **254** *ἑαυτοῦ* $\mathbf{c}^{s}\mathbf{f}^{s}\mathbf{s}$ ‖ **255** *πρίμος*] *πατρὶ μόνος* $\mathbf{f}^{s}$ ‖ **256** *ὁ θεμιτογαμήσας* $\mathbf{c}^{s}$ ‖ **257** *αὐτῶν* $\mathbf{a}^{s}$ | *οὐκ αὐτεξουσιάζει* $\mathbf{e}^{s}$ ‖ **258** *τετοκὼς* **s** p. c. *ἔτεμεν* $\mathbf{c}^{s}$ | *παλακῆς* $\mathbf{c}^{s}\mathbf{g}^{s}\mathbf{w}^{s}\mathbf{p}^{s}\mathbf{v}^{s}$, $\mathbf{e}^{s}$ a. c. ‖ **259** *νομίμοις δ'* $\mathbf{c}^{s}\mathbf{f}^{s}$ | *ἀπεργάσηται* $\mathbf{c}^{s}$ | *προκώοις* $\mathbf{c}^{s}$ ‖ **260** *τὸ υἱοθετιθῆναι* $\mathbf{a}^{s}$ ‖ **261** *τινα*] *καλῶς* $\mathbf{a}^{s}\mathbf{e}^{s}$ ‖ **264** *ἐπιτροπικοὺς* $\mathbf{f}^{s}$ ‖ **266** *μόνης* $\mathbf{f}^{s}\mathbf{a}^{s}$ ‖ **267** *κουράτωρος* $\mathbf{g}^{s}\mathbf{a}^{s}\mathbf{p}^{s}$ ‖ **268** *τόκους* $\mathbf{f}^{s}\mathbf{s}\,\mathbf{p}^{s}\mathbf{v}^{s}$: *γόνους* $\mathbf{e}^{s}$ *τόκων* cett. ‖ **269** *κοδνάτους* $\mathbf{e}^{s}$ ‖ **271** *γ' ἡ* $\mathbf{p}^{s}\mathbf{v}^{s}$ *ἡ* $\mathbf{e}^{s}$ | *δωδεκαέτης* $\mathbf{c}^{s}\mathbf{f}^{s}\mathbf{s}\,\mathbf{a}^{s}$

κατηγορεῖν οὐ δύναται ἄνηβος ἐπιτρόπου,
ἔφηβος τοῦ κουράτορος συγγενῶν συνεργούντων.
τὰ μηδενὸς τὸ πρότερον τοῦ προκαταλαβόντος.
τὸ κῦμα τὸ χειμέριον αἰγιαλὸν ὁρίζει.
εἴκει τὰ ἐπικείμενα τοῖς γε ὑποκειμένοις.
ἴτερ ἐστὶν ὁδὸς στενή, ἄκτους ἡ πλατυτέρα.
ὁ πρᾶγμα τὸ ἀλλότριον ἐκποιῶν ἐν εἰδήσει
ἢ ἄλλῳ τραδιτεύων τις ὡς κλοπὴν ἁμαρτάνει.
δευτέρα διατύπωσις ῥήγνυσι τὴν προτέραν.
τὴν δε ἰνοφικίοσσο παῖδες κινοῦσι μόνοι.
οὐδεὶς ὑποκαθίστησι παιδὶ πουπιλαρίως,
εἰ μὴ ποιήσει πρότερον εἰς αὐτὸν διαθήκην.
ὁ ἔχων τὴν ἐναγωγὴν ἀποδείξει βαρεῖται.
τὰ τῆς προικὸς ἀκίνητα εἰσπράττεται αὐτίκα,
τοῖς κινητοῖς ὁλόκληρος εἰς ἀπαίτησιν χρόνος.
τῆς διαθήκης ἡ κρηπὶς ἔνστασις κληρονόμου.
καὶ τομὴ καὶ μετάθεσις γίνεται τοῦ λεγάτου
ἔν τε διατυπώσεσιν ἔν τε τοῖς κωδικέλλοις.
τὸ τρίτον ὁ Φαλκίδιος σῴζει τῷ κληρονόμῳ,
ἐκ τῶν λεγάτων ἀπαιτῶν κατὰ ἀναλογίαν.
ὁ Αὔγουστος προσέταξε, φασί, τοὺς κωδικέλλους
ἐν οἷς οὔτε ἐνίστησιν ὁ γράφων κληρονόμον
οὔτ' ἀφαιρεῖ ὃν ἔγραψεν ἐν τῇ διατυπώσει.
τὸ μὲν Τερτουλιάνειον δόγμα καλεῖ προσφόρως
εἰς τὰ τῶν τέκνων πράγματα τὰς ἐκείνων μητέρας,

273–274 1, 26, 4 ‖ **275** 2, 1, 12; Regul. Inst. p. 171 § 2 Zachariae ‖ **276** Theoph. 2, 1, 3 ‖ **277** 2, 1, 4; Regul. Inst. p. 171 § 2 ‖ **278** Theoph. 2, 3 pr. ‖ **279–280** 2, 6, 3; Regul. Inst. p. 171 § 9 Zachariae ‖ **281** Theoph. 2, 17, 2 ‖ **282** 2, 18 pr. ‖ **283–284** 2, 16, 5; Regul. Inst. p. 172 § 16 ‖ **285** Theoph. 2, 20, 4 fin.; Regul. Inst. p. 172 § 19 ‖ **286–287** cf. Basilic. 29, 1, 119, 7a ‖ **288** cf. Theoph. 2, 10, 4 ‖ **289–290** 2, 21 ‖ **291–292** Theoph. 2, 22 cum Nov. 18, 1 (infra vss. 788–801) ‖ **293–295** Theoph. 2, 25 pr. et 2 ‖ **296–297** 3, 3 (cf. vss. 663–664)

272 om. **m**^{s} ‖ **274** *τοῦ*] *δὲ* **e**^{s} | *κουράτωρος* **g**^{s}**a**^{s} ‖ **175** *τὸ*] *τοῦ* **c**^{s}**f**^{s} ‖ **277** *ὑποκείμενα* **m**^{s}**p**^{s}**v**^{s} | *ἐπικειμένοις* **m**^{s}**p**^{s}**v**^{s} ‖ **278** *ἴτερ* **g**^{s}**w**^{s}**a**^{s}: *ἴντερ* cett. | *ἄκτους* **c**^{s}**f**^{s}, **g**^{s} a. c., **w**^{s}**a**^{s}**e**^{s}: *ἄστους* cett. ‖ **280** *ἄλλως* **w**^{s} | *τετραδιττεύων* **f**^{s} | *κλοπεὺς* **p**^{s}**v**^{s} ‖ **282** *τὸν* **a**^{s} | *δὲ* codd. | *ἰνοφικίοσο* **f**^{s}**a**^{s}**e**^{s} ‖ **283** *ὑποκαθίσταται* **g**^{s}**w**^{s}**s** *ἀποκαθίστησι* **m**^{s}**p**^{s}**v**^{s} | *πουπιλαρίω* **c**^{s} *πουπιταρίως* **m**^{s}**p**^{s}**v**^{s} ‖ **284** *ποιήσοι* **c**^{s} *-ση* **s a**^{s} ‖ **287** *νικητοῖς* **c**^{s} | *χρόνοις* **f**^{s} ‖ **288** *κληρονόμων* **m**^{s}**p**^{s}**v**^{s} ‖ **289** *κατάθεσις* **c**^{s}**f**^{s} ‖ **291** *σώζοι* **f**^{s} ‖ **293** *φασί*] *φάλσους* **p**^{s}**v**^{s} *πάσης* **a**^{s} | *τοὺς*] *τοῖς* **a**^{s} ‖ **294–295** post **290** trp. **a**^{s} ‖ **295** *ἐν τῇ*] *ἔν γε* **p**^{s}**v**^{s} ‖ **296** *τερτυλιάνειον* **f**^{s}**p**^{s}**v**^{s} *περὶ τυλιάνειον* **c**^{s} *τερτελλιάνειον* **m**^{s} ‖ **297** *εἰς τὰ μ(ητέ)ρων πράγματα τοὺς νέους προκαλεῖται* **p**^{s}**v**^{s}

τὸ δέ γ' Ὀρφιτιάνειον αὖθις ἐκ τοὐναντίου
εἰς τὰ μητέρων πράγματα τοὺς παῖδας προκαλεῖται.
ἡ μήτηρ ἔχει πρόκλησιν ἁπάντων τῶν ἀδνάτων
εἰς τὰ τοῦ τέκνου πράγματα, χωρὶς τῶν ὁμογνίων,
μετὰ γὰρ τούτων ἔρχεται εἰς τὴν κληρονομίαν·
ἀλλ' εἰ μὲν ἀδελφαί εἰσι, τὸ ἥμισυ λαμβάνει,
εἰ δ' ἀδελφαὶ καὶ ἀδελφοί, ἴσα κληρονομοῦσιν.
ὑπούσης διακατοχῆς παῖς καὶ γονεὺς ὡσαύτως
ἐνιαυτὸν ὁλόκληρον ἔχουσι βοηθοῦντα,
ἡμέρας μόνας ἑκατὸν τῶν συγγενῶν ἐχόντων.
ποινὴ ὀφείλει τίθεσθαι εἰς τὰς ἐπερωτήσεις.
ἡ περπετοῦα μίσθωσις ἐμφύτευσις τυγχάνει.
τὸ διπλασιαζόμενον ἔκ τινος ἠρνηκότος
καταβληθὲν ἰνδέβιτον ἀπαίτησιν οὐκ ἔχει.
κλοπή ἐστι ψηλάφησις πραγμάτων κατὰ δόλον.
χωρὶς κακῆς προθέσεως κλοπὴν οὐχ ἁμαρτάνεις.
κατὰ τοῦ κλέπτου φούρτιβον, κἂν μὴ νέμηται, δώσεις.
τῷ ἐκπεσόντι πράγματος Πουβλιανὴ ἁρμόζει.
Παυλιανὴ δὲ δίδοται τῷ περιγεγραμμένῳ
εἰς πρᾶσιν, εἰς ἐκποίησιν τῶν ἑαυτοῦ πραγμάτων.
τὴν φούρτην διπλασίαζε σὺν τῷ Ἀκουιλίῳ.
νόμος ὁ δωδεκάδελτος τὴν νοξαλίαν φούρτην
καὶ τὸν νοξάλιον αὐτὸν Ἀκουίλιον γράφει.
παραγραφή ἐστι σαφὴς ἡ δικαιολογία
τοῦ ῥέου πρὸς τὸν ἄκτορα κατ' ἀγωγῆς βεβαίας,
τῷ νόμῳ μέν πως ἰσχυρᾶς, τῇ φύσει δ' ἀδικούσης.
δίκην οὐδεὶς συνίστησιν ἀγνώστων ἀντιδίκων.

298–299 3,4 (cf. vss. 658–659) ‖ **300–304** 3,3,5 ‖ **305–307** 3,9,8 ‖ **308** 3,15,7 ‖ **309** 3,24,3 ‖ **310–311** 3,27,7; Regul. Inst. p. 174 § 16 Zachariae ‖ **312** Theoph. 4,1,1; Regul. Inst. p. 174 § 1 ‖ **313** Theoph. 4,1,7 ‖ **314** 4,1,19 ‖ **315** 4,6,4 ‖ **316–317** 4,6,6 ‖ **318** 4,6,23 ‖ **319–320** 4,8,4 ‖ **321–323** 4,13 pr. ‖ **324** cf. 4,6,1

298 *γ'* om. **e**^{s}**p**^{s}**v**^{s} | *εἰς τοὐναντίον* **e**^{s} ‖ **299** om. **c**^{s}**f**^{s} | *εἰς τὰ τῶν τέκνων πράγματα τὰς ἐκείνων μητέρας* **p**^{s}**v**^{s} | *προσκαλεῖται* **e**^{s} ‖ **300** *πρόσκλησιν* **e**^{s} ‖ **301** *τῶν τέκνων* **w**^{s}**g**^{s}**s** | *ὀλιγνίων* **m**^{s}**p**^{s}**v**^{s} ‖ **303** *λαμβάνειν* **f**^{s} ‖ **304** *εἰ*] *αἱ* **e**^{s} ‖ **305** *ἀπούσης* **f**^{s}**a**^{s} ‖ **308** *ποινὴν* **f**^{s}**a**^{s} *κοινὴ* **c**^{s}**e**^{s} ‖ **310** *ἀρνηκότα* **a**^{s} ‖ **311** *ἰντέρβικτον* **g**^{s}**s** | *οὐκ* **w**^{s}**e**^{s}**m**^{s}: *δ' οὐκ* cett. ‖ **312** *δούλων* **p**^{s}**v**^{s} ‖ **313** *κακοῦ* **f**^{s} ‖ **314** *φοέρτικον* **f**^{s} *φούρτιμον* **s** | *δώσεις*] *δέ γε* **c**^{s} ‖ **315** om. **c**^{s}**f**^{s} | *πουπλιανὴ* **s** ‖ **316** *πουβλιανὴ* **m**^{s}**p**^{s} ‖ **318** *φούρτι* **s** ‖ **319** *ὁ*] *ἡ* **c**^{s} | *φοῦρτον* **f**^{s}, (-*ού*-) **a**^{s} *φούρτι* **s** ‖ **320** *ἀδικουίλιον* **s p**^{s}, **v**^{s} a. c. ‖ **321** *περιγραφὴ* **c**^{s} ‖ **322** *ἄκτωρα* **p**^{s}**v**^{s} | *βεβαίου* **m**^{s}**p**^{s}**v**^{s} ‖ **324** *δίκην δ'* **c**^{s}**g**^{s}**w**^{s} | *ἐνίστησι* **e**^{s}**m**^{s}**p**^{s}**v**^{s} | *ἀγνώμων* **a**^{s}**e**^{s}

ἐπ' ἴσης δικαιώσεως ὁ νεμόμενος κρείττων.
ὁ φθείρας βίᾳ τὴν σεμνήν, εὔπορος μὲν τυγχάνων
ἡμίσεος ἀφαίρεσιν ἔχει τῶν κεκτημένων·
ὁ δ' ἄπορος ἐξόριστος γίνεται παραυτίκα.
τῷ Κορνηλίῳ ἔνοχος πᾶς ὁ φονεὺς τυγχάνει.
τῷ ῥεπετοῦνδις ἔνοχος δικαστὴς δωροδόκος.
τῷ δὲ δε φάλσις ἔνοχος ὃς ἁλοίη πλαστεύων.
Τὸ χρόνιον δὲ σύνηθες νόμου λαμβάνει τόπον.
οἱ ἰδικοὶ τῶν γενικῶν ἐγκρατέστεροι νόμων.
ἥττων ἐστὶ τῶν θηλειῶν αἵρεσις τῶν ἀρρένων.
οἱ μὲν τεχθέντες νόμιμοι ἕπονται τοῖς πατράσιν,
οἱ φύντες δ' ἐκ πορνεύματος ἕπονται ταῖς μητράσι.
τὸ φύσει χρεωστούμενον καταβληθὲν οὐκ ἔχει
αὖθις ῥεπετιτίονα, ὡς ἔδοξε τῷ νόμῳ.
πάκτα τὰ ἰδιωτικὰ δημόσιον οὐ βλάπτει.
ἀποκαθίστατ' ἀβλαβὴς ὁ νέος κατὰ νόμους.
ὅπερ ἐστὶ τοῖς ἥττοσι τὸ ἀποκαθιστάναι,
τοῦτο μείζοσιν ἔκκλητος πρὸς λόγους ἀναλόγους.
πατρὸς καὶ παίδων μεταξὺ τῶν γε ὑπεξουσίων
οὐ πέφυκε συνίστασθαι δίκης ἀμφιβολία.
ὅπου δὲ ἡ προκάταρξις, ἐκεῖ καὶ καταδίκη.
τὸ μεῖζον δικαστήριον τὸ ἔλαττον προκρίνει.
ὁ διδοὺς τὸ ἰνδέβιτον ἔχων εἴδησιν τούτου
οὐκ ἔχει πάλιν εἴσπραξιν τοῦ καταβεβλημένου.

325 4, 6, 2; Basilic. 2, 3, 128; Regul. Inst. p. 175 § 14 Zachariae ‖ **326–328** Theoph. 4, 18, 4 ‖ **329** 4, 18, 5 ‖ **330** 4, 18, 11 (cf. vss. 617–618) ‖ **331** 4, 18, 7 (cf. vss. 530–535) ‖ **332** Basilic. 2, 1, 42 ‖ **333** 2, 3, 80 ‖ **334** 46, 1, 7 ‖ **335–336** 46, 1, 16 ‖ **337–338** cf. Basilic. schol. 1754, 18–19 ‖ **339** Basilic. 2, 3, 27 et 45 ‖ **340** 10, 4, 6 ‖ **341–342** 10, 4, 42 ‖ **343–344** 7, 5, 4 ‖ **345** 7, 5, 29 (= vs. 365) ‖ **346** 7, 5, 53 (cf. vss. 361–362) ‖ **347–348** 24, 6, 1; 50

325 *δικαιώσεων* $\mathbf{c}^{s}$ ‖ **327** *ἡμίσειαν* $\mathbf{c}^{s}$ ‖ **328** *ὁ*] *εἰ* $\mathbf{f}^{s}\mathbf{a}^{s}$ ‖ **329** *κορνελίω* $\mathbf{g}^{s}\mathbf{w}^{s}$ *κορνηλίου* $\mathbf{p}^{s}\mathbf{v}^{s}$ ‖ **330** *ῥεπετούνδις* $\mathbf{c}^{s}$, (*-οῦ-*) $\mathbf{g}^{s}\mathbf{w}^{s}$ *-ης* **s** *ῥεπετοῦνδι* $\mathbf{a}^{s}$ *ῥεπιτούνδης* $\mathbf{m}^{s}$ *ῥεπετῶδις* $\mathbf{p}^{s}\mathbf{v}^{s}$ *ῥεπεούνδω* $\mathbf{e}^{s}$ *ῥεπεντούδι* $\mathbf{f}^{s}$ | *δωροδόκος,* sscr. *ης,* $\mathbf{g}^{s}$ ‖ **331** *δε*] *γε* $\mathbf{p}^{s}\mathbf{v}^{s}$ om. $\mathbf{a}^{s}$ | *δε φάλσης* $\mathbf{c}^{s}\mathbf{f}^{s}$ *δελφάσις* $\mathbf{g}^{s}\mathbf{w}^{s}$ | *ἀλλοιοῖ, -οῖ* in ras., **s** ‖ **332** *νόμον* $\mathbf{a}^{s}$ | *τύπον* $\mathbf{c}^{s}\mathbf{e}^{s}\mathbf{m}^{s}\mathbf{p}^{s}\mathbf{v}^{s}$ ‖ **333** *ἰδικοὶ* $\mathbf{c}^{s}\mathbf{f}^{s}\mathbf{a}^{s}\mathbf{e}^{s}$: *γενικοὶ* cett. | *γενικῶν* $\mathbf{c}^{s}\mathbf{f}^{s}\mathbf{a}^{s}\mathbf{e}^{s}$: *ἰδικῶν* $\mathbf{g}^{s}$ *εἰδικῶν* $\mathbf{w}^{s}$ *νομικῶν* $\mathbf{s}\mathbf{m}^{s}\mathbf{p}^{s}\mathbf{v}^{s}$ | *ἐγκατέστεροι* $\mathbf{a}^{s}$ ‖ **334** *ἥττον* $\mathbf{a}^{s}$ ‖ **338** *ῥεπετετίωνα* $\mathbf{f}^{s}\mathbf{m}^{s}\mathbf{v}^{s}$ *ῥεπετίωνα* $\mathbf{p}^{s}$ *ῥεπετιτζίονα* $\mathbf{e}^{s}$ ‖ **339** *πάκτα* Siebenius: *πάντα* codd. | *τὰ* om. $\mathbf{a}^{s}$ ‖ **340** *νέος ἀποκαθίσταται ἀβλαβὴς* trp. $\mathbf{e}^{s}$ | *ἀποκαθίσταται* $\mathbf{f}^{s}\mathbf{a}^{s}$ | *βλαβεῖς* $\mathbf{a}^{s}$ ‖ **341** *ἀποκαθεστάναι* $\mathbf{p}^{s}\mathbf{v}^{s}$ ‖ **342** *ἔγκλητος* $\mathbf{g}^{s}\mathbf{w}^{s}\mathbf{a}^{s}$ | *ἀναλόγους* $\mathbf{a}^{s}$: *ἀνευλόγους* $\mathbf{p}^{s}\mathbf{v}^{s}$ *ἀναλόγως* cett. ‖ **345** *καὶ*] *καὶ ἡ* $\mathbf{c}^{s}\mathbf{f}^{s}\mathbf{g}^{s}$ *ἡ* $\mathbf{a}^{s}$ ‖ **347** *ὁ δὲ διδοὺς* (om. *τὸ*) $\mathbf{c}^{s}\mathbf{f}^{s}$ | *τὸ*] *τὴν* $\mathbf{p}^{s}\mathbf{v}^{s}$ ‖ **348** *ἔχων* $\mathbf{w}^{s}$ | *τῶν καταβεβλημένων* $\mathbf{c}^{s}\mathbf{f}^{s}$ | *βεβλημένου* $\mathbf{w}^{s}$

ὁσάκις ἐξετάζοντες περὶ καρπῶν σκοποῦμεν,
ὅσα λαβεῖν ἠδύνατο ὁ νομεὺς ἀκριβοῦμεν.
εἰς ἔδαφος ἐπίκοινον ὁ κοινωνὸς οὐ κτίζει.
ἐξωτικὸς οὐ δύναται δουλείαν προσπορίζειν.
ἐφ' ὧν ὁ Ἀκουίλιος θεμάτων οὐχ ἁρμόζει,
τούτοις ἰμφάκτουμ δίδοται· σαθρὸς δ' ὁ κανὼν οὗτος.
ὁπόσα δὲ μὴ ἔχουσιν ἰσχὺν κατὰ τῶν νόμων,
χωρὶς ἀποτελέσματος δοθέντα κατὰ πλάνην,
οὐκ ἔχει ῥεπετίτιον οὔτ' εἴσπραξιν ὀπίσω.
χείρονα ποιεῖν αἵρεσιν γυνὴ προικὸς ἰδίας
σαφῶς οὐκ ἔχει δύναμιν ἐν συνεστῶτι γάμῳ.
τῷ ἔχοντι ἐπίτροπον ἕτερος οὐ δοτέος.
τὸ μεῖζον δικαστήριον κρεῖττον τῶν ἐλαττόνων,
ἤτοι τὸ ἐγκληματικὸν τοῦ περὶ τῶν χρημάτων.
ἐκδίκησιν ἐγκλήματα λαμβάνει τὴν δικαίαν
ἐν τόποις οἷς ἡμάρτηται, ἔνθα κρείττων ἡ γνῶσις.
ὅπου δὲ ἡ προκάταρξις, ἐκεῖ καὶ καταδίκη.
Ἐντεῦθεν καὶ κανόνας σοι τῶν Νεαρῶν εἰσφέρω.
δηλούσθω τὰ βουλήματα πάντων τῶν τελευτώντων,
ὅσα μὴ διαμάχονται τοῖς νόμοις τοῖς κειμένοις.
προῖκα μὲν γάμος ἐνεργεῖ, γάμον δ' οὐ δρῶσι προῖκες.
ὅπερ ὁ νόμος δίδωσιν οὐκ ἂν ἀφέλοιτό τις.
παραγραφῆς ἀντίθεσις οὐκ ἔστι δημοσίῳ.
ἡ δευτερογαμήσασα πρὸ τοῦ πενθίμου χρόνου
πάντων ἐκπίπτει καὶ προικῶν καὶ κερδῶν παραυτίκα.
ἐξ ἐλευθέρας δὲ γαστρὸς οὐ τίκτεταί τις δοῦλος.

349–350 15, 1, 33 ‖ **351** 58, 5, 11 ‖ **352** 58, 4, 5 ‖ **353–354** 20, 4, 11 ‖ **355–357** cf. 24, 6, 54 ‖ **358–359** cf. 29, 1, 110 ‖ **360** Theoph. 1, 23, 5 (cf. vs. 272) ‖ **361–362** Basilic. 60, 17, 2 (cf. vs. 346) ‖ **363–364** 7, 5, 76 ‖ **365** 7, 5, 29 (= vs. 345) ‖ **367** cf. vs. 382 ‖ **367–368** Theod. Brev. p. 8, 15–17 Zachariae ‖ **369** Nov. 18, 4 p. 130, 27–28 Schoell ‖ **370** Nov. 17, 14 p. 125, 34–36 ‖ **371** Theod. Brev. p. 20, 39–40 ‖ **372–373** p. 36, 1–2 ‖ **374** Nov. 54 pr. p. 306, 22–23; cf. Theod. Brev. p. 63, 19–21

349 *ἐξετάζονται* $\mathbf{p}^s\mathbf{v}^s$ ‖ **352** *δουλείας* $\mathbf{m}^s\mathbf{p}^s\mathbf{v}^s$ ‖ **353** *ἀφ'* $\mathbf{c}^s\mathbf{f}^s$ | *οὐκ* $\mathbf{c}^s$ ‖ **354** *τούτοις δ'* $\mathbf{g}^s\mathbf{w}^s\mathbf{a}^s$ | *ἰνφάκτου* $\mathbf{s}\mathbf{a}^s$ *ἰφάκτουμ* $\mathbf{w}^s$ ‖ **355** *ἔχωσιν* $\mathbf{a}^s$ ‖ **357** *ῥιπετίτιον* $\mathbf{f}^s$ *ῥεπετίτζιον* $\mathbf{e}^s$ | *οὐδ'* $\mathbf{g}^s\mathbf{w}^s\mathbf{a}^s$ ‖ **358** *αἵρεσις* $\mathbf{f}^s$ ‖ **359** *συνεστῶτος* $\mathbf{w}^s$ ‖ **360** *τῶ δ'* $\mathbf{c}^s\mathbf{g}^s\mathbf{s}\mathbf{a}^s$ ‖ **362** *τοῦ] τὸ* $\mathbf{c}^s\mathbf{f}^s$ ‖ **364** *ἡμάρτηνται* $\mathbf{e}^s$ | *κρεῖττον* $\mathbf{c}^s\mathbf{s}$ ‖ **365** *καὶ] καὶ ἡ* $\mathbf{c}^s\mathbf{f}^s\mathbf{g}^s$ (ut 345) ‖ **366** *κανόνα* $\mathbf{f}^s\mathbf{g}^s\mathbf{s}\mathbf{a}^s\mathbf{p}^s\mathbf{v}^s$ ‖ **367** *δηλοῦντας* $\mathbf{e}^s$ *δηλούντων* $\mathbf{w}^s$ *ἀλούσθω* $\mathbf{f}^s$ | *πάντα* $\mathbf{p}^s\mathbf{v}^s$ | *τελεσθέντων* $\mathbf{w}^s\mathbf{a}^s\mathbf{e}^s$ ‖ **368** *μὴ] δὴ* $\mathbf{c}^s\mathbf{a}^s$ | *διαδέχονται* $\mathbf{m}^s\mathbf{p}^s\mathbf{v}^s$ ‖ **369** *γάμος] -ους* $\mathbf{c}^s$ | *ἐνεργεῖ] ἀναιρεῖ* $\mathbf{f}^s$ *ἐκπληροῖ* $\mathbf{e}^s$ a.c. | *γάμον] -ων* $\mathbf{c}^s\mathbf{v}^s$ ‖ **371** *ἀντίποινον* $\mathbf{p}^s\mathbf{v}^s$ ‖ **373** *κερδῶν καὶ προικῶν* trp. $\mathbf{s}\mathbf{p}^s\mathbf{v}^s$ ‖ **374** *δὲ] τὲ* $\mathbf{f}^s$ | *θυγατρὸς* (om. *τε*) $\mathbf{w}^s$

τῶν τελευτώντων βούλησιν μηδεὶς ἀνατρεπέτω.
γάμος ἐκ διαθέσεως συνίσταται καὶ μόνης,
κἂν μὴ προβῶσι γαμικὰ συμβόλαια πρὸς ταύτην.
δεφένσωρ ἐπιτήδειος οὐδεὶς χωρὶς ἐγγύης.
ὁ δοῦναι προελόμενος ἴσος τῷ δεδωκότι.
ἐπιτροπεύειν δύνανται τῶν τέκνων αἱ μητέρες.
ἐν μέσῳ δίκης ἄδικον γίνεσθαι θείους τύπους.
ἡ γνώμη τοῦ τεστάτωρος πάντων προτιμητέα.
τόκος ἀνεπερώτητος εἰς δάνειον οὐ τρέχει.
τὴν τῶν κακῶν εἰσαγωγὴν οὐ σφίγγει μακρὸς χρόνος.
τῶν γάμων οἱ ἀθέμιτοι ποιναῖς τιμωρητέοι.
οἱ πλημμελοῦντες κόλασιν διδότωσαν δικαίως
φυλαττομένων νομικῶς νομίμοις διαδόχοις
ὧν ἔχουσιν οἱ πταίσαντες νομίμων καὶ πραγμάτων.
ὁ ἄρχων ὑπερόριος οἴκοθεν δαπανάτω.
μοιχὸς δέ τις ἀποδειχθεὶς τὰς ποινὰς ὑπεχέτω,
διδόσθω δὲ τῇ γυναικὶ ἐκ τῶν αὐτοῦ πραγμάτων
ἡ προὶξ σὺν ἕδνοις ἅπασα· εἰ δ' ἄπροικος τυγχάνει,
μέρος ἐχέτω τέταρτον τῶν ἐκείνου πραγμάτων,
τὰ δὲ λοιπὰ τοῦ πταίσαντος πράγματα μεριζέσθω
εἰς παῖδας, εἰς τοὺς φύσαντας ἄχρι βαθμοῦ τοῦ τρίτου·
εἰ δ' οὔτε παῖς οὔτε γονεὺς ὑπάρχουσι τῷ πταίστῃ,
τῷ φίσκῳ προσκυρούσθωσαν τἀκείνου προσηκόντως,
τῆς μοιχευθείσης γυναικὸς ἀκριβῶς τηρουμένης·
εἰ δ' ὁ σύνοικος βούλοιτο, θαρρούντως λαμβανέτω

375 Nov. 66, 1 p. 341, 12–13 ‖ **376–377** Nov. 117, 4 p. 554, 26–28; cf. Nov. 18, 4, 1 p. 130, 23–27 (cf. vss. 1251–1252) ‖ **378** Nov. 88, 2 p. 427, 36–38; Theod. Brev. p. 85, 30 ‖ **379** Nov. 101, 2 (?); cf. Theod. Brev. p. 99, 11–15 (?) ‖ **380** Nov. 94 inscr. p. 457, 7–13; cf. Theod. Brev. 93, 28–31 ‖ **381** Nov. 113 inscr. p. 529, 6–8; cf. Theod. Brev. p. 107, 36–37 ‖ **382** Theod. Brev. p. 7, 23–25; cf. Nov. 159 p. 743, 21–22 (cf. vs. 367) ‖ **383** Nov. 136, 4 p. 693, 13–14 ‖ **384** Nov. 134, 1 p. 678, 7–8; Theod. Brev. p. 144, 42–43 ‖ **385** Nov. 12, 1; Theod. p. 21, 31–22, 3 ‖ **386–388** Nov. 17, 12 p. 124, 32–36; Theod. p. 28, 3–4 ‖ **389** Theod. p. 27, 42–43; Nov. 17, 9 ‖ **390–405** Theod. p. 147, 28–43

375 *μηδ' εἴ* **a**^{s} ‖ **376** *γάμου* **c**^{s} *γάμος δ'* **w**^{s} | *θέσεως* **c**^{s} | *μόνος* **f**^{s} ‖ **377** *πρὸς ταύτην* **w**^{s} **e**^{s}**p**^{s}**v**^{s}: *πρὸ ταύτης* **f**^{s}, **g**^{s} sscr. *πρὸς ταῦτα* cett. ‖ **379** *ἴσως* **c**^{s}**s a**^{s} ‖ **380** *παίδων* **e**^{s} a. c. ‖ **381** *γενέσθαι* **c**^{s}**f**^{s}**s** ‖ **382** *τεστάτορος* **f**^{s}**e**^{s} *τε πραίτορος* **p**^{s}, (-*ω*-) **v**^{s} | *πᾶσι* **f**^{s} ‖ **387** *νομικῶν* **e**^{s}**m**^{s}**p**^{s}**v**^{s} ‖ **391** *διδούσθω* **a**^{s} *διδότω* **e**^{s} | *αὐτῆς* **f**^{s} -*ῶν* **s** ‖ **392** *ἅπασιν* **c**^{s}**f**^{s}**p**^{s}**v**^{s} | *εἰ*] *ἡ* **a**^{s} | *ἄπορος* **e**^{s} ‖ **395** *μέχρι* **f**^{s} ‖ **399** *βούλεται* **f**^{s} | *θαρροῦντος* **c**^{s}**v**^{s}

τὴν παίσασαν ἀζήμιον ἐντὸς τῆς διετίας,
χρόνου δὲ διαρρεύσαντος τοῦ διηγορευμένου
ἡ μὲν εἰς μοναστήριον ἐνδίκως διαγέτω
μελαμφοροῦσα πάντοτε κατὰ τὰς κεκαρμένας,
οἱ παῖδες δὲ τὸ δίμοιρον ἐχέτωσαν ὧν ἔχει,
τὸ δέ γε μοναστήριον τὸ τρίτον λαμβανέτω.
αἱ κτήσεις τῶν ἐγκλήματι θανάτου πεπτωκότων
τοῖς παισὶν ἁρμοζέτωσαν ἢ ἄνω τοῖς γονεῦσι.
τὰς δίκας τὰς ἐν χρήμασι τὰς κατὰ τῶν ἐν κλήρῳ
ἐπίσκοποι κρινέτωσαν ἠκριβωμένῳ λόγῳ·
ἑνὸς δὲ μὴ στοιχήσαντος τοῦ κρίναντος τῇ ψήφῳ
ὁ ἄρχων ἐξετάσειε ταύτην ἀκριβεστέρως·
ἐν δὲ τοῖς ἁμαρτήμασι τοῖς πολιτικωτέροις
οἱ κληρικοὶ τοῖς ἄρχουσιν ὑπόκεινται δικαίως.
τοὺς εὐτελεῖς δὲ μάρτυρας ὁ κριτὴς κολαζέτω
πρὸς ἀληθείας εὕρεσιν καὶ μηδεὶς αἰτιάσθω.
ἐπὶ τῶν ἐγκλημάτων δὲ τῶν ἐν δικαστηρίοις
οἱ μάρτυρες τοῖς δικασταῖς προσίτωσαν ἐννόμως.
κηδεμόνας τοῖς ὀρφανοῖς ὁ ἄρχων προσδιδότω.
χρὴ τὸν ἐξ αἰτιάσεως ὑπομνησθέντα πρώτης
βιβλίον ὑποδέχεσθαι τῆς κινουμένης δίκης
καὶ προθεσμίαν ἡμερῶν εἴκοσι προσλαμβάνειν.
ὁ δὲ ἐκ παραιτήσεως λαβὼν δευτέραν κρίσιν
οὐ δύναται τὸν δεύτερον δικαστὴν παραιτεῖσθαι.
μετὰ διωμοσίαν δὲ τοῦ ῥέου κρυπτομένου
καὶ μὴ προσαπαντήσαντος κατὰ τὴν προθεσμίαν
εἰς τὰ ἐκείνου πράγματα πεμπέσθω ὁ ἐνάγων,
οὐκ ἄλλως δ' ἀναδίδωσι τὰ πράγματα τῷ ῥέῳ,

406–407 Theod. p. 149, 13–15; Nov. 134, 13, 2 p. 689, 1–11 ‖ **408–413** Theod. p. 82, 13–21; Nov. 83 p. 409, 19–410, 15 ‖ **414–415** Theod. p. 89, 23–26; Nov. 90, 1 p. 446, 30–447, 1 ‖ **416–417** Theod. p. 90, 42–91, 1; Nov. 90, 5, 1 p. 451, 9–11 ‖ **418** cf. Nov. 131, 15; 72, 3 ‖ **419–421** Nov. 53, 3 p. 301, 32–36; Theod. p. 61, 36–37 ‖ **422–423** Nov. 53, 4 pr. p. 302, 30–32; Theod. p. 62, 8–9 ‖ **424–428** Nov. 53, 4 p. 302, 34–303, 26; Theod. p. 62, 10–15

402 *διαγέσθω* **s** ‖ **411** *ἀκριβεστέρων* **a**^{s} ‖ **418** *προσδιδότω* **p**^{s}**v**^{s}: *προδιδότω* **f**^{s}**a**^{s}**e**^{s}**m**^{s} *παρεχέτω* **c**^{s}**g**^{s}**w**^{s}**s** ‖ **419** *πρῶτον* **s** ‖ **422** post **423** trp. **c**^{s} | *περιστάσεως* **g**^{s}**w**^{s}**a**^{s} ‖ **424** *διωμισίαν* **f**^{s} ‖ **425** *προσαπαιτήσαντος* **c**^{s}**s** *πρὸς ἀπαντήσαντας* **f**^{s} ‖ **427** *δ'* om. **sp**^{s}**v**^{s} | *τοῦ ῥέου* **e**^{s}**m**^{s}

εἰ μὴ τὴν πᾶσαν πρότερον δαπάνην ἀπαιτήσει.
γυνή τις ἴσως ἄπορος ἐπὶ ἀνδρὶ εὐπόρῳ
θανοῦσα δίχα γαμικῶν τελείως συμβολαίων,
ὣς δὲ κἂν ἄπορος ἀνὴρ ἐπὶ εὐπόρῳ θάνοι,
εἰς μόνον μέρος τέταρτον τῶν ἑαυτοῦ κτημάτων
ὑπὸ τοῦ ζῶντος ὁ θανὼν καλῶς κληρονομείσθω.
ὁ τρὶς κομίσας μάρτυρας αὖθις μὴ παραγέτω.
ὁ μέσος δὲ τοῖς μέρεσι γεγονὼς γνώμῃ τούτων
ἐφ' οἷς οὗτοι δικάζονται καὶ ἄκων μαρτυρείτω.
  Μὴ πάσας δ' οἴου, δέσποτα, τὰς Νεαρὰς εὐχρήστους·
αἱ μὲν γὰρ οὐκ ἐτέθησαν τοῖς Λέοντος βιβλίοις,
ὧν ἡ μὲν γνῶσις ἀσφαλής, βασιλικὴ δ' ἡ κλῆσις·
αἱ δ' εἰ καὶ κατεστρώθησαν, ἐσχόλασαν τῷ χρόνῳ·
αἱ δ' ἤργησαν ἀλλοίωσιν τοῦ βίου δεξαμένου,
οἷον τὰ περὶ βουλευτῶν, τὰ περὶ τῶν πραιτώρων,
τὰ περὶ μοδεράτωρος, τὰ περὶ κοιαιστώρων,
τὰ περὶ τῶν ἐπαρχιῶν τῶν ἀπηριθμημένων,
ὅσα κατὰ συναίνεσιν τὸν γάμον διαιροῦσι,
τὰ περὶ συγχωρήσεως λοιπάδων δημοσίων
τὰ περὶ τῶν ἐκκλήσεων τῶν ἐν τῇ Σικελίᾳ,
τὰ περὶ τοῦ μὴ γίνεσθαι οἴκοι τὰς λειτουργίας,
τὰ περὶ τοῦ διηνεκῶς ποιεῖν τὰς ἐμφυτεύσεις,
τὰ περὶ τῶν ἐν Ἀφρικῇ θείων ἀφιδρυμάτων.
εὔχρηστα δὲ καὶ θαυμαστὰ τὰ περὶ Φαλκιδίου,
τὰ περὶ γάμων λύσεως τοῖς καθήκουσι τρόποις,
τὰ περὶ ἀποδόσεως πραγμάτων προικιμαίων,
τὰ περὶ καινοτομιῶν, τὰ περὶ κηδεμόνων,

429–433 Theod. p. 62,42–63,6 ‖ **434** Nov. 90,4; Theod. p. 90,21–22 ‖ **435–436** Nov. 90,8; cf. Theod. p. 91,19–21 ‖ **437–456** Psell. Brev. div. Nov. 234–237 Heimbach ‖ **442** Nov. 38,24–26; 29 ‖ **443** Nov. 28; 35,80 ‖ **444** Nov. 24–31 ‖ **445** Nov. 140 ‖ **446** Nov. 148 ‖ **447** Nov. 75 ‖ **448** Nov. 58 ‖ **449** Nov. 120 ‖ **450** Nov. 37 ‖ **451** Nov. 1 ‖ **452** Nov. 22,4–16 ‖ **453** Nov. 39 ‖ **454** Nov. 63; 72

428 *ἀπαιτήσοι* **g**^{s}**w**^{s}**s a**^{s} *-ση* **c**^{s} ‖ **429** et **431** *εὔπορος … ἀπόρω* **e**^{s} (Pselli errorem corrigens) ‖ **430** *τελείων* **e**^{s} ‖ **431** *ὡς* codd. | *κἂν*] *καὶ* **a**^{s}**p**^{s} | *ἐπὶ* om. **a**^{s} | *εὐπόρων* **c**^{s} | *θάνη* **f**^{s} ‖ **432** *ἐκείνου* **a**^{s} ‖ **433** *ὑπὸ* **s e**^{s}**m**^{s}**p**^{s}**v**^{s}: *ὑπὲρ* **c**^{s} *ἀπὸ* cett. | *κληρονομείτω* **w**^{s} *-ήτω* **s** ‖ **434** *αὖθι* **a**^{s} ‖ **435** *τούτου* **p**^{s}**v**^{s} ‖ **436** *οὕτω* **s** | *μαρτυρεῖται* **s** ‖ **439** *δ' ἡ*] *δὴ* **a**^{s} ‖ **441** *βίου*] *χρόνου* **w**^{s}**p**^{s}**v**^{s} ‖ **443** om. **a**^{s} | *μιδεβάτορος* **c**^{s} | *κοιαιστόρων* **c**^{s}**w**^{s}**s** ‖ **445** *συναίρεσιν* **w**^{s} | *τῶν γάμων* **c**^{s} *τοῦ γάμου* **a**^{s} ‖ **446** *συγχωρήσεων* **g**^{s}**w**^{s}**a**^{s} ‖ **447** *ἐκκλήσεων* Teucher: *ἐκκλησιῶν* codd.

τὰ εἰς ἀμέτρους δωρεὰς ἀποτετοξευμένα,
τὰ περὶ τῆς ἐπὶ προικὶ σαφοῦς ἀναργυρίας.
οὐ τοίνυν ὅλον εὔχρηστον τὸ Νεαρῶν βιβλίον,
ἀλλ' ὧν ἡ πρᾶξις συνεχής, νόμοις κεκροτημένη.
Τῶν δ' ἀγωγῶν ἡ σύνταξις πολλή τε καὶ ποικίλη,
Ἰταλικοῖς ὀνόμασι μὲν κατωνομασμένη,
Ἑλληνικαῖς δὲ κλήσεσιν αὖθις ἀντικληθεῖσα.
τούτων ἡτοιμολόγηται τὰ πλείω θαυμασίως.
ἀδουλτερίης ὄνομα κεῖται περὶ μοιχείας,
καὶ θαύμασον τὴν σύνεσιν τοῦ ὀνοματοθέτου·
ὁ Ἰταλὸς τὴν νόθευσιν καλεῖ πως ἀδουλτέραν,
ἔνθεν γοῦν κατωνόμασται τὸ στροῦπτον τῆς μοιχείας,
ἡ γὰρ μοιχεία νόθευσις καὶ παραχάραξίς τις.
κινοῦσι δὲ τὸ μοιχικὸν ἀνέρ, πατὴρ καὶ θεῖος
πρὸς τῆς μητρός, πρὸς τοῦ πατρός, σύγγονός τε πρὸς τούτοις,
μετ' ἐγγραφῶν οἱ σύμπαντες, κἂν εἰ τὸν ἄνδρα λέγῃς.
ἡ ἀδοπτίων, δέσποτα, θέσεως ὄνομά τι,
εἰς δύο δὲ ὀνόματα τὴν διαίρεσιν ἔχει,
ὧν τὸ μὲν ἀδρογάτιον, τὸ δ' ἀδόπτιον λέγε.
τὸν τοίνυν αὐτεξούσιον λαμβάνει τις εἰς θέσιν
τῇ τῆς ἀδρογατίονος κλήσει τε καὶ δυνάμει·
ὁ δέ γε υἱοθετηθεὶς ἄνηβος ἑκουσίως
ἐξνερεδάτος γεγονὼς τρίτον λαμβάνει μόνον.
ὁ δέ γε Ἀκουίλιος ἀγωγή τις τυγχάνει
κατὰ τοῦ μὴ παρέχοντος τῷ σεβασμίῳ τόπῳ
ὅπερ λεγάτον ὥρισε σαφῶς ὁ τελευτήσας·

455 Nov. 92 ‖ **456** Nov. 100 ‖ **463–470** Glossae nomicae 1708/9 Labbé; Basilic. schol. 60,37,8; 60,37,4,7; 60,34,3,3 ‖ **471–477** cf. Theoph. Inst. 1,11,3 ‖ **478–481** cf. Glossae nomicae 1711 Labbé; Theoph. 4,6,19

455 *τὰς* **w**^{s} ‖ **456** *ἐπὶ] ἐπὶ τῇ* **c**^{s} *ἐν τῇ* **g**^{s}**w**^{s}**a**^{s} ‖ **457** *τὸ* **sp**^{s} ‖ **458** *κεκρατημένη* **f**^{s}**e**^{s} *συντετμημένοις* **c**^{s} ‖ **461** *ἀντικλησθεῖσα* **a**^{s} ‖ **462** *ἠτυμολόγηται* **g**^{s}**w**^{s} *ἠτιμ-* **c**^{s} ‖ **463** *ἀδουλτερίις* **c**^{s}**sm**^{s} *-ίοις* **a**^{s} | *κεῖται περὶ] τὸ περὶ τῆς* **p**^{s}**v**^{s} ‖ **464** *σύνεσιν* **p**^{s}**v**^{s}: *σύνθεσιν* cett. ‖ **466** *οὖν* **c**^{s}**e**^{s}**p**^{s}**v**^{s} | *κατωνόμασε* **c**^{s}**f**^{s}**sp**^{s}**v**^{s} *-σαν* **m**^{s} | *τὸν* **p**^{s}**v**^{s} | *στροῦμπτον* **c**^{s} *στροῦπτρον* **e**^{s} ‖ **468** *τὸν* **c**^{s} | *θεία* **c**^{s} ‖ **469** *πρὸς τοῦ πατρὸς καὶ τῆς μητρὸς* **e**^{s} | *πρὸς τούτοις σύγγονός τε* trp. **f**^{s} ‖ **470** *μετὰ γραφῶν* **a**^{s} | *εἰς* **a**^{s} | *λέγεις* **s** *-οις* **a**^{s}**m**^{s} ‖ **471** *ἀδορτίων* **g**^{s} a. c., **sm**^{s}**p**^{s}**v**^{s} *ἀδουπτίων* **a**^{s}**e**^{s} ‖ **473** *ἀνδρογάτιον* **c**^{s}**f**^{s}**g**^{s}**w**^{s}**v**^{s} | *ἀδόρτιον* **sm**^{s}**p**^{s}**v**^{s} *ἀδούπτιον* **a**^{s}**e**^{s} *ὀπτάτιον* **f**^{s} ‖ **474** *τὸ* **e**^{s} ‖ **475** *ἀδρογατίωνος* **w**^{s}**m**^{s}**p**^{s}**v**^{s} *ἀνδρογατίονος* **g**^{s} | *δυνάμεις* **a**^{s} ‖ **477** *ἐξνερεδάτης* **f**^{s} *ἐξνεραδάτος* **e**^{s} *ὀνερεδάτος* **p**^{s}**v**^{s} *ἐξερεδάτος* **w**^{s}**a**^{s} *ἐξερεδάτω* **c**^{s} | *μόνον] μέρος* **w**^{s}**e**^{s} ‖ **478** *ἀδικουίλιος* **p**^{s}, sscr. **v**^{s} ‖ **480** *λεγέτω* **c**^{s}

ἔχει δ' ἀπαίτησιν καρπῶν, εἴπερ ὑπέρθοιτό τις.
ἡ δέ γε ἀδεξιβενδοὺμ λίαν ἐστὶ χρειώδης·
πραγμάτων δ' ἐστὶν εἴσπραξις τῶν ἀποκεκρυμμένων·
περσοναλία τέ ἐστι, πρὸς δὲ ἀρβιτραρία,
εἰσπράττει δὲ ὁλόκληρον τὸ πρᾶγμα προσηκόντως
μετὰ γονῶν καὶ τοκετῶν, μετὰ πάσης αἰτίας.
ἀμβίτους νόμος πούβλικος κινούμενος πρὸς πάντων·
οὐκ ἔστι δὲ κεφαλικόν, κἂν ἀτιμοῖ τελείως·
κινεῖται δ' εἴ τις τὴν ἀρχὴν χρήμασιν ἀγοράσοι.
καὶ ἡ ἀννόνα πούβλικον καὶ πλέον τῶν πουβλίκων,
κινοῦσι γὰρ τὴν ἀγωγὴν καὶ δοῦλοι καὶ γυναῖκες·
κινεῖται δ' εἴ τις τυραννεῖ τὴν εὐθηνίαν Ῥώμης
καὶ καταπραγματεύεται πρὸς χάριν τῶν βαρβάρων.
ἦν δέ τις Ἀκουίλιος δήμαρχος ἐν τῇ Ῥώμῃ,
καὶ νόμον εἰσηγάγετο περὶ ζημίας τότε,
ἐκλήθη δ' Ἀκουίλιος ὁ νόμος φερωνύμως·
διεῖλε δὲ τὸ προταθὲν ἐν τρισὶ κεφαλαίοις,
ὧν ἄχρηστον τὸ δεύτερον τοῖς πράγμασι τυγχάνει.
οὗτος δ' ὁ νόμος, δέσποτα, πολύχρηστος ὑπάρχει,
καὶ περὶ φόνου γὰρ πολλὴν ἀκρίβειαν εἰσάγει,
κἂν εἴ τις τὸ τετράποδον νεμόμενον φονεύσοι.
ἡ ἀγωγὴ δὲ πέφυκεν αὕτη καὶ ποιναλία,
ἔστι δὲ καὶ οὐτίλιος, ἔστι δὲ καὶ διρέκτα·
εἰ μέν τις σῶμα σώματι βλάψει, τότε διρέκτα,
εἰ δέ τις ἄλλως ἔβλαψεν, οὐτίλιος τυγχάνει,
εἰ δὲ μήθ' οὕτως ἔβλαψε μήτε σώματι σῶμα,

482–486 cf. Theoph. 4,6,31; Basilic. 15,4,1 et 9; Basilic. schol. 910,4 ‖ **487–489** cf. Basilic. schol. 60,46,1 ‖ **490–492** cf. Basilic. 60,44,1,1 et 2 ‖ **494–510** Basilic. schol. 60,3,1 ‖ **498** Basilic. 60,3,27,4; Basilic. schol. 60,3,9; Theoph. 4,3,12 ‖ **501–502** Theoph. 4,3 pr.

481 *εἴπερ* om. $\mathbf{a}^{s}$ | *ὑπέρθηταί* $\mathbf{c}^{s}$ *ὑπέρθειτό* $\mathbf{f}^{s}$ ‖ **483** *δ'* om. $\mathbf{p}^{s}\mathbf{v}^{s}$ | *ὕπαρξις* $\mathbf{c}^{s}\mathbf{f}^{s}\mathbf{p}^{s}$ ‖ **484** *τέ*] *τίς* $\mathbf{p}^{s}\mathbf{v}^{s}$ | *ἀρβιταρία* $\mathbf{c}^{s}\mathbf{f}^{s}\mathbf{a}^{s}$ ‖ **487** *ἀμμίτους* $\mathbf{g}^{s}\mathbf{w}^{s}$ *ἀβίτους* $\mathbf{p}^{s}\mathbf{v}^{s}$ *ἄμβλητος* $\mathbf{e}^{s}$ | *νόμους* $\mathbf{c}^{s}$ | *πάντας* $\mathbf{c}^{s}\mathbf{g}^{s}\mathbf{w}^{s}$ ‖ **488** *κεφαλικὸς* $\mathbf{g}^{s}\mathbf{w}^{s}$**s** *-ῶς* $\mathbf{c}^{s}$ | *ἀτιμῇ* $\mathbf{w}^{s}\mathbf{e}^{s}$ | *τελέως* $\mathbf{c}^{s}$ ‖ **489** *εἴ τις*] *εἴπερ* $\mathbf{a}^{s}$ | *ἀγοράσει* $\mathbf{f}^{s}\mathbf{v}^{s}$ *-σῃ* $\mathbf{e}^{s}$ *-σας* $\mathbf{c}^{s}$ ‖ **492** *εὐθανίαν* $\mathbf{c}^{s}$ ‖ **495** *εἰσηγήσατο* $\mathbf{c}^{s}$**s**$\mathbf{a}^{s}\mathbf{e}^{s}\mathbf{m}^{s}$ ‖ **497** *διῆλθε* $\mathbf{c}^{s}$ | *προτεθὲν* $\mathbf{f}^{s}$ *προσταχθὲν* $\mathbf{w}^{s}\mathbf{e}^{s}$ ‖ **499** om. $\mathbf{c}^{s}\mathbf{f}^{s}$ ‖ **500** *γε* $\mathbf{a}^{s}$ | *εἰσάγεις* $\mathbf{a}^{s}$ ‖ **501** *στρατόπεδον* $\mathbf{w}^{s}$ | *φονεύσῃ* $\mathbf{c}^{s}\mathbf{f}^{s}$**s**$\mathbf{e}^{s}$, (sscr. *οι*) $\mathbf{v}^{s}$ ‖ **502** *ποικιλία* $\mathbf{c}^{s}$ ‖ **504** *βλάψῃ* $\mathbf{c}^{s}$ ‖ **505** om. $\mathbf{f}^{s}$ | *ἄλλος* $\mathbf{c}^{s}$**s** | *βλάψειε(ν)* $\mathbf{p}^{s}\mathbf{v}^{s}$ ‖ **505–506** *ἔβλαψεν – οὕτως* om. $\mathbf{c}^{s}\mathbf{m}^{s}$ ‖ **506** *οὗτος* **s**

ζημία δὲ προσγέγονεν, ἡ ἰμφακτοὺμ κινεῖται.
ὁ δέ γε Ἀκουίλιος κατὰ μὲν ἀρνουμένων
διπλῆν ποιεῖται εἴσπραξιν, τοὺς δὲ ὁμολογοῦντας
εἰσπράττει μόνον τὸ ἁπλοῦν, οὐδὲ ζητῶν τι πλέον.
ἡ βι βονόρουμ δ' ἀγωγὴ ῥαπτόρουμ κεκλημένη
κινεῖται κατὰ ἅρπαγος πραγμάτων ἀλλοτρίων,
ἐντὸς μὲν χρόνου ἔσωθεν τετραπλοῦν ἀπαιτοῦσα,
τοῦ πράγματος τῷ τετραπλῷ ἐνταῦθα προσκειμένου,
ὥστε συμβαίνειν τὴν ποινὴν εἰς τὸ τριπλοῦν τυγχάνειν·
ἐκτὸς δὲ χρόνου πέφυκεν ἁπλοῦν εἰσπράττειν μόνον.
καὶ κινηθεῖσα πρότερον τὴν φούρτην καταπαύει,
εἰ δὲ τὴν φούρτην πρότερον κινήσει τῆς ῥαπτόρουμ,
κινεῖ καὶ ταύτην, δέσποτα, οὐχ ὑπερβαίνει δέ γε
τοῦ τετραπλοῦ τὴν εἴσπραξιν, κἂν ἄμφω τις κινήσῃ.
ἡ δεποσίτη δέ γ' ἐστὶν ἡ περὶ παραθήκης,
ἥτις καὶ δόλον ἀπαιτεῖ, πρὸς δὲ καὶ λάταν κούλπαν
καὶ τόκους ὑπερθέσεως καὶ συγχρήσεως ἅμα·
καὶ κληρονόμοις δίδοται καὶ κατὰ κληρονόμων,
οὐκ ἔστι γὰρ ἀτιμουργός, εἰ μὴ οἰκείῳ δόλῳ.
ἡ περὶ δόλου δέ ἐστι ποινὴ καὶ ποιναλία,
δίδοται καῦσα κόγνιτα, ἔστι περσοναλία,
ἐν δυσὶ δὲ ἐνιαυτοῖς ἄρχεται καὶ πληροῦται·
ἄλλης δ' ὑπούσης ἀγωγῆς οὐ κινεῖς τὴν δε δόλο.

511–520 cf. Basilic. 60, 17, 1; 60, 17, 2, 13; 60, 17, 4, 8 ‖ **521–522** cf. Basilic. schol. 667,18–23 et 662,15; Basilic. 13,2,24 ‖ **523** Basilic. schol. 662,15–18; Basilic. 13,2,24 ‖ **529** Basilic. 10,3,1 et 42

507 *ἰμφακτοὺμ* **f**^{s}**s p**^{s}**v**^{s}: *ἰνφακτοὺμ* **c**^{s} *ἰμφάκτουμ* **g**^{s}**w**^{s}**e**^{s} *ἰμφίκτουμ* **m**^{s} *ινφάκτουμ* **a**^{s} ‖ **508** *μὲν*] *μὲν τῶν* **s** ‖ **510** *εἰσπράττειν* **c**^{s} | *οὐδὲν* **c**^{s}**f**^{s} ‖ **511** *βενόρουμ* **c**^{s} | *δ'* om. **e**^{s}**p v**^{s} | *ῥαμπτόρουμ* **c**^{s}**e**^{s} ‖ **512** *ἅρπαγας* **w**^{s} ‖ **513** *μὲν*] *δὲ* **a**^{s} | *ἑνὸς* **e**^{s}**m**^{s} | *τετραπλὸν* **f**^{s} | *ἀπαιτοῦσι* **s** ‖ **514** *προσκειμένου* **s a**^{s}**m**^{s}**p**^{s}**v**^{s}: *προκειμένω* **f**^{s} *προκειμένου* cett. ‖ **515** *τυγχάνει* **g**^{s}**a**^{s} ‖ **516** *δ' εἰ* **f**^{s} | *εἰσπραττομένων* **f**^{s} | *μόνου* **c**^{s} ‖ **517** *κινηθεῖσαν* **a**^{s} p. c. | *φοῦρτι* **s m**^{s} ‖ **517–518** *τὴν – πρότερον* om. **a**^{s} ‖ **518** *κινήσει πρότερον τὴν φούρτην* trp. **p**^{s}**v**^{s} | *φοῦρτι* **s m**^{s} | *κινήσῃ* **c**^{s} *-σεις* **a**^{s} | *τῆς*] *τὴν* **c**^{s} | *ῥαμπτόρουμ* **c**^{s}**e**^{s}**v**^{s} ‖ **520** *ὕπαρξιν* **c**^{s}, **p**^{s} a. c. | *κινήσοι* **c**^{s} *-σ( )* **f**^{s} *-σει,* sscr. *η,* **e**^{s} ‖ **521** *ἡ δὲ δεπόζιτής ἐστιν* **w**^{s} | *δεποσίτη* **s m**^{s}**v**^{s}, (*δεσπ-*) **p**^{s}: *-τι* **g**^{s} *-τις* **a**^{s}**e**^{s} *-τα* **c**^{s}**f**^{s} | *ἡ παρακαταθήκη* **e**^{s} *-ης* **c**^{s} *ὁ περὶ παρακαταθήκης* **f**^{s} ‖ **522** *κιλάταν* **w**^{s} *κουλάτα* **e**^{s} | *κοῦλπα* **e**^{s} ‖ **523** *συγχύσεως* **c**^{s}**f**^{s} *συγχωρήσεως* (om. *καὶ*) **m**^{s}**p**^{s}**v**^{s} ‖ **524** *κληρονόμοις*] *-ον,* sscr. *ω,* **c**^{s} | *δέδοται* **e**^{s} ‖ **525** *δούλω* **w**^{s}, (mg. *δόλω*) **a**^{s} ‖ **526** *καὶ ποινὴ καὶ ναλία* **p**^{s}**v**^{s} ‖ **528** *ἐν τοῖς δυσὶ δ'* **g**^{s}**w**^{s}**s** | *δ'* **c**^{s}**m**^{s} ‖ **529** *ἁπάσης* **c**^{s} | *οὐ κινεῖς*] *συνιεῖς* (?) **c**^{s} | *δόλω* **f**^{s}**a**^{s}**e**^{s}**m**^{s}**p**^{s}**v**^{s}

ἡ δὲ δε φάλσις ἀγωγὴ νόμος τοῦ Κορνηλίου,
κινεῖται δὲ κατά τινος πλαστὸν πεποιηκότος.
τοῦ δὲ Πουβλίκου, δέσποτα, δε φάλσις τιμωρία·
κατ' ἐλευθέρων μέν ἐστιν ἥ τε δεπορτατίων
καὶ ἡ τελεία δήμευσις, κατὰ δὲ δούλων πάλιν
ἐσχάτην ἔχει κάκωσιν, πάνδεινον τιμωρίαν.
νόμος ἐστὶν Ἰούλιος ὅ γε δε πεκουλάτις,
ὅστις κατὰ τοῦ κλέψαντος ἐξ ἱερῶν ἀδύτων
ἢ ἐκ μνημάτων ἀσφαλῶν ἤτοι ῥελεγιόσων
κινεῖται καὶ τραχύνεται καὶ τιμωρεῖ πανδείνως·
ἐπάγει γὰρ ἐναλλαγὴν τάξεως τῆς προτέρας,
δεπορτατεύει, δέσποτα, τὸν ἐξεληλεγμένον·
ἔχει δέ γε τὴν δύναμιν ἐντὸς πενταετίας.
ἡ δονατεονίβους δὲ ἀγωγὴ διαιροῦσα
τῶν δωρημάτων τὸ διττόν· δόνουμ γάρ τοι τὸ δῶρον,
τὸ μέν ἐστιν ἰντέρβιβον, τουτέστιν ἀπεντεῦθεν,
τὸ δέ γε μόρτις καῦσά πως, θανάτου γὰρ αἰτίᾳ·
μόρτις καὶ γὰρ ὁ θάνατος, τὸ καῦσα δ' ἕνεκά του,
ἤτοι τὸ δι' ὑπόνοιαν θανάτου δεδομένον.
τυχὸν γὰρ ἔμελλέ τις πλεῖν πλοῦν ἐπικινδυνώδη
καὶ δέδωκέ τῳ χρήματα τῷ φόβῳ τοῦ θανάτου·
ἐνταῦθα γὰρ ἀπαλλαγεὶς ὁ δεδωκὼς τοῦ φόβου
δεσπότης πάλιν πέφυκε τῶν γε δεδωρημένων,
ὁ δὲ λαβὼν τὴν δωρεὰν φυσικὴν νομὴν ἔχει.
ἡ δέ γε ἐπερώτησις τινὶ προσπορισθεῖσα

530–535 Theoph. 4,18,7; Basilic. 60,41,1,12 ‖ **536–541** cf. Basilic. 60,45,1 et 2 ‖ **542** Basilic. 60,45,8 ‖ **543–553** cf. Basilic. schol. 2774,4–5; 2790,14–20; Theoph. 2,7 pr. et 1 ‖ **554–555** cf. Theoph. 3,19,15; Basilic. schol. 1622,3–4

530 *δε φάλσης* **c**^{s}**f**^{s} *δελφάσης* **s** *δελφάϊς* **p**^{s} *-αΐς* **v**^{s} | *κορνιλίου* **a**^{s}, (ex *-η-*) **s** *κορνελίου* **c**^{s}**g**^{s} ‖ **531** *κατά τινος πλαστὸν* **w**^{s}**e**^{s}: *κατὰ* (*περὶ* **c**^{s}) *πλαστὸν τινὸς* cett. ‖ **532** *πουβλίκα* **f**^{s} | *δε φάλσης* **c**^{s} *δελφάσις* **f**^{s}**s** *δελφάϊς* **p**^{s} *-αΐς* **v**^{s} ‖ **533** *εἴτε* **a**^{s} | *δεπορτατίον* **g**^{s} *δερποτατίον* **w**^{s} *-ων* **f**^{s} ‖ **534** *πάνδειον* **c**^{s} ‖ **536** *δέ γε* **c**^{s}**f**^{s}**w**^{s} | *πεκουλάτης* **g**^{s}**s** *-πης* **c**^{s} *-τους* **e**^{s} ‖ **538** *ῥελεγιόσσων* **f**^{s}**p**^{s}**v**^{s} *ῥεγελιόσων* **sm**^{s} ‖ **541** *δερποτατεύει* **f**^{s}**w**^{s}**s** *πεπορτατεύει* **e**^{s} | *ἐξελεληγμένον* **g**^{s} ‖ **542** *γε*] *καὶ* **e**^{s} ‖ **543** *δὲ δονατιόνιβους* **w**^{s} *δονατεονήβουσα δὲ* **c**^{s} ‖ **544** *δόνουμ* **w**^{s}: *δόννουμ* **a**^{s} *δίνουμ* **c**^{s}**g**^{s} *δόνμου* **sm**^{s} *δόνον* **e**^{s} *δοῦμον* **f**^{s} *δόμα* **p**^{s}**v**^{s} | *τοι*] *τι* **c**^{s}**sp**^{s} | *τὸ*^{2} om. **c**^{s} ‖ **545** *ἰντέρβιτον* **sp**^{s}**v**^{s}, sscr. **g**^{s} *ἐντέρβιτον* **f**^{s} *ἰντέρτιτον* **c**^{s} ‖ **546** *κάουσα* **w**^{s} ‖ **547** *γὰρ καὶ* trp. **c**^{s}**f**^{s}**p**^{s}**v**^{s} *καὶ* om. **w**^{s} ‖ **548** *δ'* **f**^{s} | *δεδομένον θανάτου* trp. **a**^{s} ‖ **549** *γὰρ* om. **c**^{s} ‖ **550** *τῳ*] *τὰ* **e**^{s} ‖ **551** *ἀπαλλαγὴν* **f**^{s} ‖ **552** *ὁ δεσπότης* **f**^{s} ‖ **553** *δὴ* **g**^{s}**w**^{s} | *φυσικὸν νόμον* **p**^{s}**v**^{s} | *ἕξει* **e**^{s}

εἰς κληρονόμον πέφυκε καὶ μόνον μεταπίπτειν.
ἡ δε ἰνοφικίοσο, ἡ διαθήκης μέμψις,
εἰσαγωγὴ πρὸς ἀγωγήν, οὐκ ἀγωγὴ τυγχάνει·
τὴν περὶ ἀπαιτήσεως λέγω κληρονομίας.
δίδοται δ' αὕτη καὶ παισὶ κατὰ πατρός, εἴ γέ πως
ἐξνερεδάτους ἔγραψε τούτους ἐν διαθήκῃ,
καὶ κατὰ παίδων τῷ πατρὶ ἐξ ὁμοίας αἰτίας.
ἡ δὲ ἰν ῥὲμ πολυσχεδὴς καὶ πολυώνυμός τις,
καθόλου γὰρ καὶ μερική, ἔστι δὲ βοναφίδε·
ἡ μὲν γὰρ οὐτιλία τις, δανεισταῖς διδομένη,
ἡ δὲ κομφεσορία τις, ἡ δὲ νεγατορία,
ἡ δὲ προιβιτορία τις, ἡ δὲ σπεκιαλία,
ἑτέρα τις Σερβιανή, ἄλλη Πουβλικιάνα.
καὶ αἱ ἰμφάκτουμ ἀγωγαὶ πολλαί τε καὶ ποικίλαι·
τούτων αἱ μὲν πραιτώριαι, αἱ δὲ πουπιλαρίαι,
αἱ μὲν ἐκ νόμου τρέχουσιν, αἱ δὲ ἀρβιτραρίαι·
αἱ μὲν ἁπλοῦν, αἱ δὲ διπλοῦν, αἱ δὲ τὸ διαφέρον,
αἱ δὲ τὸ τετραπλάσιον τοῦ χρέους ἀπαιτοῦσιν·
αἱ μὲν αὐτῶν ἀνάλιαι, αἱ δὲ καὶ περπετοῦαι·
ἡ χρῆσις γὰρ τῶν ἰμφακτοὺμ πολύμορφος τυγχάνει.
ἰουδικάτη δ' ἀγωγὴ μηνῶν τεσσάρων ὅρον
πρὸς καταδίκην ἔλαβε παρὰ τοῦ νομοθέτου.
ἡ δέ γε περὶ ὕβρεως ἀγωγὴ ἀναλία·
γίνεται δὲ καὶ πράγμασι καὶ ῥήμασι τὸ πλέον,

556–561 cf. Basilic. schol. 2292, 3–4 et 18–19; 2292, 35–2293, 10; Theoph. 2, 18, 1 ‖ **562–567** cf. Basilic. schol. 1623, 31–35 ‖ **568–569** Psell. De act. div. 289, 38–40 ‖ **570–573** ibid. 43–49 ‖ **575–576** cf. Basilic. 9, 10, 1 ‖ **577** cf. 60, 21, 48 ‖ **578–579** 60, 21, 1

555 *κληρονόμους* $\mathbf{e}^s\mathbf{m}^s\mathbf{v}^s$ (compend. $\mathbf{p}^s$) | *μόνους* $\mathbf{e}^s$ *νόμον* $\mathbf{c}^s\mathbf{f}^s$ ‖ **556** *ἡ*] *ὁ* $\mathbf{p}^s\mathbf{v}^s$ | *δὲ ἰνοφικίοσο* $\mathbf{e}^s$: *δὲ ἰνοφικίοσσο* $\mathbf{g}^s\mathbf{w}^s$ *δὲ δινοφικίοσσο* $\mathbf{m}^s\mathbf{p}^s\mathbf{v}^s$ *δὲ δινοφικίοσο* **s** *δὲ δενοφικίοσο* $\mathbf{c}^s$ *δὲ δινοφικίοσω* $\mathbf{f}^s$ *δὲ γενοφφικίοσο* $\mathbf{a}^s$ ‖ **557** *προσαγωγὴν* $\mathbf{f}^s\mathbf{p}^s$ *εἰσαγωγὴν* $\mathbf{c}^s$ ‖ **558** *λόγω* $\mathbf{f}^s$ | *κληρονομίαν* $\mathbf{g}^s$ a.c., $\mathbf{w}^s$ ‖ **559** *αὕτη*] *αὖ γε* $\mathbf{c}^s$ ‖ **560** *ἐξερεδάτους* $\mathbf{c}^s\mathbf{f}^s\mathbf{w}^s$ *-ως* $\mathbf{a}^s$ | *τόπους* $\mathbf{f}^s$ | *διαθήκαις* $\mathbf{m}^s\mathbf{p}^s\mathbf{v}^s$ ‖ **562** *ἱρὲμ* $\mathbf{a}^s$ | *περιώνυμός* $\mathbf{e}^s$ ‖ **563** *ἰμπόνα φίδε* (om. *δὲ*) $\mathbf{w}^s$ ‖ **564–565** *δανεισταῖς – τις* om. $\mathbf{f}^s$ ‖ **565** *κομφεσσαρία* $\mathbf{e}^s$ ‖ **566** *προιβεταρία* $\mathbf{a}^s$ *πρεσβιτορία* $\mathbf{f}^s\mathbf{s}\mathbf{m}^s\mathbf{v}^s$ *πρεβιτορία* $\mathbf{p}^s$ *πρεβυταρία* $\mathbf{e}^s$ *πιβατορία* $\mathbf{c}^s$ *πιβιτορία* $\mathbf{g}^s\mathbf{w}^s$ ‖ **567** *ἄλλη δε* $\mathbf{g}^s$ ‖ **568** *αἱ ἰμφακτοὺμ γὰρ* $\mathbf{c}^s$ | *ἰμφακτοὺμ* **s** *ἰνφάκτουμ* $\mathbf{a}^s$ ‖ **568–569** om. $\mathbf{f}^s$ ‖ **569** post **565** trp. $\mathbf{c}^s$ | *ποπουλαρίαι* Bosquet ‖ **570** *τρέπουσιν* **s** *πρέπουσιν* $\mathbf{f}^s\mathbf{e}^s\mathbf{m}^s\mathbf{p}^s\mathbf{v}^s$ | *ἀρβιταρίαι* $\mathbf{e}^s$ *ἀρβιταλίαι* $\mathbf{c}^s$ ‖ **574** *γὰρ* om. $\mathbf{w}^s$ | *τῶν ἰμφάκτουμ γὰρ* $\mathbf{e}^s$ | *ἰνφακτοὺμ* $\mathbf{a}^s$ | *ὑπάρχει* $\mathbf{c}^s\mathbf{f}^s$ ‖ **575** *ἰουδικάτη* $\mathbf{c}^s$: *ἰουδικάτι* $\mathbf{g}^s\mathbf{a}^s$ *-ους* **s** *ἡ οὐδικάτη* $\mathbf{f}^s\mathbf{e}^s\mathbf{m}^s\mathbf{p}^s\mathbf{v}^s$ *ἡ ἰουδικάτι* $\mathbf{w}^s$ | *ἀγωγὴν* $\mathbf{w}^s$ | *ὅρω* $\mathbf{c}^s\mathbf{f}^s\mathbf{s}$ *ὅρως* $\mathbf{a}^s$ ‖ **576** om. $\mathbf{a}^s$

εἰς σῶμα εἰς ἀξίαν τε, πρὸς δὲ καὶ ἀτιμίαν·
κινεῖται δ' ἐγκληματικῶς, χρηματικῶς δ' εἰ θέλεις,
καὶ σβέννυται παραδρομῇ ἑνὸς καὶ μόνου χρόνου.
Ὡς τῶν ἰν ῥέμ, τῶν ἰμφακτούμ, οὕτω τῶν ἰντερδίκτων
ἡ χρῆσις πολυδύναμος, πολλὰς ἔχουσα κλήσεις.
ἔστι δὲ τὸ ἰντέρδικτον πραίτωρος ὁμιλία,
οὐ τέμνει δὲ ὑπόθεσιν, ἀλλὰ ῥυθμίζει μόνον,
πῶς χρὴ τεμεῖν τὸν δικαστὴν τὴν κινουμένην δίκην,
εἴ τινες ἀμφιβάλλουσι περὶ νομῆς ἀλλήλοις.
καὶ φυσικὴ μέν τις νομὴ κατοχὴ τῶν πραγμάτων,
ἡ δ' ὡσανεὶ νομή ἐστι χρῆσις, ἀλλ' ἀσωμάτων.
τῶν δ' ἰντερδίκτων πέφυκε τὰ μὲν πρὸς παραστάσεις,
τὰ δ' εἰς ἀποκατάστασιν, τὰ δὲ κωλυτικά πως·
τὰ μέν εἰσι διηνεκῆ, τὰ δ' ἐνιαυσιαῖα·
τὰ μέν εἰσι δημοτικά, τὰ δὲ τισὶν ἁρμόζει.
ἰντέρδικτον τὸ οὔνδε βί, πρὸς δὲ τὸ ἀρβορίβους,
ἰντέρδικτον τὸ κοῦοδ βὶ αὖτ κλὰμ ὠνομασμένον,
ὅπερ ἑφερμηνεύεται τὸ βίᾳ ἢ τὸ λάθρα.
καὶ μὴ μηκύνω, δέσποτα, ὀνόματα συλλέγων,
καθολικῶς εἰπεῖν καὶ γὰρ ἰντέρδικτον τυγχάνει
ῥυθμίζουσα τὸν δικαστὴν πρὸς δίκην ὁμιλία.
Καὶ τἆλλα κατ' ἐπιδρομὴν οὑτωσί σοι ῥητέον·
κονδούκτιο ἡ μίσθωσις, λοκάτι ἀγωγή τις
ἥτις ἁρμόζει, δέσποτα, τῷ γε μισθωσαμένῳ

580 cf. Theoph. 4, 4, 10 ‖ **584–586** Psell. De act. div. 289, 66–69 (cf. vss. 598–599) ‖ **584–589** Theoph. 4, 15 pr. ‖ **588–589** Psell. De act. div. 289, 69–70 ‖ **590–591** 73–75 ‖ **592** 78–79 ‖ **593** 82–83 ‖ **598–599** cf. supra vss. 584–586 ‖ **600–603** cf. Theoph. 3, 24 pr.

580 *δ'*^{2}] *τ'* **m**^{s}**p**^{s}**v**^{s} om. **e**^{s} | *θέλει* **c**^{s} *θέλ( )* **s** *θέλοις* **a**^{s} ‖ **581** *καὶ*^{2}] *δὲ* **c**^{s} ‖ **582** *ἰρὲμ* **a**^{s} | *ἰνφακτοὺμ* **c**^{s}**w**^{s}**a**^{s} ‖ **584** *δὲ*] *δὲ καὶ* **e**^{s} ‖ **586** *τὸν δικαστὴν τεμεῖν* trp. **g**^{s}**w**^{s}**s a**^{s} | *ὁ δικαστὴς* **e**^{s} ‖ **587** *οἵτινες* **c**^{s}**e**^{s} ‖ **588** *τις*] *ἡ* **c**^{s}**s** ‖ **589** *ἀλλ' ἀσωμάτων* **m**^{s}: *ἀλλὰ σωμάτων* cett. ‖ **590** *δ'* om. **c**^{s}**f**^{s}**a**^{s}**p**^{s}**v**^{s} | *πέφυκε*] spat. vac. 12 litt. **f**^{s} | *τὰ*] *τὴν* **f**^{s} | *πρὸς*] *εἰς* **s e**^{s} | *παρατάσσεις* **f**^{s} *παράταξιν* **c**^{s} ‖ **591** *ὑποκατάστασιν* **w**^{s}**e**^{s} | *κωλυτικά*] *πολι* sscr. **s** ‖ **593** *δηκοκτικὰ* **c**^{s} ‖ **594** om. **s** | *ἰντέρδικτος* **c**^{s} | *οὔνδεβι* **c**^{s}**f**^{s}**e**^{s} *οὐνδεβὶ* **g**^{s}**w**^{s}**a**^{s} *οὔνδεριν* **p**^{s}**v**^{s} *-ρι* **m**^{s} | *δὲ*] *δὲ καὶ* **g**^{s}**w**^{s}**a**^{s} | *τὸ*] *τ'* **a**^{s} | *ἀρδορίβους* **c**^{s}**f**^{s}**a**^{s} *αἰδορίβους* **g**^{s}**w**^{s} *ἀνδορίβους* **e**^{s} *ἀρδορίβου* **m**^{s} *ἀρδαρίβα* **p**^{s} *-βον* **v**^{s} ‖ **595** *κουοδβί* **c**^{s}**g**^{s}**w**^{s}**s a**^{s} *κούοβδι* **f**^{s}**e**^{s} *κούοδι βι* **p**^{s}**v**^{s} *κούοδαυϊ* **m**^{s} | *ἄουτ* **w**^{s} *αὖ* **f**^{s} *αὐ* **e**^{s} *ἀτ* **m**^{s} | *κλὰν* **m**^{s}**p**^{s}**v**^{s} ‖ **598** *καὶ γὰρ εἰπεῖν* trp. **e**^{s} ‖ **599** *πρὸ* **g**^{s}**w**^{s} | *δίκης* **g**^{s}**w**^{s}**a**^{s}**e**^{s} *λόγον* **s** | *ὁμιλία* **g**^{s}**w**^{s}**m**^{s} ‖ **600** *κατ'*] *πρὸς* **f**^{s} ‖ **601** *κονδούκτιον* **e**^{s}**m**^{s}**p**^{s}**v**^{s} *κουνδίκτιο* **f**^{s} | *λοκάτη* **s p**^{s}, (*-ω-*) **v**^{s} *λωκάτι* **f**^{s} *λογάτι* **w**^{s} *-η* **e**^{s} *κωλάτι* **c**^{s}

κατὰ τοῦ ἐκμισθώσαντος τοῦ μισθωθέντος χάριν.
μανδάτι περὶ ἐντολῆς, ἔστι δὲ τῆς κονσέσο.
ἡ μέτους καῦσα πρόσεστι τῷ φόβῳ δυναστείας
ἢ δόντι πρᾶγμα τῶν αὐτοῦ ἢ χρέος ἀφεικότι·
περσοναλία δέ ἐστι καὶ χρόνῳ περατοῦται.
ὁ μαεστάτης, δέσποτα, νόμος ἦν Ἰουλίου,
κινεῖται δ' εἴ τις ἔπραξέ τι κατὰ βασιλέως·
καθοσιώσεώς ἐστιν ἔγκλημα τοῦτο μέγα·
καὶ παίδων ὄντων δήμευσιν ἔχει τοῦ κολασθέντος.
νερεδιτάτις δέ ἐστι περὶ κληρονομίας,
ἔνθ' οὐκ ἔστι διαφορὰ ἀδνάτων καὶ κογνάτων,
ἀλλ' οὐδὲ σούων, δέσποτα, καὶ τῶν ἐμαγκιπάτων.
αἱ νοξαλίαι ἀγωγαὶ πᾶσαι πραετωρίαι·
κινοῦνται κατὰ δεσποτῶν οἰκετῶν πλημμελούντων.
ὁ ῥεπετοῦνδις φέρεται κατὰ τῶν δωροδόκων,
καὶ μάλιστα τῶν ἐν ἀρχαῖς καὶ κατὰ τῶν συνέδρων·
κινεῖται δ' εἰ καὶ τέθνηκεν ὁ κατηγορημένος.
ἡ ῥέρουμ ἀμουτάρουμ δὲ κονδικτίκιος λόγος,
ἁρμόζει δὲ καὶ γυναικὶ κατὰ τοῦ συνοικοῦντος
ἀνδρί τε κατὰ γυναικὸς κλέψαντος ἢ κλεψάσης.
στελιονάτους δέ ἐστι πράξεως πονηρία,
ὁποῖον εἰ χρεώστης τις τινὶ τῶν δανεισάντων
εἰς ὑποθήκην πρᾶγμα δῷ προϋποτεθειμένον·
ἔχει δ' ἐξορδινάριον τοῦτο τὴν τιμωρίαν.
ἀγωγὴ διαιρετικὴ ἥ γε τριβουτορία.

604 cf. Theoph. 3, 26 pr. ‖ **605–607** cf. Basilic. 10, 2, 14, 2 ‖ **608–611** cf. 60, 36, 12 ‖ **612–614** cf. Basilic. schol. 2495, 25–31 ‖ **615–616** cf. Basilic. 60, 5, 1 ‖ **619** cf. Basilic. 60,43,2 (supra vs. 330) ‖ **620–622** cf. Basilic. 28,11,1 et 7 ‖ **623–625** 60,30,8 ‖ **626** cf. 60,30,2

603 *γε τοῦ μισθώσαντος* **s** | *μισθώματος* $\mathbf{p}^{s}\mathbf{v}^{s}$ ‖ **604** *μανδάτη* $\mathbf{e}^{s}\mathbf{p}^{s}\mathbf{v}^{s}$ *-το* **s** | *κονσένσο* $\mathbf{w}^{s}\mathbf{a}^{s}$ ‖ **607** *χερσοναλία* $\mathbf{f}^{s}$ ‖ **608** *ὁ*] *ἡ* $\mathbf{e}^{s}\mathbf{p}^{s}\mathbf{v}^{s}$ | *μαεστάτις* $\mathbf{g}^{s}\mathbf{w}^{s}\mathbf{m}^{s}\mathbf{p}^{s}\mathbf{v}^{s}$ *μοεστάτης* **s** | *κορνηλίου* $\mathbf{c}^{s}\mathbf{f}^{s}$ ‖ **609** *βασιλέων* $\mathbf{g}^{s}\mathbf{w}^{s}\mathbf{a}^{s}$ ‖ **612** *νερεδιτάτις* $\mathbf{g}^{s}\mathbf{a}^{s}\mathbf{m}^{s}$: *νερεδετάτις* **s** *μερεδιτάτις* $\mathbf{c}^{s}\mathbf{f}^{s}$ *ἡ νερεδάτις* $\mathbf{p}^{s}\mathbf{v}^{s}$ *ἡ νηρεδάτης* $\mathbf{e}^{s}$ *ἐρεδιτάτις* $\mathbf{w}^{s}$ ‖ **613** *ἔνθα δ'* $\mathbf{c}^{s}\mathbf{f}^{s}$ | *διαφοραὶ* $\mathbf{a}^{s}$ | *καὶ*] *ἢ* $\mathbf{a}^{s}$ | *κοδνάτων* $\mathbf{e}^{s}\mathbf{p}^{s}\mathbf{v}^{s}$ ‖ **614** *ἐμμαγκιπάτων* $\mathbf{p}^{s}\mathbf{v}^{s}$ *ἐμμακιπάτων* $\mathbf{c}^{s}$ *ἐμμαγγιπάτων* $\mathbf{f}^{s}$ *ἐνμαγκιπάτων* $\mathbf{a}^{s}$ ‖ **615** *δ' ἀγωγαὶ* $\mathbf{c}^{s}\mathbf{f}^{s}\mathbf{e}^{s}$ | *καὶ πραιτωρίαι* $\mathbf{c}^{s}\mathbf{g}^{s}\mathbf{w}^{s}$ ‖ **617** *ὁ*] *ἡ* $\mathbf{w}^{s}\mathbf{e}^{s}$ | *ῥεπετούνδης* $\mathbf{e}^{s}\mathbf{p}^{s}\mathbf{v}^{s}$ *-νδ( )* $\mathbf{m}^{s}$ *ῥουπετούνδης* $\mathbf{f}^{s}$ ‖ **619** *κατηγορουμένος* $\mathbf{c}^{s}$ ‖ **620** *ῥερουμαμουτάρουμ* $\mathbf{s}\mathbf{p}^{s}\mathbf{v}^{s}$, (*-μοτ-*) $\mathbf{e}^{s}\mathbf{m}^{s}$: *ῥερουμμαμουτάρουμ* cett. (*-ουν* $\mathbf{f}^{s}$) | *κονδικτίλιος* $\mathbf{c}^{s}$ *κινδικτίλιος* $\mathbf{f}^{s}$ ‖ **621** *γυναιξὶ* $\mathbf{g}^{s}\mathbf{w}^{s}\mathbf{a}^{s}$ | *τῶν συνοικούντων* $\mathbf{g}^{s}\mathbf{w}^{s}\mathbf{a}^{s}$ ‖ **622** *τε*] *δὲ* $\mathbf{p}^{s}\mathbf{v}^{s}$ ‖ **623** *πράξεων* $\mathbf{g}^{s}\mathbf{m}^{s}\mathbf{p}^{s}\mathbf{v}^{s}$ | *τιμωρία* $\mathbf{f}^{s}$ ‖ **625** *δῶ πρᾶγμα* trp. $\mathbf{f}^{s}$ ‖ **626** *ἐξτραορδινάριον* $\mathbf{g}^{s}\mathbf{w}^{s}$ *ἐξορσταδηνάριον* $\mathbf{a}^{s}$ ‖ **627** *ἥ* $\mathbf{c}^{s}$ | *γε*] *τε* $\mathbf{f}^{s}$ | *τριβουτωρία* **s** *-τουρία* $\mathbf{p}^{s}\mathbf{v}^{s}$

ἡ δέ γε μὴν τουτέλαε ἡ κατὰ ἐπιτρόπων.
τὸ δὲ Τουρπιλιάνειον δόγμα πρὸς συκοφάντας.
τὸ δέ γε φαμιλίαε ἐρκισκούνδαε τύπος
ἐν ᾧ τὰ δικαστήρια διπλῆν ἔχει τὴν φύσιν,
τῶν δ' ἐγκαλούντων ἕκαστος ἄκτωρ ἐστὶ καὶ ῥέος.
ἡ φουγνερατικία δὲ ἀπαιτεῖ τὴν δαπάνην
τῶν ἐν ταφῇ παρά τινος καλῶς καταβληθέντων·
καὶ προτιμᾶται τῶν χρεῶν ἡ τοιαύτη δαπάνη.
Δόγμα δὲ Ἀδριάνειον τὸν ἀκριβῆ νομέα
μήτε κερδαίνειν περιττὸν μήτε μὴν ζημιοῦσθαι.
δόγμα τὸ Ἀφιάνειον παντελῶς ἀνῃρέθη.
δόγμα τὸ Ἀδριάνειον τελείως ἠθετήθη.
δόγμα δὲ τὸ Ἀτίλειον κωλύει τὰ κλαπέντα
διὰ νομῆς δεσπόζεσθαι χρονίας προσηκόντως.
ὁ νόμος ὁ ἀγράριος τὸν ὅρους μεταθέντα
χρυσοῦς εἰσπράττει ἑκατὸν ἐφ' ἑκάστῳ τῶν ὅρων.
ὁ νόμος ὁ Βοκώνιος παντελῶς ἀνῃρέθη.
δόγμα Δασουμνιάνειον ἔστι τοιοῦτον, ἄναξ·
ἐάν τις ὑπὸ αἵρεσιν ἢ ἴσως ὑπὸ ὅρον
ἐλευθερίαν χρεωστῇ φιδικομισσαρίαν,
ἔπειτ' ἀπολιμπάνηται δι' εὔλογον αἰτίαν,
αὕτη μὲν ἵνα προχωρῇ τοῦ ὅρου πληρωθέντος,
αὐτὸς δ' ἐστὶν ἀνέκπτωτος πατρωνικῶν δικαίων.
ὁ νόμος ὁ Ἰούλιός ἐστι περὶ μοιχείας,
περὶ καθοσιώσεως, περὶ βίας ἐνόπλου.

630–632 cf. 42,3,2 ‖ **633–635** cf. 9,7,17 ‖ **636–637** Psell. De rec. leg. nom. p. 110,17–18 ‖ **638–643** pp. 110,21–111,6 ‖ **642–643** cf. Basilic. 60,21,3 ‖ **644–652** Psell. p. 111,10–18; cf. Basilic. schol. 2886,5–8

629 *τὸ δὲ* om. **c**^{s} | *τερτουλιάνειον* **c**^{s}**g**^{s}**w**^{s} *τερπουλιάνειον* **s** ‖ **630** om. **f**^{s} | *νερικισούνδαε* **s e**^{s}**m**^{s} *νερκισουδάε* **p**^{s}**v**^{s} *ἐρκικσούνδαἐ* **a**^{s} *ἐρκικοσούνδαε* **c**^{s} ‖ **632** *δὲ καλούντων* **f**^{s} | *δ'* om. **e**^{s}, **w**^{s} p.c. post *ἐγκαλούντων* trp. **g**^{s}**a**^{s} ‖ **633** *φουγνερατικία* **a**^{s} ‖ **634** *τινων* **f**^{s} ‖ **634–635** om. **p**^{s}**v**^{s} ‖ **636** *τὸ ἀτιλάνειν,* mg. *δριάνειον,* **w**^{s} | *ἀκρίβο* **a**^{s} ‖ **636–638** om. **s** ‖ **638** om. **a**^{s} | *αὐκιάνεον* **c**^{s} *ἀφνιάνειον* **f**^{s}**p**^{s}**v**^{s} *ἀμφιάνειον* **g**^{s}**w**^{s} ‖ **639** *δὲ τὸ* **f**^{s} | *τελείως* **s a**^{s}**e**^{s}**m**^{s}**p**^{s}**v**^{s} | *ἀνηρέθη* **f**^{s} ‖ **640** *ἀτύλιον* **c**^{s}**f**^{s} ‖ **641** *δεσπόζεται* **a**^{s} ‖ **642** *νόμος δ'* **g**^{s}**w**^{s} | *γνάριος* **w**^{s} | *μετατεθέντα* **f**^{s} ‖ **643** *ἀφεκάστου* **p**^{s}**v**^{s} | *χρόνων* **p**^{s}**v**^{s} ‖ **644** *βωκόνιος* **s** *βοκόνιος* **p**^{s}**v**^{s} *βοσκόνιος* **e**^{s}**m**^{s} *βωκώνειος* **f**^{s}**w**^{s}**a**^{s} ‖ **645** *δ' ἀσουμνιάειον* **g**^{s}**w**^{s} *-άνειον* **a**^{s} ‖ **647** *χρεωστεῖ* **c**^{s}**f**^{s}**m**^{s} | *φιδικομισαρίαν* **w**^{s}**e**^{s}, (*-μμ-*) **p**^{s}**v**^{s} *φειδικομισαρίαν* **s**, (*-σσ-*) **f**^{s}**m**^{s} ‖ **648** *ἀπολιμπάνεται* **c**^{s}**f**^{s}**s a**^{s}**e**^{s}**m**^{s}**p**^{s}**v**^{s} ‖ **649** *προχωρεῖ* **c**^{s}**a**^{s} | *τὸν ὅρον* **c**^{s} ‖ **650** *ἀνέκπωτος* **c**^{s} ‖ **651** *ὁ*^{1} om. **w**^{s}

δόγμα τὸ Κλαυδιάνειον τελείως ἀνῃρέθη.
τὸ δὲ Καρβωνιάνειον βοηθεῖ τοῖς ἀνήβοις.
ὁ νόμος δ' ὁ Κορνήλιος κατὰ τῶν πλαστογράφων.
δόγμα Λαργιτιάνειον ἐσχόλασε τελείως.
δόγμα τὸ Νινιάνειον τὰ νῦν οὐκ ἔχει χρῆσιν.
τὸ δὲ Ὀρφιτιάνειον παρέχει τοῖς ἐκγόνοις
νόμιμα δίκαιά τινα διαδοχαῖς μητέρων.
ὁ νόμος δὲ ὁ Πάπιος παντελῶς ἀνῃρέθη.
δόγμα τὸ Σιλιάνειον ἐκδίκησιν εἰσάγει
εἴ τις βίαιον θάνατον πέπονθεν αἰφνιδίως.
δόγμα Τερτυλιάνειον βοηθεῖ ταῖς μητράσιν
εἰς τὴν τῶν παίδων νόμιμον πάντως κληρονομίαν.
ὁ νόμος ὁ Φαλκίδιος αὐτίκα σοι ῥητέος·
ἔχει γὰρ πρὸς κατάληψιν οὐ μικρὰν δυσκολίαν.
Ὁ εἰκοστόπεμπτος καιρὸς τῶν ἐνηλίκων, ἄναξ,
ἀπὸ ῥοπῆς μέχρι ῥοπῆς νομικῶς ἀριθμεῖται.
ἂν αἵρεσις τεθῇ τινι καιροῦ μὴ ὁρισθέντος
εἰς πλήρωσιν αἱρέσεως ἡμέρας ἔχει δύο.
ὁ νομικὸς συμψηφισμὸς τῶν χρόνων, στεφηφόρε,
ἑβδόμης ὥρας ἄρχεται νυκτὸς καὶ μέχρις ἕκτης
νυκτὸς τῆς ἄλλης ἀκριβῶς τὴν περαίωσιν ἔχει.
ἡ ἔκκλητος ἐκδίδοται ἐντὸς ἡμερῶν δέκα.
μετὰ διάζευξιν ἀνδρὸς ἐν τριάκονθ' ἡμέραις
διαλαλείτω ἡ γυνὴ ὡς πέφυκεν ἐγκύμων.
καὶ μετὰ τὴν φανέρωσιν τῆς διαθήκης, ἄναξ,
ὁ κληρονόμος ἴνβεντον ἐν τρισὶ μησὶ δράτω.

653 cf. Psell. p. 111, 25–26 ‖ **655** p. 111, 27 ‖ **656** cf. p. 112, 1–2 ‖ **657** cf. p. 112, 12–13 ‖ **658–659** p. 112, 14–15 (cf. supra vss. 288–289) ‖ **660** cf. p. 112, 16–17 ‖ **661–662** 113, 1–2 ‖ **663–664** p. 113, 5–6 (cf. supra vss. 296–297) ‖ **665–666** cf. p. 113, 10–13 (infra vss. 788–801) ‖ **667–668** Tract. de mom. III 276, 6–7 Zepos ‖ **669–670** 280, 14–15 ‖ **671–673** 278, 16 ‖ **674** 284, 3–5 ‖ **675–676** 289, 3–4 ‖ **677–678** 295, 3–5

653 *βλαδιάνειον* **c**^{s} *καυδιάνειον* **s** ‖ **655** *κορνέλιος* **g**^{s}**w**^{s} *κορνίλιος* **s** ‖ **656** *χαργιτιάνειον* **c**^{s} *λαργετιάνειον* **s** ‖ **657** *ἰνιάνειον* **a**^{s} ‖ **658** *ἐγγόνοις* **f**^{s}**s a**^{s} ‖ **660** *πάπειος* **c**^{s}**f**^{s}**a**^{s} ‖ **661** *συλιάνειον* **c**^{s} ‖ **662** *πέπονθε θάνατον* trp. **g**^{s}**s a**^{s} *θάνατον* om. **w**^{s} ‖ **663** *τερτιλιάνειον* **s m**^{s} *τελιάνειον* **c**^{s} ‖ **665** *ῥητέον* **e**^{s}**m**^{s} ‖ **666** *γὰρ*] *δὲ* **f**^{s} | *κατάλυσιν* **c**^{s} ‖ **667** *εἰκοστὸς πέμπτος* **e**^{s} | *ἀνηλίκων* **c**^{s} ‖ **671** *χρόνων*] *νόμων* **f**^{s} ‖ **672** *ὥρας ἄρχεται*] *ὥρχεται* **f**^{s} | *καὶ μέχρις*] *μέχρι τῆς* **f**^{s} ‖ **673** *τοῖς ἄλλοις* **c**^{s} ‖ **674** *ἔγκλητος* **a**^{s} | *δ' ἐκδίδοται* **e**^{s}**m**^{s} *δὲ δίδοται* **c**^{s} | *ἡμερῶν ἐντὸς* trp. **p**^{s}**v**^{s} ‖ **675** *τριακονθημέραις* **g**^{s}s *-οις* **f**^{s} ‖ **676** *ὁ κληρονόμος ὁ* **c**^{s}

τῶν ἐκ πλαγίου συγγενῶν αἱ διακατοχαὶ δὲ
ἡμερῶν ψῆφον ἑκατὸν ἔχουσι προθεσμίαν.
τέσσαρας μῆνας ἔχουσιν οἱ κατακεκριμένοι
ἕνεκεν ὑπερθέσεως, καὶ μετὰ ταῦτα τόκους
διδοῦσι τοῖς ἐνάγουσιν ἑκατοσταίους, ἄναξ.
ἡ ῥεδνιβιτορία δὲ ἀγωγή, στεφηφόρε,
ἤτοι ἡ ἀναστρέφουσα πρᾶγμα τὸ πεπραμένον
μηνῶν ἓξ πάντως ἔσωθεν κινεῖται οὐτιλίων.
καὶ ἡ μειοῦσα τίμημα ἀγωγὴ τοῦ πραθέντος
τοῖς ἓξ περιορίζεται μησὶν εἰς προθεσμίαν·
εἰ δ᾽ ὁ πωλήσας τὸ πραθὲν ἀντιφωνεῖ βεβαίως,
ὁ χρόνος ἐνιαύσιος, οὐκέτι περαιτέρω.
ἐνιαυτὸς ἀφώρισται τῇ δόσει τοῦ λεγάτου
ὅπερ τις καταλέλοιπεν εἰς σεβάσμιον οἶκον.
ἐνιαυτὸς ἀφώρισται τῷ ἀντιτιθεμένῳ
μετὰ συνοίκου τελευτὴν περὶ ἀναργυρίας
ἀντεγκαλοῦντι τῆς προικὸς πρὸς τὸν κατηγοροῦντα.
ὁ διὰ μέγα ἔγκλημα ζητούμενος εἰς δίκην,
εἰ μὴ ἐντὸς ἐνιαυτοῦ νομίμως ἀπαντήσοι,
περιουσίας ἔκπτωσιν ὑφίσταται δικαίως.
ἡ κατὰ τοῦ ἁρπάσαντος ἀγωγὴ πρᾶγμα ξένον
ἢ ἀπὸ ἐμπρησμοῦ τινος ἢ ἀπὸ ναυαγίου
χρόνῳ περιορίζεται τοῦ τετραπλασιάζειν
ὅπερ οὗτος ἀφήρπασεν, οὐδέ γε περαιτέρω·
μετὰ δὲ χρόνου πλήρωσιν τὸ ἁπλοῦν ἐκδικεῖται.
πᾶσα γυνὴ χηρεύουσα πενθείτω χρόνον μόνον.
ἡ περὶ δόλου ἀγωγὴ χρόνοις ὥρισται δύο.

679–680 296, 9–10 ‖ **681–683** 297, 4–5 ‖ **684–686** 299, 2–3 c. adn. ‖ **687–688** 299, 7–9 ‖ **689–690** 305, 15–17 ‖ **691–692** 305, 20–21 ‖ **693–695** 306, 3–4 ‖ **696–698** 306, 11–12 ‖ **699–703** 308, 18–309, 3 ‖ **704** 311, 5 ‖ **705** 312, 17–313, 1

679 *διακατοχαίδες* $\mathbf{a}^{s}$ ‖ **680** *ἔχουσιν ἑκατὸν* trp. $\mathbf{p}^{s}\mathbf{v}^{s}$ ‖ **682** *ὑποθέσεως* $\mathbf{c}^{s}$ ‖ **683** *τοὺς ἐνάγοντας* $\mathbf{c}^{s}$ | *ἑκατοστιαίους* $\mathbf{g}^{s}\mathbf{w}^{s}$ ‖ **684** *ῥεδνιβιτορία* $\mathbf{c}^{s}\mathbf{g}^{s}\mathbf{w}^{s}$ *ῥερεβιτορία* $\mathbf{f}^{s}\mathbf{s}\mathbf{a}^{s}\mathbf{m}^{s}$ *ῥεβιβιτορία* $\mathbf{p}^{s}\mathbf{v}^{s}$ *νερεβατορία* $\mathbf{e}^{s}$ ‖ **685** *πεπραμένον* $\mathbf{c}^{s}\mathbf{g}^{s}\mathbf{s}\mathbf{e}^{s}$: *πεπραγμένον* cett. ‖ **686** *πάντων* $\mathbf{a}^{s}$ ‖ **687** *μὴ οὖσα* $\mathbf{a}^{s}$ ‖ **690** *χρόνος ὁ* trp. $\mathbf{g}^{s}\mathbf{w}^{s}$ ‖ **691** *ληγάτου* $\mathbf{g}^{s}\mathbf{w}^{s}$ ‖ **692** *ὥσπερ* $\mathbf{c}^{s}$ ‖ **693** ante **696** trp. $\mathbf{p}^{s}\mathbf{v}^{s}$ | *τῶν ἀντιτιθεμένων* $\mathbf{f}^{s}$ ‖ **695** *προικὸς περιγραφόμενος πρὸς τὸν ἀντεγκαλοῦντα* $\mathbf{m}^{s}$; eundem cum vs. 693 post 695 ins. $\mathbf{p}^{s}\mathbf{v}^{s}$ ‖ **696** *κινούμενος* $\mathbf{p}^{s}\mathbf{v}^{s}$ ‖ **697** *ἀπαντήσει* $\mathbf{c}^{s}\mathbf{f}^{s}\mathbf{e}^{s}$ ‖ **700** *ἢ*^{1}] *ἡ* $\mathbf{f}^{s}\mathbf{a}^{s}$ | *ἢ*^{2}] *ἣ* $\mathbf{a}^{s}$ ‖ **702** *ὅνπερ* $\mathbf{a}^{s}$ ‖ **704** *χηρεύσασα* $\mathbf{a}^{s}\mathbf{m}^{s}\mathbf{p}^{s}\mathbf{v}^{s}$ | *μόνον χρόνον* $\mathbf{g}^{s}\mathbf{w}^{s}\mathbf{s}\mathbf{a}^{s}$ | *μόνον*] *ἕνα* $\mathbf{c}^{s}\mathbf{f}^{s}$ ‖ **705** *δόλου*] *χρόνου* $\mathbf{f}^{s}$ | *πρὸ χρόνοις* $\mathbf{s}$

περὶ ἀναργυρίας δὲ περιγραφόμενός τις
δύ' ἔτη ἕξει συναπτὰ ὡς πρὸς τὰς ἀντιθέσεις.
ἐμφυτευτὴς καὶ μισθωτὴς εὐαγοῦς τυχὸν τόπου
χεῖρον ποιῶν τὸ μισθωθὲν ἢ δρῶν ἀγνωμοσύνην
ἐν δύο ὅλοις ἔτεσι τοῦ πράγματος στερεῖται.
ἐὰν ἐν ἔτεσι δυσὶν ὁ γάμος ἐξετάθη
καὶ μετὰ ταῦτα λέλυται ἐννόμῳ τυχὸν λύσει,
ἀπαιτουμένῳ τῷ ἀνδρὶ τὴν γεγραμμένην προῖκα
ἔξεστι παραγράφεσθαι ὡς ἐξ ἀναργυρίας·
εἰ δ' ἐπὶ δέκα ἔτεσιν ὁ γάμος παρετάθη,
τρεῖς μόνοι μῆνες δίδονται τούτῳ κινεῖν τὴν δίκην.
δίκη πᾶσα χρηματικὴ ἐννόμως κινουμένη
οὐκ ὀφείλει μηκύνεσθαι τῶν τριῶν χρόνων πλέον.
μετὰ τὸν εἰκοστόπεμπτον τοῖς ἀφήλιξι χρόνον
εἰς τὴν ἀποκατάστασιν τετραετίαν δίδου.
τῇ δε ἰνοφικιόσο χρόνος πενταετία.
πενταετίᾳ σβέννυται τὸ περὶ τῆς μοιχείας.
καὶ τὸ δε πεκουλάτους δὲ ἔγκλημα πέντε χρόνοις
ὁρίζεται πρὸς ἀγωγήν, οὐκέτι περαιτέρω.
ὁ ἴμφας ἤτοι νήπιος ἐτῶν ἑπτὰ τυγχάνει.
ὀκτὼ δὲ χρόνων ἔσωθεν οὐκ ἔστιν ἀναγνώστης.
τῶν ἀκινήτων πέφυκεν, ἄναξ, ἡ προθεσμία
τοῖς μὲν παροῦσι δέκατος ἐνιαυτὸς καὶ μόνος,
τοῖς δέ γ' ἀποῦσιν εἰκοστός, οὐκέτι περαιτέρω.
τὰ ἔτη τῆς περὶ προικὸς ἀναργυρίας δέκα.
ἡ πρὸ τῶν δώδεκα ἐτῶν ἀθέσμως γαμουμένη
οὐκ ἂν γάμον ποιήσειεν· εἰ δὲ προῆν μνηστεία,

706–707 313, 11–12 ‖ **708–710** 316, 5–8 ‖ **711–716** 314, 18–22 ‖ **717–718** 318, 10–11 ‖ **719–720** 320, 2–3 ‖ **721** 321, 2–4 ‖ **722** 321, 14 ‖ **723–724** 323, 3–4 ‖ **725** 323, 8 ‖ **726** 323, 15 ‖ **727–729** 324, 2–3 ‖ **730** 324, 15 ‖ **731–733** 325, 11–13

706 *παραγραφόμενος* $\mathbf{g}^{s}\mathbf{w}^{s}\mathbf{s}\,\mathbf{a}^{s}$ ‖ **707** *δύο* $\mathbf{g}^{s}\mathbf{w}^{s}\mathbf{s}\,\mathbf{a}^{s}$ *δὶς* $\mathbf{p}^{s}\mathbf{v}^{s}$ | *ἕχει* $\mathbf{e}^{s}\mathbf{m}^{s}$ | *συναπά* $\mathbf{c}^{s}$ *σὺν αὐτὰ* $\mathbf{a}^{s}$ ‖ **708** *μισθωτὸς* $\mathbf{f}^{s}\mathbf{g}^{s}\mathbf{a}^{s}$ | *τόπον* $\mathbf{w}^{s}$ ‖ **709** *χεῖρον*] *χρόνον* $\mathbf{f}^{s}$ | *ἀνδρῶν* $\mathbf{c}^{s}$ | *ἀγνωμοσύνη* $\mathbf{e}^{s}$ ‖ **711** *ἐν* om. $\mathbf{f}^{s}$ ‖ **712** *τυχὸν ἐννόμω* trp. $\mathbf{c}^{s}$ ‖ **713** *ἀπαιτουμένου* $\mathbf{f}^{s}$ ‖ **714** *περιγράφεσθαι* $\mathbf{e}^{s}\mathbf{m}^{s}$ | *ὡς*] *καὶ* $\mathbf{c}^{s}$ ‖ **716** *μῆνες δίδονται μόνοι* trp. $\mathbf{f}^{s}$ | *μῆνες μόνοι* trp. $\mathbf{c}^{s}$ | *δέδονται* $\mathbf{e}^{s}\mathbf{m}^{s}$ ‖ **717** *νίκη* $\mathbf{e}^{s}$ | *ἐν νόμω* $\mathbf{f}^{s}$ ‖ **719** *ἀφήλιξ* $\mathbf{c}^{s}$ ‖ **721** *τῆς* $\mathbf{g}^{s}\mathbf{w}^{s}$ | *δὲ ἰνοφικίοσσο* $\mathbf{f}^{s}\mathbf{g}^{s}\mathbf{w}^{s}\mathbf{e}^{s}\mathbf{m}^{s}$ *-οσσα* $\mathbf{p}^{s}\mathbf{v}^{s}$ *δὲ ἰνοφφικίοσα* $\mathbf{a}^{s}$ *δὲ δινοφικίοσο* $\mathbf{c}^{s}$ | *χρόνοις* $\mathbf{f}^{s}$ | *πενταετίας* $\mathbf{s}\,\mathbf{a}^{s}\mathbf{p}^{s}\mathbf{v}^{s}$ ‖ **723** *δε πεκουλάτον* $\mathbf{p}^{s}\mathbf{v}^{s}$ *-ατ(   )* $\mathbf{m}^{s}$ ‖ **725** *ἴνφας* **s** *ἰνφανς* $\mathbf{a}^{s}$ *ἴμφαξ* $\mathbf{p}^{s}\mathbf{v}^{s}$ ‖ **726** *ἐτῶν ὀκτὼ δὲ* $\mathbf{c}^{s}$ ‖ **728** *μόνον* $\mathbf{a}^{s}\mathbf{p}^{s}\mathbf{v}^{s}$ ‖ **729** *γ'* om. $\mathbf{s}\,\mathbf{g}^{s}\mathbf{w}^{s}$ ‖ **730** *τῆς*] *τὰ* $\mathbf{a}^{s}$ ‖ **732** *πρώην* $\mathbf{f}^{s}$ *πρόην* $\mathbf{a}^{s}$

αὕτη καὶ πάλιν πέφυκε τῷ νόμῳ παραμένειν,
εἰ μή τις λῦσαι βούλοιτο ταύτην ὡς ἀπὸ νόμου.
ταῖς μὲν θηλείαις δώδεκα εἰς ἐφηβίαν χρόνοι,
οἱ δὲ τεσσαρεσκαίδεκα τοῖς ἄρρεσι κριτέοι.
συνηγορεῖν δὲ δύναται ὁ ὀκτωκαιδεκαέτης.
ὁ δὲ υἱοθετῶν τινα μείζων ὀφείλει εἶναι
χρόνοις ἐν ὀκτωκαίδεκα τοῦ υἱοθετουμένου.
θήλεια μὲν αἰτήσεται συγγνώμην ἡλικίας
ἐννόμως τοῦτο πράττουσα ἡ ὀκτωκαιδεκαέτης,
ἀνὴρ δὲ εἰκοστοετὴς ἔστω πρὸς τὴν συγγνώμην.
ὁ ἥττων εἴκοσι ἐτῶν οὐ δύναται δικάζειν.
περάτωσις ἐγκλήματος ὅρος εἴκοσι χρόνων·
πενταετία μόνη δὲ σβεννύει τὴν μοιχείαν.
ταύτῃ γὰρ πεπεράτωται καὶ τὸ δε πεκουλάτους.
ὁ χρόνον εἰκοστόπεμπτον πληρώσας ἡλικίας
ἐρχέσθω πρὸς διοίκησιν τῶν ἑαυτοῦ πραγμάτων.
ἀφῆλιξ αἰτησάμενος συγγνώμην ἡλικίας
εἴπερ δωρήσεταί τινι ἀκίνητόν τι πρᾶγμα,
ἡ δωρεὰ οὐκ ἔρρωται εἰ μὴ διέλθοι χρόνος
μετὰ τὸν εἰκοστόπεμπτον δεκέτης ἢ καὶ πλέον.
τὴν ἐπὶ πράσει ἀγωγὴν μακρὸς χρόνος οὐ τέμνει.
ἡ περὶ ἀπαιτήσεως πάσης κληρονομίας
προσωπική τε σύμπασα τριακονταετίᾳ
σβέννυταί τε καὶ φθείρεται, οὐδαμῶς περαιτέρω.
τὸ φινιοὺμ ῥεγουνδορoὺμ ἤτοι τὸ περὶ ὅρων

735–736 326,2–3 ‖ **737** Basilic. 8,1,1,3 ‖ **738–739** Mom. 328,3 c. adn. ‖ **740–741** 328, 4–5 ‖ **742** 329, 3 ‖ **743** 329, 1 ‖ **744–746** 329,4–6 ‖ **747–748** 330,11–12 ‖ **749–752** 331,5–7 ‖ **753** 332,1 c. adn. *β′* ‖ **754–756** ibid. c. adn. *γ′* (cf. vss. 760–761) ‖ **757–759** 332, 2–3

734 *εἰ*] *οὐ* **c**^{s} | *λύσειν* **f**^{s}**g**^{s}**w**^{s}**s m**^{s} *λύσιν* **c**^{s} | *ὑπὸ* **s** ‖ **735** *οἱ*] *εἰ* **e**^{s} ‖ **736** *κριτέον* **c**^{s} *-οις* **a**^{s} ‖ **737** *ὁ* om. **f**^{s} | *ὀκτωκαιδεκάτης* **s a**^{s}**e**^{s}, **v**^{s} a.c. *-κέτης* **m**^{s}**p**^{s} p.c. ‖ **741** *ἐν νόμω* **f**^{s} | *ἡ* om. **w**^{s} *ἢ* **a**^{s} | *ὀκτωκαιδεκαέτης* **c**^{s}**f**^{s}**w**^{s} *-ις* **p**^{s} *ὀκταδεκαέτης* **g**^{s} *-κάτης* **s a**^{s} *-κάτη* **e**^{s} *-κάτις* **m**^{s} a.c. *-κέτης* **v**^{s} *-κέτις* **m**^{s} p.c. ‖ **742** *δ' εἰκοστοέτης γε* **g**^{s}**w**^{s} | *εἰκοσαετὴς* **e**^{s} ‖ **745** *μόνη* om. **c**^{s} ‖ **746** *γὰρ*] *δὲ* **c**^{s}**f**^{s}**e**^{s} | *δὲ πεκουλάτης* **g**^{s}**w**^{s}**s** *-τις* **a**^{s} *-τον* **e**^{s} *-τ(   )* **m**^{s}**p**^{s}**v**^{s} ‖ **747** *ἡλικίαν* **w**^{s} ‖ **749** post **751** trp. **a**^{s} | *ἀμφήλιξ* **f**^{s} ‖ **750** *δωρήσηται* **c**^{s}**w**^{s} ‖ **751** *διέλθη* **e**^{s}**m**^{s}**p**^{s}**v**^{s} | *χρόνον* **a**^{s} ‖ **752** *δεκαέτης* **f**^{s}**p**^{s} *δεκαετὴς, -ε-* sscr., **c**^{s} *δεκάτης* **e**^{s} | *ἢ* om. **c**^{s} ‖ **753** *οὐ τέμνει μακρὸς χρόνος* trp. **e**^{s}**m**^{s}**p**^{s}**v**^{s} ‖ **754** *κληρονομία* **f**^{s}**s e**^{s} ‖ **756** *περαιτέρα* **a**^{s} ‖ **757** *φινιοὺν* **c**^{s} | *ῥεγουδορoὺμ* **c**^{s} *ῥεγονδουρoὺμ* **s** *ῥαγουνδουρoὺμ* **a**^{s} *ῥεγουνδόρουμ* **g**^{s}**w**^{s} | *ὅρου* **c**^{s} | **757–759** om. **f**^{s}

χρόνοις ἐν τοῖς τριάκοντα τοῖς ἀνεπιφωνήτοις
σβέννυταί τε καὶ φθείρεται, οὐδαμῶς περαιτέρω·
ἀγωγή τε προσωπικὴ ταύτῃ τῇ προθεσμίᾳ,
εἰ μὴ τμηθῇ τὸ μεταξύ, σβέννυται προσηκόντως·
ἀγωγαὶ τεμποράλιοι ταύτῃ σβέννυνται μόνῃ.
διπλᾶ δὲ δικαστήρια ταῦτα τὰ τρία μόνα·
τὸ περὶ διαιρέσεως κοινῶν τινων πραγμάτων,
τὸ περὶ φαμιλίας τε, τὸ περὶ ὅρων τρίτον.
οὔτε ἡ φούρτη ἀγωγὴ οὔτε ἡ προ σοκίο
οὔτε ἡ περὶ κινητῶν ἁρπαγῆς, ἣν Λατῖνοι
οὕτω κατωνομάκασι, βι βονόρουμ ῥαπτόρουμ,
ἐτῶν πλέον τριάκοντα εἰς ἀγωγὴν ἰσχύει·
ἡ δ' ἀπαιτοῦσα τὸ διπλοῦν ἐπὶ τοῦ κλοπιμαίου
τῷ χρόνῳ παρατείνεται τοῦ κλέψαντος τὸ πρᾶγμα.
ἔτεσι τεσσαράκοντα ἡ ὑποθηκαρία
ἀγωγὴ παρατείνεται, τοῦ χρεώστου τὸ πρᾶγμα
ἔχοντος καὶ κατέχοντος καὶ σαφῶς νεμομένου.
Καλῇ δὲ πίστει ἀγωγαὶ τοσαῦται καὶ τοιαῦται·
πρᾶσις ἀγορασία τε, μίσθωσις, κοινωνία,
ἐκμίσθωσις, διοίκησις πραγμάτων ἀλλοτρίων,
κατ' ἐπιτρόπων ἀγωγή, ἐντολή, παραθήκη,
ἀγωγὴ περὶ τὸ χρησθέν, ἡ περὶ ἐνεχύρου,
ἡ περὶ διαιρέσεως τῶν συγκληρονομούντων,
ἡ διαιροῦσα τὰ κοινὰ καὶ χωρὶς κοινωνίας,
ἡ πραεσκρίπτις βέρβις τε τῶν ἀνταλλαττομένων,
ἄλλη δ' αὖθις ὁμώνυμος ἀεστιματορία.

760–761 332,4–5 (cf. vss. 755–756) ‖ **762** 332,9–10 ‖ **763–765** 333,1 c. adn.; cf. Basilic. 12,2,2 ‖ **766–771** 333,1–5 c. adn. 24 ‖ **772–774** 336,12–13 ‖ **775–787** Psell. De var. leg. p. 299,2–11; Theoph. 4,6,28

759 om. **m**^{s}**p**^{s}**v**^{s} ‖ **760** post **755** trp. **m**^{s} | *καὶ ἀγωγὴ* **e**^{s} ‖ **761** *τῶ* **c**^{s}**s e**^{s} ‖ **762** *τ' ἐμπαράλιοι* **c**^{s}**f**^{s}**e**^{s} *τ' ἐκπορά λιαι* **m**^{s}**p**^{s}**v**^{s} *τεμπεράλιοι* **a**^{s} | **762** *σβέννυνται* **e**^{s}**p**^{s}**v**^{s}, **g**^{s} p. c.: *-υται* cett. ‖ **762–763** *ταύτῃ – δικαστήρια* om. **a**^{s} ‖ **764** *κινῶν* **c**^{s} ‖ **766** *φούρτι* **s**, (*-οῦ-*) **m**^{s} | *σοτζίο* **e**^{s} ‖ **767** *ἡ* om. **w**^{s} | *ἁρπαγῆς κινητῶν* trp. **w**^{s} | *ἣν* **c**^{s} *ἣν οἱ* **g**^{s}**w**^{s} ‖ **768** *κατονομάζουσι* **s a**^{s}**p**^{s}**v**^{s} | *βιβενόρουμ* **c**^{s} ‖ **769** *ὁ τῶν* **a**^{s} | *εἰσαγωγὴν* **c**^{s}**f**^{s}**g**^{s} ‖ **770** *ἡ*] *εἰ* **c**^{s} | *κλοπίμαι* **a**^{s} ‖ **771–773** *τοῦ – παρατείνεται* om. **s** ‖ **773** *παρεκτείνεται* **c**^{s}**g**^{s}**w**^{s} | *τὸ πρᾶγμα τοῦ χρεώστου* trp. **c**^{s}**g**^{s}**w**^{s} ‖ **774** post **771** trp. **a**^{s} | *καὶ*^{1}] *ἢ* **p**^{s}**v**^{s} ‖ **775** *καλαὶ* **c**^{s}**f**^{s} ‖ **778** *ἐπιτροπὴν* **f**^{s} | *ἀγωγαί* **e**^{s}**m**^{s}**p**^{s}**v**^{s} *-ὴν* **c**^{s} | *παραθήκης* **e**^{s}**m**^{s}**p**^{s}**v**^{s} ‖ **779** *περὶ*^{1} om. **s** | *ἢ* **e**^{s}**m**^{s} | *ἐνεχύρων* **e**^{s} ‖ **780** *ἢ* **m**^{s}**p**^{s}**v**^{s} | *διαιρέσεων* **c**^{s} ‖ **782** *πραεσκρίπις* **s**, (*-ππ-*) **e**^{s} ‖ **783** *ἡ ἀεστιματορία* **c**^{s}**g**^{s} *ἡ ἐστ-* **f**^{s} *ἡ οὐεστ-* **w**^{s}

ἡ δὲ νεϱεδιτάτις τε κληθεῖσα πετιτίων,
ἡ ἀπαιτοῦσα, δέσποτα, τὰ τῆς κληϱονομίας,
στϱίκτα τὸ πϱὶν ἐτύγχανε, νῦν δ᾽ ἐστὶ καλῇ πίστει·
στϱίκτα τὸ πϱὶν ἐτύγχανε καὶ ἡ ἐξ στιπουλάτο.
ὁ νόμος δ᾽ ὁ Φαλκίδιος τοιαύτην ἔχει φύσιν·
εἴπεϱ τις τελευτήσειε πατὴϱ ἑνὸς παιδίου,
γϱάψας δὲ διατύπωσιν τοῦ παιδὸς οὐκ ἐμνήσθη,
ἀλλ᾽ ἄλλοις καταλέλοιπεν ἀκέϱαιον τὸν κλῆϱον,
ὁ παῖς τὸ τϱίτον λήψεται πϱαγμάτων τῶν πατϱῴων·
εἰ δ᾽ ὁ θανὼν ἐγέννησε παῖδες ἐν βίῳ δύο,
οὐδ᾽ ἑνὸς δ᾽ ἐμνημόνευσε ποιήσας διαθήκην,
ἕκαστος ἕκτον λήψεται τῶν πατϱικῶν πϱαγμάτων·
εἰ δέ γε τϱεῖς τυγχάνουσιν οἱ παῖδες τοῦ θανόντος,
ἕκαστος ἕξει ἔννατον τῆς πατϱικῆς οὐσίας·
δωδέκατον δ᾽ εἰ τέσσαϱες τυγχάνουσιν οἱ παῖδες·
εἰ δὲ πλείους τυγχάνουσι, δέσποτα, τῶν τεσσάϱων,
τούτοις ἀποκεκλήϱωται τῆς πατϱικῆς οὐσίας
μεϱὶς πάντων ἡμίσεια, δοκοῦν τῷ Φαλκιδίῳ.
οἱ ἄνευ δεφενσίωνος πϱᾶσίν τινος ποιοῦντες
εἰς μόνην κατακϱίνονται τὴν τιμὴν τοῦ πϱαθέντος,
οἱ δέ γε δεφενδεύοντες καὶ τὴν τιμὴν διδοῦσι
τοῦ διπλασίου τε ποινήν, οὕτω γὰϱ ἐτυπώθη.
τοὺς ἀντελλόγους, δέσποτα, τῷ δικαστῇ δεκτέον,
τῆς παϱαθήκης μόνης δὲ ἀντέλλογος οὐκ ἔνι.
τὴν καταδίκην τὴν ἁπλῆν ἔχει ἐξ στιπουλάτο,
ἡ ἀπὸ τοῦ δανείσματος, ἡ ἐξ ἀγοϱασίας,

788–801 Nov. 18,1, cf. Nov. 22,48 pr. ‖ **802–805** cf. Attal. 11,4 (Zepos VII 427,28–31) ‖ **806–807** Basilic. 13,2,44 ‖ **808–812** Psell. De var. leg. p.300,43–48 ‖ **808–810** Theoph. 4,6,22

784 *νεϱεδιτάτις* **c**[s]**g**[s]: *-της* **s** *νεϱβιτάτης* **f**[s] *νεϱεβιτάτις* **e**[s]**m**[s] *νεϱεβιβάτις* **p**[s]**v**[s] *ἡϱεδιτάτις* **a**[s] *ἐϱεδιτάτις* **w**[s] | *τε*] *γε* **e**[s]**m**[s]**p**[s]**v**[s] *τίς* **a**[s] om. **g**[s]**s** | *πετιτίον* **g**[s]**w**[s] *πεντιτίων* **v**[s] *πετιτζίων* **e**[s] ‖ **786** *στϱίκια* **p**[s]**v**[s] | *ἔτυχε* **p**[s]**v**[s] ‖ **786–787** *νῦν – ἐτύγχανε* om. **f**[s]**g**[s]**w**[s]**v**[s] ‖ **787** om. **a**[s]**e**[s] | *καὶ* om. **s** | *στιπουλάτα* **f**[s] *στιπαλάτο* **m**[s] ‖ **788** *δ᾽* om. **p**[s]**v**[s] ‖ **790** *δὲ*] *τε* **w**[s] ‖ **793** *εἰ*] *ὁ* **c**[s] ‖ **795** *κτημάτων* **c**[s]**p**[s]**v**[s] ‖ **797** *ἕξει*] *λήψεται* **c**[s] ‖ **799** *εἰ δὲ καὶ πλείους δέσποτα τυγχάνουσι τεσσάϱων* **e**[s] | *τῶν τεσσάϱων*] *στεφηφόϱε* **s** ‖ **801** *παντὸς* **f**[s] *πάντως* **a**[s]**p**[s]**v**[s] ‖ **802** *τινὲς* **c**[s]**f**[s] *τινὰ* **p**[s]**v**[s] ‖ **805** *τε … γὰϱ*] *γὰϱ … τε* **c**[s] ‖ **806** *ἀντιλόγους* **f**[s] ‖ **807** *τῇ παϱαθήκῃ μόνῃ* **e**[s] | *μόνης δὲ*] *δὲ μόνος* **f**[s] | *ἀντἐλλογον* **a**[s] ‖ **808** *διπλῆν* **c**[s] | *ἐξ στιπουλάτα* **f**[s] *-του* **a**[s] *-της* **p**[s]**v**[s] ‖ **809** *ἢ* (bis) **c**[s]**e**[s]**m**[s]**p**[s]**v**[s] | *δανείσαντος* **c**[s]**f**[s] | *ἡ*[2]] *ἢ* **f**[s]**a**[s]

810 ἡ ἀπὸ τῆς μισθώσεως, ἡ ἀπὸ ἐνταλμάτων·
διπλῆν δ' ἔχουσιν εἴσπραξιν ἡ τοῦ Ἀκουιλίου,
ἡ ἀφανὴς ἀφαίρεσις, ἡ παρακαταθήκη·
τὸ δέ γε τετραπλάσιον κλοπῆς ἐστι προδήλου
ἄλλων τε πλείστων ἀγωγῶν καὶ ἰμφακτοὺμ πλειόνων,
815 φόβου, συκοφαντίας τε, καὶ δικῶν ἄλλων πάλιν·
διπλοῦν δὲ τετραπλάσιον ὁ ἀπὸ ναυαγίου
ἁρπάσας πρᾶγμα, δέσποτα, εἰσπράττεται δικαίως,
καὶ τὸ μὲν τετραπλάσιον τῷ φίσκῳ προσκυροῦται,
τὸ δ' ἄλλο τετραπλάσιον ὁ ναυαγήσας ἔχει.
820 οὐδεὶς δὲ ἐναγόμενος ὀνόματι οἰκείῳ
ἱκάνωσίν τινα διδοῖ τὴν ἀπὸ καταδίκης·
ὁ δ' ἀλλοτρίαν ἀγωγὴν ἐν δικασταῖς γυμνάζων
μὴ ἐμφανίσας ἔγγραφον ἐντολὴν πρωτοτύπου
καλῶς ἀπαιτηθήσεται τὴν ἱκανοδοσίαν.
825 αἱ μὲν ἐκ νόμου ἀγωγαὶ αἵ τε ἀπὸ δογμάτων
αἵ τε ἐκ διατάξεων τῶν βασιλικωτάτων
διηνεκεῖς τυγχάνουσιν, ὡς ἤρεσε τοῖς νόμοις,
οἱ νόμοι τῶν πραιτώρων δὲ μονόχρονοι τὴν φύσιν·
εἰσὶ δὲ καὶ πραιτώριαι διηνεκεῖς ὀλίγαι,
830 ὡς ἡ περὶ τοῦ κλέμματος ἡ τοῖς διακατόχοις
παρεχομένη, δέσποτα, τοῖς γε νομικωτέροις.
αἱ δέ γε μὴν ποινάλιαι ἀγωγαὶ κεκλημέναι
τοῖς κληρονόμοις δίδονται, οὐ κατὰ κληρονόμων,
ὁποῖόν ἐστιν ἡ κλοπὴ ἁρπαγή τε πραγμάτων,
835 αὐτὸς ὁ Ἀκουίλιος ὁ περὶ τῆς ζημίας·
ἡ δέ γε περὶ ὕβρεως οὐδ' ἐν τοῖς κληρονόμοις,
εἰ λάβοι δὲ προκάταρξιν ἐν τοῖς δικαστηρίοις,
καὶ κληρονόμοις δίδοται καὶ κατὰ κληρονόμων.

813-815 Psell. 300, 57-60 ‖ 816-819 300, 62-66 ‖ 820-824 Theoph. 4, 11, 2-3 ‖
825-831 4, 12 pr. ‖ 832-838 4, 12, 1

810 ἢ (bis) cˢfˢeˢmˢpˢvˢ | ἡ²] ἢ aˢ ‖ 811 διπλοῦ saˢmˢpˢ | δ' om. cˢ | ἡ] οἱ cˢseˢ αἱ
fˢ ἢ aˢ ‖ 814 ἰφακτοὺμ wˢ ἰνφακτοὺμ aˢ ἰμφάκτουμ eˢmˢ ‖ 815 φόβους saˢeˢ ‖
818 προσκυροῦται τῷ φίσκῳ gˢwˢ | 818-819 τῷ – τετραπλάσιον om. aˢ | 820 δὲ] ὁ pˢvˢ |
ἰδίῳ mˢpˢvˢ ‖ 823 πρωτοτύπως pˢvˢ ‖ 824 ἀπαιτηθήσονται aˢ ἱκανωθήσεται eˢ ‖
825 νόμων pˢvˢ ‖ 826 τε ἐκ] τε ἀπὸ cˢ τ' ἀπὸ eˢ | διατάξεως fˢ ‖ 830 ἡ] ἢ cˢaˢeˢmˢ ‖
831 παρεχομένοις wˢ ‖ 835 οὗτος fˢ ‖ 836 ἡ] ὁ fˢaˢpˢvˢ | οὐδὲν cˢaˢ οὐδὲ fˢeˢmˢ ‖
837 λάβη cˢ | δὲ] τὴν aˢ | μοναστηρίοις cˢ ‖ 837-838 om. pˢvˢ

Γυνὴ δὲ μετὰ χήρευσιν μὴ δευτερογαμοῦσα
σὺν τοῖς παισὶ μερίζεται τὸν κλῆρον τὸν πατρῷον
λαμβάνει τε ἰσάριθμον μοῖραν ἑνὶ τῶν παίδων,
καὶ κατὰ χρῆσιν κατ' αὐτὸ καὶ κατὰ δεσποτείαν·
ἡ δὲ αὐτὴ ἀντιστροφὴ καὶ τῷ ἀνδρὶ τυγχάνει.
ὁ αὐτεξούσιος υἱὸς ἄτεκνος ἀποθνήσκων
νόμιμον ποστημόριον τοῖς γονεῦσι διδότω.
ὁ κόρην βιασάμενος καὶ βιαίως ἁρπάσας
μετὰ ξιφῶν βαρβαρικῶς ξίφει τιμωρητέος·
εἰ δέ τις ὅπλων ἄνευθεν ἁρπάσειε τὴν κόρην,
καὶ δήμευσιν ὑφίσταται καὶ τέμνεται τὴν χεῖρα,
ἢ μᾶλλον οὐ δημεύεται, τῇ δέ γε βιασθείσῃ
ἡ κτῆσις τούτου σύμπασα προσάπτεται δικαίως·
ἐκ δέ γε τοῦ τολμήματος γάμος οὐ τελεστέος.
δεῖ κατὰ τὴν συνήθειαν τὴν πάλαι τυπωθεῖσαν
τὰς ἐποχὰς ἀφίστασθαι ἀλλήλων ἐν θαλάσσῃ
ταῖς ἀκριβέσιν ὀργυιαῖς καὶ προδιαταχθείσαις
πέντε πρὸς ταῖς ἑξήκοντα καὶ ταῖς τριακοσίαις,
ὡς εἶναι τὸ μὲν ἥμισυ τούτου παντὸς τοῦ μέτρου
ἐκ τῶν ὁρίων, δέσποτα, τοῦ γε θατέρου μέρους,
μέχρι τοῦ γειτονεύοντος τοῦ λοιποῦ τεταμένου.
ἔχει τὴν ταὐτοπάθειαν εἴ τις τυφλώσει κόρας·
πλὴν ὀφθαλμὸν ἀντ' ὀφθαλμοῦ εἰκότως ἀποδώσει,
εἰ δέ τις ἐξορύξειεν ὄμματα, φεῦ, τὰ δύο,
αὐτὸς ἐξορυχθήσεται ὀφθαλμὸν ἕνα μόνον,
ἀντὶ δέ γε τοῦ λείποντος διδότω διμοιρίαν
τῷ τυφλωθέντι παρ' αὐτοῦ τῶν ἰδίων πραγμάτων·
εἰ δ' ἐστὶν ἀπορώτατος, ἐξωρύχθω τὰ δύο.

839–843 Nov. Leon. 22 ‖ **844–845** 25 ‖ **846–851** 35; Basilic. 60, 58, 1 ‖ **853–859** Nov. Leon. 57 ‖ **860–866** 92

843 *ἀντιστραφῇ* $\mathbf{f}^{s}$ | *τυγχάνει*] *ἁρμόζει* $\mathbf{e}^{s}$ ‖ **845** *ποστημόριον* $\mathbf{w}^{s}\mathbf{e}^{s}\mathbf{m}^{s}$: *ποστιμ-* cett. (*πρὸςτιμόριον* $\mathbf{a}^{s}$) ‖ **847** *βαρβαρικῶν* $\mathbf{w}^{s}\mathbf{a}^{s}$, sscr. $\mathbf{g}^{s}$ ‖ **848** *τις*] *γε* $\mathbf{f}^{s}$ ‖ **849** *τέμνεται καὶ* trp. $\mathbf{c}^{s}$ ‖ **852** *ἐκ*] *εἰ* $\mathbf{c}^{s}$ | *τολμήσαντος* $\mathbf{c}^{s}$ | *τελευταῖος* $\mathbf{p}^{s}\mathbf{v}^{s}$ ‖ **853** *ὁρισθεῖσαν* $\mathbf{c}^{s}$ *κυρωθεῖσαν* $\mathbf{f}^{s}$ ‖ **854** *ἀποχὰς* $\mathbf{e}^{s}$ | *ἐν*] *τῇ* $\mathbf{m}^{s}\mathbf{p}^{s}\mathbf{v}^{s}$ ‖ **855** *οὐργυιαῖς* $\mathbf{c}^{s}\mathbf{w}^{s}$ *-υῖαις* $\mathbf{f}^{s}$ | *προδιατεχθείσαις* $\mathbf{c}^{s}\mathbf{m}^{s}$ ‖ **856** *ταῖς*[1]] *τοῖς* $\mathbf{f}^{s}$ | *τετρακοσίαις* $\mathbf{m}^{s}$, sscr. $\mathbf{p}^{s}$ ‖ **858** *ὀρέων* $\mathbf{f}^{s}$ ‖ **859** *γειτονεύσαντος* $\mathbf{g}^{s}\mathbf{w}^{s}\mathbf{s}$ | *τεταμένου* $\mathbf{f}^{s}\mathbf{g}^{s}\mathbf{w}^{s}\mathbf{e}^{s}$: *-ον* **s** *τεταγμένου* cett. ‖ **860** *τυφλώσσει* $\mathbf{w}^{s}$ ‖ **862** *ἐξορίσειεν* $\mathbf{c}^{s}$ *ἐξορύσειεν* $\mathbf{f}^{s}$ ‖ **864** *διδέτω* $\mathbf{c}^{s}$ *δότω τὴν* $\mathbf{g}^{s}\mathbf{w}^{s}\mathbf{s}\,\mathbf{a}^{s}\mathbf{e}^{s}\mathbf{m}^{s}$ | *διμοιρία* $\mathbf{f}^{s}$ ‖ **865** *αὐτῶν* $\mathbf{c}^{s}$ | *τῶν*] *ἐξ* $\mathbf{c}^{s}$ ‖ **866** *δ' ἐστὶν*] *δέ τις* $\mathbf{p}^{s}\mathbf{v}^{s}$ | *ἀπορώτερος* $\mathbf{c}^{s}$ | *ἐξωρύχθω* $\mathbf{m}^{s}$: *-ο-* cett. | *τὰ*] *τοὺς* $\mathbf{e}^{s}\mathbf{m}^{s}\mathbf{p}^{s}\mathbf{v}^{s}$

αἱ ἄποροι καὶ ἄπροικοι μὴ δευτερογαμοῦσαι
τέταρτον μέρος λήψονται τῶν ἀνδρικῶν πραγμάτων,
καὶ τούτου δεσποζέτωσαν καὶ παίδων ὑπαρχόντων.
ἑξαετοῦς οὐ γίνεται μνηστεία κατὰ νόμους.
ὁ τὸν φυγάδα δοῦλον δὲ πιπράσκων παρανόμως
τὸ διαφέρον δίδωσιν ἢ διπλοῦν ἀπαιτεῖται.
Ἀτιμουργοὶ τυγχάνουσιν ἀγωγαί, δέσποτά μου,
ἡ ὕβρις, ἡ περὶ κλοπῆς, ἐπιτροπῆς καὶ δόλου,
ἡ περὶ καταθήκης τε καὶ ἁρπαγῆς βιαίας·
ἐπὶ κλοπῆς δέ, δέσποτα, καὶ ὕβρεως καὶ δόλου
καὶ τῆς βιαίας ἁρπαγῆς πραγμάτων ἀλλοτρίων,
κἂν μή τις καταδικασθῇ, ἀλλά τι δοὺς ἀπέλθῃ,
τῆς καταδίκης πέφυκεν ἐντὸς τῆς ἀτιμίας.
πρὸ τῆς ἐν πράγμασι νομῆς, νομῆς ψυχῇ καὶ μόνῃ
οὐδεὶς ἐπιλαμβάνεται· νομὴν δὲ σώματί μοι
παραδοθεῖσαν δύναμαι ψυχῇ μόνῃ φυλάττειν.
τὸ οὖνδε βὶ ἰντέρδικτον κινεῖται προσηκόντως,
εἴ τις τὸν ἔχοντα νομὴν πράγματος ἀκινήτου
τῆς νομῆς ἀπελάσειεν ὡς βίαιος τὴν γνώμην·
κἂν μὲν ἦν ἡ ἀκίνητος κτῆσις τοῦ νεμομένου,
εἰσπράττεται καὶ τὴν νομὴν τὴν ἀποτίμησίν τε·
εἰ δ' ἦν αὐτὸς ὁ βίαιος τοῦ πράγματος δεσπότης,
τὴν τούτου πάντως στέρησιν ἔχει ποινὴν τῆς τόλμης.
ὄνομα γενικόν ἐστιν ὁ δανειστὴς τῷ νόμῳ·
πᾶς γὰρ ὁ χρεωστούμενος ἐξ οἱασοῦν αἰτίας
ἐκ νόμου δανειστής ἐστι τοῦ κεχρεωστημένου·
καὶ πάλιν ἄλλος δανειστὴς ἰδικῶς κεκλημένος
ὅστις ἀπηριθμήσατο τῷ χρεώστῃ χρυσίον

867–869 106 ‖ **870** 109 ‖ **871–872** 66 ‖ **873–879** Theoph. 4, 16, 2; cf. Basilic. 21, 2, 1 ‖ **880–882** Basilic. 50, 2, 2, 1 ‖ **883–889** Theoph. 4, 15, 6 ‖ **890–899** Tract. de cred., Zepos VII 348, 30–349, 5

867 *αἱ*] *καὶ* **c**^{s} | *ἄπροικοι καὶ ἄποροι* trp. **s** ‖ **868** *τὸ τέταρτον* **f**^{s} ‖ **869** *καὶ παίδων καὶ* **c**^{s} ‖ **870** *ἑξαετοῦς* **g**^{s}**w**^{s}: *-ὴς* cett. ‖ **871** *πιπράσας* **s** ‖ **872** *ἢ*] *καὶ* Weiss ‖ **873** *ἀτιμιουργοὶ* **f**^{s} ‖ **874** *καὶ*] *τε* **p**^{s}**v**^{s} | *δόλος* **e**^{s}**m**^{s}**p**^{s}**v**^{s} ‖ **875** *περὶ παρακαταθήκης* **c**^{s}**f**^{s}**g**^{s}, (om. *περὶ*) **w**^{s} *περὶ παραθήκης* **a**^{s} *ἁρπαγὴ βιαία* **a**^{s}**e**^{s}**m**^{s}**p**^{s}**v**^{s} ‖ **876** *περὶ* **g**^{s}**w**^{s}**s** | *δέ*] *τε* **g**^{s}**w**^{s}**s** ‖ **878** *καταδικασθεὶς* **c**^{s}**f**^{s} ‖ **879** om. **f**^{s} ‖ **880** *νομῆς*^{2}] *νομεὺς* **c**^{s} ‖ **881** *νόμον* **c**^{s} ‖ **881–882** om. **e**^{s} ‖ **883** *οὖνδε* **c**^{s}**a**^{s}: *οὔνδε* **e**^{s}**m**^{s}**v**^{s}, (*-δι*) **p**^{s} *οὐνδε* **g**^{s}**w**^{s}**s** *αὖδε* **f**^{s} | *νοεῖται* **w**^{s}**a**^{s}**e**^{s} ‖ **885** *βιαίως* **c**^{s} ‖ **886** *μὴ* **f**^{s} | *ἦ* **e**^{s} *οὖν* **a**^{s} | *τοῦ νεμομένου κτῆσις* trp. **p**^{s}**v**^{s} ‖ **889** *τούτου*] *τοῦ* **a**^{s} ‖ **891** *γὰρ* om. **s**

ἢ πϱᾶγμά τι σταθμώμενον καὶ μετϱούμενον φύσει,
ὅπεϱ ἐστὶ τὰ πόνδεϱε νούμεϱε μένσουϱέ τε,
ὅσα σταθμοῦ καὶ μέτϱου τε καὶ ἀϱιθμοῦ τυγχάνει,
πόνδεϱε μὲν οἷον χϱυσὸς ἄϱγυϱος μόλιβδός τε,
νοῦμμοι λεπτοὶ τὰ νούμεϱε, οἶνος τὰ μένσουϱέ τε.
τῶν δὲ δανείων πέφυκεν ἡ διαίϱεσις αὕτη·
τὰ μὲν γὰϱ ἐνυπόθηκα, τὰ δ' ἄνευ ὑποθήκης,
καὶ τῶν ἀνυποθήκων δὲ δανείων λεγομένων
τὰ μὲν ἔχει πϱονόμια, τὰ δ' ἄνευ πϱονομίων·
καὶ τὰ μὲν ἀνυπόθηκα πϱοσωπικά μοι λέγε,
τὰ δ' ὑποθήκην ἔχοντα πϱαγματικὰ κλητέον.
καὶ τὰ μὲν πϱογενέστεϱα δημόσια τῷ χϱόνῳ
πϱοτιμητέα πέφυκε χϱεῶν ἐνυποθήκων
καὶ τῆς πϱοικὸς αὐτῆς, φημὶ τῆς μεταγενεστέϱας·
δανειστὴς δ' ἐνυπόθηκος ἔχων πϱογενεσίαν,
κἂν γενικήν, κἂν ἰδικήν, τοῦ μεταγενεστέϱου
πϱοτιμητέος πέφυκε πάντοτε δημοσίου.
ἡ πϱοὶξ δὲ καὶ τῶν δανειστῶν τῶν ὑποθηκαϱίων
πϱοτιμητέα πέφυκε, καὶ μεταγενεστέϱα·
εἰσὶ δ' ἕτεϱα δάνεια τῶν μεταγενεστέϱων
τὴν δύναμιν νικήσαντα τῆς πϱοικὸς παϱαδόξως,
ὁποῖον τὸ διδόμενον ἀκοντισταῖς τοῖς πϱώτοις
καὶ τὸ πϱοφάσει δανεισθὲν στϱατείας κινουμένης.
ἐξ λέγε κονδικτίκιος εἴσπϱαξίς τις ἐκ νόμου.
δανειστὴς δ' ἐνυπόθηκος τῶν μεταγενεστέϱων
νικᾷ τὸν ἀνυπόθηκον καὶ πϱογενέστεϱόν πως.
Μάϱτυς ἐστὶν ἀπόβλητος πᾶς ὁ διεφθαϱμένος,

900–905 349, 5–15 ‖ **906–908** 349, 20–25 ‖ **909–911** 349, 35–37 ‖ **912–913** 349, 45–46 ‖ **914–917** 350, 26–30 ‖ **918** 353, 8–10 ‖ **919–920** 353, 16–17 ‖ **921–924** Basilic. schol. 1221, 27–30

895 *σταθμούμενον* **f**^{s}**e**^{s} | *καὶ*] *ἢ* **m**^{s}**p**^{s}**v**^{s} ‖ **896** *ἤπεϱ* **e**^{s} | *τὰ*] *τὸ* **p**^{s}**v**^{s} *δὲ* **w**^{s} | *πούδεϱε* **c**^{s} *πούνδεϱε* **e**^{s} ‖ **897** *ἴσα* **c**^{s} ‖ **898** *πούνδεϱε* **e**^{s} | *μόλυβδός* **c**^{s} ‖ **898–922** hoc ordine exhibent **c**^{s}**f**^{s}: 898 (om. **f**^{s}), 900, 899, 902, 901, 904, 903, 906, 905, 908, 907, 910, 909, 912, 911 (om. **f**^{s}), 914 (om. **f**^{s}), 913, 916, 915, 918, 917, 920, 919, 922, 921 ‖ **899** *νοῦμοι* **c**^{s} *ποῦ μοι* **e**^{s} | *μάσουϱα* **c**^{s} *μένσουϱα* **f**^{s}**g**^{s}**w**^{s}**s a**^{s} ‖ **901** *ἐνυπόθητα* **c**^{s} ‖ **902** *καὶ τὰ μὲν ἀνυποθήκων* (om. *δὲ*) **f**^{s} | *ἐνυποθήκων* **g**^{s}**w**^{s} *ὑποθήκων* **c**^{s} ‖ **905** *ὑποθήκας* **p**^{s}**v**^{s} ‖ **907** *ἀνυποθήκων* **s** ‖ **910** *ἰδικὴν … γενικὴν* trp. **e**^{s} ‖ **911** om. **f**^{s} | *πϱοτιμητέα* **a**^{s} | *δημοσία* **c**^{s} ‖ **912** *δὲ* om. **c**^{s} ‖ **914** om. **f**^{s} ‖ **915** *κινήσαντα* **g**^{s}**w**^{s} | *παϱαδόσει* **c**^{s} ‖ **917** *τῶ* **c**^{s} | *δανεισταῖς* **a**^{s} ‖ **918** *ἔλεγε* **e**^{s} ‖ **920** *ἐνυπόθηκον* **c**^{s}**s**

ὁ μῖμος, ὁ θυμελικὸς καὶ ὁ θηριομάχος,
καὶ ὅσοι κατεκρίθησαν ἐν τοῖς δικαστηρίοις
ὡς συκοφάνται ἢ μοιχοὶ ἢ κλοπὴν εἰργασμένοι.
οὐκ ἔστι μάρτυς ἄνηβος οὐδὲ τῶν γυναικῶν τις·
εἰ δ' ἐστὶ τὸ γενόμενον μὴ δυνάμενον θέαν
ἀνδρικὴν καταδέξασθαι, γυναῖκες μαρτυροῦσι.
καὶ δοῦλος ἔτι μαρτυρεῖ ἐν σπάνει τῶν μαρτύρων
εἰς ἅπαν ἄλλο πρόσωπον ἄνευ αὐτοῦ δεσπότου.
οἱ δ' ἀσθενεῖς καὶ γέροντες σύν γε τοῖς στρατιώταις
καὶ οἱ πρωτοσπαθάριοι μετὰ τῶν ἱερέων
οὐ μαρτυροῦσιν ἄκοντες, ἀλλ' ἑκουσίως μόνον·
ἀρχιερεὺς δ' οὐ μαρτυρεῖ, οὔτ' ἄκων οὔθ' ἑκών πως.
τοὺς δ' ἄλλους ἀναγκάσειας μαρτυρεῖν ἀκουσίως,
καὶ μᾶλλον εἰ τυγχάνων τις τῶν καταδεεστέρων
πρὸς ἄνδρα δίκην ἔλαχε τῶν ἐπὶ δυναστείαις
κἀντεῦθεν ὑποκλάζουσι τῷ φόβῳ τοῦ δυνάστου
τοῦ πένητος οἱ μάρτυρες· τότε γὰρ καὶ πρὸς βίαν
εἰς μαρτυρίαν ἕλκονται καὶ τἀληθῆ τιθέναι.
ἀρκοῦσιν εἰς καταβολὴν δύο φωναὶ μαρτύρων,
εἰ λίτρα μόνη πέφυκεν ἡ καταβαλλομένη·
εἰ δέ τι πλέον πέφυκε, τρεῖς μάρτυρας δεκτέον·
ἐπὶ δὲ καταθέσεως πέντε μάρτυρας δέχου,
τὰς δέ γ' ἐκ τοῦ παρήκοντος ἀθέτει μαρτυρίας.
εἰ λάβοι τις ἐν γράμμασιν ἐκ δανειστοῦ τι χρέος,
ἀποδιδοὺς ἀπόδειξιν ἔγγραφον λαμβανέτω
τριῶν μαρτύρων ἔχουσαν ὑπογραφὰς βεβαίας·
εἰ δὲ μὴ τοῦτο δράσειεν, αὖθις ἔνοχος ἔσται,
εἰ μή γε πέντε μάρτυρες εἴποιεν παραχθέντες,
ὡς γέγονεν ἀπόδειξις τοῦ κεχρεωστημένου,
ἢ τούτων κατενώπιον ὁ δανειστὴς ἐξείποι

925–927 Basilic. 21, 1, 17 ‖ **928–929** 21, 1, 32 ‖ **930–933** Basilic. 21, 1, 7; Basilic. schol. 1222, 16–17 ‖ **940–944** Basilic. schol. 1236, 8–13 ‖ **945–952** 1264, 10–24

924 *ὡς*] *ἢ* $\mathbf{f}^{s}$ | *ἢ* (bis)] *ὡς* $\mathbf{p}^{s}\mathbf{v}^{s}$ ‖ **926** *εἰ δ'*] *οὐκ* $\mathbf{f}^{s}$ | *γινόμενον* $\mathbf{c}^{s}\mathbf{s}$ ‖ **928** *σπάνη* $\mathbf{w}^{s}\mathbf{e}^{s}$ ‖ **928–929** soli habent $\mathbf{w}^{s}\mathbf{e}^{s}$ ‖ **930** *οἱ*] *εἰ* $\mathbf{f}^{s}$ | *γε*] *τε* $\mathbf{f}^{s}\mathbf{a}^{s}$ ‖ **933** *δ'* om. $\mathbf{w}^{s}\mathbf{e}^{s}\mathbf{m}^{s}\mathbf{p}^{s}\mathbf{v}^{s}$ | *οὔτ'*] *οὔθ'* $\mathbf{f}^{s}\mathbf{s}$ *οὐδ'* $\mathbf{a}^{s}$ | *ἑκόντως* $\mathbf{c}^{s}$ | *πως* om. $\mathbf{f}^{s}$ *τις* **s** ‖ **934** *δ'* om. $\mathbf{a}^{s}\mathbf{m}^{s}$ | *ἑκουσίως* $\mathbf{c}^{s}\mathbf{f}^{s}\mathbf{g}^{s}\mathbf{s}\mathbf{m}^{s}$ ‖ **935** *τυγχάνει* $\mathbf{c}^{s}$ ‖ **936** *ἔλαβε* $\mathbf{m}^{s}\mathbf{p}^{s}\mathbf{v}^{s}$ | *τὸν* $\mathbf{a}^{s}$ ‖ **937** *ὑποκλέπτουσι* $\mathbf{f}^{s}$ ‖ **938** *τοῦ*] *καὶ τοῦ* $\mathbf{w}^{s}$ | *καὶ γὰρ* trp. $\mathbf{g}^{s}$ ‖ **939** *ἔρχονται* $\mathbf{c}^{s}$ | *τιθῆναι* $\mathbf{a}^{s}$ ‖ **942** *μάρτυρες* $\mathbf{f}^{s}\mathbf{s}\mathbf{e}^{s}$ | *δεκτέοι* $\mathbf{e}^{s}$ ‖ **944** *παρείκοντος* $\mathbf{f}^{s}\mathbf{a}^{s}$ ‖ **946** *διάταξιν* $\mathbf{c}^{s}$ ‖ **947** *ἀπογραφὰς* $\mathbf{c}^{s}$ ‖ **948** *δὲ μὴ*] *μήδε* $\mathbf{a}^{s}$ | *ἔστω* $\mathbf{e}^{s}$ ‖ **949** *ἔχοιεν* $\mathbf{c}^{s}\mathbf{s}$ | *παραθέντες* $\mathbf{c}^{s}$ ‖ **950** *κεχρεωστουμένου* $\mathbf{g}^{s}$ ‖ **951** *ἢ*] *εἰ* $\mathbf{f}^{s}$

ἀπολαβεῖν τὸ ἴδιον χρέος ἐκ τοῦ χρεώστου.
εἰ δανειστὴς ἀπόδειξιν ποιήσεται τοῦ χρέους
καὶ μετὰ ταῦτα ῥεύσουσι τριάκοντα ἡμέραι,
ἀντεγκαλεῖν οὐ δύναται περὶ ἀναργυρίας
καὶ λέγειν ὡς 'ἀπόδειξιν ἔγγραφον ἐξεθέμην,
πρὸ δὲ τῆς ἀποδείξεως οὐκ ἔλαβον χρυσίον'·
εἰ δὲ ἐντὸς τριάκοντα ἡμερῶν ἐναγάγῃ,
τότε καταναγκάζεται ὁ χρεώστης δεικνύειν,
ὡς ἀληθῶς διέλυσε τῷ δανειστῇ τὸ χρέος.
καὶ προικός τις ἀπόδειξιν ἐκθέμενος νομίμην,
τὸ πᾶν ἀνεταξάμενος κατ' εἶδος τῶν πραγμάτων,
οὗτος οὐκ ἀντιτίθησιν ἀναργυρίαν ὅλως.
εἰ δέ τις ὡμολόγησε δανείσασθαι ἐγγράφως,
δυσὶ χρόνοις ὁρίζεται κινεῖν ἀναργυρίαν,
καὶ τότε τις τὸν δανειστὴν δικάζων ἀναγκάζει
δεικνύειν τὴν καταβολὴν ἐννόμως τοῦ δανείου.
εἰ δέ τις ὡμολόγησεν ἐν γράμμασί τι χρέος,
ἀλλ' οὐκ ἐξ ἀριθμήσεως, ἀλλ' ἐξ ἄλλης αἰτίας,
τυχὸν ὡς ἀπὸ πράσεως, καὶ φανερώσας τοῦτο
ὕστερον ἀπαρνήσαιτο μὴ χρεωστῶν ἐκθεῖναι
πρὸς τὸν κατήγορον αὐτὸν ὁμολογίαν χρέους,
αὐτὸς βαρεῖται μάλιστα σαφῶς ἀποδεικνύειν,
ὅτι καθωμολόγησε μὴ χρεωστῶν τι χρέος
καὶ κατὰ βίαν ἔγραψεν ἢ τυχὸν κατὰ δόλον.
υἱοὶ δὲ ὑπεξούσιοι καὶ πατὴρ μαρτυροῦσιν
εἰς τὴν αὐτὴν ὑπόθεσιν, κἂν τῇ διατυπώσει·
ἡ δέ γε διατύπωσις πέντε χερσὶ μαρτύρων
ὑπογραφέσθω κατ' αὐτὸ καλῶς καὶ σφραγιζέσθω.
ὁ δὲ τὸ δάνειον δεικνύς, χρεωστῶν ἀρνουμένων,

953–967 Basilic. 23, 1, 76 ‖ **968–975** cf. 10, 2, 25 ‖ **976–977** 21, 1, 16

953 *ποιήσεται ἀπόδοσιν* $\mathbf{c}^{s}$ | *ποιήσηται* $\mathbf{f}^{s}$ ‖ **954** *ῥέουσι* $\mathbf{s}\,\mathbf{a}^{s}$ *ῥεύσονται* $\mathbf{c}^{s}$ ‖ **956** *κἂν λέγῃ* $\mathbf{p}^{s}\mathbf{v}^{s}$ ‖ **957** *ἔλαβε* $\mathbf{p}^{s}\mathbf{v}^{s}$ ‖ **958** post *δὲ*] *καὶ* sscr. pr. m. $\mathbf{c}^{s}$ ‖ **959** *ἐναγάγει* $\mathbf{g}^{s}\mathbf{w}^{s}\mathbf{a}^{s}$ *-οι* **s** *ἐνάγει*, sscr. *η*, $\mathbf{c}^{s}$ ‖ **961** *τις*] *ἐστιν* $\mathbf{c}^{s}$ | *ἀπόδειξις* $\mathbf{c}^{s}$ | *νομίμως* $\mathbf{c}^{s}\mathbf{g}^{s}\mathbf{w}^{s}$ ‖ **963** *ἀναργυρίας* $\mathbf{c}^{s}\mathbf{f}^{s}$ ‖ **966** *τῶν δανειστῶν* $\mathbf{p}^{s}\mathbf{v}^{s}$ | *δικαίως* $\mathbf{c}^{s}$ ‖ **967** *δεικνύει* $\mathbf{f}^{s}\mathbf{a}^{s}$ ‖ **968** *τι*] *τὸ* $\mathbf{c}^{s}\mathbf{p}^{s}\mathbf{v}^{s}$ ‖ **969** *οὐδ'* $\mathbf{f}^{s}$ ‖ **970** *φανερώσας* $\mathbf{g}^{s}\mathbf{w}^{s}\mathbf{s}$: *-σεως* $\mathbf{c}^{s}$ *-σει* cett. ‖ **971** *ὕστερον δ'* $\mathbf{e}^{s}\mathbf{m}^{s}\mathbf{p}^{s}\mathbf{v}^{s}$ | *ἀπαρνήσαιτο τὸ* $\mathbf{c}^{s}$ *ἀπαρνήσεται* $\mathbf{f}^{s}$ | *ἐκεῖνος* $\mathbf{c}^{s}$ *-να* $\mathbf{v}^{s}$ ‖ **972** *αὐτοῦ* $\mathbf{f}^{s}\mathbf{e}^{s}$ | *ὁμολογίας* $\mathbf{c}^{s}\mathbf{f}^{s}$ ‖ **974** *ὅτι*] *εἴ τι* $\mathbf{e}^{s}$ | *τι*] *τὸ* $\mathbf{p}^{s}\mathbf{v}^{s}$ ‖ **977** *κἂν* $\mathbf{w}^{s}\mathbf{s}\,\mathbf{m}^{s}\mathbf{p}^{s}\mathbf{v}^{s}$: *κἂν* cett. ‖ **978** *ἡ*] *εἰ* $\mathbf{c}^{s}$ *ἠι* $\mathbf{f}^{s}$ ‖ **979** *καὶ καλῶς* trp. **s** *καὶ ἅμα* $\mathbf{e}^{s}$ ‖ **980** *ἀρνουμένω* $\mathbf{p}^{s}\mathbf{v}^{s}$

χρόνον ἀρκοῦντα εἴληφε τριακονταετίαν·
εἰ δ' ἴσως πρὸς παράστασιν ἠτόνησε μαρτύρων,
ὅρκον ἐπάγειν δύναται οὗτος τῷ ὀφειλέτῃ,
κἂν οὗτος ἐπομόσηται, ὁ δανειστὴς ἡττᾶται·
εἰ δὲ ὁ ἐναγόμενος ὅρκον ἀντεπαγάγοι,
ὁ δανειστὴς δ' ὀμόσειε, λαμβάνει τὸ χρυσίον.
ὡραῖον δὲ σημείωσαι καὶ ζητούμενον πρᾶγμα,
ὡς ἔξεστι μεταπηδᾶν ἐκ δικαιολογίας
ταύτης πρὸς ἄλλην, δέσποτα, μέμψεώς τινος δίχα.
ἡ κομβεντίων, δέσποτα, εἰς τρία διαιρεῖται·
ἢ γὰρ πουβλίκα πέφυκεν, εἰ τύχοι, ἢ πριβάτα,
τὴν δὲ πριβάταν δίελε εἰς δύο πάλιν μέρη,
εἰς λεγιτίμαν, κράτιστε, καὶ ἰουρισγεντίαν.
μὴ τοίνυν τίθει τέσσαρα, μόνα δὲ τρία λέγε,
ἡ λεγιτίμα γὰρ αὐτὴ καὶ ἰουρισγεντία
πᾶσαν κατεδαπάνησαν τὴν γενικὴν πριβάταν.
οὐκοῦν τὴν κομβεντίονα εἰς τρία ταῦτα τέμνε,
πουβλίκαν λεγιτίμαν τε καὶ ἰουρισγεντίαν·
καὶ πούβλικον μὲν πέφυκεν εἰρήνη δημοσία,
λεγίτιμον τὸ ἰδικῷ νόμῳ κεκυρωμένον,
τὸ δὲ μήτε λεγίτιμον μήτε μὴν τῶν πουβλίκων
ἰουρισγέντιόν ἐστι κομβέντιον ἐν γένει.
τῶν δὲ τοιούτων, δέσποτα, πάλιν κομβεντιόνων

984 cf. 22,5,1; Basilic. schol. 1347,15–19 ‖ **987–989** Basilic. 22,5,53 ‖ **990–1000** Basilic. schol. 184,1–12 ‖ **1001–1018** 187,1–26

981 *τριακονταετίας* **s** ‖ **982** *παραστάσεσιν* (om. *πρὸς*) $\mathbf{f^s}$ ‖ **983** *οὕτως* $\mathbf{a^s}$ ‖ **984** *ἐἂν* $\mathbf{f^s}$ ‖ **985** *ἀντεπαγάγη* $\mathbf{g^s w^s}$ *οὐκ ἀντεπάγει* $\mathbf{e^s}$ ‖ **986** *λαμβάνειν* $\mathbf{c^s}$ ‖ **990** *ἡ*] *ὁ* $\mathbf{f^s}$ | *κομεντίων* $\mathbf{f^s}$ *κομβετίων* $\mathbf{a^s}$ *κοβεντίων* $\mathbf{p^s v^s}$ *κομεντούα* $\mathbf{c^s}$ ‖ **991** *ἢ*] *ἡ* $\mathbf{a^s p^s}$ | *πούβλικα* $\mathbf{a^s}$ *-ηκα* $\mathbf{f^s}$ | *τύχη* $\mathbf{c^s f^s e^s m^s p^s v^s}$ *-ει* $\mathbf{a^s}$ ‖ **992** *πριβάτα* $\mathbf{c^s f^s p^s v^s}$ ‖ **993** *λεγετίμαν* $\mathbf{c^s f^s e^s m^s p^s v^s}$ *λεγίτιμαν* $\mathbf{a^s}$ | *ἰουρισγεντίαν* $\mathbf{s\, e^s m^s}$: *ἰουρισγεντία* $\mathbf{p^s}$ *οὐριογεντίαν* $\mathbf{v^s}$ *εἰς ἰουρισγεντίαν* $\mathbf{c^s g^s w^s}$ *εἰς οὐρισγεντία* $\mathbf{f^s}$ *εἰς ουροσγετνίαν* $\mathbf{f^s}$ ‖ **994** *τρία δὲ μόνα* trp. $\mathbf{e^s m^s}$ | *μόνον* $\mathbf{c^s}$ ‖ **994–995** om. $\mathbf{f^s}$ ‖ **995** *λεγετίμα* $\mathbf{c^s e^s m^s v^s}$ *ἐλεγετίμα* (om. *ἡ*) $\mathbf{p^s}$ *λεγίτιμα* $\mathbf{a^s}$ | *ἰουριγεντία* $\mathbf{v^s}$ *ἡ ἰουρισγεντία* $\mathbf{w^s}$ *ἡ οὔρισγεντία* $\mathbf{a^s}$ ‖ **996** *πριβάτου* $\mathbf{f^s}$ ‖ **997** *τὸ* $\mathbf{f^s}$ | *κομβεντίωνα* $\mathbf{e^s m^s}$ *κοβεντίωνα* $\mathbf{p^s v^s}$ *-τίονα* $\mathbf{c^s}$ *κομεντίονα* $\mathbf{f^s}$ ‖ **998** *πούβλικαν* $\mathbf{a^s p^s v^s}$ | *λεγετίμαν* $\mathbf{c^s f^s\, s\, a^s e^s m^s}$ | *ἰουρισγεντίαν* $\mathbf{e^s m^s p^s}$ *ἰουριγεντίαν* $\mathbf{v^s}$ *τὴν ἰουρισγεντίαν* $\mathbf{c^s g^s w^s}$ *τὴν οὐρισγεντίαν* $\mathbf{f^s\, s\, a^s}$ ‖ **999** *πουβλίκα* $\mathbf{e^s m^s}$ *πούβλικα* $\mathbf{p^s v^s}$ ‖ **1000** *λεγέτιμον* $\mathbf{f^s e^s m^s p^s v^s}$ | *τὸ* $\mathbf{f^s\, s\, e^s m^s p^s}$: *τῶ* cett. | *ἰνδικῶ* **s** a. c. *ἰδιωτικῶ* $\mathbf{e^s}$ | *λόγω* $\mathbf{c^s f^s}$ ‖ **1001** *λεγέτιμον* $\mathbf{f^s e^s m^s p^s v^s}$ ‖ **1002** *οὐρισγέντιον* $\mathbf{f^s}$ *ἰουριγέντιον* $\mathbf{v^s}$ | *γοῦν ἐστι* $\mathbf{w^s}$ | *κοβέντιον* $\mathbf{c^s p^s v^s}$ *κομέντιον* $\mathbf{f^s}$ | *ἐν*] *τῶ* $\mathbf{e^s}$ ‖ **1003** *κομβεντιώνων* $\mathbf{m^s}$ *κοβεντιώνων* $\mathbf{p^s}$ *-όνων* $\mathbf{c^s}$ *-άνων* $\mathbf{v^s}$ *κομεντιόνων* $\mathbf{f^s}$

αἱ μὲν γεννῶσιν ἀγωγήν, αἱ δὲ παραγραφήν πως·
ἀλλ' ὅσαι μὲν ὁμώνυμον ἐναγωγὴν γεννῶσιν,
φημὶ τοῖς συναλλάγμασιν ἀφ' ὧν ἀπογεννῶνται,
εἰσὶ μὲν κομβεντίονες γενικῶς κεκλημέναι,
εἰς ἰδικὴν δὲ πίπτουσι συναλλάγματος κλῆσιν,
εἰς πρᾶσιν, εἰς τὴν μίσθωσιν, ἢ καὶ τὴν κοινωνίαν.
εἰ δ' ἴσως ἀμετάπτωτος εἰς ἰδικόν τι μείνοι,
καὶ μᾶλλον εἰ προβέβηκεν ἢ δόσις ἐπὶ δόσει
ἢ ἐπὶ δόσει ποίησις ἢ ἐν ποιήσει δόσις
ἢ δόσις διὰ ποίησιν (τετράτροπον γὰρ τοῦτο),
τίκτεται πάλιν ἀγωγὴ ἡ πραεσκρίπτις βέρβις·
μὴ γὰρ εὑροῦσα εὔλογον ἡ κομβεντίων αὕτη
ἐναγωγὴν ὁμώνυμον τῷ συναλλάγματί πως,
τῷ γενικῷ ὀνόματι συνάλλαγμα καλεῖται
καὶ δίδωσιν ἐναγωγὴν τὴν πραεσκρίπτις βέρβις.
ἡ ἐν δημοστρατίωνι τὸ πρᾶγμα διηγεῖται.
ἡ δ' ἀπὸ ἰντετίωνος ἰνκέρτα καλουμένη
εἰς τὴν κονδεμνατίονα τὸ τέλος καταλήγει.
τῶν δέ γε πάκτων πέφυκε τὰ μὲν ἐξ ἰντερβάλλο,
ὅσα τοῖς συναλλάγμασι σύγχρονά πως τυγχάνει,
τὰ δέ φασιν οἱ παλαιοὶ ἐξ κοντινέκτι νόμοι,
ἤτοι μεταγενέστερα τῶν πρὶν συναλλαγμάτων·
ταῦτα κατονομάζουσιν ἐκεῖνοι νοῦδα πάκτα,
τουτέστι σύμφωνα ψιλά, ἀγωγὴν μὴ ποιοῦντα.

1019–1021 188, 16–19 ‖ **1022–1025** 189, 19–23 ‖ **1026–1031** 189, 15–16

1004 *ἀγωγὰς* $\mathbf{w}^{s}$ ‖ **1005** *ὅσα* $\mathbf{g}^{s}\mathbf{w}^{s}$ | *ἐναγωγὴν*] *παραγραφὴν* $\mathbf{f}^{s}\mathbf{g}^{s}\mathbf{w}^{s}$ ‖ **1007** *εἰσὶ μὲν*] *οὐκ εἰσὶ* $\mathbf{m}^{s}\mathbf{p}^{s}\mathbf{v}^{s}$ | *κομβεντίωνες* $\mathbf{w}^{s}\mathbf{e}^{s}\mathbf{m}^{s}$ *κοβεντίωνες* $\mathbf{v}^{s}$ *-ονες* $\mathbf{p}^{s}$ *κομεντίονες* $\mathbf{c}^{s}\mathbf{f}^{s}$ | *κεκλημένοι* $\mathbf{f}^{s}\mathbf{s}\,\mathbf{a}^{s}$ ‖ **1008** *συναλλαγμάτων* $\mathbf{e}^{s}$ ‖ **1009** *εἰς*[1]] *εἰς τὴν* $\mathbf{w}^{s}$ | *ἐκμίσθωσιν* (om. *τὴν*[1]) $\mathbf{p}^{s}\mathbf{v}^{s}$ | *ἢ*] *εἰ* $\mathbf{a}^{s}$ ‖ **1010** *ἀμετάπτωτον* $\mathbf{e}^{s}\mathbf{p}^{s}\mathbf{v}^{s}$ | *μείνει* $\mathbf{e}^{s}$ *-η* $\mathbf{p}^{s}\mathbf{v}^{s}$ *μένει* $\mathbf{c}^{s}\mathbf{f}^{s}$ ‖ **1011** *ἢ*] *ἡ* $\mathbf{c}^{s}\mathbf{f}^{s}\mathbf{p}^{s}$ *ἠ* $\mathbf{a}^{s}$ | *δόσιν* $\mathbf{f}^{s}$ ‖ **1013** *ἢ δόσις*] *ποίησις* Weiss (Pselli lapsum corrigens) | *ἡ* $\mathbf{f}^{s}\mathbf{a}^{s}$ ‖ **1014** *πραεσκρίπις* $\mathbf{c}^{s}\mathbf{s}$ *-ῆ-* $\mathbf{f}^{s}$ *παρεσκρίπτις* $\mathbf{e}^{s}$ | *βέρις* $\mathbf{c}^{s}$ ‖ **1015** *κοβεντίων* $\mathbf{p}^{s}\mathbf{v}^{s}$ *κοβετίων* $\mathbf{c}^{s}$ *κομεντίον* $\mathbf{f}^{s}$ *κομβέντιον* $\mathbf{a}^{s}$ ‖ **1018** *πραεσκρίπις* $\mathbf{c}^{s}\mathbf{s}$ *-ῆ-* $\mathbf{f}^{s}$ *παρεσκρίπτις* $\mathbf{e}^{s}$ | *βέρις* $\mathbf{c}^{s}$ ‖ **1019** *ἡ* $\mathbf{g}^{s}\mathbf{w}^{s}$: *ἣ* $\mathbf{e}^{s}\mathbf{p}^{s}\mathbf{v}^{s}$ *ἢ* $\mathbf{c}^{s}\mathbf{s}\,\mathbf{a}^{s}\mathbf{m}^{s}$ om. $\mathbf{f}^{s}$ | *δημοστρατίωνι* $\mathbf{c}^{s}\mathbf{f}^{s}$: *δομιστρατίωνι* cett. (*-ονι* $\mathbf{s}\,\mathbf{a}^{s}$) ‖ **1020** *ἡ δ'*] *ἡ δὲ* $\mathbf{g}^{s}\mathbf{w}^{s}$ *εἶτ'* cett. (*εἴτ'* **s**) | *ἰντετίωνος* $\mathbf{e}^{s}\mathbf{m}^{s}\mathbf{p}^{s}\mathbf{v}^{s}$ *-ονος* $\mathbf{f}^{s}\mathbf{w}^{s}\mathbf{s}\,\mathbf{a}^{s}$ *ἰντεντίονος* $\mathbf{g}^{s}$ *ἰτεντίωνος* $\mathbf{c}^{s}$ | *ἰγκέρτα* $\mathbf{e}^{s}\mathbf{m}^{s}\mathbf{p}^{s}\mathbf{v}^{s}$ *ἰνγκέρτα* $\mathbf{f}^{s}$ *ἰνκέρκτα* $\mathbf{a}^{s}$ | *καλουμένης* $\mathbf{f}^{s}\mathbf{s}\,\mathbf{e}^{s}\mathbf{m}^{s}$ ‖ **1021** *τὴν*] *τὸν* $\mathbf{g}^{s}\mathbf{w}^{s}\mathbf{p}^{s}\mathbf{v}^{s}$ | *κοδεμνατίονα* $\mathbf{f}^{s}$ *-ωνα* $\mathbf{e}^{s}\mathbf{m}^{s}$ *κονδεμματίωνα* $\mathbf{p}^{s}\mathbf{v}^{s}$ ‖ **1022** *πάκτου* $\mathbf{f}^{s}$ | *ἰντερβάλλο* $\mathbf{f}^{s}$: *-βάλο* $\mathbf{c}^{s}\mathbf{g}^{s}$ *-μάλ( )* $\mathbf{s}\,\mathbf{m}^{s}$ *-μάλων* $\mathbf{p}^{s}\mathbf{v}^{s}$ *-μάλη* $\mathbf{a}^{s}$ *-μάνω* $\mathbf{e}^{s}$ *κοντινέντι* $\mathbf{w}^{s}$ (hic et 1024 Pselli errorem corrigens) ‖ **1024** *κοντινέκτι* $\mathbf{g}^{s}\mathbf{s}\,\mathbf{m}^{s}\mathbf{p}^{s}\mathbf{v}^{s}$ *-οι* $\mathbf{c}^{s}$ *κοντινάτα* $\mathbf{e}^{s}$ *κοντίνακτοι* $\mathbf{a}^{s}$ *ικονέκτι* $\mathbf{f}^{s}$ *ἰντερβάλλω* $\mathbf{w}^{s}$ ‖ **1025** *ἤτοι*] *οὗτοι* $\mathbf{f}^{s}$

οὐ γάρ τις μεταχρόνιος σκληρὸν ποιήσας πάκτον
ἐντεῦθεν ἕξει ἀγωγὴν τὴν περὶ τοῦ συμφώνου·
εἰ δέ τις περιστατικῶς ἀντεναγάγοι τούτῳ,
ἐντεῦθεν παραγράφεται τὸν ἀντεναγαγόντα.
σάκρα μὲν κατονόμαζε ναοὺς τοὺς δημοσίους,
σάκτα δὲ προσαγόρευε τῶν πόλεων τὰ τείχη,
τοὺς τάφους ῥελεγίοσσα τοὺς σεβασμίους κάλει,
καὶ πούβλικα τὰ πάνδημα χρήσεως τῆς παγκοίνου,
τὴν θάλασσαν, τοὺς ποταμούς, ὅρμους καὶ τοὺς λιμένας,
τὰ δέ γε πουπιλάρια δημοτικὰ τυγχάνει,
τὰ θέατρα καὶ στάδια καὶ βουλευτήριά τε.
κινῶν δὲ ἅπας δανειστὴς τὴν ὑποθηκαρίαν
κατὰ ἀνδρὸς ἐξωτικοῦ τὸ πρᾶγμα νεμομένου
παραγραφῇ μὲν εἴργεται τῶν ὡρισμένων χρόνων,
προσωπικὴν δ' ἐναγωγὴν ἔχει πρὸς τὸν χρεώστην.
ὁ ἄνηβος εἰς ἔγκλημα εἴργεται μαρτυρίας.
Κατὰ πολλοὺς δὲ λέγεται ἀδιάθετος τρόπους·
ὁ γὰρ μὴ διαθέμενος καὶ ὁ μὴ κατὰ νόμους
καὶ ὁ τὴν διατύπωσιν ἔχων σπαραττομένην
καὶ ὅταν ἐστὶν ἄκυρος καὶ χωρὶς κληρονόμου.
καὶ ὁ μὴ διαθέμενος ποιεῖ κωδίκελλόν πως,
καὶ πρὸ διατυπώσεως κωδίκελλόν τις γράφει.
ἀπόκληρος οὐ γράφεται, φησίν, ἐν κωδικέλλῳ,
οὐδὲ κληρονομία τις φιδικομισσαρία,
οὐδὲ κληρονομίαν τις ἐν κωδικέλλῳ γράφει,
οὔθ' αἵρεσις προτίθεται κἂν ὅλως κληρονόμοις.

1032–1034 Theoph. 2,1,7–10 ‖ **1035–1036** 2,1,1–2 ‖ **1037–1038** 2,1,6 ‖ **1039–1042** cf. Basilic. 24, 3, 18; Basilic. schol. 1746, 11–13 ‖ **1043** Basilic. 21, 1, 3, 5 ‖ **1044–1047** cf. Theoph. 2,17,5 ‖ **1048–1053** 2,25,1–2

1028 *μεταχρόνιος* **c**^{s}**f**^{s} *-ον* **w**^{s}**s a**^{s}**m**^{s} *μετὰ χρόνιον* cett. ‖ **1030** *παραστατικῶς* **p**^{s}**v**^{s} | *ἀντεναγάγη* **m**^{s}**p**^{s}**v**^{s} *ἀνταναγάγει* **e**^{s}**a**^{s} ‖ **1032** *ἄκρον* **f**^{s} *σάκρον* **a**^{s} *σαρκα* **w**^{s} (mg. corr.) | *ραοὺς* **a**^{s} ‖ **1033** *σάνκτα* **w**^{s} *πάκτα* **f**^{s} | *τείχη*] *πλήθη* **c**^{s} | *ῥελεγίοσα* **a**^{s} *ῥεγελίοσσα* **c**^{s} *ἑλεγίοσσα* **m**^{s} ‖ **1035** *τὰ πάνδημα*] *δημόσια* **w**^{s} (mg. corr.) | *τῆς*] *τοῦ* **f**^{s}**a**^{s} ‖ **1036** *τοὺς*[1]] *καὶ τοὺς* **f**^{s} ‖ **1037** *ποπουλάρια* **w**^{s} *τρυπουλάρια* **a**^{s} ‖ **1038** *καί*[2]] *τὰ* **e**^{s} ‖ **1039** *δ' ἅπας* **c**^{s} *δ' ἅπας ὁ* **f**^{s} ‖ **1041** *παραροῒ* **c**^{s} | *ἥργηται* **c**^{s} *εἵργηται* **a**^{s} ‖ **1042** *δὲ ἀγωγὴν* **e**^{s} ‖ **1043** *ὁ* om. **f**^{s} ‖ **1044** *πολλὰ* **p**^{s}**v**^{s} | *τρόπος* **f**^{s}**p**^{s}**v**^{s} ‖ **1045** *μὴ*[1] om. **f**^{s} a. c. ‖ **1046** *τὴν*] *τὴν αὐτοῦ* **g**^{s} ‖ **1047** *κληρονόμων* **p**^{s}**v**^{s} ‖ **1049** *τι* **c**^{s} | *γράψας* **c**^{s}**f**^{s} ‖ **1050** *ἀπόκληρον* **f**^{s} | *κωδικέλλοις* **c**^{s}**f**^{s} ‖ **1051** *κληρονομίαν* **e**^{s}**v**^{s} | *φειδικομισσαρία* **f**^{s}, (*-σ-*) **s** *φειδικομισαρίαν* **e**^{s} *φιδικομισσαρίω* **v**^{s} ‖ **1053** *προτίθεται* **c**^{s}**a**^{s}**e**^{s}: *προγράφεται* **f**^{s} *προστίθεται* cett.

τῶν δὲ ἐπερωτήσεων ταύτην τὴν γνῶσιν ἔχε·
ἡ μέν ἐστι δικαστική, ὥσπερ ἡ περὶ δόλου,
ἡ δέ ἐστι τοῦ πραίτωρος, ἡ δὲ μικτὴ τὴν φύσιν,
ἡ δὲ ἐκ συναινέσεως τῶν μερῶν ἑκατέρων.
αὐθεντικὴ ὀρφανικὴ διατύπωσις μία,
κληρονομίαι δὲ δίτταὶ τῆς μιᾶς διαθήκης.
ἀκυρουμένης, δέσποτα, δευτέρας διαθήκης,
καὶ τῆς προτέρας δι' αὐτὸ εἰκότως ῥηγνυμένης
ἀδιατύπωτός ἐστιν ὁ ποιήσας τὰς δύο·
ὁ κληρονόμος γὰρ γραφεὶς δευτέρᾳ διαθήκῃ
ταύτην μὴ ὑπερχόμενος ἀκυροῖ παραυτίκα,
τοῦτό ἐστιν ἀκύρωσις εἰκότως διαθήκης.
πολλοὶ καὶ ἄλλοι τρόποι δὲ τῆς γε μὴ κυρουμένης·
πολλὰ γὰρ πάθη πέφυκε τῆς διαθήκης, ἄναξ,
ἀκύρωσις, ἀτέλεια, ῥῆξις, πρὸς δὲ καὶ μέμψις.
ἡ μέμψις δὲ τῶν φυσικῶν μόνων τυγχάνει παίδων,
ὁπόταν ἀμνημόνευτοι γένωνται τοῖς πατράσι·
καὶ ἀδελφοὶ δὲ μέμφονται συγγόνων διαθήκαις,
εἰ κληρονόμους γράψουσι πάντῃ κατεγνωσμένους.
Τὸ 'τὶς' μέρος πέφυκε τοῦ παντὸς λόγου,
κοινὸν δέ γ' ἐστὶ καὶ γυναικῶν κἀρρένων·
τὸ 'τὶς' γὰρ εἰπὼν τὰ δύο γένη λέγει.
ἄλλη μέν ἐστι τῆς ἀγωγῆς ἡ φύσις,
ἄλλη δέ ἐστι τῆς παραγραφῆς πάλιν,
κἂν ἐγκαλοῦντος ὃς παραγραφὴν ἔχει
ἐν ταῖς δίκαις εἴληφε τάξιν καὶ τύπον.
φύσει χρεωστεῖ πᾶς ἄνηβος τὸ χρέος,

1054–1057 3, 18 pr. et 1–3 ‖ **1058–1059** Theoph. 2, 16 pr. ‖ **1060–1065** Theoph. 2, 17, 2 ‖ **1066–1068** ibid. 2, 17, 5–6 ‖ **1069–1072** cf. Theoph. 2, 18, 1 et 2 ‖ **1073–1075** Basilic. 2, 2, 1 ‖ **1076–1079** 2, 2, 8, c. Basilic. schol. 10, 28–31 ‖ **1080–1082** Basilic. 2, 2, 10; cf. Basilic. schol. 1754, 30–1755, 9

1054 *δέ γ'* **g**^{s}**w**^{s}**s** | *γνώμην* **c**^{s}**f**^{s}**e**^{s} | *ἔχει* **g**^{s}**w**^{s} ‖ **1055** *τῶ δικαστῇ* **p**^{s}**v**^{s} ‖ **1056** *πραίτορος* **c**^{s}**s** ‖ **1057** *συναινέσεων* **p**^{s}**v**^{s} ‖ **1060** om. **g**^{s} | *δευτέρας*] *τῆς μιᾶς* **p**^{s}**v**^{s} ‖ **1061** *δευτέρας* **f**^{s} ‖ **1062** *ἡ διατύπωτος* **f**^{s} | *τὰ* **c**^{s}**a**^{s} ‖ **1063** *ἑτέρας διαθήκης* **p**^{s}**v**^{s} ‖ **1066** *δὲ* om. **a**^{s} | *ἀκυρουμένης* (om. *μὴ*) **c**^{s} **f**^{s} ‖ **1070** *γίνωνται* **g**^{s}**w**^{s} ‖ **1071** *δὲ*] *μὲν* **a**^{s} | *διαθήκας* **c**^{s}**e**^{s} *-ης* **f**^{s} ‖ **1072** *γράψωσι* **c**^{s}e^{s} ‖ **1073** *τὸ τίς δε … ἄναξ λόγου* (vs. polit.) **w**^{s} | *παντὸς τοῦ* **c**^{s}**f**^{s} | *λόγου*] *γνώσθη* add. **a**^{s} ‖ **1074** om. **m**^{s}**p**^{s}**v**^{s} | *κοινὸν γὰρ ἐστὶ δέσποτα καὶ …* (vs. polit.) **w**^{s}, **e**^{s} (qui post **1072** trp.) | *καὶ ἀρρένων* **a**^{s} *ἀρρένων* **e**^{s} ‖ **1075**] ante **1073** trp. **p**^{s}**v**^{s} | *γὰρ*] *καὶ γὰρ* **w**^{s} | *τὰ*] *τὼ* **c**^{s}**a**^{s} | *λέγεις* **g**^{s}**w**^{s}**s** ‖ **1079** *τύπον* **c**^{s}**f**^{s}**e**^{s}**m**^{s}**p**^{s}**v**^{s}: *τόπον* cett. ‖ **1080** *πᾶς*] *τίς* **c**^{s}

καὶ πᾶς δανειστὴς τῶν ἀνήβων τυγχάνων
φύσει δανειστής ἐστιν, οὐχὶ τῷ νόμῳ.
τὸ τῆς κλοπιμαίας δὲ δούλης παιδίον
οὐκ ἔστιν αὐτῆς ἐν κλοπῇ τεχθὲν μέρος,
ποινὴ γὰρ οὐ πέφυκεν αὐτοῦ τοῦ τόκου.
ὁ συμπλοκὴν δ', ἔχων δὲ μὴ τομὴν λόγος
ἐκ τοῦ προενέγκαντος εἰς γνῶσιν πέσοι·
εἰ γάρ τις οἴκων χωρίων τε δεσπότης
γράψειεν οὕτως, 'ληγατεύω τῷ φίλῳ
οἴκους ἀγρούς' (ἄδεσμον εἰπὼν τὴν φράσιν),
συμπλεκτικῶς ἔγραψεν· εἰ δ' οὕτως φράσει,
'οἴκους Πέτρῳ δίδωμι ἀγροὺς (ἀδέτως),
Παύλῳ δ' ὁ Πέτρος ἐκλογὴν ποιησάτω',
διεῖλεν, οὐκ ἔπλεξε τῷ Παύλου λόγῳ.
'πρόδηλόν' ἐστι πλήθεσιν ἐναντίον·
δεῖ γὰρ παρόντων τῶν ἁπάντων μαρτύρων
ἢ λέξιν εἰπεῖν ἤ τι πρᾶξαι συντόμως.
ἡ τῆς ἀγωγῆς κλῆσις εἴσπραξιν φέρει·
ὁ γὰρ πιπράσκων τὴν ἀγωγὴν ἣν ἔχει
τῇ τῆς ἀγωγῆς ἐν πρατηρίῳ φράσει
δοκεῖ πιπράσκειν τὴν ἀπαίτησιν τάχα.
τὸ τῆς δίκης ὄνομα κυρίως γένος
δηλοῖ τε πᾶσαν τὴν ἀγωγὴν κυρίως.
ὅπλον τις εἰπὼν καὶ λίθους προσλαμβάνει.
ἐλευθερία τῇ δόσει ταὐτὸν φύσει·
εἰ γάρ τις εἴποι μαρτύρων παρουσίᾳ,
'ἐλευθερός μοι ὁ χρεώστης τοῦ χρέους',
εἴρηκεν ὡς εἴληφε σαφῶς τὸ χρέος.
ἅπαν μέγα ῥάθυμον τυγχάνει δόλος.

1083–1085 Basilic. 2, 2, 24 ‖ **1086–1094** 2, 2, 27 ‖ **1095–1097** 2, 2, 31 ‖ **1098–1101** 2, 2, 32, c. schol. 14,28–30 ‖ **1102–1103** Basilic. 2,2,34 ‖ **1104** 2,2,39 ‖ **1105–1108** 2,2,44 ‖ **1109** 2,2,218

1081 *τυγχάνει* **c**^{s} ‖ **1084** *τεχθὲν ἐν κλοπῇ* trp. **a**^{s} ‖ **1085** *κοινὴ* **f**^{s} **e**^{s} | *γὰρ* om. **f**^{s} ‖ **1086** *ὁ*] *οὐ* **c**^{s} | *δ' ἔχων δε* **g**^{s}**a**^{s} *δ' ἔχων γε* **c**^{s} *δ' ἔχων* **f**^{s} ‖ **1087** *πέσει* **e**^{s} ‖ **1089** *γράψοιεν* **c**^{s} | *λεγατεύω* **f**^{s} *λιγατεύω* **a**^{s} *ληγατεύων* **c**^{s} ‖ **1091** *συμπλετικῶς* **g**^{s} | *φράσαι* **s** (compend. **f**^{s}) ‖ **1092** *ἀδέτους* **s e**^{s} ‖ **1093** *παῦλον* **f**^{s} *παύλου* **p**^{s}**v**^{s} | *ἐκλογὴν*] *ἀγωγὴν* **c**^{s} ‖ **1094** *τῶ παύλω* **c**^{s} *τῶ παῦλον* **f**^{s} ‖ **1095** *ἐναντίον* **w**^{s}**p**^{s}**v**^{s}: *-ων* cett. ‖ **1096** *ἁπάντων τῶν* trp. **e**^{s} | *ἁπάντων*] *ὑπόντων* **p**^{s}**v**^{s} ‖ **1097** *ἢ λέξιν*] *πλέξιν* **f**^{s} | *πράξαι τὶ* **g**^{s}**w**^{s}**s** ‖ **1098** *εἰς πρᾶξιν* **a**^{s} | *εἰσφέρει* **f**^{s} ‖ **1100** *τῇ*] *ἐκ* **f**^{s} ‖ **1103** *τε*] *δὲ* **e**^{s}**m**^{s}**p**^{s}**v**^{s} ‖ **1105** *ἐλευθερίας* **e**^{s} | *τῇ φύσει* **f**^{s}, **s** a.c. ‖ **1108** *εἴληφεν ὡς εἴρηκε* trp. **e**^{s} | *ὡς εἴρηκεν ὡς* **c**^{s} ‖ **1109** *ἅπας* **e**^{s} | *μέγας* **p**^{s}**v**^{s}

βάλανον εἰπὼν πάντα καρπόν μοι λέγεις
καὶ πάντα δένδρα τῆς δρυὸς μνησθεὶς μόνης.
υἱόν τις εἰπὼν καὶ τὸν ἔγγονον λέγει
καὶ φύντα φάσκων τόν τε πάππον εἰσάγει.
ἄπεστιν αἰχμάλωτος οὐδαμῶς χρόνῳ,
ληστῶν δὲ χερσὶν ἐγκρατὴς δεδειγμένος·
κατ᾽ αἰχμαλώτων οὐδεὶς γὰρ χρόνος τρέχει,
τοῖς δ᾽ αὖ γε ληστευθεῖσιν εἰκοστὸς ῥέει.
τῶν χρημάτων ἡ κλῆσις ὡς γένους τύπος,
καὶ τῶν κινητῶν τῶν τε μὴ κινουμένων,
τῶν σωματικῶν τῶν τε μὴν ἀσωμάτων,
ἔχει δίκαια τῷ συνεκτικῷ λόγῳ.
φίλους λέγομεν οὐχὶ τοὺς ἐγνωσμένους
ἐκ τοῦ τυχόντος, ἀλλὰ τοὺς κεκτημένους
σαφεῖς προφάσεις εὐπροσώπου φιλίας.
τὰ δεσμὰ κοινόν ἐστι κοινῶν, ἰδίων,
ἡ δ᾽ αὖ φυλακὴ δημοσία καὶ μόνη.
ἀποκαθιστᾶν ἐστι κυριοτρόπως
ἀποκατάστασίς τις ἀκριβεστάτη
τύχης ἁπάσης αἰτίας τε σωμάτων.
Τοῦ νόμου μὲν ἡ ἄγνοια συγγνώμην οὐ λαμβάνει,
τοῦ φάκτου συγγινώσκεται τοῖς νόμοις προσηκόντως.
παράνομος ἀντιγραφὴ ἐρρώσθω βασιλέως
ἐπ᾽ ἐξουσίας νέμουσα ἄφεσιν τιμωρίας.
τῆς ἀκριβείας, δέσποτα, τὸ δίκαιον προτίμα.
ἔγκλημα περατούσθω σοι ἐντὸς τῆς διετίας.
ὁ προσφυγὼν τοῖς δυνατοῖς εἰς δίκης προστασίαν
πάσης ἐκπίπτει, δέσποτα, τῆς δίκης κατὰ νόμον.

1110–1111 2, 2, 227, 1 ‖ **1112–1113** 2, 2, 193 ‖ **1114–1117** 2, 2, 191 ‖ **1118–1121** 2, 2, 214 ‖ **1122–1124** 2, 2, 215 ‖ **1125–1126** 2, 2, 216 ‖ **1127–1129** 2, 2, 237, 1 ‖ **1130–1131** 2, 4, 9, 3 ‖ **1132–1133** 2, 5, 7 ‖ **1134** 7, 6, 8 ‖ **1135** 7, 6, 13 ‖ **1136–1137** 7, 9, 1

1110 *λέγοις* $\mathbf{a}^{s}$ ‖ **1112** *υἱὸν*] *τὸν* $\mathbf{e}^{s}$ | *τὸν ἔγγονα* $\mathbf{e}^{s}\mathbf{m}^{s}$ *τὰ ἔγγονα* $\mathbf{p}^{s}\mathbf{v}^{s}$ *τὸν ἔκγονον* $\mathbf{f}^{s}$ ‖ **1114** *ἔπεστιν* $\mathbf{f}^{s}$ | *αἰχμάλωτον* $\mathbf{a}^{s}\mathbf{m}^{s}$ ‖ **1115** *δ᾽ ἐν* $\mathbf{c}^{s}\mathbf{g}^{s}\mathbf{w}^{s}$ | *ἐγκρατῶς* $\mathbf{c}^{s}\mathbf{f}^{s}$ | *δεδεμένος* $\mathbf{c}^{s}\mathbf{f}^{s}$ *δεδεγμένος* $\mathbf{g}^{s}\mathbf{w}^{s}$ ‖ **1116** debebat *οὐδὲ* metri causa ‖ **1117** *δ᾽ αὖ γε*] *δὲ μὴ* $\mathbf{e}^{s}$ | *εἰκότως* $\mathbf{w}^{s}\mathbf{e}^{s}$ ‖ **1119** *μὴν* $\mathbf{g}^{s}\mathbf{w}^{s}$ ‖ **1123** om. $\mathbf{c}^{s}$ ‖ **1124** *σαφὴς πρόφασις* $\mathbf{f}^{s}$ | *ἐκ προσώπου* $\mathbf{c}^{s}\mathbf{f}^{s}\mathbf{p}^{s}\mathbf{v}^{s}$ ‖ **1125** *τὰ*] *καὶ* $\mathbf{f}^{s}$ ‖ **1129** *ψυχῆς* $\mathbf{f}^{s}$ ‖ **1130** *μὲν*] *δὲ* $\mathbf{e}^{s}$ *γὰρ* $\mathbf{m}^{s}$ ‖ **1132** *ἀντιγραφὴ παράνομος* trp. $\mathbf{a}^{s}$ | *παράνομος δ᾽* $\mathbf{f}^{s}$ | *ἐρρέσθω* $\mathbf{e}^{s}\mathbf{m}^{s}$ *ἐρρέτω* $\mathbf{p}^{s}\mathbf{v}^{s}$ ‖ **1133** *ὑπ᾽ ἐξουσίας* $\mathbf{f}^{s}$ *ἐπεξουσίας* $\mathbf{a}^{s}$ | *ἁμαρτίας* $\mathbf{c}^{s}$ ‖ **1136** *δανεισταῖς* $\mathbf{e}^{s}$ | *προστασίας* $\mathbf{a}^{s}$ ‖ **1137** *τῆς*] *καὶ* $\mathbf{e}^{s}$ | *νόμους* $\mathbf{c}^{s}\mathbf{se}^{s}$

ὁ καταδικαζόμενος ἐντὸς τοῦ τετραμήνου
εἴσπραξιν οὐχ ὑφίσταται τῶν ἀπὸ καταδίκης.
εἴ τις ψευδέσι μάρτυσι κρατήσειε τῆς δίκης,
καὶ κόλασιν ὑφίσταται καὶ λύσιν τῶν κριθέντων.
τὸ κατὰ φόβον γεγονὸς οὐκ ἔστιν ἐρρωμένον.
ἅπας ὁ βιασάμενος εὐθύνεται καὶ δόλῳ.
ἡ περὶ δόλου δίδοται αἰτίας ἐξ εὐλόγου
ἄλλης ἀπούσης ἀγωγῆς, ἐσχάτη γὰρ τυγχάνει.
ὁ ἥττων ἀβοήθητος ἐπὶ τῶν ἐγκλημάτων.
σύμφωνον κατὰ δωρεὰν δήλων ἐστὶ πραγμάτων,
τῶν ἀμφιβόλων δέ ἐστιν ἡ διάλυσις λύσις.
ἐπὶ τοῖς συναρέσασιν ἡ διάλυσις μόνοις.
ἐπὶ μὲν τῶν δι' αἵματος ἐχόντων τιμωρίαν
ἔξεστι διαλύεσθαι, ἔξωθεν τῆς μοιχείας.
ἐπὶ τῶν ἀναιμάκτων δὲ χωρὶς πλαστογραφίας
οὐκ ἔξεστι διάλυσιν τοὺς ἀντιδίκους πράττειν.
ὁμολογίας δ' ἄνευθεν ἢ δόσεως πραγμάτων
διάλυσις οὐκ εἴωθε προβαίνειν κατὰ νόμους.
καὶ πρόσκαιρος καὶ πάντοτε προβαίνει κοινωνία.
προβᾶσα δὲ διαίρεσις, δέσποτα, κατὰ δόλον
τοῖς νόμοις ἀνυπόστατος δικαστηρίου δίχα.
κἂν χεῖρον τὸ παρατεθὲν γένηται διὰ χρόνον,
κινείτω τις τὴν ἀγωγὴν τὴν περὶ παραθήκης.
ἀφανὴς ἐπερώτησις ἀπαίτησιν οὐκ ἔχει.
εἰ τὸ τικτόμενόν ἐστιν ἐξ ἵππου καὶ φορβάδος,
ὁ τῆς φορβάδος κύριος τοῦ τόκου δεσποζέτω.
εἰ ἀγοράσω ἔδαφος καλῇ τὰ πρῶτα πίστει,
εἶτα μαθὼν ἀλλότριον οἰκοδομήσω τοῦτο,

1138–1139 9,3,7 ‖ **1140–1141** cf. 9,3,103 ‖ **1142** 10,2,1 ‖ **1143** 10,2,14,13 ‖ **1144–1145** 10,3,1 ‖ **1146** 10,4,9,2 ‖ **1147–1148** 11,2,1 ‖ **1149** 11,2,9 ‖ **1150–1153** 11,2,35 ‖ **1154–1155** 11,2,55 ‖ **1156** 12,1,1 ‖ **1157–1158** 12,3,3 ‖ **1159–1160** 13,2,1,16 ‖ **1161** 14,1,79 ‖ **1162–1163** 15,1,5,2 ‖ **1164–1167** 15,1,37

1138 *τῆς* $\mathbf{g}^{s}\mathbf{w}^{s}\mathbf{s}$ ‖ **1140** *κροτήσειε* $\mathbf{c}^{s}$ ‖ **1145** *ὑπούσης* $\mathbf{c}^{s}\mathbf{f}^{s}$ ‖ **1146** *ὁ* om. $\mathbf{w}^{s}$ ‖ **1147** *δῆλον* $\mathbf{c}^{s}\mathbf{f}^{s}$ ‖ **1149** *διάλυσις*] *ἀρέσκεια* $\mathbf{p}^{s}\mathbf{v}^{s}$ ‖ **1151** *διαλύσασθαι* **s** ‖ **1152** *ἀναγκαίων* $\mathbf{c}^{s}$ ‖ **1153** *οὐκ* om. $\mathbf{f}^{s}$ | *ἀντιδίκους*] *ἀντιγράφειν* $\mathbf{c}^{s}$ | *πράττειν*] *γράφειν* $\mathbf{g}^{s}\mathbf{w}^{s}\mathbf{s}$ ‖ **1154** *δ'* om. $\mathbf{e}^{s}\mathbf{m}^{s}\mathbf{p}^{s}\mathbf{v}^{s}$ | *χρημάτων* $\mathbf{e}^{s}\mathbf{m}^{s}\mathbf{p}^{s}\mathbf{v}^{s}$ ‖ **1155** om. $\mathbf{e}^{s}$ ‖ **1156** *προσκαίρως* $\mathbf{e}^{s}\mathbf{p}^{s}\mathbf{v}^{s}$ *πρός* $\mathbf{f}^{s}$ ‖ **1157** *διάλυσις* $\mathbf{c}^{s}\mathbf{f}^{s}$ ‖ **1158** *δικαστηρίων* $\mathbf{m}^{s}\mathbf{p}^{s}\mathbf{v}^{s}$ ‖ **1159** *παραταθὲν* $\mathbf{f}^{s}\mathbf{w}^{s}$ | *χρόνου* $\mathbf{s}\mathbf{e}^{s}$ *-ων* $\mathbf{p}^{s}\mathbf{v}^{s}$ (compend. $\mathbf{m}^{s}$) ‖ **1160** *τῆς παρακαταθήκης* $\mathbf{e}^{s}$ | *καταθήκης* $\mathbf{a}^{s}$ ‖ **1162, 1163** *φοράδος* $\mathbf{a}^{s}$ ‖ **1165** *τούτω* **s**

τῶν οἰκοδομηθέντων μὲν δαπανὰς οὐ λαμβάνω,
τὰ δ' ἐκτισμένα δύναμαι λαμβάνειν ἀζημίως.
ἐκδικουμένου τοῦ ἀγροῦ ὁ νομεὺς οὐ λαμβάνει
τὸν σπόρον ὃν κατέσπειρεν εἰς τὸν ἀγρὸν ἐκεῖνον.
ὁ χρῆσιν ἔχων τῶν καρπῶν δίδωσι καὶ τὰ τέλη.
ὁ ἔχων χρῆσιν νομικῶς τυχόν τινος οἰκίας
οἰκείοις ἀναλώμασι ταύτην ἐπισκευάσθω,
ἤτοι τὰ κατακέραμα ταύτης ἐπανορθούσθω·
εἰ δέ τι κατανάλωσε τούτου τι περαιτέρω,
εἰκότως ἀπολήψεται τοῦτο πρὸς τοῦ δεσπότου.
ἀπείργεται δανείζεσθαί τις τῶν ὑπεξουσίων,
μᾶλλον ἀξιωματικός· μόνος δ' ὁ κεκτημένος
πεκούλιον δανείζεται καὶ τοῦτο κατὰ νόμους.
ἐπίτροπος ὀρφανικὸν οὐκ ἐξωνεῖται πρᾶγμα.
διὰ μικρόν τι αἴτιον πρᾶσιν οὐκ ἀνατρέψεις.
ὁ σῖτον ὠνησάμενος κανόνος δημοσίου
κεφαλικὴν ὑφίσταται, δέσποτα, τιμωρίαν.
ὁ πράτης μὴ παραδιδοὺς ἀγοραστῇ τὸ πρᾶγμα
τὸ διαφέρον δίδωσιν εἰκότως κατὰ νόμους·
ἐν τῷ δικαστηρίῳ δὲ τῆς νομῆς, δέσποτά μου,
διδοὺς ὁ πράτης τὸ διπλοῦν οὐκ ἀπαιτεῖται πλέον
προφάσει τῶν ἐξ ἔθους πως τῇ πράσει γεγραμμένων.
οἱ μετὰ τὸ συνάλλαγμα καρποὶ βεβλαστηκότες
τῷ τὸν ἀγρὸν προσήκουσι πάντως ἠγορακότι.
τοῦ πράγματος δι' ἄδικον ἀποσπασθέντος γνώμην
κατὰ τοῦ πράτου ἀγωγὴν ἀγοραστὴς οὐκ ἔχει.
εἰ δέ τις τὸ ἀλλότριον ὡς εἰδὼς ἀγοράσει,
οὐδέποτε δι' εἴδησιν τοῦ πράγματος δεσπόσει·
εἰ δέ τις ἐξωνήσεται ἀλλότριόν τι πρᾶγμα,
οὐκ εἰδὼς ὡς ἀλλότριον ἐστὶ τὸ πεπραμένον,

1168–1169 15, 1, 53 ‖ **1170** 16, 1, 52 ‖ **1171–1175** 16, 8, 30 ‖ **1176–1178** 18, 4, 1, 3 ‖ **1179** 19,1,34,7 ‖ **1180** 19,1,54 ‖ **1181–1182** 19,1,83 ‖ **1183–1184** 19,8,1 ‖ **1185–1187** 19,8,11,14 ‖ **1188–1189** 19,8,67 ‖ **1190–1191** 19,8,70 ‖ **1192–1197** 19,8,71

1169 *τὸν*^{2}] *τὸ* **c**^{s} ‖ **1170** *ὁ*] *ἡ* **c**^{s} ‖ **1172** *αὐτὴν* **e**^{s} | *ἐπισκευάσει* **m**^{s}**p**^{s}**v**^{s} *κατασκευάσθω* **e**^{s} ‖ **1174** *δ' ἔτι* **a**^{s} | *κατηνάλωσε* **a**^{s}**e**^{s}**m**^{s} ‖ **1176** *τις*] *τοῖς* **a**^{s} ‖ **1177** *μᾶλλον δ'* **a**^{s}**e**^{s}**p**^{s}**v**^{s} ‖ **1180** *οὐκ ἀνατρέψεις πρᾶσιν* trp. **p**^{s}**v**^{s} ‖ **1181** *ἀνόνος* **a**^{s} ‖ **1182** *κεφαλικῇ ὑπόκειται· δέσποτα τιμωρία* **a**^{s} ‖ **1190** *ἀποσπέντος ἐγνώμην* **a**^{s} | *γνώμη* **f**^{s} ‖ **1192** *ἀγοράση* **c**^{s} ‖ **1193** *δεσπόζει* **a**^{s}, **e**^{s} p.c. pr. m. ‖ **1194** *ἐξωνήσηται* **c**^{s} *-τε* **a**^{s}

αὐτὸς μὲν διὰ χρήσεως τοῦ πράγματος δεσπόσει,
ὁ πεπρακὼς δ' ἐνέχεται δικαίως τῷ δεσπότῃ.
εἰ δέ τις πρᾶγμα λήψεται ἐπί τινι αἰτίᾳ,
πληρούτω τὴν ὑπόσχεσιν ἢ τὸ πρᾶγμα διδότω.
ὁ τῷ ἐγκλήματι ληφθεὶς τῷ περὶ ἀδικίας
οὐ δύναταί τι βεβαιοῦν οἰκείᾳ μαρτυρίᾳ.
ὁ ἀγοράσας δείκνυσι τὸν δοῦλον πεφευγότα,
εἰ λέγει πρὸ τῆς πράσεως, οὕτω δοκοῦν τοῖς νόμοις.
ἐπικρατέστερός ἐστιν ὁ κῆνσος τῶν μαρτύρων.
οὐκ ἔστιν ἀξιόπιστος τοῦ χρέους μαρτυρία,
εἴπερ τις ἀπὸ τῶν αὐτοῦ δεικνύει συμβολαίων.
τελευτησάντων δέ ποτε συμπάντων τῶν μαρτύρων
αὐτοῦ τε ταβελλίωνος σύγκρισις προβαινέτω.
ὅρκος ἐπιφερόμενος ἀμφισβήτησιν τέμνει.
ὁ μηδενὸς ἐπάγοντος ὀμνὺς οὐκ ὠφελεῖται.
ὀμόσας δέ τις ἴδιον τὸ πρᾶγμα πεφυκέναι
καὶ τοὺς καρποὺς εἰσπράξεται καὶ γονὴν τῶν θρεμμάτων.
εἴ τις ἐξ ἀγωγῆς τινος διπλασιαζομένης,
τυχὸν ὡς ἐξ ἀρνήσεως, τὸν ὅρκον ἀποδώσει,
οὐ τοῦ διπλοῦ τὴν εἴσπραξιν, ἀλλ' ἁπλοῦ μόνον ἔχει·
μετὰ τὸν ὅρκον δὲ κινῶν τὴν πρωτότυπον δίκην
ἀπαιτεῖ τὸ διπλάσιον τὸ χρέος ἀποδείξας.
ὁ μήτ' ὀμνύναι βουληθεὶς μήτε μὴν ἀντεπάγων
αὐτόθεν κατακρίνεται ὡς ἐξ ὁμολογίας.
ὅρκον δέ τις ἐπενεγκών, εἰ μεταμεληθείη
ὡς εὐπορήσας ἀσφαλῶν ἄλλων δικαιωμάτων,
εἴπερ ἐντεῦθεν ἡττηθῇ, δεύτερον ὅρκον πάλιν
οὐκ ἐπενέγκοι, δέσποτα, καὶ τοῦτο προσηκόντως·
μέχρι γὰρ ἀποφάσεως τὸν ὅρκον παραιτείσθω.

1198–1199 20,3,7 ‖ **1200–1201** 21,1,14 ‖ **1202–1203** 22,1,4 ‖ **1204** 22,1,10 ‖ **1205–1206** 22,4,2 ‖ **1207–1208** 22,4,6 ‖ **1209** 22,5,1 ‖ **1210** 22,5,3 ‖ **1211–1212** 22,5,11,1 ‖ **1213–1217** 22,5,30 ‖ **1218–1219** 22,5,38 ‖ **1220–1224** 22,5,53

1198 *τις*] *τι* **a**^{s} ‖ **1199** *ὑπόθεσιν* **g**^{s} ‖ **1202** *δόλον* **c**^{s} ‖ **1203** *λέγοι* **c**^{s} ‖ **1204** *κίνσος* **s a**^{s}**e**^{s}**p**^{s}**v**^{s}, (-*ῖ*-) **f**^{s} ‖ **1206** *συμβολαίοις* **a**^{s} ‖ **1207** *δέ ποτε*] *δέσποτα* **e**^{s}**m**^{s} | *ἁπάντων* **e**^{s} ‖ **1209** *ἀμφισβητήσεις* **m**^{s}**p**^{s}**v**^{s} ‖ **1210** *ὠφελείσθω* **c**^{s} ‖ **1212** *εἰσπράττεται* **e**^{s} ‖ **1215** *ἁπλοῦν* **c**^{s} ‖ **1217** *ἀπαιτεῖ*] *λαμβάνει* **e**^{s} ‖ **1218** *ἀντεπάξαι* **g**^{s}**w**^{s} *ἀντεπεισάγειν* **s** ‖ **1219** *αὐτόθι* **c**^{s}**f**^{s}**s m**^{s} ‖ **1221** *δικαιωμάτων ἄλλων* **p**^{s}**v**^{s} ‖ **1223** *ἐπενέγκει* **a**^{s}**e**^{s} | *τούτω* **c**^{s} ‖ **1224** *γὰρ*] *τῆς* **p**^{s}**v**^{s} | *παραιτεῖσθαι* **f**^{s}

οὐκ εὐχερὴς ἡ ζήτησις ἐστὶν ἐνδίκων ὅρκων.
εἰ τόκον τις ὑπέρμετρον ἴσως ὁμολογήσει,
παύεται τὸ παράνομον καὶ διδοῖ τὸ προσῆκον.
τόκος μὴ χρεωστούμενος εἰ πρὸ τοῦ κεφαλαίου
καταβληθῇ τῷ δανειστῇ, τοῦ κεφαλαίου μέρος·
εἰ δέ γε καταβάλλει τις ἐπὶ τῷ κεφαλαίῳ,
πάντως ἀναλαμβάνεται, δόξαν οὕτω τῷ νόμῳ.
οἱ κατὰ μέρος τόκοι δὲ διδόμενοι τοῦ χρέους
καλῶς οὐχ ὑπερβαίνουσι τοῦ διπλοῦ περαιτέρω.
ὁ μόρτις καῦσα δωρεὰν πρός τινα πεπραγμένος
ῥωσθεὶς ἀναλαμβάνεται τὸ δοθὲν παραυτίκα
μετὰ καρπῶν καὶ τοκετῶν καὶ τῶν ἐπηυξημένων.
ὡς κληρονόμος δέ τι δοὺς ὁ μὴ ὢν κληρονόμος
ἀναλαμβάνει τὸ δοθὲν δικαίως, στεφηφόρε.
ἡ προὶξ οὐχὶ δημεύεται συζύγου δημευθέντος.
ἐπίτροπος καὶ φροντιστὴς ἄμφω καταβαλόντες
οὐδὲν ἀναλαμβάνουσι τῶν καταβεβλημένων.
ἂν ὁ χρεώστης ἄτοκον ἴσως ἔχῃ τὸ χρέος,
παρακρατεῖν ὁ δανειστὴς ἐκ τῶν καρπῶν ἰσχύει,
καὶ τοῦτο πράττει προχωρῶν ἄχρι νομίμου τόκου.
εἰ δ' ἴσως τὸ ἐνέχυρον πωλοῦντος δημοσίου
καθεύδει πως ὁ δανειστής, ἀπόλλυσι τὸ πρᾶγμα.
ὁ δανειστὴς ἐνέχυρον μέλλων ἴσως πιπράσκειν
δῆλον τὸ βουλευόμενον ποιείτω τῷ χρεώστῃ.
ὁ πενθερὸς καὶ πενθερὰ τῷ μνηστεύσαντι κόρην
διδόντες οὐ λαμβάνουσι τοῦ γάμου λυομένου.
τὸν γάμον ἡ διάθεσις ποιεῖ ἡ ἀμοιβαία,
προσθήκης γὰρ οὐ δέεται προικῴων συμβολαίων,

1225 22, 6, 11 ‖ **1226–1227** 23, 3, 29 ‖ **1228–1231** 23, 3, 66 ‖ **1232–1233** 23, 3, 79 ‖ **1234–1236** 24,1,12 ‖ **1237–1238** 24,1,22 ‖ **1239** 24,4,2 ‖ **1240–1241** 24,6,6,3 ‖ **1242–1244** 25,3,8 ‖ **1245–1246** 25,3,18 ‖ **1247–1248** 25,7,26 ‖ **1249–1250** 28,3,12 ‖ **1251–1253** 28,4,51

1225 *ἐνδίκου ὅρκου* **w**^{s}**e**^{s} | *ἐνδίκως* **c**^{s} ‖ **1226** *ὁμολογήσῃ* **c**^{s} *-σοι* **s p**^{s}**v**^{s} ‖ **1229** *μέρους* **a**^{s} ‖ **1230** *καταβάλλοι* **c**^{s} *καταβάλοι* **m**^{s}**v**^{s} *-λοιτο* **p**^{s} *καταβάλῃ* **f**^{s} *καταβάλλῃ* **g**^{s} ‖ **1233** *εἰκότως οὐ προβαίνουσι* **e**^{s}**m**^{s}**p**^{s}**v**^{s} ‖ **1234** *ὁ*] *ἡ* **f**^{s} | *πεπραμένος* **c**^{s}**e**^{s} ‖ **1236** *ἐπηὐξημάτων* **c**^{s} ‖ **1237** *τις δοὺς* **g**^{s}**w**^{s} *διδοὺς* **p**^{s}**v**^{s} ‖ **1241** *ἀντιλαμβάνουσι* **e**^{s}**m**^{s}**p**^{s}**v**^{s} | *καταβαλλομένων* **c**^{s} ‖ **1242** *ὁ*] *τις* **a**^{s} | *ἔχει* **s a**^{s}**p**^{s}**v**^{s}, **g**^{s} (*-οι* p. c.) ‖ **1244** *τόκου*] *χρόνου* **e**^{s} ‖ **1245** *δημοσία* **w**^{s}**e**^{s}**m**^{s}**p**^{s}**v**^{s} ‖ **1246** *δανεισθεὶς* **e**^{s}**p**^{s}**v**^{s} ‖ **1247** *ἴσως μέλλων* trp. **e**^{s}**p**^{s}**v**^{s} | *ἴσως*] *ἤδη* **c**^{s}**f**^{s} ‖ **1249** *καὶ ἡ* **c**^{s} ‖ **1251** *ἀθέτησις* **c**^{s}**f**^{s}**g**^{s}**s a**^{s} ‖ **1252** om. **p**^{s}**v**^{s} | *προσθήκη* **g**^{s} | *δύναται* **g**^{s}

εἰ μὴ πρωτοσπαθάριος ἢ πλέον τις τυγχάνει.
εἰ γάμον τις ἀθέμιτον ποιήσει παρὰ νόμον,
ἔκπτωσιν κατακρίνεται τῶν οἰκείων πραγμάτων,
εἰ μή που γέγονε πατὴρ ἐκ γάμων πρὶν νομίμων.
αὐτεξουσία γαμετὴ τοῦ γάμου λυομένου
εὐθὺς ἀποκαθίσταται, οὕτω δοκοῦν τοῖς νόμοις·
εἰ δ' ἐστὶν ὑπεξούσιος, ταύτῃ δ' ἡ προὶξ πατρόθεν,
αὐτῆς τε καὶ τοῦ φύσαντος κοινὴ καθέστηκέ πως.
δίδοται προὶξ τῇ γυναικὶ καὶ συνεστῶτος γάμου
ἐπὶ τῷ δοῦναι δανεισταῖς ἢ ἀγροὺς ἀγοράσαι
ἢ ὥστε προνοήσασθαι παίδων ἑτέρου γάμου.
διαίρεσις δὲ πέφυκεν αὕτη δαπανημάτων·
τὰ μὲν ὡς ἀναγκαῖα γάρ, τὰ δὲ καὶ διὰ κέρδος,
τὰ δὲ πρὸς τέρψιν πέφυκεν ἐκδεδαπανημένα·
τῶν ἀναγκαίων πέφυκεν ὁ μόλος τῆς θαλάσσης,
ποιῆσαί τε νεόφυτα ἄμπελόν τε καὶ δένδρα,
ἐπί τε χρησιμότητι ἀγροῦ σπερματοθήκας·
διὰ κέρδος τὰ πράττοντα βελτίονα τὴν προῖκα,
ὁποῖον τὸ νεόφυτον ἢ τὸ ἀρτοκοπεῖον,
ἃ προῖκα οὐ μειοῦσι μέν, ἀλλ' ὅμως ἀπαιτοῦνται·
περιττὰ δαπανήματα τὰ τέρψιν ἐμποιοῦντα.
μηδεὶς κατὰ τῆς γυναικὸς κλοπῆς κινείτω δίκην,
ἀφαίρεσιν κινείτω δὲ τῶν κλαπέντων πραγμάτων.
προῖκα λαβὼν ὁ σύζυγος διατετιμημένην
οὐχὶ τὰ πράγματα δοκεῖ λαμβάνειν τὰ προικῷα,
μόνην δὲ διατίμησιν ὧν ἔλαβε πραγμάτων,
ὧν τὴν τιμὴν εἰσπράττεται τοῦ γάμου λυομένου.
ἡ μήτηρ ὑπὲρ θυγατρός, ὡς ἔδοξε τοῖς νόμοις,

1254–1256 28, 6, 1 ‖ **1257–1260** 28, 8, 2 ‖ **1261–1263** 28, 8, 20 ‖ **1264–1273** 28, 10, 1–7 ‖ **1274–1275** 28, 11, 1 ‖ **1276–1279** 29, 1, 92 ‖ **1280–1281** 29, 1, 101

1254 *εἰ*] *ὁ* **e**^{s} | *ποιήσοι* **c**^{s} *-σας* **e**^{s} | *παρανόμως* **e**^{s} ‖ **1255** *ἔκτισιν* **m**^{s}**p**^{s}**v**^{s} ‖ **1256** *πω* **c**^{s} *πως* **e**^{s}**m**^{s}**p**^{s}**v**^{s} ‖ **1257** *αὐτεξουσίου* **w**^{s}**e**^{s} ‖ **1258** *οὕτω*] *τοῦτο* **e**^{s}**m**^{s}**p**^{s}**v**^{s} | *τῶ νόμω* **e**^{s}**m**^{s} ‖ **1259** *δ' ἔστιν*] *δέ τις* **a**^{s}**e**^{s} | *ἡ*] *ἦν* **f**^{s} ‖ **1260** *αὐτήν* **f**^{s} | *καθίσταται* **g**^{s}**w**^{s} ‖ **1261** *τοῦ γάμου* **g**^{s}**w**^{s} ‖ **1262** *τὸ* **a**^{s}**v**^{s} ‖ **1263** *παῖδας* **a**^{s} ‖ **1267** *μῶλος* **e**^{s}**m**^{s}**p**^{s}**v**^{s} *βόλος* **a**^{s} ‖ **1268** *ἀμπέλους* **e**^{s} ‖ **1269** *χρησιμότητα* **s** *-τος* **a**^{s} *-τ( )* **m**^{s} *χρησιμότ( )τ( )* **p**^{s} *χρησιμώτατον* **v**^{s} | *ἀγροὺς* **e**^{s} ‖ **1270** *διάκερδα* **c**^{s}**f**^{s}**g**^{s}**w**^{s}**s a**^{s} ‖ **1272** *ἀπαιτεῖται* **c**^{s}**f**^{s} ‖ **1273** *περὶ τὰ* **c**^{s} ‖ **1275** *ἀφαίρε* **c**^{s}**f**^{s} ‖ **1276** *λαβὼν ὁ*] *λαμβάνει* **p**^{s}**v**^{s} ‖ **1277** *τὰ*^{1}] *αὐτὰ τὰ* **e**^{s} *δὲ καὶ τὰ* **p**^{s}**v**^{s} | *δοκεῖ λαμβάνειν*] *λαμβάνει* **e**^{s}**m**^{s}**p**^{s}**v**^{s}

οὔ φασιν ἀναγκάζεται προῖκα ἐπιδιδόναι.
γυνὴ τῶν γάμων δύναται ἔτι συνισταμένων,
βλέπουσά πως τὸν σύζυγον ἄπορον πεφυκότα,
ὡς ἐνυπόθηκον κρατεῖν τὴν ἐκείνου οὐσίαν,
οὐ μόνον ὑπὲρ τῆς προικός, ἀλλὰ καὶ ἐξωπροίκων,
ὑπὲρ προγαμιαίων τε δικαίως δωρημάτων.
οὐχὶ συναίνεσις πατρός, ἀλλὰ νόμιμος πρᾶξις
τῆς ὑπεξουσιότητος ἐλευθεροῖ τὸν παῖδα.
εἰ δέ τις ἔχων φυσικοὺς παῖδάς τε καὶ νομίμους,
καὶ τῆς τῶν φυσικῶν υἱῶν ἔτι ζώσης μητέρος,
τοῖς φυσικοῖς αὐτῆς παισί, πρὸς δὲ καὶ τῇ τεκούσῃ,
οὐ δύναται καταλιπεῖν πλέον μιᾶς οὐγγίας·
παίδων δ᾽ οὐκ ὄντων φυσικῶν ἡ συνοικοῦσα μόνον
ἐχέτω ἡμιούγγιον τῶν ἐκείνου πραγμάτων·
εἰ δ᾽ οὔτε παῖδας ἔχοι τις ἐννόμους ἢ γονέας,
διδότω πᾶν εἰ βούλεται τὸ μέτρον τῆς οὐσίας
τοῖς φυσικοῖς αὐτοῦ παισίν, οὐδεὶς γὰρ ὁ κωλύων·
εἰ δ᾽ ἀποθνήσκων ἔχοι τις τινὰς τῶν ἀνιόντων,
διδότω μὲν τὴν νόμιμον οὗτος αὐτοῖς μερίδα,
τὸ δὲ λοιπὸν τοῖς φυσικοῖς παισὶν ἀποκληρούτω.
εὐνοῦχος σπάδων δύναται υἱοθετεῖν καὶ μόνος,
τοῦτο γὰρ ἀπηγόρευται καστράτοις καὶ θλιβίαις·
ὁ γάρ τοι σπάδων δύναται παιδοποιῆσαι τάχα.
εἴ τις ποιήσας πρότερον ἐννόμως διαθήκην
δευτέραν ἄλλην γράψειεν, ἡ πρώτη μὴ ῥηγνύσθω
εἰ μή γε πρῶτον κυρωθῇ νομίμως ἡ δευτέρα.
οὐ διατίθεται ἐτῶν ἧττων δεκατεσσάρων.
ὁ μὴ διδοὺς τοῖς μάρτυσι πάροδον μαρτυρίας

1282–1286 29, 1, 116 ‖ **1287–1288** 31, 4, 6 ‖ **1289–1300** 32, 2, 1 ‖ **1301–1303** 33, 1, 59 ‖ **1304–1306** 35, 2, 18, 5 ‖ **1307** 35, 3–4 ‖ **1308–1309** 35, 4, 2

1283 *ἄπειρον* **p**^{s}**v**^{s} ‖ **1285** *ὑπὲρ*] *ἐπὶ* **f**^{s} | *ἔξω προῖκας* **a**^{s} ‖ **1286** *δικαίων* **g**^{s}**w**^{s} ‖ **1287** *ἀλλ᾽ ἡ* **e**^{s} ‖ **1290** *υἱῶν – μητέρος*] *ἔτι ζώσης μ(ητ)ρ(ό)ς παιδίων* **e**^{s} | *μητρὸς* **c**^{s}**s m**^{s} ‖ **1291** *αὐτοῦ* **c**^{s} *-οῖς* **f**^{s}**s a**^{s} ‖ **1292** *οὐγκίας* **a**^{s} ‖ **1293** *δ᾽* om. **a**^{s} | *μόνη* **s a**^{s}**p**^{s}**v**^{s} ‖ **1294** *ἡμιούγκιον* **a**^{s} ‖ **1295** *ἔχει* **f**^{s}**s a**^{s}**e**^{s} | *νομίνους* **e**^{s}**m**^{s} ‖ **1296–1298** om. **e**^{s} ‖ **1298** *ἔχει* **f**^{s}**s m**^{s} | *τινὰ* **p**^{s}**v**^{s} ‖ **1299** *οὕτως* **c**^{s}**f**^{s}**a**^{s} ‖ **1301** *παίδων* **c**^{s} *παῖδ᾽ οὐ* **e**^{s} *σπεύδειν* **p**^{s}**v**^{s} | *μόνον* **g**^{s}**w**^{s}**s e**^{s} ‖ **1302** om. **p**^{s}**v**^{s} | *καν-στράτοις* **c**^{s}**s e**^{s}**m**^{s} *-ται* **f**^{s} | *θηλείαις* **e**^{s} *θλαδίαις ἴσ. μάξ.* (= Maximus Margunius) mg. **w**^{s} ‖ **1303** *τι* **e**^{s} | *σπεύδων* **p**^{s}**v**^{s} | *υἱοθετῆσαι* **a**^{s}**e**^{s} ‖ **1304** *ἔννομον πρότερον* **e**^{s} ‖ **1305** *μὲν* **f**^{s} ‖ **1306** *εἰ*] *ὁ* **c**^{s} | *μή*] *δέ* **a**^{s} | *πρότερον* **f**^{s} | *ἡ*] *καὶ* **a**^{s} ‖ **1308** *παρόδους* **c**^{s}**f**^{s}

ὑφίσταται τὴν ἔκπτωσιν τοῦ κλήρου παραυτίκα.
τὰ παραχαραττόμενα ἢ ἀπαληλειμμένα,
εἰ μὲν κατ' εἴδησίν εἰσι τοῦ διατιθεμένου,
ἄκυρα πάντως πέφυκεν, εἰ δ' οὖν, ἐρρώσθω πάντα.
αἱρετική τις ἔνστασις, εἴ τις οὕτω συγγράφοι·
'ἐὰν ἐντὸς πεντήκοντα ἐτῶν ἀποβιώσω,
ὁ Νικηφόρος ἔστω μοι τοῦ βίου κληρονόμος.'
τί ἐστι φιδικόμισσον; ἐάν τις οὕτως εἴποι·
'ἀποκατάστησον, υἱέ, τῷ δεῖνι τόδε πρᾶγμα.'
τὸ δέ γε φιδικόμισσον τὸ καθ' ὁμάδα τοῦτο·
'πᾶσαν ἀποκατάστησον τὴν ἐμὴν τούτῳ κτῆσιν.'
ἐν διαθήκῃ ἄχρηστον οὐδεὶς κληρονομίαν
ἐν κωδικέλλοις βεβαιοῖ, δόξαν οὕτω τῷ νόμῳ.
πρὸ δὲ διατυπώσεως κωδίκελλοι γραφέντες
μετὰ τὴν διατύπωσιν εἰ μὴ βεβαιωθῶσιν,
οὐδὲν ὅλως ἰσχύουσιν ὥσπερ ἠθετημένοι.
ἐπίτροπος ἐπιτροπῆς παυθείσης διδοῖ τόκους,
μέχρις ἂν ἐκλογιστευθῇ τὰ τῆς ἐπιτροπίας.
ἐπίτροπος ὠνούμενος προσώπῳ παρενθέτῳ
οὐκ ἔχει τὴν ἐξώνησιν τοῖς νόμοις ἐρρωμένην.
εἰ καὶ μετὰ προκάταρξιν τῆς κατὰ διαθήκης
μέμψεως ἡ διάλυσις προβαίη κατὰ νόμους,
ἔχε τὴν διατύπωσιν τελείως ἐρρωμένην.
ὁ παρὰ γυναικός τινος υἱοθεσίαν ἔχων
καθ' ὧν αὐτὴ διέθετο κινεῖν οὐκ ἐξισχύει.

1310–1312 35, 7, 1 ‖ **1313–1315** 35, 9, 57 ‖ **1316–1319** 35, 11, 31, 1 ‖ **1320–1321** Dig. 29, 7, 2, 4 [Basilic. 36, 1, 2, 4] ‖ **1322–1324** Basilic. 36, 1, 5 ‖ **1325–1326** 37, 7, 7, 15 ‖ **1327–1328** 37, 8, 5, 3 ‖ **1329–1331** cf. 39, 1, 23 pr. ‖ **1332–1333** 39, 1, 25, 3

1309 *ἀφίσταται* **f**^{s} ‖ **1310** *ἀπαληλιμμένα* **p**^{s}, (*-μ-*) **v**^{s} *ἀπαλιλειμμένα* **c**^{s} *ἀπηληλιμμένα* **c**^{s}, (*-μ-*) **f**^{s} *ἀπολελυμένα* **e**^{s} ‖ **1312** *ἔρρωσθαι* **a**^{s} | *πάντα*] *-η* **c**^{s} *-ως* **e**^{s}**p**^{s}**v**^{s} ‖ **1313** *τις*] *δὲ* **e**^{s} | *οὕτως εἴ τις* trp. **c**^{s}**f**^{s} | *ἥτις* **s e**^{s} | *συγγράφει* **g**^{s}**w**^{s}**s a**^{s} *ἐγράφη* **e**^{s} ‖ **1315** *μου* **g**^{s}**w**^{s} ‖ **1316** *φιδικόμισον* **c**^{s} *φειδικόμισον* **e**^{s} *-σσ-* **f**^{s}**s m**^{s} | *εἴπη* **w**^{s}**e**^{s}**m**^{s} ‖ **1317** *ἀποκατάστασιν* (?) **f**^{s} ‖ **1318** *φιδικόμισον* **c**^{s} *φειδικόμισσον* **f**^{s}**s e**^{s}**m**^{s} | *ὁμάδος* **a**^{s} ‖ **1319** *τοῦτο* **w**^{s} ‖ **1319–1329** om. **p**^{s}**v**^{s} ‖ **1320** *διαθήκαις* **e**^{s}**m**^{s} | *ἄχρηστος* **e**^{s} | *κληρονομία* **e**^{s} ‖ **1321** *τούτω* **c**^{s} *τοῦτο* **f**^{s}**s** ‖ **1324** *ἰσχύοντες* **a**^{s} ‖ **1326** *ἐλλογιστευθῇ* **w**^{s}**e**^{s} *ἐκλογισθῇ* **g**^{s} ‖ **1327** *παρενθέτων* **s** *παρευθέτω* **a**^{s} ‖ **1329** *καὶ* **g**^{s}**w**^{s} *καὶ μὴ* **s** | *κατὰ διαθήκης*] *διαθήκης πέλει* **a**^{s} | *διαθήκαις* **s** ‖ **1329–1331** om. **e**^{s} ‖ **1330** *ἡ*] *εἰ* **p**^{s}, **v**^{s} p.c. | *προβαίνει* **a**^{s} ‖ **1331** *ἔχει* **p**^{s}**v**^{s} ‖ **1333** *ὧν*] *ἣν* **a**^{s}**e**^{s} | *αὕτη* **s e**^{s}**m**^{s} | *ἐξισχύσει* **s**

αἰτεῖν μὲν διακατοχὴν ἐπίτροπος ἰσχύει,
ὑποῦσαν παραιτεῖσθαι δὲ οὐ δύναται κἂν ὅλως.
πρῶτος βαθμὸς οὐ πέφυκε τοῖς ἐκ πλαγίου γένους,
μόνος γὰρ οὗτος πέφυκε τῶν ἄνω καὶ τῶν κάτω,
τῶν ἄνω μὲν οἱ φύσαντες, οἱ φύντες δὲ τῶν κάτω.
ἀμφοῖν δὲ τέκνου καὶ πατρὸς ὄντων βαθμοῦ τοῦ πρώτου
οἱ παῖδες προτετίμηνται εἰς τὴν κληρονομίαν,
οἱ δὲ γονεῖς τυγχάνουσι πρῶτοι τῶν ἐκ πλαγίου,
ἐξῃρημένων ἀδελφῶν καὶ τῶν ἀδελφοπαίδων.
οἷς μέλη περισσεύουσι, παῖδές εἰσιν εἰκότως.
κεφαλικῶς ἡ ἔγκυος ἐγκαταδικασθεῖσα
ἐλεύθερον υἱὸν γεννᾷ, δόξαν τοῦτο τοῖς νόμοις.
θείου δικαίου πέφυκεν ἔνια τῶν πραγμάτων,
ὡς ἱερὰ καὶ μνήματα καὶ πόρται καὶ τειχία·
τὰ δέ εἰσιν ἀνθρώπινα, ἃ δὴ καὶ τέμνων κάλει
τὰ μὲν ὡς ἰδιωτικά, τὰ δὲ δημόσιά πως,
ταῦτα μὲν τῆς κοινοτητος, τὰ πρῶτα τῶν καθ' ἕνα.
εἰς πόρνην δόσις ἄσεμνος ἔρρωται κατὰ νόμους.
τὴν δ' ἐρρωμένην δωρεὰν οὐδ' αὐτοκράτωρ παύει.
Πάντα μὲν χρησιμώτατα τὰ Λέοντος βιβλία,
πολύχρηστον δὲ πέφυκε τούτων τὸ τελευταῖον.
Τῆς συγγενείας οἱ βαθμοὶ σταυρικῶς γεγραμμένοι
ἄνω καὶ κάτω, δέσποτα, διχόθεν ἐκ πλαγίου
δηλώσουσί σοι τοὺς βαθμούς, τοὺς πρώτους, τοὺς ἐσχάτους,
κἂν εἴ τις παραγράψειε τούτοις, ἄναξ, στοιχεῖον,
εὐσύνοπτον ποιήσει σοι τὴν γνῶσιν τῶν γραφέντων.

1334–1335 40, 1, 8 ‖ **1336–1339** cf. 45, 3, 1 ‖ **1340** 45, 3, 8, 1 ‖ **1341–1342** 45, 3, 8, 2 ‖ **1343** 46, 1, 11 ‖ **1344–1345** 46, 1, 15 ‖ **1346–1350** 46, 3, 1 ‖ **1351** 47, 1, 4 ‖ **1352** 47, 2, 5 ‖ **1355–1359** schema ut ap. Theoph. et Pediasimum (Fontes minores I 126 ss.)

1334 om. **f**^{s}, post 1335 trp. **a**^{s} | *αἰτεῖν*] *ἔτι* **a**^{s} ‖ **1335** *εἰποῦσαν* **c**^{s} *ἀποῦσαν* **f**^{s} | *δὲ παραιτεῖσθαι* trp. **e**^{s} ‖ **1336** *ἐκπλάγιον* **c**^{s} ‖ **1337** *γὰρ* om. **f**^{s} ‖ **1338** om. **p**^{s}**v**^{s} ‖ **1339** *ὄντος* **g**^{s}**w**^{s}**s** ‖ **1340** *εἰς τὴν*] *ὑπὲρ* **c**^{s} *ὑπὸ* **f**^{s} ‖ **1341** *οἱ*] *εἰ* **f**^{s}**a**^{s} | *δὲ* om. **c**^{s} | *τῶν*] *καὶ* **a**^{s}**e**^{s} ‖ **1343** *οἷς*] *εἰς* **e**^{s} *εἰ* **f**^{s} | *μέρη* **a**^{s}**e**^{s}**m**^{s}**p**^{s}**v**^{s} | *περιττεύουσι* **s e**^{s}**m**^{s}**p**^{s}**v**^{s} ‖ **1345** *τοῦτο*] *οὕτω* **g**^{s}**w**^{s}**s p**^{s}**v**^{s} ‖ **1346** *ἔννοια* **g**^{s} *ἔντα* **a**^{s} ‖ **1347** *πόρτα* **f**^{s} | *τὰ τείχη* **c**^{s} ‖ **1348** om. **f**^{s} | *ἀνθρώπεια* **a**^{s}**m**^{s}**p**^{s}**v**^{s} | *καὶ τέκνων* **s a**^{s} *τεμένων* **p**^{s}**v**^{s} | *κάλλει* **c**^{s} *κάλλη* **p**^{s}**v**^{s} *κάλεις* **a**^{s} ‖ **1349** *ἰδικώτερα* **p**^{s}**v**^{s} ‖ **1350** *τὸν* **c**^{s} ‖ **1351** *εἰς*] *πρὸς* **p**^{s}**v**^{s} *ἡ* **m**^{s} | *νόμον* **c**^{s}**f**^{s}**a**^{s} ‖ **1352** *δ'* om. **s e**^{s}**m**^{s}**p**^{s}**v**^{s} ‖ **1353** *τὰ*] *τοῦ* **c**^{s}**p**^{s}**v**^{s} ‖ **1354** *παντεύχρηστον* **e**^{s}**m**^{s}**p**^{s}**v**^{s} | *τούτων*] *ἤδη* **c**^{s} ‖ **1356** *δίσχοντες* **f**^{s} | *δ' ἐκ* **g**^{s}**w**^{s} *τ' ἐκ* **s m**^{s}**p**^{s}**v**^{s} ‖ **1358** *παραγράψοιεν* **c**^{s} | *τούτους* **s** *τοῦτον* **p**^{s}**v**^{s} *τούτων* **m**^{s} | *στοιχείοις* **g**^{s}**s** *στε^{οι}ίχειω* **a**^{s} *τὸν στίχον* **w**^{s}**e**^{s}**m**^{s}**p**^{s}**v**^{s} ‖ **1359** *ποιήσηται* (om. *σοι*) **c**^{s}**f**^{s} | *γνώμην* **e**^{s}

Μάθε καὶ τὸν ζητούμενον σήμερον πλέον νόμον
ὃν ὁ πρεσβύτης Ῥωμανὸς εἰσήνεγκε τῷ βίῳ.
οὗτος καὶ γὰρ ἐκώλυσε τὰς πράσεις τοῖς χωρίταις
τὰς πρὸς μεγάλα πρόσωπα τὸ πρῶτον γινομένας·
τούτοις γὰρ ἀπετείχισε μέχρι καὶ τῶν ἐσχάτων
χωριτικὴν ἀγροικικὴν ὅλως κτήσασθαι κτῆσιν
ἢ ἀγοραῖς ἢ δωρεαῖς ἢ καὶ κληροδοσίαις·
ἀντιστροφὴ καὶ γὰρ αὐτοῖς ἀνάργυρος ἐτάχθη.
καὶ τοῖς πωλῆσαι μέλλουσι τῶν χωριτῶν ἐνίων
τὴν κτῆσιν τὴν ἀκίνητον ἣν ἔσχον ἐν χωρίοις
δέδωκεν εἰς ἐξώνησιν τοὺς συμπαρακειμένους·
ὧν πρῶτοι μὲν οἱ κείμενοι τῶν συγγενῶν πλησίον,
μεθ' οὓς εἰσιν οἱ κοινωνοὶ οὕτω συμπεπλεγμένοι,
μεθ' οὓς οἱ μόνον ἀναμὶξ τούτοις συμβεβλημένοι
καὶ μετ' αὐτοὺς ὁμοτελεῖς συμπαρατεθειμένοι,
μεθ' οὓς οἱ μέρει συναπτοί, οὗτοι γὰρ τελευταῖοι.
τυγχάνουσι δ' ὁμοτελεῖς, ὡς ἤρεσε τοῖς νόμοις,
ὁμοῦ πάντες οἱ τῆς αὐτῆς ὑποταγῆς τυχόντες,
κἂν διαφόρων ἔχωσι τελέσματα τοπίων.
Ὁ δὲ πορφυρογέννητος Βασίλειος δεσπότης
τοῖς δυνατοῖς ἀπέκλεισε πᾶσαν ἰσχὺν τοῦ χρόνου,
κἂν εἴποις τεσσαράκοντα, κἂν εἴποις δὶς τοσούτους·
ἀπεῖπε δὲ τοῖς δυνατοῖς τιμὰς ἀναλαμβάνειν
ὧν ἴσως ἠγοράκασιν ἐκ χωριτῶν τοπίων.
τὸν νόμον δ' ἀντανέλυσε τοῦτον ἀπὸ τοῦ πάππου
τὴν πᾶσαν ἔχειν δύναμιν τῶν διηγορευμένων.
εἰ δέ τινες τῶν χωριτῶν εὐκτήρια τελοῦντες
κλήσεις ἐπιτεθείκασι τούτοις μοναστηρίων,
κἀντεῦθεν εὐπροφάσιστον ὁρμὴν ἐφευρηκότες

1361–1378 Nov. Romani I, Zepos I 198–204 ‖ **1379–1404** Nov. Basilii II, Zepos I 262–272

1360 *τὸ* **a**^{s} ‖ **1362** *γὰρ καὶ* trp. **p**^{s}**v**^{s} | *ἐκόλασε* **c**^{s}**f**^{s} | *τοὺς χωρίτας* **c**^{s} ‖ **1364** *ἀπεστοίχησε* **a**^{s} ‖ **1365** *χωριτικῶν ἀγροικικῶν* **p**^{s} **v**^{s} ‖ **1368** *ἐνίοις,* sscr. *ων,* **g**^{s} ‖ **1369** *τὴν*[1]] *καὶ* **c**^{s} | *ἔσχον ἐν*] *ἔχοιεν* **m**^{s}**p**^{s}**v**^{s} ‖ **1371** *πρῶτον* **g**^{s}**w**^{s}**s a**^{s} ‖ **1373–1372** trp. **a**^{s}, **e**^{s} a. c. ‖ **1372** *μεθ' οὓς* om. **a**^{s} ‖ **1373** *οἱ*] *οὐ* **c**^{s} | *μόνοι* **s** ‖ **1375–1374** trp. **a**^{s} ‖ **1376** *εἴρηκε* **f**^{s} ‖ **1377** *τυχόντες ὑποταγῆς* trp. **f**^{s} ‖ **1378** *ἔχουσι* **c**^{s}**f**^{s} | *τελεσμάτων* **a**^{s} | *τροπίων* **e**^{s} ‖ **1379** *βασιλεὺς καὶ* **p**^{s}**v**^{s} ‖ **1380** *τῶν χρόνων* **c**^{s} ‖ **1381** *εἴπης* (bis) **e**^{s} | *διὰ τοσούτοις* **c**^{s} ‖ **1382** *ἀπεῖτε* **f**^{s} | *δὲ*] *τε* **c**^{s}**p**^{s}**v**^{s} *γὰρ* **a**^{s}**e**^{s}**m**^{s} ‖ **1383** *ἴσως* om. **f**^{s} | *ἀγοράκασιν* **a**^{s} | *χωρὶς τῶν* **a**^{s} ‖ **1388** *ἀπροφάσιστον* **f**^{s}

τῶν ἐπισκόπων ἔνιοι ἐκράτησαν τῶν τόπων,
ἀναίρεσιν ἡ νεαρὰ τούτων πάντων ποιεῖται
καὶ πάλιν ἀποδίδωσι τὰς κτήσεις τοῖς χωρίταις.
εἰ δ' ἴσως ἐπηυξήθησαν αἱ κτήσεις αἱ τοιαῦται
πολλοί τε ἀπεκάρησαν τῶν πεπλησιακότων
ἐπίδοσίς τε γέγονε τούτων τῶν εὐκτηρίων,
ὀκτὼ καὶ δέκα μοναχῶν τούτοις ἀποκαρέντων,
τούτων οὐδὲν ἀνῄρηκε καλῶς ὁ νομοθέτης.
πρὸς τούτοις ἐδογμάτισεν ὑπὲρ τοῦ δημοσίου
ἵνα μὴ χρόνος κατ' αὐτοῦ τὸ σύνολον ἰσχύῃ.
ἐπεὶ δὲ νόμον εὕρατο τοὺς πρωτοσπαθαρίους
καὶ τοὺς ἄνω συγκλητικοὺς φονέας γινομένους
τὴν κόλασιν ὑφίστασθαι μόνην τῆς ἀτιμίας,
ἕτερον αὐστηρότερον εἰσήνεγκε τῷ βίῳ,
τοὺς ἐκ μελέτης ἅπαντας φονέας δεδειγμένους,
κἂν εἶεν τῶν συγκλητικῶν, φονεύεσθαι δικαίως.
Ἀρκεῖ σοι ταῦτα, δέσποτα, τῶν νόμων εἰρημένα·
τὰ μὲν γὰρ ἰδικώτερον τυγχάνει γεγραμμένα,
τὰ δὲ κανονικώτερον ἐγράφη, στεφηφόρε.
πάντων δ' ἡψάμην τῶν μερῶν, δέσποτα, τῶν νομίμων
καί σοι συνοπτικώτατον βιβλίον εἰργασάμην
ἕτοιμον εἰς κατάληψιν καὶ πρόχειρον εἰς γνῶσιν.

Additamentum Parisinum

Ὁ δὲ πορφυρογέννητος βασιλεὺς Κωνσταντῖνος
προσέταξεν ἐν νεαρᾷ περὶ τῶν τελευτώντων
ἀδιαθέτων καὶ παιδὸς μηδενὸς εὑρεθέντος
μὴ τοῖς ἐκ νόμων ἅπασαν προσεῖναι καλουμένοις
συγγενέσι τὴν ἑαυτῶν τυχὸν περιουσίαν,
ἢ τούτων μὴ προσόντων γε προσκυροῦσθαι τῷ φίσκῳ,
ἀλλὰ τὸ δίμοιρον αὐτοῖς, τῷ δὲ θεῷ τὸ τρίτον
ἀφοσιοῦσθαι δούλων τε πάντων ἐλευθερίαν,

1411–1424 Nov. Const. VII, Zepos I 235–238

1389 *τὸν τόπον* **g**^{s}**w**^{s} ‖ **1392** *ἐπηυξήνθησαν* **c**^{s}**f**^{s} | *τοιαῦτα* **e**^{s} ‖ **1393** *ἀπεκάρθησαν* **a**^{s} ‖ **1394** *τε*] *τις* **g**^{s}**w**^{s}**a**^{s} | *τούτοις τοῖς εὐκτηρίοις* **e**^{s}**p**^{s}**v**^{s} ‖ **1395** *καὶ*] *ἢ* **p**^{s}**v**^{s}, (ex *ἢ καὶ*) **m**^{s} ‖ **1396** *ἀνήρητο* **g**^{s}**w**^{s} *ἀνήροιτο* **c**^{s} | *ὀνομασθέντος* **c**^{s} ‖ **1397** *τούτοις δὲ* **c**^{s} ‖ **1398** *ἰσχύει* **c**^{s} *ἰσχύσῃ* **g**^{s}**w**^{s} ‖ **1399** *εὕρετο* **a**^{s}**m**^{s} ‖ **1400** *δεδειγμένους* **e**^{s}**m**^{s}**p**^{s}**v**^{s} ‖ **1403** *δεδειμένους* **c**^{s} ‖ **1405** *τῶ νόμω* **c**^{s} | *νομίμων εἰς μνήμην* **p**^{s}**v**^{s} ‖ **1406** *ἰνδικώτερον* **c**^{s} ‖ **1408** *πάντως,* sscr. *ν,* **g**^{s} ‖ **1409** *συνοπτικώτερον* **p**^{s}**v**^{s} ‖ **1411–1424** solus add. **e**^{s}

διατιμήσεως αὐτῶν εἰκὸς ἀριθμουμένης
τῷ δεδομένῳ τῷ θεῷ μέρει τῷ πλουτοδότῃ
εἰ δὲ τὸ πλεῖστον ἢ καὶ πᾶν δούλους εἶναι συμβαίνει,
ἅπαντας ἀπολύεσθαι ζυγοῦ τοῦ τῆς δουλείας.
τοῦτο γὰρ ἀπελευθεροῖ καὶ τοὺς ἀποιχομένους
καὶ διαδόχοις οὐ μικρὸν καταλιμπάνει κλῆρον.

I. Scholia codicis **n**^{s} (**r**^{s})

Ἀρχὴ σὺν θεῷ τῶν πολιτικῶν στίχων τοῦ νόμου ἐκτεθέντων παρὰ τοῦ κυροῦ Μιχαὴλ τοῦ Ψελλοῦ πρὸς τὸν πορφυρογέννητον κῦριν Νικηφόρον μὴ βουλόμενον προσέχειν τοῖς τοῦ νόμου μαθήμασιν διὰ τὸ κεχηνὸς αὐτῶν πέλαγος

1–8. *Πρὸ τοῦ παραγίνεσθαι ἐπὶ τὸ σπουδαζόμενον τὸν διδάσκαλον, φιλοσοφικωτάτῃ θεωρίᾳ προοίμιον προτίθησιν ἀστειότατον, δι' οὗ τὸν τῇ ἀναγνώσει τούτου ἐγκύψαι πειρώμενον μηδὲ ὑφειμένως πως διακεῖσθαι παροτρύνει, ἀλλὰ προσεκτικὸν καὶ ἐμμέριμνον νοῦν ἀγκαλίζεσθαι καὶ ζώνῃ σταθερᾷ τὴν τῆς διανοίας ὀσφὺν ζωννύεσθαι ὡς πρὸς ἀντίπαλον ἀήττητον ἀγωνίζεσθαι μέλλοντα. καὶ ὥσπερ οἱ κατατολμᾶν τῶν ὑψηλῶν καὶ θείων ἐπιτρεπόμενοι ἰλιγγιῶσι, τὸ ἀσαφὲς ἐκείνων καὶ δύσληπτον λογισάμενοι, ⟨καὶ⟩ τὴν ἔναρξιν ἀναβάλλουσιν, ὧν εἰ τάχα ὀψέ ποτε καὶ μόλις ἐφήψαντο, πρῶτον μὲν τῶν πραγμάτων προαναφωνοῦσι τὴν ὑψηλότητα, εἶθ' ὕστερον δὲ τὴν ἑαυτῶν ἐν ἀκαταλήπτοις πράγμασιν ἄγνοιαν, οὕτως καὶ οὗτος, ὦ βέλτιστε, πρὸς τὸ ἀχανὲς ἀφορῶν καὶ ἄπειρον πέλαγος τῆς νομικῆς συντάξεως, πρῶτον καὶ μεγίστῃ φωνῇ προανακηρύττει πολὺ πεφυκέναι καὶ δύσκολον τοῦ νόμου τὸ μάθημα, οἷον εἰ προμαρτύρημά τι ἐτύγχανεν, 'εἴ γέ τι ἀπᾷδον τοῦ πρέποντος κατανοηθήσομαι, μεμπτέος μηδέν, καὶ γὰρ ἡ τῆς ἐξομολογήσεως δύναμις ἄμεμπτόν με φυλάττει καὶ πάσης ἐλεύθερον κατακρίσεως'.*

Ἀλλ' ὥσπερ τῶν ζωγράφων οἱ ἐπιστήμονες, ὁπόταν τὰς προποιηθείσας εἰκόνας ἐπιφοιτήσωσι, τότε ἐσχάτην χεῖρα αὐταῖς τιθέναι προσαγορεύονται, ἵνα τοῖς ἅπασι πάντα φανεῖεν καὶ γνώριμοι, οὗ χάριν καὶ μεγίστας αὐτὰς ἀπαρτίζουσιν, ὡσαύτως καὶ ὁ διδάσκαλος ἔπραξεν· τὸ γὰρ τοῦ νόμου μάθημα πολὺ εἶναι προειπὼν καὶ δυσνόητον, ἐπέφερε, κατὰ μὲν τὸ πλάτος αὐτοῦ οὐκ εὐκόλως ὁρώμενον, σκοτεινὸν δὲ μᾶλλον κατὰ τὴν σύνοψιν, κατὰ δὲ τὸν λόγον πεφυκὸς δυσερμήνευτον ἔδειξεν· ὅτι εἰ τάχα ἡ ἀναχυθεῖσα τῶν νόμων θάλασσα, ἡ ὑπὸ δισχιλίων βιβλίων ποτὲ περιειλημμένη στίχων τε χιλίων ἑκατοντάδων, ἐστενοχωρήθη εἰς ῥύακας, τῶν Κωδίκων φημὶ βιβλία τὰ δυοκαίδεκα, καὶ τῶν Διγέστων σαφῶς τὰ πεντήκοντα, τῆς δὲ Ἰνστιτούτης τὰ τέσσαρα, καὶ τῶν Νεαρῶν καὶ Ῥοπῶν δύο σοφώτατα, ὡς ὁ διδάσκαλος κατιὼν ἐσαφήνισεν, ἀλλὰ καὶ οὗτοι αὐτοὶ ὑπερεγχυθέντες πλημμύρας ὑπό τινος τοὺς νωθεῖς καὶ ὀκνηροὺς καὶ ὑπτίους ὁλικῶς προδεικνύουσιν. οὗ χάριν καὶ Νικηφόρος ὁ πορφυρογέννητος, ὡς προλέλεκται, ἐνάρκα πρὸς τούτου τὴν ἔναρξιν.

Ἅτινα προτραπεὶς ὁ διδάσκαλος ἠκριβημένῳ συνοψίσαι λόγῳ, εἰ τάχα τὸ ἔργον πεπλήρωκεν, ἀλλ' οὖν δοκεῖ ἀνακηρύττειν τὸ οὐδαμῶς ἀρκεῖσθαι τῇ προειρημένῃ συνόψει,

1423 *τοῖς ἀποιχομένοις* Weiss

Scholia **n**^{s} 122^{r}–126^{r}; 128^{r} ‖ **16** *φυλάττει* Hansen: *-ην* **n**^{s}

ἣν διὰ Τριβουνιανοῦ τοῦ παλατίου ἐξκοέστωρος Θεοφίλου τε καὶ Θεοδώρου τῶν ἰλλούστρων ἀνδρῶν Ἰουστινιανὸς ὁ ἀοίδιμος ἀπειργάσατο. τὸ γὰρ στενῶσαι ἐπὶ πλεῖον ἐκείνην τὴν σύνοψιν ἐμοὶ μὲν φόβον καὶ μέμψιν ἀληθῶς προξενεῖ διὰ τὸν κούφως τῇ μελέτῃ ταύτῃ σχολάσαντα, ⟨μὴ⟩ ἀμειδῆ καὶ σκοτεινὸν ἀπεργάσαιτο· καὶ ὥσπερ ἡ τοῦ φαεινοτάτου ἡλίου ἀκτὶς ὀφθαλμῷ νοσοῦντι προφθάνουσα οὐ μόνον οὐκ ὠφελεῖ ὡς τὰ ἕτερα, ἀλλὰ μᾶλλον νοση⟨ρό⟩τερον ἀποδείκνυσιν, οὕτω καὶ ἡ τῶν ἀσαφῶν ὑποθέσεων ἔννοια ταῖς τῶν ἀνοήτων διανοίαις διαχεομένη οὐ μόνον αὐτὰς εἴς τινα ὠφέλειαν οὐκ ἐπιτίθησιν, ἀλλὰ τῆς μείζονος βλάβης ἔνδοθεν δείκνυσιν. τούτου χάριν ἐπιβοᾷ ὁ διδάσκαλος ἀσαφὲς ἐν συνόψει τοῦ νόμου τὸ μάθημα, τῶν προηγητόρων ἰατρῶν τὴν τέχνην φυλάττειν πειρώμενος, οἳ τὰς ἀστέκτους τῶν ἀρτηριῶν ἐρευνῶντες καὶ τὴν σφύζουσαν νόσον γινώσκοντες οὐ πρότερον τῇ τμητικῇ διαιρέσει ἢ τοῖς στύφουσι τόνοις κεχρῆσθαι βούλονται, ἄχρις ἂν τῷ μαλακτικῷ καὶ λειοῦντι φαρμάκῳ τῆς καχεξίας τὰ δέοντα ἐξαποσεύωσιν. ἀλλ' ἐνθάδε οὐχ ὡς τῇ τοῦ φωτὸς μετουσίᾳ ῥαδίως γίνεται· καὶ γὰρ τῇ τοῦ φωτὸς ἐπιφοιτήσει τὰ ἐν τῷ ἀμειδεῖ σκό⟨τῳ⟩ κείμενα φωτοειδῆ καὶ εὐγνώριστα ἀπεργάζεται, τὸ δὲ τοῦ νόμου μάθημά φησιν ὁ διδάσκαλος, εἰ τάχα παρὰ τῆς λαμπρότητος τοῦ νοὸς ἐπιθυμοῦμεν φωτίζεσθαι καὶ παρὰ τοῦ λόγου τοῦ ὑπηρετοῦντος αὐτῷ εἰς ἑρμηνείαν καὶ γνῶσιν προσεπιφέρεσθαι, ἀλλ' οὖν ὁλικῶς πέφυκε δυσερμήνευτον.

Ἐπειδὴ τοίνυν πᾶν τὸ αἰτούμενον τούτου χάριν αἰτεῖται, ἅτε καλὸν εἶναι πιστεύεται, διὸ πόνοι πολλάκις ἀνύποιστοι καὶ μόχθοι ἀπείριτοι ὑπηνέγκαντο καὶ τὸ δὴ πλεῖστον τούτων πόλεμοι καὶ ναυάγια καὶ τῶν περιφανῶν σωμάτων ἀπώλεια, ἀλλ' εἰ τὸ ἐκ τῶν ἁπάντων πραγμάτων εἰς καλὸν καταντᾶν τέλος καταπιστεύεται, τούτου χάριν ἐντεῦθεν ἐπάγει· εἰ τάχα τοῦ νόμου τὸ μάθημα πολὺ πέφυκεν ἅμα καὶ δυσθεώρητον δυσπερίβλεπτόν τε καὶ ἀσαφὲς ἅμα καὶ δυσερμήνευτον, ἀλλ' ὅμως ἀναγκαῖον τὸ τέλος ἐγκέκτηκε. λοιπὸν οὐ μόνον τοὺς ἄλλους ἔξεστιν τοὺς παντοίῳ τρόπῳ ἀγωνιζομένους ὑπὸ περιφήμου βίου κυκλοῦσθαι καὶ προσεμνύνεσθαι φροντίδα οὐ τὴν τυχοῦσαν ἔχειν τῆς τοῦ νόμου παιδεύσεως, ἀλλὰ καὶ αὐτὸν μᾶλλον τὸν αὐτοκράτορα τὸν χρυσοτεύκτοις μὲν πορφύραις, χρυσοσυνθέτοις δὲ διαδήμασι καλλυνόμενον τούτου φροντίδα ἔχειν ἀσάλευτον.

Ἀλλ' ἐπειδὴ πᾶσα παίδευσις οὐ δι' ἐκείνην, ἀλλὰ διὰ τὴν σοφίαν ἐπι⟨ζη⟩τεῖται, ὅπως οἱ μετασχόντες σοφοὶ ἀναδειχθέντες λόγοις τε καὶ ἔργοις τὰ τῆς σοφίας προσεπιδείξωσιν, οὕτως ἐνταῦθα παραινεῖ ὁ διδάσκαλος ἔχειν τὸν βασιλέα φροντίδα τῆς τοῦ νόμου παιδεύσεως, ἵνα σοφὸς ἐκ τούτου γενόμενος δικαίως φυλάξει ἐν ταῖς δίκαις τὸ δίκαιον. ἔνθεν τοι συνοψίσας σοι, ὦ βασιλεῦ, τὰ πλεῖστα τοῦ λόγου καὶ τὸ ἄπειρον ἐκεῖνο καὶ ἀχανὲς τοῦ νόμου πέλαγος στενώσας εἰς μικρόν τινα ῥύακα σύνταγμά σοι τῶν νόμων πεποίηκα εὐθήρατον καὶ εὐκόλως κρατούμενον.

Ἀλλ' ὥσπερ τῶν χρυσοχόων οἱ ἔμπειροι, ἡνίκα κατασκευάσαι τι μέλλουσιν, πρῶτον μὲν τὴν ποσότητα καὶ αὐτὴν τὴν τοῦ ἔργου ποιότητα διὰ τῆς τέχνης σοφῶς διιθύνουσι, εἶθ' ὕστερον δὲ τοῦ ἔργου ἐφάπτονται, οὕτω καὶ νῦν ὁ διδάσκαλος, εἰ τάχα, φησίν, συνοψίσαι σοι μέλλω τὸν νόμον, ὦ δέσποτα, ἀλλὰ πρὸ τῆς τούτου κατάρξεως τὰ μέρη ὅσα καὶ οἷα πεφύκασι δηλῶσαι ἐπάναγκες, ὅπως τοῦ θεμελίου σταθηροῦ καὶ ἑδραίου ἀπηρτισμένου ἡ ἐναέριος οἰκοδομὴ ὡραιοτάτη εἴη καὶ τῶν ἑτέρων κτισμάτων ὁλικῶς ὑπεραίρουσα.

9–12. Τὸν προηγούμενον σκοπὸν ὑπέσχετο ὁ διδάσκαλος σαφῆ προθεῖναι τῷ αὐτοκράτορι τῶν νομικῶν μερῶν τὴν ποσότητα καὶ ποιότητα. ἣν κατὰ πόδας ἐκπληρῶσαι ὡς εἰκὸς ἐπειγόμενος πρῶτον μέν φησι μέρος πεφυκέναι τοὺς Κώδικας. ἀλλ' ὡσανεὶ τῷ βασιλεῖ φήσαντι ⟨τὴν⟩ τῶν λεχθέντων Κωδίκων ἀγνοεῖσθαι σαφήνειαν, ἐπάγει πτυχίον πεφυκέναι σαφῶς δωδεκάβιβλον, τουτέστιν, βιβλιοθήκη τις πέφυκε βιβλία ἐν ἑαυτῇ περιέχουσα δυοκαίδεκα, ἥν, φησίν, οἱ περὶ τοὺς νόμους σχολάσαντες οὐ μόνον Κώδικας, ἀλλὰ καὶ Διατάξεις ἐπονομάζουσιν.

Ἥστινος ἐν ἐπιτομῇ διηγεῖται σοφῶς τὴν περίληψιν· φησὶ γὰρ ταύτην κεκτῆσθαι αὐτοκρατόρων δόγματα ἀντιγραφάς τε νομικὰς καὶ ἀποφάσεις τῶν κρίσεων, ὧν λεπτομερῶς σκοπῆσαι τὴν σύνθεσιν, πῶς, ποίῳ τρόπῳ καὶ τίνος χάριν τυπωθεῖσαν, ἐπάναγκες πέφυκεν. ἐπειδήπερ ἅπαν ἡμῶν τὸ βιώσιμον ὡς ὑπό τινων στύλων ἑδραίων διὰ τῶν τριῶν χρόνων κρατυνόμενον, τοῦ παρεληλυθότος φημὶ ἐνεστῶτός τε καὶ τοῦ μέλλοντος, εἰς ἀπέραντον διιθύνεται, τούτου χάριν τὰ τρία λόγια ὁ διδάσκαλος τὰ νῦν ἐπιτίθησι ταῦτα, ἀντιγραφὰς νομικὰς δηλονότι ἀποφάσεις τε δικῶν καὶ τῶν αὐτοκρατόρων τὰ δόγματα. ἀλλὰ ταῖς ἀντιγραφαῖς μὲν ἐπὶ τῶν παρεληλυθότων ἐχρῶντο οἱ αὐτοκράτορες· καὶ γὰρ τῶν ἐναχθέντων οἱ αἰτιώμενοι, πιστωθέντες ἀδικεῖσθαι παρά τινων, διὰ γραφῆς ἐδήλουν τὰ τῆς δίκης τοῖς αὐτοκράτορσιν, οἱ δὲ ἀσμένως τὸ πρᾶγμα ἐνωτισάμενοι τοῦτο οὕτως αὐτοῖς ἀρέσκειν ἀντέγραφον. ταῖς δὲ τῶν δικῶν ἀποφάσεσιν ἐπὶ τῶν ἐνεστώτων κεχρῆσθαι ὡρῶντο οἱ αὐτοκράτορες· καὶ γὰρ οἱ κατὰ τὰς ἐπαρχίας ἄρχοντες κρίσεών τινων ἀγράφων ἐπιτυχόντες περὶ τῶν ἀποφάσεων ἁπαξαπλῶς οὕτως ἐδίσταζον· ἃ τοῖς βασιλεῦσιν γνωρίσαντες παρ' αὐτῶν τὰς ἀποφάσεις ἐλάμβανον. τὰ δὲ δόγματα ἐπὶ τῶν μελλόντων εἰληφέναι ἐπάναγκες, ἡνίκα περὶ τῶν μελλόντων τι ἐδογμάτιζον, ἐάν τις ποιήσειεν καὶ τὰ ἑξῆς, ἀναγράψαντες. αὗται τοίνυν αἱ ἀντιγραφαὶ ἀποφάσεις τε καὶ τὰ δόγματα παρὰ τοῖς νομοθέταις Διατάξεις ἐπονομάζονται.

Τούτων οὖν τινὰ μὲν πεφύκασιν προσωπικά, μὴ διαβαίνοντα πρόσωπον, ἅπερ μηδὲ εἰς παράδειγμα ἕλκονται οὐδὲ οἱ αὐτοκράτορες τοῦτο βούλονται (τὸ γὰρ ἰδικὸν πεφυκὸς ἐπὶ τοῖς ἑπομένοις σφάλμασιν οὐκ ἔξεστιν ἐπιφέρεσθαι· εἰ γάρ τινος πλημμελήσαντος διά τινα ἀμοιβὴν περίφημον διεφείσαντο ἢ τῆς ἐννόμου τιμωρίας ἐρρύσαντο, οὐ βούλονται ἐκτείνεσθαι πρὸς παράδειγμα, λέγοντες οἱ τῆς τιμωρίας ἐπάξιοι· 'ἐκείνων μὲν ὁμοίως πλημμελησάντων ἐφείσαντο, ἡμᾶς δὲ ἵνα τί τιμωρεῖσθαι ἐθέσπισαν;'), τινὰ δὲ γενικά, ἃ παρὰ πάντων φυλάττεσθαι ἔξεστι.

13^{I}/14^{II}, 15–16. Ἀλλ' ὅρα, ὦ βέλτιστε, πῶς ἐν ἁρμονίᾳ ἀψόγῳ ὁ διδάσκαλος διαλέγεται. εἰπὼν γὰρ τοῖς προοιμίοις γνωρίσαι τῷ αὐτοκράτορι τῶν τοῦ νόμου μερῶν τὴν ποσότητα, ἐπῆξε 'τὸ μὲν γὰρ τούτων Κώδικες', τὰ νῦν δ' ἐπάγει 'τὸ δὲ καλοῦσι Δίγεστα', δηλῶν διὰ τῶν λεγομένων τὸ μὲν πρῶτον μέρος πεφυκέναι τοὺς Κώδικας, τὸ δὲ δεύτερον εἶναι τὰ Δίγεστα. ἀλλὰ μὴ οἴου, ὦ φίλτατε, ὡς τοῦ ἀριθμοῦ, οὕτω φέρειν καὶ τῆς ἐνεργείας αὐτῆς τὰ δευτέρια. καὶ γὰρ ὁ τοῦ κτισθέντος οἴκου θεμέλιος σοφῶς μὲν ἐπενοήθη πρὸς τὸ γενναίως ἐπιφέρειν τὴν κατασκευὴν ἀέριον· ἀλλ' ὅσον τῶν ὑποκειμένων τὰ ἐπικείμενα χρησιμώτερα, τοσοῦτον τῶν Κωδίκων τὰ Δίγεστα προτιμότερα, ὡς καὶ αὐτὸς ὁ διδάσκαλος ὑπο⟨κα⟩τιὼν ἐσαφήνισεν εἰπὼν 'Ἑλληνικῶς Πανδέκτης'· καὶ γὰρ δοχεῖον παντοδαπῶν καὶ πολυειδῶν νόμων καθέστηκεν. ἀλλὰ τὰ μὲν Δίγεστα Ῥωμαϊκῇ διαλέκτῳ λελεγμένα Ἑλληνικῶς 'διαιρεῖται' καὶ σαφηνίζονται· ἐν αὐτοῖς γὰρ διαιρεῖται ἅπαν τὸ νόμιμον, εἰ τάχα οὕτως ἀλλὰ Πανδέκτης παρ' ἡμῖν ἐπωνόμασται, οὕτινος συνθέτου πεφυκότος ἀπὸ τοῦ 'πᾶν' καὶ τοῦ 'δέχομαι' ῥήματος ὁ τὸ πᾶν νόμιμον ἐν ἑαυτῷ δεχόμενος ἑρμηνεύεται. τινὲς δὲ αὐτὸν συντεθειμένον φασὶν ὑφ' Ἑλληνικοῦ καὶ Λατίνου πεφυκέναι ὀνόματος, Πάνδεκτον ὀνομάζοντες· τὸ μὲν γὰρ 'πᾶν', Ἑλληνικόν τι ὂν ὄνομα, καθέστηκε τοῖς πᾶσιν εἶναι ἀρίδηλον, τὸ δὲ 'δίκτον' Λατῖνον εἶναι νοούμενον δόγμα παρ' ἡμῖν ἑρμηνεύεται, τουτέστιν, τὸ ἐν ἑαυτῷ εἰσοικίζον πάντα τὰ δόγματα. τούτου χάριν καὶ παρὰ τῷ διδασκάλῳ 'δοχεῖον παντοδαπῶν νόμων' πεφυκέναι ἠτυμολόγηται.

Ἀλλ' ὥσπερ ἡ τοῦ χρωτοειδοῦς πυρὸς φύσις, ἥτις εἰ τάχα μὲν παρὰ πλείστοις ἐκτείνεται, οὐδαμῶς δὲ ἔλαττον ὁρᾶται παρὰ τῷ ἔχοντι, οὕτω καὶ τοῦ Πανδέκτου αὐτοῦ ἡ δαψίλεια, ὡς ὁ τοῦ διδασκάλου λόγος καθέστηκε· τοσαύτη, φησίν, πέφυκεν ἡ τοῦ Πανδέκτου ἀφθονία καὶ σύνταξις, ὡς πλειόνως τοὺς μετὰ ταῦτα νομοθέτας παρ' αὐτοῦ εἰληφέναι τοῦ νομοθετεῖσθαι τὴν δύναμιν καὶ νόμον ἐκθέσθαι παρὰ πάντων τηρούμενον.

17–19. Ἀλλ' ὥσπερ ἐν τοῖς μύθοις τὴν πολυκάρχαρον ὕδραν κεφαλὴν ⟨φασι⟩ μίαν

ἀφαιρουμένην ἀναριθμήτους ἄλλας κεφαλὰς ἀναφύεσθαι, οὕτω καὶ ἡ τῶν νομικῶν Διγέστων δαψίλεια· τοῦ γὰρ διδασκάλου ὁρισθέντος τῶν νομικῶν μερῶν δεύτερον μέρος πεφυκέναι τὰ Δίγεστα καὶ τὰ ἐν αὐτῷ ἅπαντα καν⟨ο⟩νίσαντος καὶ ἐπὶ τὰ ἑξῆς ἀπιέναι τῷ λόγῳ μέλλοντος, μέρη τῶν Διγέστων πάμπλειστα ἀνεβλάστησαν, ὡς καὶ αὐτὸν παρ' αὐτῶν ἐπειγόμενον εἰπεῖν τῶν Διγέστων εἶναι τὰ μέρη παντοδαπὰ καὶ ἀπείριτα. ἀλλ' οἱονεὶ ἀμφισβητοῦντι τῷ αὐτοκράτορι καὶ αὐτὰ τὰ μέρη σαφηνίσαι καθικετεύοντι, ἐπάγει· 'τὰ μὲν γὰρ πρῶτα λέγουσι περὶ συναλλαγμάτων, τετράβιβλος δ' ἡ σύνταξις, κλῆσις πρώτη τῶν πρώτων.'

Ἀλλ' ὥσπερ παρὰ τοῖς ἀγωνιζομένοις ἐν τῷ σταδίῳ πολλάκις γενέσθαι ἑώρακα, ὧν τὸν μὲν ἐμπειρότατον ἑκουσίως ὑφαπλοῦσθαι κάτωθεν, ὥστε τῶν ἡττημένων παρὰ τοῦ δήμου δέχεσθαι τὴν ἀπόφασιν, τέχνῃ δὲ εὐστρόφῳ καὶ ἀκαταλήπτῳ πολλοῖς εὐθὺς ὁρᾶσθαι ἐπάνωθεν, τοῦτο καὶ τῇ τῶν Διγέστων σαφηνείᾳ εἰπεῖν ὁρᾶται ἐπάξιον, ὡς ὁ διδάσκαλος ἐσαφήνισε· τοὺς γὰρ Κώδικας ἐν πρώτῳ τυπώσας βαθμῷ καὶ ἐν δευτέρῳ τὰ Δίγεστα, ἐπάγει τῶν Διγέστων μέρη τὰ πρώτιστα 'πρώτην τῶν πρώτων' τὴν προσηγορίαν εἰσδέχεσθαι, ἅτε σύνθεσίς τις πεφυκυῖα τετράβιβλος περὶ συναλλαγμάτων, δι' ὧν τὸ πολίτευμα συνίσταται τὸ ἡμέτερον τὸ πᾶν διαλέγεται, ὡς καὶ ἐν τοῖς καθήκουσι τόποις ὁ διδάσκαλος γραφῇ παραδώσειεν.

Ἀλλὰ καὶ ἐπὶ τὰ ἕτερα τῶν μερῶν τῆς καλάμου τὸ ὀφφίκιον διιθύνωμαι, ὅπως δι' αὐτῶν συνοπτικῶς ἀναμάθωμεν τὴν δύναμιν αὐτῶν καὶ ἐνέργειαν.

20–22. Τὴν φιλοσοφικὴν τρίβον ὁρᾶται ὁ διδάσκαλος παραγίνεσθαι· τοῦ γὰρ πρώτου μέρους τοῦ Πανδέκτου ὁρίσας τὰ δέοντα καὶ τὴν τούτου κλῆσιν ἀναδιδάξας καὶ μέλλων εἰπεῖν καὶ μέρος τὸ δεύτερον, ἐπάγει 'τὸ μετὰ ταῦτα πέφυκεν', οἷον εἰ ἀναθείμενον ἐτύγχανεν, 'τοῦ μὲν πρώτου μέρους συνοπτικῶς σοι, ὦ βασιλεῦ, τὴν σύνταξιν ἐγνωρίσαμεν, τὸ δὲ δεύτερον μέρος ὑπάρχει πτυχίον ἑπτάβιβλον'. καὶ γὰρ κατὰ τὴν τῆς ἀριθμητικῆς τάξεως δύναμιν τῇ τοῦ πρώτου προσηγορίᾳ συνιέναι ἐπάναγκες καὶ τὸ δεύτερον, οἷα καὶ τοῦ δευτέρου τῇ κλήσει χρειῶδες νοεῖσθαι καὶ τοῦ πρώτου τὴν ἔναρξιν. διὸ καὶ ἐπάγει 'τὸ μετὰ ταῦτα', ἤγουν τὸ μετὰ τὰ λεχθέντα μέρη, πέφυκε ⟨βίβλος⟩ βιβλίων ἑπτὰ τὴν συνθήκην ἐν ἑαυτῇ περιέχουσα, ἣ τῇ Ῥωμαϊκῇ διαλέκτῳ ἐπονομάζεται δε γιουδίτζιης, ὅπερ εἰ Ἑλληνίσαι τις βούλεται, εὑρήσει καθ' ἡμᾶς περὶ κρίσεων· τὸ μὲν γὰρ 'δε' παρὰ τοῖς Ῥωμαίοις τοιαύτην δύναμιν κέκτηται οἵαν νοεῖται τὸ 'περὶ' ἔχειν παρὰ τοῖς Ἕλλησιν, τὰ δὲ παρ' ἐκείνοις γιουδίτζια κρίσεις παρ' ἡμῖν Ἑλληνίζονται. ἀλλ' ὥσπερ τῇ τῆς οἰκουμένης προσηγορίᾳ καὶ τοὺς ταύτης οἰκήτορας νοῆσαι διδάγμεθα, οὕτω καὶ τῇ προσκλήσει τῶν {γὰρ} κρίσεων καὶ τοὺς δικαστὰς νοῆσαι ἐπάναγκες.

23–24. Ὅρα δέ, ὦ βέλτιστε, στοιχηδὸν βαδίζοντα τὸν διδάσκαλον· τοῦ γὰρ δευτέρου μέρους συντετμημένως ὁρίσας τὰ τούτῳ προσήκοντα, τοῦ τρίτου τῆς σαφηνείας ἐφήψατο. οὐκ εἶπε δὲ 'τὸ τρίτον μέρος', ἀλλὰ 'τὸ τρίτον συνάθροισμα', δηλῶν διὰ τούτων ὅτι τὸ μὲν δεύτερον μέρος συνηνώθη τῷ πρώτῳ ὡς κορωνίδι τούτῳ ὑπάρχοντι, ὁμοίως δὲ καὶ τὸ τρίτον συνηθροίσθη τοῖς προοδεύουσιν. ἀλλ' ἐπειδὴ ἑκάστῳ καὶ προσηγορίαν ἐπέθηκεν, ἐπάγει 'προσκαλεῖται δὲ δε ῥέβους'. ἀλλ' αὕτη μὲν ἡ πρόσκλησις Ῥωμαϊκῶς λεγομένη 'περὶ πραγμάτων' παρὰ τοῖς Ἕλλησι μεταφράζεται. ὥσπερ δὲ {τις} πάσης τῆς συνοχῆς τῶν βιβλίων ἐδήλωσε τὴν ποσότητα, οὕτως ἐνταῦθά φησιν 'ὀκτάβιβλον' πεφυκέναι τὸ 'σύνταγμα χωρητικὸν πραγμάτων', ἤγουν δοχεῖον τῶν νομικῶν πραγμάτων.

25–27. Ὥσπερ ἡ ὁρωμένη μέση στιγμὴ τῶν παρ' αὐτῇ μὲν ἑλισσομένων κύκλων εἰς σταθερότητα μεσότητος παραγίνεται, τῶν δὲ ἑτέρων κύκλων τῶν ἔξωθεν περιτιθεμένων οἷόν τι κέντρον καὶ πηδάλιον ἐπινενόηται, ἐν ᾧ οἱ ἔξωθεν κύκλοι τὴν συστροφὴν καὶ

171 τὸ] τι Psellus

κυβέρνησιν κέκτηνται, οὕτω καὶ τῶν Διγέστων μέρος τὸ τέταρτον καθάπερ τις ὀμφαλὸς πέφυκε τῶν προλεχθέντων καὶ λεχθησομένων αὐτῶν μάλιστα. ὡς γὰρ τῷ ὀμφαλῷ τὰ ἐνδόσθια πάντα κεκράτηνται καὶ οὐκ ἐῶνται ἀναμοχλεύεσθαι, οὕτω καὶ τὸ τέταρτον μέρος τῶν Διγέστων πέφυκε καθάπερ τις ὀμφαλὸς τῶν νομικῶν διατάξεων (καὶ γὰρ αἱ ἕτεραι καὶ παντοδαπαὶ συντάξεις, εἰ τάχα ἐπὶ τὸ εἰπεῖν τι παραγίνονται, ἀλλ' οὖν ἀποστῆναι τούτων οὐ δύνανται), ὀκτὼ βιβλίων περιέχον τὴν σύνθεσιν καὶ δοχεῖον ἀπείρων νόμων ὁρώμενον. ἀλλὰ τοῖς μὲν ἑτέροις μέρεσιν συνοπτικῶς τὴν περιοχὴν ἐπεδήλωσε, ἐν τούτῳ δὲ οὐχ οὕτως, ἀλλὰ δοχεῖον εἶναι νόμων πολλῶν διηγούμενος ἐγνώρισεν ὅτι τὸ μὲν πρῶτον μέρος τῶν Διγέστων περὶ συναλλαγμάτων σαφῶς διαλέγεται, τὸ δεύτερον περὶ κρίσεων, τὸ τρίτον δὲ περὶ πραγμάτων ποιεῖται διήγησιν, τοῦτο δὲ οὐχ οὕτως, ἀλλὰ καὶ τῶν προειρημένων αὐτῶν καὶ προσαφ⟨ηθ⟩έντων λεχθησομένων τε πάντων ἐφάπτεται.

28–29. *Ἐνταῦθα παιδαγωγεῖ τὸν αὐτοκράτορα ὁ διδάσκαλος τὸ πέμπτον μέρος ἐννεάβιβλον ὀνομάζεσθαι. ὥσπερ δὲ καὶ τὸ πρῶτον μέρος δε κοντράκτηβους, τουτέστιν περὶ συναλλαγμάτων, τὸ δὲ δεύτερον ⟨δε⟩ γιουδίτζηης, τὸ δὲ τρίτον δε ῥέβους τὴν προσηγορίαν ἐδέξατο, καὶ ἁπαξαπλῶς αὕτη ἡ πρόσκλησις ἑκάστῳ καθέστηκεν, οὕτω καὶ τῷ παρόντι πέμπτῳ μέρει τῶν Διγέστων προσηγορίαν ἐπέθηκεν ἐννεάβιβλον. ἀλλ' ἵνα μὴ φανῇ τοῦ μέρους τούτου παρατρέχειν ἀσαφῆ τὴν περίληψιν, ἐπάγει 'περὶ διαθηκῶν φησιν', τουτέστιν, πῶς ποίῳ τε τρόπῳ παρὰ τίνος τε καὶ πότε διαθέσθαι ἐπάναγκες, καὶ πῶς ὑπὸ ἀκυρώσεως ἀτελειότητός τε, πρὸς δὲ καὶ ῥήξεως αὐτῆς καὶ τῆς μέμψεως ὁ διατεθεὶς ἐλέγχεται οἷάπερ ἀδιάθετος. οὐ μόνον δὲ ταῦτα, φησίν, ἀλλὰ καὶ 'ἄλλα μυρία' ἐγκέκτηται πράγματα.*

208. *Δικαιοσύνη ἐστὶ διαίρεσις τοῦ δικαίου, ὡς λέλεκται.*

II. Scholia codicis **o**^{s}

Ἑρμηνεῖαι εἰς τὴν Σύνοψιν τῶν ἀγωγῶν τῶν νόμων τοῦ ὑπερτίμου Ψελλοῦ

35. *Εἰς τὸ 'τὸ δ' ἕβδομον καὶ ὕστατον'] ἑρμ. Τὸ ἕβδομον βιβλίον τῶν Διγέστων δι' ἰσχυρῶν συμφώνων διαλέγεται ὅτι τὰ παρὰ τὸν νόμον σύμφωνα ἀντὶ μηδὲ γεγονότα εἰσί· τί γὰρ σύμφωνόν ἐστιν, ἄνθρωπος πιεῖν τὴν θάλασσαν; συντάσσεται δὲ εἰς δύο μόνα βιβλία.*

44. *Εἰς τὸ 'εἶτα συνοπτικώτατον τοῦ Λέοντος βιβλίον'] ἑρμ. Ὁ δεσπότης Λέων σοφὸς ὑπάρχων καὶ τοὺς νόμους Ἰουστι⟨νι⟩ανοῦ καὶ τῶν ἄλλων νομοθετῶν συναθροίσας, ἐποίησεν ἀντ' ἐκλογὴν βιβλίον αὐτοῦ συνοπτικώτατον, εἰς ὃ ἔθετο καὶ ἐκ τῶν δικῶν καὶ ἐκ τῶν Κωδίκων καὶ ἐκ τῶν Διγέστων καὶ ἐκ τῶν Νεαρῶν συντόμως, καὶ διέκρινε καὶ ἐτίτλωσεν ἑκάστην ὑπόθεσιν οἰκείως. ἔστι δὲ δυσερμήνευτον, ἀλλ' ἐσχάτως σαφὲς τῷ ἀναγινώσκοντι.*

87. *Εἰς τὸ 'πολιτικὸν δὲ νόμιμον'] ἑρμν. Ὁ πολιτικὸς δὲ νόμος ἐστὶν ἡ συνήθεια ἡ γενομένη κατὰ τόπους, οἷον ἐν μὲν ταῖς Ἀθήναις ἦν νόμος ὁ γραπτός, ὅπερ ἐθνικὸς λέγεται, ἐν δὲ τῇ Λακεδαίμονι ἦν ὁ πολιτικὸς νόμος, ὅπερ ἐστὶν ἡ συνήθεια. ἡ συνήθεια τοπική ἐστι καὶ χρειώδης· καὶ αὐτὴ ἡ συνήθεια εἰς τρία συνδιαιρεῖται, εἰς δωδεκάδελτον, εἰς τὰ δόγματα τῶν βασιλέων καὶ εἰς τοὺς πραίτωρας. 'περὶ δὲ ἅ', ἤτοι περὶ τῶν τριῶν, ῥητὸν τὸ δίκαιον.*

Scholia **o**^{s} 2^{r}–9^{r} ‖ 17 *ῥητέον* Hansen (cf. Psell.)

135. *Εἰς τὸ 'τῆς βέρβις δ' αὖθις ἐνοχῆς'] ἑρμν. Καὶ αὕτη ἡ ἀγωγὴ ἡ λεγομένη δάμνη ἰφάκτη τῆς βέρβις ἐστίν· ἥτις κινεῖται πίπτοντος γείτονος δωματίου, ὅπως παραγγείλῃς αὐτῷ ὅτι 'τὸ δωμάτιόν σου πίπτει καὶ χάλασον αὐτό, μή πως ἀδικήσῃ τὸ ἐμὸν ὀσπήτι'.*

214. *Εἰς τὸ 'ἡ συμφορὰ δὲ τῆς μητρός'] ἑρμν. Ἐὰν ἡ γυνὴ μετὰ τὸν θάνατον τοῦ ἀνδρὸς αὐτῆς πέσῃ εἰς πορνείαν, αὕτη ἡ συμφορά ἐστιν, οὐ βλάπτει δὲ τὸν ἐν τῇ κοιλίᾳ υἱὸν αὐτῆς, ὃν ἔχει μετὰ τοῦ ἀνδρὸς αὐτῆς, τοῦ μὴ κληρονομῆσαι τὰ πράγματα τοῦ πατρὸς αὐτοῦ.*

216. *Εἰς τὸ 'οὐ σθένει τις ἐλευθεροῦν'] ἑρμν. Ὁ περιγράφων ὅτι ἔχει δανειστὰς οὐ δύναται ἐλευθερῶσαι τὸν δοῦλον αὐτοῦ διὰ τὸ ἀ[ντ]ενα[γα]γεῖν τοὺς δανειστὰς αὐτοῦ τοῦ μὴ στρέψαι τὸ χρέος.*

217. *Εἰς τὸ 'μετὰ τὴν ἥβην γράφειν τις'] ἑρμν. Μετὰ τὴν ἥβην, ἤγουν μετὰ τοὺς δυοκαίδεκα χρόνους, δύναται ποιῆσαι ὁ ἄνηβος διαθήκην, ἡ δὲ θήλεια μετὰ τοὺς δυοκαίδεκα. καὶ ὁ ὑπάρχων δέκα καὶ ἑπτὰ ἐτῶν δύναται ἐλευθερῶσαι τοὺς δούλους αὐτοῦ, καὶ οὐ βλάπτεται ὁ ἐλευθερωθεὶς διὰ τὴν ἡλικίαν τοῦ νέου.*

219. *Εἰς τὸ 'τῶν παίδων ὑπεξούσιοι'] ἑρμν. Οἱ ὑπεξούσιοι υἱοί, ἐὰν ὁ πατὴρ αὐτῶν τελευτήσῃ, εὐθὺς οἱ παῖδες αὐτεξούσιοί εἰσιν καὶ οὐκ ἐξουσιάζονται παρὰ τῆς μητρὸς οἱ παῖδες.*

221. *Εἰς τὸ 'εἴ τις ἐκ φίσκου λάβοιτο'] ἑρμν. Τὸ παλαιόν, ἐάν τις ἐλάμβανεν ἢ ἠγόραζεν ἐκ τοῦ δημοσίου πράγματα, ὑπέβλεπε πρὸς τὸν δημόσιον χρόνους δ'· ὁ δὲ βασιλεὺς Ἰουστινιανὸς εἶπεν εὐθέως ἔχειν τὸ ἀφρόντιστον ὁ ἀγοραστής, ὁ δὲ φαινόμενος ὅτι ἦν κύριος τοῦ πράγματος τοῦ ἠγορασμένου ἐνάγει τὸ δημόσιον χρόνους δ'.*

? *Εἰς τὸ '⟨σ⟩ιτηρέσια ἀπὸ τοῦ δημοσίου'] ἑρμν.* (246) *Ἡ ἔκστασις, τουτέστιν, ἐὰν μετὰ τὴν διαθήκην γένηται ὁ ἄνθρωπος κωφὸς ἢ ἄλαλος ἢ μαινόμενος, οὐκ ἀνατρέπεται ἡ διαθήκη ἡ προγενομένη.*

256. *Εἰς τὸ 'ἀθεμιτογαμήσας τις'] ἑρμν. Ἀθεμιτογαμία ἐστὶν τὸ λαβεῖν τις γυναῖκα τὴν ἀδελφὴν αὐτοῦ ἢ τὴν νύμφην ἢ ἄλλην ἣν ὁ νόμος κωλύῃ. ἐκεῖνος γὰρ ὀφείλει τιμωρηθῆναι καὶ οἱ γεννηθέντες ἐξ αὐτῶν σπούριοι λέγονται καὶ εἰσὶν ἄκληροι.*

274. *Εἰς τὸ 'ἔφηβος τοῦ κουράτορος συγγενῶν συνεργούντων'] ἑρμν.* (275) *Εἰς τὰ πράγματα τὰ εὑρισκόμενα καὶ δεσπότην μὴ ἔχοντα τοῦ προκαταλαβόντος γίνεται.*

285. *Εἰς τὸ 'ὁ ἔχων τὴν ἐναγωγὴν ἀποδείξει βαρεῖται'] ἑρμν.* (286) *Ἅμα τὸ τελευτῆσαι τὴν θυγατέρα δι' ἧς ὁ ἀνὴρ προῖκαν ἔλαβεν, ἀντιστρέφεται τῷ πατρὶ αὐτῆς τὰ ἀκίνητα πράγματα τῆς προικός· τὰ δὲ κινητὰ ἀπαιτοῦνται καὶ λεπτομερῶς πληροῦνται ἄχρι ἑνὸς ἐνιαυτοῦ.*

310. *Εἰς τὸ 'τὸ διπλασιαζόμενον ἔκ τινος ἠρνηκότος'] ἑρμν. Ὁ ἀρνησάμενος ὅπερ ζητεῖται αὐτῷ ὅτι 'οὐκ ἔχω', καὶ ἐλεγχθῇ μετὰ τὴν ἄρνησιν, διπλοῦν στρέφει αὐτό, ἤγουν αὐτὸ ὅπερ χρεωστεῖ καὶ ἄλλο τοσοῦτον.*

315. *Εἰς τὸ 'τῷ ἐκπεσόντι πράγματος Πουπλιανὴ ἁρμόζει'] ἑρμηνεία. Κατελείφθη μοι πρᾶγμα παρά τινος λεγάτον, ὁ δὲ ἐπίτροπος βουλόμενος τὸ ἐμὸν κερδῆσαι ἐποίησεν ἔγγραφον, ὅτι τῇ ἐμῇ θελήσει αὐτὸ καὶ ὑπεγράφη εἰς τὸ σύμβολον μὴ γινώσκων τὸν δόλον· μαθὼν δὲ βοηθεῖ μοι ἡ Ποβλιανὴ δίκη εἰς τὸ λαβεῖν τὸ ἐμόν, καὶ οὐ βλάπτομαι ὅτι ἐμαρτύρησα εἰς τὸ ἔγγραφον.*

333. *Εἰς τὸ 'οἱ γενικοὶ τῶν νομικῶν'] ἑρμν.* (332) *Ἡ τετυπωμένη συνήθεια τόπον ἔχει νόμου καὶ ἀντὶ νόμου λογίζεται· ἀλλ' οἱ γενικοὶ νόμοι, ἤγουν οἱ γραπτοί, ἐγκρατέστεροί εἰσι τῶν νομικῶν, ἤγουν τῶν συνηθειῶν, ὅτι ἐκεῖ ἰσχύει ἡ συνήθεια, ἔνθα οὐκ ἔστι νόμος ἔγγραφος.*

29 scr. *τεσσαρασκαίδεκα* (cf. Psell. 270) ‖ **47** *ἀναγωγὴν* **O**[s] ‖ **53** *ἄλλον* **O**[s] ‖ **55, 58** *ἔγραφον* **O**[s] ‖ **56** *ὑπεγράφει* **O**[s]

346. *Εἰς τὸ 'τὸ μεῖζον δικαστήριον'] ἑρμν. Ἐὰν ὑπάρχῃ δικαστήριον φόνου ἢ μοιχείας ἢ χρημάτων, προκρίνεται τὸ μεῖζον εἰς τὸ κριθῆναι, καὶ τότε τὸ ἔλαττον.*

361. *Εἰς τὸ 'τὸ μεῖζον δικαστήριον κρεῖττον τῶν ἐλαττόνων'] ἑρμν. Εἴρηται τοῦτο ὅτι πρότερον κρίνεται τὸ ἔγκλημα, εἶτα ἡ χρηματικὴ δίκη.*

414. *Εἰς τὸ 'τοὺς εὐτελεῖς δὲ μάρτυρας ὁ κριτὴς κολαζέτω'] ἑρμν. Κόλασιν ἐνταῦθα ἀκούων μὴ νόμιζε τύψιν ἢ ἄλλη ποινήν, ἀλλὰ χωριζέτω ἕνα καὶ ἕνα καὶ ἐρευνησάτω αὐτούς.*

416. *Εἰς τὸ 'ἐπὶ τῶν ἐγκλημάτων δὲ τῶν ἐν δικαστηρίοις'] ἑρμν. Ἡνίκα τις ζητεῖται περὶ ἐγκληματικῆς δίκης, οὐκ ὀφείλουσιν οἱ μάρτυρες ἀποστεῖλαι τὰς φωνὰς αὐτῶν ἐγγράφως, ἀλλ' αὐτοὶ ζῶσα φωνὴ μαρτυρείτωσαν.*

422. *Εἰς τὸ 'ὁ δὲ ἐκ παραιτήσεως'] ἑρμν. Ἐξουσίαν ἔχει ὁ ἐναγόμενος παραιτεῖσθαι τὸν ἐχθρὸν δικαστήν, ὁ δὲ παραιτήσας αὐτὸν οὐ δύναται τὸν δεύτερον κριτὴν ἤγουν δικαστὴν παραιτεῖσθαι λέγων ὅτι 'ἐχθρός μοι ὑπάρχει'.*

424. *Εἰς τὸ 'μετὰ διομοσίας δέ'] ἑρμν. Ἐὰν ὁ ἐναγόμενος καὶ εἰς τὸν δεύτερον δημόσιον ἐναχ(θεὶς) πρῶτον καὶ δεύτερον οὐκ ἦλθε ποιῆσαι δίκαιον, τότε ὁ ἐνάγων ἐχέτω ἐκ τῶν πραγμάτων τοῦ ἐναγομένου ὅσον ζητεῖ ὅτι τοῦ ἔχειν ὁ ἐναγόμενος, καὶ οὐκ ἀποστρέψει αὐτὰ αὐτῷ εἰ μὴ δώσῃ αὐτῷ τὴν πᾶσαν ἔξοδον ἣν ἐποίησεν ἐγκαλῶν κατ' αὐτοῦ.*

617. *'Ἡ ῥεπετούνδης ἀγωγὴ φέρεται κατὰ τῶν δωροδόκων', μάλιστα τῶν πρακτόρων, εἴ τινες λαμβάνουσι πολλάκις δῶρα καὶ ἀδικοῦσι τοὺς πτωχούς· καὶ μάλιστα ἐὰν τελευτήσωσιν οἱ κατηγορούμενοι, ὁ ῥεπετούνδης νόμος τιμωρεῖ τοὺς ἀκουστὰς τῶν συκοφαντῶν.*

623. *Εἰς τὸ 'στελιονάτος δ' ἔστιν πράξεως'] ⟨ἑ⟩ρμν. Πᾶσα πρᾶξις πονηρίας λέγουσιν οἱ Ῥωμαῖοι στελιονάτους, ὁποῖόν ἐστιν τοῦτο· ἐάν τις χρεώστης δέδωκε πράγματα εἰς ὑποθήκην τῷ δανεισαμένῳ αὐτῷ, καὶ λαμβάνει τὸ πρᾶγμα ὃ ἐδανείσατο, τὴν δὲ ὑποθήκην κρατεῖ καὶ οὐ βούλεται δοῦναι, οὗτος ὀφείλει τιμωρηθῆναι ἐξορδινάριον, τουτέστιν ἔξωθεν τάξεως, ἀντὶ τοῦ ἱκανῶς.* (627) *ἡ δέ γε διαιρετικὴ ἀγωγή, ἤτοι ἡ διαχωριστική, λέγεται τριβουτορία.*

629. *Εἰς τὸ 'τὸ δέ γε Πιλιάνειον'] ἑρμν. Τοῦ Ἐπιλιανοῦ τὸ δόγμα τοιοῦτόν ἐστιν· εἰ μὲν συκοφάντης οὐκ ἀποδείξει τὴν συκοφαντίαν, τὴν ταὐτοπάθειαν πάσχει ἣν ἔμελλε παθεῖν ὁ συκοφαντούμενος.*

633. *Εἰς τὸ 'ἡ φουγγνερατικία δέ'] ἑρμν. Ἔστιν ἀγωγὴ λεγομένη φ{ν}ουγγνερατικία, ἥτις ἀπαιτεῖ τῷ δοθέντι παρὰ τοῦ ἀνδρὸς εἰς ταφὴν τῆς γυναικός, ἐὰν ἡ γυνὴ ἄπαις τελευτήσῃ, καὶ ἀναλαμβάνεται τὸ προικεῖον ἐκ τοῦ ἀνδρὸς παρὰ τῶν γονέων αὐτῆς. ὁμοίως καὶ ἡ γυνή, ἐὰν ἐξοδιάσῃ διὰ τὸν ἄνδρα, πρῶτον τὸ χρέος τοῦτο ζητεῖται.*

640. *Εἰς τὸ 'δόγμα δὲ τὸ Ἀτίλιον'] Ὥρισται χρόνον ἐπιζητῆσαι ἕκαστον τὸ ἴδιον ἐάν τις κρατεῖ αὐτὸ ἄλλος τις ξένος, ἢ δεκαετία ἢ εἰκοσαετία, καὶ ἡ τριακονταετία· ὁ δὲ ἔχων κλοπιμαῖον πρᾶγμα οὐ δύναται δεσποθῆναι διὰ νομῆς.*

642. *Εἰς τὸ 'ὁ νόμος ὁ ἀγράριος'] ἑρμν. Οἱ μεταθέντες ὅρους ἢ ἀπαλλάττοντες ἐφ' ἑκάστῳ ὅρῳ ρ' ὑπέρπερα ζημιοῦνται.*

646. *Εἰς τὸ 'ἐάν τις ὑπὸ αἵρεσιν'] ἑρμν. Ἐάν τις χρεωστῇ καλῇ πίστει ἤτοι φιδικομισαρίαν δοῦναι ἐλευθερίαν τινί, οἷον ὁ πατήρ μου ἐπέτρεψέ με ὥστε ποιῆσαι τὸν δοῦλον αὐτοῦ ἐλεύθερον ἔσωθεν ἑνὸς ἐνιαυτοῦ ὑπὸ ὡρισμένον καιρόν, ἔπειτα ἀπαχθεὶς ὁ υἱὸς παρ' ἐχθρῶν τὴν ἐλευθερίαν οὐκ ἐποίησεν (εὔλογος γὰρ ἦν ἡ αἰτία ὅτι οὐκ ἴσχυσε καὶ ἔξωθεν τοῦ χρόνου), ἐλθὼν δὲ ἀπὸ ἐχθρῶν καὶ πληρώσας τὴν ἐλευθερίαν, οὐκ ἀποπί-*

75 *ἐχρὸς* **O**[s] ‖ 79 *δόσῃ* **O**[s] ‖ 103 *φιδικομισαρέαν* **O**[s]

πτει τῶν πατρικῶν πραγμάτων διότι ἔσωθεν τοῦ χρόνου οὐκ ἐλευθέρωσε τὸν δοῦλον κατὰ τῇ προστάξει τοῦ πατρὸς αὐτοῦ.

653. Εἰς τὸ 'δόγμα τὸ Κλαυδιάνειον'] ἑρμν. Κλαύδιός τις βασιλεὺς ὑπάρχων Ῥωμαίων νόμον ἐποίησε καὶ ἔπαυσεν ὁ νόμος ἐκεῖνος. (654) οἱ δὲ ἄνηβοι, ἐὰν διὰ τὴν ἀφηβίαν αὐτῶν τι ἀπολέσωσι, βοηθεῖ αὐτοῖς εἰς τὸ ἀναλαβεῖν τὰ πράγματα αὐτῶν τοῦ Καρβούνη ὁ νόμος. (655) οἱ δὲ πλαστὸν ἔγγραφον πεποιηκότες τιμωροῦνται ποιναλίως ἤτοι κακῶς.

661. Εἰς τὸ 'δόγμα τὸ Σιλιάνειον'] ἑρμν. Δόγμα τὸ Σιλιάνειον ἐκδικεῖ τοὺς ἀνθρώπους ἐκείνους τοὺς πεπονθότας θάνατον αἰφνιδίως, ὅτι οὐ μέλλουσιν ἀπολέσθαι τὰ πράγματα αὐτῶν, ἀλλ' οἱ υἱοὶ αὐτῶν ἢ ὁ πατὴρ ἢ οἱ ἀδελφοὶ αὐτῶν κληρονομείτωσαν. εἰ δὲ οὐκ ἔχει υἱοὺς οὔτε γονεῖς τοῦ κληρονομῆσαι αὐτόν, τὰ μὲν ἡμίση λαμβάνει ὁ δημόσιος, τὰ δὲ ἕτερα ἡμίση ἔχει ὁ τεθνηκώς. τοῦτον τὸν νόμον ἔκρινεν ὁ Σιλουάνος.

665. Εἰς τὸ 'ὁ νόμος ὁ Φαλκίδιος'] ἑρμν. Περὶ τοῦ Φαλκιδίου νόμου μικρόν τι προσρηθήσεται κατὰ πλάτος, ἐπειδὴ εἰς τὸ καταλαβεῖν αὐτὸν μεγάλην δυσκολίαν ἔχει. ὁ Φαλκίδιος τοιοῦτός ἐστιν· ὁ ἐλθὼν εἰς τὴν θανὴν αὐτοῦ καὶ ἔχει παῖδας ἕως δ', λαμβάνει τὸ τρίτον μέρος τῆς κληρονομίας αὐτοῦ καὶ δίδει τῷ υἱῷ ἢ τοῖς υἱοῖς, κἀκεῖνος κρατεῖ τὰ δύο μέρη. εἰ δὲ ἔχει ε' υἱοὺς ἢ καὶ πλείους, τὸ ἥμισυ λαμβάνει ὁ πατὴρ καὶ τὸ ἥμισυ ἔχουσιν οἱ υἱοί.

674. Εἰς τὸ 'ἡ ἔκκλητος δὲ δίδοται'] ἑρμν. Ἡ ἔκκλητος αὕτη ἐπενοήθη παρὰ Ἰουστινιανοῦ τοῦ βασιλέως, ἡνίκα τις φανῇ ἐπιβαρυνθῆναι τῷ κρ{ησ}ίματι, διὰ τὸ μὴ οὕτως ἀτάκτως ὁ κρινόμενος εἴπῃ τῷ κριτῇ ὅτι 'παρακρίνεις με', λέγων ὅτι 'τὴν κρίσιν ταύτην ἐκκλινόμην', ἤγουν βούλομαι διορθωθῆναι. ὁ δὲ κριτὴς λαμβάνει προθεσμίαν ἡμερῶν δέκα καὶ σκέπεται καὶ τὴν κρίσιν διορθοῦται, εἰ μέντοι ἔπταισεν· εἰ δ' οὐχί, στήκει ἡ κρίσις.

675. Εἰς τὸ 'μετὰ διάζευξιν ἀνδρός'] ἑρμν. Ἐὰν ἡ γυνὴ ἔχουσα ἄνδρα ἀποβαλεῖται τοῦτον θανάτῳ καὶ συλλάβῃ ἐξ αὐτοῦ, ὀφείλει ἔσωθεν ἡμερῶν λ' εἰπεῖν ὅτι 'ἐγκυός εἰμι'. εἶτα ἔρχεται ἡ διαθήκη τοῦ ἀνδρός, καὶ εἰ μὲν οὐκ ἐμνημονεύθη ὁ παῖς ἐν τῇ διαθήκῃ ὁ ἐν τῇ κοιλίᾳ ἔσωθεν μηνῶν τριῶν, ἀναλαμβάνει τὸ μέρος τῆς κληρονομίας αὐτοῦ, ἢ τὸ ἴνβεντον.

679. Εἰς τὸ 'τῶν ἐκ πλαγίου συγγενῶν'] ἑρμηνεία. Εἴπομεν ὅτι ὁ υἱός ἀναλαμβάνει τὴν κληρονομίαν τοῦ πατρὸς αὐτοῦ ἔσωθεν μηνῶν τριῶν· εἰ δὲ οὐκ ἔστιν υἱός, καὶ εἰσὶ συγγενεῖς οἱ μέλλοντες κληρονομῆσαι τοῦ τελευτῶντος, ὀφείλουσι καὶ αὐτοὶ ἔσωθεν ρ' ἡμερῶν διακατέχειν ἢ ἀναλαμβάνειν τὴν δικαιοσύνην αὐτῶν· καὶ ἐὰν ὁ κρατῶν τὴν διαθήκην κρατηθῇ ὡς μὴ φανερῶν τὸ δίκαιον τῶν γονέων ὃ ὁ τελευτήσας ἔασεν αὐτοῖς καὶ ὑπέρθηται ἤγουν παρατείνῃ τὸν καιρὸν καὶ οὐ στρέφῃ αὐτὸ ἔσωθεν τῶν δ' μηνῶν, δίδουσιν οἱ κατηγορούμενοι ἐπίτροποι διὰ τὴν ὑπέρθεσιν τῶν δ' τόκους ἑκατοστιαίους.

683. Εἰς τὸ 'διδοῦσι τοῖς ἐνάγουσιν ἑκατοσταίους, ἄναξ'] ἑρμν. Ὁ ἑκατοστιαῖος τόκος τοιοῦτός ἐστι τοῖς ἀργυροπράταις ἤγουν τοῖς καταλλάκταις· εἰς τὴν λίτραν τῶν νόμων νομίσματα η', τοῖς δ' ἄλλοις ἅπασι νομίσματα ς', καὶ ἁπλῶς ὡς ⟨ὁ⟩ νόμος κατὰ πλάτος βούλεται. οὗτοι οἱ τόκοι δίδονται πρὸς τοὺς ζητοῦντας τὰ δίκαια τῶν γονέων παρὰ τῶν ἐπιτρόπων τῶν κατακεκριμένων.

687. Εἰς τὸ 'καὶ ἡ μειοῦσα τίμημα'] ἑρμν. Ἐάν τις πιπράσκῃ τὸ πρᾶγμα αὐτοῦ ἐλαχίστῳ τιμήματι, ἡ τοιαύτη πρᾶσις ἄκυρός ἐστιν· ἐλάχιστον δὲ πρᾶγμα νοεῖται τὸ ὂν ἧττον τοῦ ἡμίσεως τοῦ τιμήματος, ἤγουν, ἐπώλησά σοι τὸ ὀσπήτι μου διὰ νομίσματα μ' καὶ ἔχρῃζεν ρ', οὐκ ὀφείλει ἡ πρᾶσις σταθῆναι, ἐπεὶ οὐ τὸ μέσον τῆς τιμῆς μοι ἔδωκας,

118, 119 ἥμιση **O**[s] ‖ **128** εἴπει **O**[s] ‖ **150** πρᾶγμα] scr. τίμημα

ἤτοι νομίσματα ν'. καὶ διὰ τοῦτο λέγει ὅτι ἡ τοιαύτη ἀγωγὴ ἡ μειοῦσα ἤγουν ἐλαττοῦσα τὸ τίμημα {τοῦ} τοῦ πραθέντος πράγματος ὀφείλει κινῆσαι καὶ ζητεῖν τὸ πρᾶγμα αὐτό· εἰ δὲ ὁ χρόνος παρείθη, οὐκ ἔχει ἐξουσίαν ζητῆσαι.

691. *Εἰς τὸ 'ἐνιαυτὸς ἀφώρισται τῇ δόσει τοῦ λεγάτου'] ἑρμν. Ἐάν τις λεγατεύῃ εἰς σεβάσμιον οἶκον πρᾶγμά τι, ὀφείλουσιν οἱ ἐπίτροποι ἔσωθεν ἐνιαυτοῦ πληρῶσαι τὴν ἐπιτροπήν· εἰ δ' οὐχί, οἱ ἐπίτροποι καὶ τὸ πρᾶγμα δίδουσι διὰ τὴν ὑπέρθεσιν μετὰ τόκου.*

693. *Εἰς τὸ 'ἐνιαυτὸς ἀφώρισται τῷ ἀντιτιθεμένῳ'] ἑρμν. Ἐάν τις τελευτήσῃ ἄπαις καὶ καταλείπει γυναῖκα, ὀφείλει ὁ ἀντιτιθέμενος, ἤγουν ὁ κρατῶν τὰ πράγματα τοῦ τελευτῶντος, μετὰ τὴν τελευτὴν τοῦ ἀνδρὸς στρέφειν τὴν ἀνάργυρον, ἤτοι τὴν ἀποπλήρωσιν τῆς προικός, ἔσωθεν τοῦ ἐνιαυτοῦ· εἰ δ' οὐ στρέψει τὰ δίκαια τῆς γυναικὸς ἔσωθεν τοῦ χρόνου, δίδει καὶ τόκους.*

696. *Εἰς τὸ 'ὁ διὰ μέγα ἔγκλημα'] ἑρμν. Ἐάν τις ζητηθῇ εἰς δίκην, ὅτι ἀπαιτεῖται παρά τινος ὅτι ἐφόνευσε τὸν υἱὸν αὐτοῦ ἢ τὸν ἀδελφόν, ὀφείλει ἔσωθεν τοῦ ἐνιαυτοῦ ἐλθεῖν καὶ ἀποκριθῆναι τοῦ ἐγκλήματος· εἰ δὲ οὐκ ἔλθῃ καὶ ζητεῖται διὰ πραγμάτων, ἀποπίπτει ἐκ τῶν πραγμάτων αὐτοῦ καὶ ἀνασῴζεται ὁ ἐνάγων αὐτόν· εἰ δὲ περὶ φόνου κατ⟨ηγορ⟩εῖται ὁ ἐναγόμενος, τιμωρεῖται κεφαλικῶς.*

699. *Εἰς τὸ 'ἡ κατὰ τοῦ ἁρπάσαντος'] ἑρμν. Αὕτη ἡ ἀγωγὴ τοῦ ἐμπρησμοῦ καὶ τοῦ ναυαγίου ἴσην ποινὴν ἔχουσι. ἐάν τις εὑρεθῇ ἁρπάζων τὰ ἀντὶ δύσεως σῳζόμενα πράγματα ἐκ τοῦ ναυαγίου τῆς θαλάσσης, ἔσωθεν μὲν τοῦ ἐνιαυτοῦ ἀποστρέφει αὐτὰ εἰς τὸ τετραπλοῦν, μετὰ δὲ τὸν ἐνιαυτὸν εἰς τὸ ἁπλοῦν.*

704. *Εἰς τὸ 'πᾶσα γυνὴ χηρεύουσα'] ἑρμν. Πᾶσα γυνὴ χηρεύουσα, εἰ ἔχῃ παῖδας, ὀφείλει φυλάσσειν χρόνον ἕνα εἰς τὸ λαβεῖν ἄνδρα· ὁμοίως δὲ καὶ γυνή, ἐὰν μὴ ἔχῃ παῖδας, ὀφείλει φυλάσσειν τὸν δωδεκαμηνιαῖον χρόνον.*

708. *Εἰς τὸ 'ἐμφυτευτὴς καὶ μισθωτής'] ἑρμν. Μισθωτὴς λέγεται ὁ δοὺς ἐνοίκιον ἢ ἀγωγὴν ἐκ τοῦ οἰκήματος ἢ τοῦ ζῴου, ἡ δὲ ἐμφύτευσις ⟨........⟩, ἀλλὰ μόνον εἰς φυλακὴν ἔχει τὸ πρᾶγμα. ὁ τοιοῦτος ἐμφυτευτὴς ἢ μισθωτής, εἰ μὲν εἰς οἰκήματα ἢ ζῷα ὑπάρχει καὶ τὸ κρατούμενον παρ' αὐτοῦ οὐ τηρήσει ἀλλὰ χεῖρον ποιήσει, καὶ οὐ ποιεῖ αὐτὸ βέλτιον εἶναι καὶ εἰς τὴν πρώτην τάξιν φέρει ἄχρι δύο ἐνιαυτῶν, στερεῖται τοῦ πράγματος καὶ οὐδὲ τὴν κτίσιν ἣν ἐν αὐτῷ ἐποίησε λαμβάνει.*

711. *Εἰς τὸ 'ἐὰν ἐν ἔτεσι δυσὶν ὁ γάμος'] ἑρμν. Ἐὰν ἐξετάθη ὁ γάμος τοῦ γενέσθαι ἄχρι χρόνων β' καὶ μετὰ τὸ γενέσθαι τὸν γάμον παρελθόντων τῶν β' χρόνων ἔλαχεν ὅτι ἡ γυνὴ εὑρέθη εἰς πορνείαν ἢ εἰς ἄλλην εὔλογον αἰτίαν, ὅθεν ἐλύθη ὁ γάμος, ὁ ἀνὴρ ἀπαιτεῖ⟨ται⟩ τὴν προῖκα, ἔξεστι τῷ ἀνδρὶ παραγράφεσθαι τὸ μέρος τῆς γυναικός, ἤγουν τοῦ στρέψαι τὸ ὅλον προικεῖον εἰς τὸν ἄνδρα.*

715. *Εἰς τὸ 'εἰ δ' ἐπὶ δέκα ἔτεσιν'] ἑρμν. Εἰ δὲ ζήσει ἡ γυνὴ μετὰ τοῦ ἀνδρὸς αὐτῆς χρόνους ι', καὶ μετὰ τοῦτο πέσῃ ἡ γυνὴ καὶ χωρίζεται ἐκ τοῦ ἀνδρὸς αὐτῆς, ὀφείλει ὁ ἀνὴρ αὐτῆς ἔσωθεν τριῶν μηνῶν κινῆσαι ἀγωγὴν τοῦ ἔχειν τὰ προικεῖα τῆς γυναικὸς τῆς πταισάσης.*

719. *Εἰς τὸ 'μετὰ τὸν εἰκοστόπεμπτον'] ἑρμν. Ὁ ἀφῆλιξ παῖς πληρώσας τὸν τέλειον χρόνον, ἤγουν τὸν κε', μετ' αὐτὸν πληρουμένων χρόνων δ' ὀφείλει ζητῆσαι τὴν ἀποκατάστασιν τῶν πραγμάτων αὐτοῦ ὧν ἐζημιώθη εἰς τὴν μικρότητα αὐτοῦ· εἰ δὲ οὐ ζητήσει μετὰ τοὺς δ' χρόνους, ζητῆσαι οὐ δύναται.*

727. *Εἰς τὸ 'τῶν ἀκινήτων πέφυκεν'] ἑρμν. Λέγει ὁ διδάσκαλος περὶ νομῆς· εἰ μέν τις κατ' ἐνώπιόν σου κέκτηται τὸ κινητόν σου πρᾶγμα δεκαετίαν καὶ οὐκ ἐνάξεις οὐδὲ παραγγείλῃς, ἀπώλεσας αὐτό· εἰ δὲ οὐχ ὑπάρχεις ἐν τῇ χώρᾳ, ἔχεις ἄδειαν τοῦ ζητῆσαι τὸ σὸν ἄχρι χρόνων κε'.*

169 post *ἀγωγὴ*] *ἡ κ(α)τὰ* inductum **O**ˢ ‖ **170** *δύ( )ως*, mg. *δυνάμεως*, **O**ˢ ‖ **197** *παραγγείλεις* **O**ˢ

730. *Εἰς τὸ 'τὰ ἔτη τῆς περὶ προικὸς ἀναργυρίας ι΄'] ἑρμν. Εἰ μὴ ζητήσεις τὸ ἐλλεῖπον τοῦ προικείου ἄχρι χρόνων δέκα, ἀπόλλεις αὐτό.*

731. *Εἰς τὸ 'ἡ πρὸ τῶν ιβ΄ ἐτῶν ἀθέσμως'] ἑρμν. Λέγει ὁ νομοθέτης ὅτι οὐκ ὀφείλει εὐλογηθῆναι ἡ γυνὴ λόγῳ γάμου πρὶν πληρώσει τὰ ιβ΄ ἔτη· εἰ δὲ πρὸ τῶν ιβ΄ ἐτῶν ἦν ἡ μνηστεία, ὀφείλει αὕτη ἡ μνηστεία παραμένειν τὰ ιβ΄ ἔτη τοῦ γάμου. εἰ δὲ ἑτέρως γένηται, λύεται ἀπὸ νόμου.*

732. *Εἰς τὸ 'ἀνὴρ δὲ εἰκοστοετής'] ἑρμν.* (737) *Ὁ δεκαοκτὼ χρόνων ὑπάρχων οὐ δύναται εἶναι ἐντολεὺς ἢ κατήγορος.*

738. *Εἰς τὸ 'ὁ δὲ υἱοθετῶν τινα'] ἑρμν. Ἡ υἱοθεσία τῇ φύσει ἀκολουθεῖ, καὶ διὰ τοῦτο ἐπενοήθη, διὰ τὴν ἀκληρίαν· ὅθεν ὁ λαβών τινα εἰς θέσιν μείζων θέλει εἶναι τοῦ υἱοθετουμένου, ὥσπερ ὁ πατὴρ ὑπάρχει τοῦ υἱοῦ αὐτοῦ τοῦ φυσικοῦ μείζων.*

740. *Εἰς τὸ 'θήλεια μὲν αἰτήσεται'] ἑρμν. Ἡ γυνὴ οὐ δύναται ποιῆσαι υἱὸν θετόν, ἐπειδὴ* {*ἐκ*} *τοῦ υἱοῦ αὐτῆς οὐκ ἐξουσιάζει, εἰ μὴ ἐννόμως τοῦτο ποιῆσαι ἔχουσα πρόσταξιν παρὰ βασιλέως· ἀλλ' εἰ μὲν αἰτήσεται συγγνώμην ἤτοι συγχώρησιν τῆς αὐτῆς ἡλικίας, ὀφείλει εἶναι χρόνων ιη΄.*

742. *Εἰς τὸ 'ἀνὴρ δὲ εἰκοστοετής'] ἑρμν. Μὴ πληρουμένου τοῦ ἀνδρὸς τοὺς κ΄ χρόνους συγγνώμην λαμβάνει ἐκ τῶν πταισμάτων αὐτοῦ, καὶ ἥττων ὑπάρχων τῶν* ⟨*κ΄*⟩ *δικάζειν οὐκ ἰσχύει ἐκ τῶν πραγμάτων αὐτοῦ.*

749. *Εἰς τὸ '*⟨*ἀ*⟩*φῆλιξ αἰτησάμενος'] ἑρμν. Ὁ ἀφῆλιξ ἔσωθεν τῶν κε΄ χρόνων ὑπάρχων, ἐὰν χαρίσῃ ὀσπήτι ἢ χωράφιον ἢ ἄλλο ἀκίνητον πρᾶγμα, ἡ δωρεὰ ἐκείνη οὐκ ἔρρωται, ἐπειδὴ ζητεῖται ὁ παῖς συγγνώμην τῆς ἡλικίας· ἀλλ' ἐξουσίαν ἔχει μετὰ τοῦ κε΄ χρόνου ἔσωθεν δέκα χρόνων ἐνάξαι καὶ ζητῆσαι τὸ χάρισμα ὃ ἐχαρίσατο καὶ λαβεῖν αὐτό. εἰ δὲ παύσει καὶ παρέλθῃ ἡ δεκαετία, ἔρρωται ἡ δωρεὰ αὐτοῦ.*

753. *Εἰς τὸ 'τὴν ἐπὶ πράσει ἀγωγήν'] ἑρμν. Ἐὰν ἀγοράσω πρᾶγμα παρὰ σοῦ καὶ οὐ δύναμαι λαβεῖν αὐτὸ ἀπὸ σοῦ, ἀλλὰ διὰ ξενιτείαν ἣν εἶχον ἐκράτησας τὸ χωράφιον ἢ τὸ ὀσπήτι ὅ μοι ἐπώλησας, χρόνους λ΄ οὐ δύνασαι διὰ τὴν μακρότητα τοῦ καιροῦ ἔχειν αὐτό. ὁμοίως καὶ ὁ ἀδελφός μου ἐκράτησε τὴν κληρονομίαν τοὺς εἰρημένους χρόνους, καὶ οὐκ εἰμὶ εἰς τὸν τόπον· οὐ δύναται ταύτην ἔχειν. ἀλλὰ πᾶσα ἡ ἀγωγὴ προσωπική, ἤγουν ἐὰν ὁ ἄνθρωπος ὑπάρχει εἰς τὴν χώραν ἢ ὁ ἴδιος καὶ ἕως τῶν λ΄ χρόνων οὐ ζητήσει τὸ πρᾶγμα αὐτοῦ, σβέννυται καὶ φθείρεται ἡ ἀγωγὴ τοῦ μὴ ζητοῦντος αὐτήν.*

788. *Εἰς τὸ 'ὁ νόμος δ' ὁ Φαλκίδιος'] ἑρμν. Εἴρηκε πρῶτον ὁ διδάσκαλος περὶ τοῦ Φαλκιδίου ὅτι ἐστὶν εὔχρηστος καὶ θαυμαστός, νῦν δὲ ἑρμηνεύει αὐτόν. Φαλκίδιος δὲ εἴρηται ὅτι ἀποκόπτει ὁ διαθέμενος τὴν κληρονομίαν αὐτοῦ καὶ μερίζει αὐτὴν ὅπου βούλεται. καὶ ἡ φύσις τοῦ Φαλκιδίου τοιαύτη ἐστίν· εἰ ὁ πατὴρ τελευτήσει καὶ ποιήσει διαθήκην καὶ οὐ μνησθῇ τοῦ παιδὸς αὐτοῦ ἐν αὐτῇ, ἀλλὰ ποιήσῃ ἄλλους κληρονόμους, λαμβάνει ὁ παῖς τὴν κληρονομίαν ἣν ἁρμόζει αὐτῷ ἐκ τῶν πραγμάτων, ἤτοι τὸ τρίτον μέρος. εἰ δὲ εἶχε β΄ παῖδας καὶ θανὼν οὐκ ἐμνημόνευσεν αὐτῶν, ἕκαστος ἕξει αὐτῶν ἕκτον μέρος· εἰ δὲ τυγχάνουσι τρεῖς οἱ παῖδες, ἕκαστος ἕξει ἔννατον τῆς οὐσίας τοῦ πατρὸς αὐτῶν· εἰ μὲν εἰσι τέσσαρες, δωδέκατον ἕξει ἕκαστος αὐτῶν· εἰ δὲ πλείους τυγχάνωσι τῶν δ΄, δίδοται τούτοις τῆς πατρικῆς οὐσίας τὸ ἥμισυ αὐτῆς. καὶ γὰρ οὕτως ὀφείλεις νοῆσαι, ὅτι ἄχρι δ΄ παίδων ὁ πατὴρ λαμβάνει τὸ τρίτον μέρος τῆς καθαρᾶς αὐτοῦ περιουσίας καὶ δίδει τοῖς αὐτοῦ υἱοῖς, τὰ δὲ δύο μέρη κρατεῖ αὐτὸς καὶ ληγατεύει ὅσοι ἔρχονται εἰς τὴν κληρονομίαν· εἰ δὲ πλεῖον ἔχει τῶν δ΄, μερίζει ἐξ ἡμισείας μετὰ τῶν παίδων. οὕτω δοκεῖ τῷ Φαλκιδίῳ.*

200 *ἀπόλλης* **O**[s] ‖ **208, 209** *μεῖζον* **O**[s] ‖ **214** *κε΄* **O**[s] ‖ **215** *ἧττον* **O**[s] ‖ **221** *εἰ*] *ἡ* **O**[s] ‖ **227** *ἢ* del.? ‖ **233** *μνησθεῖ* **O**[s]

806. *Εἰς τὸ 'τοὺς ἀντελλόγους, δέσποτα'] ἑρμν. Ἀντέλλογόν ἐστιν, ἡνίκα περὶ χρέους ἀπαιτοῦνται, λέγων ὁ εἷς ὅτι 'χρεωστεῖς μοι νομίσματα ν'', καὶ ἄλλος λέγει ὅτι 'καὶ σὺ πρός με ϱ'', ποιεῖ ὁ κριτὴς ἀντελλογὴν καὶ λέγει, 'λοιπὸν ὀφείλει δοῦναι ὁ χρεωστῶν τὰ ν' νομίσματα, καὶ ἰδοὺ ὁ χρεωστῶν τὰ ϱ' ἔλαβες τὰ ν' καὶ πλήρωσον καὶ σὺ τὰ ϱ'', ὅπερ ἐν τῇ παραθήκῃ γενέσθαι οὐ δύναται, ἀλλ' ἀποστρέφει ὃ εἰς παραθήκην ἔλαβεν.*

808. *Εἰς τὸ 'τὴν καταδίκην τὴν ἁπλῆν'] ἑρμν. Ἐξστιπουλάτος λέγεται ὁ κρατῶν καὶ μὴ ταχέως στρέφων ὃ χρεωστεῖ ἢ ἀπὸ δανείσματος ἢ ἐξ ἀγορασίας. οὐ καταδικάζεται δὲ διὰ τὴν περικράτησιν εἰ μὴ εἰς τὸ ἁπλοῦν ἤγουν εἰς τὸ κεφάλαιον.*

811. *Εἰς τὸ 'διπλῆν δ' ἔχουσιν εἴσπραξιν'] ἑρμν. Ἐὰν ἔχῃς μοι πρᾶγμα καὶ κρύψῃς ἀρνούμενος, ἢ ἐὰν παραθήσομαί σοι καὶ ἀρνηθῇς καὶ ἔπειτα ἐλεγχθῇς, βούλεται ὁ Ἀκουΐλιος τοῦ στρέψαι ὁ ἀρνούμενος εἰς τὸ διπλοῦν, ἤγουν τὸ κεφάλαιον καὶ ἄλλο τοσοῦτον.*

813. *Εἰς τὸ 'τὸ δέ γε τετραπλάσιον'] ἑρμν. Ἐὰν ὁ κλέπτης μανιφέστος ἐστὶν ἤγουν φανερός, στρέφει ὃ ἔλαβεν ἁπλοῦν ἢ διπλοῦν· δεύτερον δὲ ἁλοὺς ὡς μανιφέστος στρέφει τετραπλοῦν. αἱ τοιαῦται ἀγωγαὶ πολλαί εἰσιν ἄλλαι πλεῖον γινόμεναι διὰ φάκτον ἤτοι ἔργον, ὡς ὁ κλέπτης. τὸ δὲ λαβεῖν τὸ ἐμὸν ποιῶν μοι διὰ φόβον ἢ διὰ συκοφαντίαν καὶ οὕτως κατὰ συκοφαντίαν κλοπή ἐστιν.*

820. *Εἰς τὸ 'οὐδεὶς δὲ ἐναγόμενος'] ἑρμν. Οὐδεὶς ἄνθρωπος ἐναγόμενος διὰ ὑπόθεσιν αὐτοῦ καταδικασθεὶς ἀποστρέφει οὐδέν, καὶ γὰρ τὸ ἑαυτοῦ ἀπώλεσεν· εἰ δ' ἀλλοτρίαν ἀγωγὴν ἄγει τις καὶ οὐκ ἀποδείξει ἔγγραφα ἐκ τοῦ πρωτοτύπου, ὡς ἐξουσίαν ἔχει παρ' αὐτοῦ τοῦ ἐνάξαι, καὶ ἀπολέσει τὴν ξένην ἀγωγήν, καλῶς ἀπαιτηθήσεται τὴν ἱκανοδοσίαν τοῦ στρέψαι ἐκείνῳ τὴν ζημίαν, ὡς χωρὶς προτροπῆς ἐν τῷ δημοσίῳ εἰσῆλθε καὶ ἀγωγὴν ἐποίησεν.*

839. *Εἰς τὸ 'γυνὴ δὲ μετὰ χήρευσιν'] ἑρμηνεία. Λέγει ὅτι ἡ γυνὴ μετὰ τὴν αὐτῆς χήρευσιν, εἰ μὲν οὐ λήψεται δεύτερον ἄνδρα, τὸ πρᾶγμα τοῦ ἀνδρὸς αὐτῆς μερίζει μετὰ τῶν παίδων καὶ ἔχει αὐτὸ καὶ κατὰ χρῆσιν καὶ κατὰ δεσποτείαν. ὁμοίως καὶ ὁ ἀνήρ, εἰ μὴ λάβῃ δευτέραν γυναῖκα, μερίζει τὴν προῖκα τῆς γυναικὸς μετὰ τῶν παίδων αὐτοῦ.*

844. *Εἰς τὸ 'ὁ αὐτεξούσιος υἱός'] ἑρμν. Ὁ αὐτεξούσιος ἀποθνήσκων ἄτεκνος καταλειψάτω τὸ ἔννομον μέρος τοῖς γονεῦσιν αὐτοῦ, ἀποστρέφων τὸ προικεῖον ὃ ἔλαβεν ἐκ τῆς γυναικός.*

867. *Εἰς τὸ 'αἱ ἄποροι καὶ ἄπροικοι μή'] ἑρμν. Ἐάν τις γυναῖκα λάβῃ ἄπορον ἤγουν ἄπροικον μηδὲν ἔχουσαν, καὶ τελευτήσει ὁ ἀνὴρ ἄπαις, ἡ δὲ γυνὴ οὐ δευτερογαμήσει, τέταρτον μέρος λήψεται ἐκ τῶν πραγμάτων τοῦ ἀνδρός, εἰ καὶ ὑπάρχουσι παῖδες.*

884. *Εἰς τὸ 'εἴ τις τὸν ἔχοντα νομήν'] ἑρμν. Οἱ Ῥωμαῖοι τὸ ἰντέρδικτον λέγουσι καὶ ἀνδεβί· ἐάν τις ἔχῃ νομὴν εἰς πρᾶγμα καὶ ἔλθῃ ἄλλος καὶ ἀπελάσειεν αὐτὸν τῆς νομῆς, ἤγουν διώξει, ὡς βίαιος ὑπάρχων, ἤγουν βίαν ποιῶν, ἐὰν ᾖ ἀκίνητος ἡ κτῆσις τοῦ νεμομένου ἀνθρώπου ἤγουν τοῦ διωκομένου, ὁ διώξας αὐτὸν στρέφει ὃ ἔλαβεν καὶ ἄλλο τοιοῦτον, εἰ δὲ ὁ βιάσας ἔλαβεν αὐτὸ ὡς πρᾶγμα αὐτοῦ, στερεῖται τοῦ πράγματος αὐτοῦ. λέγει γὰρ ὁ νόμος· ἴδιον ἀνάρχως ἀφελόμενος ἐκπίπτει τῆς ἐξουσίας αὐτοῦ.*

906. *Εἰς τὸ 'καὶ τὰ μὲν προγενέστερα'] ⟨ἑ⟩ρμν. Λέγει ἐνταῦθα ὁ σοφὸς τρία νοήματα. ἄνθρωπός τις ἐν πράξει ὢν χρεωστεῖ χρέος τοῦ δημοσίου· ὁμοίως ὁ αὐτὸς ἄνθρωπος χρεωστεῖ ἄλλῳ ἀνθρώπῳ νομίσματα ἃ ἔχει εἰς ὑποθήκην· ἔλαβεν ὁ αὐτὸς γυναῖκα καὶ ἐτελεύτησε, καὶ χρεωστεῖ καὶ τὴν προῖκα. τίς πρῶτον ἐκ τῶν τριῶν ὀφείλει*

248–250 post **254** trp., ordinem restituit adscriptis num. *β*^{ov} et *α*^{ov}, **o**^{s} ‖ **252** *ἀρνηθεὶς … ἐλεγχθεὶς* **o**^{s} ‖ **264** *ἐκεῖνο* **o**^{s} ‖ **267** *λείψεται* **o**^{s} ‖ **268–269** *ὁμοίως – αὐτοῦ* mg. add. **o**^{s} ‖ **273** *αἱ*] *οἱ* **o**^{s} ‖ **275** *λείψεται* **o**^{s} ‖ **277** *ἔλθει* **o**^{s} | *ἄλαλος* **o**^{s} ‖ **278** fort. *ἡ ἀκίνητος ᾖ*

ἔχειν τὸ χρέος αὐτοῦ; καὶ λέγει· εἰ μὲν πρότερον τοῦ δημοσίου τὸ χρέος ἦν, προτιμότερόν ἐστι τῶν χρεῶν τῆς ὑποθήκης καὶ αὐτῆς τῆς προικὸς τῆς μεταγενεστέρας· καὶ ἐὰν ὁ δανειστὴς προεδανείσατο τοῦ δημοσίου, εἰς τὸ χρέος ἦν προτιμότερος ἐκεῖνος· ἡ δὲ προὶξ νικᾷ τὸν προγενέστερον δανειστήν, κἂν ὕστερον ἐγένετο τοῦ προγενεστέρου δανειστοῦ.

914. *Εἰς τὸ 'εἰσὶ δ' ἕτερα δάνεια'] ἑρμν. Εἰσὶ δ' ἄλλοι δανεισταὶ μεταγενέστεροι τῆς προικός, καὶ νικοῦσι τὴν προῖκα· οἷ⟨ον⟩ ὃ δανείζει τις εἰς τὸ γενέσθαι στρατιώτης ἤτοι ἀκοντιστής, καὶ ὁ δανείζων καὶ μὴ λαμβάνων κέρδος προτιμεύει τοῦ ἐνυποθήκου λαμβανομένου κέρδους.*

921. *Εἰς τὸ 'μάρτυς ἐστὶν ἀπόβλητος'] ἑρμν. Δεικνύει ὁ σοφὸς οἷοί εἰσιν ὑπὸ νόμου οἱ δυνάμενοι τραπῆναι τοῦ μὴ μαρτυρῆσαι. καὶ λέγει· πρῶτον ὁ μῖμος, ἤγουν ὁ παιγνιώτης, καὶ ὁ θυμελικός, ἤγουν ὁ μέθυσος, καὶ ὁ κυνηγὸς καὶ οἱ κατακεκριμένοι παρὰ τῶν ἐν τοῖς δικαστηρίοις ὡς συκοφάνται (οἱ γὰρ συκοφάνται ψεῦσται εὑρισκόμενοι οὐ δύνανται μαρτυρεῖν) καὶ οἱ κλέπται ὁμοίως. οὐδὲ ἄνηβος μαρτυρεῖ, ὁ ἥττων τῶν κε' ἐτῶν. οὐδὲ γυναῖκες μαρτυροῦσιν· ἀλλ' εἰ μέν ἐστιν ἐν τόπῳ ἔνθα ἄνδρες ἰδεῖν οὐ δύνανται, ἐκεῖ μαρτυροῦσιν αἱ γυναῖκες, ὡς ἐπὶ λοχείας, εἰς λουτρὸν ἢ εἰς πληγὴν ἣν ὁ ἀνὴρ οὐ συμφέρει βλέψαι. καὶ δοῦλος μαρτυρεῖ ἐν σπάνει τῶν μαρτύρων εἰς διαθήκην, ὑπεξῃρημένου τοῦ κυρίου αὐτοῦ. οἱ δ' ἀσθενεῖς καὶ γέροντες καὶ οἱ πρωτοσπαθάριοι καὶ ἱερεῖς οὐ μαρτυροῦσι εἰ μὴ ἑκουσίως· ὁ δὲ ἀρχιερεὺς οὔτε ἑκουσίως οὔτε ἀκουσίως μαρτυρεῖ.*

934. *Εἰς τὸ 'τοὺς δ' ἄλλους ἀναγκάσειας'] ἑρμν. Τοὺς ἄλλους πάντας ἀναγκάζει ὁ κριτὴς μαρτυρῆσαι ἀκουσίως ὅπερ γινώσκουσι, καὶ μᾶλλον ἐάν τίς ἐστιν ἐπιδεὴς ἢ πτωχὸς καὶ ἔχει δίκην μετὰ δυνάστου, καὶ οἱ μάρτυρες μαρτυρῆσαι διὰ τὸν πένητα καὶ λέγειν τὴν ἀλήθειαν μὴ θέλουσιν.*

945. *Εἰς τὸ 'εἰ λάβοι τις ἐν γράμμασιν'] ἑρμηνεία. Ἐάν τις λάβῃ χρέος καὶ ποιήσει ὁμόλογον ἤγουν ἔγγραφον, στρέφων τὸ χρέος ὀφείλει λαβεῖν ἐκ τοῦ δανειστοῦ ἀπόδειξιν ἤγουν ἔγγραφον μεμαρτυρημένον διὰ μαρτύρων τριῶν· εἰ δὲ τοῦτο οὐ ποιήσει, αὖθις ἔνοχος ὑπάρχει ὁ στρέψας τὸ χρυσίον τοῦ στρέψαι ἄλλο. εἰ μὴ ἔχει ἀπόδειξιν, ὀφείλουσιν ἵνα ἔλθωσι πέντε μάρτυρες ἐνώπιον αὐτῶν καὶ εἴπῃ ὁ τὸ δάνειον λαβὼν ὅτι 'ἔχει αὐτός, καὶ ὑμεῖς ἐστε ἐκ τούτου μάρτυρες'.*

953. *Εἰς τὸ 'εἰ δανειστὴς ἀπόδειξιν'] ἑρμν. Ἐάν τις ἄνθρωπος μὴ λαβὼν τὸ χρέος ἐποίησεν ἀπόδειξιν ὅτι 'ἔλαβον τὸ χρέος', καὶ ἔσωθεν τριάκοντα ἡμερῶν οὐ ζητήσει τὸ χρέος, οὐ δύναται ἔτι ζητῆσαι ἀναργυρίαν. εἰ δὲ ἐνάγει ἐντὸς τῶν λ' ἡμερῶν λέγων ὅτι 'ἀπόδειξίν σοι ἐποίησα καὶ οὐκ ἔδωκάς μοι τὸ χρέος δι' ὃ τὴν ἀπόδειξιν ἐποίησα', κἀκεῖνος λέγει ὅτι 'ὅταν τὴν ἀπόδειξίν μοι ἐποίησας, καὶ τὸ χρέος ἔλαβες', ὀφείλει ἀποδεῖξαι μετὰ μαρτύρων ὡς τὸ χρέος ἔστρεψεν ὅταν τὴν ἀπόδειξιν ἔλαβε.*

III. Scholium codicis $\mathbf{d}^{s}$

1368. *Ση. ὅτι ἐάν τις προφωνήσῃ πωλεῖσθαι αὐτοῦ τὸν οἶκον ἢ ἄλλην κτῆσιν ἀκίνητον, καὶ μετὰ τὴν διαλαλιὰν παρέλθῃ τριακονθήμερον, ὀφείλει ἀναγκάζειν τὸν πλησιαστὴν ἀγοράσαι τὸ τοιοῦτον. εἰ δὲ καὶ τούτου παρελθόντος ἕτερον ἐκδράμοι τετρά-*

288 *ἡ*] *εἰ* $\mathbf{o}^{s}$ ‖ **299** *ἧττον* $\mathbf{o}^{s}$ ‖ **302** *οὐ* scripsi: *ὁ* $\mathbf{o}^{s}$ | *εἰς* mg., *ἐν* in textu $\mathbf{o}^{s}$ ‖ **311, 312** *ἔγραφον* $\mathbf{o}^{s}$

Scholium $\mathbf{d}^{s}$ 24^{v}

μηνον οὐκ ἐξωνεῖται τὸ τοιοῦτον ὁ πλησιαστής, τότε ἄδεια δίδοται τῷ ἔχοντι τὸ πρᾶγμα διαπωλεῖν αὐτὸ ᾧτινι βούλεται παρὰ τοῦ εἰς τὸν τόπον εὑρισκομένου εἰς κεφαλήν. εἰ δὲ ὁρισμῷ βασιλικῷ ἢ εἰς βασιλικὰς δουλείας ἢ ἰδίας ἀπολιμπάνεται, δεῖ ἀναμένειν αὐτόν.

Poema 9. De medicina

Hoc poema Synopsi legum eo simile est quod diversas partes artis nullo ordine manifesto observato conserit. capitula praecipua sunt haec: definitiones morborum et symptomatum (1–87); de alimentorum virtutibus (88–242). sequitur 'liber II prognosticus': de signis (243–255), de diebus criticis (256–270), de crisibus (271–282), de pulsibus (283–425; appenduntur alia signa, praesertim faeces, 426–441), de urinis (442–538), de febribus (539–670; quae quamquam ad prognosin non pertinent, tamen haec pars poematis a pulsibus et urinis disiungi non potest, de qua re infra). ultima pars eademque longissima conficitur descriptione morborum totius corporis a capite usque ad pedes (671–1297), subiuncto brevi vocabulario medicinali (1298–1356).

Tria capitula de pulsibus, de urinis, de febribus cum Pselli epistulis ad easdem res pertinentibus, quas tradit codex **Q** (ff. 196^{v}–200^{r}, Praef. p. XX), ita cohaerent ut aut inde pendeant aut ex eodem fonte hausta sint; idem valet de vocabulario medicinali et Pselli tractatu De novis aegritudinum nominibus (ibid. f. 209^{r-v} = Boiss.[1] 233–241). hac re quodammodo confirmatur poematis origo Pselliana, quae ceteroquin nonnisi auctoritate unius codicis (scil. archetypi librorum **Q** et **u**) nititur. atqui inter omnia poemata didactica hoc unum neque in inscriptione neque in ipso textu imperatorem aliquem alloquitur, e contrario diserte dicit poeta se in usum amicorum, grammaticorum rhetorum philosophorum, hanc articellam compilasse (vss. 531–537). potest tamen Psellus hoc opus scripsisse antequam ad palatium aditus ei patebat; et cum praeter illum nemo sibi vindicet, onus probandi in obloquentes, si qui sunt, cadit.

Τοῦ σοφωτάτου Ψελλοῦ καὶ ὑπερτίμου πόνημα ἰατρικὸν ἄριστον δι' ἰάμβων

Ἰατρικῶν ἄκουε συντόμως ὅρων
νοσημάτων ὁμοῦ τε καὶ συμπτωμάτων.

Ἄφθα διπλοῦν πέφυκεν ἕλκος παιδίοις·
ἡ μὲν γάρ ἐστιν εὐίατος, λευκόχρους,
ἡ δ' ὑπέρυθρος, νηπίων ἀναιρέτις.
Γυμνάσιον κίνησις εὐτονωτάτη,
ἀναπνοῆς ἄμειψις, ἰσχὺς σωμάτων.

9 Q 32^{r}–42^{v} **u** 15^{v}–37^{v} ‖ ed. Boissonade[1] 175–232; Ideler[1] 203–243 ‖ tit. sec. **Q**: *ποίημα λογιωτ(ά)του καὶ πανσόφου ὑπερτίμου ψελλοῦ* **u** ‖ **5** *παιδίων* **Q**: *νηπίων* **u** | *ἀναιρέτης* **u**

ἡ μέν τίς ἐστι τρίψις εὐτονωτάτη,
δεσμοῦσα σάρκας τὰς λελυμένας πλέον·
ἡ δ' εὔλυτος, λύουσα τὰς ἐσφιγμένας·
μέση τις ἄλλη τῶν ἐναντιωτάτων.
Τριττός τίς ἐστί πως κόπος τῶν σωμάτων·
ὁ μὲν περιττῶν ἔκγονος καὶ δριμέων,
ἄλλος δὲ νεύρων καὶ μυῶν σφοδρὰ τάσις,
καὶ φλεγμονώδης ὁ τρίτος κεκλημένος
ὡς φλέγμα καὶ πύρωσιν ἡμῖν εἰσάγων.
Ἡ σωμάτων στένωσις ἡ θρυλλουμένη
ἔμφραξις ἢ πύκνωσίς ἐστι τῶν πόρων.
Ἄριστος ἀὴρ λεπτός, εὔπνους τὴν φύσιν.
Ἄνοσμον ὕδωρ, τοῦτ' ἄριστον τὴν φύσιν,
ἄποιον, εὔχρουν, συντόμως διαρρέον.
Λουτρῶν τὸ θερμὸν ἀσφαλέστατον φρόνει,
λῦον, μαλάσσον, ὕπνον ἡδὺν εἰσάγον,
παραίτιον μάλιστα τῆς εὐσαρκίας,
τοὺς ἐγκρατῶς βιοῦντας ὠφελοῦν πλέον.
Οὗτος χαρακτὴρ ἀκριβοῦς εὐκρασίας·
σύμμετρός ἐστιν εὐμέλεια σωμάτων,
φύσις μέσως ἔχουσα τῶν ἐναντίων,
τῶν ποιοτήτων ἠπιωτέρα κρᾶσις,
πρὸς τὰς ἐνεργείας τε τὰς τοῦ συνθέτου
εὖ πως ἔχουσα τῇ καλῇ συμμετρίᾳ.
ἐναντία τούτων δὲ δύσκρατος φύσις.
Μικρὰ κεφαλὴ δεσμὸς ἐστενωμένος,
σφίγγων τὸν ἐγκέφαλον, εἰπεῖν δέ, πνίγων.
ἡ δὲ πλέον πλασθεῖσα τῆς συμμετρίας,
εἰ μὲν πέλει γέννημα ῥώμης ἐμφύτου,
ἐπαινετὴ πέφυκεν εὖ πεπλασμένη·
εἰ δ' ἐστὶν ὕλης, τῆς περιττῆς οὐσίας,

9 **12–16** cf. Gal. Sanit. tuenda III 5, VI 192,7–194,8 K. ‖ **17–18** cf. Gal. Morb. diff. 5, VI 848,9–10 K. ‖ **19** cf. Gal. Sanit. tuenda I 11, VI 57,16 K. ‖ **20–21** VI 56,1–14 K. ‖ **26–32** Gal. Ars 4, I 314,6–318,6 K. ‖ **33–40** 6, I 320,4–10 K.

11 *ἐναντιωτάτων*] *η* supra *-ων* pr. m. **Q** ‖ **12** *τίς ἐστιν πῶς* **u** *τις ἔστί πως ὁ* (*πως* ex *ν*) **Q** ‖ **13** *ἔγγονος* **u** ‖ **22** *φρόνει*] sscr. *νόει* **Q** ‖ **23** *λύων μαλάσσων … εἰσάγων* **u** ‖ **28** *μέσα* **u** ‖ **29** *πιοτήτων* **u** ‖ **31** *τὴν καλὴν συμμετρίαν* **Q** ‖ **38** *ὕλης* **u**: *-η* **Q** | *τις* ex *τῆς* **Q**

δύσχρηστον αὐτὴν ταῖς ἐνεργείαις νόει.
ἡ δ' αὖ μέσως ἔχουσα χρηστὴ τὴν φύσιν.
Εὔκρατον ἐγκέφαλον ὧδε θηράσαις·
σύμμετρός ἐστι ταῖς ἐνεργείαις ὅλαις,
πλάττει τὸ σῶμα παγκάλως καὶ ποικίλως·
ἐν τῷ βρέφει δείκνυσιν ἄνθην τῆς κόμης
χροιὰν πυρρὰν ἔχουσαν ἠλαττωμένην,
τοῖς παισὶν ὑπόξανθον, εἶτα τοῖς μέσοις
τὸ ξανθὸν ἐκφύουσαν ἠκριβωμένον.
Σημεῖα ταῦτα γαστρὸς ἐξηραμμένης·
ταχεῖα δίψα σύντομον πλήρωμά τε,
ἐδεσμάτων ὄρεξις ἐξηραμμένων.
τῆς δ' αὖ διύγρου ταῦτα συντόμῳ λόγῳ·
τὸ μήτε διψῆν μήτε τὴν πόσιν στέγειν.
θερμῆς δὲ ταῦτα· πέψις ἀκριβεστέρα,
ὄρεξις ἥττων, δίψα τοῦ ποτοῦ πλέον.
ψυχρᾶς δὲ ταῦτα· πέψις ἀσθενεστέρα,
ὄρεξις εὐαίσθητος, ἡδονὴ ψύχους.
Τοῦ πνεύμονος δὲ ταῦτα σημεῖα φρόνει·
πνεύμων ἄριστος εὐφυῶς ἀναπνέων,
τὴν ἕξιν ἀπέριττος, εὖ ὕλης ἔχων,
εἰλικρινοῦς μάλιστα φωνῆς ἐργάτης.
Τῆς καρδίας δὲ τὰς κράσεις οὕτω μάθοις.
ἀναπνοῆς ὄγκωσις ἢ σφυγμοῦ τάχος,
εὐτολμία δέ, πρὸς τὰ δεινὰ θρασύτης,
δασύς τε θώραξ, στέρνα λάσια πλέον
γνωριστικὰ πέφυκε θερμῆς καρδίας·
σφυγμοὶ δὲ μικροὶ καὶ φόβοι καὶ δειλίαι,
στέρνων ψίλωσις, τὴν ψυχρὰν δηλοῦσί σοι·
ξηρὰν δὲ γνωρίσειεν ἡ σκληρὰ φύσις,
σφυγμὸς μὲν οὐχ ἕτοιμος, ἄγριος δέ γε·
ὑγρὰν δὲ γνωρίζουσιν ἦθος ὀργίλον,
σφυγμοὶ μαλακοί, συμπαθεστέρα φύσις.

41–47 I 323,4–13 K. ‖ **48–56** 17, I 348,3–16 K. ‖ **57–60** cf. 18, I 350,9–11 K. ‖ **61–71** 10, I 331,14–334,11 K.

40 *ἡ* scripsi: *εἰ* **Qu** ‖ **46** *ὑπόξανθον* Boiss.: *-ος* **Qu** ‖ **47** *ἠκριβωμένως* ex *-ον* (?) **Q** ‖ **48** *ἐξηραμένης* **u**, **Q** a. c. (sim. vs. 50) ‖ **53** *πέψις* Boiss.: *σκέψις* **Qu** ‖ **59–60** mg. inf. suppl. **Q** om. **u** ‖ **61** *μάθε* **u** ‖ **68** *γνωρίσειαν* **u** ‖ **69** *σφυγμὸς* **Q** p. c.: *χυμὸς* **u**, **Q** a. c. (?)

Θερμὸν μὲν ἧπαρ γνωριοῦσιν αἱ φλέβες
τὴν εὐρύτητα δαψιλῆ κεκτημέναι,
ξανθὴ χολὴ τὰ πρῶτα, τῆς δ' ἀκμῆς μέσης
μέλαινα, θερμότης τε πολλὴ σωμάτων·
ψυχρὸν δέ σοι δείκνυσι φλέγματος φύσις
φλεβῶν τε πολλὴ στεγνότης ἐν τῷ βάθει,
τριχῶν ψίλωσις, ψυχρὸν αἷμα τὸ πλέον·
ξηροῦ δέ εἰσι σύμβολα σκληραὶ φλέβες·
ὑγροῦ δὲ τούτων μαλακωτέρα φύσις.
Ὄρχεις δὲ θερμοὺς δείκνυσι προθυμία
πυκνῆς ὀχείας καὶ τριχῶν ἡ δασύτης,
μήτηρ δέ ἐστιν ἥδε πως τῶν ἀρρένων·
ψυχρὰ δὲ κρᾶσις δεικνύει τἀναντία·
καὶ τῆς μὲν ὑγρᾶς κράσεως γνώρισμά τι
τῶν σπερμάτων τὸ πλῆθος ὑγρότης θ' ἅμα·
ξηρὰ δὲ κρᾶσις ἡττόνως τούτων ἔχει.

Αὕτη πέφυκε λαχάνων ἡ ποιότης.

Ὑγρὰν ψυχράν τε τὴν θριδακίνην νόει,
γεννῶσαν ἡδὺν ὕπνον, εὔτροφον φύσει,
αὔξουσαν αἷμα καὶ τρέφουσαν ἡδέως.
ἔχει δὲ ταύτας καὶ φύσις τῶν ἰντύβων
τὰς ποιότητας, ἀλλ' ὅμως τεθραυσμένας.
Ἡ μαλάχη ψύχει μέν, ἀλλ' ἐλαττόνως,
ὑγρὰν δὲ ποιεῖ τὸ πλέον τὴν γαστέρα,
ὑπακτική τε τῆς περιττῆς γαστέρος.
Ῥύπτει τὸ τεῦτλον, ἐκκενοῖ τὴν γαστέρα,
δάκνει στόμαχον, ἧπαρ εὐρύνει πλέον.
Κράμβη δίσεφθος δεσμός ἐστι γαστέρος,
ἡ δ' αὖ μόνεφθος ἁλσὶν ἐμμεμιγμένη
ὑπακτικὴ πέφυκε τῶν ἐγκειμένων.

72–80 12, I 337, 3–15 K. ‖ **81–87** 13, I 339, 13–18 K. ‖ **89–91** cf. Gal. Alim. fac. II 40, VI 624, 13–628, 7 K. ‖ **92–93** 41, VI 628, 11–14 K. ‖ **94–96** 42, VI 628, 18–629, 2 K. ‖ **97–98** 43, VI 630, 1–10 K. ‖ **99–101** 44, VI 631, 1–632, 4 K.

76 *ψυχρὸν* scripsi: *-ὰν* **Qu** | *φύσιν* **Q** p. c. ‖ **79** *ξηροῦ* scripsi: *-ᾶς* **Qu** | *σκληραὶ* scripsi (cf. 68 et 80): *ξηραὶ* **Qu** | *ὑγροῦ* scripsi: *-ᾶς* **Qu** ‖ **92** *ταῦτα* **u** | *ἐντύβων* **u** ‖ **98** *ἧπαρεὐρύνει* **Q** *ἧπαρευρύνει* **u**

Ἡ δ' ἀτράφαξις, προστίθει καὶ τὸ βλίτον,
ὑγρὰ μὲν ἄμφω καὶ λύοντα γαστέρα,
ἀλλ' ἄτροφον τὸ σῶμα δεικνύοντά πως.
Ἀτρακτυλίς, σκόλυμος, ἠκανθωμένα
τρόφιμα καὶ σύμμετρα γαστρὸς τῇ κράσει·
ἡ κινάρα δὲ δυσστόμαχος τυγχάνει.
Οὐρητικὰ σέλινα, σμύρνιον, σίον.
Κάρδαμον ἠδ' ὤκιμον, ἀλλὰ καὶ νάπυ,
ἅπαντα θερμὰ τυγχάνει καὶ δριμέα,
δύσπεπτα, δυσστόμαχα, πλειστόχυμά τε.
Ἡ δ' ἀκαλύφη, καὶ κνίδη καλουμένη,
λεπτή τίς ἐστιν, ἐκκενοῖ τὴν γαστέρα.
Τὸ δ' αὖ γε γιγγίδιον ἐμφύτως στῦφον
ἄριστον, εὐστόμαχον εἰς ἀποτρόφους,
εὔσιτον, εὐόρεκτον, οὐ σάρκας τρέφον.
Ἐκφρακτικὴ κάππαρις, ἡδίστη πλέον,
ὄξει μιγεῖσα φλεγμάτων ἀναιρέτις.
Ὅρα δὲ καινὴν φύσεως ποικιλίαν·
βλίτοι, μαλάχαι, τεῦτλα καὶ θριδακίναι
ὑγρὰ μέν εἰσι τοῦ φυτοῦ τὴν οὐσίαν,
ξηρὸς δὲ τούτοις ἀσπάραγος τυγχάνει·
ἡ δ' αὖ ῥαφανὶς γογγύλη τε καὶ νάπυ,
τὸ κάρδαμον, πύρεθρον, ἡ κράμβη πλέον,
τὸ μὲν φυτὸν φέρουσιν ἐξηραμμένον,
ἔχουσι δ' ἀσπάραγον ὑγρὸν τὴν φύσιν.
Ἡ γογγύλη δέ, βουνιὰς κεκλημένη,
τρόφιμος, εἰ δίσεφθος· εἰ δὲ πολλάκις
γεύσαιο ταύτης, δυσστομαχήσεις πλέον.
Ὀρεκτικὴ πέφυκεν ἡ βολβοῦ φύσις,
τὴν γαστέρα ῥύπτουσα καὶ τονοῦσά πως,

102–104 45, VI 633,9–634,8 K. ‖ **105–106** 50, VI 636, 6–7 K. ‖ **107** 51, VI 636, 9–17 K. ‖ **108** 52, VI 637, 5–6 K. ‖ **109–111** 56, VI 640,11–641,2 K. ‖ **112–113** 54, VI 639,14–18 K. ‖ **114–116** 55, VI 640,1–8 K. ‖ **117–118** 34, VI 615,9–616,9 K. ‖ **119–126** 58, VI 642,7–17 K. ‖ **127–129** 62, VI 648,12–649,5 K. ‖ **130–133** 66, VI 652,13–654,10 K.

102 *ἀτράφεξις* **u** ‖ **105** *σκόλυμος* Boiss.: *κόλυμβος* **Qu** ‖ **107** *κίνναρα* **Qu** ‖ **108** *σέληνα* **Qu** ‖ **114** *γινγίδιον* **Qu** ‖ **115** *ἐποτρόφους* **u** ‖ **118** *ἀναιρέτης* **u** ‖ **122** *ἀσπάραγγος* **Q** ‖ **123** *στρογγύλ(η), γ* supra *στρ-*, **u** ‖ **125** *ἐξηραμένον* **Q**

τρόφιμος, εἰς ἔρωτας εὐφυεστέρα,
γεννητική τε πνευμάτων καὶ σπερμάτων.
Πράσα τε καὶ σκόροδα τὰ κρόμμυά τε
πάντα δριμύττει καὶ τέμνει καὶ λεπτύνει.
Ἄποιον ὕδνον καὶ καταψῦχον πλέον·
οἱ δ' αὖ μύκητες φλεγματώδεις τὴν φύσιν·
οἱ δ' ἀμανῖται τοῦτό πως ἐλαττόνως.

Τῶν ὀσπρίων δ' αὖ τὴν φακῆν ἀποτρέπου·
μελάγχολος πέφυκε, δεσμὸς γαστέρος.
Κοῦφοι κύαμοι καὶ φυσώδεις τὴν φύσιν.
Ὁ δ' ἐρέβινθος ῥυπτικός τε τυγχάνει
καὶ σπέρμα γεννᾷ καὶ λίθους διαθρύπτει.
Τὰ θέρμια δύσπεπτα. τῆλις ἡ πόα
θερμὴ πέφυκε, προτρέπει τὴν γαστέρα.
Ὁ δ' αὖ φάσουλος καὶ τρόφιμος τυγχάνει
κενωτικός τε τῶν περιττῶν ἐκτόπως.

Ἡ κολόκυνθα καὶ λύει τὴν γαστέρα
ψῦξίν τε γεννᾷ καὶ καθυγραίνει πλέον.
Πέπων κακοστόμαχος, ἡττόνως τρέφων.
Ὁ σικυὸς δύσπεπτος, ὑγρὸς τὴν φύσιν.

Σῦκον, σταφυλαὶ καὶ τρέφουσιν ἠρέμα
ἧττόν τε δυσστόμαχα πλειστόχυμά τε·
τῆς δὲ σταφυλῆς εὐχυμώτερον σῦκον,
νεφροὺς καθαίρει καὶ κενοῖ τὴν γαστέρα.
αἱ δ' ἰσχάδες σύμπαντα πρὸς τοὐναντίον,
ὠμοὺς χυμοὺς τίκτουσι, πληροῦσι φύσης.
τῶν δὲ σταφυλῶν ἡ σταφίς σοι βελτίων.

134–135 71, VI 658,9–14 K. ‖ **136** 68, VI 655,4–8 K. ‖ **137–138** 69, VI 655,14–656,4 K. ‖ **139–140** I 18, VI 525,12–526,8 K. ‖ **141** I 19, VI 529,8–18 K. ‖ **142–143** I 22, VI 533,9–16 K. ‖ **144** I 23, VI 535,2–3 K. ‖ **144–145** I 24, VI 538,8–10 K. ‖ **146–147** I 25, VI 538,17–539,2 K. ‖ **148–149** II 3, VI 562,6–12 K. ‖ **150** II 4, VI 564,13–15 K. ‖ **151** II 6, VI 567,1–6 K. ‖ **152–153** II 9, VI 573,11–13 K. ‖ **154** II 8, VI 570,12–16 K. ‖ **155** VI 572,2–4 K. ‖ **156–157** cf. VI 571,14–572,2 K. ‖ **158** II 10, VI 581,8–10 K.

134 *σκόρωδα* **Qu** ‖ **136** *ἄποιον* Boiss.: *ἄπιον* **Q** *ἄπυον* **u** | *κατάψυχον* **u** ‖ **137** *μίκιτες* **Qu** ‖ **138** *ἀμμανῖται* **Q** ‖ **142** *ἐρρέβινθος* **Q** ‖ **143** *διαθρύει* **u**, **Q** sscr. ‖ **154** *εὐχυμώτερον*] *-ω-* et 212 ‖ **155** *νεφρὸν* **u** ‖ **156** *σύμπαντα*] *σαι* super *-ντα* **Q** ‖ **157** *φύσεις* **u**, (sscr. *ης*) **Q** ‖ **158** *ἡ σταφίς σοι* **u**, mg. **Q**: *ἡ ἀσταφὶς* **Q**

Τὰ συκάμινα ψυχροποιὰ μετρίως,
τίκτουσι δ' ὑγρότητα πολλὴν ἐν βάθει.

Ἡ δ' αὖ γε διπλῆ τῆς κεράσου ποιότης
διπλοῦς ὁμοίως τοὺς χυμοὺς παρεισάγει·
ἡ γὰρ γλυκεῖα τῆς ὀπώρας ποιότης
βλάπτει στόμαχον, ἐκκενοῖ δὲ γαστέρα,
ἡ δὲ στύφουσα τῷ στύφειν τὴν γαστέρα
φθείρει στόμαχον· οὐχ ὕπεισιν οὐδ' ὅλως.
Ὁ κωνικὸς στρόβιλος εὔχυμος φύσει.
Μῆλον γλυκάζον καὶ τρόφιμον τυγχάνει
καὶ θερμόν ἐστι μᾶλλον ἐξωπτημένον.
Κυδώνιον δὲ ῥωστικὸν μὲν τυγχάνει,
ἐφεκτικὸν δέ ἐστι τῆς γαστρὸς πλέον.
Ῥοιὰ ψύχει. μέσπιλα τὸ πλέον στύφει.
Φοῖνιξ τονοῖ στόμαχον ἐστεγνωμένος,
ἐφεκτικὸς δέ ἐστι γαστρὸς ἐκτόπως.
Τῶν δ' αὖ γ' ἐλαιῶν τάσδε τὰς γνώσεις ἔχε·
ἡ δρυπετὴς ἄπεπτος, ἄλγος γαστέρος,
ἁλμάς, κολυμβὰς εὐόρεκτος τὴν φύσιν.

Τῶν δ' αὖ καρύων τὰς διαιρέσεις μάθε.

Τὰ λεπτὰ πλείω τὴν τροφὴν δίδωσί σοι,
μείζω δ' ἔλαττον, τοῖς μικροῖς ἀντιστρόφως.
Ἀμύγδαλον δὲ τμητικώτατον πάνυ.
Τὸ πιστάκιον ἧπαρ ἐκτρέφει φύσει.
Τὰ σηρικὰ δύσπεπτα δυσστόμαχά τε.
Δαμασκηνὰ κινοῦσι γαστέρος φύσιν.
Δύσπεπτός ἐστι τῶν κεράσων ἡ φύσις.
Τὸ κίτριον δύσπεπτον, ἡ σὰρξ δὲ τρέφει.
Τρόφιμος ὁ βάλανος εὐσάρκῳ φύσει,

159–160 II 11, VI 588, 8–9 K. ‖ **161–166** II 12–13, VI 588, 13–589, 8 K. ‖ **167** II 17, VI 591, 15–18 K. ‖ **168–169** II 21, VI 595, 8–9 K. ‖ **170–171** cf. II 23, VI 602, 1–4 K. ‖ **172** II 24–25, VI 606, 1–3 K. ‖ **173–174** II 26, VI 26, VI 607, 12–13 K. ‖ **175–177** II 27, VI 608, 17–609, 6 K. ‖ **179–180** II 28, VI 609, 13–610, 3 K. ‖ **181** II 29, VI 611, 9–11 K. ‖ **182** II 30, VI 612, 11–14 K. ‖ **183** II 32, VI 614, 11–16 K. ‖ **184** II 31, VI 613, 15 K. ‖ **185** II 33, VI 615, 1–5 K. ‖ **186** II 37, VI 617, 13–619, 5 K. ‖ **187–189** II 38, VI 621, 1–14 K.

175 *γ'* om. **u** ‖ **177** *ἁλμᾶς κολυμβᾶς* **Qu** ‖ **182** *συρικὰ* **Q** *σηρικὰ* **u** ‖ **185** *κεράσων ἡ*] leg. vid. *κερασίων* ‖ **186** *κίτριον* **u**: *κίτρον μὲν* **Q**

δεῖται ⟨δὲ⟩ δεινῶς γαστέρος πυριπνόου.
τὸ κάστανόν θ' ὅμοιον, ἀλλ' ἐλαττόνως.

Πτηνῶν δὲ σάρκας καὶ τετραπόδων ὅρα.

Πτηνῶν ὁ πέρδιξ εὐστόμαχος τυγχάνει,
εὔπεπτος, ἡδὺς καὶ τρόφιμος ἐκτόπως.
οἱ δ' ἀτταγῆνες καὶ περιστεραὶ νέαι
εὔπεπτα πάντα καὶ πλέον σαρκοτρόφα.
κίχλα δὲ καὶ κόττυφος ἠδὲ πυργίτης
τὰ πάνθ' ὅμοια τοῖς προηριθμημένοις,
σκληρὰν δ' ἔχει τὴν σάρκα τῶν ἄλλων πλέον.
Νήττης τε, φάττης ἡ φύσις καὶ τρυγόνος
σκληρά τε καὶ δύσπεπτος, ἰνώδης πλέον.
Ὁ χήν, ὁ ταώς, τῶν γεράνων ἡ φύσις
δύσπεπτα· πλὴν τρόφιμα δείκνυνται φύσει.
Ἅπαν τρόφιμόν ἐστιν ὕειον κρέας,
γλίσχρον δὲ καὶ δύσπεπτον, ἡδὺ δ' ἐκτόπως.
Κακοστόμαχον τὸ πρόβατον τυγχάνει,
μᾶλλον δὲ δυσστόμαχον αἴγειον κρέας·
τὸ δὲ τράγειον θερμοκοιλίοις δίδου.
Μελάγχολον βοῦς καὶ λαγὼς καὶ δορκάδες.

Ἅπας τυρὸς δύσπεπτος, ἐκτρέφων λίθους·
ὁ πρόσφατος δέ, συμμέτρως ἁλῶν ἔχων,
μαλακός, ἡδὺς καὶ τρόφιμος τυγχάνει.

Ἰχθὺς ἅπας πέφυκεν ὑγρὸς καὶ ψύχων,
ὁ δ' αὖ πετραῖος εὐχυμώτερος φύσει·
πέτραι πελαγῶν κρείττονες πρὸς ἰχθύας,
καὶ τῶν πελαγῶν οἱ ποταμοὶ χειρόνως
τοὺς ἰχθύας τρέφουσι τοὺς ποταμίους·
ἰχθὺς δὲ λίμναις ἐμμόνως τεθραμμένος
ἄπεπτος, ὑγρός, δυσστόμαχος τὴν φύσιν.
Ὀστρακόδερμα πάντα συμπεπεμμένα

191–201 III 19, VI 700, 11–701, 3 K. ‖ **202–203** III 2, VI 661, 3–662, 8 K. ‖ **204–206** VI 663, 12–15 K. ‖ **207** VI 664, 3–6 K. ‖ **208–210** III 17, VI 696, 7–699, 4 K. ‖ **211–217** cf. III 25, VI 708, 17–710, 2 K. ‖ **218–222** III 33, VI 734, 4–13 K.

188 *δὲ* add. Boiss. ‖ **190** om. **u** ‖ **201** *δείκνυται* **u** ‖ **216** *ἐμμόνως*] *ἐκβόλ( )* **u**

γεννῶσι πικρὸν χυμὸν ἐν τοῖς ἐντέροις,
βλάπτει δ' ἔλαττον ἡ φύσις τῶν ὀστρέων.
χῆμαι δὲ καὶ σωλῆνες ἠδὲ πορφύραι,
κῆρυξ δὲ καὶ σπόνδυλος ἠδὲ κοχλίας
καὶ δηκτικὸς πάγουρος, ἀστακὸς πλέον,
καρίδες ἢ κάραβος ἢ καὶ καρκίνοι
δύσπεπτα πάντα, δυσστόμαχα τὴν φύσιν.
Ἀνόστεως δὲ τευθὶς ἠδὲ σηπία
ἁλυκὸν ἐκτρέφουσι χυμὸν ἐν βάθει·
ὅμοια τούτοις καὶ λίβατος καὶ βάτος·
ἡ δὲ τρυγὼν εὔπεπτον ἔσχε τὴν φύσιν.
Φώκη δὲ καὶ φάλαινα καὶ θύννη πλέον
δελφίς τε καὶ ζύγαινα γαστέρα θλίβει,
ἀσυμμέτρως ἔχοντα σαρκικοῦ πάχους.

Οἴνων δὲ τήνδε τὴν διαίρεσιν νόει.

Ἐρυθρὸς οἶνος χυμὸν οὐ καλὸν τρέφει·
ὁ δὲ γλυκὺς τρόφιμος, ἀλλ' ὅμως βλάβη
τῆς γαστρός ἐστιν, ἐκλύων ταύτην φύσει.
δυσανάδοτος, εὐστόμαχος ὁ στύφων.
οἶνος δ' ἄριστος κιρρός ἐστι τὴν χρόαν.

Ὕπνου τὸ χρῆμα χρῆμα τῇ φύσει μέγα·
πέττει τὰ σῖτα, ζωπυροῖ τὴν γαστέρα,
κόπους, ὀδύνας καὶ πόνους ἀμαλθύνει,
ὀρθοῖ λογισμὸν πολλάκις τετραμμένον.

Βιβλίον δεύτερον προγνωστικόν

Νοσημάτων σημεῖα ταῦτ' ὀλεθρίων·
ὄψις νεκρώδης, ὄμμα κοῖλον δακρύον,
σφυγμῶν μικρὰ κίνησις ἀντωθουμένη,

223–225 III 34, VI 735, 16–736, 8 K. ‖ **226–227** III 35, VI 736, 9–18 K. ‖ **228–229** III 36, VI 737, 1–14 K. ‖ **230–232** III 37, VI 737, 15–738, 3 K. ‖ **234–238** III 40, VI 744, 3–12 K. ‖ **244** cf. Hipp. Progn. 2, II 114, 5–6 L. | 114, 2; 116, 8 | cf. 116, 4–5 L.

221 *χῆμαι* scripsi (*χημία* Gal.): *κίχλαι* ex *κῆχαι* **Q** *ἧχαι* **u** | *σώληνες* **u** ‖ **222** *σπόνδηλος* **Qu** ‖ **226** *τεφθὶς* **Qu** ‖ **228** *λίβατος*] quid? ‖ **231** *ζύγενα* **u** | *τρίβει* **u** ‖ **233** *φρό-νει* **u** ‖ **241** *ἀμαλθύνη* **u** ‖ **244** *δακρύων* **u**

κλίσις καταρρέουσα τῆς κλίνης κάτω,
ὀξεῖα ῥίς, ἄνισος ὄψις ὀμμάτων,
φεύγειν τὰ λαμπρά, ψηλαφᾶν τοῖς δακτύλοις.
Εὐσφυξία δὲ καὶ φρενῶν ἑτοιμότης
τἀναντία τε τῶν διηγορευμένων
σωτηρίας σημεῖα τῆς τοῦ κειμένου.

Νοσήματος κίνησις, ἀρρώστου φύσις,
σφυγμῶν τε γνῶσις ἥ τε τῶν οὔρων κρίσις
νοσήματός σοι γνωριοῦσι τὸν χρόνον
καὶ τὴν λύσιν μάλιστα τούτων καὶ κρίσιν.

Τῶν ἡμερῶν πέφυκεν ἐν νόσῳ κρίσις·
ἀλλ' αἱ μὲν εἰσάγουσιν ἀκριβῆ λύσιν,
αἱ δὲ πλέον φέρουσιν εἰς τἀναντία·
ἡ τρισκαιδεκάτη δὲ τούτων ἐν μέσῳ.
πρώτη δ' ἀρίστη τῶν ἁπασῶν ἑβδόμη,
καὶ δὴ μετ' αὐτὴν αὖθις ἡ δισεβδόμη.
τίθει μετ' αὐτὰς ἐννάτην καὶ δεκάτην
καὶ δισδεκάτην, καὶ μετ' αὐτὰς πλησίον
πέμπτην ἀρίθμει, ἑβδόμην πρὸς δεκάτην,
αὖθις τετάρτην καὶ τρίτην κατωτέρω
ὀκτωκαιδεκάτην τε τούτων πλησίον·
ἕκτην τ' ἐν ἀρχαῖς, ὀγδόην καὶ δεκάτην
δωδεκάτην τε καὶ πρὸς ἓξ τὴν δεκάτην
καὶ τὴν δεκάτην ἡμέραν πρὸς ἐννέα
κακὰς γίνωσκε, παντελῶς ὀλεθρίας.

Τῆς κρίσεως πρόγνωσις αὕτη τυγχάνει·
τῆς εἰσβολῆς πρόληψις ἡ πρὸ τῆς τρίτης,
διὰ τρίτης κίνησις ἀκριβεστάτη,
ἡ τῶν περιττῶν πέψις, οὔρων, πτυσμάτων.
Τούτων μὲν οὖν μέλλουσαν εὑρήσεις κρίσιν·

246 3, II 118,14–15 L. ‖ **247** 2, II 114,2 L. ‖ **248** II 116,4 L. | 4, II 122,6–7 ‖ **249–251** Gal. Cris. I 14, IX 615,5–9 K. ‖ **259** Gal. Dieb. decr. I 5, IX 792,17–793,10 K. ‖ **260** I 4, IX 784,5–6 K. ‖ **261–270** I 5, IX 792,5–17 K.

250 *δε* **Q** ‖ **252–253** om. **Q**, 2 vss. vacuis relictis ‖ **253** *τε*[2] scripsi: *γε* **u** ‖ **262** *αὐτὴν* **Q** | *ἐνάτην* **Q** ‖ **264** *ἀρίθμει δ'* **Q** | *δεκάτῃ* coni. Boiss. ‖ **272** *πρόληψις* coni. Boiss.: *πρόσληψις* **Qu** | *ἡ* Boiss.: *ἢ* **Qu** ‖ **275** scr. vid. *τούτοις*

αὖθις δὲ τούτοις τήν γε νῦν τελουμένην,
εἰ δυσφοροῦντα τὸν νοσοῦντα προσβλέποις,
ἀλγοῦντα τὸν τράχηλον ἢ τετραμμένον,
αἱμορροοῦντα καὶ στροφούμενον κάτω,
καὶ ῥὶς δ' ἐρυθρὰ καὶ κένωσις δακρύων
καὶ μαρμαρυγῆς ἀθρόα φαντασία,
σημεῖα πάντα κρίσεως τελουμένης.

Σφυγμῶν γένη γίνωσκε τῶν πρώτων δέκα·
ταχύν, βραδύν, σύμμετρον ὡς πρὸς τὸν χρόνον,
οὗτος ἀριθμός ἐστι τῶν κινουμένων.
ταχὺς μὲν οὖν πέφυκεν ὃς βραχεῖ χρόνῳ
διάστασιν δίεισι πλείω τοῦ χρόνου·
βραδὺς δέ ἐστιν ὃς μακρῷ χρόνῳ τρέχων
ἐλάττονας δίεισι τὰς διαστάσεις·
ὁ σύμμετρος δ' ἕστηκεν εἰς ἄμφω μέσος.
Τὸ δεύτερον δὲ τῶν σφυγμῶν γένος τόδε·
τρεῖς εἰσι πᾶσαι τῷ λόγῳ διαστάσεις,
μῆκος πλάτος βάθος τε, σωμάτων λόγοι.
ὡς κοῖλον οὖν τι σῶμα τὴν ἀρτηρίαν
αἱ τρεῖς ἔχουσι τοῦ λόγου διαστάσεις.
σκόπει γὰρ αὐτὸς ἐμφρόνως τοῖς δακτύλοις
τὸ μῆκος αὐτὸ καὶ βάθος καὶ τὸ πλάτος·
εἰ δὲ πλέον τὸ μῆκός ἐστι τοῦ μέτρου,
μακρὸν κάλει κίνημα τοῦ σφυγμοῦ τόδε,
εἰ δ' αὖ γε πλεῖον φωράσειας τὸ πλάτος,
πλατὺν διδάσκου σφυγμὸν ἀκριβεῖ λόγῳ,
εἰ δὲ πρὸς ὕψος ἅλλεται σφύζον πλέον,
ὑψηλὸν εἰπὲ τὸν κινούμενον φύσει.
τἀναντία δὲ τῶν περάτων τυγχάνει
τἀναντία πέρατα τῶν ἐναντίων,
μικρός, στενός, ταπεινός, ὡς πρὸς τὰ τρία.
Τρίτον γένος πέφυκε τῶν σφυγμῶν πάλιν,

283–285 Gal. Puls. ad tir. 3, VII 455,16–456,1 K.; Psell. Puls. f. 198^r 1–3 ‖ **291–306** Gal. 2, VII 455,1–15 K.; Psell. f. 198^r 4–9 ‖ **307–315** Psell. f. 198^r 10–14 ‖ **307–309** Gal. 3, VII 456,2–4 K.

277 *προσβλέποις* Boiss.: *προβλέποις* **Qu** ‖ **286** *ὃς* Boiss.: *ὡς* **Qu** | *βραχὺ* **u** ‖ **306** *μικρός*] immo *βραχύς*

ὅπερ πέφυκε τοῦ τόνου ζυγοστάτης,
κλῆσις δὲ τούτου σφοδρότης, ἀμυδρότης,
καί τις μεταξὺ τῶν τόνων συμμετρία.
σφοδρὸς μὲν οὖν πέφυκεν ὁ πλήττων βίᾳ
τοὺς τῶν ἰατρῶν δακτύλους συνημμένους·
ὁ δ' αὖ γε πλήττων τὴν ἁφὴν παρειμένως
ἀμυδρός ἐστι προσφυῶς κεκλημένος·
σύμμετρος, ὃς πέφυκε τοῖν δυοῖν μέσος.
Τὸ δεικνύον δὲ σύστασιν τῆς οὐσίας
τοῦ σώματος κάλλιστα τῆς ἀρτηρίας
⟨..............................⟩
ἢ μαλακὸν πέφυκεν ἢ τούτων μέσον.
εἰ σκληρόν ἐστι, σκληρὸς ὁ σφυγμὸς πέλει,
εἰ μαλακόν, μαλακὸς ὠνομασμένος,
εἰ σύμμετρον, σύμμετρος· οὐκ ἄλλως δ' ἔχει.
Γένος δὲ πέμπτον τῇ παρεκχύσει νόει
τοῦ σώματος, βέλτιστε, τῆς ἀρτηρίας.
ἡ κοιλότης γὰρ ἢ μένει πληρεστάτη,
ἣν ἔγχυλον λέγουσι καὶ σεσαγμένην,
ἢ τῶν ἰατρῶν τοὺς κρίνοντας δακτύλους
κενεμβατοῦντας ταῖς ἁφαῖς δείκνυσί πως.
ἀλλ' εἰ μέν ἐστιν ἔγχυλος, πλήρη κάλει,
εἰ δ' ἐστὶν ὥσπερ πομφόλυξ, κενὴν λέγε,
τὴν δ' ἐν μέσῳ σύμμετρον, οὕτω γὰρ δέον.
Τὸν δ' αὖ γε δεικνύοντα τὴν τῆς καρδίας
ἔνθερμον οὐσίωσιν ἕκτον μοι κάλει·
ἢ γὰρ ψυχρὸς πέφυκεν ἢ θερμὸς πλέον
ἢ ποιοτήτων συμμέτρως δυοῖν ἔχων.
Ὁ πυκνὸς ἠδ' ἀραιὸς ἕβδομον γένος·
κινουμένης γὰρ ὧδε τῆς ἀρτηρίας
διπλῆν κίνησιν ἐξ ἐναντιωτάτων
διττὰς ἀνάγκη τὰς στάσεις πεφυκέναι·
διασταλεῖσα καὶ γὰρ ἴσχει πως στάσιν

316–321 Psell. f. 198r 14–17 ‖ **316–318** Gal. 3, VII 456, 4–8 K. ‖ **322–330** Psell. f. 198r 18–20 ‖ **331–333** f. 198r 21–23 ‖ **335–346** f. 198r 25–198v 1

308 *πόνου* **Q** ‖ **309** *σφοδρά τις* **u** ‖ **312** *ἰητρῶν* **Q** | *συνηγμένους* **u** ‖ post **317** excidit vs. de duritia ‖ **318** *μαλθακὸν* **Q** p. c. ‖ **321** *σύμμετρον* Boiss.: *-ος* **Qu** | *δέχει* **u** ‖ **324** *κοιλότης* Boiss.: *κοινότης* **Qu** ‖ **330** *τὴν* scripsi: *τὸν* **Qu** ‖ **338** *τάσεις* **Q**

καὶ συσταλεῖσα δευτέραν ἡσυχίαν.
ἀλλ' εἰ μὲν ἐμμείνειεν ἐν βραχεῖ χρόνῳ,
σφυγμὸν κατειργάσατο πυκνὸν ἐκτόπως·
εἰ δ' ἠρεμήσει τὸ πλέον τοῦ συμμέτρου,
ἀραιός ἐστιν ὁ σφυγμὸς κεκλημένος·
τὴν πυκνότητα τὴν ἀραιότητά τε
μέσος διιστᾷ σύμμετρος κεκλημένος.
Ὁ ῥυθμὸς αὖθις ἄλλο δείκνυσι γένος.
ἔστι δὲ ῥυθμὸς πρὸς χρόνον χρόνου κρίσις·
χρόνος δὲ διττός ἐστι, τῶν κινουμένων
⟨................................⟩
τῶν ἡσυχαζόντων δὲ τούτων τὴν κρίσιν
ῥυθμὸν κατωνόμασαν εὔρυθμοι λόγοι.
ὁ συγκρίνων δὲ τὰς στάσεις ἀρτηρίας
πρὸς τὰς κινήσεις, ἢ στάσεις πρὸς τὰς στάσεις,
ἢ τὰς κινήσεις πρὸς κινήσεις ἐμμέτρως
γένος πέφυκε ῥυθμικὸν κεκλημένον.
τοῦ δ' αὖ γε ῥυθμοῦ τὴν διαίρεσιν λάβε·
τέμνουσι καὶ γὰρ τοῦτον ἀκριβεῖς λόγοι
πρὸς μὲν τὸ κρεῖττον εἶδος εἰς εὐρυθμίαν,
πρὸς δ' αὖ τὸ χεῖρον αὖθις εἰς ἀρυθμίαν.
εὔρυθμον οὖν ἄρυθμον ὄγδοον γένος.
Ἔνατον ἄλλο δυσκολώτερον γένος,
εἰς τοὺς ὁμαλοὺς εἴς τε τοὺς ἀνωμάλους
σφυγμοὺς πεπονθὸς τὴν τομὴν ἐκ τῆς τέχνης.
ἄμφω δ' ἀνεύροις ἀκριβώσας τὴν τέχνην
μιᾷ κινήσει καὶ πολλαῖς ἀρτηρίαις.
ὁμαλὸς οὖν πέφυκεν ἐν πολλοῖς τόνος,
ὃς τὰς κινήσεις τοῦ τόνου καὶ τοῦ τάχους
ἁπλῶς τε πάντων τῶν γενῶν ἐν τῷ μέρει
ἴσας φυλάττει μηδαμοῦ τετραμμένας·
ἀνώμαλος δέ ἐστιν ἐξ ἐναντίου
ὁ μὴ φυλάττων τάξιν ἐν κινουμένοις,
οὗπερ γένους πέφυκεν ἐκλελειμμένος,
εἶτ' αὖθις ἄλλος, ὃν παρεμπίπτοντά πως

347–360 f. 198ᵛ 1–8 ‖ **361–381** 9–17 ‖ **361–363** Gal. Puls. 5, VII 457,13–14 K.

post **349** excidit vs. de statione ‖ **361** *εὔνατον* **u** | *ἄλλον* **u** ‖ **363** *πεπονθὼς* **u** ‖ **364** fort. *ἂν εὕροις* ‖ **372** *γένους* Boiss.: *-ος* **Qu**

οἱ τῆς τέχνης λέγουσι προσφυεῖ λόγῳ.
ὁ μὲν γάρ ἐστι προσδοκωμένου τόνου
ἔλλειψις ἀπρόοπτος ὡς πρὸς τὴν φύσιν·
ὁ δ' ἄλλος ἐστίν, εἰ παρεμπέσοι μέσος
ἀπροσδόκητος καὶ πρὸ τῆς ἡσυχίας.
εἰ δ' αἱ κινήσεις ὥσπερ ἐκ τῶν κλιμάκων
πᾶσαι καταρρέουσιν εἰς τοὐναντίον,
τοῦτον μυουρίζοντα τὸν σφυγμὸν κάλει.
αὕτη μέν ἐστι τῶν ἀνωμάλων φύσις,
σφυγμῶν πολλῶν σύστημα τυγχάνουσά πως·
ἄλλη δέ τις πέφυκε ποικιλωτέρα,
σφυγμὸν τὸν αὐτὸν δεικνύουσα ποικίλως,
τέμνει γὰρ οὕτως τὴν διάστασιν λόγος.
θοῦ σφυγμὸν ὁρμήσαντα συντομωτέρως,
ἔπειθ' ὑφέντα τοῦ τόνου καὶ τοῦ τάχους
καὶ συσταλέντα πρὸς τὸ τέρμα τοῦ δρόμου
ἢ καὶ διαλλάξαντα πρὸς τοὐναντίον.
αὖθις δέ μοι ποίκιλλε ταῦτα τῷ λόγῳ.
ἡ γὰρ κίνησις ἡ παρεξηλλαγμένη
ἄτμητός ἐστιν ἢ πάλιν τετμημένη·
καὶ τὴν τετμημένην δὲ τῷ λόγῳ τέμνε,
ἢ γὰρ πάλιν πρόεισιν ἢ τετραμμένη
παλινδρομεῖ πως ὥσπερ ἀντωθουμένη.
ἀλλ' εἰ μὲν ὡς ἄτμητος ἴσχει τὸν δρόμον
τῆς ὠκύτητος καὶ βραδυτῆτος μέσως,
ἀνισοταχής ἐστιν ὠνομασμένη·
εἰ δ' ἠρεμοίη καὶ πάλιν διατρέχει
ἐκ βραδυτῆτος εἰς ταχυτῆτα πλέον,
ἡ κλῆσις αὐτῷ δορκαδίζων τυγχάνει·
παλινδρομῶν δὲ δίκροτος πέφυκέ πως.
σφυγμῶν δὲ κλῆσίς ἐστι ποικιλωτέρα,
ἡ κυματώδης, ἡ κατὰ σκώληκά τε,
μύρμηκος ἄλλη κλῆσιν ἠμφιεσμένη,

384–390 cf. Psell. f. 198ᵛ 18–22 ‖ **397–403** 22–25 ‖ **404–408** ff. 198ᵛ 29–199ʳ 3

375 *προσδοκουμένου* **Qu** ‖ **379** *εἰ δ' αἱ* **u**: *αἱ δὲ* **Q** ‖ **381** *μειουρίζοντα* **u**, (*υ* supra *-ει-*) **Q** ‖ **390** *διαλλέξαντα* **u** ‖ **400** *ἠρεμείη* **Qu** | *διατρέχοι* Boiss. ‖ **401** *ταχύτητα* **Qu** ‖ **402** *δορκαδίζων* scripsi: *-λίζων* **Qu** ‖ **405** *οἱ κυλματώδεις οἱ* **u** | *κυματώδεις* **Q** a. c. ‖ **406** *ἄλλην* **Q**

παλμῶδες ἄλλο μυριόκλονον γένος,
ὁ δὲ κλονώδης αὖθις, ἄλλος ἐμπρίων·
ὧν δύσκολός τις ἡ φύσις καὶ ποικίλη
καὶ πρὸς τὰ μέτρα δυσκολωτέρα πλέον.
Δέκατον ἄλλο καὶ τελευταῖον γένος,
ἀνωμάλου γέννημα τοῦ λελεγμένου,
οὗ τὸν μὲν εἴποις τὸν σφυγμὸν τεταγμένον,
τὸν ἄλλον αὖ ἄτακτον ἀκριβεῖ λόγῳ.
ὁ μὲν γὰρ ἴσος πανταχοῦ τεταγμένος,
ὁ παντελῶς δ' ἄνισος ἠριθμημένος
ἄτακτός ἐστι προσφυῶς κεκλημένος.
ἀνωμάλῳ δ' ἄτακτος οὐ ταὐτὸν πέλει·
ὁ γὰρ φυλάττων τάξιν εἰς ἀνωμάλους
τεταγμένος πέφυκεν ἀντεστραμμένος.
καὶ τῶν μὲν ἄλλων ὠνομασμένων ἄνω
μέσος τίς ἐστι σύμμετρος κεκλημένος·
τῶν ὁμαλῶν δὲ τῶν τε μὴν ἀνωμάλων
καὶ τῶν ἀτάκτων τῶν τε μὴν τεταγμένων
σφυγμός τις οὐ πέφυκεν οὐδ' ὅλως μέσος.

Ὀττεύεταί τις πρὸς τὸ μέλλον τῆς νόσου
οὐ σφυγμικοῖς κρούμασιν, ἀλλὰ καὶ κόπροις
καὶ ποιότησι πτυσμάτων πολυχρόοις,
οὔρων τε σημείωσις ἀρκεῖ πολλάκις
δεῖξαι τὸ μέλλον ὡς ὁ Πύθιος τρίπους.
ἡ μὲν γὰρ ὑπόπυρρος ἐν χρόᾳ κόπρος
τὴν σύστασιν δεικνῦσα μαλακωτάτην
καὶ μὴ λίαν δύσοσμος καὶ σεσημμένη
σημεῖόν ἐστιν ἀσθενούσης γαστέρος,
τῆς κρείττονος δ' αὖ ἕξεως γνώρισμά τι.
πυρρὰν δὲ δεινῶς ἐκκενωθεῖσαν κόπρον
νόσου χολώδους σύμβολον σαφῶς ἔχε·

411–425 f. 199ʳ 4–9 ‖ **431–435** Theoph. Excr. 2,1–2 p. 398,25–32 Id.; 2,12 p. 399,23–25; Hipp. Progn. 11, II 136,7 L. ‖ **436–437** Theoph. 2,13 p. 399,26–29 Id.

407 *πα   δες* **u** ‖ **413** *τεταγμένον* Boiss.: *τεταμένον* **Qu** ‖ **416** *ἀριθ[μημένος]* **u** ‖ **418** *ἀνωμάλως* **Q** ‖ **420** *ἀντεστραμμένως* **Q** ‖ **423** *μὲν* **u** ‖ **433** *δύσοσμος* Boiss.: *δύσοσμον* **u**, (*δ* supra *-σ-*²) **Q** | *καί*²] scr. *ἢ* metri causa? | *σεσημμένη* **u**: *-ην* **Q** ‖ **434** scr. vid. *εὐσθενούσης* (cf. Theoph.)

χλωρὰ δὲ κόπρος τὴν ἰώδη δεικνύει,
ἡ δ᾽ αὖ μέλαινα τὴν μέλαιναν εἰκότως·
ψῦξιν πελιδνὴ καὶ νέκρωσιν τοῦ βάθους·
ἡ λιπαρὰ σύντηξιν, ἡ γλίσχρος πλέον.

Ἐντεῦθεν οὔρων ἄρξομαι γνωρισμάτων.

Ἄριστον οὖρον σύμμετρον τῇ συστάσει,
λευκὴν ὁμαλὴν τὴν ὑπόστασιν φέρον,
συνημμένην μάλιστα, μὴ κεκομμένην,
τὸ χρῶμα πυρρόν, ὑπόπυρρον ἐξ ἴσου,
ξανθοῦ τε λάμπον ἀκριβῶς στιλβηδόνι.
τῶν χρωμάτων δὲ τυγχανόντων ποικίλων
πρῶτον τὸ λευκόν, εἶθ᾽ ὕπωχρον τυγχάνει,
μέσον δὲ τούτων χρωμάτων πολὺ πλάτος.
τὸ πρῶτον, ὃ γράφουσιν εἰκότως γάλα,
μορφὴν ἔχον γάλακτος ἠκριβωμένως·
τὸ δεύτερον δὲ γλαυκόν ἐστι τὴν φύσιν·
τὸ χαροπὸν δ᾽ ἔπειτα τοῦ γλαυκοῦ κάτω,
μαλλοῖς καμήλων προσφυῶς εἰκασμένον
ἢ προσφυές πως τοῖς ὀνυχίταις λίθοις·
ἔπειθ᾽ ὕπωχρον ὡς ⟨χολὴν⟩ δεδεγμένον,
τὴν ὠμόβραστον εἰκονίζον χυμένην,
βαφέν τε μᾶλλον ὠχρόν ἐστι τὴν χρόαν·
τὸ δ᾽ ὑπόπυρρον Κελτικοῖς χρυσοῖς ἴσον·
τὸ δ᾽ αὖ γε πυρρὸν ἀκριβῶς βεβαμμένον,
εὔρυζον ὄντως εἰκονίζον χρυσίον·
κνίκῳ μὲν ὑπόξανθον ἐμφερὲς πέλει·

438 9 p. 401, 31 Id. ‖ **439** 10 p. 402, 6–8 Id. ‖ **440** 16 p. 405, 27–29 Id. ‖ **441** 16 p. 405, 30–34 Id. ‖ **443–447** Steph. Ur. 4 p. 428, 2–5 Bussem.; Theoph. Ur. 3, 2–3 p. 264, 4–12 Id. ‖ **443–444** Psell. Ur. f. 197^{v} 3–4; Hipp. Progn. 12, II 138, 15–16 L. ‖ **449–473** Theoph. Ur. 6, 2–16 p. 266, 21–267, 31 Id. ‖ **449–456** cf. Steph. Ur. 7, p. 429, 12–18 B. ‖ **454–456** Psell. Ur. f. 197^{r} 8–9 ‖ **457–471** 10–17 ‖ **457–464** Steph. Ur. 7 p. 431, 15–432, 6 B.

439 *ἡ δ᾽* Boiss.: *ἧς* **Qu** ‖ **440** *πελιδνὴ* Boiss.: *-ὴν* **Qu** ‖ **441** *σύντηξιν* Boiss.: *-ις* **Qu** ‖ **448** *τυγχάνον* (*-ων* **u**) *τῶν* **Qu** ‖ **450** [*τοῦ*]*τον* **u** ‖ **455** *μαλοῖς* **Qu** ‖ **457** *χολὴν* supplevi e Theoph. et Psello De ur.: spat. vac. **Q** nullum spat., sed *δεδεγμένον* latius diductum **u** | *ὁμόβραστον* **Q** ‖ **459** *βαφέν τε* Boiss.: *βαφέντος* **Q** *βαφένδος* **u** | *ὠχρός* **u** ‖ **460** *ὑπόπυρον* **Q** | *χρυσοειδε*^{σ} *ἶσον* **u** ‖ **462** *εὔροιζον, υ* supra *-οι-*, **Q**

τὸ ξανθὸν αὖθις εἰκονισμένον κρόκῳ·
τὸ δ' ὑπέρυθρον φοινικοῦν πέφυκέ πως,
ἐξ ἰχωρώδους αἵματος βεβαμμένον·
τὸ δ' αὖ ἐρυθρὸν αἵματος φαίνει χρόαν·
τὸ δ' οἰνόχρουν τε πορφυρίζον αἵματι·
τὸ κυανοῦν δ' ἔοικε τῷ σεσημμένῳ·
μίξις τὸ φαιὸν χρωμάτων ἐναντίων·
τὸ χλωρὸν ὥσπερ ἡ ποάζουσα χλόη·
τὸ δ' αὖ πελιδνὸν ὡς μόλυβδος τυγχάνει·
ἐφ' οἷσπερ ἐστὶ τοῦ μέλανος ἡ χρόα.

Τοῦ σώματος δὲ τριπλεκοῦς πεφυκότος
ἐκ πνευμάτων ὑγρῶν τε καὶ στερεμνίων,
πάλιν τριφυὴς τῶν στεγανῶν οὐσία,
ἐκ πιμελῶν σαρκῶν τε καὶ τῶν ὀστέων,
ἀφ' ὧν ἑκάστων ἡ σμύχουσα θερμότης
οὖρον συνιστᾷ σύντομον καὶ ποικίλον,
ἐκ πιμελῆς γὰρ ἐν βάθει τετηγμένης
ὅμοιον εἰς ἔλαιον οὖρον ἐκτρέχει.
αἱ ποικίλαι δὲ συστάσεις τε καὶ χρόαι
καὶ ποικίλας ἔχουσι κλήσεις εἰκότως·
τὸ πρῶτόν ἐστι προσφυῶς ἐλαιόχρουν,
ἐλαιοφανὲς δεύτερον κεκλημένον,
τὸ τρίτον εἰς ἔλαιον ἠκριβωμένον.
εἰ χρῶμα δ' εἰσδέξαιτο συγκεκαυμένον,
σπασμὸν προδηλοῖ καὶ τελευτὴν αὐτίκα·
εἰ δ' ἐκ νεφρῶν πρόεισιν, ἀθρόον τρέχει.
τὸ δ' αὖ πέταλον καὶ πίτυρον καὶ κρίμνον
ὑποστάσεις λέγουσι τῶν στερεμνίων.
τὸ μὲν γάρ ἐστιν ὡς λεπὶς δεδειγμένον,

465–467 cf. 7 p. 431, 14–15 B. ‖ **468** cf. 7 p. 429, 20–21 B. ‖ **472** cf. Steph. Ur. 7 p. 430, 7 B. ‖ **472–473** Psell. Ur. f. 197ʳ 19–20 ‖ **474–486** Theoph. 17, 2–6, p. 279, 1–17 Id. ‖ **474–475** Steph. Ur. 21 p. 556, 19–20 B. ‖ **477** cf. p. 556, 25–26 B. ‖ **478–486** cf. pp. 556, 27–557, 12 B. ‖ **480–486** Psell. Ur. f. 197ᵛ 16–18 ‖ **487–489** Theoph. Ur. 17, 9–10 p. 279, 23–29 Id.; cf. Steph. Ur. 21 p. 557, 12–18 B. ‖ **490–499** cf. Steph. 22 pp. 558, 1–559, 1 B. ‖ **490–493** cf. Theoph. Ur. 19–20 pp. 280, 19–281, 6 Id. ‖ **490–491** cf. Psell. Ur. f. 197ᵛ 20–22

468 *τε*] *τι* **u** | *αἱμά τι* **u** ‖ **471** *ποέζουσα* **u** ‖ **481** *εἰς*] *ὡς* sscr. **Q** ‖ **487** *εἰσδέξεται* **Q** ‖ **492** *λεπὶς* scripsi: *λεπτῆς* **Qu**

τὸ δ' ἁδρόν ἐστιν, οὐσίας παχυτέρας,
τὸ δ' αὖ γε κρίμνον ὡς τὸ σῶμα τοῦ σίτου
ἐν τῷ μύλωνι συντριβέντος τῇ μύλῃ·
σύντηξίς ἐστι τοῦτο τῶν στερεμνίων.
σκόπει δ' ὅμως τὸ χρῶμα τοῦδε τοῦ κρίμνου·
λευκὸν γὰρ ὂν πέφυκεν ἐκ τῶν ὀστέων,
εἰ δ' αὖ ἐρυθρόν, αἵματος διερρύη.

Οὔρων δὲ τὴν κάκοσμον ὄσφρησιν νόει.
Οὖρον κάκοσμον καὶ δακνῶδες ἐν νόσοις
σεσημμένην δείκνυσιν ⟨............⟩·
αὖθις δὲ λευκὸν ἐκρυὲν τετραμμένοις
ἔλυσε τούτοις τὴν σκοτισθεῖσαν φρένα.
ἐν πυρετοῖς δὲ προδραμὸν τοῖς ὀξέσι
μέλαν, δυσῶδες, θάνατον προμηνύει,
εἰ μὴ προῆλθε κύστεως κακουμένης.
αἱ δ' ὀροβώδεις χυμάτων ὑποστάσεις
ἐκ σαρκικῆς ῥέουσι πάντως οὐσίας.
οὔρου δὲ τριττῆς τυγχανούσης οὐσίας
(τὸ μὲν γάρ ἐστι χρῶμα, δεύτερον χύμα,
ὑπόστασις δὲ καὶ τελευταῖον τρίτον),
ἢ μᾶλλον εἰπεῖν, τοῦ παρεγκεκραμένου,
τριττὴ πέφυκε κλῆσις, ἁρμόττουσά πως
πρὸς τὴν θέσιν κάλλιστα καὶ τὸ χωρίον.
ὑπόστασις γὰρ ἡ κάτω τεθειμένη,
τὸ δ' αὖ μεταξὺ χύματος περιπλέον
καλοῦσιν αἰώρημα προσφυεῖ λόγῳ,
τὸ τὴν ἄνω χώραν δὲ προσφυῶς ἔχον
νέφος καλοῦσιν, οἱ δὲ πολλοὶ νεφέλην.
οὔρου δὲ τριττῆς τυγχανούσης οὐσίας
οὐ πάντα πᾶσι μίγνυται φύρδην ἅμα.
λεπτὸν γὰρ οὖρον τὴν φύσιν καὶ λευκόχρουν

494–499 Theoph. Ur. 21,2–3 p. 281,11–19 Id. ‖ **500–507** Steph. Ur. 23 p. 559,4–8 B.; Theoph. Ur. 22,1–3 p. 281,29–34 Id. ‖ **508–509** 18,2 p. 280,8–10 Id. ‖ **510–513** cf. Steph. Ur. 7 pp. 432,6–433,2 B. ‖ **514–520** cf. 8 p. 433,13–28 B. ‖ **522** Psell. Ur. f. 197ᵛ 22

493 *τὸ δ' ἁδρόν* scripsi (cf. Theoph. 280,33): *πόδαγρόν* **Qu** (*πίτυρον* prop. Boiss.) ‖ **502** supple *ὑγρῶν οὐσίαν* (*ὑγρῶν σῆψιν σημαίνει* Theoph., Steph.) ‖ **508** *αἱ* Boiss.: *τὰς* **Qu** | *ὡροβώδεις* **Qu** ‖ **517** *πέρι πλέον* **u** ‖ **520** *πολλοὶ δὲ* trp. **Q** a. c.

ἄπεπτον οὐ δέξαιτο μίξιν εἰκότως
τοῦ νεφοειδοῦς σώματος τῆς οὐσίας·
πῶς γὰρ συνέλθοι πέψις εἰς ἀπεψίαν;
κἂν πυρρόν ἐστι κἂν ὠχρὸν κἂν ξανθόχρουν,
μένει δὲ λεπτόν, οὐ κραθείη τῷ νέφει.

Κείσθω δὲ ταῦτα μέχρι μοι τοῦ μετρίου·
πολλὴ γάρ ἐστι μίξεων ποικιλία,
ἐμοὶ δὲ γνώμη καὶ σκοπὸς τῶν ἐμμέτρων
μὴ πάντα πάντως συλλαβεῖν τὰ τῆς τέχνης,
μικρὰν τεκεῖν ὄρεξιν ἀνδράσι φίλοις,
γραμματικοῖς, ῥήτορσι καὶ φιλοσόφοις,
τῆς τῶν ἰατρῶν ἀκριβεστάτης τέχνης,
ὅπως ποθοῦντες τὰς χάριτας τοῦ μέτρου
σὺν τῷ μέτρῳ λάβωσι καὶ τὰ τῆς τέχνης.
ἀρκοῦντες οὖν δὴ ταῦτα τῶν οὔρων ὅροι.

Τῶν πυρετῶν δὲ γνῶσιν ἐντεῦθεν λάβε.

Ὅρος πέφυκε πυρετοῦ τῆς οὐσίας
παρατραπεῖσα θερμότης τῶν σωμάτων
ἐκ καρδίας ῥέουσα ταῖς ἀρτηρίαις
καὶ πρὸς τὸ πᾶν χυθεῖσα σώματος πέρας
καὶ τὰς ἐνεργοὺς δυνάμεις τε καὶ φύσεις
σαφῶς καταβλάπτουσα τῇ δεινῇ ζέσει.
ἡ θερμότης δὲ ποιότης δεδειγμένη
τὸ μᾶλλον εἰσδέξαιτο καὶ τοὐναντίον.
ὡς οὐσίας δὲ {τοῦ} πυρετοῦ ⟨..........⟩
διαιρέσεις διδοῦμεν ἀκριβῶς δύο·
διαφορὰς μάλιστα ταύτας ῥητέον.
ἄλλη μέν ἐστιν οὐσιώδης τῷ λόγῳ,
ἐπουσιώδης ἀκριβῶς ἡ δευτέρα.
τοῦ σώματος δὲ τριπλεκοῦς πεφυκότος,
ἐκ πνευμάτων ὑγρῶν τε καὶ στερεμνίων,

540–548 Pallad. Febr. p. 107, 10–16 Id. ‖ **546–547** Aristot. Categ. 8, 10 b 26 ‖ **549–550** Pallad. Febr. p. 108, 1–2 Id. ‖ **553–556** p. 108, 29–31 Id.

525 *νεφοειδοῦς* Boiss.: *νεφροειδοῦς* **Qu** ‖ **533** scr. *τεκεῖν δ'* ‖ **543** *χεθεῖσα*, sscr. *υ*, **Q** ‖ **548** supple fere *τῆς καθόλου*

ὁ μέν τίς ἐστι πυρετὸς τῶν πνευμάτων,
ὑγρῶν τις ἄλλος, ἄλλ⟨ος αὖ στερεμνίων⟩.
πρῶτον δὲ πάντων σκεπτέον τῷ τεχνίτῃ
τὴν τῆς ὕλης ὕπαρξιν, ἥτις τυγχάνει·
ψυχρά τίς ἐστι καὶ παχεῖα τὴν φύσιν
ἢ ποιότητας τὰς ἐναντίας ἔχει;
ἔπειτα τοῦτο δευτέρως τηρητέον·
ἄσηπτός ἐστιν ἢ πάλιν σεσημμένη;
εἶτ' αὖθις ἄλλο μᾶλλον ἀκριβωτέον·
ἐκτὸς πέφυκε τῶν φλεβῶν ⟨ἡ ποιότης⟩
ἢ φλεψὶ χρῷτο μᾶλλον οἰκητηρίοις;
οὐ πάντα καὶ γὰρ πάντα δρῶσι τῇ φύσει,
ἔχει δ' ἕκαστον τὸν κατάλληλον λόγον.
Τὸ προσφιλὲς γὰρ αἷμα καὶ τηροῦν φύσιν,
ἄσηπτον ὄν, πλεῖστον δέ, καὶ φλεβῶν ἔσω,
πληθωρικὸν δράσειε σώματος φύσιν
ἢ πυρετῶν ἄτμητον ἐν ζέσει γένος·
εἰ τυγχάνει δὲ τῇ φύσει σεσημμένον,
ὕλης σαπείσης πυρετούς σοι δεικνύει·
εἰ δ' εἰς ἓν ἐκρεύσειε σώματος μέρος,
σαπὲν μὲν ἐργάσαιτο τὰς ἀποστάσεις,
ἅς φασιν ἀπόστημα τεχνικοὶ λόγοι,
εἰ δ' οὐ σαπῇ, βλάστημα φοινικοῦν φύσει.
Τὸν αὐτὸν ἕξει καὶ χολὴ τούτοις τρόπον·
εἰ μὲν γὰρ εἰς ἅπασαν οὐσίαν δράμοι
εἰλικρινής, ἄσηπτος, ἴκτερον δράσει,
σαπεῖσα δ' ἐργάσαιτο καύσων' ἐν βάθει·
ἐκτὸς δὲ τυγχάνουσα τῶν φλεβῶν πάλιν
τριταῖον ἐργάσαιτο τὸν κεκομμένον·
εἰ δ' ἐγχυθείη σώματος πρὸς ἓν μέρος,

557–565 p. 109, 26–29 Id. ‖ **566–576** pp. 109, 35–110, 4 Id. ‖ **578–586** p. 110, 6–12 Id.

556 *ἄλλος αὖ στερεμνίων* **u** p. c.: *ἀλλ'* et spat. vac. **Q**, **u** a. c. ‖ **559** *ταχεῖα* **Q** sscr., **u** ‖ **560** *ἢ* **Q** ‖ **562** *σεσημμένη* **Q** sscr., **u** p. c.: *-ος* **Q**, **u** a. c. ‖ **564** *ἡ ποιότης* supplevi: *ἢ καὶ ἔνδον* al. m. **u** *ἡ θερμότης* Boiss. (sed de IV humoribus agitur: 568, 578, 587, 596) ‖ **565** *χρῆται* **u** ‖ **567** *ἕκαστον* **u** p. c.: *ἕκτον* **u** a. c. *ἕκτον τε* **Q** ‖ **568** *φύσει* **u** ‖ **571** *πυρετὸν* **u** ‖ **572** *εἰ τυγχάνει* scripsi: *ἐντυγχάνει* **Qu** ‖ **577** *σαπεῖ* **Qu** ‖ **581** *καύσων* **Q** ‖ **584** *ἐγχυθείη* Boiss.: *ἐγγυθείη* **Qu** ‖ **585**, **586** *σεσημμένη* Boiss.: *-ην* **Qu**

ἕρπητα μὲν πλάσειεν οὐ σεσημμένη,
σεσημμένη δ' ἕρπητα βιβρώσκοντά πως.
Χυμὸς δ' ὁ δεινὸς καὶ μελάγχρους τὴν φύσιν,
εἰ πᾶν συνέξει, σῆψιν οὐ δεδεγμένος
μέλανα ποιήσειεν ἴκτερον φύσει,
σεσημμένος δὲ τὴν τεταρταίαν ζέσιν,
ἄτμητον ἐντός, εἰ δὲ μή, τετμημένην·
εἰ δ' αὖ ἐπεισφρήσειεν εἰς ἓν χωρίον,
σκίρρον μὲν ἐργάσαιτο μὴ σεσημμένος,
σεσημμένου δὲ πολλὰ τεχθῇ θηρία,
γάγγραινα, φαγέδαινα, πολλοὶ καρκίνοι.
Τοῦ φλέγματος δὲ πολλαπλοῦ πεφυκότος
(τὸ μὲν γὰρ ὡς ὕαλος αὐτὸς τυγχάνει,
τὸ δ' ἁλυκὸν πέφυκεν, ὀξῶδες τρίτον,
τὸ δὲ γλυκείας ποιότητός ἐστί πως),
ὅπερ πέφυκεν ὡς ὕαλος τὴν φύσιν,
τρόμων ἀνεκθέρμαντον ἐκφύσει φύσιν·
τὸ δ' αὐτό σοι δράσειεν ὀξῶδες γένος·
τὸ δ' ἁλυκόν τι πυρετοὺς καθ' ἡμέραν,
ἀμφημερινοὺς προσφυῶς κεκλημένους·
τὸ δὲ γλυκὺ προσηνές ἐστι τῇ φύσει.

Γνωρισμάτων δὲ πυρετῶν ἐφημέρων
ἡ γνῶσις αὕτη· πέψις οὔρων αὐτίκα,
τὸ θερμὸν ἡδύ, τοῦ νοσοῦντος ἡ φύσις
οὐ δυσφόρως φέρουσα τὴν ἀρρωστίαν,
ἀρτηριῶν κίνησις οὐ τονουμένη.
θυμοὶ δὲ τούτων αἴτιοι καὶ φροντίδες
ἀγρυπνία τε καὶ κόπος καὶ ξηρότης,
ἔγκαυσις ἢ σύντασις ἠδ' ἀσιτία.
Τῆς σήψεως δὲ πυρετοὺς τοὺς ἐκγόνους
ἐξεικονίζει θερμότης καὶ ξηρότης,

587–595 p. 110,15–21 Id. ‖ **596–605** p. 110,25–30 Id. ‖ **611–613** Psell. Febr. f. 199r 23–25 ‖ **614–618** f. 199v 3–6

588 *δεδεγμένας* **u** ‖ **589** *μέλανα* Boiss.: *μέλαινα* **Qu** ‖ **590** *τεταρταῖον* **u** ‖ **592** *ἐπεισφρύσειεν* **Q** *ἐπιβρύσειεν* **u** ‖ **595** *φαγαίδενα* **Qu** ‖ **601** om. **Q** | *τρόμων* scripsi: *-ος* **u** (cf. 757) | *ἐκφύσει* scripsi: *ἐκφύ(   )* **u** (cf. 640) ‖ **604** *ἀφημερινοὺς* **u** (ita semper) ‖ **608** *ἡδὺς* **u** ‖ **613** *σύντασις*, sscr. *τηξις*, **Q** ‖ **615** *ξηρότης* (sscr. β') *καὶ θερμότης* (sscr. α') **Qu**

δεινή, δριμεῖα, καὶ καπνώδης ἐσχάτως,
μικροῦ κατεσθίουσα καὶ τοὺς δακτύλους·
οὔρων ἔπειτα συμφυὴς ἀπεψία.
Τῶν δὲ τριταίων κήρυκές σοι μυρίοι·
ῥῖγος κλονῶδες, δίψος ἀκριβῶς φλέγον,
ζέσις πυρίπνους, εἶτά πως ἡττωμένη,
ἱδρὼς ἕτοιμος, εἰ ποτῷ χρήσαιό μοι,
γαστρὸς τάραξις καὶ χολῆς ἀποβλύσεις,
ὡρῶν δυοκαίδεκα τῇ ζέσει χρόνος.
Σημεῖα δ' ἄλλα τοῦ τεταρταίου τρόμου·
ψῦξις τὸ πρῶτον ἀσθενής τε θερμότης,
οὖρόν τε λεπτόν, ὑδατῶδες, λευκόχρουν,
σφυγμοί τ' ἀραιοὶ καὶ μέγιστοι πολλάκις.
Ὁ δ' αὖ βαρύνων τὴν φύσιν καθ' ἡμέραν
ἀμφημερινός ἐστιν ἠκριβωμένος·
οὗ πρῶτόν ἐστιν ἀκριβὲς γνώρισμά τι
ψῦξις δυσεκθέρμαντος, οὐ πολλὴ ζέσις,
αὖθις κένωσις φλέγματος παχυτάτου,
χροιά τις ὠχρόλευκος, οὔρων λεπτότης
ἐρυθρότης τε πολλάκις καὶ παχύτης.
Ὁ δ' ἠπίαλος συνθέτως κεκλημένος
ἀμφημερινῷ σύγγονός πως τυγχάνει,
ἐξ ὑαλώδους φλέγματος τετεγμένος,
οὐ μὴ σαπέντος, ἐνσπαρέντος δ' εἰς ἅπαν,
ῥίγους ἀνεκθέρμαντον ἀνθήσει φύσιν·
ἐξ ἡμισείας δ' εἰ σαπῇ, τῇ διπλόῃ
καὶ διπλόην ἔφυσεν ἀρρωστημάτων·
ᾧ μὲν γὰρ οὐ σέσηπεν ἐμβάλλει ῥῖγος,
ᾧ δ' ἐτράπη δράσειε θερμότητά πως.
οἱ μὴ τετμημένοι δὲ τοῖς τετμημένοις
ὁμοιοτήτων τυγχάνουσι πλειόνων,

619–620 f. 199ᵛ 12–13 ‖ **624** f. 199ᵛ 14–15 ‖ **625–628** f. 199ᵛ 26–28 ‖ **631–632** cf. f. 200ʳ 3–4 ‖ **633–635** f. 200ʳ 4–5 ‖ **638** f. 200ʳ 7–8 ‖ **641–644** f. 200ʳ 8–9

620 *δίψης* **u** ‖ **621** *ζέσης* **Qu** ‖ **622** *χρήσαιό μοι*] *τό τις* supra *-ό μοι* **u** ‖ **623** *ἐποβλύσεις* **u** ‖ **635** mg. suppl. **Q** ‖ **636** *ἠπίαλος* **Q**, **u** a. c. *ὁ ῥιγοπύρετος* sscr. **Q** ‖ **638** *φλέγματος* **u**: *πνεύματος* **Q** | *τετεγμένος* scripsi (an *-τευγ-*?): *τεταγμένος* **Qu** ‖ **642** *ἔφυσεν* scripsi: *ἔφυγεν* **Qu** ‖ **643** *ἐμβάλει* **Qu**

μία γὰρ αὐτοῖς φύσεως ἀνισότης,
τὸ μὴ τελευτᾶν εἰς ἀθέρμαντον τέλος.
Καύσου δὲ συμπτώματα ταῦτα τυγχάνει·
δῆξις στομάχου, δίψα συντεταμένη,
μέλαινα γλῶσσα, προσφυὴς ἀγρυπνία,
παρεκτροπή τε τοῦ φρονοῦντος πολλάκις.
Τῶν ἑκτικῶν δὲ τοὺς φθάσαντας ἐν τέλει
εἰς τὸν μαρασμὸν ὧδε θηράσαιό μοι,
πολλαὶ γὰρ αὐτοὺς δεικνύουσιν εἰκόνες·
τὰ πρῶτα ⟨.........................⟩
ξηραὶ ⟨...........................⟩
ξηρὸν μέτωπον καὶ μύσις τῶν βλεφάρων
σφυγμοί τε πυκνοὶ δέρματός τε ξηρότης
καὶ ζωτικοῦ στέρησις ἄνθους σωμάτων.
Ἀμφημερινὸς δ' εἰ τριταίῳ συνδράμοι,
ἄτμητος, ὡς ἔοικε, τῷ τετμημένῳ,
ἡμιτριταίου συμπλάσειεν οὐσίαν.
οὗτος δὲ διπλοῦς ἐστιν, ἢ κατὰ κρᾶσιν
ἢ τοῖς πέρασι τῶν δυοῖν μεμιγμένος.
ἀλλ' εἰ μὲν ἴσοι συνδράμωσιν οἱ δύο,
φρίκην ἀπειργάσαντο τὴν καλουμένην,
μέσως ἔχουσαν ψύξεώς τε καὶ κλόνου·
τοῦ δραστικωτέρου δὲ τῶν συγκειμένων
ἴδοις ἐναργεῖς καὶ πλέον τὰς δυνάμεις.

Πάθη δὲ λοιμοῦ δεινά πως καὶ ποικίλα·
παρεκτροπαὶ νοῦ καὶ χολῆς ἀποβλύσεις,
τῶν ὑποχονδρίων τάσεις τε καὶ πόνοι,
ψῦξις, ἱδρῶτες, καὶ διάρροια πλέον,
οὖρον χολῶδες, θώρακος σφοδρὰ ζέσις,
δίψα δριμεῖα, γλῶσσα συμπεφρυγμένη.
Τῆς συγκοπῆς δ' αὖ αἴτια ταῦτα φρόνει·
ἀγρυπνίαν, κένωσιν, ἄλγημα τρῦχον.

649–652 f. 200r 17–18 ‖ **661–663** f. 200r 25–26

654 *εἰς*] -ς eras. (?) **Q** ‖ **656–657** ad lacunam supplendam v. Gal. Diff. febr. 1 p. 327, Psell. De febr. ‖ **660** *σωμάτων*] *αί* super *σω-* **Q** ‖ **666** *συνδράσωσιν*, *μ* sscr., **u** ‖ **668** *ψύξεώς* coni. Boiss.: *μίξεώς* **Qu** ‖ **670** *ἐναργοῦς* **u** ‖ **676** *δριμέα* **u**

Σύντηξίς ἐστι τῆς καθ' ἡμᾶς οὐσίας
φθορὰ πρόδηλος γαστρόθεν κενουμένη.
Ὀρέξεως ἔκπτωσις ἐκ διττοῦ τρόπου·
χυμῶν πονηρῶν κράσεώς τε δυσκράτου.
Ὁ βούλιμος δὲ παντελὴς ἀσιτία.
ἡ δ' αὖ κυνώδης τῆς ὀρέξεως τάσις
ἐκ φλέγματος μέν ἐστιν ὀξώδους φύσει,
τοῦ δ' ἐσθίειν πέφυκε πῦρ ἀπληστίας.
Ἡ ναυτία πέφυκε γαστέρος κλύδων,
χυμῶν πονηρῶν ὧδε συμπεπλεγμένων.
Τὸν λυγμὸν ἢ κένωσις αὔξει γαστέρος
ἢ μᾶλλον ἡ πλήρωσις ἀντεστραμμένως.
Τοῦ λειποθυμεῖν καὶ κένωσις αἰτία
καὶ πῦρ φλογίζον ἐμφύλως τὴν καρδίαν,
ἄλγος κεφαλῆς, φλεγμονὴ τῶν ἐγκάτων,
παρατροπή τε τῶν φρενῶν τεταμένη.
Ἐκ ξηρότητος τὴν φαλάκρωσιν φρόνει·
ταὐτοῦ γένους τίθει δέ, πλὴν τῶν σχημάτων,
ἀλωπεκίτας, ὀφεωνύμους τύπους.
Ἡ πιτυρώδης τῆς κεφαλῆς οὐσία
χολῆς δριμείας, αἵματος μελαγχόλου,
καὶ φλεγμάτων αὖ ἁλμυρῶν γέννημά τι.
Ἀχὼρ κεφαλῆς δέρματος γλίσχρον πάθος
τιτρῶν τὸ δέρμα, τοῖς μελιττῶν κηρίοις
ἐοικὸς εἰς τύπωσιν ἀκριβεστάτην·
γεννᾷ δὲ τοῦτο φλέγμα νιτρῶδες μόνον.
Ὅταν ἴδῃς βλάστημα πυρρόν, στρογγύλον,
ἑλκῶδες, ὑπόσκληρον, ἀλγῦνον φύσιν,
σῦκον τὸ βλαστὸν ὡς φερώνυμον κάλει.
Ἄλγος κεφαλῆς δύσφορον σύμπτωμά τι,
γεννᾷ δὲ τοῦτο δύσκρατός τις ποιότης
χυμῶν τε πλῆθος, καὶ δυοῖν συζυγία,
ἔγκαυσις αὖθις, ψῦξις, ἀλλὰ καὶ μέθη,
ἡ θερμότης, μᾶλλον δὲ πληγὴ καιρία·
ἡ ξηρότης δ' ἔλαττον ἀλγύνει κάρην,

681 *τρόπου*] *πάθους* sscr. **Q** ‖ **690** *ἡ* Boiss.: *εἰ* **Qu** ‖ **691** *τοῦ* Boiss.: *τὸ* **Qu** | *λυποθυμεῖν* **Qu** ‖ **696** *ταὐτοῦ* scripsi: *τὰ τοῦ* **Qu** ‖ **697** *ὀφιωνύμους* **u** ‖ **700** *γέννημά τι* Boiss.: *γενημάτων* **Qu** ‖ **702** *μελίττων* **u** *μελίτων* **Q** ‖ **703** *ἐοικὼς* **Q**

ἀνώδυνον δὲ τὴν ὑγρὰν γίνωσκέ μοι.
τῶν αἰτίων δὲ τὰς ἀδήλους οὐσίας
καὶ δέρμα δηλοῖ καὶ βολὴ τῶν ὀμμάτων.
Πάθος κεφαλῆς τὴν κεφαλαίαν νόει,
τὴν ἡμικρανίαν τε τοιοῦτον φρόνει·
παραίτιοι γὰρ ἐμμόνων ἀλγημάτων,
ἡ μὲν τὸ πᾶν πλήττουσα δεινῶς κρανίον,
ἡ δ' ἐκ μέρους τύπτουσα πληγαῖς καιρίαις.
αὔξει δὲ τούτων τῶν παθῶν τὴν οὐσίαν
οἶνος πολὺς κραυγή τε καὶ σφοδρὸς ψόφος
καὶ λαμπρότητες φωτοειδεῖς πολλάκις.
ἀλλ' οἷς μὲν ἔνδον τῆς κεφαλῆς ἡ πάθη,
ἀλγοῦσι τούτοις αἱ βάσεις τῶν δηγμάτων·
οἷς δ' ἐκτός ἐστι τοῦ πάθους ἡ σφοδρότης,
τούτοις δυσαλθὲς γίνεται τὸ κρανίον.
Ἡ δὲ φρενῖτις φλεγμονὴ κεκρυμμένη
μήνιγγας ἐκκαίουσα τοὺς πεπλεγμένους
ἢ καὶ τὸν ἐγκέφαλον ἀρρήτῳ πάθει.
γεννᾷ δὲ ταύτην αἷμα πλεῖστον πολλάκις
χολή τε δίχρους, ἡ μέλαινα τὸ πλέον,
μετατραπείσης ὧδε τῆς ξανθοχρόου.
καὶ τῶν φρενῶν δὲ τῷ πάθει βεβλημένων
πέπονθεν ἐγκέφαλος ὡσαύτως ἄνω·
ἐκ τῶν ἄνω γὰρ τῆς κάρας ἀκροστέγων
νεύρων κάτεισιν εἰς φρένας συζυγία,
δι' ὧν κεκοινώνηκε τοῦ σφοδροῦ πάθους
ἡ τῆς κεφαλῆς συμπαθής πως οὐσία.
δηλοῖ δὲ ταύτην συμφυὴς ἀγρυπνία
λήθη τε πάντων, ὄμμα πλῆθον αἱμάτων,
γλῶσσα τραχεῖα καὶ βοὴ πεφυρμένη
καὶ ψηλάφησις δακτύλων ἄνευ λόγου,
ἀναπνοῆς κίνησις ἠραιωμένη
σφυγμοί τ' ἀμυδροὶ καὶ μικροί, σκληροὶ πλέον.
Τὴν ἐρυσιπέλατον ἔμφυτον φλόγα
οὐδ' ἐγκέφαλος ἐκδιδάσκει πολλάκις·
καὶ γνωρίσαις ἄδηλον οἷς ὁρᾷς πάθος

726 δηγμάτων (sscr. ὀδόντων) **Q**: δογμάτων (mg. al. m. γρ. τῶν ὀδόντων) **u** ‖ **727** δεκτός **u** ‖ **729** φρενίτης **u** ‖ **730** μίνιγγας **Qu** ‖ **733** ἡ **u**: ἢ **Q** ‖ **746** σκηροὶ **Q**

ἄλγει κεφαλῆς, λαμπροτήτων ἐμφάσει,
ὑγρῷ προσώπῳ καὶ ψυχρῷ δεδειγμένον.
Λογιστικοῦ πάθημα λήθαργον φρόνει
ἐκ φλέγματος γέννησιν, οὐσίαν ἔχον.
ληθαργικὰ δὲ ταῦτα σημεῖα φρόνει·
ὕπνον πολὺν χάσμην τε, πνεύματος τάσιν,
τὴν τῶν περιττῶν ἐκκένωσιν ποικίλην,
σφυγμοὺς κλονώδεις καὶ τρόμους τῶν σωμάτων.
Ἡ κατοχὴ πάθος τι δεινὸν τῇ φύσει,
πλήρωσις οὖσα τῶν φρενῶν τοῦ χωρίου,
νέκρωσις αὐτόχρημα τοῦ πεπονθότος·
κεῖται γὰρ οὗτος ὕπτιος τεταμένος
ἔχων τε τὸ βλέφαρον ἠνεῳγμένον,
μὴ σκαρδαμύττον, ὥσπερ ἐκπεπληγμένον,
σφύζον ἀμυδρῶς, ἀσθενῶς, παρειμένως.
ἔστι δὲ τοῖς πάσχουσι διπλοῦς τις λόγος·
ἢ φλέγματος γὰρ ἰσχύσαντος τὸ πλέον
ἢ τῆς χολῆς πέπονθε τούτοις ἡ φύσις.
διαιρέσεις δ' ἴσχουσι πρὸς τὴν φρενῖτιν
καὶ τὸν βαρὺν λήθαργον· εἰ γὰρ καὶ μέσως
ἔχουσιν ἄμφω, πλὴν διαιροῦνται πάλιν.
ἄλλοι δέ φασι μὴ διπλῆν τὴν οὐσίαν,
ἁπλῆν δ' ὑπάρχειν τοῦ λελεγμένου πάθους·
ξηρὰ γὰρ ὕλη τὰς ὀπισθίους πύλας,
ἃς κοιλίας λέγουσι τεχνικοὶ λόγοι,
φράττουσα πυκνῶς τῆς ὑπερθύρου κάρας
τὴν κατοχὴν ἤνεγκεν οὐ ψευδωνύμως.
ὁ γὰρ πεπονθὼς καὶ κατασχεθεὶς ἄφνω,
ὡς ἦν κρατηθεὶς σχήματός τε καὶ τύπου,
μένει κατ' αὐτό, μὴ λυθέντος τοῦ πάθους.
Τάφος δὲ μνήμης δύσκρατός τις ὑγρότης,
μωρώσεως δὲ καὶ κάρου ἡ ψυχρότης,
τῶν ἐγκεφάλου κοιλιῶν πεφραγμένων.
Ἡ δὲ σκότωσις καὶ δίνη καλουμένη

750 *ἐμφάσει* Boiss.: *-εις* **Qu** ‖ **751** *δεδειγμένον* Boiss.: *-ων* **Qu** ‖ **753** *οὐσίαν τ'* Boiss. (sed cf. 793 et al.) ‖ **755** *πολλὴν* **Qu** ‖ **762** *ἔχον* **u** ‖ **763** *σκαρδαμύττον* coni. Boiss.: *-ειν* **Qu** ‖ **768** *ἴσχουσα* **Q** | *φρενίτην* **u** ‖ **774** *οὓς* **u** ‖ **779** *αὐτὸ* Boiss.: *-οῦ* **Qu** ‖ **781** *ἡ* scripsi: *καὶ* **Qu**

στροφή τίς ἐστι τῆς κεφαλῆς πνευμάτων
καὶ κοιλιῶν σύντριμμα τῶν ἐμπροσθίων.
Τὴν ἐπιληψίαν δὲ τοιαύτην μάθε.
τοῦ σώματος πέφυκεν ἀθρόον κλόνος,
σπασμός, πάθους σύμπτωμα δεινὸν ἐκτόπως,
τὰς κρείττονας βλάπτουσα πάσας δυνάμεις.
διττὴν δὲ τούτου τοῦ πάθους τὴν οὐσίαν
ἰατρικοὶ λέγουσιν ἔντεχνοι λόγοι·
ἢ φλέγμα δεινὸν ἢ χολὴν μελαντέραν
τὸν ἐγκέφαλον, τὰς ἐν αὐτῷ κοιλίας
πιλοῦσαν ἢ φράττουσαν ἐμφύτῳ βάρει.
θώραξ τε πάσχων, πολλάκις καὶ κοιλία,
καὶ χεὶρ κακῶς ἔχουσα, καὶ μήτρα πλέον,
κύτος τε γαστρός, χεῖρες αὖθις καὶ πόδες,
καὶ δάκτυλός τις ἢ μέρος τῶν δακτύλων
τὸ δεινὸν εἰργάσαντο τοῦ κακοῦ πάθους,
ψυχρὰς ἀναβλύσαντος αὔρας ἐκ βάθους
καὶ τὴν κάραν πλήξαντος ἰώδει βέλει.
γνώσῃ δὲ τοῦτο καὶ προγνώσῃ πανσόφως
δυσθυμίαν ἄγνωστον εἴς τινα βλέπων
ψυχῆς τε δεινὴν ἀπροαιρέτως τάσιν,
ὠχρὸν πρόσωπον, γλῶτταν ἡνίας ἄνευ,
ὕπνον ταράκτην, συμφορὰς ὀνειράτων.
κἂν μὴ πρὸς αὐτὰ φαρμάκοις χρήσαιό μοι,
ἴδοις ἂν αὐτὴν τὴν σκότωσιν αὐτίκα.
Μελάγχολον δὲ καὶ μανιῶδες πάθος
παρατροπὴ πέφυκε πυρετοῦ δίχα·
ἢ τῆς κεφαλῆς συμπαθῶς κλονουμένης
ἢ συμπαθούσης τοῖς πεπονθόσι τόποις,
ἢ τοῦ στομάχου τῷ πάθει βεβλημένου
τῶν ὑποχονδρίων τε συμπεπονθότων,
ἀνερρύη κάτωθεν αὖρα πικρίας
τὸν ἐγκέφαλον συνθολοῦσα ποικίλως.
σημεῖα τούτῳ δειλία, δυσθυμία,
γέλως ἄτακτος, εἶτα πένθος ἀθρόον,
ἀπεψία, κίνησις ὀξυρεγμίας,
προγνώσεως οἴησις, ἔμφοβος τρόμος,

801 *πλήξαντος* Boiss.: *-ες* **Qu** ‖ **819** *ὀξυρεγχμίας* **u**

πάθη πολυστένακτα, μισανθρωπία,
ἐνθουσιασμός, συμφορῶν ἀναπλάσεις.
Δεινὸν πάθος πέφυκεν ὁ πνιγαλίων,
ὃν ἐφιάλτην ὠνόμασαν οἱ πάλαι,
ἐφάλλεται γὰρ ἐξ ἀπέπτου γαστέρος
εἰς τὴν κεφαλὴν οἷα καπνώδης φύσις.
νυκτὸς δὲ μᾶλλον γίνεταί πως ἡ πάθη.
καὶ συμπεσόντος ἐξαπίνης τοῦ πάθους
ναρκῶν ὁ πάσχων δείκνυται νάρκην ξένην·
νοῶν γὰρ ὡς πέπονθεν, οὐ σθένει λέγειν,
ἀλλ' οἴεται μὲν καὶ κινεῖσθαι καὶ λέγειν,
μένει δὲ ναρκῶν τῇ κλίνῃ βεβλημένος·
δοκεῖ δὲ καὶ βάσταγμα δύσφορον φέρειν,
φαντάζεται δὲ τοῦτο πολλάκις βλέπειν,
ὁρᾷ δὲ μηδὲν ὧν δοκεῖ σάφ' εἰδέναι.
κἂν μή τις ἰάσαιτο τοῦτον φαρμάκῳ,
δεινῇ πεσεῖται συμφορᾷ νοσημάτων.
Μελάγχολόν τι πρᾶγμα λυκανθρωπία·
ἔστι γὰρ αὐτόχρημα μισανθρωπία,
καὶ γνωριεῖς ἄνθρωπον εἰσπεπτωκότα
ὁρῶν περιτρέχοντα νυκτὸς τοὺς τάφους,
ὠχρόν, κατηφῆ, ξηρόν, ἠμελημένον.
Τὴν ἀποπληξίαν δὲ χείρονα φρόνει
παθῶν ἁπάντων, ὡς νεκροῦσαν αὐτίκα.
ἔμφραξις αὕτη καὶ πίλησις ἀθρόα
τῶν ἐγκεφάλου κοιλιῶν τῶν μειζόνων,
ὧν ἐμφραγεισῶν πᾶσα σώματος φύσις
αἰσθήσεως ἄμοιρός ἐστιν αὐτίκα·
μέρους δ' ἐν αὐτῷ τὴν πάθην δεδεγμένου
ἐξ ἡμισείας τοῖς παθοῦσιν ἡ βλάβη·
τοῦ δ' αὖ γε νώτου τὸ βλάβος πεπονθότος
τὰ τοῦ προσώπου συμβλαβήσεται κάτω,
ὁ δ' ἐγκέφαλος τὴν κάκωσιν οὐ πάθοι.
Μυῶν ῥαχιτῶν συνταθέντων ἀθρόον

835 Eurip. Orest. 259

822 *ἀναπλάσεις* Boiss.: *ἀναπλάσα* **u** *ἀνατλάσα* **Q** ‖ **824** *αἰφιάλτην* **Qu** ‖ **825** *ἀφώλετον* **u** ‖ **836** *τοῦτο* **u** ‖ **849** *μέρους* Boiss.: *-ος* **Qu** ‖ **853** *οὗ* **Q**

τετανικὸν πάθημα τὴν τάσιν λέγε·
ψυχροῦ χυμοῦ γέννημα δ' ἐστὶν ἡ πάθη.
ἀλλ' εἰ μὲν εἰς τοὔμπροσθέν ἐστιν ἡ τάσις,
ἐμπρόσθιον λέγουσι τὴν βλάβην τόνον,
ὀπίσθιον δ' αὖ, εἴπερ ἦν ὀπισθία·
ἰσόρροπος γὰρ εἴπερ ἐστὶν ἡ βλάβη,
ἀσύνθετος τέτανός ἐστιν ἡ νόσος.
Τρόμον κατεργάσαιτο καὶ ψυχρὰ πόσις
καὶ γῆρας αὐτὸ καὶ ψυχρὰ δυσκρασία
χυμός τε γλίσχρος καὶ φόβος καὶ ψυχρότης.
Ἡ μὲν τάραξις ὑγρότης τῶν ὀμμάτων
καὶ θερμότης σύμμικτος ἔκ τινος πάθους
ἔξωθεν εἰσρέοντος εἰς τὴν οὐσίαν·
ὀφθαλμία γὰρ ἡ τάραξις τυγχάνει.
Χήμων δέ ἐστι τῶν βλεφάρων ἡ τάσις,
ὡς μὴ καλύπτειν τοὺς κύκλους τῶν ὀμμάτων.
Τὸ τῶν φλεβῶν δὲ ῥῆγμα τοῦ προσκειμένου
πέφυκεν ὑπόσφαγμα, πληγῶν ὂν τόκος.
Τὸ δ' ἐμφύσημα τῆς βλεφάρων οὐσίας
ὄγκωσίς ἐστιν. ἡ δὲ ψωροφθαλμία
κνησμός τις ἡδὺς ἐκ νίτρων καὶ φλεγμάτων.
Ἡ σκληροφθαλμία δὲ δυσκινησία
ὑγρασίας ἄνευθεν αὐτῶν ὀμμάτων·
ἡ ξηροφθαλμία δὲ κνησμώδης πόνος.
Τὸ δ' ἐκτρόπιον ὄγκος ἐστὶ σαρκίου
ἐπηρεάζον τοῦ βλεφάρου τὴν φύσιν.
Τὸ δὲ τράχωμα τοῦ βλεφάρου τραχύτης·
σύκωσις ἡ σύντασις αὐτοῦ τοῦ πάθους·
τύφλωσις ἡ μάλιστα τοῦ κακοῦ τάσις.
Χαλάζιον δέ ἐστιν ὑγροῦ τις τάσις
ἐν τῷ βλεφάρῳ συμπαγέντος ἀθρόον.
ἡ δὲ κριθὴ πρόμηκες ἐν ταρσῷ πάθος.
Τὸ τῶν τριχῶν ψίλωμα τῶν βλεφαρίδων
μίλφωσιν ὠνόμασαν ἔντεχνοι λόγοι.
Ἐγκανθίς ἐστι κανθὸς ἐξωγκωμένος·
ῥυάς δέ γ' ἡ μείωσις αὐτῶν τυγχάνει.

860 *γὰρ*] *δ' αὖ* **u** ‖ **868** *γὰρ*] *δ' αὖ* **u** ‖ **871** *ῥῆμα* **u** | *προκειμένου* **u** ‖ **875** *νιτρῶν* **Qu** ‖ **877** *ὑγρασίαν* **Q** ‖ **882, 883** *ἡ* Boiss.: *ἡ* **Qu** ‖ **885** *ἐν* Boiss.: *οὐ* **Qu** ‖ **889** *ἐγκανθίς* Boiss.: *ἐγκαθίς* **Qu**

Πρόπτωσις ἐξόγκωσις ἔκ τινος πάθους
τοῦ ῥαγοειδοῦς ὑμένος κεκλημένου·
πλὴν τὴν μικρὰν μὲν μυοκέφαλον λέγε,
τὴν δ᾽ αὖ γε μείζω σταφύλωμά μοι κάλει·
ἔπειτα μῆλον· ἧλός ἐστιν ἐσχάτη,
ἧλον δὲ καὶ λεύκωμα ταὐτόν μοι φρόνει.
Ἡ δὲ πτέρυξ πέφυκε νευρῶδες πάθος,
ὄγκωσις αὐτοῦ τοῦ γε προσπεφυκότος.
Τὸ καρκίνωμα τοῦ κέρως δεινὴ νόσος.
Ἡ δ᾽ ἀνθράκωσις τῆς βλεφαρίδος πάθος.
Ἡ μυδρίασις ὑγρότητος ἐκγόνη,
αὐτῆς κόρης πάθημα πεπλατυσμένης,
ὥσπερ πέφυκεν ἡ φθίσις στενουμένης.
Ὁ νυκτάλωψ σκότωμα δύντος ἡλίου.
Γλαύκωμα δεινὸν ἠδ᾽ ἀνίατον πάθος,
ὑγρά τις ἀλλοίωσις ἐν τῷ κρυστάλῳ
μετάστασίς τε πρὸς τὸ γλαῦκον τῆς χρόας.
Τὸ δ᾽ ὑπόχυμα τοῦ κέρως καὶ κρυστάλου
ὑγρὰ μεταξὺ σύστασις κεχυμένη.
Μικρὰν ζόφωσιν τὴν ἀμαύρωσιν φρόνει·
τὴν ἀμβλυωπίαν δὲ σύγχυσιν θέας.
Ὁ δὲ στραβισμὸς τῶν κινούντων σωμάτων
σπασμός τίς ἐστι καὶ μυῶν λοξὴ τάσις,
ἢ σπέρματος πέφυκεν ἔμφυτον πάθος·
εἰ δ᾽ ἐκ χολώδους οὐσίας ἀναρρόπου
τὰς συστάσεις εἴληφεν, ἰάσαιό πως.
Παρωτίς ἐστι τῶν παρ᾽ ὠσὶν ἀδένων
ὄγκωσις, ἢ σύρροια χυμῶν πλειόνων,
ὕλης ῥυείσης ἐκ κεφαλῆς ἀθρόας.
Μόγκωσίς ἐστιν ἐμφραγέντων ἀθρόον
τῶν ἰσθμοειδῶν ὀστέων ἐκ φλεγμάτων.
Φάρυγξ πεπονθὼς τοὺς ἐσωτέρους μύας
ποιεῖ συνάγχην, εἰ δὲ τοὺς ἔξω γνάθου,
παρασυνάγχην προσφυῶς κεκλημένην.

894 *σταφύλωμα* Boiss.: *παφύλωμά, γ* super *π*, **Q** *γαφύλωμα, π* super *γ*, **u** ‖ **897** *πτέρυξ* Boiss.: *πέριξ* **Qu** ‖ **901** *ἐγκόνη*, sscr. *κγ*, **Q** ‖ **903** *στενουμένη* **Q** ‖ **906** *ὑγροῦ* Boiss. ‖ **914** *ἢ* scripsi: *εἰ* **Qu** (post **913** vs. excidisse putat Boiss.) ‖ **922** *φάρυξ* **Q** ‖ **923** *τὰς* **Q** | *γνάθου* scripsi: *-ους* **Qu**

λάρυγξ τε πάσχων τοὺς ἐσωτέρους μύας
ποιεῖ κυνάγχην προσφυῶς κεκλημένην·
⟨..............................⟩
παρακυνάγχην, ὥσπερ ἠλαττωμένην.
Βὴξ καὶ κόρυζα καὶ κατάρρους, τὰ τρία,
ὕλης μιᾶς γέννημα δυσφορωτάτης·
γεννᾷ γὰρ αὐτὰ τῆς κεφαλῆς ὑγρότης.
ἀλλ' εἰ μὲν εἰς μυκτῆρας ἡ ῥύσις φθάσοι,
κόρυζαν ἐργάσαιτο τοῦ μέρους πάθος·
εἰ δ' ἄχρι τοῦ φάρυγγος αὕτη προδράμοι,
ποιεῖ κατάρρουν· εἰ δὲ συρρεύσει κάτω,
τὴν βῆχα γεννᾷ τὴν κακήν, τὴν βυθίαν.
τίκτει δὲ ταύτην καὶ ψυχρὰ δυσκρασία,
θερμή τις αὖθις, πυρετοῦ πεφυκότος.

Πνεύμων τε πάσχων καὶ φθίσις καὶ πλευρῖτις.
Ἀσθματικός τις, εἰ πυκνῶς ἀναπνέει·
εἰ δ' ὀρθὸς ἑστώς, ὀρθόπνους ἐκ τοῦ πάθους.
ὕλη δὲ τούτων τῶν δυοῖν παθημάτων
ὕλη παχεῖα, γλίσχρος, ἰξώδης φύσει,
τοῦ πνεύματος φράττουσα δεινῶς τοὺς πόρους.
Πάθος τι δεινὸν ἡ περιπνευμονία,
τῆς σπογγοειδοῦς φλεγμονή τις οὐσίας,
ἢ τῶν κατάρρων ἔγγονος δεδειγμένη
ἢ πρῶτον ἐκφανεῖσα συμφύτῳ πάθει.
δύσπνοιά σοι κάτοπτρον ἔσται τοῦ πάθους
στήθους τε ῥεγμὸς καὶ γνάθων ἐρυθρότης,
τῶν ὀμμάτων ὄγκωσις, ἔμπυρος ζέσις,
ἡ τῶν χιτώνων λιπαρὰ θεωρία·
φλεβὸς ῥαγείσης αἵματος βλύζει φύσις,
καὶ συσσαπείσης ἧττον αἷμα συρρέει,
βεβρωμένης δ' ἔλαττον, ἀλλ' οὐδ' ἀθρόον,
πλεῖστον δὲ πλῆθος τῆς ἀναστομωμένης,
ἣ μηδὲν ἀλγύνουσα λύσει τὸ πλέον
αἱμορροΐδας καὶ στάσεις καθαρσίων.

post **926** lac. stat. Boiss. ‖ **933** *προσδράμοι* **u** ‖ **938** *πλευρίτης* **u** (et sic deinde) ‖ **940** *ὀρθῶς* **u** ‖ **947** *ἡ* **Q** | *ἐκφανεῖσα* scripsi (*ἐμφ-* Boiss.): *φανεῖσα* **Qu** ‖ **950** *ξέσις* **u** ‖ **952** *βλύζε* **u** ‖ **955** scr. *ἀνεστομωμένης* ‖ **956** *ἢ* **u** ‖ **957** *αἱμορροΐδας* scripsi: *-ες* **Qu**

ἀλλ' οὐδὲ ῥῆξις συμφορῶν παραιτία·
μόνην δὲ δεινὴν τὴν ἀνάβασιν νόει.
ἀλλ' εἰ μὲν ἐκ φάρυγγος αἷμ' ἀπορρέοι,
τῶν τοῦ στομάχου χωρίων ἀναρρέει,
σὺν βηχὶ δ' ἐκβλύσειεν ὧν τις ἐκπνέει.
ἀλλ' εἰ μὲν ἀφρῷ προσφερής πως τυγχάνει
νόθου τε λευκοῦ χρωματίζει τὸ χρῶμα
ἀνωδύνως τ' ἄνεισι θλίψεως ἄνευ,
ἐκ πνεύμονος ῥεῖ καὶ κτενεῖ πεπονθότας·
εἰ δ' ὡς ὑποχρέμπτοιτό τις τὴν οὐσίαν,
ἐκ τῆς τραχείας ἔσθ' ὁ ῥοῦς ἀρτηρίας·
εἰ δ' αὖ μελάγχρους αἱμόπτυστος ἡ χύσις,
ἐκ θώρακος πρόεισι θρομβωδεστέρα.
Ἡ δ' ἐμπύησις θωράκων ἡλκωμένων
ἐξ αἵματος πέφυκε, πλὴν ἀναρρόπου.
Τὸ σπογγοειδὲς δ' εἰ βλύσειε πνευμόνων,
φθίσις τὸ συμβάν, μὴ μύοντος τοῦ πάθους.
Ἡ πλευρῖτις δὲ φλεγμονή τε καὶ ζέσις
τῆς ζωννυούσης ὑμενώδους οὐσίας
πλευρὰς ἁπάσας ζέματος λεπτοῦ τάσει,
ᾗ συμβέβηκε βήξ τε καὶ σύμπνοιά πως
καὶ κλειδὸς ἄχρι συντεταμένος πόνος.
διακρινεῖς δὲ τὴν ἀληθῆ πλευρῖτιν
τῆς ἡπατώδους φλεγμονῆς διττῷ πάθει·
ἡ μὲν γὰρ ἴσχει νυγματώδη τὸν πόνον,
καὶ βῆχα διττήν, πῇ μὲν ἄπτυστον μόνως,
δεικνῦσαν ὡς ἄπτυστός ἐστιν ἡ νόσος,
πῇ δὲ πτύελον μετρίως πεπεμμένον
καὶ σφυγμὸν ἴσχει σκληρὸν ἐμπρίοντά τε·
ἡ δὲ δριμεῖα φλεγμονὴ τῶν ἡπάτων
οὐ νυγματώδη τὸν πόνον σοι δεικνύει,
οὐ σφυγμὸν ἐμπρίοντα τῆς ἀρτηρίας,
ξηρὰν δὲ βῆχα καὶ πρόσωπον λευκόχρουν.
εἰ δ' ἐκτὸς οἰδήσειαν οἱ μύες μόνοι,
κἂν πλευρῖτις πέφυκεν, ἀλλ' ὁμωνύμως,

962 *βῆχ(   )* **u** ‖ **963** *προσφερής* Boiss.: *προσφέροι* **Q** *-ει* ex *-ες* **u** ‖ **966** *πεπονθότας* Boiss.: *-ως* **Qu** ‖ **967** *εἰς* **u** ‖ **968** *ἔστ'* **Qu** ‖ **974** fort. *μηνύοντος* ‖ **978** *δύσπνοιά* coni. Boiss. ‖ **984** *ἄπτυστός* Boiss.: *ἄπταιστός* **Qu**

ὡς μήτε βήττειν μήτε μὴν πτύειν ὅλως·
τῇ χειρὶ δ' εἰ ψαύσαιο τοῦ πεπονθότος,
ἀλγύνουσι κάμνοντες αὐτίκα πλέον.

Εἰ καρδία δὲ πρωτοτύπως σοι πάθοι,
ἢ φλεγμονὴν ἔσωθεν ἢ δυσκρασίαν,
ἢ καὶ ῥαγείη τὴν ἐπίπνουν κοιλίαν,
θάνατον ὀξὺν τῷ παθόντι προσφέρει.
εἰ δ' αὖ γε συμπάθειαν ἕξει δευτέρως,
εἴτε πρὸς ἧπαρ εἴτε γαστέρος στόμα
εἴτε πρὸς ἐγκέφαλον ἢ πρὸς κοιλίαν,
συγκοπτικὸν δράσειε τοῖς ζῴοις πάθος
καὶ λειποθυμήσουσιν οἱ πεπονθότες
δεινῶς τ' ἐφιδρώσουσι συγκεκομμένως,
παλμοί τε τούτοις συμπεσοῦνται καρδίας.

Ἡ τοῦ στομάχου πολλάκις δυσκρασία
πολλὴ ῥυεῖσα τὴν ὄρεξιν ἐκλύει.
ἀλλ' εἰ μέν ἐστι δύσκρατός τις θερμότης,
διψῆν ἀνάγκη, βορβορύττειν πολλάκις,
τὰ ψυχρὰ πέττειν, καὶ στερέμνια πλέον·
ψυχρὰν δὲ τεκμήραιο τοῖς ἐναντίοις.
ἡ δ' ἐκ χυμῶν ὄρεξις ἐκβεβλημένη
δηλοῖ τὸν ὠθήσαντα χυμὸν αὐτίκα,
εἰ λεπτός ἐστι καὶ δακνώδης τὴν φύσιν,
εἰ γλίσχρος ἐστὶν οἷα κολλώδης φύσει.
ἀλλ' εἰ μὲν ἕξει τοὺς χυμοὺς ἡ κοιλία,
ἐμοῦσι τούτους οἱ νοσοῦντες αὐτίκα·
εἰ δ' ἐν χιτῶσίν εἰσιν ἐμπεπλασμένοι
ἢ καὶ ποθέντες ταῖς ἐκείνων οὐσίαις,
κἂν ναυτιῶσιν, οὐκ ἐμοῦσι τὸ πλέον.
Ἐμπνευμάτωσίς ἐστι γαστρὸς μὲν πάθος,
ἀτμὸς μὲν χυμῶν, εἴτ' ἀπέπτων σιτίων·
γεννᾷ δὲ τούτους θερμότητος χαυνότης.
Ἡ χολερὰ δ' αὖ ἐκτάραξις γαστέρος
ἄνω κάτω κενοῦσα τὴν φθορὰν μόλις,

994 *ψεύσαιο* **u** ‖ **995** *κάμνοντες ἀλγύνουσιν* trp. Boiss. ‖ **998** *κοιλία* **u** ‖ **1003** *τοῖς ζώοις* **u**, **Q** mg.: *τἀνθρώπῳ* **Q** ‖ **1010** *διψεῖν* **u**

ἐκ τῶν ἀπέπτων σιτίων τελουμένη·
γεννᾷ δὲ ταύτην καὶ χυμῶν μοχθηρία.
Τὴν λειεντερίαν δὲ διπλῆν μοι νόει·
ἢ γίνεται γὰρ ἐντέρων ἡλκωμένων
ἕλκωσιν ἁπλῆν, μὴ λίαν βαθυτάτην,
ἢ καὶ λυθείσης τῆς καθεκτικῆς θύρας
λειεντερικὴ συμβέβηκέ πως νόσος·
καὶ γὰρ πέφυκεν ἐκκένωσις βρωμάτων
ἄπεπτος, ὑγρά, μηδαμῶς πεπεμμένη.
τὸ δεύτερον δὲ τούτου τοῦ πάθους πάθος
καὶ κοιλιακὸν ὠνόμασαν οἱ πάλαι.
ἀμφοῖν δέ πως πέφυκε λεπτή τις κρίσις·
ἀπεψία γάρ, εἴ γε συντεταμένη,
τῶν ἐντέρων πάθη τις, οὐ τῆς κοιλίας.
Τενεσμός ἐστι τοῦ κενοῦν προθυμία,
βραχεῖαν ἐξάγουσα χυμῶν οὐσίαν.
οἴδημα καὶ γὰρ φλεγμονῶδες ἐν τέλει
κεντεῖ πρὸς ἐκκένωσιν, ἀπατᾷ δέ γε.
Δυσεντερία δ' ἕλκος ἐστὶν ἐντέρων
ἐκ συμπαθείας ἢ πάθους πρωτοσπόρου.
ἀποκρίσεις δὲ δεικνύουσι τὴν βλάβην
πρῶτον χολώδεις, εἶτα καὶ ποικιλίαι
ἰχωροειδεῖς, αἱματώδεις τὴν φύσιν
τῆς ἑτέρας χολῆς τε τῆς μελαγχρόου.
ἀλλ' εἰ μὲν ἐκκρίνοιτο κοπρία μόνον,
πάθος πέφυκεν ἐντέρων τῶν παχέων·
εἰ δ' ἡ κόπρος πέφυκεν ἐξηλκωμένη,
τῶν ἐντέρων δείκνυσι τῶν λεπτῶν βλάβην.
Νόσος κολικὴ δυσφορώτατον πάθος.
κόλον δέ ἐστιν ἔντερον κοῖλον μέγα,
τῆς δεξιᾶς μὲν ἐκφυέν πως λαγόνος,
τὴν δ' αὖ γε λαιὰν συμπεριπλέκον κύκλῳ,
πλείστων ὀδυνῶν αἴτιον πεπονθόσιν.
ἔχει δὲ πολλὰς τοῦ πάθους τὰς αἰτίας.
χυμὸς γὰρ ἴσως δυσδιαίρετος φύσει

1032 λυθείσης coni. Boiss.: λυθεῖσα **Qu** ‖ **1036** scr. τοῦ πάθους τούτου (metri causa)? | πάθος] ex. gr. γένος ‖ **1039** εἴ] scr. ἤ? ‖ **1050** ἑτέρας] ἄλλης **u** ‖ **1052** πάθος **u**: πάχος **Q**

ἐν τοῖς χιτῶσι τοῦ κόλου ῥεύσας μέσον
στρόφοις ἐνοχλεῖ καὶ πόνοις καὶ ναυτίαις
φράττει τε πάσας τῆς κόπρου τὰς ἐξόδους·
ποιεῖ δὲ τοῦτο συμφυὴς ἀπεψία
ἐκ ποικίλων μάλιστα τῶν ἐδεσμάτων.
καὶ πνεύματος δὲ πολλάκις πολλὴ ῥύσις
τὴν τοῦ πάθους ἔπλασαν οὐσίαν μόνην,
ζέσις τε πολλὴ φλεγμονῆς ἐγχωρίου
δεινῶς θορυβεῖ τοῦ κόλου τὴν οὐσίαν.
οὓς ἡ κένωσις τῶν περιττῶν πολλάκις
ἔβλαψεν, ὠδύνησεν ἐμπύρῳ βέλει.
Ὁ δ' εἰλεὸς σύμπτωμα δεινὸν τῇ φύσει.
ὁ γὰρ κρατηθεὶς τῷ βροτοκτόνῳ πάθει
ἐκ τοῦ φάρυγγος τὴν κόπρον παραπτύει.
τούτῳ τε πολλαὶ προσβολαὶ τῶν αἰτίων,
καὶ φλεγμονὴ γὰρ βρωμάτων τ' ἀπεψίαι,
⟨.............⟩ κύλισις τῶν ἐντέρων,
τὸ δεινὸν εἰργάσαντο τῆς νόσου πάθος.

Νεφρῶν πάθη κάκιστα, κύστεως πλέον,
ἃ κοινά πως πέφυκεν ἄλγη τοῦ κόλου·
ἀπεψίαι στρόφοι τε, κλεῖθρα γαστέρος,
καὶ τρυπανώδεις τοῦ πεπονθότος πόνοι.
διαίρεσις δὲ τῆσδε τῆς κοινωνίας
αὕτη πέφυκεν ἐμφρόνως νοουμένη.
τοῖς γὰρ κακῶς ἔχουσιν ἐν πάθει κόλου
ἡ δεξιὰ πέπονθε λαγόνος φύσις,
ἡ πικρία δὲ τῆς ὀδύνης τοῦ πάθους
ἄνω κάτωθεν μέχρις ἥπατος τρέχει
καὶ κλείεται κάτωθι πᾶς κόπρου πόρος,
τὸ δ' οὖρον αὐτοῖς φλεγματῶδες εἰς ἄκρον.
τοῖς δ' αὖ γε κύστιν καὶ νεφρὸν πεπονθόσι,
τούτοις παρεμπέπηγεν ὁ σφοδρὸς πόνος,
ναρκᾷ τε μηρὸς τοῦ κατ' εὐθεῖαν πόρου,
λίθος τε τούτοις πλάττεται ποικιλόχρους·

1064 *τοῦ*, sscr. *ῆς*, **Q** ‖ **1068** *ἔπλασαν*] corruptelam stat. Boiss. ‖ **1069** *ξέσις* **u** ‖ **1070** *κόλου* scripsi: *κόλπου* **Qu** ‖ **1073** *ἠλεὸς* **Q** ‖ **1074** *βροκτόνω* **Q** ‖ **1075** *τοῦ*] *τῆς* **u** ‖ **1078** *κύλισις* **u**: *λισις* **Q** ‖ **1082–1084** fines vss. deperd. in **u** ‖ **1094** *πόνου* **u**, (*ρ* sscr.) **Q**

καὶ παιδίοις μὲν κύστις ἐξάγει λίθους,
πλάττουσι δ' αὐτοὺς οἱ νεφροὶ τοῖς ἀνδράσι.
νεφριτικῶν δὲ ταῦτα σημεῖα φρόνει·
ἄπεπτον οὖρον, ἀλλὰ μὴν καὶ λευκόχρουν,
τρίψεις ἔχον κάτωθι πολλῶν ψαμμίων,
ἔπειξις εἰς οὔρησιν, αἰδοίων τάσεις·
ὕλη δέ ἐστι τοῖς πεπλασμένοις λίθοις
χυμὸς γεώδης ἐκ παχείας οὐσίας
τῇ θερμότητι τῶν νεφρῶν πεφυρμένη.
τὴν φλεγμονὴν δὲ τῶν πεπονθότων πόρων
πύρωσις, ἄλγος ἀκριβώσει καὶ τάσις
παρατροπὴ νοῦ, πῦρ καταφλέγον φύσιν,
χολῆς κένωσις, οὖρον οὐκ ἐπιρρέον.

Τὸ δ' ἧπαρ ὕλη ποικίλων νοσημάτων·
ἁλίσκεται γὰρ φλεγμοναῖς, σκίρροις πλέον,
ἐμφράξεσι μάλιστα ταῖς βροτοκτόνοις,
ἐξασθενοῦν τε πρὸς τὸ πέττειν σιτία
ἐργάζεται πάνδεινα τῇ φύσει πάθη.
τὰς τέσσαρας γὰρ δυνάμεις κεκτημένον,
εἰ μὲν κενοῖ δίυγρον οὐσίαν κάτω,
τὴν ἑλκτικὴν πέπονθε δύναμιν μόνην·
εἰ δ' ὡς κρεώδεις ἐξάγει τὰς οὐσίας,
πρὸς τὴν μεταπλάττουσαν ἠσθένηκέ πως.
ἔπειτα φλεγμήναντος ἥπατος φύσει
τῷ δεξιῷ πέπηγεν ἐν βάθει πόνος
δεινόν τε καῦμα τὴν φύσιν καταφλέγει,
καὶ δίψα καὶ βήξ, ἀλλὰ καὶ δύσπνοιά τις
δεινῶς σπαράττει τὴν πεπονθυῖαν φύσιν.
ἀλλ' εἰ μὲν εἴη τοῖς σιμοῖς τετρωμένον,
καὶ λειποθυμήσουσιν οἱ πεπονθότες,
ἕξουσι δ' αὖθις ὑδρικὰς παρεγχύσεις·
εἰ δ' αὖ τὰ κυρτὰ φλεγμονῆς ἔχει τάσις,
τοῖς δακτύλοις γνοίη τις ὄγκον αὐτίκα.
Ὑδρωπικῶν δ' αὖ εἰσβολὴν παθημάτων

1096 *λίθους* Boiss.: *-ος* **Qu** ‖ **1100** *κάτωθεν* **Q** ‖ **1106** *ἀκριβώσει* scripsi: *-σεις* **Qu** ‖ **1107** *παρατροπὴ* scripsi: *-ὴν* **Qu** ‖ **1113–1116** initia vss. deperd. in **u** ‖ **1124** *τετρωμένον* Boiss.: *-ος* **Qu**

καχεξίαν λέγουσι τεχνικοὶ λόγοι.
ὁ δ' ὕδερος τί; ψῦξίς ἐστιν ἡπάτων,
σκίρρωσιν οἷα καὶ ζέσιν πεπονθότων,
ἢ συμπαθούντων τοῖς πεπονθόσι τόποις
ὕδρωψ παρεβλάστησε δυσχερὴς νόσος,
τὰς αἱματώδεις οὐκ ἔχουσα συστάσεις.
ἀθροίζεται δ' ἐντεῦθεν ὑγρὸν πνεῦμά τε,
μέσον πεφυκὸς ὑμένος τεταμένου
καὶ τῶν ἑλικτῶν χορδοειδῶν ἐντέρων.
κἂν μὲν τὸ πνεῦμα τῶν ὑγρῶν εἴη πλέον,
ὕδρωψ ἐπλάσθη τῷ ψοφεῖν τυμπανίας·
εἰ δ' ἐστὶ πλέον ὑγρότητος οὐσία,
ὕδρωψ ἐτέχθη προσφυῶς πως ἀσκίτης·
εἰ δ' ἐκχυθείη πρὸς τὸ πᾶν τῆς οὐσίας
ῥοῦς αἱματώδης, φλεγματώδης τὴν χρόαν,
ὕδρωψ ὁ λευκόφλεγμός ἐστι τῇ φύσει.
Χυμοὺς δ' ὑφέλκων τοῖς πόροις μελαντάτους
ἐξ ἥπατος σπλὴν τῇ καταλλήλῳ θέσει,
ἐξασθενήσας ἢ φραγεὶς τὰς εἰσόδους,
τοὺς ἰκτέρους δράσειε τοὺς μελαγχρόους.
ἀλλ' εἰ μὲν οὐ πέφυκε τῷ σπλάγχνῳ βάρος,
τὴν ἑλκτικὴν δύναμιν πέπονθε μόνην·
εἰ δ' ἄλγος ἴσχει, τυγχάνει πεφραγμένος,
ἐφ' ᾧ πέφυκε φλεγμονή τε καὶ ζέσις,
οὖρον δυσῶδες, καὶ κάκοσμον τὸ στόμα,
καὶ τῶν σκελῶν ἕλκωσις οὐκ ἰωμένη·
εἰ δ' ἴκτερος γένηται παύων τὴν νόσον,
μετάστασιν δείκνυσιν ἔξω τῆς ὕλης.
Τὸ δ' αὖ περιτόναιον εἰ ῥαγῇ βίᾳ,
ὄλισθον εἰργάσατο δεινὸν ἐντέροις.
Ἀκούσιος κένωσις ἡ τῶν σπερμάτων
ἡ τῆς γονῆς πέφυκεν ἔκλυτος ῥύσις,
πάθος μυσαρόν, γονόρροια τοὐπίκλην,
τὸν καυλὸν οὐ τείνουσα τὸν φυτοσπόρον,

1131 *ὕδερος τί* Boiss.: *ὑδερός τι* **Qu** ‖ **1146** *μελεντάτους* **Q** ‖ **1147** *σπλὴν* Boiss.: *πλὴν* **Qu** ‖ **1151** trp. *πέπονθε δύναμιν* metri causa ‖ **1156** scr. *γένοιτο* metri causa | *παύων* Boiss.: *παῦον* **Qu** ‖ **1158** *ῥαγεῖ* **Qu** ‖ **1159** *δεινὴν* **u** ‖ **1162** om. **u**

ἐξασθενοῦντος τοῦ καθεκτικοῦ τόνου
τὸ σπέρμα τηρεῖν, ὥστε μὴ καταρρέειν.
Ἡ δ' αὖ σατυρίασις αἰδοίου πάθη
καὶ παλμὸς ὀξὺς καὶ φλογίζουσα ζέσις,
δεινῶς ζεσάντων τῶν σποροτρόφων πόρων.
Τὸν πριαπισμὸν Πριάπου φερωνύμως
αὔξησιν εἰς μέγιστον αἰδοίων νόει,
ὁρμὴν ἀναφρόδιτον, ἔντασιν μόνον.
γεννᾷ δὲ τοῦτον φλέγμα μετρίως ζέσαν
καὶ πνεῦμα τῆξαν καὶ κινῆσαν τὴν φύσιν.
Γυναιξί τις πέφυκεν ἔμμηνος ῥύσις,
ἧς αἴτιον πρώτιστον ἄμβλωσις τόκου
ἢ σώματος δύσκρατος ἴσως οὐσία,
πάθημα μήτρας, ὑστέρας καλουμένης,
ἢ ψῦξις ἢ κάκωσις ἢ πληγῆς βάρος·
ἡ δ' αὖ ὑπερκάθαρσις ἀθρόα ῥύσις·
ῥοῦς δ' αὖ γυναικῶν πνευματισμὸς ὑστέρας.
Τὴν ἐμπαθῆ δὲ φλεγμονὴν τῆς ὑστέρας
καὶ πνεῦμα τίκτει καὶ κατάψυξις πάλιν,
καὶ μᾶλλον ἐξάμβλωσις ἢ πληγῆς βάρος.
σημεῖα τούτου πυρετὸς τεταμένος,
ἄλγος τραχήλου, καὶ τένοντος τὸ πλέον,
σφυγμοί τε μικροὶ καὶ μύσις τῆς ὑστέρας.
Συνίσταται δ' ἕλκωσις ἐν μήτρᾳ πάλιν,
ἢ δυστοκούσης ἢ δι' ἐμβρυουλκίαν.
ἀλλ' εἰ μὲν ᾖ πρόχειρος ἕλκωσις τάχα,
δίοπτρον αὐτὴν εἰκονίσει σοι μόνον·
εἰ δ' ἐν βάθει πέφυκεν ἕλκους ἡ φύσις,
γνοίης τὸ ποιὸν ἔκ γε τῶν κενουμένων.
Καὶ καρκίνου πέφυκεν ἐν μήτρᾳ πάθος,
ὁ μὲν μεθ' ἕλκους καὶ δριμείας οὐσίας,
ὁ δὲ στεγνός τις, οὐδαμῶς ἡλκωμένος.
τὸν χωρὶς ἕλκους ἱστορήσει σοι τάδε·
σκληρός τις ὄγκος τῆς παθούσης ὑστέρας,

1166–1168 Psell. Voc. medic. 237,11–13 ‖ **1169–1173** 237,14–17

1169 *Πριάπου* Boiss.: *πριάμου* **Qu** ‖ **1170** *νόει* **Q**: *φρόνει* **u** ‖ **1181** *ἐμπαθῆ*] *ἐν βάθει* sscr. **Q**

χροιὰ τρυγώδης καὶ πελιδνὴ πολλάκις,
βουβῶνος ἄλγος, ὀσφύος ἢ γαστέρος.
τὸν δ᾽ αὖ μεθ᾽ ἕλκους δεικνύει καὶ σκληρότης·
ἡ σκληρότης δὲ τῆς πονούσης ὑστέρας
ἢ πολλάκις σύμπαντος αὐτοῦ τοῦ κύτους.
ἐφεκτικὸν πέφυκεν ἐμμήνων τόδε
μαστούς τέ πως δείκνυσιν ἐξωγκωμένους·
πρὸς ὕδερόν τε τοῦτο λήγει πολλάκις.
Ἐκ ψύξεως δὲ μυσάσης τῆς ὑστέρας
ἐμπνευμάτωσις εὐθέως περιρρέει,
ἢ πρὸς τὰ κοῖλα τοῦ λελεγμένου κύτους
ἢ πρὸς τὸ σῶμα τῆς παθούσης ὑστέρας.
Πνὶξ δ᾽ ὑστέρας ὕψωσίς ἐστιν ὑστέρας,
τὰ καίρια θλίβουσα σώματος μέρη,
μήνιγγας αὐτάς, καρδίαν, καρωτίδας.
τούτου κάτοπτρον ὠχρότης καὶ νωθρότης,
σκελῶν συνολκὴ καὶ γνάθων ἐρυθρότης
δεσμοί τε γλώττης καὶ σκέλη παρειμένα,
αἰσθήσεως νέκρωσις, ἄστατοι φρένες.
Ἐναντίον πρόπτωσίς ἐστιν ὑστέρας,
τῶν φυσικῶν γὰρ χωρίων ὑπορρέει·
ἢ γὰρ ῥαγέντων τῶν κρατούντων ὑμένων,
ἢ συμπεσούσης τῆς γυναικὸς ὑψόθεν,
ἢ καὶ λυθέντος πρὸς τὸ γῆρας τοῦ τόνου,
ταῖς ὑστέραις πρόπτωσις ἐμπέπτωκέ πως.
Ἡ δ᾽ ἰσχιὰς πέφυκεν ἰσχίων πάθος·
χυμοῦ γὰρ αὐτῶν τῇ διαρθρώσει μέσον
ψυχροῦ παγέντος καὶ θλίβοντος τὴν φύσιν
πάθος συνέστη κλήσεως ἰσχιάδος.
Τὴν δ᾽ αὖ ποδάγραν καὶ νόσον τὴν ἀρθρῖτιν
ἡ θρεπτικὴ δύναμις ἠτονημένη
ἐκ τῆς ἀπλήστου πλησμονῆς τῶν σιτίων
παχύν τε σωρεύουσα χυμὸν ἐν βάθει
γεννᾷ, προφαίνει, τοῖς ἰατροῖς δεικνύει.
ὁ συλλεγεὶς γὰρ χυμὸς ἐξ ἀσιτίας

1199 *βουβῶν τε* **u** ‖ **1212** *παρωτίδας* **Q** ‖ **1217** *ἐναντίον* Boiss.: *-ων* **Qu** ‖ **1223** *ἰσχίων* **u**: *ἰσχίον* ex *-ύον* **Q** ‖ **1227** *ἀθρίτην* **u** ‖ **1228** *ἠτονουμένη* **Q** ‖ **1232** scr. *ἀπεψίας* (*εὐσιτίας* Boiss.)

πολὺς πρὸς αὐτὰς τὰς διαρθρώσεις ῥέων
τείνει τὰ νεῦρα, τῇ τάσει δ' ἀλγηδόνας
πολλὰς δίδωσι τοῖς πεπονθόσι τόποις.
ἀλλ' εἰ μὲν εἰσρεύσειε τοῖς ποσὶ μόνοις,
ποδαγρικὴ πέφυκε πάντως ἡ νόσος·
εἰ δ' αὖ τὸ σύμπαν σῶμα συγκατακλύσει,
πρόδηλός ἐστιν τοῦτο πᾶσιν ἀρθρῖτις.
Πώρους δὲ ποιεῖ τῇ διαρθρώσει ῥεῦσις
χυμοῦ γεώδους φαρμάκων τε ξηρότης.
Χείμεθλα δ' εἰσὶ τὰ πρὸς ὥραν τοῦ ψύχους
ἕλκη διαρρέοντα δακτύλων μέσον.
Ὁ δὲ πτέρυξ ὄνυξιν ἐμπέφυκέ πως·
τὴν πλαγίαν γὰρ σάρκα μετρίως τρέφει.
Ἡ κλῆσις τοὐλέφαντος εἰκὼν τυγχάνει
τῆς θηριώδους τοῦ νοσήματος θέας.
γεννᾷ δὲ ταύτην καὶ χολὴ κεκαυμένη
ἰλύς τε καὶ τρὺξ αἵματος σεσηπότος·
ἀλλ' ἡ μέν ἐστιν οὐδ' ἐπιχειρητέα,
ἡ δ' ἐστὶν ἧττων, ἐνδιδοῦσα φαρμάκοις.
Ψώρα δὲ καὶ λέπρωσις ἔκγοναι δύο
ὕλης μελάγχρου, καὶ διαλλάττουσί πως.
ἡ μὲν λέπρα τάχιστα τὴν δορὰν ξέει
δύνει τε μέχρι τοῦ βάθους τῶν σωμάτων
καὶ σχηματίζει κυκλικῶς τὸ χωρίον,
ἀφ' οὗ λεπίδες ἐκρέουσιν αὐτίκα·
ψῶραι δ' ἐπεξύσαντο τὴν δορὰν μόνον
ἐν σχηματισμοῖς ποικίλοις τῶν τραυμάτων.
Ἰχὼρ δὲ λεπτὸς σὺν χυμοῖς παχυτέροις
λειχῆνα γεννᾷ, ῥίζα δ' οὗτος τῆς λέπρας.
Λευκὴ δέ ἐστι δέρματος πεπονθότος
μετάστασίς τις πρὸς τὸ λευκὸν τῆς χρόας·
γεννᾷ δὲ ταύτην φλέγματος γλίσχρου φύσις.
λευκὴ δὲ πρωτόριζος ἀλφὸς τυγχάνει
τρέπων τὸ σῶμα μέχρι τῶν δρωμένων.

1262–1264 236, 19–20 ‖ **1265–1266** 236, 21

1237 *ποδηρικὴ* **u**, (sscr. *αγρ*) **Q** ‖ **1239** *ἀρθρίτης* **u** ‖ **1240** *πόρους* **Q** p. c. | scr. *ῥύσις* ‖ **1242** *χείμεθλα*] *τ* supra *-θ-* **Q** ‖ **1246** *ἐλέφαντος* **u** ‖ **1252** *ἔγκοναι, γ* supra *κ*, **Q** *ἔγγοναι* **u**

Πρόδηλός ἐστι κλῆσις ἐξανθημάτων·
χυμῶν γὰρ ἄνθη τυγχάνουσι ποικίλων.
Ἡ νυκτὶς ἕλκος νυκτὸς ἀλγῦνον πλέον,
φλυκταινοειδές, ὑπέρυθρον τὴν χρόαν.
Δορᾶς φρόνει βλάστημα τὴν μυρμηκίαν,
μικρόν, τυλῶδες, οἷα μύρμηξ ἐσθίον,
βάσιν πλατεῖαν τῇ φύσει κεκτημένην·
τὴν δὲ στενὴν ἔχουσαν, ἀκροχορδόνην.
Τὸ γάγγλιον δὲ συστροφὴ νεύρου πέλει.
Ἡ φλεγμονὴ δ' ὄγκωσις ἐμπύρῳ ζέσει
φλέγουσα κοινῶς τοὺς πεπονθότας τόπους.
καὶ πᾶς μὲν ὄγκος φλεγμονὴ πεφλεγμένος·
ἡ κυρίως δὲ φλεγμονὴ κεκλημένη
ἐξ αἵματος πέφυκεν εἴς τινας τόπους
χρηστοῦ ῥυέντος τῷ πάχει τε συμμέτρου.
Γάγγραινα δ' ἐστὶ φλεγμονή τις πυρφόρος
νεκροῦσα δεινῶς τοὺς πεπονθότας τόπους.
Ὁ δὲ σφάκελλος φλεγμονὴ μὲν τυγχάνει·
καύσας δὲ πᾶσαν τοῦ τόπου τὴν οὐσίαν
αἰσθήσεως ἀφῆκεν ἐστερημένον.
σφάκελλος αὖθις ὀστέον σεσημμένον.
Ἕρπης χολῆς βλάστημα τῆς ξανθοχρόου.
Ἐρυσίπελας ἐκ χολῆς ξανθῆς πλέον
ἐξ αἵματός τε συμμιγέντος βλαστάνει,
μεταστρέφων τὴν κλῆσιν ὡς πρὸς τὴν ὕλην.
Βουβὼν δὲ καὶ φύγεθλον, ἀλλὰ καὶ φῦμα
πάθη πέφυκεν ἀδένων καλουμένων.
πλὴν ἀλλὰ βουβὼν φλεγμονὴ τῶν ἀδένων,
φῦμα πρὸς ἐκπύησιν ἠρεθισμένον,
φύγεθλον ἡ ζέσασα φλεγμονὴ πλέον
τεκοῦσά τ' ὄγκον ἐρυσιπελατόχρουν.

1269–1270 236, 15–16 ‖ **1271–1273** 236, 11–12 ‖ **1274** 236, 13 ‖ **1275** 236, 1 ‖ **1284–1286** 236, 8–9 ‖ **1288** 236, 2 ‖ **1292–1297** 236, 4–7

1269 *ἡ νυκτὶς* (pro *ἡ ἐπινυκτὶς*) scripsi: *ἢ νυκτὸς* **Qu** ‖ **1273** *κεκτημένην* Boiss.: *-η* **Qu** ‖ **1287** *ὀστέων σεσημμένων* **Q** ‖ **1288** *ἕρπης* **u** *ἕρπη* **Q** ‖ **1289** *ξανθοπλοκου*, sscr. *θῆς πλέον,* **Q** *ξανθοπλόης* **u** ‖ **1290** *συμμιγέντων* **u** ‖ **1295** *ἐκποίησιν* **u**

Ὄγκος δοθιὴν ἐκ χυμῶν παχυτέρων
ἐν σαρξὶ τὴν σύμπηξιν εὐθέων ἔχων.
Φλυκταινοειδὲς ἡ τερέβινθος φῦμα.
Ἄνθραξ διφυοῦς αἵματος γέννημά τι
εἰς τὴν μέλαιναν ἐκτραπέντος οὐσίαν,
ἔχοντος ἕλκος ἐσχαρῶδες τὴν φύσιν.
Ὁ θηριώδης καρκίνος τῶν σωμάτων
ἁπανταχῇ πέφυκε ῥιζοῦσθαι φύσει,
μᾶλλον δὲ τιτθοῖς τῶν γυναικῶν βλαστάνει.
χολὴ δὲ τοῦτον ἡ μελάντερος τρέφει·
πληροῖ δὲ κύκλῳ τὰς προκειμένας φλέβας,
ἃς ἄν τις εἰκάσειε θηρίου πόδας.
Τὸ δ' ἐμφύσημα πνεῦμα λεπτὸν τυγχάνει
ἢ πρὸς τὸ σῶμα τῆς δορᾶς ἠθροισμένον
ἢ πρὸς τὰ κοῖλα τῆς κάτωθι κοιλίας.
Ὁ σκίρρος ἐστὶν ὄγκος ἐσκληρωμένος
αἰσθήσεως ἄμοιρος, οἷά τις τύλος·
οὐκ ἀκριβῆ δὲ τὸν δυσαίσθητον λέγε.
χυμῶν δὲ τοῦτον ἡ περίγλισχρος φύσις
αὔξει πρὸς ὄγκον καὶ τυλώσασα τρέφει.
Χοιρὰς δ' ἀδὴν πέφυκεν ἐσκιρρωμένη.
Τὸ κηρίον δ' ὄγκωσις ἐντετρημένη,
ὡς οἷα σίμβλον βλύζον ἔγχυμον μέλι,
κατὰ τράχηλον τὸ πλέον καὶ μασχάλας.
Ὁ κόλπος ἕλκος οὐδαμῶς συνημμένος.
Κόλπος τυλώδης ἡ καλουμένη σύριγξ.
Τοὺς δ' αὖ διὰ σφήνωσιν ἀρθρώδεις πόνους
οἱ τεχνικοὶ λέγουσι ἀγκύλας λόγοι.
Τρία γένη πέφυκεν ἑλμίνθων μόνα·
ἡ μὲν γάρ ἐστι στρογγύλη κεκλημένη,
⟨..............................⟩

1298–1299 233, 4–7 ‖ **1300** 233, 8–9 ‖ **1310–1311** 233, 10–11 ‖ **1318** 233, 14 ‖ **1319** 233, 15–16 ‖ **1322** 233, 18 ‖ **1323** 234, 1 ‖ **1324–1325** 234, 2

1298 *δοθιὴν* Boiss.: *δ' ὀθιὴν* **Qu** | *πλατυτέρων* **u** ‖ **1299** *εὐθέων*, sscr. *είαν*, **Q** (*εὐθέως* Boiss.) ‖ **1306** *τιθοῖς* **u**, (*τ* supra *-θ-*) **Q** ‖ **1315** *λέγει* **Q** ‖ **1316** *χυμὸς* **u** ‖ **1318** *ἐντετρημένη* Boiss.: *ἐντετριμμένη* **Qu** ‖ **1319** *σύμβλον* **Qu** ‖ **1322** *συνημμένη* **u** ‖ **1323** *σύριξ* **Q** a. c. *σύρηξ* **u** ‖ **1324** *ἀρθρώδεις* scripsi: *-ους* **Qu**

ἡ δ' ἀσκαρὶς πέφυκε, τὸ τρίτον γένος·
ὕλη δὲ πασῶν φλεγματώδης οὐσία.
Τοὺς λυσσοδήκτους ὧδε φωράσειέ τις·
φεύγουσιν ὕδωρ καὶ δάκνουσιν ὡς κύνες,
ὡς ὑλακὴν πέμπουσιν ἐξεστηκότες,
ἱδροῦσι δεινῶς, σπασμὸν ἴσχουσι ξένον,
ἐρυθρὸς αὐτοῖς πᾶς ὁ χρὼς τῶν σωμάτων.

Ὑποσπαθισμὸς εἶδός ἐστιν ὀργάνου
χειρουργικοῦ, τέμνοντος ὁρμὰς ῥευμάτων.
Ὑποσκυφισμὸς σχῆμα τῆς χειρουργίας.
Τῶν ὑμένων σκλήρωσις ἔκ τινος τρόπου,
οἳ γλῶσσαν ἀμπέχουσι χιτῶνος δίκην,
δεινὸν πέφυκεν ἀγκυλόγλωσσον πάθος.
Ἡ δ' ἀντιὰς τί; φλεγμονὴ παρισθμίων
καὶ ξηρότης μάλιστα καὶ δυσχρηστία.
Ὁ γαργαρεὼν πλῆκτρον οἷα τυγχάνει
φωνῆς ἐνάρθρου· ῥεῦμα δ' ἐνδεδεγμένος,
εἰ μὲν πρόμηκες σχῆμα τῇ τάσει λάβοι,
κίων καλεῖται τεχνικωτέροις λόγοις·
εἰ στρογγύλος δὲ καὶ παχὺς γένοιτό πως,
κλῆσιν σταφυλῆς καὶ θέαν προσλαμβάνει.
Χειρουργία τις ἡ λαρυγγοτομία.
Τὸ στεάτωμα σκληρόν ἐστι σαρκίον·
τὸ δ' ἀθέρωμα λεπτὸν οἷ' ἄχνη σίτου·
ἡ μελικηρὶς ὡς χλιάζον σῶμά τι.
Ὄγκος δὲ χαῦνος ἀνεύρυσμα τυγχάνει,
γεννᾷ δὲ τοῦτον αἱματόπνους οὐσία.
Ἡ βραγχοκήλη τοῦ τραχήλου τυγχάνει
ὄγκωσις, ὡς ἔπαρμα τοῦ βρόγχου τάχα.
Ἐξόμφαλόν τί ἐστιν ὀμφαλοῦ πάθος,
ἢ συρραγέντος τοῦ παθόντος ὑμένος

1335–1336 234, 6–8 ‖ **1337** 234, 9–11 ‖ **1338–1340** 235, 15–16 ‖ **1341** 235, 17 ‖ **1343–1348** 235, 18–19 ‖ **1350–1352** 235, 20–23 ‖ **1353–1354** 235, 24–25 ‖ **1355–1356** 235, 26–27

1334 *τοῦ σώματος,* sscr. *ῶν … ων,* **Q** ‖ **1337** *σκυφισμὸς,* sscr. *ὑπο,* **Q** *ὁ δὲ σκυφισμὸς* **u** ‖ post **1327** lac. stat. Boiss. ‖ **1353** *ὄγγος* **Q** | *ἀνεύρυσμα* Boiss.: *ἀνάρυσμα* **Qu** ‖ **1356** *βρόγχου, γ* sscr., **Q** *βρούχου* **u**

καὶ συμπεσόντος εἰς τὸν ὀμφαλοῦ τόπον
ἢ συνδραμούσης ὑγρότητος ἐνθάδε
ἢ συρρυείσης αἱματώδους οὐσίας·
καὶ πλεῖστ' ἂν εἴποις αἴτια πρὸς τὸν λόγον.
Πόσθη τὸ δέρμα τῆς βαλάνου τυγχάνει.
Ὑποσπαδισμὸς σχῆμά πως χειρουργίας.
Φίμωσίς ἐστιν ἡ μὲν ὡς βύουσά πως
ἄνωθεν τὴν βάλανον ἐνσάρκῳ σκέπῃ,
ἡ δ' ὡς ὑποτρέχουσα καὶ γυμνοῦσά πως.
Ὁ θύμος εἶδος φύματος τῆς βαλάνου·
λυμαίνεται δὲ ταῦτα καὶ πόσθην ἴσως.
Καθετηρισμὸς κύστεως χειρουργία.
Ἡ σαρκοκήλη ῥευματισμὸς διδύμου.
Ἡ κιρροκήλη κιρσός ἐστι σωμάτων
τῶν ἐκτρεφόντων τὴν διδύμων οὐσίαν.
Ἑρμαφροδίτων ἀγχίθυρος ἡ φύσις.

Poema 10. In parabolam fermenti

Tria sata parabolae Platonica ratione ad tres partes animae refert. versus additicios 11–12 de satis ad litteram intellectis Pselli esse confirmat fides codicis **V**.

Στίχοι εἰς τὸ 'ζύμη ἣν λαβοῦσα γυνὴ ἔκρυψεν εἰς ἀλεύρου σάτα τρία'

Γυνή, ζύμη, βέλτιστε, καὶ σάτα τρία
ἔχουσιν ἐξήγησιν ἐξῃρημένην
ἀλληγοροῦσαν τοὺς προκειμένους λόγους.
γυνὴ μέν ἐστι προσφυῶς ἐκκλησία·
ζύμη δὲ θεῖος καὶ θεόγραφος λόγος·

10 tit. Matth. 13, 33

1363 *ποσθὴς* ex *πόσθης* **u** ‖ **1369** *ποσθὴν* **Qu** ‖ **1370** *καθητερισμὸς* **Q** ‖ **1371** *ῥευτισμὸς* **Q** ‖ **1372** *κιρσοκήλη* **u**

10 V 160^{v} **G** 124^{r} $\mathbf{d}^{d}$ 70^{r} $\mathbf{i}^{d}$ 147^{v}; 236^{v} $\mathbf{d}^{f}$ 14^{v}–15^{r} **v** 84^{r} $\mathbf{p}^{e}$ 73^{v} ‖ edd. Miller 49; Krumbacher 266; Sternbach^{2} 318; Garzya^{1} 243; id.^{2} 21 ‖ tit. sec. $\mathbf{d}^{f}$: *τοῦ ψελλ(οῦ) στίχ(οι) εἰς τ(ὸ) τοῦ εὐα(γγελί)ου, ἀλεύρου σάτα τρία* $\mathbf{d}^{d}$ *τοῦ σοφωτάτου ψελλοῦ περὶ τῆς ζύμης: διὰ στίχου* $\mathbf{i}^{d}$ *τοῦ αὐτοῦ* $\mathbf{Vvp}^{e}$ om. **G** ‖ **2** *ἀφήγησιν* **G** | *ἐξῃρημένην* **V**: *ἀκριβεστάτην* cett. ‖ **3** om. $\mathbf{d}^{d}$ ‖ **4** *ἐστιν εὐφυῶς* **G** | *ἡ ἐκκλησία* $\mathbf{d}^{d}$ ‖ **5** *νόμος* $\mathbf{i}^{d}$ *λόγε* **G**

ἄλευρον ἡ φέρουσα τοῦτον καρδία·
ψυχῆς δὲ τριμέρεια τὰ τρία σάτα,
θυμός, λόγος πόθος τε, κρειττόνων ἔρως,
ἐν οἷς ὁ θεῖος συμφυραθείς πως λόγος
ὅλην συνεζύμωσε τὴν ψυχῆς φύσιν.
Τὸ γοῦν σάτον πέφυκε χοίνικες δύο,
Ἑβραϊκὸν σήμαντρον, οἰκεῖον μέτρον.

Poema 11. De seleniasmo

Morbum lunaticum non daemoniaca operatione, sed causis naturalibus effici.

Τοῦ Ψελλοῦ στίχοι περὶ σεληνιασμοῦ

Σεληνιασμὸς φυσικόν τι τυγχάνει
πάθημα βλάπτον τὴν φύσιν τῶν σωμάτων·
οὐχ ὡς λέγουσι δαίμονος κακουργίᾳ,
οὐδ' ἡ σελήνη τὴν κάκωσιν εἰσφέρει.
αὔξουσα δ' αὕτη καὶ πάλιν μειουμένη
τὸν ἀέρα πέφυκε ποικίλως τρέπειν·
ὅσοι δ' ἔχουσι τοὺς χυμοὺς τοὺς ἐμφύτους
ἐν ταῖς τροφαῖς πάσχοντας εὐστρόφῳ φύσει,
πάσχουσιν οὗτοι τῆς σελήνης τὴν φύσιν
καὶ τὴν πάθην λέγουσι φυσικοὶ λόγοι
σεληνιασμόν, οἷα δὴ τῆς φωσφόρου
σαφῶς τρεπούσης εὐπαθῶς τὸν ἀέρα.
ὃν εἰσπνέοντες τῶν ῥινῶν τῇ συρμάδι,
ὅσοι μὲν εὖ ἔχουσι τοῦ συγκειμένου

11 tit. Matth. 17, 15

6 om. $\mathbf{v}$ | *φύρουσα* $\mathbf{d^{f}}$ ‖ **7** *δὲ*] *καὶ* **G** | *τρία*] *θεῖα* $\mathbf{p^{e}}$ ‖ **8** *πάθος* **G** | *καὶ κρείττων* $\mathbf{d^{d}}$ | *ἔρως*] *ἔργων* **v** *ὅλων* $\mathbf{d^{f}}$ ‖ **10** *ἀνεζύμωσε* $\mathbf{i^{d}v}$ | *τὴν ψυχῆς*] *τῆς ψυχῆς* $\mathbf{p^{e}}$ *τὴν ψυχὴν* **G** *τὴν βροτῶν* $\mathbf{d^{d}i^{d}}$ ‖ **11–12** om. $\mathbf{vp^{e}}$ ‖ **11** *δ' οὖν* $\mathbf{d^{d}}$ | *χάνικες* $\mathbf{d^{d}}$ *σχοινίκων* $\mathbf{d^{d}i^{d}}$ ‖ **12** *οἰκεῖον μέτρον* **V**: *οἰκείου μέτρου* cett.

11 H 143^{r-v} $\mathbf{d^{d}}$ 70^{r} $\mathbf{i^{d}}$ 236^{v} $\mathbf{d^{g}}$ 118^{v} ‖ edd. Garzya[1] 246–247; id.[2] 26–27 ‖ tit. sec. **H**: *τοῦ αὐτοῦ π. σ.* $\mathbf{i^{d}}$ *π. σ.* $\mathbf{d^{d}}$ *π. σ. κῦρ μιχαὴλ τοῦ ψελλοῦ* $\mathbf{d^{g}}$ ‖ **1** *τι*] *μοι* $\mathbf{i^{d}d^{g}}$ ‖ **2** *σωμάτων*] *ἀν(θρώπ)ων* $\mathbf{d^{d}}$ ‖ **8** *στροφαῖς* $\mathbf{d^{d}}$ | *πάσχοντες* $\mathbf{d^{d}i^{d}}$ | *εὔστροφον φύσιν* $\mathbf{i^{d}d^{g}}$ ‖ **9** om. $\mathbf{i^{d}d^{g}}$ ‖ **9–10** om. $\mathbf{d^{d}}$ ‖ **10** *τὸ πάθος* $\mathbf{i^{d}d^{g}}$ ‖ **11** *σεληνιακὸν* $\mathbf{i^{d}d^{g}}$ | *τοῦ* $\mathbf{d^{d}}$ ‖ **13** *τῶν ῥινῶν*] *ἀέρων* **H** | *τῇ συρμάδι* $\mathbf{Hd^{d}}$: *τὸ συρμάτων* $\mathbf{i^{d}d^{g}}$ ‖ **14** *ἀπέχουσι* $\mathbf{i^{d}}$ *ἀπέχου* $\mathbf{d^{g}}$

οὐκ ἐμπαθῶς φέρουσι τοῦτον ἐν ζάλῃ·
ὅσοι δ' ἑτοιμότρεπτον ἴσχουσι φύσιν,
τούτοις ἑτοιμότρωτός ἐστιν ἡ πάθη.

Poema 12. De matrimonio prohibito

Psello uno ore attribuunt codices, Michaeli Ducae inscribunt potissimi.

Τοῦ κῦρ Μιχαὴλ τοῦ Ψελλοῦ πρὸς τὸν βασιλέα κῦρ Μιχαὴλ τὸν Δοῦκα

Δισεξαδέλφου παῖδα σῆς οὐ πρὸς γάμον
λάβῃς ἐρωτῶν ἄνδρα τηροῦντα νόμους·
φθεῖραι δὲ ταύτην ἀνερωτήτως φθάσας
ἔχεις ἀδιάσπαστον, ἴσθι, τὸν γάμον.
πλὴν κανονικοῖς ἀφορισμοῖς στερκτέον,
ἑκάτεροι κρέατος ἐγκρατευμένοι,
οἴνου πόματος ἡμέραις σταυρωσίμοις.

Poema 13. De motibus caeli cum anima comparatis

Tota notio Platonica est ex Timaeo, singula fortasse ab ipso Psello excogitata.

Τοῦ αὐτοῦ στίχοι ὅτι ἀναλογεῖ ὁ νοῦς μὲν τῷ ἡλίῳ, ἡ ψυχὴ τῇ σελήνῃ καὶ ἡ σὰρξ τῇ γῇ· ἐξ ὧν δή, νοός, ψυχῆς καὶ σαρκός, συνιστάμενος ὁ ἄνθρωπος σῴζει τύπον τοῦ σύμπαντος

Τῶν πρωτοτύπων οὐρανοῦ κινημάτων
καὶ τῶν ἐν αὐτῷ προσφυῶν παθημάτων
εὕροις παρ' ἡμῖν εἰκόνας κεκρυμμένας.
Ὁ νοῦς γὰρ ἡμῖν οἷα λαμπρὸς φωσφόρος
τὸν ἥλιόν πως εἰκονίζει πανσόφως,
τῆς δ' αὖ σελήνης ἐστὶν ἡ ψυχὴ τύπος.

15 *εὐπαθῶς* **i**^{d}**d**^{g} | *βάθει* **d**^{d} ‖ 16 *ἴσχουσι* **d**^{d}: *ἔχουσι* cett. ‖ 17 *ἑτοιμότρεπτος* **H**

12 w^{h} 319^{r} ‖ ed. Papadopulos-Kerameus 23

13 D 164^{v} **d**^{1} 461^{r-v} **P** 151^{r} **o**^{m} 155^{r-v} **p**^{z} 35^{v}–36^{r} ‖ edd. Boissonade^{3} 56–57 = PG 122, 1075–1076 ‖ tit. sec. **Dd**^{1}: *τοῦ ψελλοῦ, ὅτι τὰ κινήματα τῆς ψυχῆς, ἐοίκασι τῶν οὐ(ρα)νίων κινήσεων* **p**^{z} *τοῦ ψελλοῦ στί(χοι) εἰς τὴν ἔκλειψιν τῆς σελήνης* **o**^{m} om. **P** ‖ 2 *προσφυῶς* **Dd**^{1}**p**^{z} ‖ 4 *ἡμῶν* **p**^{z} ‖ 6 *δ' αὖ*] *δὲ* **p**^{z}

ὁ μὲν γάρ, ὡς κάλλιστος, ὡς φωστὴρ μέγας,
ὅλος διαυγής ἐστιν, ἀστραπηβόλος,
ψυχὴ δέ, προσπεσοῦσα σώματος φύσει,
ἐξ ἡμισείας ὥσπερ αὐγάζει μόνον·
τὸ μὲν γὰρ εἰς νοῦν προσφυῶς ἀνηγμένον
φωτὸς μετέσχεν ὥσπερ ἐκ πρώτου φάους,
τὸ δ' αὖ γε πρὸς αἴσθησιν ἐμπεσὸν κάτω
καὶ φωτὸς ἠμοίρησε καὶ σκότους γέμει.
ὁ μὲν γὰρ ἀκρότησι τῶν ἄνω λόγων
βρύει διαυγεῖ γνωστικῶς λαμπηδόνι·
ἡ δέ, πρὸς αὐτῇ τῇ σκιᾷ καθημένη,
ἐκεῖθεν ἠμαύρωσεν αὐτῆς τὴν φύσιν,
καί πως σκοτώδης, ἀχλύος πεπλησμένη,
ὑποδραμοῦσα τὸν νοητὸν φωσφόρον
συνέσχεν αὐτοῦ τὰς διαυγεῖς λαμπάδας.
Κἀκεῖ μέν ἐστι γῆ, σελήνη, φωσφόρος,
ψυχὴ δὲ καὶ σὰρξ ὧδε καὶ νοῦς προσφόρως·
ἓν οὖν πρὸς ἕν πως ἀντίθες, πλὴν εὐλόγως,
πρὸς ἥλιον νοῦν, σῶμα πρὸς γῆν εὐθέτως,
τὴν ψυχικὴν δὲ πρὸς σελήνην οὐσίαν.
ὁ μὲν γὰρ αὐτόχρημα φωτὸς οὐσία,
τὸ σῶμα λαμπρότητος ἐστερημένον,
ψυχὴ δὲ τυγχάνουσα μέση τῶν δύο
τὸ μὲν τέτευχε φωτὸς ὡς νοῦ πλησίον,
τὸ δ' οὐ τέτευχεν ἐγγὺς οὖσα σωμάτων.

Poema 14. De metro iambico

Incertum, an genuinum Pselli, cui assignant tres codices recentes, antiquiores sine nomine auctoris exhibent. praevaleret Ioannicius monachus ($\mathbf{j}^{i}$), nisi eius nomen alia manu insertum esset.

7 *ὡς¹*] *ὁ* $\mathbf{p}^{z}$ ‖ 8 *ὅλως* $\mathbf{p}^{z}$ ‖ 9 *σώματος* $\mathbf{o}^{m}$ | *φύσιν* $\mathbf{p}^{z}$ ‖ 10 *αὐγαζομένη* $\mathbf{p}^{z}$ | *μόνη* $\mathbf{Dd}^{1}\mathbf{o}^{m}$ ‖ 12 *ὥς* $\mathbf{o}^{m}$ ‖ 14 *εὐμοίρησε* $\mathbf{p}^{z}$ | *γέμοι* $\mathbf{o}^{m}$ ‖ 15 *ἀκβότης* **P** *ἀκούτησε* $\mathbf{p}^{z}$ ‖ 16 *διαυγάζει νοῦς γνωστικὴν λαμπηδόνα* $\mathbf{p}^{z}$ | *αὐτὴν τὴν σκιὰν* $\mathbf{p}^{z}$ ‖ post 18 def. **D** ‖ 19 *καίπερ* $\mathbf{p}^{z}$ | *σκοτώδους* $\mathbf{p}^{z}$ ‖ 21 *συνῆξεν* $\mathbf{p}^{z}$ ‖ 22 *κἀκεῖνο* $\mathbf{p}^{z}$ | *ἐστι γῆ*] *ἐστιν ἡ* $\mathbf{d}^{1}$ ‖ 24 *ἀντιθεὶς* $\mathbf{d}^{1}$ *ἂν τίθης* $\mathbf{p}^{z}$ ‖ 25 *ἥλιον*] *δὲ τὸν* $\mathbf{p}^{z}$ | *νοῦς* $\mathbf{d}^{1}$ ‖ 26 *σελήνης* $\mathbf{p}^{z}$ ‖ 27 *οὐσίαν* $\mathbf{p}^{z}$ ‖ 28 *τὸ σῶμα*] *σῶμα δὲ* $\mathbf{p}^{z}$ ‖ 29 *μέσον* $\mathbf{d}^{1}$ ‖ 30 *καὶ τοῦ μὲν μετέσχηκε φωτὸς πλησίον* $\mathbf{p}^{z}$ ‖ 31 *τέτυχεν* $\mathbf{p}^{z}$

14 $\mathbf{j}^{p}$ 81ᵛ $\mathbf{j}^{a}$ 73ᵛ $\mathbf{j}^{b}$ 86ʳ $\mathbf{j}^{i}$ 299 ‖ edd. Coxe 201 E; Nauck 492–493; Studemund 198–199

Τοῦ σοφωτάτου Ψελλοῦ στίχοι ὅμοιοι περὶ τοῦ ἰαμβικοῦ μέτρου

Τὸ μέτρον οὕτω τῶν ἰάμβων μοι μέτρει·
καὶ τοὺς πόδας μὲν ἡ μέλισσα δεικνύτω,
τῶν συλλαβῶν δὲ τὴν ἀρίθμησιν κύκλον
τὸν ζωδιακὸν εἰσορῶν μάνθανέ μοι.
μέλλων δὲ μετρεῖν καὶ στίχους πλέκειν, φίλος,
ἅπασαν ἐν νῷ τοῦ σκοποῦ τὴν εἰκόνα
προσλαμβάνων ἄριστα καὶ στίχους πλέκε.
Πρῶτον μὲν οὖν καὶ τρίτον ἢ πέμπτον πόδα
ἴαμβος ἢ σπονδεῖος εὐτρεπιζέτω,
τὸν δεύτερον δὲ καὶ τέταρτον ἀξίως
ἴαμβον ἁπλοῦν εἰσφέρων ἀπαρτίσεις,
ἔκτος δ' ἰάμβου τέρπεται κόσμον φέρων
καὶ πυρριχίῳ τὴν κάραν ὕψου φέρει.
⏑ ⏑
Ἔστωσαν οὖν σοι πυρρίχιος μὲν 'λόγος',
– –
σπονδεῖος 'Ἄτλας' ἐκ μακρῶν χρόνων δύο,
⏑ – ⏑ – ⏑ –
'Λάχης' δ' ἴαμβος καὶ 'λέβης' αὖ καὶ 'Θέων'.
Ἰδοὺ τὸ πᾶν εἴληφας ἐν βραχεῖ μέτρῳ.

Poema 15. De regimine

Solus tradidit, solus ergo etiam Psello attribuit Athous **d**^{d}. titulus quidem, qualem refeci *(Τοῦ λογιωτάτου Ψελλοῦ)* in spuriis tantum obvius fit (Poem. 60); sed cetera Pselliana huius codicis (Poem. 4; 10; 11) genuina sunt, neque ipse textus versiculorum adversatur.

Τοῦ λογιωτάτου Ψελλοῦ Κωνσταντινουπόλεως

Ἄριστον ἀρίστησον ἐκτὸς τοῦ κόρου
καὶ δεῖπνον ἀδείπνητον ἐστενωμένον.

tit. sec. **j**^{p}: *περὶ μέτρου ἰαμβικοῦ* al. m. **j**^{b} *τοῦ (μοναχοῦ) κυροῦ ἰωαννικίου* al. m. **j**^{i} om. **j**^{a} ‖ 1 *νόει* **j**^{b} ‖ 5 *θέλων* **j**^{b} | *φίλους* **j**^{a} ‖ 7 *προλαμβάνων* **j**^{a}**j**^{i} | *καὶ* **j**^{p}: *τοὺς* **j**^{a}**j**^{b}**j**^{i} ‖ 9 *ἴαμβον ἢ σπονδεῖον εὐτρέπιζέ μοι* **j**^{a} ‖ 11 *ἑτοιμάσεις* **j**^{b} ‖ 12 *ἰάμβω* **j**^{a}**j**^{i} | *κόσμῳ* **j**^{1} ‖ 14–16 signa habet **j**^{p}, om. cett. (supra nomina pedum in vss. 9, 12–14, 16 habet **j**^{i}) ‖ 14 *ἔστι μὲν* **j**^{b} ‖ 15 *αἴας* **j**^{a}**j**^{b}**j**^{i} | *τὲκ* **j**^{a} ‖ 16 *χάλης* **j**^{p} | *γέλως*, infra scr. *λέβης*, **j**^{i} | *αὖ*] *τε* **j**^{b} ‖ 17 *μέτρος* **j**^{a} *-ον* **j**^{b} *λόγῳ* **j**^{i} ‖ post 17 et vs. vacuum *μαθὼν τὸ μέτρον εὐφυῶς πλέκε στίχους* add. **j**^{b}

15 **d**^{d} 17^{r} ‖ ined. ‖ tit. *τοῦ λογιωτάτου* scripsi: *τῶν λογίων τοῦ* **d**^{d}

πάντων λαχάνων, ὀσπρίων μικρὸν λάβε,
πασῶν ὀπωρῶν πλησμόνην ἀποτρέπου,
κραβηφαγῆσαι βραχυφαγῆσαι θέμις.
μίσει τὸν ὄκνον ὡς σατανᾶν, ὡς ὄφιν·
δείλης τὸν ὕπνον οὐ καλὸν ποθεῖν ὅλως·
παραρριπισμῶν προσβολὴν ἀποτρέπου.

Poema 16. Ad Michaelem IV

Cum dicat Psellus in Chronographia (Michael IV, cap. 38 p. 75 Renauld) se quibusdam eventis imperii Michaelis IV (1034–1041) ex propinquo testem adfuisse, illi imperatori haec petitio, nimirum ut inter notarios imperiales locum obtineat, videtur oblata fuisse. quae dicuntur de rerum adversarum nubibus dispersis, fortasse ad Bulgarorum seditionem (ibid. cap. 40–50) spectant.

Ἐμοί, κραταιὲ φωσφόρε στεφηφόρε,
μέλημα καὶ σπούδασμα καὶ βίος λόγοι,
ἐξ ὧν φανῆναι καὶ προκόψειν ἐλπίσας
πάντων κατεφρόνησα καὶ ζῆν εἱλόμην
τέως ταπεινὸν καὶ κεκρυμμένον βίον,
πόνοις ὁμιλῶν καὶ σοφῶν βίβλοις μόνον.
πλὴν οὖν ἰδεῖν σου τὸ κράτος προσηυχόμην
εἰς τὴν ἑαυτοῦ δεδραμηκὸς ἀξίαν,
τοῦ προσπεσόντος ἐν μέσῳ δεινοῦ νέφους
καὶ πειραθέντος σὰς σβέσαι λαμπηδόνας
αὖθις ῥαγέντος καὶ ῥυέντος εἰς χάος.
οὐκοῦν θεωρῶ τῆς ἐμῆς εὐχῆς τέλος·
τῇ γὰρ προνοίᾳ τοῦ θεοῦ καὶ δεσπότου
ἔχεις ἀνεμπόδιστον ἀκραιφνὲς κράτος.
δέδεξο λοιπὸν οἰκέτου δῶρον λόγον·
σὺ δ' ἀντιδοίης τὴν κατ' ἀξίαν δόσιν
τοῖς σοῖς με πάντως συμβαλὼν νοταρίοις.

4 *ὀπώρων* **d**[d] ‖ **8** *παραρριπισμῶν* scripsi (-*μοῦ* Duffy): -*μὸν* **d**[d]
16 a 60[r–v] ‖ ed. Kurtz-Drexl[1] 49 ‖ **6** *μόνον* ex -*οις* **a**

Poema 17. In obitum Scleraenae

De Scleraena Constantini Monomachi paelice, quomodo eum exilantem comitata, postea imperium assecuto in magno honore habita et ad sebastae dignitatem promota, denique subita morte abrepta sit, narrat Psellus in Chronographia (Const. Monom. cap. 50–71), sed ut solet sine annorum notis. certe obiit post seditionem plebis Constantinopolitanae (die 9 Martii 1044 secundum Scylitzen), at ante rebellionem Leonis Tornicii (1047).

Lamentatio hoc modo composita est: Pselli questus (1–139); proximorum planctus (140–144): matris (145–205), Romani fratris (206–265), imperatoris ipsius (266–325); Pselli consolatio (326–448).

Τοῦ ὑπερτίμου Κωνσταντίνου τοῦ Ψελλοῦ στίχοι ἰαμβικοὶ εἰς τὴν τελευτὴν τῆς Σκληραίνης

Νῦν κοσμικὴ θύελλα, νῦν κοινὴ ζάλη,
νῦν συμφορᾶς ἄπαυστος ἠγέρθη κλύδων.
νῦν οὐρανὲ στέναξον ἐξ ὕψους μέγα
καὶ γῆ κάτω βόησον, ‘ὢ δεινοῦ πάθους’.
νῦν ἀντὶ φωτὸς αἷμα πέμψον, φωσφόρε·
νῦν καὶ σελήνη καὶ χορὸς τῶν ἀστέρων
ἀντ’ ἀκτίνων πέμποιτε κρουνοὺς δακρύων.
ἀὴρ δὲ καὶ θάλασσα κυματουμένη,
ἀχλὺν ἐπενδύθητε καὶ βαθὺν ζόφον.
ἡ γὰρ σεβαστὴ καὶ γένει καὶ τῷ βίῳ,
τὸ λαμπρὸν ἀξίωμα τῶν ἀνακτόρων,
ἡ βαθμὶς ἡ πρόκριτος, ἡ πρώτη βάσις,
ἠθῶν ὁ κόσμος, τῶν τρόπων ἡ λαμπρότης,
τὸ ζῶν ἄγαλμα, τῶν φρενῶν ἡ σεμνότης,
τὸ τερπνὸν ἄνθος, τῆς τρυφῆς τὸ χωρίον,
ἡ τῶν Χαρίτων εὐπρεπὴς κατοικία,
ἡ πᾶν τὸ κάλλος τῶν ἐν ἀνθρώποις μόνη
ἔχουσα καὶ φέρουσα καὶ τῷ δεσπότῃ
δείξασα καὶ τέρψασα λαμπρύνασά τε
ὡς δένδρον ἀνθοῦν ἐκ νοητῶν κοιλάδων,
φεῦ φεῦ, πρὸ ὥρας ἐτρυγήθη ῥιζόθεν.

17 p^e^ 70^r^–73^v^ **a** 54^v^–60^r^ (vss. 1–80; 220–319; 369–448) **i**^m^ 17^r^–19^r^ ‖ edd. Sternbach[1]; Kurtz-Drexl[1] 190–205 ‖ tit. sec. **p**^e^ (*Σκληραίνας* Kurtz: *σκλήρινας* **p**^e^): *στίχ(οι) ἰαμβικοὶ εἰς τὴν σεβαστὴν τὴν σκληρ(   )αν τοῦ πανσόφου ἅπροέδρ(ου) τοῦ ψελλοῦ* **a** *στίχοι τοῦ ψελλοῦ εἰς τὴν σεβαστὴν ἐπιτύμβιοι* **i**^m^ ‖ 4 *καὶ*] *ἡ* **a** ‖ 5 om. **i**^m^ ‖ 9 *ἐπενδύθοιτε* **i**^m^ | *βαθὺν*] *παχὺν* add. **a** | *γνόφον* **i**^m^ ‖ 10 *γένει καὶ*] spat. vac. 6 litt. **a** ‖ 12 *στάσις* **i**^m^

Ὦ δένδρον οἷον ἐξέκοψας, ὦ Χάρων,
ᾧ ῥίζα μὲν κάτωθεν ἐψυχωμένη,
ὁ καρπὸς ἐγλύκαζεν αὐτὴν καρδίαν,
τὸ φύλλον οἷον μὴ μαραίνεσθαι χρόνῳ·
οὐκ εἰς ἔαρ ἔθαλλε καὶ θέρος μόνον,
εἰς πάντα δ' ἤνθει καιρὸν εὐκάρπῳ φύσει.
ὢ ποῖος ἀστὴρ φωτολαμπὴς ἐκρύβη,
ὢ ποῖος ἔσβη γῆς ἀπαυγάζων λύχνος·
μόνη γὰρ αὐτὴ γῆς τε καὶ πόλου μέσον,
ἄστρον φαεινόν, ἄνθος ἡδονῆς γέμον,
τὸ σῶμα λαμπρά, παμφαὴς τὴν καρδίαν,
ταῖς ἀρεταῖς στίλβουσα μαργάρου πλέον,
ταῖς ἡδοναῖς λάμπουσα μᾶλλον χρυσίου,
τὸ θῆλυ σαρκὸς ἀρρενοῦσα τοῖς τρόποις,
τὸ κόσμιον φέρουσα μέχρι καὶ θέας.
ὢ πάντα νικήσασα τῇ σαυτῆς φύσει
καὶ πάντα κινήσασα πρὸς θρηνῳδίαν,
ὢ πάντα μὲν θέλξασα κάλλει καὶ φύσει
καὶ πάντα πληρώσασα νῦν πικροῦ ζόφου,
ὢ γῆν καταυγάσασα ταῖς ἀγλαΐαις
καὶ νῦν ἀμαυρώσασα τὴν πᾶσαν κτίσιν,
ὢ πάντα συγκρύψασα ταῖς εὐμορφίαις
τῆς γῆς τὰ κάλλη καὶ τὰ φαιδρὰ τοῦ πόλου,
καὶ νῦν κρυβεῖσα σωματοφθόρῳ λίθῳ·
τὰ πάντα πλήρη στυγνότητος ἐσχάτης
καὶ δακρύων γέμοντα καὶ πένθους ξένου,
τὸ λαμπρὸν οὐκ ἔχοντα σῆς θέας φάος,
τὸ θέλγον οὐ φέροντα σῆς λύρας στόμα.
Τίς μοι παρέξει κρουνὸν ᾑματωμένον,
τίς δακρύων ἄβυσσον οὐ κενουμένην,
ὅπως ἀποκλαύσαιμι τὴν κοινὴν ζάλην,
τὴν φλεγμονὴν δὲ τοῦ πάθους τῆς καρδίας
τοῖς δάκρυσι δείξαιμι τοῖς ᾑμαγμένοις;
ὢ καὶ μάτην ζήσασα τούτῳ τῷ βίῳ,

22 *ὢ*] *ὦ* **i**^{m} | *χάρον* **i**^{m} ‖ **23** *οὗ* **i**^{m} | *ἐμψυχωμένη* **i**^{m} ‖ post **23** vs. 87 trp. **i**^{m} ‖ **24** *ὦ* **a** ‖ **25** *φῦλον* **p**^{e} ‖ **26** *δ' ἔθαλλε* **a i**^{m} ‖ **27** *ἤθει* **p**^{e} ‖ **31** *ἄνθος … ἄστρον* trp. **i**^{m} ‖ **33** *ἀρετῆς* **i**^{m} ‖ **34** *ἡδοναῖς*] *καλλοναῖς* **i**^{m} ‖ **35** *ἀρρένουσα* **p**^{e} ‖ **39** *ὦ* **p**^{e} ‖ **41** *ὦ* **p**^{e}, **i**^{m} a. c. | *σαῖς* **a** ‖ **43** *ὦ* **p**^{e} **i**^{m} ‖ **45** *φθαρεῖσα* **p**^{e} ‖ **46** *τὰ* **p**^{e}: *ὢ* **a i**^{m} | *πλήρη* **i**^{m}, **a** p. c.: *-ης* **a** a. c. *-οῖς* **p**^{e} ‖ **47** *καί*^{2}] *τοῦ* **p**^{e} | *ξένα* **p**^{e} ‖ **49** *σῆς*] *τῆς* **a** ‖ **55** *ὦ* **p**^{e}

ὢ καὶ μάτην τυχοῦσα λαμπρᾶς ἀξίας
καὶ δόξαν ἄκραν συλλαβοῦσα τῆς τύχης,
ὢ καὶ μάτην φανεῖσα λαμπρὰ τὴν θέαν
καὶ πάντας ἀστράψασα καλλοναῖς ξέναις,
στυγνῷ κρυβεῖσα καὶ παρ' ἐλπίδα λίθῳ.
Ὁ δεσπότης δὲ σῷ πόθῳ κεκαυμένος
καὶ σῶν μεγίστων ἀρετῶν μεμνημένος
ἔχων τε τὴν σύμπνοιαν ἐν τῇ καρδίᾳ
καὶ τὴν ἄκραν σου ψυχικὴν εὐφυΐαν
φέρων τε τῷ νῷ τὴν πικρὰν τιμωρίαν
ἣν ἐν ξένῃ γῇ δυστυχῶν ἐκαρτέρει,
καὶ σὸν παρηγόρημα, σὴν θυμηδίαν,
ὅπως μὲν αὐτῷ λάτρις ἦσθα τοῖς τρόποις,
ὅπως δὲ καὶ θάλασσα τῶν δωρημάτων,
τρυφῆς χορηγὸς καὶ τροφῆς ὑπηρέτις·
τούτων ἁπάντων τῶν καλῶν μεμνημένος
ἔσπευδεν ἰσόμετρον ἐκτῖσαι χάριν,
ἔσπευδε νικῆσαί σε πλήθει χαρίτων,
χειρὸς τοσαύτης εὐπορήσας καὶ κράτους,
καὶ πᾶσι τιμᾷ τοῖς καλοῖς καὶ τιμίοις,
πλούτῳ σε πολλῷ, λαμπρότητι παγκάλῃ·
τοῖς μαργάροις κρύπτει σε, τοῖς λίθοις πλέον,
αἴρει πρὸς ὕψος τῆς ὑπερτάτης τύχης,
κοινὴν τίθησι τοῦ βίου σε προστάτιν·
ἔπειτα μείζους ἐννοῶν βαθμοὺς πάλιν
πρὸς μεῖζον αὔξει καὶ μεταίρει σε κλέος,
τιμῇ καταστράψας σε λαμπρᾶς ἀξίας
καὶ τὴν σεβαστὴν ἐκ γένους καὶ τοῖς τρόποις
τιμᾷ σεβαστὴν ἐκ τύχης καὶ τοῦ βίου.
ὀφθαλμὸς αὐτῷ, φῶς ὑπῆρχες ἡδύνον,
ζωή, πνοή, τὰ πάντα, δόξα καὶ κράτος,
δρωμένη, λαλοῦσα καὶ κινουμένη.
παρῆν γὰρ ἐν σοὶ κάλλος, ἦθος καὶ χάρις·
καὶ γλυκύτης ἔμψυχος ἤνθει σῇ φύσει·

56–57 om. **p**^e **i**^m ‖ **58** *ὦ* **p**^e ‖ **61** *κεκρυμμένος* **p**^e ‖ **63** *δε* **i**^m ‖ **66** *δυστυχῶν* **p**^e | *ἐκαρτέρεις* **p**^e **i**^m ‖ **68** *αὐτὴ* **i**^m ‖ **70–73** om. **i**^m ‖ **72** *ἐκτῖναι* Kurtz: *ἐκτίσαι* **p**^e **a** ‖ **76** *πολλῷ*] *λαμπρῷ* **p**^e ‖ **80** *ἐκνοῶν* **i**^m | *πάλαι* **p**^e ‖ **81–219** om. **a** ‖ **82** *καταστέψας σε*, sscr. *ψασα*, **i**^m ‖ **83** *τοῦ τρόπου* **i**^m ‖ **85** *ὑπῆρχεν* **i**^m ‖ **87** post **23** trp. **i**^m ‖ **88** *παρὸν* **i**^m

καὶ πᾶς βλέπων σε μὴ θέλων ἐμειδία,
ὥσπερ τινὸς χάριτος ἐμπεπλησμένος·
καὶ χεῖρα κινῶν, ἀλλ' ὁμοῦ καὶ τὴν κάραν,
'ἄμεμπτος' εἶπεν 'ὃς ποθεῖ τὴν σὴν θέαν'.
ταύτην ἔχαιρε γῆς ὁρῶν ὁ δεσπότης
μόνος τε τὸν λειμῶνα τρυγῶν τοῦ βίου
ἄπαυστον εἶχε χαρμονὴν τῇ καρδίᾳ·
κἂν ἡλίου φῶς ἦν κεκρυμμένον νέφει,
τὴν σὴν ἑώρα λάμψιν ἀντὶ φωσφόρου·
κἂν τὴν σελήνην οὐκ ἐδείκνυ τὸ σκότος,
σὲ τὴν σελήνην εἶχε λύτειραν ζόφου·
ἀχλὺς κατεῖχε τοῦτον ἐξ ἀθυμίας,
καὶ σὴν βλέπων ἔναστρον ἤγαλλεν θέαν.
Ὀρφεὺς γὰρ ὄντως, ἀλλὰ Σειρὴν ἐν λόγοις
ὑπῆρχες εἰσπέμπουσα πάγκαλον μέλος
καὶ πάντοθεν θέλγουσα καὶ κηλοῦσά τε
καὶ πρὸς χαρὰν πέμπουσα καὶ θυμηδίαν
καὶ θλίψεων λύουσα τὰς περιστάσεις.
οὕτως ἐνίκας καὶ πάλιν τὸν δεσπότην
λαμπραῖς ἀμοιβαῖς ψυχικῶν χαρισμάτων,
πάσης δὲ μᾶλλον ἐκράτησας καρδίας,
καὶ πάντες εἰς σὲ μᾶλλον ἢ πρὸς Ὀρφέα
ἤγοντο συντρέχοντες ἀπλήστῳ πόθῳ,
καὶ πᾶς ἰδὼν ἔκπληκτος ἵστατο βλέπων·
κἂν μή τις αἰδὼς ἀντέκρυπτε σὴν θέαν,
καινός τις ἄλλος ἂν ἐποιήθη λόγος,
ὡς ἡ σεβαστὴ τῷ ξένῳ τῆς ἰδέας
πήγνυσι τὸν βλέποντα καὶ ποιεῖ λίθον.
Ἀλλ' ἦν ἄθελκτος πρὸς τὸ σὸν μέλος Χάρων,
ἀλλ' ἦν ἄτεγκτος ἡ τελευτὴ καὶ μόνη.
φεῦ, φεῦ, ὁποῖον νῦν παρεισάγω λόγον;
πῶς καὶ κινοῦμαι καὶ λαλῶ καὶ συγγράφω;
πέτραι, διαρράγητε πενθικῷ κρότῳ·
ὄρη, διαθρύβητε θρηνώδει μέλει·
στέναξον, ἡ γῆ, καὶ βόησον ἐκ βάθους·

93 *τὴν σὴν θέαν*] *σὴν ἰδέαν* **i**m ‖ **100** *λυτῆρα* **p**e ‖ **102** *θέαν … βλέπων* trp. **i**m | *ἤγαλλε* **p**e **i**m ‖ **103** *ἐν λόγοις*] *τὸ πλέον* **i**m ‖ **104** *ἐκπέμπουσα* Hieros. Sep. 111, Kurtz ‖ **106** *φέρουσα* **i**m ‖ **111** *μᾶλλον … πάντες* trp. **i**m ‖ **115** *κοινός* **i**m | *ἀντεποιήθη* **p**e **i**m

κἂν μὴ στενάζειν φυσικῷ λόγῳ δύνῃ,
ἦχόν τινα πρόπεμψον ἐκ τῶν πυθμένων·
τὰ δένδρα κόψον οἷα λαμπροὺς βοστρύχους,
ἄνθην ἅπασαν κεῖρον ὡς πλοκαμίδα.
ἡ γὰρ σεβαστὴ καὶ πρὸ τῆς τύχης γένει
λεπτῶς, ἀμυδρῶς, ἐσχάτως ἀναπνέει·
τὸ μουσικὸν δὲ καὶ θεηγόρον στόμα
σιγὴ κατέσχεν ὑστάτης ἀφωνίας·
ἅπαν τὸ κάλλος, ἡ μελιχρὰ τερπνότης,
ἡ τῶν λόγων ἔμψυχος ἐν γνάθοις χάρις
νῦν ὠχρίασις, νῦν ἀφοίνικτος μόνον.
ὁ νοῦς ἐκεῖνος ἐφθάρη πρὸ τοῦ τέλους,
ἡ συστροφὴ δὲ τῶν φρενῶν ἀπερρύη,
τὰ δὲ βλέφαρα τῶν φαεινῶν ὀμμάτων
πρὸ τῆς θανῆς μέμυκεν ἠτονημένα.
Θρῆνοι δὲ κύκλῳ καὶ στεναγμοὶ καὶ γόοι,
θρύψεις παρειῶν καὶ σπαραγμοὶ τῆς κόμης,
τῆς μητρὸς αὐτῆς, τοῦ ποθητοῦ συγγόνου,
γνωστῶν, συνήθων, συγγενῶν καὶ γνωρίμων·
καὶ πάντα κωφὰ ταῦτα τῇ προκειμένῃ.
Μήτηρ δὲ καὶ πρὶν τῷ πάθει κρατουμένη
καὶ τῇ θυγατρὶ πάντα συννεκρουμένη,
ἐπείπερ εἶδε τὴν καλὴν ἀηδόνα
τὴν μουσικὴν ἄφωνον ἀψύχῳ μέλει,
ψυχορραγοῦσαν καὶ πνέουσαν ἐσχάτως,
ὄρνις καθώσπερ τῶν τέκνων τεθυμένων,
τρύζουσα καὶ βοῶσα καὶ μυκωμένη
καὶ τὴν κόμην πάττουσα πάντοθεν κόνει
τοιάσδε φωνὰς σὺν στεναγμοῖς ἠφίει·
'Ὦ τέκνον ἡδύ, τέκνον ἡδονῆς γέμον,
σπλάγχνων ἐμῶν γέννημα δυστυχεστάτων,
τίς ἥρπασέν σε τῆς ἐμῆς νῦν ἀγκάλης;
τίς ὡς στάχυν πρόωρον ἐξέκοψέ σε,

127–128 cf. Procop. Gaz. Decl. IV 15

128 *πλοκαμίδας* **i**^{m} ‖ **130** et **132** mg. suppl. al. m. **p**^{e} ‖ **134** *λόγων*] *ῥόδων* **i**^{m} ‖ **135** *μόνον*] *μένει* **i**^{m} ‖ **139** *θανῆς* **i**^{m}: *τρυφῆς* **p**^{e} | *τέθεικεν* **i**^{m} ‖ **143–144** trp. **p**^{e} ‖ **151** *γοῶσα* **i**^{m} ‖ **156** *ἥρπασε* **p**^{e} **i**^{m} | *σὲ* **p**^{e} ‖ **157** *ἐξέκοψέ* **i**^{m}: *ἐξέθρεψέ* **p**^{e} (*ἐξέτριψέ* Kurtz)

τίς ὡς βότρυν ἄωρον ἐτρύγησέ σε;
τίς ἔσβεσέν μου τὴν νοητὴν λαμπάδα,
ἐμῶν δ' ἀπημαύρωσε φῶς, φεῦ, ὀμμάτων;
σαρκῶν ἐμῶν στήριγμα γηραιῶν μόνη,
χείρ, ὄμμα καὶ ποὺς καὶ καλὴ βακτηρία,
ψυχή, πνοὴ ζωή τε, νοῦς καὶ καρδία,
ποῦ νῦν ἀπέρχῃ σὴν ἐῶσα μητέρα;
ὢ κῦμα διπλοῦν συμφορῶν ἀμηχάνων,
ἤνεγκα πρὶν στέρησιν ἀνδρὸς φιλτάτου,
τομὴν μέλους, φεῦ, ἡμιθανὴς δ' ἦν βίῳ·
ἐν σοὶ δ' ἐπέζων, ἀλλὰ νῦν, ὢ τοῦ πάθους,
καὶ σοῦ στεροῦμαι, τῆς πνοῆς καὶ καρδίας.
καὶ νῦν ἄπνους, ἄψυχός εἰμι τῷ βίῳ.
ἐγὼ μέν, ὦ θύγατερ, εἶχον ἐλπίδας
γηρωκομηθῆναί με πρὸς σοῦ, φιλάτη,
κόλπῳ τε τῷ σῷ καὶ ποθηταῖς ἀγκάλαις
πνοὴν ἀφεῖναι τοῦ βίου τὴν ἐσχάτην.
σὺ δ' ἀλλ' ἐμοὶ τέθνηκας ἡ ζῆν ἀξία
τῇ καὶ τεθνάναι προσδοκωμένῃ πάλαι.
τί καὶ γὰρ οὐ τέθνηκα σοῦ πρῶτον, τέκνον,
γηραιά, παντάλαινα, ῥυτίδων ὅλη;
ὢ δυστυχὴς δύσμητερ, οἰκτρὰ κοιλία,
κἂν εὐθέως ἔδοξας εὐτυχεστάτη
περιστερὰν τέξασα κεχρυσωμένην.
φεῦ ὠδίνων, φεῦ τοῦ παναθλίου τόκου.
ποῖόν τι πρῶτον κλαύσομαι καὶ δακρύσω,
ποῖον δ' ἀφήσω, θύγατερ, σῶν χαρίτων
ἄκλαυστον, ἀθρήνητον, ἔξω δακρύων;
τὴν ἔμφυτόν σου καλλονὴν τῆς καρδίας;
τὴν ἐκτὸς εὐπρέπειαν; αὐτὰς τὰς φρένας;
τὸ συμπαθές σου, τὸν φιλεύσπλαγχνον τρόπον;
τὴν εἰς ἐμὲ πρόνοιαν ἀκριβεστάτην;
ἁμαρτίαν ἥμαρτες, ὦ Χάρων, ξένην
ἐμοῦ προπέμψας εἰς ᾅδην τὴν φιλτάτην·
εἰ γὰρ θερίζειν τοὺς βροτοὺς ἐπετράπης,

159 *ἔσβεσέ* **p**^{e} **i**^{m} | *νοητὴν* **p**^{e}: *φαεινὴν* **i**^{m} ‖ **163** *ζωὴ πνοή* trp. **i**^{m} ‖ **167** *μέλους* Kurtz: *βέλους* **p**^{e} **i**^{m} | *ἡμιθνὴς δ' ἦν ἐν* **i**^{m} ‖ **171** *ἐλπίδα* **i**^{m} ‖ **172** *με πρὸς*] *μὲν ἐκ* **i**^{m} | *φιλτάτως* **i**^{m} ‖ **173** *ποθειναῖς* **i**^{m} ‖ **175** *ἐμοὶ* **i**^{m}: *ἡμῖν* **p**^{e} | *ἡ* **i**^{m}: *ἢ* **p**^{e} ‖ **177** *πρώτη* **i**^{m} ‖ **190, 189, 192, 191** trp. **p**^{e} a. c.

ἔργον θεριστοῦ πρᾶττε τὰς λευκὰς τρίχας·
ὡς λευκὸν ἐκθέριζε τοῦ βίου στάχυν.
τί καὶ πρὸ καιροῦ τοὺς ἀώρους ἐκτέμνεις;
εἰ δ' ἐκθερίζεις ἀλληνάλλως, ὡς θέλεις,
κἂν ἄρτι με πρόρριζον ἐκκόψας λάβε
καὶ συγκόμιζε τῇ θυγατρὶ πρὸς τάφον·
καὶ σωρὸς ἔστω σοῦ βροτοκτόνου θέρους
μήτηρ ὁμοῦ καὶ τέκνον, ἄβρωτος στάχυς.'
μήτηρ μὲν οὕτως μητρικῶς κινουμένη
ἀνωλόλυζεν, ἐστέναζεν ἐκ βάθους,
πέμπουσα κρουνοὺς αἱμοφύρτων δακρύων
καὶ τὴν κλίνην βρέχουσα καὶ τὴν φιλτάτην
τοῖς φυσικοῖς λούουσα λουτροῖς ἐν τέλει.
Ὁ σύγγονος δὲ Ῥωμανὸς τῆς κειμένης,
γερουσίας ἡ δόξα, συγκλήτου κλέος,
ἀνὴρ τὰ πάντα καὶ φύσει καὶ καρδίᾳ,
νέος τὸ σῶμα, τὰς φρένας δὲ πρεσβύτης,
ἐκεῖθεν αὖθις ἀντεδάκρυε πλέον,
βρυχώμενος μὲν ἐκ βάθους ὥσπερ λέων
καὶ τοῖς στεναγμοῖς ἦχον ἐμποιῶν μέγαν,
ὡς δ' ἐμπνεούσῃ προσλαλῶν τῇ συγγόνῳ·
'Ὦ πάντα μοι, δέσποινα, δόξα καὶ κλέος,
κοινὸν γένους στήριγμα, κοινὴ καὶ χάρις,
ζωῆς ἐμῆς ἔρεισμα, τοῦ βίου στύλε,
ὦ θάρσος, ἐλπίς, τῶν ἐμῶν οἴκων κίον,
ὦ πάντα ταῦτα καὶ πλέον ποθουμένη,
ἔσβης ὁ λαμπτὴρ τῆς ἐμῆς παρρησίας,
ἔσβης τὸ καλλώπισμα τῆς οἰκουμένης,
ἡ τῶν πενήτων ἄρτι χεὶρ ἀπερρύης,
ὁ κοινὸς ὅρμος τῶν ζάλαις στροβουμένων
τῇ τῆς τελευτῆς προσβολῇ διεφθάρης.
ἅπαντα φροῦδα τῶν ἐμῶν τρυφημάτων,
ἅπαντα τὰ πρὶν εὐτυχῆ μοι τοῦ βίου
περιστροφὴν πέπονθε δυστυχεστάτην.

195 *τὰς* $\mathbf{i}^{m}$ ‖ **199** *σοῦ* $\mathbf{p}^{e}$: *τοῦ* $\mathbf{i}^{m}$ ‖ **200** *ἄμβρωτος* $\mathbf{p}^{e}$ ‖ **203** *αἱμοφύρκτων* $\mathbf{p}^{e}$ ‖ **205** *λύουσα* $\mathbf{p}^{e}$ ‖ **213** *ὡς δ' ἐμπνεούσῃ* $\mathbf{i}^{m}$: *ἀναπνεούσῃ* $\mathbf{p}^{e}$ | *συγγόνω* $\mathbf{p}^{e}$: *κειμένῃ* $\mathbf{i}^{m}$ ‖ **214** *ὢ* $\mathbf{i}^{m}$ | *κλέος* $\mathbf{p}^{e}$: *κράτος* $\mathbf{i}^{m}$ ‖ **216** *ἔρεισμα* $\mathbf{p}^{e}$: *στήριγμα* $\mathbf{i}^{m}$ ‖ **218** *ταῦτα πάντα* trp. $\mathbf{i}^{m}$ ‖ **220** hinc denuo **a** ‖ **225** *μοι*] *τὰ* $\mathbf{p}^{e}$

μάτην ἐγὼ ζῶ σοῦ λελειμμένος μόνος.
ἢ φάρμακόν τις ἢ ξίφος τομὸν δότω,
ὡς ἂν συνεκπνεύσαιμι τῇ ποθουμένῃ·
ποθῶ τὸν ᾅδην ἀντὶ τούτου τοῦ βίου,
ἐκεῖνο κρεῖττον τὸ σκότος τοῦ φωσφόρου.
ἔχει γὰρ ὡς νὺξ τὴν σελήνην τοῦ βίου·
κἂν οὐ προλάμπῃ τῶν προλοίπων νερτέρων,
σὺν τῇ σκιᾷ γε κείσομαι τῇ φιλάτῃ
σκιά τις ἄλλη, κωφὸν εἴδωλον τάχα.
ὦ δυστυχεῖς πρόπαππε, πάππε καὶ πάτερ,
πολλὰς ἰδόντες πραγμάτων τρικυμίας
καὶ συστραφέντες ὡς κλύδωνι τῷ βίῳ.
ὦ δυστυχεῖς ἅπαντες, ἀλλ' ἐγὼ πλέον,
φωτὸς στερηθεὶς ὀμμάτων καὶ καρδίας,
ζωῆς δὲ μᾶλλον καὶ πνοῆς ψυχεμπνόου,
καὶ δυστυχῶς ζῶν, νεκρὸς ἄψυχος πέλων.
εἴ τις τομὴν ἤνεγκε κυρίου μέλους,
τὴν συμφορὰν ἤνεγκα μετρίῳ πάθει·
κἂν οὐσίας πάσης τις ἐξένωσέ με,
πρὸς οὐδὲν ἂν ἤλγησα, πάντα γὰρ κόνις·
κἂν εἰς ξένην γῆν ἤλασεν τῆς πατρίδος,
κἂν πᾶσαν ἄλλην ἀντεπήνεγκεν βίαν
βυθῷ καλύψας καὶ κατακλείσας σκότει,
τῆς σῆς τελευτῆς εὐθύμως προειλόμην.
πλὴν ἀλλὰ μὴ κάλυπτε, γῆ, τὴν συγγόνην,
ἕως με νεκρὸν αὐτόκλητον συλλάβῃς.
οὓς γὰρ μία τις ὤδινεν γαστὴρ πάλαι,
εἷς καὶ τάφος κρύψειε τῷ κοινῷ τέλει.'
τούτους ἐκεῖνος τοὺς ὀδυρμοὺς συμπλέκων
καὶ δακρύων ῥοῦν ἄσχετον καταρρέων
τὴν τῆς θαλάττης εἰκόνιζε πλημμύραν,
ζώνην τε τὴν σφίγγουσαν αὐτὴν κυκλόθεν

242 Soph. Antig. 1167

228 *τομὸν ξίφος* trp. **i**^{m} ‖ **230** *ποθῶν* **a** ‖ **234** *γε*] *γὰρ* **a** ‖ **236** *δυστυχὴς* **i**^{m} | *πρόπαπποι* **p**^{e} ‖ **237** *πραγμάτων* **p**^{e}**a**: *τοῦ βίου* **i**^{m} ‖ **239** *ὢ* **i**^{m} ‖ **241** *πνοῆς*] *ψυχῆς* **i**^{m} ‖ **242** om. **i**^{m} | *ἔμψυχος* Kurtz | *πνέων* **a** ‖ **243** *καιρίου βέλους* **i**^{m} ‖ **245** *τις πάσης* trp. **i**^{m} | *ἐστέρησέ* **i**^{m} ‖ **247** *ἤλασε γῆν* trp. **i**^{m} | *ἤλασε* codd. ‖ **248** om. **a** | *ἀντεπήνεγκε* **p**^{e} ‖ **248–249** om. **i**^{m} ‖ **253** *οὓς μία γὰρ ὤδινε γαστὴρ συγγόνους* **i**^{m} | *ὤδινε* codd. ‖ **255** *τούτους*] *οὕτως* **i**^{m}

ταῖς χερσὶν ὡς σκίασμα τῆς σαρκὸς φέρων
ἔλουε τοῖς δάκρυσιν ὑετοῦ δίκην,
ὁρῶν τε πυκνῶς καὶ τιθεὶς τὴν καρδίαν
αὐτήν τε κινῶν τὴν ἀναίσθητον φύσιν
εἰς θρῆνον, εἰς ἄμετρα ῥεῖθρα δακρύων.
οὗτοι μὲν οὕτως ἀντεθρήνουν ἐν μέρει
καὶ τοῖς στεναγμοῖς ἀντεπήχουν εἰκότως.
Ὁ δεσπότης δέ, γῆς ὁ λαμπρὸς φωσφόρος,
τῆς συμφορᾶς τὸ κῦμα τῇ ψυχῇ φέρων
τὴν ἀθρόαν στέρησιν ἐν νῷ τε στρέφων,
στροβούμενος δὲ τοῖς λογισμοῖς τῷ πάθει,
πῶς ἐκ μέσων ἥρπαστο τῶν ἀνακτόρων
ἣν εἶχεν ἔνδον τῆς ἑαυτοῦ καρδίας,
πῶς ἐξαπέπτη, πῶς ἀπῆλθεν ἀθρόον,
ἣν ὡς νεοσσὸν εἶχεν ἐν ταῖς ἀγκάλαις,
ἔσπευδε μὲν φρόνημα γενναῖον φέρων
τὴν συμφορὰν ἄριστα καρτερεῖν μόνος,
νικώμενος δὲ τῷ τυραννικῷ πάθει
λεπτῶς ἀνεστέναξεν ἐκ ψυχῆς μέσης·
ὁρῶν τε ταύτην ὑπτίαν προκειμένην
ἄπνουν, ἄφωνον, μηδαμῶς κινουμένην,
ἀπάρχεται, φεῦ, πενθικωτάτων λόγων·
'Φῶς σήμερόν μοι σβέννυται τῶν ὀμμάτων,
ὀφθαλμὸς ἔνδον ὁ βλέπων τῆς καρδίας,
αἰαῖ, τυφλοῦται καὶ καλύπτει με σκότος·
βέλη πικρὰ κεντοῦσι τῆς ἀθυμίας.
ὢ ποίαν εἶδες, ἥλιε, τραγῳδίαν·
ὢ ποῖος ἔσβη λύχνος ἀκροφεγγίας.
ποῦ μοι τὰ πολλὰ τῶν νοημάτων τέλη,
ἡ φροντίς, ἡ μέριμνα τῶν ἐμῶν πόνων,
δι' ἣν ἐκαρτέρησα πολλὰς φροντίδας,
δι' ἣν ὑπέστην θλίψεων καταιγίδας;
ποῦ νῦν ἀπῆλθε πάντα; ποῦ νῦν ἐκρύβη;
αἰαῖ τὰ δεινὰ τῆς ἀειστρόφου τύχης,
αἰαῖ τὰ ῥευστὰ τοῦ πολυπλάνου βίου.

259 *σαρκὸς*] *χειρὸς* **i**^{m} ‖ **260** *ἔλουσε* **p**^{e} ‖ **264–265** *ἀντεθρήνουν – στεναγμοῖς* om. **i**^{m} ‖ **269** *τοὺς λογισμοὺς* **i**^{m} ‖ **270** *ἥρπασται* **i**^{m} ‖ **272** *πῶς*^{1}] *πῶς δ'* **i**^{m} ‖ **280** *γόων*, mg. *γρ. λόγ(ων)*, **i**^{m} ‖ **282** *στρέφων* **i**^{m} ‖ **285** *εἶδεν ἥλιος* **i**^{m} ‖ **286** *ἔσβης* **p**^{e} | *ἀκροφεγγίδων* **i**^{m}

οἴμοι, τί πράξω; πῶς διάξω τὸν βίον,
ἄψυχος, ἄπνους, παντελῶς παρειμένος;
ποῖον παρηγόρημα τῶν πόνων λάβω;
ποίαις ἐπῳδαῖς τὴν ἀθυμίαν σβέσω;
γῆ, μὴ καλύψῃς σῶμα τῆς ποθουμένης,
κἂν συγκαλύψῃς, μὴ μαράνῃς τὴν φύσιν.
μὴ σῶμα κοινὸν τοῦτο δέξῃ καὶ κόνιν,
φύλαττε τὸ πρόσωπον, ὡς κάλλους ἔχει.
τὸ λαμπρὸν αἰδέσθητι τῶν μελῶν ὅλων,
ἄγαλμα ταύτην καὶ τεθαμμένην φέρε.
τῶν ὀμμάτων τὰ κύκλα μὴ διασπάσῃς,
λαμπρὰς βολὰς ἔχουσιν ἔνδον ἀκτίνων,
τὸ μουσικόν τε τῆς ἀηδόνος στόμα
τήρει μεμυκός, Ὀρφέως ἔχει μέλη·
τῶν βοστρύχων τὸ πλέγμα μὴ διαξάνῃς·
θησαυρὸν ἔσχες, οὐχὶ νεκρὸν σαρκίον·
ὅλον καλῶς φύλαττε τῷ δεδωκότι.
οἴμοι, τί φάσκω; πεπλάνημαι τοῖς λόγοις·
ἡ τοῦ πάθους ῥύμη με πρὸς κρημνὸν φέρει.
οὐκ ἔστι μοι φῶς, οὐ πνοὴ καὶ καρδία,
συνερρύη τὰ πάντα τῇ ποθουμένῃ.
τὸ στέμμα μοι χοῦς, τὸ κράτος λεπτὴ κόνις.
ἕν μοι ποθεινόν, ἓν παρηγόρημά μοι·
ὁ τύμβος ὁ κρύπτων σε· τοῦτον ἂν βλέπω,
παρηγοροῦμαι, ψυχαγωγοῦμαι τάχα.
τί μοι τὰ λαμπρὰ τῶν κατασκευασμάτων;
εἰς γῆν ἅπαντα τῷ τάχει συμπιπτέτω·
ὁ χρυσὸς ὡς χοῦς, ἡ γλυφὴ τῶν μαργάρων
λίθος τραχύς μοι νῦν λογίζεται μόνον·
εἷς μοι λίθος κάλλιστος, ὡραῖος πάνυ,
ὁ συγκαλύπτων σόν, σεβαστή, σαρκίον·
τὰ δ' ἄλλα μοι χοῦς καὶ κόνις καὶ σαπρία.'
Ἐπίσχες, ὦ κράτιστε γῆς ὅλης ἄναξ,
στῆσον τὸ ῥεῦμα τῶν ἀμέτρων δακρύων,
παύου στενάζων, στῆθι συγκεχυμένος

301 *ἔχον* **i**m ‖ **307** *ἔχου* **p**e ‖ **309** *νεκρὸν* **p**e**i**m: *θνητὸν* **a** ‖ **311** *πάσχω* **a** ‖ **312** *κρημὸν* **a** *κρουνὸν* **p**e ‖ **317** *βλέπων* **a** ‖ **319** *κατεσκευασμ(ά)των* **a** ‖ **320–368** om. **a** ‖ **321** *εἰς χοῦν* **i**m ‖ **322** *νομίζεται* **i**m ‖ **323** *πάλιν* **i**m ‖ **324** *σεβαστὸν*, sscr. *η*, **i**m

καὶ βλέψον, ὡς χρή. γνῶθι τὴν ἡμῶν φύσιν,
ὡς οὐδέν ἐσμεν πλὴν κόνις κεχρωσμένη·
ζωὴ δὲ καὶ θάνατος ὡς πύλαι δύο,
μέσον δὲ τούτων ὁ βραχὺς οὗτος βίος.
οὐδεὶς διῆλθε τὴν πύλην τῆς εἰσόδου,
ὃς οὐ παρῆλθε τὴν πύλην τῆς ἐξόδου.
καλὴ μὲν ἡ θανοῦσα καὶ (τίς οὐ λέγει;)
πασῶν γυναικῶν ἀκριβῶς ὑπερτάτη·
ἀλλ' οὐχὶ θνητή; καὶ τέθνηκε τῇ φύσει,
ὡς Ἀβραὰμ πρίν, ὡς ὁ Μωσῆς ὁ γνόφῳ
ἰδὼν τὸ θεῖον τῆς ἀληθείας φάος,
ὡς Χριστὸς αὐτός, τῆς πνοῆς ὁ δεσπότης,
ὡς ἡ τεκοῦσα τοῦτον ὠδίνων δίχα.
οὕτω πέφυκε τῶν ῥεόντων ἡ φύσις,
οὕτω πέφυκεν ἡ παροῦσα λαμπρότης.
τί καινόν, εἰ τέθνηκεν ἡ θνητὴ φύσις;
τὸ σῶμα χοῦς πέφυκεν εἰκονισμένος,
ἡ γῆ δὲ μήτηρ, καὶ πάλιν καταρρέει
πρὸς γῆν, ἀφ' ἧς εἴληφε πρὶν τὴν οὐσίαν.
τί ταῦτα φάσκω; βλέψον ἀκριβῶς, ἄναξ,
εἰς πᾶσαν αὐτὴν τὴν ὁρωμένην κτίσιν
καὶ γνῶθι, πῶς ἔχουσι φυσικοῦ λόγου,
πῶς ζῶσι καὶ θνήσκουσι πάντα κυκλόθεν.
βλέπεις τὰ δένδρα σήμερον τεθηλότα,
ἀλλ' αὔριον ῥέουσιν ὡς τεθνηκότα,
πίπτει τὸ φύλλον οἷα θρὶξ ἐκ τῶν κλάδων·
ζωῆς ἐκεῖνα, ταῦτα τοῦ κοινοῦ τέλους.
τὸν λαμπρὸν ἄθρει καὶ φαεινὸν φωσφόρον,
πῶς ζῇ τὸ πρῶτον ὡς ἀείζωος φύσις,
λάμπων ἑῷος λαμπαδουχίαις ξέναις,
ἔπειτα θνῄσκει πρὸς δύσιν καταστρέφων
καὶ κρύπτεται, φεῦ, καὶ καλύπτεται κάτω

338–339 Exod. 20,21 ‖ **345** Gen. 1,27 ‖ **346–347** Gen. 3,19

332 *βίος*] *λίθος* **p**[e] ‖ **333** *διήχθη* **i**[m] ‖ **334** *παρήχθη* **i**[m] ‖ **338, 339, 337, 340** trp. **p**[e] a.c. ‖ **337** *ἀλλ' οὐχὶ θνητή;* **p**[e]: *θνητὴ δὲ πάντως* **i**[m] | *τῇ φύσει* **p**[e]: *τῷ βίῳ* **i**[m] ‖ **345** *εἰκονισμένος* Kurtz: *-ον* **p**[e]**i**[m] ‖ **346** *πάλιν* Kurtz: *πάντα* **p**[e]**i**[m] ‖ **348** *φάσκων* **p**[e] ‖ **349** *κτίσιν* **p**[e]: *φύσιν* **i**[m] ‖ **357** *φύσις* **i**[m]: *φύσ( )* **p**[e]

τὸ λαμπρὸν ὄμμα γῆς ὁμοῦ τε καὶ πόλου.
ἡ δ' αὖ σελήνη ζῶσα πολλάκις μόνη
τοσαυτάκις πέφυκε θνήσκειν καὶ ῥέειν,
ἐκλείψεων πάσχουσα μυρία πάθη.
τῶν ἀστέρων ἕκαστος οὕτω τυγχάνει.
καὶ καινὸν οὐδὲν οὐδὲ τῇ φύσει ξένον,
εἰ σὺν σελήνῃ, σὺν φυτοῖς, σὺν ἡλίῳ
ἡ σὴ σελήνη καὶ φυτὸν καὶ φωσφόρος
ἀπῆλθεν, ἐξέρρευσε τούτου τοῦ βίου.
Μὴ πολλὰ μέμφου τῇ τελευτῇ, γῆς ἄναξ·
εὐεργέτις πέφυκε κοινὴ τῇ φύσει.
ἄγει πρὸς ὕψος τῆς παλαιᾶς ἀξίας,
ἄγει πρὸς αὐτὸ τῆς Ἐδὲμ τὸ χωρίον,
ἀφ' οὗπερ ἐρρίφημεν ἀπροσεξίᾳ.
τομὴ πέφυκεν ἐμπαθῶν κινημάτων,
τὴν τῶν κακῶν ἵστησιν ἄσχετον ῥύμην.
οὐ παντελὴς πέφυκε τοῦ ζῶντος λύσις,
διάστασις μικρὰ δὲ τῶν ἡνωμένων·
ψυχὴ γὰρ ἔστι καὶ λυθέντος σαρκίου
καὶ μᾶλλον ἀνθεῖ ζῶσα κρείττονι τρόπῳ.
τί καὶ ταράττῃ καὶ στρέφῃ τὴν καρδίαν,
ὡς τὴν ποθητὴν οὐκ ἔχων οὐδὲ βλέπων;
οὐχ ὡς ἀχλὺς ἀπῆλθεν οὐδ' ὥσπερ νέφος,
οὐχ ὡς ὁμίχλη παντελῶς ἀπερρύη,
ἀλλ' ἔστι καὶ ζῇ καὶ βλέπει τὸν δεσπότην
καί σοι νοητῶς συλλαλεῖ καὶ συμμένει.
καὶ ταῦτα φωνεῖ· 'Παῦε τῶν ὀδυρμάτων.
οὐ παντελῶς λέλοιπα τὴν σὴν καρδίαν,
οὐκ ἐσκεδάσθην ὡς καπνὸς πρὸς ἀέρα,
ἀλλ' εἰμὶ καὶ πάρειμι γνωστικῷ τρόπῳ.
ἀφεὶς δὲ θρηνεῖν τὴν λύσιν τοῦ σαρκίου
μνήσθητί μου νῦν τῶν ὑπὲρ σοῦ φροντίδων,
πολλῶν μεριμνῶν καὶ πόνων ἀνενδότων,
ἃς ἐν ξένῃ γῇ συμπαροῦσά σοι μόνη
ἐκαρτέρουν ὡς πύργος, ὡς στερρὰ πέτρα.

364 *μυρίων πόνων* **i**^{m} ‖ **369** hinc denuo **a** ‖ **369–370** om. **p**^{e} ‖ **370** *μέμφη* **i**^{m} ‖ **371** *κοινὴ τῇ φύσει* **a**: *τῇ κοινῇ φύσει* **i**^{m} *κοινὴ τοῖς πᾶσιν* **p**^{e} ‖ **376** *ἔστησεν* **p**^{e} ‖ **383** *γνόφος* **i**^{m} ‖ **384** *οὐδ'* **i**^{m} ‖ **388** *λέλοιπε* **p**^{e} ‖ **389** *οὐδ'* **a** ‖ **392** *μοι* **i**^{m} ‖ **394** *σοὶ* **i**^{m}

μνήσθητι δούλης, ἀλλὰ καὶ ποθουμένης,
καὶ τὰς ἀμοιβὰς νῦν πάρασχέ μοι πλέον.
ψυχὴν ἐμὴν τίμησον εὐσπλάγχνοις τρόποις·
ἐξιλεοῦ μοι δωρεαῖς τὸν δεσπότην,
λαμπροὺς μεσίτας ἐργομόχθους εἰσάγων
πτωχῶν πενήτων χεῖρας ἐστενωμένας·
θνητὴ γὰρ οὖσα καὶ ῥεούσης οὐσίας
καὶ πρὸς τὸ φαῦλον εὐκόλως κινουμένης
ψυχὴν κατεσπίλωσα τὴν ἐμὴν πάλαι·
ἣν οὐδὲν οὕτως λευκᾶναι κατισχύει
ὡς χεὶρ πλατεῖα δωρεῶν καὶ χαρίτων.
ἔπειτα τὴν γραῦν τὴν ἐμήν, φεῦ, μητέρα
γηρωκόμησον καὶ γενοῦ βακτηρία
σαρξὶ ῥυείσαις ἐκ χρόνων τε καὶ πόνων.
ψυχῆς δ' ἐμῆς φρόντισμα τῶν πάντων πλέον,
τὸν σύγγονόν μοι Ῥωμανόν, νέον κλάδον,
ταῖς χερσί σου τίθημι, σοὶ λείπω μόνῳ·
οὕτως ὄναιο σῆς, ἄναξ, σκηπτουχίας,
οὕτως ὄναιο τοῦ κράτους καὶ τοῦ στέφους,
ὡς τοῦτον ἕξεις ἀντιληπτικωτάτως.
τὸν πάππον οἶδας καὶ τὸ πάππου παιδίον,
τὸν φύντα τοῦτον, εὐγενεῖς πεφυκότας·
τήρησον αὐτῷ τοῦ γένους τὴν ἀξίαν,
φύλαξον αὐτῷ τὰς ἐφ' ἡμῖν ἐλπίδας.
ναί, πάντα μοι πρὶν καὶ πάλιν, Μονομάχε,
ἡ κλῆσις ἡ πάγγλυκος ἡ ποθουμένη,
καὶ χαῖρε καὶ φρόντιζε τῶν ἐνταλμάτων.'
  'Ὡς οὖν ἐκείνης καὶ λαλούσης σοι πάλιν
καὶ συμπαρούσης εἰς ἀεὶ τῇ καρδίᾳ
ἀναψυχήν, κράτιστε, θυμήρη λάβε.
ἔπειτα ῥῖψον τὰς βολὰς τῶν ὀμμάτων,
στρέψον δὲ τὸν νοῦν τοῦ πάθους ὡς ἐκ ζάλης
εἰς τὸν φαεινὸν τῶν ἀνακτόρων λύχνον,
τὸ κοινὸν ἐντρύφημα τῆς οἰκουμένης,

397 *μοι πλέον*] *πλουσίως* **i**[m] ‖ **399** *ἐξιλέου* **a** ‖ **403** om. **a** | *κινουμένη* **i**[m] ‖ **408** *γηρωκόμος* **a** | *καὶ*] *ναὶ* **a** ‖ **410** *φρόντισον* **a** ‖ **412** *μόνον* **p**[e] ‖ **419** *ἡμῖν* **i**[m]: *ἡμῶν* **p**[e] *ἡμᾶς* **a** ‖ **420** *πάλαι* **a** ‖ **423** *καὶ λαλούσης*] *συλλαλούσης* **i**[m] | *πάλιν*] mg. *γρ. πάλαι* **a** ‖ **424** *εἰσαεὶ τῇ* **i**[m]: *ἐς ἀεὶ τῇ* **p**[e] *ἀεὶ τῇ σῇ* **a**

τὸ λαμπρὸν ἀγλάισμα τῆς ἁλουργίδος,
τὸ τοῦ κράτους στήριγμα τῆς σκηπτουχίας,
τὸ τοῦ στέφους ἔρεισμα τῶν ἀνακτόρων,
τὸν πύργον ἢ τὸ τεῖχος ἢ καὶ τὴν βάσιν,
Ζωήν, τὸ καλλώπισμα γῆς τε καὶ πόλου.
ἰδὼν δὲ πᾶσαν τοῦ προσώπου τὴν χάριν
καὶ τὴν ἀπαστράπτουσαν ἀκροφεγγίαν
παρηγόρησον τὴν σεαυτοῦ καρδίαν.
ὕπνου μέτασχε καὶ τροφῆς, σκηπτροκράτορ·
ἔχεις γὰρ ὄντως τῆς τροφῆς ὑπηρέτιν
τὴν ἐκ θεοῦ δοθεῖσαν ἡμῖν τοῖς κάτω,
τὸ φαιδρὸν ἀγλάισμα τῆς Βυζαντίδος,
τὸ σεμνὸν ἄνθος, τὴν γονὴν τῆς πορφύρας,
Θεοδώραν, τὸ κάλλος αὐτοῦ τοῦ βίου.
αὕτη τὰ πάντα σοὶ γενέσθω τῷ κράτει,
ὑπηρέτις, δέσποινα καὶ πάλιν λάτρις.
καὶ χαῖρε, λειμών, ἄστρον ἐψυχωμένον·
καὶ σὺν θεῷ, κράτιστε, τῷ σκέποντί σε
ἄνασσε, βασίλευε τῆς οἰκουμένης.'

Poema 18. Ad Comnenum de kalendis

Celebrat coronationem Isaacii Comneni kal. Sept. a. 1057 factam, Ioannis Lydi doctrina occasionem exornans.

Πρὸς τὸν βασιλέα τὸν Κομνηνὸν κῦρ Ἰσαάκιον περὶ καλανδῶν, νόννων καὶ εἰδῶν

Ἡ τῶν καλανδῶν Ἰτάλιος ἡμέρα
Ἑλληνικῆς πρόσχημα χαρμονῆς ἔφυ
καὶ λαμπρὸν εὐτύχημα σῆς σκηπτρουχίας,
Ῥώμης μὲν οὖσα δόγμα τῆς πρεσβυτέρας,
εὐάγγελον δ' ἄθυρμα τῆς νεωτέρας.

433 *τὸ*] *καὶ* **i**^{m} ‖ **434** *ζωῆς* **i**^{m} ‖ **438** *μετάσχες* **p**^{e} | *σκηπτοκράτ(   )ρ* **a** ‖ **439** *τρυφῆς* **a** ‖ **444** *σοι* **a** *σοῦ* **i**^{m} ‖ **446** *ἐμψυχωμένον* **i**^{m} ‖ **448–447** trp. **a**

18 B 166^{v}–167^{r} **G** 124^{v} **i**^{k} 164^{r} ‖ ed. Guglielmino 122–124 ‖ tit. sec. **B**: *τοῦ αὐτοῦ* (**G**: *στίχοι* **i**^{k}) *πρὸς ἰσαάκιον αὐτοκράτορα τὸν κομνηνόν* **Gi**^{k} ‖ post **2** spat. vac. unius vs. **B** ‖ **3** *σῆς* **i**^{k}: *τῆς* **BG** | *σκηπτουχίας* **BG** ‖ **5** om. **G**

Ἡ δόξα καὶ γὰρ ἡ παλαιὰ Λατίνων
τρεῖς οἶδε ταύτας ἡμέρας σκιρτησίμους,
εἰδούς, καλάνδας, πρὸς δὲ καὶ νόννας, ἄναξ,
καὶ μὴν ἕκαστος ταῖσδε μετρεῖται μόναις,
πρώταις καλάνδαις, εἶτα νόνναις, καὶ τρίτον
εἰδοῖς μερισταῖς καὶ διηριθμημέναις.
Ἀλλ' ἡ μέν ἐστιν ἀκριβῶς ὡρισμένη,
ἡ τῶν καλανδῶν, ὡς διηκριβωμένη,
πρώτη γάρ ἐστι τῆς σελήνης ἡμέρα,
μᾶλλον δὲ μηνός ἐστιν ἀρχικωτάτη·
τῶν δ' αὖ γε νόννων ἡ μέν ἐστι πεμπτέα,
ἡ δ' ἑβδομαία· τῶν γε μὴν εἰδῶν πάλιν
ἡ μέν τις εἶχεν ἡμέρας τρεῖς πρὸς δέκα,
ἡ δ' αὖ γε πέντε καὶ τὸ λοιπὸν τοῦ μέρους.
Ἑστὼς δ' ὁ κῆρυξ ἐν μεσαιτάτῳ λόφῳ
πρώτην καλανδῶν ἡμέραν ἐκεκράγει,
πρὸ πέντε νόννων, εἶτα καὶ πρὸ τεσσάρων,
καὶ πρὸ τριῶν· ἔπειτα τὴν ἀποφράδα
καλῶς σιωπῶν, φημὶ δὴ τὴν δυάδα,
πρὸ τῆς μιᾶς ἔφασκεν εὐτονωτέρως·
ἔπειτα νόννας καὶ πρὸ εἰδῶν εὐθέως,
πρὸ τῶν καλανδῶν εἶτα καὶ μέχρι τέλους.
Ἐντεῦθεν ἡ βίσεξστός ἐστιν ἡμέρα,
Ἑλληνικῶς δίσεκτος ἠγορευμένη.
τῇ δευτέρᾳ γὰρ τοῦ φθίνοντος ἡμέρᾳ
(εἰκοστόδυον αὐτὴν ἄλλος εἰπάτω)
'πρὸ ἓξ καλανδῶν', τοῦ φθίνοντος ὀγδόην,
σαφῶς ἐδήλου πᾶς ὁ κηρύσσων μέγα·
εἰ δ' ἦν ὁ μὴν ὁ πρέσβυς ἐννέα φέρων,
δὶς τὸ 'πρὸ ἓξ' συνεῖρεν ὡς πρὸς τὸν χρόνον,

12–15 Lyd. Mens. III 10 p. 44, 15–16 W. ‖ **16–17** p. 45, 5–12 ‖ **17–19** p. 45, 12–20 ‖ **20** cf. p. 45, 2–4 ‖ **21–27** pp. 48, 23–49, 9 ‖ **28–37** p. 49, 14–18

15 *μηνός* **i**^{k}: *μονάς* **BG** ‖ **16** *νοννῶν* **i**^{k} | *πεμπτέα* **G**: *πεμπτ(')α* **i**^{k} *πέμπτη* **B** ‖ **17** *γε*] *δὲ* **G** ‖ **18** *τρεῖς*] *τίς* **B** ‖ **22** *νοννῶν* **i**^{k} ‖ **23** *τὴν ἀπόφραδα* scripsi: *τῶν ἀποφράδων* codd. ‖ **26** *νόννας* Guglielmino: *-αν* **Gi**^{k} *-ων* **B** ‖ **27** *καὶ μέχρι* **B**: *μέχρι τοῦ* **Gi**^{k} ‖ **28** *βίσεξστος* **i**^{k}: *βίσεκτος* **BG** ‖ **32–31** trp. Guglielmino ‖ **31** *ἄλλος αὐτὴν* metri causa prop. Guglielmino ‖ **32** *ὀγδόων* **i**^{k} ‖ **33** *σοφῶς* **G** ‖ **34** *δ*^{2} om. **G**

ὅπερ βίσεξστον γλῶσσα Ῥωμαίων λέγει,
δίσεκτον ὂν μάλιστα φωνῇ γνωρίμῳ.
Νῦν δ' ἀλλὰ χαιρέτωσαν εἰδοὶ καὶ νόνναι,
τὰς γὰρ καλάνδας οἶδεν ἡ Κωνσταντίνου,
πρὸ τῶν θυρῶν δὲ συρρέουσι μυρίοι
σκιρτῶντες ἡδὺ καὶ γελῶντες ἀθρόον,
εὐάγγελον σκίρτημα τοῦ παντὸς χρόνου,
εὔηχον οἰώνισμα, κήρυγμα ξένον.
Ὅθεν κἀγώ σοι τὰς καλάνδας εἰσάγω
καὶ μέτρα ποιῶ τοὺς ἐτησίους ὕμνους,
εὐάγγελός σοι προσφόρως δεδειγμένος.
χαῖρε, στρατηγὲ καὶ βασιλεῦ γῆς ὅλης,
μέγιστε, παμβόητε, τοῦ κράτους κράτος·
τοὺς σοὺς γὰρ ὑμνήσουσιν εὐήχους ἄθλους
οὐ παιδιαῖς χαίροντας ἄνδρες ἀθρόοι,
οἱ τοῖς λόγοις δὲ μουσικῶς τετραμμένοι
καὶ πάντα ῥυθμίζοντες εὐρύθμοις μέτροις.
χαῖρε στρατηγέ (τοῦτο γὰρ πάλιν φράσω)
ἀκινδύνου φάλαγγος εὖ τεταγμένης,
θέαμα φρικτὸν βαρβάροις τοῖς ἀθέοις.
σῶν γὰρ τροπαίων πᾶσαν ἐμπλήσεις χθόνα,
καὶ πᾶσα γλῶσσα σοὺς ἀνυμνήσει πόνους
μέτροις τε ποικίλλουσα καὶ λόγοις ἅμα.

Poema 19. Ad Comnenum superstitem

Isaacius Comnenus die 1 Sept. 1057 imperium accepit, die 25 Dec. 1059 aegrotans abdicavit. mense Augusto (1058 aut 1059) moriturum quidam praedixerant; quos initio mensis Septembris falsos proclamat Psellus. versus 14–22 ad unius anni cyclum videntur alludere; quod si verum est, ea quae vss. 83–85 de Scythis et scorpiis Istri accolis et Turcis, omnibus exterritis, dicuntur, de expeditionibus quae m. Sept. 1058 contra Hungaros, Patzinaces, Turcos parabantur accipienda sunt, non de isdem iam ad finem peractis (a vere usque ad m. Sept. 1059).

36 *βίσεξστον* **i**^{k}: *βίσεκστον* **B** *βίσεκτον* **G** ‖ **38** *εἰδοῖ* codd. ‖ **53** *φράσω πάλιν* trp. **G** ‖ **55** *τοῖς ἀθέσμοις βαρβάροις* **i**^{k}

19 a 52^{r}–54^{r} ‖ ed. Kurtz-Drexl[1] 45–48

Στίχοι τοῦ Ψελλοῦ εἰς τὸν Κομνηνὸν λεγόντων τινῶν, ὡς ἐν τῷ Αὐγούστῳ μηνὶ τελευτᾷ

Λευχειμονῶν ἄνασσε νῦν Ῥώμης γένους,
Ἰσαάκιε, τοῦ κράτους ὁ φωσφόρος·
τὰς γὰρ ζοφώδεις ἐξαπέπτης ἡμέρας,
λευκὴν δὲ φωτὸς ἐξαποστίλβεις χάριν.
λευχειμονῶν ἄνασσε, τέρπου, λαμπρύνου·
τὰς γὰρ κατηφεῖς οὐκ ἔχεις ὑποψίας.
ὁ χρησμὸς ἠσθένησε τῶν ψευδηγόρων·
ὁ Χριστὸς ἡδραίωσε τὸ σεπτὸν κράτος·
ἡ μαντικὴ πέπτωκεν ἰσχὺς καὶ τέχνη·
τῶν πλασμάτων ἀπῆλθεν ἡ λεπτουργία·
Αὔγουστος οὐδείς, ἀλλ' ὁ δεσπότης μόνος
Αὔγουστος ὄντως φεγγολαμπὴς τὴν φύσιν.
Παρῆλθεν ἡ νύξ, ἀντεπῆλθεν ἡμέρα·
ὁ τοῦ χρόνου κύκλος σε μείζω δεικνύει.
ὥσπερ γὰρ αὔξεις, μᾶλλον αὐγάζεις, ἄναξ.
λαμπρῶς πανηγύριζε σῷ λαμπρῷ κράτει·
ἔλαμψας, ἤρθης, ἧκες εἰς μεσημβρίαν,
εἰς ἑσπέραν ἤστραψας, ἦλθες εἰς ἕω.
νῦν λάμψις ἄλλη, νῦν νεωτέρα κτίσις·
νῦν καινὰ πάντα, νῦν νεόκτιστος βίος·
νῦν πορφύρα λάμπουσα, νῦν λευκὸν στέφος·
νῦν κύκλος ἄλλος δευτεροπρώτου κράτους.
πολλοὺς ἑλίξεις οἷα φωσφόρος δρόμους
ἄλλους ἐπ' ἄλλοις, φεγγολαμπεῖς εἰς ἄκρον.
Τὸ σὸν κράτος κράτιστον, Ῥωμαίων ἄναξ,
ῥάβδος σιδηρᾶ, τεῖχος ὠχυρωμένον,
ἔπαλξις ἀκράδαντος, ἀρραγὴς κίων,
πυκνὴ φάλαγξ, ἔρεισμα, πύργος ἰσχύος.
οὐ προσβολαὶ κλονοῦσιν αὐτοῦ τὴν βάσιν,
οὐ πῦρ ἀπειλοῦν οὐδὲ τέμνοντα ξίφη,
οὐ βαρβάρων φάλαγγες, οὐ καταιγίδες·
ἐν τῷ θεῷ γάρ ἐστιν ἐστηριγμένον,
ὃς πρῶτος αὐτὸς καὶ μόνος, στεφηφόρε,
ἥδρασε τὴν σὴν ἀσφαλῶς σκηπτουχίαν.

26 Ps. 2, 9

8 *τὸ*] scr. *σὸν* metri causa? cf. 16 et 25 || **26** *τεῖχος*, sscr. *οῖ*, **a**

Κἂν μή μέ τις γράψαιτο θωπείας λόγων,
εἰκὼν ὑπάρχεις τῶν θεοῦ γνωρισμάτων·
εὐθύς, ἀληθής, στερρός, ἠκριβωμένος,
ἡδύς, προσηνής, εὐσταθής, ἡδρασμένος,
ὑψηλός, ἀπρόσιτος ἐν συμβουλίαις,
ταπεινός, εὐπρόσιτος εἰς ὁμιλίαν,
λαμπτὴρ ἁγνείας, εὐσεβείας φωσφόρος,
κοινὸς δικαστής, ἀρρεπὴς ἐν τῇ κρίσει,
εὐσυμπάθητος ἐν φιλανθρώπῳ σχέσει,
ὀξύς, νοήμων, ἀσφαλὴς βουληφόρος,
γενναῖος, ἀκλόνητος ἐν τρικυμίαις.
ποῦ θυμὸς ἐν σοί; ποῦ διάρρυτος γέλως;
ὀργῆς ἴχνη ποῦ καὶ διαρρέων λόγος;
ποῦ κόμπος ἢ φρύαγμα καὶ νοῦς ποικίλος;
ποῦ δ' ὀφρύων σύνδεσμος ἢ σκυθρωπότης;
οὐδὲν γὰρ ἐν σοὶ τῶν ἀσέμνων τυγχάνει,
οὐκ ἦθος εὐκίνητον, οὐ ψευδὴς λόγος,
οὐ δεινότητες, οὐ δίγλωσσος καρδία,
οὐ στυγνότης πέμπουσα καρδίαις νέφος,
οὐ βλέμμα δεινόν, οὐκ ἀπειλῆς ὀξύτης,
οὐ πλῆξις, οὐ κάκωσις, οὐ σφοδρὸς πόνος,
οὐ τέρψις, οὐ χάριτες, οὐ πολὺς γέλως,
οὐ νωθρότης χαυνοῦσα τὴν ψυχὴν ἔσω,
οὐ σφοδρότης σφίγγουσα τοὺς ὑπηκόους.
Ἔγνω σε γῆ σύμπασα καὶ πᾶσα κτίσις,
θάλασσα, νῆσοι, γήλοφοι καὶ κοιλάδες·
οἱ βάρβαροι βοῶσι τὰς στρατηγίας,
οἱ δυσμενεῖς τρέμουσι τὰς εὐβουλίας,
αὐτόχθονες ποθοῦσι Ῥώμης τῆς νέας,
οἱ ῥήτορες γράφουσιν ἐξῃρημένον,
φιλόσοφοι λέγουσιν ἐκλελεγμένον,
στρατηγικοὶ ποθοῦσιν ἠκριβωμένον,
ὀξυγράφοι φάσκουσιν ἐπτερωμένον,
καὶ πᾶσα θαυμάζει σε τῶν ὄντων φύσις.
Ἀλλ' οἱ λόγοι θαρροῦσιν εἰπεῖν τι πλέον
καὶ νουθέτησιν εἰσάγειν τῷ σῷ κράτει.
μέριζε σαυτὸν ἐν ῥοπαῖς ἐναντίαις,

38 *εὐσταθεῖς* **a** a. c.

ὕπνοις, πόνοις κόποις τε καὶ θυμηδίαις.
οὐκ ἦσθα χαλκοῦς, οὐ σιδηροῦς τὴν φύσιν·
μισεῖ δ' ὁ Χριστὸς τὰς ἄγαν προθυμίας.
πολλὴ κατέσχε τὸν βίον τρικυμία,
πολλὴ καταιγὶς καὶ θύελλα καὶ ζάλη·
τὰ μὲν πράυνε τῶν ἀτάκτων κυμάτων,
τὰ δ' ἄλλα τέμνε ναυτικαῖς εὐτεχνίαις.
οὐ σήμερον γάρ, ἀλλὰ πολλοὺς εἰς χρόνους
εἰς τάξιν ἄξεις τὴν κακὴν ἀταξίαν.
Σχεδὸν τὸ πᾶν σέσωκας ἐκ καταιγίδος.
τι δυσχεραίνεις; τί στενάζεις ἐκ βάθους;
ἡ τῶν Σκυθῶν ἔφριξε μακρόθεν φάλαγξ,
ὑπεστάλησαν οἱ παρ' Ἴστρῳ σκορπίοι,
ὁ Τοῦρκος ἠρέμησεν ἠρεθισμένος,
Αἰγύπτιός σοι συμβιβάζεται ψόφῳ,
τοὺς μείζονας δράκοντας ἦρας ἐκ μέσου.
σπαίρων σε μικρὸς ἐκταράττει σκορπίος
τὸν ἀσπίδας ῥήξαντα καὶ δεινοὺς ὄφεις;
ὄψει τάχιστα τοῦτον ἠθλιωμένον,
πεσόντα καὶ ῥαγέντα καὶ τεθνηκότα.
οὐδεὶς δυνάστης, οὐ πολίτης, οὐ ξένος,
ἁπανταχοῦ πέφυκεν ἰσοτιμία.
τὸ γὰρ πολυτράχηλον ἐτμήθη κράτος
καὶ νῦν πάρεστιν ἀκριβὴς μοναρχία,
τῶν Αὐσόνων ἄρχουσα καὶ τῶν βαρβάρων.
Αὔγουστε, χαῖρε. χαῖρε, τεθρυλλημένε,
Αὔγουστε παμβόητε, κλῆσις ἠρμένη.
Αὔγουστε, χαῖρε· χαῖρέ μοι καὶ πολλάκις
καὶ πολλάκις πρόσελθε καὶ πάλιν τρέχε.
πλὴν ἀλλὰ μὴ σύμπλαττε ληρώδεις λόγους,
μὴ δυσμέναινε τῷ κρατοῦντι δεσπότῃ.
Αὔγουστος ὢν Αὔγουστον ἀσπάζου πλέον
καὶ πολλάκις πρόσελθε τῷ στεφηφόρῳ,
εὔκρατος, ἡδύς, εὐμενής, ζωηφόρος,
ὡς ἄν σε πρῶτον θήσομαι μηνῶν κύκλοις,
ἄνακτα πανσέβαστον αὐτοῦ τοῦ χρόνου,
Αὔγουστον αὐτόχρημα καὶ στεφηφόρον.

97 *Αὔγουστε* Kurtz: *-ος* **a**

Poema 20. In Comneni sepulcrum

Vita functus est Comnenus duobus fere annis post abdicationem, h.e. circa initium a. 1062. hoc poema brevi post scriptum est, si conicere licet amicum, per cuius intercessionem Comnenus luce perpetua dignus inventus esse dicitur, patriarcham Constantinum III Lichuden esse (2 Febr. 1059 – 10 Aug. 1063); cf. tamen verba simillima alio sensu usurpata apud Ioannem Mauropodem 78,1 Lagarde: *αἰδώς τε μητρὸς καὶ παράκλησις φίλου*, h. e. Baptistae.

Dubia fide codicis Havniensis non obstante genuinum opus Pselli hos versus esse credo.

Τοῦ Ψελλοῦ εἰς τὸν τάφον τοῦ Κομνηνοῦ τοῦ βασιλέως

Πλήρης ὁ τύμβος καὶ χαρᾶς ⟨καὶ⟩ δακρύων·
ὁ γὰρ τὸ πρὶν μέγιστος ἐν στρατηγέταις,
ἔπειτα παμβόητος ἐν στεφηφόροις,
Ἰσαάκιος, τὸ κράτος τῶν Αὐσόνων,
ἀφεὶς τὸ λαμπρὸν τῆς βασιλείας κράτος
καὶ τῷ θεῷ δοὺς τὸ στέφος προαιρέσει,
τὸ σεπτὸν ἠλλάξατο καὶ θεῖον ῥάκος·
ὃν δ' οὐκ ἐχώρει γῆς ἀπείρου τὸ πλάτος,
φεῦ, ὁ βραχὺς ἔκρυψεν ὡς ὁρᾷς λίθος.
τὸ φῶς δ' ὁ Χριστὸς φῶς ἀνέσπερον νέμει
σκηνῆς τε θείας ἀξιοῖ μονοτρόπως
μητρὸς δεήσεις καὶ φίλου δεδεγμένος.

Poema 21. In Sabbaitam

Huius Sabbaitae, qui olim ut videtur monachus fuerat monasterii s. Sabae Hierosolymis, tunc autem cuiusdam monasterii in Olympo Bithynico siti ptochotrophus erat (vss. 29 et 304), mentio fit in Pselli Ep. 35 Sathas. data est ea epistula ad metropolitam Amaseae et syncellum, cuius consobrinus, Pselli discipulus, iudex factus erat thematis Armeniacorum. in utrumque, necnon in Psellum, sed etiam in imperatorem, denique in deum ipsum convicia iactasse Sabbaitam. atque adhuc usque risum tantum sibi movisse; caveat tamen! de male dictis in metropolitam et iudicem cf. infra vs. 279, in Psellum vs. 248, in imperatorem vss. 14–15 et 64, in deum vs. 12.

Testantur vss. 76–82 ab hoc imperatore patriarcham piissimum designatum esse. atqui tres tantum imperatores quibus Psellus ministravit novum patriarcham institue-

20 h 3^{r-v} ‖ ined. ‖ **1** *καί*[2] addidi

21 s[1] 82^{r}–83^{r} (vss. 1–193; 263–265; 277–321) **s**[p] 119^{v}–121^{v} (vss. 1–311) **s**[u] 76^{r}–77^{v}, 73^{r} (vss. 1–288) ‖ edd. Sternbach[4] 10–39; Kurtz-Drexl[1] 220–231

runt: Isaac Comnenus (Sept. 1057–Dec. 1059) Constantinum III Lichuden (2 Febr. 1059–10 Aug. 1063); Constantinus X Ducas (Dec. 1059–1067) Ioannem VIII Xiphilinum (1 Ian. 1064–2 Aug. 1075); Michael VII Ducas (1071–1078) Cosmam (1075–1081). de Comneno et Lichude hic agi apparet ex epigrammate codicis **s**[u], quod Sabbaita composuerat Psellum irridens cum intra unum annum monasterium suum in monte Olympo deseruisset (ca. a. 1055). sane eiusdem epigrammatis versio tetrasticha Iacobo monacho monasterii Syncelli alibi tribuitur, sed perperam; vide argumentum Poematis 22. obiecerat ergo Sabbaita, ni fallor, imperatori, quod patriarcham ex ordine senatorio et saeculari eligendum proposuerat, et Pselli carmen invectivum initio patriarchatus Lichudae, ca. a. 1059, conscriptum esse probabiliter conicias.

Τοῦ Σαββαΐτου πρὸς τὸν Ψελλόν

Ὄλυμπον οὐκ ἤνεγκας, οὐδὲ κἂν χρόνον·
οὐ γὰρ παρῆσαν αἱ θεαί σου, Ζεῦ πάτερ.

Τοῦ Ψελλοῦ πρὸς τὸν Σαββαΐτην

Πρὸς τὸν σατάν σε, τὴν ἔχιδναν τοῦ βίου,
τὴν τῶν κακῶν θάλασσαν ἢ τὴν πλημμύραν,
τὴν τοῦ φθόρου δίαιταν ἢ τὴν ἑστίαν,
τὸν Σαββαΐτην καὶ πλέον Σαββατίτην,
σάββατά τε στέρξαντα καὶ νουμηνίας
καὶ τὸν παλαιὸν καὶ πεπαυμένον νόμον,
χάριν δ' ἀπωθήσαντα τὴν νεωτέραν,
ὁ τῶν ἰάμβων ἐσχεδίασται λόγος·
ὃς σύνθετος πέφυκας ἐξ ἐναντίων,
ἄκρας ἀνοίας, ἐσχάτης πονηρίας·
ὃς μηδὲν εἰδώς, μήτε τάξιν πραγμάτων,
μὴ δόγμα θεῖον, μὴ βίων διαιρέσεις,
μὴ κοσμικὴν πρόνοιαν ἢ ψυχῶν λόγους,
μὴ βασιλείας τὴν μεγίστην ἀξίαν,
τὸ θεῖον ὕψος, τοῦ θεοῦ τὴν εἰκόνα,
μὴ πατριαρχῶν τοὺς ὑπερτάτους θρόνους,
ἄνθρωπος ὢν ἄπληστος εἰς ἁμαρτίαν,
ἀδδηφάγος βοῦς, αὐτόχρημα κοιλία,

2 Aeschyl. Sept. 758 ‖ **5** Isai. 1, 13

tit. (cum epigrammate praevio) sec. **s**[u]: *Τοῦ ὑπερτίμου καὶ πρώτου τῶν φιλοσόφων τοῦ ψελλοῦ κατὰ τοῦ σαββαΐτα* **s**[1] *τοῦ φιλοσοφωτάτου κυροῦ μιχαήλου τοῦ ψελλοῦ· στίχοι ἰαμβικοὶ πρὸς τὸν μοναχὸν σαββαΐτην· σκοπτικοί* **s**[p] ‖ **3** om. **s**[p] ‖ **7** *ἀπανθήσαντα* **s**[1] ‖ **11** *μήτε*] *μηδὲ* **s**[p] ‖ **12** *διαιρέσεις βίων* trp. **s**[p]

ἔπειτα λυττᾷς οἷα λυσσώδης κύων,
ἐλεγκτικὴν ἄνοιαν ἐκχέων μάτην,
καὶ δογματίζεις καὶ τυποῖς καινοὺς βίους,
κυκᾷς δὲ πάντα καὶ ταράττεις ἀφρόνως,
συγχεῖς δὲ τάξεις καὶ τρόπους τεταγμένους·
οὐδὲ πρόσωπον εὐσεβείας εἰσφέρων
οὐδ' εὐλαβείας σχῆμα καὶ σεμνοῦ τρόπου,
ἀλλ' ὡς ἀναιδὴς καὶ κατάπτυστος κύων
κινεῖς ἀναιδῶς τοὺς φονοδρόμους πόδας,
χέεις δὲ γλῶτταν ἔμπλεων βλασφημίας·
καὶ τῶν πενήτων προστάτης δεδειγμένος
γυμνοῖς ἐκείνους ἄχρι καὶ χιτωνίου·
ὡς ζῆλον αὐχῶν οἷα καινὸς Ἠλίας
οὐ τοὺς ἀναιδεῖς ἐμπιπρᾷς θυηπόλους,
ἀλλ' εἴ τις ἔνθους, εἴ τις εὐσχήμων ὅλος,
τούτου καθάπτῃ πυρπολῶν τὴν καρδίαν.
Πλὴν ἀλλ' ἐρωτῶ, καὶ δίδου θᾶττον λόγον.
τίς ὢν ἐλέγχεις καὶ κατάρχεις κρειττόνων;
νέος Σαμουήλ; ἀλλὰ μὴν Ἡσαΐας;
ἀλλ' οὐ δοτὸς σὺ τῷ θεῷ πρὸ τοῦ τόκου
οὐδὲ προσευχῆς καὶ προγνώσεως τόκος,
οὐ στεῖρα μήτηρ ὠδίνησε καλλίπαις,
τὸ πρὶν ἄτεκνος, ἀλλὰ πεντηκοντάπαις.
ἀλλ' Ἠλίας; Δαυίδ τις; ἀλλ' Ἰωσίας;
ὃς οὐρανοῦ μὲν οὐ κατήνεγκας φλόγα,
πυρσοὺς δὲ πέμπεις θυμικοὺς ἐκ καρδίας.
βροντῆς γόνος σύ; Παῦλος ἀστράπτων λόγοις;
ὃς οὐκ ἀνέπτης οὐδὲ πῆχυν τοῦ βίου,
ἀλλ' εἰς ἰλὺν πέφυκας ἐμβεβὼς μέσην
πεφυρμένος μάζῃ τε καὶ τοῖς πιτύροις·
ἀλλ' οὐρανὸν μὲν οὐδὲ πόρρωθεν βλέπεις,

22 cf. Aeschyl. Prom. 994 ‖ **24** cf. 2 Tim. 3,5 ‖ **27** cf. Rom. 3,15 ‖ **31** 3 Regn. 19,14 ‖ **32** 3 Regn. 18,40 ‖ **38** 1 Regn. 1,11 ‖ **42** 4 Regn. 23,1–20 ‖ **43** 3 Regn. 18,36–38 ‖ **46** cf. 2 Cor. 12,2

21 *τυπεῖς* **s**^{l} ‖ **22** *πάντας* **s**^{l}**s**^{u} ‖ **25** *οὐκ* **s**^{p} ‖ **27** *κακοβρόμους* **s**^{p} ‖ **28** *ἔμπλεον* **s**^{l}**s**^{p} ‖ **30** *γυμνεῖς* **s**^{l}**s**^{p} ‖ **31** *ὡς*] *ὃς* **s**^{u} ‖ **33** *ὅλως* **s**^{p} ‖ **34** *τῇ καρδία* **s**^{p} ‖ **36** *κατάρχῃ* **s**^{l} | *κρειττόνως* **s**^{p} ‖ **39** *οὐδὲ*] *ἀλλ' οὐ* **s**^{p} ‖ **41** *πεντηκόντόπαις* **s**^{u} ‖ **44** *μυθικοὺς* **s**^{u} ‖ **47** *ὕλην* **s**^{l} ‖ **48** *καὶ πιτυρίαν* **s**^{l}

κόρας τυφλώττων σώματος καὶ καρδίας.
ἆρ' οὖν ἀνῆλθες εἰς τὸ Σίναιον, πάτερ;
εἰσῆλθες ἔνδον τοῦ νοουμένου γνόφου;
ἔγνως τὰ φρικτὰ τῶν ἄνω μυστηρίων;
ὃς ἀστικοῖς μὲν φωλεοῖς ἐπιτρέχεις,
ζυγοστατεῖς δὲ τοὺς λογισμοὺς χρυσίῳ
καὶ πρὸς τὸ λῆμμα τὴν ῥοπὴν μετακλίνεις
καὶ λεῖμμα ποιεῖς πρὸς τὸ κίβδηλον πλέον.
πότ' οὖν ἐδέξω τὰς θεογράφους πλάκας,
τὴν δέλτον αὐτὴν τῶν ἀπορρήτων λόγων;
τίς δημαγωγὸν τοῦ λαοῦ τέθεικέ σε;
τίς δὲ στρατηγὸν τάξεων δέδωκέ σε;
τίς δογματιστὴν εἰς ἔθνη πέπομφέ σε,
τίς ἀκριβαστὴν ἔνθεον τῶν κρειττόνων,
τίς δ' εἰς ἔλεγχον ἀκρίτων στεφηφόρων;
τίς Ἀχαὰβ νῦν, τίς δὲ νῦν Ἰεζάβελ,
Ναβουθὲ τίς πέφυκεν ἠδικημένος;
οὐ Δαυὶδ ἄρχει τῆς νέας κληρουχίας;
οὐκ ἄλλος ὄντως εὐσεβὴς Ἰωσίας;
ᾧ πορφυρὶς μὲν ἀκριβὴς ἡ πραότης,
οὗ στέμμα νοῦς ἄυλος ἐξῃρημένος,
ὃν λαμπρύνουσι μαργαρῖται δακρύων,
ὃς ἀμπελώνων οὐκ ἐρῶν ἀλλοτρίων
τῆς ἀμπέλου πέφυκε τῆς θείας βότρυς,
ὃς ἱερεῖς ἔστερξεν, οὐ τῆς αἰσχύνης,
αἰδοῦς δὲ καὶ χάριτος ἐμπεπλησμένους,
ὃς οὐρανοῦ δέδωκε τὰς κλεῖς εἰκότως
τῷ γνόντι Χριστὸν πρακτικαῖς θεωρίαις,
ὃς καὶ πέτρα πέφυκε τῆς ἐκκλησίας,
βροντᾷ δὲ λαμπρῶς τὸν κεκρυμμένον λόγον
καὶ Παῦλός ἐστιν οὐρανὸν φθάσας τρίτον

52 Exod. 20,21 ‖ **58** Exod. 31,18; 32,15–16 ‖ **65–66** 3 Regn. 20,1–19 ‖ **73** Ioann. 15,1 ‖ **76** Matth. 16,19 ‖ **78** Matth. 16,18 ‖ **80** 2 Cor. 12,2

51 *σιναῖον* $\mathbf{s}^{u}$ ‖ **53** *φρυκτὰ* $\mathbf{s}^{l}\mathbf{s}^{p}$ ‖ **54** *ἀστικοῖς*, sscr. *ῆς*, $\mathbf{s}^{l}$ *τοῖς ἀστικοῖς* (om. *μὲν*) $\mathbf{s}^{u}$ ‖ post **54** *ἀνιχνεύων πότους τε καὶ τραγωδίας* add. $\mathbf{s}^{p}$ ‖ **55** *ζυγοστατεῖ* $\mathbf{s}^{p}$ ‖ **57** *λῆμα* Kurtz ‖ **61** om. $\mathbf{s}^{p}\mathbf{s}^{u}$ ‖ **66** *τίς ναβουθὲ* trp. $\mathbf{s}^{p}$ ‖ **68** *οὕτως* $\mathbf{s}^{u}$ ‖ **69** *ἀκριβῶς* $\mathbf{s}^{l}$ ‖ **72** *οὗς* ut vid. $\mathbf{s}^{l}$ ‖ **78** *πέτρον* $\mathbf{s}^{p}$ ‖ **79** *δὲ λαμπρῶς*] *τηλαυγῶς* $\mathbf{s}^{u}$ | *δὲ*] *τὲ* $\mathbf{s}^{p}$

καὶ σεπτὸς ὄντως πρόδρομος τοῦ κυρίου
θύτης τε χρηστός. καὶ πεφράχθω σοι στόμα
βλάσφημα ληροῦν ἐκ φρενῶν πεφυρμένων.
  Ὦ πάντα τολμῶν, πάντα πράττων ἐκτόπως,
ὦ πάντα πληρῶν ἀκριβῶς ἀκοσμίας,
ὦ κοπρίας γέμουσα γλῶσσα μυρίας,
ὦ βορβόρου πλήθουσα χοιρώδης φύσις,
δυσωδίας γέμουσα δεινὴ καρδία,
ὦ λῆρε καὶ φλύαρε, βάσκανε πλέον,
ὦ γαστρὸς ἧττον, συρφετοῦ πεπλησμένε,
πάντολμε καὶ κίναιδε, ῥέκτα κρυφίων,
βδέλυγμα σαρκὸς ἡδονῶν κεκρυμμένων,
κρίθινε ῥῆτορ καὶ πλέον Πηλοπλάτων,
ἀγυρτολέσχα καὶ κριτὰ τῶν κρειττόνων,
ἴνδαλμα κωφὸν πρὸς τὸν ἦχον τοῦ λόγου,
εἴδωλον ἔμπνουν, δειματοῦν τὸν πλησίον,
ἑρμαφρόδιτε καὶ πλέον θηλυδρία·
ὦ μίγμα δυσκέραστον, ὦ κρᾶσις ξένη,
σπάδων κατ' αὐτὸ καὶ δασὺς πωγωνίας·
ὦ δεινὸν οἰώνισμα μέχρι καὶ θέας,
ἀποτρόπαιον καὶ δυσάντητον τέρας,
Τιθωνὲ μακρόζωε, πάγκακε Κρόνε,
ζώθαπτε, νεκρόζωε, δύσπιστος πλάσις,
Θερσῖτ' ἀκριτόμυθε, χωλόπους ὅλε,
κακόν τι Τερμέρειον ἠκανθωμένον,
θέαμα Κερβέρειον ἠγριωμένον,
εἶδός τι Θερσίτειον ἠθλιωμένον·
ὦ νεκροπομπὲ καὶ πλέον βροτοκτόνε,
Χαρύβδεως πρόσωπον, εἶδος Γοργόνης,

84 Soph. Oed. Col. 761 ‖ **93** Hermog. De id. II 11 p. 399,1–2 R. | Philostr. Vit. soph. II 5,1 p. 76,26 K. ‖ **98** cf. Greg. Naz. Or. 38, 13 PG 36, 325 C 1–2 ‖ **101** Lucian. Tim. 5 ‖ **104** Hom. Il. 2,246 ‖ **105** CPG I 162 (Zenob. 6,6)

82 *χ(ριστο)ῦ* (?) $\mathbf{s}^{l}$ | *πεφραχθῶσιν* $\mathbf{s}^{u}$ ‖ **83** *δύσφημα* $\mathbf{s}^{l}$ ‖ **84** *πάντα*] *πράττων* $\mathbf{s}^{u}$ ‖ **85** *ἀκριβαῖς* $\mathbf{s}^{p}$ ‖ **86–88** *γλῶσσα – γέμουσα* om. $\mathbf{s}^{u}$ ‖ **87** *πλήθους ἀχυρώδης* $\mathbf{s}^{p}$ ‖ **89** *καὶ* om. $\mathbf{s}^{l}$ ‖ **90** *ἥττων* $\mathbf{s}^{p}$ ‖ **91** *ῥέ τα* aut *ῥέ≡τα* $\mathbf{s}^{u}$ ‖ **92** *κεκρυμμένον* $\mathbf{s}^{u}$ ‖ **93** *πλέον* $\mathbf{s}^{p}$ $\mathbf{s}^{u}$: *πλάτων* $\mathbf{s}^{l}$ ‖ **95** *τῶν λόγων* $\mathbf{s}^{u}$ ‖ **96** *εἴδωλον*] *βρέτειον* $\mathbf{s}^{p}$ ‖ **97** *ἕρμ' ἀφροδίτης* $\mathbf{s}^{u}$ ‖ **98** *πλάσις* $\mathbf{s}^{u}$ ‖ **99** *σπάδων* $\mathbf{s}^{p}$ *σπεύδων* $\mathbf{s}^{u}$ *σπούδων* $\mathbf{s}^{l}$ | *αὐτῶ* $\mathbf{s}^{u}$ *-ὸν* $\mathbf{s}^{p}$ ‖ **100** *καὶ μέχρι* trp. $\mathbf{s}^{p}$ ‖ **101** *δυσάντατον* $\mathbf{s}^{u}$ ‖ **104** *θερσιτ'*, sscr. *ται*, $\mathbf{s}^{l}$ *θερσίτου* $\mathbf{s}^{p}$ ‖ **105** *τεκμήριον* $\mathbf{s}^{u}$ ‖ **109** *γο γόνος* aut *γο≡γόνος* $\mathbf{s}^{u}$

ὦ βλέμμα τοῦ Χάρωνος, ὄμμα Ταρτάρου,
Τιτανικὸν θέαμα, Τυφὼν πυρφόρε,
δεινῷ κεραυνῷ Ζηνὸς ἠνθρακωμένε·
ὦ νυκτὸς ὄψις καὶ ζοφώδης οὐσία·
ὦ βροῦχε σαρκῶν καὶ ψυχῶν ἐρυσίβη,
κάμπη λογισμῶν, ἀκρὶς ἐνθυμημάτων,
κηφὴν ἀεργὲ καὶ βαρυβρέμων ὄνε·
ὦ βορβόρου θύλακε, πήρα σαπρίας,
ὦ μισοθύτα, μισογείτων, μισάναξ,
φίλυλε, φιλόσαρκε καὶ φιλοτρύφων·
ὦ καπνὲ καὶ θύελλα καὶ βαθὺ σκότος,
ὦ νεκρὲ τὸν νοῦν, ζῶν δὲ τὴν ὕλην μόνην,
ἔμψυχε τύμβε, νεκρόχρωτε τὴν θέαν,
ἄψυχε πάντα πλὴν τρυφῆς καὶ κοιλίας·
ὦ καὶ νεκρῶν βδέλυγμα, καὶ ζώντων πλέον,
δράκον δαφοινὲ ῥηγνύων βλασφημίας,
οἴκων φθορεῦ, σύντριμμα καινὸν τοῦ βίου,
δύσοδμε κύων, τὴν πονηρίαν ὄφι·
ὦ κτῆνος ἀργόν, γῆς δυσαχθὲς φορτίον·
ὦ γλῶσσα μὲν πρόχειρε πρὸς βλασφημίαν
καὶ χεὶρ ἕτοιμε πρός γε δωροληψίας
καὶ ποὺς ἕτοιμε πρὸς φονοδρόμους βλάβας·
ὦ κοιλία σφύζουσα πρὸς λαιμαργίαν,
ὦ νοῦς ἄνους, ἔννους δὲ πρὸς πονηρίαν·
ὦ Μῶμε παμμώμητε, μωκίας γέμων,
ἀναιδὲς ὄμμα, παμπόνηρε καρδία,
πεπλασμένον φρόνημα, ποικίλη φύσις·
ὦ δεινὸν ἦθος, πικρίας πεπλησμένον,
ἀλλοπρόσαλλε, διπρόσωπε, ποικίλε,

122 Lucian. Dial. mort. 16 [6], 2 ‖ **125** Hom. Il. 2, 308 ‖ **128** cf. Hom. Il. 18, 104 ‖ **131** cf. Rom. 3, 15

111 *τυφλῶν* $\mathbf{s}^{p}$ ‖ **114** *σαρκῶν*] *κακῶν* $\mathbf{s}^{u}$ ‖ **115** *κάμβη* $\mathbf{s}^{p}$ ‖ **116** *κῦν ἀεργὸς καὶ ὀρεὺς βαρυβρέμων* $\mathbf{s}^{p}$ | *ἀεργὸς* $\mathbf{s}^{u}$ ‖ **117** *κοπρίας* $\mathbf{s}^{u}$ ‖ **118** *μισογεῖτον* $\mathbf{s}^{u}$ ‖ **119** *φίλυλε* $\mathbf{s}^{p}$ $\mathbf{s}^{u}$: *φίλυφε* $\mathbf{s}^{l}$ (*φίλοιφε* Sternbach) | *φιλοτύφων* $\mathbf{s}^{u}$ ‖ **121** *μόνην* $\mathbf{s}^{p}$: *ὅλε* $\mathbf{s}^{l}$ *πλέον* $\mathbf{s}^{u}$ ‖ **122** *νεκρότρωτε* $\mathbf{s}^{u}$ ‖ **123** *πάντως* $\mathbf{s}^{p}$ *-ων* $\mathbf{s}^{u}$ | *τροφῆς* $\mathbf{s}^{u}$ ‖ **124** *τῶν*] *καὶ* $\mathbf{s}^{u}$ ‖ **125** *δράκων* $\mathbf{s}^{l}$ $\mathbf{s}^{p}$ | *βλασφημίαν* $\mathbf{s}^{l}$ ‖ **126–129** om. $\mathbf{s}^{u}$ ‖ **127** *κύων δύσοδμε* trp. $\mathbf{s}^{l}$ ‖ **129** *βλασφημίας* $\mathbf{s}^{p}$ ‖ **130** *δωροληψίαν* $\mathbf{s}^{l}$ ‖ **131** *κακοδρόμους* $\mathbf{s}^{p}$ ‖ **133** *πονηρίαν*] *κακουργίας* $\mathbf{s}^{p}$ ‖ **134** *βωμὲ* $\mathbf{s}^{l}$ | *παμμώμωτε* ut vid. $\mathbf{s}^{l}$ | *μωκείας* $\mathbf{s}^{u}$ *μωμείας* $\mathbf{s}^{p}$

ἀρρητοποιὲ κρυφίων ἐγκλημάτων
καὶ μηχανουργὲ πράξεων μισουμένων·
ὦ τῶν σιωπῆς ἀξίων πρωτοσπόρε
καὶ τῶν ἀύλων πράξεων ἀναιρέτα,
γλώσσαλγε καὶ ψίθυρε καὶ ψυχοκτόνε,
δίγνωμε καὶ δίμορφε καὶ βροτοφθόρε·
ὦ πλάσμα διπλοῦν φύσεων ἐναντίων,
ἄνω μὲν ἄρρην καὶ κάτω θηλυδρία,
εὐνοῦχε τὸν σίδηρον, ἄρρην τὸν τρόπον,
ἄτμητε τὸν νοῦν, ἡμίτμητε τὴν φύσιν·
ὦ χεῖλος ἀκρόβυστε καὶ τὴν καρδίαν,
τῇ νεκρότητι τῶν τριχῶν τεθαμμένε
καὶ τῇ ψιλώσει τῶν καλῶν βεβυσμένε
καὶ τῷ ταραγμῷ τοῦ λόγου πεφυρμένε
καὶ τοῖς ὀδοῦσι τοῦ φθόνου βεβρωμένε
καὶ τῇ νεκρώσει τῶν μελῶν σεσημμένε
καὶ ταῖς ἀκίσι τῶν κακῶν τετρωμένε
καὶ τοῖς ἐνύλοις εἴδεσι μεμιγμένε,
ταῖς ἡδοναῖς δὲ τῶν παθῶν βεβλημένε
τῇ διπλόῃ τε τῶν φρενῶν κεκομμένε
καὶ τῷ προδήλῳ τῶν κακῶν δεδειγμένε·
ὦ γνώσεως ἄμοιρε τῆς τῶν κρειττόνων,
μαθημάτων ἄδεκτε τῶν σοφωτέρων,
φύσις δὲ πλήρης πνευματουμένων γνάθων
γλωττοκρότων τε τεχνῖτα λεξειδίων·
ὦ καινὲ ῥῆτορ, γῆθεν ἐκφὺς ἀθρόον,
τὰς εὑρέσεις ἄτεχνε καὶ τὰς ἰδέας,
τὰς δὲ στάσεις ἔντεχνε τὰς ἀμφιρρόπους
καὶ δεινὲ τὴν ἔννοιαν ἢ καὶ τὴν φράσιν·
ὦ πρὸς καταδρομὴν μὲν ἢ κοινὸν τόπον
θερμουργὲ καὶ πρόχειρε, καχλάζων ὅλος,
τοὺς δὲ τρόπους ἄτεχνε τῶν ἐγκωμίων·

149 cf. Acta 7,51 ‖ **165–167** Hermog., De inv.; De id.; De stat.; De meth.

141 *σιωπῶν* **s**[p] ‖ **142** *ἀύλων*] *ἀγαθῶν* **s**[p] ‖ post **147** *κώνωπα τὴν δύναμιν, βάτραχε λόγον* add. **s**[p] ‖ **151** *κακῶν* **s**[u] ‖ **152** *πεφυσμένε* **s**[p] ‖ **156** post **158** trp. **s**[p] | *ἀνύλοις* **s**[u] ‖ **157** *καὶ ταῖς* (om. *δὲ*) **s**[p] | *δὲ*] *τε* **s**[u] ‖ **158** *καὶ τῇ διπλόῃ* (om. *τε*) **s**[p] ‖ **159** *τῶν προδήλων* **s**[p] ‖ **162** *πλῆρες* **s**[p] ‖ **163** *λογοκρίτων* **s**[l] ‖ **164** *κενὲ* **s**[p] **s**[u] ‖ **167** *φύσιν* **s**[u] ‖ **168** om. **s**[p] ‖ **169** *ὅλος*] *δόλους* **s**[p] ‖ **170** om. **s**[u]

ὦ γλῶσσα τὴν σφάττουσαν εἰδυῖα φράσιν,
δήμων ἀνάπτα, λαομουλτοσυστάτα·
ὦ δάκτυλοι πλήττοντες οἷάπερ βέλη
καὶ βραχίων δόρατος εἰσβάλλων πλέον
καὶ καλαμὶς τέμνουσα πολλῶν καρδίας
μέλαν τε τὴν μέλαιναν ἐγγράφον δίκην·
ὦ φαρμακὶς δράκαινα, πικρὸν θηρίον,
μύραινα δεινὴ καὶ τρυγὼν θαλασσία,
ταύρειον αἷμα, πηγνύον, διολλύον,
ἰοῦ γέμων θὴρ καὶ δόλου καὶ πικρίας·
ὦ κανθαρίς, βδέλλιον ἢ χαμαιλέον,
ὦ γραῦς Ἐρινύς, συμφορῶν παραιτία,
ὦ νυκτιτυμβάς, φαρμακὶς κεκρυμμένη,
οἴκους καπνοῦ πληροῦσα καὶ δυσθυμίας,
κακοῦργε καὶ πανοῦργε, δεινὲ τὰς φρένας·
ὦ τοῦ σατὰν γέννημα, δαιμόνων φύσις,
Τελχίν, Τυφών, Πρίαπε, Σατύρου θέα,
Τιτάν, Προμηθεῦ καὶ Κορύβα μητρίσας,
Ἰαπετοῦ πρώτιστε καὶ Κρόνου πλέον.
Ὦ μυσταγωγὲ Δελφικῶν δεσπισμάτων,
ἀρρητοποιὲ Πυθικῶν μυστηρίων·
ὦ μάντι δεινῶν, ὦ προφῆτα χειρόνων,
ὦ Φοῖβ' Ἄπολλον, ψυχικῶς ἀπολλύων,
χρηστηριάζων, ἀλλὰ λοξὰ τῷ βίῳ·
ποῦ σοι τρίπους νῦν τῶν προδήλων πλασμάτων,
ποῦ χαλκὸς ἠχῶν, ποῦ δὲ Δωδώνης ψόφοι;
παρῆλθεν ἡ θύελλα, φροῦδον πᾶν νέφος·
χρησμῳδὲ λοξὲ θεσφάτων ἀθεσφάτων,

172 Greg. Naz. Or. 42, 23, PG 36, 485 C 13 ‖ **179** cf. Aristoph. Eq. 83 ‖ **188** Iambl. De myst. 117, 15–16 ‖ **189** Plat. Symp. 195 b 7 ‖ **196** 1 Cor. 13, 1 | CPG I 162 (Zenob. 6, 5)

171–172 post **180** trp. $\mathbf{s}^{u}$ ‖ **171** *φράττουσαν* $\mathbf{s}^{u}$ | *εἰδυῖαν* $\mathbf{s}^{p}$ $\mathbf{s}^{u}$ | *φράσις* $\mathbf{s}^{p}$ ‖ **173** *οἷπερ* $\mathbf{s}^{u}$ ‖ **174** om. $\mathbf{s}^{p}$ | *βραγχίων* $\mathbf{s}^{l}$ *βραχίον* $\mathbf{s}^{u}$ | *εἰσβάλλον* $\mathbf{s}^{u}$ ‖ **176** om. $\mathbf{s}^{p}$ | *μέλανε* (om. *τε*) $\mathbf{s}^{u}$ | *ἐγγράφων* $\mathbf{s}^{l}$ $\mathbf{s}^{u}$ ‖ **178** *σμύραινα* $\mathbf{s}^{p}$ ‖ **181** *χαμαιλέων* $\mathbf{s}^{p}$ ‖ **182** *ἐριννὺς* $\mathbf{s}^{l}$ ‖ **183** *νυκτὶ ταμβὰς* $\mathbf{s}^{l}$ *νυχθιτυμβὰς* $\mathbf{s}^{u}$ ‖ **184** *δυσφυμίας* $\mathbf{s}^{l}$ ‖ **187** *τελχὶς* $\mathbf{s}^{l}$ ‖ **188** om. $\mathbf{s}^{u}$ | *Κόροιβε* Sternbach (cui contradicit *μητρίσας*) | *μητρισας* (leviter et dubitanter) $\mathbf{s}^{l}$: *καὶ γράσε* $\mathbf{s}^{p}$ ‖ **189** *κρόνου πλέον* $\mathbf{s}^{p}$ $\mathbf{s}^{u}$: *πρῶτε κρόνου* $\mathbf{s}^{l}$ ‖ **191** *μυθικῶν* $\mathbf{s}^{l}$ ‖ **193** *ἀπόλλων* $\mathbf{s}^{p}$ ‖ **194** *βοίω* $\mathbf{s}^{u}$ ‖ **194–262** om. $\mathbf{s}^{l}$ ‖ **195** *σου* $\mathbf{s}^{p}$ | *φασμάτων* $\mathbf{s}^{u}$ ‖ **196** *χαλκοῦς* $\mathbf{s}^{u}$ | *ἠχοῦν* $\mathbf{s}^{p}$

ἡ μάντις ἠσθένησεν αἴφνης σοι δάφνη,
ὕδωρ τὸ φωνοῦν ἐψύγη παρ' ἐλπίδα·
λεκανόμαντι, πάντα σοι διερρύη·
καταφρονῶ σου τῶν ἀθέσμων ὀργίων,
τῆς μαντικῆς σου φιάλης καταπτύω·
γελῶ σε, κριθόμαντι καὶ σχοινοστρόφε,
Ἐρινύος πρόσωπον ἡπατοκτόνου,
τὰ νυκτερινὰ φροῦδα μαντεύματά σου·
Ἄπολλον, ἐξόλωλας, ἠλέγχθης ὅλος,
στέναζε τὴν σὴν συρραγεῖσαν καλύβην·
ἔλαμψεν αἰθὴρ ἡλιοβρύτου φάους,
ψευδεῖς ὄνειροι, χαίρετ', οὐδὲν ἦτ' ἄρα.
Ἄνειμι δ' αὖθις εἰς ἐρωτήσεις, πάτερ,
καί μοι πρὸ ταρσῶν στῆθι καὶ σαφῶς λέγε·
τίς καὶ πόθεν σε τὸν κατεστυγημένον
διδάσκαλον πέπομφε κοινὸν τῷ βίῳ;
ἐκ τῆς Σιών τις; ἀλλ' ὅθεν Μωσῆς πάλαι;
μῶν οὖν κατεῖδες τὴν βάτον πεφλεγμένην
ἄφλεκτα μηνύουσαν ἄρρητον λόγον;
ἔγνως τὰ φρικτὰ τῆς ἀπορρήτου θέας,
ὡς παρθένος μὲν ἡ βάτος νοουμένη,
τὸ πῦρ δ' ὁ Χριστός, τὴν κύουσαν μὴ φλέγων;
τίς δ' οὖν ὁ πέμψας ἄγγελον μυστηρίων;
δέδοικα, μὴ δαίμων τις ἀνθρωποκτόνος.
ἆρ' οὖν ὑπεῖξας ὡς βραδύγλωσσος φύσει
ἢ προδραμὼν ἥρπασας οὐ λειτουργίαν,
ξένην δὲ παντάπασιν ἀρρητουργίαν;
ἐχέγγυον δ' εἴληφας ἢ παρρησίας
ἢ τῶν ἐλέγχων ἢ σοφῆς στρατηγίας;

199–200, 208 Orac. Delph. ap. Philostorg. VII, p. 77, 24–26 Bidez (= Artemii Passio 35, Cedr. I p.532,1 ‖ **210** Eurip. Iph. Taur. 569 ‖ **216–217** Exod. 3,2 ‖ **219–220** cf. Theodoret. Qu. Ex. 6, PG 80, 229 B 13–C 2; Max. Ambig. PG 91, 1148 D 4–6 ‖ **223** Exod. 4, 10

199 *σοι δάφνη* $\mathbf{s}^{p}$: *ἡ δάφνης* $\mathbf{s}^{u}$ ‖ **201** *πάντως* $\mathbf{s}^{u}$ ‖ **202** *καταφρονῶ* $\mathbf{s}^{p}$ ‖ **203** *καταπτύων* $\mathbf{s}^{p}$ ‖ **204** *χοιροτρόφε* $\mathbf{s}^{u}$ ‖ **205** *ἐριννύος* $\mathbf{s}^{u}$ | *ἡπατοκτόνον* $\mathbf{s}^{p}$ ‖ **206** *νυκτερεῖα* $\mathbf{s}^{u}$ ‖ **207** *ἠλέχθης* $\mathbf{s}^{p}$ | *ὅλως* $\mathbf{s}^{p}$ ‖ **208** *στέναξε* $\mathbf{s}^{u}$ | *καλύβαν* $\mathbf{s}^{p}$ ‖ **209** *ἡλιοβλήτου* $\mathbf{s}^{u}$ ‖ **212** *πρὸς ταρσὸν* $\mathbf{s}^{p}$ ‖ **216** *οὐ κατεῖδε* $\mathbf{s}^{u}$ ‖ **217** *ἀφλέκτως* $\mathbf{s}^{p}$ ‖ **218** *φρικτὰ* $\mathbf{s}^{u}$: *κρυπτὰ* $\mathbf{s}^{p}$ ‖ **220** *φλέγον* $\mathbf{s}^{u}$ p.c. ‖ **221** *δ'*] *σ'* Kurtz | *οὖν* $\mathbf{s}^{p}$: *αὖ* $\mathbf{s}^{u}$ | *ἄγγελος* $\mathbf{s}^{p}$ ‖ **223** *ὑπείξας* $\mathbf{s}^{p}$ $\mathbf{s}^{u}$ ‖ **225** *δὲ* $\mathbf{s}^{u}$: *τε* $\mathbf{s}^{p}$ ‖ **227–230** om. $\mathbf{s}^{p}$

τὴν ῥάβδον ⟨ἔσχες⟩ εἰς ὄφιν τεταμένην,
ὕδωρ καθῃμάτωσας, ἤγειρας σκνίπας,
τὴν ἡμέραν ἤμειψας εἰς βαθὺν ζόφον;
τίς οὖν σε καὶ δέξαιτο καινὸν Μωσέα,
ὃς τῶν Μιθαίκων καὶ Σαράμβων τυγχάνεις,
δικῶν ταράκτης, συκοφαντῶν προστάτης,
συνηγορῶν ἔμμισθα πολλοῦ χρυσίου;
Ἔστω δέ, καὶ πέφυκας ἠκριβωμένος
τὴν πρακτικὴν ἅπασαν ἢ θεωρίαν,
τὸν βαθμὸν ἔγνως τῶν ἀΰλων κλιμάκων,
ἀνῆλθες ἄχρι τῆς ὑπερτάτης πύλης,
τῶν σωμάτων ἔγνωκας αὐτοὺς τοὺς λόγους
ἀσωμάτων τε τὰς ὑπερτέρους φύσεις,
τό γ' ἕν τε κεκράτηκας ἐν τῇ τριάδι,
ἔγνως τὸν ὄντα, τὴν ὑπὲρ νοῦν οὐσίαν.
ἀλλ' οὐκ ἐδέξω δημαγωγίαν, πάτερ,
οὐδ' εἰς ἔλεγχον δυσσεβούντων ἐστάλης.
Σπάρταν λέλογχας, τήνδε καὶ κόσμει μόνην·
οὔπω γὰρ εἶ ποὺς οὐδὲ δακτύλου μέρος.
μὴ τὴν κεφαλὴν ἡ βάσις ζυγοστάτει·
ἕστηκα καὶ πέπτωκα τὠμῷ κυρίῳ,
σαυτὸν παρεξέταζε, σαυτὸν ἀκρίβου.
ἀγυρτικὴν ἔζησας ἰδέαν βίου,
οἰκοτριβῶν, ἄνθρωπος ἠμελημένος,
φθορεὺς λογισμῶν ἁπλότητι συγκράτων.
ὁ χθὲς κάπηλος σήμερον θεηγόρος;
ὁ πρὸ τρίτης βοῦς ἄγγελος νῦν ἀθρόον;
ὁ σήμερον πρόχειρος εἰς ἁμαρτίαν
πῶς σήμερον πρόχειρος εἰς σωτηρίαν;
ὁ νῦν ἀσελγὴς πῶς ἀσελγείας κρίνεις;

228 Exod. 4,3; 7,10 ‖ **229** Exod. 7, 20 | ibid. 8,13 ‖ **230** ibid. 10,22 ‖ **232** Athenaeus III 112 D–E; Plat. Gorg. 518 b 6–7 ‖ **245** CPG I 307 (Diogenian. 8,16) ‖ **248** Rom. 14,4

228 *ἔσχες* add. Sternbach: om. **s**^{u} ‖ **230** *βαθὺν* Sternbach: *-ὺ* **s**^{u} ‖ **232** *μυθέων* **s**^{u} | *σαράβων* **s**^{u} ‖ **233** *ταράττων* **s**^{p} ‖ **234** *ἔμμισα* **s**^{u} ‖ **235–236** om. **s**^{p} ‖ **237** *ἔγνως τὸν βαθμὸν* trp. **s**^{p} ‖ **239** *ἔγνωκας τῶν σωμάτων* trp. **s**^{p} ‖ **240** *τοὺς ὑπερτάτους πλέον* **s**^{u} ‖ **242** *τό γ' ἕν τε* Kurtz: *τῷ πέντε* **s**^{p} *τῶν πέντε* **s**^{u} ‖ **245** *σπάρταν* **s**^{p}: *πάντα* **s**^{u} | *καὶ κόσμει μόνον* **s**^{p} *κεκοσμημένην* **s**^{u} ‖ **247** *ζυγοστάτει* **s**^{u}: *κυριεύει* **s**^{p} ‖ **251** *οἰκοτρίβων* **s**^{p} ‖ **255–256** om. **s**^{p} ‖ **257** *νῦν* **s**^{u}: *ὢν* **s**^{p}

ἰατρέ, φαρμάκευε τὸν σαυτοῦ βίον·
ὕπουλα τἄνδον, ψωριᾷ τὸ σαρκίον,
τὸ τραῦμα δῆλον, τηλεφανὴς ἡ λέπρα·
κενώσεως δεῖ καὶ συχνῶν καθαρσίων,
δεσμῶν βιαίων, τριμμάτων, ἀλειμμάτων.
μελαγχολᾷς, ἄνθρωπε, δεινῶς τὰς φρένας.
τί συκοφαντεῖς τοὺς ἀνεγκλήτους μάτην
λόγους τε πλάττεις καὶ διαπλέκεις δόλους;
ἑλλεβόριζε τὴν σεαυτοῦ κακίαν,
εἴ πως κενώσεις τοῦ χυμοῦ τὴν οὐσίαν·
φρενιτιᾷς γὰρ καὶ νοσεῖς παρρησίαν,
εἰπεῖν δὲ μᾶλλον ἀκριβῆ λοιδορίαν.
τί μου τὸ κάρφος πρὸς δοκὸν σῶν ὀμμάτων;
πρόσχημά σοι πέφυκεν ἡ παρρησία,
πρόσχημα καὶ κάλυμμα τῶν πεπραγμένων
καὶ κρυπτὸν ἐμπόρευμα καὶ στρατηγία.
ἀλλ' οὖν ἐγνώσθης, ἀκριβῶς ἐφωράθης.
πόρρω κάταιθε σάρκας, ἐμπλήσθητί μου
πίνων κελαινὸν αἷμα τοὐμοῦ σαρκίου.
πάντων καθάπτου, τῶν μακράν, τῶν πλησίον,
πτωχῶν πενήτων, πλουσίων εὐδαιμόνων,
κριτῶν, στρατηγῶν, ἱεραρχῶν κυρίου,
σεπτῶν ἀνάκτων, εὐσεβῶν θυηπόλων,
ψυχῶν διαυγῶν, ἀγγέλων, ἀρχαγγέλων.
καὶ τοῦ λόγου κάτειπε· καὶ τί σοι λόγος;
ἤνεγκα καὶ δάκνοντα πολλάκις κύνα,
ἐκαρτέρησα καὶ κτύπους θαλαττίους.
λήρει, φλυάρει, παίγνιον τῶν παιγνίων,
Μορμώ, Μιμὼ Βριμώ τε καὶ Γιλλὼ πλέον,
θεοστυγὲς μίασμα, παμμιγὲς τέρας,

258 Luc. 4,23 ‖ **263** Aristoph. Plut. 366 ‖ **264–266** Demosth. 18,121 ‖ **270** Matth. 7,3 ‖ **275–276** Eurip. frg. 687 N. (= Philo Quod omn. prob. 99; Euseb. Praep. VI 6,2)

258 *αὐτοῦ τὸν* trp. **s**[p] ‖ **263** hinc denuo **s**[l] | *μελαγχολᾶν* **s**[u] ‖ **264** *τίς* **s**[p] ‖ **265** *δόλους* **s**[p]: *λόγους* **s**[l] *βέλη* **s**[u] ‖ **266–276** om. **s**[l] ‖ **266** *ἐλεβόριζε* **s**[p] *ἀλλεβόριζε* **s**[u] | *καρδίαν* **s**[p] ‖ **269–271** om. **s**[p] ‖ **270** *μου* **s**[p]: *μοι* **s**[u] | *πρὸς* **s**[p]: *τῶν* **s**[u] ‖ **273** *στρατηγίαν* **s**[u] ‖ **275** *κάτελθε* **s**[u] ‖ **277** hinc denuo **s**[l] | *πλησίων* **s**[p] **s**[u] ‖ **282** *λόγος*] *λόγε* **s**[u] ‖ **283** *δακόντα* **s**[p] ‖ **284** *κτύπους* **s**[l]: *τύπους* **s**[u] *ἵππους* **s**[p] ‖ **285** *λῆρε* **s**[u] ‖ **286** *μορμῶν* **s**[p] | *βριμώ … γιλλὼ* **s**[u] *βρομῶν … γελῶν* **s**[p] *γιλώ … βριμὼ* **s**[l] ‖ **287** *πάμμικτον* **s**[p]

σταυρῷ σε πλήττω καὶ καταπλήττω πλέον,
πόρρωθεν εἴργω τῆς πρὸς ἡμᾶς εἰσόδου.
ἔρρ' εἰς κόρακας, εἰς ἀνηλίους ζόφους,
ἀποφθάρηθι, στῆθι πόρρω μοι τάχος.
φεῦγ' ἐξ ἐμῆς, πάντολμε, μακρὰν καρδίας·
ἐπιζυγῶ σοι τὰς ἀκηράτους πύλας.
ἀρχιερεὺς ἔσωθεν, εἰκὼν τοῦ λόγου,
ὃν δαιμονῶν πέφρικας ὑβρίζων μάτην,
σεπτή τε τάξις ἱεραρχῶν κυρίου,
ἑξαπτερύγων εἰκονιζόντων τύπους.
ἐπυρπολήθης, εἰ προσέλθῃς πλησίον·
κατηνθρακώθης, εἰ προσεγγίσῃς ὅλως.
μὴ τρῖβε τὸν τρίβωνα καὶ μίαινέ μοι·
ῥῖψον, κύον, τάχιστα τὴν ἐπωμίδα.
τί κοινόν, εἰπέ, τῷ λύκῳ καὶ κωδίῳ;
ἐκτὸς τὸ χρῶμα, ζωγραφούντων ἡ πλάσις.
πρόσχημά σοι πένητες, οὓς κατεσθίεις·
θὴρ ἔνδοθεν, θὴρ ἀκριβῶς ἐφωράθης.
  Ἀλλ' ἡ γραφή, φεῦ, τῶν ἰάμβων πρὸς τίνα;
ὕβρις δὲ ποία σῇ κατάλληλος φύσει
καὶ σκῶμμα ποῖον σῷ κατάλληλον βίῳ;
γλώσσης ἐμῆς μίασμα· πλὴν τί καὶ δράσω;
καὶ συμφορὰν τίθημι τὴν κωμῳδίαν,
εἰ τὸν σὸν αὐτὸς ἐξετάζω νῦν βίον;
ὃς ἐν λόγοις γοῦν φείδομαι καὶ δαιμόνων,
τὸν Σαββαΐτην οἷα χείρω δαιμόνων
τοῖς ἐμμέτροις τέθεικα παίγνιον λόγοις,
τὸν ταρσὸν αὐτῷ τοῦ ποδὸς παραξέσας.
καί που σὺ καυχήσαιο σαυτὸν σεμνύνων,
ὡς τοῖς ἰάμβοις τοῖς ἐμοῖς τεθεὶς γέλως·
καὶ Θερσίτης γάρ, εἴπερ ἔζη τῷ βίῳ,
οὐκ ἂν ἀπηξίωσε τὴν Καλλιόπην
σκώπτουσαν αὐτὸν ἐμμελῶς τοῖς ἐμμέτροις,
ἀλλ' ἡδέως ἔστερξε τὴν κωμῳδίαν.

297 Isai. 6,2–3 ‖ **302** cf. Matth. 7,15 ‖ **305** cf. ibid. ‖ **318–320** Hom. Il. 2,211–277

289–321 om. **s**^{u} ‖ **290–297** om. **s**^{l} ‖ **290** *ἐς* **s**^{p} ‖ **298** hinc denuo **s**^{l} ‖ **299** *προσεγγίσειε* **s**^{l} ‖ **301** *ῥύψον* **s**^{p} | *κύων* **s**^{l} **s**^{p} ‖ **303** *σῶμα* **s**^{p} ‖ **312–321** om. **s**^{p} ‖ **316** *καυχήσαιο* Sternbach: *-σεο* **s**^{l} ‖ **319** *οὐκ*] *οὐ-* om. aut evan. **s**^{l}

Poema 22. In Iacobum monachum

Facetiae molestae in Iacobum monachum vinolentum, quas composuit canones liturgicos perverse imitans. epigramma quod codex **a**^{m} huic Iacobo ascribit Sabbaitae potius reddendum est (v. supra ad Poem. 21); nam Psellus Iacobo temulentiam tantum exprobrat, neque ullo modo umquam ab illo se laesum esse queritur, Sabbaitae e contra manifeste reformidabat calamum. accedit nomen saeculare Constantis in acrostichide usurpatum, quod nomen Psellus etiam post reditum ex Olympo numquam resumpsit; scripsit ergo hunc canonem Constantinopoli degens ante a. 1054. monasterium Syncelli neque inter monasteria Constantinopolitana neque inter Bithynica affert Janin (supra p. XLIII).

Στίχοι Ἰακώβου τινὸς μοναχοῦ ἀπὸ τῆς μονῆς τοῦ Συγκέλλου κατὰ τοῦ Ψελλοῦ

Ὦ δέσποτα Ζεῦ καὶ πάτερ καὶ βακλέα,
ὀβριμοβουγάιε καὶ βαρυβρέμων,
Ὄλυμπον οὐκ ἤνεγκας κἂν βραχὺν χρόνον·
οὐ γὰρ παρῆσαν αἱ θεαί σου, Ζεῦ πάτερ.

Ταῦτα ἀκούσας ὁ Ψελλὸς ἐποίησε κανόνα κατὰ τοῦ αὐτοῦ Ἰακώβου

οὗ ἡ ἀκροστιχὶς 'Μέθυσον Ἰάκωβον εὐρύθμως ᾄδω, Κώνστας'

ᾠδὴ α', ἦχος πλ. δ'. Ἁρματηλάτην

Μέθη καὶ πότος καὶ χορός, Ἰάκωβε, / ἡ σὴ πανήγυρις,
καὶ συμποτῶν κρότοι / καὶ τρυφαὶ καὶ χάριτες,
ὀρχήματα καὶ κύμβαλα / καὶ βοτρύων ἐκθλίψεις
καὶ ῥάγες ληνοβατούμεναι / καὶ κοιλίαι πίθων πληρούμεναι.

Ἐπιποθήσας τὰς τρυφάς, Ἰάκωβε, / πάσας ἐμίσησας
ἀσκητικὰς πράξεις, / πρῶτον τὴν ἐγκράτειαν,
τὴν χαμευνίαν ἔπειτα / καὶ τὴν σκληραγωγίαν
καὶ τὴν εὐχὴν καὶ τὰ δάκρυα / καὶ τὴν πρὸς θεόν, πάτερ, ἔπαρσιν.

Θαυμάτων πέρα ὁ καλὸς Ἰάκωβος, / ὁ τῆς Συγκέλλου μονῆς·
ὡς γὰρ ληνὸς ἄλλη / δέχεται τοὺς βότρυας,

22 epigr. 2 Hom. Il. 13, 824; Od. 18, 79 | cf. Poem. 21, 116

22 **a**^{m} 148^{r}–152^{v} **a** 175^{r}–178^{v} ‖ ed. Sathas 177–181 ‖ tit. (cum epigrammate praevio) sec. **a**^{m}: *κανὼν εἰς ἰάκωβον μοναχὸν ἀ[πὸ τῆς μονῆς τοῦ συγκέλλου] φέρων ἀκροστιχίδα τήνδε: μέ[θυσον ἰάκωβον] εὐρύθμως ἄδω κῶνστας* **a** ‖ inscriptiones odarum sec. **a**^{m} ‖ 1 *πότοι καὶ χοροὶ* **a**^{m} ‖ 2 *σὺν ποτῶ* **a**^{m} ‖ 3 *ὀρχήσματα* **a**^{m} | *ἐκθλίψεις* **a**^{m}: *ἀγέλαι* **a** ‖ 5 *πάσας* **a**^{m} (deest **a**) ‖ 6 *ἀσκητικὴν πρᾶξιν* **a** ‖ 8 *καὶ τὴν εὐχὴν* **a**^{m}: *τὴν προσευχὴν* **a** | *πάτερ ἔπαρσιν* **a**^{m}: *στάσιν πάννυχον* **a** ‖ 9 *συγγέλλου* (hic) **a**^{m}

καὶ σφίγγων ἐν τῷ λάρυγγι / ἀποθλίβει τὸν οἶνον
ὥσπερ εἰς πίθον τὸν στόμαχον, / καὶ μεταγγιζόντων οὐ δέεται.

Ὑποχωρεῖ σοι καὶ διψάς, Ἰάκωβε, / ζῷον ἀκόρεστον,
καὶ πυρετὸς φλέγων / πόσει μὴ σβεννύμενος
καὶ ἐμπρησμὸς ἀφόρητος / καὶ κατάξηρον πέδον·
ὥσπερ γὰρ ᾅδης ἢ θάλασσα / πίνων οὐκ ἐπλήσθης τὸν στόμαχον.

ᾠδὴ β'. Οὐρανίας ἀψῖδος

Σταθηρὸς τὴν καρδίαν / καὶ τὴν ψυχὴν πάντολμος
καὶ ἀκαταπτόητος ὤφθης / ῥοφῶν τὸν ἄκρατον·
ὅθεν οὐκ ἔπτηξας / οὐδὲ ληνοὺς κενουμένους
οὐδὲ πίθους ῥέοντας / ἐν τῇ κοιλίᾳ σου.

Ὁ πληρώσας ἀβύσσους / δημιουργὸς κύριος
καὶ τὴν τῆς θαλάσσης κοιλίαν / μεστώσας ὕδατος
σὴν οὐκ ἐπλήρωσε, / πάτερ, πλατεῖαν γαστέρα·
ὡς σωλὴν γὰρ ἅπαντα / κενοῖς δεχόμενος·

Νόμος ἔστι σοι, πάτερ, / κανονικῶς κείμενος
πάντα σου τοῦ βίου τὸν χρόνον / πίνειν ὡς ἄσαρκος·
ὅθεν οἱ ὄρθροι σε / καὶ μέσαι νύκτες πολλάκις
ἔχουσι μεθύοντα / καὶ γαστριζόμενον.

Ἰωνᾶς μείζων, πάτερ, / νῦν ἐφ' ἡμῖν γέγονας,
μένων τῆς ζωῆς σου τὸν χρόνον / ἐν τῇ τοῦ πίθου γαστρί,
καὶ ψάλλων ἄπαυστα / οὐ τὸ 'Ἀνάγαγε', πάτερ,
ἀλλὰ τὸ 'Κατάγαγε / εἰς φθορὰν οἴνου με'.

ᾠδὴ γ'. Σύ μοι ἰσχύς, κύριε

Ἀναπεσὼν / ὕπτιος ἐπὶ τῆς κλίνης σου
καὶ γυμνώσας / στῆθος καὶ τὸν τράχηλον

32 Hirmolog. p. 70 Eustratiades

11 *λάρυγγι* **a**^{m}: *στόματι* **a** ‖ **13** *διψάς* Hansen: *διψᾶς* **a**^{m} **a** ‖ **14** *φλέγων* **a**^{m}: *λαῦρος* **a** ‖ **15** *ἐπρησμοῖς* **a**^{m} ‖ **19** [...]*νομένας* **a** ‖ **20** *οὔτε* **a** ‖ **22** *τὴν* om. **a** | *ὕδατι* **a** ‖ **23** *πλατεῖαν γαστέρα* **a**^{m}: *ἰάκωβε φύσιν* **a** ‖ **25** *ἔστω* **a** | *κανονικὸς* **a**^{m} ‖ **26** *σου τοῦ βίου* **a**^{m}: *τῆς ζωῆς σου* **a** ‖ **27** *οἱ ὄρθροι σε* **a**^{m}: *καὶ ὄρθριος* **a** ‖ **29** *ἰωνᾶ* **a** ‖ **34** *καὶ τὸν* **a**^{m}: *τὲ καὶ* **a**

καὶ τὸν μηρὸν ἄχρι τῆς αἰδοῦς
πίνεις ἀνενδότως, / ἴσως καὶ πέρδεις, Ἰάκωβε,
ἐξόδοις τὰς εἰσόδους / ἐκμετρῶν παραχρῆμα
καὶ σκορπίζων κακῶς ἃ συνήγαγες.

Κανονικῶς / πίνεις ὁ μέγας Ἰάκωβος,
οἶνον τάξας / μέλανα καὶ ἄκρατον
καὶ μετρητὰς ἀκράτου ποτοῦ
κατὰ τὰς αἰσθήσεις / τὰς τῆς ψυχῆς καὶ τοῦ σώματος·
τὰς δέκα γὰρ βαπτίζεις / ἐν ἑνὶ νυχθημέρῳ
μηδεμίαν καθαίρων ὁ πάντιμος.

Ὤφθης ἐν γῇ / ἄμπελος, πάτερ, πολύκαρπος,
οἶνον στάζων / πάντοθεν παχύτατον,
ἐκ τοῦ λαιμοῦ, ἐκ τῶν ὀφθαλμῶν,
ἐκ τῆς κάτω θύρας, / ἀπὸ παντός σου τοῦ σώματος·
ἱδρῶτας γὰρ ἐκχέεις, / ἀλλὰ μέθην βαρεῖαν
ὡς ἀσκὸς διαρρεύσας, Ἰάκωβε.

Βέλει τρωθεὶς / σὺ τὴν καρδίαν ὡς ἔλαφος
ἀνενδότως / τρέχεις ἐλαυνόμενος
πάσας πιεῖν οἴνου τὰς πηγάς,
ὅλους ἐκροφῆσαι / ληνοὺς καὶ πίθους, ἀκόρεστε,
καὶ στῆσαί σου τὴν δίψαν / οὐδὲ Νεῖλος ἰσχύει
οὐδὲ θάλασσα, πάτερ Ἰάκωβε.

ᾠδὴ δʹ. Ἵνα τί με ἀπώσω

Οὐ φυτεύσας ἀμπέλους,
πάτερ, ἐν τῷ βίῳ σου πολλὰς ἐτρύγησας,
οὐδὲ θλίψας βότρυν
τοῖς ποσί σου ληνοὺς ὅλους πέπωκας,

38 cf. Matth. 12,30; Luc. 11,23

37 *ἐξόδοις* **a**^m^: *-ους* **a** | *παραυτίκα* **a** ‖ **39** *ὡς μέγας ἰάκ*[..] **a** ‖ **41** *ἀκράτου ποτοῦ* **a**^m^: [.....] *καθαροῦ* **a** ‖ **44** *ὁ πάντιμος* **a**^m^: *τρισάθλιε* **a** ‖ **46** *οἴνων* **a** a. c. | *παχύτατον* **a**^m^: *σ(ωτή)ριον* **a** ‖ **49** *ἱδρῶτας* **a**^m^: *ἡδέως* **a** | *βαρεῖς* **a** ‖ **50** *ἀσκὸς* **a**^m^: *αὐτὸς* **a** ‖ **54** *ὅλους* **a**^m^: *ὅ*[...] **a** | *ἐκροφίσας* **a**^m^ ‖ **55** *ἰσχύσει* **a** ‖ **60** *ὅλας* **a**

οὐδὲ ὕδωρ βάλλων / ἐν τῇ φιάλῃ σου τῆς μέθης
ἐκροφᾷς θαυμασίως τὸν ἄκρατον.

Νυσταγμὸν σοῖς βλεφάροις
οὐδὲ τῇ γαστρί σου ἀνάπαυσιν δέδωκας·
πίνεις γὰρ τὰς νύκτας
ὡς ἀσώματος, πάτερ Ἰάκωβε,
χαίρων τῇ καρδίᾳ / τῇ ἐργασίᾳ τῆς μέθης
καὶ γελῶν ἀκρατῶς εἰς τὸν ἄκρατον.

Ἐκ κοιλίας κραυγή σου
ἤκουσται, Ἰάκωβε, ἐν τῇ τοῦ πίθου γαστρί,
καὶ ὑπήκουσέ σου
ὁ τὸν οἶνον ἐκχέων σοι, πάντιμε·
πληρωθεὶς γὰρ μέθης / βορβορυγμούς, ὀξυρεγμίας
ὠρυγάς τε ἐκπέμπεις καὶ πνεύματα.

Ὑπέταξας τὴν σάρκα,
ἐχαλιναγώγησας εἰς τὰ συμπόσια,
καὶ ὡς δούλῃ πίθους
ἐπεφόρτισας ἀκράτου γέμοντας,
καὶ πρὸς πᾶσαν μέθην / καὶ ἀκρασίαν ἀναγκάζεις,
καὶ ὑπείκει σοι, πάτερ Ἰάκωβε.

ᾠδὴ ε′. Ἱλάσθητί μοι

Ῥοφήματί σου ἑνὶ / ἐκένωσας δέκα κύλικας,
τῷ πνεύματι δὲ προσθείς, / ἀσκὸν εἰκοσάμετρον·
λείπεται, Ἰάκωβε, / τὸ στόμα πλατύνας
ἐκροφῆσαι καὶ τὴν θάλασσαν.

Ὑπείκουσι σταλαγμοῖς / καὶ σίδηροι καὶ ἀδάμαντες,
ῥανίσι δὲ συνεχεῖ / αἱ πέτραι κοιλαίνονται·

63–64 Ps. 131, 4 ‖ **69–71** cf. Ionas 2, 3 ‖ **86** Choeril. fr. 10

61 *βαλων* **a** ‖ **62** *ἐκροφεῖς* **a** ‖ **69–70** *κραυγῆς σου ἤχους τε* **a** ‖ **71** *εἰσήκουσέ* **a** | *πάντοτε* **a** ‖ **73** *ὀξυρεγχίας* $\mathbf{a}^{m}$ ‖ **74** *ὀρυγάς* $\mathbf{a}^{m}$ [...]*γάς* **a** ‖ **77** *δοῦλος* **a** ‖ **78** *γέμοντος* $\mathbf{a}^{m}$ ‖ **80** *καθυπείκειν σε* **a** ‖ **84** *καὶ ῥοφῆσαι* **a** ‖ **86** *καὶ ῥανίδες συνεχεῖς* **a** | *τὰς πέτρας* **a** p. c. (deinde [.........]*ται*)

τὸν σὸν δὲ ἀκόρεστον / στόμαχον οἱ πίθοι
ἐκκενούμενοι οὐκ ἤμβλυναν.

Θυμὸν ὀργῶντα δεινῶς / σβεννύεις, πάτερ Ἰάκωβε·
πληρώσας γὰρ εὐφυῶς / ἀκράτου τὴν κύλικα
τῷ ψυχρῷ φλεγμαίνουσαν / τὴν ὀργὴν κοιμίζεις
καὶ νικᾷς τὰ πάθη, πάνσοφε.

Μὴ ἔλθῃς εἰς τὰς ἐμὰς / ἀμπέλους, πάτερ Ἰάκωβε,
μὴ κείρῃς βότρυν ἐμόν, μὴ ληνοβατήσαις μοι·
ὡς γὰρ σπόγγος ἄνικμος / ἀνιμᾷς τὸν οἶνον
πᾶσι μέρεσι τοῦ σώματος.

ᾠδὴ ς΄. Παῖδες Ἑβραίων

Ὤφθης κανὼν καὶ τύπος, πάτερ,
τοῖς μεθύουσι, / μὴ συγκιρνῶν τὸν οἶνον
μηδ᾽ ἀμβλύνων αὐτοῦ / δι᾽ ὕδατος τὸν τόνον,
ἀλλ᾽ ὡς ἐρρύη χρώμενος, / τῶν βοτρύων ἐκθλιβέντων.

Στέψον τὴν κάραν σου ταῖς δάφναις,
ἐπενδύθητι / καὶ δέρματα δορκάδων,
καὶ τοὺς θύρσους κινῶν / τῷ Διονύσῳ κράζε·
'εὖ ὕις ἄτ[ις], βρόμιε, / βοτρυοῦχε, ληνοβάτα.'

Ἄπτουσαν κάμινον τῆς μέθης
κατεπάτησας / ὡς ἄλλος Ἀζαρίας,
καὶ ἀγγέλου χωρὶς / οὐδ᾽ ὅλως κατεφλέχθης,
σβέσας τὴν φλόγα, πάντιμε, / ἀκράτῳ πολυποσίᾳ.

Δάκρυσι πλύνεις σου τὴν κλίνην
καὶ βαπτίσματι / βαπτίζῃ καθ᾽ ἡμέραν·

104 Demosth. 18,260 | Psell. De rec. leg. nom. p.109,3 Boiss. ‖ **106–107** Dan. 3,49 ‖ **109** Ps. 6,7 ‖ **110** cf. Marc. 10,38–39; Luc. 12,50

90 *τὰς κύλικας* **a** ‖ **91** *τὸ ψυψρὸν φλεγμένου*[...] **a** ‖ **92** *τὰ πάθη* **a**[m]: *πάθη σου* **a** ‖ **94** *κείραις* **a** | *ληνοβατήσαις* **a**[m]: *ληνο*[........] **a** ‖ **96** *μέλεσι*, sscr. p, **a** ‖ **104** *εὐΰϊς ἄτ*[..] **a** *εὖ υἱὶς οὕτως* **a**[m] (*εὖ οἷ· ὕϊς· ἄτις· ὕϊς·* Psell. De rec. leg. nom. p. 109,3 Boiss. ex cod. **P**, *εὐοῖ σαβοῖ ... ὑῆς ἄττης ἄττης ὑῆς* Demosth. 18, 260) ‖ **105** *ἀφθοῦσαν* **a** (scr. *ἀφθεῖσαν*?) ‖ **108** *ἀκρασίας πολυπότου* **a** ‖ **110** [*βαπτ*]*ίζει* **a**

ἡ γαστήρ σου καὶ γὰρ / τὸν οἶνον μὴ χωροῦσα
δι᾽ ὀχετῶν τοῦ σώματος / ἀποβλύζει τοῦτον, πάτερ.

ᾠδὴ ζ΄. Ἑπταπλασίως κάμινον

Ὥριμος βότρυς πέφυκεν / ἡ σὴ ὄψις, Ἰάκωβε,
οἴνους διαφόρους πανταχόθεν βλύζουσα,
τὸν Χῖον τοῖς ὄμμασι / τοῖς γνάθοις τε τὸν Πράμνειον
καὶ τὸν ἀνθοσμίαν ὀχετοῖς τῶν ὀφρύων,
τοῖς χείλεσι τὸν Κεῖον / καὶ τῷ στόματι, πάτερ,
ἡδύοσμον ὀσφρήσει / καὶ μέλανα τῇ χρόᾳ.

Κλινοπετὴς καὶ πάννυχος / ἐκτελεῖς τὸν κανόνα σου,
χαίρων τῇ ἀσκήσει τῆς σαρκός, Ἰάκωβε·
ἀσκοὺς γὰρ προθέμενος / φιάλας τε καὶ κύπελλα,
πίνεις ὅλην νύκτα καὶ καυχώμενος λέγεις·
οὐκ ἔμιξα τῷ οἴνῳ / ὥσπερ κάπηλος ὕδωρ,
οὐ ψῦχον οὐδὲ ζέον, / ἀκράτου τούτου σπῶμαι.

Ὡς οἰκονόμος πάνσοφος / νουνεχής τε καὶ φρόνιμος
ἀποθησαυρίζεις μετοπώρῳ πάντοτε
κεράμια γέμοντα / οἴνου καλοῦ, Ἰάκωβε,
καὶ κατακλιθεὶς ἐπὶ τῆς κλίνης εὐθέως
ἀφροντίδι καρδίᾳ / ἀμερίμνῳ τε βίῳ
τὸν χρόνον ὅλον πίνεις· / ὢ ξένων θαυμασίων.

Νέον ἀσκὸν εὐμήχανον / ἀπειργάσω τὸ σῶμά σου,
τάξας εἰσδοχὰς καὶ ἐκβολάς, Ἰάκωβε·
καὶ γὰρ εἰσδεχόμενος / πρηγορεῶνι πέμπεις εὐθύς,
καὶ ἐμπιπλαμένη ἡ γαστήρ σου οὐκ ἔστιν·
ὡς θάλασσα γάρ, πάτερ, / ποταμοὺς δεχομένη
ἰσόμετρος τυγχάνει / διὰ μηχανουργίαν.

ᾠδὴ η΄. Ἐξέστη ἐπὶ τούτῳ

115 Athenaeus I 51 p. 28 E | I 55 p. 30 C ‖ **116** I 58 p. 31 F ‖ **117** cf. p. 32 C (?)

111 *μὴ* **a**^{m}: *οὐ* **a** ‖ **115** *τε* **a**^{m}: *σου* **a** | *πράμνιον* **a** ‖ **117** *κεῖον* **a**^{m}: *βίον* **a** ‖ **118** *τὸν δύσοδμον* **a** | *ὀσφρήσει* **a**: *ὀσφρύνει* **a**^{m} | *χροία* **a** ‖ **124** *ψύχος* **a** ‖ **127** *κεράμια* **a**^{m}: [...]*αμα* **a** ‖ **128** *ἀνακλιθεὶς* **a** | *εὐθέως* **a**^{m}: *ὑπτίως* **a** ‖ **129** *τε* **a**^{m}: *τῷ* **a** ‖ **132** *εἰσδοχὴν καὶ ἐκβολὴν* **a** ‖ **133** *προηγορεῶνι* **a**^{m}: *τῶ ποδεῶνι* **a** ‖ **136** *δεινῇ μηχανουργί*[*α*]

Στηρίξας σου τοὺς πόδας / ἐν τῷ ληνῷ
ἐν τοῖς βότρυσιν ἔχεις τὰς χεῖράς σου
καὶ τοῖς ἀσκοῖς πέμπεις σου τὸ βλέμμα, πάτερ σοφέ·
ἐρείσας δὲ τὸ στόμα σου / ἐν βαθεῖ κυπέλλῳ πίνεις ὡς βοῦς,
οὐδ' ὅλως ἀναπνέων, / οὐδ' ὅλως ἐπασθμαίνων,
ἀλλ' ἀνελκύων ὥσπερ ἄμπωτις.

Τὰς τάξεις τῶν ἀγγέλων / ἐν οὐρανῷ,
ἐπὶ γῆς δὲ ἐκπλήττεις ἀνθρώπων ψυχάς,
ὅτι τὰ σὰ χείλη ἐναρμόττων ἐν τοῖς ἀσκοῖς
ἀπορροφᾷς τὸν ἄκρατον / βλέπων ὥσπερ ταῦρος τοῖς ὀφθαλμοῖς,
καὶ πίνων ἀνενδότως / ἄχρις ἰλύος, πάτερ,
μὴ συγκοπτόμενος τῷ πνεύματι.

Ἀσκήσεως κανόνας / οὐκ ἀναγνοὺς
ἀσκητὴς ἀνεφάνης αὐτόματος
ἀσκῶν, σοφέ, ἄσκησιν τὴν ὄντως ἀσκητικήν·
ἀσκητικῶς γὰρ ἤσκησας / πίνων ἐν ἀσκήσει πολλοὺς ἀσκούς·
ἀσκήσας δὲ ἐν βίῳ / ἀσκήσεως τοὺς ἄθλους,
ἀσκοὺς ἐν βίῳ πάντας εἴληφας.

Στεφανοὺς ἐξ ἀμπέλων / σῇ κορυφῇ
ἐπιθήσωμεν, πάτερ Ἰάκωβε,
καὶ τοῖς ὠσὶ βότρυας κρεμάσωμεν εὐφυῶς,
ἀσκοὺς δὲ τοῦ τραχήλου σου / κύκλῳ ἐξαρτήσωμεν οἰνηρούς,
καὶ κράξωμεν εὐτόνως, / 'ὁ πίνων ἀνενδότως
οὕτως πομπεύει καταγέλαστα.'

140 *πίνεις* **a**^{m}: *ἶσος* **a** | *ὡς* (?) [....] **a** ‖ **146** *ἀπορροφεῖ[ς]* **a** ‖ **150** *ἀνεφάνης αὐτόματος* **a**^{m}: [.....]*χθης ἰάκωβε* **a** ‖ **152** *ἀσκήσει* **a**^{m}: *τῶ βίω* **a** ‖ **153** *-σας δὲ ἐν βίω ἀσκήσεως*] deest **a** ‖ **154** *πάντας εἴληφας* **a**^{m}: *π(άτ)ερ ἤσκησας* **a** ‖ **155** *ἀμπέλου* **a** ‖ **159** *κράξομεν* **a** ‖ **160** *πομπεύη* **a**^{m} ‖ in fine
[εὖγ'] εὖγε σοι κράτιστε τῶν λογεμπόρων,
ἑνὸς [γὰρ] ἀββᾶ στηλιτεύσας τὴν μέθην,
πείθεις [ἅπαν]τας σωφρονεῖν ἐν τῇ πόσει:– **a** pr. m.

Poema 23. Officium Metaphrastae

Praeter hoc officium Psellus conscripsit etiam encomium Symeonis Metaphrastae (94–107 Kurtz-Drexl). quamquam in codice canon solus Psello assignatur, Allatius non iniuria totum officium ei attribuit; vide locos parallelos ex encomio depromtos, quos ad stichera (vss. 1–24) apposui.

Floruit Symeon magister et logotheta, qui Metaphrastes dicitur, altera parte s. X, ut nunc communi consensu agnoscitur; ad temporis rationem confundendam aliquid contulit etiam Psellus, eo quod vitam Theoctistae initio s. X a Niceta magistro conscriptam, deinde a Symeone in menologium suum receptam, opus Metaphrastae, idque omnium primum, esse credidit (vss. 109–118).

Μηνὶ Νοεμβρίῳ κη'

Μνήμη τοῦ ἐν ἁγίοις πατρὸς ἡμῶν Συμεὼν λογοθέτου τοῦ Μεταφραστοῦ

Στιχηρὰ εἰς τὸ Κύριε ἐκέκραξα
ἦχος πλ. β', πρὸς τὸ Ὅλην ἀποθέμενοι

Γέρας τὸ λαμπρότατον / σοῦ καὶ περίβλεπτον ὕψος
μεγαλοπρεπέστερον / ταῖς μεγαλουργίαις σου / ἀπετέλεσας,
καὶ τὴν ἐνεγκοῦσάν σε / βασιλίδα πόλιν
καὶ ἐν τούτῳ βασιλεύουσαν
πασῶν τῶν πόλεων / καὶ ὑπερκειμένην ἀπέδειξας
καθ' ὥραν ἐξανθήσασαν / σὲ τὸν ἀληθῶς περιώνυμον
βίῳ τε καὶ λόγῳ / καὶ πάσαις ταῖς καλλίσταις ἀρεταῖς,
τὸ θαυμαστὸν ταύτης γέννημα / καὶ λαμπρὸν στεφάνωμα.

Ὢ τῶν θαυμασίων σου, / θαυμασιώτατε πάτερ,
οἷς σε ἐθαυμάστωσεν / ὁ ποιῶν θαυμάσια / μόνος κύριος·
ὡς γὰρ ζῶν ἄψαυστον / σαρκικῶν μίξεων
διετήρεις τὸ σαρκίον σου,
οὕτως ἐφύλαξας / τάφῳ τυμβευθὲν ἀπροσπέλαστον
τὸ σῶμά σου τὸ ἅγιον / τῆς ἐπιμιξίας τοῦ ὕστερον
τούτῳ συντεθέντος / ἑτέρου σωματίου ἀπρεπῶς·
καὶ μαρτυρεῖ τοῦ ἐκβλύζοντος / μύρου σου ἡ ἔκλειψις.

23 **3–8** cf. Psell. Encom. Metaphr. 94,15–21 ‖ **13–16** 107,5–12

23 **v**^{m} 210^{r}–214^{v} ‖ edd. Allatius^{2} 236–244 = PG 114, 199–208; Kurtz-Drexl^{1} 108–119

Σοῦ τοῖς θείοις χείλεσι / χάρις πολλὴ ἐξεχύθη
καὶ σοφίας ἔμψυχον / τῆς ἀκτίστου γέγονας / οἰκητήριον·
ὡς πυρὸς γλώσσῃ δὲ / στομωθείς, ὅσιε,
ἐν τοῖς λόγοις ὑπερηύγασας,
τῶν ἀποστόλων τε / καὶ τῶν ἀθλοφόρων τὰ σκάμματα
καὶ βίον τὸν ἰσάγγελον / ἀσκητῶν ἑκάστου διέγραψας.
καὶ νῦν συνοικήτωρ / γενόμενος αὐτοῖς ἐν οὐρανῷ
τριάδος φῶς τὸ ἀνέσπερον / βλέπεις ἀγαλλόμενος.

Δόξα
Ἰδιόμελον, ἦχος πλ. β'

Ὅσιε πάτερ, εἰς πᾶσαν τὴν γῆν
ἐξῆλθεν ὁ φθόγγος τῶν κατορθωμάτων σου,
διὸ ἐν οὐρανοῖς εὗρες μισθὸν τῶν καμάτων σου.
τῶν δαιμόνων ἔλυσας τὰς φάλαγγας,
τῶν ἀγγέλων ἔφθασας τὰ τάγματα,
ὧν τὸν βίον ἀμέμπτως ἐζήλωσας.
παρρησίαν ἔχων ἐν τῇ μνήμῃ σου
εἰρήνην αἴτησαι ταῖς ψυχαῖς ἡμῶν.

Ἀπολυτίκιον
ἦχος πλ. δ'

Ὀρθοδοξίας ὁδηγέ,
εὐσεβείας διδάσκαλε καὶ σεμνότητος
τῆς οἰκουμένης ὁ φωστήρ,
τῶν λογογράφων θεόπνευστον ἐγκαλλώπισμα
λύρα τοῦ πνεύματος, ταῖς διδαχαῖς σου
πάντας ἐφώτισας, Συμεὼν πατὴρ ἡμῶν.
πρέσβευε Χριστῷ τῷ θεῷ
σωθῆναι τὰς ψυχὰς ἡμῶν.

Ὁ κανών, ποίημα τοῦ αὐτοῦ Ψελλοῦ, φέρων τὴν ἀκροστιχίδα τήνδε·
Μέλπω σε τὸν γράψαντα τὰς μεταφράσεις
ᾠδὴ α', πλ. β', Ὡς ἐν ἠπείρῳ πεζεύσας ὁ Ἰσραήλ

Μέλος μοι εὔρυθμον δίδου, / λόγε θεοῦ,
εὐφημεῖν ὁρμήσαντι / τὸν θεράποντα τὸν σόν,
Συμεῶνα τὸν Μεταφραστήν,
τὸν κυρίως λογοθέτην ἀξιάγαστον.

17 Ps. 44,3 ‖ **25–26** Ps. 18,5 ‖ **37** Theodoret. Ep. 145, PG 83, 1384 D 2; Psell. Charact. Greg. 131, 1–2

Ἐξ ὑψωμάτων τῶν θείων καὶ ἐπὶ σὲ
πνεῦμα τὸ πανάγιον / κατελήλυθε, σοφέ,
καὶ καρδίαν εὗρε καθαράν,
καὶ ἐν σοὶ ἀληθῶς ἐπανεπαύσατο.

Λύχνος ὁ νόμος κυρίου / σοῦ τοῖς ποσὶν
ἀπὸ βρέφους γέγονε, / μελετῶντος ἐν αὐτῷ
εὐσεβῶς ἡμέρας καὶ νυκτός,
τῆς ἡμέρας ὡς υἱοῦ, καὶ φῶς τοῖς τρίβοις σου.

Πόκον σε πάλαι προεῖδεν / ὁ Γεδεών,
ἐφ' ὃν καταβέβηκεν / ὁ θεὸς ὡς ὑετὸς
καὶ τὴν γῆν πεπλήρωκεν αὐτοῦ,
μητροπάρθενε ἁγνή, τῆς ἐπιγνώσεως.

ᾠδὴ γ', Οὐκ ἔστιν ἅγιος ὡς σύ

Ὡς πλήρης πνεύματος θεοῦ
πληρωτὴς ἀνεδείχθης / τῶν αὐτοῦ προσταγμάτων·
τὸ γὰρ παρὰ τοῦ Χριστοῦ / ἐμπιστευθέν σοι καλῶς
ἐξειργάσω / τάλαντον, μακάριε.

Σοφίας θείας ἐραστὴς
ἁπαλῶν ἐξ ὀνύχων / γεγονώς, θεορρῆμον,
περιεπλάκης αὐτὴν / καὶ τῶν χαρίτων αὐτῆς
τῷ στεφάνῳ, / μάκαρ, ἐστεφάνωσαι.

Ἐνδιαπρέψας ἐν ἀρχαῖς
ταῖς τῆς κάτω συγκλήτου / ὡς ἀνὴρ βουληφόρος,
τὸ πολίτευμα τὸ σὸν / ἐκτήσω ἐν οὐρανοῖς
καὶ τὴν ἄνω / σύγκλητον ἐκόσμησας.

Τὸν ὑπὲρ φύσιν τοκετὸν
τῆς πανάγνου παρθένου / ὁ σοφὸς λογοθέτης
ἀκατάληπτον εἰδὼς / ἀγγέλοις τε καὶ βροτοῖς
ἐκδιδάσκει / πίστει μόνῃ σέβεσθαι.

49, 52 Ps. 118, 105 ‖ **50–51** Ps. 1,2 ‖ **52** 1 Thess. 5,5 ‖ **53–54** Iudic. 6,37–38 ‖ **59–60** cf. Matth. 25,16 ‖ **62** CPG II 407 (Apostol. 7,51a) ‖ **67** Phil. 3,20

ᾠδὴ δʹ, Χριστός μου δύναμις

Ὁ πάντων κύριος
καὶ πάντων αἴτιος τῶν καλῶν ἐξ ἁπάντων
σὲ τὸν σοφόν, μάκαρ, ἐξελέξατο
τῶν θεραπόντων τῶν αὐτοῦ / ἐπαινέτην ἀξιάγαστον.

Νοὸς ὀξύτητι
καὶ καθαρότητι καὶ λαμπρότητι βίου
τὸ νοερόν σε φῶς καθωράισε
καὶ ταῖς τῶν λόγων καλλοναῖς / ὁ θεός σε ἐχαρίτωσεν.

Γραφαῖς ἐσχόλαζες
ταῖς θείαις, ὅσιε, καὶ ἁγίων τοὺς βίους
ἰχνηλατῶν τούτων τὰ παθήματα
καὶ τοὺς ἀγῶνας ἐξυμνεῖς / ταῖς σοφαῖς σου μεταφράσεσιν.

Ῥητόρων στόματα,
σαλπίγγων ᾄδοντα εὐηχέστερα μέλη,
ἀνευφημεῖν ἐπαξίως, ἄχραντε,
ἀδυνατοῦσι τοῦ θεοῦ / σὲ τὸ ὄρος τὸ κατάσκιον.

ᾠδὴ εʹ, Τῷ θείῳ φέγγει σου, ἀγαθέ

Ἀνατολῆς ἥλιε, Χριστέ,
τῆς διακαιοσύνης τῶν ψυχῶν,
ὁ φωτισμὸς τῶν ὑμνούντων σε,
τοῦ Μεταφραστοῦ σου ταῖς παρακλήσεσι
τὸν ζόφον τῆς ψυχῆς μου / λῦσον ὡς εὔσπλαγχνος.

Ψυχωφελεῖς καὶ ἐπιτερπεῖς
καὶ σωτηριώδεις τοῖς πιστοῖς
λόγους, θεόφρον, συντέθεικας,
ζῆλον πρὸς ἀνδρείαν, ἀρετῆς μίμησιν,
τῶν εὖ βεβιωκότων / τὰ ὑπομνήματα.

88 Habac. 3,3 || **89–90** Malach. 3,20

84 *ἐξυμνεῖς* Kurtz: *ἐξύμνεις* **v**^{m}

⟨*Α*......................
....
....
....
........................⟩

Ναὸς καὶ θρόνος καὶ κιβωτὸς
τοῦ παμβασιλέως καὶ θεοῦ
σὺ εἶ, πανύμνητε δέσποινα,
μόνη θεοτόκε, τὸ ἱλαστήριον
ἡμῶν τῶν προσφευγόντων / ὑπὸ τὴν σκέπην σου.

ᾠδὴ ϛ', Τοῦ βίου τὴν θάλασσαν

Τὸ πρῶτόν σου σύγγραμμα
ἐκ προνοίας θεϊκῆς / καὶ ὁμιλίας γέγονε
τοῦ ἱεροῦ πρεσβύτου καὶ μοναστοῦ,
Συμεὼν θεσπέσιε,
ὃν ἐν Πάρῳ τῇ νήσῳ τεθεώρηκας.

Ἀξίως ἐξύμνησας
τῆς Λεσβίας τὰ λαμπρὰ / καὶ θεῖα ἀγωνίσματα
Θεοκτίστης τῆς ὄντως ἀγγελικόν,
μικροῦ καὶ ἀσώματον,
τελεσάσης πανσόφως τὸ πολίτευμα.

Τὰ ἄδηλα, κύριε,
καὶ τὰ κρύφια τῷ σῷ / θεράποντι ἐδήλωσας
τῆς σῆς σοφίας ἄβυσσον οἰκτιρμῶν,
δεικνὺς τὰ ἐλέη σου
καὶ δοξάζων τοὺς πίστει σε δοξάζοντας.

Ἀνάγαγε, κύριε,
ἐκ βυθοῦ με τῶν κακῶν / πρεσβείαις τῆς τεκούσης σε

109–118 Vit. Theoctistae, AS Nov. IV, 1925, 221–233 (Nicetae Magistri), 224–233 (Symeonis Metaphr.) ‖ **119–120** Ps. 50, 8 ‖ **123** 1 Regn. 2, 30

99–103 lac. indic. Kurtz ‖ **111–112** fort. invito codice distinguendum est *τοῦ...μοναστοῦ Συμεών, θεσπέσιε,* ita ut de Symeone asceta Pario, persona in Vita Theoctistae, agatur

καὶ τοῦ ὁσίου, δέσποτα, Συμεών,
τοῦ σε θεραπεύσαντος
διὰ βίου καὶ λόγου, πολυέλεε.

Κοντάκιον
ἦχος β', Τὰ ἄνω ζητῶν

Ἀμέμπτως ἐν γῇ, / σοφέ, πολιτευσάμενος
τῶν ἐν οὐρανοῖς / ἁγίων τὰς λαμπρότητας
κατιδεῖν ἠξίωσαι / καὶ πανσόφως τούτους ἐξύμνησας.
σὺν αὐτοῖς Χριστῷ τῷ θεῷ
μὴ παύσῃ πρεσβεύων ὑπὲρ πάντων ἡμῶν.

Ὁ οἶκος

Μελῳδικῶς πιστοὶ συνελθόντες
εὐφημήσωμεν πάντες ἐπαξίοις ᾠδαῖς
τὸν μέγαν θεοῦ θεράποντα Συμεῶνα,
τὸν ἅγιον λογοθέτην, / ὃν ἡ Χριστοῦ ἐκκλησία
φωστῆρα πεπλούτηκεν ἐπὶ γῆς
τοῖς διδασκάλοις πατράσιν ἐκλάμψαντα·
σὺν τούτοις γὰρ ψάλλων ἀπαύστως Χριστῷ
φωτός τε ἀιδίου πληρούμενος
συγχαίρει πρεσβεύων ὑπὲρ πάντων ἡμῶν.

ᾠδὴ ζ', Δροσοβόλον μὲν τὴν κάμινον

Στηλιτεύονται καὶ δαίμονες καὶ τύραννοι,
μάρτυρας καὶ ὁσίους Χριστοῦ οἱ κολάσαντες
ταῖς σοφαῖς σου, μάκαρ, συγγραφαῖς.
πιστῶν μελῳδεῖ δὲ ἡ πληθύς·
Εὐλογητὸς εἶ, ὁ θεὸς / ὁ τῶν πατέρων ἡμῶν.

Μεταφράσεις ὠνομάσθησαν οἱ λόγοι σου,
τρισμάκαρ, καθηδύνοντες νοῦν ⟨τὸν⟩ ἡμέτερον
ὑπὲρ μέλι καὶ τὸν γλυκασμὸν
τοῖς χείλεσι στάζοντες βοᾶν·
Εὐλογητὸς εἶ, ὁ θεὸς / ὁ τῶν πατέρων ἡμῶν.

147, 152, 157 Dan. 3,52 ‖ **150** Ps. 18,11; 118,103

149 *τὸν* add. Kurtz

Ἐπαινέσει γενεὰ κατὰ τὸν ψάλλοντα
καὶ γενεὰ τοὺς λόγους τοὺς σοὺς ὡς ἐξᾴδοντας
τὰ θαυμάσια τὰ τοῦ θεοῦ
καὶ μέλπειν προτρέποντας ἡμᾶς·
Εὐλογητὸς εἶ, ὁ θεὸς / ὁ τῶν πατέρων ἡμῶν.

Τὴν καλὴν ἐν γυναιξί σε καὶ πανάμωμον
μητέρα τοῦ θεοῦ οἱ πιστοὶ ἱκετεύομεν
ἐνεστώσης ῥύσασθαι ἡμᾶς
κακίας τοῦ ψάλλειν ἐμμελῶς·
Εὐλογημένη ἡ θεὸν / σαρκὶ κυήσασα.

ᾠδὴ η', Ἐκ φλογὸς τοῖς ὁσίοις

Ἁπασῶν ἡ λαχοῦσα / ἄρχειν τῶν πόλεων
σὲ προήνεγκε θεῖον / καρπόν, μακάριε,
τρέφοντα αὐτὴν / μυστικῶς καὶ ποτίζοντα
νέκταρ ἀμβροσίας / ψυχῶν εἰς σωτηρίαν.

Φυτουργὸν ἐγκρατείας / καὶ βίου σώφρονος,
γεωργὸν εὐσεβείας / καὶ θείας πίστεως,
γνώσεως βυθὸν / καὶ πηγὴν κατανύξεως
πάντες σε τιμῶμεν, / Συμεὼν λογοθέτα.

Ῥητορεύων τὰ θεῖα / θέλγεις τὸ πλήρωμα
τῆς σεπτῆς ἐκκλησίας, / θεομακάριστε,
καὶ διανιστᾷς / ἀρετῆς πρὸς τὴν μίμησιν
τῶν ἐν εὐσεβείᾳ / καλῶς τελειωθέντων.

Ἁγιάσματος θείαν / κιβωτὸν ἔχοντες,
θεοτόκε παρθένε, / σὲ τὴν χωρήσασαν
πανυπερφυῶς / τὸν θεὸν τὸν ἀχώρητον,
ἀνυμνολογοῦμεν / πιστοὶ εἰς τοὺς αἰῶνας.

ᾠδὴ θ', Θεὸν ἀνθρώποις ἰδεῖν ἀδύνατον

Σεμνῶς βιώσας πρὸς τὸν ποθούμενον
εἰρηνικῶς, μάκαρ, ἐξεδήμησας κύριον,

153–154 Ps. 144,4 || **158** Cant. 1,8; 5,9; 6,1 || **163–164** Psell. Encom. Metaphr. 94,15–16

κατ' αὐτὴν τὴν ἡμέραν καθ' ἣν ὁ κλεινὸς
Στέφανος τελειοῦται / ὁ ὁσιόμαρτυς,
ᾧ καὶ συνεστέφθης εὐκλεῶς / καὶ συνδεδόξασαι.

Ἐκ γῆς ἀπαίρουσα πρὸς οὐράνια
ἡ ἱερὰ ψυχή σου, θεοφόρε, σκηνώματα,
ἀγαλλόμενον εἶχε τὸ πρόσωπον,
βλέπουσα τοὺς ἁγίους / αὐτῇ συγχαίροντας
καὶ πρὸς ὑπερκόσμιον ζωὴν / ταύτην προπέμποντας.

Ἰδοὺ συνήφθης ἁγίων τάγμασι
πατριαρχῶν, μαρτύρων, ἀποστόλων ὁσίων τε
προφητῶν καὶ διδασκάλων καὶ ἱεραρχῶν·
οἷσπερ καὶ συγχορεύων, / μακαριώτατε,
μέμνησο πρὸς κύριον ἡμῶν / τῶν εὐφημούντων σε.

Σιὼν ἁγία, θεοχαρίτωτε,
πόλις θεοῦ καὶ κατωχυρωμένον παλάτιον,
τὴν πασῶν βασιλεύουσαν πόλεων
ἐν σοὶ ἀνακειμένην / ταύτην περίσῳζε
τοῦ Μεταφραστοῦ ταῖς ἱεραῖς, / κόρη, δεήσεσιν.

Εἰς τοὺς αἴνους
ἦχος δ', Ὡς γενναῖον ἐν μάρτυσιν

Εὐγενοῦς ἀνεβλάστησας / ῥίζης ῥόδον κατέρυθρον
βεβαμμένον χάρισι / ταῖς τοῦ πνεύματος
καὶ τοὺς πιστοὺς εὐωδίασας / ὀσμαῖς συγγραμμάτων σου,
ἀποστόλων, ἀθλητῶν / καὶ ὁσίων τὰ σκάμματα
συνταξάμενος· / ὧν καὶ σύστοιχος ὤφθης,
θεοφάντορ Συμεών, / τρυφῆς ἐν χλόῃ
τῇ ἀειδρόσῳ σκηνούμενος.

Γραφικῶς ἐξεχύθη σοι, / Συμεών, ἐν τοῖς χείλεσι
τοῦ ἁγίου πνεύματος / χάρις ἄρρητος·
διὸ τὸν μάτην καυχώμενον / πλοκαῖς διαλέξεων

206–207 Ps. 44, 3

181 *καθ' ἣν*] *ᾗ* Kurtz metri causa ‖ **191** *καί*[1,2] om. Kurtz metri causa ‖ **203** *σύστιχος* **v**[m]

ἐξελέγξας ταπεινοῖς· / ὡς καλάμη γὰρ γέγονε
κατὰ πρόσωπον / τοῦ πυρὸς τεφρουμένη
καὶ σὲ μᾶλλον / μεγαλύνων ἀνεδείχθη,
φρίξας νοός σου τὴν δύναμιν.

Ὡς θεράπων γενόμενος / τοῦ θεοῦ ἐκ τῶν ἔργων σου,
ὡς ἁγίων σύσκηνος / οὓς ἀνύμνησας,
ὡς παρρησίαν κτησάμενος / ἁγνείᾳ τοῦ βίου σου,
θεορρῆμον Συμεών, / τῶν ὑμνούντων σε μέμνησο,
τὸ φιλάγαθον / τῆς ψυχῆς σου δεικνύων,
ἵνα πάντες / τοῦ θεοῦ φιλανθρωπίᾳ
πταισμάτων ἄφεσιν εὕρωμεν.

⟨Δόξα. Καὶ νῦν⟩

Βίον ἔνθεον κατορθώσας
θεωρίᾳ τὴν πρᾶξιν κατεκόσμησας,
Συμεὼν παμμακάριστε·
τὴν γὰρ σοφίαν φιλήσας
ἔρωτι θείῳ ἐκ στόματος τοῦ πνεύματος
τὴν χάριν κατεπλούτησας.
καὶ ὡς κηρίον μέλιτος τὸν γλυκασμόν σου
τῶν λόγων ἀποστάζων ἡμῖν εὐφραίνεις
νοήμασι θείοις τὴν ἐκκλησίαν τοῦ Χριστοῦ.
διὸ ἐν οὐρανοῖς ἐμφιλοχρωρῶν αὐλιζόμενος
ὑπὲρ ἡμῶν ἀπαύστως πρέσβευε
τῶν ἐκτελούντων τὴν μνήμην σου.

Προκείμενον τοῦ ἀποστόλου·
Θαυμαστὸς ὁ θεὸς ἐν τοῖς ἁγίοις αὐτοῦ (Ps. 67, 36). *Ἐν ἐκκλησίαις* (Ps. 67, 27).
Πρὸς Κορινθίους ἐπιστολῆς Παύλου τὸ ἀνάγνωσμα·
Ἀδελφοί, ἑκάστῳ δίδοται … βούλεται (1 Cor. 12, 7–11).
Τὸ εὐαγγέλιον ἐκ τοῦ κατὰ Ματθαῖον·
Εἶπεν ὁ κύριος τοῖς ἑαυτοῦ μαθηταῖς· ὑμεῖς ἐστε … τῶν οὐρανῶν (Matth. 5, 14–19).

209–210 Isai. 5, 24

Poema 24. Canon in magnam quintam feriam

Est paraphrasis iambica celeberrimi canonis Cosmae melodi, cuius doctrinam de incarnatione Psellus exposuit in tractatu edito a P. Gautier inter Pselli Theologica (I, Opusc. 12); eum tractatum in Paris. gr. 1182 (**P**) sequitur finis huius poematis (vss. 186–205), qui et alias separatim fertur sub titulo De modo communicationis.

Τοῦ ὑπάτου τῶν φιλοσόφων κυροῦ Μιχαὴλ τοῦ Ψελλοῦ παράφρασις διὰ στίχων ἰαμβικῶν εἰς τὸν κανόνα τοῦ ἐν ἁγίοις πατρὸς ἡμῶν Κοσμᾶ τοῦ Μαϊουμᾶ ἐπισκόπου, ὃν ἐκεῖνος συντέθεικε ψάλλεσθαι τῇ ἁγίᾳ καὶ μεγάλῃ πέμπτῃ

ᾠδὴ α΄, Τμηθείσῃ τμᾶται πόντος ἐρυθρός, κυματοτρόφος δὲ ξηραίνεται

Πόντος μέλας πρὶν τέμνεται τετμημένῃ
ξηραίνεται δὲ κυματοτρόφον βάθος.
βυθὸς δ' ὁμοῦ τάφος τε καὶ καινὴ βάσις,
Αἰγυπτίοις τάφος μέν, Ἑβραίοις βάσις.
ᾠδὴ δὲ τοῖς σωθεῖσιν ἐμμελεστάτη
ἐκ τῶν νοητῶν ἐκροτεῖτο κρουμάτων·
ἔνδοξος ὄντως ὁ πλάσας ἡμᾶς λόγος,
καὶ θαυματουργῶν νῦν δεδόξασται πλέον.

ἡ πανταιτία καὶ παρεκτικὴ ζωῆς, ἡ ἄπειρος σοφία τοῦ θεοῦ

Ὁ τοῦ πατρὸς δύσφραστος ἐν γνώσει λόγος,
ἡ τῶν ἀπείρων κτισμάτων πανταιτία,
ἡ πᾶσιν ἐμπνέουσα πνεύματος χύσιν,
ἔμψυχον οἶκον ἐξ ἀπειράνδρου κόρης
λόγοις ἑαυτοῦ δημιουργεῖ πανσόφοις·
ναὸν δὲ τὸ πρόσλημμα ποιήσας ξένως
ἔνδοξός ἐστι καὶ δεδόξασται πλέον.

24 1-205 textum canonis Cosmae habet PG 98, 476 D–481 B; Maniate 216–234 || **1-4** Exod. 14,21–29 || **5-8** Exod. 15,1

24 c^{v} 1^{r}–7^{r} **p** 140^{v}–143^{v} r^{t} 136^{v}–148^{r} **n** 123^{v}–124^{r} (vss. 179–205) **P** 268^{r} (vss. 186–205) **i**^{d} 147^{v} et 236^{v} (vss. 186–205) || ed. Maniate 217–236 || tit. sec. **c**^{v}: *ὁ κανὼν τῆς ἁγίας μ(ε)γ(ά)λης ε΄· διὰ στίχων ἰάμβων· τοῦ ψελλοῦ* **p** *Στίχοι τοῦ σοφωτάτου καὶ ὑπερτίμου ψελλοῦ εἰς τὸν αὐτὸν κανόνα διαστίχου· καθὲν τροπάριον* **r**^{t} || inscriptiones odarum sec. **c**^{v} || **1** *τετμημένος* **p** || **3** *καὶ* om. **p** || **4** om. **r**^{t} || **6** *ἐκροτεῖτο*] *ἐκκρότων* **p** || **7** *ἐνδόξως* **p** || **8** *θαυματουργὸν* **r**^{t} || **9** *δύστος* **p** | *γλώσση* **p r**^{t} || **11** *χάρις* **r**^{t} || **13** *ἑαυτῷ* **r**^{t} || **14** *ξένος* **p**

μυσταγωγοῦσα φίλους ἑαυτῆς τὴν ψυχοτρόφον ἑτοιμάζει

Ἡ γνῶσις αὐτὴ τῶν ἀπορρήτων λόγων,
ὁ τῶν πατρῴων ἄγγελος βουλευμάτων,
ὡς οἷα μύστας μυσταγωγῶν τοὺς φίλους
τὸ σῶμα μὲν τράπεζαν ὡς ψυχοτρόφον,
τὸ δ' αἷμα κιρνᾷ νέκταρ ἡδῦνον φρένας.
ἀλλὰ πρόσελθε καὶ βόησον ἐμφρόνως·
ὁ Χριστὸς ἡμῶν, ἡ λύτρωσις, ἡ χάρις,
ἔνδοξος ὢν πρὶν νῦν δεδόξασται πλέον.

ἀκουστισθῶμεν πάντες οἱ πιστοὶ συγκαλουμένης

Λόγου βοῶντος, γνώσεως κεκρυμμένης
ἅπαντας ἡμᾶς συγκαλούσης ἐνθέως
ἀνοιγέτω πᾶς ὦτα τοῖς λαλουμένοις·
παγκόσμιον κήρυγμα τῇ καινῇ κτίσει.
ὁ Χριστὸς αὐτός, ἡ νοητὴ θυσία,
γεύσασθε, φησί, τῶν ἐμῶν νῦν θυμάτων
καὶ γνόντες εὐλογεῖτε τὸν τεθυμένον·
ἔνδοξος ὢν πρὶν νῦν δεδόξασται πλέον.

ᾠδὴ γ', Κύριος ὢν πάντων καὶ κτίστης θεός, τὸ κτιστὸν ὁ ἀπαθὴς πτωχεύσας

Ἄκτιστος ὤν, κτίστης δὲ πάσης οὐσίας,
τὸ κτιστὸν ἐπτώχευσας ὕστερον, λόγε,
τὸν δουλικὸν χοῦν προσλαβὼν ὁ δεσπότης.
τὸ πάσχα δ' αὐτὸς τυγχάνων ἀποστόλοις,
οἷς καὶ θανεῖν ἔμελλες ὡς εὐεργέτης,
καινὴ προήχθης οἷα θύτης θυσία,
φαγεῖν κελεύων σῶμά σου ψυχοτρόφον
στερράν τε ποιῶν τὴν ἐκείνων καρδίαν.

ῥύσιον παντὸς τοῦ βροτείου γένους τὸ οἰκεῖον, ἀγαθέ

Κρατῆρα πλήσας γνωστικῆς εὐθυμίας
τὴν σὴν γλυκεῖαν αἱματόρρυτον πόσιν,
ἁμαρτίας κάθαρσιν, ἀγνοίας λύσιν,

17 Isai. 9, 5 ‖ **19–20** Matth. 26, 26–28; Marc. 14, 22–24; Luc. 22, 19–20 ‖ **29** Prov. 9, 1–3

16 *αὔτη* **p** *αὔτη* **r**[t] ‖ **17** *παντώων* **p** ‖ **20** *ἡδύνων* **r**[t] ‖ **25** *ἐνθέως* **p** : *εὐθέως* **c**[v] **r**[t] ‖ **26** *τῆς λαλουμένης* **p** ‖ **27** *κτίσει, οι* supra *-ει,* **p** ‖ **33** *τὸν* **p** ‖ **36** *ἔμελλεν* **r**[t] ‖ **37** *καινὴ*] *καὶ μὴν* **r**[t] | *προσήχθης* **r**[t] ‖ **38** et **46** *ψυχοτρόον* **p** ‖ **39** *ποιῶν* om. **r**[t]

τῶν σῶν μαθητῶν ἐγχέεις ταῖς καρδίαις,
ἑαυτὸν αὐτὸς ἱερουργῶν τοῖς φίλοις
ὡς οἷα θύτης, ἀλλ' ὁμοῦ καὶ θυσία,
φαγεῖν κελεύων σῶμα σὸν ψυχοτρόφον
στερρὰν τε ποιῶν τὴν ἐκείνων καρδίαν.

ἄφρων ἀνήρ, ὃς ἐν ὑμῖν προδότης, τοῖς οἰκείοις μαθηταῖς

Γνώστης ὑπάρχων τοῦ κεκρυμμένου δόλου
τοῖς σοῖς προεῖπας ἐμφανῶς ἀποστόλοις·
ἄφρων τις ὑμῶν καὶ φονουργὸς τυγχάνων
οὐ γνώσεται τὸ πάσχα τοῦ σωτηρίου,
ἀλλ' ἐμφαγών με μέχρι τῶν ὁρωμένων
οὐ μὴ συνήσει τὴν νοητὴν θυσίαν·
ὅμως ὑμεῖς μενεῖτε τοῖς ἐμοῖς λόγοις
στερράν τέ μοι λήψεσθε πίστιν τοῦ λόγου.

ᾠδὴ δ', Προκατιδὼν ὁ προφήτης τοῦ μυστηρίου σου τὸ ἀπόρρητον

Τὴν σὴν κένωσιν ὁ προφήτης προβλέπων
σαρκώσεώς τε τοὺς ἀπορρήτους λόγους
προφητικοῖς εἴρηκεν ἐνθέως λόγοις·
ἔθου κραταιὰν ἀγάπησιν ἰσχύος
καὶ πατρικὴν νόησιν, οἰκτίρμον πάτερ,
τὸν σὸν κραταιὸν υἱὸν ἠγαπημένον
ἱλασμὸν ἡμῖν τοῖς ἀπωσμένοις πάλαι
καὶ πταισμάτων δοὺς λύτρον ἡμαρτηκόσιν.

ἐπὶ τὸ πάθος τὸ πᾶσι τοῖς ἐξ Ἀδὰμ πηγάσαν ἀπάθειαν

Ἰὼν ὁ Χριστὸς εἰς ἑκούσιον πάθος
τὸ πηγάσαν ἅπασι τὴν καινὴν χάριν
τοῖς σοῖς μαθηταῖς εἶπας, ἀλλ' ἀποκρύφως,
συνεστιαθῆναί σε βούλεσθαι λίαν
τὸ πάσχα τὸ ζῶν οἷα καινοῖς συμπόταις,

50–53 cf. Matth. 26,21–25; Marc. 14,18–21; Luc. 22,21–23; Ioann. 13,18–27 ‖ **59** Habac. 3,4 ‖ **67–68** Luc. 22,15

44 *σαυτὸν* **r**[t] ‖ **46** *πιεῖν κελεύων αἷμα* prop. Maniate ‖ **48** *δόλου* **p r**[t]: *λόγου* **c**[v] ‖ **50** *τῆς ἡμῶν* **p** ‖ **51** *μυστηρίου* **p r**[t] ‖ **55** *τῶ λόγω* **p** ‖ **58** *προφητικῆς* **p** | *ἐνθέοις* **pr**[t] ‖ **60** *οἰκτίρμων* **p** ‖ **61** *κρατὸν* **p** ‖ **63** *ἡμαρτηκόσιν* **p r**[t]: *-κότων* **c**[v] ‖ **65** *ἅπασαν* **p**

ὡς οἷα μάρτυς μάρτυσι, θύταις θύτης·
εἰς τοῦτο καὶ γὰρ ἐξεπέμφθην πατρόθεν,
ὑμῖν ἐμαυτὸν θυσιάσαι τοῖς φίλοις.

μεταλαμβάνων κρατῆρος τοῖς μαθηταῖς προεῖπας, ἀθάνατε

Ὡς ἑστιάτωρ τοῖς φίλοις καὶ συμπόταις
σπῶν τοῦ κρατῆρος τοῦτο νῦν τέλος λέγεις
κοινῆς τραπέζης καὶ προσύλων βρωμάτων·
ἤδη γὰρ ἔσχεν ἡ παρουσία τέλος.
ἀφέξομαι δὲ καὶ νομίμου θυσίας,
αὐτὸς δὲ καινὴ θυσία ψυχοτρόφος
γενήσομαι σύμπαντι τῷ βροτῶν γένει·
ἧκον γὰρ ἐξίλασμα τούτοις πατρόθεν.

πόμα καινὸν ὑπὲρ λόγον ἐγώ φημι ἐν τῇ βασιλείᾳ μου

Μυστηρίων ἄρρητα τοῖς φίλοις βάθη
ὁ κηδεμὼν εἴρηκας ἀρρήτοις λόγοις,
κοινῆς μὲν αὐτοῖς οὐ μετασχεῖν ἑστίας,
καινὸν δὲ τούτοις συμπιεῖν λόγου πόμα,
κοινωνὸς αὐτοῖς τῶν ἀπορρήτων μένων
καὶ συνθέωσιν τὴν βασιλείαν λέγων,
σὺ μὲν προὼν ἄρρητος ἀρχὴ καὶ λόγος,
θεοῖς δὲ τούτοις ἐν μεθέξει συμμένων.

ᾠδὴ ε', Τῷ συνδέσμῳ τῆς ἀγάπης συνδεόμενοι οἱ ἀπόστολοι

Δεσμοῖς ἀγάπης οἱ μαθηταὶ τοῦ λόγου
δεσμούμενοι κάλλιστα τῷ κοινῷ πόθῳ
συνημμένοι τε τῷ θεῷ καὶ δεσπότῃ
κοινῶς ἀπερρύπτοντο σὺν τρόμῳ πόδας,
εὐαγγελικῶν δογμάτων ταχυδρόμους
καὶ πίστεως ἔχοντες ὡραίας βάσεις,
εὐάγγελοι κήρυκες ὄντες τοῦ λόγου.

73–74 Matth. 26,29; Marc. 14,25; Luc. 22,16 ‖ **82–83** ibid. ‖ **91** Ioann. 13,4–11 ‖ **92–94** Rom. 10,15

69 *θύτης θύταις* trp. **p**   *καὶ θύτης θύταις* **r**[t] ‖ **71** *ὑμῶν* **p**   *ὑμᾶς* **r**[t] | *ἐμαυτῶ* **p r**[t] | *τοὺς φίλους* **p** ‖ **73** *λέγειν* **r**[t] ‖ **76** *ὑφέξομαι* **r**[t] ‖ **79** *ἥκω* **p r**[t] ‖ **82** *καινοῖς* **r**[t] | *συμμετασχεῖν* **p** ‖ **83** *πόμα λόγου* trp. **r**[t] ‖ **84** *τῆς ἀπορρήτου* **p** | *μένον* **p** ‖ **85** *τῆς βασιλείας* **r**[t] ‖ **86** *πρὸς ὢν* **r**[t] ‖ **93** *ἔχοντας* **r**[t] | *βάσις* **p**

ἡ τὸ ἄσχετον κρατοῦσα καὶ ὑπέρροον ἐν αἰθέρι ὕδωρ

Χεὶρ ἡ κρατοῦσα τῶν ὅλων τὴν οὐσίαν
πηγάς τε τὰς ἄνωθι τὰς ὑπερρόους
καὶ τὰς κάτωθι τῶν ἀβύσσων συστάσεις
καὶ τῆς θαλάσσης τὰς ῥοώδεις ἐκχύσεις
μέρος τι τούτων τῷ πλυνῷ παρεγχέει,
πόδας ἀποπλύνει δὲ δούλων δεσπότης.

μαθηταῖς ὑποδεικνύων ταπεινώσεως ὁ δεσπότης τύπον

Τύπον μαθηταῖς δεικνύων ὁ δεσπότης
ταπεινότητος πνεύματός τε μετρίου
ὁ πάντα δεσμῶν ζώννυται τῷ λεντίῳ·
ᾧ πάντα κάμπτει κάμπτεται νῦν τὸν πόδα,
πλύνει τε χερσὶ τῶν μαθητῶν τοὺς πόδας
αἷς ἡ πνοὴ σύμπασα τῶν ποιημάτων.

ᾠδὴ ς', Ἄβυσσος ἐσχάτη ἁμαρτημάτων ἐκύκλωσέ με

Ἄβυσσος ἐσχάτη με κυκλοῖ πταισμάτων,
καὶ τὸν κλύδωνα μὴ φέρων τῶν ῥευμάτων
ὡς πρὶν Ἰωνᾶς νῦν βοῶ σοι τῷ λόγῳ·
ῥῦσαι φθορᾶς με καὶ ζάλης καὶ πνευμάτων.

κύριον φωνεῖτε, ὦ μαθηταί, καὶ διδάσκαλόν με

Στοιχεῖν μαθητὴς οἶδε τῷ διδασκάλῳ.
τοῖς οὖν μαθηταῖς ὡς διδάσκαλος λέγω·
μιμεῖσθε πάντες τὸν τύπον τῶν πρακτέων,
ὧν αὐτὸς ἦρξα πρακτικαῖς συμβουλίαις.

ῥύπον τις μὴ ἔχων ἀπορρυφθῆναι οὐ δεῖται πόδας

Ἐκτὸς μολυσμῶν οὐ καθαίρεται πόδας·
ὑμεῖς διαυγεῖς ὡς μαθηταὶ καὶ φίλοι,

99 Ioann. 13, 5 ‖ **101–102** 13, 12–15 ‖ **103** 13, 4 ‖ **105** 13, 5 ‖ **107** Ionas 2, 6 ‖ **113** Ioann. 13, 12–15 ‖ **115–117** Ioann. 13, 10–11

95 *τῆς οὐσίας* **c**^{v} **r**^{t} ‖ **96** *ἄνωθεν* **r**^{t} | *ὑπερόους* **p** p.c. *ὑπερώους* **p** a.c., **r**^{t} ‖ **99** *τούτω* **r**^{t} | *παρεκχέει* **r**^{t} ‖ **100** om. **p** ‖ **101** *τύπων* **p** ‖ **104** *ᾧ*] *ὅ* **p** | *κάμπτη* **p** ‖ **106** *οἷς* **r**^{t} ‖ **107** *πν(ευμ)άτων* **p** **r**^{t} ‖ **111** *μαθητὰς* **p** *-αῖς* **r**^{t} ‖ **112** *ὡς* **c**^{v} **r**^{t}: *ὢν* **p** | *λέγων* **p** ‖ **113** *πραγμάτων* **r**^{t} ‖ **114** *ὢν* **p** ‖ **115** *οὐ καθαίρεται* **c**^{v} p.c.: *ἐκκαθαίρεται* **c**^{v} a.c. *καθαίρεται* **p** *-τε* **r**^{t} ‖ **116** *διεῖδεῖς* **p** | *ὡς*] *ὦ* **p**

ἀλλ' εἷς ἀφ' ὑμῶν τὴν ῥοπὴν τῆς καρδίας
εἰς θηριώδεις ἐκφέρει φονουργίας.

ᾠδὴ ζ'. Οἱ παῖδες ἐν Βαβυλῶνι καμίνου φλόγα οὐκ ἔπτηξαν

Τὴν Περσικὴν κάμινον ἑπταπλασίως
καυθεῖσαν οὐκ ἔπτηξαν οἱ νεανίαι·
ἡγούμενοι δὲ τὴν πυρὰν ὥσπερ δρόσον
ἔψαλλον ἡδύφωνον ᾆσμα τῷ λόγῳ,
ὡς εὐλογητὸς τῶν ὅλων ὁ δεσπότης.

νευστάζων κάραν Ἰούδας κακὰ προβλέπων ἐκίνησεν

Ἔσεισε νεύων τὴν φονοσκόπον κάραν
πλέκων Ἰούδας τὸν φόνον τοῦ δεσπότου,
ζητῶν ἐφευρεῖν προσφυῶς εὐκαιρίαν
Χριστὸν προδοῦναι τὸν κριτὴν κατακρίτοις,
ὅς ἐστι πάντων καὶ θεὸς καὶ δεσπότης.

μεθ' ὅστις ἐμοῦ τὴν χεῖρα τρυβλίῳ βάψει θρασύτητι

Σημεῖον εἶπας τοῖς ἐρωτῶσι φίλοις
τῆς τοῦ μαθητοῦ μηχανουργίας, λόγε,
τὴν χεῖρα τοῦ βάψαντος ἐν τῷ τρυβλίῳ·
ᾧ μὴ προσελθεῖν τοῦ βίου ταῖς εἰσόδοις
κρεῖττον τέθεικας λαμπροτήτων μυρίων.
τοῦτον δ' ἐδήλους ὅσπερ ἦν φονοδρόμος
πάντων ὁ πλάστης καὶ θεὸς τῶν πατέρων.

ᾠδὴ η', Νόμων πατρῴων οἱ μακαριστοὶ ἐν Βαβυλῶνι νέοι

Νόμων πατρῴων Ἰσραηλῖται νέοι
ἐν Περσικῇ γῇ φύλακες δεδειγμένοι
κατέπτυσαν μὲν τοῦ τυραννοῦντος λόγων,
στερροὶ δὲ τυγχάνοντες ὄντως τὴν φύσιν
τὸ παμφάγον πῦρ ἐκπεφεύγασι μόνοι,
ἐπάξιον δὲ τῷ κρατοῦντι δεσπότῃ

119 Dan. 3,22 ‖ **121** Dan. 3,49–50 ‖ **122–123** Dan. 3,24–45 ‖ **126–127** Matth. 26,16; Luc. 22,6 ‖ **131–133** Matth. 26,23–24; Marc. 14,20–21 ‖ **136–138** Dan. 3,16–18

123 *ὁ τῶν ὅλων* trp. **p** ‖ **125** *βλέπων* **r**ᵗ ‖ **128** *θεὸς*] *κριτὴς* **c**ᵛ a. c. ‖ **129** mg. *λείπ(ει) ὑμῶν ὁ χ(ριστὸ)ς τοῖς φίλοις*: **c**ᵛ ‖ **130** *λόγου* **p** ‖ **132** *ὢ μοι* **p** *οὐ μὴ* **r**ᵗ ‖ **133** *κρείττων* **c**ᵛ | *τέθηκας* **c**ᵛ ‖ **134** *τούτῳ* **c**ᵛ p. c. | *ὥσπερ* **p** | *φονοσκόπος,* sscr. *δρόμος,* **c**ᵛ ‖ **138** *τὸν … λόγον* **p** *τοῦ τυράννου τοὺς λόγους* **r**ᵗ ‖ **139** *ὄντες* **r**ᵗ ‖ **140** *παμφάλ* **p** | *ἐκπεφεύγουσι* **r**ᵗ

ἔμελπον ὕμνον κρούμασι ψυχοκρότοις·
τῷ δημιουργῷ πᾶσα μελπέτω κτίσις.

οἱ δαιτυμόνες οἱ μακαριστοὶ ἐν τῇ Σιὼν τῷ λόγῳ

Τῷ μυσταγωγῷ τῶν ἀληθῶν δογμάτων
προσκαρτεροῦντες οἱ μαθηταὶ τῷ λόγῳ
ὡς οἷα μύσται τῶν ἀπορρήτων λόγων
ἐν τῇ Σιὼν εἵποντο συγκεκλημένοι,
ἄρνες καθώσπερ τῷ νοητῷ ποιμένι.
συνεστιαθέντες δὲ τὸν θεῖον λόγον
θεῷ προσῆγον ἐμμελῆ συμφωνίαν·
σύμπασα τὸν κτίσαντα μελπέτω κτίσις.

νόμου φιλίας ὁ δυσώνυμος Ἰσκαριώτης γνώμῃ

Θεσμῶν ἀληθοῦς καὶ φίλης κοινωνίας
ἑκὼν Ἰούδας δυσμενὴς λελησμένος
οὓς χερσὶν ἐξένιψε δεσπότης πόδας
τούτοις κατ' αὐτοῦ πρὸς φονουργίαν τρέχει·
τὸ σὸν δὲ σῶμα μυστικῶς κατεσθίων
σοὶ πτέρναν ἦρεν ὕβρεως τῷ δεσπότῃ,
μὴ γνοὺς μελῳδεῖν· εὐλογείτω τὸν λόγον
ἡ τῷ λόγῳ παγεῖσα τῶν ὄντων κτίσις.

ἐδεξιοῦτο τὸ λυτήριον τῆς ἁμαρτίας σῶμα ὁ ἀσυνείδητος

Ἐδεξιοῦτο σῶμά σου ψυχοτρόφον
ἁμαρτιῶν κάθαρσιν ἀγνώμων λάτρις·
ἐδεξιοῦτο καὶ πόμα ζωηφόρον,
τῶν αἱμάτων σου τοὺς καθαρσίους λύθρους.
ἀλλ' ἦν ἀναιδὴς καὶ πιπράσκων καὶ πίνων
καὶ τοῖς πονηροῖς μὴ προσοχθίζων τρόποις,
οὐδ' αὖ συνῆκεν ἐκβοᾶν· τὸν δεσπότην
ἡ τῶν βροτῶν σύμπασα μελπέτω κτίσις.

143 Dan. 3,57–82 ‖ **154–155** Ioann. 13,30 ‖ **157** 13,18

145 *προσκαρτεροῦν* **p** ‖ **147** *εἶπον τὸ* **p** ‖ **148** om. **c**[v] | *συγκεκλεισμένοι* **r**[t] ‖ **149** *τῷ θείῳ λόγῳ* **r**[t] ‖ **151** *σύμπαντα* **r**[t] | *τῷ* **p** ‖ **152** *θεσμοὺς* **p** *δεσμῶν* **r**[t] | *ἀληθῶς* **c**[v] **r**[t] ‖ **153** *ἐκτὸς* **p** | *λελημμένος* **p** ‖ **154** *δεσπότου* **p** ‖ **155** *τούτους* **r**[t] ‖ **156** *γνωστικῶς* **p r**[t] ‖ **159** *τῷ ὄντι* **r**[t] | *ὅλων* **p** ‖ **160** *ἐδεξιοῦτο τὸ* **p r**[t] | *ψυχροτρόφον* **c**[v] *ψυχοτρόον* **p** ‖ **161** *ἀνώμων* **p** ‖ **167** *κτίσις*] *φύσις* **r**[t]

ᾠδὴ ϑ', Ξενίας δεσποτικῆς καὶ ἀϑανάτου τραπέζης

Τοῦ κήρυκος βοῶντος ὡς ὁ δεσπότης
εἰς ὑπερῴους χαμόϑεν ἤρϑη τόπους
κοινῇ πρὸς αὐτὸν συνδραμόντες εὐτόνως
ἄνω κάτωϑεν ἐν τρόποις ὑπερτάτοις
ϑείας τραπέζης συμμετάσχωμεν, φίλοι.

ἄπιτε, τοῖς μαϑηταῖς ὁ λόγος ἔφη, τὸ πάσχα

Τὸ πάσχα, φησὶ τοῖς μαϑηταῖς ὁ πλάσας,
ϑύειν τὸ ϑεῖον εἰς ὑπέρτατον τόπον,
ᾧ νοῦς ἔνεστι τοῖς ἐμοῖς μύσταις ξένως,
ἑτοιμάσατε γνωστικαῖς ϑεωρίαις,
ἐξ ἀζύμου μὲν τῆς ἀληϑείας λόγου,
στερρᾷ δὲ πήξει τῇ βάσει τῶν δογμάτων.

δημιουργὸν ὁ πατὴρ πρὸ τῶν αἰώνων σοφίαν γεννᾷ, ἀρχήν

Λόγον με πλάστην τῶν ἀπείρων κτισμάτων
γεννᾷ πατὴρ πρίν, πλὴν πρὸ αἰώνων ὅλων,
ἀρχὴν ὁδῶν ἄναρχον ἀγνώστων λόγον.
γεννᾷ μὲν οὕτως, εἶτα καὶ κτίζει πάλιν
εἰς ἔργα ταῦτα τῶν γε νῦν τελουμένων.
λόγος γὰρ ὢν ἄκτιστος ἄρρητος μόνος
φωνὰς λέγω πως οὗ προσείλημμαι γένους.

ὡς ἄνϑρωπος ὑπάρχω οὐσίᾳ, οὐ φαντασίᾳ, οὕτω ϑεὸς τῷ τρόπῳ

Ὥσπερ βροτὸς πέφυκα καὶ ϑεὸς πέλω,
οὕτω ϑεὸς πέφυκα καὶ βροτὸς μένω·
ὑπόστασις γάρ εἰμι σύνϑετος μία.
ἀλλ' ὥσπερ ὢν ἄνϑρωπος ὁ πλάστης λόγος
φύσει τὸ πᾶν πέφυκα μηδὲν φαντάσας,

173–174 Luc. 22,7–13 ‖ **177** 1 Cor. 5,8 ‖ **180–183** Prov. 8,22–23

169 *τρόπους* **p** ‖ **170** *εὐτόνως* om. **r**[t] ‖ **171** *ὑπὲρ ταύτης* **p** ‖ **172** *ϑεία τράπεζα* **r**[t] ‖ **174** *ϑύειν* **c**[v]: *ϑείως* **p** *ϑεῖος* **r**[t] ‖ **175** *ὧν* **p** | *ξένος* **p** ‖ **176** *ἡτοιμάσατε* **r**[t] | *μυστικαῖς* **p** ‖ **179** hinc **n**, inscr. *ἐκ τοῦ τέλους τοῦ εἰς τὴν μεγ(ά)λην ε' κανόνος· στίχοι τοῦ ψελλοῦ:–* | *λόγων* **r**[t] | *μὲν* **n** | *ἀπλήστων* **r**[t] ‖ **180** *ὁ πατὴρ* **r**[t] | *πλὴν πρὸ* **n**: *πλὴν τῶν* **c**[v] *πρὸ τῶν* **p** *προ* **r**[t] ‖ **181** *ὁδὸν* **p** | *λόγων* **c**[v] a.c., **p n r**[t] ‖ **182** *οὗτος* **r**[t] ‖ **186** hinc **Pi**[d], inscr. *εἰς τὸ αὐτὸ διὰ στίχων ἰαμβικῶν* **P** *τοῦ αὐτοῦ περὶ τοῦ τρόπου τῆς ἀντιδόσεως* **i**[d] ‖ **188** *γὰρ*] *γοῦν* **r**[t] ‖ **189** *ὥπερ* **p** ‖ **190** *πέφυκε* **P** a. c., **i**[d], (**r**[t]?) *-κεν* **p** | *μηδὲν φαντάσας*] *τὸ πρόσλημμά μου* **r**

οὕτω θεὸς πέφυκε τὸ πρόσλημμά μου.
οὗτος γάρ ἐστιν ἀντιδόσεως τρόπος·
εἴληφεν ὡς δέδωκεν, εἶτ' ἀντιστρόφως
δέδωκεν ὡς εἴληφεν. ἰσότης φίλη·
ἐκεῖνο τοῦτο, τοῦτ' ἐκεῖνο τῇ φύσει,
ἄμφω τὸ κοινόν, ἓν δ' ὁμοῦ τε καὶ δύο.
εἷς εἰμι τοίνυν, τὰς φύσεις μὴ συγχέας,
ἐξ ὧν, ἐν οἷς πέφυκα, τὸ κρεῖττον δ', ἅπερ.
τὸ μὲν γὰρ ἐξ ὧν ταῦτα συγχεῖ πολλάκις,
ὥσπερ τὸ σῶμα τὰς συνελθούσας φύσεις
(οὐ πῦρ γάρ ἐστιν, οὐκ ἀήρ, οὐδ' ἄλλό τι)·
τὸ δ' αὖ ἐν οἷς τρίτον τι τούτων τυγχάνει·
ὃ δ' οὖν ἅπερ πέφυκε, ταῦτα τυγχάνει.
ἅπερ κἀγὼ πέφυκα φύσεως λόγοις,
θεὸς βροτὸς τέλειος, εἷς ἄμφω μόνος.

Poemata 25 et 26. In Romanum senem et Basilium

Quamquam Romani senis nomine plerumque Romanus I Lecapenus (920–944) designatur (cf. Poem. 8, 1361), haec duo epigrammata acronyma ad Romanum III Argyrum (1028–1034) et Basilium II (976–1025) referenda esse verisimile est; is quidem Romanus senis cognomine distingui non poterat ante regnum Romani IV (1068–1071). neque apparet cur Psellus hos imperatores vix sibi notos huiusmodi epigrammatis honorandos selegerit.

Εἰς τὸν βασιλέα κῦριν Ῥωμανὸν τὸν γέροντα στίχοι, ἐν ταῖς ἀρχαῖς τῶν λέξεων δηλοῦντες τὸ ὄνομα

Ῥοδοκρινοπρόσωπος ὡραῖος μέδων
ἀκτῖσι νίκης οὐρανοῖ σκηπτουχίαν.

192–194 Ioann. Damasc. Exp. fid. 48, 38–40; Psell. Omnif. doctr. 12, 35–37 || **134** cf. Aristot. Eth. Nic. IX 8, 1168 b 8 || **200–201** Damasc. De nat. comp., PG 95, 112 C 1–113 A 7 || **205** id. Exp. fid. 47, 52–53

191 *πέφυκα μηδὲν φαντάσας* **r**^{t} || **192** *οὕτως* **i**^{d} | *ἀντιδώσεως* **c**^{v} **p n** || **194** *φίλοι* **p** || **195** *ἐκείνω τούτω, τοῦτ' ἐκείνω* **p** | *τὴν φύσιν* **P** || post **196** *ὑπόστασις μία γάρ. αἱ φύσεις δύο* add. **r**^{t} **P** || **198** *ἄτερ* **i**^{d} || **199** om. **r**^{t} || **201** *οὐδ'*] *οὐκ* **i**^{d} || **202** *ἂν* **i**^{d} | *τρίτον*] *κρεῖττον* **i**^{d} | *τοῦτο* **P** || **203** om. **r**^{t} **P** | *ὁ* **p i**^{d} | *γοῦν* **i**^{d} | *πέφυκα* **i**^{d} | *τυγχάνων* **i**^{d} || **204** *ὅπερ* **i**^{d} | *λόγω* **i**^{d} || **205** *θεὸς*] *χ(ριστὸ)ς* **i**^{d} | *εἰς* **p**

25–26 V 272^{v} || edd. Allatius[1] 58–59 = PG 122, 531 A–B

Εἰς τὸν βασιλέα κῦριν Βασίλειον ὅμοιοι

Βέβαιον ἄστρον, σεμνὸν ἵλασμα λίαν
ἔλαμψεν ἴσχειν οἴακας σκηπτουχίας.

Poema 27. In flammulam Monomachi

Sunt versus intertexti, quales leguntur in Scorial. R.III. 17, f. 9v (fortasse Geometrae, cuius versus praecedunt):

Εἰς τὸν οἶνον ὑφαντοί

Σὺ θάρσος, ἥβη, δύναμις, πλοῦτος, πόλις,
δειλῶν, γερόντων, ἀσθενῶν, πτωχῶν, ξένων.

idem schema uno versu comprehensum habes infra, Poem. 83 (versus alio modo 'textos' describit Hunger II 105, n. 25). animadverte Psellum huius figurae causa bis clausulam proparoxytonam admisisse.

Τοῦ αὐτοῦ στίχοι εἰς τὸ φλάμουλον τοῦ Μονομάχου ἔχον ἱστορημένον τὸν ἅγιον Γεώργιον, τὸν βασιλέα ἔφιππον, φέροντα λόγχην καὶ τοὺς βαρβάρους διώκοντα

Μάρτυς, βασιλεῦ, ἵππε, λόγχη, βάρβαροι,
σύμπνει, δίωκε, σπεῦδε, πλῆττε, πίπτετε.

Poema 28. In protosyncellum

Ad protosyncellum Leonem Paraspondylum complures epistulas scripsit Psellus: Epp. 7–9 et 118 Sathas; Epp. 72, 87, 185 Kurtz-Drexl[2]; tum breve encomium, 55–59 Kurtz-Drexl[1]. haec omnia composita sunt, ut et hoc epigramma, imperante Theodora (1055–1056), deinde Michaele VI (1056–1057), quem Paraspondylus ad thronum promoverat (Scylitzes 479, 14–17; 480, 31–33; 486, 1–10). oppone durum iudicium, quod de eodem Psellus fert in Chronographia (Theodora cap. 6–9; cf. etiam Michael VI cap. 32).

Τοῦ αὐτοῦ εἰς τὸν πρωτοσύγκελλον

Σύγκελλος ὡς σύνοικος, ἀλλὰ τοῦ λόγου·
καὶ πρῶτος ὡς πρόεδρος, ἀλλὰ τοῦ πόλου.
πᾶς οὖν τις αὐτὸν πρωτοσύγκελλον λέγε
ὡς οὐρανοῦ πρόεδρον, ὡς θεοῦ φίλον.

27 H 51v || edd. Allatius[1] 59 = PG 531B | tit. *ἱστορισμένον* **H**
28 H 51v || edd. Allatius[1] 47 = PG 122, 520A || tit. et 3 *ἀσύγκελον* **H**

Poema 29. Ad amicos unanimos

Alloquitur amicos suos, tam aulicos quam clericos, ad unum omnes, a summis usque ad infimos. occasio non indicatur: an cum ad Olympum proficiscebatur?

Στίχοι τοῦ αὐτοῦ

Τοῖς ἓν πνέουσι καὶ συνουσιωμένοις,
συγκλητικοῖς, ἄρχουσι τῆς ἐκκλησίας,
Βάρδαις Προκοπίοις τε, Κιννάμοις πλέον,
ὀστιαρίοις ὑπομιμνήσκουσί τε,
κλητοῖς ἀκλήτοις, γνωρίμοις ἀνωνύμοις,
πρώτοις μεγίστοις, ἐσχάτοις παρεσχάτοις,
ἐμοῖς ἀδελφοῖς καὶ φίλοις καὶ συντρόφοις,
τὰ πάντα μίγδην τοῖς ὁμοῦ μεμιγμένοις.
οὐ γὰρ διαιρεῖν βούλομαι τὰς ἀξίας
οὐδὲ φθόνου πρόσκομμα γίνεσθαι θέλω·
εἷς εἰμι καὶ κάτοιδα δεσπότην ἕνα
καὶ πάντας ὑμᾶς ὡμογνωμονηκότας.

Poema 30. In maledicum insensatum

Adversus auctorem libelli famosi notum Psello; non ergo est anonymus obtrectator, quem in Opusc. 7 Oratoriorum minorum (Littlewood) refutat.

Τοῦ αὐτοῦ πρὸς ἀναίσθητον λοίδορον

Καὶ βάτραχοι φωνοῦσιν, ἀλλ' ἐκ τελμάτων·
καὶ κύνες ὑλακτοῦσιν, ἀλλὰ μακρόθεν·
καὶ κάνθαροι παίζουσιν, ἀλλ' ἐν κοπρίαις.
οὐκοῦν τί καινὸν εἰ λαλοῦσι καὶ λίθοι,
μικρὸν παραλλάττοντες ἀδρῶν βατράχων;

29 V 264^{r-v} ‖ ed. Garzya[1] 245–246; id.[2] 25–26 ‖ 9 bis in **V**

30 V 160^{v} **M** 1^{v} **m**^{m} 56^{r} ‖ edd. Allatius[1] 59 = PG 122,531 C ‖ tit. sec. **V** | *ἀναίσθητον*] *τινὰ* add. **M** | *πρός τινα λοίδορον* **m**^{m} ‖ 1 *πελμάτων* **m**^{m} ‖ 2 *ἀλλ' ἐκ τελμάτων* (iterum) **M** ‖ 3 *σκάνθαροι* **m**^{m} | *κοπρία* **Mm**^{m} ‖ 5 *μικρῶν* **Mm**^{m} | *ἀνδρῶν* **Mm**^{m}

Poema 31. In sanctum Georgium

Psello tribuit codex unicus Havniensis, testis haud tam fidus; non tamen adversatur metrum. fortasse destinatum erat imagini in monasterio s. Georgii Manganorum, quod condidit Monomachus initio regni sui (Janin, Eglises 70–71); cf. Christophori Mitylenaei Poema 95 in eam ecclesiam.

Τοῦ Ψελλοῦ εἰς τὸν ἅγιον Γεώργιον

Ὡς στερρός, ὡς ἄτρεστος, ὡς ὑπὲρ φύσιν
ἀθλητικοὺς ἤνεγκας εὐψύχως πόνους,
Γεώργιε κράτιστε, μαρτύρων κλέος.
πυρὸς κατεφρόνησας ἐμπύρῳ ζέσει,
ὑγρᾶς κατεκράτησας ὡς πῦρ οὐσίας,
κρείττων ἐφάνης καὶ τομῆς καὶ μαστίγων.
ὡς θῦμα δεκτὸν τῷ θεοῦ, μάρτυς, λόγῳ
τομὴν ὑπέστης καὶ σφαγὴν μαρτυρίου.
ταῖς ἀρεταῖς δὲ πανσθενῶς πεφραγμένος
τροχοῦ φορὰν ἤνεγκας ἐντόνῳ σθένει
καὶ δεσμὰ καὶ κάκωσιν ἄλλην ἐσχάτην.
καὶ δὴ προσελθὼν τῷ βραβευτῇ σου λόγῳ
στεφηφορῶν ἕστηκας ὡς νικηφόρος.

Poema 32. In Photium

Incerta auctoritas additamenti marginalis in codice Photiano quodammodo confirmatur altero epigrammate Theophylacti Achridensis, discipuli Pselli, in eadem pagina adscripto (Praef. p. XXV). possis conicere memoriam Photii schismate a. 1054 redintegratam esse. nota tamen paenultimam longam in vs. 2.

Στίχοι τοῦ Ψελλοῦ

[*Τὸ*] *φῶς τὸ θεῖον, Φώτιε, δεδεγμένος*
[*ποι*]*μὴν ἐδείχθης φωσφόρος Νέας Ῥώμης·*
[*ἣν*] *φωτίσας κάλλιστα πράξει καὶ λόγῳ*
[*ὡς*] *φῶς ἀνῆλθες εἰς ἀνέσπερον φάος.*

31 h 3v ‖ ined.
32 th 764 ‖ ined.

Poema 33. In matrem dei lactantem

Psello tribuit Havniensis codex eadem fide qua Poema 31.

Τοῦ Ψελλοῦ εἰς τὴν θεοτόκον θηλάζουσαν

Τὴν παρθένον βλέπων με καὶ βρεφοτρόφον
νόει, θεατά, τὸ σθένος τοῦ δεσπότου.

Poema 34. In poculum

Quid fuerit *κώθων*, neque viri docti nostri temporis noverunt nec Psellus quicquam de ea re scisse putandus est praeter ea quae apud Athenaeum XI 66, 483 B–F, legerat. usurpatur ergo vocabulum pro poculo qualicumque.

Τοῦ Ψελλοῦ εἰς κώθωνα γυναικὸς ἀργυροῦν

a

Κώθων διαυγής, ἀλλὰ χεὶρ πολλῷ πλέον.

b

Κώθωνα τόνδε χεὶρ νεαρὰ βαστάσοι,
ἄν τις δὲ λεπρὰ μηδὲ κἂν προσεγγίσοι.

c

Καὶ μὴ πιεῖν θέλοντα κώθων ἑλκύει.

d

Κώθων πιεῖν πείθει με καὶ δίψης πλέον.

e

Πίνειν με πείθει καὶ πρὸ δίψης ἡ θέα.

Poemata 35–52. Aenigmata

Collectio saeculo XV vix antiquior (Preaf. p. XXVI); Pselli sunt sola Poemata 35–37 versibus politicis conscripta, nam quae sequuntur elegiaca (Poem. 38–40) ex Anthologia Palatina deprompta sunt, iambica (Poem. 41–52) composuerunt varii poetae Byzantini, inter quos Chrostophorus Mitylenaeus et Mauropus. puer imperialis, cui Psel-

33 h 3^r ‖ ined.
34 M 182^r ‖ ed. Lambros 180 ‖ **6** *πίνειν* scripsi: *-ει* **M** | *πρὸ* scripsi: *πρὸς* **M**
35–52 $\mathbf{a}^e$ 207^r–208^r $\mathbf{a}^f$ 148^v–150^v ‖ ed. Boiss.^{2} 429–436 ‖ tit. sec. $\mathbf{a}^e$ | *καὶ ὑπερτίμου* om. $\mathbf{a}^f$ | *στίχοι πολιτικοί ἡρωελεγεῖοι ἰαμβικοί* mg. adscr. $\mathbf{a}^f$

lus sua obtulit, non est Michael VII Ducas, quippe qui Porphyrogennetus (36,8) non fuerit, sed frater eius minor Constantinus (de quo vide Chronographiam, Const. X cap. 21, et Michael VII cap. 15).

Τοῦ σοφωτάτου καὶ ὑπερτίμου Ψελλοῦ πρὸς τὸν βασιλέα Μιχαὴλ τὸν Δούκαν αἰνίγματα

35

Ἔστι τι ζῷον λογικόν, δέσποτα στεφηφόρε,
ὁρῶν, οὐκ ἔχον ὀφθαλμούς, ἐκτὸς ποδῶν βαδίζον,
ἐστερημένον κεφαλῆς, ἀκέραιον τὰς φρένας,
πνεύμονος ἄτερ καὶ λοβῶν, καρδίας καὶ κοιλίας,
ἐστερημένον τοῦ παντός, τινὸς οὐ λελειμμένον.
τί τοῦτο; φράσον, ἔξειπε, λέξον, δήλωσον, γράψον,
ὡς συνετός, ὡς νουνεχής, ὡς ὑπερφέρων πάντων.

36

Σφαῖρά τις ὕπερθεν τῆς γῆς, πετάλοις σκεπομένη,
ὕπτιος ἐπανάκειται, ὕδατος πεπλησμένη,
καιρῷ προσφόρῳ λάμπουσα, πάλιν μαραινομένη,
ὅλῳ τῷ χρόνῳ λάμπουσα, φθίσιν οὐ δεχομένη,
ἀλέαν ἀποτίκτουσα, σβεννύουσα τὴν ζέσιν,
τοῖς εὐπαθοῦσι πρόσφορος, τοῖς δυσπαθοῦσι πλέον,
νοσήματος γεννητική, λυτήριον τῆς νόσου.
τίς αὕτη, πορφυρόβλαστε; τῆς λύσεως τίς λόγος;

37

Εἶδον ἀρρήτοις ὄμμασι, δέσποτα στεφηφόρε,
νέον πρεσβύτην ἐν ταὐτῷ τέλειον λελειμμένον,
ὑψιπετῆ καὶ χθαμαλόν, κλονούμενον ἑδραῖον,
φωτίζοντα σκοτίζοντα, τέμνοντα συνουλοῦντα,
τοὺς μὲν ἐκ γῆς ἀνάγοντα, τοὺς δὲ πρὸς γῆν κρατοῦντα,
καὶ σῴζοντα καὶ τῇ φθορᾷ τῆς ὕλης συμπηγνύντα.

38

Εἰμὶ πατρὸς λευκοῖο μέλαν τέκος, ἄπτερος ὄρνις,
ἄχρι καὶ οὐρανίων ἱπτάμενος νεφέων·

38 = Anth. Pal. XIV 5 (anon.)

35 inscr. *ἄγγελος* $\mathbf{a}^{e}$ *νοῦς· ἢ ἄγγελος* $\mathbf{a}^{f}$ ‖ 2 *ἔχων* $\mathbf{a}^{f}$ ‖ 6 *ἔξειπε λέξον* Barber. gr. 41: *λέξον ἔξειπε* $\mathbf{a}^{e}$ $\mathbf{a}^{f}$

36 inscr. *σελήνη* $\mathbf{a}^{e}$ *οὐ(ρα)νός* $\mathbf{a}^{f}$ ‖ 7 *νοσήματα* $\mathbf{a}^{f}$

37 inscr. *χρόνος* $\mathbf{a}^{e}$ $\mathbf{a}^{f}$

38 inscr. *καπνός* $\mathbf{a}^{e}$ $\mathbf{a}^{f}$

κούραις δ' ἀπτομένῃσιν ἀπενθέα δάκρυα τίκτω·
εὐθὺ δὲ γεννηθεὶς λύομαι εἰς ἀνέμους.

39

⟨Ἐγκέφαλον φορέω κεφαλῆς ἄτερ· εἰμὶ δὲ χλωρή,⟩
αὐχένος ἐκ δολιχοῦ γῆθεν ἀειρομένη·
σφαίρῃ δ' ὡς ὑπὲρ αὐλὸν ἐείδομαι· ἢν δὲ ματεύσῃς,
ἔνδον ἐμῶν λαγόνων μητρὸς φέρω πατέρα.

40

Ἀνθρώπου μέρος εἰμί, ὃ καὶ τέμνει με σίδηρος·
γράμματος αἰρομένου δύεται ἠέλιος.

41

Ἔζων ὅτ' ἔζων, πλὴν λόγου παντὸς δίχα·
ἔθανον ἄρτι, καὶ γέμω παντὸς λόγου.

42

Ξύλου μὲν ἡ κλείς, ἡ δὲ κιγκλὶς ὑδάτων.
διέδρα λαγώς, καὶ κύων συνεσχέθη.

43

Πτερωτός εἰμι, τοξότης καὶ πυρφόρος.
διπλῆ με συντέθεικε δυὰς γραμμάτων
μονάς τε διπλῆ συλλαβῶν· τὸ πᾶν μάθε.
τῆς γοῦν κορυφῆς ἠρμένης τῶν γραμμάτων
τοῖς βαρβάροις πέφυκα συντεταγμένος·
ἂν δ' ἡμισευθῶ, σώματος δηλῶ μέρος.

44

Οὐδεὶς σπορεύς μου καὶ φύω σπορᾶς δίχα·
τρέφει με πέτρα καὶ καλοῦμαι πρὸς τόδε.
τέμνει σίδηρος, εἰς δέον τε λεπτύνας
ἀνὴρ χαραγμὸν εὐφυῶς ποιεῖ μέσον.
ὑγρὸν ζοφῶδες ἐκρέει μου συχνάκις,
τὸ δ' ἐκτελεσθὲν τίμιον βροτοῖς πέλει.

39 = Anth. Pal. XIV 58 (anon.)
40 = Anth. Pal. XIV 35 (anon.); cf. Basil. Megalom. 10 p. 441 Boiss.
42 cf. Basil. Megalom. 21 p. 444 Boiss.
43 cf. Basil. Megalom. 25 p. 445 Boiss.

39 inscr. *ἀγκηνάρα ἢ μήκων* $\mathbf{a}^{e}$ *φωνή ἐστιν ὡς οἶμαι· ἧς μ(ή)τηρ ἡ γλῶσσα· ἧς π(ατ)ὴρ αὖθις ὁ νοῦς ἔνδον τῆς φωνῆς θεωρούμενος ἢ καὶ ὁ ἀὴρ· δι' οὗ ἡ φωνὴ τὴν γένεσιν ἔχει* $\mathbf{a}^{f}$ ‖ 4 *φέρω* $\mathbf{a}^{e}$ $\mathbf{a}^{f}$: *ἔχω* Anthol.
40 inscr. *ὄνυξ* $\mathbf{a}^{e}$ $\mathbf{a}^{f}$ ‖ 2 *ἥλιος* $\mathbf{a}^{f}$
41 inscr. *δέρμα προβάτου* $\mathbf{a}^{e}$ *χάρτης βέβρανος* $\mathbf{a}^{f}$
42 inscr. *τὸ ἐν τῇ ἐρυθρᾷ θαῦμα τοῦ μωϋσέως* $\mathbf{a}^{e}$ om. $\mathbf{a}^{f}$
43 inscr. *ἔρως* $\mathbf{a}^{e}$ $\mathbf{a}^{f}$ ‖ 4 *ἠργμένης* $\mathbf{a}^{f}$
44 inscr. *γραφίς* $\mathbf{a}^{e}$ *πετροκάλαμον* $\mathbf{a}^{f}$

45

Ἄπετρός εἰμι καὶ κινούμενος δόμος,
ἐν γῇ βεβηκώς, γῇ δὲ μὴ συνημμένος.
οὐ πηλός, οὐκ ἄσβεστος ἐξήγειρέ με,
πρίων δὲ καὶ σκέπαρνον οὐ τέτμηκέ με,
εἰ μὴ κορυφὴν καὶ τὰ βάθρα μου λέγεις.
φῶς ἔνδον ἕλκω, καίπερ ὢν πεφραγμένος.
λοξοὺς συνιστῶντάς με κίονας φέρω.
τῶν κιόνων μου πάντοθεν κλονουμένων,
τὸ σχῆμα σῴζων ἀβλαβὴς ἑστὼς μένω.
τὸ καινόν· εἴ με καὶ καταστρέψεις βίᾳ,
οὐκ ἂν καταράξῃς με, σῶός εἰμί σοι,
ἀνίσταμαι γὰρ καὶ πάλιν μένω δόμος.

46

Εἷς τοῦ χοροῦ πέφυκα τῶν θεοπρόπων.
δισυλλαβῶν δέ, γραμμάτων τετρακτύι
τὴν πῆξιν ἔσχον. ἂν δὲ τὴν κάραν τέμῃς,
νηφάλιον θήσεις με τοῖς βροτοῖς πόμα
καὶ σωματικῶν ῥυπτικὸν μολυσμάτων.
διχῇ δὲ διελών με καὶ τεμὼν μέσον
μέρος με τοῦ σώματος αὐτίκα νόει.
ἀντιστρόφως δὲ τὴν ἀνάγνωσιν δράσας
ἐναντίον θήσεις με τοῖς ἀσωμάτοις.

47

Τρισύλλαβον πέφυκα. σὺ δέ μοι σκόπει·
ζῷόν με γεννᾷ, ζῷον οὔκουν τυγχάνω.
ἄν μου τὸ πρῶτον ὑφέλῃς τῶν γραμμάτων,
εὕρῃς με κατάπαυσιν ἀνθρώπων γένους·
τὸ δεύτερον δὲ γράμμα συναφανίσας
γῆς πρὸς θάλατταν ὀξὺ κατίδοις τέλος·
κἂν τὸ τρίτον δὲ γράμμα πάλιν ὑφέλῃς,
εὐωδίαν ἔχον με πολλὴν κατίδῃς·
εἰ γράμμα μου πάλιν τέταρτον ἐκβάλοις,
ὄντως ὂν εὑρήσεις με, κἂν δίχα τόνου.

48

Ζῷόν τι πεζὸν ἀλλὰ νηκτὸν εὑρέθη,
ἔμψυχον ἀλλ' ἄψυχον, ἔμπνουν ἀλλ' ἄπνουν,

45 = cf. Christoph. Mityl. 71 K.; cf. Basil. Megalom. 7 p. 440 Boiss.
47 cf. Basil. Megalom. 6 pp. 439–440 Boiss.
48 = Ioann. Maurop. 60 Lagarde

45 inscr. *τέντα* **a**^{e} **a**^{f} ‖ 1 *δόμος* om. **a**^{f} ‖ 5 *ἕλκων* **a**^{f} ‖ 10 *καὶ* om. **a**^{f} ‖ 11 *ταράξῃς* **a**^{e}
46 inscr. *ὁ προφήτης ἀμώς* **a**^{e} *ἀμὼς ὁ προφήτης* **a**^{f} ‖ 6 *μεσοι* **a**^{f}
47 inscr. *κηρίον* **a**^{e} *κηρίον ἤτοι κηρόμελι* **a**^{f} ‖ 4 *εὕροις* **a**^{f} ‖ 6 *κατίδοις*] *η* sscr. **a**^{e} (?) ‖ 7 *γράμμα δὲ* trp. **a**^{e} ‖ 8 *κατίδοις* **a**^{e} ‖ 9 *τέταρτον πάλιν* trp. **a**^{e}
48 inscr. *ναῦς* **a**^{e} **a**^{f}

ἕρπον, βαδίζον καὶ πτεροῖς κεχρημένον.
ἄκουε καὶ θαύμαζε καὶ δίδου λύσιν.

49

Δίκαιός εἰμι καὶ δικαίων ἀκρότης·
ἓξ τὰ σκέλη μου, κἄνπερ οἱ πόδες δύο.

50

Κλῆσις πέφυκα καὶ θεοῦ δηλῶ χάριν.
ἐκ σχετλιασμοῦ συλλαβὰς φέρω δύο·
πτῶσίς με θῆλυς συμπεραίνει δευτέρα
ὑπὲρ γυναικός, εἰ διαιρεῖν με θέλεις.

51

Ἀνήρ με γεννᾷ καὶ πατὴρ ὑπὲρ φύσιν·
ζωὴν καλεῖ με, καὶ θάνατον προσφέρω.

52

Ἡμεῖς ἀδελφαὶ γνήσιαι ψυχῶν δίχα,
ἄλλη μὲν ἄλλης τῷ χρόνῳ πρεσβυτέρα,
ἴσαι δὲ πᾶσαι τοὺς διαύλους τῶν χρόνων·
αἳ καὶ λαλοῦμεν οὐκ ἀνοίγουσαι στόμα,
βαδίζομεν δὲ μὴ πόδας κεκτημέναι.
ἐνταῦθά σοι λαλοῦμεν, ὡς ὁρᾶν ἔχεις,
καὶ πανταχοῦ πάρεσμεν, εἰ σκοπεῖν θέλεις.

Poema 53. Introductio in Psalmos

Ordo rerum: de vita et moribus Davidis (1–19); de decem capitulis, ad quae Psalmi referendi sunt, scil. I ad vitam Davidis, II ad archaeologiam, III ad physiologiam, IV ad Christologiam, V ad gentiles ecclesiam Iudaeos, VI ad trinitatem, VII ad creaturas intellectuales, VIII ad virtutem moralem, IX ad cogitationes, X ad mandata divina (20–66); de aliis capitulis (67–79); de utilitate Psalmorum et musicae (80–187); enumerantur alia capitula additicia, in sequentibus examinanda (188–212), hoc modo: de Asaph et aliis, quorum nomina in inscriptionibus obvia fiunt (213–337), de anepigraphis (338–359), de testimoniis scripturae (360–373), quid sit alleluia (374–390), de psalterio psalto psalmo psalmodia (391–411), de diapsalmate (412–420), de ode

49 = Christoph. Mityl. 21 K. = Basil. Megalom. 26 p. 445 Boiss.
52 = Christoph. Mityl. 56 K.

49 om. **a**^{f} ‖ inscr. *τρυτάνη* **a**^{e}
50 inscr. *ἰωάννης* **a**^{e} **a**^{f} ‖ 4 *εἰπὲρ* **a**^{f} | *θέλοις* **a**^{f}
51 inscr. *εὖα* **a**^{e} **a**^{f}
52 inscr. *αἱ ὧραι* **a**^{e} *νὺξ· καὶ ἡμέρα* **a**^{f} ‖ 4 *καλοῦμεν* **a**^{e}
53 s 45^{v}–50^{r} **v** 71^{r}–83^{r} (vss. 28–780) **p** 1^{r}–2^{v} (vss. 513–694) ‖ ed. Lambros – Dyobouniotes 361–384

hymno etc. (421–463), de numero Psalmorum et de modo collectionis (464–474), de coryphaeis choris instrumentis (475–513), de ordine Psalmorum (514–552), de obscuritate (553–565), de interpretibus, scilicet LXX (quorum fuisse etiam Symeonem illum qui Iesum infantem suscepit), Aquila, Symmacho, Theodotione, duobus anonymis, Luciano (566–582); subiunguntur quaedam de generibus prophetiae (683–736) et de modis interpretationis (737–768); explicatio Psalmi 1 (769–780).

Quaedam horum etiam in isagogis philosophicis et rhetoricis comparent, sicut divisio decemplex capitulorum, capita de proposito, de utilitate, de auctore libri, de obscuritate (cf. M. Plezia, De commentariis isagogicis, Kraków 1949); totum vero poema ad Euthymii introductionem in Psalmos, quae commentarium eius praecedit (PG 128), tam arte adhaeret ut inde haustum esse non facile negari possit; de qua re vide apparatum fontium. sed etiamsi quis credere mavult hunc poetam eodem exemplari usum esse quo et Euthyius, relinquuntur tamen aliae graves causae cur Pselli non esse existimemus: quod dedicatio ad imperatorem abest, quod hiatus diligenter vitatur, quod sermo quodammodo nitidior est quam carminum Psellianorum (vide ex. gr. vss. 80–149).

Τοῦ αὐτοῦ πρὸς τὸν αὐτὸν βασιλέα

Ὁ θεοπάτωρ βασιλεὺς Δαυὶδ ὁ ψαλμογράφος,
νομοθετῶν καὶ προφητῶν καὶ στρατηγῶν τὸ κλέος,
τῶν ἄλλων παίδων Ἰεσσαὶ νεώτατος ὑπῆρχε·
τὴν ὄψιν μὲν ἀπέριττος, τὴν δὲ ψυχὴν ὡραῖος,
τὴν γνώμην ἀνδρικώτατος, τὸ σῶμα ῥωμαλέος,
πρᾶος, κοινὸς καὶ ταπεινός, ἀλλ' ἀρχικὸς τὴν πρᾶξιν,
ἡδύτατος ἐν ἤθεσιν, ὀξύτατος ἐν λόγοις,
ποικίλος τὰ χαρίσματα, τὴν θεωρίαν ἔνθους.
οὗτος πολλὰ μὲν ὑποστάς, πολλὰ καὶ κατορθώσας,
τραπεὶς δ' ἀπείρους τὰς τροπὰς ἐφ' ἱκανὸν τὸν χρόνον,
καὶ νῦν μὲν ἐλαυνόμενος, νῦν δὲ δεινοῖς ἐμπίπτων,
νῦν πάσχων καὶ θλιβόμενος, ἄλλοτε φυγαδεύων,
ποτὲ μὲν ἔχων ἄνεσιν καὶ ζῶν θυμηρεστέρως,
ποτὲ δὲ χειμαζόμενος θλίψεων τρικυμίαις,
ἄλλοτε πάλιν τὴν ὁδὸν τὴν θείαν διοδεύων,
ποτὲ δὲ καὶ πλανώμενος ⟨............⟩ ἐκ ταύτης,
ἅπερ σαφῶς μανθάνομεν ἀπὸ τῆς ἱστορίας,
ἅπαντα νῦν τὰ καθ' αὐτὸν ὡς ἔχει κατὰ μέρος
ἐν τούτῳ τῷ συγγράμματι διδάσκων ἀνατάττει.

53 3-4 Euthym. Zigab. In Ps., PG 128, 41 A 14–B 1 ‖ 5-8 41 B 3–10 ‖ 9-10, 18-19 49 A 1–4

1 *ψαλμωγράφος* s ‖ 5 *ῥωμαλαῖος* s ‖ 16 spat. vac. in s ‖ 18 *ἔχει* scripsi: *ἔχων* s

Καὶ πρώτη μὲν ὑπόθεσις τῆσδε τῆς πραγματείας
ἀφήγησις διδάσκουσα τὰ πάθη τοῦ προφήτου.
Δεύτερον δὲ κεφάλαιον τῆς συγγραφῆς εὑρήσεις
τὴν θαυμαστὴν ἀφήγησιν τῆς ἀρχαιολογίας.
ἐν διαφόροις γὰρ ψαλμοῖς ἱστορικῶς συγγράφει
πατριαρχῶν τὴν γένεσιν, τὴν ἀγωγήν, τὴν πρᾶξιν,
τὴν ἐν Αἰγύπτῳ μοχθηρὰν δουλείαν τῶν Ἑβραίων
τῶν νώτων τὴν ἐπίτριψιν, τὴν ἄρσιν τῶν κοφίνων,
πρὸς δὲ καὶ τὴν δεκάπληγον ποινὴν τῶν Αἰγυπτίων·
εἶθ' οὕτως καὶ τὴν ἔξοδον τὴν ἀπὸ τῆς Αἰγύπτου,
τῆς Ἐρυθρᾶς τὴν χέρσωσιν, τοῦ Φαραὼ τὴν πνῖξιν,
ἀναβατῶν καὶ τριστατῶν τὸν ὄλεθρον τὸν ξένον·
τὰ τῆς ἐρήμου θαύματα καὶ τὴν μαννοβροχίαν,
τὸν ἐκ τῆς πέτρας ποταμὸν καὶ τὴν ὀρτυγομήτραν·
τὰ νομικά, τὰ τῆς σκηνῆς, τὰ τῆς ἱερατείας,
τοὺς Ἀριθμοὺς καὶ τὴν γραφὴν τοῦ Δευτερονομίου·
τὴν στρατηγίαν Ἰησοῦ καὶ τὴν κληροδοσίαν·
πρὸς τούτοις δὲ καὶ τοὺς Κριτὰς ἅμα ταῖς Βασιλείαις·
καὶ τἄλλα πάντα σὺν αὐτοῖς ὅσα τῆς ἱστορίας.
Τρίτον ἐστὶ κεφάλαιον ἡ φυσιολογία,
ἐξ ἧς ἐκδιδασκόμεθα τὰ τῆς δημιουργίας,
περί τε γῆς καὶ τῶν ἐν γῇ καὶ περὶ γῆν κτισμάτων
περί τε τῶν κατ' οὐρανὸν περί τε τῶν στοιχείων.
Τέταρτον δὲ κεφάλαιον γνῶθι τὰ τοῦ σωτῆρος,
ὅσα περὶ τὴν σάρκωσιν καὶ τὴν οἰκονομίαν,
τὴν τῶν θαυμάτων ἔνδειξιν καὶ τὴν διδασκαλίαν,
τὴν τοῦ λυσσώδους μαθητοῦ δολίαν προδοσίαν,
τὸν χλευασμόν, τὸν ἐμπαιγμόν, τὸν γέλωτα, τὰς ὕβρεις,
ὅσα περὶ τὴν σταύρωσιν καὶ τἄλλα τὰ τοῦ πάθους,
τὴν βρῶσιν τὴν ἐκ τῆς χολῆς, τὴν πόσιν τὴν ἐξ ὄξους,
τὴν ἔγερσιν, τὴν ἄνοδον, τὸν ὕμνον τῶν ἀγγέλων,
ὅσα τε προηγόρευσε προδήλως ἐπὶ τούτοις.

20–21 49 A 4–5 ‖ **22–26** 49 A 5–11 ‖ **27** Ps. 80,7 ‖ **28–29** Ps. 77,42–51; 104,26–28 ‖ **29** Euthym. 49 A 11 ‖ **30–31** Ps. 135, 13–15 ‖ **31** Exod. 15, 4 ‖ **32–33** Ps. 77, 15–29; 104,40–41 ‖ **34–38** Euthym. 49 A 11–14 ‖ **36** Ps. 77,54–55; 104,44; 134,12; 135,21–22 ‖ **39–66** Euthym. 49 A 14–D 4 ‖ **40–42** Ps. 18,2–7; 103,5–26; 134,6–7; 135,5–9 ‖ **46** Ps. 40,10 ‖ **47** Ps. 21,7–9; 68,20–21 ‖ **48** Ps. 21,17–19 ‖ **49** Ps. 68,22 ‖ **50** Ps. 23,7–10

20 *πρώτη* scripsi: *πρῶτον* **s** ‖ **28** hinc **v** ‖ **32** *μανοβροχίαν* **s**

Πέμπτον τὴν κλῆσιν τῶν ἐθνῶν, τῶν μαθητῶν τὴν δόξαν,
τὴν προκοπὴν καὶ σύστασιν τῆς νέας ἐκκλησίας,
τὴν τῶν Ἑβραίων κάκωσιν καὶ τὰς αἰχμαλωσίας,
τὴν τοῦ δεσπότου φοβερὰν δευτέραν παρουσίαν.
Ἕκτον ἐστὶ κεφάλαιον τὸ κατὰ τὴν τριάδα,
πατρός, υἱοῦ καὶ πνεύματος σεπτὴ θεολογία.
Ἕβδομον ἡ τῶν νοερῶν ἐξήγησις κτισμάτων,
ἤγουν νοός τε καὶ ψυχῆς, ἀγγέλων καὶ δαιμόνων.
Ὄγδοον οἱ τῆς ἠθικῆς παιδαγωγίας λόγοι,
δι' ὧν ποθοῦμεν ἀρετὴν καὶ φεύγομεν κακίαν.
Ἔννατον τὰ τῶν λογισμῶν καὶ τὰ τῆς διανοίας,
τῆς τῶν δαιμόνων προσβολῆς, τῆς τῶν παθῶν ἐφόδου,
καὶ τῆς αὐτῶν ἀποτροπῆς καὶ συντριβῆς καὶ νίκης.
Δέκατον δὲ κεφάλαιον τῶν ἐντολῶν ὁ λόγος,
ἐν οὐδενὶ λειπόμενος τῶν ἐν εὐαγγελίοις.
Δέκα μὲν οὖν κεφάλαια τὰ συνηριθμημένα,
οἷσπερ ἡ πᾶσα τῶν ψαλμῶν ἔγκειται πραγματεία·
εἰσὶ δὲ πάλιν ἕτερα χωρὶς τῶν δέκα τούτων
ἐκ τῶν πραγμάτων φέροντα κλήσεις ἰδικωτέρας.
ψαλμὸς δοξολογητικός, ὡς ὢν δοξολογία·
ψαλμός εὐχαριστήριος, ὡς ὢν εὐχαριστία·
ἄλλος ψαλμὸς προσευκτικός, ὡς προσευχὴν ἐμφαίνων·
ἄλλος παραμυθητικός, ὅτι παραμυθεῖται·
ἕτερος δὲ προτρεπτικός, ὡς προτροπὴν σημαίνων·
ἕτερος δ' ἀποτρεπτικός, ἐπείπερ ἀποτρέπει·
πρὸς τούτοις δ' ὁ μεθοδικός, ἐπείπερ ἑρμηνεύει,
οὐ μόνον γὰρ προτρέπεται τὸ πράττειν ἢ μὴ πράττειν,
ἀλλ' ὑποτίθησιν ὁμοῦ τὸν χρόνον καὶ τὸν τρόπον.
Ὅλως δ' ἡ βίβλος τῶν ψαλμῶν ἐστι ταμεῖον,
παθῶν ἁπάντων φάρμακον, κοινὴ ψυχῶν ὑγεία,
συμφόρημα τῶν ἀγαθῶν, ἀνθρώποις σωτηρία.
πᾶσαν γὰρ νόσον ψυχικὴν ἐξαίρει καὶ διώκει,
τὴν ἀρετὴν συνίστησι, παύει τὴν ἁμαρτίαν,

54 Ps. 77, 59–64; 78; 105, 40–42 ‖ **65–66** Ps. 18, 8–12; 118 ‖ **67–79** Euthym. 49 D 5–12 ‖ **80–81** 49 D 12–52 A 1 ‖ **82** 52 A 5–6

55 *δευτέραν* Lambros: *ἡμέραν* **s v** ‖ **60** *οἱ*] *ἡ* **v** ‖ **62** *ἔνατον* **v** ‖ **66** *λειπούμενος, -ει-* in ras., **s**

λύπης δροσίζει καύσωνα, μέριμναν ἐξορίζει,
θλιβόμενον παρηγορεῖ, θυμούμενον πραΰνει,
πρόσφορον ἄκος δίδωσιν ἑκάστῳ τῶν ἀνθρώπων·
καὶ τοῦτο δὲ μετά τινος ἐνθέου μελῳδίας,
μεθ' ἡδονῆς τε σώφρονος, μετ' εὐφροσύνης θείας,
ἵνα τῷ λείῳ καὶ τερπνῷ θελγόμενοι τοῦ μέλους
τὸ τῶν ῥημάτων ὄφελος ἕλκωμεν λεληθότως,
ὃ τοῖς σοφοῖς τῶν ἰατρῶν ἔθος ποιεῖν πολλάκις.
ἡνίκα γὰρ τὰ πόματα κιρνῶσι τοῖς ἀρρώστοις,
μέλιτι περιχρίουσι τὰ τῶν κυλίκων ἄκρα,
ὅπως ἐκ τῆς γλυκύτητος κλεπτόμενοι τὴν γεῦσιν
δέχωνται προσηνέστερον τὴν πόσιν τῶν φαρμάκων.
οὕτως οὖν ψάλλοντες ἡμεῖς δοκοῦμεν μέλος ᾄδειν,
τὸ δ' ἀληθὲς παιδεύομεν τὰς ἑαυτῶν καρδίας
καὶ μνήμην ἀνεξάλειπτον ἔχομεν τῶν λογίων.
ἐπεὶ γὰρ πάντες ἄνθρωποι τοῖς μέλεσι κηλοῦνται,
κρατεῖ δ' ἐν τούτοις ἡδονὴ ῥευστοῖς τὴν φύσιν οὖσι,
τὸ ῥάθυμον δ' ἀπόλλυσι τὴν μνήμην τῶν ῥημάτων,
ἕνεκεν τούτου τοῖς ψαλμοῖς τὸ μέλος εἰσηνέχθη,
τὸ τῶν φαρμάκων αὐστηρὸν τῶν γραφικῶν καὶ θείων
μέλιτος δίκην ἀλλοιοῦν καὶ καταφαρμακεῦον
καὶ τῷ γλυκεῖ τὸ χρήσιμον εὐτέχνως παραρτῦον·
καὶ γὰρ τὸ χαριέστατον ἡδέως ἐπεισδῦνον
πάντως καὶ μονιμώτερον καρδίαις ἐφιζάνει.
ὅτι δ' οἰκείως ἔχομεν φύσει πρὸς μελῳδίαν,
τοῖς βουλομένοις ῥᾴδιον μαθεῖν ἐκ τῶν πραγμάτων.
καὶ γὰρ κλαυθμυριζόμενα πολλὰ τῶν βρεφυλλίων
μητέρες κατεκοίμησαν ὑπὸ τῆς μελῳδίας.
εἰ βούλει δέ, μετένεγκε πρὸς ἄλογα τὸν λόγον·
ἵπποι μὲν γὰρ ἀκούοντες τῆς σάλπιγγος ἠχούσης
ὀργῶσι θυμικώτερον πρὸς συμπλοκὴν πολέμου·
τὰ θρέμματα δ' ἐφέπεται τῷ μέλει τῶν συρίγγων,
καὶ τότε πλέον τέρπεται καὶ γέγηθε καὶ σκαίρει,

97–99 52 B 1–3 ‖ **100–101** cf. 65 A 5–11 ‖ **103–108** 65 A 11–B 2 ‖ **109–112** 65 C 12–D 2 ‖ **113–118** 65 D 8–68 A 2

96 *δέχονται* **v** ‖ **102** *τῆς μνήμης* **s v**, correxi ‖ **103** *ἐνεισήχθη* **s v**, correxi ‖ **106** *τὸ γλυκὺ* **v** | *παρτύον* **v**

σὺν τούτοις δὲ πιαίνεται, τὸ θαυμαστὸν καὶ μεῖζον.
ὁρῶμεν δ' ἐν ταῖς ἀγοραῖς τὰς χειροήθεις ἄρκτους
ὑπὸ κιθάρας κρούματα παιζούσας ὀρθοστάδην.
ἐγὼ δ' ὁ ταῦτα γεγραφὼς ἐρῶ σοι καί τι πλέον·
εἶδόν ποτε κυνίδιον ἀπὸ τῶν Μελιταίων,
παρῆν δὲ καί τις αὐλητὴς ἀπὸ τῶν ἀγοραίων,
καλάμῳ μέλος ἐνηχῶν μετὰ κιθαρῳδίας·
ὅταν δ' αὐτὸς ἐνέπνευσε τὸ μέλος τῷ καλάμῳ,
ἐκεῖνο τὸ κυνίδιον, ἂν ἔτυχεν ἐσθίον,
ἐνέκοπτε τὰ τῆς τροφῆς, ἀπέρριπτε τὸ βρῶμα,
ἠρέμα τε προσέβαινε τοῦ μουσικοῦ πλησίον,
καὶ τοῦτον βλέπον ἀτενῶς ἅμα καὶ περισαῖνον
ἐκ λεπτοτάτης ὑλακῆς ὥσπερ ἀντεμελῴδει·
ἡνίκα δὲ κατέπαυεν ὁ τραγῳδὸς τὸ μέλος,
ἐπὶ τὸ λεῖπον τῆς τροφῆς ὑπέστρεφεν ὁ κύων,
ὅταν δὲ πάλιν τὸν αὐλὸν ὑπέπνευσεν ἐκεῖνος,
καὶ πάλιν τὸ κυνίδιον τὴν βρῶσιν διωθεῖτο
καὶ γαληνῶς προσυλακτοῦν ἀντᾴδειν πως ἐῴκει·
ἁπλῶς δ' ὁσάκις ᾔσθετο τὸν αὐλητὴν αὐλοῦντα,
τῶν ἄλλων πάντων ἀμελοῦν ἐξήρτητο τοῦ μέλους.
ἀλλ' ἐπὶ τὸ προκείμενον ὁ λόγος ἀναγέσθω.
τὸ μέλος τοίνυν τῶν ψαλμῶν παύει καὶ τὴν νωθρείαν,
δίδωσι καὶ τῷ ψάλλοντι παραψυχὴν τοῦ κόπου.
καὶ γὰρ ὁρῶμεν ψάλλοντας πολλοὺς τῶν ὁδοιπόρων,
ὅπως τὸν νοῦν συστρέφοντες περὶ τὴν ψαλμῳδίαν
τὸν κάματον συντέμνωσι τὸν τῆς ταλαιπωρίας·
καὶ γεωργοὶ δὲ σκάπτοντες ἐν μέσῃ μεσημβρίᾳ
ἀντίπαλον τοῦ καύσωνος προβάλλονται τὸ μέλος·
ὁ δὲ χαλκεὺς σφυροκοπῶν παρ' ὅλην τὴν ἡμέραν
τὸν τῶν μελῶν ἐκτιναγμὸν παρηγορεῖ τῷ μέλει.
συλληπτικώτερον εἰπεῖν, πάντες οἱ χειροτέχναι
τοῖς ᾄσμασι προσχρώμενοι συστέλλουσι τοὺς πόνους.
Ἔστι δὲ τοῦ μελίσματος αἰτία τις δευτέρα.
ἀπατηλῆς γὰρ ἡδονῆς τοῖς μέλεσι τιτρώσκων

141–143 65 D 3–5 ‖ **148–149** 65 D 5–8

118 *μεῖζον*] *ξένον* **v** ‖ **120** *κρούματος* **v** ‖ **138** *ἐναγέσθω* **s** ‖ **139** *καὶ τὴν νωθρείαν* **s**: *τὴν θρηνωδίαν* **v** ‖ **147** *ἐκτειναγμὸν* **s v** ‖ **150** *ἔστι* **v**: *ἐπὶ* **s**

ἀπόλλυσι τὸν ἄνθρωπον ὁ δυσμενής, ὁ πλάνος·
σοφῶς δ' ἀντιτιτρώσκεται πνευματικαῖς βολίσιν
ἑτέρας πάλιν ἡδονῆς, εὐτέχνου, θαυμασίας·
ὅπερ ἐστὶ κατόρθωμα στρατηγικῆς σοφίας,
ὅταν οἷς τρόποις τὸν ἐχθρὸν ὁρῶμεν πολεμοῦντα,
τούτοις κατατροπώμεθα τὰς τούτου πανουργίας.
ξύλῳ νεκρώσας τὸν Ἀδὰμ ἀντινεκροῦται ξύλῳ,
ἐν ᾧ δεσπότης νεκρωθεὶς ὑπὲρ οἰκείων δούλων
τὸν νεκρωτὴν ἐνέκρωσε καὶ νέκρωσιν ἐξεῖλεν·
ἐκ πικροτάτης συμβουλῆς ἐσκέλισε γυναῖκα,
γυνὴ δ' αὐτὸν κατέβαλε θεὸν σαρκὶ τεκοῦσα,
τὸν τῶν ἀνθρώπων λυτρωτήν, τὸν τούτου καθαιρέτην,
ἡ μακαρία γυναικῶν, ἡ μήτηρ καὶ παρθένος,
ἡ τὴν κατάραν ἄρασα διὰ τῆς εὐλογίας,
ἡ τοῖς ἀνθρώποις τὴν χαρὰν τῆς λύπης ἀντιδοῦσα·
δῆμον Ἑβραίων ὥπλισε πρὸς φόνον τοῦ σωτῆρος,
ἀλλ' εἷς Ἑβραῖος ἤρκεσεν ἀντὶ πολλῶν Ἑβραίων
ἀπὸ τοῦ φάρυγγος αὐτοῦ πολλὰς ψυχὰς ἁρπάσαι,
Παῦλος ὁ παμφαέστατος φωστὴρ τῆς οἰκουμένης·
καὶ τὸν λῃστὴν ἠρέθισεν ἐπὶ τὴν βλασφημίαν,
λῃστὴς δὲ πάλιν ἕτερος τὸν λῄσταρχον λῃστρεύει.
τί δ' ἂν καὶ τἆλλα λέγοιμι ταύτης τῆς εὐτεχνίας;
οὕτως οὖν φαύλης ἡδονῆς τὸν ἄνθρωπον ῥιπτούσης
πνευματική τις ἡδονὴ τοῦτον ἐπανεγείρει.
Ἔστι καὶ τρίτον αἴτιον ταύτης τῆς μελῳδίας.
τῶν γὰρ ᾀσμάτων ὁ ῥυθμὸς ἔστιν ἐκ συμφωνίας,
ἡ συμφωνία γίνεται τῆς ὁμονοίας μήτηρ,
τῆς δ' ὁμονοίας ὁ δεσμὸς διδάσκει τὴν ἀγάπην·
καὶ δείκνυται τὸ μέλισμα πρόξενον τῆς ἀγάπης,
εἰς ἓν συνάγον ἄριστα τὰς γλώσσας καὶ τὰς γνώμας
καὶ συμβιβάζον εὐφυῶς ὡς ἐν ἁρμολογίᾳ.
τί γὰρ ἂν οὕτω δύναιτο τὰς ἔχθρας διαλλάσσειν
ὡς ᾆσμα προφερόμενον κοινῶς ὑπὲρ ἀλλήλων;
τίς δὲ τοσαύτην ἄνθρωπος ἔσχε μισανθρωπίαν,
ὡς φιλεχθρεῖν πρὸς ἀδελφὸν τὸν τούτου συνικέτην,
τὸν ὑπὲρ τούτου φέροντα θεῷ τὴν ἱκεσίαν;

160 ἐξεῖρε **V** ‖ **183** διαλάσσειν **SV**

Τίνες μὲν οὖν εἰσι σκοποὶ τῆς προκειμένης βίβλου,
τίνα τὰ ταύτης χρήσιμα καὶ τί τὸ τούτων τέλος,
δι᾽ ὅν τε λόγον εὕρηται τὸ μέλος τῶν ᾀσμάτων,
ἀρκούντως ἐδιδάξαμεν ἐν τοῖς προειρημένοις.
εἰπεῖν δὲ πρόκειται λοιπὸν καὶ τοῖς ἑξῆς τοῦ λόγου,
εἰ μόνου τοῦ Δαυίδ ἐστιν ἡ ψαλμοφόρος βίβλος·
τί λέγεται ψαλτήριον, ὅθεν δ᾽ ἡ τούτου λέξις,
καὶ τί ψαλτόν, καὶ τί ψαλμός, καὶ τίς ἡ ψαλμῳδία·
καὶ ποῖον τὸ διάψαλμα· τί τῆς ᾠδῆς ἡ φράσις,
καὶ τί τὸ ῥῆμα βούλεται τῶν ὕμνων καὶ τῶν αἴνων·
καὶ τίς ἐξομολόγησις, καὶ ποσαχῶς καλεῖται·
ποίαν δ᾽ εὐχῆς καὶ προσευχῆς διαφορὰν καλοῦσι·
καὶ τί ψαλμὸς ᾠδῆς ἐστιν οὕτω προγεγραμμένος,
καὶ τί σημαίνει τοὔμπαλιν ᾠδὴ ψαλμοῦ κειμένη·
πόσοι δ᾽ εὑρίσκονται ψαλμοί, καὶ διὰ τί τοσοῦτοι·
καὶ τίς ὁ συλλεξάμενος καὶ τάξας ἐν βιβλίῳ·
πόσοι τοῦ μέλους ἀρχῳδοί, καὶ διὰ τί τοσοῦτοι·
πόσοι χοροὶ συνέψαλλον τὸ μέλος ὑπ᾽ ἐκείνοις·
πόσοι συνίστων τὸν χορόν, καὶ διὰ τί τοσοῦτοι·
καὶ τίς ἐστι διαφορὰ τοῦδε τοῦ ψαλτηρίου
πρὸς τὰς λοιπὰς κατασκευὰς τῶν μουσικῶν ὀργάνων·
καὶ τίς ἐστι τῆς τάξεως τῆς τῶν ψαλμῶν ὁ λόγος
καὶ τῆς ἐπί τινων ψαλμῶν κειμένης ἀσαφείας·
πόσαι δ᾽ εἰσὶ μεταβολαί, καὶ τίνων ἑρμηνέων
τῆς γλώσσης τῆς Ἑβραϊκῆς ἐπὶ τὴν Ἑλληνίδα.
Λέγουσι τοίνυν τοὺς ψαλμοὺς παρὰ πολλῶν γραφῆναι,
μὴ παρὰ μόνου τοῦ Δαυὶδ τοὺς πάντας ἐκτεθῆναι·
τὸν λόγον δὲ κρατύνουσιν ἐκ τῶν ἐπιγραμμάτων.
ἔχουσι γὰρ ἐπιγραφὰς κλήσεων διαφόρων·
ἔν τισι μέν ἐστι ψαλμοῖς Ἀσὰφ προγεγραμμένος,
ἔν τισι δ᾽ ἐστὶν Ἰδιθούμ, κεῖται δ᾽ Αἰθὰμ ἐν ἄλλοις,
ἔν τισι δ᾽ ἂν εὑρήσειας Αἰμὰν Ἰσραηλίτην,
ὄψει δὲ πάλιν ἀλλαχοῦ καὶ τοῦ Κορὲ τοὺς παῖδας,

188–212 52 C 12–D 11 ‖ **213–224** 53 A 4–9 ‖ **217** Ps. 49, 1; 73, 1–82, 1 ‖ **218** Ps. 38, 1; 61, 1; 76, 1 | 88, 1 ‖ **219** Ps. 87, 1 ‖ **220** Ps. 41, 1; 43, 1–48, 1

188 *προκειμένου* **v** ‖ **192** *καὶ*] scr. *ἐν*? ‖ **197** *τῶν αἴνων καὶ τῶν ὕμνων* trp. **v** ‖ **199** *εὐχὴν* **v** ‖ post **206** vs. 203 iterat **v** ‖ **209** *τῆς*^{2}] *τίς* **v** ‖ **210** *τῆς* ex *τίς* **s** ‖ **213** *πολλοῖς* **v** | *γραφεῖ* […] **v** ‖ **217** *ψαλμὸς* **v**

ἄλλοις δ' ἐστὶν ἐγκείμενον ὄνομα Σολομῶντος,
εὕρηται δέ που καὶ Μωσῆς, ἄνθρωπος τοῦ κυρίου·
πάντας δὲ τούτους τοὺς ψαλμοὺς συναγαγεῖν τὸν Ἔσδραν,
ὅταν παρῆλθεν ὁ καιρὸς ὁ τῆς αἰχμαλωσίας.
οὕτως οὖν φάσκουσί τινες καὶ τούτους ψαλμογράφους·
καὶ φέρουσι καὶ τὸν Λουκᾶν συλλήπτορα τοῦ λόγου,
ἐν οἷς πως οὗτος ἱστορῶν τὰς ἀποστόλων πράξεις
'βίβλον ψαλμῶν' ὠνόμασε, Δαυὶδ μὴ μνημονεύσας·
καὶ τάχα δείκνυσιν αὐτὸς ἐκ τούτου τοῦ λογίου,
ὡς οὐκ εἰς μόνον τὸν Δαυὶδ τὴν βίβλον ἀναφέρει.
ἔτι καὶ ταύτην τίθενται τρίτην ἀπολογίαν,
τὸ καί τινας ἐν τῶν ψαλμῶν ἐπιγραφὰς μὴ φέρειν,
ἑτέρους δ' ἔχειν προγραφάς, καὶ ταύτας βραχυτάτας,
μὴ κλήσεις δέ τινων δηλοῦν, ἀλλ' ἀνωνύμους εἶναι·
ἐν ἄλλοις δ' ἀλληλούια καὶ μόνον προγεγράφθαι.
εἰ γὰρ ὑπῆρχον ῥήματα Δαυιτικῶν χειλέων,
ἐχρῆν, φασί, καὶ τὸν Δαυὶδ τούτοις ἐπιγεγράφθαι.
ἄλλοι δὲ πάλιν λέγουσιν, οἷς καὶ συμφρονητέον,
τὴν ὅλην βίβλον τῶν ψαλμῶν εἶναι Δαυὶδ καὶ μόνου,
καὶ τούτους ἁπαξάπαντας αὐτὸν ἐκτεθεικέναι,
τοὺς ἔχοντας ἐπιγραφὰς καὶ τοὺς ἀνεπιγράφους·
καὶ τὰς αἰτίας φράζουσιν ὡς ἁρμοδιωτάτας.
τὸν γὰρ ἐπιγραφόμενον εἰς πρόσωπον Μωσέως
προδήλως ἀποφαίνουσιν οὐκ ὄντα τοῦ Μωσέως·
ἢ γὰρ ἂν πρῶτος τῶν ψαλμῶν ἐτέθειτο τῶν ἄλλων,
τὴν τάξιν κομισάμενος ἐκ τῆς προγενεσίας
ὡς ποίημα πρεσβύτερον καὶ πρώτου συγγραφέως·
ἢ πάντως ἂν ἐνέκειτο ταῖς βίβλοις ταῖς ἐκείνου,
ἐν αἷσπερ καὶ τὰς τρεῖς ᾠδὰς ἔχομεν γεγραμμένας.
ἡ μὲν γὰρ τοῖς ἱστορικοῖς ἔγκειται τῆς Ἐξόδου,
ἡ βίβλος δὲ τῶν Ἀριθμῶν διδάσκει τὴν ἑτέραν,
ἡ μετ' αὐτὴν δ' ἐντέθειται τῷ Δευτερονομίῳ.
ἄρα λοιπὸν Δαυίδ ἐστιν ὁ τοῦ ψαλμοῦ γεννήτωρ,

221 Ps. 71, 1; 126, 1 ‖ **222** Ps. 89, 1 ‖ **223** cf. infra vss. 473–474 ‖ **226–228** Acta 1, 20 ‖ **226–230** Euthym. 53 A 12–B 3 ‖ **231–235** Euthym. 53 A 9–12 ‖ **238–239** 53 B 8–10 ‖ **243–252** 53 B 10–15 ‖ **250** Exod. 15, 1–18 ‖ **251** Num. 21, 17–18? ‖ **252** Deut. 32, 1–43

224 *ὅτε* **v** ‖ **227** *οὕτως* **v** ‖ **233** *ἑτέρους δ'* **s**: *ἔτι δὲ* **v** ‖ **242** *φράζουσαν* **v** ‖ **245** *ἢ* **s** a.c., **v**

τὸ τοῦ Μωσέως δ' ὄνομα τροπολογῶν μοι νόει·
παρ' Αἰγυπτίοις γὰρ τὸ 'μῶς' ὕδωρ ἐστὶ σημαῖνον,
ὁ δὲ ληφθεὶς ἐξ ὕδατος Μωσῆς αὐτοῖς καλεῖται.
ἁρμόζει τοίνυν ὁ ψαλμὸς τοῖς ἀναγεννηθεῖσιν,
οἵπερ ἐν τῷ βαπτίσματι τοῦ ῥύπου καθαρθέντες
ἄνθρωποι γίνονται θεοῦ Μωσαϊκῶς βιοῦντες.
τοὺς δὲ ψαλμοὺς τοῦ Σολομῶν εἰς τὸν Χριστὸν ἀνάξεις,
τὸν ἀληθῶς εἰρηνικόν, τὸν χορηγὸν εἰρήνης,
τὸν δόντα πρὶν τοῖς μαθηταῖς ὡς κλῆρον τὴν εἰρήνην·
Ἑλληνιστὶ γὰρ Σολομῶν εἰρηνικὸς καλεῖται.
ἐν τῇ γραφῇ δ' οὐχ εὕρηνται ψαλμοὶ τοῦ Σολομῶντος·
οὗτοι γὰρ ἂν ἐτέθειντο τῶν ἄλλων τελευταῖοι,
ἢ πάντως ἂν ἐνέκειντο τῷ Τετραβασιλείῳ,
εἰ δ' οὖν, ἀλλ' ἐνεφέροντο ταῖς Παραλειπομέναις·
ἢ μέρος ἄν τι τῆς γραφῆς ἐμέμνητο καὶ τούτων.
φησὶ γὰρ οὕτω τῆς γραφῆς τῆς ἱερᾶς τὸ ῥῆμα·
'ᾠδαὶ πεντακισχίλιαι τοῦ Σολομῶντος ἦσαν,
παραβολαὶ δ' ἐκτὸς αὐτῶν ἦσαν ἐν τρισχιλίαις'·
ψαλμὸς δ' οὐ μεμνημόνευται πώποτε Σολομῶντος.
ὁ δ' Ἰδιθοὺμ σὺν τοῖς λοιποῖς τοῖς ἐπιγεγραμμένοις
ἐκ τοῦ Δαυὶδ κατέστησαν χοράρχαι πρὸς τὸ ψάλλειν,
καὶ νῦν μὲν ἔψαλλον κοινῶς εἰς μίαν συμφωνίαν,
νῦν δ' ἀνετίθετο ψαλμὸς ἑκάστῳ χοροψάλτῃ·
λαμβάνων δ' οὗτος ἐκ Δαυὶδ ἰδίως ἐμελῴδει
τοῖς χορευταῖς τοῖς ὑπ' αὐτὸν τοῦ μέλους προκατάρχων.
λαβόντες τοίνυν οἱ ψαλμοὶ τῶν ἀρχῳδῶν τὰς κλήσεις
ἔσχον αὐτὰς ἐπιγραφὰς ὡς ὑπ' αὐτῶν ψαλέντες.
καὶ δῆλον {ὡς} ἀπὸ τῆς γραφῆς τῶν Παραλειπομένων·
'ἐν' γὰρ 'χειρὶ' φησὶν 'Ἀσὰφ' τὴν ᾠδὴν ταύτην ᾖσαν.
ὁμοίως δ' ἀπὸ τοῦ ψαλμοῦ τοῦ τριακοστογδόου·
οὐ μόνον γὰρ τὸν Ἰδιθοὺμ ἔχει προγεγραμμένον,
ἀλλ' ἐν ταὐτῷ καὶ τὸν Δαυὶδ συνεπιγεγραμμένον·

254–263 Euthym. 56 A 9–B 7 ‖ **256** Exod. 2, 10 ‖ **262** Ioann. 14, 27 ‖ **263** cf. Poem. 54, 819 ‖ **264–272** Euthym. 53 C 1–7 ‖ **269–271** 3 Regn. 5, 12 ‖ **273–304** Euthym. 53 C 8–56 A 9 ‖ **273–274** 1 Paral. 16, 41; 25, 1 ‖ **281–282** 1 Paral. 16, 7 ‖ **283–287** Ps. 38, 1

256 *λειφθεὶς* **v** ‖ **267** *ἀνεφέροντο* **v** ‖ **270** *πεντακισχίλιοι* **v** ‖ **272** *μεμνημόνευτο* **s** | *πούποτε* **v** ‖ **274** *χοράρχας* **v** ‖ **280** *ἐπιγραφὴν* **s** | *ψαλλέντες* **s** *-ας* **v** ‖ **281** *ὡς* delevi

τὸ γὰρ ‘εἰς τέλος, Ἰδιθοὺμ’ ἐν τῷ ψαλμῷ προγράψας
‘ψαλμὸν Δαυὶδ’ ἐπήγαγεν ἑκάτερα συνάψας,
ὅπερ σαφῶς παρίστησι τὴν τῆς γραφῆς αἰτίαν·
Δαυὶδ γάρ ἐστιν ὁ ψαλμός, τῷ δ’ Ἰδιθοὺμ ἐδόθη.
καὶ πάλιν ἕτερος ψαλμὸς μικρόν τι μετὰ τοῦτον,
ὁ τεσσαρακοστότριτος, συνᾴδει τῷ παρόντι·
‘τοῖς’ γὰρ ‘υἱοῖς’ φησὶ ‘Κορέ, ψαλμὸς Δαυίδ, εἰς τέλος.’
πάντως δ’ ἡ λέξις πρόδηλος, ὡς ἐκ Δαυὶδ ἐγράφη,
τοῖς δὲ παισὶ τοῖς τοῦ Κορὲ πρὸς ὕμνον ἀνετέθη.
πάσας δ’ ἁπλῶς τὰς προγραφὰς τῶν ὀνομάτων τούτων
ἐν δοτικαῖς εὑρίσκομεν, οὐ γενικαῖς, κειμένας·
‘τῷ δεῖνι’ γάρ φησι ‘ψαλμός’, οὐχὶ ‘ψαλμὸς τοῦ δεῖνος’,
δῆλον δ’ ὡς ἰδιαίτερον αὐτῷ προσανετέθη.
εἴ που δ’ εὑρήσεις δοτικὴν ἐπὶ Δαυὶδ κειμένην,
μὴ ξενισθῇς, ἀγαπητέ, τὴν δοτικὴν ἀκούων·
εὑρήσεις γὰρ καὶ γενικὴν ἐν πλείοσι κειμένην
καὶ ‘τοῦ Δαυὶδ’ καὶ ‘τῷ Δαυὶδ’ πολλάκις γεγραμμένα,
ἐν ταῖς λοιπαῖς δ’ ἐπιγραφαῖς τῶν ἄλλων ὀνομάτων
ὄψει κειμένην πανταχοῦ τὴν δοτικὴν καὶ μόνην.
τί τοίνυν ἡ παραλλαγὴ τῶν ἄρθρων ὑπεμφαίνει,
καὶ νῦν μὲν κεῖται γενικῶς ἡ κλῆσις τοῦ προφήτου,
νῦν δ’ ἔχει τὴν ἐπιγραφὴν ἐν δοτικαῖς κειμένην;
ἢ δῆλον ὡς αὐτός ἐστι γραφεὺς τῶν ἀμφοτέρων,
τοῦ γὰρ Δαυὶδ πάντως εἰσὶ καὶ τῷ Δαυὶδ ἐγράφη.
ἔστι δ’ ἑτέρως προσφυῶς τὸν λόγον ἑρμηνεῦσαι,
ὡς ἔνθα μὲν ἱστορικῶς ἀφήγησιν συγγράφει
ἢ τῶν οἰκείων συμφορῶν τὸ μέγεθος διδάσκει
ἢ λυτρωθεὶς τῷ λυτρωτῇ τὸν ὕμνον ἀναπέμπει,
εἴθ’ ἕτερα τῶν καθ’ αὐτὸν τοιαῦτα καταγγέλλει,
οἰκεῖα ταῦτα τοῦ Δαυίδ, καὶ ‘τοῦ Δαυὶδ’ γραπτέον·
ἔνθα δ’ ἁρμόζει τῷ χριστῷ τινὰ τῶν γεγραμμένων,
ἀνήχθη ταῦτα πρὸς Χριστόν, καὶ δοτικῶς λεκτέον.
ὁ γὰρ Χριστὸς ἐν ταῖς γραφαῖς Δαυὶδ καλεῖται νέος,
καὶ γὰρ ἐκ σπέρματος Δαυὶδ ἐτέχθη κατὰ σάρκα.

290–292 cf. Ps. 43, 1 ‖ **319** Rom. 1, 3

289 *ἔστιν* **s** ‖ **298** *ἰδιέταιρον* **v** *ἰδιαίτερος* **s** ‖ **300** *ξενισθεὶς* **v** ‖ **311** *ἔνθεν* **v** ‖ **313** *ἀναφέρ[ει]* **s** ‖ **314** *εἶθ’* **v** ‖ **315** *τοῦ*^{2} **s**: *τῶ* **v**

εἰ βούλει δέ, διδάχθητι καὶ τοῦ Δαυὶδ τὴν λέξιν·
χειρὶ γὰρ ἱκανώτατος Ἑλληνιστὶ καλεῖται·
τίς δ' ἱκανός ἐστι χειρὶ πλὴν τοῦ παντοδυνάμου,
οὗπερ ἡ χεὶρ περικρατεῖ πάντα τῆς γῆς τὸν γῦρον,
ὃς μόνος κραταιός ἐστι καὶ μέγας ἐν ἰσχύι;
εὑρὼν δ' Ἀγγαίου προγραφήν, πρὸς δὲ καὶ Ζαχαρίου,
κειμένην ἔν τισι ψαλμῶν τῶν ὄντων πρὸς τῷ τέλει,
ὡς περιττὰς παράδραμε καὶ μάττην γεγραμμένας·
καὶ γὰρ εἰ καὶ παρά τισι κεῖνται τῶν ἀντιγράφων,
ἀλλ' ἐν τοῖς ἑβδομήκοντα κλῆσις αὐτῶν οὐκ ἔστιν,
οὐδὲ παρ' ἄλλοις μετ' αὐτούς, ἀλλ' οὐδὲ παρ' Ἑβραίοις.
πλὴν ἐπειδήπερ 'ἑορτὴν' λέγουσι τὸν Ἀγγαῖον,
τὸ Ζαχαρίου δ' ὄνομα 'μνήμη θεοῦ' σημαίνει,
πᾶς ἑορτάζων τῷ θεῷ πάντως ἐστὶν Ἀγγαῖος,
ὁ μνήμην δ' ἔχων τοῦ θεοῦ καλεῖται Ζαχαρίας·
οἷς δὴ προσήκει φθέγγεσθαι τὰ τῶν ψαλμῶν ἐκείνων
καὶ τῷ θεῷ τὴν αἴνεσιν προσφέρειν ἁρμοδίαν·
στόματι γὰρ ἁμαρτωλῶν τὸ ψάλλειν οὐχ ὡραῖον.
Τὰ μὲν οὖν τῶν ἐπιγραφῶν ἀρκούντως ἀπεδόθη,
τοῦ λόγου δ' ἐφαψώμεθα τοῦ τῶν ἀνεπιγράφων,
καὶ τούτους δὲ Δαυιτικοὺς ἐκ τῆς γραφῆς δεικτέον.
πολλὰ γὰρ τῶν Ἑβραϊκῶν ἀρχαίων ἀντιγράφων
τὸν πρῶτον καὶ τὸν δεύτερον ἔχουσι συνημμένους,
τῶν γὰρ ψαλμῶν ἀρίθμησις οὐκ ἔστι παρ' ἐκείνοις.
τοῦ δὲ Δαυὶδ ὁ δεύτερος ἐστὶν ἀναντιρρήτως·
καὶ μάρτυράς μοι δέδεξο τοὺς θείους ἀποστόλους,
αὐτὰς τὰς ῥήσεις τοῦ ψαλμοῦ σαφῶς διεξιόντας
ὡς διὰ στόματος Δαυὶδ ὑπὸ θεοῦ ῥηθείσας·
ἡ βίβλος δὲ τῶν Πράξεων ταῦτα ῥητῶς διδάσκει.
ἐπείπερ οὖν ὁ δεύτερος Δαυιτικὸς ἐδείχθη,
συναποδέδεικται λοιπὸν καὶ τὰ κατὰ τὸν πρῶτον,
ὡς ἄμφω τοῦ Δαυίδ εἰσι, καὶ ῥήματα καὶ μέλη.
ἔστι δὲ καί τις ἕτερος ἐκ τῶν ἀνεπιγράφων

323 Isai. 40, 23 ‖ **325** Ps. 145, 1; 146, 1; 147, 1 ‖ **338–351** Euthym. 56 B 7–C 1 ‖ **347–348** Acta 4, 25 ‖ **352–373** Euthym. 56 C 2–14 ‖ **352–356** Ps. 94, 7–8

325 *προσγραφὴν* **s** ‖ **326** *κειμένας* **v** | *τὸ τέλος* **v** ‖ **329** *κλῆσις* **s**: *λόγος* **v** ‖ **332** *μνήμην* **v** ‖ **337** *στόματα* **s** | *ἁμαρτωλοῦ* **v** ‖ **339** *ἐφαψόμεθα* **v**: ‖ **343** *ἐκείνοις* **v**: *ἑβραίοις* **s** ‖ **346** *τῶν ψαλμῶν* **v**

(ἐνενηκοστοτέταρτον εὑρήσεις ὄντα τοῦτον)
ἐξ οὗπερ Παῦλος ἔλαβε ῥήσεις τινὰς προσφόρους
ὡς ἐξ αὐτοῦ δεξάμενος Δαυὶδ τὴν μαρτυρίαν·
τοῦτο δ' ἐκ τῆς ἐπιστολῆς γνώσῃ τῆς πρὸς Ἑβραίους.
εἰ τοίνυν τούτους τοὺς ψαλμοὺς ἀνεπιγράφους ὄντας
ἀναμφιβόλως ἔγνωμεν Δαυιτικοὺς τυγχάνειν,
εὔδηλον ὡς καὶ τοὺς λοιποὺς αὐτός ἐστι συγγράψας.
Ταὐτὰ δὲ τούτοις λέγομεν περὶ τῶν ἀνωνύμων,
καὶ μάρτυς ἀξιόπιστος ὁ πρῶτος τῶν μαρτύρων·
ἐκ γὰρ ἑνός τινος ψαλμοῦ τῶν ἀνωνύμων τούτων,
ὅστις ἐστὶν ἑκατοστὸς τριακοστὸς καὶ πρῶτος,
ἐχρήσατο μικροῖς τισι προσφόροις ῥησειδίοις,
καὶ τὸν Δαυὶδ ἐπήγαγε μάρτυρα τῶν ῥημάτων,
δεικνύων πάντως τὸν ψαλμὸν γέννημα τοῦ προφήτου.
τούτοις δ' εἰ θέλεις ἐντυχεῖν, ἀνάγνωθι τὰς Πράξεις,
ἐν οἷσπερ διαλέγεται πικρῶς τοῖς Ἰουδαίοις
κἀκεῖνοι καθοπλίζονται πρὸς τὴν λιθοβολίαν.
εἰ τοίνυν τοῦτον τὸν ψαλμὸν Δαυιτικὸν εὑρίσκεις
ἐκ τῆς τοῦ πρωτομάρτυρος Στεφάνου μαρτυρίας,
λοιπὸν ἐκ τούτου σκόπει μοι καὶ περὶ τῶν προλοίπων
καὶ τοῖς ὁμοίοις μάνθανε τοὺς λόγους τῶν ὁμοίων.
Ἄλλοι δ' ὑπάρχουσι ψαλμοὶ χωρὶς τῶν εἰρημένων,
οἷς ἐστιν 'ἀλληλούια' τὰ τῶν ἐπιγραμμάτων·
ἀλλὰ καὶ τούτων ὁ Δαυὶδ καθέστηκεν ἐργάτης.
ὡς γὰρ ἡ βίβλος ἔφησε τῶν Παραλειπομένων,
ὁ πρῶτος τούτων τῶν ψαλμῶν ὑπὸ Δαυὶδ ἐγράφη·
περὶ ψαλμοῦ δὲ λέγομεν ἑκατοστοῦ τετάρτου.
δοκεῖ τοίνυν αἰτία τις ἐν τοῖς ἀνεπιγράφοις,
ὡς οὐκ εἰς ἔθνους δήλωσιν ἑνός τινος καὶ μόνου,
ἀλλ' εἰς πλειόνων ὄνομα τὰ τῶν ψαλμῶν ἐγράφη.
τῶν δ' ἀνωνύμων αἴτιον τοῦτό φασι τυγχάνειν,
ὡς εἴρηνται πρὸς κύριον οἱ λόγοι τῶν τοιούτων.
τῆς δ' 'ἀλληλούια' γραφῆς τῆς ἐπιγεγραμμένης

354–356 Hebr. 4, 7 ‖ **361–365** Acta 7, 46 ‖ **362–365** Ps. 131, 5 ‖ **374–375** Ps. 104–106; 110–118; 134; 135; 149; 150 ‖ **374–390** Euthym. 56 C 14–D 10 ‖ **377** 1 Paral. 16,7 ‖ **379** Ps. 104,1

353 *εἰρήσεις* **v** ‖ **356** *τοῦτον* **v** ‖ **360** *ταῦτα* **s v**, correxi ‖ **362** *ψαλμῶν* **v** ‖ **372** *προλοίπων* scripsi: *προσλοίπων* **s v** ‖ **379** *ἑκατοστοτετάρτου* **v** ‖ **385** *τοῖς ἐπιγεγραμμένοις* **s**

αἰτίαν τις καὶ λογισμὸν εἰκότως ἀποδώσει
ὡς αἴνεσις εὐχάριστος ἐκ τῶν ψαλμῶν δηλοῦται,
ἣν τῷ σωτῆρι γεγηθὼς προσῆγεν ὁ προφήτης·
τὸ ῥῆμα γὰρ τὴν αἴνεσιν δηλοῖ τὴν τοῦ κυρίου.
ταῦτα μὲν οὖν ὡς ἱκανὰ λελέχθω μέχρι τούτων.
Λέγεται δὲ ψαλτήριον πάντως ἀπὸ τοῦ ψάλλειν,
ὥσπερ εὐκτήριόν φαμεν ἀπὸ τῶν εὐχομένων.
τὴν βίβλον δ' οὕτω λέγομεν συγχρώμενοι τῇ λέξει·
κυρίως γὰρ ψαλτήριον εἶδός ἐστιν ὀργάνου,
ναῦλα δὲ τοῦτο λέγεται φωνῇ τῇ τῶν Ἑβραίων.
ψαλτὸς δ' ἐστὶν ὁ κύριος, ᾧ ψάλλομεν τοὺς ὕμνους,
ψαλμός ἐστι τὸ ποίημα, τὸ μέλος ψαλμῳδία.
κυρίως δὲ ψαλμός ἐστι τὸ σὺν ὀργάνοις ᾆσμα,
ᾠδὴ δὲ λόγος ἐμμελὴς ἄνευ τινὸς ὀργάνου·
τινὲς δὲ καταχρηστικῶς τὰς λέξεις ἐκφωνοῦντες
ὠνόμασαν ἑκάτερα πολλάκις ἀλληνάλλως,
ᾠδὴν μὲν λέγοντες ψαλμόν, ψαλμὸν δ' ᾠδὴν καλοῦντες.
τῶν ψαλμῶν μέντοι τὰς ᾠδὰς ἀρχαιοτέρας ἴσθι·
Μωσῆς γὰρ πρῶτος τῆς ᾠδῆς κατῆρξε τοῖς Ἑβραίοις,
ἡνίκα τούτους θάλασσα προέπεμψε φυγάδας,
ῥάβδου πληγῇ Μωσαϊκῆς ἀθρόως γεωθεῖσα,
ὁ δὲ Δαυὶδ τὰ τῶν ψαλμῶν ἐφεῦρεν ἐν ὑστέρῳ,
καὶ τοῦτο τὸ ψαλτήριον, ἄτεχνον ὂν πρὸ τούτου
ἀγροικικόν τε καὶ βραχὺ καὶ μόνον τῶν ποιμνίων,
αὐτὸς σοφῶς ἡρμόσατο καὶ τετεχνιτευμένως
καὶ τούτῳ μετεχρήσατο πρὸς θείαν ὑμνῳδίαν.
Τοῦ δέ γε διαψάλματος οὐ μία σημασία.
ἢ γὰρ μεταβολήν τινα τοῦ μέλους ἐννοήσεις
ἢ τῶν ψαλλόντων ἀλλαγὴν πρὸς ἄλλους χοροψάλτας,
ἢ νοημάτων ὡς εἰκὸς μετάθεσιν πρὸς ἄλλα,
ἢ τῶν ᾀσμάτων τοῦ ψαλμοῦ διακοπὴν ἀθρόαν
ἐλλάμψεως τοῦ πνεύματος αὐτοῖς μεσολαβούσης

391–395 Euthym. 53 B 3–6 ‖ **395** anon. Mercati 103 ‖ **396–397** Euthym. 57 A 1–3; anon. Mercati 84; cf. Ps. 118,54 ‖ **398–411** Euthym. 57 A 8–B ‖ **399** Ps. 4; 17; 38; 44; 64; 75; 90; 92; 94; 95; 119–133 ‖ **404** Exod. 15,1 ‖ **412–420** Euthym. 57 A 3–7; cf. Poem. 1,269–291; 54,53–56; Psell. Diss. de Ps. 375,12–376,30

395 *ναύλα* **s** ‖ **398** *ὀργάνω* **s** ‖ **405** *θάλασσαν* **s** | *προέπεμπε* **s** ‖ **406** *γηωθεῖσα* **v** *γεωθεῖσαν* **s** ‖ **408** *τούτων* **s** ‖ **409** *μόνων* **s** p. c. ‖ **411** *τοῦτο* **v**

καὶ τῶν ψαλλόντων ταῖς ψυχαῖς ἐννοίας χορηγούσης.
πάντα γὰρ τὰ συμβαίνοντα τοῖς τότε ψαλλομένοις
σπουδαίως ἀπεγράφοντο χάριν τῆς ἀκριβείας.
Ὕμνος δ' ἐστὶν ἐπίτασις θεοῦ δοξολογίας.
τὸν δ' αἶνον ὀνομάζουσι σύντομον ὑμνῳδίαν.
νόει δ' ἐξομολόγησιν θερμὴν ὁμολογίαν
ἢ τῶν κακῶν ὧν πρὸς θεὸν δεδράκαμεν ἀφρόνως
ἢ τῶν καλῶν ὧν ἐκ θεοῦ πεπόνθαμεν ἐν βίῳ·
τὸ μὲν γὰρ ἐξαγόρευσις, τοῦτο δ' εὐχαριστία.
εὐχὴ δ' ἐστὶν ὑπόσχεσις κυρίῳ γινομένη,
ἡ προσευχὴ δὲ δέησις ὑπὲρ πλημμελημάτων.
ψαλμὸν δ' ᾠδῆς ἐν προγραφαῖς οὕτως ὑποληπτέον,
ὅταν φωνή τις μελιχρὰ δίχα τινὸς ὀργάνου
προηγουμένως τάσσηται τῶν μουσικῶν ὀργάνων·
ᾠδὴν δ' ἀνάπαλιν ψαλμοῦ νοήσεις ἀκολούθως,
ὅτε προτάσσεται φωνῆς ὀργανικόν τι μέλος
δευτέραν χώραν ἔχοντος τοῦ διὰ γλώσσης μέλους.
ψαλμὸν δὲ πάλιν νόησον ἀλληγορῶν τὸν λόγον,
ὅτε τὸ σῶμα τείνοντες ἐν ἔργοις ἐπιπόνοις,
καθάπερ τὸ ψαλτήριον τῇ τῶν χορδῶν ἐντάσει,
χρηστὴν καὶ παναρμόνιον πρᾶξιν ἀποτελοῦμεν,
εἰ καὶ μὴ προσεπέβημεν ἔτι τῇ θεωρίᾳ.
ᾠδὴ δ' ἐστίν, ἂν βούλοιο νοεῖν τοιουτοτρόπως,
ὅταν χωρὶς τῆς πρακτικῆς ὦμεν ἐν θεωρίᾳ
καὶ φέρωμεν τὴν μύησιν τῶν θείων μυστηρίων
ἐν ἀρεταῖς τυγχάνοντες ἤδη γεγυμνασμένοι.
ᾠδὴν δὲ νόησον ψαλμοῦ κατὰ τοὺς λόγους τούτους,
ὅτε βελτίστης πράξεως ἡμῖν ὁδοποιούσης
εἰς ὕψος ἀναδράμωμεν ἐνθέου θεωρίας
χορηγουμένης ἄνωθεν κατὰ τὸ γεγραμμένον·
'σοφίαν ἐπεθύμησας; τὰς ἐντολὰς συντήρει,
καὶ χορηγὸς ὁ κύριος ἔσται σοι τῆς σοφίας.'

421-463 Euthym. 57 B 3–D 2 ‖ **421-422** anon. Mercati 89–91 ‖ **421** Ps. 6; 53; 54; 60; 66; 75 ‖ **422** Ps. 90; 92; 94 ‖ **423** Ps. 99 ‖ **424-426** anon. Mercati 94–95 ‖ **428** Ps. 16; 85; 89; 101; 141 ‖ **429-434** aliter Psell. Diss. de Ps. 379,23–25 ‖ **429** Ps. 29; 47; 66; 67; 74; 86; 91 ‖ **432** Ps. 65; 82; 87; 107 ‖ **448-449** Sirac. 1,26

423 *ὑμνολογίαν*, sccr. *ὁμο*, **v** ‖ **429** *ψαλμός* **s** ‖ **431** *τάσηται* **s** ‖ **438** *ἐπιτελοῦμεν* **v** ‖ **440** *δ'* om. **s**

ψαλμὸν δ᾽ ᾠδῆς λεγόμενον ἀντεστραμμένως νόει,
ὅτε τινὰ τῶν ἠθικῶν τῶν ἀποκεκρυμμένων
σαφηνιζούσης καθαρῶς ἡμῖν τῆς θεωρίας
πρὸς τὴν αὐτῶν ἐρχόμεθα προθύμως ἐργασίαν.
καὶ τάχα ταύτην προσφυῶς λεκτέον τὴν αἰτίαν
τοῦ κεῖσθαι πρώτους τοὺς ψαλμοὺς καὶ τὰς ᾠδὰς δευτέρας·
χρὴ γὰρ διὰ τῆς πρακτικῆς ἐλθεῖν εἰς θεωρίαν.
ἔνθεν τοι καὶ πολλὰς ᾠδὰς εὑρήσεις πρὸς τῷ τέλει.
ὅπου δ᾽ ἐστὶν ἀναβαθμός, ἐκεῖ ψαλμὸς οὐ κεῖται,
κἂν ἀνεπίπλοκός τις ᾖ, κἂν τῶν συμπεπλεγμένων·
ταύτην δὲ λέγω συμπλοκήν, τὴν μετ᾽ ᾠδῆς κειμένην,
εἴτε ψαλμὸς ᾠδῆς ἐστιν εἴτε καὶ τοὐναντίον·
ἐν γὰρ ταῖς ἀναβάσεσιν ἡ τάξις τῶν ἁγίων
μόνοις ἐναπησχόληται τοῖς κατὰ θεωρίαν.
Τὰ μὲν οὖν τῆς ἀναγωγῆς ἤδη καταπαυστέον,
τὸν ἀριθμὸν δὲ τῶν ψαλμῶν λοιπὸν ἐξηγητέον.
σύγκειται γὰρ συναγωγὴ τριπλῆς πεντηκοντάδος,
ὁμοῦ μὲν τοῦ πεντηκοστοῦ τὸ τίμιον διδάσκων,
ὅνπερ τιμῶσιν ἐξ ἀρχῆς τὸ γένος τῶν Ἑβραίων
ὡς ἔχοντα γεννήτριαν ἑβδόμην ἑβδομάδα,
ὁμοῦ δὲ τὸ μυστήριον ἐμφαίνων τῆς τριάδος·
ἑκάστῃ δὲ προστίθεται μονὰς πεντηκοντάδι
δεῖγμα μιᾶς θεότητος τῆς ἐν τρισὶ προσώποις.
Συναγαγεῖν δὲ τοὺς ψαλμοὺς καὶ βίβλῳ συνυφᾶναι
οἱ μὲν τὸν Ἔσδραν λέγουσιν, οἱ δὲ τὸν Ἐζεκίαν.
Τέσσαρες δ᾽ ἦσαν ἀρχῳδοὶ μετὰ χορῶν τεσσάρων,
ἐδήλουν δὲ τὰ κλίματα τὰ τέσσαρα τοῦ κόσμου,
δι᾽ ὧν ὁ φθόγγος τῶν ψαλμῶν ἔμελλε προχωρῆσαι.
συνίστων δ᾽ ἄνδρες τὸν χορὸν ἑβδομηκονταδύο·
τὸν ἀριθμὸν δὲ τῶν γλωσσῶν ἐσήμαινε τὸ πρᾶγμα,
αἵτινες διεκρίθησαν ἐν τῇ πυργοποιίᾳ·
πάσαις γὰρ γλώσσαις ἔμελλε τὰ τῶν ψαλμῶν ψαλθῆναι.

458 Ps. 119–133 ‖ **464–472** Euthym. 60 A 2–8 ‖ **473–474** 60 A 1–2 ‖ **474** Ps.-Athanas. Synops. 21, PG 28, 332 C 1–3; 333 A 10–12; Iosepp. Lib. mem. 73, PG 106, 88 A 4–10; anon. Mercati 33–36 ‖ **475–488** anon. Mercati 14–25 ‖ **475–481** Euthym. 60 A 8–15 ‖ **475** cf. 1 Paral. 15, 19 et 25, 1; Psell. Diss. de Ps. 375, 17–18 ‖ **477** cf. Ps. 18, 5 ‖ **478** cf. 1 Paral. 25 (?)

453 *αὐτὴν* **v** ‖ **457** *τὸ τέλος* **v** ‖ **465** *λοιπὸν* **s**: *ἤδη* **v** ‖ **476** *κλήματα* **v**

Τοῖς μὲν οὖν ἄλλοις ἅπασι τοῖς τότε μελῳδοῦσιν
ἦν ὄργανα διάφορα τὸ μέλος ἐξηχοῦντα,
κρότοι κυμβάλων εὔρυθμοι καὶ κρούματα κιθάρας,
ὁ τῶν τυμπάνων πάταγος, ὁ τῶν σαλπίγγων ἦχος,
ὧν ἕκαστον ἀρίθμησε ψαλμὸς ὁ τελευταῖος.
Δαυὶδ δὲ τὸ ψαλτήριον ἐν τῇ χειρὶ κατεῖχεν
ὡς ὄργανον βασιλικόν, ὡς βασιλεῖ προσῆκον.
σάλπιγγες οὖν καὶ σύριγγες τῶν ἐμπνευστῶν ὑπῆρχον,
τῶν ἐντατῶν δ' ἐτύγχανον αἱ λύραι καὶ κιθάραι,
τύμπανα δὲ καὶ κύμβαλα τῆς τῶν κρουστῶν μερίδος.
μόνον δὲ τὸ ψαλτήριον, ὅπερ Δαυὶδ κατεῖχεν,
ὃ καὶ κινύραν λέγουσι καὶ λύραν καὶ κιθάραν,
ἦν μὲν ἀπὸ τῶν ἐντατῶν, πλὴν ὄρθιον ὑπῆρχεν,
ἄνωθεν παρεχόμενον τὰς ἀφορμὰς τῶν ἤχων,
ἵν' ἔχωμεν τὴν μίμησιν τούτου τοῦ ψαλτηρίου,
καὶ τὰς ψυχὰς εὐθύνωμεν καὶ φέρωμεν ὀρθίους
καὶ ταύτας ἐκπαιδεύωμεν ἐμμελετᾶν τοῖς ἄνω,
ψαλτήρια γινόμενα πνευματικὰ καὶ θεῖα
ἐν συμφωνίᾳ μυστικῇ ψυχῆς τε καὶ σαρκίου,
ἐκ πνεύματος κρουόμενα καθάπερ ἐκ τεχνίτου.
εἶχε δὲ τὸ ψαλτήριον δέκα κολάβους ἄνω·
ἐκεῖνοι δὲ στρεφόμενοι περὶ τὸν τούτου πῆχυν
ἐπέτεινόν τε τὰς χορδὰς καὶ πάλιν ὑπεχάλων
πρὸς τὸν τοῦ ψάλλοντος σκοπὸν καὶ τὸ ποιὸν τοῦ μέλους.
ἀλλ' ἡ μὲν χεὶρ ἡ δεξιὰ κατέκρουε τῷ πλήκτρῳ,
ἡ δ' ἄλλη χεὶρ ταῖς ἐπαφαῖς στρέφουσα τοὺς κολάβους
ποιάν τινα τὴν τῶν χορδῶν ἐποίει μελῳδίαν.
εἶχε δὲ δέκα τὰς χορδὰς ἀλλήλαις ἀντιφθόγγους,
ὅπως ἡμεῖς ὡς ἐκ χορδῶν ὁμοίως ἀντιφθόγγων
(πέντε μέν, αἵτινές εἰσι τοῦ σώματος αἰσθήσεις,
πέντε δ' ἑτέρων, ἅς φασι τὰς ψυχικὰς δυνάμεις)
σύμφωνον ἀνακρούωμεν θεῷ τὴν μελῳδίαν.
Ἡ τῶν ψαλμῶν δὲ σύνταξις ἄτακτον τάξιν ἔχει.
οὐ γὰρ καθὼς ἐγράφησαν ἀρχῆθεν τῷ προφήτῃ,

482–513 Euthym. 60 A 15–C 10 ‖ **483–485** Ps. 150,3–5 ‖ **489–491** anon. Mercati 96–98 ‖ **493** 104 ‖ **514–520** cf. Poem. 54, 77–80 ‖ **514–516** Euthym. 60 D 1–2

484 *εὔρυθμοι* **s**: *εὔηχοι* **v** ‖ **510** *ὁμοίων* **s** ‖ **512** *ἑτέρας* **v** ‖ **513** *ἀνακρούομεν* **v** | *τὴν*] hinc **p** ‖ **515** *οὐ* **s p**: *καὶ* **v**

οὕτω καὶ συνετέθησαν πρὸς τὴν ἀκολουθίαν,
ἀλλὰ καθὼς εὑρέθησαν ἔλαβον καὶ τὴν τάξιν.
ἐπεὶ γὰρ κατεφρόνησαν Ἑβραῖοι τῶν πατρίων
καὶ λήθην ἔσχον τῶν γραφῶν τῶν παραδεδομένων
κἀντεῦθεν παρερρύησαν αἱ βίβλοι συμφθαρεῖσαι,
συνῆξε ταύτας ὕστερον Ἔσδρας εἴτ' Ἐζεκίας,
συνῆξε δὲ καὶ τοὺς ψαλμοὺς διεσπαρμένους ὄντας.
εὗρε δ' αὐτοὺς κατὰ μικρόν, οὐκ ἐν ταὐτῷ τοὺς πάντας·
καθὸ γοῦν τούτους εὕρισκε ποτὲ καὶ κατὰ μέρος,
εἰκότως καὶ συνέταττεν αὐτοὺς συγκεχυμένως,
τοῖς εὑρημένοις πρότερον τοὺς ἐφεξῆς συνάπτων.
ἡ τάξις τοίνυν τῶν ψαλμῶν ἡ νῦν εὑρισκομένη
τῷ χρόνῳ τῆς εὑρέσεως κατάλληλος ἐτέθη·
ἂν δ' ἀκριβῶς σκοπήσειας, οὐκ ἀθεεὶ καὶ τοῦτο,
ἀλλ' οὕτως ᾠκονόμησε τοῦ πνεύματος ἡ χάρις.
ἔστι μὲν γὰρ ἡ χρονικὴ τάξις συγκεχυμένη,
ἡ σύγχυσις δ' οὐ γέγονεν ἁπλῶς καὶ κατὰ τύχην.
καθάπερ γὰρ τῶν ἰατρῶν ὁ μέν τις τέμνει πρῶτον,
εἶτα χρισμάτων ἅπτεται καὶ τότε φαρμακεύει,
ἄλλος δ' ἀνάπαλιν αὐτοῖς κέχρηται πρὸς τὴν χρείαν,
καὶ τάξεως οὐ γίνεται μέλησις τῷ τεχνίτῃ,
ἀλλ' ὅπερ βλέπει φάρμακον τὴν νόσον ἀπαιτοῦσαν,
τοῦτο καὶ πρῶτον ἥγηται καὶ τῷ νοσοῦντι φέρει·
οὕτω τῷ θείῳ πνεύματι τῆς τοῦ θεοῦ σοφίας
οὐ χρονικῆς ἐμέλησε ψαλμῶν ἀκολουθίας,
ἀλλ' ὠφελείας μάλιστα τῆς τῶν ἐντυγχανόντων.
καὶ γὰρ ὁ πρῶτος τῶν ψαλμῶν διδάσκει τοὺς ἀνθρώπους
τῆς ἀσεβείας ἀποχήν, πρὸς δὲ τῆς ἁμαρτίας·
ὁ δεύτερος ὑπέδειξε τίνος ἐσμὲν δεσπότου,
τίνος λαὸς ὑπάρχομεν, τίνος μερὶς καὶ κλῆρος,
καὶ τίνι δέον προσελθεῖν, τίνι προσκολληθῆναι·
ὁ τρίτος δὲ παρίστησι δαιμονικοὺς πολέμους,
ἐπιβουλὰς καὶ προσβολὰς ὑπὸ τῶν ἀντιπάλων,
αἵτινες ἐπεγείρονται τοῖς ἀγωνιζομένοις·

517–528 61 B 1–10 ‖ **521–522** cf. supra vss. 473–474 ‖ **523–528** cf. Poem. 54, 94–97

525 *συγκεχυμένως* **v p**: *-ους* **s** ‖ **531** *σύνταξις κεχυμένη* **v** ‖ **543** *ἀποχήν* **s p**: *τὴν ἀχλὺν* **v**

ἐκ τούτων δὲ πρὸς τοὺς ψαλμοὺς τοὺς ἐφεξῆς προβαίνων
εὑρήσεις ἀκριβέστερον αὐτοῖς ἐντεθειμένας
τῶν συμφορῶν καὶ τῶν παθῶν πάσας τὰς θεραπείας.
Τῆς δ' ἀσαφείας αἴτιον τῆς ἔν τισι κειμένης
ὑπάρχει τὸ συμβολικὸν τῶν προφητευομένων
τῶν προτυπούντων τὰ λαμπρὰ τῆς νέας διαθήκης,
καὶ τῶν ῥημάτων τὸ βαθὺ καὶ συνεσκιασμένον,
ὅπερ ἐστὶν ἰδίωμα φωνῆς τῆς Ἑβραΐδος.
καὶ γὰρ διὰ τὴν δυσπειθῆ τῶν Ἰουδαίων γνώμην
ἦσαν τὰ πλείω σκοτεινὰ καὶ συγκεκαλυμμένα,
μόνοις παραγυμνούμενα πολλάκις τοῖς ἀξίοις,
κρινόμενά τε θαυμαστῶς ἀπὸ τοῦ τέλους μόνου.
σὺν τούτοις ἡ μεταβολὴ τῆς Ἑβραΐδος γλώσσης·
ὅτε γὰρ μεταβάλλεται διάλεκτος πρὸς ἄλλην,
εἰκὸς ἐντεῦθεν γίνεσθαι πολλὰς τὰς ἀσαφείας,
ἐπεὶ μηδ' ἀπαράλλακτα τὰ μεθηρμηνευμένα.
Γεγόνασι δ' ἑρμηνευταὶ τῆς παλαιᾶς ἁπάσης
Ἑλληνιστὶ συγγράψαντες πάντα τὰ παρ' Ἑβραίοις
τὸ πρῶτον ἑβδομήκοντα πολυμαθεῖς Ἑβραῖοι,
ἐκλελεγμένοι τῶν λοιπῶν παρὰ τοῦ Πτολεμαίου,
ὃς βασιλεὺς ἐτύγχανε καθ' ὅλης τῆς Αἰγύπτου.
καὶ γὰρ καθυποτάξαντος τοὺς Πέρσας Ἀλεξάνδρου,
εἶτα συνάψαντος εἰς ἓν ἄμφω τὰς βασιλείας,
ὕστερον δὲ μετ' οὐ πολὺ τὸν βίον λελοιπότος,
τὰ τῆς ἀρχῆς εἰς τέσσαρας μερίδας διηρέθη·
καὶ Φίλιππος μὲν ἔλαβε τὰ τῆς Μακεδονίας,
Σέλευκος δ' ἐχειρώσατο πάντα τὰ τῆς Συρίας,
ἡ τῆς Ἀσίας δὲ μερὶς ἥρμοσεν Ἀντιγόνῳ,
κατέσχε δὲ τὴν Αἴγυπτον ὁ πρῶτος Πτολεμαῖος,
καὶ μετ' αὐτὸν ἐκράτησεν ἕτερος Πτολεμαῖος,
καὶ γὰρ πολλοὶ γεγόνασιν ὕστερον Πτολεμαῖοι.
ἐκεῖνος οὖν ὁ δεύτερος τοῦ πρώτου Πτολεμαίου,
πολέμῳ δουλωσάμενος τὸ γένος τῶν Ἑβραίων,
ἠθέλησε μεταβαλεῖν εἰς τὴν Ἑλλάδα γλῶσσαν

553–565 Euthym. 61 D 1–64 A 7 ‖ **581–589** cf. 64 B 1–5

561 *κρινόμενός* **v** (deest **p**) ‖ **564** *ἐνταῦθα* **v** ‖ **565** *μεθερμηνευμένα* **v** ‖ **567** *τῶν ἑβραίων* **v** ‖ **573** *λελειπότος* **s**

ἅπαντα τὰ συγγράμματα τῶν ἱερῶν βιβλίων.
καὶ δὴ σοφοὺς συναγαγὼν καὶ μεμαρτυρημένους,
τούτους τοὺς ἑβδομήκοντα τοὺς προδεδηλωμένους,
ἑρμηνευτὰς καθίστησιν εἰς τὴν γραφὴν τὴν θείαν.
κατὰ δυάδα δ' ἅπαντες ἐν οἴκοις μερισθέντες
ὁμόφωνον ἐξέθεντο γραφὴν τῆς ἑρμηνείας.
μᾶλλον δὲ καί τι λέγεται τοιοῦτον γεγονέναι·
ἀναγνωσθείσης γάρ φασι τῆς ὅλης ἑρμηνείας
εἰς θάμβος καὶ κατάπληξιν ἐλθεῖν τὸν Πτολεμαῖον
θαυμάσαντα τὴν δύναμιν τοῦ λόγου καὶ τὸ κάλλος.
ἐπαπορῶν δ' ὁ βασιλεὺς ἠρώτα τοὺς παρόντας,
πῶς οὐκ ἐχρήσαντό τισιν ἐκ τούτων τῶν γραμμάτων
ἱστορικοὶ καὶ ποιηταὶ καί τινες τῶν ὁμοίων.
Δημήτριος δ' Ἀλιφαρεὺς παρατυχὼν ἐν τούτῳ –
παρῆν δὲ καὶ Μενέδημος, ἀνὴρ τῶν φιλοσόφων –
ἔφησαν μή τινα τολμᾶν ἅπλεσθαι τῶν τοιούτων·
λέγουσι γὰρ Θεόπεμπτον τὸν ἱστοριογράφον
μνησθέντα τούτων ἐν γραφαῖς εὐθὺς παραφρονῆσαι·
σὺν τούτῳ καὶ Θεόδεκτον αὐτοῖς ἐπιβαλόντα,
τὸν τραγῳδίας ποιητήν, αὐτίκα τυφλωθῆναι·
τούτους δ' ἐξευμενίσαντας ἐς ὕστερον τὸ θεῖον
ἀποβαλεῖν τὴν πήρωσιν καὶ τὴν παραφροσύνην.
οὗτοι μὲν οὖν ἡρμήνευσαν ἐπὶ τοῦ Πτολεμαίου·
ἐν οἷς φασι καὶ Συμεὼν εἶναι τὸν θεοδόχον.
ἐκ τούτου γὰρ ἠξίωτο Χριστὸν ἰδεῖν τεχθέντα
καὶ βρέφος ἀγκαλίσασθαι θεὸν σεσαρκωμένον.
ὅπως δὲ τοῦτο γέγονεν εἰπεῖν οὐκ ὀκνητέον,
κἂν παρεκβατικώτερος ὁ περὶ τούτου λόγος.
ὁ θεῖος οὗτος Συμεὼν τὰς βίβλους ἑρμηνεύων
ἤδη μετεχειρίζετο τὴν βίβλον Ἡσαΐου·

585–589 Ps. Athanas. Synops. 77, PG 28, 433 B 10–15; Iosepp. Lib. mem. 122, PG 106, 124 C 4–7; cf. anon. Mercati 50–54 ‖ **591–605** Ep. Aristeae 312–316 (Ioseph. Antiq. 12, 108–113) ‖ **598** cf. 201 (Ioseph. 12, 101) ‖ **607–626** Euthym. In Luc., PG 129, 892 A 10–B 4 (schol.)

597 *ἀλιφηρεὺς* **p** (*ὁ Φαληρεὺς* Ep. Aristeae 9; Ioseph. 12, 12 cum var. lect. *ὁ φαλιρεὺς*) ‖ **599** *ἔφησαν* **s**: *ἔφησε* **p** *ὅς ἔφη* **v** ‖ **600** *Θεόπεμπ(τ)ον* et codd. Ep. Aristeae (*Θεόπομπον* Ioseph. 12, 112, Euseb. Praep. 8, 5, 8) ‖ **601** *τοῦτον* **v** ‖ **602** *αὐτοῖς* **s v**: *εὐθὺς* **p** ‖ **611** *κἂν*] *ὁσὰν* **p**

ὡς δ' εὗρε τοῦτο τὸ ῥητὸν τὸ φράζον οὑτωσί πως,
'ἰδοὺ παρθένος ἐν γαστρὶ συλλήψεται καὶ τέξει',
ἠπίστησε τῷ ῥήματι καὶ πέπαυτο τοῦ γράφειν,
κατανοῶν ἀμήχανον τὸ πρᾶγμα παρ' ἀνθρώποις.
οὕτως οὖν γνώμης ἔχοντι τῷ Συμεὼν ἐν τούτῳ
γέγονεν ἀποκάλυψις ἐκ πνεύματος ἁγίου
μὴ μεταστῆναι τῆς ζωῆς, ἀλλ' ἐν τοῖς ζῶσιν εἶναι,
μέχρις ἂν ἴδῃ τελεσθὲν τὸ διηπορημένον
καὶ τὸν δεσπότην ὄψεται μητρὸς υἱὸν παρθένου.
ἦν οὖν ἐν βίῳ διαρκῶν ἕως Χριστὸς ἐτέχθη·
ὃν γεννηθέντα Συμεὼν λαβὼν ἐν ταῖς ἀγκάλαις
'νῦν ἀπολύεις', ἔφησε, 'δέσποτα, τὸν σὸν δοῦλον
κατὰ τὸ ῥῆμα τὸ σεπτὸν τῆς σῆς ἐπαγγελίας'.
Περὶ τὴν νύσσαν τοιγαροῦν τὸν πῶλον κεντητέον
καὶ τὰ τῆς διηγήσεως αὖθις ἐπιστρεπτέον.
οἱ μὲν οὖν ἑβδομήκοντα γεγράφασι τὸ πρῶτον,
δεύτερος δὲ μεταγραφεὺς ὁ Σινωπεὺς Ἀκύλας,
ὃς Ἕλλην ἦν ἐκ Ποντικῆς, ὕστερον δ' ἐβαπτίσθη·
προσκρούσας δὲ Χριστιανοῖς περί τινων δογμάτων,
ἠθετηκὼς τὸ βάπτισμα προσῆλθεν Ἰουδαίοις.
τὴν ἑρμηνείαν δ' ἔγραψεν ὑστέραν τῆς προτέρας
ἐνιαυτοῖς τριάκοντα πρὸς τοῖς τετρακοσίοις·
καὶ μηνιῶν Χριστιανοῖς ὁ δείλαιος Ἀκύλας
παραφθορὰν εἰργάσατο πολλὴν τῆς ἑρμηνείας.
Αἴλιος δ' ἦν Ἀδριανὸς ἐν Ῥώμῃ βασιλεύων·
ἡ γὰρ ἀρχὴ μετέπεσε πρὸ χρόνων εἰς Ῥωμαίους,
ἥτις ἐστὶ τὸ τέταρτον τοῦ Δανιὴλ θηρίον.
ἐκ τῶν τεσσάρων γὰρ θηρῶν ἧς εἶδεν ὀπτασίας
ὁ πρῶτος θὴρ ἐσήμαινε τὸ κράτος Ἀσσυρίων,
θάτερος δὲ τὴν Περσικὴν ἐδήλου δυναστείαν,
ὁ τρίτος δ' ὑπενέφαινεν ἀρχὴν τῶν Μακεδόνων,
ὁ δέ γε θὴρ ὁ τέταρτος, ὁ τούτων τελευταῖος,
τὴν τελευταίαν ἔφραζε Ῥωμαίων βασιλείαν.

615 Isai. 7, 14 ‖ **624–626** Luc. 2, 28–29 ‖ **630–666** Euseb. Hist. eccl. 6, 16 ‖ **630–638** Euthym. 64 B 5–10 ‖ **630–637** cf. Ps.-Athanas. 77, 433 C 7; Iosepp. 122, 124 C 8–13; anon. Mercati 55–60; cf. Poem. 54, 103–113 ‖ **639–646** Dan. 7

614 *φράζον* **s v**: *λέγον* **p** ‖ **616** *πέπαυτο* **s**: *-ται* **v p** ‖ **624** *λαβεῖν* **v** ‖ **627** *κεντητέον* **p**: *κινητέον* **s v** ‖ **629** *οἱ*] *εἰ* **p** ‖ **633** *ἠθέτηκε* **v** ‖ **634** *ἔγραψαν* **v**

Μετὰ δ' Ἀκύλαν ἑρμηνεὺς Σύμμαχος Σαμαρείτης,
ὃς μὴ τυγχάνων τῆς τιμῆς ἥσπερ αὐτὸς ἐζήτει
τῶν Σαμαρέων ἀποστὰς πρόσεισιν Ἰουδαίοις
καὶ πάλιν περιτέμνεται περιτομὴν δευτέραν·
καὶ τούτοις χαριζόμενος, ἐπεγκοτῶν δ' ἐκείνοις,
ἐσπούδασεν ἐκ τῆν γραφῆς πολλὰ παρερμηνεῦσαι,
καὶ μᾶλλον τὰ κατὰ Χριστὸν καὶ τὴν οἰκονομίαν,
ὄντος ἐκείνῳ τῷ καιρῷ Σεβήρου βασιλέως.
Ἑρμηνευτὴς δὲ τέταρτος ἐστὶ Θεοδοτίων,
τὸ δόγμα Μαρκιωνιστής, Ἐφέσιος τὸ γένος·
ὃς δὴ μηνίσας ὕστερον τοῖς συναιρεσιώταις
κἀκεῖνος πάλιν ἔκδοσιν ἐξέδωκεν ἰδίαν·
ἦν δ' ἐγκρατὴς ὁ Κόμοδος τότε τῆς βασιλείας.
Ἡ δ' ἔκδοσις ἡ μετ' αὐτὴν οὐκ ἔχει τὸν ἐκδότην,
εὑρέθη δ' εἰς Ἰεριχὼ πίθῳ συγκεχωσμένη,
τὸ σκῆπτρον τὸ βασιλικὸν κατέχοντος Καράλλου.
Οὐδὲ τῆς ἕκτης γνώριμον εὑρήσεις τὸν πατέρα,
καὶ ταύτην γὰρ ἀνώνυμον, φασίν, ὡς καὶ τὴν πέμπτην,
ἐπὶ πολὺ δ' οὖσαν κρυπτὴν εὗρον ἐν Νικοπόλει·
καὶ βασιλεὺς Ἀλέξανδρος ὑπῆρχεν ὁ Μαμαίας.
Ἡ τελευταία δ' ἔκδοσις, ἥτις ἐστὶν ἑβδόμη,
ἐκδότην φέρει θαυμαστόν, Λουκιανὸν τὸν μέγαν,
τὸν πρότερον ἀσκητικοῖς δοκιμασθέντα πόνοις,
ὕστερον δὲ μαρτυρικοῖς ἀγῶσι λαμπρυνθέντα.
ὃς ἐπιστήσας ταῖς γραφαῖς τῶν ἄλλων ἑρμηνέων
καὶ φιλοπόνως ἐντυχὼν ταῖς βίβλοις τῶν Ἑβραίων
καὶ τὴν ἐν ταύταις δύναμιν πανσόφως ἀκριβώσας
πάσης γραφῆς ἐκτέθεικεν ἀρίστην ἑρμηνείαν,

647–654 Euthym. 64 B 13–C 3; Ps.-Athanas. 77, 433 C 8–436 A 4; Iosepp. 122, 124 C 14–D 5; anon. Mercati 61–65; cf. Poem. 54, 114–122 ‖ **655–659** Euthym. 64 C 5–8; cf. Poem. 54, 123–127 ‖ **655–656** Ps.-Athanas. 77, 436 A 5–9; Iosepp. 122, 124 D 6–125 A 4; anon. Mercati 66–67 ‖ **660–666** Euthym. 64 C 8–12; Ps.-Athanas. 77, 436 A 10–B 3; Iosepp. 122, 125 A 5–12; anon. Mercati 68–72 ‖ **660–662** cf. Poem. 54, 129–131 ‖ **667–682** Euthym. 64 C 13–65 A 3; Ps.-Athanas. 77, 436 B 4–C 1; anon. Mercati 73–81

647 *ἀκύλας* **v** ‖ **649** *τῶν*] *τὴν* **p** ‖ **654** om. **p** | *ὄντως* **v** ‖ **657** *δὴ μηνίσας* **v p**: *δημηρίσας* **s** ‖ **659** om. **p** ‖ **661** *συγκεχωσμένω* **v** ‖ **662** om. **p** ‖ **666** om. **p** ‖ **670** *λαμπρυνθέντος* **p** ‖ **671** *ἑρμηναίων* **v p** ‖ **674** *ἐκτέθηκεν* **s**

οὐ περιττὴν οὐδ' ἐλλιπῆ τῆς ἀληθείας οὖσαν,
πάντα δὲ φέρουσαν ὀρθῶς τὰ καθηρμηνευμένα
καὶ τῇ τῶν ἑβδομήκοντα συνᾴδουσαν ἐκδόσει.
εὗρον δ' αὐτὴν ἐς ὕστερον ἐν τῇ Νικομηδείᾳ
μετὰ τὴν ἄθλησιν αὐτοῦ καὶ τοὺς λαμπροὺς ἀγῶνας
παρ' Ἰουδαίοις μένουσαν ἐν τοίχῳ κεκρυμμένην
αὐτόν τε τοῦτον ἔχουσαν τὸν μάρτυρα γραφέα·
ἦν δὲ τῷ τότε βασιλεὺς ὁ μέγας Κωνσταντῖνος.
Ἀρκούντως τοίνυν ἔχοντες τῶν ἀποδεδομένων
ἐπὶ τοὺς τρόπους ἔλθωμεν λοιπὸν τῆς προφητείας.
ὁ μέν τις γὰρ τῶν προφητῶν τὸ μέλλον προφητεύει,
ὁ δὲ συγγράφεται τὰ νῦν, ὁ δὲ τὰ παρελθόντα.
καὶ τούτων αὖθις ἕτερος συγκεκρυμμένως γράφει
ὡς χρώμενος αἰνίγμασι καὶ τύποις καὶ συμβόλοις,
ἄλλος τρανῶς καὶ καθαρῶς, ἄλλος συγκεκραμένως,
ἄλλος τοῦ λέγειν ἀποστὰς τόδε τι πρᾶγμα πράττει.
εἰσὶ δὲ πάλιν ἕτεροι τρόποι τῶν τρόπων τούτων·
ὁ μὲν γὰρ δι' ὁράσεως δέχεται τὰς ἐλλάμψεις,
ἕτερος δὲ δι' ἀκοῆς λαμβάνει τὰ πρακτέα,
ἕτερος δ' ἐκ τῆς γεύσεως, ἕτερος δ' ἀλλαχόθεν.
ταῦτα δὲ πάντα νοητά, καὶ νοητῶς λεκτέον·
τοσαῦται γὰρ καὶ τοῦ νοὸς τυγχάνουσιν αἰσθήσεις,
ὅσας αἰσθήσεις οἴδαμεν τῷ σώματι προσούσας·
πᾶσαι δ' ὁράσεις λέγονται γενικωτέρῳ λόγῳ.
ἐπισκεπτέον τοιγαροῦν τὰς τοῦ νοὸς αἰσθήσεις.
'αὕτη' γὰρ 'ὅρασις', φησίν, 'ἣν εἶδεν ὁ προφήτης',
ὅρασις δὲ καὶ Δανιὴλ καὶ προφητῶν ἑτέρων.
ἀκούει δ' Ἰεζεκιὴλ λαλοῦντος τοῦ κυρίου,
'ἀνθρώπου' γὰρ 'υἱέ', φησίν, 'ἄκουσον ἅπερ λέγω'.
σὺν τούτοις δὲ καὶ γεύεται τὴν θαυμασίαν γεῦσιν,
αὐτίκα δ' ἐκ τῆς γεύσεως πληροῖ καὶ τὴν κοιλίαν,
ὅτε θεὸς ἐψώμισεν αὐτὸν τῇ κεφαλίδι.

683–697 Euthym. 69 A 1–9 ‖ **700** Isai. 1,1 ‖ **701** Euthym. 69 B 10–13; Dan. 8,1 ‖ **702–706** Euthym. 69 A 12–B 2 ‖ **702–703** Ezech. 2,8 ‖ **706** Ezech. 3,2

676 scr. *μεθηρμηνευμένα* ? ‖ **678** *νικομηδαίων* **p** ‖ **680** *τύχω* **v** ‖ **683** *ἀρκοῦντος* **p** ‖ **688** *ὡς* **s v**: *καὶ* **p** ‖ **689** *συγκεκραμμένως* **s p** ‖ **694** post *ἕτερος*² def. **p** ‖ **695** fort. *δεκτέον* ‖ **701** *ὁράσεις* **v** ‖ **704** *τούτω* **v** ‖ **706** *ὅτε* **v**: *ὅτι* **s**

δεῖγμα δ' ὑπάρχει τῆς ἀφῆς Ναοὺμ τὸ θεῖον λῆμμα·
θεοληψίαν γὰρ καλεῖ τὴν θείαν ὁμιλίαν
ἣν δήπερ προσωμίλησε τὸ πνεῦμα τῷ προφήτῃ,
καθάπερ ἐπαφώμενον τῆς τούτου διανοίας
καὶ ταύτῃ πλέον ἐντυποῦν τὴν γνῶσιν τῶν μελλόντων.
ὁ δὲ Δαυὶδ σὺν τοῖς λοιποῖς ὀσφραίνεται καὶ μύρου.
ἄλλα γὰρ ἄλλων προφητῶν πολλάκις ἐνεργούντων
οὗτος δι' ὅλων ἔρχεται καὶ τρόπων καὶ πραγμάτων·
καὶ νῦν μὲν μνήμην δίδωσι τῶν παρεληλυθότων,
νῦν δ' ἐκτυποῖ τὰ μέλλοντα συμβαίνειν μετὰ χρόνους,
ἄλλοτε δὲ συντίθησι τοὺς λόγους τῶν παρόντων.
πολλάκις δὲ παρήλλαξε τὰ τῆς ἀκολουθίας,
ποτὲ μὲν ὡς γενόμενα τὰ μέλλοντα διδάσκων,
ποτὲ δ' αὖθις ὡς μέλλοντα τὰ προγεγενημένα.
καὶ νῦν μὲν ὅρασιν ὁρᾷ (τὸν γὰρ δεσπότην εἶδε),
νῦν δ' ἀκοαῖς εἰσδέχεται φωνὴν θεοῦ καλοῦσαν.
ἄκουσον δὲ καὶ τὴν ἀφὴν ἐκ τῶν αὐτοῦ ῥημάτων·
καὶ γὰρ 'ἡ γλῶσσά μου' φησὶ 'κάλαμος γραμματέως',
γλῶσσαν οὐ τὴν τοῦ σώματος εἰπὼν τὴν φαινομένην
(καὶ γὰρ ἔργον αὐτῆς ἐστι τὸ λέγειν, οὐ τὸ γράφειν),
ἀλλὰ τὴν γλῶσσαν τοῦ νοὸς τὴν ἔνδον κεκρυμμένην,
ἧς ξενοτρόπως ἥπτετο τὸ πνεῦμα τῆς σοφίας
καὶ τὰς τῶν ὄντων δι' αὐτῆς ἐκαλλιγράφει γνώσεις.
ἀλλ' ὅρα καὶ τὴν γευστικὴν αἴσθησιν τῆς καρδίας·
γλυκαίνεσθαι γὰρ ἔφησε τὸν λάρυγγα τὸν τούτου
ἐπέκεινα τοῦ μέλιτος τοῖς τοῦ θεοῦ λογίοις.
εἰ θέλεις καὶ τὴν ὄσφρησιν, ἰδού σοι καὶ τὸ ῥῆμα·
'ἐκ τῶν ἀμφίων σου στακτὴ καὶ σμύρνα καὶ κασία.'
οὕτω Δαυὶδ ταῖς τοῦ νοὸς αἰσθήσεσιν ἁπάσαις
πασῶν ἀντελαμβάνετο τοῦ πνεύματος χαρίτων.
Οὐ πάντα δὲ τὰ ῥήματα τὰ τοῖς ψαλμοῖς ἐνόντα
δέξεται τὴν ἐξέτασιν καθ' ἕνα μόνον τρόπον,
καθ' ἱστορίαν τὸ τυχόν, ἢ κατὰ προφητείαν

707–711 Euthym. 69 C 2–5 ‖ **707** Nahum 1, 1 ‖ **712** Ps. 132, 2 ‖ **713–732** Euthym. 69 C 6–72 A 9 ‖ **721** Ps. 15, 8 ‖ **724** Ps. 44, 2 ‖ **731–732** Ps. 118, 103 ‖ **733–736** Euthym. 72 B 1–7 ‖ **734** Ps. 44, 9 ‖ **737–752** Euthym. 72 C 4–D 6

707 *δ'* om. **v** ‖ **709** *ἣν δ' ἥπερ* **v** ‖ **710** *ἐπαφόμενον* **s** *ἐπαφώμενος* **v** ‖ **719** *γενόμενος* **v** ‖ **723** *αὐτῶν* **s** ‖ **724** *γραμματέος* **s v** ‖ **726** *οὐ* **s**: *ἢ* **v**

ἢ κατὰ πρᾶξιν ἠθικὴν ἢ κατ' ἀλληγορίαν.
πολλάκις γὰρ ἐν τοῖς αὐτοῖς πολλοὺς εὑρήσεις λόγους.
εἰ βούλει δέ, μοι λάμβανε τοῦ πράγματος εἰκόνα·
ὥσπερ γὰρ ἐν τοῖς σπέρμασιν ὁρῶμεν καὶ τοῖς δένδροις
ποικίλας καὶ πολυειδεῖς ἐκφύσεις καὶ δυνάμεις
(ῥίζα γὰρ δένδρῳ πέφυκε καὶ στέλεχος καὶ κλάδοι,
ἔχει καὶ φύλλα καὶ φλοιὸν καὶ τὴν ἐντεριώνην·
ὡσαύτως ἐν τοῖς σπέρμασι καὶ χλόη καὶ καλάμη,
καὶ μετὰ ταύτας φύουσιν ἀθέρες τε καὶ λέπος·
ἐννόει δὲ καὶ τὸν καρπόν, πῶς ἀνθ' ἑνὸς μυρίοι),
οὕτως ἐπὶ τοῦ πνεύματος, ἢ μᾶλλον πολλῷ πλέον.
ἵνα δ' ἀφεὶς τὰ περιττὰ συντετμημένως εἴπω,
μετάγονται καὶ πρὸς ἡμᾶς τῶν ψαλμικῶν τὰ πλείω.
ἐχθροὺς οὖν πάντας τοῦ Χριστοῦ τοὺς δαίμονας κλητέον·
καὶ δυσμενεῖς ἐνεδρευτὰς καὶ πλάνους καὶ δολίους,
διώκοντας, ἐκθλίβοντας, συνεπιτιθεμένους,
τούτους αὐτοὺς τοὺς δαίμονας καὶ πάλιν νομιστέον·
Ἀβεσαλὼμ δὲ καὶ Σαοὺλ καί τινα τῶν τοιούτων
τὸν ἔξαρχον τῶν πονηρῶν πνευμάτων λογιστέον·
Δαυὶδ δὲ πάλιν καὶ χριστόν, πρὸς δὲ καὶ βασιλέα,
ῥητέον ἕκαστον ἡμῶν μυστικωτέρῳ λόγῳ.
ὡς γὰρ Δαυὶδ ἐκ χρίσματος ἦλθεν εἰς βασιλείαν
(καὶ γὰρ ἐχρίσθη πρότερον τῷ τῆς ἀρχῆς ἐλαίῳ),
οὕτως ἡμεῖς τυγχάνομεν τῆς ἄνω βασιλείας
ἐλαίῳ προχριόμενοι βαπτίσματος τοῦ θείου.
ὅσα δ' οὐ προσαρμόζουσι τῶν ψαλμικῶν ῥημάτων,
τοῦ πνεύματος ἡγούμεθα φωνὰς τοῦ παναγίου,
ὡς τοῦ δευτέρου τὰ ῥητὰ καὶ τῶν παραπλησίων,
ἐκ τούτων ἁγιάζοντες τὰς ἑαυτῶν καρδίας.
  Ἔστι δ' ὁ πρῶτος τῶν ψαλμῶν ἐκ τῶν ἀνεπιγράφων,
οὐκ ἔσχε γὰρ ἐπιγραφήν, οὐδ' ἐκ τῶν ἑρμηνέων·
ἔχει δὲ παίδευσιν ἠθῶν, μετέχει καὶ δογμάτων
οὐ γὰρ προσέχειν παραινεῖ τοῖς θείοις λόγοις μόνον
καὶ τὴν σὺν τοῖς ἁμαρτωλοῖς ἀναστροφὴν ἐκφεύγειν,

753–768 72 D 8–73 A 13 ‖ **761–762** 1 Regn. 16, 12–13 ‖ **767** Ps. 2 ‖ **769–775** Euthym. 73 A 13–B 3

746 *ἐντεριόνην* **s v** ‖ **748** scr. *ἀθέρας*? ‖ **749** *μυρίοις* **s** a. c. ‖ **772** *μόνοις* **v**

ἀλλὰ διέξεισιν ὁμοῦ καὶ τὰ τῶν ἀσεβούντων,
διδάσκων οἷαι μένουσιν αὐτοὺς αἱ τιμωρίαι,
τοὺς δ' εὐσεβῶς βιώσαντας εἰκότως μακαρίζων.
'μακαρισμοῦ' γὰρ 'ἄξιος ἀνὴρ' φησὶν 'ἐκεῖνος,
ὃς ἐπὶ τὴν τῶν ἀσεβῶν βουλὴν οὐκ ἐπορεύθη
κἀν τρίβῳ τῶν ἁμαρτωλῶν οὐκ ἔστησε τὸν πόδα
οὐδ' ἐν καθέδρᾳ τῶν λοιμῶν ἠθέλησε καθῆσαι.'

Poema 54. Commentarius in Psalmos

De traditione huius operis vide Praef. p. XXVII–XXVIII, ubi ostendi e duabus partibus conflatum esse, quae sunt (I = vss. 1–146) programma Cosmae, sive paraphrasis metrica introductionis anonymae in Psalmos partim ex Cosmae Indicopleustae Topographia Christiana petitae; et huic postea, ut videtur, adiunctus commentarius in Psalmos (II = vss. 147–1317), ex Theodoreto (PG 80) paene totus haustus. utri parti vss. 147–157 (Ps. 1) assignem, dubius haereo; nam in codice **k**^{c} una cum programmate traditur hic psalmus, in Hieros. Sep. 78 separatim fertur, codex **k**^{b} a Ps. 2 incipit, indidemque incipiunt additamenta codicis **c**^{a} (anacreontea et al.); at contra explanatio Ps. 1, ut ceterorum, Theodoreto debetur. quomodocumque id se habet, programma a commentario seiungendum esse ex his indiciis efficitur: quod programma hiatum nusquam admittit, commentarius 89^{ies}; quod in programmate nulla ratio Theodoreti habetur, commentarius totus ab eo pendet; quod commentarius versibus Psellianis e Poem. 1 translatis refertus est, in programmate nihil tale invenitur. Psellum auctorem (programmatis) indicat una tantum classis (**c**^{a} **c**^{b} **c**^{c}); accedit quod (in programmate) hiatus vitatur, dedicatio ad imperatorem deest, David solus Psalmista perhibetur, cum Psellus (Poem. 1, 262–268, et Diss. de Ps. 378, 22–379, 9) etiam alios agnoscat.

Rem ergo habemus cum quinque, ut videtur, poetis, quorum primus programma Cosmae in versus politicos convertit, alter Theodoreti commentarium eodem modo conversum subiecit, tertius in fine addidit versibus iambicis psalmum idiographum, qui etiam in **k k**^{a} **k**^{b} **k**^{c} invenitur, non autem in **i**, quarto debentur titulus iambicus (post Ps. 1) et decem versus iambici ante Ps. 77 (**c**^{a} **c**^{b} **c**^{c} tantum); argumenta Eusebiana iam ante in disticha anacreontica conversa a Marco monacho (sub cuius nomine in Vatic. gr. 1823, ff. 98^{r}–100^{v}, seorsum traduntur) idem scriba in hyparchetypo codicum **c**^{a} **c**^{b} **c**^{c} inseruit.

777–780 Ps. 1, 1

780 *καθίσαι* **v**

54 k 16^{v}–256^{v} **k**^{a} 1^{r}–40^{r} **k**^{b} 55^{r}–78^{v} (vss. 159–1321) **k**^{c} 1^{r}–3^{v} (vss. 1–157) **c**^{a} 70^{r}–88^{v} **c**^{b} 434^{r}–443^{v} **c**^{c} 43^{r}–64^{r} **i** 7^{r}–27^{r} (vss. 1–1315) **i**^{a} 196^{r-v} 252^{r}–256^{v} (vss. 1–131) (lemmata sec. **c**^{a} dedi; anacreontea et senarios Psalmo 77 praemissos soli habent **c**^{a} **c**^{b} **c**^{c}; lectiones propriae nonnisi codicum **k i i**^{a} notantur) ‖ ed. De Magistris 452–453 (vss. 1–146)

Τοῦ σοφωτάτου Ψελλοῦ
Ἰνδικοπλεύστου πρόγραμμα Κοσμᾶ τῷ ψαλτηρίῳ

Μετὰ τὸν μέγιστον Μωσῆν καὶ μέγαν ἐν προφήταις
καὶ πρώτιστον δημαγωγὸν τοῦ γένους τῶν Ἑβραίων,
καὶ τὸν διάδοχον αὐτοῦ καὶ μέγαν στρατηγέτην,
τὸν Ἰησοῦν τὸν τοῦ Ναυῆ, καὶ τοὺς κριτὰς ἐκείνους
τοὺς πρὶν τὸ δωδεκάφυλον εὐθύνοντας ἐν κρίσει,
καὶ τὴν ἀποδοκίμασιν Σαοὺλ τῆς βασιλείας,
ἤγειρεν αὖθις ὁ θεὸς προφήτην βασιλέα,
τὸν θαυμαστὸν καὶ πάνσοφον Δαυὶδ τὸν ψαλμογράφον.
ὃς ἐμφανῶς τὰ μέλλοντα προβλέπων ὡς προφήτης
καὶ τὰ πρὸ χρόνων φθάσαντα πολλῶν συντελεσθῆναι,
τὰ δυστυχήματά φημι καὶ τὰς αἰχμαλωσίας
τῆς πονηρᾶς συναγωγῆς Ἑβραίων τῶν ἀθλίων
καὶ τὴν εἰς τούτους τοῦ θεοῦ ἀντίληψιν καὶ σκέπην,
δι' ἧς ἐρρύσατο συχνῆς αἰχμαλωσίας τούτους
καὶ τοὺς αἰχμαλωτίσαντας ἠφάνισεν εἰς τέλος·
ἵνα μὴ λέγω τὰ πολλὰ τῶν εὐεργετημάτων,
τὴν ῥαβδισθεῖσαν θάλασσαν τὴν διχοτομηθεῖσαν,
τὴν ἐν ἐρήμῳ τράπεζαν τὴν ξένην καὶ ποικίλην
καὶ τὴν τοῦ μάννα παροχὴν τὴν καὶ δαψιλεστάτην
καὶ τοὺς ἐκ πέτρας ποταμούς, τῆς ἀκροτόμου λέγω,
καὶ τῆς Μερρᾶς τὸν γλυκασμὸν τὸν ἀπὸ τῆς πικρίας·
καὶ δὴ σὺν τούτοις μάλιστα προβλέπων ὁ προφήτης
τὸν τρόπον τὸν ἀχάριστον ἐκείνων τῶν Ἑβραίων
καὶ τὴν ὀργὴν τὴν τοῦ θεοῦ πρὸς τούτους ἐνεχθεῖσαν,
προβλέπων καὶ τὴν σταύρωσιν τοῦ θεανθρώπου λόγου
καὶ τὴν ἐκ τάφου θαυμαστὴν ἐξέγερσιν ἐκείνου
τὴν κλῆσίν τε τὴν τῶν ἐθνῶν, ἡμῶν τῶν ἀπωσμένων

54 1–7 Cosmas Indicopl. V 116, 1–5 Wolska-Conus ‖ 26 = infra vss. 230, 792, 943

tit. sec. $\mathbf{c^a\,c^b\,c^c}$: om. $\mathbf{k^c}$ *Τοῦ – Ψελλοῦ* om. **k**, om. aut deperd. **i** *ἔκφρασις ὡραιοτάτη εἰς τὸν θεῖον καὶ προφητηκότα|τατον δα(υὶ)δ κασμᾶ ποιητοῦ* [*ἀπολλιναρίου ὡς οἶμαι* (inducta)] $\mathbf{k^a}$ *κοσμᾶ ἰνδικοπλεύστου τοῦ βαστίτορος· πρόγραμμα εἰς τοὺς ψαλμούς:–* $\mathbf{i^a}$ ‖ 1 *καὶ* $\mathbf{k\,k^a\,k^c\,c^c\,i^a}$: *τὸν* $\mathbf{c^a\,c^b}$ (**i** evan.) | *μέγαν*] *πρῶτον* $\mathbf{i^a}$ ‖ 7 *προφήτην*] *δα(υὶ)δ τὸν* $\mathbf{c^a\,c^b\,c^c}$ ‖ 8 *Δαυὶδ τὸν*] *προφήτην* $\mathbf{c^a\,c^b\,c^c}$ ‖ 9 *προλέγων* $\mathbf{c^a\,c^b\,c^c\,i^a}$ ‖ 14 *τούτους αἰχμαλωσίας* trp. **i** ‖ 15 post *αἰχμαλωτίσαντες*] *αὐτοὺς* $\mathbf{c^a\,c^b\,c^c}$ ‖ 17 *τὴν*^{2}] *καὶ* $\mathbf{i\,i^a}$ | *διχοτομισθεῖσαν* $\mathbf{i^a}$ ‖ 18 *ποικίλην*] *πλουσίαν* $\mathbf{i^a}$ ‖ 19 *τὴν καὶ*] *καὶ τὴν* $\mathbf{c^a\,c^b\,c^c}$ ‖ 20 *τοὺς*] *τῆς* $\mathbf{c^a\,c^b\,c^c\,i^a}$ ‖ 21 *μερᾶς* $\mathbf{i^a}$ ‖ 23 *ἐκεῖνον* $\mathbf{k\,k^c}$

καὶ τὴν δευτέραν ἔλευσιν τοῦ λόγου καὶ τὴν κρίσιν–
ταῦτα προβλέπων ἅπαντα προφητικῶς ἐκεῖνος
καὶ κινηθεὶς ἐκ πνεύματος τοῦ παναγιωτάτου
ἠθέλησε συγγράψασθαι πάντα ποικιλοτρόπως.
Καὶ δὴ συγκαλεσάμενος τινὰς μικροπροφήτας,
ὀργανοφόρους, ὀρχηστάς, ψαλτηρολυροπλήκτας
(ὁ μὲν γὰρ εἶχε τύμπανον, ὁ δ' ἐξ αὐτῶν κινύραν,
ἄλλος αὐλοὺς βουκολικούς, ὄργανον δ' ἄλλος ἄλλο
ψαλτήριον καλούμενον δεκάχορδον τῷ τότε),
χορούς τε συστησάμενος ἐκ τούτων διαφόρους
ἐξάρχους ἔχοντάς τινας καὶ χοροκορυφαίους,
τὸν Ἰδιθοὺμ καὶ τὸν Αἰθάμ, Ἀσάφ τε καὶ τοὺς ἄλλους,
τοὺς ἑκατὸν πεντήκοντα ψαλμοὺς ἐμμέτρως ᾖσεν.
Οὐ γὰρ ὡς λέγουσί τινες τῶν γε μὴ γινωσκόντων,
ὅτι τινὰς μὲν ἔγραψε ψαλμοὺς Δαυὶδ ὁ μέγας,
τινὰς δὲ παῖδες τοῦ Κορέ, Ἀσὰφ δὲ πάλιν ἄλλους,
ἄλλους δὲ γέγραφεν Αἰθάμ, ὁ δ' Ἰδιθοὺμ ἑτέρους.
καὶ γὰρ κἂν ἐπιγράφωνται τούτων αἱ κλήσεις ἴσως
ἐν ἐπιγράμμασί τινων ψαλμῶν ἐκ τοῦ ψαλτῆρος,
ὡς μελῳδήσαντες ψαλμούς, οὐ μὴν δ' ὡς γεγραφότες
παρά τινων ἐτέθησαν ὡς ἐπιγεγραμμένοι.
ὁ γὰρ Δαυὶδ ὁ μελῳδός, ὁ βασιλεὺς ἐκεῖνος,
ἡνίκα γέγραφε ψαλμὸν ἐμμέτρως τεθειμένον,
εὐθὺς ἐδίδου τῷ χορῷ τῷ δεδοκιμασμένῳ
καὶ μελουργεῖν ἐπέτρεπε καὶ τὸν ψαλμὸν ἐξᾴδειν.
εἰ δ' ἴσως ἐδοκίμασεν ἄλλῳ χορῷ διδόναι
τὸ λεῖπον ἔτι τῷ ψαλμῷ πρὸς τὸ μελουργηθῆναι,
ἡ τοῦ ῥυθμοῦ μεταβολὴ τοῦ μέλους τε τὸ τμῆμα
ἐλέγετο διάψαλμα παρὰ τῶν γινωσκόντων.

32–39 cf. Cosm. 116, 9–117, 4 ‖ **41–49** cf. Theodoret. In Ps. praef. 861 C 5–9 ‖ **49–56** Cosmas 117, 9–13 ‖ **53–56** v. ad Poem. 1, 269–291

28 *ἔγερσιν* **k k**[a] **k**[c] ‖ **33** *ὀργανογράφους* **c**[a] **c**[b] **c**[c] (deest **i**) ‖ **34** *ὁ δὲ κιννύραν τούτων* **i i**[a] ‖ post **34** *ἄλλος δὲ σύριγγας αὐλοὺς, ἄλλος δὲ λύραν μόνην* add. **i**[a] ‖ **38** *ἄρχοντας* **c**[a] **c**[b] **c**[c] ‖ **39** (et **44**) *ἐθὰμ* **k k**[a] **k**[c] | *ἄσαφ* **i**[a] | *τε* om. **i**[a] ‖ **40** *ᾖσεν ἐμμέτρως* trp. **i** ‖ **41** *οὐ γὰρ*] *οὔσπερ* **i**[a] ‖ **42** *μέγας*] *οὗτος* add. **i**[a] ‖ **43** *ἄσαφ* **i**[a] | *δὲ* om. **i**[a] ‖ **44** *ὁ δ'*] *ὡς* **i i**[a] ‖ **45** *ἐπιγράφονται* **k**[a] **k**[c] **i**[a] ‖ **47** *δ' ὡς*] *δὲ* **c**[a] **c**[b] **c**[c] | *γεγραφότα* **i**[a] ‖ **49** *ὁ*[3]] *καὶ* **i i**[a] ‖ **50** *ψαλμοὺς* **i**[a] ‖ **52** *ψαλμὸν*] *χορὸν* **c**[a] **c**[b] **c**[c] ‖ **53** *χορὸν* **c**[a] **c**[b] **c**[c] ‖ **54** *ἐπὶ* **i**[a] | *τοῦ ψαλμοῦ* **k**[a] **i i**[a] ‖ **55** *ἡ*] *ἐκ* **i**[a]

τοῦτο δὲ πάντως ἔξεστι μαθεῖν τῷ βουλομένῳ
ἐκ βίβλου τῶν βασιλειῶν τῶν Παραλειπομένων·
ῥητῶς γὰρ οὕτω γέγραπται περὶ Δαυὶδ ἐκεῖσε,
ὡς ᾖσε τήνδε τὴν ᾠδὴν Ἀσὰφ χειρὶ προφήτου.
ἄλλως τε πάλιν ὁ Χριστὸς ἐν τοῖς εὐαγγελίοις
πολλὰ πολλάκις ῥήματα λέγων ἐκ τοῦ ψαλτῆρος
μόνον εἰσάγει τὸν Δαυὶδ ὡς πάντας γεγραφότα·
ὡσαύτως τοῦτο λέγουσι τινὲς τῶν ἀποστόλων,
ἡνίκα χρῶνται λέξεσι καὶ λόγοις τοῦ ψαλτῆρος.
Οὐ μέντοι τάξιν ἔχουσι τοῦ λόγου καὶ τοῦ χρόνου,
ἀλλ' ἀλληνάλλως οἱ ψαλμοὶ κεῖνται συντεταγμένοι.
οὓς μὲν γὰρ γέγραφε Δαυὶδ ἐν τοῖς ὑστέροις χρόνοις,
ὥσπερ γραφέντες ἐξ ἀρχῆς κεῖνται συντεταγμένοι·
οὓς δὲ τὸ πρῶτον εἴρηκεν, ἀρχῇ τῆς βασιλείας,
ὕστερον συνετέθησαν παρὰ τῶν συνταξάντων.
τὰ γὰρ συμβάντα τῷ Δαυὶδ ἐκ τοῦ Σαοὺλ ἀρχῆθεν,
καὶ πρὶν σχεδὸν Ἀβεσαλὼμ τὸν παῖδα γεννηθῆναι,
ὁ τεσσαρακοστόπρωτος ἑκατοστὸς συγγράφει·
ὅσα δὲ πεπαρῴνηκεν Ἀβεσαλὼμ ἐκεῖνος
ὕστερον πάντων τῷ Δαυίδ, ὁ τρίτος ψαλμὸς γράφει.
Ὁ τρόπος δ' οὗτος πέφυκε τῆς κακοσυνταξίας·
μετὰ τὸν θάνατον Δαυὶδ τοῦ πάνυ σοφωτάτου
λήθης ἠφάνιστο βυθοῖς βίβλος ἡ τοῦ ψαλτῆρος
ἐξ ἀτασθάλου καὶ νωθρᾶς τῶν Ἰουδαίων γνώμης.
πρὸ χρόνων δὲ τριάκοντα σὺν τοῖς τριακοσίοις
τῆς τοῦ θεοῦ σαρκώσεως τοῦ λόγου καὶ δεσπότου
ὁ μετὰ τὸν Ἀλέξανδρον Αἰγύπτου βασιλεύσας,

57–60 Cosm. 118,1–4 ‖ **60** 1 Paral. 16,7 ‖ **61–65** Cosmas 119,5–7 ‖ **61–63** Matth. 22, 43; Marc 12, 37; Luc. 20, 42 ‖ **64–65** Acta 4, 25 ‖ **66–76** Theodoret. In Ps. 865 A 4–14 ‖ **77–80** cf. Poem. 53, 514–520 ‖ **81–93** cf. Ps.-Athanas. Synops. 77, PG 28, 433 B 10–15; Iosepp. Lib. mem. 122, PG 106, 124 C 4–9; anon. Mercati 53–54; Poem. 53,580–589

57 post *μαθεῖν*] *παντὶ* **c**^{a} a. c., **c**^{b} **c**^{c} **i**^{a} ‖ **59** *περὶ* **i**^{a}: *παρὰ* cett. (**i** evan.) ‖ **60** *τήνδε*] *ταύτην* **i**^{a} | *προφήτης* **i**^{a} ‖ **61** *ἄλλος* **k**^{a} **k**^{c} **i**^{a} ‖ **63** *πάντας* **i**: *πάντα* **i**^{a} *πάνυ* **k k**^{a} **k**^{c} *πάλαι* **c**^{a} **c**^{b} **c**^{c} ‖ **64** *τούτω* **i**^{a} ‖ **66** *τάξιν ἔχουσι*] *χρῶνται λέξεσι* **i**^{a} | *τοῦ χρόνου καὶ τοῦ τόπου* **i i**^{a} ‖ **68** *γὰρ* om. **k**^{a} ‖ **68–69** **k k**^{a} **k**^{c} **i**: om. **c**^{a} **c**^{b} **c**^{c} **i**^{a} ‖ **70** *δὲ τὸ*] *δέ τοι* **k k**^{c} *δέ τι* **k**^{a} *δ' ἔτι* **i**^{a} | *ἀρχὴ* **c**^{a} **c**^{b} **c**^{c} **k**^{c} **k**^{a} **i**^{a} (scr. *ἄχρι*?) ‖ **74** *ἐγράφη* **i**^{i} ‖ **75** *καὶ ὅσα δὲ παρώνικεν* **i**^{a} ‖ **75–76** om. **i** ‖ **77** *οὕτως* **c**^{a} **c**^{b} **c**^{c} ‖ **78** *καὶ γὰρ μετὰ τὸν θάνατον δαυὶδ τοῦ σοφωτάτου* **i i**^{a} ‖ **81** *δὲ*] *γὰρ* **c**^{a} **c**^{b} **c**^{c} | *τετρακοσίοις* **k**^{a} **c**^{a} **c**^{b} **c**^{c}

Φιλάδελφος καλούμενος τὴν κλῆσιν Πτολεμαῖος,
ἠθέλησε συναγαγεῖν τὸ τοῦ Δαυὶδ βιβλίον.
τῆς σῆς, Χριστέ μου, γνώρισμα καὶ τοῦτο προμηθείας·
ἀνὴρ γὰρ ὄντως βάρβορος τὴν γλῶσσαν καὶ τοὺς τρόπους
σπουδὴν εἰσήγαγε πολλὴν Δαυὶδ εὑρεῖν τὴν βίβλον.
καὶ δὴ συγκαλεσάμενος Ἑβραίων σοφωτάτους,
τοὺς ὅλους ἑβδομήκοντα τυγχάνοντας ἐν μέτρῳ,
καὶ φιλοσόφους Ἕλληνας οὐ πλείους τῶν Ἑβραίων,
προσέταξε συναγαγεῖν τὸ τῶν ψαλμῶν βιβλίον
ἐξελληνίσαι τε σαφῶς πρὸς τὴν Ἑλλάδα γλῶτταν.
ἐπεὶ γοῦν οὐχ εὑρέθησαν μιᾷ πάντες ἐν βίβλῳ
(ἐν βίβλοις γὰρ εὑρέθησαν πέντε κατεσπαρμένοι),
ἐν τούτῳ κακοσύντακτοι τυγχάνουσιν οἱ πλείους,
ὃν τρόπον τοῦτο πέπονθε καὶ προφητῶν ἡ βίβλος.
Πολλῶν μὲν οὖν καὶ πολλαχοῦ ταύτην ἑρμηνευσάντων
(τὴν βίβλον λέγω τοῦ Δαυίδ) ἀνθρώπων σοφωτάτων,
ἑρμηνευταὶ περύκασι γεραίτεροι τοῖς χρόνοις,
οὓς ἔφην ἑβδομήκοντα, πάντας Ἑβραίους ὄντας·
καιρὸς δ' εἰπεῖν καὶ τοὺς λοιποὺς ἑρμηνευτὰς τῆς βίβλου.
Ἀκύλας γοῦν ὁ δεύτερος ἑρμηνευτὴς τυγχάνει,
ὃς ἐκ πατρίδος ὥρμητο Σινώπης τῆς τοῦ Πόντου,
ποικίλος μὲν τὴν αἵρεσιν γενόμενος ὁ τάλας.
Ἕλλην γὰρ ὢν τὸ πρότερον εἰς ὀρθοδόξους ἦλθε,
πεισθεὶς καλῶς καὶ βαπτισθεὶς ἐν Ἱεροσολύμοις·
ἀλλ' αὖθις ἀρνησάμενος τὴν εὐσεβῆ θρησκείαν
περιτομὴν ὑπήνεγκε καὶ γέγονεν Ἑβραῖος.
καὶ προσκληθεὶς Ἀδριανῷ τῷ λεπρωθέντι πάλαι
τὴν τοῦ Δαυὶδ ἡρμήνευσε βίβλον ἐξῃρημένως,
τεσσαράκοντα τέσσαρας ὕστερον μετὰ χρόνους

94–97 cf. Poem. 53, 523–528 ‖ **103–113** cf. Ps.-Athanas. 77, 433 C 7; Iosepp. 124 C 8–13; anon. Mercati 55–60; Poem. 53, 630–637

84 *λεγόμενος* **i** ‖ **86** *προμυθία* **i**[a] ‖ **87** *ὄντως*] *ὅλως* **i i**[a] | *τὴν*] *καὶ* **i i**[a] | *τὸν τρόπον* **i, k**[a] a. c. ‖ **88** om. **k**[a] | *εἰσήνεγκε* **i i**[a] | *εὑρεῖν δαυὶδ* trp. **i i**[a] ‖ **89** *ἑβραίους* **k k**[a] **k**[c] **i**[a] (**i** evan.) ‖ **90** *ἐμμέτρως* **i**[a] ‖ **92** *τῶν ψαλμῶν*] *τοῦ δα(υὶ)δ* **c**[a] **c**[b] **c**[c] ‖ **93** *σοφῶς* **i**[a] ‖ **94** *οὖν* **c**[a] **c**[b] **c**[c] **i**[a] | *ἐν βίβλω πάντα μία* **i** (?), **i**[a] ‖ **95–96** ita **i i**[a]: **96–95** trp. cett. ‖ **95** *κατεσπαρμένοις* **c**[a] **c**[b] **c**[c] ‖ **96** *τυγχάνοντες* **c**[a] **c**[b] **c**[c] ‖ **99** om. **k**[a] **c**[a] **c**[b] **c**[c] ‖ **100** *πεφύκασι*] *τυγχάνουσι* **c**[a] **c**[b] **c**[c] | *γηραίτεροι* **i**[a] ‖ **103** *τυγχάνων* **i**[a] ‖ **105** *μὲν*] *φεῦ* **i i**[a] ‖ **109** *ἠνέγκατο* **i**[a] ‖ **110** *παρ' ἀδριανοῦ τοῦ λεπροθέντος* **i**[a] ‖ **111** *ἐξῃρημένος* **i**[a]

τῆς ἀναλήψεως Χριστοῦ τῆς ὡς πρὸς τὸν πατέρα.
ἑρμηνευτὴς δὲ πέφυκε τρίτος καὶ μετὰ τοῦτον
Σύμμαχός τις λεγόμενος, τὸ γένος Σαμαρείτης,
ὃς ὑβρισθεὶς παρά τινων Σαμαρειτῶν ἀδίκως
ἐκ λύπης ἰουδάισε περιτμηθεὶς ἀσκόπως.
καὶ προσκληθεὶς παρά τινος Σεβήρου βασιλέως
τὴν τοῦ Δαυὶδ ἡρμήνευσε ψαλμικωτάτην βίβλον
ὡς δῆθεν πρὸς καταστροφὴν Σαμαρειτῶν τοῦ γένους,
πλὴν μετὰ χρόνους ἑκατὸν τῆς σεβασμιωτάτης
ἐπαναλήψεως Χριστοῦ πρὸς τοὺς πατρῴους κόλπους.
Θεοδοτίων τέταρτος ἑρμηνευτὴς τυγχάνει,
τὸ γένος μὲν Ἐφέσιος, ἀλλὰ Μαρκιωνίτης·
ὅστις ἀπεχθανόμενος δῆθεν τοὺς ὁμοφύλους
τὴν βίβλον ἐφηρμήνευσε τὴν Δαυιτικωτάτην,
Κομόδου βασιλεύοντος τῆς Μεσοποταμίας.
οὗτος μὲν οὖν ἡρμήνευσε τὸ τοῦ Δαυὶδ βιβλίον·
καὶ πέμπη δ' ἀνωνόμαστος, ὥς φασιν, ἑρμηνεία
εἰς πόλιν τὴν Ἱεριχὼ τοῖς πίθοις κεκρυμμένη
παρὰ τοῦ βασιλεύοντος εὑρέθη Καρακάλου.

Ἁπλῷ μὲν λόγῳ καὶ κοινῷ καὶ κατημαξευμένῳ
ὄργανον τὸ ψαλτήριον δεκάχορδον σημαίνει,
ᾧτινι χρώμενοι τὸ πρὶν οἱ μελῳδοὶ πρὸς μέλος
ἐν τούτῳ τὰ ψαλλόμενα καλλίστως ἐμελῴδουν.
εἰ δ' ἴσως ἀναγωγικῶς ἐφερμηνεῦσαι θέλῃς,
ψαλτήριον δεκάχορδον τὸν ἄνθρωπον σημαίνει.
ὥσπερ γὰρ εἶχε πρότερον δέκα χορδὰς ἐκεῖνο,
οὕτω καὶ πᾶς τις ἄνθρωπος ἔχει δυνάμεις δέκα

114–122 cf. Ps.-Athanas. 77, 433 C 8–436 A 4; Iosepp. 124 C 14–D 5; anon. Mercati 61–65; Poem. 53, 647–654 ‖ **123–127** cf. Ps.-Athanas. 77, 436 A 5–9; Iosepp. 124 D 6–125 A 4; anon. Mercati 66–67; Poem. 53, 655–659 ‖ **129–131** cf. Ps.-Athanas. 77, 436 A 10–13; Iosepp. 125 A 5–9; Poem. 53, 660–662 ‖ **136–146** cf. Psell. Diss. de Ps. 374, 21–25

116 *τινος* $\mathbf{c}^{a}$ $\mathbf{c}^{b}$ $\mathbf{c}^{c}$ ‖ **117** *ἀκόπως* $\mathbf{i}^{a}$ ‖ **121** *πλὴν μετὰ χρόνους* **i** $\mathbf{i}^{a}$: *τῆς μετὰ χρόνους δ'* cett. ‖ **122** *κόλπους* **i** $\mathbf{i}^{a}$: *κλήρους* cett. ‖ **123** *ἑρμηνευτὴς δὲ τέταρτος ἐστὶ θεοδοτίων* **i** $\mathbf{i}^{a}$ ‖ **126** *ἐφερμήνευσε* $\mathbf{c}^{a}$ $\mathbf{c}^{b}$ $\mathbf{c}^{c}$ $\mathbf{i}^{i}$ | *δαβιτικωτάτην* **k** $\mathbf{k}^{a}$ $\mathbf{k}^{c}$ $\mathbf{i}^{a}$ ‖ **128** *οὗτοι … ἡρμήνευσαν* $\mathbf{i}^{a}$ ‖ **130** *κεκρυμμένην* $\mathbf{c}^{a}$ $\mathbf{c}^{b}$ $\mathbf{c}^{c}$ ‖ **131** *καρακάλλου* $\mathbf{i}^{a}$, qui hic def. ‖ **134** *πρὸς*] *τὸ* **k** $\mathbf{k}^{a}$ $\mathbf{k}^{c}$ ‖ **135** *τούτω* **i**: *τούτοις* cett. ‖ **136** *ἐξερευνήσεις τοῦτο* **i** | *θέλεις* **k** $\mathbf{k}^{a}$ ‖ **137** *σημαίνει*] *εὑρήσεις* **i** ‖ **138** *εἶχε* om. $\mathbf{c}^{a}$ a. c., $\mathbf{c}^{b}$ $\mathbf{c}^{c}$ ‖ **139** *δυνάμεις ἔχει* trp. **i**

σωματικὰς καὶ ψυχικάς, καὶ δῆλον ἀπὸ τούτου·
ψυχὴ γὰρ πᾶσα πέφυκε δυνάμεις ἔχειν πέντε,
νοῦν, αἴσθησιν, διάνοιαν, δόξαν καὶ φαντασίαν·
ὡσαύτως καὶ τοῦ σώματος ἴσμεν αἰσθήσεις πέντε,
ὅρασιν, ὄσφρησιν, ἁφήν, ἀκοήν τε καὶ γεῦσιν.
ταῦτ' οὖν ὑπαινιττόμενος ἔλεγεν ὁ προφήτης·
ἐν δεκαχόρδῳ τῷ θεῷ ψάλατε ψαλτηρίῳ.

1. *Εἰς τὸν α' ψαλμὸν ἤγουν τὸ 'μακάριος ἀνὴρ ὃς οὐκ ἐπορεύθη'*

Ἄλλοι μὲν ἄλλα τῶν ψαλμῶν ἔχουσι λόγων εἴδη,
ὁ δὲ παρὼν καὶ πρώτιστος εἶδος διττὸν ἐπέχει,
διδακτικὸν σὺν ἠθικῷ· καὶ τοῦτο σκοπητέον.
διδάσκει γὰρ ἀνάστασιν καὶ κρίσιν τῶν ἀνθρώπων,
καὶ μακαρίζει τοὺς χρηστούς, τοὺς δ' ἄλλους ταλανίζει,
καὶ μάλιστα τοὺς ἀσεβεῖς καὶ τυραννικωτάτους,
οὓς οὐδ' εἰς κρίσιν ὕστερον ἐξαναστῆναι λέγει,
ἀλλ' εἰς κατάκρισιν αὐτῶν καὶ κόλασιν ἀξίαν.
τὸ γὰρ 'οὐκ ἀναστήσεται πᾶς ἀσεβὴς εἰς κρίσιν'
τοῦτο σημαίνει προφανῶς, ὡς ἀναστῆναι μέλλει,
πλὴν οὐκ εἰς κρίσιν ἀληθῶς, ἀλλὰ πρὸς κατακρίσεις.

Ἐάν σοι δόξῃ, ἐν τῇ ἀρχῇ τοῦ ψαλτηρίου γράψον ταῦτα·

Δαυὶδ προφητάνακτος ἔνθεον μέλος

Ψαλμὸς τῷ Δαυίδ, ἀνεπίγραφος παρ' Ἑβραίοις· εἰς τὸν α' ψαλμόν

Θεοσεβεῖς μακαρίζει
καὶ ἀσεβεῖς ταλανίζει.

2. *Εἰς τὸν β' ψαλμόν, τὸ 'ἵνα τί ἐφρύαξαν'*

Περὶ Χριστοῦ προφητεύει,
καλεῖ καὶ ἔθνη πρὸς πίστιν.

Οὗτος τὸ πάθος προδηλοῖ τοῦ θεανθρώπου λόγου.
'ἵνα τί' γὰρ 'ἐφρύαξαν ἔθνη' φησὶν 'ἀφρόνως,
κενὰ δὲ μεμελέτηκε λαὸς τῶν Ἰουδαίων,

149 Theodoret. 865 C 8–9; cf. Poem. 53, 771 ‖ **153–154** Theodoret. 872 C 9–11 ‖ **158** 873 C 4–6 ‖ **159–161** Ps. 2,1–2

146 *ψάλλατε* **k c**^{a} **c**^{b} **c**^{c} ‖ **149** *τοῦτο* **k**^{a} **i**: *-ον* cett ‖ **151** *πιστοὺς* **c**^{a} **c**^{b} **c**^{c} ‖ **155** *πᾶς*] *ὁ* **k k**^{a} **k**^{c} ‖ post **157** def. **k**^{c} ‖ additamentum solus habet **c**^{a}, versum iambicum et anacreonteos initio Ps. 1 in mg. adscripsit **c**^{b}, anacreonteos suo loco post lemma Ps. 1 habet **c**^{c} ‖ **158** hinc **k**^{b}

ἄρχοντες δὲ συνήχθησαν, φεῦ, κατὰ τοῦ κυρίου;'
πρὸς τὸν σωτῆρα δέ φησι τὸν ἄναρχον πατέρα
'αἴτησαι' λέγειν 'παρ' ἐμοῦ καὶ δώσω σοι τὰ ἔθνη
καὶ τὴν κληρονομίαν σου καὶ τὴν κατάσχεσίν σου
πάντα τὰ πέρατα τῆς γῆς. αὐτοὺς δὲ τοὺς Ἑβραίους
σὺ ποιμανεῖς ἐν ῥάβδῳ σου τῇ σιδηρᾷ δικαίως,
συντρίβων τούτους ἀληθῶς ὡς σκεύη κεραμέως.'
ῥάβδον δὲ λέγει σιδηρᾶν Ῥωμαίων βασιλείαν
τὴν τούτους κατατρύχουσαν μέχρι τῆς νῦν ἡμέρας.
τὸ δ' 'αἴτησαι καὶ δώσω σοι κληρονομίαν ἔθνη'
οὕτως ὀφείλεις ἐννοεῖν ἅπας ἀναγινώσκων,
ὡς ἔχει μὲν τὴν τοῦ παντὸς ὁ λόγος ἐξουσίαν
θεὸς τυγχάνων ἀληθῶς κατὰ τὴν θείαν φύσιν,
ἐπεὶ δὲ γέγονε βροτός, ὡς ἄνθρωπος αἰτεῖται
τὴν ἐξουσίαν ἐκ πατρὸς τῶν ἐπὶ γῆς ἁπάντων.
'ἐδόθη' γάρ φησιν 'ἐμοὶ' κἀν τοῖς εὐαγγελίοις
'ἐν οὐρανῷ καὶ ἐν τῇ γῇ πατρόθεν ἐξουσία'.

3. *Εἰς τὸν γ' ψαλμὸν τὸν 'κύριε, τί ἐπληθύνθησαν'*

Ἅπερ αὐτῷ χρηστὰ ἔσται
μετὰ τὰς θλίψεις προλέγει.

Τοῦτον τὸν τρίτον εἴρηκε ψαλμὸν Δαυὶδ ὁ μέγας
μετὰ τὴν πολυθρύλλητον αὐτοῦ παρανομίαν,
ὅταν οὐ μόνον βάρβαροι καὶ πλῆθος ἀλλοφύλων
ἀλλὰ καὶ παῖς Ἀβεσαλὼμ ἠγέρθη κατ' ἐκείνου.
οὗπερ τὰς χεῖρας ἀποδρὰς καὶ φεύγων εἰς ἐρήμους
θρηνολογῶν ἐφθέγγετο πρὸς τὸν δεσπότην τάδε·
'τί' λέγων 'ἐπληθύνθησαν οἱ θλίβοντές με, λόγε,
πολλοὶ δ' ἐπανεστάθησαν νῦν ἐπ' ἐμὲ τὸν τάλαν;'
ἐπιθαρρῶν ὡς ἔοικεν αὐτοῦ τῇ μετανοίᾳ,
'ἐγώ' φησι, 'κἂν ὕπνωσα, πλὴν ἐξηγέρθην αὖθις'·
ὕπνον δὲ λέγει νουνεχῶς ὧδε τὴν ἁμαρτίαν.

163–167 Ps. 2,8–9 ‖ **168** Theodoret. 881 C 2–4 ‖ **170–175** 880 C 1–5 ‖ **176–177** Matth. 28, 18 ‖ **179–181** Theodoret. 884 C 13–D 3 ‖ **184–185** Ps. 3,2 ‖ **187** Ps 3,6

162 [……] *π(ατ)ὴρ ἄναρχος λέγων* **i** (init. vs. 163 evan.) ‖ **163** *λέγειν* **k** $\mathbf{k}^{a}$ *-ων* $\mathbf{k}^{b}$ *-ει* $\mathbf{c}^{a}$ $\mathbf{c}^{b}$ c^{c} ‖ **170** habet **i**: om. cett. ‖ **173** *ἀληθὴς* **i** ‖ **177** *ἐπὶ γῆς* $\mathbf{k}^{b}$ **i** ‖ **185** *δ' ἐπανεστάθησαν* **i**: *δὲ* (*δ'* $\mathbf{c}^{a}$ $\mathbf{c}^{b}$) *ἐπανέστησαν* cett. ‖ **186** scr. *δ' ὡς*? | *ἔοικε τούτου* **i** ‖ **187** *πλὴν*] *ἀλλ'* **i** ‖ **188** *ὧδε* **k** $\mathbf{k}^{a}$: *αὐτοῦ* $\mathbf{k}^{b}$ $\mathbf{c}^{a}$ $\mathbf{c}^{b}$ c^{c}

'ὅθεν οὐ φοβηθήσομαι λαοῦ τὰς μυριάδας
τὰς ἐπιτιθεμένας μοι κύκλῳ, θαρρῶν σοι, λόγε.'

4. *Εἰς τὸν δ' ψαλμόν, 'ἐν τῷ ἐπικαλεῖσθαί με'*

Περὶ ὧν πέπονθε λέγει
καὶ εὐσεβῶς ζῆν διδάσκει.

Τοῦτον ἐξεῖπε τὸν ψαλμὸν νενικηκὼς τὸν παῖδα·
'ἐν θλίψει' γὰρ 'ἐπλάτυνας', φησίν, 'εἰσήκουσάς μου.'
τὸ δ' 'εἰς τὸ τέλος' τὸν ψαλμὸν τοῦτον ἐπιγεγράφθαι
ἔμφασιν ἔχει καθαρὰν τὸ τέλος τοῦ θανάτου·
φησὶ γὰρ 'κοιμηθήσομαι καὶ πάλιν ἀφυπνώσω'.

5. *Εἰς τὸν ε' ψαλμόν, 'τὰ ῥήματά μου ἐνώτισαι'*

Ὡς ἀπὸ τῆς ἐκκλησίας
προσευχομένου ὁ ὕμνος.

Τοῦτον προσώπῳ γέγραφε τῆς θείας ἐκκλησίας·
αὕτη γὰρ ἔσται τοῦ παντὸς εἰς τέλος κληρονόμος.
ἥτις τοὺς μὴ πιστεύοντας κατὰ τὴν ταύτης δόξαν
ἀφανισθῆναι δυσωπεῖ τὸν κύριον τῆς δόξης.
φησὶ γάρ, 'πάντας ἀπολεῖς τοὺς λέγοντας τὸ ψεῦδος'
καὶ βλασφημοῦντας κατὰ σοῦ, δέσποτα τῶν ἁπάντων·
'τούτων ὁ φάρυγξ γάρ ἐστι τάφος ἀνεῳγμένος'.

6. *Εἰς τὸν ς' ψαλμόν, 'κύριε, μὴ τῷ θυμῷ σου ἐλέγξῃς με'*

Διδάσκει πῶς δεῖ κυρίῳ
ἐξομολόγησιν φέρειν.

Μεταγινώσκων ὁ Δαυὶδ αὐτοῦ τὴν ἁμαρτίαν
καὶ τὴν ἐν τέλει φοβερὰν κρίσιν εἰς νοῦν λαμβάνων
ὑπὲρ αὐτῆς ἐκδυσωπεῖ μηδ' ὅλως κολασθῆναι·
'μὴ τῷ θυμῷ σου' γάρ φησιν 'ἐλέγξῃς με, σωτήρ μου',
ἅπερ ὀδύνης ῥήματα τυγχάνουσι καὶ φόβου.

189–190 Ps. 3,7 ‖ **191** Theodoret. 888 D 1–4 ‖ **192** = Poem. 1,26; Ps. 4,2 ‖ **195** Ps. 4,9 ‖ **196–197** Theodoret. 896 A 4–6 ‖ **197** cf. Poem. 1, 31 ‖ **200** Ps. 5, 7 ‖ **202** Ps. 5, 10 ‖ **206** = Poem. 1,35; Ps. 6,2 ‖ **207** cf. Poem. 1,36

190 *λόγε*] *σῶτερ* **k k**[a] ‖ **193** *τὸ*[2] om. **c**[a] **c**[b] c[c] | *τὸν ψαλμὸν* **c**[c]: *τῶν ψαλμῶν* cett. (deest **i**) ‖ **197** *εἰς τέλος* om. **c**[a] **c**[b] **c**[c] ‖ **200** *λαλοῦντας* **i** ‖ **201** *βλασφημούντων* **c**[a] **c**[b] ‖ **202** *ἀνεωγμένος τάφος* trp. **i** ‖ **203** *αὐτοῦ τὴν ἁμαρτίαν*] *ἐφ' οἷς πεπλημμελήκει* **i** ‖ **206** *χ(ριστ)έ μου* **i** ‖ Ps. 7 anacr. *ἀδικουμένοις* Marc. mon.

7. *Εἰς τὸν ζ′ ψαλμόν, ‘κύριε ὁ θεός μου, ἐπὶ σοὶ ἤλπισα’*

Ἀδικούμενος ἀδίκως
ὑποτιθεῖ ἃ προσήκει.

Ὁ πατραλοίας ὁ πικρός, Ἀβεσαλὼμ ἐκεῖνος,
τὸν Ἀχιτόφελ σύμβουλον λαβὼν ἐν τοῖς πρακτέοις
καὶ τὸν πατέρα φεύγοντα καταδιῶξαι μέλλων,
παρὰ Χουσὶ τοῦ θαυμαστοῦ σοφῶς ἐξηπατήθη.
ὑποκριθεὶς γὰρ ὁ Χουσὶ φίλος αὐτοῦ τυγχάνειν
τρέχει πρὸς τοῦτον καί φησι λαθὼν τὸν Ἀχιτόφελ·
‘εἰ βούλει κτεῖναι τὸν Δαυὶδ ἀρτίως πεφευγότα,
μὴ κατὰ πόδας ἄοπλος ἐκείνου καταδράμῃς·
πολὺν συνάθροισον λαόν, καὶ τότε πολεμήσεις.’
ὅπερ καὶ πέπραχε πεισθεὶς Ἀβεσαλὼμ ἐκείνῳ.
ὁ γοῦν Δαυὶδ δραξάμενος καιροῦ τινος εὐκαίρου
ἐξέφυγε τὸν πόλεμον τὸν τοῦ παιδὸς ἐκεῖνον.
ποιεῖται γοῦν ὑπὲρ Χουσὶ ψαλμὸν εὐχαριστίας.
ὁ μέντοι γε κακόχαρτος ἐκεῖνος Ἀχιτόφελ
λύπῃ δεινῇ κατασχεθεὶς ἐν τῇ δραματουργίᾳ
εὐθὺς ἐπνίγη γεγονὼς αὐτόχειρ δι’ ἀγχόνης.
τούτου γὰρ χάριν εἴρηκεν ὁ ψαλμογράφος πάλιν·
‘ἰδοὺ καθὼς ὠδίνησεν ἐκεῖνος ἀδικίαν,
πόνον συνέλαβεν ἐντός, ἔτεκεν ἀνομίαν,
καὶ τάφον ὤρυξε βαθύν, ἀλλ’ ἐμπεσεῖται μόνος
εἰς βόθρον ὃν εἰργάσατο τῇ κακοσυμβουλίᾳ.’

8. *Εἰς τὸν η′ ψαλμόν, ‘κύριε ὁ κύριος ἡμῶν, ὡς θαυμαστόν’*

Χριστὸν κηρύττει καὶ κόσμου
τὴν σωτηρίαν προλέγει.

Τοῦτον ἐξεῖπε τὸν ψαλμὸν προβλέπων ὁ προφήτης
τὴν κλῆσιν ὄντως τῶν ἐθνῶν, ἡμῶν τῶν ἀπωσμένων,
καὶ τοὺς ναοὺς τοὺς ἱεροὺς τοῦ λόγου καὶ σωτῆρος.
ληνοὶ γὰρ θεοπάτητοι πάντως αἱ ἐκκλησίαι,
τὸ γλεῦκος ἀποστάζουσαι τὸ τῶν εὐαγγελίων.

208–223 Theodoret. 905 D 2–908 A 7 ‖ **213** cf. Poem. 1, 42 ‖ **215** cf. Poem. 1, 44 ‖ **220** = Poem. 1, 48 ‖ **227–228** Ps. 7, 15–16 ‖ **232–233** = Poem. 1, 50–51 ‖ **232** Theodoret. 913 A 13–14; infra vs. 939

209 *ἐν τοῖς πρακτέοις ἔχων* **i** ‖ **211** *δεινῶς* **c**[a] **c**[b] **c**[c] ‖ **215** *κατατρέχῃς* **i** ‖ **216** *ἀλλὰ συνάθροισον στρατὸν* **i** ‖ **218** *γοῦν*] *γὰρ* **c**[a] **c**[b] **c**[c] | *τινὸς καιροῦ* trp. **i** ‖ **218–220** om. **k**[b]

9. *Εἰς τὸν θ' ψαλμόν, 'ἐξομολογήσομαί σοι, κύριε'*

Θάνατον ἔγερσιν κράτος
Χριστοῦ, ἐχθρῶν πτῶσιν λέγει.

Μέλλων ὁ μέγιστος Δαυὶδ καὶ θαυμαστὸς προφήτης
προκαταγγεῖλαι τοῦ Χριστοῦ τὰ κοσμοσῶστα πάθη,
φησὶ 'ψαλμὸς ὑπὲρ υἱοῦ τῶν ἄγαν ἀποκρύφων'.
υἱοῦ δὲ τί τὸ κρύφιον ἢ κένωσις ἡ ξένη;
κρυφίως γὰρ ταπείνωσιν τὴν κατάβασιν λέγει·
'ἴδε μου τὴν ταπείνωσιν', φησὶ πρὸς τὸν πατέρα,
'καὶ τοῦ θανάτου τῶν πυλῶν ὕψωσον παραδόξως.'

10. *Εἰς τὸν ι' ψαλμόν, 'ἐπὶ τῷ κυρίῳ πέποιθα'*

Ὕμνος ᾀδόμενος πᾶσι
κατὰ θεὸν οἷς ἀγῶνες.

Τοῦτον ἐξεῖπε τὸν ψαλμὸν μέλλων ἀποδιδράσκειν
ἀπὸ προσώπου τοῦ Σαοὺλ ὁ μέγιστος προφήτης.
'μεταναστεύου' γάρ φησι, 'ψυχή, καθὰ στρουθίον
ἐπὶ τὰ ὄρη τὰ μακρὰν καὶ φεῦγε τοὺς τοξότας.
ἰδοὺ καὶ γὰρ ἐνέτειναν ἁμαρτωλοὶ τὰ τόξα
ἐν σκοτομήνῃ θέλοντες σὲ νῦν κατατοξεῦσαι.'
'εἰς τέλος' δ' ἐπιγέγραπται, καθ' ὅσον μέμνηταί που
τῆς τοῦ δεσπότου κρίσεως τῆς οὔσης ἐν τῷ τέλει·
φησὶ γάρ, 'εἰς ἁμαρτωλοὺς παγίδας ἐπιβρέξει
πῦρ τε καὶ θεῖον καυστικὸν καὶ πνεῦμα καταιγίδος'.

11. *Εἰς τὸν ια' ψαλμόν, 'σῶσόν με, κύριε, ὅτι ἐκλέλοιπεν ὅσιος'*

Καταδρομὴ πονηρίας,
περὶ Χριστὸν προσδοκία.

Τοὺς πονηροὺς κατηγορῶν ὁ θαυμαστὸς προφήτης
καὶ τοῦτον ᾖσε τὸν ψαλμὸν μετὰ ῥυθμοῦ καὶ μέλους.
'ἐκλέλοιπε γὰρ ὅσιος' φησὶν 'ἀπὸ τοῦ κόσμου,

235 Theodoret. 920 C 2–4 ‖ **236** Ps. 9,1 ‖ **237–240** = Poem. 1,54–57 ‖ **239–240** Ps. 9–14 ‖ **241–242** Theodoret. 937 C 1–4 ‖ **243–246** Ps. 10, 1–2 ‖ **247–248** Theodoret. 937 C 6–8 ‖ **247** Ps. 10,1 ‖ **249–250** Ps. 10,6 ‖ **253–254** Ps. 11,2

235 *κοσμοσῶστα* $\mathbf{c}^a$ $\mathbf{c}^b$ $\mathbf{c}^c$ **i**: *κοσμοσῶστρα* **k** $\mathbf{k}^a$ $\mathbf{k}^b$ (scr. *κοσμόσωστα*?) ‖ **236** *ψαλμὸς* **i**: *-ὸν* cett. ‖ **237** *ἡ ξένη*] *ἐσχάτη* **i** ‖ **240** *καὶ … ὕψωσον*] *ὁ … ὑψῶν με* **i** ‖ **243** *καθὰ*] *καθάπερ τι* **i** ‖ **244** *μακρὰ* $\mathbf{k}^a$ $\mathbf{k}^b$ ‖ **246** *νῦν σε* trp. **i** ‖ **251** *ὁ θαυμαστὸς κατηγορῶν προφήτης* trp. **i** | *θαυμαστὸς*] *πάνσοφος* $\mathbf{k}^b$ $\mathbf{c}^a$ $\mathbf{c}^b$ $\mathbf{c}^c$

ἀλήθειαι δ' ὠλιγώθησαν ἀπὸ υἱῶν ἀνθρώπων.'
'εἰς τέλος' δ' ἐπιγέγραπται, πλὴν 'ὑπὲρ τῆς ὀγδόης',
ὡς μεμνη[μένος ....]·
οὗτος γὰρ ἕβδομός ἐστιν, ὃν τρέχομεν αἰῶνα.
'σὺ γὰρ φυλάξαις, κύριε', φησίν, 'ἡμᾶς ἐκ ταύτης
τῆς γενεᾶς τῆς πονηρᾶς εἰς τὸν αἰῶνα μόνος.'

12. *Εἰς τὸν ιβ' ψαλμόν, 'ἕως πότε, κύριε, ἐπιλήσῃ μου εἰς τέλος;'*

Ἐπίθεσις ἐχθραινόντων
καὶ προσδοκία σωτῆρος.

Καὶ τοῦτον ᾖσε τὸν ψαλμὸν ὁ μέγιστος προφήτης
ὑπὸ παιδὸς Ἀβεσαλὼμ ἐκπεπολεμημένος.
θρηνολογεῖ γάρ, ὡς ὁρᾷς, λέγων πρὸς τὸν δεσπότην·
'μέχρι καὶ τίνος, κύριε, ἡμῶν ἐπιλανθάνῃ
καὶ στρέφεις σου τὸ πρόσωπον ὡς ἀφ' ἡμῶν ὀπίσω;
μέχρι δὲ τίνος θήσομαι βουλὰς ἐν τῇ ψυχῇ μου,
ὀδύνας ἐν καρδίᾳ μου νύκτωρ καὶ μεθ' ἡμέραν;'

13. *Εἰς τὸν ιγ' ψαλμόν, 'εἶπεν ἄφρων ἐν καρδίᾳ αὐτοῦ, οὐκ ἔστι'*

Καταδρομὴ πονηρίας
περὶ Χριστοῦ πρόρρησίς ⟨*τε*⟩.

Τοῦτον προσώπῳ γέγραφε τοῦ θείου Ἐζεκίου
τοῦ πάλαι βασιλεύσαντος ὅλης τῆς Ἰουδαίας.
Σεναχηρεὶμ ὁ δείλαιος τῶν Ἀσσυρίων ἄναξ
στρατεύσας πάλαι μανικῶς κατὰ τῆς Ἰουδαίας
πολλὰς μὲν ἐξεπόρθησεν ἐκείνης ἄλλας πόλεις.
ἐλθὼν δ' εἰς Ἱερουσαλήμ, εἰς πόλιν Ἐζεκίου
(ἤλπισε γὰρ χειρώσασθαι καὶ ταύτην τῷ πολέμῳ),
Ῥαμψάκην πέπομφέ τινα πρὸς Ἐζεκίαν λέγων·
'δεῦρο καταδουλώθητι τῷ κράτει μου συντόμως,

255 Ps. 11, 1 ‖ **256** Theodoret. 941 B 8 ‖ **258–259** Ps. 11, 8 ‖ **260–261** Theodoret. 945 A 2–5 ‖ **263–266** Ps. 12,2–3 ‖ **267–284** Theodoret. 948 B 2–C 10; 4 Regn. 18,13–19,36 = Isai. 36,1–37,37

256 evan. **i**: *τοὺς πονηροὺς κατηγορῶν ὁ θαυμαστὸς προφήτης* (= 251) cett. (suppleas fere *κρίσεως τοῦ θεοῦ τῆς δικαίας*, cf. Theodoret. *ἅτε δὴ τῆς δικαίας τοῦ θεοῦ κρίσεως μεμνημένος*) ‖ **266** om. $\mathbf{k}^{a}$ | *νύκτα* $\mathbf{k}\,\mathbf{k}^{b}$ ‖ **268** *τῆς ὅλης* trp. **i** ‖ **269** *ὁ δείλαιος*] *γὰρ ὁ δεινὸς* **i** ‖ **270** *πάλαι μανικῶς*] *μανικώτατα* **i** ‖ **271** *πόλεις ἄλλας* trp. $\mathbf{c}^{a}\,\mathbf{c}^{b}\,\mathbf{c}^{c}$ ‖ **273** *ἤλπισε γὰρ*] *ὡς ἤλπισε* **i** | *τοῖς πολέμοις* **i** ‖ **274** *ῥαψάκιν* $\mathbf{k}\,\mathbf{k}^{a}$

οὐδεὶς γὰρ ἐξελεῖταί σε πάντως ἐκ τῶν χειρῶν μου,
οὐδ' ἂν ἐκεῖνος ὁ θεὸς ὃν σὺ πιστεύεις εἴπῃς.'
καὶ ταῦτα μὲν λελάληκε Ῥαμψάκης Ἐζεκίᾳ·
ὁ δὲ δεσπότης τοῦ παντὸς κληθεὶς παρ' [Ἐζεκίου]
ἄγγελον ἐξαπέστειλε κατὰ τῶν Ἀσσυρίων,
ὃς ἐν ἐκείνῃ τῇ νυκτὶ καὶ μόνῃ παραδόξως
τὰς ἑκατὸν ἀπέσφαξεν ὀγδοηκονταπέντε
τῶν Ἀσσυρίων παναλκεῖς ἐκείνας μυριάδας,
τοὺς δὲ λοιποὺς ὡς πρὸς φυγὴν ἔτρεψεν ἀοράτως.
τούτου γὰρ χάριν εἴρηκε πάντως ὡς 'εἶπεν ἄφρων
ἐν τῇ καρδίᾳ ἑαυτοῦ ὅτι θεὸς οὐκ ἔστι'·
καὶ πάλιν 'ἐδειλίασαν φόβον μὴ ὄντος φόβου'.
καὶ γὰρ μὴ πολεμούμενοι παρά τινων ἀνθρώπων
οἱ μὲν ἐναπεσφάγησαν, οἱ δ' ἔφυγον ἀσχέτως.
πλὴν 'εἰς τὸ τέλος' γέγραπται καθ' ὅσον ὁ προφήτης
πρὸ χρόνων εἴρηκε πολλῶν ταύτην τὴν προφητείαν.

14. *Εἰς τὸν ιδ' ψαλμόν, 'κύριε, τίς παροικήσει ἐν τῷ σκηνώματί σου;'*

Ὑπογραφὴ τῶν ἐν νόμῳ
τελειωθέντων ἁγίων.

Ἐν τούτῳ πάλιν τῷ ψαλμῷ νομοθετεῖ πανσόφως
καὶ στήλην γράφει πρὸς ἡμᾶς τοῦ θεαρέστου βίου,
'τίς παροικήσει, κύριε', λέγων, 'ἐν τῇ σκηνῇ σου
ἢ τίς κατασκηνώσειεν ἐν ὄρει σου ἁγίῳ;
πάντως ὁ πορευόμενος ἀμώμως ἐν τῷ βίῳ
καὶ πάλιν ἐργαζόμενος ἀεὶ δικαιοσύνην.'

15. *Εἰς τὸν ιε' ψαλμόν, 'φύλαξόν με, κύριε, ὅτι ἐπὶ σοὶ ἤλπισα'*

Συνάθροισις ἐκκλησίας,
Χριστοῦ ἀνάστασις ἅμα.

285–286 Ps. 13, 1 ‖ **287** Ps. 13, 5 ‖ **290–291** Theodoret. 948 A 14–B 2 ‖ **290** Ps. 13, 1 ‖ **292–293** Theodoret. 953 C 6–9 ‖ **294–297** Ps. 14, 1–2

276 *πάντων* **k** $\mathbf{k}^{b}$ ‖ **277** *οὐδ' ἂν ἐκεῖνον τὸν θ(εὸ)ν εἴπῃς ὃν σὺ πιστεύεις* **i** | *ἐκεῖνον τὸν θεὸν* $\mathbf{c}^{c}$ ‖ **278** *ῥαψάκης* **k** $\mathbf{c}^{b}$ *-ις* $\mathbf{k}^{a}$ ‖ **279** textus sec. **i**: *οὗτος δὲ προσευχόμενος ἐν τῇ νυκτὶ ἐκείνῃ ἐπὶ θ(ε)ῷ κατὰ ἐχθρῶν βοήθειαν δοθῆναι* cett. (sed soloeca oratio et bis hiat) ‖ **280** *ἐξαπέστειλας* $\mathbf{c}^{a}$ $\mathbf{c}^{b}$ $\mathbf{c}^{c}$ ‖ **289** *ἔφευγον* $\mathbf{c}^{b}$ $\mathbf{c}^{c}$ (**i**?) ‖ **291** *ταῦτα τῇ προφητείᾳ* **i** ‖ **293** *στύλον* $\mathbf{c}^{a}$ $\mathbf{c}^{b}$ $\mathbf{c}^{c}$ ‖ **296** *ἀμώμως ἐν τῷ βίῳ*] *ἐν ὄρει σου ἁγίῳ* (iterum) **i**

Ἐνταῦθα στήλην γέγραφε παθῶν τῶν τοῦ δεσπότου
ἤγουν τῆς νίκης τοῦ Χριστοῦ τῆς κατὰ τοῦ θανάτου.
φησὶ γὰρ ἀνθρωποπρεπῶς προσώπῳ τοῦ σωτῆρος
πρὸς τὸν πατέρα δηλαδὴ τὸν ἄναρχον, καὶ λέγει·
'ἐγκαταλείψεις οὐδαμῶς εἰς ᾅδου τὴν ψυχήν μου
οὐδὲ φθορὰν τὸν ὅσιον τὸν σὸν ἰδεῖν με δώσεις·
ὁδοὺς ζωῆς ὡς ἀληθῶς ἐγνώρισάς μοι, πάτερ.'

16. *Εἰς τὸν ις' ψαλμόν, 'εἰσάκουσον, κύριε, δικαιοσύνης'*

Καλῶς λαοῦ προεστῶτος
ἡ προσευχὴ ὑπὸ τούτου.

Καὶ τοῦτον διωκόμενος ὑπὸ Σαοὺλ ἐξεῖπεν,
οὗπερ ῥυσθῆναι δυσωπεῖ τὸν πάντων εὐεργέτην.
'ἐνώτισαι' καὶ γάρ φησι 'τὴν προσευχήν μου, λόγε,
καὶ κατ' ἐχθρῶν ἀνάστηθι καὶ πρόφθασον ἐν τάχει
καὶ τούτους ὑποσκέλισον καὶ ῥῦσαι τὴν ψυχήν μου.
σὺ γὰρ ὡς ἐδοκίμασας νῦν τὴν ἐμὴν καρδίαν,
ὡς ἐπεσκέψω με νυκτός, πυρώσας τοὺς νεφρούς μου,
οὔκουν ἐφεῦρες ἐν ἐμοὶ κἂν ἴχνος ἁμαρτίας.'
ταῦτα λελάληκε θαρρῶν ὡς πρὸ τῆς ἁμαρτίας
ἀδίκως διωκόμενος ὑπὸ Σαοὺλ ἐκεῖνος.
μᾶλλον δὲ τοῦτο καθαρῶς σημαίνει καὶ κυρίως
τὸ 'ἐπεσκέψω με νυκτός, πυρώσας τοὺς νεφρούς μου',
ὡς 'ἐπειδήπερ τὸν Σαοὺλ κοιμώμενον ἐφεῦρον
καὶ τοῦτον οὐκ ἀπέκτεινα σφόδρα ἠδικημένος,
πάντως οὐχ εὗρες ἐν ἐμοὶ χώραν μνησικακίας'.

17. *Εἰς τὸν ιζ' ψαλμόν, 'ἀγαπήσω σε, κύριε ἡ ἰσχύς μου'*

Εὐχαριστεῖ καὶ προλέγει
Χριστοῦ ἀνάληψιν γῆθεν.

298 cf. Ps. 15,1 ‖ **298–299** Theodoret. 956 D 7–8 ‖ **302–304** Ps. 15,10–11 ‖ **305–306** Theodoret. 965 A 6–8 ‖ **307** Ps. 16,1 ‖ **308–309** Ps. 16,13 ‖ **310–312** Ps. 16,3 ‖ **317–319** Theodoret. 965 C 3–9; 1 Regn. 26,6–12

298 *τῶν παθῶν* trp. **i** ‖ **302** *οὐδαμοῦ* $\mathbf{k}^{b}$ $\mathbf{c}^{a}$ $\mathbf{c}^{b}$ $\mathbf{c}^{c}$ | *ἅδην* $\mathbf{c}^{a}$ $\mathbf{c}^{b}$ $\mathbf{c}^{c}$ ‖ **303** *διαφθορὰν* $\mathbf{c}^{a}$ $\mathbf{c}^{b}$ $\mathbf{c}^{c}$ **i** | *ἰδεῖν* om. $\mathbf{c}^{a}$ $\mathbf{c}^{b}$ $\mathbf{c}^{c}$ ‖ **304** *ὡς*] *γὰρ* **i** | *με* $\mathbf{c}^{b}$ *μ*(   ) $\mathbf{c}^{a}$ ‖ Ps. 16 anacr. *ὑπὲρ* Marc. mon. ‖ **306** *εὐεργέτην πάντων* trp. **i** ‖ **309** *ὑποσκέλισον* **i** (= LXX): *-σαι* cett. ‖ **310** *ὡς* om. **i** ‖ **311** *τοὺς νεφρούς*] *τὴν ψυχήν* $\mathbf{c}^{a}$ $\mathbf{c}^{b}$ $\mathbf{c}^{c}$ ‖ **312** *οὐκοῦν* $\mathbf{c}^{a}$ $\mathbf{c}^{b}$ $\mathbf{c}^{c}$ | *κἂν*] *καὶ* **i** ‖ **316** *ἐπισκέψομαι* $\mathbf{c}^{a}$ $\mathbf{c}^{b}$ *ἐπισκέψωμε* $\mathbf{k}^{a}$

Τοῦτον εὐχαριστήριον προσάγει τῷ δεσπότῃ
ῥυσθεὶς ἐκ πάντων τῶν ἐχθρῶν καὶ τοῦ Σαοὺλ ἐκείνου·
φησὶ γὰρ ‘ἀγαπήσω σε, κύριε ἡ ἰσχύς μου’.
ἔχει δ’ ἐμφάσεις καί τινας Χριστοῦ τῆς παρουσίας
καὶ τῆς ἐπανακλήσεως αὐτοῦ πρὸς τὸν πατέρα.
‘ἔκλινε’ γάρ φησιν ‘αὐτὸς οὐρανοὺς καὶ κατέβη’,
καὶ πάλιν ‘ἐπὶ χερουβὶμ ἐπέβη παραδόξως
ἐπὶ πτερύγων τέ τινων ἀνέμων ἐπετάσθη’.
ἔχει καὶ κλῆσιν τῶν ἐθνῶν καὶ θλῖψιν τῶν Ἑβραίων.
φησὶ γὰρ ‘καταστήσεις με καὶ κεφαλὴν ἐθνῶν μου,
λαὸς γὰρ ὃν οὐκ ἔγνωκα πάντως δεδούλευκέ μοι,
εἰς ἀκοὴν ὠτίου δὲ τοὺς λόγους ἤκουσέ μου·
υἱοὶ δ’ ἠλλοτριώθησαν, ἄγαν ἐψεύσαντό μοι.
ἐπαλαιώθησαν καὶ γάρ, ἐχώλαναν τὰς τρίβους,
ὥσπερ πηλὸν δὲ πλατειῶν ἀπολεάνω τούτους.’

18. *Εἰς τὸν ιη′ ψαλμόν, ‘οἱ οὐρανοὶ διηγοῦνται δόξαν θεοῦ’*

Θεολογεῖ καὶ διδάσκει
ὡς δεῖ βιοῦν θεαρέστως.

Οὗτος δὲ πάλιν ὁ ψαλμὸς θεολογίας πλήρης,
ἐκ τρόπων δὲ διδακτικῶν ἐστὶ συντεθειμένος.
‘οἱ οὐρανοὶ’ γὰρ ‘τοῦ θεοῦ τὴν δόξαν διηγοῦνται,
ποίησιν δὲ χειρῶν αὐτοῦ τοῖς πᾶσιν ἀναγγέλλει
τὸ κράτιστον στερέωμα τὸ μέσον τῶν ὑδάτων·
ῥῆμα δ’ ἐρεύγεται’ φησὶν ‘ἡμέρα τῇ ἡμέρᾳ
καὶ νὺξ νυκτὶ τὴν θαυμαστὴν ἐξαναγγέλλει γνῶσιν.’
ταῦτα δὲ πάντα γέγραφεν ἐκ προσωποποιίας,
τὸ πρῶτον διηγούμενος εἶδος τῶν θείων νόμων.
νόμοι γὰρ τρεῖς ἐδόθησαν ἐκ θεοῦ τοῖς ἀνθρώποις·
ὁ πρῶτος δίχα γράμματος, ὁ διὰ τῶν κτισμάτων·

320–321 cf. Poem. 1, 66–67; Ps. 17, 1 ‖ **322** Ps. 17, 2 ‖ **323** cf. Poem. 2, 25 ‖ **325–327** Ps. 17, 10–11 ‖ **328** Theodoret. 972 C 5–7 ‖ **329–333** Ps. 17, 44–46 ‖ **334** Ps. 17, 43 ‖ **337–341** Ps. 18, 2–3 ‖ **344–353** cf. Psell. Theologica I, Op. 31, 9–19; Theodoret. 989 C 4–992 A 9

320 *τοῦτον δ’* **k k**[a] | *προσάγει*] *ἐξάδει* **i** ‖ **320–334** om. **k**[b] ‖ **321** *ἐκείνου* **k k**[a] (**i** evan.) ‖ **323** *τῆς χριστοῦ* trp. **c**[a] **c**[b] **c**[c] ‖ **324** *ἐπαναλήψεως* **i** ‖ **328** *θλίψιν* **i**: *κλῆσιν* cett. ‖ **329** *καὶ*] scr. *εἰς* (= LXX)? | *μου*] *σου* **i** ‖ **332** *υἱοὶ δ’* **i** (= LXX): *οἱ δὲ* cett. | *μου* **k k**[a] ‖ **334** *ἀπολεανῶ* **k k**[a] ‖ **338** *πᾶσιν ἀναγγέλει* **i** (cf. LXX): *πᾶσι καταγγέλλει* cett. ‖ **342** *πάντα*] *πάλιν* **c**[a] **c**[b] **c**[c] | *γέγραπται* **c**[a] **c**[b] **c**[c] | *ὡς προσωποποιΐαν* **i** ‖ **345** *πρῶτος ὁ* trp. **i**

τίς γὰρ ἰδὼν τὸν οὐρανὸν καὶ τοὺς ἀστέρας τούτους
οὐκ ἔσχε νόμον φυσικὸν ἀπὸ τῶν ὁρωμένων,
ὡς ἄρα τούτων πέφυκε δημιουργός τις μέγας;
ὁ δεύτερος δὲ γράμματος, ὁ διὰ Μωϋσέως·
καὶ τρίτος ὁ τῆς χάριτος ἡμῖν ἐδόθη νόμος.
ὃ περὶ πρώτου τοιγαροῦν ὧδε διδάσκει νόμου,
τὴν κτίσιν ἐδογμάτισε διδάσκαλον ὑπάρχειν
τοῦ τῶν ἁπάντων ποιητοῦ ἐν προσωποποιίᾳ.
ἂν γὰρ οὐδεὶς διδάξῃ σε τὴν δόξαν τοῦ κυρίου,
ἀνάβλεψον εἰς οὐρανόν, κἀκεῖνός σε διδάξει.

19. *Εἰς τὸν ιθʹ ψαλμόν, ‘ἐπακούσαι σου κύριος ἐν ἡμέρᾳ’*

Τῶν βασιλεῖ συμπραττόντων
εὐχὴ δικαίων τὸ ᾆσμα.

Καὶ τὸν ἐννακαιδέκατον τοῦτον ψαλμὸν ἐξεῖπεν,
ὡς καὶ τὸν τρισκαιδέκατον, ὁ μέγιστος προφήτης
ὡς δῆθεν λεχθησόμενον παρὰ τοῦ Ἐζεκίου,
ὅταν στρατεύσῃ κατ’ αὐτοῦ Σεναχηρεὶμ ἐκεῖνος,
εἶτα κενὸς ἀποπεμφθῇ κατατετροπωμένος.
ταῦτα γὰρ πάντα προὔγραψεν ὁ μέγιστος προφήτης·
‘οὗτοι’ καὶ γὰρ ‘ἐν ἅρμασιν, οὗτοι’ φησὶν ‘ἐν ἵπποις,
ἡμεῖς δὲ μόνον ὄνομα καλοῦμεν τοῦ κυρίου.
αὐτοὶ συνεποδίσθησαν πεσόντες ἐν ῥομφαίᾳ,
ἡμεῖς δ’ ἐπανωρθώθημεν, ἀνέστημεν πεσόντες.’

20. *Εἰς τὸν κʹ ψαλμόν, ‘κύριε, ἐν τῇ δυνάμει σου εὐφρανθήσεται ὁ βασιλεύς’*

Ἔντευξις αὕτη δικαίων
τῷ βασιλεῖ συμπραττόντων.

Προσώπῳ τοῦτον εἴρηκε λαοῦ τῶν Ἰουδαίων,
δῆθεν εὐχαριστήριον πρὸς τὸν θεὸν τῶν ὅλων
ὑπὲρ ὑγείας καὶ ζωῆς ἄνακτος Ἐζεκίου.

356–360 Theodoret. 1000 B 8–C 6; cf. supra ad vss. 267–284 ‖ **362–365** Ps. 19, 8–9 ‖ **366–376** Theodoret. 1004 A 2–11

346 *τοὺς οὐ(ρα)νοὺς* **i** | scr. *τούτου*? ‖ **349** *τοῦ μωσέως* $\mathbf{k}\ \mathbf{k}^{a}\ \mathbf{k}^{b}$ ‖ **351** [*περὶ τοῦ πρώτου τοιγαροῦν νόμου*] *διδάσκων ὧδε* **i** ‖ **352** *ὃ* $\mathbf{k}\ \mathbf{k}^{b}$: *ὅς* $\mathbf{c}^{a}\ \mathbf{c}^{b}\ \mathbf{c}^{c}$ *ἣ* $\mathbf{k}^{a}$ ‖ **354** *ἂν*] *κἂν* **i** | *διδάξῃ σε* $\mathbf{k}\ \mathbf{k}^{a}\ \mathbf{k}^{b}\ \mathbf{i}$: *ἀναγγελῇ* $\mathbf{c}^{c}$ -*ῇ* ex -*εῖ* $\mathbf{c}^{a}\ \mathbf{c}^{b}$ ‖ **356** *ἐννακαιδέκατον* **k** a. c., $\mathbf{k}^{a}\ \mathbf{k}^{b}$: *ἐννεακαιδέκατον* cett. ‖ **358** *λεχθησόμενος* $\mathbf{k}^{a}\ \mathbf{k}^{b}$ ‖ **359** *ὅτ’ ἐκστρατεύσει* $\mathbf{c}^{a}\ \mathbf{c}^{b}\ \mathbf{c}^{c}$ | *κατὰ τοῦ* $\mathbf{c}^{a}\ \mathbf{c}^{b}$ ‖ **360** *κατετροπωμένος* **i** ‖ **362** *φησίν* $\mathbf{k}\ \mathbf{k}^{a}\ \mathbf{i}$: *καὶ γὰρ* $\mathbf{k}^{b}\ \mathbf{c}^{a}\ \mathbf{c}^{b}\ \mathbf{c}^{c}$ ‖ **366** *προσώπω* $\mathbf{k}^{b}\ \mathbf{c}^{c}$

οὗτος καὶ γὰρ νενικηκὼς Σεναχηρεὶμ ἐκεῖνον
ὑπὸ τῆς ἄνωθεν ῥοπῆς τῆς ἀκαταμαχήτου,
ἠρρώστησε δεινότατα μέχρις αὐτοῦ θανάτου.
καὶ γνοὺς τὸν τούτου θάνατον ὡς ἀπὸ τοῦ προφήτου
τοῦ Ἡσαΐου πρὸς αὐτὸν δεδηλωκότος τοῦτον,
προσηύξατο πρὸς κύριον μετὰ θερμῶν δακρύων,
καὶ πάλιν εἴληφε τοῦ ζῆν εἰς χρόνους δεκαπέντε
προσθήκην ὄντας τῆς ζωῆς τούτου τῆς προλαβούσης.
'ὁ βασιλεὺς' γάρ, 'κύριε', φησί, 'τῇ σῇ δυνάμει
μεγάλως εὐφρανθήσεται ῥυσθεὶς ἐκ τοῦ θανάτου·
οὐ γὰρ ἐστέρησας αὐτὸν θέλησιν τῶν χειλέων
καὶ τῆς καρδίας δέδωκας αὐτῷ ἐπιθυμίαν·
ζωὴν ᾐτήσατο λαβεῖν, καὶ δέδωκας αὐτίκα.'

21. *Εἰς τὸν κα' ψαλμόν, 'ὁ θεός, ὁ θεός μου, πρόσσχες μοι'*

Χριστοῦ παθῶν προφητεία,
κλῆσις ἐθνῶν γῆς περάτων.

Ὁ δ' εἰκοστόπρωτος ψαλμὸς ὁ προκείμενος οὗτος
προρρήσεις ἔχει θαυμαστὰς τοῦ πάθους τοῦ σωτῆρος,
ὡς ἀπὸ τῆς ἐπιγραφῆς τῆς τούτου διδαχθήσῃ.
ἑωθινὴ γὰρ ἀληθῶς ἀντίληψις ὑπάρχει
ἡ τοῦ δεσπότου νέκρωσις ἡ φιλανθρωποτάτη,
ἥτις ὡς ὄρθρος ἔλαμψεν εἰς πᾶσαν οἰκουμένην.
'ὤρυξαν' γάρ φησι σαφῶς 'καὶ χεῖράς μου καὶ πόδας',
καὶ πάλιν 'ἐξηρίθμησαν σύμπαντα τὰ ὀστᾶ μου'.

22. *Εἰς τὸν κβ' ψαλμόν, 'κύριος ποιμαίνει με, καὶ οὐδέν με ὑστερήσει'*

Διδασκαλία πιστοῦ τε
εἰσαγωγὴ λαοῦ νέου.

Οὗτος τὴν ἴσην δύναμιν τῷ προρρηθέντι φέρει,
ἔμφασιν ἔχων καθαρὰν τοῦ πάθους τοῦ κυρίου.

369–376 4 Regn. 20, 1–6 = Isai. 38, 1–6 ‖ **377–380** Ps. 20, 2–3 ‖ **381** Ps. 20, 5 ‖ **383–386** Theodoret. 1008 C 8–12 ‖ **385–387** cf. Poem. 1, 72–73 ‖ **388** = Poem. 1, 74; Ps. 21, 17 ‖ **389** Ps. 21, 18 ‖ **390** Theodoret. 1025 B 8–9

369 *γὰρ καὶ* trp. $\mathbf{c}^{a}\,\mathbf{c}^{b}\,\mathbf{c}^{c}$ *δὲ γὰρ* $\mathbf{k}^{b}$ | *ἐκεῖνος* $\mathbf{k}^{a}\,\mathbf{k}^{b}$ ‖ **370** *ἀπὸ* **i** ‖ **375** *τοῦ ζῆν εἰς*] *τὸ ζῆν καὶ* **i** ‖ **379** *αὐτὸν* $\mathbf{c}^{a}\,\mathbf{c}^{b}\,\mathbf{c}^{c}$: *αὐτῶ* $\mathbf{k}\,\mathbf{k}^{a}\,\mathbf{k}^{b}$ *αὐτοῦ* (?) **i** ‖ **380** *αὐτῷ*] *πᾶσαν* add. **i** ‖ **384** *διδαχθήσῃ* **k**: *-θήσης* $\mathbf{k}^{a}$ *-θείσης* $\mathbf{k}^{b}\,\mathbf{c}^{a}\,\mathbf{c}^{b}\,\mathbf{c}^{c}$ *διδαχθείσ*[..] **i** ‖ **386** *κένωσις τοῦ φιλανθρωποτάτου* **i** ‖ **389** *ἅπαντα* $\mathbf{c}^{c}$ **i** ‖ **390** *φέρων* **i** ‖ **390–393** om. $\mathbf{k}^{b}$ ‖ **391** *ἔχει* **i**

ʻἂν γάρʼ φησι ʻκαὶ πορευθῶ μέσον σκιᾶς θανάτου,
οὐ φοβηθήσομαι κακά, σὺ μετʼ ἐμοῦ γάρ, πάτερ.ʼ

23. *Εἰς τὸν κγʹ ψαλμόν, ʻτοῦ κυρίου ἡ γῆ καὶ τὸ πλήρωμα αὐτῆςʼ*

Τῆς κλήσεως προφητεία,
τελείωσις σῳζομένων.

Προλέγει τὴν ἀνάστασιν ἐνθάδε τοῦ σωτῆρος
καὶ μᾶλλον τὴν ἀνάβασιν τὴν ὡς πρὸς τὸν πατέρα.
ʻἐπάρθητεʼ καὶ γάρ φησι ʻτῶν οὐρανῶν αἱ πύλαιʼ,
καὶ πάλιν ʻπύλας ἄρατε, ταγμάτων ἀρχηγέταιʼ.

24. *Εἰς τὸν κδʹ ψαλμόν, ʻπρὸς σέ, κύριε, ἦρα τὴν ψυχήν μουʼ*

Διδασκαλία, κυρίῳ
πῶς δεῖ ἐξομολογεῖσθαι.

Δαυὶδ ἐξομολόγησιν προσφέρων τῷ κυρίῳ
τοῦτον ἐξεῖπε τὸν ψαλμὸν ψυχῇ συντετριμμένῃ.
ʻτῆς ἁμαρτίαςʼ γάρ φησι ʻτῆς τῆς νεότητός μου,
ἀλλὰ καὶ τῆς ἀγνοίας μου μηδʼ ὅλως μνημονεύσῃςʼ·
καὶ πάλιν, ʻτὴν ταπείνωσιν ἴδε μου καὶ τὸν κόπον
καὶ πάσας ἄφες μου, σωτήρ, ἄρτι τὰς ἁμαρτίαςʼ.

25. *Εἰς τὸν κεʹ ψαλμόν, ʻκρῖνόν μοι, κύριε, ὅτι ἐγὼ ἐν ἀκακίᾳ μουʼ*

Ἔντευξις ἡ τοῦ προκόπτειν
κατὰ θεὸν ἀρξαμένου.

Τοῦτον ἐξεῖπε τὸν ψαλμὸν φεύγων εἰς τὰς ἐρήμους
ἀπὸ προσώπου τοῦ Σαοὺλ τοῦ παρανομωτάτου.
παρʼ ἀλλοφύλοις γὰρ οἰκεῖν οὗτος ἠναγκασμένος
ἐκείνου κατατρέχοντος τοῦ παρανομωτάτου,
ὡς εἶδε τούτους δυσσεβεῖς ὄντας τοὺς ἀλλοφύλους
καὶ θύοντας τοῖς δαίμοσι πολλὰς δημοθοινίας,
ἐκεῖνος βδελυξάμενος ἦλθεν εἰς τὰς ἐρήμους
καὶ τοῦτον ᾖσε τὸν ψαλμὸν ἀπέναντι κυρίου.
φησὶ γὰρ ʻοὐκ ἐκάθισα μετὰ τοῦ συνεδρίου

392–393 Ps. 22,4 ‖ **394–395** Theodoret. 1029 A 7–13 ‖ **396–397** Ps. 23,7; 9 ‖ **397** = Poem. 2, 1103 ‖ **398–399** Theodoret. 1036 B 9–14 ‖ **400–401** Ps. 24, 7 ‖ **402–403** Ps. 24, 18 ‖ **404–411** Theodoret. 1045 A 4–9 ‖ **412–414** Ps. 25,4–5

392 *καὶ πορευθῶ φησι* trp. **c**[a] **c**[b] **c**[c] ‖ **393** *γὰρ μετʼ ἐμοῦ* trp. **i** ‖ **395** *ἀνάληψιν* **i** ‖ **398** *εἰσφέρων τῷ δεσπότῃ* **i** ‖ **400** *τῆς*[1,2]] *τὰς* **i** ‖ **401** *καὶ τῆς ἀγνοίας μου, χ(ριστ)ὲ* **i** ‖ **403** om. **k**[b] ‖ **404** om. **k**[a] ‖ **406** *οὗτος γὰρ οἰκεῖν* trp. **i** ‖ **407** *τυραννικωτάτου* **i** ‖ **408** *οἶδε* **c**[a] **c**[b] **c**[c]

τῆς ματαιότητος, Χριστέ, βροτῶν παρανομούντων·
τὴν ἐκκλησίαν γὰρ μισῶ τῶν πονηρευομένων.'

26. *Εἰς τὸν κς' ψαλμόν, 'κύριος φωτισμός μου καὶ σωτήρ μου'*

Εὐχαριστεῖ ἀγαθῶν τε
ἔντευξιν ἄλλων ποιεῖται.

Καὶ τοῦτον διωκόμενος ὑπὸ Σαοὺλ ἐξεῖπε
πρὸ τοῦ χρισθῆναι χρίσματι δευτέρῳ βασιλείας.
χρίσεις γὰρ τρεῖς γινώσκομεν τοῦ θαυμαστοῦ προφήτου·
ἐν Βηθλεὲμ τῷ Σαμουὴλ καὶ γὰρ ἐχρίσθη πρῶτον,
δεύτερον πάλιν ἐν Χεβρὼν ὑπὸ φυλῆς Ἰούδα
μετὰ σφαγὴν τὴν τοῦ Σαοὺλ τοῦ παρανομωτάτου,
καὶ τρίτον ὑπὸ τῶν φυλῶν τῶν δώδεκα, καθάπερ
ταῖς ἱστορίαις εὕρομεν τῶν Τετραβασιλείων.

27. *Εἰς τὸν κζ' ψαλμόν, 'πρὸς σέ, κύριε, κεκράξομαι'*

Ὠιδὴ πιστῶν ἐκ προσώπου
καὶ πρόρρησις τῶν μελλόντων.

Ὁρῶν τινας ὁ θαυμαστὸς καὶ κάλλιστος προφήτης
ἔξωθεν μὲν εἰρηνικῶς αὐτῷ προσομιλοῦντας
καὶ φίλους εἶναι λέγοντας, τοῦτ' ἔστι τοὺς Ζιφαίους,
ἔσωθεν δὲ τυγχάνοντας ἐχθροὺς ἀσπονδοτάτους
καὶ τούτῳ λάθρᾳ συνεχῶς ἐπιβουλευομένους,
τοῦτον ἐξεῖπε τὸν ψαλμὸν εὐχόμενος καὶ λέγων·
'μὴ συνελκύσῃς με, Χριστέ, μετὰ ἁμαρτανόντων
μηδὲ συναπολέσῃς με μετὰ τῶν ἀδικούντων,
λαλούντων μὲν εἰρηνικῶς ἔξωθεν τῷ πλησίον,
ἐκμελετώντων δὲ κακὰ τούτων ἐν ταῖς καρδίαις.'

28. *Εἰς τὸν κη' ψαλμόν, 'ἐνέγκατε τῷ κυρίῳ, υἱοὶ θεοῦ'*

Δι' αἰνιγμάτων προρρήσεις,
θεολογία συνάμα.

415–422 Theodoret. 1049 A 4–9 ‖ **416–417** = Poem. 1, 80–81 ‖ **418–421** cf. Poem. 1,82–83 ‖ **418** 1 Regn. 16,12–13 ‖ **419** 2 Regn. 2,4 ‖ **421–422** 2 Regn. 5,3 ‖ **423–428** Theodoret. 1056 C 13–1057 A 1 ‖ **429–432** Ps. 27, 3

413 *βροτῶν* **i**: *ἀνδρῶν* cett. ‖ **422** *ταῖς*] *ἐν* **i** ‖ **424** *εἰλικρινῶς* **k**[b] **c**[a] **c**[b] **c**[c] | *συνομιλοῦντας* **k k**[a] **k**[b] ‖ **429** *τῶν ἁμαρτώντων* (*τῶν* s. v.) **i** ‖ **431** *εἰρηνικῶς ἔξωθεν τῶ* **i**: *εἰρηνικὰ μετὰ τῶν τοῦ* cett.

Καὶ τοῦτον ᾖσε τὸν ψαλμόν, προσώπῳ δ' Ἐζεκίου,
ὁπόταν ἐξαπέστειλε πρὸς τὰς αὐτῶν οἰκίας
τοὺς πεφευγότας ἅπαντας εἰς τὴν σκηνὴν τὴν ἔνδον.
ἐπεὶ γὰρ ἐπεστράτευσε Σεναχηρεὶμ ἐκεῖνος,
οἱ πέριξ ὄντες ἄνθρωποι τῆς πόλεως ἐκείνης
εἰς τὴν σκηνὴν εἰσέδραμον τῷ φόβῳ κρατηθέντες·
ἐπεὶ δὲ τούτου τὸν στρατὸν ἀνεῖλεν ὁ δεσπότης,
πάντας ἐξείλατο λοιπὸν ἐκ τῆς σκηνῆς ἀφόβως
καὶ πᾶσιν ἐνετείλατο δοξάζειν τὸν δεσπότην.
'ἐνέγκατε' καὶ γάρ φησι 'τὴν δόξαν τῷ κυρίῳ,
συνέτριψε γὰρ κύριος τὰς κέδρους τοῦ Λιβάνου',
ἤγουν τοὺς θέλοντας ἡμᾶς καὶ πολεμεῖν καὶ θλίβειν.'

29. *Εἰς τὸν κθ' ψαλμόν, 'ὑψώσω σε, κύριε, ὅτι ὑπέλαβές με'*

Εὐχαριστεῖ τῷ κυρίῳ
ἐξομολόγησιν ᾄδων.

Προσώπῳ τοῦτον εἴρηκε τοῦ Ἐζεκίου πάλιν
εἰς τὴν αὐτὴν ὑπόθεσιν περὶ τῶν Ἀσσυρίων.
ἡσθεὶς γὰρ οὗτος τῇ σφαγῇ τῶν Ἀσσυρίων σφόδρα
καὶ τῇ προσθήκῃ μάλιστα τῶν δεκαπέντε χρόνων
τῶν προστεθέντων εἰς ζωὴν αὐτῷ παρὰ κυρίου,
λαμπρὰν ἐτέλεσε λοιπὸν τὴν ἑορτὴν κυρίῳ
ὡς δῆθεν εἰς ἐγκαινισμὸν ναοῦ τοῦ σεβασμίου,
ὅνπερ ἠπείλησεν ἐχθρὸς Σεναχηρεὶμ ἐμπρῆσαι.
'ὑψώσω σε' γάρ, 'κύριε', φησὶν ὁ Ἐζεκίας,
'τοὺς γὰρ ἐμοὺς οὐκ εὔφρανας ἐχθροὺς τοὺς Ἀσσυρίους.
ἑσπέρας αὐλισθήσεται κλαυθμὸς εἰς Ἰουδαίαν,
σὺ δὲ τὴν ἀγαλλίασιν εἰς τὸ πρωῒ παρέχεις.'
τοῦτο δὲ πάντως εἴρηκε πρὸς τὴν σφαγὴν ἐκείνων,
ὡς δεξαμένων τὴν σφαγὴν νύκτωρ τῶν Ἀσσυρίων.

433–441 cf. Theodoret. 1061 A 13–B 8 ‖ **434–440** cf. Ps. 28, 1 ‖ **442** Ps. 28, 1 ‖ **443** Ps. 28,5 ‖ **445–452** Theodoret. 1069 D 4–1072 A 7 ‖ **451** Ps. 29,1 ‖ **453–454** Ps. 29,2 ‖ **455–456** Ps. 29,6

433 *δ'* om. **i** ‖ **435** *τὴν*^{2} om. **i** ‖ **436** *ἐκεῖσε* **k** $\mathbf{k}^{a}$ ‖ **439** *τοῦτον* $\mathbf{c}^{a}$ $\mathbf{c}^{b}$ $\mathbf{c}^{c}$ ‖ **440** *ἐξείλατο* $\mathbf{c}^{a}$ $\mathbf{c}^{c}$: *-ετο* $\mathbf{c}^{b}$ *ἐξήλατο* **k** $\mathbf{k}^{a}$ $\mathbf{k}^{b}$ *ἐξήνεγκε* **i** | *λοιπὸν*] *φησὶν* **i** ‖ **444** *ἡμῖν* **i** ‖ **447** *τὴν σφαγὴν* $\mathbf{k}^{b}$ $\mathbf{c}^{a}$ $\mathbf{c}^{b}$ $\mathbf{c}^{c}$ ‖ **449** *αὐτοῦ* **k** $\mathbf{k}^{a}$ $\mathbf{k}^{b}$ ‖ **450** *ἐτέλεσα* $\mathbf{c}^{a}$ $\mathbf{c}^{b}$ $\mathbf{c}^{c}$ ‖ **453** *ἐψώσω* **i** | *ἐζεκίας* **i**: *ἡσαΐας* cett. ‖ **454** *ἐμοὺς* **i**: *ἐχθροὺς* cett. | *ηὔφρανας* **i**

30. *Εἰς τὸν λ' ψαλμόν, 'ἐπὶ σοί, κύριε, ἤλπισα'*

Ἐξομολόγησις ἅμα
καὶ ἱκετήριος ὕμνος.

Καὶ τοῦτον ὑπ' Ἀβεσαλὼμ δεδιωγμένος εἶπεν,
ἀλλ' ἐξομολογούμενος θεῷ τὰς ἁμαρτίας.
'ἔκστασιν' γὰρ ὡς ἀληθῶς τὴν ἁμαρτίαν λέγει·
'ἐγὼ δ' ἐν τῇ ἐκστάσει μου' φησὶν 'εἶπα, Χριστέ μου,
ἀπέρριμμαι παντάπασι τῶν ὀφθαλμῶν σου, λόγε.'

31. *Εἰς τὸν λα' ψαλμόν, 'μακάριοι ὧν ἀφείθησαν αἱ ἀνομίαι'*

Πρόρρησις ἧς τυχεῖν μέλλει
ἅπας πιστὸς σωτηρίας.

Τὴν χάριν τοῦ βαπτίσματος προβλέπων ὁ προφήτης
τοῦτον ἐξεῖπε τὸν ψαλμὸν πρὸς τοὺς βαπτιζομένους.
'εἰς σύνεσιν' δὲ γέγραπται, καθ' ὅσον ὁ προφήτης
συνῆκε τοῦ βαπτίσματος τὴν χάριν καὶ μακρόθεν.
'ὧν' γὰρ 'ἀφέθησαν' φησὶν 'αἱ ἁμαρτίαι πᾶσαι
καὶ ὧν ἐπεκαλύφθησαν αἱ ἀνομίαι πάλιν,
μακάριοι τυγχάνουσιν', ὕδατι καθαρθέντες.

32. *Εἰς τὸν λβ' ψαλμόν, 'ἀγαλλιᾶσθε, δίκαιοι, ἐν κυρίῳ'*

Ὑμνολογεῖν ἐπιτρέπει
θεολογεῖν τε συνάμα.

Οὗτος παρεσχημάτισται πάλιν εἰς Ἐζεκίαν·
μετὰ γὰρ τὴν ἐξάλειψιν ἐχθρῶν τῶν Ἀσσυρίων
τὸν δῆμον ὅλον νουθετεῖ δοξάζειν τὸν δεσπότην.
'ἀγαλλιᾶσθε' γάρ φησι, 'δίκαιοι, ἐν κυρίῳ
καὶ ψαλτηρίῳ ψάλατε, πλὴν δεκαχόρδῳ τούτῳ·
διασκεδάζει γὰρ βουλὰς ἐθνῶν', τῶν Ἀσσυρίων.

33. *Εἰς τὸν λγ' ψαλμόν, 'εὐλογήσω τὸν κύριον'*

Εὐχαριστήριος ὕμνος
θεῷ κακῶν λυτρουμένῳ.

459–460 Theodoret. 1077 A 8–14 ‖ **461** Ps. 30,1 ‖ **462–463** Ps. 30,23 ‖ **464–465** Theodoret. 1088 A 9–13 ‖ **466** Ps. 31,1 ‖ **468–470** Ps. 31,1 ‖ **471–473** Theodoret. 1093 B 3–8 ‖ **474–475** Ps. 32,1–2 ‖ **476** Ps. 32,10

463 *τῶν*] *ἀπὸ τῶν* **i** | *λόγε* om. **i** ‖ Ps. 31 anacr. *ἅπας* Marc. mon.: *πᾶς* **c**[a] **c**[b] **c**[c] ‖ **469** *ἀπεκαλύφθησαν* **k k**[a] **k**[b] | *πάλιν*] *πᾶσαι* **i** ‖ **475** *τούτῳ νῦν δεκαχόρδῳ* **i** ‖ **476** *ἐχθρῶν* **i** ‖ Ps. 33 anacr. *λυτρουμένῳ* Marc. mon.: *λυτρούμενοι* **c**[a] **c**[b] **c**[c]

Φεύγων τὸν κάκιστον Σαοὺλ ὁ κάλλιστος προφήτης
ἦλθεν εἰς πόλιν τὴν Νομὰν οὑτωσὶ καλουμένην,
τῷ δ' Ἀβιμέλεχ ἐντυχὼν ἐκεῖσε κατοικοῦντι,
ἱερουργῷ τυγχάνοντι τότε τῶν κατὰ νόμον,
εἴρηκε ψεῦδος εἰς αὐτὸν ὡς φοβηθεὶς ἁλῶναι·
οὐ γὰρ ἐξέφυγον, φησίν, ἀλλ' ἀπεστάλην ὧδε.
τὴν γὰρ ὑπόκρισιν αὐτοῦ 'ἀλλοίωσιν' εἰρήκει.
εὐχαριστεῖ δὲ μάλιστα κἀνταῦθα τῷ δεσπότῃ
ὅτι τὸ ψεῦδος ἔσωσεν αὐτὸν ἐξ ἐναντίων·
φησὶ γὰρ 'ἐν παντὶ καιρῷ κύριον εὐλογήσω'.

34. *Εἰς τὸν λδ' ψαλμόν, 'δίκασον, κύριε, τοὺς ἀδικοῦντάς με'*

Ἱκετηρία δικαίου
περὶ Χριστοῦ πρόρρησίς τε.

Ἀπὸ προσώπου τοῦ Σαοὺλ φεύγων ἐξεῖπε τοῦτον·
πλὴν μέμνηται καὶ τῶν ἐχθρῶν ἐνταῦθα τῶν Ζιφαίων
τῶν φαινομένων ἔξωθεν φίλων αὐτοῦ γνησίων.
'τοὺς ἀδικοῦντάς με' καὶ γάρ φησι 'δίκασον, λόγε·
ἐμοὶ μὲν γὰρ εἰρηνικὰ τοῖς χείλεσιν ἐλάλουν,
ὀργὴν δὲ πάντως ἔσωθεν καὶ φόνον ἐμελέτων.'
διδάσκει δ' ἐκ παραδρομῆς ἐνταῦθα τοὺς ἀνθρώπους
ἐν συμφοραῖς τὰς προσευχὰς ὁποίας δεῖ προσφέρειν.
φησὶ γὰρ 'ἐνοχλούμενος ἐνεδυόμην σάκκον
καὶ τὴν ψυχήν μου ταπεινῶν ἐτέλουν ἐν νηστείᾳ·
εὐθὺς δὲ προσευχόμενος εἰς κόλπους ἐδεχόμην'
τὴν ἐκ θεοῦ βοήθειαν κατὰ τῶν ἐναντίων.

35. *Εἰς τὸν λε' ψαλμόν, 'φησὶν ὁ παράνομος τοῦ ἁμαρτάνειν ἐν ἑαυτῷ'*

Τοὺς ἀσεβεῖς διελέγχει
θεολογεῖ τε συνάμα.

Εἰς ἔλεγχον τῶν ἀσεβῶν τοῦτον Δαυὶδ ἐξεῖπε·

477–483 Theodoret. 1101 B 3–C 11; Ps. 33, 1; 1 Regn. 21, 2–3 ‖ **480–481** = Poem. 1, 103–104 ‖ **482** cf. Poem. 1, 105 ‖ **483** = Poem. 1, 106 ‖ **486** Ps. 33, 2 ‖ **487–489** Theodoret. 1109 A 2–9 ‖ **490** Ps. 34, 1 ‖ **491–492** Ps. 34, 20 ‖ **493–498** Theodoret. 1113 A 10–B 3 ‖ **495–497** Ps. 34, 13 ‖ **499** cf. Theodoret. 1120 C 1–2

481 *εἰς*] *πρὸς* **i** | *φοβηθεὶς*] *ἐχθροις οὐχ* (?) **i** ‖ **482** *ἐξέφυγα* **i** ‖ **483** *γὰρ*] *γοῦν* **k** **k**[a] **k**[b] | *αὐτὴν* **i** ‖ **484** *εὐχαρίστει* **i** ‖ **485** *ἐξ*] *τῶν* **i** ‖ **492** *φόνον*] *κότον* **i** ‖ **493** *περιδρομῆς* **i** | *τοῖς ἀν(θρώπ)οις* **k** **k**[a] **k**[b] ‖ **494** *ὁποδαπὰς δεῖ φέρειν* **i**

φησὶ γὰρ ‘ὁ παράνομος ἀσχέτως ἁμαρτάνων
φόβον οὐδ’ ὅλως τοῦ θεοῦ πρὸ τῶν ὀμμάτων ἔχει’.
‘εἰς τέλος’ δ’ ἐπιγέγραπται, καθ’ ὅσον μέμνηταί που
τῆς παρουσίας τῆς φρικτῆς δευτέρας τοῦ δεσπότου,
‘ἀνθρώπους’ λέγων, ‘κύριε, καὶ κτήνη σώσεις τότε’.
κτήνη δὲ σύ μοι νόησον ἐκείνους τοὺς ἀνθρώπους
τοὺς μηδαμῶς ἀκούσαντας λόγον σωτηριώδη.

36. *Εἰς τὸν λς′ ψαλμόν, ‘μὴ παραζήλου ἐν πονηρευομένοις μηδὲ ζήλου τούς’*

Τῆς πονηρίας ἀπάγει
δικαίων γράφων ἐπαίνους.

Ἐνθάδε πᾶσι παραινεῖ Δαυὶδ ὁ ψαλμογράφος
μισεῖν μὲν καὶ βδελύττεσθαι τοὺς πονηροὺς ἀνθρώπους
καὶ τοὺς πλουτοῦντας φανερῶς ἐκ τῶν ἀδικημάτων.
‘μὴ παραζήλου’ γάρ φησιν ‘ἐν πονηρευομένοις·
τάχυ γὰρ ξηρανθήσονται καθάπερ χόρτος οὗτοι.’

37. *Εἰς τὸν λζ′ ψαλμόν, ‘κύριε, μὴ τῷ θυμῷ σου ἐλέγξῃς με μηδὲ τῇ ὀργῇ σου παιδεύσῃς με’*

Διδασκαλία τοῦ πῶς δεῖ
θεῷ ἐξομολογεῖσθαι.

Λαβὼν εἰς νοῦν ὁ ψαλμῳδὸς τὴν κρίσιν τοῦ δεσπότου
καὶ τὰς βασάνους προστιθεὶς τὰς τότε γινομένας,
ὡς ἐξομολογούμενος τὰς ἁμαρτίας λέγει.
‘μὴ τῷ θυμῷ σου’ γάρ φησιν ‘ἐλέγξῃς με, σωτήρ μου.’
τοῦτο γὰρ ὅλον πέφυκεν ‘ἀνάμνησις σαββάτου’·
ὥσπερ γὰρ τοῦτο λέγομεν τὸ σάββατον ἑβδόμην,
οὕτως αἰὼν ὁ ὄγδοος σαββάτου λόγον ἔχει,
τῶν ἔργων γὰρ παυθήσονται πάντες τῶν ἐν τῷ βίῳ.

38. *Εἰς τὸν λη′ ψαλμόν, ‘εἶπα φυλάξω τὰς ὁδούς μου τοῦ μὴ ἁμαρτάνειν με’*

500–501 Ps. 35,2 ‖ **502** Ps. 35,1 ‖ **504** Ps. 35,7 ‖ **510–511** Ps. 36,1–2 ‖ **515** Ps. 37,2 ‖ **516** Ps. 37,1

506 *ἀκούοντας* $\mathbf{c}^a$ $\mathbf{c}^b$ $\mathbf{c}^c$ *-σοντας* $\mathbf{k}^b$ | *τῆς σ(ωτη)ρίας* **i** ‖ Ps. 36 anacr. *ἐπαίνους* Marc. mon.: *ἔπαινον* $\mathbf{c}^a$ $\mathbf{c}^b$ $\mathbf{c}^c$ ‖ **510** *ἐν τοῖς* $\mathbf{c}^a$ a. c., $\mathbf{c}^b$ *τοῖς* $\mathbf{c}^a$ p. c. (**i** evan.) ‖ **513** *[γε μνησ?]θεὶς τὰς προτεθησομένας* **i** ‖ **515** *χ(ριστ)έ μου* **i** ‖ **517** *τοῦτο] ὧδε* **i**

Πῶς δεῖ θεῷ ἐντυγχάνειν
καὶ πῶς ἐξομολογεῖσθαι.

Κἂν Ἰδιθοὺμ ἐπιγραφὴν ψαλμὸς ὁ παρὼν φέρει,
ἀλλ' ὁ προφήτης γέγραφε τοῦτον Δαυὶδ ὁ μέγας,
ὑπὸ παιδὸς Ἀβεσαλὼμ ἐκπεπολεμημένος·
τὸ δ' 'εἰς τὸ τέλος, Ἰδιθούμ, ᾠδὴ Δαυὶδ' σὺ νόει
ὡς χοροψάλτης Ἰδιθοὺμ ἦν κεκλημένος οὗτος,
ᾧ μελῳδεῖν ἀνέθετο τὸν ψαλμὸν ὁ προφήτης.
πλὴν μέμνηται καὶ Σεμεεὶ τοῦ λοιδωροῦντος τοῦτον·
τούτου γὰρ χάριν εἴρηκεν ἀρχῇ τῆς μελῳδίας,
'εἶπα φυλάξω τὰς ὁδοὺς τῆς γλώσσης μου καθάπαξ,
ἐθέμην μου τῷ στόματι καὶ φυλακὴν καὶ κλεῖθρα.'

39. *Εἰς τὸν λθ' ψαλμόν, 'ὑπομένων ὑπέμεινα τὸν κύριον'*

Ἄιδει εὐχάριστον ᾆσμα
κατὰ θεὸν σεσωσμένος.

Ἐν τούτῳ πάλιν τῷ ψαλμῷ τὴν κάθειρξιν προλέγει
τὴν τοῦ προφήτου Δανιὴλ εἰς τὴν αἰχμαλωσίαν.
'τὸν κύριον ὑπέμεινα', φησί, 'κἀμοὶ προσέσχε,
καὶ τῆς ἐμῆς δεήσεως εἰς τάχος ἐπακούσας
ἀνήγαγεν ἐκ λάκκου με πάλιν ταλαιπωρίας.'

40. *Εἰς τὸν μ' ψαλμόν, 'μακάριος ὁ συνιὼν ἐπὶ πτωχόν'*

Περὶ Χριστοῦ πρόρρησίς τε
καὶ μαθητοῦ τοῦ προδόντος.

Τοῦτον προσώπῳ γέγραφε τοῦ θεανθρώπου λόγου
πρὸς τὸν πατέρα λέγοντος ἅπερ ὑπέστη πάθη
καὶ τοῦ προδότου τὴν βουλὴν τὴν μετὰ τῶν Ἑβραίων.
'ὁ' γὰρ 'ἐσθίων μου' φησὶ 'τοὺς ἄρτους καθ' ἡμέραν,
ἐκεῖνος ἐμεγάλυνε τὸν πτερνισμόν μου, πάτερ.'

520–526 Theodoret. 1144 C 9–D 4 ‖ **523–525** = Poem. 1, 109–111 ‖ **523** Ps. 38, 1 ‖ **527–529** Theodoret. 1145 A 6–B 3 ‖ **528–529** Ps. 38,2 ‖ **530–531** cf. Theodoret. 1152 B 7–10 ‖ **532–534** Ps. 39, 2 ‖ **535–539** Theodoret. 1161 B 4–C 2 ‖ **538–539** Ps. 40, 10

520 *φέρῃ* **i k, k**^{b} p.c. ‖ **523** *ᾠδὴν* **c**^{a} **c**^{b} **c**^{c} **k k**^{a} ‖ **524** *ὡς*] *ὃς* **c**^{a} **c**^{b} **c**^{c} **k k**^{a} | *οὗτος ἦν ἰδιθοὺμ κεκλημένος* trp. **i** ‖ **526** *σεμεΐ* **c**^{a} **c**^{b} **c**^{c} ‖ **527** *ἀρχῇ* **k i**: *-ὴ* cett. ‖ **528** *τῆς γλώσσης* **k**^{b} **i**: *τῇ γλώσσῃ* cett. ‖ **529** *φυλακὰς* **k**^{b} **c**^{a} **c**^{b} **c**^{c} ‖ **533** *εἰς* **k k**^{a} **i**: *ὡς* cett. ‖ **534** *πάλιν*] *πολλῆς* **i**

41. *Εἰς τὸν μα', 'ὃν τρόπον ἐπιποθεῖ ἡ ἔλαφος'*

Τῶν προφητῶν ἱκετεία
ἐπ' ἐκβολῇ τῇ τοῦ ἔθνους.

Τὴν ἑβδομηκοντάχρονον ἐν χώρᾳ Βαβυλῶνος
αἰχμαλωσίαν συνιεὶς Δαυὶδ τῶν Ἰουδαίων,
ἐν οἷς συνηχμαλώτιστο καὶ Δανιὴλ ὁ θεῖος,
τοῦτον ἐξεῖπε τὸν ψαλμὸν προσώπῳ τῶν δικαίων
ἐκδυσωπούντων τὸν θεὸν τυχεῖν ἐλευθερίας.
'ὃν τρόπον' γὰρ 'ἡ ἔλαφος πηγὰς τὰς τῶν ὑδάτων,
οὕτως ἐπιποθεῖ' φησὶν 'πρὸς σὲ δραμεῖν ψυχή μου.
ἰδεῖν σε γὰρ ἐδίψησα, τὸν ἰσχυρόν, Χριστέ μου·
πότε λοιπὸν ὀφθήσομαι, σωτήρ μου, σοὶ τῷ ζῶντι;'

42. *Εἰς τὸν μβ' ψαλμόν, 'κρῖνόν μοι, ὁ θεός, καὶ δίκασον'*

Τῶν προφητῶν ἱκετεία
ἐπ' ἐκβολῇ τῶν Ἑβραίων.

Τὴν ἴσην ἔχει δύναμιν οὗτος τῷ προρρηθέντι,
ἀντιβολεῖ δὲ πρὸς θεόν, 'δίκασον τούτων μέσον'.
πολλὴν γὰρ ἐπεδείκνυντο πρὸς τούτους τὴν κακίαν,
ἤγουν οἱ Βαβυλώνιοι ὡς πρὸς τοὺς αἰχμαλώτους·
ὅθεν αὐτοὺς 'ἀνόσιον ἔθνος' ἐπονομάζει
καὶ πάλιν 'ἄνδρα δόλιον' τὸν τούτων βασιλέα,
'κρῖνόν μοι' λέγων, 'ὁ θεός, μετὰ τῶν παρανόμων
καὶ δίκασον τὴν δίκην μου ἐξ ἔθνους οὐχ ὁσίου,
ἀπὸ ἀνθρώπου πονηροῦ ῥῦσαί με καὶ δολίου'.

43. *Εἰς τὸν μγ' ψαλμόν, 'ὁ θεός, ἐν τοῖς ὠσὶν ἡμῶν ἠκούσαμεν'*

Τῶν προφητῶν ἱκετεία
ἐπ' ἐκβολῇ τῶν Ἑβραίων.

Τὴν πίστιν, τὴν εὐσέβειαν καὶ τὴν πολλὴν ἀνδρείαν
συνεὶς μακρόθεν ὁ Δαυὶδ τῶν θείων Μακκαβαίων

540–544 Theodoret. 1168 D 2–1169 A 8 ‖ **545–548** Ps. 41, 2–3 ‖ **549–554** Theodoret. 1176 A 8–B 3 ‖ **550** Ps. 42, 1 ‖ **553–557** ibid. ‖ **558–560** Theodoret. 1177 C 4–8

542 *συνηχμαλώτισται* $\mathbf{c}^{a}$ $\mathbf{c}^{b}$ $\mathbf{c}^{c}$ ‖ **543** *προσεῖπε* $\mathbf{k}^{b}$ $\mathbf{c}^{a}$ $\mathbf{c}^{b}$ $\mathbf{c}^{c}$ ‖ **546** *ἐπιποθῶ* **i** | *πρὸς σέ φησι* trp. **i** | *ψυχή*] *χ(ριστ)έ* **i** ‖ **547** *ἐδίψησε* $\mathbf{c}^{a}$ $\mathbf{c}^{b}$ $\mathbf{c}^{c}$ | *Χριστέ μου*] *καὶ μέγαν* **i** ‖ **548** om. $\mathbf{c}^{a}$ $\mathbf{c}^{b}$ $\mathbf{c}^{c}$ | *πότε* $\mathbf{k}^{b}$ **i**: *τότε* **k** $\mathbf{k}^{a}$ | *χ(ριστ)ὲ τῷ σῷ προσώπῳ* **i** ‖ **550** *μέσον τούτου* **i** ‖ **551** *ἐπεδείκνυτο* $\mathbf{c}^{a}$ $\mathbf{c}^{b}$ $\mathbf{c}^{c}$ ‖ **555** *με* **i** ‖ **559–558** trp. **i**

καὶ τὴν πρὸς τὴν ἀντίστασιν μανίαν Ἀντιόχου,
τοῦτον ἐψαλμογράφησε προσώπῳ τούτων λέγων·
'οὐ γὰρ ἐπελαθόμεθα σοῦ, δέσποτα τῶν ὅλων,
καὶ οὐ διεπετάσαμεν γλυπτοῖς ἡμῶν τὰς χεῖρας.'

44. *Εἰς τὸν μδ' ψαλμόν, 'ἐξηρεύξατο ἡ καρδία μου λόγον ἀγαθόν'*

Ἐπιφανέντα προβλέπει
λόγον θεοῦ σαρκοφόρον.

Προβλέπων τὴν ἀλλοίωσιν τῆς ὅλης οἰκουμένης,
ἥνπερ υἱὸς ἀγαπητὸς πατρὸς τοῦ προανάρχου
καλλίστως μετηλλοίωσεν εἰς γῆν ἐπιδημήσας,
καὶ τοῦτον ἐξηρεύξατο μετὰ φωνῆς εὐήχου.
πλὴν οὐμενοῦν λαλῶ, φησίν, ἀπ' ἐμαυτοῦ σοι ταῦτα,
τὸ πνεῦμα δὲ τὸ ἅγιον λαλεῖ καὶ προφητεύει·
'ἡ γλῶσσά μου' καὶ γάρ φησι 'κάλαμος γραμματέως.'

45. *Εἰς τὸν με' ψαλμόν, 'ὁ θεὸς ἡμῶν καταφυγὴ καὶ δύναμις'*

Δικαίου εὐχαριστία
ἐχθρῶν αὐτοῦ λυτρωθέντος.

Προφητικοῖς ἐν ὄμμασι προβλέπων ὁ προφήτης
τὸ κήρυγμα τὸ πάνσεπτον τὸ τοῦ εὐαγγελίου,
ὅπερ εἰς πᾶσαν ἔδραμεν ὡς ὕδωρ οἰκουμένην,
τοῦτον ἐξεῖπε τὸν ψαλμόν, καὶ δῆλον ἀπὸ τούτου·
'τὰ' γὰρ 'ὁρμήματα' φησὶ τὰ τοῦ εὐαγγελίου,
'τὴν τοῦ θεοῦ εὐφραίνουσι πόλιν, τὴν ἐκκλησίαν.'
καὶ γὰρ τὸ εὐαγγέλιον ὁ ποταμὸς τυγχάνει.

46. *Εἰς τὸν μς' ψαλμόν, 'πάντα τὰ ἔθνη, κροτήσατε χεῖρας'*

Ἔθνη καλεῖται πρὸς πίστιν
ἀπ' ἄκρου γῆς μέχρις ἄκρου.

Ἐνθάδε προτεθέσπικεν ἐθνῶν τὴν σωτηρίαν
καὶ τὴν ἀνάληψιν Χριστοῦ τὴν σεβασμιωτάτην.

562–563 Ps. 43, 21 || **564–566** Theodoret. 1188 A 8–10 || **568–570** 1188 C 6–13 || **570** Ps. 44, 2 || **572–576** Theodoret. 1201 C 4–1204 A 2 || **575–576** Ps. 45, 5 || **578** Theodoret. 1205 C 16–1208 A 2

560 *καὶ τὴν πρὸς τὸν ἀντίοχον ἀντίστασιν ἐκείνων* **i** || **561** *τούτων*] *τοῦτον* **c**[a] **c**[b] **c**[c] || **568** *πλὴν οὐ* [*λαλῶ φησὶν αὐ*?]*τὸς* **i** | *ταῦτά σοι* trp. **i** || **570** habet **i**: om. cett. || **578** *ἐνταῦθα* **i**

φησὶ γάρ, ‘ἐν ἀλαλαγμῷ καὶ σάλπιγγος ἐν ἤχῳ
ἀνέβη πρὸς τοὺς οὐρανοὺς ὁ σαρκωθεὶς δεσπότης’,
καὶ πάλιν, ‘ἐβασίλευσε θεὸς ἐπὶ τὰ ἔθνη’.

47. *Εἰς τὸν μζʹ ψαλμόν, ‘μέγας κύριος καὶ αἰνετὸς σφόδρα’*

Χριστὸς ὑμνεῖται τῷ πλήθει,
τῶν διωγμῶν πεπαυμένων.

Τὸ σάββατον ἀνάπαυσιν πνευματικὴν σημαίνει,
βαθμὸς γοῦν ἐστιν ἀρετῆς ἡμέρα τοῦ σαββάτου.
πρώτη γάρ ἐστιν ἀρετὴ δευτέρα τε καὶ τρίτη,
ἡ πρακτικὴ καὶ φυσικὴ καὶ ἡ τῆς θεωρίας.
ἡ φυσικὴ γοῦν ἀρετὴ δευτέρα τοῦ σαββάτου,
καθ’ ἣν τοὺς λόγους ἔγνωκεν ἅπαντας τῶν μελλόντων
ὁ καὶ προφήτης ἐν ταὐτῷ καὶ βασιλεὺς ἐκεῖνος.
προγνοὺς γὰρ τὴν κατάστασιν τῆς θείας ἐκκλησίας
καὶ σὺν αὐτῇ τὸ κήρυγμα τῶν θείων ἀποστόλων
καὶ τοῦτον ᾖσε τὸν ψαλμόν· φησὶ γὰρ οὗτος τάδε·
‘ἐν πόλει τοῦ θεοῦ ἡμῶν’, δῆθεν τῇ ἐκκλησίᾳ,
‘ὁ τῶν ἁπάντων κύριος θεός τε καὶ δεσπότης
ὄρη Σιὼν ἐπήξατο’, πάντως τοὺς ἀποστόλους,
‘ἀποτειχίζειν τὰ πλευρὰ τὰ τοῦ βορρᾶ μακρόθεν.’

48. *Εἰς τὸν μηʹ ψαλμόν, ‘ἀκούσατε ταῦτα, πάντα τὰ ἔθνη’*

Διδασκαλία, ὁποία
κόσμον θεοῦ κρίσις μένει.

Ἐν τούτῳ προδεδήλωκε τὴν κρίσιν τοῖς ἀνθρώποις.
‘ἀκούσατε’ καὶ γάρ φησι ‘ταῦτα, πάντα τὰ ἔθνη
καὶ γηγενεῖς ἁπαξαπλῶς καὶ παῖδες τῶν ἀνθρώπων’
(τοὺς δ’ ἀγραμμάτους γηγενεῖς ἐκάλεσεν ὁ λόγος,
ἀνθρώπων δ’ εἴρηκεν υἱοὺς τοὺς κεκτημένους λόγον),
‘ὡς ἐν ἡμέρᾳ πονηρᾷ’, τοῦτ’ ἔστιν ἐν τῇ κρίσει,

580–581 1208 D 1–1209 A 8; Ps. 46, 6 ‖ **582** Ps. 46, 9 ‖ **583–588** = Poem. 1, 122–127 ‖ **593–596** Ps. 47, 2–3 ‖ **595** Theodoret. 1212 C 6–9 ‖ **597** 1217 B 12–13 ‖ **598–599** Ps. 48, 2–3 ‖ **600–601** Theodoret. 1220 A 1–9 ‖ **602** Ps. 48, 6

580 *ἀλαγμῷ* **i** | *ἐν ἤχῳ*] *ἠχήσει* **c**[a] **c**[b] **c**[c] ‖ **584** *γοῦν*] *γὰρ* **k**[b] **c**[a] **c**[b] **c**[c] | *ἀρετῆς ἐστιν* trp. **i** ‖ **585–587** om. **k**[b] ‖ **586** *φυσικὴ*] *ἠθικὴ* **c**[a] c[b] **c**[c] ‖ **588** *ἔγνωμεν* **k**[a] **i** ‖ **589** *ὁ* **i**: *εἰ* cett. ‖ **592** *οὕτως* **i** ‖ **595** *πάντας* **c**[a] **c**[b] **c**[c] ‖ **598** *ταῦτα τὰ* [.........] **i** ‖ **601** *τῶν κεκτημένων* **c**[a] **c**[b] **c**[c] ‖ **602** *πονηρᾶ* **i** (= LXX): *φοβερᾶ* cett.

‘ἄνθρωπος οὐ λυτρώσεται τῆς δίκης τὸν πλησίον,
οὐδ’ ἀδελφὸς γὰρ δύναται τὸν ἀδελφὸν λυτρῶσαι.’

49. *Εἰς τὸν μθ′ ψαλμόν, ‘θεὸς θεῶν κύριος ἐλάλησε καὶ ἐκάλεσε τὴν γῆν’*

Θυσίας νόμου ἐκβάλλει
τὰ τῆς καινῆς ἀντεισάγων.

Ἀνατροπὴν τῶν θυσιῶν τοῦ νόμου καταγγέλλων
εἰσαγωγήν τε τῆς καινῆς καὶ νέας διαθήκης,
καὶ τοῦτον εἶπε τὸν ψαλμὸν ὁ κάλλιστος προφήτης.
φησὶ γάρ, ‘εἶπεν ὁ θεὸς πρὸς τοὺς Ἰσραηλίτας,
οὐ δέξομαι τοῦ οἴκου σου μόσχους οὐδὲ χιμάρους·
ἐμὰ γάρ ἐστι ξύμπαντα τὰ τοῦ ἀγροῦ θηρία.
θυσίαν θῦσον τῷ θεῷ αἰνέσεως τελείας
εὐχάς τε πρὸς τὸν ὕψιστον πέμψον ἀντὶ θυσίας.’

50. *Εἰς τὸν ν′ ψαλμόν, ‘ἐλέησόν με, ὁ θεός, κατὰ τὸ μέγα σου’*

Διδασκαλία, κυρίῳ
πῶς δεῖ ἐξομολογεῖσθαι.

Ὁ δὲ πεντηκοστὸς ψαλμὸς δῆλος ἐξ ἱστορίας.
βραχὺ γὰρ ῥαθυμήσαντος τοῦ θαυμαστοῦ προφήτου
καὶ φθείραντος Βηρσαβεέ, γυναῖκα τοῦ Οὐρίου,
καὶ τὸν Οὐρίαν κτείναντος καὶ μόνῃ τῇ κελεύσει,
εἰσῆλθε Νάθαν πρὸς αὐτὸν ἐλέγχων ὡς προφήτης.
κἀκεῖνος εἰς ἀνάμνησιν ἐλθὼν τῆς ἁμαρτίας
ἔγραψε τοῦτον τὸν ψαλμὸν ἐν ἐξομολογήσει
πρὸς τὸν δεσπότην τοῦ παντὸς λέγων ‘ἐλέησόν με
κατὰ τὸ μέγα ἔλεος τῆς σῆς φιλανθρωπίας’.
οἶκτον δὲ μέγαν ἐκζητεῖ μεγάλως ἁμαρτήσας·
τῷ φόνῳ γὰρ ἐκέρασεν ἐκεῖνος τὴν μοιχείαν,
ὅθεν ἀνόμημα καλεῖ ταύτην τὴν ἁμαρτίαν.
ὡς ‘ἐπὶ πλεῖον πλῦνόν με’ φησὶ ‘τῆς ἁμαρτίας,

603–604 Ps. 48, 8 ‖ **605–606** Theodoret. 1229 A 11–13 ‖ **608** Ps. 49, 7 ‖ **609–610** Ps. 49, 9–10 ‖ **611–612** Ps. 49, 14 ‖ **613–615, 617** = Poem. 1, 128–131 ‖ **614–617** Ps. 50, 2; 2 Regn. 11, 2–12, 15 ‖ **620–621** Ps. 50, 3 ‖ **624** ibid. ‖ **625–626** Ps. 50, 4–5

605 *τῶν* om. **i** | *καταγγέλων* **i**: *ἀναγγέλλων* cett. ‖ **610** *ἐμοὶ* **c**^{a} **c**^{b} **c**^{c} ‖ **613** *δῆλον* **k**^{a} **k**^{b} ‖ **614** *ἀθυμήσαντος* **c**^{a} **c**^{b} **c**^{c} ‖ **625** *ὡς*] *ὅς* **k c**^{a} **c**^{b} **c**^{c} | *φησὶ ταύτης τῆς ἀνομίας* **i**

ὅτι τὴν ἀνομίαν μου, σῶτερ, ἐγὼ γινώσκω
δυσέκπλυτον ὑπάρχουσαν καὶ πλήρη δυσωδίας,
'ὅπως ἐν κρίσει, δέσποτα, νικήσῃς κατὰ κράτος'.
ἂν γὰρ εἰς κρίσιν μετ' ἐμοῦ θέλων εἰσέλθῃς, λόγε,
ἐγὼ μὲν ἡττηθήσομαι κατακριθεὶς μεγάλως
ὡς ἁμαρτήσας μέγιστα, σὺ δὲ νικήσεις, σῶτερ,
ὡς φιλανθρωπευσάμενος ἐμοὶ τῷ κατακρίτῳ.
'μὴ ἀπορρίψῃς με' φησὶν 'ἀπὸ τοῦ σοῦ προσώπου
μηδ' ἀντανέλῃς ἀπ' ἐμοῦ τὸ πνεῦμά σου τὸ θεῖον',
τῆς προφητείας τῆς σεπτῆς τὴν χάριν δηλονότι,
'ὅπως διδάξω ξύμπαντας ἀνόμους τὰς ὁδούς σου',
ἤγουν ἀρχέτυπος φανῶ στήλη τῆς μετανοίας
τοῖς ἐπιστρέφειν θέλουσιν ἐκ παρανόμου βίου.
ἀλλ' αὖθις αἰνιττόμενος τὴν νέαν διαθήκην
καὶ προδηλῶν ἀνατροπὴν τῶν θυσιῶν τοῦ νόμου,
'ὁλοκαυτώματα' φησὶν 'οὐκ εὐδοκήσεις, λόγε·
θυσία γάρ σοι τῷ θεῷ πνεῦμα συντετριμμένον'.

51. *Εἰς τὸν να' ψαλμόν, 'τί ἐγκαυχᾷ ἐν κακίᾳ, ὁ δυνατός;'*

Πονηρῶν τρόπον ἐλέγχει
καὶ {τὴν} τελευτὴν τούτων λέγει.

Ἐπιτηρήσας τὸν Δαυὶδ Δωὴκ ὁ Ἰδουμαῖος
φεύγοντα πάλαι ἀκρατῶς καὶ πρὸς τὸν Ἀβιμέλεχ
ἐλθόντα καὶ κρυπτόμενον ψυχαγωγίας χάριν,
ἀνήγγειλε τὸ γεγονὸς πρὸς τὸν Σαοὺλ αὐτίκα·
εὐθὺς δὲ πέμψας ὁ Σαοὺλ ξιφήρεις στρατιώτας
τῶν ἱερέων ἔφθειρε τὴν πόλιν παρανόμως.
μεμαθηκὼς γοῦν ὁ Δαυὶδ ταύτην τὴν ἀνομίαν
τοῦτον ἐξεῖπε τὸν ψαλμὸν κατὰ Δωὴκ ἀξίως.
'τί' γάρ φησιν, 'ὁ δυνατός, καυχᾷ τῇ σῇ κακίᾳ;'

628 Ps. 50, 6 ‖ **633–634** Ps. 50, 13 ‖ **636** Ps. 50, 15 ‖ **637–638** Theodoret. 1249 B 1–3 ‖ **641–642** Ps. 50, 18–19 ‖ **643–646** cf. Poem. 1, 133–136; Ps. 51, 2; 1 Regn. 22, 9–10 ‖ **647–648** cf. Theodoret. 1253 B 1–4; 1 Regn. 22, 19 ‖ **651** Ps. 51, 3

626 *σ(ωτ)ήρ* **k k**^{a} **k**^{b} ‖ **631** *νικήσῃς* **i** ‖ **632–688** deperd. in **i** ‖ **642** *θυσίαν* **k k**^{a} **k**^{b} | *σοι τῷ*] *φησὶ* **c**^{a} **c**^{b} **c**^{c} ‖ Ps. 51 anacr. *τὴν* om. Marc. mon. ‖ **646** *πρὸς τὸν σαοὺλ τὸ γεγονὸς* trp. **c**^{a} **c**^{b} **c**^{c} ‖ **648** *τῶν*] *τὴν* **c**^{a} **c**^{b} **c**^{c} ‖ **649** *γοῦν*] *γὰρ* **c**^{a} **c**^{b} **c**^{c} ‖ **651** *καυχᾷ τῇ σῇ*] *κατακαυχᾶ* **c**^{a} **c**^{b} **c**^{c}

καὶ καθεξῆς τὰ ῥήματα τὰ τοῦ ψαλμοῦ προλέγει.
τοῦτον δὲ λέγει δυνατὸν ὡς τῷ Σαοὺλ οἰκεῖον.

52. *Εἰς τὸν νβʹ ψαλμόν, ʻεἶπεν ἄφρων ἐν καρδίᾳ αὐτοῦʼ*

Ἐμφάνεια τοῦ σωτῆρος,
ἀπαλλαγὴ δʼ ἀθεΐας.

Πρὸς Ἐζεκίαν τὸν ψαλμὸν καὶ τοῦτον ἀναφέρει
ὡς παρʼ ἐκείνου μέλλοντα δῆθεν ἐκφωνηθῆναι
ὑπὲρ ἁπάσης δηλαδὴ χορείας τῶν Ἑβραίων,
εἶτα δηλοῖ καὶ τὴν σφαγὴν τῶν Ἀσσυρίων, λέγων
ʻἐκεῖ γὰρ ἐφοβήθησαν, οὗπερ οὐκ ἦν τις φόβοςʼ.

53. *Εἰς τὸν νγʹ ψαλμόν, ʻὁ θεός, ἐν τῷ ὀνόματί σου σῶσόν μεʼ*

Προσεύχεται ὁ ἀγῶνα
κατὰ θεὸν διανύων.

Ὁ δὲ πεντηκοστότριτος ἱστορεῖ τι συντόμως·
φυγόντα γάρ ποτε Δαυὶδ εἰς πόλιν τῶν Ζιφαίων
καὶ παρʼ αὐτοῖς κρυπτόμενον ὡς φαινομένοις φίλοις,
τοῦτον οἱ πονηρότατοι τῷ Σαοὺλ προδιδοῦσι.
καὶ πάντως ἂν ἐθήρασεν ἐκεῖνος τὸν προφήτην,
εἰ μή τις ἄνωθεν ῥοπὴ κατὰ Σαοὺλ πεμφθεῖσα
ἐχθροὺς ἐξήγειρεν αὐτῷ βαρβάρους ἀλλοφύλους,
πρὸς οὓς παραταξάμενος ὡς ἐπιτιθεμένους
τὸν πόλεμον ἠρνήσατο τὸν κατὰ τοῦ προφήτου,
ὅθεν φησὶ πρὸς τὸν θεὸν ὁ θαυμαστὸς προφήτης·
ʻτοὺς φαινομένους ἔξωθεν φίλους καὶ ψευδομένους
ἐξολοθρεύσειας, Χριστέ, τῇ σῇ νῦν ἀληθείᾳ.ʼ

54. *Εἰς τὸν νδʹ ψαλμόν, ʻἐνώτισαι, ὁ θεός, τὴν προσευχήν μουʼ*

Τὰ τολμηθέντα διδάσκει
τοῖς παρανόμοις Ἑβραίοις.

Καὶ τοῦτον διωκόμενος παρὰ Σαοὺλ ἐξεῖπε·
φυγὼν γὰρ οὗτος καὶ δραμὼν εἰς πόλιν ἀλλοφύλων

652 Theodoret. 1256 A 6–7 ‖ **654–656** 1260 A 11–B 6 ‖ **657–658** 1261 C 6–12 ‖ **658** Ps. 52, 6 ‖ **659–667** Theodoret. 1264 B 8–C 8; 1 Regn. 23, 19–28 ‖ **659–662** = Poem. 1, 146–149 ‖ **660–662** Ps. 53, 2 ‖ **669–670** Ps. 53, 7 ‖ **671–674** cf. 1 Regn. 21, 12–22, 5

652 *τὰ τοῦ ψαλμοῦ*] *τοῦ ψαλμοῦ πως* (*μὲν* $\mathbf{c}^{c}$) $\mathbf{c}^{a}$ $\mathbf{c}^{b}$ $\mathbf{c}^{c}$ ‖ **657** *τῶν*] *τὴν* **k** $\mathbf{c}^{a}$ ‖ **659** *τι*] *μὲν* $\mathbf{c}^{a}$ $\mathbf{c}^{b}$ $\mathbf{c}^{c}$ ‖ **661** *φαινομένως* $\mathbf{c}^{a}$ $\mathbf{c}^{b}$ ‖ **663** *ἐθήρασεν* **k** $\mathbf{k}^{a}$: *ἐθήρευσεν* cett.

αὖθις ἐκεῖθεν ἔφυγε πρὸς τὰς ἐρήμους μόνος
μὴ φέρων βλέπειν τῶν ἐχθρῶν τὴν δεισιδαιμονίαν.
ὅθεν φησίν, 'ἐμάκρυνα, δέσποτα, φυγαδεύων,
ηὐλίσθην ἐν ἐρήμῳ δὲ' φυγὼν τοὺς ἀλλοφύλους,
ἔχει δ' ἐμφάσεις καί τινας Χριστοῦ τῆς προδοσίας.

55. *Εἰς τὸν νε' ψαλμόν, 'ἐλέησόν με, ὁ θεός, ὅτι κατεπάτησέ με'*

Τελείου εὐχαριστία
ἐχθρῶν αὐτοῦ λυτρωθέντος.

Τοῦτον ἐθρηνογράφησεν ὁ θαυμαστὸς προφήτης
ὁπόταν ἔφυγεν εἰς Γέθ, τὴν πόλιν ἀλλοφύλων,
καὶ τοῦτον ἐπαγίδευσαν κατακεκρατηκότες.
'ἐλέησόν με' γάρ φησιν, 'ὁ θεός, φιλανθρώπως,
ὅτι με κατεπάτησεν ἄνθρωπος ἐν τῷ βίῳ',
τοῦτ' ἔστιν, ἅπας ἄνθρωπος ἐξεπολέμησάν με
καὶ νίκην εὗρον κατ' ἐμοῦ, κατετροπώσαντό με,
εἶτά φησιν ἀπολυθείς, εὐχαριστῶν ἐκεῖθεν·
'σὺ τὴν ψυχήν μου τὸ λοιπὸν ἐρρύσω τοῦ θανάτου,
τοὺς ὀφθαλμούς μου πάλιν δέ, σωτήρ, ἀπὸ δακρύων.'
καὶ γὰρ σχηματισάμενος νοσεῖν ἐπιληψίαν
ἐκεῖθεν ἠλευθέρωτο τῆς χώρας τῶν βαρβάρων.

56. *Εἰς τὸν νς' ψαλμόν, 'ἐλέησόν με, ὁ θεός, ἐλέησόν με, ὅτι ἐπὶ σοὶ πέποιθεν ἡ ψυχή μου'*

Εὐχαριστεῖ καὶ προλέγει
τὴν τῶν ἐθνῶν σωτηρίαν.

Φεύγων τὸν κάκιστον Σαοὺλ ὁ κάλλιστος προφήτης
ὑπό τι σπήλαιον βαθὺ κρύπτεται λανθανόντως,
μέσας δὲ νύκτας ἐξελθὼν αὖθις ἐκ τοῦ σπηλαίου
εὗρεν ὑπνοῦντα τὸν στρατὸν τὸν τοῦ Σαοὺλ ἐκεῖσε.
εἶτα σκοπήσας ἀκριβῶς καὶ κατιχνηλατήσας

675–676 Ps. 54, 8 ‖ **677** cf. Poem. 2, 25; Theodoret. 1276 A 6–8 ‖ **678–680** Theodoret. 1284 A 8–14; Ps. 55, 1; 1 Regn. 21, 12–16 ‖ **681–682** = Poem. 1, 159–160; Ps. 55, 2–3 ‖ **686–687** Ps. 55, 14 ‖ **690–702** Ps. 56, 1; 1 Regn. 24, 4–7 ‖ **691** = Poem. 1, 164

674 *βλέπειν* om. **c**ᵃ **c**ᵇ **c**ᶜ ‖ **678–689** om. **c**ᵃ **c**ᵇ **c**ᶜ ‖ **679** *ἐν γεθὲμ* **k**ᵇ | *τὴν*] *εἰς* **k**ᵇ ‖ **684** *κατατροπώσαντο* **k**ᵇ ‖ **685** scr. *εὐχαριστῶν, ἀπολυθεὶς*? ‖ **689** hinc denuo **i** ‖ **690–702** om. **c**ᵃ **c**ᵇ **c**ᶜ ‖ **694** *ἀληθῶς* **i**

εἰς τὸν κοιτῶνα τοῦ Σαοὺλ ἀγνώστως ἐπεισῆλθεν·
ἔνθα δυνάμενος αὐτὸν φονεῦσαι καθυπνοῦντα
τοῦτο μὲν οὐκ ἐτέλεσεν ὁ θαυμαστὸς προφήτης,
μονονουχὶ πρὸς ἑαυτὸν λέγων 'μὴ διαφθείρῃς
τὴν ἀρετὴν τὴν θαυμαστήν, τὴν ἀμνησικακίαν',
ἀλλὰ πρὸς πίστιν ἐντελῆ τῆς ἀμνησικακίας
τὸ κράσπεδον ἐξέκοψεν ἐκείνου τῶν δεμνίων
καὶ πάλιν λάθρᾳ πέφευγεν ἐκεῖθεν ὁ προφήτης.

57. *Εἰς τὸν νζ' ψαλμόν, 'εἰ ἀληθῶς ἄρα δικαιοσύνην λαλεῖτε;'*

Διδασκαλία τοῖς πᾶσι
θεοῦ δικαιοκρισίας.

Δὶς τὸν Σαοὺλ αἰχμάλωτον κρατήσας ὁ προφήτης
πάλιν ἀπέλυσεν αὐτὸν μεγάλως νουθετήσας
καὶ δείξας καὶ τὸ κράσπεδον ἐκείνου τῶν δεμνίων
καὶ πείσας ὅτι δυνατὸς ἦν τοῦτον ἀποκτεῖναι·
κἀκεῖνος ὑποσχόμενος ὅρκοις φρικωδεστάτοις
εἰρήνην ἔχειν μετ' αὐτοῦ, τοῦτ' ἔστι τοῦ προφήτου,
τοὺς ὅρκους, φεῦ, παρέβαινε καὶ τοῦτον ἐπολέμει,
ὡς γοῦν ἐκράτησεν αὐτὸν αἰχμάλωτον καὶ πάλιν,
φησὶ πρὸς τοῦτον ὁ Δαυίδ, μὴ θέλων τοῦτον κτεῖναι·
'εἰ ἀληθῶς λελάληκας ποτὲ δικαιοσύνην',
τοῦτ' ἔστιν, ἂν οὐδέποτε παρέβης σου τοὺς ὅρκους,
'αὐτός, Σαούλ, ἀπάγγειλον καὶ δίκασον καὶ κρῖνον'.

58. *Εἰς τὸν νη' ψαλμόν, 'ἐξελοῦ με ἐκ τῶν ἐχθρῶν μου, ὁ θεός'*

Κλῆσιν ἐθνῶν, Ἰουδαίων
ἀποβολὴν προφητεύει.

Φθόνῳ τυρεύων ὁ Σαοὺλ τὸν φόνον τοῦ προφήτου,
ἐπείπερ τοῦτον σύνδειπνον εἶχεν αὐτὸς πολλάκις,

696–699 Theodoret. 1289 A 10–B 3 ‖ **703–714** cf. 1296 A 10–B 1; 1 Regn. 24, 4–23; 26, 3–25 ‖ **712–714** cf. Theodoret. 1296 B 6–11; Ps. 57, 2 ‖ **715–726** Theodoret. 1304 A 7–B 2; Ps. 58, 1; 1 Regn. 19, 9–17

695 *ὑπεισῆλθεν* **i** ‖ **697** *τοῦτο μὲν*] spat. vac. 7 litt. **i** ‖ **698** *λέγων πρὸς ἑαυτὸν* trp. **i** ‖ **699–700** *τὴν*[3] – *ἐντελῆ* om. **i** ‖ **703** *ὁ δα(υὶ)δ μὲν κρατήσας* **c**[a] **c**[b] **c**[c] ‖ **706** *ἦν*] *ἦν καὶ* **i** ‖ **707** *ὑπισχνούμενος* **i** | *φοβερωτάτοις* **i** ‖ **713** *τοὺς ὅρκους σου παρέβης* trp. **i** ‖ **714** *αὐτὰ* **k k**[b] *οὐ τὰ* **k**[a] ‖ **715** *θηρεύων* **c**[a] **c**[b] **c**[c] ‖ **716** *τούτου* **k k**[a] *τούτους* **k**[b] | *αὐτὸς* **i**: *αὐτὸν* cett.

καὶ τότε μᾶλλον κατ' ἀρχὰς τῆς τούτων συγγενείας
(ἡ γὰρ θυγάτηρ τοῦ Σαούλ, Μελχὸλ ἡ καλουμένη,
σύνευνος ἦν τοῦ θαυμαστοῦ Δαυὶδ τοῦ ψαλμογράφου),
ἔν τινι δείπνῳ κατ' αὐτοῦ τὸ ξίφος εὐτρεπίσας
ἔσπευδε τοῦτον ἀνελεῖν, ὢ τόλμης ἀπανθρώπου.
ὁ γοῦν Δαυὶδ ὡς ᾔσθετο τῶν ἐπιβουλευμάτων,
εὐθὺς ἐξέφυγε δραμὼν πρὸς τὸν οἰκεῖον οἶκον,
ἀλλ' ὁ Σαοὺλ ἐξέπεμψεν ἐκεῖσε στρατιώτας
πέριξ τὸν οἶκον καθορᾶν, μή πως ἐκεῖθεν φύγῃ·
ὅμως δ' ἀπεδραπέτευσεν ἐκεῖθεν ὁ προφήτης,
τοῦτον οὖν τότε γέγραφεν εὐχαριστῶν καὶ λέγων
'ἐκ τῶν ἐχθρῶν μου, ὁ θεός, καὶ πάλιν ἐξελοῦ με'.

59. *Εἰς τὸν νθ' ψαλμόν, 'ὁ θεός, ἀπώσω ἡμᾶς καὶ καθεῖλες ἡμᾶς'*

Ὕμνος ἱκέσιος ἅμα
εὐχαριστίᾳ κυρίῳ.

Τοῦτον δὲ γέγραφε, φησίν, ὁ μέγιστος προφήτης,
ὁπόταν ἐνεπύρισε τὴν Μεσοποταμίαν
καὶ τὴν Συρίαν τοῦ Σωβάλ, καὶ τὸν Ἐδὼμ ἀνεῖλε
διὰ χειρὸς τοῦ Ἰωβάβ, δώδεκα χιλιάδας.
οὐδὲν δὲ τούτων γέγραπται τοῖς Τετραβασιλείοις,
ἀλλ' οὐδὲ πάλιν ὁ ψαλμὸς ἔμφασιν ἔχει τούτων,
μόνης δὲ μέμνηται ἀεὶ τῆς πρὶν αἰχμαλωσίας,
ἥνπερ ᾐχμαλωτίσθησαν οἱ παῖδες τῶν Ἑβραίων.
ἄκουσον καὶ γὰρ τί φησιν, ὡς ἐκ τῶν αἰχμαλώτων
ἐπιθυμούντων κατιδεῖν τὴν πόλιν τὴν ἁγίαν·
'καὶ τίς ἀπάξει με' φησὶ 'περιοχῆς εἰς πόλιν;
ἢ τίς καθοδηγήσει με μέχρι τῆς Ἰδουμαίας;
οὐ πάντως σύ, Χριστέ, θεός, ὁ ἀπωσάμενός με;'

727–728 Theodoret. 1304 B 8–10 ‖ **728** Ps. 58,2 ‖ **730–732** Poem. 1,176–178; Ps. 59,2 ‖ **733** = Poem. 1,181 ‖ **735–736** cf. Theodoret. 1317 A 1–9 ‖ **739–741** = infra vss. 1086–1088; Ps. 59,11–12

718 *μελχὼ* $\mathbf{c}^{a}\,\mathbf{c}^{b}\,\mathbf{c}^{c}$ *μελχὼχ* **i** ‖ **726** *ἀπέδρασεν εὐθὺς* **i** ‖ **727** *τότε γέγραφεν*] *γέγραφε θ(ε)ῷ* **i** ‖ **731** *σωβὰλ* $\mathbf{k}^{b}\,\mathbf{c}^{a}\,\mathbf{c}^{b}\,\mathbf{c}^{c}$: *σοβᾶ* **k** *σωβὰ* $\mathbf{k}^{a}$ *σωβᾶ* **i** ‖ **732** *διὰ*] *καὶ τῆς* $\mathbf{k}^{b}\,\mathbf{c}^{a}\,\mathbf{c}^{b}\,\mathbf{c}^{c}$ | *ἰωὰβ* $\mathbf{k}^{b}$ | *δέδωκε* $\mathbf{c}^{a}\,\mathbf{c}^{b}\,\mathbf{c}^{c}$ ‖ **734** *τούτων ἔχει* trp. $\mathbf{c}^{a}\,\mathbf{c}^{b}\,\mathbf{c}^{c}$ ‖ **735** *μόνης* **i**: *-ως* **k** *-ος* cett. | *ἀεὶ*] spat. vac. 4 litt. **i** ‖ **736** *αἰχμαλωτίσθησαν* $\mathbf{k}^{a}\,\mathbf{c}^{a}\,\mathbf{c}^{b}\,\mathbf{c}^{c}$ ‖ **737** *γὰρ καὶ* trp. **k** $\mathbf{k}^{a}$ k^{b} c^{b} $\mathbf{c}^{c}$ ‖ **738** *ἁγίαν*] *ἰδίαν* **i** ‖ **739** *φησὶν ἀπάξει με* trp. **i** ‖ **741** om. $\mathbf{c}^{a}\,\mathbf{c}^{b}\,\mathbf{c}^{c}$ | *οὐχὶ σὺ πάντως ὁ θεός* **i**

60. *Εἰς τὸν ξ' ψαλμόν, 'εἰσάκουσον, ὁ θεός, τῆς δεήσεώς μου'*

Κλῆσιν ἐθνῶν, Ἰουδαίων
ἀποβολὴν προφητεύει.

Ἐνθάδε προδεδήλωκε καὶ τὴν αἰχμαλωσίαν
καὶ τὴν δοθεῖσαν πρὸς αὐτοὺς αὖθις ἐλευθερίαν
παρὰ τοῦ βασιλεύσαντος τῷ τότε Ζοροβάβελ.
αὐτὸς γὰρ ἐπεστράτευσε κατὰ Βαβυλωνίων
κἀκεῖθεν ἐλυτρώσατο τοὺς αἰχμαλωτισθέντας.
'ἡμέραν ἐφ' ἡμέραν' γάρ φησι 'τοῦ βασιλέως
τὰ ἔτη μέχρι γενεᾶς καὶ γενεᾶς αὐξήσεις'·
εὐχὴ δὲ τοῦτο πέφυκε τῶν ἐλευθερωθέντων.

61. *Εἰς τὸν ξα' ψαλμόν, 'οὐχὶ τῷ θεῷ ὑποταγήσεται ἡ ψυχή μου;'*

Διδασκαλία, ᾗ πᾶς τις
λύπας ψυχῆς θεραπεύει.

Τῆς ἀρετῆς μιμνήσκεται τῶν θείων Μακκαβαίων
καὶ τῆς πρὸς τὸν Ἀντίοχον ἐνστάσεως ἐκείνων.
ἀναγκαζόμενοι καὶ γὰρ εἰδώλοις προσκυνῆσαι,
ταῦτα, φησί, πρὸς ἑαυτοὺς ἠρέμα προσελάλουν·
'οὐχ ἡ ψυχή μου τῷ θεῷ ὑποταγῆναι μέλλει;
καὶ γὰρ αὐτὸς καθέστηκε θεός μου καὶ σωτήρ μου.'

62. *Εἰς τὸν ξβ', 'ὁ θεός, ὁ θεός μου, πρὸς σὲ ὀρθρίζω'*

Ὕμνον εὐχάριστον ᾄδει
ὁ ζῶν ἐν νόμῳ κυρίου.

Φυγὼν καὶ πάλιν ὁ Δαυὶδ Σαοὺλ τὸν τολμητίαν
εἰς τὰς ἐρήμους ἔμαθε τὸν θάνατον ἐκείνου.
ἔνθα καὶ τοῦτον τὸν ψαλμὸν εὐχαριστῶν ἐξεῖπε·
'τὰ χείλη μου' καὶ γάρ φησι 'νῦν ἐπαινέσουσί σε,
ἐμοῦ γὰρ ἀντελάβετο, σῶτερ, ἡ δεξιά σου·
αὐτοὶ δ' ἐζήτησαν λαβεῖν εἰς μάτην τὴν ψυχήν μου,
ἀλλ' εἰσελεύσονται πρὸς γῆς τὰ κατωτέρω μέρη.'

742–746 cf. Theodoret. 1328 A 3–10 ‖ **747–748** Ps. 60, 7 ‖ **750–752** Theodoret. 1329 A 8–11 ‖ **752–754** 1329 A 15–B 5 ‖ **754–755** Ps. 61, 2–3 ‖ **756–757** Theodoret. 1336 B 10–C 2; Ps. 62, 1; 1 Regn. 23, 14–28 ‖ **759** Ps. 62, 4 ‖ **760–762** Ps. 62, 9–10

746 *ἐλυτρώσατο*] *ἐπεστράτευσε* **c**[a] **c**[b] **c**[c] ‖ **747** *ἡμέραν*[2]] *-ας* **i** ‖ **749** *τοῦτο* scripsi: *τούτων* codd. (**i** evan.) ‖ **752** *τὸ προσκυνεῖν εἰδώλοις* **i** ‖ **753** *φασὶ* **k c**[b] | *προσελάλουν* **i**: *προσλαλοῦντες* cett. ‖ **756** *φεύγων* **k**[b] **c**[a] **c**[b] **c**[c] ‖ **757** *ἐκεῖνον* **c**[a] **c**[b] **c**[c] ‖ **762** *κατώτατα* **i**

63. *Εἰς τὸν ξγ' ψαλμόν, 'εἰσάκουσον, ὁ θεός, φωνῆς μου'*

Διδάσκει πῶς δεῖ βιώσκειν
τὸν ἀθλητὴν {τῆς} εὐσεβείας.

Τὸν τοῦ Σαοὺλ μεμαθηκὼς θάνατον ὁ προφήτης
καὶ μνημονεύσας τῶν πολλῶν ἐπιβουλῶν ἐκείνου,
ἐπεύχεται μηδέποτε περιπεσεῖν ὁμοίῳ.
φησὶ γὰρ οὕτω πρὸς θεὸν ἐξ ὅλης τῆς καρδίας·
'ἐκ συστροφῆς με σκέπασον τῶν πονηρευομένων,
οἵτινες ἐξηκόνησαν τὰς γλώσσας ὡς ῥομαίαν,
τόξον αὐτῶν ἐνέτειναν πρᾶγμα πικρόν, τὸ ψεῦδος,
κατατοξεῦσαι θέλοντες ἄμωμον ἀποκρύφως.'

64. *Εἰς τὸν ξδ' ψαλμόν, 'σοὶ πρέπει ὕμνος, ὁ θεός, ἐν Σιών'*

Ἔθνη καλεῖ πρὸς τὴν πίστιν
{ὁ} προφήτης βλέπων τὸ μέλλον.

Τοῦτον προσώπῳ γέγραφε τῶν αἰχμαλωτισθέντων,
ποθούντων θύειν τῷ θεῷ, μὴ δυναμένων δ' ὅμως·
ἐν Παλαιστίνῃ γὰρ ἐξῆν ἐκείνοις τότε θύειν.
ὅθεν φασὶ πρὸς τὸν θεὸν ἐκ τῆς αἰχμαλωσίας·
'σοὶ πρέπει ὕμνος, ὁ θεός, ἐν τῇ Σιὼν ὡς ἔθος,
εὐχὴ δ' ἐν Ἱερουσαλὴμ ἀποδοθήσεταί σοι.'

65. *Εἰς τὸν ξε' ψαλμόν, 'ἀλαλάξατε τῷ κυρίῳ πᾶσα ἡ γῆ'*

Κλῆσις ἐθνῶν πρὸς τὴν πίστιν,
προμαρτυρία κηρύκων.

Ἐνταῦθα τὴν ἀνάστασιν προλέγει τοῦ σωτῆρος
(φησὶ γάρ, 'ἀλαλάξατε, γῆ πᾶσα, τῷ κυρίῳ'),
μέμνηται δὲ μετὰ μικρὸν καὶ τῆς ἐλευθερίας,
τῶν Ἰουδαίων λέγω δή, τῆς ἀπὸ Βαβυλῶνος.
ἐνταῦθα γὰρ ὡς ἀληθῶς ἐκείνους σχηματίζει
θαρρούντως ὑποστρέφοντας ἐκ τῆς αἰχμαλωσίας
καὶ τῷ δεσπότῃ τοῦ παντὸς ὑπερευχαριστοῦντας

763–764 Theodoret. 1341 A 13–B 1 ‖ **767–770** Ps. 63, 3–5 ‖ **771–776** Theodoret. 1345 C 7–1348 A 8 ‖ **775–776** Ps. 64,2 ‖ **778** Ps. 65,1 ‖ **779–784** cf. Theodoret. 1361 A 10–13

Ps. 63 anacr. *τῆς* om. Marc. mon. ‖ **765** *ὁμοίως* **k**[b] **i** ‖ **768** *ῥομφαίας* **k k**[a] **k**[b] ‖ Ps. 64 anacr. *ὁ* om. Marc. mon. ‖ **772** *θεῷ*] *χ(ριστ)ῶ* **k**[b] **c**[a] **c**[b] **c**[c] | *δ' ὅμως*] *θύειν* **k**[b] **c**[a] **c**[b] **c**[c] ‖ **773** *γὰρ – τότε*] *μόνη γὰρ ἐξῆν ἐκείνοις* **i** ‖ **775** *τῶ θεῶ* **i** ‖ **779** *μετὰ* **k k**[a] **i**: *κατὰ* **c**[a] **c**[b] **c**[c] om. **k**[b]

ὅτι λελύτρωκεν αὐτοὺς ἐξ εἰδωλολατρίας.
'εἰσήγαγες' καὶ γάρ φησιν 'ἡμᾶς εἰς τὴν παγίδα
καὶ θλίψεις ἔθου συνεχεῖς ἡμῶν ἐπὶ τὸν νῶτον·
διὰ πυρὸς καὶ ὕδατος διήλθομεν ἀθλοῦντες,
σὺ δ' ἀλλ' ἐξήγαγες ἡμᾶς εἰς ἀναψυχὴν πᾶσαν.'
ταῦτα δὲ πάντως εἴρηκε προσώπῳ τῶν ἁγίων
τῶν τοῖς Ἑβραίοις τοῖς λοιποῖς συναιχμαλωτισθέντων.

66. *Εἰς τὸν ξϛ' ψαλμόν, 'ὁ θεὸς οἰκτειρήσαι ἡμᾶς'*

Κλῆσις ἐθνῶν κήρυγμά τε
κηρύκων σῷζον ἐκ πάντων.

Τὴν τοῦ δεσπότου σάρκωσιν ἐνθάδε προσημαίνει
τὴν κλῆσίν τε τὴν τῶν ἐθνῶν ἡμῶν τῶν ἀπωσμένων.
'ὁ' γὰρ 'θεὸς' φησὶν 'ἡμᾶς εἰς τέλος οἰκτειρήσαις
καὶ ἐφ' ἡμᾶς τὸ πρόσωπον ἐνθέως ἐπιφάναις,
ὡς ἐν τῇ γῇ γνωσθῆναί σου τὴν τρίβον τοῖς ἀνθρώποις
καὶ πᾶσιν ἔθνεσι τὸ σὸν σωτήριον δοθῆναι.'

67. *Εἰς τὸν ξζ' ψαλμόν, 'ἀναστήτω ὁ θεός, καὶ διασκορπισθήτωσαν'*

Ἐνανθρωπῆσαι σωτῆρα
καὶ ἔθνη σῶσαι προλέγει.

Τὴν ἴσην ἔχει δύναμιν οὗτος τῷ προρρηθέντι,
προλέγει γὰρ τὴν σάρκωσιν τοῦ λόγου καὶ δεσπότου.
τὸ δ' 'ἀναστήτω ὁ θεὸς' συμμαρτυρεῖ τῷ λόγῳ.

68. *Εἰς τὸν ξη' ψαλμόν, 'σῶσόν με, ὁ θεός'*

Πάθη Χριστοῦ, θεοκτόνων
ἀποβολὴ Ἰουδαίων.

Ἐνθάδε πάθη τὰ σεπτὰ προλέγει τοῦ σωτῆρος
καὶ τῶν Ἑβραίων ἔκπτωσιν τῶν καταρατοτάτων.
'εἰς' γὰρ 'τὴν δίψαν μου' φησὶν 'ἐπότισάν με ὄξος,
εἰς δὲ τὸ βρῶμά μου χολὴν ἀντιδεδώκασί μοι.'

785–788 Ps. 65, 11–12 ‖ **789–790** cf. Theodoret. 1368 B 9–C 2 ‖ **791–792** 1372 B 6–8 ‖ **792** = supra vss. 26; 230, infra vs. 943 ‖ **793–796** Ps. 66, 2–3 ‖ **798** cf. Theodoret. 1376 A 4–6 ‖ **799** Ps. 67, 2 ‖ **800–801** Theodoret. 1400 C 11–14 ‖ **802–803** Ps. 68, 22

788 *ἀναψυχὴν εἰς* trp. **k** $\mathbf{k}^{a}$ ‖ Ps. 66 anacr. *πάντων*] *πλάνης* Marc. mon. ‖ **794** *τὸ*] *σὸν* **i** | *ἐπιφάνοις* **i** ‖ **795** *ὡς*] *καὶ* **i** | *σοι* $\mathbf{k}^{b}$ $\mathbf{c}^{a}$ $\mathbf{c}^{b}$ $\mathbf{c}^{c}$ ‖ **801** *καταρατωτάτων* codd.

69. *Εἰς τὸν ξθ' ψαλμόν, 'ὁ θεός, εἰς τὴν βοήθειάν μου πρόσσχες'*

Ἱκετηρία δικαίου
ἢ καὶ Χριστοῦ τοῦ σωτῆρος.

Καὶ τοῦτον ὑπ' Ἀβεσαλὼμ δεδιωγμένος εἶπεν·
ὅθεν τῆς ἄνωθεν ῥοπῆς τυχεῖν ἐπικαλεῖται.
φησὶ γὰρ 'πρόσσχες, ὁ θεός, εἰς τὴν βοήθειάν μου'.
ἐγράφη δ' 'εἰς ἀνάμνησιν τοῦ σῶσόν με, Χριστέ μου',
καθ' ὅσον ὧδε μέμνηται πάλιν τῆς ἁμαρτίας·
φησὶ γὰρ 'ἔγωγε πτωχὸς καὶ πένης εἰμί, λόγε',
ἤγουν οὐδ' ὅλως κέκτημαι τῆς ἀρετῆς τὸν πλοῦτον.

70. *Εἰς τὸν ο' ψαλμόν, 'ἐπὶ σοί, κύριε, ἤλπισα'*

Πάθη Χριστοῦ καὶ θανάτου
τὴν ἐξανάστασιν λέγει.

Ὁ δὲ Ἰωναδὰβ υἱός ἐστί τις χοραψάλτης,
ὃς δὴ τὸν ἑβδομηκοστὸν ᾖσε ψαλμὸν τῷ λόγῳ,
'ὑπὲρ τῶν πρώτως' δέ φησιν 'ἐξαιχμαλωτισθέντων'.
ὁ Ναβουχοδονόσορ γὰρ ὁ τῆς Περσίδος ἄναξ
τρισσάκις ᾐχμαλώτευσε τὴν χώραν Ἰουδαίας·
ἐνταῦθα γοῦν προϊστορεῖ τὴν ἅλωσιν τὴν πρώτην.

71. *Εἰς τὸν οα', 'ὁ θεός, τὸ κρῖμά σου τῷ βασιλεῖ δός'*

Ὅτι Χριστὸς βασιλεύει
καὶ προσκαλεῖται τὰ ἔθνη.

Τὸν νῦν παρόντα γέγραφεν ὑπὲρ τοῦ Σολομῶντος,
οἶμαι τοῦ καθ' ἡμᾶς, Χριστοῦ τοῦ εἰρηνικωτάτου.
εἰρηνικὸς γὰρ λέγεται πᾶς Σολομῶν ἀξίως,
καὶ τίς εἰρηνικώτερος τοῦ θεανθρώπου λόγου
τοῦ πᾶν ἐκ γῆς ἐξάραντος δάκρυον φιλανθρώπως;
φησὶ γάρ, 'καταβήσεται ὡς ὑετὸς εἰς πόκον'.

804 Theodoret. 1416 A 4–6 ‖ **806–807** Ps. 69, 1–2 ‖ **807–808** Theodoret. 1416 A 6–8 ‖ **809** Ps. 69, 6 ‖ **810** Theodoret. 1417 A 6–7; infra vs. 948 ‖ **811–816** = Poem. 1, 208–213 ‖ **811, 813** Ps. 70, 1 ‖ **817–818** Poem. 1, 214–215 ‖ **818–819** = Poem. 2, 39–40; cf. Theodoret. 1429 A 11–13 ‖ **822** cf. Poem. 2, 1111; Ps. 71, 6

807 *σῶσαί* $\mathbf{k}^{b}$ $\mathbf{c}^{a}$ $\mathbf{c}^{b}$ $\mathbf{c}^{c}$ (cf. LXX) ‖ **808** *ὅδε* $\mathbf{c}^{a}$ $\mathbf{c}^{b}$ $\mathbf{c}^{c}$ ‖ **809** *εἰμὶ καὶ πένης* trp. **i** ‖ **811** *χοροψάλτης* **i**: *-ου* cett. ‖ **812** *δὴ τὸν*] *δ' ᾖσεν* $\mathbf{c}^{a}$ $\mathbf{c}^{b}$ $\mathbf{c}^{c}$ | *ᾖσε*] *ὧδε* $\mathbf{c}^{a}$ $\mathbf{c}^{b}$ $\mathbf{c}^{c}$ ‖ **813** *πρώτως* **k** $\mathbf{c}^{a}$ $\mathbf{c}^{b}$ $\mathbf{c}^{c}$: *-ων* $\mathbf{k}^{a}$ $\mathbf{k}^{b}$ (**i** evan.) ‖ **815** *ἠχμαλώτισε* **k** $\mathbf{k}^{a}$ $\mathbf{k}^{b}$ | *ἰουδαίων* $\mathbf{c}^{a}$ $\mathbf{c}^{b}$ $\mathbf{c}^{c}$ ‖ **816** *γοῦν* **k** $\mathbf{k}^{a}$: *οὖν* $\mathbf{k}^{b}$ *γὰρ* $\mathbf{c}^{a}$ $\mathbf{c}^{b}$ $\mathbf{c}^{c}$ | *τρίτην* **i** ‖ **817** *νῦν*] *δὲ* **i** ‖ **821** habet **i**: om. cett. ‖ **822** om. $\mathbf{c}^{a}$ $\mathbf{c}^{b}$ $\mathbf{c}^{c}$

72. *Εἰς τὸν οβʹ ψαλμόν, ‘ὡς ἀγαθὸς ὁ θεὸς τῷ Ἰσραήλ’*

Ἐπ’ ἀσεβῶν εὐπραγίᾳ,
μακροθυμίᾳ δεσπότου,
νοῦς ἀσθενῶν ταῦτα λέγει.

Τοὺς προγραφέντας τῶν ψαλμῶν ᾖσε Δαυὶδ ὁ θεῖος
ψάλλων οἰκείῳ στόματι τὰ γεγραμμένα μέλη·
ὅσους δ’ ἐκ τούτων γέγραφε ψαλμοὺς εἰς ὑποθέσεις,
τοῖς χοροψάλταις μελῳδεῖν ἐδίδου κατὰ τάξιν.
τὸν γοῦν παρόντα δέδωκε ψαλμὸν Ἀσὰφ ἐξᾴδειν,
προσώπῳ μέντοι γέγραπται τῶν αἰχμαλωτισθέντων,
ἀπολυθέντων τῆς πικρᾶς ὄντως αἰχμαλωσίας
καὶ τοὺς ἐκεῖσε λέγοντας συλλογισμοὺς ἐκείνων.
‘ὡς ἀγαθὸς’ γὰρ ‘ὁ θεὸς τῷ Ἰσραὴλ τυγχάνει’
ἐλευθερώσας τῆς πικρᾶς ἡμᾶς αἰχμαλωσίας·
‘ἐμοῦ γὰρ ἐσαλεύθησαν παρὰ μικρὸν οἱ πόδες’,
τοῦτ’ ἔστιν, ἐκινδύνευον παρὰ μικρὸν ἐκεῖσε
ὀλιγωρῆσαι καὶ πεσεῖν ἐλπίδος τοῦ δεσπότου.

73. *Εἰς τὸν ογʹ ψαλμόν, ‘ἵνα τί, ὁ θεός, ἀπώσω εἰς τέλος;’*

Πολιορκίαν ἐσχάτην
τὴν ἐκ Ῥωμαίων προλέγει.

Καὶ τοῦτον ᾖσεν ὁ Δαυὶδ Ἀσὰφ χειρὶ προφήτου.
ἐν τούτῳ δὲ δεδήλωκεν ὁ θαυμαστὸς προφήτης
τὴν τελευταίαν καὶ μακρὰν ὄντως αἰχμαλωσίαν
τῆς πονηρᾶς συναγωγῆς τοῦ γένους τῶν Ἑβραίων,
ἥνπερ ᾐχμαλωτίσθησαν ὕστερον ὑπὸ Τίτου,
τοῦ τῶν Ῥωμαίων ἄνακτος τοῦ στρατηγικωτάτου.
αὐτὸς γὰρ ἐπεστράτευσε τότε κατ’ Ἰουδαίων
καὶ πάσας ἐξεπόρθησε τὰς πόλεις Ἰουδαίας
καὶ τὴν μητρόπολιν αὐτῶν ἠφάνισεν εἰς τέλος

824 = Poem. 1,219 ‖ **826** cf. Poem. 1,220 ‖ **830** cf. Theodoret. 1441 C 11–1444 A 6 ‖ **831** Ps. 72,1 ‖ **833** Ps. 72,2 ‖ **836–846** cf. Theodoret. 1453 C 3–7

Ps. 72 anacr. *ἐπ’* Marc. mon.: *ἀπ’* $\mathbf{c}^{a}\,\mathbf{c}^{b}\,\mathbf{c}^{c}$ ‖ **828** *γέγραφε* $\mathbf{k}^{b}\,\mathbf{c}^{a}\,\mathbf{c}^{b}\,\mathbf{c}^{c}$ ‖ **830** debebat *λεγόντων* (invito metro), cf. 881 ‖ **831** *ὡς ἀγαθὸς* **i**: *ὅθεν θ(εὸ)ς* cett. ‖ **832** *μικρᾶς* **i** ‖ **835** *ἐλπίδι* $\mathbf{c}^{a}\,\mathbf{c}^{b}\,\mathbf{c}^{c}$ ‖ **837** *δὲ*] *γὰρ* $\mathbf{c}^{a}\,\mathbf{c}^{b}\,\mathbf{c}^{c}$ | *θαυμαστὸς*] *μέγιστος* **i** ‖ **838** *οὕτως* $\mathbf{k}^{a}\,\mathbf{k}^{b}$ ‖ **842–843** *τότε – ἐξεπόρθησε* om. $\mathbf{c}^{a}\,\mathbf{c}^{b}\,\mathbf{c}^{c}$ | *τότε κατ’*] *κατὰ τῶν* **i** ‖ **843** *ἰουδαίων* $\mathbf{c}^{a}\,\mathbf{c}^{b}\,\mathbf{c}^{c}$ (**i** evan.)

καὶ πάντας ᾐχμαλώτισε πάμπαν τοὺς Ἰουδαίους
ἡμέραν ἄγοντας λαμπρὰν τῆς ἑορτῆς τοῦ πάσχα.
'ἵνα τί' γάρ φησιν 'ἡμᾶς ἀπώσω μέχρι τέλους;'
(οὐκέτι γὰρ ἀνάκλησιν ἐλπίζομεν εὑρέσθαι)
'καὶ μνήσθητι συναγωγῆς ἧς ἀπ' ἀρχῆς ἐκτήσω,
ἔπαρον δὲ τὰς χεῖράς σου κατὰ τῶν ἐναντίων·
ἐνεκαυχήσαντο καὶ γὰρ μέσον τῆς ἑορτῆς σου,
καὶ τῆς Σιὼν ἐξέκοψαν τὰς πύλας ἐν ἀξίναις,
ταύτην δ' εἰς γῆν κατέρραξαν ἐν τοῖς λαξευτηρίοις.'

74. *Εἰς τὸν οδ' ψαλμόν, 'ἐξομολογησόμεθά σοι, ὁ θεός'*

Θεολογία καὶ μνήμη
τοῦ θείου δικαστηρίου.

Καὶ τοῦτον ᾖσε τὸν ψαλμὸν Ἀσὰφ χειρὶ προφήτου.
πλὴν ἐπειδὴ μιμνήσκεται τοῦ θείου κριτηρίου
('ποτήριον' καὶ γάρ φησιν 'ἐν τῇ χειρὶ κυρίου'),
μονονουχὶ πρὸς τοὺς χρηστοὺς καὶ τοὺς ἀμνησικάκους
μὴ διαφθείρειν νουθετεῖ τὴν ἀρετὴν εἰς τέλος,
'ὅτι ποτήριόν ἐστιν ἐν τῇ χειρὶ κυρίου',
τοῦτ' ἔστι κρίσις ἀκριβὴς πάντων τῶν πεπραγμένων,
'οἴνου δ' ἀκράτου πέφυκε πληρέστατον ἐκεῖνο',
ἤγουν μεστὸν καθέστηκεν ἐνδίκου τιμωρίας.
'ἀλλὰ κἂν ἔκλινε' φησὶν 'ἐκ τούτου νῦν εἰς τοῦτο,
πλὴν ὁ τρυγίας οὐδαμῶς ἐξεκενώθη τούτου.'
ἂν ἐν τῷ κόσμῳ γάρ, φησίν, οὐ πάντοτε κολάζῃ
τοὺς ἁμαρτάνοντας βροτοὺς ὁ λόγος καὶ δεσπότης,
ἀλλὰ ποτὲ μὲν ἐλεεῖ διὰ φιλανθρωπίαν,
ποτὲ δὲ πάλιν τιμωρεῖ διὰ τὴν ἁμαρτίαν,
ἀλλ' ὅμως ὕστερον ἐλθὼν εἰς κρίσιν μετ' ἀγγέλων
τοὺς μὴ μετανοήσαντας ποτίσει τὸν τρυγίαν.

846 1456 C 12–1457 A 1; Ps. 73,4 ‖ **847** Ps. 73,1 ‖ **849–851** Ps. 73,2–4 ‖ **852–853** Ps. 73,6 ‖ **856** Ps. 74,9 ‖ **857–858** Theodoret. 1468 A 5–9 ‖ **858** Ps. 74,1 ‖ **859, 861, 863–864** Ps. 74,9

845 *ἠχμαλώτευσεν* **i** | *πάμπαν* **c**[a] **c**[b] **c**[c]: *ὑμᾶς* **kk**[b] *ἡμᾶς* **k**[a] *ὁμοῦ* **i** ‖ **848** *εὑρῆσαι* **kk**[a] **k**[b] (deest **i**) ‖ **849** *καὶ μνήσθητι*] *μνήσθητι τῆς* **i** ‖ **852** *θύρας* **i** (cf. LXX) ‖ **854** *ᾖσε τὸν ψαλμὸν*] *ἦσεν ὁ δα(υὶ)δ* **i** ‖ **856** *τῇ χειρὶ*] *χειρὶ τοῦ* **i** ‖ **856** *κἂν* **i** ‖ **867** *ἐλεεῖ*] *τούτους ἐλεεῖ* **kk**[a] **c**[b] *ἐλεεῖ τούτους* **k**[b]

75. *Εἰς τὸν οε' ψαλμόν, 'γνωστὸς ἐν τῇ Ἰουδαίᾳ ὁ θεός'*

Κρίσις θεοῦ ἀσεβοῦντας
τιμωρουμένη ἐνδίκως.

Καὶ τοῦτον ᾖσε τὸν ψαλμὸν Ἀσὰφ χειρὶ προφήτου·
πλὴν προθεσπίζει τὴν πληγὴν καὶ τὴν σφαγὴν ἐκείνην
τὴν ἐνεχθεῖσαν ἐν νυκτὶ πάλαι τοῖς Ἀσουρίοις.
'ὁ' γὰρ 'θεὸς γνωστός ἐστι' φησὶν 'ἐν Ἰουδαίᾳ,
ἐκεῖ καὶ γὰρ συνέτριψε τὰ κράτη τὰ τῶν τόξων,
ὅπλον καὶ πόλεμον ὁμοῦ καὶ στίλβουσαν ῥομφαίαν·
ὕπνωσαν ὕπνον ἑαυτῶν, οὐδὲν δὲ πάντως εὗρον.'
ὕπνον δὲ λέγει νουνεχῶς τὸν θάνατον ἐκείνων.

76. *Εἰς τὸν ος', 'φωνῇ μου πρὸς κύριον ἐκέκραξα, φωνῇ μου πρὸς τὸν θεόν, καὶ προσέσχε μοι'*

Θεὸν μακρόθυμον ᾄδει
καὶ θαυμαστὰ αὐτοῦ ἔργα.

Καὶ τοῦτον ἐμελῴδησεν Ἀσὰφ χειρὶ προφήτου,
προσώπῳ μέντοι γέγραπται τῶν αἰχμαλωτισθέντων,
ἀπολυθέντων τῆς πικρᾶς αὐτῶν αἰχμαλωσίας
καὶ τῶν ἐκεῖ συλλογισμῶν αὐτῶν μιμνησκομένων.
'ἀπηνηνάμην' γάρ φησιν 'ἐκεῖ παρακληθῆναι·
νυκτὸς ἐν τῇ καρδίᾳ μου κείμενος ἠδολέσχουν,
μήποτε, λέγων, κύριος ἀπώσεται εἰς τέλος
καὶ οὐ προσθήσει ἐφ' ἡμᾶς τοῦ εὐδοκῆσαι ἔτι;'
καὶ πῶς τοῦτο γενήσεται παρὰ τοῦ φιλανθρώπου;
'ῥῆμα γὰρ συνετέλεσεν ἐκ γενεῶν ἀρχαίων'
καὶ τοῖς πατράσιν εἴρηκεν ἡμῶν μὴ χωρισθῆναι·
'μὴ ἐπιλήσεται θεὸς τοῦ οἰκτειρῆσαι ἔτι;'

77. *Εἰς τὸν οζ' ψαλμόν, 'προσέχετε, λαός μου, τῷ νόμῳ μου'*

Θεοῦ μεσίτης καὶ βροτῶν χρηματίσας
μέσον τε λύσας φραγμὸν ἔχθρας τῆς πάλαι

871–873 Theodoret. 1472 C 8–11 ‖ **874** Ps. 75,2 ‖ **875–876** Ps. 75,4 ‖ **877** Ps. 75,6 ‖ **878** cf. Theodoret. 1473 B 15–C 1 ‖ **880–882** 1476 C 13–D 2 ‖ **883** Ps. 76,3 ‖ **884–886** Ps. 76,7–8 ‖ **888** Ps. 76,9 (var. l.); cf. Theodoret. 1480 A 9–10 ‖ **890** Ps. 76,10

871 *ᾖσε τὸν ψαλμὸν*] *ᾖσεν ὁ δα(υὶ)δ* **i** ‖ **874** *φησίν ἐστιν* (ut vid.) trp. **i** | *ἐν*] *ἐν τῇ* **i** ‖ **878** [*ἀσὰφ ὁ χορ*]*οψάλτης* **i** ‖ **884** habet **i**: om. cett. ‖ **888** *συντετέλεκεν* $\mathbf{c}^{a}\mathbf{c}^{b}\mathbf{c}^{c}$ | *ἐκ γενεῶν*] *ἀνομιῶν* **i**

καὶ γηγενῶν γῆς ἐν μέσῳ σωτηρίαν
θεουργικοῖς πάθεσιν ἐξειργασμένος,
ἤδη μέσον με τῆς βίβλου, θεοῦ λόγε,
τῇ σῇ χάριτι προφρόνως ἐφθακότα
καταξίωσον καὶ τὸ λοιπὸν εὐτόνως
ἐπιέναι μάλιστα τῇ προθυμίᾳ,
τῆς σῆς πανάγνου μητρὸς ἱκετηρίαις
ἀσωμάτων θείων τε καὶ τῶν ἁγίων.

Τοῖς προλαβοῦσι τῶν ψαλμῶν τὰ μέλλοντα δηλώσας
ἐν τούτῳ λέγει τῷ ψαλμῷ καὶ τὰ προγεγονότα·
τὴν πρὸς Ἑβραίους τοῦ θεοῦ πολλὴν κηδεμονίαν,
ὅπως ἐξήγαγεν αὐτοὺς ἐκ γῆς Αἰγύπτου πάλαι
καὶ τούτους διεβίβασε τὴν θάλασσαν ἀβρόχως
καὶ μάννα δέδωκεν αὐτοῖς φαγεῖν ἐν τῇ ἐρήμῳ·
κἀκείνων τὴν ἀχάριστον αὖ στηλιτεύει γνώμην,
δι' ἣν αἰώνιον αὐτοῖς ὄνειδος ἐδεδώκει
καὶ τούτων πάσας τὰς φυλὰς εἰς τέλος ἀπεστράφη
καὶ ἐξελέξατο φυλὴν τὴν τοῦ Ἰούδα μόνην
καὶ ἐξελέξατο Δαυὶδ τὸν δοῦλον τὸν οἰκεῖον
κἀκ τῶν ποιμνίων ἔλαβε καὶ τῶν προβάτων τοῦτον,
ὥστε ποιμαίνειν Ἰακὼβ καὶ Ἰσραὴλ ἀκάκως.

78. *Εἰς τὸν οη' ψαλμόν, 'ὁ θεός, ἤλθοσαν ἔθνη εἰς τὴν κληρονομίαν'*

Τὰ Ἰουδαίοις συμβάντα
ἐν Ἀντιόχου πολέμῳ.

Ὡς ἐκ προσώπου γέγραπται τοῦ δήμου τῶν Ἑβραίων
πολεμουμένων μανικῶς τρίτον ὑπ' Ἀντιόχου·
'ἔθνη' γὰρ 'ἤλθοσαν' φησὶν 'εἰς σὴν κληρονομίαν,
ἐμίαναν, ὦ δέσποτα, τὸν ἅγιον ναόν σου.'

79. *Εἰς τὸν οθ' ψαλμόν, 'ὁ ποιμαίνων τὸν Ἰσραήλ, πρόσσχες'*

Τὰ Ἀσσυρίων προλέγει
Χριστὸν φανῆναί τε δεῖται.

897 Theodoret. 1484 A 15–B 1 ‖ **900** Ps. 77,68 ‖ **901-903** Ps. 77,70–72 ‖ **904-905** Theodoret. 1504 B 11 ‖ **906-907** Ps. 78,1

Ps. 77 iambi 3 *σ(ωτη)ρίας* $\mathbf{c}^{b}$ | 4 *ἐξειργασμένος* $\mathbf{c}^{c}$: *-οις* $\mathbf{c}^{a}\mathbf{c}^{b}$ | 5 *με* $\mathbf{c}^{c}$: om. $\mathbf{c}^{a}\mathbf{c}^{b}$ ‖ **896** *εἰς τὰς ἐρήμους* **i** ‖ **897** *στηλιτεύει* $\mathbf{k}\mathbf{k}^{a}\mathbf{i}$: *-ων* $\mathbf{k}^{b}\mathbf{c}^{a}\mathbf{c}^{b}\mathbf{c}^{c}$ ‖ **902** *κἀκ*] *ἐκ* $\mathbf{k}^{a}$ *καὶ* $\mathbf{k}^{b}$ ‖ **904** *λέλεκται* **i**

Ἐνταῦθα προδεδήλωκεν ἄλλην αἰχμαλωσίαν
τῶν Ἰουδαίων, λέγω δὴ παρὰ τῶν Ἀσσυρίων.
λέγουσι γὰρ πρὸς τὸν θεὸν δῆθεν οἱ Ἰουδαῖοι·
'ἐπίβλεψον ἐξ οὐρανοῦ καὶ ἴδε τὸν λαόν σου·
κατάρτισαι τὴν ἄμπελον ἥνπερ ἐκ γῆς Αἰγύπτου
μετάρας κατεφύτευσας ἐν τῇ Σιών, ὡς οἶδας.
ἰδοὺ γὰρ ἐλυμήνατο ταύτην ὗς ἐκ δρυμῶνος
καὶ μονιὸς ὡς ἄγριος ὁ Ναβουχοδονόσορ
κατενεμήσατο αὐτήν, εἰς τέλος ἀφανίσας.'

80. *Εἰς τὸν π' ψαλμόν, 'ἀγαλλιᾶσθε τῷ θεῷ τῷ βοηθῷ ἡμῶν'*

Τοὺς τῶν ἀρχόντων ἐλέγχους
τῶν Ἰουδαίων ἐκφαίνει.

Προσώπῳ δ' οὗτος γέγραπται τοῦ Χριστωνύμου δήμου
τοῦ λυτρωθέντος τῆς πικρᾶς αἰχμαλωσίας ᾅδου,
προτρεπομένων δήπουθεν ἀλλήλους τοῦ δοξάζειν
τὸν λυτρωσάμενον αὐτοὺς ἐκ τῆς αἰχμαλωσίας,
μᾶλλον δ' ἐξαγοράσαντα τοῦ νόμου τῆς κατάρας.
ἔχει δ' ἐμφάσεις καί τινας τῆς θείας ἐκκλησίας·
ληνοὶ γὰρ θεοπάτητοι πάντως αἱ ἐκκλησίαι,
τὸ γλεῦκος ἀποστάζουσαι τὸ τῶν εὐαγγελίων.

81. *Εἰς τὸν πα' ψαλμόν, 'ὁ θεὸς ἔστη ἐν συναγωγῇ θεῶν'*

Τοὺς τῶν ἀρχόντων ἐλέγχους
τῶν Ἰουδαίων ἐκφαίνει.

Οὗτος δ' ἐλέγχει τοὺς κριτὰς τοὺς παρανομωτάτους,
οὓς καὶ θεοὺς ἐκάλεσεν ὁ μέγιστος προφήτης.
φησὶ γὰρ οὕτω πρὸς αὐτοὺς προσώπῳ τοῦ δεσπότου·
'μέχρι καὶ τίνος θέλετε τὴν ἀδικίαν κρίνειν
καὶ πρόσωπα λαμβάνετε βροτῶν ἡμαρτηκότων;'

908–909 cf. Theodoret. 1509 C 2–4 ‖ **911** Ps. 79,15 ‖ **912–913** Ps. 79,9–10 ‖ **914–916** Ps. 79,14 ‖ **922** = Poem. 2,25 ‖ **923–924** = supra vss. 232–233 = Poem. 1,50–51 ‖ **925–926** cf. Theodoret. 1528 B 14–C 7 ‖ **926** Ps. 81,1 ‖ **928–929** Ps. 82,2

916 *κατενεμήσατο* **i** (LXX): *κατελυμήνατο* cett. ‖ Ps. 80 anacr. *ἔθνη καλεῖ καὶ διδάσκει | λαῷ τὰ πρώτῳ συμβάντα* Marc. mon. ‖ **919** *προτρεπομένου* $\mathbf{k}^b \mathbf{c}^a \mathbf{c}^b \mathbf{c}^c$ ‖ **921** *δ'* om. $\mathbf{c}^b \mathbf{c}^c$ | *ἐξαγοράσαντος* $\mathbf{k}^b \mathbf{c}^a \mathbf{c}^b \mathbf{c}^c$ ‖ **927** *οὕτω* **i**: *οὗτος* cett.

82. *Εἰς τὸν πβʹ ψαλμόν, ‘ὁ θεός, τίς ὁμοιωθήσεταί σοι;’*

Ὑπὲρ λαοῦ κακωθέντος
εὐχὴ καὶ πρόρρησις ἅμα.

Μετὰ τὴν ἀπολύτρωσιν τὴν τῆς αἰχμαλωσίας
καὶ τὴν ἐπάνοδον, φημὶ τὴν ἀπὸ Βαβυλῶνος,
οἱ ἀστυγείτονες αὐτῶν τῷ φθόνῳ βεβλημένοι,
βαρβάρους συναθροίσαντες ποικίλους ἀλλοφύλους
εἰς πόλεμον ἐχώρησαν κατὰ τῶν Ἰουδαίων·
ἀλλ’ ὅμως κατῃσχύνθησαν μεγάλως ἡττηθέντες.
τὸν γοῦν ψαλμὸν προγέγραφεν ὁ κάλλιστος προφήτης
προσώπῳ τῆς συναγωγῆς ἁπάσης τῶν Ἑβραίων.

83. *Εἰς τὸν πγʹ ψαλμόν, ‘ὡς ἀγαπητὰ τὰ σκηνώματά σου’*

Τὴν ἐναθρώπησιν λέγει
Χριστοῦ καὶ τὰς ἐκκλησίας.

Ἐν τούτῳ προτεθέσπικε θεοῦ τὰς ἐκκλησίας·
ληνοὶ γὰρ θεοπάτητοι πάντως αἱ ἐκκλησίαι.

84. *Εἰς τὸν πδʹ ψαλμόν, ‘εὐδόκησας, κύριε, τὴν γῆν σου’*

Εἰς τὸν Χριστὸν ταῦτα τείνει
καὶ δι’ αὐτοῦ τοὺς σωθέντας.

Ἐνθάδε προδεδήλωκεν ὁ μέγιστος προφήτης
καὶ διαθήκης παλαιᾶς καὶ νέας τὰς ἐκβάσεις.
ἐλευθερίαν λέγει γὰρ τοῦ γένους τῶν Ἑβραίων
καὶ σωτηρίαν τῶν ἐθνῶν, ἡμῶν τῶν ἀπωσμένων.

85. *Εἰς τὸν πεʹ ψαλμόν, ‘κλῖνον, κύριε, τὸ οὖς σου’*

Ἔθνη καλεῖται πρὸς πίστιν
φιλανθρωπίᾳ σωτῆρος.

Μνησθεὶς καὶ πάλιν ὁ Δαυὶδ τῆς πρώτης ἁμαρτίας
τόνδε προφέρει τὸν ψαλμὸν εἰς προσευχὴν καὶ λέγει·
‘κλῖνον τὸ οὖς σου, κύριε, καὶ νῦν ἐπάκουσόν μου·
πτωχὸς γὰρ ἔγωγε πολλῷ καὶ πένης εἰμί, λόγε’,
μηδ’ ὅλως ἔχων δήπουθεν τῆς ἀρετῆς τὸν πλοῦτον.

930–934 Theodoret. 1532 A 2–7 ‖ **935** 1532 A 10 ‖ **939** v. supra ad vs. 923; Theodoret. 1537 C 3–4 ‖ **940–943** cf. 1545 B 14–C 10 ‖ **943** = supra vs. 792 ‖ **946–947** Ps. 85,1 ‖ **948** cf. supra vs. 810

945 *προσφέρει* **kk**[b] | *εἰς*] *ὡς* **i** ‖ **947** *πολὺ* **i** | *λόγω* **c**[a]**c**[b]**c**[c]

86. *Εἰς τὸν πς΄, ‘οἱ θεμέλιοι αὐτοῦ’*

Χριστὸν μορφὴν βροτησίαν
φορέσαι λέγει προφήτης.

Ἐνθάδε προδεδήλωκεν ἐθνῶν τὴν σωτηρίαν·
‘μνησθήσομαι’ καὶ γάρ φησι ‘Ῥαὰβ καὶ Βαβυλῶνος’.
πόρνη δὲ πάντως ἡ Ῥαὰβ ἐστὶν ἡ Χαναναία,
ἡ Βαβυλὼν δ’ αἰνίττεται τοὺς ἀσεβεῖς ἐκείνους
οἵπερ σωθῆναι μέλλουσι Χριστῷ πεπιστευκότες,
ὥσπερ Κανδάκης πρότερον ἐκ τῆς Αἰθιοπίας.

87. *Εἰς τὸν πζ΄ ψαλμόν, ‘κύριε, ὁ θεὸς τῆς σωτηρίας μου’*

Χριστοῦ τὸν θάνατον οὗτος
τὸν ζωηφόρον προλέγει.

Τοῦτον ἐξεῖπεν ὁ Δαυὶδ ἐν λύπαις ὢν ποικίλαις,
ἀλλ’ ἐμελῴδησαν αὐτὸν οἱ τοῦ Κορὲ πρεπόντως.
‘ἐπλήσθη’ γὰρ ‘κακῶν’ φησιν ‘ἀρτίως ἡ ψυχή μου
καὶ ἡ ζωή μου ξύμπασα προσήγγισεν εἰς ᾅδην.’

88. *Εἰς τὸν πη΄ ψαλμόν, ‘τὰ ἐλέη σου, κύριε, εἰς τὸν αἰῶνα ᾄσομαι’*

Χριστοῦ φησι βασιλείαν
τοῦ ἐκ Δαυὶδ πεφυκότος.

Αἰνίττεται τὴν σάρκωσιν ἐνθάδε τοῦ σωτῆρος
τὴν ἀπὸ σπέρματος Δαυὶδ καὶ τῆς φυλῆς Ἰούδα.
‘ὤμοσα’ γάρ φησι ‘Δαυὶδ τῷ δούλῳ μου λαλήσας
εἰς γενεὰν καὶ γενεὰν τὸν τούτου μένειν θρόνον.’
ὢ Ἰουδαίων ἄνοια καὶ σιδηρᾶ καρδία·
οὐ ταῦτα τὰ γνωρίσματα μόνου Χριστοῦ τυγχάνει;

89. *Εἰς τὸν πθ΄ ψαλμόν, ‘κύριε, καταφυγὴ ἐγενήθης ἡμῖν ἐν γενεᾷ’*

Ἐκβέβληνται Ἰουδαῖοι,
ὡς ὁ ψαλμὸς προφητεύει.

Καὶ τοῦτον γέγραφε Δαυὶδ προσώπῳ Μωυσέως,

949 Theodoret. 1561 B 11–12 ‖ **950** Ps. 86, 4 ‖ **951** Theodoret. 1565 A 3; Iosue 2, 1 ‖ **954** Acta 8, 27 ‖ **956** Ps. 87, 1 ‖ **957–958** Ps. 87, 4 ‖ **961–962** Ps. 88, 4–5 ‖ **965** Theodoret. 1597 D 1–3

954 *ὕστερον* **c**^{a}**c**^{b}**c**^{c} ‖ **955** *ποικίλαις*] *μεγάλαις* **k**^{b}**c**^{a}**c**^{b}**c**^{c} ‖ **957** *φησι κακῶν* trp. **i** ‖ **958** *ἅδου* **i** ‖ **963** *ὢ* **i**: *ὦ* cett. ‖ **964** *θ(εο)ῦ τυγχάνει μόνου* **i** ‖ **965** *μωϋσέος* **kc**^{a}**i**

δηλῶν ἐν τούτῳ τὴν φθορὰν τοῦ τῶν ἀνθρώπων βίου·
'τὰ ἔτη' γάρ φησιν 'ἡμῶν ὥσπερ ἱστὸς ἀράχνης.'

90. *Εἰς τὸν ϙ' ψαλμόν, 'ὁ κατοικῶν ἐν βοηθείᾳ'*

Νίκη Χριστοῦ κατ' αὐτόν τε
παντὸς τοῦ τελειωμένου.

Μέλλων διδάσκειν ὁ Δαυὶδ τὴν πρὸς θεὸν ἐλπίδα,
ὁποδαπή τις πέφυκεν, οὖσα πανσθενεστάτη,
τοῦτον ἐξεῖπε τὸν ψαλμόν, ἅπαντας διεγείρων
πάσας ἐλπίδας εἰς θεὸν ἀνατιθέναι μόνον.
'τὸν ὕψιστον' καὶ γάρ φησιν 'ἔθου καταφυγήν σου,
λοιπὸν οὐ προσελεύσεται πρὸς σὲ κακὰ τῷ βίῳ.'

91. *Εἰς τὸν ϙα' ψαλμόν, 'ἀγαθὸν τὸ ἐξομολογεῖσθαι τῷ κυρίῳ'*

Ἀνάπαυσιν ψαλμὸς λέγει
κατὰ θεὸν τοῖς ἀξίοις.

Ἐν τούτῳ προτεθέσπικε τὸν μέλλοντα αἰῶνα.
καθάπερ γὰρ τὰ σάββατα τῶν πόνων εἰσὶ παῦλαι,
οὕτως αἰὼν ὁ ὄγδοος σαββάτου λόγον ἔχει,
ἐν τούτῳ γὰρ παυθήσονται πάντες ἀπὸ τῶν ἔργων.

92. *Εἰς τὸν ϙβ' ψαλμόν, 'ὁ κύριος ἐβασίλευσεν, εὐπρέπειαν ἐνεδύσατο'*

Ἄιδει Χριστοῦ βασιλείαν
πρώτης αὐτοῦ παρουσίας.

Ἐν τούτῳ προδεδήλωκε τὴν πρώτην παρουσίαν
τοῦ παντοκράτορος Χριστοῦ καὶ θεανθρώπου λόγου·
φησὶ γὰρ 'ἐβασίλευσεν ὁ κύριος ἁπάντων'.

93. *Εἰς τὸν ϙγ' ψαλμόν, 'θεὸς ἐκδικήσεων κύριος'*

Ἐπαναστάσεις προλέγει
καὶ ἐκκλησίας διώξεις.

Προφητικοῖς ἐν ὄμμασι προβλέπων ὁ προφήτης
τοὺς διωγμοὺς τοὺς φθάσαντας κατὰ τῆς ἐκκλησίας

967 Ps. 89,9 ‖ **968** Theodoret. 1608 B 13–14 ‖ **972–973** Ps. 90,9–10 ‖ **974–975** Theodoret. 1616 C 3–6 ‖ **975** Ps. 91,1 ‖ **978** cf. Poem. 1,231 ‖ **980** Ps. 92,1

Ps. 90 anacr. *τελειουμένου* Marc. mon. ‖ **968** *θέλων* **i** ‖ **969** *ὁποταπή* **c**[a] **c**[b] **c**[c] ‖ **973** om. **k**[b] ‖ **976** *ὄγδοος* **i**: *ἔβδομος* cett. ‖ **978** *ἐνθάδε* **i** ‖ **979** *Χριστοῦ*] *θ(εο)ῦ* **k**[b] **c**[a] **c**[b] **c**[c] ‖ **980** om. **k**[a]

καὶ τὴν ἀποκατάστασιν αὖθις καὶ τὴν εἰρήνην,
ἣν ὁ δεσπότης τοῦ παντὸς ἐβράβευσεν ἐξ ὕψους,
τοῦτον εἰρήκει τὸν ψαλμὸν ὑπὲρ τῆς ἐκκλησίας.
'τετράδα' γὰρ ὠνόμασε 'σαββάτου' τὴν ἡμέραν
τῆς ἀποκαταστάσεως ἅμα καὶ τῆς γαλήνης.

94. *Εἰς τὸν ϛδʹ, 'δεῦτε ἀγαλλιασώμεθα τῷ κυρίῳ'*

Κλῆσις λαοῦ Ἰουδαίων,
ἅμα δ' ἀπόγνωσις τούτου.

Μετὰ τὸ πάθος τὸ σεπτὸν ὁ λόγος καὶ δεσπότης
τοὺς ἀποστόλους πεπομφὼς εἰς πᾶσαν οἰκουμένην,
ὥστε κηρύττειν ἅπασι τῆς πίστεως τὸν λόγον,
πρῶτον ἀπέστειλεν αὐτοὺς εἰς Ἰουδαίαν λέγων·
'πορεύεσθε, κηρύξατε τὸν ἀληθείας λόγον
πρὸς τὰ τοῦ οἴκου Ἰσραὴλ πρόβατα πλανηθέντα.'
ὁ γοῦν προφήτης ἐπιγνοὺς ταύτην αὐτῶν τὴν κλῆσιν
τοῦτον ἐξεῖπε τὸν ψαλμὸν πρὸς Ἰουδαίους λέγων·
'δεῦτε καὶ κλαύσωμεν θερμῶς ἀπέναντι κυρίου
καὶ μὴ σκληρύνητε καὶ νῦν καρδίας ὑμετέρας,
ὡς ἐν ἐρήμῳ πρότερον τοῦ πειρασμοῦ τῷ χρόνῳ.'

95. *Εἰς τὸν ϛεʹ ψαλμόν, 'ᾄσατε τῷ κυρίῳ ᾆσμα καινόν'*

Κλῆσιν ἐθνῶν προφητεύει
καὶ τὴν Χριστοῦ παρουσίαν.

Τὴν νοητὴν δεδήλωκεν αἰχμαλωσίαν ὧδε,
ἣν ᾐχμαλώτιστο τὸ πρὶν τὸ τῶν ἀνθρώπων γένος,
μάλιστα δὲ τὴν σάρκωσιν τοῦ λόγου καὶ σωτῆρος,
δι' ἧς ἀπελυτρώθημεν τῆς νῦν αἰχμαλωσίας.
φησὶ γὰρ 'ἀναγγείλατε τοῖς ἔθνεσι τὴν δόξαν'
τοῦ παντοκράτορος θεοῦ τοῦ λόγου καὶ σωτῆρος.

986 Ps. 93, 1 ‖ **992–993** Matth. 10, 6 ‖ **996** Ps. 94, 6 ‖ **997–998** Ps. 94, 8 ‖ **999** Ps. 95, 1 ‖ **1003** Ps. 95, 3

983 *αὐτῆς* **i** ‖ **985** *καὶ τοῦτον* $\mathbf{c}^{a}\mathbf{c}^{b}\mathbf{c}^{c}$ ‖ **987** *ἅμα*] *αὐτῆς* **i** | *γαλήνης*] *εἰρήνης* $\mathbf{c}^{a}\mathbf{c}^{b}\mathbf{c}^{c}$ ‖ **991** *ἰουδαίους* **i** ‖ **992** *πορεύεσθε δὴ μάλιστα κηρύσσοντες τὸν λόγον* **i** om. $\mathbf{k}^{a}$ ‖ **994** *ἐπιγνοὺς*] *ὡς προγνοὺς* **i** ‖ **996** *θερμῶς*] *πικρῶς* **i** ‖ **997** *ὑμετέρας*] *τῶν ἀν(θρώπ)ων* $\mathbf{k}^{b}\mathbf{c}^{a}\mathbf{c}^{b}\mathbf{c}^{c}$ ‖ **998** om. $\mathbf{k}^{a}$ ‖ **1002** *νῦν*] *πρὶν* **i** ‖ **1004** *θεοῦ*] *χ(ριστο)ῦ* **i**

96. *Εἰς τὸν ϛϛʹ, ‘ὁ κύριος ἐβασίλευσεν, ἀγαλλιάσθω ἡ γῆ’*

Ὕμνος τοῦ κράτους κυρίου
ἐν {τῇ} παρουσίᾳ τῇ πρώτῃ.

Οὗτος δηλοῖ τὴν τοῦ Χριστοῦ δευτέραν παρουσίαν
καὶ τὴν ἐκ γῆς ἀνάστασιν τοῦ γένους τῶν ἀνθρώπων·
ἡ γὰρ ἀποκατάστασις τῆς γῆς αὐτὸ σημαίνει.
φησὶ γάρ, ‘προπορεύσεται πῦρ ἐναντίον τούτου
καὶ κύκλῳ πάντας τοὺς ἐχθροὺς αὐτοῦ καταφλογίσει’·
τὸν ποταμὸν δὲ τοῦ πυρὸς αἰνίττεται τῷ λόγῳ.

97. *Εἰς τὸν ϛζʹ ψαλμόν, ‘ᾄσατε τῷ κυρίῳ ᾆσμα καινόν, ὅτι θαυμαστά’*

Κλῆσιν ἐθνῶν προφητεύει
καὶ τὴν Χριστοῦ παρουσίαν.

Ἐν τούτῳ προτεθέσπικε τὰς δύο παρουσίας
τοῦ παντοκράτορος Χριστοῦ, τοῦ θεανθρώπου λόγου.
‘ᾄσατε’ γάρ φησι ‘καινὸν ᾆσμά τι τῷ κυρίῳ’,
ὅπερ ἐστὶν ἐπάξιον τῆς πρώτης παρουσίας·
καὶ πάλιν ‘ἀλαλάξατε’, φησίν, ‘ἀνθρώπον γένος,
καὶ σαλευθήτω θάλασσα καὶ γῆ τῆς οἰκουμένης·
ἔρχεται κρῖναι γὰρ αὐτὴν ὁ βασιλεὺς τῆς δόξης.’

98. *Εἰς τὸν ϛηʹ ψαλμόν, ‘ὁ κύριος ἐβασίλευσεν, ὀργιζέσθωσαν λαοί’*

Χριστὸς ὑμνεῖται ἐνταῦθα,
ὁ βασιλεὺς τῶν ἁπάντων.

Τὴν σταύρωσιν αἰνίττεται τοῦ λόγου καὶ σωτῆρος·
‘ὑψοῦτε’ γάρ φησι, ‘λαοί, τὸν κύριον τῆς δόξης
καὶ προσκυνεῖτε τῷ σεπτῷ ὑποποδίῳ τούτου.’

99. *Εἰς τὸν ϛθʹ ψαλμόν, ‘ἀλαλάξατε τῷ θεῷ, πᾶσα ἡ γῆ’*

Καλεῖ τὰ ἔθνη προτρέπων
θεῷ ἐξομολογεῖσθαι.

1005 cf. Theodoret. 1652 B 12–14 ‖ **1008–1009** Ps. 96,3 ‖ **1010** Theodoret. 1653 A 11–14; Dan. 7,10 ‖ **1011–1012** Theodoret. 1657 C 3–4 ‖ **1013** Ps. 97,1 ‖ **1015** Ps. 97,4 ‖ **1016** Ps. 97,7 ‖ **1017** Ps. 97,9 ‖ **1019–1020** Ps. 98,5

Ps. 96 anacr. *τῇ* om. Marc. mon. ‖ **1005** *αὐτὸς* **kk**^{b} ‖ **1007** *σημαίνει*] *μόνον* add. **i** ‖ **1008** *προπορεύεται* **k**^{b}**c**^{a}**c**^{b}**c**^{c} ‖ **1009** *αὐτοῦ*] *τούτου* **i** ‖ **1012** *Χριστοῦ*] *θ(εο)ῦ* **k**^{b}**c**^{a}**c**^{b}**c**^{c} ‖ **1013** *τι* **kk**^{a}**k**^{b}, **i** (?): *νῦν* **c**^{a}**c**^{b}**c**^{c} ‖ **1015** *ἀλαλάξεται* **i** | *γένη* **i** ‖ **1016** *τις οἰκουμένη* **i** ‖ **1017** *κρίναι γὰρ ἔρχεται τὴν γῆν* **i** ‖ **1020** *τούτου ὑποποδίῳ* trp. **c**^{a}**c**^{b}**c**^{c}

Πᾶσιν ἀνθρώποις παραινεῖ δοξάζειν τὸν δεσπότην·
φησὶ γὰρ 'ἀλαλάξατε, γῆ πᾶσα, τῷ κυρίῳ'.

100. *Εἰς τὸν ρ' ψαλμόν, 'ἔλεον καὶ κρίσιν ᾄσομαί σοι, κύριε'*

Ὑμνεῖ ὃς ἔργοις ὁσίοις
κατὰ θεὸν τελειοῦται.

Τοῦτον προσώπῳ γέγραφε τοῦ θείου Ἰωσίου
τοῦ πᾶσαν τὴν ἀσέβειαν ἀπορραπισαμένου
καὶ τῶν εἰδώλων τοὺς βωμοὺς εἰς γῆν καταβαλόντος
καὶ τὰς μεγίστας ἀρετὰς ἐν πόνῳ κτησαμένου.
ὑπάρχει δὲ καὶ πρόσφορος ἀνθρώποις ἐναρέτοις·
'ἐπορευόμην' γάρ φησι 'καρδίας ἀκακίᾳ,
σκαμβὴ δ' οὐκ ἐκολλήθη μοι καὶ δύστροπος καρδία.'

101. *Εἰς τὸν ρα' ψαλμόν, 'κύριε, ἄκουσον τῆς προσευχῆς μου καὶ ἡ κραυγή μου πρὸς σὲ ἐλθέτω'*

Τοὺς ἐξωσμένους θρηνήσας
κλῆσιν ἐθνῶν καὶ νῦν λέγει.

Προσώπῳ τοῦτον γέγραφε τῶν ᾐχμαλωτισμένων,
θρηνολογούντων πρὸς θεὸν ἐν ἀκηδίᾳ τάδε·
'εἰσακουσόν μου, κύριε, τῆς προσευχῆς ἀρτίως·
ὡς γὰρ καπνὸς ἐξέλιπον ἡμέραι τῆς ζωῆς μου
καὶ πάντα συνεφρύγησαν ἐν λύπῃ τὰ ὀστᾶ μου·
σὺ δ' ἀναστὰς οἰκτείρησον Σιὼν ὡς ἐλεήμων,
ὅτι καιρὸς ἐφέστηκε τοῦ ἐλεῆσαι ταύτην.'

102. *Εἰς τὸν ρβ' ψαλμόν, 'εὐλόγει, ἡ ψυχή μου, τὸν κύριον, καὶ πάντα τὰ ἐντός μου'*

Διδάσκει πῶς δεῖ κυρίῳ
εὐχαριστεῖν ὑπὲρ πάντων.

Ἐν τούτῳ πάλιν παραινεῖ γεραίρειν τὸν δεσπότην.
καὶ γὰρ τὸ 'ἀλληλούια' τοῦτο σημαίνειν θέλει·

1021 Theodoret. 1669 A 5–6 ‖ **1022** Ps. 99, 1 ‖ **1023–1025** Theodoret. 1672 B 6–C 1; 4 Regn. 23,24–25 ‖ **1028** Ps. 100,2 ‖ **1029** Ps. 100,4 ‖ **1032** Ps. 101,2 ‖ **1033–1034** Ps. 101,4 ‖ **1035–1036** Ps. 101,14 ‖ **1038** Ps. 104,1 (!)

1023 *ἰωσία* **i** ‖ **1025** habet **i**: om. cett. ‖ **1026** *ἐμπόνως* $\mathbf{c}^{a}$ $\mathbf{c}^{b}$ $\mathbf{c}^{c}$ ‖ **1028** *φησι*] *φησιν αὐτὸς* **i** ‖ **1030** *τοῦτον γέγραφε*] *δ' οὗτος γέγραπται* **i** | *αἰχαλωτισθέντων* **i** ‖ **1032** *συνετρίβησαν* **i** ‖ **1036** *τοῦ ἐλεῆσαι*] *οἰκτειρηθῆναι* **i** ‖ **1038** om. **i**

τὸ μὲν γὰρ ‘ἴα’ τὸν θεὸν Ἑβραϊκῶς σημαίνει,
τὸ δ’ ‘ἀλληλοὺ’ τὴν αἴνεσιν δηλοῖ τὴν τοῦ κυρίου,
τοῦτ’ ἔστι, δεῖ τὴν αἴνεσιν προσάγειν τῷ κυρίῳ.
{ὅπως δὲ δεῖ τὴν αἴνεσιν προσάγειν τῷ κυρίῳ}
κἀν τούτῳ νῦν προτρέπεται δοξάζειν τὸν δεσπότην·
‘τὸν κύριον’ καὶ γάρ φησιν ‘εὐλόγει, ἡ ψυχή μου,
καὶ τὰ ἐντός μου ξύμπαντα’, φησίν, ‘ἐπευλογεῖτε’,
τοῦτ’ ἔστιν ἧπαρ καὶ νεφροὶ καὶ πνεύμων καὶ καρδία.
χρὴ γὰρ δοξάζειν τὸν θεὸν ἐξ ὅλης τῆς καρδίας.

103. *Εἰς τὸν ργ′ ψαλμόν, ‘εὐλόγει, ἡ ψυχή μου, τὸν κύριον. κύριε ὁ θεός μου’*

Διδασκαλία, κυρίῳ
πῶς δεῖ ἐξομολογεῖσθαι.

Οὗτος τὴν ἴσην δύναμιν τῷ προρρηθέντι φέρει·
‘τὸν κύριον’ καὶ γάρ φησιν ‘εὐλόγει, ἡ ψυχή μου’.

104. *Εἰς τὸν ρδ′ ψαλμόν, ‘ἐξομολογεῖσθε τῷ κυρίῳ καὶ ἐπικαλεῖσθε τῷ ὀνόματι’*

Ἔθνη διδάσκει τὰ πρώτῳ
λαῷ θεοῦ εἰργασμένα.

Κἀν τούτῳ μὲν προτρέπεται δοξάζειν τὸν δεσπότην
καὶ ἀναγγέλλειν τὰς αὐτοῦ πολλὰς εὐεργεσίας,
ἃς εὐηργέτησε τὸ πρὶν τὸ γένος τῶν Ἑβραίων,
καὶ πῶς ἐξήγαγεν αὐτοὺς ἐκ γῆς Αἰγύπτου πάλαι,
ἀφῆκε δὲ δεκάπληγον κατὰ τῶν Αἰγυπτίων.
φησὶ γὰρ ‘ἐξαπέστειλεν εἰς Αἰγυπτίους σκότος,
εἰς αἷμα δὲ μετέστρεψε τοὺς ποταμοὺς ἐκείνων
καὶ τοὺς αὐτῶν ἀπέκτεινεν ἰχθύας παραδόξως·
καὶ πάλιν ἐξαπέστειλε κατὰ τῶν Αἰγυπτίων

1039–1040 = Poem. 1, 245–246 ‖ **1044–1045** Ps. 102, 1 ‖ **1049** Ps. 103, 1 ‖ **1055–1060** Ps. 104, 28–36

1039 *ἑβραϊκὸν* **kk**[a] ‖ **1042** om. **k**[a]**c**[b]**i** | *προσφέρειν* **kk**[b] ‖ **1043** *ἐν τῷ ψαλμῷ δεδήλωκεν ὁ κάλλιστος προφήτης* **i** (ita legendus, ut vs. 1041 deleatur et vs. 1042 in eius locum succedat) | *νῦν*] *μὲν* **kk**[a]**k**[b] | *τῷ δεσπότῃ* **c**[a]**c**[b]**c**[c] ‖ **1045** *φησίν*] *τοῦτον* **i** ‖ **1046** *πνεύμων* **i**: *πνεῦμα* cett. ‖ Ps. 104 anacr. *πρώτῳ* Marc. mon.: *-ως* **c**[a]**c**[b]**c**[c] ‖ **1048–1049** om. **k**[b] ‖ **1051** *πλὴν ἀναγγέλει τὰς πολλὰς θ(εο)ῦ* **i** | *πολλὰς αὐτοῦ* trp. **kk**[a] ‖ **1052** *τὰ γένη* **i** ‖ **1053** *γῆς*] *τῆς* **i** ‖ **1054** *τὴν δωδεκάπληγον ἀφεὶς* **i**

βάτραχον καὶ κυνόμυιαν ἀκρίδας τε καὶ σκνῖπας,
πῦρ, χάλαζαν καὶ βροῦχόν τε, τῶν πρωτοτόκων φόνον,
καὶ τούτους ἠλευθέρωσε δουλείας Αἰγυπτίων.

105. *Εἰς τὸν ρε', 'ἐξομολογεῖσθε τῷ κυρίῳ, ὅτι χρηστός'*

Διδασκαλία καὶ οὗτος
πρὸς δυσσεβεῖς Ἰουδαίους.

Τοῦτον προσώπῳ γέγραφεν Ἑβραίων σεβασμίων
καὶ φοβουμένων τὸν θεόν, καὶ Δανιὴλ προφήτου,
κατηγορούντων δήπουθεν πατέρων τῶν ἰδίων
ἐνδειξαμένων πρὸς θεὸν πολλὴν ἀχαριστίαν
ἐφ' οἷς εὐηργετήθησαν πολλάκις παρ' ἐκείνου.
'ἡμάρτομεν' καὶ γάρ φησι 'μετὰ καὶ τῶν πατέρων
τῶν τὰ θαυμάσια τὰ σὰ μηδ' ὅλως συνιέντων,
ὅπως ἐξήγαγες αὐτοὺς δουλείας Αἰγυπτίων,
αὐτοὶ δὲ παρεπίκραναν τὴν σὴν φιλανθρωπίαν
καὶ μόσχῳ προσεκύνησαν ἐν τῷ Χωρὴβ ἐλθόντες,
καὶ πάλιν ἔφαγον νεκρῶν εἰδώλων τὰς θυσίας,
καὶ πᾶν δεινὸν πεπράχασιν, ἔθνεσι μεμιγμένοι·
ἀλλ' ἔστη μόνος Φινεὲς καὶ ἐξιλάσατό σε.'
οὗτος γάρ, οὗτος κατιδὼν Ζαμβρεὶ τὸν Ἰουδαῖον
μιγέντα Μωαβίτιδι γυναικὶ παρανόμως,
τῷ δόρατι χρησάμενος ἀνεῖλε καὶ τοὺς δύο·
'ὅθεν' φησὶ 'λελόγισται τούτῳ δικαιοσύνη.'

106. *Εἰς τὸν ρς' ψαλμόν, 'ἐξομολογεῖσθε τῷ κυρίῳ, ὅτι χρηστός, ὅτι εἰς τὸν αἰῶνα τό'*

Καλεῖ τὰ ἔθνη καὶ λόγου
βροτοῖς ἐπίλαμψιν φαίνει.

Τοῖς ἐξ ἐθνῶν προτρέπεται δοξάζειν τὸν δεσπότην.
'εἰπάτωσαν' καὶ γάρ φησιν 'ὅτι χρηστὸς τυγχάνει
ὁ λυτρωσάμενος αὐτοὺς ἐξ ᾄδου κατωτάτου·

1067–1070 Ps. 105, 6–7 ‖ **1071** Ps. 105, 19 ‖ **1072** Ps. 105, 28 ‖ **1074** Ps. 105, 30 ‖ **1075–1077** Theodoret. 1729 B 11–14; Num. 25,6–8 ‖ **1078** Ps. 105,31 ‖ **1080** Ps. 106, 1

1060 om. **i** | *βροῦχος* $\mathbf{c}^a\mathbf{c}^b\mathbf{c}^c$ ‖ Ps. 105 anacr. *ἰουδαίων* $\mathbf{c}^a$ ‖ **1065** *εὐχαριστίαν* $\mathbf{k}^a\mathbf{k}^b\mathbf{c}^b\mathbf{c}^c$ ‖ **1066** *ἧς* $\mathbf{k}^a\mathbf{k}^b$ ‖ **1074** *ἔστι* $\mathbf{k}^b$ *ἔτι* $\mathbf{k}^a$ ‖ **1075** *οὗτος*[2]] *οὕτως* $\mathbf{c}^a\mathbf{c}^b\mathbf{c}^c$ | *ζαμβρεὶ* $\mathbf{k}\mathbf{k}^b$: *-ὶ* $\mathbf{k}^a$ *-ῆ* $\mathbf{c}^a\mathbf{c}^b\mathbf{c}^c$ *-ὶν* **i** | *ἰδουμαῖον* $\mathbf{c}^a\mathbf{c}^b\mathbf{c}^c$ ‖ Ps. 106 anacr. *ἐπίλαμψιν* Marc. mon.: *ἐπιλάμψας* $\mathbf{c}^a\mathbf{c}^b\mathbf{c}^c$ ‖ **1079** *τοὺς* $\mathbf{k}^b\mathbf{c}^a\mathbf{c}^b\mathbf{c}^c$ ‖ **1080** *χ(ριστὸ)ς* $\mathbf{k}^a\mathbf{k}^b$

καὶ γὰρ συνέτριψε χαλκᾶς ἡδραιωμένας πύλας
καὶ σιδηροῦς συνέθλασε μοχλοὺς τοὺς τοῦ θανάτου.'

107. *Εἰς τὸν ρζ' ψαλμόν, 'ἑτοίμη ἡ καρδία μου, ὁ θεός'*

Καλεῖ τὰ ἔθνη καὶ οὗτος
πρὸς πίστιν καὶ σωτηρίαν.

Τοῦτον προσώπῳ γέγραφε τῶν αἰχμαλωτισθέντων,
ἐπιποθούντων κατιδεῖν τὴν πόλιν τὴν ἁγίαν.
'τίς' γὰρ 'ἀπάξει με' φησὶ 'περιοχῆς εἰς πόλιν;
ἢ τίς καθοδηγήσει με μέχρι τῆς Ἰδουμαίας;
οὐχὶ σὺ πάντως, ὁ θεός, ὁ ἀπωσάμενός με;'

108. *Εἰς τὸν ρη' ψαλμόν, 'ὁ θεός, τὴν αἴνεσίν μου μὴ παρασιωπήσῃς'*

Χριστοῦ σωτῆρος ⟨τὰ⟩ πάθη
προρρήσεις τε τῶν μελλόντων.

Προσώπῳ τοῦτον γέγραφε τοῦ θεανθρώπου λόγου
πρὸς τὸν πατέρα λέγοντος ἅπερ ὑπέστη πάθη.
ἔχει δὲ καί τινας ἀρὰς ὡς κατὰ τοῦ προδότου·
'κατάστησον' καὶ γάρ φησιν 'ἁμαρτωλὸν εἰς τοῦτον,
ἐξέλθοι δ' ἐν τῷ κρίνεσθαι καταδεδικασμένος,
ἡ προσευχὴ γενέσθω δὲ τούτου πρὸς ἁμαρτίαν
καὶ τὴν ἐπισκοπὴν αὐτοῦ τὶς ἕτερος προσλάβοι',
βαθμὸν τὸν ἀποστολικόν, ὃν ἔλαβε Ματθίας.

109. *Εἰς τὸν ρθ' ψαλμόν, 'εἶπεν ὁ κύριος τῷ κυρίῳ μου'*

Νίκη Χριστοῦ δεξιά τε
πατρὸς αὐτοῦ καὶ καθέδρα.

Ἐν τούτῳ τὴν ἀνάληψιν καὶ δόξαν προθεσπίζει
τοῦ σαρκωθέντος δι' ἡμᾶς ἐκ τῆς ἁγνῆς παρθένου.
'τῷ' γὰρ 'κυρίῳ μου' φησὶν 'ὁ κύριος ἐξεῖπεν,
ἐκ δεξιῶν μου κάθισον τοῦ θρόνου καὶ τῆς δόξης,
ἕως ἂν θῶ σου τοὺς ἐχθροὺς ὡς ὑποπόδιόν σου.'

1082–1083 Ps. 106, 16 ‖ **1086–1088** = supra vss. 739–741; Ps. 107, 11–12 (= Ps. 59, 11–12) ‖ **1092–1095** Ps. 108, 6–8 ‖ **1096** Theodoret. 1757 A 7–9; Acta 1, 26 ‖ **1097–1098** Theodoret. 1765 C 13–14 ‖ **1099–1101** Ps. 109, 1

1083 *μοχλοὺς*] *δεσμοὺς* $\mathbf{k}^{b}\mathbf{c}^{a}\mathbf{c}^{b}\mathbf{c}^{c}$ ‖ **1085** *ἁγίαν*] *ἰδίαν* **i** ‖ **1086** *φησὶν ἀπάξει με* trp. $\mathbf{c}^{a}\mathbf{c}^{b}\mathbf{c}^{c}$ ‖ **1088** om. $\mathbf{k}^{b}$ ‖ Ps. 108 anacr. *τὰ* add. Marc. mon. ‖ **1095** *προλάβοι* $\mathbf{k}\mathbf{k}^{a}\mathbf{k}^{b}$ ‖ **1096** *εἴληφε* $\mathbf{c}^{a}\mathbf{c}^{b}\mathbf{c}^{c}$ ‖ **1100** (et **1106**) *ἰωασάφ* $\mathbf{k}\mathbf{k}^{a}\mathbf{k}^{b}$

110. *Εἰς τὸν ρι', 'ἐξομολογήσομαί σοι, κύριε, ἐν ὅλῃ καρδίᾳ ἐν βουλῇ εὐθέων'*

Χριστοῦ εὐχάριστον ᾆσμα
ψαλμοῦ τὰ ῥήματα ⟨λέγει⟩.

Τοῦτον προσώπῳ γέγραφεν Ἰωσαφὰτ προφήτου
τοῦ βασιλεύοντός ποτε φυλῆς τῆς τοῦ Ἰούδα,
ἐντελλομένου τοῖς λαοῖς τὸν κύριον δοξάζειν,
ὅτι κατετροπώσατο τοὺς ἀντιπάλους τούτου,
τοὺς Μωαβίτας λέγω δή, πρὸς δὲ τοὺς Ἀμανίτας,
οἵτινες ἐξηγέρθησαν κατὰ φυλῆς Ἰούδα·
οὓς καὶ κατέσφαξεν εὐθὺς Ἰωσαφὰτ ἐκεῖνος.

111. *Εἰς τὸν ρια', 'μακάριος ἀνὴρ ὁ φοβούμενος τὸν κύριον'*

Χριστὸς διδάσκει· ζωῆς οὖν
λόγον πᾶς τις ἀρυέσθω.

Οὗτος δὲ στήλη πέφυκε τοῦ θεαρέστου βίου·
'ὁ' γὰρ 'φοβούμενος' φησὶ 'τὸν κύριον τῆς δόξης,
οὗτος μακάριός ἐστι καὶ μέγιστος ἐν πᾶσιν.'

112. *Εἰς τὸν ριβ', 'αἰνεῖτε, παῖδες, κύριον'*

Νέος λαὸς προσκαλεῖται
καὶ οἰκειοῦται ⟨κυρίῳ⟩.

Οὗτος δὲ πέφυκεν εἰκὼν Χριστοῦ δεξολογίας.

113. *Εἰς τὸν ριγ', 'ἐν ἐξόδῳ Ἰσραὴλ ἐξ Αἰγύπτου'*

Διδασκαλία τῷ νέῳ
λαῷ σωτήριος ταῦτα.

Τὴν βάπτισιν αἰνίττεται τοῦ θεανθρώπου λόγου·
'ἡ θάλασσα' γὰρ 'ἔφυγε' φησὶ 'σὲ κατιδοῦσα
καὶ Ἰορδάνης φοβηθεὶς ἐστράφη εἰς τοὐπίσω.'

1103–1108 Theodoret. 1776 B 1–C 5; 2 Paral. 20, 1–30 ‖ **1110–1111** Ps. 111, 1 ‖ **1114–1115** Ps. 113, 3

Ps. 110 anacr. *λέγει* add. Marc. mon. ‖ **1104** *τοῖς λαοῖς*] *τῆς ζωῆς* $\mathbf{k^b c^a c^b c^c}$ ‖ **1105** *ὅτε* $\mathbf{c^a c^b c^c}$ ‖ **1106** *δὲ*] *δὴ* $\mathbf{c^a c^b c^c}$ | *τοὺς*] *καὶ* $\mathbf{c^a c^b c^c}$ ‖ **1109** *πέφυκε*] *γέγονε* $\mathbf{k^b c^a c^b c^c}$ ‖ **1111** om. $\mathbf{c^a c^b c^c}$ | *μακαριστός* $\mathbf{k k^b}$ ‖ Ps. 112 anacr. *κυρίῳ* addidi e Marco mon. ‖ **1112** *αὐτὸς* $\mathbf{k c^a c^b c^c}$ ‖ **1115** *εἰς*] *πρὸς* $\mathbf{k k^a k^b}$

114. *Εἰς τὸν ριδ′, ‘ἠγάπησα, ὅτι εἰσακούσεται κύριος’*

Νέου λαοῦ ἄρτι θείαν
προβιβασθέντος εἰς νέαν.

Οὗτος προσώπῳ γέγραπται τῶν αἰχμαλωτισθέντων
καὶ λυτρωθέντων τῆς πικρᾶς δουλείας Ἀντιόχου,
εὐχαριστούντων ἐκ ψυχῆς ἁπάσης τῷ κυρίῳ
ὅτι πεφύλακεν αὐτοὺς ἐξ εἰδωλολατρίας.
‘ἠγάπησα’ καὶ γάρ φησι ‘τὸν κύριον τῆς δόξης,
τῆς γὰρ ἐμῆς ἐπήκουσε φωνῆς ὡς εὐεργέτης
καὶ τὴν ἐμὴν ἐξείλατο ψυχὴν ἀπὸ θανάτου,
ἀπὸ δακρύων δὲ πολλῶν ὄντως τοὺς ὀφθαλμούς μου.’

115. *Εἰς τὸν ριε′ ψαλμόν, ‘ἐπίστευσα, διὸ ἐλάλησα’*

Νέου λαοῦ καλοῖς ἔργοις
τελειωθέντος τὸ ᾆσμα.

Οὗτος προσώπῳ γέγραπται τοῦ Χριστωνύμου δήμου
τοῦ λυτρωθέντος τῆς πικρᾶς αἰχμαλωσίας ᾅδου.
‘τί γὰρ ἀνταποδώσομεν ἀξίως τῷ κυρίῳ
ὧν ἀνταπέδωκεν ἡμῖν, λυτρώσας τοῦ θανάτου;’

116. *Εἰς τὸν ρις′, ‘αἰνεῖτε τὸν κύριον, πάντα τὰ ἔθνη’*

Προσκέκληται καὶ τὰ ἔθνη
ᾆσμα εὐχάριστον ᾄδει.

Εὔδηλον οὗτος ὁ ψαλμὸς τὴν ἑρμηνείαν φέρει·
τοῖς ἐξ ἐθνῶν γὰρ παραινεῖ δοξάζειν τὸν σωτῆρα.

117. *Εἰς τὸν ριζ′, ‘ἐξομολογεῖσθε τῷ κυρίῳ, ὅτι ἀγαθός’*

Ἀγωνισταῖς ἐν κυρίῳ
νίκη Χριστοῦ πρόρρησίς τε.

Ψαλμὸς εὐχαριστήριος τῶν ἐλευθερωθέντων
ἀνδρῶν μεγάλων προφητῶν συναιχμαλωτισθέντων,
νενικηκότων σὺν θεῷ τοὺς ἐπιτιθεμένους

1116–1119 Theodoret. 1796 D 5–1797 A 5 ‖ **1120–1121** Ps. 114, 1 ‖ **1122–1123** Ps. 114, 8 ‖ **1126–1127** Ps. 115, 3 ‖ **1128–1129** cf. Theodoret. 1805 B 5–9 ‖ **1130–1133** 1809 B 2–C 1

Ps. 114 anacr. *νέαν*] *γνῶσιν* Marc. mon. ‖ **1121** *εἰσήκουσε* **i** ‖ **1126** *ἀνταποδώσωμεν* **k**[a]**k**[b] **c**[b]**c**[c] ‖ Ps. 116 anacr. *ἄδει* et Marc. mon. ‖ **1128** *πρόδηλον* **k**[a] *ἔκδηλος* **c**[a]**c**[b]**c**[c] | *ἑρμηνείαν*] *προφητείαν* **i** ‖ Ps. 117 anacr. *ἀγωνισταῖς* et Marc. mon. ‖ **1132** *οὺν θεῷ*] *ἐν χ(ριστ)ῷ* **i**

καὶ τούτους ἀναγκάζοντας εἰδώλοις προσκυνῆσαι.
'ἐκύκλωσάν με' γάρ φησιν 'ὡς μέλισσαι κηρίον,
καὶ πάλιν ἐξεκαύθησαν ὡς πῦρ ἐν ταῖς ἀκάνθαις,
ἀλλ' ἐν ὀνόματι θεοῦ ξύμπαντας ἠμυνάμην.'

118. *Εἰς τὸν ριη', 'μακάριοι οἱ ἄμωμοι ἐν ὁδῷ'*

Τοῖς ἀρετῆς ἀρχομένοις
στοιχείωσις μέλος τόδε.

Βουλόμενος ὁ μέγιστος Δαυὶδ ὁ ψαλμογράφος
διδάξαι πᾶσι τοῖς βροτοῖς τύπον ἀρίστου βίου,
ἤγουν ἐλπίζειν εἰς θεόν, καταφρονεῖν τοῦ βίου
πολλοὺς πολλάκις φέροντος κινδύνους τε καὶ θλίψεις,
τοῦτον ἐψαλμογράφησεν ἐν πάσῃ κατανύξει,
μνησθεὶς ἐν τούτῳ τῷ ψαλμῷ πάντων ὡς ἐν συνόψει
ὧνπερ ἐν βίῳ πέπραχε καλῶς τε καὶ κακίστως.

119. *Εἰς τὸν ριθ' ψαλμόν, 'πρὸς κύριον ἐν τῷ θλίβεσθαί με'*

Σύμμικτος θρῆνος δεήσει
τῶν κακουμένων ἐν ξένῃ.

Προφητικοῖς ἐν ὄμμασι προβλέπων ὁ προφήτης
τὴν τῶν Ἑβραίων φθάσασαν αἰχμαλωσίαν πᾶσαν
καὶ τὴν ἐπάνοδον αὐτῶν τὴν ἀπὸ Βαβυλῶνος
(αὐτοὺς γὰρ ἠλευθέρωσεν ὁ Κῦρος βασιλεύσας),
καὶ τούτους συνεγράψατο ψαλμοὺς τοὺς προκειμένους,
οὕσπερ καὶ κατωνόμασεν ἀναβαθμοὺς εἰκότως,
τὴν ἄνοδον ἐπέχοντας τῶν αἰχμαλωτισθέντων.
πλὴν ἀλλ' οὐκ ἔχουσι σκοπὸν οἱ ψαλμοὶ πάντες ἕνα·
ἄλλος γὰρ ἄλλο τῶν ψαλμῶν τουτωνὶ προθεσπίζει,
ὁ μὲν τὰς θλίψεις τὰς πολλὰς αὐτῶν ἐν Βαβυλῶνι,
ὁ δὲ τὰ εὐαγγέλια τὰ τῆς ἐλευθερίας,
ὁ δὲ τὴν κατὰ τὴν ὁδὸν ἐκείνων εὐφροσύνην,
ὁ δὲ τὴν κτίσιν τοῦ ναοῦ τὴν παρὰ Ζοροβάβελ,
ὁ δὲ τὸν πόλεμον αὐτῶν καὶ τῶν ἀστυγειτόνων.

1134–1136 Ps. 117, 12 ‖ **1137–1143** cf. Theodoret. 1820 C 3–1821 A 9 ‖ **1144–1150** 1876 A 1–5; Ps. 118, 1–133, 1 ‖ **1151–1157** Theodoret. 1876 A 7–12

1138 *τρόπον* **i** | *ἄριστον* $\mathbf{k}^a\mathbf{k}^b$ ‖ **1140** *πολλοὺς*] *-ὰ* **i** (*φέροντος – τε* evan.) ‖ **1142** om. $\mathbf{k}^a$ ‖ **1143** *κακῶς ἐξ ἐναντίων* **i** ‖ **1145** *πάλαι* **i** ‖ **1152** *τουτονὶ* **i** ‖ **1153** *ὁ*] *οἱ* **i**

ἕκαστος μέντοι τῶν ψαλμῶν τῶν ἀναβαθμωνύμων
ὥσπερ ἀπό τινος χοροῦ τῶν ἐναρέτων δῆθεν
καλλίστως ἐσχημάτισται καὶ μεμελῴδηταί πως.
πολλοὶ γὰρ συνηρπάγησαν εἰς τὴν αἰχμαλωσίαν
ἄνδρες προφῆται θαυμαστοὶ καὶ μέγιστοι τοῖς τρόποις·
ἀφ' ὧν ἐστι καὶ Δανιήλ, ὁ λάκκῳ βληθεὶς πάλαι,
οἱ τρεῖς τε παῖδες σὺν αὐτῷ οἱ περὶ Ἀζαρίαν,
καὶ Ζαχαρίας ὁ κλεινὸς καὶ Ἰωὴλ ὁ θεῖος.
προσώπῳ τοίνυν οἱ ψαλμοὶ τῶν αἰχμαλωτισθέντων
καλῶς ἐσχηματίσθησαν παρά γε τοῦ προφήτου.
εἰ δ' ἀναγωγικώτερον ἐξερευνήσῃς τούτους,
μᾶλλον ἡμῖν ἁρμόζουσι τοῖς ἐξ ἐθνῶν ἀνθρώποις,
οὕσπερ ἐξῃχμαλώτισε τῆς σκέπης τοῦ δεσπότου
ὁ νοητὸς Ναβουζαρδάν, τοῦ σκότους ὁ προστάτης,
ἀλλ' ἠλευθέρωσε Χριστός, ὁ κύριος τῆς δόξης.
Ὁ πρῶτος μέντοι τῶν ψαλμῶν τὰς θλίψεις τούτων φέρει
καὶ τὴν ἀντίληψιν αὐτῶν τὴν παρὰ τοῦ κυρίου·
'ἐν τῷ' γὰρ 'θλίβεσθαι' φησὶν 'εἰς τὰς αἰχμαλωσίας
πρὸς κύριον ἐκέκραξα, καὶ γὰρ εἰσήκουσέ μου.'

120. *Εἰς τὸν ρκ' ψαλμόν, 'ἦρα τοὺς ὀφθαλμούς μου'*

Ἐπάνοδον Βαβυλῶνος
διασπορᾶς ψαλμὸς ᾄδει.

Τοῖς ἔτι διατρίβουσιν εἰς τὴν αἰχμαλωσίαν
πρόσφορος οὗτος ὁ ψαλμός· φησὶ γὰρ 'εἰς τὰ ὄρη
ἐπῆρά μου τοὺς ὀφθαλμοὺς ὡς χρῄζων βοηθείας'.

121. *Εἰς τὸν ρκα', 'εὐφράνθην ἐπὶ τοῖς εἰρηκόσι μοι'*

Ἐπάνοδος αἰχμαλώτοις
ἀγγέλλεται πρὸς πατρίδα.

1158–1160 1876 A 13–B 1 ‖ **1171** 4 Regn. 25, 8–21 ‖ **1173–1176** Theodoret. 1876 B 1–4 ‖ **1175–1176** Ps. 119, 1 ‖ **1177–1178** Theodoret. 1877 B 5–6 ‖ **1178–1179** Ps. 120, 1

1162 *τοὺς τρόπους* **i** ‖ **1164** *αὐτῶ* **i**: *-οῖς* cett. ‖ **1165** *θεῖος*] *μέγας* $\mathbf{k}^b \mathbf{c}^a \mathbf{c}^b \mathbf{c}^c$ ‖ **1168** *ἐξερευνήσεις* $\mathbf{k}\mathbf{k}^a\mathbf{k}^b$ (**i** evan.) ‖ **1169** *ἁρμόττουσι* **i** ‖ **1171** *σεναχηρείμ* $\mathbf{c}^a \mathbf{c}^b \mathbf{c}^c$ ‖ **1175** *τῶ γὰρ* trp. **i** | *τὴν αἰχμαλωσίαν* **i** ‖ Ps. 120 anacr. *ψαλμὸς* Marc. mon.: *-ὸν* $\mathbf{c}^a \mathbf{c}^b \mathbf{c}^c$ ‖ **1179** *ἐπῆρα* **i**: *ἀπῆρα* cett.

Πρόσφορος δ' οὗτος πέφυκε τοῖς ἐλευθερωθεῖσιν·
'εὐφράνθημεν' καὶ γάρ φησιν 'ἐπὶ τοῖς εἰρηκόσιν·
εἰς οἶκον πορευσόμεθα τὸν τοῦ κυρίου ἅμα.'

122. *Εἰς τὸν ρκβ' ψαλμόν, 'πρὸς σὲ ἦρα τοὺς ὀφθαλμούς μου'*

Λαὸν εὐχὴν τῷ κυρίῳ
προσφέροντα ψαλμὸς λέγει.

Οὗτος δὲ πάλιν πρόσφορος αὐτοῖς τοῖς αἰχμαλώτοις·
'τοὺς ὀφθαλμούς μου' γάρ φησιν 'ἦρα πρὸς σέ, Χριστέ μου,
τὸν κατοικοῦντα ὡς θεὸν εἰς οὐρανοὺς ἁγίους.'

123. *Εἰς τὸν ρκγ', 'εἰ μὴ ὅτι κύριος ἦν ἐν ἡμῖν'*

Λαὸν εὐχάριστον ᾆσμα
Χριστῷ προσφέροντα λέγει.

Οὗτος ἁρμόζει τοῖς αὐτοῖς ὡς ἐλευθερωθεῖσι
καὶ τοὺς ἐχθροὺς νικήσασιν αὐτῶν ὡς κατὰ κράτος
τοὺς μετὰ τὴν ἐπάνοδον ἐκείνους πολεμοῦντας.
φησὶ γάρ, 'εἰ μὴ κύριος ἦν μεθ' ἡμῶν ἀρτίως,
ἄρα κατέπιον ἡμᾶς ζῶντας οἱ πολεμοῦντες'.

124. *Εἰς τὸν ρκδ', 'οἱ πεποιθότες ἐπὶ κύριον'*

Ἀπεκατέστη καὶ ψάλλει
λαὸς εὐχάριστον ᾆσμα.

Οὗτος τὴν ἴσην δύναμιν ἔχει τῷ προρρηθέντι·
αὐτοὶ καὶ γὰρ νικήσαντες τοὺς ἀντιτεταγμένους
ᾄδουσι νικητήρια λέγοντες πρὸς ἀλλήλους·
'οἱ πεποιθότες εἰς θεὸν καθάπερ Σιὼν ὄρος
οὐ σαλευθήσονταί ποτε παρὰ τῶν ἐναντίων.'

125. *Εἰς τὸν ρκε' ψαλμόν, 'ἐν τῷ ἐπιστρέψαι κύριον τὴν αἰχμαλωσίαν'*

Ἄνευ παθῶν ᾄδει ταύτην
τῇ τῶν μελλόντων ἐλπίδι.

1180 Theodoret. 1880 B 9–11 ‖ **1181–1182** Ps. 121,1 ‖ **1184–1185** Ps. 122,1 ‖ **1186–1188** Theodoret. 1881 C 6–D 1 ‖ **1189–1190** Ps. 123,1–3 ‖ **1191–1193** Theodoret. 1885, 1–2 ‖ **1194–1195** Ps. 124,1

1180 *τοῖς*] *ὡς* **i** ‖ **1182** *πορευσώμεθα* $\mathbf{kk}^{a}$ ‖ Ps. 122 anacr. *λαὸν* $\mathbf{c}^{a}$: *ναὸν* $\mathbf{c}^{b}\mathbf{c}^{c}$ Marc. mon. | *ψαλμὸς* Marc. mon.: *-ὸν* $\mathbf{c}^{a}\mathbf{c}^{b}\mathbf{c}^{c}$ ‖ Ps. 123 anacr. *λαὸν* $\mathbf{c}^{a}$ Marc. mon.: *ναὸν* $\mathbf{c}^{b}\mathbf{c}^{c}$ ‖ **1186** *ἁρμόττει* **i** | *αὐτοῦ* $\mathbf{k}^{b}\mathbf{c}^{a}\mathbf{c}^{b}\mathbf{c}^{c}$ ‖ **1188** *ἐκείνοις* **i** ‖ **1189** *ἐν ἡμῖν* **i** ‖ **1191** *προλαβόντι* **i** ‖ **1192** *οὗτοι* **i**

Οὗτος προσώπῳ γέγραπται τῶν ἐλευθερωθέντων·
φησὶ γὰρ ‘ἐγενήθημεν ὡς παρακεκλημένοι
κυρίου ἐπιστρέψαντος Σιὼν αἰχμαλωσίαν’.
ἐπεὶ δὲ καί τινες αὐτῶν ἐλείφθησαν ἐκεῖσε,
ἐκδυσωποῦσι τὸν θεὸν ὑπὲρ ἐκείνων δῆθεν·
φησὶ γὰρ ‘τὴν ἐπίλοιπον ἡμῶν αἰχμαλωσίαν
ἐπίστρεψον, ὦ κύριε, χειμάρρου τινὸς δίκην’.
ὥσπερ γὰρ χείμαρρος, φησίν, ἀκολουθεῖ χειμάρρῳ,
οὕτως ἀκολουθήσομεν ἡμεῖς σοὶ πλανηθέντες.

126. *Εἰς τὸν ρκς´, ‘ἐὰν μὴ κύριος οἰκοδομήσῃ οἶκον’*

Οἰκοδομὴν ἐκκλησίας
ψαλμὸς ἐμφαίνει καὶ πόνον.

Οὗτος δὲ πάλιν λέλεκται προσώπῳ Ζοροβάβελ.
μετὰ γὰρ τὴν ἐπάνοδον τὴν τῆς αἰχμαλωσίας
οἰκοδομεῖν βουλόμενοι ναὸν τὸν τοῦ κυρίου
συχνῶς ἐπεκωλύοντο παρὰ τῶν γειτονούντων
ὡς καθ’ ἑκάστην πόλεμον ἐκείνοις συναπτόντων.
φησὶ γάρ, ‘εἰ μὴ κύριος οἰκοδομήσει οἶκον,
εἰς μάτην ἐκοπίασαν πάντες οἰκοδομοῦντες’.
τότε καὶ γὰρ κτισθήσεται ναὸς ὁ τοῦ κυρίου,
‘ὁπόταν τοῖς ἀγαπητοῖς ὕπνον ἐκεῖνος δώσῃ’.

127. *Εἰς τὸν ρκζ´, ‘μακάριοι πάντες οἱ φοβούμενοι τὸν κύριον’*

Εὐδαιμονίαν προλέγει
ἐθνῶν κληθέντων εἰς πίστιν.

Οὗτος δὲ πάλιν πρόσφορος αὐτοῖς ὡς πεφθακόσιν
ἐγγὺς τῆς Ἰερουσαλὴμ ἐκ τῆς αἰχμαλωσίας·
ἀλλήλοις γὰρ ἐπεύχονται τυχεῖν τῶν ποθουμένων.
φησὶ γὰρ ‘εὐλογήσαι σε κύριος παντοκράτωρ

1196–1200 Theodoret. 1889 A 2–11 || **1197–1198** Ps. 125, 1 || **1201–1202** Ps. 125, 4 || **1205–1211** Theodoret. 1892 A 8–B 11 || **1210–1211** Ps. 126, 1 || **1212–1213** Theodoret. 1892 C 12–D 4 || **1213** Ps. 126, 2 || **1217–1219** Ps. 127, 5–6

1196 *λέλεκται* **i** || **1199** *ἐλήφθησαν* $\mathbf{c^a c^b c^c}$ || **1202–1204** om. $\mathbf{k^b}$ || **1203** i. e. *χίμαρος … χιμάρῳ*? || **1204** *ἀκολουθήσωμεν* $\mathbf{k^a c^b}$ **i** || **1206** *μετὰ γὰρ*] *ὅς μετὰ* $\mathbf{k^b c^c}$ *ὡς μετὰ* $\mathbf{c^a c^b}$ || **1207** *βουλόμενος* $\mathbf{c^a c^b c^c}$ || **1208** *ἀπεκωλύοντο* **i** || **1210** *οἰκοδομήση* $\mathbf{c^a c^b c^c}$ || **1213** *ἐκείνοις* $\mathbf{c^a c^b c^c}$ | *δώσει* $\mathbf{k^a k^b}$, $\mathbf{c^b}$ var. l. || **1215** *τῆς*[1]] *τοῖς* $\mathbf{k^a k^b c^a}$

καὶ ἴδοις Ἱερουσαλὴμ τὰ ἀγαθὰ καὶ φάγοις
καὶ τῶν υἱῶν σου τοὺς υἱοὺς τεκνοποιοῦντας ἴδοις'.

128. *Εἰς τὸν ρκη', 'πλεονάκις ἐπολέμησάν με'*

Τῆς στρατιᾶς τοῦ κυρίου
τὴν κατ' ἐχθρῶν λέγει νίκην.

Πρόσφορος δ' οὗτος πέφυκεν αὐτοῖς πολεμουμένοις,
ὥσπερ πολλάκις εἴπομεν, παρὰ τῶν γειτονούντων·
φησὶ γὰρ 'ἐκ νεότητος ἐξεπολέμησάν με'.

129. *Εἰς τὸν ρκθ' ψαλμόν, 'ἐκ βαθέων ἐκέκραξά σοι, κύριε· κύριε, εἰσάκουσον'*

Εὐχὴ μαρτύρων ἁγίων
πρὸς τὸν θεὸν ἐκ καρδίας.

Καὶ πάλιν οὗτος πρόσφορος αὐτοῖς ὡς αἰχμαλώτοις,
ἐκδυσωποῦσι τὸν θεὸν τυχεῖν ἐλευθερίας·
'ἐκέκραξά σοι, κύριε', φησὶ γὰρ 'ἐκ βαθέων',
τουτέστιν ἀπὸ μέσης μου ψυχῆς τε καὶ καρδίας·
'τοίνυν εἰσάκουσον φωνῆς ἐμῆς ὡς εὐεργέτης.'

130. *Εἰς τὸν ρλ' ψαλμόν, 'κύριε, οὐχ ὑψώθη ἡ καρδία'*

Ταπεινοφρόνων οἱ λόγοι
Δαυὶδ καρδίαν δηλοῦσι.

Προσώπῳ δ' οὗτος γέγραπται χοροῦ τῶν ἐναρέτων
τὴν ἑαυτῶν ταπείνωσιν καλῶς ἐξερχομένων
καὶ τύπον ταπεινώσεως ἡμῖν παρεχομένων.
'ἡ' γὰρ 'καρδία μου', φησίν, 'οὐδ' ὅλως ἀνυψώθη.'

131. *Εἰς τὸν ρλα', 'μνήσθητι, κύριε, τοῦ Δαυίδ'*

Δαυὶδ προσευχὴ καὶ θεοῦ παρουσία.

1220–1221 Theodoret. 1897 A 2–4 ‖ **1222** Ps. 128, 1 ‖ **1225–1226** Theodoret. 1900 A 11–13 ‖ **1225** Ps. 129, 1 ‖ **1227** Ps. 129, 2 ‖ **1228–1229** Theodoret. 1901 B 13–C 3 ‖ **1231** Ps. 130, 1

1223 *αὐτοῖς ὡς αἰχμαλώτοις*] *τοῖς αἰχμαλωτισθεῖσιν* **k**^{b} **c**^{a} **c**^{b} **c**^{c} ‖ **1226** *ἀπὸ μέσης* (*ἐκέκραξα* add. **c**^{c}) *ψυχῆς μου* (*μου* om. **c**^{c}) *καὶ τῆς καρδίας* **c**^{a} **c**^{b} **c**^{c} ‖ **1227** om. **k**^{a} ‖ **1228** *λέλεκται* **i** ‖ **1229** *ἐξαρχομένων* **i** ‖ **1230** *τύπον* **i** ‖ Ps. 131 pro anacreonteis trimetrum et Marc. mon. habet

Τοῖς αἰχμαλώτοις πρόσφορος οὗτος τυγχάνει πᾶσιν,
ἐκδυσωποῦσι τὸν θεὸν τυχεῖν τινος συγγνώμης
καὶ λιπαροῦσι πάντοτε πρὸς ἔργον ἀποβῆναι
τὰς τοῦ θεοῦ πρὸς τὸν Δαυὶδ ἀρχαίας ὑποσχέσεις.
ἔχει δ' ἐμφάσεις καί τινας σταυροῦ τοῦ σεβασμίου·
φησὶ γὰρ 'προσκυνήσωμεν εἰς τόπον σωτηρίας,
οὗπερ οἱ πόδες ἔστησαν τοῦ λόγου καὶ σωτῆρος'.

132. *Εἰς τὸν ρλβ' ψαλμόν, 'ἰδοὺ δὴ τί καλόν'*

Λαοῦ τελείαν τὴν πίστιν
ἐνδεδυμένου οἱ λόγοι.

Ἐπὶ τοῖς χρόνοις Ῥοβοὰμ πρὸ τῆς αἰχμαλωσίας
αἱ πᾶσαι διῃρέθησαν φυλαὶ τῶν Ἰουδαίων·
ἀλλ' αἱ μὲν δύο τῶν φυλῶν τῷ Ῥοβοὰμ ἐτέλουν,
αἱ δέκα δ' Ἱεροβοὰμ εἵλοντο βασιλέα.
μετὰ γοῦν τὴν ἐπάνοδον τὴν τῆς αἰχμαλωσίας
πάλιν συνήλθοσαν ὁμοῦ εἰς μίαν βασιλείαν,
ὅθεν, φησίν, ἐφθέγγοντο καὶ πρὸς ἀλλήλους τάδε·
'ἰδοὺ δὴ τί καλόν ἐστιν ἢ τί τερπνὸν ἐν βίῳ
ἀλλ' ἢ τὸ κατοικεῖν ἡμᾶς ἅμα τοὺς αὐταδέλφους;'

133. *Εἰς τὸν ρλγ' ψαλμόν, 'ἰδοὺ δὴ εὐλογεῖτε τὸν κύριον'*

Τὸν ἀφιξόμενον λέγει
λαὸν εἰς πίστιν κυρίου.

Πρόσφορος δ' οὗτος πέφυκε τοῖς ἐλευθερωθεῖσιν·
'οἱ' γὰρ 'ἑστῶτες' δή φησιν 'ἐν οἴκῳ τοῦ κυρίου,
ἐπευλογεῖτε κύριον ὡς δοῦλοι τοῦ κυρίου.'

134. *Εἰς τὸν ρλδ' ψαλμόν, 'αἰνεῖτε τὸ ὄνομα κυρίου, αἰνεῖτε, δοῦλοι, κύριον'*

Διδασκαλία πρὸς πίστιν
λαὸν εἰσάγουσα νέον.

1232–1235 Theodoret. 1904 B 8–11 ‖ **1234–1235** cf. Ps. 131,1 ‖ **1236** cf. Poem. 2,25; Theodoret. 1904 B 12–13 ‖ **1237–1238** Ps. 131,7 ‖ **1239–1247** Theodoret. 1909 D 8–1912 A 8 ‖ **1246–1247** Ps. 132,1 ‖ **1248** Theodoret. 1912 D 6–7 ‖ **1249–1250** Ps. 133,1

1234–1235 om. **i** ‖ **1235** *δα(υὶ)δ πρὸς τὸν θ(εὸ)ν* **k**^{b}**c**^{a}**c**^{b}**c**^{c} ‖ **1240–1243** om. **c**^{c} a. c. ‖ **1242** *δέκα*] *δύο* **i** | *βασιλείαν* **kk**^{a}**k**^{b} ‖ **1244** *συνήχθησαν* **c**^{c}**i** ‖ **1247** *τοῖς αὐταδέλφοις* **i** ‖ **1248** *πέφυκεν ὡς* **i**

Οὗτος τὴν ἴσην δύναμιν ἔχει τῷ προρρηθέντι,
ἁρμόδιος καὶ γάρ ἐστι τοῖς ἐλευθερωθεῖσιν.

135. *Εἰς τὸν ρλε', 'ἐξομολογεῖσθε τῷ κυρίῳ, ὅτι ἀγαθός'*

Εὐχαριστία κυρίῳ
λελυτρωμένων ἐκ πλάνης.

Ἐπείπερ ἀπηλλάγησαν ἐκ τῆς αἰχμαλωσίας,
ἀλλήλους διεγείρουσι πρὸς δόξαν τοῦ κυρίου,
τὰς ἐν Αἰγύπτῳ λέγοντες πολλὰς εὐεργεσίας.
φησὶ γάρ· 'πάντες τῷ θεῷ νῦν ἐξομολογεῖσθε
τῷ μέγιστα θαυμάσια τετελεκότι μόνῳ,
Αἴγυπτον μὲν πατάξαντι μετὰ τῶν πρωτοτόκων,
τὸν δὲ λαὸν τὸν ἴδιον ταύτης ἐξαγαγόντι.'

136. *Εἰς τὸν ρλς' ψαλμόν, 'ἐπὶ τῶν ποταμῶν Βαβυλῶνος'*

Φωναὶ ἁγίων βοώντων
αἰχμαλωσίᾳ τοιαῦτα.

Τὰς θλίψεις ἀπαγγέλλουσι τὰς τῆς αἰχμαλωσίας·
ἅπερ γὰρ εἶχον ὄργανα, τύμπανα καὶ κιθάρας,
δι' ὧν ἀνύμνουν τὸν θεὸν ἐν τῇ Σιὼν παρόντες,
ἐλθόντες εἰς τὸν ποταμὸν τῆς χώρας Βαβυλῶνος
ὡς ἄχρηστα παρήρτησαν ἐν ταῖς ἰτέαις ταῦτα
καὶ μεμνημένοι τῆς Σιὼν ἐθρήνουν ἀνενδότως.

137. *Εἰς τὸν ρλζ' ψαλμόν, 'ἐξομολογήσομαί σοι'*

Εὐχαριστεῖ τῷ κυρίῳ
καὶ προφητεύει τὸ μέλλον.

Προσώπῳ τοῦτον γέγραφε τοῦ θείου Ζαχαρίου,
εὐφραινομένου δήπουθεν ὡς ἐλευθερωθέντος
καὶ τῷ δεσπότῃ τοῦ παντὸς ὑπερευχαριστοῦντος.

138. *Εἰς τὸν ρλη', 'κύριε, ἐδοκίμασάς με καὶ ἔγνως με'*

Ἔντευξις ⟨θεῷ⟩ δικαίου
συνάμα θεολογίᾳ.

1251-1252 Theodoret. 1913 B 13–C 2 || **1256-1257** Ps. 135, 3–4 || **1258-1259** Ps. 135, 10–11 || **1260** Theodoret. 1928 A 3–5 || **1263-1265** Ps. 136, 1–2 || **1264** Theodoret. 1928 A 14–B 1

1251 *τὴν ἴσην ἔχει δύναμιν οὗτος* trp. **i** || **1253-1259** solus habet **i** || **1261** *κιννύρας* **i** || **1263** *εἰς χώραν* **i** || Ps. 138 anacr. *θεῷ* addidi e Marco mon.

Τοῦτον προσώπῳ γέγραφεν ἄνακτος Ἰωσίου,
ὃς ἀπὸ γνώμης δυσσεβοῦς καλῶς ἀνθυποστρέψας
τοὺς ἱερεῖς κατέσφαξεν ἅπαντας τῶν εἰδώλων.
‘ἐμίσησα’ γάρ, ‘κύριε’, φησί, ‘τοὺς σὲ μισοῦντας·
σὺ δ’ ἀλλ’ ὡς ἐδοκίμασας ἐμὲ τὸν σὸν οἰκέτην,
ἔγνως καὶ τὴν καθέδραν μου σὺ καὶ τὴν ἔγερσίν μου,’
τοῦτ’ ἔστι τὴν ἀσέβειαν καὶ τὴν εὐσέβειάν μου.

139. *Εἰς τὸν ρλθ′ ψαλμόν, ‘ἐξελοῦ με, κύριε, ἐξ ἀνθρώπου’*

Κατὰ θεὸν ὃς ἀγῶνας
ἀνύει ταῦτα κραυγάζει.

Τοῦτον δὲ πολεμούμενος ὑπὸ Σαοὺλ ἐξεῖπε·
φησὶ γάρ, ‘ῥῦσαί με, Χριστέ, τῶν πονηρῶν ἀνθρώπων,
οἵτινες παρατάσσονται πολέμους καθ’ ἡμέραν’.

140. *Εἰς τὸν ρμ′, ‘κύριε, ἐκέκραξα πρὸς σέ, εἰσάκουσόν μου’*

Ἡ προσευχὴ τοῦ τελείως
αὐτὸν ἐκδόντος κυρίῳ.

Τοῦτον προσώπῳ γέγραφε τῶν θείων αἰχμαλώτων,
Ἀγγαίου Ζαχαρίου τε τῶν προφητικωτάτων
ἐπευχομένων δηλαδὴ πρὸς τὸν δεσπότην ὅλων·
ὅντινα γέγραφε ψαλμὸν καὶ προσευχῆς εἰς τύπον.

141. *Εἰς τὸν ρμα′ ψαλμόν, ‘φωνῇ μου πρὸς κύριον ἐκέκραξα’*

Τοῦ ἐξομολογουμένου
ἡ προσευχὴ τῷ κυρίῳ.

Καὶ τοῦτον διωκόμενος ὑπὸ Σαοὺλ ἐξεῖπε·
φησὶ γάρ, ‘ῥῦσαί με, Χριστέ, χειρὸς φονικωτάτης
τῶν καταδιωκόντων με καὶ κατασυντριβόντων’.
ὁ παῖς δὲ τοῦτον ἔθλιβεν Ἀβεσαλὼμ τὸ πλέον.

1269–1271 1933 B 2–7 || **1271** 4 Regn. 23, 20 || **1272** Ps. 138, 21 || **1273–1274** Ps. 138, 1–2 || **1276** Theodoret. 1941 D 8–10 || **1277–1278** Ps. 139, 2–3 || **1282** Ps. 140, 2 || **1283** Theodoret. 1952 B 10–11 || **1284–1285** Ps. 141, 7

1269 *προσώπω τοῦτον* trp. $\mathbf{k}^{b}\mathbf{c}^{a}\mathbf{c}^{b}\mathbf{c}^{c}$ || Ps. 140 anacr. *αὐτὸν* $\mathbf{c}^{a}\mathbf{c}^{b}\mathbf{c}^{c}$ Marc. mon. || Ps. 141 et 142 anacr. inter se permutanda (ut ap. Marc. mon.) || **1284** *φονικωτάτου* $\mathbf{k}\mathbf{k}^{b}\mathbf{c}^{a}\mathbf{c}^{b}\mathbf{c}^{c}$ || **1285** *χ(ριστ)ὲ καὶ συντριβόντων* $\mathbf{c}^{a}\mathbf{c}^{b}\mathbf{c}^{c}$ || **1286** *ἔθλιψεν* **i**

142. *Εἰς τὸν ϱμβʹ ψαλμόν, ‘κύριε, εἰσάκουσον τῆς προσευχῆς μου’*

Κατὰ θεὸν ὃς πολέμοις
ἐμβέβληται ταῦτα λέγει.

Καὶ τοῦτον ὑπ’ Ἀβεσαλὼμ δεδιωγμένος εἶπεν·
ἀλλ’ ἐξομολογήσεως μέγιστον τύπον φέρει.

143. *Εἰς τὸν ϱμγʹ, ‘εὐλογητὸς κύριος ὁ θεός μου’*

Εὐχαριστεῖ λαβὼν νίκην
κατὰ ἐχθρῶν πολεμούντων.

Προσώπῳ τοῦτον γέγραφε τοῦ Χριστωνύμου δήμου
εὐχαριστούντων ἐκ ψυχῆς τῷ θεανθρώπῳ λόγῳ
τῷ δόντι δύναμιν αὐτοῖς κατὰ τοῦ διαβόλου
καὶ μάχαιραν τετράστομον τὸ τοῦ σταυροῦ σημεῖον,
οὗ τῇ δυνάμει πλήττουσι τὰ στίφη τῶν δαιμόνων
τῶν πολεμούντων ἀφειδῶς πάντοτε τούς ἀνθρώπους.
‘εὐλογητὸς’ καὶ γάρ φησι ‘κύριος ὁ θεός μου,
ὁ πρὸς παράταξιν ἐχθρῶν διδάσκων μου τὰς χεῖρας,
εἰς πόλεμον δὲ τοὺς ἐμοὺς δακτύλους ἀπευθύνων.’

144. *Εἰς τὸν ϱμδʹ ψαλμόν, ‘ὑψώσω σε, ὁ θεός μου, ὁ βασιλεύς μου’*

‘Υμνεῖ θεὸν καὶ μεθ’ ὕμνου
θεολογεῖ ὁ προφήτης.

Τοῦτον εἰς ὕμνον ἄπαυστον γέγραφε τῷ κυρίῳ.

145. *Εἰς τὸν ϱμεʹ ψαλμόν, ‘αἴνει, ἡ ψυχή μου, τὸν κύριον’*

Ὑμνεῖ θεὸν καὶ σὺν ὕμνῳ
θεολογεῖ ὁ προφήτης.

Ἐν τούτῳ δὲ προτρέπεται δοξάζειν τὸν δεσπότην
καὶ μὴ θαρρεῖν ἐπί τινι πλὴν μόνῳ τῷ κυρίῳ.

146. *Εἰς τὸν ϱμϛʹ ψαλμόν, ‘αἰνεῖτε τὸν κύριον, ὅτι ἀγαθὸν ψαλμός’*

Ὑμνεῖ θεὸν καὶ συνάμα
θεολογεῖ ὁ προφήτης.

1287 Theodoret. 1953 C 14–D 5 ‖ **1291–1294** cf. 1960 C 9–14 ‖ **1292** cf. Poem. 2, 719–720 ‖ **1293** cf. Poem. 2, 715 ‖ **1295** Ps. 143, 1 ‖ **1298** Theodoret. 1965 C 1–5 ‖ **1299** 1973 C 10–11

1287 *ἀπ’* $\mathbf{k}^{b}\mathbf{c}^{a}\mathbf{c}^{b}\mathbf{c}^{c}$ | *δεδιωσμένος* **i** ‖ **1298** *τοῦτον δ’ εἰς ὕμνον γέγραφεν ἔμμ[ονον τῷ κ(υρί)ω]* **i** ‖ Ps. 146 anacr. om. $\mathbf{c}^{a}$ | *σὺν ὕμνω* $\mathbf{c}^{c}$

Ἐν τούτῳ προτεθέσπικεν ὁ μέγιστος προφήτης
τὴν κτίσιν ὄντως τοῦ ναοῦ τὴν παρὰ Ζοροβάβελ
καὶ τὴν ἐπάνοδον ὁμοῦ τῶν αἰχμαλωτισθέντων.
φησὶ γὰρ ‘Ἱερουσαλὴμ οἰκοδομῶν ὁ λόγος
συνάξει τὰς διασπορὰς τοῦ Ἰσραὴλ ἁπάσας’.

147. *Εἰς τὸν ρμζʹ, ‘ἐπαίνει, Ἱερουσαλήμ, τὸν κύριον, αἴνει τὸν θεόν’*

Ὕμνος θεῷ, καὶ ὁ ὕμνος
θεολογία προφήτου.

Τοῦτον προσώπῳ γέγραφεν Ἀγγαίου τοῦ προφήτου
τὴν κτίσιν Ἱερουσαλὴμ μέλλοντος προφητεῦσαι.

148. *Εἰς τὸν ρμηʹ, ‘αἰνεῖτε τὸν κύριον ἐκ τῶν οὐρανῶν’*

Ὕμνος θεοῦ, καὶ ὁ ὕμνος
θεολογίᾳ συνάμα.

Ἐν τούτῳ δὲ προτρέπεται δοξάζειν τὸν δεσπότην
ἅπασαν κτίσιν ὁ Δαυὶδ ὡς ποιητὴν τῶν ὅλων.

149. *Εἰς τὸν ρμθʹ, ‘ᾄσατε τῷ κυρίῳ ᾆσμα καινόν’*

Ἑωθινὴν ὑμνῳδίαν
ἣν ᾖδε προφήτης λέγει.

Τοῖς Χριστωνύμοις παραινεῖ γεραίρειν τὸν δεσπότην·
φησὶ γὰρ ‘ᾄσατε καινὸν ᾆσμά τι τῷ κυρίῳ,
οἱ ταῖς χερσὶ κατέχοντες τὴν δίστομον ῥομφαίαν’,
τοῦτ’ ἔστι τὸν πανσέβαστον σταυρὸν τὸν τοῦ κυρίου,
‘ὥστε ποιεῖν ἐκδίκησιν ἐν ἔθνεσιν ἀγρίοις’
καὶ κατασφάττειν δαίμονας καὶ καταπλήττειν τούτους.

150. *Εἰς τὸν ρνʹ ψαλμόν, ‘αἰνεῖτε τὸν θεὸν ἐν τοῖς ἁγίοις αὐτοῦ’*

Κελεύει πᾶσι προφήτης
ὑμνεῖν θεὸν ἀνενδότως.

Πᾶσαν πνοὴν καὶ δύναμιν καὶ φύσιν ὁ προφήτης
εἰς αἴνεσιν ἀσίγητον ὀτρύνει τοῦ κυρίου.

1301 1980 A 5–10 ‖ **1304–1305** Ps. 146, 2 ‖ **1306–1307** Ps. 147, 1–2 ‖ **1308–1309** Theodoret. 1985 B 9–12 ‖ **1311** Ps. 149, 1 ‖ **1312** Ps. 149, 6 ‖ **1314** Ps. 149, 7

1302 *τὴν*[2]] *τοῦ* **kk[a]k[b]** ‖ **1305** om. **k[a]** ‖ **1306** *τοῦ προφήτου*] *ζαχαρίου* **i** | *μελλόντων* **i** *μέλλοντα* **c[a]c[b]c[c]** ‖ Ps. 149 anacr. *ᾖδε* Marc. mon.: *ἥ* **c[a]c[b]c[c]** ‖ **1314** *ἀγρίοις* **i**: *ἁγίοις* cett. ‖ post **1315** des. **i** ‖ **1317** *δὲ*] *τε* **k[a]k[b]** | *ᾧ* **c[c]**

151. *Εἰς τὸν ἰδιόγραφον ψαλμὸν τῷ Δαυίδ, ‘μικρὸς ἤμην ἐν τοῖς ἀδελφοῖς μου’*

Καρατομεῖς ἄρα δὲ τὸν ξιφηφόρον,
κτείνεις δὲ τὸν μέγιστον, ὦ βραχὺ δέμας,
καὶ τὸν τοσοῦτον ὄντα πρὸς ξιφουλκίαν
σφάττειν, προφῆτα σφενδονηφόρε, σθένεις;
ναί, τοῦ θεοῦ θέλοντος, οὐ γὰρ εἰς μάτην
ἐκ τριάδος πέπομφα τριττὺν τῶν λίθων.

Οὗτος ὁ ψαλμὸς ἰδιόγραφός ἐστι τῷ Δαυὶδ καὶ ἔξωθεν τοῦ ἀριθμοῦ τῶν ρν′ ψαλμῶν, ὅτε ἐμονομάχησε πρὸς τὸν Γολιάθ.

Poema 55. In hexaemeron

Angelorum creatio et lapsus satanae, in cuius locum homo formatur (3–19); creatio mundi et hominis (20–95); Adam post sex horas e paradiso expulsus (96–114); eius lamentatio, mors, funus (115–135); Christus incarnatus et inter homines conversatus (136–182); cur veris tempore crucifixus sit (183–194); quattuor elementa nominis Adami ad crucem referenda (195–208); crucis processio triumphalis in secundo adventu (209–223); Christi descensus ad inferos (224–246). cetera (de Antichristo, teste titulo) desunt.

Pselli non esse poema lingua vulgari conscriptum iam viderat Dölger (Kurtz-Drexl[1] 510).

Στίχοι ἐν ἐπιτομῇ περὶ τῆς ἑξαημέρου καὶ εἰς τὴν γέννησιν τοῦ Ἀδὰμ καὶ εἰς τὴν ἐξορίαν αὐτοῦ καὶ τὴν τοῦ θεοῦ πρὸς αὐτὸν κηδεμονίαν καὶ περὶ τοῦ Ἀντιχρίστου. ποίημα Μιχαὴλ Ψελλοῦ Κωνσταντινουπόλεως

Τριὰς ἁγία, δόξα σοι, πατὴρ ὁ παντοκράτωρ
καὶ υἱὸς σὺν τῷ πνεύματι, δόξα σοι εἰς αἰῶνας.
Πάντων ἄναξ καὶ κύριε καὶ κτίστα τῶν ἁπάντων,
ἐξ οὐκ ὄντων παρήγαγες εἰς τὸ εἶναι τὰ πάντα.
πρῶτον ἐδημιούργησας τὰς τάξεις τῶν ἀγγέλων,

55 5 Lib. Iubil. fr. a p. 71, 17–72, 5 Denis (= Epiphan. Mens. et pond., PG 43, 276 B–C)

1321 *σθένεις*] *θύεις* **c**[a] **c**[b] *θύει* **c**[c] ‖ 1323 *τριττὴν* **k**[a] **k**[b] ‖ subscr. (= LXX) habent **c**[a] **c**[b] **c**[c], suprascriptam habent **k k**[b]

55 m[h] 113[v]–119[v] ‖ edd. Matranga; Kurtz-Drexl[1] 401–410

ἀγγέλους ἀρχαγγέλους τε, ἀρχὰς καὶ ἐξουσίας,
θρόνους καὶ κυριότητας καὶ τὰς θείας δυνάμεις,
τὰ χερουβὶμ καὶ σεραφίμ, τὰ τετράμορφα ζῷα,
τοῦ ὑμνεῖν καὶ δοξάζειν σε ἐν φωναῖς ἀσιγήτοις.
ὁ δέκατος δὲ ἀριθμὸς ὁ σατανᾶς ὑπῆρχεν,
ἀλλ' ἔπεσεν ὡς ἀστραπή, ὡς κατὰ σοῦ ἀνταίρας,
καὶ ὅλος σκότος γέγονεν σὺν τῇ αὐτοῦ στρατείᾳ·
θρόνων ἐδόκει ἔχεσθαι αὐτὸς ἐν ταῖς νεφέλαις,
ἀλλ' ἔπεσεν ὡς ἀστραπὴ ἐκ τῶν ἐπουρανίων
καὶ ἔλαχεν τὴν οἴκησιν ἔχειν ἐν τῇ ἀβύσσῳ.
ἀντ' αὐτοῦ δὲ πεποίηκας τὴν φύσιν τῶν ἀνθρώπων·
κἂν ἀκραιφνῶς φυλάξωσι θεοῦ τὸ κατ' εἰκόνα
καὶ εἰς ἀγγέλων φθάσοιεν ἔχειν τὴν πολιτείαν,
οὗτοι ἀναπληρώσουσιν τὸ τάγμα τῷ πεσόντι.
Κατ' ἀρχὰς ἐστερέωσας οὐρανοὺς ἐν συνέσει
καὶ τούτους κατεκάλλυνας τὸ ἀνέκφραστον κάλλος.
ἔνδον δ' αὐτοῦ ὑπάρχουσιν αἱ τάξεις τῶν ἀγγέλων·
φῶτα γὰρ ὄντες δεύτερα τῆς σῆς φωτοχυσίας
ἀκαταπαύστως ᾄδουσι τὸν τρισάγιον ὕμνον,
μόνος [γὰρ] σκότος γέγονεν ὁ πεσὼν Ἑωσφόρος.
Τὴν γῆν ἐθεμελίωσας ἐπ' οὐδενὸς ἑδράσας·
οὐχ ὑπὸ στύλων ἥδρασται, ἀλλ' ἐν τῇ σῇ παλάμῃ,
στῦλ[ος] αὐτῆς γὰρ πέφυκεν ἡ ἄπειρος ἰσχύς σου.
καὶ ταύτην κατεκύκλωσας τὴν φύσιν τῶν ὑδάτων·
Ὠκεανὸς γὰρ ποταμὸς ταύτην περικυκλεύει,
καὶ ἔνδοθεν τοῦ ποταμοῦ τὰ ἄπειρα πελάγη,
χειμάρροι ἀναρίθμητοι καὶ ἀένναοι κρῆναι·
μέση τοῦ πόλου κρ[έ]μαται ὥσπερ στιγμὴ βραχεῖα.
Τὸν δεύτερον δὲ οὐρανὸν τῷ λόγῳ στερεώσας
καὶ τοῦτον ἐστερέωσας ἐν μέσῳ τῶν ὑδάτων,

6–8 Ps.-Dionys. Areop. Cael. hier. 6, 2, PG 3, 200 D 1–201 A 13 ‖ **8** Ezech. 1, 5–11 ‖ **11** Luc. 10,18 ‖ **13** Isai. 14,13–14 ‖ **15** Apoc. 20,3 ‖ **17** Gen. 1,26 ‖ **20** Ps. 32,6; Isai. 45,12; 48, 13 | Ps. 135, 5–6 ‖ **24** Isai. 6, 3 ‖ **25** Isai. 14, 12 ‖ **26** Ps. 101, 26 ‖ **27** cf. Ps. 94, 4 ‖ **34–36** Gen. 1, 6–8

6 *τε* Matranga: *γε* **m**ʰ ‖ **11** *ἀνταίρας* Matranga: *ἀντέρας* **m**ʰ (*ἀντάρας* Kurtz) ‖ **12** *ὅλος* Matranga: *-ως* **m**ʰ ‖ **13** *θρόνων* Kurtz: *-ον* **m**ʰ ‖ **17** *κἂν* scripsi: *καὶ* **m**ʰ (*ἵν'* Kurtz) ‖ **18** *εἰς*] *ὡς* Kurtz ‖ **19** *πεσώτ(   )* **m**ʰ ‖ **21** *τούτων* Matranga ‖ **22** *αὐτῶν* Kurtz ‖ **29** *τῇ φύσει* Matranga ‖ **33** *μέση* scripsi: *-ην* **m**ʰ (*-ον* Matranga) | *κύματα* Matranga ‖ **35** *τ[.]υτ(   )* **m**ʰ

τοῦ χωρίζειν τὰ ὕδατα τὰ ἄνω καὶ τὰ κάτω,
οὐκ ἐξ ἡλίου ὕδατος, ἀλλὰ τῇ σῇ σοφίᾳ.
ἐπάνω δ' αὐτοῦ τέθεικας τὸ πλῆθος τῶν ὑδάτων,
ἵνα μή π[ως] καταφλεχθῃ τῃ φλογὶ τοῦ ἡλίου.
Τὴν γῆν δὲ ἀπεκάλυψας τὴν πρὶν κεκαλυμμένην
καὶ ταύτην κατεποίκιλας τῶν βοτανῶν τὰ γένη,
ῥόδα καὶ κρίνα πάμπολλα, βασιλικὰ καὶ κρόκους,
καὶ ἄλλα ἀναρίθμητα πρὸς χρῆσιν τῶν ἀνθρώπων,
δένδρη τὰ εὐωδέστατα, κυπάρισσον καὶ πεύκην,
καὶ δέν[...............] ἐν ᾧ σωτὴρ ὑψώθη,
καὶ ἄλ[λα ....] εἰς ἅπασαν τὴν κτίσιν.
Τὸν οὐ[ρανὸ]ν ἐκόσμησας [τῷ] πλήθει τῶν ἀστέρων
τοῦ διαλύειν τῆς νυκτὸς τὴν ζοφώδη ὁμίχλην·
οὐσία γὰρ οὐ πέφυκεν, ὡς φαίνεται, τοῦ σκότους,
ἀλλὰ στέρησις τοῦ φωτός, ἡλίου κρυπτομένου.
τὸν ἥλιον δὲ τέθεικας εἰς ἀρχὴν τῆς ἡμέρας·
τῷ λόγῳ σου γὰρ γέ[γονεν] ἐκ τοῦ φωσφόρου φ[αῦ]σις
κατα[φωτίζειν] ἅπαντα τὸν ἐγκύκλιον πόλον,
ὄρη, βουνούς, κοιλάδας αὖ, ὁμοῦ καὶ πεδιάδας,
ἀκτάς, λιμένας νήσους τε καὶ ἄπειρα πελάγη.
ἐπὶ γῆν γὰρ χρονίζοντος θερμαίνεται τὸ ὕδωρ,
καὶ ὑπὸ γῆν χρονίζοντος ἐν τῷ ἡμισφαιρίῳ
τὴν γῆν καταθερμαίνοντος ψυχραίνεται τὸ ὕδωρ·
ταῦτα δὲ οὕτως γένωνται χειμῶνι καὶ τῷ θέρει.
ὑπερέχει δὲ ἅπασαν τὴν γῆν ἐν τῷ μεγέθει·
κωνοειδὴς ἡ χθόνα γάρ, ὡς ἔοικεν, ὑπάρχει.
τὴν σελήνην δὲ τέθεικας τοῦ φωτίζειν τὴν νύκτα·
λήγουσα καὶ αὐξάνουσα [ἀ]νάστασιν μηνύει.
εἰς χρόνους ὄντως καὶ καιροὺς ἔταξας τοὺς φωστῆρας,
καὶ ταῦτα παρελεύσονται τῇ ἐσχάτῃ ἡμέρᾳ.
Ἰχθύας δὲ καὶ πετεινὰ ἐξήγαγε τὸ ὕδωρ,
καθαρὰ καὶ ἀκάθαρτα, ἕκαστον κατὰ γένος,

40 Gen. 1, 9–10 ‖ **51** Gen. 1, 16 ‖ **62** ibid. ‖ **64** Gen. 1, 14 ‖ **65** cf. Matth. 24, 35 ‖ **66–67** Gen. 1, 20–21

37 *ὕδατος*] leg. *καύματος* ‖ **45** *δένδρον παντοδύναμον* Matranga ‖ **46** *ἀχλὺν περιέμορφα* Matranga (leg. *ἄλλα περιεύμορφα*?) ‖ **49** *οὐσία* Nervo: *θυσία* m[h] ‖ **52** *γέγονεν ἐκτὸς ἑωσφόρου φῶσ* Matranga ‖ **53** *τοῦ καταφωτίζειν ἅπαν* Matranga

ὅσα εἰσὶ λεπιδωτά, καθαρὰ πρὸς διαίταν,
καὶ ὅσα τὰ ἀλέπιδα, ἀκάθαρτα τὰ πάντα.
τὰ πετεινὰ δὲ πέτανται πάντα ἐν τῷ ἀέρι,
καθαρὰ καὶ ἀκάθαρτα, ἕκαστον κατὰ γένος·
στραβώνυχα, ὀξύστομα, ἀκάθαρτα τὰ πάντα,
τὰ δὲ ἰσοχειλεύοντα καθαρὰ πρὸς διαίταν.
τετράποδα παντοῖα δὲ ἡ ἤπειρος ἐκφύει,
καθαρὰ καὶ ἀκάθαρτα, ἕκαστον κατὰ γένος.
τὰ διχηλοῦντα τοῖς ποσὶ μηρυκισμὸν ἀνάγει,
ταῦτά εἰσι τὰ καθαρὰ καὶ καλὰ πρὸς διαίταν,
τὰ δὲ δασυποδεύοντα ἀκάθαρτα τὰ πάντα.
ἵπποι, ὄνοι καὶ κάμηλοι πρὸς τὴν ὑπηρεσίαν,
ἐλέφας καὶ μονόκερως πρὸς τέρψιν τῶν ἀνθρώπων,
ὕαινα καὶ κορκόδειλος, λεόπαρδος καὶ λέων,
ὁ ἄρκος καὶ ὁ λύκος δέ, θηρία αἱμοβόρα,
οὐδὲν τούτων ηὐλίζετο ἔνδον τοῦ παραδείσου,
εἰ μὴ μόνος ὁ ἄνθρωπος, χειρῶν θεοῦ τὸ ἔργον.
Ἀδὰμ ὁ πρῶτος ἄνθρωπος χ[ειρὶ] θεοῦ ἐπλάσθη·
ἐκ γῆς ἀφθάρτου πέπλασται βουλῇ τοῦ παντεπόπτου,
τὸ σῶμα δὲ σὺν τῇ ψυχῇ αὖθις ἀναλαμβάνει,
οὐχὶ τὸ σῶμα πρότερον καὶ ὕστερον τὸ πνεῦμα,
καθὼς ληρεῖ ὁ δυσσεβὴς καὶ ἄφρων Ὠριγένης,
ἀλλ' ἅμα τὰ ἀμφότερα· καὶ γέγονε τὸ ζῷον
λογικὸν ὄντως καὶ θνητὸν κατὰ τὸ γεγραμμένον.
καὶ ἡ γυνὴ ἐκ τῶν πλευρῶν αὐτοῦ ἀνεγεννήθη,
αὐτὸς γὰρ ἐπροφήτευσε περὶ αὐτῆς καὶ εἶπεν·
'ὀστοῦν ἐκ τῶν ὀστέων μου καὶ σὰρξ ἐκ τῆς σαρκός μου·
αὕτη οὖν ἐστί μοι γυνή, ἐξ ἐμοῦ γὰρ ἐλήφθη.'
Ἐν παραδείσῳ τέθειται δεσπόζειν τῶν κτισμάτων,
ἑνὸς δὲ ξύλου μὴ φαγεῖν, ἐξ οὗ γεννᾶται μόρος.
αὐτοῦ δὲ παρακούσαντος ἐγεύσατο τοῦ ξύλου·
τῇ τοῦ ὄφεως συμβουλῇ, γυναικὸς ἐπηρείᾳ,

68–69 Lev. 11,9–12 || **72–73** cf. Lev. 11,13–19 || **74–78** Lev. 11,3–8 || **88–89** Origen. De princ. I 7,4 || **90–91** cf. Gen. 2,7 || **92–95** Gen. 2,21–23 || **96–97** Gen. 2,15–17 || **98–103** Gen. 3,1–7

74 *ἤπειρος* Kurtz: *ἄπειρος* **m**^{h} || **76** *τὰ*] *ἃ* Kurtz || **80** *μονοκαίρους* **m**^{h} || **86** *αφθάρτ(   )* **m**^{h} (leg. *εὐφθάρτου*)? || **97** *οὗ* Matranga: *ὅν* **m**^{h} || **99** *ἐπειρία* **m**^{h}

ἐξηπατήθη βεβρωκὼς τὴν ἐνήδονον βρῶσιν·
ἰσοθεΐαν φαντασθεὶς ἐκπίπτει τῆς ἐλπίδος
καὶ ἐγυμνώθη τῆς τρυφῆς τοῦ ζωηροῦ χωρίου,
ῥάψας δὲ φύλλα τῆς συκῆς τὴν γύμνωσιν καλύπτει.
Πρωῒ δὲ ἔνδον εἰσελθὼν ὥρᾳ ἕκτῃ ἐξῆλθεν
καὶ ἐξεβλήθη τῆς τρυφῆς τοῦ ζωηροῦ χωρίου.
ἀπέναντι ἐκάθισεν εἰς τόπον τοῦ κλαυθμῶνος.
ἐκεῖ γὰρ μέλλει ὁ θεὸς κρῖναι τὴν οἰκουμένην·
ὁ ποταμὸς δὲ τοῦ πυρὸς πρὸ τοῦ βήματος ἕλκει
τοῦ καταφλέξαι ἅπασαν τὴν ὕλην τῆς ἠπείρου,
ἐν ᾧ δοκιμασθήσεται ἡ τῶν ἀνθρώπων φύσις·
ἐκεῖ πάντες ὑφέξομεν δίκην τῶν ἐσφαλμένων,
καὶ οἱ μὲν γίνωνται ὡς φῶς, ἄλλοι δὲ ὡς ζοφώδεις.
ὁ παράδεισος γάρ, φησίν, εἰς ἀνατολὴν κεῖται,
αὐτὸς δὲ τούτου ἐκβληθεὶς ἦλθεν ἐν τῇ κοιλάδι.
Δακρυρροῶν δὲ ὁ Ἀδὰμ ἑαυτὸν ἀπεθρήνει·
'οἴμοι, τί πέπονθα ἐγώ; ἐκδυθεὶς τὸν χιτῶνα,
τὴν θεοΰφαντον στολήν, γυμνὸς αἴθριος πέλω,
κῴδια περιβέβλημαι ὡς γήινα φρονήσας.
οἴμοι, γλυκὺ παράδεισε, πῶς σου ἀπεχωρίσθην;
οἵας δόξης ἐστέρημαι διὰ τὴν ἀκρασίαν.
οὐκέτι ἀπολαύσομαι τῆς τερπνῆς ὡραιότης,
οὐδὲ πάλιν ἀκούσομαι τῶν ἀγγέλων τοὺς ὕμνους.
ἀκάνθας καὶ τριβόλους μοι ἡ γῆ ἀναβλαστάνει,
τῇ δρόσῳ περιρρέομαι παντοδαπῶς τὸ σῶμα,
τὸ πρόσωπον καταβραχῶ τοῦ ἐσθίειν τὸν ἄρτον.
ἀλλὰ καὶ μετὰ θάνατον εἰς τὸν ᾅδην ὑπάγω.'
Θανὼν δὲ μέσον τέθαπται τῆς γῆς ἐξ ἧς ἐλήφθη.
τριάκοντα καὶ ἐννακὸς Ἀδὰμ ἔζησεν ἔτη,
καὶ οὕτως ἐτελεύτησεν ταφεὶς ὑπὸ ἀγγέλων·
μέσον τῆς γῆς ἐτάφη δὲ ἐξ ἧς καὶ προελήφθη,

106 cf. Gen. 3,24 ‖ **108** Dan. 7,10 ‖ **113** Gen. 2,8 ‖ **123–126** Gen. 3,18–19 ‖ **128** Gen. 5,5 ‖ **129** Apoc. Mosis 38–40

104 *ἕκτης* $\mathbf{m}^{h}$ (*ὥρας ἕκτης* Kurtz) ‖ **109** *ἠπείρου* Kurtz: *ἀπείρου* $\mathbf{m}^{h}$ ‖ **111** *ὑφέξομεν* scripsi: *ἠφεύξωμεν* $\mathbf{m}^{h}$ (*οὐ φεύξομεν* Matranga) ‖ **112** *γένωνται* Kurtz ‖ **116** *πένπονθ*( ) $\mathbf{m}^{h}$ ‖ **118** *κῴδια* Kurtz: *καιδια* $\mathbf{m}^{h}$ | *ὡς* Kurtz: *εἰς* $\mathbf{m}^{h}$ ‖ **121** *ἀπολαύσωμαι* $\mathbf{m}^{h}$ ‖ **122** *ἀκούσωμαι* $\mathbf{m}^{h}$ ‖ **124** *παντοδαπῶς* Kurtz: *-ῆς* $\mathbf{m}^{h}$ ‖ **125** *καταβραχῶ* Kurtz: *καταβραχὺ* $\mathbf{m}^{h}$

καὶ μετὰ τὸ θανεῖν αὐτὸν εἰς ᾅδην ἀπελείφθη.
ἁπλώσας χεῖρας ὁ πικρὸς καὶ ἀκόρεστος Ἅιδης
τοῦτον κατέκλεισε φρουραῖς τῆς δεινῆς παννυξίας.
τετράσχιλοι καὶ ἐννακὸς τριάκοντα καὶ τρία
ἔτη αὐτὸν κεκράτηκεν ὡς αὐτοῦ ὑπακούσας.
Ἀλλ' ὁ θεὸς ὁ ἅγιος ἀφάτῳ εὐσπλαγχνίᾳ
κατέβη κλίνας οὐρανοὺς τοῦ σῶσαι τὸν γενάρχην,
πεντάσχιλοι καὶ πεντακὸς ἔτη παραδραμόντα.
γεννᾶται τοίνυν ὁ Χριστὸς ἐκ παρθένου ἁγίας,
δούλου μορφὴν ἐνδύεται ἐξ ἀπειράνδρου κόρης.
παρθένος αὐτὴ ἔτεκε καὶ ἔμεινε παρθένος,
ὑπῆρχεν δὲ ἡ ἄμωμος καὶ θεόπαις Μαρία,
ἐκ τῆς πατρίδος Ἰεσσαὶ καὶ Δαυὶδ τοῦ προφήτου.
Ἰωακεὶμ καὶ Ἄννα δὲ ἔτεκον τὴν παρθένον.
τρία ἔτη ἐτράφη δὲ ἡ παῖς ἐν τοῖς γονεῦσιν
καὶ ἐννέα εἰς τὸν ναὸν ἄρτῳ ἐπουρανίῳ.
Καὶ Ἰωσὴφ ὁ δίκαιος ἐμνηστεύσατο ταύτην.
διὰ τοῦτο οὖν γέγονεν ὁ τρόπος τῆς μνηστείας,
ἵνα λάθῃ τὸν δράκοντα, τὸν ἄρχοντα τοῦ σκότους.
ἀκούσας γὰρ ὁ πονηρὸς τῶν φωνῶν Ἡσαΐου,
ὅτι παρθένος τέξεται Ἐμμανουὴλ παιδίον,
ἐτήρει, ἐπεσκέπτετο ἁπάσας τὰς παρθένους,
καὶ εἰ ἠδύνατο λαβεῖν τὸν τρόπον τῆς λοχείας,
ἐξέχεε ἂν τὸν ἰὸν ἐπὶ τῷ γεγονότι·
ἀλλ' ἔλαθεν τὸν πονηρὸν ἡ τοῦ θεοῦ σοφία
καὶ ἔμεινεν ὁ ἀσεβὴς ὅλως κατῃσχυμμένος.
Γαβριὴλ ὁ ἀρχάγγελος ἐστάλη οὐρανόθεν
εἰς Ναζαρέτ, ἐπέστη δὲ ὅπου ἦν ἡ παρθένος,
καὶ τὸ 'χαῖρε' ἐβόησεν τῇ κεχαριτωμένῃ,
'χαῖρε', λέγων, 'θεόνυμφε, χαῖρε, εὐλογημένη·
ὁ κύριος ἐλεύσεται ἐν σοὶ τῇ παναγίᾳ.'
καὶ αὐτίκα συνέλαβε τὸν πρὸ αἰώνων λόγον

137 Ps. 17, 10; 143, 5 || **140** Phil. 2, 7 || **144** Protev. Iac. 1–5 || **145** 7 || **146** 8 || **147** Matth. 1, 19 || **151** Isai. 7, 14 || **157–161** Luc. 1, 26–33

131 *ἀπελείφθη* scripsi (cf. Ps. 15, 10): *ἀπελήφθη* $\mathbf{m}^{h}$ || **138** *πεντάχιλοι* $\mathbf{m}^{h}$ | *παραδραμοῦντα* $\mathbf{m}^{h}$ || **141** *αὐτὸν* Kurtz || **143** *πατριᾶς* Kurtz || **153** *λαβεῖν* Matranga: *λαθεῖν* $\mathbf{m}^{h}$ | *λογχίας* $\mathbf{m}^{h}$ || **160** *λ( )γ( )* $\mathbf{m}^{h}$ || **162** *αὐτίκα* scripsi: *αὔθης* $\mathbf{m}^{h}$

καὶ ἔτεκεν ἄνευ ἀνδρὸς τὸν κτίστην τῶν ἁπάντων,
μὴ ὁμιλήσασα ἀνδρὶ ὕστερον οὔτε πρῶτον.
Τριακοστὸς δὲ γεγονὼς ὁ ἄχρονος ὑπάρχων
ὡς ἄνθρωπος βαπτίζεται ἐν ῥείθροις Ἰορδάνου.
Ἰωάννης ὁ πρόδρομος ἐβάπτισέν τε τοῦτον,
Πέτρος καὶ Ἰωάννης δὲ ὁ μέγας θεολόγος
τὴν ἁγίαν καὶ ἄμωμον Μαρίαν τὴν παρθένον.
ἡγίασεν δὲ Χριστὸς τὴν φύσιν τῶν ὑδάτων
καὶ τῶν δρακόντων ἔτριψεν τῶν πονηρῶν τὰς κάρας.
Τρία ἔτη διέτριψεν μετὰ τῶν ἀποστόλων,
τρία ἔτη σὺν μαθηταῖς, ὁμοῦ δὲ καὶ τρεῖς μῆνας.
ἄπειρα θαύματα ποιεῖ, εὐθέως ἐσταυρώθη.
ὕδωρ οἶνον ἐποίησεν ἐν Κανὰ Γαλιλαίας·
ἐν θαλάσσῃ ἐβάδισεν ὥσπερ ἐπὶ ἐδάφους·
τοῖς ἀνέμοις ἐπέταξε, καὶ γέγονε γαλήνη·
πέντε ἄρτους εὐλόγησεν εἰς πέντε χιλιάδας
καὶ ἐχόρτασεν ἅπαντας σὺν γυναιξὶ καὶ τέκνοις·
τοὺς λεπροὺς ἐθεράπευσεν, ἰάσατο αἱμόρρους·
παράλυτον συνέσφιγξεν, ἔσωσε δαιμονῶντας,
καὶ ἄλλα πλεῖστα θαύματα· εὐθέως ἐσταυρώθη.
Ἐν τούτῳ γὰρ καὶ ὁ Ἀδὰμ τὴν ἐντολὴν παρέβη,
καὶ τοῦ κόσμου ἡ ἔναρξις ἐν τούτῳ ἐγεγόνει.
καὶ μαρτυρεῖ τῶν βοτανῶν καὶ τῶν δένδρων τὰ ἄνθη,
εὐωδιάζει ἅπας δὲ ὁ περίγειος κόσμος,
καὶ κελαδοῦν τὰ πετεινὰ ἐναρμόνιον μέλος,
ἡ γῆ δὲ ἀνεβλάστησεν εὐωδέστατα ἄνθη,
ἡ τρικυμία παύεται ἡ πολλὴ τῆς θαλάσσης,
οἱ ἰχθύες ἀγάλλονται καὶ σκιρτῶσι δελφῖνες,

165–166 Luc. 3, 21–23 ‖ **168–169** Sophron. ap. anon. De bapt., apost., PG 87 III, 3372 B 5–8 (= Ps.-Theodoret., PG 92, 1077 A 4–5); Hippol. Theb. PG 117, 1033 A 4–6 (aliter Euthym. Zigab. In Ioann., PG 129, 1161 B 11–13) ‖ **170–171** Ps. 73, 13 ‖ **175** Ioann. 2, 1–11 ‖ **176** Matth. 14, 25; Marc. 6, 48; Ioann. 6, 19 ‖ **177** Matth. 8, 26; Marc. 4, 39; Luc. 8, 24 ‖ **178–179** Matth. 14, 16–21 ‖ **180** Matth. 8, 2–3; 11, 5; Marc. 1, 40–42; Luc. 7, 22; 17, 12–14 | Matth. 9, 20–22 ‖ **181** Matth. 9, 2–7; Marc. 2, 3–12; Luc. 5, 18–25 | Matth. 4, 24 et al.

173 *σὺν μαθηταῖς* Matranga: *συμμαθητὰς* $\mathbf{m}^{h}$ ‖ **177** *ἐπέταξε* Kurtz: *ὑπέταξεν* $\mathbf{m}^{h}$ ‖ **181** *ἔσωσε* Matranga: *ἔσωσα* $\mathbf{m}^{h}$ ‖ **182** *εὐθέως*] scr. *ἔαρος δ'* (nisi versus excidit) ‖ **187** *κελαδοῦντα* $\mathbf{m}^{h}$ ‖ **189** *παύεται* scripsi: *πάνυ δὲ* $\mathbf{m}^{h}$ ‖ **190** *ἠγάλλοντ(   )* $\mathbf{m}^{h}$ | *δελφηναι* $\mathbf{m}^{h}$

κινοῦνται δὲ καὶ τὰ κτήνη πρὸς τὴν τεκνογονίαν,
ἀλλὰ μὴν καὶ ὁ ἄνθρωπος γονορροεῖ ἐντεῦθεν,
ἰσημερία γίνεται καὶ τοῦ ἡλίου ὧδε,
ὅπου ἡ κάρα τοῦ Ἀδάμ, ὁ Χριστὸς ἐσταυρώθη.
Τὸ ὄνομα τὸ τοῦ Ἀδὰμ τετράστοιχον ὑπάρχει,
περικυκλοῦν, ὡς ἔοικεν, τὴν τετράστοιχον κτίσιν,
ἀνατολὴν καὶ δύσιν τε, ἄρκτον καὶ μεσημβρίαν.
αὐτοῦ γὰρ ὀλισθήσαντος ποτὲ ἐν παραδείσῳ
καὶ τὰς πέντε μολύναντος αἰσθήσεις ἐν τῷ ξύλῳ,
ἀκουστὸν τοῦτο γέγονε πάσῃ τῇ ὑφ' ἡλίῳ
καὶ ᾄδεται ἕως τοῦ νῦν καὶ ἕως συντελείας.
θέλων δὲ ὁ γλυκύτατος Ἰησοῦς ὁ σωτήρ μου
ἰάσασθαι τὸ ἄλγημα Ἀδὰμ τοῦ πρωτοπλάστου
τοῦ ἐξαλεῖψαι τὴν πικρὰν καὶ ἐνήδονον βρῶσιν,
εἰς ὅπλον [τετρα]κέρατον ἑκουσίως ὑψώ[θη],
[ἡ]γία[σεν] δὲ ἅπασαν τὴν τετράστοιχον κτίσιν,
ἀνατολὴν καὶ δύσιν τε, ἄρκτον καὶ μεσημβρίαν,
ἣν ἀσάλευσεν τοῦ Ἀδὰμ ἡ παράβασις τότε.
Αὐτοῦ γὰρ τὸ πανάγιον καὶ σεβάσμιον σκῆπτρον
μέλλει ἔμπροσθεν ἔρχεσθαι Ἰησοῦ τοῦ σωτῆρος
τοῦ ὑψωθέντος ἐν αὐτῷ ἑκουσίᾳ βουλήσει
καὶ τὰς χεῖρας ἐκτείναντος, κεφαλὴν καὶ τοὺς πόδας,
ὅπερ ἔπρεπεν ὁ Ἀδάμ, ἀσφαλῶς κρεμασθῆναι,
τοῦτο πέπονθεν ὁ σωτὴρ διὰ φιλανθρωπίαν.
ὑπὲρ αὐγὰς ἡλιακὰς τότε μέλλει ἐκλάμψαι
τὸ σκῆπτρον τὸ βασιλικόν, σταυρὸς ὁ ζωηφόρος,
ἐν τῇ δευτέρᾳ καὶ φρικτῇ ἐλεύσει τοῦ σωτῆρος,
καταφωτίζων ἅπασαν τὴν τετράστοιχον κτίσιν
καὶ φλογίζων τοὺς δαίμονας καὶ σατὰν τὸν φθορέα,
τὸν τὸν Ἀδὰμ φθονήσαντα καὶ ποιήσας σφαλῆναι.

194 cf. 1 Cor. 11,3 ‖ **195** cf. Orac. Sibyll. 3,24–26; Severian. Gabal. [Ps.-Chrysost.] De mundi creat. or. 5,3, PG 56, 473,52–474,15 ‖ **215** cf. Matth. 13,43

191 *κοινοῦνται* **m**[h] ‖ **193** *ἰσομερία* **m**[h] ‖ **195, 196, 206, 218** *τετράστηχον* **m**[h] ‖ **197, 207** *ἄρκτρον* **m**[h] ‖ **199** *μολύναντος* Kurtz: *-τα* **m**[h] ‖ **200** *πάσι* **m**[h] ‖ **203** *ἰάσασθαι* Kurtz: *ἰάσαι δὲ* **m**[h] ‖ **205** *τετρακέρατον* Matranga | *ὑψώθη* Kurtz (*ὑψώσας* Matranga) ‖ **206** *ἡγίασεν* Matranga: [.]*γήα*[...] **m**[h]; an *ὑγίασεν*? (cf. 203, sed et 225) ‖ **208** *ἣν* Matranga: *ὃν* **m**[h] | *τοῦ* Matranga: *τὸν* **m**[h] ‖ **218** *ἅπασαν* scripsi: *ἅπαν δὲ* **m**[h] (*ἅπαν δὴ* Kurtz) ‖ **220** *σφαλῆναι* Kurtz: *σφαλήν τε* **m**[h]

ἴσως ἀξιωθείημεν τὸν σταυρὸν προσκυνῆσαι
καὶ τὸν σωτῆρα Ἰησοῦν τὸν ἐν αὐτῷ παγέντα,
αἶνον καὶ δόξαν ᾄδοντες αὐτοῦ εἰς τοὺς αἰῶνας.
Μέσον γὰρ γῆς εἰργάσατο ὁ κτίστης σωτηρίαν,
ἡγίασεν δὲ τὸν Ἀδὰμ ἡ τοῦ αἵματος χύσις
καὶ τὴν κτίσιν ἐκάθαρε τὴν λίαν ῥυπωθεῖσαν.
[.........] *κατη*[...]*το δι' ἄκραν εὐσπλαγχνίαν*
[*ῥομ*]*φαίαν ἐγκατέπηξεν εἰς καρδίαν τοῦ* [*Ἅιδου*].
εἰς Ἅιδου τὰ βασίλεια γυμνὸς εἰσεληλύθει,
ἀλλ' ἡ θεότης ἔμεινεν ἀχώριστος τῶν δύο.
ἐκεῖσε τοίνυν κατελθὼν ψυχῇ τεθεωμένῃ,
αἱ τῶν ἀγγέλων στρατιαὶ τοῦτον περιεκύκλουν·
ταῖς ἐνδοτέραις ἔλεγον τάξεσι τῶν δαιμόνων,
'ἄρατε πύλας, ἄρατε, ὁ βασιλεὺς γὰρ ἥκει,
ὁ βασιλεὺς ἐλήλυθεν, ὁ κύριος τῆς δόξης,
τοῦ καταλῦσαι τὰς ὑμῶν ἀρχὰς καὶ ἐξουσίας.'
ὡς ταῦτα εἶδεν ὁ πικρὸς καὶ ψυχοφθόρος [*Ἅι*]*δ*[*ης*],
τὴν βασιλικὴν δύναμιν ἄρ[*δην ἀ*]*πενεκρώθη,*
οἱ δὲ πονηροὶ δαίμονες τὴν ἰσχὺν τῶν ἀγγέλων
πεζεύοντες ἐκ τῶν ψυχῶν εἰς φυγὴν ὑπεχώρουν·
τὰ ὅπλα ῥίπτοντες αὐτῶν πρηνεῖς ἔπιπτον πάντες.
ὁ δὲ παντάναξ κύριος τῇ αὐτοῦ δυναστείᾳ
πύλας χαλκᾶς συνέτριψεν, μοχλοὺς σιδηροῦς θλάσας,
καὶ τὸν Ἅιδην ἐνέκρωσεν δεσμοῖς τοῖς αἰωνίοις·
τὸν Ἀδὰμ ἠλευθέρωσεν καὶ πάντας τοὺς [*δικαί*]*ους*
καὶ τοῦτον ἐπανήγαγεν εἰς τὴν πρῴην [*πατρίδα*].
[...

234–236 Ps. 23,7; 9; Ev. Nicod. 5 (21), 3 (p. 328 T.) ‖ **243** Ps. 106,16; Ev. Nicod. ibid. ‖ **245** Ev. Nicod. 8–9 (24–25) (pp. 330–331 T.)

223 *ᾄδοντες* Kurtz: *ἄδοντα* **m**ʰ ‖ **225** *ηγήασεν* **m**ʰ (i. e. *ἡγίασεν* aut *ὑγίασεν*) ‖ **227** *σταυρῷ δὲ κατηγεῖτο* Matranga (*κατεπήγνυτο* Kurtz), expectes potius ex. gr. *τὸ σῶμα δ' ὡς κατέθετο* (cf. 229 et 231) ‖ **228** *Ἅιδου* Matranga ‖ **231** *κατελθὼν* Matranga: *-εῖν* **m**ʰ ‖ **238** *ἀρτίως* Matranga *ἄρτι* Kurtz ‖ **240** *ὑπείξαντες* prop. Kurtz ‖ **245** *δικαίους* **m**ʰ ut vid. ‖ **246** *πρῴην* Matranga (**m**ʰ evan.) | *πατρίδα* suppl. Nervo: *ἀξίαν* Kurtz

Poema 56. In liturgiam

Nicolai (vel Theodori) Andidensis Brevem commentationem de divinae liturgiae symbolis ac mysteriis (PG 140, 417–468), ex qua multa in suum usum convertit auctor horum versuum, non diu ante finem s. XI conscriptam esse demonstravit J. Darrouzès (supra p. XLIII); de tota re adeundus A. Jacob (ibid.). Pselli non esse confirmat etiam codicum discordia et versificatio liberior et sermo linguae vulgari propior.

Τοῦ ὑπερτίμου Μιχαὴλ τοῦ Ψελλοῦ

Ἀναγκαῖον καθέστηκε τοῖς ἱερεῦσι πᾶσι
τοῦ γνῶναι τὰ μυστήρια τῆς θείας λειτουργίας,
πόθεν ἀρχὴν εἰλήφασι καὶ τίς ὁ ταῦτα δείξας
καὶ τί τἀποτελούμενον καὶ πῶς καὶ τίνι τρόπῳ
καὶ τίνα μισθὸν ἔχουσιν οἱ μετέχοντες τούτων.
Ἀρχιερεὺς αἰώνιος Μελχισεδὲκ ὁ πρῶτος
παρὰ Δαυὶδ εἰσάγεται πρὸς τύπον τοῦ κυρίου·
καὶ γὰρ αὐτὸς προσέφερε θεάρεστον θυσίαν,
ἄρτον, οἶνον, τὸ πρότερον Ἀβραὰμ ἀπαντήσας.
Ὁ κύριος μετέπειτα τοῖς μαθηταῖς δειπνήσας
λαβὼν ἄρτον εὐλόγησε καὶ παρέδωκε λέγων,
'λάβετε τοῦτο, φάγετε, σῶμά μου γὰρ ὑπάρχει.'
ὁμοίως τὸ ποτήριον εὐχαριστήσας εἶπε,
'πάντες ἐκ τούτου πίετε, τὸ γὰρ αἷμά μου πέλει'·
καὶ πρόσταγμα προσέθηκε τοῖς σοφοῖς ἀποστόλοις,
'εἰς τὴν ἐμὴν ἀνάμνησιν' εἰπὼν 'τοῦτο ποιεῖτε.'
ὅθεν ἀκολουθήσαντες ἡμεῖς τοῖς εἰρημένοις
καὶ βεβαίως πιστεύσαντες τὸ σῶμα τοῦ κυρίου
γενέσθαι κατ' ἀλήθειαν ἐκ τῶν προειρημένων,
ὅπερ πάντως καὶ γίνεται καὶ ταὐτὸ τοῦτο πέλει,
καθώσπερ παρελάβομεν παρ' αὐτῶν καὶ κρατοῦμεν.
καὶ γὰρ Δαυίδ που ἔφησε, 'προσφορὰν οὐ θελήσεις,
σῶμα δὲ κατηρτίσω μοι', τὸ τοῦ κυρίου πάντως·

56 **6-9** Nicol. (Theodor.) Andid. Comment. liturg. 8, PG 140, 428 C 2–8; Hebr. 7,1–17 ‖ **7** Ps. 109,4 ‖ **8-9** Gen. 14,17–18 ‖ **10-16** Nicol. 2, 420 C 1–4; 1 Cor. 11,23–25 ‖ **17-21** cf. Nicol. 2, 420 C 4–7 ‖ **22-25** Nicol. 7, 428 A 14–B 4 ‖ **22-23** Ps. 39,7

56 **l**[a] 123[r]–160[r] **l**[e] 119[v]–126[v] (affertur tantum ad vitia quaedam minora tollenda) ‖ ed. Joannou 1–9 ‖ **4** *ἀποτελούμενον* **l**[e]

σαφέστερον ἐδήλωσε τῶν θείων μυστηρίων
τὴν θείαν ἀποκάλυψιν τὴν μέλλουσαν γενέσθαι.
Τὸ δὲ πῶς ἁγιάζεται τοῦτο τὸ σῶμα μάθε.
πρῶτον μὲν πάντως ἄνθρωπον ἐν βίῳ δεῖ γενέσθαι,
δεύτερον δέ γε γράμματα πρὸς λόγου κοινωνίαν,
τρίτον ἄρτον καὶ οἶνόν τε ὕδατι κεκραμένον,
καθάπερ παρελάβομεν ἐκ πλευρᾶς τῆς ἁγίας,
καὶ Μάρκος ὡς ἐδήλωσεν αὐτοῦ τῇ λειτουργίᾳ
καὶ πρότερον Ἰάκωβος ὁ ἀδελφὸς κυρίου.
ὅπερ πάντως καὶ γίνεται τούτων ἤδη παρόντων·
καὶ γὰρ καὶ δι' ἐντεύξεως, ὡς ὁ Παῦλος διδάσκει,
καὶ τῆς ἐπιφοιτήσεως τοῦ πνεύματος ἁγίου
ξένως μεταπεποίηται εἰς σῶμα τοῦ κυρίου,
καὶ καθὼς αὖ προέφησεν ὁ θειότατος λόγος,
ὅθ' 'ὅσα ἂν αἰτήσητε ἐν τῷ ὀνόματί μου,
ὑμεῖς πάντως καὶ λήψεσθε χωρὶς ἀμφιβολίας.'
οὗτινος οἱ μετέχοντες καλῶς καὶ θεαρέστως
ἓν δὴ πάντως γενήσονται, ὡς ἓν ἐξ ἀμφοτέρων,
ὡς δὴ προεμαρτύρησεν ὁ ψαλμῳδὸς προφήτης.
Κἀντεῦθεν οἱ θειότατοι καὶ θαυμαστοὶ πατέρες,
εἰς ἓν σῶμα συνάγοντες τὰ τῆς οἰκονομίας,
τοῖς λαοῖς τοῖς μετέπειτα μέχρι τῆς συντελείας
ταύτην ἐγγράφως ἔδωκαν τὴν θείαν λειτουργίαν,
μνείαν ποιεῖν παρέδωκαν τῶν θείων μυστηρίων,
ἀπ' αὐτῆς τῆς ἐφίξεως Γαβριὴλ πρὸς παρθένον
μέχρι τῆς ἐμφανίσεως τῆς Χριστοῦ παρουσίας·
εἰ καὶ χαλεπὸν πέφυκεν ἕκαστον τῶν τοιούτων
ἀναγαγεῖν εἰς ἔνδειξιν καὶ λεπτὴν θεωρίαν.
καὶ γὰρ ἓν ἀναφέρεται δυσί, τρισὶ πολλάκις,
ὥσθ' ὁ κατατεμνόμενος τὰ λόγια τὰ θεῖα
καὶ τῶν συμβόλων τῶν αὐτῶν ὡς σεσηπός τι μέλος
καταλιμπάνων ἀπρεπῶς, ὡς περιττὸν νομίσας,
σῶμα μὲν οὐ πεπλήρωκεν οὐδ' ἱερεὺς ὑπάρχει.

30 Ioann. 19,34 ‖ **31** Liturg. Marc. p. 133,1–2 Brightman ‖ **32** Liturg. Iac. p. 52,7–8 Brightman ‖ **34** 1 Tim. 4,5 ‖ **39–40** Ioann. 14,13 ‖ **41** 1 Cor. 10,17 ‖ **42** Ps. 132,1 ‖ **43–56** cf. Nicol. 1–2, 417 A 1–420 B 13 ‖ **48–49** 3, 420 D 1–421 A 1 ‖ **52** 4, 421 C 3–11

41 *ὡς ἓν*] *θεοὶ* **l**[e] ‖ **47** *παρέδωκαν*] *ὡς εἴπωμεν* mg. al. m. **l**[a] ‖ **48** *ἀφίξεως* **l**[e]

Ταῦτα μὲν πρὸς διέγερσιν τοῦ νοῦ πρὸς τὸ νοῆσαι
τὰ σοφὰ καὶ δυσνόητα τῶν θείων μυστηρίων·
καὶ δὴ συντόμως μάνθανε τὴν ἀλήθειαν ὅλην.
δεῖ πρῶτον τὸν θεμέλιον ποιεῖν εὐαρμοζόντως,
καὶ τότε πρὸς ἐπάνωθεν οἶκον οἰκοδομῆσαι
καὶ παντὸς ἄλλου πράγματος ὕλην προϋποστῆσαι,
καὶ τότε τὸ προκείμενον εἰς πέρας παρεισάγειν.
οὕτω καὶ βεβαιότερον ἐνταῦθα δεῖ γενέσθαι
πρότερον μὲν τὴν πρόθεσιν, καὶ τότε παρεισάγειν
τὰς προσευχὰς καὶ τὰς εὐχὰς τῆς θείας λειτουργίας
μέχρι τέλους ἐπάνωθεν τῶν δὴ προτιθεμένων.
καὶ γὰρ λέγεται πρόθεσις ἀπὸ τοῦ ‘προτιθέναι’
καὶ δεικνύειν τὰ μέλλοντα παρ’ αὐτῇ συμπληροῦσθαι.
Ἡ προσφορὰ λαμβάνεται πρὸς τύπον τῆς παρθένου,
τὸ δέ γε προσφερόμενον ἐξ αὐτῆς μικρὸν μέρος
τὸ σῶμα τὸ τρισέντιμον τοῦ θεανθρώπου λόγου
τὸ γεννηθὲν παρίστησιν ἐξ αὐτῆς τῆς παρθένου.
καὶ κἂν τρεῖς θυσιάζωνται, καὶ πλέον, ὡς ἐδόκει,
ἁμαρτιῶν εἰς ἄφεσιν ζώντων καὶ τεθνεώτων,
ἀλλ’ ὅμως ἁγιάζονται, καθὼς προείπομέν πως,
κἀκ τούτων ἓν συγγίνεται σῶμα τὸ τοῦ κυρίου.
Ἡ δ’ αὖ ἁγία πρόθεσις τὴν φάτνην προμηνύει
ἐν ᾗ Χριστὸς κατέκειτο γεννηθεὶς ἐκ παρθένου.
Τὸ θυμίαμα πέφυκε τύπος τῶν ἀρωμάτων
ἅπερ αὐτῷ προσέφερον οἱ μάγοι προσκυνοῦντες.
Ὁ δὲ πάλιν διάκονος ὁ ταύτην ἑτοιμάσας
τοῦ ἀρχαγγέλου Γαβριὴλ εἰκόνα παρεισφέρει
τοῦ τῇ παρθένῳ λέξαντος ‘χαῖρε, εὐλογημένη’·
ἢ τοῦ προδρόμου δείκνυσιν Ἰωάννου εἰκόνα,
‘μετανοεῖτε’ λέγοντος, ‘καὶ γὰρ ἡ βασιλεία
τοῖς βροτοῖς ὄντως ἤνοικται τῶν οὐρανῶν τοῖς πᾶσιν’.
ὁ δ’ ἱερεὺς ἀρχόμενος τῆς θείας λειτουργίας
ἰσότυπος καθέστηκε τοῦ θεανθρώπου λόγου.

70 9, 429 A 7–10 ‖ **71–73** 429 B 2–5 ‖ **74–77** cf. 10, 429 D 1–3 ‖ **78–79** cf. 10, 429 C 12–15; Luc. 2, 7 ‖ **82–84** Nicol. 10, 429 C 1–3; Luc. 1, 26–28 ‖ **85–87** cf. 11, 432 B 1–5 ‖ **86–87** Matth. 3, 2

87 *ἤγγικε* **1**[e]

Αἱ δ' αἰτήσεις λεγόμεναι παρὰ τοῦ διακόνου,
ἄνωθεν δήπου τὴν ἀρχὴν τῆς εἰρήνης ποιοῦντος,
τὸν ἀριθμὸν ἰσάριθμον τῶν θειοτάτων νόων,
τῶν χερουβίμ, τῶν σεραφίμ, θρόνων, κυριοτήτων,
ἐξουσιῶν, δυνάμεων, ἀρχῶν καὶ ἀρχαγγέλων
καὶ τῶν ἀγγέλων τῷ χορῷ καὶ τῶν βροτῶν ἁπάντων.
Αἱ τρεῖς στάσεις σημαίνουσι τῶν θείων ἀντιφώνων
τό γε τριακοντάχρονον τοῦ θεανθρώπου λόγου
ἐξ αὐτῆς τῆς γεννήσεως μέχρι τῆς κολυμβήθρας,
ἐν τρισὶ διαιρούμενον τελείαις ταῖς δεκάσιν,
ὥσπερ δηλοῖ καὶ τῆς αὐτῶν ἀκολουθίας τρόπος·
τὸ γὰρ πρῶτον περαίνεται 'τῆς μητρὸς ταῖς πρεσβείαις',
τὸ δεύτερον ἀνάγεται 'πρεσβείαις τῶν ἁγίων',
ὁ δ' 'ἐν ἁγίοις θαυμαστὸς' τὸ τρίτον παρεισάγει.
Ἡ δ' εἴσοδος φανέρωσιν δηλοῖ τὴν τοῦ κυρίου,
Ἰορδάνου δ' αἰνίττεται καὶ τὴν ἔλευσιν πάντως,
ὡς συμφωνοῦσι τῶν ψαλμῶν τῶν ἁγίων οἱ λόγοι.
Ὁ δ' ὕμνος ὁ τρισάγιος δηλοῖ τὰς ὑποστάσεις
τοῦ τε πατρὸς καὶ τοῦ υἱοῦ καὶ πνεύματος ἁγίου,
κἂν ἐφ' ἑκάστου τῶν τριῶν ἁρμόζῃ παραδόξως·
καὶ γὰρ ἕκαστος ἅγιος καὶ ἰσχυρὸς ὑπάρχει
καὶ σὺν τούτοις ἀθάνατος καὶ θεὸς καὶ δεσπότης.
Κἀντεῦθεν ἡ ἀνάγνωσις τῶν θείων ἀποστόλων,
ἥτις δηλοῖ τὴν ἐκλογὴν τῶν θείων ἀποστόλων.
Ὁ δ' ὕμνος ἀλληλούια τὸ τριττὸν περιέχει
αὐτῶν τῶν ὑποστάσεων τῆς ἁγίας τριάδος.
Ἡ δὲ σφραγὶς ἣν εἴωθεν ὁ ἱερεὺς ποιεῖν τε
οἱονεὶ κατασφράγισμα προφητικῶν λογίων.
Τὸ δὲ πάλιν θυμίαμα τὴν δεδομένην χάριν
τοῖς μαθηταῖς τοῦ πνεύματος δηλοῖ παρὰ τοῦ λόγου,
ὅτε τούτους ἀπέστειλεν ἰᾶσθαι πᾶσαν νόσον·
ἑπτάκις δὲ προσφέρεται τῇ θείᾳ λειτουργίᾳ
ὅτι καὶ τὰ χαρίσματα πνεύματος τοῦ ἁγίου,

92–95 Ps.-Dionys. Areop. Cael. hier. 6, 2, PG 3, 200 D 1–201 A 13 ‖ **101** Nicol. 12, 433 A 11–13 ‖ **102** 433 B 2 ‖ **104–105** 14, 436 C 4–8 ‖ **106** Ps. 94, 1 (cf. Nicol. 436 D 12–15) ‖ **107–111** Nicol. 13, 433 D 1–436 A 6 ‖ **112–113** 15, 437 C 3–6 ‖ **116–117** 437 C 7–11 ‖ **118–120** 17, 440 D 3–7

92 *ἰσάριθμοι* **l**[e] ‖ **95** *τῶν χορῶν* **l**[e] ‖ **116** *ποιῆσαι* (om. *τε*) **l**[e]

ὥσπερ ἐγγράφως εἴδομεν, ἑπταχῶς διαιροῦνται.
Τὸ σεπτὸν εὐαγγέλιον τὸ κήρυγμα δεικνύει
καὶ τοὺς νόμους οὓς ἔθηκεν ἡμῖν ὁ παντεπόπτης.
Αἱ μετὰ τὸ εὐαγγέλιον εὐχαί τε καὶ δεήσεις
αἱ μέχρι τοῦ χερουβικοῦ παρεμφαίνουσιν ὕμνου
τὴν ἐπὶ χρόνοις τοῖς τρισὶ Χριστοῦ διδασκαλίαν
καὶ τὴν τῶν πρὸς τὸ βάπτισμα προσευτρεπιζομένων,
δι' ἧς τούτοις κατήχησεν ἡ δύναμις τοῦ λόγου,
καὶ θαυμάτων ἐνέργεια συνεφείλκετο τούτοις.
Κἀντεῦθεν ἡ μετάθεσις τῶν θείων μυστηρίων
πρὸς τὸ θυσιαστήριον τὴν ἀπὸ Βηθανίας
τὴν Ἰησοῦ εἰσέλευσιν τὴν εἰς Ἱερουσαλὴμ φέρει
καὶ σταυροῦ τε τὴν ὕψωσιν καὶ τάφον τοῦ κυρίου.
Ὁ δ' ὕμνος ὁ ψαλλόμενος παρακελεύει πάντας
τὸν νοῦν προσεκτικώτερον ἔχειν καὶ μέχρι τέλους
ὡς βασιλέα μέλλοντας ὑποδέχεσθαι πάντων.
Ἡ δὲ νίψις ἐδήλωσε τοῦ Πιλάτου τὴν νίψιν,
ὡς 'ἀθῷός εἰμι' φήσαντος 'ταύτης τῆς κακουργίας'.
Μετὰ δὲ ταῦτα ἐπεύχεται ὁ ἱερεὺς γενέσθαι
τὴν θυσίαν εὐπρόσδεκτον τῷ θεῷ καὶ δεσπότῃ·
κἀντεῦθεν ἡ ἐκφώνησις τὸν ἀσπασμὸν κελεύει
καὶ πᾶσαν ἐξορίζεσθαι ψυχῆς μνησικακίαν.
'Τὰς δὲ θύρας' ἐντέλλεται 'πρόσσχωμεν ἐν σοφίᾳ',
τουτέστιν, ἂς προσέξωμεν, καὶ γὰρ ὁ παντοκράτωρ
τῷ πατρὶ παραδίωσι τὸ θειότατον πνεῦμα.
ἡ τῶν θυρῶν δὲ σύγκλεισις οἶμαι δηλοῖ τὸ σκότος
τηνικαῦτα γενόμενον δύνοντος τοῦ ἡλίου,
τὸ δέ γε θεῖον σύμβολον τῶν τότε κεκραγότων
τὴν θείαν ὁμολόγησιν τοῦ θεανθρώπου λόγου.
Κἀντεῦθεν τὴν ἀνάστασιν τὴν θείαν εἰκονίζει
'στῶμεν καλῶς' ὁ ἄγγελος βοῶν 'καὶ μετὰ φόβου'

124–125 17, 440 C 5–8 ‖ **126–131** 440 D 8–441 A 3 ‖ **132–134** 18, 441 A 14–B 3 ‖ **135** 441 C 2–3 ‖ **136–138** 441 B 11–15 ‖ **140** Matth. 27, 24 ‖ **141–142** Nicol. 19, 444 A 15–B 3 ‖ **143–144** 444 B 9–12 ‖ **145–146** 444 B 12–15 ‖ **146–147** Luc. 23, 46 ‖ **148–149** Matth. 27,45; Marc. 15,33; Luc. 23,44 ‖ **150–151** cf. Matth. 27,54 ‖ **152–154** cf. Nicol. 19, 444 C 12– D 8

126 *τὸ* om. **l**^{e} ‖ **129** *προευτρεπιζομένων* **l**^{e} ‖ **130** *κατήχησιν*, sscr. *εν*, **l**^{e} ‖ **131** *συνεφίκετο* **l**^{e} ‖ **134** *τὴν*^{2} om. **l**^{e} | *φέρῃ* **l**^{e} ‖ **149** *δύναντος* **l**^{e}

καὶ κηρύττων τὴν ἔγερσιν διὰ τοῦ διακόνου·
καὶ τῷ τριττῷ τῆς λέξεως αὐτῆς τῆς τριημέρου
ταφῆς προσεπεσήμανε τοῦ θεοῦ καὶ δεσπότου.
οἱ δὲ πιστοὶ τὸν ἔλεον καὶ εἰρήνην προσφέρειν
θεῷ προσεπαγγέλλονται, αἰνέσεως θυσίαν.
ὁ δ' ἱερεὺς 'προσέξωμεν', ὡς ἔφην ἀνωτέρω,
καὶ 'ἡ θεοῦ βοήθεια μετὰ πάντων ὑμῶν ἔσται'·
ὁ δέ λαὸς ἐπεύχεται, 'μετὰ τοῦ πνεύματός σου'.
'ἐκ τῶν γηΐνων ἄρωμεν ἡμῶν καὶ τὰς αἰσθήσεις',
ὅθεν καὶ τὴν ἀπόκρισιν δέχεται περὶ τούτων,
'ἔχομεν πρὸς τὸν κύριον' τῶν πάντων ἐκφωνούντων.
καὶ πάλιν 'ἀναπέμψωμεν εὐχαριστίαν' λέγει
'κυρίῳ τῷ θεῷ ἡμῶν'· ὁ λαὸς 'πρέπον' λέγει.
Κἀντεῦθεν προσευχόμενος τῷ τρόμῳ καὶ τῷ φόβῳ
καὶ τῷ θεῷ προσομιλῶν μυστικῶς ἀναφέρει
τὰ κεκρυμμένα πρότερον, νυνὶ φανερωθέντα
διὰ τῆς ἐνδημήσεως τοῦ θεανθρώπου λόγου,
τῶν χερουβὶμ τῶν σεραφὶμ βοώντων κεκραγότων
θεῷ τὸν ἐπινίκιον καὶ τρισάγιον ὕμνον·
ὁ δὲ λαὸς εἰς πρόσωπον τούτων βοᾷ καὶ λέγει,
'εἷς θεὸς ὁ τρισάγιος, ὡσαννὰ ἐν ὑψίστοις,
σῶσον δὴ ὁ ἐρχόμενος εἰς ὄνομα κυρίου.'
καὶ γὰρ τὴν ὑπερκόσμιον καὶ νοερὰν τὴν τάξιν
μιμοῦνται τὰ ἐπίγεια μυστικῶς, καταλλήλως.
Ἐντεῦθεν κατὰ μίμησιν τοῦ θείου διδασκάλου
τοῖς παροῦσιν ἐνδείκνυσι τὸν θυόμενον ἄρτον,
ὁμοίως τὸ ποτήριον, λέγων μεγαλοφώνως,
'ἐκ τούτου πάντες πίετε, τὸ γὰρ αἷμά μου πέλει'.
Ἔνθεν μνείαν ποιούμεθα τῶν θείων μυστηρίων,
ἅπερ ἡμῖν παρέδωκαν οἱ ἅγιοι πατέρες
καὶ μᾶλλον οἱ ἀπόστολοι, ταῦτα προσενεχθῆναι
ἐκ τῶν αὐτῶν καὶ δι' αὐτῶν, διὰ παντὸς καὶ πάντων.
Καὶ πάλιν προσευχόμενος καὶ σφραγίζων τὰ δῶρα
εὐδοκίᾳ καὶ χάριτι τοῦ θεοῦ πατρὸς μόνου
καὶ τῇ βουλήσει τοῦ θεοῦ καὶ θεανθρώπου λόγου

157–158 20, 445 A 2–4 ‖ **159** supra vss. 145–146 ‖ **169** Coloss. 1,26 ‖ **171–172** Nicol. 24, 449 B 1–5

159 *προσέξομεν* **l**[e]

καὶ τῇ τοῦ θείου πνεύματος αὐτοῦ ἐπιφοιτήσει
τελειοῖ τὰ προκείμενα θαυμαστῷ τινι τρόπῳ,
καὶ ποιεῖ τὴν ἀνάμνησιν περὶ τριῶν προσώπων·
τῶν ἁγίων τὸ πρότερον καὶ πάντων τῶν δικαίων,
'ὧν ὁ θεὸς ἐπίσκεψαι ἡμᾶς ταῖς ἱκεσίαις,
ἐξαιρέτως δὲ μάλιστα τῆς παρθένου Μαρίας',
καὶ σὺν τούτοις τὸ δεύτερον πάντων κεκοιμημένων
ἐλπίδι ἀναστάσεως ζωῆς τῆς αἰωνίου,
ἵν' ὁ θεὸς ἀνάπαυσιν αὐτοῖς παραχωρήσῃ,
καὶ τρίτον παντὸς τάγματος ζώντων καὶ διαγόντων
τῆς ὀρθοδόξου πίστεως ἐν σεμνῇ πολιτείᾳ.
τῶν εὐχῶν τριῶν αἴτησις ἀποδεικνύει τοῦτο.
Καὶ πάλιν προσευχόμενος ἀνυμνεῖν καὶ δοξάζειν
μιᾷ ψυχῇ τοὺς ἅπαντας τὴν ἁγίαν τριάδα
διακελεύεται τρανῶς, ὅπως ἡ χάρις ἔλθῃ
καταξιῶσαι μετασχεῖν τῶν θείων μυστηρίων·
'καταξίωσον, δέσποτα', βοῶν 'ἀκατακρίτως
τολμᾶν ἐπικαλεῖσθαί σε, τὸν θεὸν καὶ πατέρα',
'πάτερ ἡμῶν μονώτατε' λέγειν μεγαλοφώνως.
κἀκείνοις μόνον δίκαιον τὸ 'πάτερ ἡμῶν' λέγειν,
τοῖς μετὰ τοῦ βαπτίσματος θεῷ ἀκολουθοῦσι·
'ἁγιασθήτω τοὔνομα' τοῦ θεανθρώπου λόγου,
οἱ μὴ διαπραττόμενοι παράνομον ἐν βίῳ·
'ἐλθέτω ἡ βασιλεία σου' οἱ φεύγοντες τὰ κάτω,
τὴν τοῦ τυράννου χαρμονὴν καὶ θλῖψιν παθημάτων·
καὶ κυρίου 'τὸ θέλημα' παρακαλεῖ 'γενέσθαι'
ὁ διὰ πράξεων καλῶν τοῦτο παραδεικνύων·
'ἄρτον τὸν ἐπιούσιον' αἰτεῖ λαβεῖν αὐτάρκως
ὁ μὴ παρέχων ἑαυτὸν ἡδοναῖς ταῖς τοῦ βίου·
'ἄφες ἡμῖν ὀφείλημα' οἱ μὴ μνησικακοῦντες
καὶ τοῖς αὐτῶν προσπταίουσι συγγινώσκοντες πάντα·
'εἰς πειρασμὸν' μὴ ῥίπτεσθαι μηδ' ὅλως εἰς κινδύνους
οἱ μήθ' αὐτοὺς ἐμβάλλοντες εἰς πειρασμοὺς μήτ' ἄλλους·
'ἀπὸ τοῦ πονηροῦ ῥύεσθαι' οἱ καταπολεμοῦντες
καὶ πρὸς αὐτὸν ἐγείροντες τὸν σατανᾶν τὴν μάχην·

207–224 Matth. 6,9–13

205 *βοῶν* sscr. pr. m., *ἡμᾶς* in lin. **1**[a]

καὶ 'σοῦ ἐστιν ἡ δύναμις, βασιλεία καὶ δόξα'
οἱ πρὸς θεὸν ἐκφεύγοντες ἐξ ὅλης τῆς καρδίας.
Καὶ πάλιν προσευχόμενος εὐχαριστίαν ἄγει
εἰς καλὸν τὰ προκείμενα πᾶσιν ἐξομαλίσαι
οἰκτιρμοῖς τε καὶ χάριτι τοῦ θεανθρώπου λόγου,
καὶ κατελθεῖν ἐπάνωθεν ὁ παρὼν ἀοράτως
μεταδοῦναι τοῦ σώματος αὐτοῦ καὶ τοῖς παροῦσι
καὶ τοῦ τιμίου αἵματος παρακαλεῖ καὶ λέγει,
'τοῖς ἁγίοις τὰ ἅγια'· δηλοῖ δὲ τοῦ κυρίου
τὴν ἁγίαν ἀνάληψιν τὴν τρισέντιμον λίαν.
οἱ δὲ παρόντες λέγουσιν ἔνθεν μεγαλοφώνως,
'εἷς μόνος καὶ πανάγιος ὁ κύριος τῆς δόξης,
Χριστὸς ὁ ὑπεράγαθος, ὁ χωρὶς ἁμαρτίας.'
Καὶ μετὰ τοῦτο διαιρεῖ τὸ σῶμα τοῦ κυρίου·
εὐθέως ὁ διάκονος λέγει πρὸς τοῦτον πάλιν,
'τὰ δῶρα ταῦτα, δέσποτα, πλήρωσον ὥσπερ θέμις'.
τὸ δ' ἓν μέρος συμμίγνυται αἵματι τῷ ἁγίῳ,
δηλοῖ δ' ὅτι συνήνωνται τῷ θεανθρώπῳ λόγῳ
οἱ δικαίως συζήσαντες ἐν τῷ παρόντι βίῳ·
τὸ δ' αὖ δεύτερον γίνεται μερὶς ὅλου τοῦ κλήρου,
δηλοῖ δ' ὅτι ἐλπίζομεν ἡμεῖς αὐτοῖς συνεῖναι
καὶ σὺν αὐτοῖς συζήσομεν εἰς πάντας τοὺς αἰῶνας·
τὰ δὲ δίσκῳ λειπόμενα, τὸ μὲν προσφέρει τύπον
τῶν ἀτελῶν, ὃ τίθεται πάλιν ἐν ποτηρίῳ,
δηλοῖ δ' ὅτι συνέσονται οὗτοι σὺν τοῖς ἁγίοις
ἐν ἡμέρᾳ τῆς κρίσεως δι' εὐχῶν τῶν δικαίων·
τὸ δ' αὖ τέταρτον πέφυκε τοῦ λαοῦ κοινωνία.
Ὅθεν καὶ ὁ διάκονος τούτους πρὸς κοινωνίαν
μετὰ φόβου καὶ πίστεως καλεῖται καὶ ἀγάπης
τοῦ προσελθεῖν ἐνώπιον τῆς Χριστοῦ βασιλείας.
ὁ δ' ἱερεὺς εὐχόμενος εὐχαριστίαν πέμπει
τῷ καταξιώσαντι τῶν θείων μυστηρίων
τοὺς αὐτοῦ δούλους ἅπαντας, τῷ θεανθρώπῳ λόγῳ.
καὶ λαβὼν τὸ ποτήριον ἔνθεν πρεπωδεστέρως
στρέφεται πρὸς τὴν πρόθεσιν καὶ τίθησιν ἐπάνω,
ὅπερ δηλοῖ τὴν μέλλουσαν τοῦ λόγου παρουσίαν.
Καὶ πάλιν προσευχόμενος αἴτησιν παρεισάγει,
'δέσποτα' λέγων 'ὁ θεὸς ὁ μόνος παντοκράτωρ,
τὸν σὸν λαὸν εὐλόγησον, τὴν σὴν κληρονομίαν,
καὶ τὸ πλήρωμα φύλαξον τῆς θείας ἐκκλησίας'.

Poema 57. Contra Latinos

Poema tam confuse compositum ut dubitare possis, utrum consilio ita conscriptum sit an foliis perturbatis vel amissis casu tale effectum (praecipue notandum est initium). praeter alias pravas consuetudines, quarum obiter mentio fit, maxime vituperatur azymorum usus in eucharistia ut Iudaicus et a pane vivo alienus.

Versus sunt dodecasyllabi rhythmici.

Στίχοι Κωνσταντίνου καὶ σεβαστοῦ τοῦ Ψελλοῦ κατὰ Λατίνων

Ἡμιτέλεστοι Χριστιανοὶ οὖν ὦσι·
πλεῖστοι γὰρ αὐτῶν οὐ χρίονται τῷ μύρῳ,
ἐπίσκοποι γὰρ τούτων ὡς φίλοι δόξης
οὐ παρέχουσι τοῖς πρεσβυτέροις μύρον,
ὅθεν μένουσιν ἀμύρωτοι οἱ πλείους.
Θύται δὲ αὐτῶν οὐδόλως ἀναργύρως
μεταδίδωσι τῷ λαῷ κοινωνίαν,
πωλοῦντες αὐτὴν ὡς Ἰούδας τὸν λόγον.
Ἄνευ διακόνων δὲ καὶ κλήρου ὅλου
θύουσιν αὐτῶν οἱ θύται τὰς θυσίας,
ὑπὲρ νεκρῶν θύοντες οἱ παραθύται,
ἃς καὶ καλοῦσι μυστικὰς λειτουργίας,
εἴργοντος αὐτοῖς τοῦτο αὐτῶν τοῦ νόμου,
καθὼς Ἰωάννης ὁ Δαμάσκου ἔφη·
καὶ τοῦτο πάντως ἐκ μόνης φειδωλίας,
ὡσὰν ἀφ' ὧν μὲν λαμβάνωσιν οὐδόλως
δίδωσί τισιν ἀγνοοῦντες διδόναι,
χεῖρας δὲ αὐτῶν ἐκτεταμένας πάντῃ
ἔχοντες οἶδε πρὸς τὸ λαμβάνειν μόνον.
Χρίουσι γοῦν καὶ ἀρητῆρας ἀνήβους,
χρίουσι τοίνυν διγάμους καὶ τριγάμους·
Παῦλος δὲ τοῦτο ἀθετεῖ καὶ ἐκτρέπει.
Πάντες δέ εἰσιν εὐλογήσεως ἄτερ·
θύται γὰρ αὐτῶν ἀντίδωρον οὐδέπω
νέμουσιν αὐτοῖς ὡς ἑῴας οἱ θύται,
φειδωλίαν ἔχοντες ὑπὲρ ἀνθρώπους.

57 **14** Ioann. Damasc. ubi? ‖ **22** 1 Tim. 3, 2

57 **a** 146ʳ–149ᵛ ‖ ined. ‖ **6** *θύεται* **a** ‖ **13** *αὐτοῖς*] *-οῖς* dub. **a** ‖ **24** *θύεται* **a**

Νοσοῦσι δ᾽ ὑπὲρ τὸν σατὰν ἀπιστίαν·
ὁ μὲν γὰρ ἄρτους ἐκ λίθων τὸν δεσπότην
ἔφη δύνασθαι αὐτομάτως ποιῆσαι,
οὗτοι δὲ Χριστοῦ τὴν δύναμιν ἀρνοῦνται,
πόθεν, λέγοντες, ἄρτος αὐτῷ ζυμίτης,
ζύμης ἀπούσης τοῦ πάσχα ταῖς ἡμέραις
δι᾽ ἅπερ ἠπείλησε Μωσῆς ἐν νόμῳ;
καὶ τὴν ἐνέργειαν δὲ τῆς ἐργασίας
εἴργει ὁ Μωσῆς σαββάτου ἐν ἡμέρᾳ·
ἀλλ᾽ ὡς θεὸς νόμου τε καὶ τοῦ σαββάτου
καὶ Μωσέως δὲ καὶ προφητῶν ἁπάντων
ὁ Χριστὸς ἐν σάββασιν αἴρειν προὔτρεπεν
βαστάγματα καὶ θαυματουργεῖν εὐδόκει.
πόθεν δὲ αὐτῶν τῇ ἐγέρσει, εἰπάτω,
ὁ ἄρτος ὃν προὔθηκε τοῖς ἀποστόλοις
καὶ κηρίον μελισσίων ἢ ἰχθύες,
τοῖσιν ἔτι [...] *συναναστραφεὶς τότε;*
ἀλλὰ δύναται πάντα ὡς θεὸς πάντων
εἰδώς τε ἐξ ὧν βούλεται ἑτοιμάζειν
ἐν οἷς τόποις μὲν εὐδοκεῖ καὶ παρέχει.
Παρανόμως θύουσι δ᾽ ὡς Ἰουδαῖοι,
τοῦ πνεύματος φήσαντος ἐν Δαυὶδ τότε
ἄζυμος ἄρτος ὡς ⟨*ὁ*⟩ *Μωσῆς συγγράφει.*
ἄρτος μὲν ἦν πρῶτον γὰρ ἐκ Μελχισεδέκ,
ἀζύμων δ᾽ ἀρχὴν ἔσχεν ἐκ Λώτ, ὡς λόγος·
ὁ οὖν θύων ἄρτον κατὰ Χριστὸν θύει
καὶ κατὰ τὸν Μελχισεδὲκ μάλ᾽ εἰκότως,
ὁ δ᾽ ἀζύμους θύων μὲν εἰς ἐκκλησίαν
οὐκ ἔστι τῆς χάριτος, ἀλλὰ ῥανίδος,
τοῦ ἁγίου πνεύματος εἰπόντος τότε
τάξει θύειν μὲν τοῦ πάλαι Μελχισεδέκ.
οὐ γὰρ ἔφησε κατὰ τάξιν τοῦ νόμου,
οὐ Μωσέως δὲ καὶ Ἀαρὼν τῶν πάλαι,

28–29 Matth. 4,3 ‖ **33** Exod. 12,15;19 ‖ **38–39** Ioann. 5,8–10 (cf. 2 Esdr. 23,19; Ierem. 17,21–27) ‖ **41–42** Luc. 24,41–43 ‖ **48** cf. 1 Paral. 23,29 (?) ‖ **49** Exod. 12,8–20 ‖ **50** Gen. 14–18 ‖ **51** Gen. 19,3 ‖ **57** Ps. 109,4

31 *αὐτῶν* **a** ‖ **42** *μέλιτος* **a** (cf. 72) ‖ **49** supplevi

ἀλλὰ κατὰ Μελχισεδέκ, καθὼς ἔφην.
Μελχισεδὲκ τάξιν δὲ ποίαν συγγράφει
περιτομῆς οἴεσθαι ἢ χρῖσιν λέγειν;
ἄπαγε τούτων, οὐδὲ ἓν γὰρ σημαίνει·
τούτοις γὰρ ἐχρήσατο οὗτος οὐδόλως,
ἀλλ' ἡ μόνη αὐτῷ ζυμίτη θυσία,
ἀκμὴν ἀπόντων ἐν βίῳ τῶν ἀζύμων.
Ὁ τοίνυν ἀζύμους θεῷ θύων ἄρτους,
καὶ πικρίδας ἔξεστιν αὐτῷ ἐσθίειν,
ἄνευ γὰρ αὐτῶν ἀτέλεστος θυσία
τῶν ἀζύμων πέφυκε κατὰ τὸν νόμον.
ὄψα γάρ εἰσι πικρίδες τῶν ἀζύμων,
ὡς τῇ ἐγέρσει κηρίον μελισσίων·
αἱ μὲν τὸ πικρὸν τυποῦσι γὰρ τοῦ νόμου,
ἤγουν τὸ ἀσύγγνωστον αὐτοῦ δηλοῦσι,
πταίουσι πᾶσιν ἀντιπάθειαν νέμων,
τὸ κηρίον δὲ τὸ γλυκὺ τοῦ κυρίου,
ὃς οὐ θάνατον, ἀλλὰ τὴν σωτηρίαν
θέλει ἁπάντων τῷ θεῷ προσκρουόντων.
ὁ οὖν τὸ θύμα προσφέρων ἐξ ἀζύμων
ὑπὸ σκιὰν πέφυκεν ἀκμὴν καὶ σκότος
καὶ ἥλιον μὲν εἶδεν οὐδαμῶς ἔτι
τὸν τῆς δικαιότητος, ὡς πᾶς τις φάσκει,
γνόφος γὰρ ἠμαύρωσεν αὐτῶν τοῦ νόμου
καὶ ἀνανῆψαι οὐκ ἐᾷ τούτους ὅλως.
ἡ ἀζύμων γὰρ νεκρά ἐστι θυσία,
κίνησιν οὐκ ἔχουσα ἐν ζύμῃ ὅλως,
νεκρὸν θύμα γὰρ οὐ προσάγεται ὅλως,
Παύλου βοῶντος ζῶσαν αὐτὴν προσφέρειν,
ζῶσα δέ ἐστιν ἡ κινουμένη ζύμη.
νεκρὸν θύμα γὰρ τυγχάνει τῶν ἀζύμων,
τῶν ἀζύμων ἄζωος ἐστὶ γὰρ φύσις
ἡ ζυμίτη δὲ ζῶσά {δὲ} ἐστι θυσία.
ἐγὼ γάρ εἰμι, φησὶ Χριστὸς τοῖς μύσταις,

72 Luc. 24,41–43 ‖ **77** Ezech. 18,23 ‖ **82** Malach. 3,20 ‖ **88** Rom. 12,1 ‖ **93–94** Ioann. 6,33

65 *αὐτῷ*] dub. **a** ‖ **73** *τυποῦσι* ex *δηλοῦσι* **a** ‖ **78** scr. *τῶν*? ‖ **83** scr. *αὐτὸν*? ‖ **91** *ἐστὶ* scripsi: *δὲ* **a** ‖ **92** delevi

ὁ ἄρτος ὁ ζῶν καὶ καταβὰς ἐκ πόλου,
βροντῆς καθώς μοι μαρτυρεῖ θεῖος γόνος.
ζῶν ἄρτος ἐστὶν ἡ ζυμίτη θυσία,
δηλαδὴ ⟨ἡ⟩ ζῶσά τε καὶ κινουμένη,
ἡ μὴ κινουμένη δὲ μηδόλως φύσις,
οἵα πέφυκεν ἡ δυσικὴ θυσία,
πῶς ζωτικὸς κληθήσεται ἄρτος λέγε,
ὢν ἀσάλευτος καὶ ἀκίνητος πάντῃ.
ὅθεν τυποῖ σίτῳ μὲν ἡμῶν οὐσίαν
καὶ τῇ σεμιδάλει δὲ τὴν θείαν φύσιν·
τούτων δὲ προσκολλωμένων τῶν φύσεων
ἓν κατὰ Παῦλον πνεῦμα ὦμεν σὺν θεῷ.
αὕτη γάρ ἐστιν ἀντὶ χάριτος χάρις,
μικρὰ προσάγειν καὶ μεγάλα λαμβάνειν·
οὕτω γὰρ οἶδε Χριστὸς ἡμᾶς ἀμείβειν,
ἤγουν λαβεῖν μὲν φθαρτὰ ἀντὶ ἀφθάρτων.
Τὴν οὖν ζυμίτην θυσίαν οἱ Λατῖνοι
οὐ παρέλαβον ἀγνοοῦντες καὶ μόνον·
λέγουσι καὶ γὰρ μὴ ἀγαθὸν σημαίνειν
ὅλως ζύμην μὲν ἐν γραφαῖς ταῖς ἐνθέοις,
λέγοντος αὐτοῖς τοῦ σοφοῦ Αὐγουστίνου
εὐαγγέλιον ἐξισοῦσθαι τῇ ζύμῃ,
καὶ ἡ χάρις πάλιν δὲ τοῦ Διαλόγου
τὴν σύνεσίν τε καὶ γραφῶν δὲ τὴν γνῶσιν
ζύμην κέκληκεν, ὡς ἐγὼ δείξω πᾶσιν.
αἰνίττεται δ' ὃ καὶ ὁ σωτὴρ ἐκδήλως,
σατῶν τριῶν τε καὶ γυναικὸς καὶ ζύμης,
ὃ ἄλλο τί πέφυκεν ἢ ἡ θυσία,
ἣν προσφέρουσι Χριστιανοὶ κυρίῳ,
τὴν ἐκ ζύμης μέν φημι καὶ τῶν ἀζύμων;
ἡ μὲν γάρ ἐστιν ἐξ ὑλῶν τῶν τεσσάρων,
ἡ ἀζύμων δὲ ἐκ τριῶν, ὡς ἐρρέθη.

95 Marc. 3,17 ‖ **105** cf. 1 Cor. 6,17 ‖ **106** Ioann. 1,16 ‖ **114–115** Augustin. ubi? (cf. Doctr. Christ. III 25) ‖ **116–118** Greg. I Papa ubi? (cf. XL hom. in evang. II 32, 8, PL 76, 1179 A 2–14) ‖ **119–120** Matth. 13,33; Luc. 13,21

97 supplevi ‖ **102** *τοποῖ* ut vid. **a** | *σίτω*] dub., in *μὲν* scriptum (ante alt. *μὲν*) **a** ‖ **119** *δὲ* **a** ‖ **121** *θοπιά* **a** ‖ **123** *ζόμης* **a** ‖ post **125** excidit aliquid

καὶ ἀκροβυστίαν γε δεῖ περιτέμνειν,
οὕτω τέλειος τοῖς νομίμοις γὰρ ἔσται.
εἰ γὰρ μόνοις χρῶνται τοῖς ἄρτοις ἀζύμοις,
λοιπὰ δὲ πάντα παρορῶσι τοῦ νόμου,
ἡμιτέλεστοι τυγχάνουσιν Ἑβραῖοι
καὶ ἡμίχριστοι Χριστιανοὶ ὡσαύτως.
Μὴ οὖν λέγωσιν μὴ ὑπάρχειν ζυμίτας
ἐν τῷ σεβαστῷ καὶ πανεντίμῳ δείπνῳ
δι' ἅπερ ἠπείλησ⟨ε⟩ Μωσῆς ἐν νόμῳ,
καθὼς ἄνω ἔφημεν ἐν προοιμίοις.
καὶ πάσχα πάλιν τὴν μετάληψιν λέγειν
νόμους φυγεῖν μὲν αὐτῷ ἀντικειμένους,
ἱσταμένους μᾶλλον δὲ χρήσασθαι τούτῳ
καὶ χεῖρε ῥάβδους κατέχοντας ἐσθίειν,
ἔτι δὲ καὶ πέδιλα τοῖς ποσὶ τούτων,
ὥσπερ προετρέψατο Μωσῆς ἐν νόμῳ.
ἀλλ' οὖν ὁ Χριστὸς ὡς ἁπάντων δεσπότης,
καὶ τοῦ νόμου τε καὶ προφητῶν ἁπάντων,
ἀλλοδεῶς ἐχρῆτο τῇ ἀνακλίσει
ἐκεῖ παρόντος τοῦ κακόφρονος τότε
καὶ πάντα ἀθροῦντος μὲν εἰς πανουργίαν.
Καὶ πωγωνοκουροῦσι δ' εἰκῇ καὶ μάτην·
οἱ γὰρ δοκοῦντες ὑπεραίρειν τοὺς πάντας
τῇ τῶν γενείων δηλαδὴ κουρᾷ μόνῃ
καὶ πᾶσιν ἄλλοις τοῖς νομίμοις ἀλόγως
νῦν εἰσιν εἰς ὄνειδος αὐτῶν καὶ γέλων,
ἀσκοῦντες ἐν σάββασι καὶ τὰς νηστείας,
οὐ προσφόρως μὲν ἢ ὅλως καταλλήλως.
καὶ γὰρ ὁ σωτὴρ οὐ γενειάδα τότε
τέτμηκεν οὔτε σάββασιν ἤσκει πάλιν
νηστείαν, ὥσπερ ἴσμεν οἱ λόγων πλήρεις,
κἂν τοὺς μαθητάς φησι νηστεῦσαι τότε
δι' ἥνπερ ἔσχον ὑπεράμετρον λύπην.

134 Exod. 12,15; 19 || **135** supra vs. 33 || **138–141** Exod. 12,11 || **157** Matth. 9,15; Marc. 2,20; Luc. 5,35 || **158** cf. Ioann. 16,20

128 *τοῖς*] dub. **a** || **136** *λέγειν*] dub. **a** || **137** *αὐτὸ* scripsi: *-ῷ* **a** || **139** scr. *χερσὶ* || **144** scr. *ἀλλογενῶς* vel sim.? | *ἀνακλήσει* **a** || **147** *δὲ* **a**

Ἀλλ' ὁ νόμος πέφυκε τοῖς Χριστωνύμοις
ἐκ συλλογ⟨ισμ⟩ῶν παραλαμβάνειν τύπους,
στοιχεῖν δὲ μᾶλλον πράξεσι τοῦ κυρίου,
οὗ ἡ πολυθαύμαστος ἡμῶν τυγχάνει
χάρις προφανῶς εἰς ὑφήλιον πᾶσαν.
εἴπερ δέ τισι συλλογισμοῖς ληπτέον,
[τὰ αἰν]ίγματα καὶ ἄληπτα τῇ φύσει
λέξω προφανῶς ἐν τάχει, ἀλλ' ὡς δέον.
Χριστὸς τὸν ἄρτον τοῦτον ὃν προσάγομεν
σάρκα μὲν ἰδίαν τε καὶ σῶμα καλεῖ.
σὰρξ τυγχάνει δὲ τοῦ τελείου ἀνθρώπου,
ἐκ τεσσάρων μὲν εἰκότως τῶν στοιχείων,
τὸ ἄζυμον δὲ μὴ ὂν ἐκ τῶν τεσσάρων
αὐτοὺς ἐλέγχει Χριστομάχους τυγχάνειν,
μειοῦντας ὥσπερ Χριστὸν ἐν τοῖς ἀζύμοις,
ὡς τὴν τελειότητα τοῦ ἀρνουμένου.
ὁ μὲν γάρ, ὡς ἔφημεν, ἐκ τῶν τεσσάρων
πέφυκεν ὄντως καὶ ὑπάρχει στοιχείων,
καθὼς ὁ ἄρτος ἐστὶν ἐξ ἰσαρίθμων,
ζύμης, ὕδατος, ἅλατος καὶ ἀλεύρου·
ὁ ἄζυμος δὲ οὐσιῶν ὡς ἐκ τριῶν,
ἢ ἐξ ὕδατος, ἅλατος καὶ ἀλεύρου.
πάντα γὰρ ἦσαν ἐλλιπῆ τῶν Ἑβραίων,
περιτομή, ἄζυμα, ἀμνὸς καὶ νόμος,
ἀνθ' ὧν ἅπαντα τὴν θεραπείαν τούτων
ᾐτοῦντο λαβεῖν ἐκ προνοίας τῆς ἄνω·
ἡ μὲν τομῆς τε τὴν ἴασιν καὶ ἕλκους,
ἅτινα συμβαίνουσιν αὐτῇ ἐκ ξίφους,
ζύμη δὲ αὖθις τὴν τελείωσιν ταύτην,
ἀμνὸς δὲ θύμα τοῦ ἀναιμάκτου ἀμνοῦ,
νόμος δὲ πάλιν σφαλμάτων τὴν συγγνώμην.
ἅτινα πάντα ἡ θεοῦ παρουσία
ἰάσατο κράτιστε ὡς θεὸς πάντων,
δοὺς ἀντὶ ⟨τῆς⟩ περιτομῆς τὴν βάπτισιν,

168 Ioann. 6, 51–56; Matth. 26,26; Marc. 14,22; Luc. 22,19

160 *συλλογισμῶν* supplevi, cf. 164 ‖ **162** scr. vid. *ἡμῖν* ‖ **165** supplevi ‖ **191** et **194** scr. *κράτιστα* ‖ **192** supplevi

ἀντὶ δὲ θύματος τελείου τὴν ζύμην,
Μελχισεδὲκ κράτιστε κυρῶν θυσίαν
εὐγνώμονος δούλου μὲν οἷα δεσπότης.
μόνος γὰρ ⟨οὗτος⟩ τῆς καθ' ἡμᾶς θυσίας
πέφυκε πάντα, πρῶτος θύτης ἐν πᾶσι,
καὶ ἀντὶ ἀμνοῦ τοῦ νόμου τοῦ Μωσέως
τέθυκεν ἀμνὸν ἀμόλυντον ἐν πᾶσι,
τὴν σάρκα πάντως τὴν ἑαυτοῦ τὴν θείαν.
καὶ ἀντὶ τοῦ νόμου δὲ τοῦ ἀσυγγνώστου
(πᾶσι γὰρ αὐτῶν ἀντιπάθειαν νέμει,
συγγνώμην οἷς σφάλλουσιν εἰδὼς οὐδόλως)
δέδωκε θείας συμπαθείας τὸν νόμον,
ἅπαντα πληρῶν ὡς τέλειος ἐν πᾶσι,
θείᾳ τέ φημι καὶ βροτείᾳ τῇ φύσει.
Ὁ γὰρ ζυμίτας προσφέρων τῷ κυρίῳ,
οὗτος μιμεῖται τοῦ θεοῦ τὴν θυσίαν·
ὁ ἄζυμον θύων δὲ Χριστῷ θυσίαν
ὑπὸ σκιὰν πέφυκεν ἀκμὴν καὶ νόμον
μὴ ἀνανήψας οὐδαμῶς ἐκ τοῦ γνόφου.
ἁπλῆν γὰρ οἰηθέντες αὐτῶν θυσίαν
Χριστῷ ὑποκρούουσι, κἂν λεληθότως,
ἁπλοῦν φρόνημα τὸν αὐτὸν οὐ [......].
οἱ συνθέτως δὲ προσκομίζοντες ταύτην,
οὗτοι ἀμέμπτως ἀτενίζουσι τούτῳ,
διπλοῦν καταγγέλλοντες αὐτὸν ὑπάρχειν
καὶ λίθον ἀκρόγωνον αὐτὸν τυγχάνειν
οἷα θεόν τε καὶ παλαιᾶς καὶ νέας.
διπλοῦν δὲ πάσχα ἐκτε[λεῖ] ὁ δεσπότης
ἐν τῇ σεβαστῇ ἑσπέρᾳ τῇ τοῦ πάθους,
τὸ τοῦ νόμου μέν, καὶ πάλιν τῆς χάριτος.
Χριστὸς τέλος νόμου γάρ, ὡς Παῦλος γράφει,
καθὼς ὁ θεῖος χρυσεπώνυμος ῥήτωρ

202 Exod. 21, 24; Levit. 24, 19–20; Matth. 5, 38 ‖ **218** Ephes. 2, 20; 1 Petr. 2, 6 ‖ **223** Rom. 10, 4 ‖ **224, 226** Chrysost. locum non inveni

195 *εὐγνομόνως* **a**, correxi | *δούλ( )* aut *δοῦλ( )* **a** | *δεσπότ( )* **a** ‖ **196** exempli gratia supplevi ‖ **203** *συγγνωμήνοις* (-*ή*- dub.) **a** ‖ **216** *ἀτενίζουσι*] dub. **a** ‖ **220** supplevi

καὶ ὁ προεστὼς τῆς Κύπρου μαρτυροῦσιν,
ὁ μὲν λόγῳ μὲν τῆς σεβασμίου πέμπτης,
ὁ δὲ κράτιστα τῷ μεγάλῳ σαββάτῳ.
τὸ μὲν γὰρ οἱ ἀπόστολοι ἡτοίμασαν,
καὶ τοῦ χάριν μὲν πυνθάνονται τοῦ λόγου,
'ποῦ σοι τὸ πάσχα εὐτρεπίζεσθαι θέλεις;'
καὶ γὰρ τὸ ἡμῶν αὐτὸς ὑποδεικνύει,
ὁ τῆς παλαιᾶς δεσπότης καὶ τῆς νέας,
τὸ μὲν καταργῶν ὡς ἀπίθανον τοῦτον
καὶ μὴ ἐνεργοῦν πρὸς βροτῶν σωτηρίαν,
τὸ δὲ κρατύνων ὡς κραταιὸς δεσπότης,
εἰ καὶ τὸ πάσχα παρέδραμον Ἑβραῖοι
δι' ἥνπερ ἔπραττον μιαίφονον πρᾶξιν,
δῆθεν θέλοντες μὴ μιανθῆναι ταύτῃ,
οἱ παμμίαροι τοῖς μιάσμασι πᾶσι.
Χριστὸς δὲ τοῦτο ἐκτελεῖ κατ' ἀξίαν
ἐν τῇ νομικῇ τῆς ἑορτῆς ἑσπέρᾳ,
ὁ πάντα τηρῶν ἐννόμως καὶ δικαίως
οἷα θεός τε καὶ παλαιᾶς καὶ νέας.
ἀνθ' ὧνπερ οὐκ ἄζυμος ἄρτος ἦν τότε,
προὔθηκεν ὅνπερ τοῖς μαθηταῖς ἡ χάρις,
ληροῦσιν ὥσπερ ⟨Λατῖν⟩οί τε καὶ Φράγκοι,
ἑορτάσαντες ἡμέρας μετὰ δύο,
οἱ Χριστομάχοι καὶ ὅλως μιαιφόνοι
μετὰ τὸ Χριστὸν πασχάσαι κατὰ νόμον,
φύλαξ ὑπάρχων καὶ προφητῶν καὶ νόμου,
σπεύδοντες ὥσπερ πρὸς τὸν ἄδικον φόνον.
παράνομον γάρ ἐστιν ἀζύμοις χρῆσθαι
πρὸ τῆς ἑορτῆς τοῦ πάσχα τοῦ Μωσέως
ἢ διττὰς ἡμέρας τε ἢ μίαν πάλιν,
ἀλλ' ἢ μόνῃ μὲν τοῦ πάσχα τῇ ἑσπέρᾳ
καὶ τῆς καθεξῆς μέχρι καὶ τῆς δευτέρας,
καθὼς ὁ Μωσῆς ἀριδήλως συγγράφει.

225, 227 Ps.-Epiphan. hom in sabb. magno, PG 43, 441 A 13–B 3 ‖ **230** Matth. 26, 17; Marc. 14, 12 ‖ **236–238** Ioann. 18, 28; cf. Matth. 26, 5; Marc. 14, 2 ‖ **250** cf. Matth. 5, 17 ‖ **252–257** cf. Exod. 12, 15–20; 13, 6–7; 23, 15; 34, 18; Levit. 23, 6–8; Num. 9, 9–14; 28, 16–25; Deut. 16, 1–8

233 scr. *τοῦτο*? ‖ **246** *οἱ* **a**, supplevi

Ὅτι δὲ σαββάτου ὑπῆρχεν ἡμέρα,
ὅταν τὸ πάσχα κατέφαγον Ἑβραῖοι,
δηλοῖ ὁ γράψας ὑπὲρ ἅπαντας μόνος
ταύτην μεγάλην ἀποκαλῶν ἡμέραν,
καὶ τοῦ χάριν μὲν αὐλείας πραιτωρίου
ἔνδον γενέσθαι ἠθέλησαν οὐδόλως,
ὅπως μιασμοῖς μὴ μιανθῶσι τότε,
ἀλλὰ φάγωσι τοῦ πάσχα τὴν θυσίαν.
τίς οὖν ὁ ταῦτα μαρτυρῶν καὶ συγγράφων;
βροντῆς ὁ υἱὸς ὡς ἀνωτέρω πάντων
τῶν ῥητόρων τε καὶ ὅλων συγγραφέων.
οὐδ' ἂν οὖν εἶπεν οὕτως αὐτὴν τυγχάνειν,
εἰ μὴ προφάσει τοῦ πάσχα τοῦ ἀμώμου,
πάντως ἐλέγχων τοὺς Λατίνους καὶ Φράγκους
ἄνωθεν αὐτῶν τὴν ἄνοιαν προβλέπων
καὶ ἣν ἔχουσιν ἀφροσύνην ἐν τούτοις.

Poema 58. De agrimensura

Agitur de geodaesia vel agrimensura, non de geometria stricto sensu. ipsis mensuris brevissime definitis (7–21) sequitur methodus describendi agrum quemcumque (22–31) et metiendi varias figuras (32–105); tum descriptio et modiorum aestimatio agri cuiusdam ficticii (106–158); deinde de plethro, et quomodo differat in occidente et oriente (159–173); de locis aquosis (174–182); de ora maritima (183–196); denique quomodo cavendum sit a multiplicibus dolis metientium (197–230).

Auctor poematis est exactor tributi, qui collegas et discipulos docet, quomodo perspiciant et praecaveant fraudem in metiendo, eo nempe consilio perpetratam, ut amplitudo praedii minor esse appareat quam revera est. propter hanc causam, praeterea propter sermonem vulgarem et versificationem liberam, Psellus a paternitate excludendus est. quod ad tempus attinet, cum auctor bis regionem occidentalem orientali opponat (vss. 16 et 166–167) et thematum quoque, ac nominatim thematis Optimatum mentio fiat (vss. 163 et 169), citra initium s. XIV descendere non licet, post quod oriens Byzantinus nullus relictus erat. meminisse tamen oportet scriptores Byzantinos haud raro fontes suos ad verbum transcribentes res praeteritas quasi praesentes proposuisse.

260–261 Ioann. 19, 31 ‖ **263–265** Ioann. 18, 28; cf. Ioann. Damasc. De azym., PG 95, 388 C 8–11 ‖ **267** Marc. 3, 17

58 g 412ʳ–419ʳ ‖ ed. Schilbach 116–125

Τοῦ σοφωτάτου Ψελλοῦ γεωμετρία διὰ στίχων

Μαθεῖν εἰ βούλει ἄριστα μέτρον τῶν χωραφίων,
ὀργυίας πρῶτον νόησον, εἶτα καὶ τῶν σχοινίων
τοῦ μέτρου τὴν ἀκρίβειαν, πρὸς δὲ καὶ γνωρισμάτων.
εἰ δέ γε πάλιν διαγνῷς καὶ σχήματα τὰ τούτων,
ἔσῃ γεωμέτρης ἄριστος σφάλλων οὐδὲν ἐν μέτρῳ.
καὶ δὴ προσεκτικώτερον ἄκουσον καὶ μαθήσῃ.
Ἐννέα σπιθαμὰς ἔχει τὸ τῆς ὀργυίας μέτρον
σὺν παλαιστῇ, τῆς σπιθαμῆς τὸ τῆς ἑτέρας τρίτον.
ὀκτὼ δὲ πρὸς τοῖς εἴκοσι οἱ παλαισταὶ προβάντες,
σὺν τούτοις δὲ καὶ κόνδυλον, ἤτοι τὸν ἀντιχεῖρα,
ἀποτελοῦσιν ἀκριβῶς τὸ τῆς ὀργυίας μέτρον.
δι' ὧν τὴν σχοῖνον ἐκμετρῶν οὐκ ἀστοχήσεις μέτρου,
ἥνπερ καὶ δεκαόργυιον ἐξακριβῶσαι δέον.
Πολλοὶ δὲ καὶ τὰς δώδεκα μηκύνουσιν ὀργυίας,
ἀρχῆθεν τοῦτο διδαχθὲν ἐξ ἀφθονίας τούτοις·
καὶ τάχα τὸ πολύμετρον τῶν δυτικῶν κτημάτων
τὸ ἀκριβὲς ἐφεύρηκεν ἐπὶ ταῖς δέκα μόναις,
λήθην ὡς δῆθεν εἰληφὸς ἀρχαίων διδαγμάτων,
ὁμοῦ δοκοῦντος μάλιστα μετρᾶν ἀπαρασφάλτως
τὸν τῷ ἀρχαίῳ χρώμενον γεωμετρίας μέτρῳ.
ἔστω δ' ὡς ἡ συνήθεια παρέλαβε τῶν νέων.
Καὶ δὴ μετρᾶν ἀρξάμενος πρὸς τοὺς ἀέρας σκόπει
καὶ γράφε τὰ γνωρίσματα πάμπαν ἠκριβωμένως,
ἀρχὴν καὶ λῆξιν ἐκδηλῶν καὶ πρὸς ἀέρα κάμψιν·
ὡς τὸ χωράφιον τόδε τοῦ δεῖνα τοῦ προσώπου
ἀρχὴν λαβὸν ἀνατολῆς ἀπέρχεται πρὸς δύσιν,
πρὸς μεσημβρίαν κλίνει δὲ ἄχρι τοῦ δεῖνα τόπου
καὶ πάλιν εἰς ἀνατολὰς εἰς γνώρισμα τοιόνδε,
πρὸς ἄρκτον αὖθις ἀνακλᾷ, ἄπεισι κατ' εὐθεῖαν,
καταλαμβάνει γνώρισμα ὅθεν ἀρχὴν εἰλήφει,
ἔνθα καὶ δένδρον ἵσταται εἰς γνώρισμα τοιόνδε.
Ἰδοὺ καὶ τέσσαρες πλευραὶ ἰσομετροῦσαι ἄμφω,

58 7–11 cf. Hero Geom. 4, 12

7 scr. *ἔχει σπιθαμάς*? ‖ **9** *οἱ* scripsi: *αἱ* **g** ‖ **12** *ἀστοχήσεις* scripsi (cf. 285): *-σει* **g** | *μέτρ( )* **g** ‖ **13** *δεκαόργιον* **g** ‖ **18** *εἰληφώς* **g** ‖ **19** et **22** *μετρᾶν* scripsi (cf. 105 et saepe): *-ῶν* **g** ‖ **20** *μέτρῳ* scripsi: *-ον* **g** ‖ **32–34** in textu fig. I ‖ **32** *ἰσομετροῦσαι* scripsi: *-σιν* **g**

σχοίνων τὸ μέτρον ἔχουσαι κατ' ἄμφω ἀνὰ πέντε,
ὅπερ ἐστὶ τετράγωνον τὸ σχῆμα γεωμέτραις·
τὰ πέντε γνῶθι κεφαλήν, τὰ πέντε πόδας πάλιν.
τὰ δ' ἀνὰ πέντε πλάγια τὸν πόδα ἐκδιώκων
καὶ τῶν πλαγίων θάτερα ἐρώτα συμψηφίζων,
τὰ δὲ περιλειφθέντα σοι πρὸς τὴν ὁμάδα πόσου
ἥμισυ ταύτης δίωκε καὶ τὸ ποσὸν εὑρήσεις·
πεντάκις πέντε γίνονται καὶ γὰρ εἰκοσιπέντε,
ἥμισυ τούτων μοδισμὸν δηλοῖ τοῦ μετρουμένου,
δώδεκα γὰρ καὶ ἥμισυ ἐστὶ μοδίων τοῦτο.
Σχῆμα δ' εὑρίσκων ἕτερον ἔχον τὸ μέτρον οὕτως,
μίαν σχοῖνον πρὸς κεφαλὴν καὶ πέντε πρὸς τὸν πόδα,
κατ' ἄμφω δὲ τὰ πλάγια τὰς ἀνὰ δέκα σχοίνους,
τὰς τοῦ ποδὸς τῇ κεφαλῇ συμμίγνυέ μοι σχοίνους,
τὰς τρεῖς δὲ κράτει κεφαλήν, τὰς τρεῖς ἐκδίωκέ μοι,
πρὸς ἓν δὲ ταύτης ἐρωτῶν ἀμφοῖν ἐκ τῶν πλαγίων
εὑρήσεις τὸ χωράφιον μοδίων δεκαπέντε.
Τρίγωνον δ' αὖθις εὑρηκὼς χωράφιον ἢ τόπον
ἔχον τὰς σχοίνους ἀνὰ τρεῖς ἐν ταῖς πλευραῖς κατ' ἄμφω,
ἐννέα ταύτας ψήφιζε, καὶ τούτων τὰ ἡμίση
ἐκ τοῦ ποδὸς ἐκδίωξε καὶ τοῦ ἑνὸς πλαγίου,
ἥμισυ δ' αὖθις μέσαζε πρὸς κεφαλὴν καὶ πλάγια,
κἂν εὕροις μέτρον μοδισμοῦ ἡμίσεος καὶ δύο.
Εἰ δὲ στενὸν ἐπίμηκες χωράφιον εὑρήσεις
ἔχον σχοινία κεφαλὴν καὶ πόδας ἀνὰ δύο,
εἰσὶ δ' ἐπ' ἄμφω ταῖς πλευραῖς ἀνὰ σχοινίων δέκα,
δὶς δέκα μέτρα ψήφιζε, καὶ τοῦτο δέκα εὕρῃς
οὐκ ἔλαττον τὸ σύνολον τυγχάνον τῶν μοδίων.
Στρογγύλον δ' αὖθις εὑρηκώς, ἅλωνα σχηματίζον,
ἀρχὴν καὶ τέλος ἐκμετρῶν πρὸς ἕνα ποιοῦ τόπον·
γῦρον δ' εὑρίσκων ἔχοντα σχοινία δεκαέξι,
ἥμισυ τούτων δίωκε, ἥμισυ δ' ὑποκράτει,
ἥμισυ δ' αὖθις ἐκμετρῶν πρὸς κεφαλὴν καὶ πλάτος
εὑρήσεις τὸ χωράφιον ὀκτὼ μοδίων εἶναι.
Εὑρίσκων δὲ χωράφιον ὡς ὑπογαμματίζον,

40 *πένταϊ* **g** ‖ **43–45** in textu fig. II ‖ **50–52** in textu fig. III ‖ **52** *ἥμισυ* **g** ‖ **56–57** in textu fig. IV ‖ **60** *τυγχάνων* **g** ‖ **63–65** in textu fig. V ‖ **63** *δεκαέξι* Schilbach: *δεκαέξ* **g**

ἐκτέμνων τὸ γαμμάτιον εἰς δύο μέτρα τοῦτο,
λαβὼν δὲ τὴν διάγνωσιν τῶν δύο τεμαχίων
εἰς ἓν ἀρίθμει τὸ ποσὸν ὅλα τοῦ γαμματίου·
ὡς τὰ λοιπὰ ἐρώτησον σφάλλων οὐδὲν ἐν μέτρῳ.
Εὑρὼν δ' αὖθις χωράφιον ἐν σχήματι τοιῷδε,
ἔχον σχοινία κεφαλὴν τέσσαρα σὺν ἡμίσει,
πρὸς πόδας δ' αὖθις δώδεκα καὶ ἥμισυ σχοινίου,
τὴν κεφαλὴν ὀγδοήκοντα σὺν πέντε ταῖς ὀργυίαις,
ἀν' εἴκοσιν εἰς πλάγια σὺν τέσσαρσιν ὀργυίαις,
δυὰς δὲ καὶ τὸ πλάγιον σὺν τέσσαρσιν ὀργυίαις,
εὑρήσεις ὀγδοήκοντα μοδίων τὸ τοιοῦτον
σὺν ἓξ τε δὲ καὶ ἥμισυ λιτρῶν ὀκτὼ καὶ οὐ πλεῖον.
Εἰ δέ γε εὕρῃς σκαληνὸν χωράφιον ἢ τόπον,
ἐν ᾧ καὶ καγγελίζουσιν ὑδάτων αἱ γλυφίδες,
μὴ ἀπορήσῃς παντελῶς τὸ μέτρον καταλεῖψαι,
ἀλλ' ὡς γεωμέτρης ἄριστος πρὸς ἀμφότερα σκόπει·
ἑκάστον τούτων δ' ἐκμετρῶν καὶ τὸ ποσὸν γνωρίσας
εὑρήσεις τὴν ποσότητα ὅλου τοῦ περιμέτρου.
Τύμβον δ' εὑρὼν ἐπίμαχον καὶ θέλων τούτου μέτρον
κατανοῆσαι καὶ εὑρεῖν, γνωρίσαι δὲ τοῖς πᾶσιν,
ἐκμέτρου τοῦτον γύρωθεν καὶ σχοινισμὸν ἀρίθμει,
εἶτα τὸν τροῦλον σταύρωσον σχοινίῳ τῷ τῆς ⟨.....⟩,
καὶ γνῷς καὶ τὸ περίμετρον ὁπόσον τὸ τοῦ τύμβου.
Μικρὸν δ' εὑρὼν χωράφιον πάμπαν ἐστενωμένον,
ὀργυίαν ἔχον κεφαλὴν καὶ πόδα τρεῖς ὀργυίας,
κατ' ἄμφω δὲ τὰ πλάγια τῆς ἀνὰ δέκα σχοίνους {δύο},
ἑκατὸν δὲ τὸ πλάγιον, καὶ οὕτως ἐρωτήσεις.
δὶς γὰρ ἑκατὸν διακόσια τὸ μέτρον τοῦ μοδίου,
ὀργυῖαι γὰρ διακόσιαι τὸ μέτρον τοῦ μοδίου,
λίτρας ἐχούσης ἑκάστης ὀργυίας δὲ καὶ πέντε·
λιτρῶν γὰρ τεσσαράκοντα τὸ μόδιον τυγχάνει,
ἥμισυ τούτων εἴκοσι, τέταρτον λέγε δέκα,
τὸ δ' ὄγδοον πεντάλιτρον ὑπάρχει τοῦ μοδίου.

68–70 in textu fig. VI ‖ **68** *μέτρα* (modo imperandi, ut 282): *μέτρ*(   ) **g** ‖ **69** *λαμβὼν* **g** | *τεμμαχίων* **g** ‖ post **73** fig. VII ‖ **76** *ἂν* **g** ‖ **81–83** in textu fig. VIII ‖ **81** *καγγελίζουσιν*] i. q. *καχλάζουσιν*? ‖ **87–88** in textu fig. IX ‖ **89** spat. vac. **g** ‖ **91** *πάμπα* **g** ‖ **92** *πόδαν* **g** ‖ **93** *δύο* del. Schilbach ‖ ad **94** (mg. inf.) fig. X ‖ **95** *γὰρ* del.? | *δικόσια* **g** ‖ **97** *δὲ καὶ πέντε* Schilbach: *δεκαπέντε* **g** ‖ **98** *τεσσαράκον* **g**

Σταυρὸν δ' εὑρὼν χωράφιον ἔκτεμνε τοῦτο πάλιν,
καὶ τὰ τεμάχια μετρῶν τὰ τρία κατ' ἰδίαν
εὑρήσεις τὸ περίμετρον τοῦ σταυροτύπου τόπου.
ἀλλὰ καὶ ἡμισταύριον ὡς σχηματίζον τόπον
ὑποτεμνέσθω καὶ αὐτὸ καὶ οὕτως ἐκμετράσθω.
Ἐπεὶ δ' ἐκ μέτρου ἔμαθες τῶν ὀργυιῶν τὰς λίτρας
καὶ τούτων αὖθις μοδισμόν, ποσότητα τοῦ τόπου,
μάθε καὶ τὸ περίμετρον κτήματος ὁλοκλήρου.
ἀπάρξου γράφε καθεξῆς τὰ σύνορα τοιῶσδε.
ἀρχὴν λαβὼν ἀνατολῆς ἄπεισιν ὡς πρὸς δύσιν,
καταλιμπάνον δεξιὰ τὰ δίκαια τοῦ δεῖνα,
ἐν οἷς καὶ δένδρον ἵσταται, ἐλαία ἢ μυρσίνη
⟨ἢ⟩ ἔλατος ἢ πλάτανος, ἢ ποταμὸς ἢ ῥύαξ·
ἄχρι δὲ τούτου εὕρηνται σχοινία δεκαπέντε.
κλίνει δ' αὖθις, ἀνέρχεται ὡς πρὸς τὴν μεσημβρίαν,
καταλιμπάνον δεξιὰ χωράφια τοῦ δεῖνα,
καὶ κατ' εὐθεῖαν ἄπεισιν ἄχρι τοῦ τῇδε τόπου,
ἐν ᾧ λαυρᾶτον ἵσταται λίθινον, κεχωσμένον,
ἔχον σταυρὸν ἢ γράμματα ἢ γνώρισμα τοιόνδε·
ἐν ᾧ καὶ τέλος εἴληφε τὰ ἑκατὸν σχοινία.
στρέφεται πρὸς ἀνατολάς, κρατεῖ τὸν †δρόμον† δρόμον,
τὸν δρόμον τὸν ἐρχόμενον ἀπὸ τοῦ δεῖνα κάστρου.
καταλιμπάνει δεξιὰ τὰ δίκαια τοῦ δεῖνα
καὶ τοὺς κατ' ὄρδινον ἐκεῖ πεφυτευμένους δρύας,
ἐν οἷς καὶ τύπος εὕρηται σχηματισθεὶς εἰς ὥραν,
ἄνωθεν τούτου δὲ σταυρὸς εἰς γνώρισμα τοῖς πᾶσι.
καὶ κατ' εὐθεῖαν ἀπιὼν ἄχρι τοῦ δεῖνα τόπου
ἀποτελεῖ ποσότητα διακοσίων σχοίνων.
εἶτ' ἀνατολικώτερον ἄπεισι πρὸς ὀλίγον
καὶ καταντᾷ εἰς ἀγκάλισμα τοῦ ποταμοῦ τοῦ δεῖνα,
ἐν ᾧ καὶ μέτρον εὕρηται σχοινίων δεκαπέντε.
πρὸς ἄρκτον αὖθις ἀνακλᾷ, ἄπεισι κατ' εὐθεῖαν,
καταλιμπάνει δεξιὰ ἀμπέλιον τοῦ δεῖνα
καὶ καταντᾷ εἰς σύνορα τοῦ δεῖνα χωραφίου,

103 *τόπου* Schilbach: *τύπου* **g** ‖ **104** *σχηματίζων* **g** ‖ **106** *δὲ* **g** ‖ **111** *καταλιμπάνων* **g** ‖ **115** *δὲ* **g** ‖ **116** *καταλιπάνων* **g** ‖ **117** *ἄπεισιν* Schilbach: *ἄπασιν* **g** | *τοῦ*] bis **g** | *τεῖδε* **g** ‖ **121** possis aut *δρόμον δρόμον* 'viam cursus publici' aut (ex. gr.) *κάστρου δρόμον* (cf. 143) ‖ **124** *καθὄρδυνον* **g**

ἐν ᾧ χωματοβούνιον παμπάλαιον εὑρέθη,
ὅπερ ἀνακαινίζειν δεῖ εἰς γνώρισμα τοῦ τόπου,
εἰς ἀληθείας δήλωσιν, εἰς ἄμαχον γειτόνων·
σχοῖνοι κἀν τούτῳ εὕρηνται τριάκοντα καὶ πέντε.
εἶτ' αὖθις πρὸς ἀνατολὰς ἄπεισιν ἀκουμβίζον
εἰς σύνορον καὶ δίκαια τοῦ κτήματος τοῦ δεῖνα,
ἐν ᾧ καὶ πέτρα εὕρηται μεγάλη ῥιζιμαία·
μέτρον δ' ἐν τούτοις εὕρηνται σχοινία εἰκοσιπέντε.
πρὸς ἄρκτον αὖθις ἄπεισι τὸν δρόμον τοῦ χωρίου
τὸν κατερχόμενον εὐθὺ πρὸς τὴν ἀκτὴν θαλάσσης,
καταλαμβάνει σύνορον ὅθεν ἀρχὴν εἰλήφει·
ἐν ᾧ καὶ πάλιν εὕρηνται σχοινία δεκαπέντε.
Ταῦτα τὰ μέτρα ἅπαντα ⟨*τὰ*⟩ *τοῦ γυρομετρίου*
ἑκατοντάδες τέσσαρις σὺν πέντε τοῖς σχοινίοις,
ἐξ ὧν ἀποδεκάτωσις αἱ τέσσαρες δεκάδες
καὶ τὸ τοῦ σχοίνου ἥμισυ ὅλον τοῦ περιμέτρου.
λοιπὸν οὖν τριακόσια ἑξήκοντα τυγχάνει
καὶ τέσσαρα καὶ ἥμισυ ἡ ἀκριβὴς ποσότης,
ἥμισυ τούτων δ' ἑκατὸν ὀγδοήκοντα δύο,
πρὸς τούτῳ δὲ καὶ τέταρτον εἰς ἀριθμὸν τυγχάνον.
ἅτινα κατὰ κεφαλὴν καὶ πλάγια ἐκτέμνων
εὑρήσεις τούτων ἀριθμὸν τεσσάρων χιλιάδων
καὶ ἑκατὸν πεντήκοντα σὺν τῷ ἑνὶ μοδίῳ
καὶ δεκαπέντε δὲ λιτρῶν τέταρτον καὶ οὐ πλείω.
Οἶδας, διέγνως, ἔμαθες τοῦ μοδισμοῦ τὸ μέτρον·
καὶ πλέθρα ἐκδιδάχθητι, πρὸς δὲ καὶ χιλιάδας,
ὅπως μὴ σφάλῃς οὐδαμῶς ἐν ἅπασι τοῖς μέτροις.
πλινθίον πλέθρα λέγεται καὶ χιλιὰς ὡσαύτως·
ἑκάστῳ δ' αὖ γε θέματι διαφορὰ τοῦ μέτρου,
οὐ μὴν ἐν τῇ σπορίμῳ γῇ, ἀλλ' ἔν γε ἀμπελῶσιν.
καὶ ⟨..⟩ *ἑκάστη χιλιὰς τοῦ ἀμπελίου τόπου*
μοδίων πέντε τόπον γὰρ κατέχει ἐν τῇ δύσει,
ἐν δέ γε τῇ ἀνατολῇ ποτὲ μὲν τοῦ μοδίου,
ποτὲ δὲ τὸ πεντάλιτρον καλοῦσι χιλιάδα,
καὶ μάλιστα οἱ ἔποικοι θέματος Ὀπτιμάτων.
σὺ δ' αὖθις τὴν συνήθειαν κράτει τῶν ἐγχωρίων,

139 *ἀκουμβίζων* **g** ‖ **141** *εὕρηται* Schilbach: *-νται* **g** | *ῥιζημαῖα* **g** ‖ **154** *τούτῳ* scripsi: *-ων* **g** ‖ **159** inscr. *ἑρμηνεία περὶ τῶν πλέθρων* ‖ **165** supple ex. gr. *δὴ*

καὶ ἀκριβῶς ἐξερευνῶν καὶ πόλεσι καὶ χώραις,
ὡς εὕρῃς τὴν συνήθειαν, κέχρησο καὶ τῷ μέτρῳ
καὶ παρασφάλῃς οὐδαμῶς οὐδὲ σκοποῦ ἐκπέσῃς.
Εἰ δέ γε θέλεις ἐκμετρᾶν τόπον λιβαδιαῖον
καὶ εὕρῃς μῆκος ἔχοντα σχοινία δεκαπέντε,
τὸ δ' αὖ γε πλάτος εἴκοσι τοῖς μέρεσιν ἐπ' ἄμφω,
μὴ πλανηθῇς, ὡς ἔμαθες, ἥμισυ καταλεῖψαι,
ἀλλ' εἰκοσάκις ψήφιζε τὰ δέκα σὺν τοῖς πέντε·
τοῦτον δ' εὑρήσεις, γίνωσκε, μοδίων τριακοσίων.
οὐ γὰρ τὸ τούτων ἥμισυ ὀφείλεις καταλεῖψαι,
ὡς ἄνωθεν δεδίδαξαι κρατεῖν καταλιμπάνειν,
ἀλλ' ἔστω ἀπαράθραυστον τὸ μέτρον τῆς ὁμάδος.
Θαλάσσης δ' αὖ γε δίκαιον μετρᾶν εἰ βούλει πάλιν,
μὴ σχοίνῳ τὴν ἐκμέτρησιν εἰς πέλαγος ποιήσῃς·
βραχεῖσα γὰρ τοῖς ὕδασιν ὑπάρχει βαρυτάτη
καὶ πρὸς βυθὸν ἐπιρρεπής, καὶ κατ' ὀρθὸν οὐδ' ὅλως
ποιήσεις μέτρον ὁπωσοῦν καὶ τὸν σκοπὸν ἐκπέσεις.
τὰ δέ γε χόρτα συνδεσμῶν, ἃ λέγονται καὶ βροῦλα,
ἔκτεινε ταῦτα ἐκ μακρῶν θαλάττης τοῦ πελάγου,
κατά γε τὴν ἰσότητα ἴσως ἀκρωτηρίου
ἢ νησιδίου τὸ τυχὸν ἢ κάστρου, καστελλίου·
ὕστερον δ' αὖθις ἐκβαλὼν τῇ γῇ τε ἐφελκύσας
καὶ τούτων τὴν ποσότητα τῇ σχοίνῳ ἐκμετρήσας,
ὅσων δεσπότης τοιγαροῦν τῶν ὀργυιῶν τυγχάνει
ἢ μονὴ ἢ μετόχιον, πρόσωπον ἢ χωρίον,
καὶ οὕτω λύσεις ταραχὴν καὶ μάχην γειτονούντων.
Ἐπεὶ δὲ ἔγνως ἀκριβῶς γνωρίσματα σχημάτων
ἔτι ⟨τε⟩ τούτων ἀριθμοὺς καὶ μέτρα κατ' ἀξίαν,
μάθε καὶ ὅσον ηὔξηται τὸ μέτρον τοῦ μοδίου.
πολλοὶ γὰρ τὸ περίμετρον ποιοῦντες τοῦ χωρίου,
ὡς ἄνωθεν προείπομεν, δέκα ὀργυίων σχοίνῳ,
φιλοτιμούμενοί τισι τοῖς δώδεκα μετροῦσι

174 inscr. *περὶ λιβαδιαίων τόπων* ‖ **175** *ἔχοντα* scripsi: *ἔχεινται* **g** ‖ **178** *εἰκοσάϊ* **g** ‖ **183** inscr. *ἑρμηνεία περὶ θαλαττίου μέτρου* ‖ **187** *ὁποσοῦν* **g** ‖ **188** *χόρτα συνδεσμῶν* Schilbach: *χόρτασι δεσμῶν* **g** ‖ **189** *ἐκμακρῶν* Schilbach ‖ **190** *ἴσως* Schilbach: *ἴσος* **g** ‖ **192–193** scr. *ἐφελκύσεις … ἐκμετρήσεις*? ‖ **197** inscr. *ἑρμηνεία περὶ ὀρεινῶν καὶ δυσβάτων καὶ τραχεινῶν* ‖ **198** *τε* addidi (*τούτων ⟨τοὺς⟩* Schilbach) ‖ **199** *τὸ* scripsi: *τὸν* **g** ‖ **201** *ὀργυίων* Schilbach: *-ας* **g**

καὶ μοδισμὸν ἐλάττονα τοῦ ὄντος ἐκτελοῦσι.
καὶ τοῦτο πάντες πράττουσιν, οὐχὶ ἀσυλλογίστως,
ἀλλ' ἀφορμὴν τιθέμενοι τὸ ὀρεινὸν τοῦ τόπου
ἢ τραχινὸν ἢ δύσβατον ἢ καὶ νομαδιαῖον.
ἑτέρων μετρησάντων δὲ δέκα ὀργυίων σχοίνῳ
πλείω πάντως εὑρίσκεται τοῦ μετρηθέντος τόπου.
εἰ δέ γε μᾶλλον καὶ ψευδὴς ἡ προγραφὴ φανείη,
τὸ ὀρεινὸν ἢ δύσβατον ἢ τραχινὸν τυγχάνει.
ἐκ τούτων πάντων εὕρηται ὁ κεκρυμμένος τόπος.
Πολλοὶ δὲ μέτρῳ χρώμενοι εὐθεῖ γεωμετρίας
ἀποσυλοῦνται σχοινισμὸν ἐκ δόλου τῶν μετρούντων.
προσεκτικώτερον καὶ γὰρ τοῦ γεωμέτρου σχόντος
πρὸς σύνορα, γνωρίσματα καὶ τῶν λαυράτων θέσεις,
οἱ ἐμπονοῦντες τὸ ποσὸν τῶν μετρουμένων σχοίνων
ἀποσυλοῦσι σχοινισμὸν ἀμφοῖν ἐκ τῶν ἀέρων·
τετράδεκα συλήσαντες ἐκ τῶν σχοινομετρίων
ἀποτελοῦσι κτήματος τόπον ἐξ ὁλοκλήρου.
Καὶ δὴ προσέχων ἄκουε καὶ τἀληθὲς εὑρήσεις.
ὑπόθου ὡς ἐμέτρησας τὸν γῦρον τοῦ χωρίου
καὶ εὗρες τοῦτον ἔχοντα σχοίνους ἑξακοσίους·
ἥμισυ τούτων δίωκε, ἥμισυ δ' ὑποκράτει.
ὀφείλεις ἐρωτῆσαι δὲ εἰς τὰ τέταρτα ταῦτα,
εἶτα πολυπλασίασον ταῦτα ἐπ' ἀμφοτέροις,
καὶ ἀποτελοῦσι μοδισμὸν μοδίων δισχιλίων
ὀκτακοσίων δώδεκα καὶ ἥμισυ μοδίων.
εἰ δὲ προσθήσεις ἐπ' αὐτοῖς σαράκοντα κλαπέντας.
ἥμισυ τούτων δίωκε, ἥμισυ δ' ὑποκράτει.
ὁμοίως οὖν ἐρώτησον εἰς τὰ τέταρτα ταῦτα,
εἶτα πολυπλασίασον καὶ αὐτὰ ὡς ὁμοίως·
εὕρῃς ἐν τῷδε σχοινισμῷ μοδίων τρισχιλίων
διακοσίων ἐκ παντὸς ὅλον ἀποτελοῦντα,
καὶ γνῷς ἐκ τούτου τὸ ποσὸν τῆς γῆς ἀποκρυβείσης·
τριακοσίων ὀγδοήκοντα ἑπτὰ ἥμισυ ὑπάρχει,
τυγχάνουσιν ἀμφότεροι μόδιοι οἱ κλαπέντες.

205 *τιθέμενοι* scripsi: *τε θέμενοι* **g** ‖ **207** *ἑτέρων* scripsi: *ἀστέρων* **g** (*ὑστέρων* Schilbach) ‖ **213** *ἀποσυλοῦνται* scripsi: *-ντες* **g** ‖ **222** *εὗρες* scripsi: *εὗρε* **g** ‖ **224** *ταῦτα* Schilbach (cf. 230): *τὸ βῆτα* **g** ‖ **228** *κλαπέντας* (scil. *σχοίνους*) scripsi: *-ντες* **g**

Πολλοὶ δὲ σχοίνων τὸ ποσὸν κλέψαι μὴ δυνηθέντες
ὡς τοῦ μετροῦντος ἄριστα προσέχοντος τὸ μέτρον,
ὑπερπηδῶσι κλέποντες σφραγῖδας τὰς τῶν πάλων
κἀκ τούτου κλέπτονται μέτρα, γνῶθι, τοῦ μετρημένου,
καὶ θαῦμα γίνεται πολλοῖς ὡς ἄξιον θαυμάτων
πῶς δὴ τὸ ἅπαξ μετρηθὲν εὑρέθη αὖθις πλέον.
πολλοὶ δὲ πάλοις ἐν μακροῖς τὴν σχοῖνον ἐκμετροῦντες
ἐν ᾗ τὰ μέτρα πράττουσι τὰ τῆς γεωμετρίας,
ἐν τούτοις δολιεύονται μετὰ τοῦ μετρημένου,
χεῖρα ἐχόντων τῆς κλοπῆς πάντως καὶ τῶν μετρούντων.
τοῦ γὰρ κρατοῦντος ἔμπροσθεν προκύπτοντος τὸν πᾶλον
καὶ τοῦ ὀπίσω κλίνοντος ὡς ἐξακολουθοῦντος,
ζημία γίνεται πολλὴ ἐφ' ἑκάστῳ σχοινίῳ
κἀκ τούτου μέτρα ηὔξηνται τὰ τοῦ διπλομετροῦντος.
Τινὲς δ' ὀργυίας πλείονας τῶν σχοίνων εὑρηκότες,
ὅσ' ἐξ ἀέρος μέλλουσιν ἐκκλῖναι εἰς ἀέρα,
ταύτας ἀποδιώκουσιν ὡς δύσκολον τὸ μέτρον,
ἔχοντες πάντως ἐν αὐτοῖς, καὶ πάμπαν ἀποκνοῦντες,
τῶν σχοίνων τὴν ποσότητα ἐκκόψαι εἰς ὀργυίας·
τῶν ἐρωτώντων σχοινισμόν, τὴν ἅπασαν ὁμάδα,
εὑρήσεις τὸ περίμετρον τῶν κεκρυμμένων τόπων.
Καὶ δὴ σὺ τούτοις πρόσεχε καὶ χρῶ δικαίῳ μέτρῳ.
καὶ ὅτε μέλλεις ἄρχεσθαι τῶν μέτρων τῶν τοπίων,
ἑτοίμασον τὴν σχοῖνόν σου καὶ δέσμωσον τοῖς πάλοις·
τὸ περιττεῦον βούλλωσον ἐν ἀσφαλεῖ προσέχων,
ὡς ἂν μὴ τὸ περίττευμα προσθήσωσι τῷ μέτρῳ
καὶ εἰς μακρὸν ἐκτείναντες ἐκκλέψωσι τὸν τόπον,
κἀκ τούτου σφάλῃς τοῦ σκοποῦ καὶ πέσῃς καὶ τοῦ μέτρου.
οἱ πᾶλοι δ' ἔστωσαν κονδοί, ἐσχάτως δεδεμένοι·
τῷ μὲν πρωτίστῳ ἔστω σοι ἀκολουθῶν τζαπόντης,
καὶ σφραγιζέτω πλήρωμα καὶ πῆγμα τὸ τοῦ πάλου.
ἔστω δ' αὐτῷ συνοπαδὸς πιστότατός σοι πάνυ,
παρατηρῶν τὸν σφραγισμόν, ὑπερπηδήσας μή πως
ὁ σφραγιστὴς προσάξῃ σοι ζημίαν ἐν τῷ μέτρῳ·

237 *πολλοὶ* scripsi (cf. 243): *-ῶν* **g** ‖ 238 *τὸ μέτρ(ον)* **g**; scr. *τῷ μέτρῳ* ‖ 239 *σφραγῖδας* scripsi: *σφραγίσας* **g** ‖ 243 *ἐν* scripsi: *ἐκ* **g** ‖ 256 scr. *ὧν ἐρωτῶν τὸν*? ‖ 264 *σφάλεις* **g** | *πέσεις* **g** ‖ 267 *σφραγιζέτω* scripsi: *σφράγιζε τὸ* **g**

τῷ δ' αὖ ἑτέρῳ ἕπου σὺ καὶ πρόσεχε, μὴ οὗτος
ὑπερπηδῶν σφραγίσματος τὸ μέτρον ἀποκλέψει.
ἕτερος δ' ἔστω ὀπαδὸς ὁ τὴν ὀργυῖαν φέρων,
μεθ' ἧς ὀφείλεις ἐκμετρᾶν τὰ περιττὰ τῆς σχοίνου
τὰ μὴ ποσοῦντα ἱκανοῦν ἐξ ὁλοκλήρου σχοῖνον,
ἅπερ εὑρίσκονται τυχὸν πολλάκις ἐν τῷ μέτρῳ.
ἐν ταῖς ἀέρων κάμψεσιν γνωρίσματα λαυράτων
ἔστω καὶ χαρακάρια τὰς σχοίνους ἐκχαράσσων,
ἵνα μὴ ταύτας κλέψωσιν οἱ μέτρα ἐκφωνοῦντες.
ἔστω δὲ σχοῖνος ἔχουσα ὀργυίας δέκα μόνας·
τὰς δέ γε περιττεύοντας ὀργυίας ἐν τῇ σχοίνῳ
ἀρίθμει, μέτρα, ψήφιζε ἐν τῷ ποσῷ τῶν σχοίνων.
καὶ ἐρωτῶν ὡς ἔμαθες ὀργυίας πρὸς ὀργυίας
εὑρήσεις τὸ περίμετρον τοῦ μετρουμένου τόπου
καὶ οὕτω τύχης τοῦ σκοποῦ καὶ οὐκ ἀστοχήσεις μέτρου.

Poema 59. Nomina ventorum

Trium codicum qui mihi noti sunt solus **v**[q] (s. XVI) Psello tribuit. de re adi F. Lasserre, Der kleine Pauly V 1378–1380. in Omnif. doctr. 146,35–48 et Opusc. 21 Duffy (Philosophica I) Psellus situs ventorum astronomice describit, Aristotelem et Olympiodorum secutus, e contrario hoc poema geographice.

Περὶ τῶν δώδεκα ἀνέμων διὰ στίχων πολιτικῶν

Ἄνεμοι δώδεκά εἰσι, καὶ μάθε τούτων κλήσεις·
ἀπηλιώτης εὖρός τε, εὐρόνοτος καὶ νότος,
λιβόνοτος, λὶψ ἔπειτα, ζέφυρος καὶ θρασκίας
(τινὲς ἀντὶ θρασκίου δὲ λέγουσι τὸν ἀργέστην)
καὶ ἀπαρκτίας καὶ βορρᾶς καὶ μέσης καὶ καικίας.
Ὅθεν δὲ τούτων ἕκαστος πνέει μαθεῖν εἰ χρῄζεις,
τοῖς λεγομένοις πρόσεχε, καὶ τοῦ σκοποῦ σου τύχης.
ἂν στῇς ὡς πρὸς ἀνατολὰς τὰς τοῦ ἡλίου βλέπων,
τὰ δὲ ὀπίσθια τὰ σὰ ὦσί γε πρὸς τὴν δύσιν,

59 1–5 cf. Aristot. Meteor. II 6, 363 a 21–364 a 13

271 *οὗτος* scripsi: *οὕτως* **g** ‖ **285** *τύχεις* **g**
59 **v**[p] 151[v]–152[r] **v**[q] 47[r]–48[r] ‖ ined. ‖ tit. sec. **v**[p]: *τοῦ σοφοῦ ψελλοῦ διὰ στίχων πολιτικῶν* **v**[q] ‖ **3** *ζέφυρος· ἔπειτα* trp. **v**[q] ‖ **5** *ἀρπακτίας* **v**[q] | *μέσος* **v**[q] | *κικίας* **v**[q]

fig. I

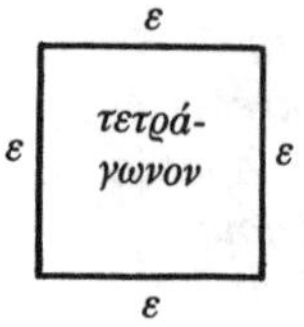

fig. II

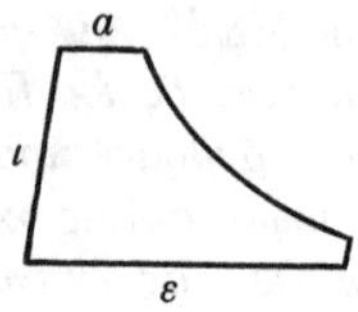

fig. III

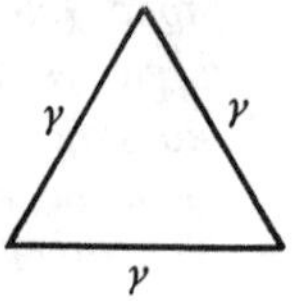

fig. IV

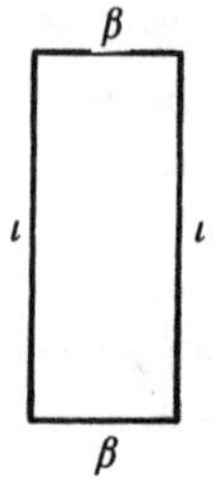

fig. V

fig. VI

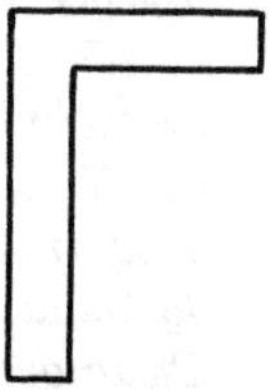

fig. VII

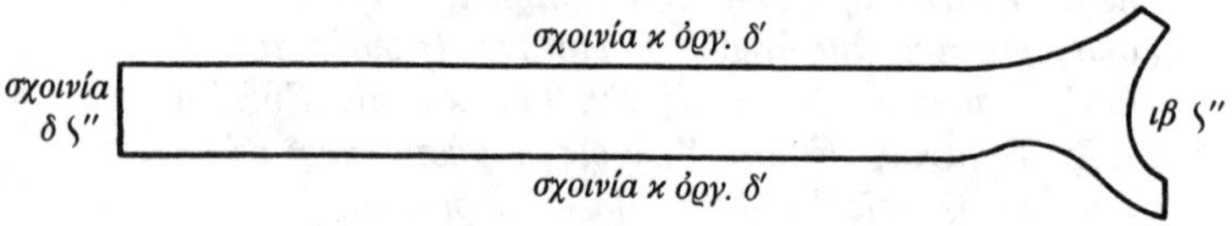

fig. VIII

fig. IX

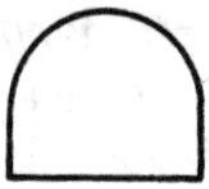

fig. X

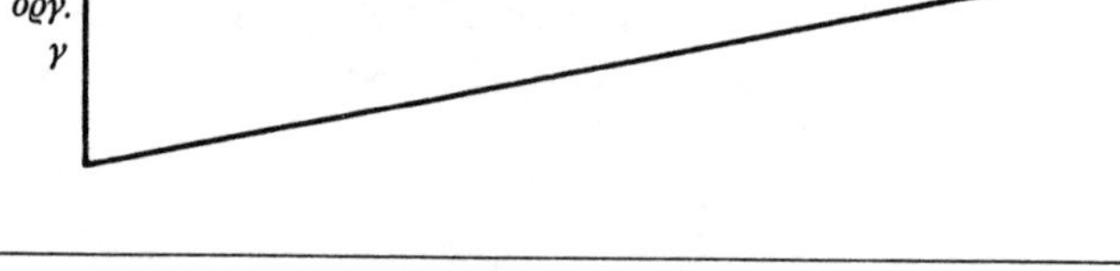

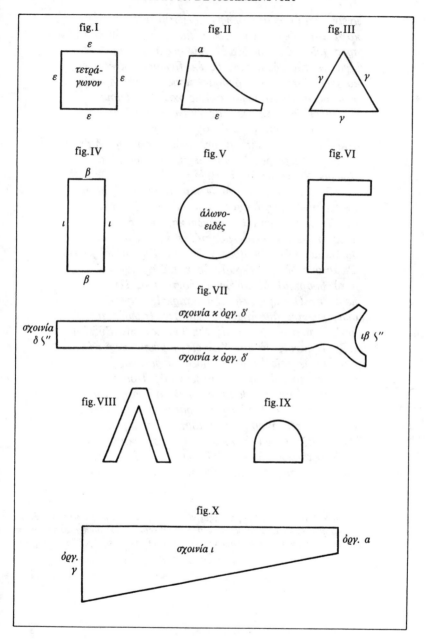

πνεῖν ἐξ αὐτῆς ἀνατολῆς ἀπηλιώτην νόει
κατὰ τὴν χώραν τῶν Ἰνδῶν, καὶ μετ' αὐτὸν τὸν εὖρον·
πρὸς χεῖρα δὲ σὴν δεξιὰν καὶ δεξιὰ Ἰνδίας
ἕξεις γε τὸν εὐρόνοτον, ὃς ἐκ Περσίδος πνέει
καὶ τῆς θαλάσσης Ἐρυθρᾶς, πρὸς δὲ καὶ Ἀραβίας.
ὁ νότος δ' ἐν Αἰθίοψιν αὐτοῖς καὶ Αἰγυπτίοις,
τοῖς περὶ ἕω λέγω δέ, τὰς ἐκπνοὰς ποιεῖται·
λιβόνοτος Λιβύην δὲ καὶ Αἴγυπτον χωρίζει·
ὁ λὶψ δὲ κεῖται μετ' αὐτόν, πρὸς δύσιν τῆς Λιβύης,
τὰ δεξιὰ πεπληρωκὼς γῆς μέρη τὰ πρὸς λίβα.
ζέφυρος ἐναντίως δὲ ἀπηλιώτῃ πνέει,
ἐκ τῶν Γαδείρων τε αὐτῶν καὶ Ἰσπανῶν Ἰβήρων.
τὸν ζέφυρον τῆς ὄπισθεν σῆς ῥάχεως ἐπέγνως.
νῦν δ' ἐκ τῶν ὄπισθεν μερῶν καὶ τῶν ἀριστερῶν τε
πρὸς τὴν ἑῴαν χώρει μοι πάλιν ἐκ τοῦ θρασκίου·
θρασκίας πνεῖ τὴν Βρεττανῶν καὶ Τυρσηνίδα χώραν,
Ῥωμαίους δὲ καὶ Γερμανοὺς καὶ ἕτερα χωρία.
μετὰ θρασκίαν δὲ αὐτὸν ὁδεύοντι πρὸς ἕω
περὶ τὴν Θούλην ἄνεμος ὁ ἀπαρκτίας πνέει,
συσφίγγοντες ἀμφότεροι Ῥωμαίους Ἰταλούς τε.
μετ' ἀπαρκτίαν ὁ βορρᾶς Σκύθαις καὶ τῷ Εὐξείνῳ
τοῖς Ὑρκανοῖς δὲ καὶ Κολχοῖς ὁ μέσης περιπνέει,
καικίας δὲ τοῖς Ἡμωδοῖς ὄρεσι περιπνέει,
ἃ κεῖται τοῖς ἀριστεροῖς μέρεσι τῆς Ἰνδίας.
Οὕτως ἡμῖν ἠκρίβωται τὸ τῶν ἀνέμων γένος
καὶ πρὸς τὸ καθαρώτερον ἐγράφη καὶ σαφές τε,
ὅπως εἰδότες ἀκριβῶς τὰς τούτων ἐπικλήσεις
καὶ πόθεν τούτων ἕκαστος καὶ ποίας ἐκπνεῖ χώρας
γινώσκητέ μοι χάριτας ἀνθ' ὧν ὑμῖν εὐλήπτως
σαφῶς τε παραδέδωκα τὴν περὶ τούτων γνῶσιν.

10 *πνεῖν*] *πλὴν* $\mathbf{v}^{q}$ ‖ **11** *μετ'*] *κατ'* $\mathbf{v}^{q}$ ‖ **12** *δεξιὰ* $\mathbf{v}^{p}$: *-ὰν* $\mathbf{v}^{q}$ ‖ **14** *ἀρραβίας* $\mathbf{v}^{p}\mathbf{v}^{q}$ ‖ **15** *δ' ἐν* $\mathbf{v}^{p}$: *δὲ* $\mathbf{v}^{q}$ ‖ **19** *πεπληρωκὼς* scripsi: *πεπλήρωκας* $\mathbf{v}^{p}\mathbf{v}^{q}$ ‖ **23** *τε*] scr. *γε*? ‖ **24** *θρασκέως* $\mathbf{v}^{q}$ ‖ **26** *μυρία, χω* supra *μυ* pr. m., $\mathbf{v}^{p}$ ‖ **31** *παραπνέει* $\mathbf{v}^{q}$ ‖ **32** *κικίας* $\mathbf{v}^{q}$ ‖ **35** *τε*] scr. *γε*? ‖ **37** *ἐκπνῇ* $\mathbf{v}^{q}$

Poema 60. De balneo

Codices numero et ordine versuum inter se differunt; Psello tribuitur sola recensio recentissima eademque longissima, secundum quam textum edidi, etsi primae editioni poematis propior videtur esse recensio Laurentiana (**b**^{d}), quae naturales tantum virtutes balnei extollit. de Salomone inventore balnei (vss. 16–18; nota vs. 16 etiam in brevi versione legi) nihil compertum habeo.

Τοῦ λογιωτάτου Ψελλοῦ περὶ λουτροῦ

Πολλῶν τὸ λουτρὸν αἴτιον δωρημάτων·
χυμὸν κατασπᾷ, φλέγματος λύει πάχος,
χολῆς περιττὸν ἐκκενοῖ τῶν ἐγκάτων,
τὰς θελξιπίκρους κνησμονὰς καταστέλλει.
τὴν βλεπτικὴν αἴσθησιν ὀξύνει πλέον,
ὤτων καθαίρει τοὺς πεφραγμένους πόρους,
μνήμην φυλάττει, τὴν δὲ λήθην ἐκφέρει,
τρανοῖ δὲ τὸν νοῦν πρὸς νοήσεις εὐθέτους.
Ὅλον τὸ σῶμα πρὸς κάθαρσιν λαμπρύνει,
ψυχῆς τὸ κάλλος προξενεῖ πλέον λάμπειν,
τοῖς εὐσεβῶς μάλιστα τούτῳ χρωμένοις
δι᾽ ἀσθένειαν σαρκίου πολυνόσου.
λούεσθε τοίνυν εὐσεβῶς, καθὼς θέμις,
μὴ σπαταλικῶς (καὶ γὰρ ἐγγὺς ἡ κρίσις),

60 4 cf. infra Poem. 62, 9

60 b 60^{r}–61^{r} **b**^{b} 349^{r} **b**^{d} 36^{v} (vss. 1–8; 5^{a}; 9) **b**^{h} 181^{v} (vss. 1; 3; 4; 6–8; 5^{a}; 5; 16; 17; 11; 13–15) **b**^{m} 232^{v} (vss. 1; 3; 5; 5^{a}; 6; 7; 17; 11; 16) **b**^{o} 63^{v} (vss. 1; 3–5; 5^{a}; 6; 7; 17; 11; 16) **b**^{p} 230^{v} (vss. 1; 3–5; 5^{a}; 6; 7; 11; 16) ‖ edd. Jacobs 853; Cougny 317; Ideler 193; Sternbach^{2} 317 ‖ tit. sec. **b** (*λουετροῦ*) **b**^{b}: *στίχοι ἰαμβικοὶ· περὶ* (*τοῦ* add. **b**^{p}) *λουτροῦ* **b**^{m}**b**^{p} *ἄλλοι* **b**^{h} om. **b**^{d}**b**^{o} ‖ 2 om. **b**^{h}**b**^{m}**b**^{o}**b**^{p} | *χυμῶν* **b**^{b} *-οὺς* **b**^{d} ‖ 3 *περιττῶν* **b b**^{b} | *ἐκκενεῖ* **b b**^{b} ‖ 4 *καθαίρει ῥύπους, κνησμονὴν καταστέλλει* **b**^{h} *χυμοὺς καθαίρει κνησμὸν* (*κνυσμονὰς* **b**^{o}) *ἀποτρέπει* **b**^{m}**b**^{o}**b**^{p} | *τὰς*] *ταῖς*, sscr. *-ὰς*, **b** ‖ 5 post 8 + 5^{a} trp. **b**^{h} | *ὀπτικὴν* **b**^{m}**b**^{o}**b**^{p} | *αἴσθησιν*] *δύναμιν* **b**^{m}**b**^{p} *δώνημιν* **b**^{o} ‖ post 5 *τὴν γλῶτταν εὐκίνητον εἰς* (*πρὸς* **b**^{h}) *λόγους ἔχει* (5^{a}) add. **b**^{m}**b**^{o}**b**^{p} (om. **b b**^{b}), post 8 trp. **b**^{d}**b**^{h} ‖ 6 *καθαίρη* **b**^{b} | *τοὺς πεφραγμένους* **b**^{m}**b**^{o}**b**^{p}: *τῆς ἀκοῆς τοὺς* **b**^{d}**b**^{h} *πρὸς ἀκοὴν τοὺς* **b b**^{b} ‖ 7 *φυλάττειν* **b**^{p} | *ἐκφεύγει* **b b**^{b} ‖ post 7 vs. 17 trp. **b**^{o} ‖ 8 *τρανεῖ* **b** *-ῇ* **b**^{b} | *τὲ* **b**^{d}**b**^{h} | *εὐθέως* **b**^{d} *ἐνθέους* **b**^{h} ‖ pro 8–18 vss. 17, 11, 16 habent **b**^{m}**b**^{o}, vss. 11, 16 **b**^{p} ‖ 9–10 om. **b**^{h} ‖ 9 *πρὸς κάθαρσιν*] *τῇ καθάρσει* **b**^{d} ‖ 10 *προξενεῖν* **b b**^{b} ‖ 11 post 17 trp. **b**^{h}**b**^{m} | *τοῦτο* **b b**^{o} ‖ 12–15 om. **b**^{m} ‖ 12 om. **b**^{h} ‖ 13–15 post 17 + 11 trp. **b**^{d} ‖ 13 *λούεσθαι* **b b**^{b}**b**^{d} | *εὐλαβῶς* **b**^{h} | *καθὰ* **b**^{h}

ἀλλ' ὡς μοναχῶν φαρμάκῳ κεχρημένοι.
οὕτω γὰρ εὗρε Σολομῶν εὐμηχάνως,
θυμηδίαν τε καὶ παράκλησιν φέρων
σκάφαις βροτοῖς πρὶν ἀφρόνως λελουμένοις.

Poema 61. De partibus corporis

Hoc poema in nullo codice Psello ascribitur, neque inter Pselli carmina locum haberet, nisi versuum 1–9 maxima pars ex eius Poem. 6 (Grammatica) desumpta esset.

Ὀνομασία τῶν μελῶν τοῦ ἀνθρώπου

Ὀνόμαζέ μοι ἀετοὺς τὰς φλέβας τῶν κροτάφων,
τὰς δ' ἀρτηρίας ἤριγγας, ἄλλοι πάλιν ἀόρτας.
κέβλην τὴν κάραν λέγουσι, κύβιτον τὸν ἀγκῶνα,
γλήνην τὴν κόρην ὀφθαλμοῦ· γλοῦτοι κοτύλης σφαῖραι.
τὸν θώρακα δὲ κίθαρον, κραντῆρας τοὺς ὀδόντας,
τὰ ἔντερα χολάδας τε, γαστέραν τὴν κοιλίαν·
τοῦ δὲ ἐντέρου τὸ λεπτὸν ὀνόμαζέ μοι δέρτρον.
ἴτιδας φλέβας λέγουσι τὰς περὶ τὴν καρδίαν.
ἦτριν ὁ περικάρδιος ὀνομάζεται τόπος.
ἀκώκυα ὀνύχια καὶ φύκρη οἱ δακτύλοι.
κόρση ἐστὶν ἡ κορυφή, τὸ ἁπαλὸν δὲ βρέγμα.
οἱ μήνιγγες μὲν κρόταφοι, οἱ ὀφθαλμοὶ δὲ ἴλλοι,
μέτωπον ἐπισκύνιον καὶ ἕρκος τε τὰ χείλη,
γνάθια κατωσάγουννα, κόρρη ἡ παρειά τε.
γυῖα τὰ μόριά εἰσιν, ἤγουν τὰ μέλη ὅλα.
ἀσφάραγγος ὁ λάρυγξ τε, ἄσθμα ἡ ὑπερῴα.

61 1–3 Poem. 6,464–466 ‖ 2 ibid. 478; Sanginatius (Sathas[2] *νδ' -νς'*) 21 ‖ 4 Sang. 19; Hypati De part. corp. (Sathas[1] *νβ' -νγ'*) 4 ‖ 5 Poem. 6,467; cf. Sang. 35 | 11 ‖ 7 Poem. 6,470 ‖ 8 471 ‖ 9 cf. 475; Sang. 39 ‖ 11 cf. Sang. 3 ‖ 12 Sang. 4 ‖ 13 Sang. 9 | 13

15 *μοναχῶν* **b b**[b]: *εὐλαβεῖς* **b**[h] | *κεχρημένη* **b b**[b] ‖ post 15 *οὕτω προσαλγεῖ ποικίλω τὸ σαρκίω* (15[a]) add. **b**[b] ‖ 16 *οὕτω* **b b**[b]: *τοῦτο* **b**[h] *ταῦτα* **b**[m]**b**[o] *ταῦται* **b**[p] ‖ 17 *θυμηδίαν* **b**[h] **b**[m]**b**[o]: *τὴν ἰδίαν* **b b**[b] | *φέρει* **b**[h]**b**[m] ‖ 18 *λελουμένους* **b**

61 p[a] 122[r] **p**[b] 118[r]–119[v] ‖ ined. ‖ tit. sec. **p**[a]: *εἰς τὰ μέλη* **p**[b] ‖ 3 *κέβλην* **p**[b]: *βέβλην* **p**[a] | *κύβητον* **p**[a]**p**[b] ‖ 4 *πλήνην* **p**[b] | *κουτύλης* **p**[b] ‖ 5 *κρατῆρας* **p**[a] ‖ 6 *χολάδες* **p**[b] ‖ 7 *ὀνομάζουσι* **p**[b] ‖ 8 *οτιδας* **p**[b] ‖ 9 *ἄτρον* **p**[b]

γύρας τὸ δέρμα λέγεται, καὶ νῶτός τε ἡ ῥᾶχις.
κάνθεον τὸ περίυπνον καὶ τῶν βλεφάρων τόπος.
καὶ ῥὶς ἡ μύτη λέγεται, δειρός τε ὁ αὐχένας.
σφόνδυλον τοῦ τραχήλου τε ἀνθερεὼν καλοῦσιν,
ἰνίον τὸν ἐγκέφαλον, οὔατά τε τὰ ὦτα,
μετάφρενα τὰ μεταξὺ τῆς ῥάχεος καὶ ὤμων.
βαλμὸς ὁ ὀφθαλμός ἐστιν, ὁ κενεὼν λαγόνας.
ὀσφὺς ἡ ζώνη λέγεται, ἰσχίον τὸ σταυρίον,
ἐπιγουνίδες οἱ μηροί, ἡμίκωλα ἰξία,
ἰγνύα ἀντικνήμια καὶ μήκωνες αἱ ἄντζαι,
πρότμησις ὑπομφάλιον, κύστις ὑπογαστέρα.
ψυαὶ οἱ περινέφριοι τόποι ἀποκαλοῦνται.
ἕδρα ἐστὶν ὁ ἀφεδρών, οἱ κύλινδροι αἰδοῖα,
πιρίνα τε τὸ μόριον, φαλλοὶ ὁμοῦ τὰ δύο.
κώλιπα κόξα λέγεται, ἣν ἄκανθαν καλοῦσιν.
αἱ περιπλεύριαι μεραὶ σπλάγχνα ἀποκαλοῦνται.
μᾶζα τροφὴ ἡ ἐκ μαζῶν, ἐκχέει τε καὶ τρέφει.
μάρη ἡ χείρ, καὶ θέναρ δὲ ἡ τῆς χειρὸς κοιλία.
σφυροὶ οἱ ἀστραγάλιοι τόποι ἀποκαλοῦνται.
κῶλα ὀστᾶ κικλήσκονται, ἄλλοι πάλιν ῥοώδη,
ταρσοὺς τὰ κτένια ποδῶν, ἄντυγας τὰς καμάρας,
πέλματα τὰ ἰχνόποδα· ἀπόπατος ἡ δεῖσσα.

Poema 62. In scabiem

Poema Michaelis cuiusdam (vs. 1), quod Pselli esse asserit codex **G**; sed constat Psellum, cum monachus factus Michaelis nomen sumpserat, non tam contemnendum fuisse, ut ab Hadriano comite impune vapularet (vss. 51–65).

21 Sang. 8 ‖ **23** Hypat. 21 ‖ **26** cf. Hypat. 31 ‖ **28** Hypat. 22–23 ‖ **30** cf. Poem. 6,473 ‖ **34** Sang. 40 ‖ **36** cf. Hypat. 25; Voc. med. 240,4 (*ῥομβώδη*) ‖ **37** Sang. 53 ‖ **38** cf. Sang. 55; Hypat. 32

17 *δύρας* (?) $\mathbf{p^b}$ | *ῥάχη* $\mathbf{p^a}$ ‖ **18** *ἄνθεον* $\mathbf{p^a}$ | *τῶν* $\mathbf{p^b}$: *τὸ* $\mathbf{p^a}$ | *τόπον* $\mathbf{p^b}$ ‖ **19** *μίτη* $\mathbf{p^a p^b}$ | *ὁ τραχηλός τε* $\mathbf{p^b}$ ‖ **21** *ἠνίον* $\mathbf{p^a}$ ‖ **23** *λαγγόνας* $\mathbf{p^a}$ *-ην* $\mathbf{p^b}$ ‖ **24** *ζώσης* $\mathbf{p^b}$ ‖ **26** *ἀντικλίνια* $\mathbf{p^a p^b}$ | *ἄτζαις* $\mathbf{p^b}$ ‖ **27** *ὑποφάλιον* $\mathbf{p^a p^b}$ | *υπογαστ* $\mathbf{p^b}$ ‖ **29–35** perierunt extremi vss. in $\mathbf{p^b}$ ‖ **30** scr. *πειρῆνά* ‖ **37** *ἀρσους* $\mathbf{p^b}$ | *ἄντυξις* $\mathbf{p^b}$ ‖ **38** *ἔλματα* $\mathbf{p^b}$ | *δεῖσσαι* $\mathbf{p^b}$
62 $\mathbf{p^e}$ 112^v–113^r **G** 124^v ‖ ed. Sternbach[2] 314–316 ‖ tit. sec. **G**: om. $\mathbf{p^e}$

Τοῦ αὐτοῦ ψώραν ἔχοντός ποτε

Στίχους Μιχαὴλ τῇ καλῇ ψώρᾳ πλέκω.

Ἕως πότε ψώρα με συντήκειν ἔχεις,
ἕως πότε ξαίνουσα καὶ τρύχουσά με
τὸν εὐκτὸν οἰκτρὸν ἐργάσαιό μοι βίον;
οὔπω παλαμναία σε, λυττῶν θηρίον,
ἔχει κόρος τις τῆς καθ' ἡμῶν πικρίας;
οὔπω τις οἶκτος τῆς βλάβης τοῦ σαρκίου;
ἀπηγόρευσα, τὰς ἀμυχὰς οὐ φέρω
τὰς θελξιπίκρους· ὢ ξένης ὄντως νόσου.
Οὐκ ἔστιν οὐδὲν δεινόν, ὧδ' εἰπεῖν, πάθος
χεῖρον, τραγῳδέ, κνησμονῆς ψωραλέας.
σύνεστί μοι γὰρ νύκτα καὶ μεθ' ἡμέραν,
θλίβουσα, πιέζουσα, βιβρώσκουσά με.
ἂν εἰς πόλον τις χεῖρας ἐκτεῖναι θέλῃ,
πόνος τις αὐτὰς ἄλλος ἀνθέλκει κάτω·
ἂν ἐξαναπτύξειε βιβλίον πάλιν,
ἡ χεὶρ ἐνεργός ἐστι τοῖς πεπονθόσι·
κάλαμον εἰ λάβοι τις ὡς γράφειν θέλων,
ῥίψας παρευθὺ συντόμως κνᾶται μόνον,
οὐχ ἡδέως μέν, ἡδέως δέ πως ὅμως.
πρὸς σιτίοις ὤν, εἴτε κλιθεὶς πρὸς πότον,
κνᾶσθαι προτιμᾷ, καὶ πάρεργον ἡ πόσις·
φίλοις ὁμιλῶν, ἄλλο τι πράττων μέγα,
ἐσθῆτος ἐντὸς λάθρᾳ κνᾷ τοὺς δακτύλους·
πάρεστιν ἡ νύξ, συμπάρεστιν ἡ φίλη,
ὕπνος δ' ἄπεστι γλυκύθυμος ὀμμάτων.
ἔστι δὲ χερσὶ καὶ πρὸς ἀλλήλας τότε
ἅμιλλα λαμπρὰ πρὸς τὸ κνᾶν ἐρρωμένως
μηρούς, σκέλη, τράχηλον, αὐτὴν κοιλίαν,
αὐτὰς ἑαυτάς, σώματος σύμπαν μέρος,
καὶ μηδ' ἀπειπεῖν μέχρις αὐτῆς ἡμέρας.
Ἄιδειν προήχθης; εὐπρεπὴς σκῆψις τότε

62 9 cf. supra Poem. 60, 4 ‖ 10–11 Eurip. Orest. 1; cf. Lucian. Iupp. trag. 1

2 *ἔχοις* **p**[e] ‖ 10 *ἔστι*, om. *οὐδὲν*, **p**[e] | *πάθους* **G** ‖ 12 *σοι* **p**[e] | *νύκτωρ* **p**[e] ‖ 13 *σε* **p**[e] ‖ 14 *χεῖρας τις* **p**[e] | *θέλοι* **p**[e] ‖ 15 *ἀνθέλκοι* **p**[e] ‖ 17 *ἢ* **G** ‖ 20 *ἡδέως*[2] **G**: *καὶ δέως* **p**[e] ‖ 21 *κληθεὶς εἰς* **p**[e] ‖ 23 *πράττει* **G** ‖ 31 *ἄχρις* **p**[e] ‖ 32 *ἄδην* **G** | *εὐτρεπὴς* **G**

εὔρυθμα κνᾶσθαι πᾶν μέλος σοι σὺν μέλει·
καὶ καιρὸς οὐδείς, οὐ τόπος τις, οὐ χρόνος
τοῖς ψωριῶσιν (ὢ καλῆς φιλεργίας)
ἄμοιρός ἐστι κνησμάτων, σπαραγμάτων.
Οὕτω δὲ τυγχάνουσα πάγκακον τέρας
ἔχει τι καὶ θέλγητρον εἰς βραχὺν χρόνον·
ὅταν γὰρ ἐντὸς τοῦ βαλανείου γένῃ,
ῥίψας ἑαυτὸν εἰς ὕδωρ ὑπερζέον,
παπαὶ πόσης ἂν ἡδονῆς αἴσθῃ τότε,
ἀντιρρόπου πόσης τε τῆς ἀλγηδόνος
ἐκεῖθεν ἐκβάς, εἶτα κνώμενος πάλιν.
Πλὴν ἀλλ' ἰατρὲ Χριστὲ τῶν νοσημάτων,
δὸς ἐξαναπνεῦσαί με τῆς ἀργαλέας,
τῆς προξένου μοι (φεῦ) πόσης ἀηδίας.
κἂν οὐκ ἐπαχθές ἐστιν ὃ φράσαι θέλω,
κέλευσον αὐτήν, οἷα δαίμονας πάλαι,
λιποῦσαν ἡμᾶς τοὺς τεταριχευμένους,
οὓς ἐξέτηξεν ἐκ μακρῶν ἤδη χρόνων,
πτῆναι πρὸς αὐτὸν Ἀδριανὸν ὡς τάχος,
τὸν ἄγριον σῦν, τὴν μιαιφόνον φύσιν.
κόμης τίς ἐστι, τὸν χρόνον κατὰ Κρόνον,
ὃς ἐν ναῷ πάλαι με τῶν Ἀποστόλων
θέλοντα πομπὴν τὴν βασιλέως βλέπειν
ἀνηλεῶς ἔτυπτε (φεῦ μοι) τῷ ξύλῳ,
ὤμους, κεφαλήν, ὦτα, πλευρὰς καὶ σκέλη
παίων ἀφειδῶς, πᾶν μέλος μοι συντρίβων.
φεύγειν δ' ἐμόχθουν καὶ φυγῆς οὐκ ἦν τόπος,
ὥσπερ ποταμοῦ πλημμυρούντων τῶν ὄχλων,
ἕως ἀπειπών, ἡμιθνής, βραχὺ πνέων,
οἴκοι στενάζων, λειποθυμῶν ᾠχόμην.
καὶ νῦν ἐν ὕπνοις τὸν κορυνήτην βλέπων
ὁρμώμενον τύψαι με καὶ διδοὺς δρόμῳ,
λείπω τὸν ἐχθρὸν καὶ τὸν ὕπνον αὐτίκα.

48 Matth. 8,30–32; Marc. 5,11–13; Luc. 8,31–33

33 *καὶ πᾶν μέλος σοι μέλει* **p**[e] ‖ **35** *κακῆς* **G** ‖ **37** *παγκάκων* **G** | *πέρας* **G** ‖ **38** *βαχὺν* **G** ‖ **46** *προξένης* **G** | *πάσης* **p**[e] ‖ **49** *τεταραχευμένους* **p**[e] ‖ **51** *πτηνοῦν* **p**[e] ‖ **53** *κατατρίβων* **G** ‖ **54** *ναῶ* **G**: *δόμω* **p**[e] ‖ **55** *βασιλέων* **p**[e] ‖ **56** *ἔτυψαν οἴμοι* **p**[e] ‖ **57** *καὶ*] *τὰ* **p**[e] ‖ **63** *βλέπω* **p**[e] ‖ **65** *λίπω* **p**[e]

Poemata 63–66. De anima sua, Vir apud sepulcrum uxoris, De oratione, Ad amicum cum aegrotaret

Excepto Poem. 65 haec in solo codice **w**[v] leguntur et Pselli esse perhibentur; attamen ipsius Pselli nullum opus simile aut pedestre aut versibus conscriptum traditur. unius auctoris esse has declamationes poeticas (nam et uxorem Annam Poematis 64 commenticiam esse credo et fortasse malam valetudinem Poematis 66) non est quod negemus.

63

Τοῦ Ψελλοῦ εἰς τὴν ψυχήν

Πᾶσα κτίσις κλαῦσόν με τὸν παραβάτην.
ὡς δάκρυον στάλαξον, οὐρανέ, δρόσον
καὶ σπίλον αἰσχρῶν ἔκπλυνον μολυσμάτων·
ἥλιε, δυσώπησον ἥλιον μέγαν
ψυχὴν σκοτεινὴν φωτίσαι καὶ καρδίαν·
στήτω σελήνη, καὶ χορὸς τῶν ἀστέρων
αἰτεῖτε λύτρον τῶν ἐμῶν ἐγκλημάτων·
ἡ γῆ βόησον ἐκ μέσης τῆς καρδίας,
ὄρη σταλαγμὸν ἐκβλύσατε δακρύων,
θάλασσα κλαῦσον κλαυθμὸν ἠλεημένον,
ἄβυσσε φωνὴν πέμψον εἰς τὸν δεσπότην.
Χοροὶ προφητῶν, πατριαρχῶν, παρθένων,
ἀποστόλων, μαρτύρων καὶ διδασκάλων,
πάντων δικαίων, ἱερῶν σελασφόρων,
ἐμὲ κραταιώσατε τῷ θείῳ φόβῳ·
σφραγὶς προφητῶν καὶ τέλος θεηγόρων,
ἐμοῦ φρόντισον τοῦ κατεσπιλωμένου,
κρουνοὺς βράβευσον δακρύων ψυχοτρόφων,
θείῳ φόβῳ σῶσόν με καὶ παρ' ἀξίαν.
Θρόνοι, χερουβὶμ καὶ σεραφὶμ καὶ νόοι,
κυριότητες, δυνάμεις, ἐξουσίαι,
ἀρχῶν ἀρχαγγέλων τε τάξεις ἀγγέλων,
ὑμῶν λιταῖς σώσατε τὸν παραβάτην.
Ἀγαθοποιὲ Νικόλαε, παρθένε,
πρεσβεύσατε νῦν ὑπὲρ ἀθλιωτάτου

63 20–22 Ps.-Dionys. Areop. Cael. hier. 6,2, PG 3, 200 D 1–201 A 13

63 **w**[v] III[v]–IV[r] ‖ ined. ‖ 13 scr. *καὶ μαρτύρων*, metri causa?

δούλου κακίστου καὶ λίαν παναθλίου.
δίδοιτέ μοι χάριν τε καὶ κληρουχίαν
φέρειν δέησιν ἐν φόβῳ τε καὶ πόθῳ
ἄοκνον, ἀρέμβαστον, ἡγιασμένην,
στερράν, ἀνεμπόδιστον, οὐρανοδρόμον.
Νόος, πτέρυξι καρδίας [.......],
εἰς οὐρανοὺς ἄνελθε συντομωτάτως,
τῶν ἀγγέλων δίελθε τὰς μυριάδας,
ἀρχαγγέλων πάρελθε τὰς τριαρχίας,
θείῳ θρόνῳ πρόσελθε τῷ τῆς τριάδος,
ἅψαι φαεινῶν κρασπέδων παρ' ἀξίαν,
καθικέτευσον καὶ τυχεῖν σωτηρίας.
Ὦ πάτερ, υἱέ, πνεῦμα, τριὰς ἁγία,
ἀγαθὸν ἀκένωτον εἰς πάντας ῥέον,
κάλλος πολυέραστον οὐκ ἔχον κόρον,
σῶσον, κατοικτείρησον, ἱλάσθητί μοι.
ἥμαρτον, ἠνόμησα καὶ κατεφθάρην,
ἥμαρτον, ἠδίκησα καὶ παρεσφάλην.
βρέφος σκοτεινόμορφον ἠμαυρωμένον,
καὶ παιδίον βέβηλον ἠχρειωμένον,
καὶ μειράκιον αἰσχύνης πεπλησμένον,
νεανίας κάκιστος ἐβδελυγμένος,
ἀνὴρ σκολιὸς καὶ κατερρυπωμένος,
μεσαιπόλιος σαπρίᾳ, μιαρίᾳ,
γέρων ἀσελγής, λοιμὸς ἐσπιλωμένος.
ἐκ σπαργάνων πνεύματος τὴν θείαν χάριν
κατερρυπώθην τῆς ἁμαρτίας ῥύπῳ.
βάπτισμα θεῖον ἀφρόνως παρωσάμην,
κατεζοφώθην τῆς ἀσωτίας ζόφῳ,
πανάγαθον δώρημα παρεβλεψάμην.
ἐβορβορώθην κακίας τῷ βορβόρῳ,
ἀπεστερήθην ἀρετῶν ψυχοτρόφων,
ἐξωστρακίσθην ἐνθέων χαρισμάτων,
ἀπεξενώθην ἀγαθῶν αἰωνίων.

42–43 3 Regn. 8, 47; 105, 6; Dan. 9, 15 Thdtn

29 *ἀρέμβαστον* scripsi: *-ατον* **w**ᵛ ‖ **31** *νόος* scripsi: *νοὸς* **w**ᵛ | lac. **w**ᵛ: supple fere *ἀνηγμένος* ‖ **34** scr. *στραταρχίας*? ‖ **35** *πρόσελθε* scripsi: *πάρελθε* **w**ᵛ ‖ **37** *τύχην* **w**ᵛ (an scr. *τύχῃς*?) ‖ **40** *ἔχων* **w**ᵛ ‖ **42** *ἠνόμισα* **w**ᵛ ‖ **51** scr. *τὴν πνεύματος*?

στολὴν ἀφῆκα τὴν πανολβιωτάτην,
ἄνωθεν ὑφανθεῖσαν, ἡγιασμένην·
οὐκ ἠθέλησα τὸν βίον τῶν παρθένων,
οὐκ ἠγάπησα τὸν βίον τῶν σωφρόνων·
στολὴν μέλαιναν τοὔμπαλιν ἐκτησάμην,
στολὴν ῥυπαράν, ἱμάτιον κακίας,
χιτῶνα σαρκὸς τὸν κατεσπιλωμένον.

64

Τοῦ αὐτοῦ στίχοι γραφέντες εἰς τάφον γυναικὸς ὡς ἀπὸ τοῦ ἀνδρὸς αὐτῆς

Νῦν πρῶτα πικρὸν ἄλγος εἰσεδεξάμην,
νῦν καρδίαν πλήττοντος ᾐσθόμην πόνου·
οὐχ ὡς ἄλυπον εὐτυχήσας τὸν βίον
(πολλοὺς γὰρ ὑπήνεγκα δεινοὺς κινδύνους,
πολλαῖς ἐπεθρήνησα νεκροπομπίαις),
ἀλλ' ὡς πεπονθὼς ζημίαν τὴν ἐσχάτην
τὰς πρὶν παρεκτρέχουσαν οἰκτράς μοι τύχας.
Ὦ φιλτάτη σύζυγε καὶ φωτὸς πλέον,
αὐτογλυκασμὲ τῆς ὅλης μου καρδίας,
Ἄννα πνοή μου, τῶν ἐμῶν φῶς ὀμμάτων,
λειμὼν χαρίτων καὶ θέας καὶ τοῦ τρόπου,
ἔμελλον ἄρτι καὶ σὲ δοῦναι τῷ τάφῳ
καὶ μὴ ῥαγῆναι παντελῶς τὴν καρδίαν,
ὡς κἂν τάφῳ λάχοιμι τὴν συνοικίαν
καὶ μὴ νεκροῦ ζῶ δυστυχέστερον βίον.
Ὢ τῆς ταφῆς σου τῆς ἐν ἀκμῇ καὶ δρόσῳ.
εἰκοστοτετράριθμος ὁ ζωῆς χρόνος,
ὡς πικροποιὸν ἐκθερίζει σε ξίφος
ἡλικίας ἔαρος ἐν μεσαιτάτῳ,
τὴν καλλίμορφον ἀρτιβλάστητον χλόην,
σὴν ἐκταμὸν πρώτιστα πεντατεκνίαν.
Βαβαί, πόσαις φλέγεις με καμίνοις πόνων,
ἰού, πόσαις πλύνεις με ῥείθροις δακρύων

66 Iudas 23

64 *τοὔμπαλιν* scripsi: *τυμπάνων* **w**^{v}

64 w^{v} IV^{r-v} ‖ ined. ‖ **8** *φιλτάτη* scripsi: *φίλτατε* **w**^{v} ‖ **10** *Ἄννα πνοή*] lusus verborum non emendandus ‖ **15** *μὴ* scripsi: *μὴν* **w**^{v}

ἐν παντὶ καιρῷ, νύκτα καὶ καθ' ἡμέραν·
οἷον γὰρ εἰς νοῦν καὶ κατὰ φρένας λάβω
τῶν σοὶ προσόντων μυρίων χαρισμάτων,
ὡς κέντριον νύττει με πρὸς τὸ δακρύειν.
Ἀλλ' ὦ ξένων ἄβυσσε φρικτῶν κριμάτων,
ἕνωσον ἡμᾶς, οὓς διεῖλες ἐν βίῳ,
εἰς πραέων γῆν, εἰς ἀνώλεθρον βίον.

65

Εὐχὴ διιστᾷ τοὺς βροτοὺς τῶν ἐν βίῳ,
εὐχὴ μεθιστᾷ πρὸς θεὸν τοὺς χρωμένους·
εὐχὴ πτεροῖ τὸ πνεῦμα πρὸς θεοπτίαν,
εὐχὴ σθενοῖ τὸ σῶμα πρὸς χαμευνίαν·
εὐχὴ τὸ φῶς δίδωσι τῆς θεωρίας·
εὐχὴ λογισμῶν ἐμπαθῶν ὁρμὰς τρέπει·
εὐχὴ χορηγεῖ δωρεὰς ἀκηράτους·
εὐχὴ διώκει ψυχικὴν ῥαθυμίαν,
εὐχὴ διωθεῖ τὴν κακὴν ἀκηδίαν,
εὐχῆς ἄγνοιαν ἀνταναιρεῖ θερμότης·
εὐχὴ τὸ θεῖον εὐμενὲς καθιστάνει·
εὐχὴ σκεδάζει συμφορῶν καταιγίδας·
εὐχὴ βραβεύει μυστικὴν δᾳδουχίαν·
εὐχὴ δεόντως συμφερόντως ἐξάγει·
εὐχὴ τελειοῖ πρακτικὴν εὐκοσμίαν·
εὐχὴ μεθέξει τὴν θέωσιν εἰσφέρει·
εὐχὴ τὸ κρεῖττον τοῖς ἀΰλοις μιγνύει,
εὐχὴ τὸ χεῖρον δουλαγωγεῖ σωφρόνως·
εὐχὴ λογισμῶν ἁρπαγὴ πρὸς αἰθέρα,
εὐχὴ πρὸς ἀλλοίωσιν ἔνθεον φέρει,
εὐχὴ φρένας δείκνυσιν οὐρανοδρόμους·
εὐχὴ καλῶν πέφυκε πάντων αἰτία.

64 28 Ps. 35, 7 ‖ 30 cf. Ps. 36, 11; Matth. 5, 5

27 *κέντριον* lexica
65 $\mathbf{w}^{v}$ IV^{v} $\mathbf{w}^{v}$ 59^{v}–60^{r} $\mathbf{w}^{x}$ 152^{r-v} ‖ ined. ‖ tit. sec. $\mathbf{w}^{v}$: *Στίχοι τοῦ σοφωτάτου ψελλοῦ* (*τοῦ αὐτοῦ* $\mathbf{w}^{w}$) *ἔπαινος εἰς τὴν εὐχήν* $\mathbf{w}^{w}\mathbf{w}^{x}$ ‖ 2 *διιστᾶ* $\mathbf{w}^{v}$ ‖ 4 *σθενεῖ* $\mathbf{w}^{x}$ ‖ 7 *χορήγει* $\mathbf{w}^{w}$ ‖ 9 *διορθεῖ* $\mathbf{w}^{w}$ ‖ 10 *ἀνταναγχοῖ* $\mathbf{w}^{x}$ ‖ 12 *σκεδάζῃ* $\mathbf{w}^{w}$ | *καταιγίδα* $\mathbf{w}^{w}$ ‖ 13 *μυστικὴν* $\mathbf{w}^{w}\mathbf{w}^{x}$: *κοσμικὴν* $\mathbf{w}^{v}$ ‖ 14 *δέοντος* $\mathbf{w}^{w}$ | *ἐξάγῃ* $\mathbf{w}^{w}$ ‖ 15 *πρακτικὴν* $\mathbf{w}^{w}$: π(ατ)ρικὴν $\mathbf{w}^{v}\mathbf{w}^{x}$ ‖ 16 *μεθέξῃ* $\mathbf{w}^{w}$ ‖ 17 *ἀΰλοι* $\mathbf{w}^{w}$ ‖ 18 *δουλαγωγῆ* $\mathbf{w}^{w}$

66

Τοῦ αὐτοῦ πρὸς ἑταῖρόν τινα διὰ τὸ νοσεῖν

Αἰαῖ, τὰ πάντα λυγρὰ καὶ κατώδυνα,
πλήρη στεναγμῶν καὶ σταλαγμῶν δακρύων.
Ἑταῖρε, πῶς φύγοιμι τὴν νόσον λέγε·
ὡς νῦν ἐγὼ δέδοικα τὸν ταχὺν μόρον,
ὃν τοὺς βροτοὺς χρὴ πανταχοῦ δεδοικέναι,
σύνοικον ἐχθρὸν ὄντα, δυσμενῆ φίλον,
κακοῦργον ἡδὺν καὶ πραῢν ὁδοστάτην
ἄνευ ξιφῶν σφάττοντα τοὺς ὡρισμένους.
πλὴν ἀλλ' οὐκ ἔστιν ὅστις εὖ διαδράσει,
ἐγγὺς γὰρ ἡμῶν ὁ σφαγεὺς πορεύεται,
τείνων τὸ τόξον, ἐκτινάσσων αὐτίκα
βέλη τὰ πικρὰ καὶ πεφαρμακευμένα.
Ἀλλ' ὦ κακῶν γένεθλον, ὦ σπορεῦ φθόνου
καὶ παντὸς ἄλλου δυσχεροῦς πάσης λύμης,
ἀπαγχονίζου, δαῖμον, ἔρρε, συνθλίβου,
γῆς δῦθι μυχούς, ἀφανίζου, ῥηγνύου,
φθείρου χαμαὶ βάραθρον ἔσχατον φθάσας,
οἴκει σκοτεινὸν λάχος, ἄθρει σὸν λάχος,
φίλει σιγήν, μὴ κάμνε τῶν βροτῶν χάριν,
μὴ θλῖβε τοὺς νοσοῦντας οἷς οἶδας τρόποις.
παύθητι τῆς σῆς, λυμεών, τεχνουργίας
(τὸν σταυρὸν ὅπλον ἀρραγὲς προβάλλομαι)
καὶ φεῦγε μακρὰν ἐκ βροτῶν Χριστωνύμων,
ὀλέθριον σύγκυρμα δυσμαίας τύχης.

Poemata 67–68. Ad monachum superbum

Codicem **w^w**, qui haec duo carmina continet sub nomine Pselli (una cum sequentibus, Christophori Mitylenaei Poem. 87 Kurtz et pseudo-Pselli Poem. 65), iam ante plus nonaginta annos examinavit Krumbacher (440–441) et Pselli haec non esse facile demonstravit, propterea quod inter poetas veteres cum Pisida et Christophoro etiam Psellus ipse recensetur (Poem. 68,81).

In priore parte Poematis 67 poeta confratrem quendam suum (Ioannes vocabatur, 68,76) fraterna pietate admonet, ut cum prophetis et apostolis tenuitatem scientiae humiliter agnoscat nec vana opinione de se infletur (1–121). deine parem gratiam red-

66 **w^v** IV^v || ined. || **1** *κατωδύνου* **w^v** (quo salvo vs. 2 *στεναγμοῦ* scribere possis) || **9** *ἀλλ' οὐκ*] scr. *οὐ γὰρ* metri causa?
67 **w^w** 42^r–55^v || ined. || tit. *δοκοῦντος* **w^w**

dens pro versibus quos composuerat Ioannes suis monitis respondere conatus, ad convicia transit (122–182). omnia sane vera esse quae Ioannes dixerit de sua humili origine (183–249), verumtamen ipsum illum spurio genere esse, sordidissimus muneribus occupatum (250–354). paupertatem vero turpe non esse, pauperes fuisse et apostolos, ipsum Christum filium fabri, at summam virtutem cum superbia nihil valere (355–466).

Alterum carmen (Poem. 68) Ioannis versus diu, ut dicit, neglectos vituperat ut insulsos et contra omnes leges grammaticae et prosodiae peccantes. hoc poema tam subito concluditur ut ad finem videatur non esse perductum.

67

Στίχοι τοῦ ὑπερτίμου Ψελλοῦ πρὸς μοναχόν τινα γράψαντα πρὸς αὐτὸν μεθ' ὑπερηφανίας καὶ δοκοῦντα εἶναί τινα τῶν σοφῶν

Ἔδει μὲν ἡμᾶς, ἀδελφέ, τὰ ψυχικὰ φροντίζειν
ὡς μοναχούς, ὡς ἀσκητάς, ὡς ἔξωθεν θανάτου,
καὶ καθ' ἑκάστην ὡς εἰπεῖν ἡμέραν ἐπιμόνως
θρηνεῖν καὶ κόπτεσθαι πικρῶς καὶ σφοδρῶς ὀλολύζειν
ἐν ὀφθαλμοῖς λαμβάνοντας ὥραν τὴν τελευταίαν,
καθ' ἣν ἐντεῦθεν μέλλομεν ἀπαίρειν ἐκ τοῦ βίου
καὶ πρὸς κριτὴν ἀδέκαστον πορεύεσθαι δικαίως·
καὶ συνεχῶς παρακαλεῖν καὶ συνεχῶς προσπίπτειν
καὶ συνεχῶς ἱλάσκεσθαι τὸ θεῖον μετὰ πόνου,
ὅπως χαρίσεται ἡμῖν λύτρον ἀμπλακημάτων
καὶ παντελῆ συγχώρησιν πάντων τῶν ἐπταισμένων,
πρὶν ἢ ῥαγῆναι τῆς ἡμῶν ὑλικῆς συζυγίας·
καὶ πᾶσαν ἔχειν τὴν σχολὴν ἐπὶ τὰ θεῖα μόνα,
τὰ δ' ἄλλα πάντα δεύτερα τούτου σαφῶς ἡγεῖσθαι,
καὶ συζητεῖν καὶ συμμετρεῖν αὐτοὺς ἁπανταχόθεν
καὶ διευθύνειν ἐμμελῶς ὁμοῦ καὶ νενηφότως,
τί μὲν ἡμῖν κατώρθωται τῶν ἐποφειλομένων,
τί δ' αὖθις ὑπολείπεται τῶν ἐπενδεχομένων,
καὶ ποῖον μὲν ἀτίθασον ἡμερώσαμεν πάθος,
ποῖον δ' οὖν ἐναπέμεινεν ἀδάμαστον εἰσέτι·
καὶ σπεύδειν ὅση δύναμις πάντων ἐκκαθαρθῆναι
σωματικῶν καὶ ψυχικῶν κηλίδων καὶ ῥυτίδων,
†οὐ τὴν ἐκείνου εὔτασας τὸν τούτοις συνεργάτην

2 *θανάτου*] scr. *σωμάτων*? ‖ **3** *ἐπιμόνς*, sscr. *ος*, **w**[w] ‖ **5** *λαμβάνοντες* **w**[w] ‖ **10** *λύτρων* **w**[w] ‖ **13** *ἔχων* **w**[w] ‖ **14** *τοῦτα* **w**[w] ‖ **15** *αὐτοὺς* **w**[w] ‖ **17** *ἡμῖν*] *εἰμὶ* **w**[w] ‖ **20** *ποῖ* **w**[w] ‖ **21** *σπεῦδον* **w**[w] | *πάντα* **w**[w] ‖ **22** *ῥυτίδες* **w**[w] ‖ **23–24** lege fere *αὐτὸν ἐκεῖνον ἔχοντας ἐν τούτοις συνεργάτην / τὸν μόνον ὑποδείξαντα*

τὸ μόνον ὑποδείξασα† τῶν ἐντολῶν τὴν τρίβον
καὶ φήσαντα μὴ δύνασθαι χωρὶς αὐτοῦ ποιεῖν τι,
ὅπως καὶ πάλιν ἔχωμεν τοῖς λογισμοῖς ἐμβάλλειν
περὶ τῆς γνώσεως Χριστοῦ μὴ καλῶς ἐπηρμένοις,
ὥς που τὸ σκεῦος ἔφησε τῆς ἐκλογῆς ὁ Παῦλος,
ἐκ τοῦ γινώσκειν ἀκριβῶς ἡμῶν τὰ μέτρα ποῖα,
τοῦ μήτε παρεκτείνεσθαι μηδ᾽ ἐξισοῦσθαι θέλειν
φρενῶν ὄντας ἐπιδεεῖς φρονίμων καὶ λογίων.
Ἐγὼ δὲ τούτου τὴν ἐμὴν ἐντρέπων ἀγροικίαν –
πᾶς γὰρ ὁ λογιζόμενος τοῦτον ἀγχίνουν εἶναι
καὶ πάντα δύνασθαι καλῶς τὰ θεῖα κατοπτεύειν,
οὗτος οὐδὲ τὰ πρὸς ποσὶν ἔγνω τυφλὸς ὑπάρχων,
ὡς ἱκανοῦ τυγχάνοντος ὁλικῶς ἐμποδίζειν
εἰδέναι τι τῶν ἀγαθῶν τοῦ δοκεῖν ἐγνωκέναι.
μόνος γὰρ οἶδεν ἀμυδρῶς, οὐ πάνυ δὲ τελείως
(ὡς ἐν ἐσόπτρῳ γὰρ ἰδεῖν ἀνέκραγε καὶ Παῦλος)
ὁ ταπεινὸς καὶ καθαρὸς τῶν νοητῶν τὴν γνῶσιν·
τοῖς ταπεινοῖς γὰρ μάλιστα, καθώς τινες ἐξεῖπον,
τὸ χάρισμα τῆς γνώσεως Χριστὸς ἀποκαλύπτει.
οὐδεὶς δὲ πρὸς τὸ τέλειον ἤρθη τῆς θεωρίας,
οὐδεὶς ἔγνω τὸ παντελὲς πρὸ τοῦ μέλλοντος χρόνου,
οὐδεὶς τὴν πᾶσαν εἴληφεν ἐν τοῖς ἀνθρώποις γνῶσιν·
οὐ Μωυσῆς ὁ τὸν γραπτὸν νομοθετήσας νόμον,
οὐδ᾽ Ἀαρών, ὃν ἔχρισεν ἀρχιερεὺς ὁ μέγας,
οὐ Σαμουὴλ ὁ γεγονὼς ἐκ τῆς ἀκάρπου στείρας,
οὐδ᾽ ὁ Δαυὶδ ὁ βασιλεὺς καὶ μέγιστος ἐκεῖνος,
οὐχ ὁ Θεσβίτης Ἠλιοῦ καὶ θεατὴς τοῦ λόγου,
οὐχ Ἐλισσαῖος ὁ πολὺς ἐν θαύμασι καὶ ξένοις,
οὐχ Ἠσαΐας ὁ θεὸν ἰδὼν ἐπὶ τοῦ θρόνου,
οὐχ Ἱερεμίας ὁ πολλὰ τὸν Ἰσραὴλ πενθήσας,
οὐχ ὁ τῶν ἄνω θεωρὸς Ἰεζεκιὴλ ὁ μέγας,

67 **24** Ps. 118,35 ‖ **25** Ioann. 15,5 ‖ **26–28** 2 Cor. 10,4–5 ‖ **28** Acta 9,15 ‖ **29–30** 2 Cor. 10,13–14 ‖ **39** 1 Cor. 13,12 ‖ **50** 3 Regn. 17,1 | Matth. 17,3; Marc. 9,4; Luc. 9,30–31 ‖ **52** Isai. 6,1

25 *μὴ δύνασθαι*] *μιμήσασθαι* **W**[w] ‖ **26** *ἔχωμεν*] *λέγωμε* **W**[w] | *ἐμβαλεῖν* **W**[w] ‖ **27** *ἐπηρμένον* **W**[w] ‖ **28** *ὥς που*] *ὅπου* **W**[w] ‖ **30** *μήτε*] *μὴ* **W**[w] | *θέλον* **W**[w] ‖ **31** *ὄντες* **W**[w] | *φρονίμοις … λογίοις* **W**[w] ‖ **33** *τοῦτον*] *τοῦ τοῦ* **W**[w] ‖ **41** *τινὶ* **W**[w] ‖ **44** *παντελῶς* **W**[w] ‖ **46** *νόμω* **W**[w] ‖ **48** *γεγονὼς*] *βασιλεὺς* **W**[w] (cf. 49) ‖ **51** *οὐχ ἐλισσαῖος* **W**[w] ‖ **53** *ἱρεμίας* ex *εἰρ-* **W**[w]

οὐ Δανιὴλ ὁ τῶν θηρῶν τὰ στόματα φιμώσας,
οὐχ ὁ λοιπὸς κατάλογος τῶν προφητῶν ἁπάντων·
ἀλλ᾽ οὐδ᾽ αὐτὸς ὁ τὸν θεὸν σωματικῶς βαπτίσας
ἐν Ἰορδάνῃ γάρ ποτε, καθὼς ἀναγινώσκεις,
καὶ παλαιᾶς καὶ τῆς καινῆς μεσίτης χρηματίσας
καὶ μεῖζον πάντων εἰληφὼς τῶν γεννητῶν τὸ κλέος·
οὗτος γὰρ μᾶλλον μαρτυρεῖ παρὰ τοὺς ἄλλους πλέον
μηδὲ τὸν λόγον εἴσεσθαι τὸν τῆς οἰκονομίας·
τὸ γὰρ ἀνάξιον αὐτὸν κρῖναι τοῦ μηδὲ λῦσαι
τὸν σφαιρωτῆρα τῶν Χριστοῦ καλῶν ὑποδημάτων
τὴν ἄγνωστον ἐδήλωσε τοῦ μυστηρίου γνῶσιν
τὴν κεκρυμμένην ἀπ᾽ αὐτοῦ – καὶ τίς λοιπὸν συνήσει;
ἀλλ᾽ οὐδ᾽ ὁ Πέτρος ὁ τὰς κλεῖς λαβὼν τῆς βασιλείας,
Πέτρος τῆς πίστεως βροτοῖς τὰς πύλας ὑπανοίγων,
εἰς τὴν ἐπίγνωσιν Χριστοῦ πάντας ἐχειραγώγει.
εἰ δὲ κἀνταῦθα κατασχεῖν ἐξῆν τὴν ὅλην γνῶσιν,
Παῦλος ἂν ταύτην εἴληφεν, ὁ τῶν ἀρρήτων μύστης,
μέχρι ⟨τοῦ⟩ τρίτου οὐρανοῦ ἐπαρθεὶς μεταρσίως
κἀντεῦθεν εἰς παράδεισον σωματικῶς φοιτήσας,
ὁ τῶν ἀρρήτων γεγονὼς ἀκροατὴς ῥημάτων.
ἀλλ᾽ οὗτος ὁ τὸ κήρυγμα πανταχοῦ κατασπείρας,
μίαν δὲ πᾶσιν δεδωκὼς ἐπίγνωσιν λατρείας,
τὴν ἐν πατρί τε καὶ υἱῷ καὶ πνεύματι τῷ θείῳ,
καὶ διδαχαῖς καὶ δόγμασι τὴν ὅλην ἐκκλησίαν
καταπλουτίσας ὡς οὐδεὶς τῶν ἀποστόλων ἄλλος,
τὴν ἐσομένην ἔλλαμψιν καὶ τὴν τῶν ὧδε γνῶσιν
συγκρίνειν ὡς οὐκ ἄλλος τις τῶν ἐπὶ γῆς ἁπάντων,
σκιὰν τὸν νόμον ἔφησεν τῆς χάριτος τυγχάνειν
(τύπου τύπον, ὡς εἶπέ που τὶς ἄλλος θεολόγος),
τὴν χάριν δ᾽ ἀπεικόνισμα τοῦ μέλλοντος αἰῶνος,
δεικνὺς ὡς δῆθεν ἀδρανῆ τῆς χάριτος τὴν γνῶσιν
πρὸς τὴν ἐκεῖ τελείωσιν τῶν ἤδη καθαρθέντων.

55 Dan. 6,19 ‖ **57–58** Matth. 3,13–15; Marc. 1,9; cf. Luc. 3,21 ‖ **60** Matth. 11,11; Luc. 7,28 ‖ **63–64** Ioann. 1,27 ‖ **67–68** Matth. 16,19 ‖ **71–74** 2 Cor. 12,2–4 ‖ **82–84** Hebr. 10,1 ‖ **83** Greg. Naz. Or. 45,23, PG 36, 656 A 1–3

60 *μείζω* **W**[w] ‖ **62** *ἴσεσθαι* **W**[w] ‖ **63** *αὐτὸν* **W**[w] ‖ **64** *τῶν*] *τοῦ* **W**[w] | *ὑποδειγμάτων* **W**[w] ‖ **70** *εἰ δὲ … ἐξῆν*] *οὐδὲ … ἰδεῖν* **W**[w] ‖ **72** *τοῦ τρίτου*] *τρίτον* **W**[w] ‖ **79** *καταπλουτήσας* **W**[w] ‖ **80** *ἐσομένην*] -*σ*- ex -*π*- **W**[w] ‖ **81** scr. *συγκρίνων*? | *ἄλλως* **W**[w] ‖ **82** *τυγχάνει* **W**[w]

εἰ δὲ Παῦλος μαρτύρεται ταῦθ᾽ οὕτως ὄντως ἔχειν
καὶ πάλιν ἀλλαχοῦ τρανῶς ἀναβοᾷ καὶ λέγει,
'ἐκ μέρους μὲν γινώσκομεν, ἐκ μέρους δὲ λαλοῦμεν,
ὅταν δ᾽ ἔλθῃ τὸ τέλειον, οἰχήσεται τὸ μέρος,'
συναριθμεῖ δὲ τοῖς λοιποῖς ὡς τὰ πολλὰ καὶ τοῦτον,
ἐῶ λέγειν ἄλλον †μὴ† τῶν ἐφεξῆς ἁγίων,
κἂν γνῶσιν εἴληφε πολλὴν ἐκ θείας ἐπιπνοίας,
ἐμὲ δὲ καὶ τοὺς κατὰ σὲ ποῦ θήσει τις, εἰπέ μοι.
αἰσχύνομαι καὶ δέδοικα τὴν τόλμαν ταῦτα γράφειν.
Ἀλλ᾽ ἀντιλέγειν ἐγχειρεῖς τοῖς λεγομένοις τούτοις,
ζητεῖς δὲ πότε καὶ τὸ ποῦ τῆς γνώσεως τὸ πλῆρες;
ἐλθὲ καὶ μάθε πρὸς ἡμῶν ποῦ τε καὶ πότε τοῦτο·
ὅταν Χριστὸς φανερωθῇ σὺν πᾶσι τοῖς ἁγίοις
κατὰ δευτέραν τὴν αὐτοῦ μεγάλην παρουσίαν,
καθ᾽ ἣν ἐξαναστήσεται πᾶσα βροτῶν ἡ φύσις.
τότε γὰρ οἱ μὲν πονηροὶ καὶ ῥυπαροὶ τοῖς ἔργοις
τῷ γνωστικῷ τῆς χάριτος ἀποτμηθέντες λόγῳ
εἰς κόλασιν ἀχθήσονται, κἂν τῆς Χριστοῦ μερίδος
ἐδόκουν εἶναι, τὸ[ν Χριστὸν] ἀρνούμενοι τοῖς τρόποις·
οἱ δ᾽ αὖ γε τοὺς τῆς ἀρετῆς ἀνύσαντες καμάτους
καὶ τῆς ψυχῆς φυλάξαντες καλῶς τὸ κατ᾽ εἰκόνα,
οὗτοι καὶ μόνοι λήψονται τῆς νίκης τὰ βραβεῖα
καὶ τὰς ὁσίας ἀμοιβὰς καὶ τὴν ἀγήρω λῆξιν.
γνῶσις δὲ ταῦτα πέφυκε τῆς τριλαμποῦς ἑνάδος,
ἥνπερ τὴν μόνην ἔφησεν οὐρανῶν βασιλείαν
Γρηγόριος ὁ πάνσοφος καὶ μέγας θεολόγος.
πλὴν δ᾽ οὐκ ἐπίσης ἅπαντες εἰσδέξονται τὴν αἴγλην·
δεῖ γὰρ καὶ τούτους ἐρευνᾶν, τριάδος προτεθείσης,
τῆς ἑνιαίας καὶ τριπλῆς πρώτης ἀγαθαρχίας,
ἀλλ᾽ ἕκαστος ἀνέλπιστον δέξηται φωταυγίαν
τῆς ἐν σαρκὶ τηρῶν αὐτοῦ καθάρσεως ἧς ἔσχεν.

88–90 1 Cor. 13, 9–10 ‖ **107** Gen. 1, 26–27 ‖ **108** 1 Cor. 9, 24 ‖ **110–112** Greg. Naz. Or. 16, 9, PG 35, 945 C 3–7

89 *γινώσκωμεν* **W**[W] ‖ **90** *μέτρος* **W**[W] ‖ **91** *τοῦτον* (= *ἑαυτόν*, cf. 33) scripsi: *τούτων* **W**[W] ‖ **92** ex. gr. *ἄλλον τιν᾽ οὖν* ‖ **94** *ποθήσει* **W**[W] ‖ **95** fort. *γράφων* ‖ **97** *πλῆρος* **W**[W] ‖ **98** *ἔλθε* **W**[W] ‖ **100** *κἂν τῇ δευτέρα τῆς αὐτοῦ μεγάλης παρουσίας* **W**[W] ‖ **103** *ἀποτμηθὲν δὲ* **W**[W] ‖ **105** mg. suppl. al. m. **W**[W] ‖ **108** *μόνον* **W**[W] a. c. ‖ **109** *ἀγέρω, η* sscr., **W**[W] ‖ **114** *τούτοις* **W**[W]

ἄλλη γὰρ δόξα †ἤγγικεν†, ἡλίου φέγγος δ' ἄλλη·
'ἀστὴρ ἀστέρος' γάρ φησιν 'ἐν δόξῃ διαφέρει.'
οὕτω δὲ καὶ μοναὶ πολλαὶ παρὰ θεῷ τελοῦσαι
τοῖς πᾶσι μερισθήσονται κατά γε τὴν ἀξίαν.
Ταῦτα γοῦν ἔδει καὶ ποιεῖν καὶ μελετᾶν καὶ γράφειν
καὶ μὴ πρὸς χρήσιμον οὐδὲν τοὺς λόγους ἀναλίσκειν.
ἀλλ' ἐπειδὴ κινούμενος πόθεν εἰπεῖν οὐκ οἶδα
ἐπεγγελᾶν καὶ κωμῳδεῖν ἐπιχειρεῖς ἡμᾶς γε,
καὶ τοῦτο καὶ μεθ' ὧν αὐτὸς γραμμάτων γράφειν οἶδας,
φέρε λιπόντες ἅπαντα τὰ σεμνὰ τῶν λογίων
τοῖς ἴσοις κωμῳδήμασιν ἀνταμειψόμεθά σοι.
εἰ δέ τι καὶ πλατύτερον ὁ παρὼν ἕξει λόγος,
τὰ σὰ περιεργότερον ἐξερευνῶν καὶ λέγων,
τῷ λόγῳ χάρις τῷ τὸν νῦν δεδωκότι μοι λόγον.
ἀλλ' οἶδα πῶς ἀτέλεστοι πάντες εἰς θείαν γνῶσιν·
ἐπαναλήψομαι καὶ γάρ, 'παράκλητον ἐκπέμψω'·
ἔμαθες πῶς πεφύλακται πάλιν Παῦλος ὁ θεῖος·
ἔγνως ὡς πάντες ἄνθρωποι πρῶτοι δεύτεροι τρίτοι·
πρὸς γνῶσιν οὖν ἀνάλαβε καὶ γίνωσκε τί γράφω.
λοιπὸν οὖν κατανόησον καλῶς ὑπὸ τῶν ἄλλων,
καὶ παῦσαι τοῦ γνωσιμαχεῖν καὶ παῦσαι τοῦ διδάσκειν
καὶ παῦσαι τοῦ λογογραφεῖν ὡς εἷς τῶν λογογράφων
καὶ παῦσαι τοῦ κενοδοξεῖν ὥς τις τῶν τεχνογράφων·
τούτων ἁπάντων ἄμοιρος καθεστηκώς, ὦ φίλος,
μόνον δὲ κάθαραι σαυτὸν ἀπὸ πάσης κακίας
ταῖς συνεχέσι καὶ πυκναῖς εὐκτικαῖς λειτουργίαις
καὶ τῇ πρὸς τὴν ἀκήρατον οὐσίαν ἀναβάσει·
καὶ τίμα τὴν ταπείνωσιν καὶ τίμα τὴν ἀγάπην
καὶ τίμα τὴν εὐλάβειαν, καὶ σοφὸς ἔσῃ μέγας.
Ἀλλ' ἀντὶ τίνος εἵνεκα λέλεκται τὰ παρόντα,
καὶ τίνος χάριν πρὸς τὴν σὴν ἀγάπην ἐπιστέλλω;

118–119 1 Cor. 15,41 ‖ **120** Ioann. 14,2 ‖ **133** Ioann. 14,16; 26 ‖ **134–135** 1 Cor. 15,41 (supra vss. 118–119)

118 fort. *ἔγγειος* ‖ **120** *οὕτω*] *τῷ* **w**^{w} ‖ **125** *ἐπαγγελᾶν* **w**^{w} ‖ **126** *αὐτῶν* **w**^{w} | *γράφεις* **w**^{w} ‖ **130** *ἐξερευνῶ* **w**^{w} ‖ **131** *τὸν*] *τοῦ* **w**^{w} ‖ **132** *ἀτελεστεῖ* **w**^{w} ‖ **133** scr. *τοίγαρ*? ‖ **134** *πῶς* scripsi: *ποῦ* **w**^{w} ‖ **136** *τί*] *τα* **w**^{w} ‖ **139, 140** *τοῦ*] *το* **w**^{w} ‖ **140** *ὅστις* **w**^{w} ‖ **143** *πυκνοῖς* **w**^{w} | *λειτουργίαν* **w**^{w} ‖ **144** *ταῖς … ἀναβάσεις* **w**^{w}

οὐ γὰρ ἀλόγως οὐδ' εἰκῇ ταῦτα κάθημαι πλέκων,
ἐπαναμνήσθητι δὲ νῦν οὗ χάριν ἐπιστέλλω.
γράμμα ποτέ μοι πέπομφας ὅλον ἀλαζονείας
δεικνύντα σε σοφώτατον καὶ καλὸν στιχοπλόκον,
μεμφόμενος καὶ τὴν ἡμῶν ὡς οἶδας ἀγροικίαν·
εἶχε δὲ καὶ μικρά τινα ψυχὴν κατακεντοῦντα
καὶ τὸν ψόγον εἰσάγοντα κεκαθαρμένῳ βίῳ.
καὶ ταῦτα πάντα δέδρακας, ὡς ὁ θεὸς γινώσκει,
καὶ τὴν ἐμὴν γὰρ δύναμιν ἀκριβῶς ἐξετάζων,
μὴ κεκτημένος πρόφασιν οὐδαμοῦ παροινίας.
Ἐγὼ δὲ τοῦτ' ἀνεγνωκὼς καὶ θέλων ἐκδικῆσαι,
οὐκ ἐμαυτόν (μὴ γένοιτο), τὴν ταπείνωσιν δέ γε,
ἧς εἰς γῆν ἀπερρίψαμεν ἅπαντες τὸ φορτίον,
στίχους τινὰς συνέπηξα πρὸς τὴν σὴν ἁγιστείαν,
ὁμοῦ μὲν πρὸς ταπείνωσιν ἐνάγων σου τὴν γνώμην,
ὁμοῦ δὲ καὶ πρὸς ἔρωτα φιλομαθείας ἕλκων,
ὡς ἐκ τοῦ σκώπτειν καὶ μικρὸν τὴν τέχνην ὑπανοίγων.
σὺ δ' οὐκ ἠνέσχου τὴν ἡμῶν εἰσδέξασθαι παιδείαν
ἐκ συμπαθείας καὶ πολλῆς ἀγάπης φερομένην,
εἰ καί τι δάκνον εἶχέ που καί τινας εἰρωνείας,
τοῦ γράμματος ἀνάλογον οὗπερ ἀπέσταλκάς μοι.
ἀλλὰ λαλεῖν βουλόμενος, μὴ θέλων δ' ἐπακούειν,
καὶ τότε καὶ πρὸς ἄνθρωπον μηδέν σ' ἠδικηκότα,
πάλιν καθὼς μεμάθηκα παρά τινός μου φίλου
ἔσπευσας ἐπαμύνασθαι τὰ παρ' ἐμοὶ γραφέντα,
καὶ φοιτᾶν πρὸς γραμματικοὺς καὶ πρὸς τοὺς τεχνογράφους
καὶ δι' αὐτῶν τὰ καθ' ἡμᾶς στιχοπλοκεῖν ἀσέμνως,
σκώπτειν κατεπειγόμενος τὸν πτωχόν μου πατέρα
καὶ τὴν ἐμὴν ἀνατροφήν, ὁποία ποτ' {ἂν} οὐκ οἶδες,
καὶ τὴν ἐπὶ μαθήμασι γραμμάτων ἀπειρίαν·
ὑποκριτὰς ἀποκαλεῖς τὸ γένος τὸ δικό μου
καὶ πάντα λέγεις καὶ ποιεῖς, οὐ παύεσαι ⟨δ'⟩ οὐδ' ὅλως
προβάτου μὲν δέρμα φορεῖν, λύκου δὲ γνώμην ἔχειν,
κἀντεῦθεν πάντας ἀπατᾶν ὡς ἀφανὴς τοῦ τρόπου.

181 Matth. 7,15

149 *πλέκω* **w**[w] ‖ **152** scr. *δεικνύν τέ*? ‖ **155** *τὸν ψόγον*] *τὴν ψυχὴν* **w**[w] | *καὶ καθαρμένω* **w**[w] ‖ **156** *δέδρακας*] *δέδοικας* **w**[w] ‖ **157** *καὶ*] scr. *ὁ*? ‖ **158** *οὐδ' ἄλλου παρημείας* **w**[w] ‖ **170** *λαβεῖν* **w**[w] ‖ **171** *σε δεδοικότα* **w**[w] ‖ **173** *ἔσπευσα* **w**[w] | *ἐμοὶ*] dativ. ut infra 240 ‖ **175** *αὐτὸν* **w**[w] | *ὑμᾶς* **w**[w] ‖ **182** *ἀφανὲς* **w**[w]

Ταῦτα τοίνυν ἐγὼ μαθὼν {ὡς} ἀφ᾽ οὗπερ ἔφην φίλου
(οὐ γὰρ ἑώρακα λοιπὸν ἀκμὴν τὰ γράμματά σου)
πρῶτον μὲν {γὰρ} ὡμολόγησα, καὶ νῦν ὁμολογῶ σοι·
οὐκ ἔστι ψεῦδος, ἀδελφέ, τὰ παρὰ σοῦ λεχθέντα,
ἀλλ᾽ ἀληθῆ καὶ φανερὰ καὶ πρόδηλα τυγχάνει
καὶ τοῖς ἐγγὺς καὶ τοῖς μακρὰν καὶ κατὰ μέσον Ἄργους,
καὶ μοναχοῖς καὶ κοσμικοῖς καὶ γυναιξὶν ὡσαύτως.
καὶ ταῦτα μὲν τὰ προφανῆ, καθὼς καὶ σὺ γινώσκεις·
εἰ δ᾽ ἔγνως τὰ λανθάνοντα, τί δὴ καὶ λέγειν εἶχες;
ἐγὼ γὰρ μόνος, ἀδελφέ, καὶ τὴν ἄλογον φύσιν
ἐν πλημμελήμασιν αἰσχροῖς ἀσώτως ὑπερέβην·
γνώμης γάρ μου στρεβλότητος, ψυχῆς φιληδονίας,
οὐ φθάσει μέτρον ἀριθμὸς οὐδὲ θαλάσσης ψάμμος.
ὅθεν οὐκ ἔχω λέγειν τι πρὸς ταῦτα τὸ παράπαν
οὐδ᾽ ἀντικρίνειν τοὺς ἐμοὺς φιλαλήθεις ἐλέγχους·
ἀλλὰ καὶ χάριν μάλιστα μεγάλην ἔχω τούτοις,
καὶ δι᾽ αὐτῶν τὰ τραύματα γνωρίζω τῆς ψυχῆς μου.
Καὶ τοῦτο κατωνείδισας, τὴν πρώτην μου πενίαν·
†οὐδ᾽ ἄλλωναν† ὠνόμασας καὶ γέννημα πασπάλης
καὶ βεριδάριν ἐφεξῆς καὶ τέκτονα καὶ τἄλλα,
ὅσα λέγειν ἐοίκασιν κιθαρῳδοὶ καὶ μῖμοι,
σαυτόν τινα τῶν εὐγενῶν τρανῶς ἐπιφημίζων.
τοῦτο τὸ πάθος ἡσυχῇ φέρειν οὐκ ἠδυνήθην
οὐδὲ βαθείᾳ παρελθεῖν σιγῇ τὴν ἀτιμίαν
οὐδὲ τὸν Ἐνδυμίωνος μακρὸν ὕπνον καθεύδειν.
καὶ γὰρ οὐδ᾽ ἄξιόν ἐστιν οὐδ᾽ ἀνεκτὸν τοῖς πᾶσι
κέρκωπας μὲν εὐδοκιμεῖν, λέοντας δ᾽ ἡσυχάζειν,
ἢ τοὺς κηφῆνας λιγυρὸν ἀνακρούεσθαι φθόγγον,
τοὺς δὲ τέττιγας παύσασθαι τοῦ τερετίζειν ὅλως.
ὅθεν μικρόν τι καταθεὶς τὰ τῆς στρατείας ὅπλα,
ἅπερ τῷ Παύλῳ σύνηθες τοὺς μοναχοὺς ὁπλίζειν
τοὺς αἴροντας τὸν πόλεμον πρὸς τὰς ἀρχὰς τοῦ σκότους,
λόγου τέχνην ἀντιλαβὼν ἐννοίας ἀντιθέτου
μικρὸν ἀπολογήσομαι πρὸς τὰ πρὸς σοῦ γραφέντα.

188 Isai. 57,19; Dan. 9,7 | Hom. Od. 1,344; 4,726; 816; 15,80 || **207** CPG I 75 (Zenob. 3,76) || **212–214** Ephes. 6,12–17

194 *στρεβλότητα* **w**[w] || **195** *φθάση* **w**[w] || **201** ex. gr. *ὃν μυλωνᾶν* (cf. 239) || **203** *κιθαρῴδοι* **w**[w] || **211** *τεττίγους* **w**[w] || **214** *τοῦ*] *τοὺς* **w**[w] || **216** *πρὸς*^{2}] *πρὸ* **w**[w]

τοῦτο γὰρ με καὶ Σολομῶν πανευπρεπῶς διδάσκει,
ἄφρονα κατὰ τὴν αὐτοῦ μωρίαν ἀπελέγχειν,
ἵνα μὴ δόξῃ παρ' αὐτῷ φρονιμώτατος εἶναι.
Ἀλλὰ συγγινωσκέτω μοι πᾶς εὐλαβὴς καὶ σώφρων
καὶ πᾶς ἀνὴρ ἐπιεικὴς καὶ συνετὸς τὸν τρόπον
καὶ πᾶς ὃς φεύγειν ἔγνωκε τοὺς γελοιώδεις λόγους
ὡς παντελῶς ἀνάξια γράφειν ἐπισταμένων
βίου καὶ λόγου καὶ ψυχῆς ἀνθρώπων φιλοθέων,
καὶ πῶς ὁ μὲν τῶν οτίχων σου βλέπει πρὸς μεσημβρίαν,
ἄλλος δὲ πρὸς ἀνατολάς, ἕτερος δὲ πρὸς ἄρκτον,
οὐδὲ πρὸς δύσιν μηδαμῶς σύνταξιν ἐσχηκότες,
δεικνύντες σε μηδὲ τὰς τρεῖς μαθεῖν τοῦ Στησιχόρου·
καὶ πάλιν ἀποδείξω σε κολοῖον τὸν κολοῖον.
Ἀλλ' ἴθι δεῦρο πρὸς ἡμᾶς, Ἀφθόνιος ὁ ῥήτωρ,
ὁ πάσης τῆς ῥητορικῆς εἰσαγωγὴν προτάξας,
καὶ λέξον πόθεν ἄμεινον ἀπάρξομαι τοῦ λόγου,
καθάπερ πρὶν τὸν Σόλωνος σοφὸν †ὑπαίρει† λόγον
ἔδειξας πᾶσιν ἐμφανῶς εἴδη τῶν ἐγκωμίων
καὶ πόθεν χρὴ κατάρχεσθαι τῶν ἐπιχειρημάτων.
ναί, ἔκφρασον καὶ πρὸς ἡμᾶς τὰ τοῦ σαλοῦ, πῶς λέγει,
καὶ 'μὴ σιγήσῃς' ἥκιστα 'μηδὲ καταπραΰνῃς',
ὥς που Δαυὶδ πρὸς τὸν θεὸν ἀνέκραγε μεγάλως.
'Τί με καλεῖς, ὦ μυλωνᾶ καὶ μοναστὰ τὸν τρόπον,
εἰς χεῖρας ἔχων τὰ ποτὲ γραφέντα παρ' ἐμοίγε;
τρῖψον ὡς μύλος ἔντομος, ὡς βεριδάρι γλώσσῃ,
ἄλεσον δ' ὥσπερ ἄλευρον, λίκμησον ὡς πασπάλην
τὸν καρβουνάρι (προϊὼν ὡς ὁ λόγος δηλώσει),
καὶ δὸς αὐτῷ πληρέστατον ἀλλάγιον καὶ σῶον,
ἵνα μηκέτι παρὰ σὲ μολὼν ἀλήθῃ λόγους.
μὴ τοίνυν κάμνῃς, ἄνθρωπε, τοῦτο κἀκεῖνο λέγων·
ἄρξου συντόμως ἀπ' αὐτῶν αὐτοῦ τῶν προπατόρων.
τοῦτο γὰρ εἶδος καθαρὸν καὶ τάξις ἐγκωμίου,
τὸ διδάξαι τοὺς ἐφεξῆς πόθεν ἡ τούτου ῥίζα.'

217–219 Prov. 26,5 ‖ **228** CPG I 288 (Diogenian. 7,14) ‖ **229** Fab. Aesop. 103 H.-H. ‖ **230–235** cf. Aphthon. Prog. 8 ‖ **237–238** Ps. 82,2 ‖ **248–249** Aphthon. Prog. 8

219 *αὐτῶν* $\mathbf{w}^{\mathrm{w}}$ ‖ **222** *ὁ φεύγων* $\mathbf{w}^{\mathrm{w}}$ ‖ **223** scr. *ἐπισταμένου*? ‖ **228** *δεικνῦντα* $\mathbf{w}^{\mathrm{w}}$ ‖ **229** *κολιὸν τὸ* $\mathbf{w}^{\mathrm{w}}$ ‖ **231** *πᾶσαν* $\mathbf{w}^{\mathrm{w}}$ ‖ **233** num *ἐπαίρων*? ‖ **234** *ἤδη* $\mathbf{w}^{\mathrm{w}}$ ‖ **236** *ἐκφρασον* $\mathbf{w}^{\mathrm{w}}$ | *σάλλου* $\mathbf{w}^{\mathrm{w}}$ | *λέγην* $\mathbf{w}^{\mathrm{w}}$ ‖ **239** *μονοστὰ* $\mathbf{w}^{\mathrm{w}}$ ‖ **240** *ἐμοίγε*] v. 173 ‖ **246** *τούτου* $\mathbf{w}^{\mathrm{w}}$

Ἐγὼ λιπὼν τοὺς δὲ λοιποὺς αὐτῷ καὶ τούτῳ μόνῳ
ὡς ἔχει διαλέξομαι σαφῶς τὰ περὶ τούτου.
εἴθε γοῦν ἑτεροφυές· καὶ μάθε πόθεν ἔφυς.
ἀκήκοά ποτέ τινος τάδε λαλοῦντος πρός με·
καὶ γὰρ εἰς τοὺς προπάτορας ἔφασκε λόγους ἔχειν,
ὅτι τὰς χώρας τῶν Περσῶν σπουδάζοντες ἐκφεύγειν,
ἡνίκα τὴν ἀνατολὴν ἀφειδῶς κατεπόρθουν,
ἀνόμοις ἄλλοις καὶ φθοροῖς συνέπιπτον βαρβάροις,
Πάρθοις, Οὔννοις, Ἀγαρηνοῖς, Κωμάνοις, Ἀρμενίοις,
ὑφ᾽ ὧν συλλαμβανόμενοι παραυτὰ καθ᾽ ἑκάστην,
οἷα φιλοῦσιν βάρβαροι δρᾶν ἐν τοῖς αἰχμαλώτοις,
τοῦτο δὴ κἂν τῇ μάμμῃ σου δεδράκασιν ἀθλίως.
ὅθεν, ὡς ἔστι συνιδεῖν ἐντεῦθεν ἀδιστάκτως,
γένος τὸ σὸν ἐνόθευσεν ἡ θαυμαστή σου μάμμη·
καὶ γὰρ καὶ παῖδα τέτοκεν ἐξ αὐτῆς ἡ γενναία,
τοῖς προλεχθεῖσιν ἔθνεσιν ἀσέμνως συμπλακεῖσα·
ἐξ οὗ μετὰ τῶν ἀδελφῶν †κατά τε† τῶν ἰδίων.
Ἔνθεν ἐγώ σε Λιβυκὸν ἀποκαλῶ θηρίον,
οὐ μήν τινα τῶν εὐγενῶν, ὡς αὐχεῖς, ἐκομπώθης.
λέγουσιν οἱ φιλόσοφοι τοιάδε τῶν Ἑλλήνων,
ὧν εἷς καὶ πρῶτος πέφυκεν Ἀριστοτέλης εἶναι,
ὡς ἔστι τόπος ἄνυδρος, ὁ τόπος τῆς Λιβύης,
μιᾶς καὶ μόνης ἐν αὐτῇ πηγῆς βραχείας οὔσης,
ἐφ᾽ ᾗ καὶ συναγόμενα τὰ πανταχοῦ θηρία
πρὸς τὸ παραμυθήσασθαι τὸν καύσωνα τῆς δίψης
φύρδην ποιοῦνται τὰς αὐτῶν ἐκεῖσε συνουσίας,
ὅταν καιρὸς πρὸς συμπλοκὴν κατάγεται †εἰς αὖτα†.
διὸ καὶ τὸ γενόμενον ἐκ τῶν πολλῶν γεννάδων
Λιβυκὸν ὡς πολύσπορον ὠνόμασται θηρίον.
Ἔξεστι δὲ καὶ γραφικὴν ἐπαγαγεῖν σοι ῥῆσιν,
ὅπως εἴη τὰ κατὰ σὲ κακῶς κεκυρωμένα,
ὡς Ἀμορραῖός σοι πατήρ, ἡ μήτηρ δὲ Χετταία.

267–278 CPG I 271 (Diogenian. 6,11) ‖ **270** Aristot. Hist. an. VIII 28, 606 b 18–27 ‖ **281** Ezech. 16,3

250 *λιπὼν*] *λοιπὸν* **w**[w] | scr. *δὲ τοὺς λοιποὺς* (*τὰ λοιπὰ*)? ‖ **252** fort. *ἑτεροφυής* ‖ **254** *εἰς*] *ἐκ* **w**[w] ‖ **255** *σπουδάζοντας* **w**[w] ‖ **256** *κατ᾽ ἐπόρθου* **w**[w] ‖ **264** *αὐτῆς* **w**[w] ‖ **266** ex. gr. *καὶ σύ γε* ‖ **268** *αὐχῆς* **w**[w] ‖ **270** *ὧν*] *ἧν* **w**[w] ‖ **274** *δίψας* **w**[w] ‖ **276** ex. gr. *κατάγει τὰ τοιαῦτα* ‖ **277** *γεννείδων* **w**[w] (cf. Soph. Lex. s. v. *γεννάδας*) ‖ **279** *γράφεισιν* **w**[w] ‖ **280** *κεκηρωμένα* **w**[w]

οὐδὲν οὖν κατεψεύσατο κἂν ὅστις ἦν ἐκεῖνος,
ὁ τὴν ἀφήγησιν εἰπὼν ἐμοὶ τὴν προκειμένην,
εἰς ἔργον τὸ λεχθὲν αὐτῷ σοῦ νῦν ἐξενεγκόντος.
ἔτι γὰρ γλῶσσαν πάτριον καὶ στενὴν κεκτημένος,
βαρβάρους ὡς ἂν εἴποι τις ὡς μηδὲ χρὴ λαλῆσαι,
καὶ μὴ μαθών, ὡς ἔοικεν, ἀκμὴν τὰ τῆς Ἑλλάδος,
τούτου χάριν ἐπιφοιτᾷς πρὸς †γρύκων† τοὺς λογίους,
μανθάνων στίχους †τρίκιστους† καὶ πρὸς ἡμᾶς ἐκπέμπων.
ἀλλὰ καὶ γράμμα τῶν Μουσῶν ἐνηγωνίζου μάτην,
ὀλίγα γὰρ προέκοψας ὀψιμαθὴς ἐν βίῳ.
Ἀλλ᾽ αὕτη μὲν τῆς σῆς σειρᾶς ἡ γενεαλογία,
Περσῶν, Ἀράβων καὶ Σκυθῶν, Πάρθων καὶ Μήδων γόνε·
τὸ δ᾽ ἐπιτήδευμα οἷον, πλεῖόν τι καὶ ποικίλον.
ὅμως τὸ πρῶτον εἴπωμεν τοῖς θέλουσιν ἐν πρώτοις.
διττὴν τὴν τέχνην εἴρηκεν φιλόσοφος ὁ Πλάτων,
πρακτικήν τε καὶ λογικήν, ὄντως γὰρ οὕτως ἔχει.
ὧνπερ τὴν μίαν σὺ μαθών, ἀνατραφεὶς εἰς Κρήτην,
καταλαβεῖν οὐκ ἴσχυσας οὐδ᾽ ὅλως τὴν δευτέραν.
ἣν οὐδὲ τέχνην ἔγωγε λελέξω τὸ παράπαν·
μὴ νόμιζε τὴν λογικήν, τὴν πρακτικὴν γὰρ λέγω.
τίς γὰρ πλινθοποιητικὴν ὀνομάσαιτο τέχνην;
ἀλλ᾽ οὐδὲ ταύτην ἀκριβῶς ἤσκησας, ὡς ἀκούω,
ὡς ἀφυής, ὡς ὀκνηρός, ὡς ἀθύρμασι χαίρων,
ἔτι τελῶν, ἔτι συνὼν μετὰ τῶν πηλοφόρων
πρὸ τοῦ τὸ σχῆμα μετελθεῖν τοῦτο τῶν μοναζόντων.
καὶ εἴπερ μου τοῖς †λίβασιν† πιστεύειν ἀπαναίνῃ,
τὸν ὦμον ἀποκάλυψον, ἄρξου τὸν χιτωνίσκον,
καὶ πάντας ὄψει τὰς οὐλὰς τὰς ἐκ τῶν καρδοπίων.
καθάπερ γὰρ τοὺς Πέλοπος †μόνος ἐδίδου πέλας

296–297 Plat. Polit. 258 e 4–5

285 *ἔτι*] *ἔστι* **w**[w] | *στενὴν*] cf. infra 351 ‖ **286** *εἴπει* **w**[w] | *λαλούσαν* **w**[w] ‖ **287** *μελθὼν* **w**[w] ‖ **288** scr. *Γραικῶν*? ‖ **289** scr. *Γραικιστὶ*? ‖ **290** scr. *γράμμασι*? | *ἣν ἀγωνίζου* **w**[w] ‖ **291** *ὀλίγοι* **w**[w] | *ὀψεμαθεῖς* **w**[w] ‖ **293** *σκηνθῶν* **w**[w] ‖ **294** *τι*] *ἐστὶ* **w**[w] ‖ **295** *εἴπομεν* **w**[w] ‖ **298** *συμμαθὼν* **w**[w] ‖ **299** *καταλαβὼν* **w**[w] ‖ **307** fort. *ῥήμασιν* ‖ **308** *ὦμον*] *νόμον* **w**[w] | *ἄρξου*] scr. *ἄφου*? ‖ **309** *καρδιῶνων* ut vid. **w**[w] ‖ **310** *πέλωπας* **w**[w] ‖ **310–311** corrige fere *ὦμος ἐδήλου πάλαι, / τὸ παρ᾽ ἐλέφαντος ὀστοῦν ὁρώμενον* (?) *ἀγρίου*

τὸ παρ' ἐλέφαντος ὠσὶν ὠρόμενοι ἀγρίοι†,
οὕτω καὶ σὲ δηλοῖ κακαῖς αἰκίαις παραπέσειν.
Ἀλλ' ἔδει πάντως, ἔδει σε μιᾷ καὶ μόνῃ τέχνῃ
συμβιοτεύειν καὶ συζῆν, καὶ μὴ πολλὰς αἱρεῖσθαι
καὶ ζημιοῦν τὸν ἀδελφὸν πλεονεξίας τρόπον.
ὁ γὰρ θεὸς οἰκονομῶν τὰ καθ' ἡμᾶς χρησίμως
τούτου χάριν πᾶσαν ἡμῖν ἐξεῦρεν ἐπιστήμην,
ἵν' ὁ μὲν ταύτην μετιὼν πορίζοιτο τὴν χρείαν,
ὁ δ⟨έ γ⟩' ἐκείνην ἐξασκῶν τὸ ζῆν ὡσαύτως ἔχοι.
σὺ δὲ τὰς πάσας συλλαβὼν σχεδὸν ἐξ ἀπληστίας
ἀποστερεῖν τὸν ἀδελφὸν πῶς οὐδὲν ἐλογίσω,
τοῦ Παύλου κυριεύοντος νήφειν ἐξ ἀδικίας;
καὶ γὰρ ποτὲ μέν, λέγουσιν, ὑπῆρχες πλινθοκόπος,
ποτὲ δὲ πάλιν κηπουρὸς εἰς τὸ τζουκανιστήριν,
ἄλλοτε δὲ θερμοδοτῶν εἰς τοῦ Μακρῆ Κοχάλου,
ὅπερ ἐστὶν ἐπίσημον τοῦ κάστρου βαλανεῖον,
πολλαῖς μεθαρμοζόμενος τέχναις καὶ μεθοδείαις,
ὥσπερ ἐκεῖνος ὁ Πρωτεὺς εἰς σχήματα παντοῖα.
Ἐγὼ δ' ἀναμνησκόμενος τὰς ἐν Αἰγύπτῳ πάλαι
τοῦ Ἰσραὴλ κακότητας ἐπὶ τὴν πλινθουργίαν
καὶ τὴν ἀδάπανον αὐτοῦ τῶν κόπων ἀκαρπίαν,
καὶ Δαναοῦ τῶν θυγατρῶν εἰς πίθους ἐπαντλήσεις,
καὶ λογισάμενος τὸ πῶς ἤντλησας ἀσκοδαύλας,
καὶ τότε πάλιν ἔπραξας τὰ πρὸ μικροῦ λεχθέντα,
θαυμάζω πῶς ὑπήνεγκας τοῦ ταλαιπώρου βίου
τὴν δύστηνον καὶ μοχθηρὰν ζωὴν καὶ παναθλίαν.
Καὶ ταῦτα μὲν μικράν τινα παραψυχήν πως φέρει,
εἰ καὶ δεινὰ καὶ χαλεπὰ καὶ δυσχερῆ τυγχάνει·
τὸ δὲ τίλλειν τοὺς ὄρπηκας καὶ πρὸς γῆν καταφέρειν
καὶ σχίζειν μὲν ἰθυτενῶς, συγκόπτειν δ' ἐγκαρσίως,
καὶ στοιβάζειν ὡς ἐν βουνῷ καὶ πῦρ αὐτοῖς ἀνάπτειν
καὶ καταψύχειν ἄνθρακας καὶ μεταφέρειν τούτους

322 2 Tim. 2, 19 (?) ‖ **329–330** Exod. 1,14; cf. 5,7

312 *δηλοῖ*] *δειὸν* (compend.) $\mathbf{W}^{w}$ | *κακὰς αἰτίας* $\mathbf{W}^{w}$ | *παραπέσεις* $\mathbf{W}^{w}$ ‖ **314** *ἐρεῖσαι*, sscr. *αἱ*, $\mathbf{W}^{w}$ ‖ **315** *ζημιοῖν* $\mathbf{W}^{w}$ ‖ **316** *χρησίμων* $\mathbf{W}^{w}$ ‖ **319** *ἐξασκῶν*] *ἐξανύων* $\mathbf{W}^{w}$ | *ὡς αὖ* $\mathbf{W}^{w}$ | *ἔχει* $\mathbf{W}^{w}$ ‖ **323** *ὑπῆρχεν* $\mathbf{W}^{w}$ ‖ **326** *βαλάνιον* $\mathbf{W}^{w}$ ‖ **331** *τὴν*] *τὸν* $\mathbf{W}^{w}$ ‖ **332** *Δαναοῦ*] *ὁ ναὸς* $\mathbf{W}^{w}$ | *ἐπαντλήσας* $\mathbf{W}^{w}$ ‖ **333** *ἠσκοδαύλας* $\mathbf{W}^{w}$ ‖ **334** *ἔπραξας*] *ἔγραψα* $\mathbf{W}^{w}$ ‖ **336** *μοχθηρὰ* $\mathbf{W}^{w}$ ‖ **337** *περὶ ψυχὴν* $\mathbf{W}^{w}$ ‖ **341** *αὐταῖς* $\mathbf{W}^{w}$ | *ἀνάπτει* $\mathbf{W}^{w}$

καὶ πωλεῖν καὶ πορίζεσθαι τὴν ἐδωδὴν ἐντεῦθεν,
ποίαν οὐκ ἀποκρύψειεν ὑπερβολὴν πενίας,
τίνα δ' οὐκ ἂν ἐκπλήξειαν οἱ κόποι τε καὶ μόχθοι;
ὑπερτεροῦσιν οὗτοι γάρ, ὡς οἶμαι, καὶ τῶν πόνων
οὓς μοναχὸς γενόμενος ἀνέτλης μετὰ ταῦτα.
Ταῦτα λαλεῖν οὐδὲν ἐξῆν ἄλλον ἢ Δημοσθένην
τὸν πικροῖς ἐνθυμήμασι βαλόντα τὸν Αἰσχίνην,
ὅταν αὐτῷ διείλεκτο τὰ Περὶ τοῦ στεφάνου·
ἐμοὶ δ' ἡ γλῶσσα καὶ στενὴ καὶ φορτικὸν τὸ γράφειν,
ἄλλων τιῶν ἑλκόντων με πρὸς τὴν ἐκείνων πρᾶξιν,
ὧν μέλλω δίκην ὑποσχεῖν τὴν ἀμοιβὴν †δοκοῦντα†·
ὅθεν μικρᾷ τινι γραφῇ τὸν λόγον καταστέλλω.
Ἔγνωσα τοὺς προπάτορας, ἔγνωσα τοὺς τεχνίτας·
ἔμαθες ὅτι {ἐκ} τῶν πολλῶν εἷς ὑπάρχων θρασύς τις,
ἢ μᾶλλον ἔξω τῶν πολλῶν (ἐθνικὸς γὰρ τῷ γένει),
συναριθμητέος καὶ σὺ μεθ' ἡμῶν τῶν πενήτων.
οὐδὲν βλάπτει τὸ πένεσθαι τῆς ἀρετῆς παρούσης·
σύντροφος πέλει τῆς σεπτῆς ἀρετῆς ἡ πενία.
πλεονεξία δέδηχε πτωχούς τε καὶ πλουσίους·
αὕτη τὴν ἴσην ἄνισον ἀπειργάσατο φύσιν,
αὕτη τὸ γένος εἰς πολλὰς ἐμέρισε μερίδας.
δυσκόλως εἰσελεύσεται πλουτῶν εἰς βασιλείαν·
θεοῦ φωνή, καὶ νόμιζε χαμαὶ ταύτην μὴ πίπτειν,
καὶ μὴ φυσᾷς ἀνόνητα μηδὲ κομπάζῃς μάτην,
μηδὲ τὸν τράχηλον ὑψοῖς, μὴ τὴν ὀφρῦν ἐπαίρῃς,
μὴ τοῖς δακτύλοις τῶν ποδῶν βαίνῃς ἐπὶ τὴν †πίζαν†,
μὴ τῷ χιτῶνι τῷ φαιῷ σεμνύνῃ καὶ τῷ βάκτρῳ,
ὥσπερ ἐπὶ τῶν Κυνικῶν λέγεται φιλοσόφων·
μὴ τῷ βάθει τοῦ πώγωνος καὶ τῷ ξανθόθριξ εἶναι
καὶ τοῖς τοιούτοις ἅπασιν εὐγενὴς δόκει πλέον,
οὐ γὰρ ἐν τούτοις πέφυκεν εὐγενὴς καθορᾶσθαι.
εἰ δὲ κἂν τούτοις, ἄνθρωπε, τὸν εὐγενῆ νομίζεις,

350 Demosth. Or. 18 ‖ **364** Matth. 19,23; cf. Luc. 18,24

344 *ἀπεκρύψειεν* **W**[w] ‖ **345** *τε*] *δὲ* **W**[w] ‖ **348** scr. *οὐδέν'*? cf. tamen 430 ‖ **349** *τὴν ἐσχύνην* **W**[w] ‖ **351** *τοῦ* **W**[w] ‖ **352** *ἐκείνου* **W**[w] ‖ **353** *ὑποσχεῖν*] *ὑπορῆν* **W**[w] | scr. *διδοῦσαν*? ‖ **354** *μικρά τινα γραφὴν* **W**[w] ‖ **356** *εἷς* **W**[w] | *θρασύτις* **W**[w] ‖ **358** *συναριθμητι* **W**[w] ‖ **365** *ταύτημι* **W**[w] ‖ **366** *κομπάζεις* **W**[w] ‖ **368** scr. *πέζαν*? ‖ **369** *φαινῶ* **W**[w] | *σεμνύνει* **W**[w] ‖ **372** *πλέειν* **W**[w]

ὁ τράγος ἐστὶν εὐγενὴς πολλῷ σου καὶ μειζόνως·
καὶ γὰρ ἐν τούτοις ἔγνωμεν μεγάλας γενειάδας
καὶ σπλαγχνικὰ τὰ σχήματα τὰ τῆς ἀλαζονείας,
†ἦν καὶ προπορευόμενων† μεγάλων αἰπολίων.
ἐκεῖνον εὐγενέστατον καὶ φρόνει καὶ λογίζου,
εἰς ὃν ὁ φόβος τοῦ θεοῦ συνεχῶς ἐφιζάνει,
ὅστις ἀδούλωτον τηρεῖ τῆς ψυχῆς τὴν ἀξίαν,
ὅστις τὰ πάθη τῇ σαρκὸς ἀπονεκρῶσαι σπεύδει,
ὅστις κόσμον μεμίσηκε καὶ τὰ τοῦ κόσμου πάντα,
ὅστις ἔνοικον ἔλαβεν τὴν τρισήλιον αἴγλην,
ὅστις ἐκάθηρεν αὑτοῦ τὴν συνείδησιν ὅλην,
ὅστις ὥσπερ ἐν οὐρανῷ περιπατεῖ τῇ γαίᾳ,
κἂν σκηνογράφου πέρφυκεν οὗτος υἱὸς τυγχάνειν,
κἂν ἁλιέως καὶ βοσκοῦ καὶ κηπουροῦ καὶ ῥάπτου,
κἂν περάτου καὶ καλιγᾶ καὶ κτενᾶ καὶ ὑφράντου,
κἂν τέκτονος καὶ μυλωνᾶ καὶ μισθωτοῦ καὶ ναύτου,
κἂν μίμου καὶ θυμελικοῦ καὶ μαστροποῦ καὶ μάγου,
κἂν συκοφάντου καὶ μοιχοῦ καὶ κλέπτου καὶ φονέως.
οὐδένα γὰρ βδελύσσεται τούτων ἡ θεία χάρις
οὐδ᾿ ἀποστρέφεταί ποτε θεὸς τὸ τούτου πλάσμα,
ὁπόταν νεύσῃ πρὸς τὴν γῆν ἐξετάζων καρδίας·
ἀπροσωπόληπτός ἐστιν τοῦ πλάσματος ὁ πλάστης.
καὶ πρόσσχες οἷα φθέγγομαι πρὸς τὴν σὴν εὐδοξίαν,
ὁ δυστυχὴς καὶ ἄθλιος, ὁ καὶ μεμολυσμένος,
ὁ μηδὲν ἕτερον ἰδὼν ἀλεύρου καὶ πασπάλης.
Εἰ δὲ καὶ βούλει κατιδεῖν θεοῦ μεγάλου τρόπους,
μάθε πόθεν ἐξήνεγκε τοὺς πρώτους τῶν ἁγίων,
μάθε πόθεν ἐκάλεσεν τοὺς κήρυκας τοῦ λόγου,
μάθε δι᾿ ὧν ἐφώτισε τὰ πέρατα τοῦ κόσμου,
ὑφ᾿ ὧν δυνάστας καὶ σοφοὺς καὶ βασιλεῖς καθεῖλε.
ἐκ τούτων γὰρ τῶν ἀγενῶν καὶ τῶν τῆς κάτω τύχης
καὶ τῶν δοκούντων ἀτελῶν καὶ πάνυ πενεστάτων
τὸν ἱερὸν ἀνέδειξεν χορὸν τῶν ἀποστόλων,
Πέτρον, Ἀνδρέαν, Φίλιππον, Θωμᾶν, Βαρθολομαῖον,

375 *πολλῶν* **w**[w] ‖ **377** *σπλαχνικὰ* **w**[w] ‖ **378** scr. *ὡς καὶ προπορευόμενα?* | *αἰπολίων*] *ὢν πολίων* **w**[w] ‖ **379** *ἐκείνων* **w**[w] ‖ **385** *σαυτοῦ* **w**[w] ‖ **386** *περιπατῇ* **w**[w] | *τὴν γαίαν* **w**[w] ‖ **387** *τυγχάνει* **w**[w] ‖ **392** *καὶ*[1]] *ἢ* **w**[w] (cum hiatu) ‖ **397** *εὐδοξίαν*] *εὐδομ(΄)δ(   )* **w**[w] ‖ **398** *δυσταχὴς* **w**[w] ‖ **399** *ἰδεῖν* **w**[w] ‖ **400** *καθειδεῖν* ex *καθεὶδῆ* (?) **w**[w] ‖ **402** *μάθεν* **w**[w] ‖ **406** *τῶν*[2]] *τὸν* **w**[w] ‖ **407** *ἀνάδειξεν* **w**[w]

Παῦλον, Ματθαῖον καὶ Λουκᾶν, Ἰάκωβον καὶ Μάρκον,
καὶ Ἰωάννην τὸν πολὺν καὶ Σίμων καὶ Ματθίαν.
κυροῖ δὲ τὰ λεγόμενα Παῦλος ὁ τούων πρῶτος·
'τὰ δυσγενῆ τοῦ κόσμου' γάρ φησὶ 'καὶ τὰ μὴ ὄντα
ὁ θεὸς ἐξελέξατο', καὶ βλέπε τίνος χάριν·
'ἵνα' φησὶ 'τοὺς ὑψηλοὺς καὶ σοφοὺς καταισχύνῃ.'
Μία γὰρ οὖσα σύμπασα τῶν γηγενῶν ἡ φύσις,
ἐκ ψυχῆς τε καὶ σώματος ὁμοῦ συνισταμένη,
ἓν γένος ὑποδείκνυσι τὴν βρότειον οὐσίαν.
οὐδ' ἔστι γὰρ εὑρεῖν ψυχῆς ἀνθρώπου φύσιν ἄλλην
πλὴν ἐμφυσήματος ἐκτὸς ἔχειν τοῦ θειοτάτου·
ἀλλ' ἓν σῶμα πεφύκαμεν ἐκ τοῦ χοὸς ὁρᾶσθαι.
εἰ τοίνυν †αὔτης καὶ μικρὰν† βροτῶν ἡ πᾶσα φύσις,
ἐκ τῆς πνοῆς τῆς ἄνωθεν καὶ τοῦ χοὸς τοῦ κάτω,
οὐκ ἔστιν εὐγενέστερος ἢ δυσγενὴς ἐνταῦθα,
οἱ δὲ δοκοῦντες εὐγενεῖς, ἔνδοξοι καὶ μεγάλοι,
εἰ μὲν τὸν βίον κέκτηνται Χριστῷ κεκαθαρμένον
καὶ ζῶσιν εὐαγγελικῶς, ἀμέμπτως καὶ δικαίως,
ὄντως πανευγενέστατοι καὶ λαμπροὶ καὶ μεγάλοι·
εἰ δέ γε πάθεσιν αἰσχροῖς ἀεὶ προσκυλινδοῦνται
καὶ τἀναντία τοῦ Χριστοῦ διδάσκαλον εὑρῶσιν,
μηδὲν ἑτέρους ἀγενεῖς ζητήσῃς παρὰ τούτους.
Ἀλλὰ καὶ τοῦτ' ἂν ἡδέως ἐροίμην ἔγωγέ σε,
ὅπερ προὐβάλετό ποτε Χριστὸς τοῖς Φαρισαίοις,
εἰ μὴ πρὸς μῆκος ἔβλεπον ἐκτείνεσθαι τὸν λόγον.
ὅμως γοῦν ἐρωτήσω σε, σὺ δ' ἀποκρίθητί μοι.
τί σοι δοκεῖ περὶ Χριστοῦ; τίνος υἱός τυγχάνει;
εἰ μὴ τὰ Νεστορίου γὰρ φρονεῖς, ἐρεῖς μοι πάντως
ὅτι τοῦ ζῶντος πέφυκεν θεοῦ υἱὸς καὶ λόγος,
τῆς αὐτῆς αὐτῷ τῷ πατρὶ συμπεφυκὼς οὐσίας.
ἀλλ' οὗτος ὁ πανύμνητος, ὁ τῆς φιλευσπλαγχνίας,
ὑπὸ πολλῆς κινούμενος τότε φιλανθρωπίας,
ἐνανθρωπίσαι βουληθεὶς ἁγνῆς ἐξ ἀπειράνδρου
καὶ τὴν ἐμὴν ἀνάπλασιν θέλων ἀνακαινίσαι,

412–414 1 Cor. 1,27–28 ‖ **419** Gen. 2,7 ‖ **435** Matth. 22,41–42

410 *καὶ Σίμων*] scr. *Σίμωνα*? ‖ **412** *καὶ τὰ*] *κατὰ* **W**[w] ‖ **418** scr. *ψυχὴν*? ‖ **421** possis *οὕτως μέμικται* ‖ **429** fort. *τῇ Χριστοῦ διδασκαλίᾳ δρῶσιν* ‖ **430** *ζητήσεις* **W**[w] ‖ **431** *ἡδέως*] *δέως* **W**[w] ‖ **436** *φρονεῖ* **W**[w] ‖ **438** *αὔτης* **W**[w] ‖ **441** *πολλὺς κυνούμενος* **W**[w] | *τότε*] *τὸ τῆς* **W**[w] ‖ **442** *ἀνακαινίσας* **W**[w]

τοῖς κάτω συναναστραφεὶς ὁ πάντων ὑπεράνω,
τοῦ Ἰωσὴφ τοῦ τέκτονος υἱὸς κατενομίσθη.
τί φῄς πρὸς τοῦτο, δέσποτα, καὶ τί νῦν ἀποκρίνῃ;
μεταβαλεῖς τὴν τοῦ Χριστοῦ κλῆσιν εἰς τὴν Ἑβραίων,
πρωτορεμπῆς γενόμενος, Ἀβραχὰς λελεγμένος,
καὶ δέχῃ τὴν περιτομὴν καὶ δέχῃ σαββατίζειν,
καὶ λοιδορεῖς καὶ σὺ Χριστόν, καθὼς ἐκεῖνοι τότε,
τοῦ Ἰωσὴφ τοῦ τέκτονος υἱὸν κατονομάζων;
βαβαί σου τῆς λαμπρότητος, βαβαὶ τῆς εὐγενείας,
ὡς ὅτι γε κατὰ Χριστοῦ τρανότερον ἐπήρθης,
μηδὲ τὴν αἴγλην αἰδεσθεὶς τὴν ἄφραστον ἐκείνην,
ἥσπέρ ποτε πρὸ τοῦ σταυροῦ τὸ κάλλος παρανοίξας
τοὺς μαθητὰς ἐξέπληξεν ἐν ὄρει Θαβωρίῳ.
Πρὸς τούτοις πᾶσι γίνωσκε καὶ τοῦτο περὶ πάντα,
ὡς ὅτι πᾶσαν ἀρετὴν ἣν ἄν τις κατορθώσῃ
μεθ᾽ ὑψηλοῦ φρονήματος καὶ θράσους ἐπηρμένου
οὐκ ἀρετὴ λογίζεται, κἂν πρώτη, κἂν ἐσχάτη,
κἂν παρθενίαν, κἂν εὐχήν, κἂν ἐλεημοσύνην,
κἂν ἐκ γαστρὸς ἐγκράτειαν, κἂν ποταμοὺς δακρύων,
κἂν καταφρόνησιν πολλῶν κτημάτων καὶ χρημάτων
τύχῃ τις κατορθούμενος, κἂν ἄλλο τι τοιοῦτον.
καὶ πειθέτω τῆς τοῦ Χριστοῦ παραβολῆς ὁ λόγος,
τὴν Φαρισαίου μὲν ὀφρῦν εἰς γῆν κατεσπακότος,
τελώνου δὲ τὸ ταπεινὸν ἐπάραντος εἰς ὕψος.

68

Τοῦ αὐτοῦ πρὸς τὸν αὐτὸν †πολιπιστικαὶ καὶ κονδικοί†

Χρόνος πολὺς παρέδραμεν ἀφ᾽ οὗπέρ σου τὸ γράμμα
δεξάμενος ἀντιγραφὴν οὐκ ἀνταπέστειλά σοι.

444, 450 Matth. 13, 55 ‖ **453–455** Matth. 17,1–6; Marc. 9, 2–6; Luc. 9, 28–34 ‖ **464–466** Luc. 18,9–14

444 scr. *κατωνομάσθη*? ‖ **445** *τούτου* ex *τοῦτων* **w**^w ‖ **446** *τὴν*²] *τῶν* **w**^w ‖ **447** *πρῶτωῤεμβῆς* **w**^w ‖ **448** *δέχῃ τὴν* (an *δέχεσαι*?) scripsi: *δέχεται* **w**^w | *δέχῃ*²] *δέχει* **w**^w ‖ **452** *κατὰ*] *καὶ τοῦ* **w**^w ‖ **453** *αἰδεστὴς* **w**^w ‖ **454** *παρανοίας* **w**^w ‖ **456** *τοῦτο*] *τούτα* (compend.) **w**^w ‖ **457** *κατωρθώσει* **w**^w ‖ **458** *θράσου* **w**^w ‖ **459** *οὐχ᾽* **w**^w | *λογίζει δὲ* **w**^w ‖ **461** *ἐγκράτεια* **w**^w | *ποταμὸς* **w**^w ‖ **462** *ταφρόνησιν* **w**^w ‖ **463** *κατορθούμενον* **w**^w ‖ **464** *πείθεταις*, -*ς* punctis del., **w**^w ‖ **466** *ἐπάροντος* **w**^w

68 w^w 55^v–59^r ‖ ined. ‖ tit. scr. *πολιτικοὶ καὶ σκωπτικοί*, nisi quis lusus latet ‖ **2** *ἀντ-απέστελνά* **w**^w a. c.

καὶ παντως εἶχες μέμψασθαι τὴν ἡμῶν ἀγροικίαν,
ἢ μᾶλλον φάναι βέλτιον τὴν πολλὴν ῥαθυμίαν
ὡς καταφρόνησιν καλοῦ τοιούτου δεδρακότας.
πλὴν δ' ὅμως ὡς οὐκ ἄξια λόγου τὰ γράμματά σου,
ἐξ ὅτου πέπομφας αὐτὰ σῆς φρενὸς ἐλαφρίᾳ,
ἔν τινι παρερρίφθησαν τῆς κέλλης μου γωνίᾳ
καὶ λήθῃ παρεδόθησαν ἄχρι καὶ τοῦ παρόντος.
νῦν δὲ πρὸς ζήτησιν ἐλθὼν πραγμάτων ἀναγκαίων
καὶ ψηλαφῶν οὐκ οἶδα πῶς εὗρον τὰ γράμματά σου.
ἅπερ λαβών, ὑπαναγνούς, κροτήσας δὲ τὰς χεῖρας
μεγάλως κατεγέλασα τὴν σὴν ἀπαιδευσίαν,
ἢ μᾶλλον τὴν ὑπερβολὴν τῆς ἄκρας εὐηθείας.
Πῶς γὰρ ἐναβρυνόμενος στίχων εἰδέναι τέχνην
οὔτε τοὺς τόνους ὤρθωσας οὔτε τἀντίστοιχά σου
οὔτ' ἐκ βραχέων καὶ μακρῶν συνηρμόσω τοὺς πόδας,
ὅπερ ἐστὶν ἐπαριθμεῖν τὸν ἴαμβον σπονδεῖον;
ὁ γὰρ σπονδεῖος ἐκ μακρῶν συντίθεται τῶν δύο,
καθάπερ ὁ πυρρίχιος πάλιν ἐκ τῶν βραχέων.
ἀλλ' ἔνθα μὲν οὖν ἥρμοζε γράψαι σε τὴν ὀξεῖαν,
τόνους ἑτέρους τέθεικας ἀσυνήθεις καὶ ξένους.
βαβαὶ τῆς σῆς, πανάριστε, τῶν στίχων ἐπιστήμης·
ὑπερενίκησας σχεδὸν τοὺς πάλαι τεχνογράφους.
τόνους γὰρ οὕσπερ ἐξ ἀρχῆς γραμματικῶν αἱ βίβλοι
καὶ τὴν δασέων καὶ ψιλῶν συναρμογὴν στοιχείων
τοῖς ἐφεξῆς οὐκ ἔδωκαν, αὐτὸς εὑρὼν ἐφάνης
νέος ἡμῖν γραμματικὸς καὶ ξένος στιχοπλόκος.
Ὄντως ἡττᾶται νῦν ἐν σοὶ φιλόσοφος ὁ Πλάτων
καὶ Διογένης ὁ σοφός, Πλούταρχος, Ἰσοκράτης,
Ἀριστοτέλης, Ὅμηρος, Θέογνις, Θουκυδίδης·
ἡττᾶται καὶ Πορφύριος, ἡττᾶται καὶ Μοσχίων·
Ἀφθόνιος ἐπαπορεῖ, θαυμάζει Δημοκράτης·
σοὶ καὶ μόνῳ παραχωρεῖ τῆς τέχνης τὰ πρωτεῖα
ἡ ξυνωρὶς ἡ θαυμαστὴ τῶν ἀληθῶς ῥητόρων,
τὸν Δημοσθένην λέγω δὴ μετὰ τὸν Ἑρμογένην·
λῆρός εἰσι τὰ Φίλωνος καὶ τὰ τοῦ Ἰωσήπου·

8 *κελλῆς* $\mathbf{w}^{w}$ ‖ **13** *τὴν τὴν* $\mathbf{w}^{w}$ ‖ **15** *ἀναβρυνόμενος* $\mathbf{w}^{w}$ | *τέχνης* $\mathbf{w}^{w}$ ‖ **16** *ὄρθωσα* $\mathbf{w}^{w}$ ‖ **17** *συνηρμόσω*] *τῶν ἥρῳ μὲν* $\mathbf{w}^{w}$ ‖ **18** *ἐπ' ἀριθμὸν* $\mathbf{w}^{w}$ | *σπουδαῖον* $\mathbf{w}^{w}$ ‖ **19** *σπουδεῖος* $\mathbf{w}^{w}$ ‖ **22** *ἀσυνήθους* $\mathbf{w}^{w}$ ‖ **27** *ἐμφάνως* $\mathbf{w}^{w}$ ‖ **31** *θεόγνης* $\mathbf{w}^{w}$

σὺ ταῦτα καὶ τὴν μουσικὴν καὶ τὴν Ἀκαδημίαν
καὶ Στωικὴν †ἐσήμανα†, εἰς οὐδὲν ἐλογίσω·
σὺ τοῦ ἀνακαινίσαντος τὴν ἡδυεπῆ κιθάραν
καὶ τὴν Θηβαίαν ἔσβεσας τοῦ μελῳδοῦ Πινδάρου
καὶ τοῦ βουκόλου σύριγγα τοῦ Θεοκρίτου λύσας
πάντων ἐφάνης ὕπερθεν ξένη τις οὖσα φύσις.
Ἀλλὰ δεῦρο πρὸς τῆς αὐτῆς τριάδος, ὦ φιλότης,
φράσον μοι πῶς ἐπλούτησας τὴν γνῶσιν ταύτην ὅλως,
εἰπόν μοι πόθεν εἴληφας τὴν εὔροιαν τοῦ λόγου,
δίδαξον πόθεν ἔμαθες στιχοπλοκεῖν εὐτέχνως.
νὴ τὴν καλήν σου κεφαλήν, ἀδελφὲ φίλτατέ μου,
ἐγὼ πολλοὺς ἀνέγνωκα στίχους ἀνδρῶν ῥητόρων,
ἡρωικούς, ἀναπαιστούς, σπονδείους καὶ τροχαίους,
ἴωνάς τε καὶ μολοσσούς, πρὸς τούτοις ἐπιτρίτους,
ᾠδάριά τε πένθιμα τόνων †ἐν† ἑξαμέτρων·
περὶ δὲ τῶν ἰαμβικῶν οὐκ ἔχω τί σοι γράφειν,
ἀλλ᾽ οὔτε τοὺς πολιτικοὺς ἰσχύω καταλέγειν.
ἐνόμιζον δ᾽ ὁ μάταιος ὡς μέγα τι κατέχειν
καὶ χαίρων ἤμην ἐπ᾽ αὐτοῖς τερπόμενος τὴν γνῶσιν·
ἀφ᾽ ὅτου δ᾽ ἧκε πρὸς ἡμᾶς ὁ χάρτης τῆς γραφῆς σου
καί γε προσέσχον ἀκριβῶς τοῖς θαυμαστοῖς σου στίχοις,
ψόφον ὠτίων ἅπαντας ἡγησάμην οὓς πρώην
στίχους ἀνέγνων τῶν σοφῶν ἀνδρῶν καὶ θαυμασίων.
Ἔπη σιγάτω τὰ χρυσᾶ τοῦ καλοῦ Πυθαγόρου,
σιγάτω τὰ λεγόμενα γράμματα τῆν Σιβύλλας,
σιγάτω δὲ καὶ Σοφοκλῆς πλέκων τὰ τῆς Ἑκάβης·
Ὅμηρε, ῥῖψον νῦν καὶ σὺ τὰς πολλὰς ῥαψῳδίας,
ἄφες, Ἡσίοδε, λαλεῖν Ἔργα καὶ τὰς ἡμέρας,
Φωκυλίδη, κατάκρυψον τοὺς ἠθικούς σου στίχους,
βαθεῖαν ἔχε σιωπὴν μὴ λαλῶν, Εὐριπίδη,
Θεμιστοκλῆ καὶ Χρύσιππε, Ἱππόλυτε καὶ Σόλων,
ἄφετε τοὺς συλλογισμούς, τοὺς μύθους καὶ τοὺς νόμους.

68 **40–42** cf. Poem. 6,28–30 ‖ **50** cf. Poem. 6,93 ‖ **51** cf. Poem. 6,98

38 *σὺ*] *ἐν* **w**[w] | *μουσικὴν*] scr. *Κυνικὴν*? ‖ **39** scr. *ἐσίγασας* vel sim.? ‖ **40** *σὺ*] *σὺν* **w**[w] | *δι᾽ ἐπῆ* **w**[w] (*μάθε τὴν Ἀνακρέοντος ἡδυεπῆ κιθάραν* supra Poem. 8,28) ‖ **41** *θεβίαν* **w**[w] ‖ **45** *ὅλος* **w**[w] ‖ **48** *μὴ* **w**[w] ‖ **50** *σπονδέου* **w**[w] ‖ **52** *πένθηκα* **w**[w] | *ἐν*] scr. *δι᾽*? ‖ **57** *ὅτον* **w**[w] ‖ **58** *προσέχων* **w**[w] ‖ **59** *οὓς*] *τὴν* **w**[w] ‖ **61** *ἐπὶ* **w**[w] ‖ **64** *σοὶ* **w**[w] ‖ **65** *ἄφης* **w**[w] ‖ **68** *θεμιτοκλὴ* **w**[w] | *ἱππόλυτα* (compend.) **w**[w]

ἀλλὰ μηδὲ Γρηγόριος ὁ κληθεὶς θεολόγος,
μηδὲ Βασίλειος αὐτὸς ὁ τῶν ἀρρήτων μύστης,
μηδὲ λόγων θάλασσα, Χρυσόστομος ὁ πάνυ,
οἱ καὶ πάντας τοὺς πρὸ ὑμῶν σοφοὺς νενικηκότες,
ὑπὸ Χριστοῦ τυπούμενοι τὸν βίον καὶ τὸν λόγον
καὶ γνήσιοι τυγχάνοντες μύσται καὶ λάτραι τούτου,
ὅλως εἰπεῖν ἀνέχεσθε λαλοῦντος Ἰωάννου.
βροντῆς υἱοὺς λέγει μοι τὶς ἢ Πέτρον ἢ τὸν Παῦλον;
οὐκ ἔστιν ὅστις δύναται παρισωθῆναι τούτῳ·
ἐκεῖνοι γὰρ ἐκ πνεύματος λαλήσαντες ἁγίου,
οὗτος πνεύματι Πύθωνος καὶ φθέγγεται καὶ γράφει.
σὺ δ᾽ αὖ, ὑπέρτιμε Ψελλέ, Πισίδη, Χριστοφόρε,
Λέων καὶ Θεοφύλακτε πρόεδρε Βουλγαρίας,
δεινὴν καὶ πάνυ χαλεπὴν ὑπέστητε ζημίαν
προμεταστάντες ὑπὸ γῆν καὶ μὴ μεμαθηκότες
τοὺς στίχους οὕς μοι πέπομφεν μόνος ὁ στιχοπλόκος.
Ἀλλ᾽ ἄχρι τίνος κάθημαι πλέκων τὰς εἰρωνείας
καὶ ῥήμασιν ἀπατηλοῖς φρόνημά σου τὸ κοῦφον
εἰς ὕψος αἴρων ἀπὸ γῆς; δόξειν γὰρ ἔχεις ἴσως
ἐπαληθεύειν ὡς εἰκὸς ταῦτά σοι μαρτυροῦντα.
παράφρων, ἀμαθέστατε, λῆρε καὶ παραπαίων,
τί μὴ λαμβάνεις σύριγγα, πήραν καὶ βακτηρίαν,
καὶ πρὸς ἄλση καὶ φάραγγας, γηλόφους καὶ πεδία
χοίρους βόσκειν ἀφίκεσο καὶ πρόβατα καὶ βόας,
ἀλλὰ καθεύδεις γράφων μοι μετὰ πολλοῦ τοῦ θράσους
καὶ τῆς συνήθους στυγητῆς ἀμαθοῦς ἀπονοίας
ἰάμβους ὧν οὐδέποτε πεῖραν ἔσχηκας ὅλως;
Ἄπελθε, κλαῦσον, ἄθλιε, νῦν σου τὴν ἀμουσίαν
ἥν τε κακῶς ἐπλούτησας μεγάλην ἀγνωσίαν·
ἄπελθε, στέναξον πικρῶς καὶ τύψον εἰς τὸ στῆθος
καὶ μετανόησον θερμῶς ἐξ ὅλης τῆς καρδίας.
οἶνον ἐχρῶ καρηβαρῶν ὅτ᾽ ἦν καιρὸς μελέτης·
βίβλοι γάρ σε παρέδραμον ὧν ἀριθμὸς οὐκ ἔστιν,

77 Marc. 3, 17 ‖ **80** Acta 16, 16

72 fort. *μηδ᾽ ἡ* ‖ **73** *νενικηκότας* **W**^{w} ‖ **76** *ἀνάχεσθαι* **W**^{w} ‖ **79** *λαλήσαντος* **W**^{w} ‖ **84** *γῆς* **W**^{w} ‖ **86** *πλέκω* **W**^{w} ‖ **90** *ἀμαθέστατα* (compend.) **W**^{w} ‖ **93** *ἀφήκετο* **W**^{w} ‖ **94** *καθεύδει* **W**^{w} ‖ **95** *ἀμαθὴς* **W**^{w} | *ἀπονίας* **W**^{w} ‖ **96** *ἴαμβον* **W**^{w} | *ὅλαις* **W**^{w} ‖ **98** *καλῶς* **W**^{w} a. c.

καὶ σὺ δ' ἐκτάδην ἔκεισο ῥέγχων ἐπὶ τῆς κλίνης
καὶ φανταζόμενος οὐδὲν ἡμέραν τε καὶ νύκτα.
οἱ γὰρ βουλόμενοι αὐτοὶ καὶ στίχους ἐπιστέλλειν,
καὶ τότε πρὸς τοὺς ἔχοντας κειμένους τούσδ' ἐκτάδην,
προσήκει τούτους εὐφυῆ πρὸ πάντων φύσιν ἔχειν,
ἔπειτα μέντοι καὶ φωνὰς καὶ γλώσσας καὶ τὰς λέξεις
εἰδέναι τῆς γραμματικῆς (πέντε γάρ εἰσιν αὗται,
Ἰωνική, Δωρίς, Ἀτθίς, Αἰολικὴ κοινή τε),
μαθεῖν δὲ καὶ τὴν δύναμιν τῶν λεγομένων χρόνων,
παρῳχηκότος, μέλλοντος, ἐνεστῶτος, ὁμοῦ τε
τῶν ὀνομάτων ἀκριβῶς καὶ κλίσεις καὶ κανόνας.

Poemata 69–82. Tetrasticha in festa dominica

Praecedunt in codice Bononiensi tetrasticha Theodori Prodromi, sequuntur ut 'Pselli' haec nostra, appenduntur versus in s. crucem 'eiusdem', sed revera Theodori Studitae; relinquitur quaerere, annon potius etiam Tetrasticha in festa dominica Studitae assignanda sint.

69

Τοῦ Ψελλοῦ εἰς τὸν χαιρετισμόν

Τὸ χαῖρε τὴν σύλληψιν εὐθὺς μηνύει·
νάρκωσιν ἡ σύλληψις αὖθις εἰσάγει.
τὸ πῦρ δὲ Χριστὸν συλλαβοῦσα παρθένος
ἄφλεκτος ὤφθη χρυσοειδεῖ καρδίᾳ.

70

Εἰς τὴν γέννησιν

Πατὴρ θεός μου καὶ τεκοῦσα παρθένος·
θεὸς γάρ εἰμι καὶ βροτὸς κατ' οὐσίαν.
βρέφος γάρ, ἀλλ' ἄναρχος ὡς θεὸς λόγος·
Χριστὸς μέν, ἀλλ' ἔνσαρκος ὡς βροτὸς φύσει.

109–110 cf. Poem. 6,4–6 ‖ 111 = Poem. 6,65 ‖ 113 = Poem. 6,31

103 *ἔκεισον* **w**^{w} ‖ 104 *ἡμέρα* **w**^{w} ‖ 106 *πότε* **w**^{w} | *κοιμένης τὴν δεκτάδην* **w**^{w} ‖ 109 *ὦσιν* **w**^{w} ‖ 113 *κλίσεις* scripsi (supra Poem. 8,31): *κλήσεις* **w**^{w} | des mutilus?
69–82 b^{e} 79^{v}–81^{v} ‖ ined.
70 3 *θεὸς*] *καινὸς* sscr. **b**^{e}

71

Εἰς τὴν ὑπαπάντην

Ἄνω πατήρ σε καὶ κάτω μήτηρ φέρει,
κόλποις ἐκεῖνος, ἀγκάλαις ἡ παρθένος.
τὸν τοῦ νόμου λάτριν τε τῆς σαρκὸς λύων
ἐλευθεροῖς ἅπασαν ἡμῶν τὴν φύσιν.

72

Εἰς τὸ βάπτισμα

Ὅλον με σαυτῷ προσλαβὼν κατ' οὐσίαν
πλύνεις με λαμπρῶς ὕδασι ζωηρρύτοις.
αὐτὸς γὰρ ὢν φῶς οὐ δέῃ καθαρσίων,
ἐμοὶ δὲ πηγὰς ἐκχέεις σωτηρίου.

73

Εἰς τὴν μεταμόρφωσιν

Ἔσωθεν ἐξέλαμψας ὡς θεὸς φύσει
καὶ σαρκὸς ἠλλοίωσας ἀρρήτως φύσιν.
τῆς ἀστραπῆς δὲ μὴ φέροντες τὴν φλόγα
πίπτουσιν εἰς γῆν οἱ μαθηταί σου, λόγε.

74

Εἰς τὰ βάια

Τὸ τῶν ἐθνῶν φρύαγμα πῶλος εἰκότως,
ἡ τῶν ὁδῶν στρῶσις ⟨δὲ⟩ κόσμησις βίου.
τὰ νήπια φρόνιμα διπλόης ἄνευ.
σὺ νῦν βασιλεὺς Ἰσραὴλ νοουμένου.

75

Εἰς τὴν σταύρωσιν

Ὑψούμενος πτεροῖς με πρὸς πόλον, λόγε,

73 4 Matth. 17,6
74 tit. Ioann. 12,13 || 1 Ps. 2,1 | Matth. 21,7; Marc. 11,7; Luc. 19,35 || 2 Matth. 21,8; Marc. 11,8; Luc. 19,36 || 3 Matth. 21,15–16

71 3 *λάτρην* **b**[e]
74 2 *στρῶσις δὲ* scripsi: *σταύρωσις* **b**[e]

σταυρούμενος νεκροῖς με γνωστικοῖς τρόποις.
νεκροῖς με ⟨καὶ⟩ ζωοῖς με μυστικῷ βίῳ.
σταυρούμενος σφίγγεις με πρακτικοῖς τόνοις.

76

Εἰς τὴν ἀνάστασιν

Τὴν σάρκα θάψας σῇ ταφῇ ζωηφόρῳ
καινόν με νῦν ἄνθρωπον ἐκ γῆς δεικνύεις.
ῥήξας γὰρ ᾅδου τὴν νοητὴν γαστέρα
ἐκ τῆς πλάνης ἤγειρας ὥσπερ ἐκ τάφου.

77

Εἰς τὴν ἀνάληψιν

Ἐκ τῆς ἑῴας ὡς πρὸς ἑσπέραν φθάσας
αὖθις πρὸς αὐγὰς ἀντανῆλθες ἡλίου.
εἰς γῆν γὰρ ἐλθὼν συμπαθῶς ὁ δεσπότης
εἰς οὐρανοὺς ὕψωσας ἡμῶν τὴν φύσιν.

78

Εἰς τὴν πεντηκοστήν

Γλῶσσαι τὸ πνεῦμα μηνύουσι πυρφόροι,
πιστοῦσι τοῦτο μυριόγλωττοι λόγοι.
δῆμος μὲν οὖν μέμηνεν Ἑβραίων πάλιν,
ἔθνη δὲ πιστεύουσιν ἀπλάστῳ τρόπῳ.

79

Εἰς τὰ ἅγια τῶν ἁγίων

Καινὴ προπομπὴ τῆς βασιλίδος κόρης·
ἡ λαμπρότης δὲ τῶν ἀνακτόρων ὅση.
παστὰς ἀποστίλβουσα πνεύματος χάριν·
ὁ νυμφίος τίς; παῖς θεοῦ θεὸς λόγος.

78 **1–2** Acta 2, 3–4

75 **3** *τρόπω*, sscr. *βίω*, **b**[e] | *σφίγγεις* scripsi: *-οις* **b**[e]
78 **2** *πιστοῦσι* scripsi: *συστοῦσι* **b**[e]
79 tit. = in festum praesentationis

80

Εἰς τὴν κοίμησιν τῆς ὑπεραγίας θεοτόκου

Ἀπῆρας ἐκ γῆς ὡς βασιλὶς εἰς πόλιν,
τὸν ἀέρα στέφουσι τάξεις ἀγγέλων,
ἀρχάγγελοι κοσμοῦσιν οὐρανῶν κύκλους,
ὁ παῖς δὲ θεῖον εὐτρεπίζει σοι θρόνον.

81

Πέτρος πρὸς τὸν Χριστόν

Αἷς ἔπλασας πάλαι με χερσίν, ὦ λόγε,
ταύτας προτείνεις δουλικῶς εἰς τοὺς πόδας.
οὐ μή με νίψεις δεσπότης τὸν οἰκέτην·
τὸ πῦρ φοβεῖ με, πυρπολήσει τοὺς πόδας.

82

Ὁ Χριστὸς πρὸς τὸν Πέτρον

Εἰ συμμεριστής, εἰ μαθητής μου θέλεις,
Πέτρε, καλεῖσθαι καὶ †μαθητὴς† καὶ φίλος,
πάντως σε νίψω· καὶ πτερωθεὶς ἐν τάχει
βάδιζε καὶ κήρυττε κόσμῳ παντί με.

Poema 83. In annuntiationem

Hoc poema una cum proximo codex Havniensis post Poem. 33, ante Poem. 85 collocat; anonymum quidem est utrumque, sed vox 'eiusdem' in inscriptione Poematis 85 manifeste ad Psellum referenda est.

Imitatur poeta ignotus versus hexametros Christophori Mitylenaei (Poem. 14 Kurtz):

Γήθεο, ὦ χαρίεσσα, θεὸς κύριος μετὰ σεῖο.
ἰδοὺ σοῦ θεράπαινα, γένοιτό μοι ὡς σὺ ἔειπας.

81 3 Ioann. 13, 8
82 1–3 ibid.

80 1 *ἀπῆρας* scripsi: *σπείρας* **b**[e]
81 tit. post vs. 2 trp. **b**[2]
82 2 lege ex. gr. *μιμητὴς* (aut hic aut vs. 1)
83–85 **h** 3[r] || ined.

Εἰς τὸν χαιρετισμόν

Ὁ χαιρετισμὸς ἡ καθάρσιος χάρις·
'ὁ Χριστὸς ἐν σοί, χαῖρε, μῆτερ τοῦ λόγου.'
'ὡς εἶπας αὐτός, Γαβριήλ, γένοιτό μοι.'

Poema 84. In vestem virginis, crucem, Baptistae capillos

Vide quae supra ad Poem. 27 dixi de forma huius epigrammatis.

Εἰς ἱμάτιον τῆς θεοτόκου, τίμιον ξύλον καὶ τρίχας τοῦ Προδρόμου

Ἐσθής, ξύλον, θρίξ· παρθένου, λύχνου, λόγου.

Poema 85. Oratio ad Pantocratorem et evangelistas

Pselli aut [Nicolai?] metropolitae Corcyrae esse dicit codex Havniensis. cum tamen poeta seipsum etiam pictorem sanctarum imaginum esse profiteatur, Psellus excluditur, relinquitur aut metropolita Corcyrae aut ignotus quidam. Nicolai Corcyrensis versus edidit Lambros, *Κερκυραϊκὰ ἀνέκδοτα*, Athenis 1882, 23–41 (cf. *Νέος Ἑλληνομνήμων* 8, 1911, 7); quibus adde carmen quod servat Paris. gr. 1277, ff. 226^{v}–230^{r}. falso ei tribuit Havniensis (f. 1^{v}) Christophori Mitylenaei Poema 16 Kurtz, In sepulcrum Meliae, (ibid.) eiusdem Poema 13, (f. 2^{r}) eiusdem Poema 15, Ad Meliam; v. Praef. p. VIII. patet quam parvi auctoritas codicis Havniensis pendenda sit.

Τοῦ αὐτοῦ ἤγουν τοῦ Κερκύρας

Ὦ γῆς ἁπάσης καὶ πόλου κρατῶν ἄναξ,
ῥύστα, βασιλεῦ τῆς ἐμῆς διαρτίας,
ὁ δρακὶ πάντων κατέχων τὰς ἡνίας
καὶ τὰς ἀβύσσους χαλινῶν νεύσει μόνῃ,
χρώμασι τυπῶν τὴν ἀναφῆ σου θέαν
πόθῳ ζέοντι καὶ γέμοντι τῆς φρίκης
προσέρχομαί σοι τῷ βασιλεῖ τῶν ὅλων,
ὅπως λύσιν εὕροιμι τῶν ἐπταισμένων.
Ἀλλ' ὦ μαθητῶν ἡ λογὰς ἡ κοσμία,

83 2 Luc. 1,28 ‖ 3 Luc. 1,38
84 1 *λύχνου*] Ioann. 5,35

84 tit. *τῆς θεοτόκου* scripsi: *τοῦ προδρόμου* **h**

παρρησίαν ἔχουσα πρὸς τὸν δεσπότην
σύναψον αὐτῷ μυστικαῖς ἐντυχίαις
ἡμᾶς ποθοῦντας τὴν ὑμῶν προστασίαν,
ὦ ἱερὸν σύνταγμα τῆς τετρακτύος.

Poemata 86–87. De iniuria illata, De desiderio amici

Horum carminum prius inter carmina Gregorii Nazianzeni editum est (I 2, 23), alterum imitatur eiusdem corporis carmen aliud (I 2, 20, inc. *Δεινὸν πόθος πᾶς· ἂν δὲ καὶ φιλουμένου*). utrumque secundum figuram gradationis compositum est, qua utuntur etiam epigrammata I 2, 21 et 22, in corpore Gregoriano interposita (inc. *Πικρὸν τάφος πᾶς· ἂν δὲ καὶ τέκνου τάφος* et *Δεινὸν τὸ πάσχειν· ἂν δὲ καὶ φίλων ὕπο*). haec quattuor epigrammata in melioribus codicibus Gregorii non leguntur (v. H. M. Werhahn apud W. Höllger, Die handschriftliche Überlieferung der Gedichte Gregors von Nazianz, 1, Paderborn 1985, 18 et 31), quo fit ut Gregorio cum fiducia attribui non possint; sed ne Psello quidem vindicari possunt, quippe cui ex serie quattuor poematum unum tandem codices quidam ascribant; nam Poema 87, ut iam dictum est, et sensu et verbis ab epigrammate Gregorii manifeste differt.

Τοῦ Ψελλοῦ

Δεινὸν τὸ λυποῦν· ἂν δὲ καὶ λυπῇ φίλος,
ἀνδραποδῶδες· ἂν δὲ καὶ δάκνῃ λάθρᾳ,
ὡς θηριῶδες· ἂν δὲ καὶ γυνὴ λάλος,
δαίμων σύνοικος· ἂν δὲ καὶ δικασπόλος,
πόνος τετραπλοῦς· ἂν δὲ καὶ θυηπόλος,
ἄκουε, Χριστέ, καὶ δίκαζε τὴν δίκην.

Τοῦ Ψελλοῦ

Πόνος πόθος πᾶς· εἰ δὲ καὶ χρηστοῦ νέου,
πόνος τετραπλοῦς· εἰ δὲ καὶ φιλουμένου,
πόνος δεκαπλοῦς· εἰ δὲ καὶ φίλου πλέον,

86 1-6 = Greg. Naz. Poem. I 2,23, PG 37, 790 A 1–7
87 1-4 cf. Greg. Naz. Poem. I 2,20, PG 37, 788 A 9–14

86 **g**^{v} 130^{r} **G** 124^{r} **h** 1^{r-v} **b**^{a} 8^{r} || edd. PG 37, 790 (Greg.); Garzya[1] 244; id.[2] 24 || tit. sec. **g**^{v}**Gb**^{a}: *εἴς τινα φίλον λυπήσαντα* **h** || 1 *δεινὸν*] *ἐχθρὸν* **h** *αἰνὸν* **b**^{a} || 2 *ὡς ἀνδραποδῶδες* **g**^{v}**G** || 3 post *θηριῶδες*] *ἂν δὲ καὶ πιστὸς φίλος, ἄσπονδος ἐχθρός* add. **h** || 4-5 *ἂν – τετραπλοῦς* om. **h** || 5 om. **g**^{v} | *πόνος τετραπλοῦς* **Gb**^{a}: *χρεία κεραυνῶν* Greg. || 6 *δίκην*] *κρίσιν* **b**^{a}
87 **g**^{v} 130^{v} **G** 124^{r} || ined. || tit. sec. **g**^{v}: *τοῦ αὐτοῦ* (= Pselli) **G** || 1 *πάθος* **G**

πόνος πόσος. ῥάγηθι φιλῶν εἰς δύο
πόνους δεκαπλοῦς μὴ φέρειν ἐξισχύων.
τῷ φιλτάτῳ γέγραφα ταῦτα δακρύων·
δάκρυσιν, οὐ μέλανι, ταῦτ' ἐγεγράφειν.

Poemata 88–89. In prophetas Amos et Michaeam

Epigrammata Cyrilli commentariis praefixa, mendosa et Psello indigna.

Ψελλοῦ εἰς τὸν προφήτην Ἀμοῦν

Ἀμοῦν τὸ χρησμῴδημα διασαφίζει
ἄριστα ὡς ἔνεστι καθ' ἱστορίαν
Κύριλλος ὁ πρόεδρος Ἀλεξανδρείας·
εἶθ' οὕτως αὖθις εἰς θεωρίαν ἄγει
καὶ διατρανοῖ μυστικῶς καὶ πανσόφως
τὸν κεκρυμμένον ἐν τῷ γράμματι νόον.

Τοῦ αὐτοῦ εἰς τὸν Μιχαίαν

Μιχαία τὰ δύσληπτα εὔληπτα φαίνει
Κύριλλος ὁ πρόεδρος Ἀλεξανδρέων,
οὗπερ τὸ κῦδος πᾶσαν μὲν γῆν κατέχει
διὰ τὴν εἰς ἄκραν δὲ ἁγιστίαν.

Poema 90. In XII apostolos

Versus de apostolis in exopylo Ecclesiae Apostolorum ita extare dicit codex **y**, atque ex pariete ecclesiae cuiusdam transcriptos esse confirmat ordo varius quo tradunt codices, scilicet: 1–12 in **w**^{x} et ceteris eius classis, 5, 4, 2, 12, 9, 10, 1, 6, 3, 7, 11, 8 in **l**, 2, 1, 7, 11, 12, 8, 9, 10, 6, 3, 4, 5 in **z**. Ecclesia Apostolorum maxime nobis nota est per Nicolai Mesaritae ecphrasin (compluribus locis mutilam), quam primus edidit A. Hei-

88 Cyrill. in Amos, PG 71, 407–582
89 Cyrill. in Michaeam, PG 71, 639–776

7 *ἐγεγράφει* **g**^{v}
88–89 **e**^{p} 1^{v} || ined.
88 3 scr. *Ἀλεξανδρέων* (ut 89,2)? || 6 *νόμον* scripsi: *νόον* **e**^{p}
89 4 deest una syllaba

senberg, Grabeskirche und Apostelkirche, II, Leipzig 1908, 10–96, deinde G. Downey, Nikolaos Mesarites, Description of the Church of the Holy Apostles at Constantinople, Transact. Amer. Philos. Soc. 47, 1957, 855–924 (897–918). in aditu ecclesiae depicti erant apostoli (stantes ut videtur et intrantem excipientes) eodem ordine quo etiam in codicibus pingi solent, et qui nostro poematis versioni **w**^{x} proximus est (vss. 1–8, 12, 11, 10, 9): duo coryphaei, quattuor evangelistae, tum Andreas Thomas Philippus Iacobus Simon Bartholomaeus (Heisenberg 23–26). deinde in transepto occidentali repraesentabantur evangelium gentibus praedicantes; hanc partem mutilam sic reconstituit Heisenberg (41–45; 153): 1/7, 2/6; 8/12; 11/4; 3/10; 9/5. si quid de exopylo et mortibus apostolorum dixit Mesarites, id non extat. *ἐξώπυλον* partem extramuranam urbis aut oppidi esse indicant lexica; hic propylaeum quoddam esse crederes, nisi de vestibulo iam ante dictum esset. ex ordine diverso versuum conicias Petrum et Paulum fortasse medium locum obtinuisse, maiores et insigniores, tum utrimque quattuor evangelistas, deorsum ceteros.

Στίχοι τοῦ Ψελλοῦ εἰς τοὺς ιβʹ ἀποστόλους, περιέχει δὲ εἷς ἕκαστος αὐτῶν τὸ τέλος, τὸ ὄνομα, τὸν φονεύσαντα καὶ τὸν τόπον

Σταυροῖ Πέτρον κύμβαχον ἐν Ῥώμῃ Νέρων.
Ῥώμη ξίφει θνῄσκοντα τὸν Παῦλον βλέπει.
εἰρηνικῷ τέθνηκε Λουκᾶς ἐν τέλει.
ζωῆς ὕπνον πρύτανιν ὑπνοῖ Ματθαῖος.
Μάρκον θανατοῖ δῆμος Ἀλεξανδρέων.
καὶ μὴ θανὼν ζῇ καὶ θανὼν Ἰωάννης.
σταυροῦσι Πατρεῖς ἄνδρες ὠμῶς Ἀνδρέαν.
νεκροῦσι λόγχαι τὸν Θωμᾶν ἐν Ἰνδίᾳ.
Βαρθολομαῖος σταυρικῷ θνῄσκει πάθει.
καὶ τὸν Σίμωνα σταῦρος ἐξάγει βίου.

90 **1** Mart. Petri 8–9 pp. 92/94 Lipsius; Ps.-Hippol. De XII apost., PG 10, 952 B 3–5 ‖ **2** Mart. Pauli 5 p. 115 L.; Ps.-Hippol. 953 B 7–8 ‖ **4** Mart. Matth. 22 p. 22 L.; Ps.-Hippol. 952 C 10–11 ‖ **6** Acta Ioann. 115 addit. pp. 215–216 Bonnet; Ps.-Hippol. 952 B 12–13 ‖ **7** Pass. Andreae 14 pp. 32–34 B.; Ps.-Hippol. 952 B 6–8 ‖ **8** Acta Thomae 168 p. 282 B.; Ps.-Hippol. 953 A 2–4 ‖ **9** Ps.-Hippol. 952 C 6–8 ‖ **10** cf. Ps.-Hippol. 953 B 13–14

90 **w**^{x} 152^{r} **x**^{a} 272^{v} **g**^{v} 131^{v} **x**^{c} 581^{r} (vss. 1–12) **l** 68^{v} (vss. 5; 4; 2; 12; 9; 10; 1; 6; 3; 7; 11; 8) **z** 75^{v} (2; 1; 7; 11; 12; 8–10; 6; 3–5) ‖ edd. Bustus PG 120, 1196A; Pitra 496; Sternbach^{3} 68–69; Schermann 168–169 ‖ tit. sec. **w**^{x}: *τοῦ ψελλοῦ περὶ τῶν ιβʹ ἀποστόλων οἵῳ τέλει ἐχρήσατο ἕκαστος* **x**^{a} *ὅπως ἕκαστος τῶν ἀποστόλων ἀπέθανεν* **g**^{v} *στίχοι εἰς τοὺς ιβʹ ἀποστόλους πῶς ἐτελειώθησαν* **x**^{c} *στίχοι εἰς τὸ ἐξώπυλον τῶν ἁγίων ἀποστόλων ἐν ᾧ ἱστόρηται πῶς ἐτελειώθησαν* **l** *στίχοι εἰς τοὺς ἁγίους καὶ πανευφήμους ιβʹ ἀποστόλους* **z** ‖ **4** *πῦρ θῦμα λαμπρὸν ματθαῖον θεῷ φέρει* **x**^{a} | *πρύτανις* **z** ‖ **7** *ὅμως* **x**^{c} | *ἀνδρία* **x**^{c} ‖ **8** *κτείνουσι* **x**^{a} **g**^{v} | *λόγχη* **w**^{x} *-ες* **x**^{c} *-αις* **l**

μάχαιρα τέμνει τοὺς Ἰακώβου δρόμους.
ἴσον Πέτρῳ δίδωσι Φίλιππος μόρον.

Poema 91. De versificando

Epigramma anonymum ut Psellianum edidit Sternbach propter Pselli Poemata 17 et 10, quae in codice **p**^{e} praecedunt (Praef. p. IX).

Εἰς τὸν στίχον

Τέχνη τίς ἐστι τὸ στιχίζειν ἐντέχνως,
τέχνη καλλίστη, μουσικωτάτη τέχνη,
θέλγουσα καὶ τέρπουσα καὶ νοῦν καὶ φρένας
καὶ τὴν ἄτεχνον ἡδύνουσα καρδίαν.
Ἔχει κολάβους ἐκ λόγων ἠσκημένους,
ἔχει δὲ χορδὰς εὐφυῶς κεκλωσμένας,
ἔχει δὲ ῥυθμοὺς οὐκ ἀναβεβλημένους,
οὐδ' αὖ χαλαρούς, ἀλλὰ συντεταγμένους,
οὐ πρὸς μάχην κινοῦντας, ἀλλὰ πρὸς χάριν,
πρὸς ἡδονὴν μάλιστα καὶ θυμηδίαν,
ἔχει δὲ πῆχυν προσφυῶς ἐξεσμένον
καὶ μαγάδα σάλπιγγος ἠχοῦσαν πλέον.
Ὁ γοῦν μελουργὸς καὶ δίχα μελῳδίας
σύμπασαν ἐκπλήξειε τὴν οἰκουμένην.
ταύτην μετελθὼν Ὀρφικὴν κτήσῃ λύραν
κηλοῦσαν ἡδύτητι καὶ λίθων φύσιν.

Poema 92. De Vlixis erroribus

Versus memoriales, quos post Pselli Poema 11 exhibet codex **H**; quamobrem ut Pselli edidit Allatius. in re metrica tamen Pselli norma non observatur (vss. 4 et 6).

11 Acta 12, 2; Ps.-Hippol. 952 B 15–C 1 || 12 Acta Philippi 143, p. 83 B.; Ps.-Hippol. 952 C 2–4

12 *πέτρου* **x**^{c} | *φίλιππος δίδωσι* trp. **g**^{v} || post 12 *τούτων με χ(ριστὸ)ς δεκτικὰς ἱκεσίας* [lege *-αῖς -αις*] *στῆσον προβάτων κατὰ τὴν στάσιν λόγε* subiung. **z**
91 p^{e} 73^{v} || ed. Sternbach^{2} 318–319

Φυγὼν Ὀδυσσεὺς τὸν μαχησμὸν Ἰλίου,
πλῆθος δόλους τε Λωτοφάγων, Κικόνων,
Κύκλωπος δεινὸν ὄμμα τοῦ βροτοκτόνου,
τὴν Λαιστρυγόνων ὠμότητα καὶ Κίρκης
τρόπους ἀδήλους καὶ μεμηχανημένους,
ᾅδην τε φρικτὸν καὶ τῶν Σειρήνων φθόγγον,
πέτρας τε πλαγκτὰς καὶ Χαρύβδεως στόμα,
Σκύλλης τὸ δεινὸν καὶ βίαιον, ὡς ἔφη,
υἱοῦ χεροῖν τέθνηκεν ἐν τῇ πατρίδι.

92 2 Hom. Od. 9, 82–104; 39–61 ‖ 3 9, 177–566 ‖ 4 10, 80–132 ‖ 4-5 10, 133–465 ‖ 6 11, 1–640; 12, 153–200 ‖ 7 cf. 12, 59–72 ‖ 7-8 12, 201–259 ‖ 9 Procl. Chrestom. p. 109, 22–23 Allen

8 scr. *συντεταμένους*? ‖ 12 *μαγάδα* Sternbach: *μεγάδα* **p**^{e}

92 H 143^{v} ‖ edd. Allatius^{1} 59 = PG 122, 531B-C ‖ 7 *πλαγκτὰς* Allatius: *πλακτὰς* **H**

INITIA

INDEX AVCTORVM

INDEX AVCTORVM

SACRA SCRIPTVRA

INDEX NOMINVM

INDEX VERBORVM